Jesus
MERCY

ENGLISH-SPANISH
INGLÉS-ESPAÑOL

THE WILEY DICTIONARY
OF CIVIL ENGINEERING AND CONSTRUCTION:
ENGLISH-SPANISH / SPANISH-ENGLISH

Felicitas Kennedy

JOHN WILEY & SONS, INC.
New York • Chichester • Brisbane • Toronto • Singapore

Libray of Congress Cataloging-in-Publication Data:
Kennedy, Felicitas, 1959-
The Wiley dictionary of civil engineering and construction:
English-Spanish, Spanish-English / Felicitas Kennedy.
p. cm.
ISBN 0-471-12246-7 (cloth: alk. paper)
1. Civil engineering -- Dictionaries. 2. English language -
- Dictionaires -- Spanish. 3. Civil engineering -- Dictionaries -
-Spanish. 4. Spanish language -- Dictionaries -- English. I. Title.
TA9.K46 1996
624'.03 -- dc20   95-48053

To my Parents,
Jesus and Sara
for their love and guidance
and
to my Husband,
Jim
for his loving support

A mis Padres,
Jesus y Sara
por el amor y dirección
y
a mi esposo,
Jim
por su amoroso apoyo

PREFACE

With the recent developments in the international marketplace it has become necessary to obtain a broader understanding of English and Spanish professionally. Opportunities in the engineering field have opened considerably. Since few engineers speak and understand both languages, there exists a need for a concise reference guide. It is with this premise that I have prepared this dictionary. In my own experience with translation for technical specifications and correspondence, I found that the only book of this type was released in 1956. Although it has been reprinted many times since, the substance of the book has not been updated. Needless to say, the engineering field has changed tremendously in the last 30 years. Not only in design concept but also in the tools used. Where calculators were once the essential tool for engineers, they have slowly been replaced with the advent of computers. It is my hope that the structural engineer will be able to use this guide as an aid in the translation of correspondence and specifications and with preparation of any professional documents.

The engineering terms presented are primarily in the field of civil engineering and the branches thereof. Since all branches of engineering complement one another, terminology in the fields of electrical, industrial, and mechanical engineering are also included. You will find not only technical terms but also technical phrases not found in any general translation dictionary. Many of these phrases have been taken from numerous official publications, engineering specifications, and engineering textbooks. It was my intent to present the accepted Spanish translation, although at times it was necessary to define the term. Trademarks and brandnames have been presented as such and not translated. Terms related with engineering work have been included as well as some in finance, and insurance. As with all technical terminology, some carry other translations, those not relating to engineering have not been included.

My heartfelt thanks to the many individuals and organizations who assisted with this endeavor. To Mr. Len Webster for his extensive database contribution. To Mr. Jesus Valdez and the staff of Inova International of El Paso, Texas for the help with the typing of text material. To John Keahey and Steve Carder of Utility Engineering, Amarillo, Texas. My sincere thanks to Carlos Valdez, consultant and Carlos Galván, P.E., for their significant contributions. I am particularly grateful to the engineers of the National Commission of Water of Mexico City, under the direction of Ing. Horacio Lombardo for their assistance in the verification of the terminology, with a special thanks to Ms. Sylvia Arriaga who coordinated the exchange of information. For additional review of the translation I wish to thank Ms. Irene Ramirez of the El Paso City Engineering Department and the independent consulting engineers of Cuidad Juarez, Mexico. Thanks to my family for their constant support. Finally, my special thanks to my husband Jim, who not only supported me with this project beginning to end, but who also provided the camera-ready artwork.

FELICITAS GALVAN KENNEDY

PREFACIO

Con recientes desarollos en el mercado internacional es necesario para ingenieros profesionales obtener una compresión más extensa de los idiomas Ingles y Español. Oportunidades en el campo de ingeniería han abierto considerablemente. Debido a que pocos ingenieros hablan y entienden las dos idiomas, exíste la necesidad de un guía de referencia conciso. Es con esta premisa que he preparado este dicionario. En mi experiencia con la traducción de especificaciones técnicas y correspondencia, descubrí que el unico libro de este tipo fue impreso en 1956. Aunque se ha empreso varias veces, la substancia del libro no fue ampliada. Sobra decir que el campo de ingeniería ha cambiado extensamente durante 30 años, no solamente en conceptos de diseño, pero tambien en los instrumentos usados. Donde calculadoras eran en un tiempo el instrumento esencial para ingenieros, estas han sido reemplazadas con el advenimiento de computadoras. Es mi deseo que el ingeniero civil pueda usar este guía como ayuda en la traducción de correspondencia y especificaciones y para la preparación de cualquier documento profesional.

Los terminos de ingenieria presentados son principalmente en el campo de ingeneria civil y sus ramas. Como todas las ramas de ingenieria se complementan una a la otra, terminología de ingeniería en el campo eléctrico, industrial y mecánico ha sido incluída. Usted encontrará no solamente los terminos técnicos pero tambien frases técnicas no encontradas en cualquier diccionario general de traducción. La mayoría de éstas frases han sido referendadas de publicaciones oficiales, especificaciones de ingenieria y libros de texto de ingenieria. Fue mi intención presentar la traducción aceptada en español, aunque a veces fue necesario definir el término. Marcas registradas y marcas de fábrica han sido presentadas en ésta forma y no traducidas. Terminos relacionados con ingenieria han sido incluídos, igual que términos financieros y de seguros. Como es con todos terminos técnicos, algunos llevan varias traducciones; esos no relacionados al campo de ingenieria han sido excluídos.

Mis gracias de corazón a los tantos individuales y organizaciones por su asistencia con este empeño. Al Señor Len Webster por su extensa contribución de base de datos. Al Señor Jesus Valdez y el personal de Inova, Internacional de El Paso, Texas, para la ayuda con la mecanografía de la materia de texto. Al los ingenieros John Keahey y Steve Carder de Utility Engineering, de Amarillo, Texas. Mis sinceras gracias a Carlos Valdez, consultor y al Ing. Carlos Galván por sus significantes contribuciones. Estoy especialmente agradecida a los ingenieros de la Comisión Nacional del Agua, bajo la dirección del Ing. Horacio Lombardo, por su asistencia en la verificación del traslado, con gracias sinceras a la Srta. Sylvia Arriaga por la coordinación del cambio de información. Mis gracias a la Ing. Irene Ramirez del Departamento de Ingenieria de El Paso y a los ingenieros independientes consultores de Ciudad Juarez, Mexico, por revisión adicional del traslado. Gracias a mi familía por su constante apoyo. Finalmente, mis gracias especiales a mi esposo, Jim, que no solamente me apoyo con este proyecto del principio al final, pero que tambien proporcionó el arte-de cámara para la presentación de éste documento.

FELICITAS GALVAN KENNEDY

ABBREVIATIONS USED IN THIS DICTIONARY

A	Argentina
B	Bolivia
CA	Central America
Ch	Chile
Col	Colombia
DR	Dominican Republic
Ec	Ecuador
M	Mexico
Pan	Panama
Par	Paraguay
Pe	Peru
PR	Puerto Rico
Sp	Spain
U	Uruguay
US	United States
V	Venezuela
a	adjective
ac	air conditioning
act	accounting
adv	adverb
agr	aggregates
ar	architecture
auto	automobile
bdg	bridge
bl	blasting
bldg	building
bo	boiler
bs	blacksmithing
bu	bucket
bw	brickwork
cab	cable
carp	carpentry
ce	construction equipment
cem	cement
chem	chemistry
ci	cast iron
cm	centimeter
col	column
com	commercial
comp	computer
conc	concrete
cu	cubic
cby	cableway

dd	drydock
de	derrick
diam	diameter
draf	drafting
dwg	drawing
ea	earthwork
elec	electrical
elev	elevator
eng	engine
engr	engineering
exc	excavation
fdy	foundry
fin	financial
foun	foundation
gal	gallon
ge	gear
geo	geography
geol	geology
gl	glass
hw	hardware
hyd	hydraulics
in	inch
ind	industrial
ins	insurance
insl	insulation
inst	instrument
irr	irrigation
kilo	kilogram
lab	laboratory
lb	pound
lbr	lumber
leg	legal
loco	locomotive
m	meter
machy	machinery
mas	masonry
math	mathematics
meas	measure
mech	mechanical
met	metallurgy
mi	mile
min	mining
miner	mineralogy
mot	motor

mt	machine tools
mtl	material
n	noun
na	naval architecture
naut	nautical
nav	navigation
p	piping
pav	paving
pb	plumbing
pet	petroleum
pt	painting
rd	road
refr	refrigeration
reinf	reinforcement
rr	railroad
saw	sawmill
sb	shipbuilding
sd	sewage disposal
se	steam engine
sec	second
sen	sanitary engineering
sm	soil mechanics
sml	sheet metal
spr	sprinkler
sq	square
st	stair
str	structural
surv	surveying
sw	sewage
t	tool
tel	telephone
top	topography
trans	transportation
tun	tunnel
turb	turbine
v	verb
va	valve
vent	ventilation
weld	welding
wp	water purification
wr	wire rope
ww	wastewater

ABREVIATURAS USADAS EN ESTE DICCIONARIO

A	Argentina
AC	América Central
B	Bolivia
C	Cuba
Col	Columbia
Ch	Chile
Ec	Ecuador
EU	Estados Unidos
F	Filipinas
M	México
Pan	Panamá
Par	Paraguay
Pe	Perú
PR	Puerto Rico
RD	República Dominicana
U	Uruguay
V	Venezuela

a	adjetivo
aa	acondicionamiento del aire
adv	adverbio
agr	agregado
ais	aislamiento
al	alcantarillado
an	arquitectura naval
arq	arquitectura
as	aserradero
asc	ascensor
auto	automóvil
ca	camino
cab	cable
cal	caldera
carp	carpintería
cem	cemento
cn	construcción naval
com	comercial
conc	concreto
cons	construcción
cont	contabilidad
cú	cúbico
cv	cablevía
dac	disposición de aguascloacas

diám	diámetro
dib	dibujo
ds	dique seco
ec	equipo de construcción
ed	edificio
eléc	eléctrico
elev	elevador
em	elaboración de maderas
es	escalera
est	estructural
exc	excavación
fc	ferrocarril
fin	finanzas
ft	ferretería
fund	fundición
geog	geografía
geol	geología
gr	grúa
her	herrería
herr	herramienta
hid	hidráulica
ind	industrial
ing	ingeniería
inst	instrumento
irr	irrigación
is	ingeniería sanitaria
kilo	kilogramo
lab	laboratorio
lad	enladrillado
leg	legal
lev	levantamiento
lib	libra
loco	locomotora
mad	madera
mam	mampostería
maq	maquinaria
mat	matemática
mec	mecánico
med	medida
met	metalurgia
mh	máquina-herramienta
min	minería
miner	mineralogía

mot	motor
ms	mecánica de suelos
mtl	material
mv	máquina de vapor
náut	náutico
nav	navegación
op	obras portuarias
ot	obras de tierra
pa	purificación de agua
pav	pavimentación
pl	plomeróa
pet	petróleo
pint	pintura
pl	pala
pte	puente
pulg	pulgada
quím	química
ref	refuerzos
refr	refrigeración
roc	rociador
s	substantivo
seg	seguro
sol	soldadura
tel	teléfono
top	topografía
tran	transportación
tub	tubería
tún	túnel
turb	turbina
v	verbo
vá	válvula
vent	ventilación
vol	voladura

A

ABACULUS; abáculo
ABACUS; Ábaco
ABANDONMENT; abandono, cesión
ABATE; disminuir, debilitar
ABATEMENT; disminución
ABLATION; ablación
ABORT; abortar
ABOVE GRADE; sobre grado
ABRADE; raer, desgastar
ABRASION; abrasión, desgaste
    RESISTANCE; resistencia a abrasión
    RESISTANCE INDEX; índice de resistencia
    a abrasión
    TEST; ensayo de desgaste por rozamiento
ABRASIVE; abrasivo, desgastante
    PAPER; papel abrasivo
ABSAROKITE; absaroquita
ABSCISSA; abscisa
ABSENTEE OWNER; dueño ausente
ABSOLUTE; absoluto
    BLOCKING; bloqueo absoluto
    COORDINATE; coordenada absoluta
    FILTRATION RATING; calificación de filtración
    absoluta
    HUMIDITY; humedad absoluta
    MANOMETER; manómetro absoluto
    MAXIMUM GRADE; grado máximo
    absoluto
    SPECIFIC GRAVITY; peso específico absoluto,
    (M) peso específico real
    PRESSURE; presión absoluta
    VOLUME; volumen absoluto
    ZERO; cero absoluto
ABSORB; absorber
ABSORBED MOISTURE; humedad absorbada
ABSORBENCY; absorbencía
ABSORBENT; absorbente
ABSORBER; absorbedor
ABSORBING WELL; pozo absorbente
ABSORPTION; absorción
    COEFFICIENT; coeficiente de absorción
    FACTOR; coeficiente de absorción
    RATE; grado de absorción
    TEST; prueba de absorción
ABSORPTIVE LINER; forro absorbente
ABSTRACT; abstracto
ABUT; emportrar, apoyar

AGAINST; emportrar en, apoyarse en,
estribar en
ABUTMENT; emportramiento, estribo
    PIER; pila-estribo
ABUTTING JOINT; junta de apoyo
ABUTTING TENONS; espiga de apoyo
ABYSS; abismo
ACCELERATE; acelerar
ACCELERATED; acelerado
    ABSORPTION TEST; prueba de
    absorción acelerada
    AGING; envejecimiento acelerado
    COMPLETION; compleción acelerada
    CURING; curación acelerada
    CURING TANK; tanque de curación acelerada
    DEPRECIATION; depreciación acelerada
    DESIGN AND CONSTRUCTION; diseño
    y construcción acelerado
    WEATHERING; intemperización acelerada
ACCELERATION; aceleración
    RESISTANCE; resistencia de aceleración
    STRESS; tensión de aceleración
ACCELERATOR; acelerador
    PUMP; (auto) bomba de aceleración, (A) bomba
    de pique
ACCELEROGRAPH; acelerógrafo
ACCEPTABLE; aceptable
ACCEPTANCE; aceptación
    INSPECTION; inspección de aceptación
    OF WORK; aceptación de labor
    PLAN; plan de aceptación
    TEST; prueba de aceptación
ACCEPTED; aceptado
    BID; propuesta aceptada
    ENGINEERING PRACTICES; práctica
    de ingeniería aceptada
ACCESS; acceso
    DOOR; puerta de acceso
    FOR THE PHYSICALLY CHALLENGED;
    acceso para los fisicamenete incapaces
    FOR THE PHYSICALLY HANDICAPPED;
    acceso a los minusválidos
    ROAD; camino de acceso; (Es) camino de entrada
ACCESSIBILITY; accesibilidad
ACCESSIBLE; accesible
ACCESSORIES; accesorios, aditamentos
ACCIDENT; accidente
    INSURANCE; seguro contra accidentes
    PREVENTION; prevención de accidentes
    REPORT; reporte de accidentes
ACCIDENTAL; accidental
    ERROR; error accidental
    POINT; (dib) punto accidental
ACCLILIVITY; pendiente en subida, contrapendiente
ACCOMMODATION BRIDGE; puente de acceso
ACCOMMODATION RAMP; (ca) rampa de acceso
ACCOUNT; (fin) cuenta

PAYABLE; cuenta por pagar
RECEIVABLE; cuenta por cobrar
ACCOUNTANT; contador
ACCOUNTABILITY; responsabilidad
ACCOUNTING; contabilidad
ACCOUPLE; unir
ACCREDIT; acreditar
ACCRETION; acrecentamiento
   BORER; calador para árboles
ACCRUAL METHOD; método de acrecimiento
ACCRUED; (fin) acumulado
   ASSET; activo acumulado
   DEPRECIATION; depreciación acumulada
   EXPENSE; gastos acumulados
   INTEREST; interés acumulado
   LIABILITY; pasivo acumulado
   REVENUE; ingresos acumulados
ACCUMULATED DEPRECIATION; depreciación acumulada
ACCUMULATOR; acumulador
ACCURACY; exactitud, precisión
ACETATE; acetato
   GREEN; pigmento de acetato de plomo
ACETONE; acetona
ACETYLENE; acetileno
   BURNER; quemador de acetileno
   GAS; gas acetileno
   GENERATOR; generador de acetileno
   REGULATOR; regulador de acetileno
   TORCH; soplete oxiacetilénico
   WELDING; soldadura oxiacetilénica
ACID; ácido
   BRONZE; bronce antiácido
   FEEDER; alimentador de ácido
   GROUND GLASS; vidrio despulido por ácido
   METAL; aleación antiácida
   PROCESS; procedimiento ácido
   RAIN; lluvia de ácido
   REACTION; reacción ácida
   RESISTANT; antiácido, resistente al ácido
   STEEL; acero ácido
ACID- AND ALKALI-RESISTANT GROUT;
   lechada de cemento resistente a ácido y álcali
ACIDIC; acidificador; persilíceo
ACIDIFY; acidificar
ACIDIMETER; acidímetro
ACIDITY COEFFICIENT; coeficiente de acidez
ACIDPROOF; a prueba de ácidos
ACKNOWLEDGMENT; reconocimiento
ACOUSTIC; acústico
   CONSTRUCTION; construcción acústica
   CURRENT METER; (hid) molinete acústico
   PILE TEST; prueba de pilote acústico
   PLASTER; repello acústico
   TREATMENT; (ed) tratamiento antisonoro, medidas acústicas
ACOUSTICAL CEILING; cielo raso acústico

ACOUSTICAL MATERIALS; materiales acústicos
ACOUSTICS; acústica
ACQUISITION; adquisición
ACRE; acre
ACREAGE; área en acres
ACRE-FOOT; acrepié, pie-acre
ACRE-INCH; acrepulgada
ACROLEIN; acroleína
ACROSS; a través
   THE GRAIN; a través de las fibras, a través de la hebra
ACRYLIC; acrílico
   PAINT; pintura acrílica
   RESIN; resina acrílica
ACTINIC GLASS; vidrio actínico
ACTION; acción, impulsión; movimiento, funcionamiento
ACTIVATE; activar
ACTIVATED; activado
   ALUM; alumbre activado
   ALUMINUM; aluminio activado
   CARBON; carbón activado
   SLUDGE PROCESS; (dac) cieno activado, procesos de lodos activados
ACTIVATOR; activador
ACTIVE; activo
   CARBON; carbón activado
   COMPONENT; (eléc) componente vatada
   CURRENT; corriente activa
   EARTH PRESSURE; presión de tierra activa
   LAYER; capa activa
   LIFE; vida activa
   PORTION; porción activa
   SLUDGE; (dac) fangos biológicamente activos
   SOLAR SYSTEM; sistema solar activo
   SOLIDS; sólidos activos
ACTIVITY; actividad
ACT OF BANKRUPTCY; acto de quiebra
ACT OF GOD; fuerza mayor
ACTUAL; actual, real, verdadero
   AGE (OF A PROPERTY); edad actual (de una propiedad)
   CAPACITY; capacidad real
   CASH VALUE; precio real de venta
   COST; costo real
   DIMENSION; dimensión real
   FIT; ajuste real
   LOAD; carga real
   POWER; potencia real
   SLOPE; talud real
ACTUATE; mover, actuar
ACTUATOR; actuador
ACUTE ANGLE; ángulo agudo
AD VALOREM; ad valórem
ADAMANTINE DRILL; sonda de municiones
ADAMANTINE SPAR; corindón
ADAPTER; (med) adaptador; (lab) alargadera

ADD; sumar; agregar
ADDENDUM; (engranaje) cabeza
ADDITION; adición, suma
ADDITIONAL SERVICES; servicios adicionales
ADDITIVE; *(a)* aditivo
ADD-ON INTEREST; interes agregado
ADDRESS; *(s)* dirección, *(v)* dirigir
ADHERE; adherirse
ADHERENT; *(a)* adjetivo
ADHESION; adhesión, adherencia
ADHESIVE; *(a)* adhesivo, adherente
    APPLICATION; aplicación adhesiva
    COATING; capa adhesiva
    SPREADER; esparcidora de adhesivo
    STRENGTH; resistencia de adhesivo
    TAPE; cinta adhesiva
ADIABATIC; adiabático
    CURING; curación adiabática
    GRADIENT; gradiente adiabático
ADIATHERMIC; adiatérmico
ADINOLE; adinola
ADIT; socavón, tiro inclinado, (min) contramina
ADJACENT; adyacente
ADJOINER; (lev) propietario, colindante
ADJOINING; *(a)* contiguo
ADJUST; (inst) corregir, verificar; (maq) arreglar,
    ajustar
ADUSTABLE; ajustable, regulable, graduable,
    (inst) corregible
    ATTACHMENT; accesorio ajustable
    CLAMP; grapa regulable
    RESISTOR; resistor regulable
    TORQUE ARM; (auto) barra de torsión
ADJUSTABLE-BLADE TURBINE; turbina de
    álabes regulables
ADJUSTABLE-FEED LUBRICATOR; lubricador
    de alimentación regulable
ADJUSTABLE-SPEED MOTOR; motor de
    velocidad regulable
ADJUSTED; ajustado
    BASE COST; costo base ajustado
    TAX BASIS; (fin) base imponible ajustado
ADJUSTER; (mec) ajustador, regulador, compensador
ADJUSTING; ajustaje, regulación, arreglo
    NUT; tuerca de corrección
    PIN; (inst) clavija de corrección
    RING; anillo de corrección
    SCREW; tornillo de ajuste
    TOOL; ajustador
ADJUSTMENT; (mec) ajuste, (inst) corrección
ADMINISTRATION; administración
ADMINISTRATOR; administrador
ADMISSION; (mot) admisión, aspiración
    CAM; leva de admisión
    VALVE; válvula de admisión
ADMIXTURE; (conc) agregado en polvo, aditivo,
    (M) adicionante, (A) adicional

ADOBE; adobe, barro
    STRUCTURE; (suelo) estructura barrosa que
    se agrieta al secarse
    WALL; tapia
ADSORBED WATER; agua adsorbada
ADSORBENT; adsorbente
ADSORPTION; adsorción
ADVANCE; *(s)* (mec) avance; *(v)* (mec) avanzar, adelantar
    HEADING; galería de avance
    WARNING SIGN; (fc)(ca) señal avanzada
    de advertencia
ADVANCED; avanzado
    CHARGE; cargo avanzado
    REGENERATION; regeneración avanzada
ADVERSE GRADE; pendiente en subida
ADZE; *(s)* azuela, (C) azada; *(v)* azolar
    BLOCK; (ac) cabezal portacuchillas
    EYE; oyo tipo de azuela
AEOLIAN; (geol) eólico
AERATE; airear, aerar
AERATED CONCRETE; concreto aereado
AERATION; aereación
    ZONE; zona de aereación
AERATOR; aereador
AERIAL; *(a)* aéreo
    CABLEWAY; cablecarril, cablevía, andarivel
    FERRY; puente transbordador
    FROG; aguja aérea; curzamiento aéreo
    PHOTOGRAPHIC SURVEYING;
    aerofotogrametría
    PHOTOGRAPHY; aerofotografía
    PLATFORM; aeroplataforma
    TOPOGRAPHY; aerofototopografía
    TRAMWAY; tranvía aéreo, andarivel, cable
    teleférico, (A) alambrecarril
    TRIANGULATION; aerotriangulación
AERIFY; aerificar
AEROBIC; aeróbico
AEROCAMERA; cámera aerofotogramétrica
AEROCARTOGRAPH; carta geográfica aérea
AEROCRETE; (trademark) aerocreto,
    (Col) aeroconcreto
AERODYNAMIC; aerodinámico
AERODYNAMICS; aerodinámica
AEROFILTER; aerofiltro
AEROFILTRATION; aerofiltración
AEROGENES; (is) aerógenos
AEROLITE; (geol) aerolito; (aleación) aerolita
AEROMAGNETIC SURVEY; levantamiento
    magnético aéreo o aeromagnético
AEROMECHANICS; aeromecánica
AEROMETER; aerómetro
AEROMETRY; aerometría
AEROPHORE; aerófora
AEROPHOTOGRAPHY; aerofotographía
AEROPLANE MAPPING; aerofotogrametría
AEROSOL; aerosol

AEROSURVEYING; aerofotogrametría, fotogrametría
aérea
AFFIDAVIT; afidávit
AFFINITY; (quim) afinidad
AFFLUENT; *(s)* afluente
AFFLUX; (hid) aflujo
AFFORESTATION; plantación de bosques,
arborización
A FRAME; cabria, cabrestante, castillete, caballete,
armazón A, (U) poste en A
A-FRAME DERRICK; cabria de grúa
A-FRAME JIB; cabria de brazo
AFTER; *(adv)* después; *(a)*(cn) popel, de popa
AFTERBAY; (hid) cámara de salida
AFTERBURNER; combustión retardada
AFTERCONDENSER; postcondensador
AFTERCOOLER; postrefrigerador
AFTER-CURE; postcuración
AFTERDAMP; mofeta, (M) bochorno
AFTERGASES; (min) gases de explosión o incendio
AFTERGLOW; resplandor
AFTERSHOCK; temblor secundario
AGAINST THE CURRENT; a contracorriente
AGAINST THE GRAIN; contra la fibra, a contrahilo
AGAR; (is) agar
AGE; *(v)* envejecer
AGE CLASS; clase de envejecimiento
AGED RESIDUE; residuo de envejecimiento
AGE HARDEN; (met) endurecerse por
envejecimiento
AGENCY; agencia
AGENCY CONTRACT; contrato de agencia
AGENT; agente, representante
AGE/STRENGTH RELATIONSHIP; relación
de envejecimiento/resistencia
AGGLOMERATE; *(s)* (geol) aglomerado;
(v) aglomerar
AGGRADATION; agradación
AGGREGATE; (conc) agregado, árido;
(A) inerte; (geol) agregado
BASE COURSE; agregado capa de base
BINS; depósitos para agregados
BLENDING; mezclada de agregado
BRIDGING; arriostrado de agregado
PROCESSING; tratamiento del agregado
PRODUCTION; producción de agregados
PROPORTIONING; dosificación de agregados,
proporcionamiento de agregados
STRENGTH; fuerza de agregado,
(mec) resistencia de agregado
AGGREGATE/CEMENT RATIO; relación
agregado/cemento
AGGREGATE-HANDLING PLANT; instalación
para el manejo de agregados
AGGREMETER; (trademark) medidor de
agregados
AGGRESSIVE SOLUTION; solución agresiva

AGING; (met) curación, envejecimiento;
(eléc) envejecimiento
AGITATE; (mec) agitar
AGITATING SPEED; velocidad de agitación
AGITATION; agitación
AGITATOR; agitador
AGONIC LINE; línea agónica
AGREEMENT; convenio, acuerdo, trato
OF SALE; convenio de venta
AGRICULTURAL DRAIN; desagüe inferior,
desagüe del subsuelo
ENGINEER; ingeniero agrónomo
GEOLOGY; geología agrícola
AGRICULTURE; agricultura
AGRONOMIC; agronómico
AGRONOMY; agronomía
AHEAD; adelante
AILSYTE; ailsita
AIR; aire
ACETYLENE FLAME; llama aeroacetilénica
ACETYLENE WELDING; soldadura
aeroacetilénica
BARRIER; barrera de aire
BEACON; baliza de aeronavegación
BLAST; chorro de aire, soplo de aire
BOUND; obturado por aire
BOX; caja de aire
BRAKE; freno de aire
BREATHER; respirador de aire
BRUSH; pulverizador, rociador de pintura
BUBBLE; burbuja de aire
CHANGE; cambio de aire
CHAMBER; cámara de aire
CHECK; comprobación de aire
CHUCK; mandril neumático
CIRCULATION; circulación de aire
CLASSIFICATION; clasificación de aire
CLEANER; limpiador de aire
CLEANER (DRY); limpiador de aire (seco)
CLEANER (WET) ; limpiador de aire (mojado)
COCK; llave de alivio de aire
COLLECTOR; colector de aire
COMPRESSOR; compresora de aire
CONDENSOR; (mec) condensador
de enfriamiento de aire
CONDITIONER; acondicionador de aire
CONDITIONING; acondicionamiento de aire
CONTAMINANTS; contaminantes de aire
CONTENT; contenido de aire
CONTENT TEST; ensayo de contenido de aire
CONTROL SUSPENSION SYSTEM; sistema
de suspensión controlado por aire
COOLER; enfriador de aire
CURE; curación de aire
CUSHION; colchón de aire
DAM; yegua de aire
DEFICIENCY; deficiencia de aire

DEFLECTOR; deflector de aire
DIFFUSER; difusor de aire
DOORS; puertas de aire
DRAIN; conducto de aire, conducto
de ventilación
DRILL; barrena neumática, perforadora de aire
DRIVEN; impulsado por aire comprimido
DRY; secado al aire
DUCT; conducto de aire
EMISSIONS; emisiónes de aire
ENGINE; motor neumático
ENTRAINING; arrastramiento en aire
ESCAPE; escape de aire
EXCAVATION EQUIPMENT; equipo
de exavación de aire
FIELD; cancha de aterrizaje
FILTER; filtro de aire
FURNACE; (met) horno de tiro natural
GAGE; manómetro de aire
GAP; (eléc) intervalo de aire
GAS; gas de aire
GRATING; rejado de aire
GRINDER; amoladora neumática
GUN; escopeta de aire comprimido
HAMMER; martillo neumático
HEATER; calentador neumático
HOIST; malacate neumático, torno de aire
HOLE; respiradero
HOSE; manguera neumática, (A) caño de
goma para aire
INJECTION; inyección neumática
INTAKE; toma de aire, respiradero, boca de aire
INTAKE SILENCER; silenciador de respiradero
JACKET; camisa de aire
LEVELING VALVE; válvula de aire niveladora
LIFT; elevador de agua por aire
LOCK; (tún) esclusa neumática; (maq) bolsa
de aire
MAINTENANCE DEVICE; aparato
de mantenimiento neumático
METER; contador de aire
MOTOR; motor neumático
POCKET; bache
POLLUTION; contaminación de aire
PORT; orificio de ventilación, respiradero
PRESSURE WATER TANK; tanque de agua
con presión neumática
PUMP; bomba de aire, elevador de agua por aire;
(auto) bomba para neumáticos
QUALITY CRITERIA; criterio de calidad de aire
QUALITY STANDARDS; reglamentos
de calidad de aire
RECEIVER; tanque receptor de aire, tanque
de compresión, depósito de aire, (Ch) campana
para aire
RESERVOIR; estanque de aire, reservorio de aire
RESISTANCE; resistencia al aire

SCRUBBER; depurador de aire
SEASONED; secado al aire
SEPARATOR; separadora de aire
SLAKED; (lime) apagada al aire
SPACE; espacio de aire, hueco
SPADE; pala neumática, (V) palín, (C) guataca
STARTING SYSTEM; sistema de arranque
neumático
SUPPORTED STRUCTURE; estructura
de soporte neumático
SURVEY; levantamiento aéreo de planos
TOOLS; herramientas neumáticas
TRANSPORTATION; transporte aéreo,
(M) aerotransporte
TRAP; interceptor de aire
VALVE; válvula de aire, respiradero
VENT; respiradero, venteo
VOID; huecos de aire, vacíos de aire
WASHER; depurador del aire
WAVES; ondas de radio
WELL; pozo de ventilación, pozo de aire
AIR-BLOWN ASPHALT; asfalto refinado al aire
AIR-DRIED LUMBER; madera secada al aire
AIR-DRIVEN; impulsado por aire comprimido
AIR-ENTRAINED CONCRETE; concreto arrastrado
en aire
AIR-ENTRAINING AGENT; agente para
arrastramiento en aire
AIR/FUEL RATIO; proporción de aire/combustible
AIRFIELD; cancha de aterrizaje
AIR-HARDENED; endurecido al aire
AIRLINE; línea de aviación
AIR-OIL SYSTEM; sistema de aceite neumático
AIR-OIL TANK; tanque de aceite neumático
AIRPLANE; avión
MAPPING; cartografía aérea
AIRPORT; aeropuerto, puerto de aviación
AIRPROOF; hermético
AIRSHAFT; pozo de ventilación, pozo de aire, caja de
ventilación, tiro ventilador, tragante, chimenea
de aire
AIR/STEAM HAMMER; martillo neumático
AIRSTRIP; pisa o faja de aterrizaje
AIRTIGHT; a prueba de aire, estanco al aire
AIRWAY; (min) conducto de ventilación
AISLE; nave, pasillo
AKERITE; (geol) aquerita
ALABASTER; (a) alabastrino, (s) alabastro
ALARM; alarma, repato
BELL; campana de repato
GAGE; (cal) manómetro de alarma
SIGNAL; señal de repato
ALBITITE; albitita
ALCOHOL; alcohol
EVAPORATOR; evaporador de alcohol
ALCOHOL-BASE SOLVENTS; solventes con
base de alcohol

ALCOVE; hueco, nicho
ALDEHYDE; aldehido
ALDER; aliso
ALEMITE FITTINGS; accesorios para engrase "Alemite"
ALGA; alga
ALGAE; algas
ALGACIDE; algecida
ALGAL; algáceo
ALIDADE; (lev) alidada
ALIENATION; alienación, enajenamiento
ALIFORM; aliforme
ALIGN; alinear, enderezar
ALIGNED FIBERS; fibra alineada
ALIGNER; alineador
ALIGNMENT; alineación, alineamiento
    BEARING; cojinete de alineamiento
    GAGE; calibrador de alineación
ALITE; alita
ALIVE (OR LIVE); vivo, viviente, en vida; (eléc) cargado
ALKALI; álcali
    COEFFICIENT; coeficiente de álcali
    SOIL; suelo que contiene sales solubles
ALKALIMETER; alcalímetro
ALKALINE; alcalino
ALKALINITY; alcalinidad
ALLAN'S METAL; aleación de 45% plomo y 55% cobre
ALL DAY EFFICIENCY; rendimiento diario
ALLEVIATOR; (hid) aleviador
ALLIGATOR; rastra
    CRACKS; grieta de palanca
    GRAB; (M) pinzas de lagarto
    SHEAR; cizalla de palanca
    SQUEEZER; cinglador de palanca
    WRENCH; llave de mordaza
ALLODIAL SYSTEM; sistema alodial
ALLOGENIC; (geol) alógeno
ALLOTMENT; lote, porción, parte
ALLOWABLE; admisible, asignado
    ANNUAL CUT; corte anual asignado
    BEARING CAPACITY; capacidad permitida
    BEARING PRESSURE; presión permitida
    CUT; corte asignado
    LOAD; carga asignada, carga admisible
    SETTLEMENT; sedimentación admisible
    STRESS; esfuerzo admisible
ALLOWANCE; (mec) huelgo, tolerancia, concesión
ALLOY; (s) aleación, liga, aligación, (U) aleaje; (v) alear, ligar
    CAST IRON; fundición de aleación
    STEEL; acero de aleación
ALL PASS FILTER; filtro de todo paso
ALLUVIAL; aluvial, aluvional
    CONE; cono aluvial
    DEPOSIT; depósito aluvial

FAN; cono aluvial, abanico aluvial
    SOIL; suelo aluvial, terreno aluvial, (Pe) terreno de transporte
    TIN; estaño de acarreo
ALLUVIATION; acumulación aluvial
ALLUVIUM; tierra aluvial
ALL -WEATHER ROAD; camino siempre transitable
ALL-WEATHER WOOD FOUNDATION; cimentación de madera a prueba de toda interperie o clima
ALL WHEEL DRIVE; (auto) impulsión sobre cuatro ruedas
ALPHANUMERIC DISPLAY; despliegue alfanumérico
ALTAR; escalón, grada
ALTERATION WORK; (geol) trabajo de alternación; (ed) reedificación
ALTERNATE; (s) (especificación) variante, alternativa, (v) alternar
    ANGLES; ángulos alternos
    BAY CONSTRUCTION; construcción de nave alterna
    BID; propuesta alternativa
    CAPACITY; capacidad alternativa
    LOAD CENTER; carga de centro alternativa
ALTERNATING; alterna, alternante
    CURRENT; (a.c.) corriente alterna
    DEVICE; (dac) dispositivo de alternación
    STRESS; esfuerzo alternante
    VOLTAGE; voltaje alterno
ALTERNATION; alternación, (eléc) (A) alternancia
ALTERNATOR; (eléc) alternador
ALTIGRAPH; altígrafo
ALTIMETER; altímetro
ALTITUDE; altitud, altura, elevación
    ANGLE; (lev) ángulo vertical
    LEVEL; nivel de altitud
    VALVE; válvula reguladora de nivel
ALTOGETHER COAL; carbón no cribado
ALUM; alumbre; sulfato de aluminio
    POT; (pa) tanque alimentador de alumbre
ALUMINA; alúmina
    BRICK; ladrillo refractario de alúmina
    CEMENT; cemento de alúmina
    FIBER; fibra de alúmina
ALUMINATE; aluminato
    CONCRETE; concreto aluminato
ALUMINIUM; aluminio
ALUMINIZE; aluminizar
ALUMINUM; aluminio
    BRASS; latón de aluminio
    BRONZE; bronce de aluminio
    FOIL; hoja de aluminio
    HYDROXIDE; hidróxido de aluminio
    OXIDE; óxido de aluminio
    PAINT; pintura alumínica

PIPE; tuberia alumínica
STEEL; acero al aluminio
SULPHATE; sulfato de alumunio
ALUMINUM-BASE ALLOY; aleación a base
de aluminio
ALUNITE; alunita
AMALGAMATION PROCESS; beneficio
por amalgamación
AMALGAMATOR; amalgamador
AMBIENT; ambiente
AIR; aire de ambiente
LIGHTING; alumbrado de ambiente
MOISTURE; humedad de ambiente
TEMPERATURE; temperatura de ambiente
AMBURSEN DAM; presa Ambursen, presa de plana
AMENDMENT; enmienda, modificación
AMENITY AREA; area de servicio
AMERICAN; americano
BOND; (lad) trabazón ordinaria
GAGE; calibre americano
OAK; roble americano
STANDARD WIRE GAUGE; gasa de alambre
de reglamento Americano
TABLE OF DISTANCES; tabla de distancias
Americana
WALNUT; nogal negro
AMMETER; amperímetro
AMMONAL; explosivo de nitrato de amonio con
aluminio pulverizado
AMMONIA; amoníaco
FEEDER; (is) alimentador de amoníaco
FITTINGS; (tub) accesorios a prueba
de amoníaco
GAGE; manómetro de presión de amoníaco
VALVE; válvula a prueba de amoníaco
AMMONIUM; amonio
CHLORIDE; cloruro de amonio
SULPHATE; sulfato de amonio
AMOEBA; (is) ameba
AMORPHOUS; amorfo
AMORTIZATION; amortización
AMORTIZED COST; costo amortizado
AMOUNT OF MIXING; cantidad de mezcleo
AMPERE; amperio
AMPERE-FOOT; amperio-pie
AMPERE-HOUR; amperio-hora
AMPEREMETER; amperímetro
AMPHIBOLITE; (geol) anfibolita
AMPHITHEATER; ampiteatro
AMPLIFICATION; (eléc)(optics) amplificación
FACTOR; factor de amplificación
AMPLIFIER; amplificador
AMPLITUDE; amplitud
COMPASS; brújula de azimut
FACTOR; factor de amplitud
AMYGDALOID; (s) roca amigdaloide
AMYL ACETATE; acetato de amila

AMYL XANTHATE; xantato de amila
ANABOLIC; (is) anabólico
ANACLINAL; anaclinal
ANAEROBE; (is) anaerobio
ANAEROBIC; aneróbico
BACTERIA; bacteria anaeróbica
DIGESTION; digestión aneróbica
ANALCITE; analcita
ANALLATISM; (lev) analatismo
ANALOG; análoga
ANALOGOUS ARTICLES; articulos análogos
ANALOGY; (mat) analogía
ANALYSIS; análisis
SAMPLE; muestra de análisis
SIEVED; análisis tamizado
ANALYTICAL; analítico
ANALYZE; analizar
ANCHOR; (cons) trabilla, ancla; (náut) ancla, áncora,
anclote; (v)(cons) sujetar, trabar, asegurar, anclar;
(náut) anclar, ancorar; fondear
BEARING PLATE; placa de apoyo de anclaje
BOLT; perno de anclaje, perno de fundación
BLOCK; bloque de anclaje
BUOY; boya de anclaje
CABLE; cable de anclaje
HITCH; enganche de vuelta
ICE; hielo de anclas
PIN; pasador de anclaje
PLATE; placa de sujeción, contraplaca
POINT; punto de anclaje
POLE; poste de anclaje
RING; arganeo
SHACKLE; grillete para ancla
TOWER; columna de anclaje, torre de anclaje
WALL; pared de anclaje
ANCHORAGE; (náut) fondeadero, ancladero,
tenedero, (náut) anclaje, ancoraje; (cons)
amarre, sujeción, anclaje
BOND STRESS; esfuerzo de adhesión
ancladero
DEFORMATION OR SEATING; deformación
ancladera
DISTANCE; distancia ancladera
ZONE; zona ancladera
ANDIRON; morillo
ANEMOGRAPH; anemógrafo
ANEMOMETER; anemómetro
ANEMOMETRY; anemometría
ANEROID BAROMETER; barómetro aneroide
ANGLE; ángulo; (est) ángulo, escuadra, vigueta-
escuadra, perfil angular, (M) viga angular,
(C) angular ele
BACK-PRESSURE VALVE; válvula angular
de contrapresión
BAR; (fc) eclisa de ángulo, barra angular,
(C) mordaza, barrote
BEAD; (tub) reborde angular, cantonera

BRACE; (conc) cuadral, riostra angular, berbiquí para ricones
BRACKET; ménsula angular
BUTT WELD; soldadura a tope en ángulo
CHECK VALVE; válvula angular de retención
CLOSER; cerrado angular
COMPRESSOR; compresor de ángulo
COUPLING; acoplamiento angular
CUTTER; máquina cortadora de hierros angulares
DIVIDER; partidor de ángulo
DOZER; hoja de empuje angular
GAUGE; regla angular
INDICATOR; indicador de ángulos
IRON; hierro angular, ángulo de hierro, (Es) cantonera, (C) angular ele
JIB; aguilón angular
JOINT; *(s)*(cons) junta angular
OF ADVANCE; ángulo de avance
OF BEND; ángulo de dobladura
OF CONTACT; ángulo de contacto
OF DEFLECTION; ángulo de desviación
OF DEPRESSION; (lev) ángulo de depresión, ángulo descendente
OF DEVIATION; ángulo de desviación
OF ELEVATION; (lev) ángulo vertical, ángulo de elevación
OF FRICTION; ángulo de fricción
OF INTERSECTION; (fc) ángulo de intersección, ángulo de contingencia
OF LAG; ángulo de retraso
OF LAY; ángulo de tendido
OF LEAD; ángulo de avance
OF NATURAL REPOSE; ángulo de reposo natural
OF NIP; ángulo de corto
OF OPERATION; ángulo de operación
OF PILLOW BLOCK; caja de chumacera angular
OF SHEARING RESISTANCE; (ms) ángulo de resistencia al corte
OF SKEW; ángulo de sesgo, ángulo de esviaje
OF THREAD; ángulo de rosca
OF WALL FRICTION; ángulo de fricción del relleno con el muro
OF WRAP; ángulo de contacto entre polea y correa
POST; ángulo de poste
PRISM; (lev) escuadra prisma
RAFTER; lima tesa
RIB; (groin) aristón
STRIKE; (esclusa) cerradero angular
TARGET; (lev) mira angular
TIE; ligadura angular
TILE; tablilla angular
TROWEL; llana acodada
VALVE; válvula angular
WELD; soldadura en ángulo

WRENCH; llave acodada
ANGLEDOZER; (ec) hoja de empuje angular, (A) topadora angular, (M) escrepa de empuje en ángulo
ANGLES BACK TO BACK; (est) ángulos espalda a espalda
ANGLESITE; anglesita
ANGULAR; angular
ACCELERATION; aceleración angular
ADVANCE; (mv) ángulo de avance
BIT STOCK; berbiquí acodado
DISPLACEMENT; calaje, desviación angular
LEAD; ángulo de avance
MILLING; fresado angular
MISALIGNMENT; desalineamiento angular
PARTICLE; partículo angular
PITCH; (eléc) avance angular
ROTATION; rotación angular
ANGULAR-CONTACT BEARING; cojinete de contacto angular
ANHYDRIDE; anhídrido
ANHYDRITE; anhidrita
ANHYDROUS; anhidro
ANIMAL; *(s)* animal
CHARCOAL; carbón animal
ANION; (quim) anión
ANIONIC EMULSION; emulsión aniónica
ANISOTROPIC SOIL; suelo anisotrópico
ANNEAL; recocer, destemplar
ANNEALED WIRE; alambre recocido
ANNEALING FURNACE; horno de recocer
ANNEX; (ed) anexo
ANNUAL; anual
GROWTH; desarrollo anual
RING; anillo anual
ANNULAR; anular
ANNULATED COLUMN; columna anillada
ANNULET; anillejo
ANNUNCIATOR; anunciador
WIRE; alambre de anunciador
ANODE; ánodo
ANODIC; anódico
ANTAGONISTIC SPRING; resorte antagonista, resorte de retroacción
ANTHRACIFEROUS; (geol) antracífero
ANTHRACITE COAL; antracita
ANTICHLOR; anticloro
ANTICLINAL; anticlinal
ANTICLINE; (geol) anticlinal
ANTICOAGULANT; anticoagulante
ANTICONDENSATION; anticondensación
ANTICORROSIVE; anticorrosivo
ANTICREEP DEVICE; aparato antideslizante
ANTIDETONANT; antidetonante
ANTIEPICENTER; antiepicentro
ANTI-EXTRUSION RING; anillo antiestiramiento
ANTIFOAM ADDITIVE; aditivo antiespumante

ANTIFREEZE; anticongelante
    SPRINKLER SYSTEM; sistema rociador
    anticongelante
ANTIFRICTION; antifricción, contrafricción
ANTIGLARE; (vidrio) antideslumbrante
ANTIHAMMER DEVICE; aparato antimartillo
ANTI-INCRUSTATOR; antincrustante
ANTIKNOCK; antigolpeteo
ANTILOCK BRAKE SYSTEM; sistema de frenos
    antitrabaderos
ANTILOCK VALVE; válvula antitrabadora
ANTILOGARITHM; antilogaritmo
ANTIMONIAL LEAD; plomo antimonioso
ANTIMONITE; (miner) antimonita
ANTIMONY; antimonio
    CRUDE; sulfuro de antimonio
    WHITE; trióxido de antimonio
ANTIOXIDANT; antioxidante
ANTIPARALLEL; *(s)* antiparalela *(a)* antiparalelo
ANTIPICK LATCH; aldaba antiforzada
ANTIPRIMING; (cal) antiebullicivo
ANTIROTATION DEVICE; aparato antirotativo
ANTIRUST; antioxidante, anticorrosivo
ANTISAG BAR; barra antipandeo
ANTISCALE COMPOUND; antincrustante
ANTISEISMIC; antisísmico
ANTISEPTIC; antiséptico
ANTISIPHON; antisifonaje
ANTISKID; antipatinador
ANTISLIP; antirresbaladizo
ANTISQUEAK; antirrechinante
ANTISTATIC FLOOR; piso antiestático
ANTISTRIPPING COMPOUND; (ca) compuesto
    adhesivo
ANVIL; yunque, bigornia, (M) ayunque; (inst) tope,
    quijada fija
    BEAK; pico del yunque
    BLOCK; yunque inferior del martinete
    CHISEL; tajadera de yunque
    CUTTER; tijeras de golpe
    DROSS; escoria de fragua
    STOCK; cepo del yunque
    TOOLS; herramientas de yunque
    VISE; yunque de tornillo
ANVIL-FACED FROG; corazón con inserciones
    de acero endurecido
APARTMENT; apartamento
APERTURE; abertera
APEX; ápice
APLANATIC; aplanático
APLITIC; aplítico
APLOGRANITE; aplogranito
APOGEAN TIDES; mareas muertas
APOGEE; apogeo
APOMECOMETER; (lev) apomecómetro
APPARATUS; aparato
APPARENT; aparente

    COHESION; (ms) cohesión aparente
    DIRT CAPACITY; capacidad de tierra aparente
    EFFICIENCY; rendimiento aparente
    HORIZON; horizonte sensible
    PITCH; (rosca) paso aparente
    POWER; potencia aparente
    VISCOSITY; viscosidad aparente
APPEARANCE; aparencia
APPLIANCE; dispositivo, aparato
APPLICATOR; aplicador
APPLIED; aplicado
    COST; costo aplicado
    FINISH; (conc) revoque, estuco
    HYDRAULICS; hidráulica aplicada
    MECHANICS; mecánica aplicada
    MOLDING; moldeado aplicado
    TORQUE; momento de torsión aplicado
APPORTIONMENT; distribución, reparto
APPRAISAL; valuación, apreciación
    INCREASE; aumento de tasación
    REPORT; reporte de tasación
APPRAISED; apreciado, valorado, tasado
    PRICE; precio tasado
    VALUE; valor tasado
APPRAISER; tasador, apreciador
APPRECIATION; apreciación, valoración
APPRENTICE; aprendiz
APPRENTICESHIP; aprendizaje, noviciado
APPROACH; *(s)* acceso (M) aproches
    ANGLE; ángulo de acceso
    CHANNEL; (hid) canal de llegada, canal
    de acceso
APPROPRIATION; apropiación
APPROVAL; aprobación
APPROVED; aprobado
    EQUAL; igual aprobado
APPROXIMATE; *(a)* aproximado
APPROXIMATION; aproximación
APPURTENANCE; accesorio, aditamento
APRON; (hid) zampeado, platea, escarpe,
    (C) vertedero; (U) carpeta posterior; (mec) mandil,
    placa delantal; (geol) cono aluvial; (ventana)
    guarnición debajo de la repisa;
    (torno) placa frontal del carro corredizo, tablero;
    (A) plataforma de pista
    CONVEYOR; transportador de mandil
    FEEDER; alimentadora, mandil alimentador
    FLASHING; mandil escurridor
    LOADER; cargador de mandil
    MOLDING; mandil moldeador
    PIECE; pedazo de mandil
    TRACK; (pier) vía a lo largo del espigón
    WALL; antepecho, pared entre piso y repisa
    de la ventana
AQUADIC; acuático
AQUEDUCT; acueducto, conducto
    BRIDGE; puente acueducto

CANAL; canal de conducción
AQUEOUS; acuoso
AQUIFER; capa acuífera
AQUIFER TEST; prueba acuífera
ARABESQUE; arabesco
ARBITRATE; arbitrar
ARBITRATION; arbitraje, arbitración
ARBITRATOR; árbitro, arbitrador
ARBOR; (maq) árbol, eje
ARC; *(s)* arco; *(v)*(eléc) formar arco
    BRAZING; soldadura de arco con latón
    GATE; (min) compuerta de arco
    LAMP; lámpara de arco
    LIGHTING; alumbrado por lámparas de arco
    PITCH; paso circunferencial
    STABILIZER; (sol) estabilizador de arco
    STREAM; (sol) flujo de arco
    SURFACING; (sol) revestimiento con
    arco eléctrico
    WELDER; soldador de arco
    WELDING; soldadura de arco
ARCADE; arcada, arquería, (A) recoba
ARCH; *(s)* arco, boveda *(v)* arquear, abovedar
    BAR; barra arqueada, barra de arco
    BRICK; ladrillo de arco
    BRIDGE; puente arqueado, puente de arco
    DAM; presa en arco, presa-bóveda
    TRUSS; armadura en arco
ARCHED WEB; alma combada
ARCHIMEDES SCREW; tornillo Arquímedes
ARCHING; arqueado, en forma de arco
ARCHITECT; arquitecto
ARCHITECT-ENGINEER; ingeniero-arquitecto
ARCHITECT'S SCALE; escala de arquitecto
ARCHITECTURAL; arquitectónico
    CONCRETE; concreto arquitectónico
    DESIGN; diseño arquitectónico
    DRAWING; dibujo arquitectónico
    MODEL; modelo arquitectónico
    PROGRAM; programa arquitectónico
    RENDERING; versión arquitectónica
ARCHITECTURE; arquitectura
ARCHITRAVE; arquitrabe
ARCHIVE; archivo
ARCHWAY; arcada, pasaje abovadado
AREA; área
    DIFFERENTIAL SYSTEM; sistema de
    área diferencial
    DIVIDER; partidor de área
    DRAIN; desagüe de área
    ESTIMATING METHOD; método de estimación
    de área
    OF CONTACT; área de contacto
    OF STEEL; área de acero
    REGULATION; regulación de área
    SEPARATION WALL; pared de separación
    de área

    WALL; pared de área
AREAWAY; luz frente a una ventana de sótano,
    ventilación
ARENA; arena, dedondel
ARENACEOUS; arenoso, arenáceo
AREOMETER; areómetro
ARGILLACEOUS; arcilloso
ARID; árido
    CHAMBER; cámara árida
ARKANSAS OILSTONE; especie de piedra de afilar
ARM; (mec) brazo; palanca; (lluvia) ramal, brazo
    CYLINDER; cilindro de brazo
    RESTRAINER; brazo de restricción
ARMATURE; armadura
    BAND; bandaje del inducido
    BORE; diámetro del hueco para el inducido
    COIL; bobina del inducido
    CORE; núcleo del inducido
    HUB; cubo del inducido
    LEAKAGE; dispersión en el inducido
    VARNISH; barniz para inducidos
    WINDING; devanado del inducido
ARMCO IRON; (trademark) hierro de alta pureza
ARMOR; coraza, blindaje
    COAT; (ca) revestimiento, carpeta, blindado
ARMORED; blindado, acorazado
    CABLE; conductor con coraza metálica,
    cable acorazado
    CONCRETE; concreto acorazado
    FRONT; fachada acorazada
    HOSE; manguera alambrada
ARMORY; armería
ARM'S LENGTH; mantenerse a distancia
ARRAY; formación
ARRESTER; (mec) detenedor
ARRIS; arista
ARRIVAL PLATFORM; (fc), andén de llegada
ARROW; (lev) aguja de cadeneo
ARSENIC; arsénico
ARSENITE; arsenito
ARSON; incendio premeditado
ARTESIAN; artesiano, surgente
    AQUIFER; artesiana acuífera
    HEAD; carga artesiana
    SPRING; fuente artesiana
    WATER; agua artesiana
    WELL; pozo artesiano
ARTICLE; artículo
ARTICULATED; articulado
    DUMP TRUCK; camión de volteo articulado
    FLOOR; piso articulado
    JIB; pescante articulado
    JOINT; unión articulada
    LOCOMOTIVE; locomotora articulada
ARTICULATION; articulación
ARTIFICIAL; artificial, frabricado
    ABRASIVE; abrasivo artificial

ASPHALT; asfalto artificial
CONTAMINANT; contaminante artificial
FUEL; combustible artificial
HARBOR; puerto artificial
HORIZON; horizonte artificial
LAKE; lago artificial
OBSTRUCTION; obstrucción artificial
RECHARGE; recargo artificial
REGENERATION; regeneración artificial
STONE; piedra artificial
ARTISAN; artesano
ASBESTOS; asbesto, amianto; *(a)* asbestino
BLANKET; colchón de asbesto
BOARD; cartón de asbesto
BONDING; liga de asbesto
CEMENT; cemento de asbesto
COVERED; forrado de asbesto
FELT; fieltro de asbesto
FIBER; fibra de asbesto
ASBESTOS-CEMENT PRODUCTS; productos de abesto-cemento
ASBESTOS-DIATOMITE; diatomita de asbesto
ASBESTOS-FREE PRODUCTS; productos libre de asbesto
ASBESTOS-INSULATED WIRE; alambre forrado de asbesto
ASBESTOS-PROTECTED METAL; metal revestido de asbesto
ASBESTOS-VARNISHED CAMBRIC; (ais) asbesto-cambray barnizado
AS BUILT DRAWING; construído como el dibujo
A SCALE; escala A
ASCENDING GRADE; pendiente en subida
ASCHISTIC; (geol) asquístico
AS DRAWN; como dibujado
ASEISMATIC; resistente a terremotos
ASEISMIC; asísmico
ASEISMICITY; asismicidad
ASH; ceniza; (mad) fresno
CONTENT; contenido de ceniza
EJECTOR; eyector de cenizas
HOIST; montacenizas, elevador de cenizas
ASHES; cenizas
ASH-HANDLING MACHINERY; maquinaria para manejo de cenizas
ASHLARING; (carp) montantes cortos en el ángulo inferior del techo
ASHLAR LINE; línea exterior del muro arriba del zócalo
ASHLAR MASONRY; sillería, fábrica de sillería, cantería, mampostería de sillares, sillarejo
ASHLAR STONE; sillar, piedra labrada, canto, piedra de sillería, (U) piedra de talla
A SPACER; espaciador A
ASHPAN; cenicero, guardacenizas
ASHPIT; cenicero, foso de cenizas, cenizal, zanja cenicera
ASPECT RATIO; proporción

ASPHALT; *(s)* asfalto, betún judaico, brea mineral; *(v)* asfaltar
BASE COURSE; asfalto de capa base
BINDER COURSE; asfalto de capa de ligazón
BLOCK PAVEMENT; pavimento de adoquines de asfalto
BLOCKS; adoquines de asfalto
CEMENT; cemento de asfalto
COLOR COAT; capa de color asfáltica
CONCRETE; concreto asfáltico
CUTTER; cortador de pavimento asfáltico
CUTTINGS; cortados de pavimento asfáltico
DIP; bañado asfáltico
EMULSION; emulsión asfáltica
EXPANSION JOINT; junta de expansión asfáltica
FILLER; relleno asfáltico
MACADAM; macádam asfáltico
MIXING PLANT; fábrica de mezcleo de asfáltico
PAINT; pintura asfáltica
PAVEMENT; pavimento asfáltico
PAVER; asfaltador
PRIMER; (ca) imprimador asfáltico
PUTTY; asfalto plástico, repello o masilla de asfalto, (A) masa plástica
ROCK; piedra asfáltica
ROOFING; techado asfáltico
SPREADER; esparcidor de asfalto
TILE; baldosa de asfalto
ASPHALT-COATED; revestido o bañado de asfalto
ASPHALT-DIPPED; bañado de asfalto
ASPHALTIC; asfáltico
MASTIC; mástique asfáltico
ASPHALT-SAND; arena asfáltica
ASPIRATE; aspirar
ASSAY; ensayo, ensaye, contraste; *(v)* ensayar, contrastar
BALANCE; balanza de ensayo
FURNACE; horno de ensayar
ASSEMBLE; armar, ensamblar
ASSEMBLY; armadura, montaje, montura, ensamble, ensamblaje; (V) acomodo; conjunto, grupo, ensamblado
DRAWING; dibujo de armadura
LANGUAGE; lenguaje de armadura
MARKS; marcas guías
SHOP; armaduría
TIME; tiempo de armadura
ASSESSED VALUE; valuación fiscal
ASSESSOR; asesor, tasador
ASSET; bienes
ASSIGN; asignar
ASSIGNED RISK; riesgo asignado
ASSIGNEE; beneficiario
ASSIGNMENT; asignación, cesión, dejación, traspaso
OF CONTRACT; traspaso de contrato
ASSISTANT; *(s)* asistente, ayudante, auxiliar
ENGINEER; ingeniero ayudante

FOREMAN; sobrestante ayudante
INSPECTOR; subinspector
MANAGER; subgerente, subadministrador,
subdirector, (C) segundo administrador
SUPERINTENDENT; superintendente auxiliar
ASSISTING GRADIENT; pendiente asistente
ASSUMED LIABILITY; responsabilidad presumida
ASSUMED LOADING; carga presumida
ASSUMPTION; suposición, (A) hipótesis
ASSURANCE LEVEL; nivel de seguridad
ASSURED; asegurado
ASSURER; asegurador
ASTATIC; astático
ASTRAGAL; (arq) astrágalo
ASTRONOMIC; astronómico
ASYMMETRICAL; asimétrico
ASYMMETRY; asimetría
ASYMPTOTIC; asintónico
ASYNCHRONOUS; asincrónico
AT GRADE; en grado
ATMOMETER; atmómetro
ATMOSPHERE; atmósfera
ATMOSPHERIC; atmosférico
    COOLING TOWER; torre de enfriamiento
    atmosférico
    CORRECTION; corrección atmosférica
    FEED-WATER HEATER; calentador atmosférico
    INVERSION; inversión atmosférica
ATOM; átomo
ATOMIC; atómico
    HYDROGEN WELDING; soldadura con soplete
    de hidrógeno atómico
    WEIGHT; peso atómico
ATOMIZE; pulverizar
ATOMIZER; pulverizador
ATRIUM; atrio
ATTACH; atar, lijar, fijar, enganchar
ATTACHED; atado, adherido
    COLUMN; columna atada
    DWELLING; morada adherida
    GROUND WATER; agua subterránea adherida
    PIER; pilón atado
ATTACHMENT; aditamiento, fijación, unión
    PLUG; (eléc) tapón de contacto
ATTENUATE; atenuar
ATTEST; atestiguar, certificar
ATTIC; desván, guardilla
ATTRITION; atrición, desgaste
AUCTION; subasta, almoneda
AUDIBLE ALARM; alarma audible
AUDIBLE SOUND; sonido audible
AUDIOVISUAL WARNING SYSTEM; sistema
    de advertencia audiovisual
AUDIT; revisión, ajuste
AUDITOR; interventor, revisador
AUDITORIUM; sala de conciertos, de conferencias
AUGER; barrena, taladro, barrenador

BIT; mecha de barrena
BORING; perforación de barrena
AUGITE; augita
AUGMENTER; aumentador
AUROELE; (geol) aureola
AUSTENTITE; austenita
AUTHORITY; autoridad
AUTHORIZED PERSON; persona autorizada
AUTOBOAT; autobote
AUTOCLAVE; autoclave, marmita hermética
    CURING; curación autoclava
    CYCLE; ciclo autoclave
    EXPANSION TEST; (conc) ensayo de expansión
    en autoclave
AUTOCOLLIMATION; autocolimación
AUTODYNAMIC; autodinámico
AUTOGENETIC; (geol) autogenético
AUTOGENOUS HEALING; curación autógena
AUTOGENOUS WELDING; soldadura autógena
AUTOIGNITION; autoencendido
AUTOINDUCTION; autoinducción
AUTOMATIC; automático
    ADVANCE; avance automático
    CONTROL; control automático
    COUNT; cuenta automática
    COVER; tapa automática
    ELEVATOR; elevador automático
    FEED; alimentador automático
    FEEDER CONTROL; control de alimentador
    automático
    FLASHBOARD; alza automática
    FLUSH TANK; descarga automática
    GRADE CONTROL; control de gradiente
    automático
    OPERATION; operación automática
    SLOPE CONTROL; control de talud automático
    SPRINKLER; reciador automático, regadera
    automática
    SPRINKLER SYSTEM; sistema de rociador
    automático
    TRACTION CONTROL (ATC); control
    automático de tracción
    TRANSFER DEVICE; aparato automático
    de transferencia
    WELDING; soldadura automática
AUTOMATION; automatización
AUTOMOBILE; automóvil
    JACK; levantacoches
    LIFT; elevador de automóviles
AUTOMOTIVE; automotor, automóvil
    ENGINEER; autotécnico, ingeniería
    de automóviles
    HARDWARE; herrajes para automóviles
AUTOSTARTER; arrancador automático
AUTOTRANSFORMER; transformador automático
AUTOTRUCK; autocamión
AUXILIARY; auxiliar

EQUIPMENT; equipo auxiliar
FUEL PUMP; bomba de combustible auxiliar
FUEL TANK; tanque de combustible auxiliar
HEAT; calefacción auxiliar
HOIST; malacate auxiliar
LOAD; carga auxiliar
RAFTER; cabrio auxiliar
REINFORCEMENT; reforzamiento auxiliar
SECTION; sección auxiliar
AUXILIARY-POWER ELEVATOR; elevador
de fuerza auxiliar
AVAILABILITY FACTOR; factor de disponibilidad
AVAILABLE CARBON; carbón disponible
AVAILABLE HEAD; (hid) salto disponible
AVALANCHE; alud, avalancha
AVERAGE; promedio, término medio; (seg) avería
ADJUSTER; asesor de averías
AGREEMENT; (fc) convenio sobre cargos
por estadía
BOND; fianza de averías
COVER; cubierta de averías
DIMENSION; dimensiónes de averías
HAUL; acarreo de promedio
LOSS; (seg) pérdida parcial
POLICY; póliza de averías
PRESSURE; presión media
RELATIVE HUMIDITY; humedad relativa
media
SURVEYOR; comisario de averías
AVOIDED COST; costo evitado
AVULSION; arrancamiento
AWARD; (contrato) conseción; adjudicación;
(v) adjudicar
OF CONTRACT; contrato de adjudicación
AWASH; a flor de agua
AWL; lesna, lezna
AWNING; pabellón, toldo
AX(E); hacha, segur
EYE; ojo tipo de hacha
HANDLE; mango de hacha
STONE; piedra afiladora de hachas
AXHAMMER; martillo para desbastar piedra
AXHEAD; cabeza de hacha
AXIAL; axil, axial, (Es) áxico
COMPRESSION; compresión axial
FLOW TURBINE; turbina axial
LOADING; cargamento axial
MOTION; movimiento axial
SEAL; sello axial
THRUST; empuje axial
AXIS; eje, línea central
OF COLLIMATION; (lev) línea de colimación
OF COORDINATES; eje de coordenadas
OF ROTATION; eje de rotación
OF SYMMETRY; eje de simetría
OF TILT; eje de inclinación
OF WELD; eje de soldadura

AXLE; eje, árbol
CHAMBER; caja de engrase
GREASE; grasa para ejes
GUIDE; (fc) guía de la caja del eje
HOUSING; envoltura del eje
LOAD; carga sobre un eje
PRESS; prensa de eje
RATIO; relación de eje
SHAFT; (auto) semieje
SLEEVE; manguito del eje
STEEL; acero del eje
WEIGHT; peso del eje
WIDTH; anchura de eje
AXLE-STEEL REINFORCING BARS; barras
de refuerzo de acero del eje
AXLETREE; eje de carretón
AXMAN; (sruv) (lev) hachero, leñador, estaquero,
(Ec) portaestacas
AXONOMETRIC PROJECTION; proyección
axonométrica
AZIMUTH; azimut, acimut
CIRCLE; círculo azimutal
COMPASS; brújula de azimut
DIAL; cuadrante azimutal
TRAVERSE; trazado azimutal

B

BABBITT; *(v)* revestir de metal antifricción, forrar de metal Babbitt
BABBITTED FASTENING; fajación con metal Babbitt
BABBITT METAL; metal Babbitt
BACILLARY; bacilar
BACILLUS; bacilo
BACK; *(s)* trasera, de atrás; reverso, revés; (herr) lomo, dorso; (asiento) espaldar, respaldo; (min) techo de la labor; *(v)* marchar atrás, retroceder, dar contramarcha; apoyar, favorecer; *(a)* posterior, trasero
   AMPERE TURNS; contra-amperios-vueltas
   BOARD; respaldo
   BREAKING; deslomador
   CENTER; (torno) cotrapunta de la muñeca
   CLEARANCE; espacio libre posterior
   CONNECTED; conectado de atrás
   CORNER; esquina de atrás
   CUT; recorte
   DRAFT; contratiro
   DRAIN; desagüe trasero
   EDGE; (herr) contrafilo
   ELECTROMOTIVE FORCE; fuerza contraelectromotriz
   END; retraso
   FOLLOWER; el siguiente de atrás
   HAUL; retroceso
   HAUL ROPE; cable de retroceso
   KICK; contragolpe
   LOG; atraso
   ORDER; orden de retraso
   STOPE; (min) grada al revés, testero
   STROKE; carrera de retroceso
   TO BACK; espalda a espalda
   UP; apoyar, respaldar
   UP MATERIAL; material de respaldo
   VENT; tubo de antisifonaje
   VIEW; vista por detrás, vista al fondo
   WHEELS; ruedas traseras
BACKBONE; (fc) vía de escala
BACK-CONNECTED SWITCH; interruptor de conexiones por detrás
BACKDIGGER; (ec) retroexcavador, pala de arrastre
BACK-DROP; telón de foro
BACKED OFF; (maq) despojado

BACK-END SYSTEM; sistema de retraso
BACKER; el que apoya, partidario
BACKFILL; *(s)* relleno, rehincho, *(v)* rellenar, rehinchar
   BLADE; cuchillo, hoja de relleno
   CONCRETE; concreto de relleno
   DENSITY; densidad de relleno
   TAMPER; (ec) pisonador de relleno, apisonador
BACKFILLER; (ec) rellenadora
BACKFILLING; relleno, rellanamiento, (C) rehincho
BACKFIRE; *(s)* (auto) petardeo, contraexplosión; (auto) encendido anticipado, ignición a contratiempo; (sol) retroceso momentáneo de la llama; *(v)* auto, petardear
BACKFLOW; contraflujo
BACKFLOW PREVENTER; estorbador de contraflujo
BACKGROUND CONTAMINATION; contaminación al fondo
BACKHAND WELDING; soldadura a la inversa, soldadura de revés
BACKHAUL ROPE; cable de retroceso
BACKHOE; (ec) retroexcavador
BACKHOE/LOADER; cargador/retroexcavador
BACKING; (fin) apoyo, (auto) retroceso, contramarcha
   MATERIAL; material de respaldo
   STRIP; (sol) pletina de respaldo
   TIER; grada de respaldo
   UP; apoyando
BACKING-OUT PUNCH; botador, pasador para sacar remaches
BACKLASH; reacción violenta, contragolpe
BACK-OUTLET BEND; (tub) curva en U con salida trasera
BACK-OUTLET CROSSOVER; (tub) curva de paso con salida trasera
BACKPACK; carga de respado
BACKPLATE; espaldar
BACK-PRESSURE STEAM; contravapor
BACK-PRESSURE TURBINE; turbina de contrapresión
BACK-PRESSURE VALVE; válvula de contrapresión
BACKREST; recargador
BACKSAW; sierra de lomo, sierra con sobrelomo, sierra de trasdós, serrucho de costilla
BACKSET; (esclusa) distancia del frente a la bocallave o perilla
BACKSIDE; trasero, posaderas
BACKSIGHT; visual inversa, mira de espalda, retrovisual; retrolectura, (Es) nivelada de atrás
BACKSIPHONAGE; antisifonaje
BACKSIPHON PREVENTER; estrobador de antisifonaje
BACKSLIDE; reincidir
BACKSLOPE; *(s)*(ca) talud del corte, talud exterior de la cuneta; *(v)*(ca) cortar los taludes del corte
BACKSTAY; brandal, burda, traversa
BACK-STEP WELDING; soldadura de retroceso

BACKWALL; muro de retención encima del asiento del puente

BACKWASH; *(s)* contracorriente, *(v)*(filtro) lavar por contracorriente de agua limpia

BACKWATER; remanso, cilanco
    CURVE; curva de remanso
    GATE; compuerta de retención
    SUPPRESSOR; eliminador de remanso

BACTERIA; bacterias

BACTERIAL CORROSION; corrosión bacteriano

BAD AIR; mal ambiente

BAD DEBT; deuda incobrable

BADGER; importunar, molestar

BAD ORDER; desarreglo, descompostura

BAFFLE; *(s)* deflector, chicana, desviador
    BLOCKS; (hid) dados de amortiguamiento, dados deflectores
    PIERS; dientes de choque, dados deflectores
    PLATE; placa deflectora, placa de desviación, placa de choque, chicana
    SCREW; tornillo deflector
    WALL; pared desviadora, muro de obstrucción, tabique interceptor, atajadizo, muro de chicana, (C) pantalla, (M) muro de impedir

BAG; *(s)* saco, bolsa, (M) costal; *(v)* embolsar, ensacar
    BALER; máquina empacadora de sacos
    CLEANER; limpiador de sacos
    DAM; presa de sacos
    ELEVATOR; montasacos
    OF CEMENT; saco de cemento
    PILER; hacinador de sacos
    PLUG; tapón de saco

BAGGAGE CAR; furgón de equipajes

BAGGAGE TRUCK; carretilla de equipaje

BAGGING; apillera, malacuenta, tejido de saco

BAGHOUSE; casa de sacos, casa de bolsas

BAIL; *(s)*(balde) asa, cogedero, *(v)* achicar, baldear

BAILER; arhicador

BAILING BUCKET; capacho de baldeo

BAKE; cocer al horno

BAKELITE; (trademark) bakelita

BAKELIZED; baquelizado

BAKING; cocción

BALANCE; *(s)*(mec) balanza, balance, *(v)*(mec) balancear, equilibrar, compensar; (lev) ajustar
    BAR; barra de balance
    BEAM; balancín, astil de balanza
    BOB; contrabalacín
    BOX; caja de equilibro
    OF TRADE; balance de oficio
    PISTON; émbolo compensador
    POINT; punto de equilibración
    SHAFT; eje de balance
    WEIGHTS; contrapesos
    WHEEL; volante

BALANCED CONSTRUCTION; construcción compensadora

BALANCED CRANKSHAFT; cigüeñal de compensación, cigüeñal equilibrado

BALANCED CUT; corte balanceado

BALANCED CUT AND FILL; corte y relleno balanceado

BALANCE DIAMETER; diámetro balanceado

BALANCED LOAD; carga equilibrado

BALANCED NEEDLE VALVE; válvula equilibrada de aguja

BALANCED REINFORCEMENT; reforzamiento equilibrado

BALANCED TENSION; tensión balanceada

BALANCED TRAFFIC; tráfico equilibrado

BALANCED VALVE; válvula equilibrada, válvula balanceada, válvula compensadora

BALANCER; grupo compensador

BALANCING; balanceo; compensación
    A SURVEY; balanceando un levantamiento
    COIL; autotransformador
    SET; (eléc) juego balanceador, grupo compensador
    SUBGRADE; balanceando la plataforma de la vía

BALATA; balata

BALCONY; balcón

BALE; *(s)* fardo, bala, paca *(v)* empacar, enfardar
    HOOKS; ganchos de fardo

BALK; (carp) madero, viga

BALL; bola, bala, balín
    BEARING; chumacera de balines, cojinete de bolas, redamiento de bolitas
    CAGE; jaula de balines, caja de bolas
    CHECK VALVE; válvula de retención a bola
    CLAY; barro de bola
    COCK; llave de bola, llave de flotador
    FLOAT; flotador de bola
    GOVERNOR; regulador de bolas
    GRINDER; moledora de bolas
    JOINT; junta esférica, junta de bola, articulación de rótula
    MILL; molino de bolas
    RACE; caja de balines, jaula de bolas, anillo de bolas
    REAMER; escariador esférico
    SOCKET; cojinete esférico
    TEST; prueba de bola
    VALVE; válvula de bola

BALL AND SOCKET JOINT; articulación esférica

BALLAST; *(s)*(fc) balasto, lastre, (náut) lastre; (eléc) resistencia; *(v)*(fc) balastar, embalastrar; (náut) alastrar
    CAR; carro para balasto
    CLEANER; limpiador de balasto
    FORK; horquilla para balasto
    PIT; balastera, mina de balasto
    PLOW; (fc) arado para descargar balasto
    SPREADER; extendedor de balasto, tendedor de balasto

TAMPER; acuñador de balasto, bateador de balasto
TANK; (náut) tanque para lastre de agua
UNLOADER; máquina descargadora de balasto
WEIGHT; peso de balasto
BALLASTING; balastaje, lastraje, embalastrado
BALL-BEARING HINGE; bisagra a munición
BALLOON; globo, balón
TIRE; goma de balón, neumático de balón
BALL-PATTERN HANDRAIL FITTINGS; accesorios de tubería tipo de bola
BALL-PEEN HAMMER; martillo con boca esférica, martillo de bola
BALL-POINT DIVIDERS; compás con punta de bola
BALL-TIP DOOR BUTT; bisagra de bolitas
BALSA; (madera) balsa
BALSAM POPLAR; álamo balsámico
BALTIMORE TRUSS; armadura Baltimore
BALUSTER; balaústre
BALUSTERED; balaustrado
BALUSTRADE; barandado, balaustrada
BRACKET; ménsula balaustrada
LIGHTING; alúmbrado balaustrada
BAMBOO; banbú, caña brava
BAND; *(s)* zuncho, banda, fleje, (M) cincho; franja; (min) estrato, capa; *(v)* zunchar, enzunchar, cinchar
BRAKE; freno de banda, freno de cinta
CHAIN; (lev) cinta gruesa de acero con graduaciones muy espaciadas
CLUTCH; embrague de banda
CONVEYOR; transportador de correa, transportador de cinta
IRON; cinta de hierro, fleje
MILL; aserradero de sierra sin fin
PULLEY; polea ancha
RESAW; reaserradero sin fin
SAW; sierra sin fin, sierra de cinta, aserradora de banda, sierra de cordón, sierra huincha
SCREEN; cedazo de banda, criba de correa
SHELL; casco de banda
WHEEL; rueda de banda
BANDALET; fajita, cintilla
BANDED; cintado
BAND-EDGE FLAT; barra plana con cantos de fleje
BANDER; máquina para zunchar inducidos
BAND-FRICTION HOIST; malacate de fricción de banda
BAND-SAW PULLEY; polea portasierra, volante portasierra
BANISTER; baranda
BANJO SIGNAL; (fc) señal de disco, señal de guitarra
BANJO TORCH; antorcha de pared, antorcha de guitarra
BANK; *(s)* cantera de grava o arena, (fin) banco, (curva) peralte (rio) orilla, margen, ribera; (tierra) terraplén, bancal; talud, escarpa; (náut)

bajo, encalladero, banco; (min) boca del pozo; *(v)*(fin) depositar, (curva) peraltar; (cal) cubrir, amontonar; cubrir con carbón; (palancas) agrupar
CUBIC METER/CUBIC YARD; metro cúbico bancal, yarda cúbica bancal
GRAVEL; grava de cantera, grava de mina
HEAD; (min) boca del socavón
MEASURE; medida de grava
OF BOILERS; batería de calderas
OF LEVERS; grupo de palancas
OF TRANSFORMERS; grupo de transformadores
PLUG; cuña de cantería
PROTECTION; protección de las orillas, defensa de márgenes, defensa fluvial
SLOPING; talud cantería
STORAGE; (hid) acopio en las riberas, almacenamiento en las riberas
BANKER; banquero
BANK-RUN GRAVEL; grava como sale de la cantera, grave sin cribar
BANKRUPTCY; bancarrota, quiebra
BANKSMAN; (min) capataz en la boca del pozo
BANQUETTE; banqueta
BANTAM MIXER; mezclador portátil pequeño
BAR; *(s)*(herr) alzaprima, palanca, pata de cabra, pie de cabra; (ref) barra, varilla, (C) cabilla; (hogar) barrote; (rejilla) barra, pletina, solera; (náut) banco, arenal, alfaque; (cerco) barrera; (plata) lingote, barra; *(v)*(roca) aflojar con alzaprima, barretear
BENDER; doblador de barras, doblador de varillas
CHANNEL; perfil canal de altura menor de 3 pulgadas
CHUCK; mandril de un solo agujero
CUTTER; cortador de barras, cortador de varillas
FABRICATOR; fabricante de barras
HANGER; colgador de barras
IRON; hierro en barras
JOIST; viga de enrejado de barras
LOCK; escálamo
MILL; laminador de barras
SCREEN; rejilla, enrejado, reja de barras
SHEAR; cizalla para barras
SOLDER; soldadura en barras
SPACER; espaciador de barras
STOCK; acero en barras
SUPPORT; silleta para barras de refuerzo
T; perfil T de alma menor de 3 pulgadas
TIE; atadura de alambre para barras de refuerzo
WINDING; devanado de barras
Z; perfil Z de 1 3/4 pulgada de altura
BARBED; arponado
BOLT; perno arponado
ROOFING NAIL; clavo arponado de techar
WIRE; alambre de espinas, alambre de púas, (AC) alambre espigado

BAR-BENDING SCHEDULE; horario de doblación de barras
BARE; desnudo
    CONDUCTOR; conductor desnudo
    DUCK; loneta desnuda
    ROOT; raíz desnuda
    SITE; sitio descubierto
    SOIL; suelo, tierra descubierta
    WIRE; alambre desnudo, hilo desnudo
BARE-FACED TENON; espiga desfachatada
BARGE; barcaza, lanchón, pontón, gabarra
BARGELOAD; barcada, lanchada
BARGEMAN; lanchero, barquero, gabarrero
BARITE; baritina
BARIUM; bario
    CHLORIDE; cloruro de bario
    SULFATE TEST; prueba de sulfato de bario
BARK; *(s)* corteza, cáscara, *(v)* descortezar
    MILL; descortezadora
    POCKET; (mad) bolsa de corteza
    RESIDUE; residuo de descortezado
    SPUD; escoplo para descortezar
BARKER; cortezador
BARKING DRUM; tambor giratorio descortezador
BARKING IRON; laya para descortezar
BARLEY COAL; antracita de tamaño 1/16 pulgada a 3/16 pulgada
BARNACLE; lapa escaramujo
BAROGRAPH; barógrafo
BAROMETER; barómetro
BAROMETRIC PRESSURE; presión barométrica
BAROMETROGRAPH; barógrafo
BAROQUE; barroco
BAROTHERMOGRAPH; barotermógrafo
BARRACKS; barraca, barracón, cuartel
BARRAGE; (hid) azud, presa de derivación, barraje
BARRAGE-TYPE SPILLWAY; aliviadero de compuertas
BARREL; *(s)* barril, barrica, (B) turril; (arco) cañón, (cal) cuerpo; (torno) tambor, cilindro; (bisagra) fuse, caño; (herr) cilindro; (tub) cuerpo, cañón; (hidrante) cuerpo; *(v)* embarrilar
    ARCH; bóveda en cañón, esquife, bóveda corrida
    BOLT; cerrojo de caja tubular, cerrojo cilíndrico de aplicar
    ELEVATOR; elevador de barriles, montabarriles
    HATCHET; hacheta de tonelero, hachuela de tonelero
    HITCH; enganche tonelero
    HOOKS; ganchos para izar barriles
    HOOP; aro de barril
    PROCESS; separación del oro den barriles giratorios
    ROOF; techado en cañón
    SAW; sierra cilíndrica
    STAVE; duela
    VAULT; bóveda de cañón

BARRELHEAD; fondo de barril
BARRICADE; barrera, barricada, valla
BARRIER; barrera
BARRIER FILTER; filtro de barrera
BARRING AND WEDGING; arranque y acuñamiento
BARRING ENGINE; servomotor para el arranque
BARRING GEAR; (mv) aparato de palanca para el arranque
BARROW; carretilla (de rueda), angarillas (de mano)
BAR-SIZE SECTIONS; perfiles -barras
BAR-STOCK VALVE; válvula labrada de una barra de acero
BARYCENTRIC; baricéntrico
BARYTA; barita
    WHITE; blanco de barita
BARYTES; baritina
BARYTOCALCITE; baritocalcita
BASALT; basalto
    GLASS; basalto vítreo
BASALTIC; basáltico
BASALTIFORM; basaltiforme
BASANITE; (geol) basanita
BASCULE; basculante
    BRIDGE; puente basculante, puente levadizo
BASE; *(s)*(geol)(quim) base, (cons) zócalo, fundamento, basa; (maq) plancha de fondo, bancaza, plancha de base; *(a)*(mineral) bajo de ley
    ANGLE; ángulo de base
    BLOCK; bloque de base
    CIRCLE; (engranaje) circunferencia de base
    COAT; capa base
    COURSE; (mam) hilada de base, embasamiento
    ELBOW; (tub) codo de soporte, codo con base
    FITTINGS; (tub) accesorios de pie
    FLASHING; vierteaguas inferior
    FLOOD; inundación de base
    FLOOD ELEVATION; elevación de inundación de base
    LAYER; capa de base
    LEVEL; (arroyo) nivel de base
    LOAD; (eléc) carga fundamental
    LOG; registro
    METAL; (galvanización) metal de base, (aleación) el ingrediente principal
    MOLDING; moldeado base
    NUMBER; numero básico
    OF RAIL; base de carril, base de riel
    PLATE; placa de base, plancha de fondo, placa de asiento
    PLUG; (eléc) ficha, enchufe, clavija
    PRICE; precio básico
    SECTION; sección básica
    SHEET; (dib) hoya básica, *(s)*(acero) plancha básica, lamina básica
    STATION; estación de base
    TRIM; guarnición básica

BASEBOARD; tabla de zócalo, plinto
BASELINE; línea de base
BASEMENT; sótano, (A) subsuelo
    WALL; pared de sótano
BASIC; (geol) básico
    CAPACITY (OF A FORK TRUCK); capacidad básica de camión de horquilla
    CREEP; deslizamiento básico
    MODULE; módulo básico
    OPEN HEARTH STEEL; acero básico Siemens-Martin
    PIG; fundición básica
    PROCESS; procedimiento básico
BASIN; estanque, depósito, alberca, pilón, (top) hoya, vaso, (geol) hondonada, cuenca
    IRRIGATION; irrigación por charcos
    T; T para el tubo de desagüe del levabo
BASKET; (cable de alambre) taza, casquillo
    HANDLE ARCH; arco de tres centros
    SCREEN; criba de cesta
    WEAVE ARMOR; (eléc) coraza reticulada
BASS BROOM; escoba de piazava
BASSWOOD; tilo
BAST; líber
BASTARD; (a) falso, bastardo
    CUT; picadura bastarda, talla bastarda
    FILE; lima bastarda, (C) escofina
    GRANITE: gneis
    MAHOGANY; caoba falsa
    PINE; pino bastardo
    QUARTZ; cuarzo bastardo
    SPRUCE; pino del Pacífico
    THREAD; rosca trapezoidal
BASTION; bastión
BAT (also spelled BATT); pedazo de ladrillo, tejuela, tejoleta
    BOLT; perno arponado
BATCH; (s)(conc) carga, colada, revoltura, (v) dosificar,
    proporcionar
    BOX; caja de colada, batea de pilada, caja de pilada
    CAR; carro medidor de cargas
    CYCLE TIME; tiempo de ciclo de carga
    HOPPER; tolva de carga completa, tolva de revoltura
    METER; contador de revolturas, (M) contador de tantos
    MIXER; hormigonera por cargas, mezclador por lotes
    RECORDER; registrador de cargas
    TRUCK; camión de revoltura
    WEIGHT; peso de carga
BATCHED WATER; agua dosificada
BATCHER; medidor de cargas, tolva medidora
    PLANT; equipo proporcionador, instalación medidora, planta de dosificación

BATCHING; dosificación
BATH; (todos sentidos) baño
BATHROOM; cuarto de baño
BATHTUB; bañadera, baño, tina, bañera
BATTEN; (s)(carp) listón, travesaño, tablilla, travesero, traviesa, crucero
    DOOR; puerta de tablas enlistonada
    PLATE; plancha atiesadora, plancha de refuerzo
BATTER; (s) desplome, inclinación, releje, talud, (v) ataludar, desplomar, relejar, ataluzar
    BOARD; tabla provisoria para establecer la línea de excavación
    BRACE; puntal inclinado
    GAGE; plantilla de inclinación
    LEVEL; nivel de inclinación
    PILE; pilote inclinado
    POST; puntal inclinado
BATTERY; (eléc) pila, batería, acumulador
    CARRIER; portacumulador
    CELL; pila
    CHARGER; cargador de acumuladores
    FILLER; llenador de acumulador
    GAGE; verificador de pila; voltímetro de acumulador
    IGNITION; encendido por acumulador
    MUD; cieno de acumulador
    TESTER; probador de acumuladores
BATTLE DECK FLOOR; superficie de planchas de acero soldadas sobre las alas superiores de vigas doble T
BAUMÉ; Baumé
    SCALE; escala de Baumé
BAUXITE; bauxita
BAY; (geog) bahía, (ed) claro, tramo, ojo, luz, lienzo, nave
    POPLAR; nisa
BAYBOLT; perno arponado
BAYONET COUPLING; acoplamiento tipo bayoneta
BAYONET SOCKET; cubo de bayoneta, portalámpara de bayoneta
BAYOU; canalizo, brazo de río
BAYWOOD; especie de caoba
BEACH; (s) playa, ribera, (v)(náut) varar, vararse
    GRAVEL; grava de playa
    SAND; arena de playa, arena de mar
BEACON; faro, fanal, baliza fija
BEACONAGE; balizaje, derechos de faros
BEAD; (s)(arq) moldura, listón, (tub) reborde, anillo de centrar, (v) formar reborde
BEADED FITTINGS; (tub) accesorios de reborde
BEADER; (cal) mandril de bordear, bordeadora
BEADING PLANE; bocel, cepillo de molduras, (A) viter
BEADING TOOL; (mam) marcador de astrágalos
BEAD WELD; soldadura con reborde
BEAK; (yunque) pico
BEAKHORN STAKE; bigorneta de pico

BEAKIRON; pico de bigornia
BEAM; (est) viga, vigueta, tirante, trabe, (maq) balancín
    ANCHOR; (est) trabilla de viga, ancla de viga
    AND COLUMN; viga y columna
    BOLSTER; travesaño de viga
    CLAMP; abrazadera para viga doble T
    COMPASS; compás de vara, compás deslizante
    ENGINE; máquina de balancín
    LOAD; carga transversal, carga de flexión
    GIRDER; viga doble T
    HANGER; colgadero de viga
    PAD; cojín para viga
    POCKET; caja para viga
    PUMP; bomba de balancín
    SHEAR; (esfuerzo) tensión diagonal
BEAM-AND-SLAB CONSTRUCTION;
    construcción de viga y losa
BEAM-AND-SLAB FLOOR; piso de viga y losa
BEARER; (mec) soporte, sostén; (min) madero de
    soporte
BEARING; (est) apoyo, asiento, soporte; (maq) cojinete,
    rodamiento; (geol) rumbo del filón
    AREA; área de soporte, superficie de apoyo, área
    de sustención, (V) superficie de asiento
    BLOCKS; bloque de cojinete
    CAGE; jaula de cojinete
    CAPACITY; capacidad de cojinete
    CUP; taza de cojinete
    LOAD; carga de cojinete
    METAL; metal antifricción
    PILE; pilote de carga, pilote de apoyo
    POWER OF SOIL; resistencia del terreno
    PLATE; placa de asiento, placa de apoyo
    PRESSURE; (cons) presión de apoyo; (maq)
    presión sobre la chumacera
    RACE; golilla de cojinete
    STRENGTH; resistencia de cojinete
    STRESS; (viga) esfuerzo de apoyo; (remache)
    esfuerzo de empuje
    SURFACE; superficie de apoyo
    WALL; muro de carga, muro de soporte, pared
    cargada, muro de apoyo
BEAR-TRAP DAM; presa movible de dos hojas
    maniobradas por presión de agua
BEAR-TRAP GATE; compuerta de abatimiento,
    compuerta de alzas
BEATER; mandarria, batidor
BEAVERBOARD; cartón de fibra para paredes
BECKET; (aperejo) manzanillo, estrobo
BECKIRON; pico de bigornia
BED; (s)(rio) lecho, bondo; (mortero) capa, cama,
    tendel; (arena) banco, lecho; (geol) capa
    JOINT; (mam) junta horizontal
    LATHE; torno de bancada
    LINER; forro de cama
    LOAD; (río) arrastre de fondo, acarreos, (M)
    gasto sólido

    MOLDING; moldeado de cama
    TIMBER; solera de fondo
    VEIN; filón paralelo al plano de estratificación
BEDDING: (geol) estratificación
    FAULT; deslizamiento sobre un plano de
    estratificación
    PLANE; plano de estratificación
BEDFRAME; bastidor, bancada, (A) marco
    fundamental
BEDPLATE; plancha de fondo, plancha de asiento,
    placa de base, cama
BEDROCK; lecho de roca, cama de roca
BEDROOM; recámara, alcoba, dormitorio
BEECH; haya
BEEHIVE; colmena
BEETLE; martillo de madera, mazo, machota
BEGOHM; begohmio, kilomegohmio
BELAY; amarrar con vueltas sobre una bita
BELAYING PIN; cabilla de amarrar
BELGIAN BLOCK; adoquín casi cúbico
BELGIAN METHOD; (tún) método belga
BELL; (tub) campana, enchufe, bocina; (mec)
    campana; (eléc) timbre campana
    BUOY; boya de campana, boya sonora
    CHUCK; mandril de tornillos
    CRANK; palanca angular, codo de palanca,
    palanca acodillada
    END; (tub) extremo acampanado
    INSULATOR; aislador de campana
    METAL; bronce de campana
    SHAPED; acampanado
    TRANSFORMER; transformador para timbres
    TRAP; (pl) sifón de campana, trampa de campana
    WIRE; alambre para timbres, alambre fino forrado
    de algodón
BELL AND SPIGOT; (junta) enchufe y cordón,
    enchufe y espiga, macho y campana
BELL-FACED HAMMER; martillo de cotillo convexo,
    martillo de cara de campana
BELL-JOINT CLAMP; (tub) collar de presión para
    junta de enchufe
BELLMOUTH; boca acampanada, pabellón, trompeta,
    bocina
BELLMOUTHED; acampanado, abocinado,
    abocardado, aboquillado
BELLOWS; fuelle, barquín
BELLY; (v) pandear, combarse
BELOW GRADE; bajo grado, bajo gradiente, bajo
    nivel, bajo rasante
BELT; (s) faja; (geol) zona; (maq) correa, cinta, banda;
    (v) accionar por correa
    AWL; lesna para correa
    BRUSH; limpiador de correa
    CEMENT; cemento para correas
    CLAMPS; amarras para correa, grapas para
    correa, ganchos para correa; (A) broches para
    correa

CONVEYOR; correa transportadora, correa conductora, transportador de banda
COURSE; cordón, cordel
DRESSING; adobo, aderezo de correa, engrudo, compuesto para banda, pasta para correas
DRIVE; transmisión por correa, propulsión por correa
ELEVATOR; elevador de correa
FEEDER; alimentadora de correa
FORK; cambiacorreas, horquilla de correa, desviador de correa
GUARD; guardacorrea
HOIST; malacate impulsado por correa
HOOKS; ganchos de correa; (A) broches para correa
LACING; grampas para correa, tireta para correa, enlace para correa, costura para correa
LINE; ferrocarril de circunvalación
LOADER; cargador de correa
PLANE; cepillo para correa
PLOW; deflector de descarga
PUNCH; punzón para correa
RIVET; remache para correa
SANDER; lijadora de banda, lijadora de cinta
SCRAPER; raspador para correa
SHIFTER; cambiacorrea, desviador de correa
STUD; enganchador de correa
TAKE-UP; tensor de correa, regulador de correa
TIGHTENER; atesador de correa, tensor de correa, templador para banda
TRIPPER; descargador de transportador de correa
WAX; cera para correas
BELTING; correaje
BELVEDERE; mirador, belvedere
BENCH; *(s)*(carp) banco, banqueta; (tierra) banqueta, escalón, berma; (tún) banco, piso; *(v)* escalonar, banquear
ANVIL; yunque de banco
CLAMP; tornillo de banco, grapa de banco
DRILL; taladro de banco, taladradora de banco
FLUME; conducto de banqueta, canalón de media ladera
GRINDER; amoladora de banco, esmeriladora de banco
HAMMER; martillo de ajuste
HARDENING; endurecimiento por estirado de alambre recocido
HATCHET; hachuela de banco
HOOK; tope de banco
JOINTER; cepillo mecánico de banco
LATHE; torno de banco
MARK; banco de nivel, banco de cota fija, punto topográfico de referencia
PLANE; cepillo de banco, garlopa
SAW; sierra de banco
SCREW; tornillo de banco
SHEARS; tijeras de banco
STAND; soporte de banco
STOP; tope de banco
VISE; tornillo de banco, prensa de banco
WALL; (fc) muro de estribo de una alcantarilla
BENCHBOARD; pupitre de distribución
BENCHING; banqueo escalonado
BEND; *(s)*(tub)codo, acodamiento, curva; (ref) doblez, dobladura; *(v)* doblar, acodillar, plegar, doblarse, encorvarse; (est) pandearse
TABLE; banco de doblar
TEST; ensayo de doblado, prueba de dobladura, ensayo de flexión
YARD; patio de doblado
BENDER; dobladura, curvadora
BENDING; (ref) dobladura, doblado; (est) flexión
BLOCK; bloque de doblar
FACTOR; factor de flexión
FATIGUE; fatiga de flexión
FORCE; fuerza de flexión
FORM; molde de curvar
MACHINE; máquina dobladora, máquina curvadora
MOMENT; momento de flexión, momento flexor
STRENGTH; resistencia a la flexión
STRESS; (est) esfuerzo de flexión, esfuerzo flexor, fatiga de flexionamiento; (cab) esfuerzo de dobladura
BENDING-MOMENT DIAGRAM; diagrama de momento de flexión
BENEFICIARY; beneficiado, beneficiario
BENEFICIATE; beneficiar
BENEFICIATION; (min) beneficio
BENEFIT; beneficio, provecho
BENEFIT-COST RATIO; relación de beneficio-costo
BENT; *(s)* caballete, castillete, pilón; (A)(V) pila; (herr) formón de cuchara; *(a)* doblado, encorvado, acodado, acodillado
BAR; barra de doblado
COLD; doblado en frío
GOUGE; gubia acodada
BENTONITE; (geol) bentonita
CEMENT PELLET; grano gordo de cemento bentonita
BENT-TUBE BOILER; caldera de tubos acodados
BENZINE; bencina
BENZOL; benzol
BERM; berma, bancal, banqueta, lisera, (Ch) zarpa, (A) banquina; (ca) espaldón
DITCH; (ca) cuneta de guardia
BERNOULLI'S THEORY; teoría de Bernoulli
BERTH; *(s)*(muelle) amarradero, atracadero, arrimadero, borneadero; *(v)* atracar
BESSEMER CONVERTER; convertidor Bessemer
BESSEMER IRON; fundición Bessemer, hierro Bessemer

BESSEMER PROCESS; procedimiento Bessemer
BESSEMER STEEL; acero Bessemer
BEST BET(BB) WIRE; alambre de lo mas mejor
BEVEL; *(s)* bisel, chanfle, falseo, despezo; *(herr)* falsa
    escuadra, escuadra plegable; *(v)* biselar, chaflanar,
    abiselar, falsear
    CHISEL; escoplo biselado
    CUT; corte en bisel
    CUTOFF SAW; sierra de trozar en bisel
    EDGE FLAT; barra plana con cantos biselados
    EDGER; (mam) canteador en bisel
    GAGE; falsa escuadra
    GEAR; engranaje cónico, engranaje angular,
    engranaje en bisel
    JOINT; esambladura en bisel, junta a inglete
    PLANE; cepillo de achaflanar
    PROTRACTOR; transportador-saltarregla, (A)
    escuadra-transportador
    RIPSAW; sierra de hender en bisel
    SIDING; tingladillo ahusado
    SQUARE; falsa escuadra, escuadra plegable,
    saltarregla, cartabón de inglete
    WASHER; arandela ahusada, arandela
    achaflanada
    WELD; soldadura ahusada, soldadura
    biselada
    WHEEL; rueda cónica
BEVELED EDGE CHISEL; formón con chanfle
BEVEL-GROOVE WELD; soldadura de ranura
    biselada
BEZEL; *(s)* bisel; *(v)* biselar
BIANGULAR; biangular
BIAS; *(s)* sesgo, oblicuidad, diagonal; (f) inclinación,
    parcialidad
    ANGLE; ángulo de inclinación
    CUT; corte diagonal
BIAXIAL; biaxil
    BENDING; dobladura biaxil
BIBB; llave, grifo, espita, canilla
BIBCOCK; grifo
BICARBONATE; bicarbonato
BICHLORIDE; bicloruro
BICONCAVE; cicóncavo
BICONVEX; biconvexo
BID; *(s)* propuesta, oferta, proposición, (col) postura;
    (v) licitar, ofrecer, hacer una propuesta
    BOND; fianza de licitador
    DOCUMENTS; documentos de propuesta
    PRICE; precio de licitación
    SCHEDULE; cuadro de propuesta
    SECURITY; caución de licitador
BIDDER; postor, licitador, proponente, licitante, (A)
    ofertante
BIDDING; licitación, propuestas; competencia
    CONDITIONS; bases de licitación, (A) bases del
    concurso
    DOCUMENTS; documentos de licitación

    FORM; formulario de prouesta, pliego de
    proposiciones, modelo de propuestas
    REQUIREMENTS; requisitos de licitación
BIDET; caballito, jaca
BIENNIAL PLANT; planta bienal
BIFILAR; bifilar
BIFURCATED; bifurcado
BIFURCATION; (tub) bifurcación
    GATE; compuerta de bifurcación, compuerta
    partidora
BIG END; (mot) cabeza de biela
BILATERAL SYSTEM; sistema bilateral
BILGE; (náut) pantoque, sentina; (barril) barriga
BILGE BLOCKS; picaderos laterales
BILGE PUMP; bomba de carena, bomba de sentina
BILL; *(s)*(com) factura; (ancla) uña
BILLET; (met) lingote, tocho, changote, (A) palanca
    MOLD; lingotera
    OF ENTRY, pliego de aduana
    OF EXCHANGE; letra de cambio; (C) libranza
    OF LADING; conocimiento de embarque, carta
    de porte, conocimiento; (A) guía de embarque
    OF MATERIALS; lista de materiales, tabla de
    materiales
    OF SALE; escritura de venta, carta de venta
    STEEL; acero de lingotes, acero de tocho
BIMETALLIC; bimetálico
BIMOTOR; bimotor
BIN; depósito, arcón, tolva, buzón, cajón, celda, cofre;
    (C) embudo
    GATE; compuerta de tolva, trampilla
    WALL; pared de recipiente
BINARY; binario
BINARY NUMBER SYSTEM; sistema de numeros
    binarios
BIND; atar, amarrar; (ca) ligar, consolidar; aglutinar;
    (maq) trabarse, pegarse, apretar
BINDER; (ca) aglomerante, ligador, recebo; (mam)
    tizón; (seg) documento provisional de protección
    COURSE; (pav) capa de ligazón, (Ch) capa de
    conglomerante
    SOIL; conglomerante térreo
BINDING MATERIAL; aglomerante, conglomerante,
    liga, aglutinante
BINDING POST; borne, poste de conexión, sujetahilo,
    (U) cabecilla
BINDING SCREW; tornillo de sujeción
BINDING WIRE; alambre de sujeción
BIOAERATION; (dac) bioaeración
BIOCHEMICAL; bioquímico
BIODEGRADABLE; biodegradable
BIOFILTER; biofiltro
BIOFILTRATION; biofiltración
BIOFLOCCULATION; biofloculación
BIOLOGICAL TREATMENT; tratamiento biológico
BIONOMIAL; binomio
BIPOLAR; bipolar

POWER SUPPLY; suministro de energía bipolar
BIQUADRATIC; del cuarto grado
BIRCH; abedul
BIRD'S-EYE PERSPECTIVE; perspectiva a vista de
    pájaro
BIRD'S EYE VIEW; vista de pájaro
BIRD'S MOUTH; (carp) muesca, ranura, rebajo
BIRMINGHAM WIRE GAUGE; calibre de Birming
    ham para alambres
BISECT; bisecar
BISECTING DIVIDERS; compás de bisección
BISECTOR; bisectriz
BISILICATE; bisilicato
BISMUTH; bismuto
    WHITE; blanco de bismuto
BISULPHATE; bisulfato
BISULPHIDE; bisulfuro
BIT; (taladro) broca, barrena, mecha, (Ch) fresa;
    (sierra) diente postizo; (hacha) filo; (llave)
    paletón; (arnés) bocado
    DRESSER; moleta para brocas, amoladora de
    brocas; aguzador de barrenas
    GAGE; (taladro) matriz de tamaño, calibrador
    de barrena
    GRINDER; afiladora de brocas
    KEY; llave de paletón
    PUNCH; punzón de broca
BITBRACE; berbiquí
BITHOLDER; portamecha, portabarrena
BITSTOCK; berbiquí
BITT; bita de amarre, bita, bitón cornamusa
BITUMASTIC ENAMEL; (trademark) esmalte
    bitumástico
BITUMEN; betún, (U) betumen
BITUMINIZE; embetunar
BITUMINOUS; bituminoso
    CEMENT; cemento bituminoso
    COAL; carbón bituminoso, hulla grasa, carbón
    blando
    COATING; revestimiento bituminoso
    CONCRETE; hormigón bituminoso, concreto
    bituminoso
    DISTRIBUTER; esparcidor de asfalto
    MACADAM; macádam bituminoso
    MAT; malla bituminosa
    PAINT; pintura al alquitrán, pintura bituminosa
    PAVEMENT; pavimento bituminoso
BIVALENT; bivalente
BLACK; negro
    BASE; base negra
    BOLT; perno negro
    CHECK; (mad) bolsa de corteza con resina
    COPPER; (miner) óxido cúprico nativo, cobre
    negro
    CORE; núcleo negro
    GUM; (mad) nisa
    IRON; hierro negro (sin galvanizar)

    LEAD; grafito
    MICA; biotita
    OAK; roble negro
    OXIDE OF COPPER; óxido cúprico
    OXIDE OF IRON; óxido ferrosoférrico
    PIPE; tubería de hierro negro
    POWDER; pólvora negra, pólvora
    STREAK; (mad), bolsa de corteza con resina
    TIN; mineral de estaño
    TOP; (ca) suprficie bituminosa
    WALNUT; nogal negro
BLACKDAMP; humpe, (M) bochorno
BLACKJACK; (miner) csfalerita; (mad) especie de
    roble rojo
BLACKSMITH; herrero, forjador, herrador
    COAL; carbón para herrero, carbón para forja,
    carbón para fragua
    SHOP; herrería, taller de forja
    TOOLS; herramientas de forja, herramientas de
    fragua
    WELDING; soldadura de forja
BLACKSMITHING; herrería
BLACKWALL HITCH; boca de lobo
BLADE; *(s)*(herr) cuchillo, hoja; (hormigonera) paleta,
    aleta; (niveladora) cuchilla, hoja; (topadora) hoja,
    cuchilla, vertedera
    BASE; (maq) base de cuchilla
    GRADER; explanadora de cuchilla, niveladora de
    cuchilla
    TAMPER; (conc) paleta, (A) espadilla
BLANK; *(s)*(papelería) formulario, modelo;
    (engranaje) llave ciega; *(v)* punzonar
    BOLT; perno sin roscar
    COVER; (eléc) tapa ciega
    FLANGE; brida ciega, brida sin taladrar
    FORM; formulario, modelo; (A) fórmula
BLANKET; (barro) colchón
    GROUTING; inyecciónes de conchón
BLANKING DIE; matriz, troquel
BLANKING PRESS; prensa punzonadora
BLAST; *(s)*(exc) voladura, tiro, explosión, disparo;
    (M) dinamitación; (Ch) polvorazo; (arena) chorro,
    soplo; *(v)* volar, tirar, disparar, tronar, dinamitar,
    barrenar
    AREA; área de voladura, área de explosión
    FURNACE; alto horno; (M) horno de fundición
    FURNACE COKE; coque para altos hornos
BLASTER; (vol) dinamitero, polvorero; (fund)
    máquina de chorro de area
BLAST-FURNACE GAS; gas de altos hornos
BLAST-FURNACE SLAG; escorias de alto horno
BLASTING; voladura, estallado, (M) dinamitación
    AGENT; agente explosivo
    BARREL; tubo pequeño para la colocación de
    explosivos
    BATTERY; pila detonadora
    CAP; cápsula explosiva, cápsula detonante

CHARGE; carga explosiva, carga de barreno
FUSE; mecha, espoleta, cañuela
GELATIN; gelatina explosiva
HOLE; barreno, perforación, barreno de voladura
MACHINE; máquina detonadora, máquina estalladora
MAT; estera para voladuras
NEEDLE; aguja de polvorero, espigueta
OIL; nitroglicerina
PAPER; papel para cartuchos de dinamita
PLUG; tapón para barreno de voladura
POWDER; pólvora para voladura, pólvora negra
BLEACH; *(s)* hipoclorito de calcio; *(v)* blanquear, descolorar
BLEACHING; blanqueo
CLAY; arcilla descoloradora
POWDER; cloruro de cal; (A) polvo blanqueador
BLEED; *(v)*(mec) sangrar
BLEEDER; dispositivo de sangrar
DRAIN; (ca) sangradera
PORT; lumbrera sangradora
TRENCH; sanja de desagüe
BLEEDING; (conc)(A) afloramiento, (M) sangrado; (ca) exudación; (mec) sangría
CAPACITY; capacidad de afloramiento
CHANNEL; (río) canal de afloramiento
BLEND; (v) (arena) mezclar, combinar
BLENDED CEMENT; cemento mezclado
BLENDED GASOLINE; gasolina mezclada
BLENDER; máquina mezcladora
BLIND; (ventana) persiana
ARCH; arco ciego
AREA; área ciega
COAL; antracita
DRAIN; pozo ciego, sumidero ciego
DRIVERS; (fc) ruedas motrices sin pestañas
FLANGE; brida ciega, brida de obturación, brida tapadora
HEADER; (mam) tizón falso
HOLE; agujero ciego
JOINT; junta ciega
NUT; tuerca ciega
SHAFT; pozo ciego
TIRE; llanta sin pestaña
WALL OR FOUNDATION; pared ciega, cimiento ciego
WINDOW; ventana ciega
BLISTER; *(s)* burbuja, ampolla, vejiga, verruga; *(v)* avejigar, ampollar
COPPER; cobre ampolloso
STEEL; acero cementado
BLOCK; bloque; (pav) adoquín (piedra) tarugo, (mad) bloque; (ciudad) manzana, cuadra; (fc) tramo; (as) cabecero; (ds) picadero
AND BLOCK; a besar, a rechina motón
AND CROSS BOND; (mam) aparejo inglés y cruzado

AND FALL; aparejo, polispasto
ANGLE; ángulo de bloque
BEAM; viga de bloque
CAVING METHOD; minería por socavación y derrumbe
CHAIN; cadena articulada
FAULTING; (geol) falla en forma de bloques
OUT; (min) cubicar
PAVING; adoquinado
PLANE; cepillo de contrafibra
PUNCH; punzonadora múltiple
SAW; *(v)* quitar los costeros de los cuatro lados
SIGNALS; señales de bloque, señales de tramo
TIN; estaño en lingotes, estaño en ladrillos
Y STEM (irr) irrigación por cuadros rebordeados; (fc) sistema de señales por tramos de vía, sistema de bloque
BLOCKHOLING; perforación de agujeros poco profundos para volar cantos rodados
BLOCKING; (mad) entramado, encribado; (fc) bloqueo
HAMMER; martillo de triscar
BLOODSTONE; (miner) hematites
BLOOM; (acero) lupia, changote, zamarra, lingote
SAW; sierra par lupias
SHEARS; tijera hidráulica para lupias
BLOOMING MILL; laminador preliminar, laminador desbastador, laminador de grueso
BLOTTER SURFACE TREATMENT; (ca) tratamiento secativo
BLOW; *(s)*(martillo) golpe; (viento) ventarrón; *(v)*(tiro) soplar; (vidrio) soplar; (fusible) fundirse, quemarse, dispararse, saltar
IN; (alto horno) poner a funcionar, dar fuego
UP; (vol) volar, hacer saltar; (auto) inflar
BLOWDOWN; (cal) purgar, evacuar el agua
BLOWER; soplador ventilador, fuelle, aventador
BLOWER FAN; abanico, ventilador
BLOWHOLE; (met) sopladura
BLOWLAMP; lámpara de soldar, lámpara de plomero
BLOWN OIL; petróleo soplado
BLOWOFF; (vapor) escaparse, desvaporar
ASSEMBLY; conjunto de purga de la caldera
COCK; llave de purga, robinete de descarga, grifo de desahogo, espita de descarga
VALVE; llave de purga, válvula de limpieza, válvula de descarga
BLOWOUT; (auto) reventarse, estallar; (alto horno) apagar, parar; (fusible) quemarse, fundirse
COIL; bobina apagachispas
BLOWPIPE; (sol) soplete, antorcha; (lab) soplete
BLOWTORCH; soplete de aire, lámpara de soldar, antorcha a soplete
BLUE; *(v)*(acero) empavonar, pavonar
COPPER ORE; cobre añilado, azurita, cobre azul
LEAD; (pigmento) plomo azul; (miner) galena
MALACHITE; azurita

BLUE-ANNEALED; azulado por recocción
BLUEPRINT; *(s)* copia azul, copia heliográfica, fotocalco azul; *(v)* fotocopiar, fotocalcar
MACHINE; máquina heliográfica
PAPER; papel heliográfico
BLUESTONE; (mam) piedra azul; (quím) sulfato de cobre
BLUFF; barranca, barranco, farallón
BLUNT; *(v)* embotar, arromar; *(a)* romo, embotado, boto
FILE; lima paralela
BLUNT-POINT NAIL; clavo de punta roma
BOARD; *(s)*(mad) tabla, tablón; (fibra) cartón; (inst) tablero, cuadro; (directiva) junta, consejo; *(v)* entablar, enmaderar, encofrar
FOOT; pie de tabla, pie cuadrado de tabla
MEASURE; medida para madera, medida de tabla
OF DIRECTORS; junta directiva, directorio, consejo de administración
OF HEALTH; junta de sanidad
OF UNDERWRITERS; junta de aseguradores, consejo de aseguradores
RULE; regla para madera, (A) carbón para madera
BOARDING; entablado, tablazón, entarimado, tablado, tablaje
BOAST; (V) (cantería), desbastar
BOASTER; (cantería) cincel desbastador
BOAT; bote, buque, barca, barco, embarcación; (quím) gamella, artesa
HOOK; bichero
SPIKE; clavo para embarcaciones
BOATLOAD; barcada
BOATMAN; barquero, botero, lanchero, chalupero
BOATSWAIN'S CHAIR; asiento colgante
BODY; cuerpo, masa; (vá) caja, cuerpo; (carro) caja, cajón; (camión) caja; (autos) carrocería; (líquidos) consistencia, espesor
ROCKER; (camión) basculador de caja
TRACKS; (fc) vías paralelas de patio
BOG; pantano, ciénaga, fangal, marjal, atascadero
IRON ORE; limnita, limonita
BOIL; *(s)*(ca) ampolla; (arena) hervidero, borbotón; *(v)* hervir
BOILED OIL; aceite cocido, aceite secante
BOILER; caldera, caldero, hervidor (pequeño)
COMPOUND; antincrustante, desincrustante, descostrador
EFFICIENCY; rendimiento de la caldera
FEED PUMP; bomba de alimentación, bomba alimentadora
FEED WATER; agua de alimentación
FLUE; humero, conducto de huo
HEAD; fondo de caldera
HOUSE; casa de calderas
PLANT; instalación de calderas
PLATE; planchas de acero para calderas
ROOM; sala de calderas, cuarto de calderas
BOILING; hervor, ebullición
POINT; punto de ebullición
TEST; prueba a la ebullición
BOLLARD; bolardo, poste de muelle
BOLLMAN TRUSS; armadura Bollman
BOLSON; bolsón
BOLSTER; travesaño, solera, traversa
BOLT; *(s)*(est) perno, tornillo, bulón; (puerta) cerrojo, pasador; (cerradura) pestillo; (as) bloque por aserrar; *(v)*(est) apernar, empernar
CIRCLE; círculo de pernos
CLIPPERS; recortador de pernos, tijera para pernos
DRIVERS; (herr) clavador de pernos
PRESS; prensa sacaperno
SOCKET; hembra de cerrojo
TAP; macho de tornillo, macho de perno
THREAD; rosca de perno
BOLTED FRAME ASSEMBLY; armazón empernada
BOLTED CONNECTION; junta bulonada, conexión empernada
BOLT AND PIPE MACHINE; terraja, máquina de enroscar
BOLTHEAD; cabeza de perno, cabeza de bulón
BOLTHOLES; agujeros de perno, taladros
BOLTING SAW; sierra circular para hender trozos
BOLTING UP; empernadura, bulonado
BOLTROPE; relinga
BOND; *(s)*(mam) trabazón, ligazón, traba, aparejo; (ref) adhesión; (conc agregado) adhesión; (ca) cohesión; (fin) bono, título; (empleado) fianza; *(v)* (mam) ligar, trabar
BAR; (ref) barra de trabazón, barra de unión
BEAM; viga de trabazon, viga de unión
COURSE; hilada de tizones
FORM; modelo de fianza
PLASTER; yeso ligador, enlucido ligador
STRENGTH; resistencia de adhesión
STRESS; esfuerzo de adhesión
BONDED POSTTENSIONING; ligado a post-tensiva
BONDED WAREHOUSE; almacén afianzado
BONDING; ligando, trabando, adhiriendo
ADMIXTURE; (conc) agregado en polvo de adherencia
AGENT; agente de adherencia, agente de trabazón
COMPANY; empresa fiadora
KEY; (conc) clave, llave, diente, dentado, clave de trabazón
LAYER; capa de adhesión, capa ligadora
BONDSMAN; fiador
BONDSTONE; adaraja, tizón
BONE; (min) capa de esquisito o pizarra en el carbón
DRY; seco
BONNET; (auto) cubierta del motor, capó
BONUS; (contrato) premio, prima; (empleado) gratificación, regalía

BONUS-AND-PENALTY; prima y multa
BOOKKEEPER; tenedor de libros
BOOK TILE; bloque hueco de tierra cocida en forma de libro
BOOM; (gr) aguilón, pluma, pescante, botalón
    ALIGNMENT SYSTEM; sistema de alineación de aguilón
    BUCKET; (pav) cubo de aguilón, cucharón de botalón
    CONVEYOR; transportador de aguilón
    DRAGLINE; pala de cable de arrastre, draga
BOOST; (mec) reforzar, aumentar; (eléc) reforzar, elevar
BOOSTER; (mec) reforzador, aumentador de presión; (eléc) elevador de potencial
    BATTERY; batería elevadora
    CABLES; cables reforzadores
    PUMP; bomba reforzadora
    TRANSFORMER; transformador elevador
BOOT; (elevador) caja de carga; (tub) manguito
BOOTS; (hule) botas
BORAX; bórax
BORDER; borde, margen
    CHECK; (irr) borde de desviación
    IRRIGATION; riego con rebordes
    PEN; tiralíneas grueso
BORE; (s)(mec) calibre, diámetro interior, taladrado; (v) taladrar, perforar
BORER; (herr) taladro
BORING; perforación, taladro, sondaje
    ATTACHMENT; (serrucho) accesorio de barrenar; aditamento de taladrar
    BAR; barrena de tierra, barra taladradora
    BLOCK; bloque de barrenar
    CORE; testigo de perforación, cala de prueba
    HEAD; (mh) cabezal de taladrar
    INSECT; barrenillo
    MACHINE; máquina taladradora
BORINGS; virutas de taladro; sondeos, agujeros de ensayo
BORON; boro
BORON-LOADED CONCRETE; concreto cargado con boro
BORROW; (s) material prestado
    PIT; cantera de préstamo, zanja de préstamo, foso de préstamo
BORROWED FILL; material de préstamo, terraplén prestado
BORTS; diamante negro
BOSS; capataz, sobrestante; (rueda) cubo; (geol) masa de roca intrusiva
BOTTOM; (s)(muro) pie; (depósito) fondo; (río) lecho; (barco) carena; (v) alcanzar el fondo
    ASH; ceniza de fondo
    BOLT; (puerta) cerrojo de piso
    CHORD; cordón inferior
    CONTRACTION; (hid) contracción en el fondo
    DUMP; descarga por debajo, vaciado por el fondo
    FLANGE; ala inferior, cordón inferior
    FULLER; copador inferior, degüello inferior
    ICE; hielo de anclas, hielo de fondo
    PLATE; placa de fondo, placa de piso
    ROLLER; (hid) contracción en el fondo
BOTTOMING TAP; macho cilíndrico
BOTTOM U-BOLT PLATE; placa de perno U de fondo
BOUCHERIZE; (mad) impregnar con sulfato de cobre
BOULDER; canto rodado, canto, morrillo, boleo, bolón
    CLAY; morena, material de acarreo por glaciares
    CONGLOMERATE; conglomerado de boleos
    GRAVEL; grava de boleos
BOUNCING PIN; aguja indicadora
BOUNDARY; límite, lindero
    LAYER; capa limitadora
    STONE; mojón
    SURVEY; reconocimiento de frontera
    WALL; pared limitadora
BOW DIVIDERS; compás de fivisión de resorte, compás de precisión
BOW FILE; lima encorvada
BOWL; taza, caja, cucharón
BOWLINE KNOT; as de guía, nudo de presilla
BOWL-TYPE TILTING MIXER; mezcladora basculante del tipo de tazón
BOW PEN; compás de muelle con tiralíneas
BOW PENCIL; compás de muelle con lápiz
BOW SAW; sierra de arco
BOW-STRING TRUSS; armadura de arco y cuerda
BOX; (s) caja, cajón; (fund) bastidor; (maq) chumacera; (v) encajonar
    BEAM; viga cuadrada
    BRACE; abrazadera cuadrada
    CANYON; barranca, sanjón
    CHISEL; punzón sacaclavos
    COLUMN; columa cuadrada
    COUPLING; acoplamiento de ejes con collar y chaveta
    CULVERT; alcantarilla rectangular, alcantarilla de cajón
    DOLLY; rodillo para mover cajas
    DRAIN; desaguadero cuadrado de madera
    FRAME; armazón cuadrada
    GIRDER; viga tubular, viga de alma doble, viga de caja
    HOOK; gancho de estibador
    HOOKS; ganchos para izar cajas
    KEY; llave de cubo
    LACING; (est) enrejado por cuatro caras
    NUT; clavo de encajonar
    SHOOKS; tablillas par hacer cajas
    STAIRS; escaleras cuadradas
    STRIKE; (esclusa) hembra de cerrojo embutida
    TRUCK; carretilla para cajones

VISE; tornillo de caja
WRENCH; llave cerrada, llave de cubo
BOXBOARD; cartón
BOXCAR; carro de cajón, carro cerrado
BOXED PITH; (mad) médula interior
BRACE; *(s)*(conc) riostra, codal, puntal, tornapunta,
    entibación, adema; (carp) berbiquí, berbique,
    taladro; *(v)* arriostrar, entibar, apuntalar
    AND BIT; berbiquí y barrena
    BIT; barrena para berbiquí
BRACED BEAM; viga arriostrada, viga apuntalada
BRACED COLUMN; columna arriostrada, columna
    apuntalada
BRACED FRAME; armazón entibado, armazón
    arriostrado
BRACED WALL; pared apuntalado, pared entibado
BRACES AND PLATES; puntales y placas
BRACE WRENCH; llave de berbiquí
BRACING; arriostramiento, riostras; ademado,
    entibación, apuntalamiento, acodalamiento
BRACKET; ménsula, consola, cartela
BRACKET CRANE; grúa de ménsula
BRACKETED; acartelado
BRACKISH WATER; agua salobre, agua gorda
BRAD; puntilla, agujuela, aguja, clavito
BRAD HAMMER; martillo para puntillas
BRAID; trenza
BRAID ANGLE; ángulo trenzado
BRAIDED CHANNEL; canal trenzado
BRAIDED WIRE; alambre trenzado
BRAKE; *(s)* (rueda) freno, retranca; (herr) plegadora
    de palastro; *(v)* frenar, enfrenar, retrancar
    BAND; cinta de freno, banda de freno
    BEAM; traviesa de freno, viga de freno
    BLOCKS; almohadillas de freno, zapatas
    DRUM; tambor del freno
    FLUID; flúido para frenos hidráulicos
    HORSEPOWER; potencia al freno, caballo de
    fuerza al freno
    LEVER; palanca de freno
    LINING; forro de freno, cinta para freno
    METER; medidor de la potencia del freno
    SHOES; zapatos de freno
    SIGNAL; (auto) señal de enfrenamiento
    TEST; prueba al freno, ensayo al freno
BRAKEMAN; guardafrenos, frenero
BRAKING; frenaje
    EFFECT; efecto de frenaje
    STRESS; esfuerzo debido al frenaje
    TORQUE; torsión de frenaje
BRANCH; *(s)*(tub) derivación; (árbol) rama; (río)
    afluente, tributario, brazo, ramal; *(v)* derivarse
    CANAL; canal derivado, contracanal
    LINE; (fc) ramal
BRAND; *(s)* marca; hierro de marcar
BRASS; latón, bronce, bronce amarillo
    CHECK; ficha, chapita

FILINGS; limaduras de bronce
FOUNDRY; fundición de latón
SHOP; latonería
SOLDER; soldadura de latón, soldadura fuerte
TUBING; tubería de latón
WIRE CLOTH; tejido de bronce
BRASS-BOUND; guarnecido de zunchos de latón
BRASS-MOUNTED; guarnecido de bronce
BRASS-PLATED; bronceado, latonado
BRASSWORK; latonería, broncería
BRASSWORKER; latonero, broncero
BRAZE; *(s)* soldadura; *(v)* soldar con latón, soldar en
    fuerte
BRAZIER; latonero
BRAZILWOOD; palo Brazil
BRAZING; soldadura con latón
    BRASS; latón para soldar
    COMPOUND; compuesto para soldadura de latón
    SOLDER; soldadura de latón, soldadura fuerte
    VALVE; válvula de latón con extremos para soldar
    WIRE; alambre fundente de latón
BREAK; *(s)* rotura, fractura, quebraja; (geol) falla; *(v)*
    romper, fracturar, romperse; (piedra) picar, quebrar
    BULK; transbordar
    DOWN; fallar, fracasar
    GROUND; empezar la excavación
    JOINTS; alternar las junturas, romper juntas
    LATHE; torno de bancada partida
BREAKER; (conc) rompedor; (auto) ruptor; (carbón)
    quebrantador, rompedor
    ARM; brazo de ruptura
    POINTS; (auto) contactos del distribuidor
BREAK-IN FAILURE; falla de ruptura
BREAKING; rotura, ruptura, fractura
    LINK; (turb) eslabón de seguridad
    LOAD; carga de rotura, carga de ruptura, carga
    de fractura
    STRENGTH; resistencia a la rotura, resistencia
    al fallar, resistencia a la fractura
    STRESS; esfuerzo de ruptura, fatiga de rotura
BREAKOUT; (agua freática) brotar
BREAKUP; desmenuzar; demenuzarse
BREAKWATER; rompeolas, escollera, quebrantaolas
BREAST; (min) cara, frente
    AUGER; barrena de pecho
    BOARD; (min) tablazón del frente
    DERRICK; cabria, cabrestante
    DRILL; taladro de pecho, berbiquí de pecho
    WALL; muro de revestimiento; antepecho
    WHEEL; (hid) rueda de pecho
BREASTHOOK;   buzarda
BREATHABLE COATING; revestimiento respirable
BREATHER; respiradero
    PLUG; tapón respiradero
BREATHING; (transformador) respiración
BRECCIA; brecha, breccia
BRECCIATED; de estructura de brecha

BREECH; (motón de aparejo) rabera, rabo
BREECHING; tragante, humero, caja de humo
BREEZE; cisco, brisa
BRICK; ladrillo
    BARROW; carretilla para ladrillos
    CEMENT; cemento de ladrillo
    CHISEL; cortador de ladrillos
    CLAMP; corchete para ladrillos
    CONCRETE; concreto de ladrillo
    HAMMER; martillo de enladrillador
    HOD; cuezo
    ON END; ladrillos de testa
    MASONRY; mampostería de ladrillos de canto
    PAVEMENT; enladrillado, ladrillado
    TROWEL; paleta
    TYPE; tipo de ladrillo
    UP; enladrillar
    WALL; muro de ladrillos, pared de ladrillos
    WALL 1/2 BRICK THICK; media citara, muro de media asta
    WALL 1 BRICK THICK; citara, muro de asta
    WALL 2 BRICKS THICK; doble citara, muro de doble asta
BRICKBAT; tejoleta, pedazo de ladrillo, medio ladrillo
BRICKKILN; horno de ladrillos, ladrillar
BRICKLAYER; albañil, ladrillador
BRICKLAYING; enladrillado, tendido de ladrillos
BRICKMAKER; ladrillero
BRICKMAKING MACHINE; ladrillera
BRICK-ON-EDGE; ladrillos de sardinel, ladrillos de canto
BRICKWORK; enladrillado, obra de ladrillos, ladrillado
BRICKYARD; ladrillar
BRIDGE; (s) puente; (hogar) altar; (buque) puente de comando; (v) salvar con puente, pontear
    BAR; alzaprima con punta piramidal
    CABLE; cable de puente
    CRANE; grúa de pórtico, grúa de puente
    GUARD; guardapuente
    HEAD; cabeza de puente
    JACK; gato de puente
    JOINT; (fc) junta suspendida reforzada, junta de puente
    PIER; pilar, pila de puente
    REAMER; escariador estructural
    ROPE; cable de alambre para puentes colgantes
    SEAT; asiento de puente, piedra de asiento
    SOCKET; encastre de puente, enchufe de puente
    STONE; losa de piedra para salvar la cuneta
    TIE; traviesa de puente
    TRUSS; armadura de puente
    WALL; altar, tornallamas
    WRENCH; llave de cubo, llave cerrada
BRIDGEBUILDER; constructor de puentes
BRIDGEBUILDING; construcción de puentes
BRIDGING; (piso de madera) arriostrado, crucetas

BRIDLE; (cab) brida
    IRON; estribo
    MOORING; amarre a pata de ganso
    PATH; camino de herradura
    ROD; (fc) tirante de agujas
BRIGHT NAIL; clavo brillante, clavo claro
BRIGHT WIRE; alambre brillante, alambre claro
BRINE; salmuera
BRINELL HARDNESS NUMBER; índice de dureza Brinell
BRINELL MACHINE; ensayador de dureza
BRINELL TEST; ensayo por máquina Brinell
BRIQUETTE or BRIQUET; briqueta, ladrillejo, losilla
BRISTOL BOARD; cartulina
BRITISH THERMAL UNIT; unidad de calor británica, unidada térnica inglesa
BRITTLE; quebradizo, frágil, agrio; (suelo) deleznable
BRITTLENESS; fragilidad
BROAD; ancho
    CRESTED WEIR; vertedero de pared espesa, vertedero de cresta ancha
    GAGE; trocha ancha
    HATCHET; hachuela ancha
    IRRIGATION; irrigación con líquido cloacal, riego de aguas negras
BROKEN; roto, quebrado, fracturado; (top) barrancoso
    ASHLAR; sillería de juntas horixontales descontinuas
    COAL; antracita de tamaño de 3 7/16 pulgada a 4 1/2 pulgada
    DOWN; (maq) descompuesto, estropeado
    LINE; (dib) línea quebrada, línea de rayas
    RANGE MASONRY; sillería de piedras de diversas alturas
    STONE; piedra quebrada, piedra partida, piedra picada
BROMINE; bromo
BRONZE; bronce
    MOUNTED; montado en bronce
    PLATED; bronceado
    SHOP; broncería
    TRIMMED; guarnecido de bronce
    WORKER; broncero, broncista
BRONZED; bronceado
BROOM; (s) escoba; (v)(pilote) astillar, aplastar, rajarse
    GATE; compuerta Broome
BROWN; (color) moreno; pardo
    COAL; lignito
    COAT; (mam) segunda capa, segunda mano
    IRON ORE; limonita
    ROT; (mad) podrición parda
BROWNSTONE; arenisca parda
BRUSH; (s) cepillo, escobilla; (pint) brocha, pintel; (v) acepillar, cepillar; (pint) brochar
    COAT; brochada, pincelada
    HOLDER; portaescobilla

RAKE; rastrillo de malezas
SCYTHE; guadaña para arbustos
STROKE; brochada, pincelada
BRUSHED SURFACE; superficie cepillada
BRUSHWOOD; broza, ramalla, ramojo
BUBBLE; burbuja
TUBE; (inst) tubo de burbuja
BUCK; *(s)* caballete, estante; (puerta) marco; *(v)*(as) trozar; (min) triturar
BUCKER; (herr) contraesstampa, contramartillo
BUCKET; (mano) cubo, balde; (exc) cucharón; (conc) capacho, cucharón; (elevador) cangilón, cubeta; (tranvía aérea) vagoneta, carretilla
CONVEYOR; transportador de cubos, conductor de cubetas
DREDGE; draga de escalera, dgaga de cangilones
ELEVATOR; elevador de capachos, elevador de cubos, noria elevadora
EXCAVATOR; excavadora de cangilones, excavadora de capachos
LOADER; cargador de vagones portátil, cargador de cubos, cargador de cangilones
BUCKETFUL; cucharada, baldada
BUCKLE; *(s)*(as) argolla, abrazadera; *(v)*(est) pandear, encorvarse, cimbrarse, flambearse
BUCKLED PLATE; plancha abovedada, placa abovedada
BUCKLING; pandeo, flambeo
COEFFICIENT; coeficiente de pandeo
LOAD; carga de pandeo
BUCKSHOT; especie de suelo que parece perdigones grandes
SAND; arena rodada
BUCKSTAY; montante de contención, viga de atirantar
BUCKUP; *(v)*(est) aguantar, contrarremachar
BUCKWHEAT COAL; antracita menuda
BUDDLE; *(s)*(min) lavadero; *(v)* lavar mineral
BUDDLING TROUGH; artesa de lavado
BUDGET; presupuesto
BUFF; *(v)* pulimentar
BAR; barra de parachoques
CONTOUR; contorno de tope
BUFFER; (herr) pulidora, (fc) tope, paragolpes
BEAM; travesaño de tope
BUFFING OIL; aceite para pulir
BUFFING WHEEL; rueda pulimentadora
BUGGY; (conc) carrito, faetón, calesín
BLOCK; montón corredizo
BUILD; *(s)*(hombre) junta vertical; *(v)* construir, edificar, fabricar
BUILDER; constructor, edificador, fabricante
BUILDER'S HARDWARE; herraje, cerrajería
BUILDER'S HOIST; montacarga para edificación
BUILDER'S LEVEL; nivel para constructor
BUILDER'S RISK INSURANCE; seguro del contratista contra terremoto, avenida, tormenta, etc.

BUILDER'S WARRANTY; garantía del contratista
BUILDING; edificación, construcción; edificio
AREA; área de construcción
BOARD; cartón de fibrapara construcción
CODE; código de edificación, ordenanzas de construcción, ley de edificación, reglamentos de edificación
COMMITTEE; junta de edificación
CONSTRUCTION; construcción de edificio
CONTRACTOR; contratista de edificación
COOPERATIVE; cooperativa de edificación
DEPARTMENT; departamento de edificios
DESIGN; diseño de construcción, diseño de edificación
DRAIN; desagüe de construcción
ELEMENT; elemento de construcción
EQUIPMENT; equipo de construcción
HEIGHT; altura de edificación
INSPECTOR; inspector de edificación
LAYOUT; (dib) proyecto de edificación
LINE; línea de edificación, línea municipal
LOAN AGREEMENT; convenio del prestamo para la construcción
LOT; solar
MATERIALS; materiales de construcción
MIXER; hormigonera para edificación
OPERATIONS; operaciónes de edificación
OWNER; dueño del edificio
PAPER; papel de edificación, papel de revestimiento
PERMIT; permiso de edificación
PROGRAM; programa de edificación
REGULATIONS; regulaciónes de edificación
RESTRICTIONS; restricciónes de edificación
SEWER; albañal de edificación
SITE; sitio de edificación
STORM DRAIN; desagüe de agua pluvial de edificación
STORM SEWER; conducto pluvial de edificación
SUBDRAIN; desagüe inferior de edificación
TILE; bloques huecos de arcilla cocida
TRADE; oficios de edificación
BUILD-TO-SUIT; construirse para adaptar
BUILT-IN; empotrado
BUILT-IN CONTAMINANT; contaminante empotrado
BUILT-IN DIRT; escombro empotrado
BUILT-IN GARAGE; garaje empotrado
BUILT-IN-PLACE; construído en el lugar, hecho en sitio
BUILT-UP; ensamblado, armado, compuesto
BEAM; viga compuesta
COLUMN; columna compuesta
FROG; corazón de rieles ensamblados
GIRDER; viga compuesta, viga ensamblada, viga armada

MEMBER; miembro compuesto, miembro ensamblado
ROOFING; techado armado
WOODEN BEAM; viga de tablones empernados o enclavados
BULB; (est) bordón, nervio
ANGLE; ángulo con nervio, escuadra con nervio, ángulo con bordón
T; T con nervio, T abordonada, T con bordón
BULGE; (s) pandeo, comba; (v) pandear, combarse
BULGING; bombeo, pandeo
BULK; (s) volumen, masa; (v) abultar
CEMENT; cemento a granel
IN; a granel
LOADING; coeficiente de producción o rendimiento en masa
BULKHEAD; (conc moldes) tapón, tabique divisorio, pieza de obturación
DAM; presa insumergible, presa de retención, dique de cierre
FORM; forma de sotechado o altillo
LINE; límite del relleno a lo largo de un puerto
POUR; vaciada divisoria
WALL; pared divisorio
BULKING; abultamiento
AGENT; agente de abultamiento
FACTOR; factor de abultamiento
BULL; (tún) (s) atacadera de barro; (v) llenar de barro el barreno
CHAIN; cadena para troncos
FLOAT; (mam) aplanadora mecánica
GEAR; (gr) engranaje de giro
RING; (válvula equilibrada) anillo de presión
BULLDOZE; nivelar con la hoja empujadora
BULLDOZER; (ot) hoja de empuje, empujadora niveladora; (fabricación de acero) dobladora de ángulos
BULLET-PROOF GLASS; vidrio a prueba de balas
BULLGRADER; (trademark) niveladora de empuje angular, topadora
BULLING BAR; atacadera
BULLOCK; buey
DRIVER; boyero, yuntero
BUMP; (v)(filtro) lavar momentáneamente
JOINT; tipo de unión circunferencial para tubería de acero con extremos ligeramente doblados, solapados y remachados
BUMPER; tope, paragolpes, cabezal de choque
BUMPING POST; poste de guarda, tope de vía, tope de retención, paragolpes
BUMPOMETER; (pav) probador de superficie
BUNDLE; (s) atado, haz, manojo; (v) atar, liar, lotear
BUNK; (campamento) litera; (camión) travesaño, solera
BUNKER; arcón, buzón, carbonera
COAL; carbón de navío
OIL; aceite combustible para buques
BUNKHOUSE; barraca

BUNSEN-TYPE BURNER; mechero Bunsen
BUNTON; (min) puntal divisorio
BUOY; (s) boya, baliza; (v) boyar, aboyar
BUOYAGE; sistema de boyas
BUOYANCY; flotabilidad, flotación, presión hacia arriba
BUOYANT; boyante
BUOY ROPE; orinque
BURDEN; (náut) bureta, probeta
BURGLARPROOF; a prueba de ladrones
BURLAP; arpillera, coleta
BURN; (s) quemadura; (v) quemar, calcinar, cocer
BURNER; quemador, mechero
BURNING AREA; área de quemadura
BURNING BRAND; hierro de marcar
BURNING REINFORCEMENT; reforzado de quemadura
BURNT CLAY; barro quemado
BURNT LIME; cal quemado
BURR; (s)(remache) arandela, rondana; (acero) rebaba, barba de taladrar; (v)(rosca) rebabar
CHISEL; cortafrío quitarrebabas
TRUSS; armadura Burr
BURRING REAMER; escariador quitarrebabas
BURST; reventar, estallar
BURSTING PRESSURE; presión de estallado, presión a reventar
BURTON; polispasto, aparejo
BURY; (s) (tub) soterramiento
BUS BAR; barra colectora, barra ómnibus
BUSH; (v) forrar, revestir, encasquillar
BUSHING; (maq) forro, manquito, casquillo
BUSINESS TAX; impuesto de negocio
BUS SUPPORT; aisladora para barra colectora
BUSTER; romperremeches, tajadera; rempedor de concreto
BUTANE; butano
BUTT; (pilote) tope, cabeza; (puerta) bisagra
GAGE; gramil para bisagras
JOINT; junta de cubrejunta, unión a tope, empalme de tope
ROT; (mad) podrición fungosa
STRAP; cubrejunta, tapajunta, sobrejunta, placa de unión
TO BUTT; a tope
WELD; soldadura a tope UTTER; (v) (lad) embadurnar, plastecer
BUTTERFLY DAMPER; mariposa reguladora de tiro
BUTTERFLY ROOF; techado de mariposa
BUTTERFLY VALVE; válvula de mariposa
BUTTON LINE; (cablevía) cable de nudos, cable de botones
BUTTON STOP; (cablevía) botón de tope, nudo
BUTTONWOOD; sicomoro
BUTTRESS; machón, pilar, contrafuerte
DAM; prenza de machones
DRAIN; desagüe de machones

FILL; relleno de machones
THREAD; rosca trapezoidal
BUTTRESSED WALL; muro nervado
BUTYL ACETATE; acetato de butilo
BUTYL RUBBER; goma de butilo
BUTYL STEARATE; estearato de butilo
BUZZ PLANER; juntera, cepilladora rotatoria de eje
vertical
SAW; sierra circular
BY CHANNEL; canal lateral
BYLAW; reglamento
BYPASS; comunicación lateral, desvío, derivación
SLIDING DOOR; puerta corrediza lateral
VALVE; válvula de paso
BY-PRODUCT; subproducto, producto secundario
BYTE; (computadora) unidad de capacidad de disco

CAB; (loco) casilla, cabina de conducción;
(camión) pescante, cabina
CABINETMAKER; ebanista
CABINETMAKING; ebanistería
CABINETWORK; ebanistería
CABLE; cable, cabo, maroma; (eléc) cable
ACCESSORIES; accesorios de cable
de alambre
CAR; carro arrastrado por cable
COMPOUND; compuesto para cable, adobo
CONTROL; gobierno por cable
CROWD; empuje a cable
CUTTER; cortador de cable
DRILL; sonda de cable
DUCT; canal de cables, conducto
portacable
EXCAVATOR; tráilla de cable de arrastre
GRIP; grapa tiradora de cable
GUARD; guardacable
GUARDRAIL; cerca defensa de cable
MANHOLE; caja de empalme; cámara
de empalme
RACK; rastrillo portacables
RAILROAD; ferrocarril funicular
RIPPER; (ec) desgarradora de cable
TERMINATOR; termindor de cable
VAULT; caja de empalme de cables
CABLEHEAD; caja cabecera de cable
CABLE-LAID; acalabrotado
CABLEWAY; cablecarril, cablevía, cable
transportador, vía de cable
CARRIAGE; carrito de suspensión
CARRIERS; colgadores del cable izador, sostenes
de cable
EXCAVATOR; excavadora de cable
OPERATOR; maquinista de cablevía
CABOOSE; (fc) vagón de cola, furgó de cola
CADASTRAL ENGINEER; ingeniero catastral
CADASTRE; catastro
CADMIUM; cadmio
PLATED; cadmiado
CAFETERIA; cafetería
CAGE; (min) jaula, camarín
SCREEN; criba de jaula
CAIRN; montón de piedras
CAISSON; (aire) cajón de aire comprimido, arcón;
(ds) compuerta flotante

DISEASE; enfermedad de trabajadores en
aire comprimido
GATE; barco-puerta
CAKE; *(v)* aglutinarse, cuajarse
CAKING COAL; hulla grasa, carbón
aglutinante
CALAMINE; (miner) calamina; (met) calamina
DOOR; puerta de madera forrada de
metal calaminado
CALCAREOUS; calcáreo, calizo
CALCIMETER; calcímetro
CALCIMINE; lechada, pintura al agua
CALCITE; calcita
CALCIUM; calcio
BICARBONATE; bicarbonatode calcio
CARBIDE; carburo de calcio
CARBONATE; carbonato de calcio
CHLORIDE; cloruro de calcio
FLUORIDE; fluoruro de calcio
HYDROXIDE; hidróxido de calcio
LIME; cal grasa
OXIDE; óxido de calcio, óxido de cal
SULPHATE; sulfato de calcio, sulfato de cal
CALCIUM-ALUMINATE CEMENT; cemento
de aluminato de calcio
CALCRETE; talpetate, caliche
CALCULATE; calcular
CALCULATED BEARING; rumbo
computado
CALCULATION; cálculo, cómputo
CALCULATOR; calculador
CALCULUS; cálculo
CALDRON; caldero, paila
CALENDER; calendario
CALIBER; calibre
CALIBRATE; calibrar
CALIBRATION; calibración, calibraje
CALIBRATOR; calibrador
CALICHE; caliche, suelo blanco arcilloso
CALIPER; *(s)* calibrador, calibre, compás de gruesos;
(v) calibrar
CALK; calafatear, recalcar; (remache)
retacar, recalcar
WELD; soldadura para cerrar una junta
CALKER; calafateador, recalcador, retacador
CALKING; calafateo, retaque, recalcadura
COMPOUND; masilla de calafatear, compuesto
de retacar
IRON; calafate, calador
CALL FOR BIDS; *(s)* citación a licitadores; *(v)* llamar
a licitación
CALLUS; *(a)* calloso
CALORIE; caloría
CALORIMETER; calorímetro
CALOROMETRIC; calorimétrico
CAM; leva, levador
PRESS; prensa de leva

CAMBER; *(s)*(est) contraflecha, bombeo, combadura;
(auto) inclinación (ruedas delanteras);
(v) (est) combar, bombear, abombar
ARCH; arco de bombeo, arco de combadura
BEAM; viga de bombeo, viga de combadura
INSULATION; aislación de cambray barnizado
CAMERA; cámara fotográfica
CAMP; *(s)* campamento; *(v)* acampar
CAMSHAFT; eje de levas, árbol de levas
CAN; lata
CANAL; canal, caz, cacera
LOCK; esclusa
TENDER; (irr) acequiero
CANALIZATION; canalización, encauzamiento
CANALIZE; canalizar, encauzar, acanalar
CANCELLATION; (est) retículo, reticulado
CANDELA; candela (lámpara)
CANDLEPOWER; bujía
CANNEL COAL; carbón mate, carbón de bujía
CANT; *(s)* chaflán; (as) troza después de quitarle los
costeros
CANTER; volteador de trozas
CANT MOLDING; moldura biselada
CANTILEVER; cantilever, voladizo, volado
ABUTMENT; estribo volado
ARM; tramo volado, brazo volado
BEAM; viga voladiza, viga acartelada
BRIDGE; puente cantilever, puente volado
FOOTING; cimentación volada, cimentación en
cantilever
FORMWORK; diseño o estilo en cantilever; timbra
en cantilever
SLAB; placa volada
SPAN; tramo volado
TRUSS; armadura volada
WALL; pared volada
CANTING MACHINE; volteador de trozas
CANVAS; lona, cañamazo
CANYON; garganta, desfiladero, cañon, barrancón
CAP; *(s)*(caballete) cabezal, travesaño; (tub) tapa,
casquete; *(v)*(caballete) encepar; (tub) tapar
CAPACITANCE; capacitancia
CAPACITOR; capacitador, capacitor
CAPACITY; capacidad, cabida
CURVE; curva de cabidas
FACTOR; factor de capacidad
CAPE; (geog) cabo, punta
CAP FLASHING; vierteaguas superior
CAPILLARITY; capilaridad
CAPILLARY; capilar
ATTRACTION; atracción capilar
FLOW; flujo capilar
FRINGE; capa de terreno humedicido por el agua
capilar sobre la capa acuífera
MOVEMENT; humedad capilar
POTENTIAL; potencial capilar, tensión capilar
PRESSURE; presión capilar

RISE; ascenso capilar
STRESS; esfuerzo capilar
WATER; agua capilar
CAPILLOMETER; medidor de capilaridad
CAPITAL; (fin) capital; (ciudad) capital; (arq) capitel
CAPITALIZE; capitalizar
CAPPED END; extremo cubierto
CAPPING; (min) cubierta, sobrecapa
   BEAM; (est) viga de cubierta
CAP RING; (est) anillo de remate
CAPSTONE; albardilla, coronamiento
CAPSULE ANCHOR; cápsula de anclaje
CAPTURE; (s) captura, apresamiento;
   (v) apresar, prender, capturar
CAR; (calafacción) carro, vagón; (ec) vagoneta, carrito,
   vagón; (auto) coche, automóvil
   BUILDING CHANNEL; perfil U para
   construcción de carros
   DUMPER; vaciador de carros
   ELEVATOR; montavagones
   MOVER; empujador de carros
   TIPPLE; volteador de carros
   UNLOADER; descargadora de vagones,
   descargador de carros
CARBARN; cochera
CARBIDE; carburo
CARBODY; caja de carro, caja de vagón
CARBON; carbón; (quím) carbono
   BLACK; negro de humo, negro de carbón
   DIAMOND; diamante negro
   DIOXIDE; dióxido carbónico, ácido carbónico
   FEEDER; alimentador de carbón
   MONOXIDE; monóxido carbónico
   OF LIME; carbonato de calcio, carbonato de cal
   OF SODA; carbonato de soda, carbonato de sodio
   PAPER; papel carbón
   POINTS; carbones
   RESIDUE; residuo de carbón
   STEEL; acero al carbono
CARBONATE; (v) carbonatar
CARBONATION; carbonación
CARBONATOR; carbonatador
CARBONIC; carbónico
CARBONIC ACID; ácido carbónico
   OXIDE; óxido carbónico, monóxido de carbono
CARBONITE; (vol)(miner) carbonita
CARBONIZE; carbonizar
CARBONIZING FLAME; (sol) llama carbonizadora
CARBONOMETER; carbonómetro
CARBUILDER; constructor de carros
CARBURET; (s) carburo; (v) carburar
CARBURETOR; carburador
CARBURIZE; carburar, carburizar
CARBUROMETER; carburómetro
CARCASS; (llanta) género
CARD; targeta; (indicador) gráfica
CAREEN; (náut) carenar

CARGO; carga, cargamento, cargo
   HOIST; malacate de buque
   HOOK; gancho de estibar
   MAST; mástil de carga
CARLING; carrotín
CARLOAD; carga de carro, vagonada
   LOT; carro completo, carro entero
   RATE; flete por vagonada, tarifa por
   carros completos
CAROB WOOD; algarrobo
CAROLITHIC COLUMN; columna carolítica
CARPENTER; carpintero
   FOREMAN; jefe carpintero, capataz
   de carpinteros
   SHOP; carpintería, taller de carpintería
CARPENTER'S SQUARE; escuadra
CARPENTRY; carpintería
CARRIAGE; (cv) carretón corredizo, carrito;
   (as) caportatroncos; (tran) porte, transporte
CARRIER; (cv) sostén de cable, suspensor;
   (mec) conductor, portador; (tran) portador,
   empresa transportadora
   FRAME; sistema de carga
   HORN; (cablevía) asta de suspensores, cuerno
CARRY; (tran) llevar, acarrear, transportar;
   (est) sostener; (turb) pasar, conducir;
   (eléc) conducir; (río) arrastrar, acarrear
   IN SUSPENSION; (hid) llevar en suspención,
   arrastrar, acarrear
CARRYALL; (conc) carrito volcador, faetón
   SCRAPER; (trademark) traílla carryall, pala
   transportadora, excavadora acarreadora
CARRYING CABLE; cable portante, cable sustentador
CARRYING CAPACITY; capacidad portante
CARRYING CHANNEL; canal corredizo, canal
   transportador
CARRYING IDLER; (transportador) rodillo de apoyo
   de la correa cargada
CARRYING STRAND; (transportador) tramo
   portador
CARSHOP; taller de reparación de carros
CART; (s) carro, carretón, carreta; (v) acarrear,
   carretear
   DRIVER; carretonero
CARTAGE; acarreo, carretaje, acarreamiento
CARTLOAD; carretada, carretonada
CARTOGRAPH; carta geográfica, mapa hidrográfico
CARTOGRAPHER; cartógrafo
CARTOGRAPHIC; cartográfico
CARTOGRAPHY; cartografía
CARTRIDGE; cartucho
   FUSE; fusible de cartucho, cartucho de fusión
   PAPER; (dib) papel de cartucho
CARTWRIGHT; carretero
CASCADE; cascada
   AERATOR; aereador de escalones, aereador de
   cascada

CONNECTION; (eléc) acoplamiento en cascada
CONVERTER; (eléc) convertidor en cascada
CASE; caja; (inst) estuche
    BOLT; cerrojo de caja
    HOOK; gancho de estibador
    RING; (turb) anillo portante, anillo de soporte
CASED PILE; pilote (de concreto) encerrado
CASEHARDEN; (acero) cementar
CASEHARDENING; (mad) endurecimiento
    superficial
CASEIN C; caseína C
CASEMENT; vidriera embisagrada verticalmente
    ADJUSTER; ajustador de ventana de bisagra
    SASH; hoja batiente, hoja de ventana embisagrada
    WINDOW; ventana batiente, ventana a bisagra
CASH ALLOWANCE; asignación de fondos
CASH FLOW; flujo de fondos, flujo de caja
CASHIER; cajero
CASING; caja, envoltura, cáscara, concha; (pozo)
    tubería de revestimiento, entubado; (ventana)
    contramarcos; (llanta) cubierta
    FACTOR; factor de entubado o encamisado
    HEAD; (pet) cabezal
    NAIL; puntilla para contramarcos
    PIPE; tubería de revestimiento, cañería de
    entubación
    SHOE; (pet) zapata de tubería de revestimiento
    SPEAR; (pet) arpón pescatubos
    SPLITTER; (pet) tajatubo, rajatubo
    SPOOL; (pet) malacate para tuberías, torno de
    tubería
    TESTER; (pet) prebatubos, probador de tubería
CASING-HEAD GAS; gas natural extraído del petróleo
    crudo
CASK; tonel, pipa, barrica, cuba
CASSITERITE; casiterita
CAST; *(v)*(fund) fundir, vaciar, moldear;
    (conc) moldear, colar; (exc) arrojar; (min) variar
    de dirección el filón
    BRONZE; bronce fundido
    IRON; hierro fundido, fundición, hierro colado,
    hierro vaciado, hierro de fundición; (Ch) fierro
    fundido
    STEEL; acero fundido, acero moldeado, acero
    colado
    STONE; sillares de concreto
CASTABLE; (refractario) compuesto para moldear,
    concreto refractario
CASTELLATED NUT; tuerca encastillada, tuerca
    almenada
CASTELLATION; encastillado entalladura
CASTER; rollete, rodaja; (auto) inclinación del eje
    delantero
CASTING; fundición; pieza fundida
    LADLE; cuchara de fundición, cazo de fundidor
    PIT; foso de colada, hoyo de colada
    PLASTER; yeso de colada

SCRAP; retazos de fundición
SHOP; fundición, taller de fundición, fundería
CAST-WELD ASSEMBLY; ensamblaje de soldadura
    fundida
CAST-IN-PLACE; (conc) moldeado en el lugar,
    moldeado *in situ*
CAST-IRON PIIPE; tubo de hierro fundido, tubería
    de fundición
CAST-IRON WASHER; arandela de hierro fundido,
    arandela de cimacio
CASTOR OIL; aceite de ricino
CASUALTY INSURANCE; seguro de
    responsabilidad pública
CATACLASTIC; cataclástico
CATALOGUE; catálogo
CATALYSIS; catálisis
CATALYST; catalizador
CATALYTIC; catalítico
CATALYZER; catalizador
CATAMARAN; (mar) catamarán
CATASTROPHE; catástrofe
CATARACT; (agua) (mec) catarata
CATCH; fiador, pestillo, aldaba, tarabilla
    BASIN; sumidero, resumidero, pozal, boca de
    tormenta (cloaca)
    PIT; sumidero, pocillo
    SIDING; (fc) desvío de atajo
CATCHMENT; (hid) captación
    AREA; cuenca de captación, hoya tributaria,
    cuenca colectora, superficie de desagüe
CATENARY; catenaria
    SUSPENSION; suspensión catenaria
CATENATE; encadenar
CATERPILLAR; locomotora de orugas
    CRANE; grúa sobre orugas, (C) grúa
    de esteras
    GATE; compuerta de orugas
    MOUNTING; montaje de orugas, llantas de oruga
    TRACTOR; tractor de orugas, tractor de carriles,
    (C) tractor de esteras
    TREAD; rodado tipo oruga
    WAGON; carretón de orugas, carretón
    de carriles
CAT EYE; (min) cimófana
CATHEAD; (pet) torno; (min) cabrestante pequeño
    CHUCK; (torno) mandril de tornillos
CATHEDRAL; catedral
    CEILING; techo de catedral
    GLASS; vidrio de catedral
CATHODE; cátodo
CATHODIC; catódico
    PROTECTION; protección catódica
CATION; catión
CATTLE CAR; carro ganadero, vagón jaula, (A) carro
    de hacienda, (Ch) vagón de reja
CATTLE GUARD; guardaanimales, guardaganado,
    guardavaca

CATTLE PASS; (fc) paso para ganado, (A) brete
CATTLE RAMP; (fc) rampa para ganado, (A) brete
CATWALK; pasadera, pasillo
CAUL; fondo de cofia
CAULK; (véase CALK)
CAUSEWAY; calzada, estrada, arrecife
CAUSTIC; cáustico
    LIME; cal cáustica, cal viva
    SODA; soda cáustica, hidróxido de sodio
CAUSTICIZE; causticar
CAVE; cueva, caverna, covacha
CAVE-IN; (v) hundirse, revenirse; (s) derrumbe, hundimiento, revenimiento; (min) soterramiento
CAVERN; caverna, cueva
CAVING SOIL; suelo de socovación y derrumbe
CAVITATION; cavatación
CAVITY; cavidad, hueco, oquedad, bolsada
CAY; cayo
CEDAR; cedro
CEIL; forrar, revestir
CEILING; (ed) cielo raso, techo, techumbre, cielo; revestimiento, forro
    BEAM; viga de techo
    JOISTS; carrera de techo
CELITE; (cemento) celita
CELL; (cons) célula; (A) celda; (eléc) pila, elemento
CELLAR; sótano, bodega, (A) subsuelo
    DRAINER; achicador de sótanos, desaguadora de sótanos
CELLULAR; celular
    ABUTMENT; (est)(arq) estribo celular; (carp) empalme celular
    BLOCK; bloque celular
    COFFERDAM; ataguía celular
    CONCRETE; concreto celular
    CONSTRUCTION; construcción celular
    CORE WALL; muro de cortina celular, núcleo celular
CELLULOID; celuloide
CELLULOSE; celulosa
    ACETATE; acetato de celulosa
CELOTEX; (trademark) cartón de bagazo
CELSIUS; celsio, centígrado
CEMENT; (s) cemento; (v) cementar; (geol) aglutinar
    CLINKER; escoria de cemento
    COPPER; cobre de cementación
    FACTOR; factor de cemento
    FINISHER; cementista, albañil de cemento
    GEL; cemento en vía de hidratación
    GUN; (trademark) cañón de cemento, cañón lanzacemento
    GUN WORKER; gunitista, torcretador
    KILN; horno de cemento
    LATEX; látex de cemento
    MACADAM; macádam ligado con lechada
    MASON; albañil de cemento, cementista, estuquista

    MILL; fábrica de cemento; molino de cemento
    MORTAR; mortero de cemento
    PAINT; pintura de cemento; pintura para cemento
    PASTE; pasta de cemento
    ROCK; roca calcárea propia para fabricación de cemento
    SCREED; emparejador o aplanador de cemento
    SHED; depósito de cemento, almacén de cemento, bodega para cemento
    SILO; silo de cemento
    SLURRY; pasta aguada de cemento
    TESTING MACHINE; máquina probadora de cemento
    UNLOADER; máquina descargadora de cemento a granel
    WASH; lavado de cemento
    WORKER; cementista
CEMENT-AGGREGATE RATIO; porporción de cemento-agregado
CEMENTATION; (mam)(met) cementación
    PROCESS; procedimiento de cementación
CEMENT-BAG; saco para cemento, bolsa para cemento, (M) costal de cemento
CEMENT-BLENDING PLANT; planta mezcladora de cemento
CEMENT-COATED; revestido de cemento, cubierto de cemento
CEMENTED END; extremo cementado
CEMENTING MATERIAL; aglutinante, aglutinador; (geol) cimento
CEMENTITE; (met) cementita
CEMENTITIOUS; cementoso
CEMENT-LIME CONCRETE; concreto de cemento de cal
CEMENT-LINED; forrado de cemento, revestido de cemento
CENTER; (s)(mat) centro; (arco) cimbra; (torno) punta; (cab) núcleo, alma; (v) centrar; cimbrar (arco)
    BEARING; apoyo central
    BIT; barrena de guía, mecha centradora
    DUMP; descarga central
    OF BUOYANCY; centro de flotabilidad
    OF GRAVITY; centro de gravedad
    OF MASS; centro de masa
    OF MOMENTS; centro de momentos
    OF PRESSURE; centro de presión
    PIN; espiga central
    PLATE; placa central
    POINT DESIGN; punto central del diseño
    PUNCH; punzón de marcar, aguja para marcar, punzón de centrar, (C) centropunzón
    REAMER; escariador centrador
    SQUARE; escuadra de diámetros
    STAKE; estaca central
    STRAND; (cab) corazón, alma, núcleo

CENTERING; centraje; (arco) cimbra, cerchón, galápago, (Col) formaleta
    MACHINE; máquina de centrar
    RING; anillo de centrar
CENTERLINE; línea central, línea media, línea de eje
CENTER-TO-CENTER; de centro a centro, de eje a eje
CENTESIMAL; centesimal
CENTIARE; centiárea
CENTIGRADE; centígrado
CENTIGRAM; centigramo
CENTILITER; centilitro
CENTIMETER; centímetro
CENTIPEDE LOCOMOTIVE; locomotora cientopiés
CENTRAL; (s)(tel) central telefónica
    AIR CONDITIONER; acondicionador de aire central
    BUSINESS DISTRICT; distrito de comercio central
    HEATING; calefacción central
    MIXER; mezcladora central
    STATION; (eléc) central generadora de energía, planta generadora, fábrica generatriz
    VACUUM SYSTEM; sistema al vacío central
CENTRAL-MIXED CONCRETE; hormigon mezclado en planta fija
CENTRIC LOAD; carga céntrica
CENTRIFUGAL; (s) centrífuga, centrifugadora
    AIR CLEANER; depurador de aire centrifugado
    BLOWER; soplador centrifugado
    CAST-IRON PIPE; tubería de hierro centrifugado
    COMPRESSOR; compresor centrifugado
    CONCRETE PIPE; tubería de hormigón centrifugado, tubería de concreto de fabricación centrífuga
    FORCE; fuerza centrífuga
    GOVERNOR; regulador centrífugo
    PROCESS; elaboración centrífuga
    PUMP; bomba centrífuga
    PUMP CAPACITY; capacidad de bomba centrífuga
    PUMP HEAD; cabezal de bomba centrífuga
CENTRIFUGALLY CAST; fundido centrífugamente
CENTRIFUGE; centrífuga
    KEROSENE EQUIVALENT; equivalente centrífugo de kerosina
    MOISTURE EQUIVALENT; (ms) equivalente centrífugo de humedad
    VOLUME; volumen centrífugo
CENTRIPETAL FORCE; fuerza centrípeta
CENTROID; centro de gravedad
CENTROIDAL; centroidal
    AXIS; (est) (A) eje baricéntrico
CERAMIC; cerámico
    BOND; ligazón cerámica

MOSAIC TILE; baldosa de mosaico cerámico; teja de cerámica
    PROCESS; elaboración cerámica
    TILE; (piso) baldosa cerámica, loseta cerámica
    VENEER; chapa de cerámica
CERARGYRITE; plata córnea, cerargirita
CERTIFICATE OF INSURANCE; documento certificando cobertura de seguro
CERTIFICATE OF OCCUPANCY; documento certificando que un local cumple con las leyes de zonificación y/o edificación
CERTIFICATE OF TITLE; certificado de título
CERTIFIED CHECK; cheque certificado, cheque intervenido
CERUSE; cerusa, albayalde
CESSPOOL; pozo negro, sumidero, fosa de excreta
CETANE INDEX; índice cetánico
CETANE NUMBER; número de cetano, índice cetánico
CHAFE; frotar, ludir
CHAFFING; frotamiento, rozadura
CHAIN; (s) cadena; (lev) cadena de agrimensor; (v) encadenar; (lev) medir con cadena, cadenear
    ATTACHMENTS; aditamentos de cadena, accesorios de cadena
    BELT; correa de cadena, cadena de transmisión, correa articulada
    BRAKE; freno de cadena
    CABLE; cable de cadena
    CASE; guardacadena
    CONVEYOR; transportador a cadena
    CROWD; empuje a cadena
    DOGS; gatillos con cadena
    DRILL; taladro de cadena
    DRIVE; accionamiento por cadena, transmisión de cadena
    GAGE; aforador de cadena
    GREASE; grasa para cadena de transmisión
    GUARD; guardacadena, cubrecadena
    HOIST; montacarga de cadena
    INSULATOR; aislador suspendido, cadena de aisladores
    LINK FENCE; cercado eslabonado
    OF MOUNTAINS; sierra, cordillera
    OILING; lubricación por cadena
    PULLEY; polea de cadena, rueda de cadena, rueda dentada
    PUMP; bomba de rosario, bomba de cadena
    SCALE; escala de graduación total
    SHACKLE; grillete para cadena
    STOPPER; retén de cadena
    SURVEY; levantamiento de planos con cadena
    TAPE; cinta de medir con graduaciones muy espaciadas
    TESTING MACHINE; máquina probadora de cadenas
    TONGS; llave de cadena, tenaza de cadena

VISE; grampa a cadena, tornillo de cadena
WELDING; soldadura a cadena
WHEEL; rueda dentada para cadena; polea de
cadena
WINDING; (eléc) devanado de cadena
WRENCH; llave de cadena
CHAINBLOCK; garrucha diferencial de cadena,
aparejo de cadena
CHAINING; (lev) cadeneo
PIN; jalón de cadeneo, aguja de cadeneo
CHAINMAN; cadenero, portacadena
CHAIN-PULL LAMP HOLDER; portalámpara de
cadena
CHAINSAW; sierra de cadena
CHAIR; (mec) silleta, silla
RAIL; guardasilla
CHALCOPYRITE; calcopirita
CHALCOSIDERITE; calcosiderita
CHALET; chalet
CHALK; tiza, creta, (C) yeso, greda
LINE; línea de marcar, cuerda de alinear, tendel,
bramil
TEST; ensayo de tiza
CHALKY; cretáceo
CHALYBITE; siderita
CHAMBER; (mec) cámara, caja, cuerpo; (esclusa)
cuenco
BLAST; (min) voladura de cámara
CHAMBERING; (vol) ensanchamiento del fondo
(del barreno)
CHAMFER; (s) bisel, chaflán, chanfle; (v) biselar,
chaflanar, achaflanar
GAGE; guía para biselar
PLANE; cepillo biselador, guillame de inglete
STOP; tope de chaflán
CHAMFERING TOOL; herramienta biseladora
CHAMPION TOOTH; (serrucho) diente tipo
campeón
CHANDELIER; araña de luces
CHANGED CONDITIONS; condiciónes
cambiadas
CHANGE OF LINE; (fc) variante, (C) modificación,
(U) desplazamiento
CHANGE OF STATE; cambio de estado
CHANGE ORDER; orden de cambio
CHANGE OVER SWITCH; (eléc) conmutador
CHANGE POINT; punto de cambio
CHANNEL; (s)(río) cauce, álveo, canal, cacera,
canalizo; (mec) ranura, garganta, acanaladura;
(est) viga canal, viga U, perfil U; (v) (río) encauzar,
canalizar;
BEAM; viga U, viga canal
IRON; hierro de canal, hierro en U, vigueta
de canal
OF APPROACH; canal de llegada
PIPE; tubería de canal
TILE; canaleta

CHANNELER; máquina de acanalar, acanaladora
CHANNELING; acanalar
CHAR; (v) carbonizar
CHARACTERISTIC CONCRETE STRENGTH;
resistencia de concreto característico
CHARACTERISTIC DEAD LOAD; carga fija
característica, carga muerta característica
CHARCOAL; carbón de leña, carbón vegetal, carbón
de madera, carbón
IRON; hierro de carbón vegetal, hierro al carbón
de leña
POWDER; carbón vegetal pulverizado
CHARGE; (s)(eléc)(conc)(vol)(horno) carga; (v) (eléc)
cargar, recargar; (vol) cargar; (horno) alimentar;
(cont) cargar en cuenta
WEIGHT; peso de la carga
CHARGER; (mec) cargador; (eléc) cargador de
acumuladores
CHARGES; cargos
CHARGING; carga, alimentación
CARRIAGE; carro caargador
HOPPER; tolva de carga
MACHINE; máquina cargadora
PLATFORM; plataforma de carga
RECEPTACLE; receptáculo de carga
SKIP; cucharón de carga
CHART; carta hidrográfica; gráfico
CHARTER; (s)(buque) contrato de fletamento;
(sociedad) escritura de constitución; (v)(buque)
fletar, contratar; (sociedad) constituir
PARTY; carta de fletamento, contrato de
fletamento
CHARTOGRAPHER; cartógrafo
CHARTOGRAPHIC; cartográfico
CHARTOGRAPHY; cartografía
CHARTOMETER; cartómetro
CHASE; (rosca) repasar, filetear
CHASER; peine para machos, peine par tornillos
CHASING LATHE; torno para roscar
CHASING TOOL; herramienta de filetear,
fileteadora
CHASSIS; chasis, armazón
DIMENSIONS; dimensiones de chasis
WEIGHT; peso de chasis
CHATTER; (maq) traqueteo, (C) repiqueteo
CHATTERING; (maq) traqueteo
CHAUFFEUR; chófer, motorista, conductor
CHECK; (s)(hid) dique de retención; (irr) área de
retención; (puerta) amortiguador, cierrapuerta;
(mad) hendidura; (cómputo) comprobación; (com)
cheque
ANALYSIS; análisis de comprobación,
contraensayo
CHAINS; válvula de retención
DAM; presa de detención, rastrillo
IRRIGATION; riego por áreas de retención,
irrigación por cuadors rebordeados

TEST; contraprueba

VALVE; válvula de retención, (M) válvula checadora

CHECKER; (lad) jaquelado, cuadriculado; (cómputo) comprobador

CHECKER-BLOCK PAVING; pavimentación de bloque jaquelado

CHECKERED PLATE; plancha estriada, chapa estriada

CHECKING FLOOR HINGE; gozne amortiguador de piso

CHEEK; cara; jamba; (motón) gualdera, quijada

BLOCK; pasteca de una sola gualdera

PLATE; (quebradora) cachete

WEIGHTS; pesos de motón

CHEESE HEAD; (tornillo) cabeza chata ranurada

CHEMICAL; (s) producto químico; (a) químico

AFFINITY; afinidad química

AGENT; agente químico

BOND; grado de afinidad

COMPOUND; compuesto químico

CONTAMINANT; contaminante químico

CURE; curación química

EQUATION; ecuación de combinación química

FEEDER; (pa) alimentador de productos químicos

GAGING; (hid) aforo químico, aforo por disolución

de sal, aforo por titulación

GROUT; lechada de cemento químico

MIXER; (pa) mezclador de productos químicos

NAME; nombre químico

PRECIPITATION; precipitación química

PROPORTIONER; (pa) dosificador de productos

químicos

RESISTANCE; resistencia química

CHEMICALLY CURED SEALANT; sello químicamente curado

CHEMICALLY PRESTRESSED CONCRETE; concreto químicamente prefatigado

CHEMICALLY PURE; químicamente puro

CHEMIST; químico

CHEMISTRY; química

CHERRY RED; rojo cereza

CHERRY WOOD; cerezo

CHERT; horsteno

CHESTNUT; (mad) castaño

COAL; antracita de 1 1/16 pulg a 1 9/16 pulg

OAK; roble canstaño, roble montañés

CHIEF; (s) jefe; (a) principal

DESIGNER; jefe de proyectos, ingeniero diseñador principal, jefe de estudios

DRAFTSMAN; jefe de dibujantes

ENGINEER; ingeniero jefe, ingeniero principal

OF PARTY; jefe de cuadrilla, jefe de brigada, jefe de equipo

CHILE MILL; (min) molino chileno, molino de muelas verticales

CHILL; (v)(met) acerar, templar superficialmente

CHILLED; (hierro) resfriado, acerado, templado superficialmente

CHIMNEY; chimenea, humero; (min) clavo, columna rica, chimenea

FLUE; cañón de chimenea, humero

HOOD; caperuza de chimenea

LINER; forro de chimenea

PAD; cojín de chimenea

STACK; chimenea

CHINA CLAY; caolín

CHINA WOOD OIL; aceite de palo

CHINESE WHITE; blanco de cinc, blanco de China

CHINK; (s) grieta, resquicio, boquilla; (v)(hombre) emboquillar

CHIP; (v) (remaches) emparejar, cincelar; (fund) desbarbar

BREAKER; (ac) rompeastillas, quiebravirutas

CRACKS; grietas de astilla

LOAD; cargamento de astilla

OFF; descascarar, descantillar; desconcharse

CHIPPER; martillo cincelador, descantilladora, picadora

CHIPPING CHISEL; cincelador; desbarbador

CHIPPING HAMMER; cincelador, martillo-cincel, martillo burilador; rebabadora, (M) rebabeadora

CHIPS; (mad) astillas, briznas; (piedra) cascajo

CHISEL; (s)(carp) escoplo, formón; (piedra) cincel, puntero; (her) cortadera, asentador, (lad) cortador de ladrillos; (cn) calafate, estopero;(v) escoplear, cincelar,

CUT; escopladura, burilada

POINT; filo de cincel

CHLORAMINE; cloramina

CHLORIDE OF LIME; cloruro de cal

CHLORINATE; clorinar, clorar, clorizar, clorificar

CHLORINATED COUPPERAS; caparrosa clorada

CHLORINATED RUBBER; goma clorada

CHLORINATING PLANT; instalación clorizadora, planta clorificadora

CHLORINATION; cloración, clorinación, clorización

CHLORINATOR; clorador, clorinador, aparato de clorar

CHLORINE; cloro

FEEDER; alimentador de cloro

HYDRATE; hidrato de cloro

METER; indicador del gasto de cloro

CHLORITE; (quím) clorito; (miner) clorita

CHLOROMETER; clorómetro

CHLOROUS; cloroso

CHOCK; (s)(carp) calzo, cuña, zoquete, tacón; (náut) cornamusa de guía; (v) calzar, acuñar, engalgar, apear

CHOKE; (s)(auto) estrangulador de aire, cebador del carburador; (v)(auto) estrangular

BUTTON; (auto) botón de estrangulación, estrangulador de mano
DAMP; humpe, (M) bochorno
CHOKED; estrangulado, obturado
CHOKER; estrangulador, obturador
CHOKING COIL; bobina de reacción
CHOP; golpe cortante; hachazo
CHORD; (mat) cuerda; (est) cordón
WINDING; (eléc) devanado de cuerdas, arrollamiento de cuerdas
CHOROGRAPH; corógrafo
CHRISTMAS-TREE FITTINGS; (tub) accesorios para servicio de alta presión de petróleo
CHROMATE; cromato
CHROME; cromo
BORE; taladrado de cromita
BRICK; ladrillo de cromita, ladrillo crómico
IRON ORE; cromita
TANNED; curtido al cromo
CHROME-NICKEL STEEL; acero cromoníquel
CHROMIC; crómico
CHROMITE; (quím) cromito; (miner) cromita
CHROMIUM; cromo
BRONZE; bronce cromado
PLATED; cromado
STEEL; acero cromado, acero al cromo, acerocromo
CHROMOMETER; cromómetro
CHRONOMETER; cronómetro
CHRONOMETRIC; cronométrico
CHUCK; *(s)* manguito portaherramienta, portabroca, boquilla de sujeción, mangote, mandril (torno); *(v)* sujetar con el mandril
CHUCKING GRINDER; esmeriladora para mandril de torno
CHUCKING REAMER; escariador para mandril de torno
CHUCK WRENCH; llave para mandril
CHURN DRILL; taladro giratorio, (M) pulseta, (V) chompa
CHUTE; canal, canaleta, conducto, saetín, (M) tobagán
GATE; compuerta de canal
SPILLWAY; canal vertedor, vertedero de saetín
CINDER CONCRETE; concreto de cenizas, (A) hormigón de carbonilla, (C) concreto de escorias
CINDER PIG; fundición escoriosa
CINDERS; cenizas, (V) cisco, (C) escoria, (A)(V) carbonilla
CINNABAR; cinabrio
CIPOLLETTI WEIR; vertedero aforador de Cipolletti, vertedor trapezoidal
CIRCLE; círculo
CIRCUIT; circuito
BREAKER; interruptor automático, disyunator, interruptor protector, cortacircuito

CIRCULAR; circular
FREQUENCY; frequencia circular
MEASURE; medida en radianes
MIL; milipulgada circular
PITCH; paso circunferencial
PLANE; cepillo circular
SAW; sierra circular
CIRCULATE; circular
CIRCULATING HOT WATER SYSTEM; sistema de agua caliente corriente
CIRCULATION; circulación
CIRCULATOR; circulador
CIRCUMFERENCE; circunferencia
GAGE; calibre de circunferencia
TAPE; cinta de selvicultor
CIRCUMFERENTIAL; circunferencial
BEARING AREA; área de soporte circunferencial
CRACK; grieta circunferencial
SEAL; sello circunferencial
CIRCUMFERENTOR; brújula de agrimensor
CISTERN; cisterna, aljibe, arca de agua
CITY AND REGIONAL PLANNING; planificación ciudadana y regional, urbanismo, urbanización
CITY ENGINEER; ingeniero jefe municipal
CITY PLANNER; urbanista
CIVIC CENTER; centro cívico
CIVIL ENGINEER; ingeniero civil
CIVIL ENGINEERING; ingeniería civil
CLACK VALVE; válvula de charnela, chapaleta
CLAIM; *(s)* reclamación; (min) pertenencia
CLAMP; *(s)* grampa, grapa, mordaza, abrazadera, barrilete, laña, agarradera, cárcel; *(v)* amordazar, lañar, encarcelar, abrazar, engrapar
SCREW; prensa de tornillo; tornillo sujetador, tornillo de fijación
CLAMPING FORCE; fuerza grapadora
CLAMSHELL BUCKET; cucharón de almeja, cucharón de quijadas, cucharón de mordazas, cubeta autoprensora, (A) balde grampa
CLAMSHELL CRANE; grúa para cucharón de almeja
CLAMSHELL DREDGE; draga de cucharón de quijadas, (A) draga a balde
CLAPBOARD; *(s)* tabla de chilla, tingladillo, (Ch) tabla tinglada; *(v)* tinglar
CLAPBOARDING; tablas solapadas, chillado
CLAPPER; (vá) chapaleta, disco
CLARIFIED SEWAGE; aguas cloacales clarificadas
CLARIFIER; clarificador, aclarador
CLARIFLOCCULATOR; (trademark) clarifloculador
CLARIFY; clarificar, aclarar
CLASP NAIL; abismal
CLASS (OF CONCRETE); clase de concreto
CLASS (OF FIRE); clase de incendio
CLASSIFICATION; clasificación, (flete) aforo
YARD; (fc) patio de clasificación, patio de selección, playa de clasificación

CLASSIFIED PRODUCT; producto clasificado
CLASSIFIER; clasificador
    TANK; tanque clasificador
CLASSIFY; clasificar
CLASS RATES; (fc) tarifa por clases
CLASTIC; (geol) clástico
CLATTER; (maq) repiquetear, chasquear, tintinear
CLATTERING; tintineo, repiqueteo
CLAW; (mec) garra, uña, garabato
    BAR; barra sacaclavos, sacaclavos de horquilla, barra de uña, arrancaclavos; (fc) arrancaalcayatas
    CLUTCH; embrague de garra
    HAMMER; martillo de uña, martillo de orejas, martillo de carpintero
    HATCHET; hachuela de uña, hachuela de oreja
CLAY; arcilla, greda, barro
    BAND; mineral de hierro arcilloso
    BLANKET; colchón de greda, colchón de barro, pantalla de arcilla
    CONTENT; contenido de barro, contenido de greda
    DIGGER; pala neumática, excavador de arcilla
    GOUGE; salbanda arcillosa
    IRONSTONE; mineral de hierro arcilloso
    MARL; marga arcillosa
    MASONRY UNIT; unidad de mampostería de arcilla
    MILL; barrero, molino de arcilla, amasadero
    MIXER; barrero, mezclador de arcilla
    MORTAR MIX; mezclado de mortero de arcilla
    PICK; pico con punta y corte
    PIPE; tubería de arcilla, tubería de barro, (Col) tubería de gres
    PIT; greda, mina de arcilla
    PUDDLE; barro amasado, arcilla batida, (M) pasta arcillosa
    SLATE; esquisto arcilloso, pizarra gredosa
    SPADE; martillo de pala, pala neumática, barrenadora de arcilla, zapadora para arcilla
    STONE; piedra arcillosa, arcilla endurecida, (V) arcillita
    TILE; teja de barro (techo); baldosa de arcilla (piso)
CLAYEY; arcilloso, gredoso, barroso
CLEAN; (s) limpio; (v) limpiar
    AGGREGATE; agregado limpio
CLEANER; (s) limpiador; (aire) depurador
CLEAN FILL; relleno limpio
CLEANING PIT; foso de limpieza
CLEANOUT; (s) registro de limpieza, boca de limpieza
CLEANUP; limpiar
CLEAR; (v)(tierreno) desmontar, despejar, limpiar, desbocar
    APERTURE; abertura clara
    COATING; revestimiento claro
    GLASS; vidrio claro

    HEIGHT; altura libre, altura de despejo, fanqueo vertical
    LENGTH; largura libre
    LUMBER; madera limpia
    SPAN; luz, luz libre, claro
    TITLE; título limpio
    TRACK; vía libre, vía franca
    WELL; depósito de agua clarificada
CLEARANCE; espacio libre; (c) paso libre, sección libre; (superior) franqueo vertical; (mv) espacio muerto; (maq) juego; (turb) intersticio; (auto) luz
    ANGLE; (mh) ángulo de ataque
    CAR; carro de despejo
    GAGE; (fc) gálibo, gabarit, calibrador
    HEIGHT; altura de despejo, altura de franqueo
    LAMP; (auto) lámpara de despejo
    POINT; (fc) punto de gálibo, punto de cartabón
    POST; (fc) poste cartabón
CLEARCUT; bien definido
CLEARING; desmonte, desbroce, desbosque, despejo, limpia de malezas, tala
CLEARSTORY; sobretecho, lucernario, linternón; claraboya, tragaluz lateral
CLEAT; (s)(carp) listón, travesero, abrazadera, tablilla; (cab) cornamusa, tojino, bita; (min) hendedura; (v) enlistonar, enlatar, entablillar
    INSULATOR; presilla aislante, sujetahilos, mordaza aisladora, abrazadera-aislador
CLEAVAGE; hendedura, (min) clivaje
    FAILURE; falla de hendedura
CLEFT WELDING; soldadura de muesca
CLERESTORY; (arq) claraboya
CLEVIS; horquilla, abrazadera, grillete
    PIN; pasador de horquilla
CLIENT; cliente
CLIFF; risco, farallón; barranco, barranca, cantil
CLIMATOLOGY; climatología
CLIMB; (v) trepar
CLIMBERS; escaladores, trepaderas
CLIMBING EQUIPMENT; equipo para trepar
CLIMBING IRONS; escaladores, garfios de trepar, arpeos de pie, ganchos escaladores
CLIMBING LADDER; escalera de trepar
CLIMBING ROPE; cable de trepar
CLINCH; (s)(cab) entalingadura; (v) remachar, roblar, redoblar, contrarremachar
    NAIL; clavo para remachar, redoblón
    RIVET; remache de redoblar
CLINKER; (s) escoria de hulla; escoria de cemento; (v) escorificar
    BAR; hurgón, atizador, rascador de parrilla, (A) lanza
    BREAKER; (herr) rompedora de escorias
    BRICK; ladrillo escoriado, ladrillo de campana
    BUILT; (náut) de tingladillo
CLINKSTONE; fonolita, piedra de campana

CLINOGRAPH; clinógrafo
CLINOMETER; clinómetro, clitómetro
CLINOMETRIC; clinométrico
CLINOMETRY; clinometría
CLIP; *(s)*(cab) abrazadera, grapa, sujetador; (riel) presilla, planchuela; (est) abrazadera, sujetador; (eléc) pinza de contacto
    ANGLE; (est) ángulo sujetador
    JOINT; junta sujetadora
CLIPPER; cortador, cizalla
CLOCKWISE ROTATION; movimiento destrogiro rotación dextrorsa
CLOD; terrón
CLOISTER VAULT; bóveda de claustro
CLOSE; *(a)* ajustado, apretado; estrecho, angosto; *(v)* cerrar
    FIT; ajuste apretado
    GRAINED; de grano fino, tupido, de grano cerrado
    LINK CHAIN; cadena de eslabón corto
    NIPPLE; niple de largo mínimo, (A) rosca sencilla
CLOSE-COUPLED; (fc) de bse de ruedas corta
CLOSED; cerrado
    AREA; área cerrada
    BASIN; (top) cuenca cerrada, hoya sin emisario
    BRIDGE SOCKET; (cable de alambre) encastre cerrado para puente
    BURNER; quemador cerrado
    CIRCUIT; circuito cerrado
    CONTAINER; recipiente cerrado
    IMPELLER PUMP; bomba de impulsor cerrado
    PLANNER; acepilladora cerrada
    SHOP; (labor) taller exclusivo, taller agremiado
    SOCKET; (cable de alambre) grillete cerrado, encastre cerrado, casquillo cerrado
    SURVEY; trazado cerrado
    SYSTEM; sistema cerrado
CLOSER; mas cerca
CLOSING COSTS; costos de finalización
CLOSING DATE; fecha de finalización
CLOSING LINE; (cubeta) caable de cierre
CLOSURE; (presa) cierre definitivo, taponamiento; (lev) cierre del trazado
CLOSURE OPENINGS; (dique) aberturas provisionales, vanos de derivación
CLOT; *(s)* coágulo; *(v)* coagularse, cuajarse
    DISSOLVING; descoagulante
CLOTH-INSERTION PACKING; empaquetadura de goma con inserción de tela
CLOTH TAPE; cinta de género
CLOUDBURST; chaparrón, aguacero
CLOUDY; nublado, turbio
CLOUT NAIL; clavo de cabeza ancha, clavo de tinglar
CLOVE HITCH; ballestrinque
CLUB DOLLY; sufridera maciza
CLUMP; *(v)* flocular, coagular; coagularse
CLUSTER PINE; pino marítimo, pino rodeno
CLUSTERED COLUMN; columna compuesta

CLUTCH; embrague, garra
    ASSEMBLY; conjunto del embrague
    BRAKE; freno del embrague
    COLLAR; cuello del embrague
    FACING; revestimiento del embrague
    LINING; guarnición del embrague, forro del embrague
    PEDAL; pedal del embrague, pedal de desembrague
    RELEASE; desembrague
COACH; (fc) coche, carro de viajeros
    SCREW; tirafondo, pija, tornillo de coche
COAGULANT; coagulante
COAGULATE; coagular, coagularse, cuajarse
COAGULATOR; coagulador
COAGULUM; coágulo
COAK; (motón) manguito, casquillo
COAL; *(s)* carbón de piedra, hulla, carbón mineral; *(v)*(náut) cargar de carbón
    BARGE; barca carbonera, lanchón carbonero
    BASIN; (geol) cuenca hullera
    BED; yacimiento de carbón
    BREAKER; quebradora de carbón, trituradora de carbón
    BRIQUETTE; aglomerado, briqueta
    BUCKET; balde volcable para carbón
    BUNKER; carbonera, arcón carbonero
    CAR; vagón carbonero, carro para carbón
    DEALER; carbonero
    DUST; polvo de carbón, cisco
    FIELD; terreno carbonífero, distrito hullero
    GAS; gas de hulla, gas de carbón
    MINE; mina de carbón, hullera
    MINER; minero de carbón, hullero, carbonero
    OIL; kerosina, aceite de carbón
    POCKET; instalación almacenadora de carbón
    SCOOP; pala carbonera
    TAR; alquitrán de hulla, brea de hulla, brea de carbón
    TIPPLE; vertedor de carbón
    WEDGE; cuña de minero
    WHARF; muelle carbonero
COAL-BEARING; carbonífero
COALBIN; carbonera, arcón carbonero, depósito de carbón
COALESCENCE; fusión, unión
COALING STATION; estación carbonera
COAL-TAR CUTBACK; alquitrán de hulla diluído
COAL-TAR EMULSION; emulsión de alquitrán de hulla
COAL-TAR PAINT; pintura de alquitrán
COAL-TAR PITCH; pez de alquitrán, alquitrán de hulla, brea de hulla residual
COALYARD; carbonería
COAMING; brazola, brocal, defensa de la escotilla
COARSE; basto; tosco, recio; grueso; ancho; áspero
    BRUSH; brochón, bruza

FILE; lima gruesa, limatón
GRAVEL; grava gruesa
MESH; malla ancha
SAND; arena gruesa, arena gorda, arena recia
THREAD; rosca de paso ancho, rosca gruesa
COARSE-AGGREGATE; agregado grueso, árido
    grueso
COARSE-GRAINED; de grano grueso, de fibra gruesa,
    (C) de grano gordo
COARSE-LAID; (cable de alambre) de colocación
tosca
COAST; costa, litoral
COASTER GATE; compuerta de rodillos,
    compuertavagón
COASTING VESSEL; barco de cabotaje, caletero
COAT; (s)(pint) mano; (enlucido) capa, tendido;
    (v) revestir, forrar
COATED ABRASIVE; abrasivo forrado
COATED WIRE NAILS; clavos de alambre forrado
COATING; revestimiento, recubrimiento; baño
    ASPHALT; revestimiento de asfálto
COAXIAL; coaxil, coaxial
COBALT; cobalto
    GLANCE; cobaltina
    STEEL; acero al cobalto
COBALT-CHROME STEEL; acero cobaltocromo
COBALTIC; cobáltico
COBBLE CONGLOMERATE; conglomerado de
    chinos
COBBLE GRAVEL; grava de chinos
COBBLE PAVING; enchinado
COBBLES; guijarros, cantos rodados, bolones, chinas,
    chinos, morrillos; (A) cascajo (agregado grueso)
COBBLESTONE; adoquín
COCCUS; coco
COCK; llave, espita, grifo, canilla, robinete
COCKWRENCH; manija para robinetes
COCOBOLO; (madera dura) cocobolo
COCTION; cocción
CODE; código, clave
    OF PRACTICE; código de práctica
COEFFICIENT; coeficiente
    OF COMPRESSIBILITY; coeficiente de
    compresibilidad
    OF CONSOLIDATION; (ms) coeficiente de
    compactación
    OF DISCHARGE; (hid) coeficiente de gasto
    OF EARTH PRESSURE; coeficiente de presión
    de tierra
    OF EFFICIENCY; rendimiento
    OF ELASTICITY; coeficiente de elasticidad
    OF EXPANSION; coeficiente de dilatación,
    coeficiente de expansión
    OF FINENESS; coeficiente de finura
    OF FRICTION; coeficiente de fricción,
    coeficiente de frotamiento, coeficiente de
    rozamiento

    OF LEAKAGE; (eléc) coeficiente de dispersión
    OF PERMEABILITY; (ms) coeficiente de
    permeabilidad
    OF ROUGHNESS; (hid) coeficiente de aspereza,
    coeficiente de rugosidad
    OF SCALE HARDNESS; (pa) coeficiente de
    escamas
    OF SLIDING FRICTION; coeficiente de fricción
    de deslizamiento
    OF THERMAL EXPANSION; coeficiente de
    expansión por calor
COFFERDAM; (s)(cons) ataguía, dique provisorio,
    (A) atajo, (Ch) tranque provisional; (cn)
    compartimiento estanco; (v) atguiar, encajonar
COG; (mec) diente, cama; (carp) lengüeta; (carp)
    espiga; (min) madero de ademado
    BELT; correa dentada, correa corrugada
COGENERATION; (energia, potencia) cogeneración
COGGING; (carp) junta de espiga y muesca
COGRAIL; cremallera
COGWHEEL; rueda dentada, (C) rueda catalina
COHESION; cohesión
    WATER; agua cohesiva, agua de cohesión
COHESIONLESS SOIL; tierra sin cohesión
COIL; (s)(cab) aduja, adujada, rollo; (tub) serpentín;
    (eléc) bobina carrete; (v) enrollar, adujar
    CHAIN; cadena corriente, cadena ordinaria,
    cadena de adujadas
    SPRING; resorte espiral
COILING MACHINE; máquina curvadora de
    serpentines
COINSURER; coasegurador
COKE; (s) coque, cok; (v) coquizar, coquificar
    BREEZE; cisco de coque, coque desmenuzado
    IRON; fundición al cok, hierro al coque
    OVEN; horno al cok, horno de coquización
    OVEN GAS; gas de horno de coquización
    OVEN TAR; alquitrán de horno de coque
    SCRUBBER; depurador de coque
    STRAINER; colador de coque
COKE-TRAY AERATOR; aereador de batea de coque
COKING COAL; hulla grasa, carbón graso
COLCRETE PROCESS; procedimiento colcreto
COLD; frío
    APPLIED; aplicado en frío
    CHISEL; cortafrío, cortafierro, cortahierro, (C)
    cincel
    CUTTER; cortafrío de herrero, trancha, cortador
    en frío
    FLOW; flujo frío
    FORGED; forjado en frío
    HAMMERED; batido en frío
    JOINT; junta fría
    LAY MIX; (ca) mezcla para colocar en frío
    MIX; (ca) mezcla en frío
    PATCH; (ca) remiendo en frío
    RECYCLING; reciclaje en frío

RIVETING; remachado en frío
SAW; sierra de cortar en frío, aserradora en frío, sierra en frío
SET; tajadera
SHUT; eslabón dividido para remendar cadenas; soldadura imperfecta por falta de calor
STRENGTH; resistencia al frío, fuerza de frío
COLD-BENDING TEST; prueba de doblado en frío
COLD-DRAWN; estirado en frío
COLD-FINISHED; acabado en frío
COLD-FORMED MEMBERS; miembros moldeados en frío
COLD-LAID ASPHALT CONSTRUCTION; (ca) construcción asfáltica colocada en frío
COLD-MIX ASPHALT; mezcleo de asfalto en frío
COLD-POURED SEALING COMPOUND; compuesto de cierre vaciado en frío
COLD-PRESSED; prensado en frío
COLD-PROCESS ROOFING; procedimiento de techado en frío
COLD-ROLLED; laminado en frío
COLD-SHORT; agrio al frío, quebradizo al frío
COLD-TWISTED; torcido en frío, retorcido en frío
COLD-WATER PAINT; pintura al agua, pintura a la cola
COLD-WATER TEST; ensayo de agua fría
COLD-WEATHER CONCRETING; concretadura en intemperie fría
COLD-WORK; *(v)* labrar en frío
COLD-WORKED STEEL REINFORCEMENT; reforzamiento de acero labrado en frío
COLLAPSE; *(s)* derrumbamiento; aplastamiento; fracaso; *(v)* derrumbarse, aplomarse, aplastarse, aportillarse
PRESSURE; presión de fracaso
RING; (cal) anillo de refuerzo
COLLAPSIBLE; desarmable, desmontable, soltadizo, abatible
SOIL; tierra desarmable
COLLAR; collar, cuello, anillo, collarín, aro
JOINT; junta de collar
SWAGE; estampa de collar
COLLAR-BEAM ROOF; vigas de techo tipo collar
COLLATERAL; colateral, accesorio; (fin) fianza
LOAD; carga colateral
COLLECTING GALLERY; (hid) galería de colección, galería captante
COLLECTING SYSTEM; sistema de colleción
COLLECTION; colección, compilación
METHOD; método de colección
COLLECTIVE BARGAINING; trato colectivo
COLLECTOR; (eléc) toma de corriente, colector; (mec) colector
RING; anillo colector
SUBSYSTEM; subsistema colector
COLLET; collar

CHUCK; mandril de perros convergentes, mandril de collar
COLLIERY; mina de carbón, hullera
COLLIMATING MARKS; marcs de colimación
COLLIMATION; colimación
COLLIMATOR; colimador
COLLINEAR; colineal
COLLISION; colisión, choque
MAT; empalletado de choque
STRUT; (pte) puntal de colisión
COLLOID; coloide
COLLOIDAL; coloidal
CONCRETE; concreto coloidal
DISPERSION; dispersión coloidal
GROUT; lechada de cemento coloidal
MIXER; mezclador coloidal
PAINT; pintura coloidal
COLLUVIAL; (geol) coluvial
SOIL; tierra coluvial
COLONNADE; columnata
COLOR CODING; código de color
COLORED CEMENT; cemento colorizado
COLORED GROUT; lechada de cemento colorizado
COLORIMETER; colorímetro
COLORIMETRIC; colorimétrico
COLTER; cuchilla de arado
COLUMN; (est) columna, pilar, poste, pie derecho; (perforadora) montante, columna; (destilación) tubo vertical de purificación
ANCHORS; anclas de columna
CAP; (cons de fábrica) volador, ménsula, can
CLAMP; grampa para moldes de columna
DRILL; perforadora de columna, barrena de columna, taladro de pedestal
FOOTING; cimentación de columna
FORM; molde de columna
HEAD; capitel, cabeza
LOADING; carga de punta
STRIP; (losa plana) faja de apoyo
TIES; ligaduras de columna
COLZA OIL; aceite de colza
COMBINATION; combinación
COLUMN; columna combinada
LOCK; cerradura de combinación
PADLOCK; candado de combinación
PLANE; cepillo universal
PLIERS; pinzas ajustables, pinzas de combinación
WRENCH; llave de combinación, llave para tuercas y caños
COMBINE; (quim) combinarse
COMBINED; combinado; mezclado
DRAIN; desagüe combinado
FOOTING; cimentación combinada
SEWER; coloaca para aguas negras y aguas llovidas
SHEAR REINFORCEMENT; armadura de cizalla combinada

STRESSES; esfuerzos combinados
SYSTEM; (ac) sistema combinado, sistema unido,
sistema unitario
COMBINED-AGGREGATE GRADING; clasificación
de agregado combinado
COMBUSTIBLE; combustible
CONSTRUCTION; construcción
combustible
DUST; polvo combustible
FIBER; fibra combustible
LIQUID; líquido combustible
COMBUSTION; combustión
AIR; aire de combustión
CHAMBER; cámara de combustión
GASES; gases de combustión
PRODUCT; producto de combustión
VENTING; ventilación de combustión
COME-ALONG CLAMP; mordaza tiradora
de alambre
COMFORT ZONE; zona de comodidad
COMMENCEMENT OF WORK; comienzo de labor,
comienzo de trabajo
COMMERCIAL PLANT; fábrica comercial
COMMERCIAL POWER; energía comercial, fuerza
comercial, poder comercial
COMMERCIAL PROPERTY; propiedad comercial
COMMINUTE; triturar, moler
COMMINUTION; trituració, pulverización, molido
COMMINUTOR; triturador
COMMISSARY; comisaría, (Ch) pulpería, (Ec)
comisariato
COMMISSION; junta, consejo, comisión; (com)
comisión
COMMITMENT; obligación, compromiso
COMMODE; lavabo cubierto; inodoro; cómoda
COMMODITY RATES; (fc) tarifa para materiales
específicos
COMMON; común, ordinario, corriente
AREA; área común
AVERAGE; avería ordinaria, avería común, avería
simple
BOND; (lad) trabazón americana, trabazón
ordinaria
BRICK; ladrillo corriente, ladrillo recio, ladrillo
común, ladrillo ordinario
CARRIER; empresa de transporte
COST; costo común
ELEMENT; elemento común
GROUND; tierra común
LABOR; peones, peones de pico y pala, peones
comunes, (Ch) rotos
LOGARITHM; logaritmo ordinario
MULTIPLE; múltiplo común
NAME; nombre ordinarío, nombre común
SEWER; albañalero común
VENT; ventilación común
WIRE BRAD; puntilla de París

WIRE NAIL; punta de París
COMMSTONE; piedra pulidora
COMMUNAL AREA; área pública, área comunal
COMMUNITY; comunidad
CENTER; centro social
COMMUTATE; conmutar
COMMUTATOR; conmutador, colector
BAR; segmento colector, cuña del colector, delga
GRINDER; esmerilador para colectores
GRINDSTONE; piedra pulidora
PITCH; paso del colector
SEGMENT; segmento colector
COMPACT; (v) consolidar, comprimir, apisonar, (Ch)
compactar; (a) compacto, apretado
SECTION; sección compacta
COMPACTED; (suelo) compactada
FILL; relleno compacto
COMPACTING FACTOR; factor de campactación
COMPACTION; consolidación, (Ch) compactación
RATIO; relación de consolidación
COMPACTOR; apisonador
COMPARATOR; comparador
COMPARTMENT; compartimiento
COMPASS; (lev) brújula; (náut) brújula; (dib) compás
BEARING; rumbo, marcación
NEEDLE; aguja de brújula
PLANE; cepillo redondo
SAW; serrucho de calar, sierra de contornear,
serrucho de punta, segueta
SURVEY; levantamiento con brújula
COMPATIBILITY; compatibilidad
COMPENSATE; (todos sentidos) compensar
COMPENSATING; compesador
CHAIN; cadena de compensación
COIL; bobina de compensación
ERROR; error de compensación
PLANIMETER; planímetro compensador
ROPE; cable compensador
COMPENSATION; compensación
INSURANCE; seguro de compensación, seguro
contra compensación legal por accidentes
COMPENSATOR; (quim)(eléc)(mec)(náut)
compensador
COMPETENT PERSON; persona competente
COMPETITION; competición, competencia
COMPETITIVE BID CONTRACT; contrato de
concurso
COMPETITIVE BIDDING; licitación, concurso,
subasta, competencia
COMPETITIVE PRICE; precio de competencia, precio
competidor
COMPLEMENT; (mat) complemento
COMPLEMENTARY; (mat) complementario
COMPLETION DATE; fecha de cumplimiento, fecha
de terminación
COMPONENT; componente
COMPOSITE; compuesto

BEAM; viga compuesta
COLUMN; columna compuesta
CONCRETE FLEXURAL MEMBERS;
miembros flexionales de concreto compuestos
LINER; revestimiento compuesto
PILE; pilote compuesto
COMPOSITION; (piso) compuesto, composición
DISK; (vá) disco de compuesto
ROOFING; techado prearmado, techado
preparado
SHINGLES; ripias preparadas
SIDING; tablas de forro preparadas
TILE; teja preparada
COMPOUND; *(s)(a)*(quím) compuesto; *(a)*(mv)(eléc)
compound
CURVE; curva compuesta
ENGINE; máquina compound
EXCITATION; excitación compuesta, excitación
compound
FLEXURE; flexión compuesta
FOLD; (geol) pliegue compuesto
MATERIAL; material compuesto
METER; (agua) contador compuesto
STRESS; esfuerzo compuesto
VEIN; (min) filón múltiple, filón compuesto
WALL; pared compuesta
COMPOUNDING; (eléc) compoundaje
COMPRESS; *(v)* comprimir, amacizar
COMPRESSED AIR; aire comprimido, (Es) aire
compreso
COMPRESSED GAS; gas comprimido
COMPRESSIBILITY; compresibilidad
COMPRESSIBLE; compresible, comprimible
FLOW; flujo compresible
COMPRESSION; compresión
BAR; barra de compresión
BIBB; grifo de compresión
COCK; robinete de compresión, grifo de
compresión
COUPLING; acoplamiento de compresión, (A)
manchón de manguito
FAILURE; falla de compresión
FLANGE; cordón comprimido
GREASE CUP; engrasador de compresión
IGNITION; encendido por compresión
INDEX; (ms) índice de compresión
JOINT; junta de compresión
MEMBER; pieza comprimida, puntal, pieza de
compresión
RATIO; relación de compresión
REINFORCEMENT; reforzamiento de
compresión
RING; aro de compresión
SEAL; sello de compresión
STRENGTH; fuerza de compresión
STROKE; carrera de compresión, golpe de
compresión

TESTER; probador de la compresión
WOOD; madera de compresión
COMPRESSIVE; compresivo
STRENGTH; resistencía a la compresión
STRESS; esfuerzo de compresión, fatiga de
compresión, (A) tensión de compresión
COMPRESSOR; compresor, compresora
PLANT; instalación de compresoras, (A) usina
neumática
COMPROMISE SPLICE; (fc) junta escalonada
COMPUTATION; cálculo, cómputo, computación
COMPUTE; calcular, computar
COMPUTER; (inst) computadora; (hombre)
calculador
AIDED DESIGN; diseño en computadora
AIDED DESIGN AND DRAFTING; diseño y
dibujo en computadora
HARDWARE; componente de computadora;
hardware
PROGRAM; programa de computadora
SOFTWARE; paquetería de computadora;
software
SYSTEM; sistema de cómputo
CONCAVE; cóncavo
CONCEALED; tapado, ocultado
HEATING; calefacción ocultada
CONCENTRATE; *(s)* concentrado, (M)
reconcentrado; *(v)* concentrar, reconcentrar
CONCENTRATED LOAD; (est) carga
concentrada
CONCENTRATED SOLUTION; solución
concentrada
CONCENTRATING TABLE; (min) mesa
concentradora
CONCENTRATION; (quím)(est) concentración
CONCENTRATOR; concentrador
CONCENTRIC; concéntrico
CONCENTRICITY; concentricidad
INDICATOR; indicador de concentricidad
CONCEPTUAL DESIGN; diseño conceptual
CONCESSION; (privilege) concesión; privilegio
CONCESSIONARY; concesionario
CONCLUDED ANGLE; (triangulation) ángulo
calculado
CONCRETE; *(s)* concreto, hormigón; *(v)* concretar,
hormigonar
BARROW; carretilla concretera, carretilla para
hormigón
BLOCK; sillarejo de concreto, bloque celular de
hormigón
BLOCK PAVING; adoquín de concreto
BREAKER; rompedor de concreto,
rompepavimentos
BRICK; ladrillo de concreto
BUCKET; capacho para concreto, cucharón para
hormigón, (M) bote de concreto, (A) balde de
hormigón

BUGGY; carrito volcador, calesín de hormigón
BUSTER; rompedor de concreto, martillo rompedor
CHUTE; canaleta para concreto, conducto distribuidor de hormigón
CONTAINMENT STRUCTURE; estructura de concreto para contensión
CONTROL; dominio de la calidad del concreto
COVER; cubierto de concreto
CURING MAT; malla de curación de concreto
FLATWORK; labor de plano de concreto
FOOTING; cimentación de concreto
FORM; moldeo de concreto, forma de concreto
MIXER; mezcladora, hormigonera, (M) revolvedora, (V) terceadora
NAIL; clavo para concreto, punta para hormigón
PAINT; pintura para concreto
PAVER; empedrador de concreto, adoquinador de concreto
PAVING; pavimentación de concreto
PRIMER; aprestador de concreto, vibradora de hormigón
SPREADER; esparcidor de hormigón, distributor de concreto
STEEL; hormigón armado
TECHNOLOGIST; tecnólogo de concreto, técnico en hormigón
VIBRATOR; vibrador de concreto, vibradora de hormigón
CONCRETE-ENCASED BEAM; viga encajada con concreto
CONCRETE-FINISHING MACHINE; acabodora
CONCRETE-PIPE MACHINE; fabricadora de tubos de hormigón
CONCRETE-SURFACING MACHINE; alisadora, acabadora
CONCRETING; hormigonado, concretadura, hormigonaje, colado
CONCRETION; concreción
CONCRETIONARY; concrecional
CONDEMN; (tierreno) expropiar
CONDEMNATION; expropiación
CONDENSATE; (s) condensado
CONDENSATION; condensación; resudamiento
GUTTER; goterón
CONDENSE; condensar; condensarse
CONDENSER; (vapor) (eléc) condensador
CONDENSING ENGINE; máquina condensadora
CONDITION; acondicionar
CONDITIONER; acondicionador
CONDITIONS OF BID; condiciones de propuesta
CONDUCT; (v) conducir
CONDUCTANCE; conductancia
CONDUCTION; conducción
CONDUCTIVE; conductivo
CONDUCTIVITY; conductividad

CONDUCTOR; (eléc) conductor; (hid) canalón, conducto; (fc) conductor, guarda, cobrador
PIPE; tubo conductor
RAIL; riel de toma, carril conductor
CONDUIT; (hid) tubería, cañería, acueducto, conducto; (eléc interior) tubo-conducto, tubería; (eléc calle) conducto portacables, conducto celular
BENDER; doblador the tubos-conductos
BOX; (eléc) caja de salida, toma de corriente
BUSHING; buje de tubo-conducto, casquillo para tubo-conducto
FITTINGS; accesorios para conducto portacable
RODS; varillas para conducto portacable
SYSTEM; sistema de tubo-conducto
CONDULET; (trademark) caja accesoria para conductos eléctricos
CONE; cono
CLUTCH; embrague cónico
COUPLING; acoplamiento cónico
CRUSHER; trituradora de cono, chancadora de cono, quebradora de cono
DELTA; cono aluvial
FOUNDATION; cimentación cónica
NUT; tuerca cónica, (A) cono roscado
OF DEPRESSION; cono de depresión
OF PRESSURE RELIEF; (freático) embudo de abatimiento de presión
OF PUMPING DEPRESSION; cono de depresión de bombeo
OF WATER TABLE DEPRESSION; embudo de depresión del nivel freático
PENETRATION TEST; ensayo de penetración de cono
PULLEY; polea escalonada, polea de cono
VALVE; válvula de cono, válvula de asiento cónico, válvula cónica
CONE-FRICTION HOIST; malacate de cono de fricción
CONEHEAD RIVET; remache de cabeza de cono truncado
CONE-SHAPED; coniforme
CONFIGURATION; configuración
CONFINED; (ms) encerrado
AQUIFER; (suelos) acuífero confinado
GROUNDWATER; agua artesiana
REGION; region encerrada
CONFLAGRATION; conflagración
CONFLUENCE; confluencia, horcajo
CONFLUENT; confluente
CONGLOMERATE; conglomerado, pudinga
CONGLOMERATIC; conglomerado
CONGO PAPER; papel Congo
CONIC; cónico
CONICAL; cónico
ROLL; rollo cónico
CONICITY; conicidad
CONICO-HELICOIDAL; cónicohelicoidal

CONIFER; conífera
CONJUGATE CENTER; centro conjugado
CONJUGATE DIAMETER; diámetro conjugado
CONNATE WATER; agua connata, (A) agua
   de formación
CONNECT; (mec)(eléc) conectar, acoplar, unir; (est)
   conectar, ensamblar, juntar; (fc) empalmar, enlazar,
   entroncar
CONNECTED LOAD; (eléc) carga conectada,
   potencia de conexión
CONNECTING LINK; (cadena) eslabón reparador,
   empate para cadena
CONNECTING ROD; (mv) biela, biela motriz; (fc)
   barra de conexión
CONNECTION; (est) ensambladura, junta, nudo,
   conexión; (fc) empalme, entronque; (mec)
   acoplamiento, conexión, unión; (eléc) conexión,
   acoplamiento
   ANGLES; (est) ángulos de conexión, escuadras
   de ensamblaje
   BAR; (eléc) barra de conexión
   PLATE; (est) placa de unión, placa de ensamble,
   placa de empalme
CONNECTOR; (eléc) (carp) (manguera)
   (cable de alambre) conector
CONOID; conoide
CONOIDAL; conoidal
CONSERVANCY; conservación
CONSERVATION; conservación
   STORAGE; (hid) almacenamiento para uso
CONSIGN; consignar
CONSIGNEE; consignatario, destinatario
CONSIGNMENT; consignación
CONSIGNOR; consignador, remitente
CONSISTENCY; consistencia
   GAGE; sonda de consistencia
   FACTOR; factor de consistencia
   INDEX; (ms) relación de consistencia
   METER; (conc) indicador de consistencia, medidor
   de asentamiento
CONSOLIDATE; (ot) consolidar, compactar;
   consolidarse; (empresas) combinar, unir
CONSOLIDATION; (fill) consolidación, (Ch)
   compactación
CONSTANT; *(s)* constante
CONSTANT-ANGLE ARCH; arco de ángulo
   constante
CONSTANT-CURRENT TRANSFORMER;
   transformador de corriente constante
CONSTANT-PRESSURE-COMBUSTION ENGINE;
   motor de presión constante
CONSTANT-RADIUS ARCH; arco de radio
   constante
CONSTANT-VOLUME-COMBUSTION ENGINE;
   motor de volumen constante
CONSTRICTION; constricción
CONSTRUCT; construir, edificar

CONSTRUCTION; construcción, estructura
   COMPANY; compañía constructora, empresa
   constructora, casa constructora
   CONTRACT; contrato de construcción
   COST; costo de construcción
   DRAWINGS; dibujos de trabajo, planos de
   ejecución
   ESTIMATOR; estimador de construcción
   JOINT; juntura de construcción, junta de trabajo,
   junta de colado, (A) junta de interrupción
   MANAGER; jefe de construcción, maestro de
   obras, (Ch) conductor de obras
   PHASE; fase de construcción
   PLANT; maquinaria de construcción, equipo de
   trabajo, planta, (A) planteles, (M) tren de construcción
   PROGRAM; plan de trabajo, programa de
   construcción
   SCHEDULE; horario de construcción, programa
   de construcción
   TIME; plazo de la construcción
   TYPES; tipos de construcción
   WRENCH; llave de armador
CONSTRUCTOR; constructor
CONSULAR FEES; derechos consulares
CONSULAR INVOICE; factura consular
CONSULTANT; consultor, asesor
CONSULTING ARCHITECT; arquitecto consultor,
   arquitecto asesor
CONSULTING ENGINEER; ingeniero consultor,
   ingeniero asesor; (Es) ingeniero consejero
CONSUMER; consumidor, cliente, abonado
COMSUMPTION; consumo
CONSUMPTIVE USE; (irr) agua usada por las plantas
CONTACT; (todos sentidos) contacto
   AERATOR; aereador de contacto
   BED; (dac) lecho de contacto
   BREAKER; (eléc) interruptor de contacto
   CHAMBER; cámara de contacto
   CLIP; (eléc) pinza de contacto, mordaza de
   contacto
   CORROSION; corrosión de contacto
   FINGER; (eléc) maneta, dedo de contacto
   PLOW; carrillo de contacto, zapata de
   toma
   POINTS; (auto) platinos, puntas de contacto
   PRESSURE; presión de contacto
   RAIL; carril conductor, tercer riel
   SHOE; zapata de contacto, patín
   SPRING; fuente de contacto
   VEIN; filón de contacto
   WIRE; alambre de contacto, (Ch) hilo
   de contacto
   ZONE; (geol) zona de contacto, aureola
CONTACTOR; contactor, contactador
CONTAINER; recipiente, bote; envase
   CAR; vagón para recipientes
CONTAMINATE; contaminar

CONTAMINATION LEVEL; nivel de contaminación
CONTENT; contenido
CONTINENTAL; continental
    DIVIDE; divisoria continental
    SHELF; tablero continental
    SLOPE; declive continental
CONTINGENCIES; imprevistos, eventualidades, contingencias
CONTINGENT AGREEMENT; convenio contingente
    LIABILITY; responsabilidad contingente; pasivo eventual
CONTINUITY; continuidad
    STEEL; acero de continuidad
CONTINUOUS; continuo, corrido
    BEAM; viga continua
    FOOTING; cimentación continua, fundamento
    FOUNDATION; cimentación continua
    GIRDER; viga continua
    GRADING; (agregado) graduación continua
    HEADER; (carp) travesaño continuo, cabecero continuo
    MIXER; mezcladora continua, hormigonera con tinua
    SLAB; (conc) losa continua, placa continua; (est) palastro continuo
    WELD; soldadura continua
CONTINUOUS-RAIL FROG; crucero de carril continuo
CONTINUOUS-STAVE PIPE; tubería continua de duelas de madera
CONTOUR; contorno; (top) curva de nivel
    CHECKS; bordes en las curvas de nivel
    GAGE; (inst) manómetro para contornos, marcador de contornos; (est) distancia al eje de remaches
    INTERVAL; distancia vertical entre los planos de nivel
    LINE; curva de nivel
    MACHINE; conformador, máquina para cortar contornos
    MAP; plano topográfico, plano acotado, planialtimetría
    MAPPING; planialtimetría
    PEN; tiralíneas para curvas de nivel
    SURVEY; levantamiento topográfico
CONTRACT; (s) contrato, convenio, ajuste, contrata; (v)(conc) contraerse, acortarse; (obras) contratar
    BY; por contrato, por empresa, a trato
    CARRIER; empresa de transporte por ajuste
    DATE; fecha de contrato
    DOCUMENT(S); documento(s) de contrato
    FORM; modelo de contrato, formulario para contrato
    ITEM; detalle de contrato
    LABOR; braceros contratados (del exterior)

CONTRACT; (v)(conc) contraerse, acortarse; (s) contrato, convenio, ajuste, contrata; (v) (obras) contratar
    PLANS; dibujos del contrato
    PERIOD; período del contrato
    PRICE; precio del contrato
    TIME; plazo del contrato
CONTRACTED WEIR; vertedero con contracción
CONTRACTILE STRESS; fatiga de contracción
CONTRACTING PARTIES; partes contratantes
CONTRACTION; contracción, acortamiento
    CRACK; grieta de contracción
CONTRACTION-JOINT; juntura para contracción
CONTRACTOR; contratista, empresario
CONTRACTOR'S BUCKET; balde volcable, cangilón volquete, cubeta volcadora, balde basculante
CONTRACTOR'S PICK; pico de punta y pala, pico con punta y corte
CONTRACTUAL LIABILITY; responsabilidad contractual
CONTRAFLEXURE; inflexión
CONTRIBUTION; contribución
CONTROL; (s)(mec) gobierno, mando; (hid) control; (lev) control; (v) gobernar, controlar
    ARM; (auto) brazo de gobierno
    BOARD; cuadro de gobierno
    DESK; (eléc) pupitre de distribución
    FLUME; canalizo de control, canalón medidor
    HEAD; (pet) cabezal de control
    HOUSE; casa de comando, caseta de maniobra
    JOINT; (s)(conc) junta de control, (carp) empalme de control
    LEVER; palanca de mando
    POINT; (lev) punto dominante, punto obligado
    STATION; puesto de mando
    SURVEY; inspección de control
    ROOM; sala de mando, cámara de mando, cuarto de mando
    VALVE; válvula de maniobra
CONTROLLABLE DUMP; descarga regulable
CONTROLLED FILL; relleno regulable
CONTROLLED-DESIGN CONCRETE; control de la mezcla de concreto
CONTROLLED PROCESS; procedimiento regulado
CONTROLLER; (eléc) contróler, combinador, (A) contralor; (mec) regulador, controlador
CONVECTION; convección
CONVENTIONAL DESIGN; diseño convecciónal
CONVENTIONAL SIGNS; signos convencionales, símbolos convencionales
CONVERGENCE; (lev) convergencia
CONVERGING; convergente
CONVERSION; conversión, modificación
    FACTOR; factor de conversión
CONVERT; (eléc)(quím)(met) convertir

CONVERTER; (eléc) convertidor, conmutatriz; (met) convertidor
CONVERTIBILITY; convertibilidad
CONVERTIBLE; transformable, convertible
CONVEX; convexo
    WELD; soldadura convexa
CONVEXITY RATIO; relación de convexidad
CONVEY; transportar, conducir, acarrear
CONVEYANCE LOSS; (hid) pérdida en la conducción
CONVEYING LINE; cable de tracción, cable de translación
CONVEYOR; transportador, conductor
    BELT; correa transportadora, correa conductora, banda transportadora; correaje para transportadores
    CHAIN; cadena para transportador
COOL; (v) enfriar, refrescar; enfriarse
COOLANT; enfriador
COOLER; enfriador, refrigerador
COOLING; (mot) enfriamiento, refrigeración
    COIL; serpentín enfriador, serpentín de enfriamiento
    ELEMENT; elemento de enfriamiento
    FINS; aletas de enfriamiento
    PIPES; tubería de refrigeración
    POND; laguna de enfriamiento
    SYSTEM; sistema de enfriamiento
    TOWER; torre de enfriamiento
    UNIT; unidad enfriadora
    WATER; agua enfriada
COOPERATIVE; (s) cooperativa
COOPER'S ADZ; azuela de tonelero
COOPER'S HATCHET; hachuela de tonelero
COORDINATE; coordenado
    AXES; ejes de las coordenadas
    SYSTEM; sistema de las coordenadas
COORDINATES; coordenadas
COPE; (s)(est) recorte, rebajada; (v)(est) recortar, rebajar
    CHISEL; escoplo ranurador
COPESTONE; piedra de albardilla
COPING; (mam) coronamiento, albardilla, hilada de coronación
    SAW; serrucho de calar (hierro), sierra caladora
    STONE; piedra de albardilla, piedra de remate
COPLANER; coplano
COPPER; cobre
    ACETATE; acetato de cobre
    ALLOY; aleación de cobre
    CHLORIDE; cloruro de cobre, clururo cúprico
    FLASHING; vierteaguas de cobre; tapajunta de cobre
    GASKET; empaque de cobre
    LOSS; (eléc) pérdida en el cobre
    MONOXIDE; monóxido de cobre, óxido cúprico
    OXIDE; óxido de cobre

    PYRITES; pirita de cobre, calcopirita, (M) abronzado
    SHOP; cobrería
    SULPHATE; sulfato de cobre, sulfato cúprico
    SULPHIDE; sulfuro de cobre, sulfuro cúprico
    VITRIOL; sulfato de cobre
    WORK; cobrería
COPPERAS; caparrosa
COPPER-BEARING; cuprífero, cobrizo
COPPER-BEARING STEEL; acero al cobre, acero encobrado
COPPER-CLAD; cobrizado por soldadura
COPPER-COLORED; cobrizo
COPPER-PLATED; encobrado, cobrizado, cobreado
COPPERSMITH; cobrero
COQUIMBITE; coquimbita
COQUINA; (geol) coquina
CORAL; coral
    LIMESTONE; caliza coralina
    REEF; banco de coral
    ROCK; roca coralina
CORBEL; voladizo, ménsula, cartela, can, canecillo, acartelamiento
CORBELED; voladizo, volado, acartelado
CORBELING; vuelo, acartelamiento
CORD; cuerda, cordón, cordel; (leña) cuerda; (vidrio) imperfección en forma de cuerda
    TIRE; goma de cuerda, neumático acordonado
CORDAGE; cordelería, cordaje
CORDEAU; mecha de tubería de plomo llena de pólvora detonante
CORDED TAPE; (lev) cinta de cordones
CORDITE; cordita
CORDUROY ROAD; camino de troncos
CORDWOOD; leña; leña de cuerdas
CORE; (s)(presa) alma de impermeabilización, corazón, núcleo, alma de pantalla, cortina; (sondaje) testigo de perforación, muestra de sondaje, cuesco, corazón, cala, alma; (cab) eje, núcleo, alma, ánima; (fund) macho; (eléc) núcleo, núcleo magnético; (mad) madera de corazón; (v) (fund) formar con macho
    BARREL; (sondaje) casquillo del alma, tubo para testigo, sacatestigo, sacanúcleo; (fund) linterna para machos
    BIT; barrena tubular
    BOX; (sondaje) caja de muestra; (fund) caja de macho
    BUSTER; (fund) rompedor de machos
    CATCHER; (pet) atrapanúcleos, pescanúcleos
    CHISEL; formón de ángulo, escoplo angular
    CUTTER; (fund) cortanúcleos
    DRILL; barrena tubular, taladro tubular, taladro de alma, perforadora de corona, sonda de núcleo
    DRILLING; perforación con corazón, sondaje con corazón

EXTRACTOR; sacaalma
FUSE; (vol) mecha bueca llena de pólvora
LOSS; (eléc) pérdida en el núcleo
OVEN; horno para machos
POOL; (presa de tierra) charco para el alma impermeable
SAND; arenilla de fundición
STRENGTH; esfuerzo de núcleo
WALL; muro de cortina, cortina impermeable, muro impermeabilizador, pantalla interior, muro de alma, cortina, muro nuclear, (A) mamparo
CORED BEAM; viga centrada
CORED HOLE; (fund) agujero moldeado (no taladrado)
CORE-TYPE TRANSFORMER; transformador de núcleo
CORK; corcho
  ELM; olmo de montañas
  FLOAT; (mam) frota de corcho, llana de madera con cara de corcho, (A) flatacho de corcho
  INSULATION; aislamiento de corcho
  OAK; alcornoque
  TILE; baldosa de corcho
  TREE; alcornoque
CORKBOARD; planchas prensadas de corcho granulado
CORK-SETTING ASPHALT; asfalto fraguado con corcho
CORKWOOD; balsa
CORNER; esquina, rincón (interior)
  BEAD; guardavivo, arista metálica de defensa, guardacanto, cantonera
  BRACE; (herr) taladro angular, berbiquí para rincones
  GUARD; guarda ángulo, guarda esquina
  PIECE; esquinera; rinconera
  POST; poste esquinero, esquinal, cornijal, montante cornijal, (C) horcón
  REINFORCEMENT; reforzamiento de esquina
  TILE; teja cornijal
  TOWER; (eléc) torre de ángulo, columna de ángulo
  TROWEL; llana acodada, llana de ángulo
  VALVE; válvula de ángulo horizontal
CORNERSTONE; (lev) mojón; (mam) piedra angular, piedra fundamental
CORNICE; cornisa, cornija
  BRAKE; plegadora de palastro, dobladora de chapas, pestañadora
  HOOK; gancho de cornisa (para andamio colgante)
  TRIM; (carpintería) contramarco de cornisa
CORONA; (eléc) corona
CORPORATION; sociedad anónima, corporación
  COCK; llave maestra, llave de la compañía, llave municipal
  TAPPING MACHINE; máquina para taladrar y roscar el tubo maestro para derivación

CORPS; cuerpo
CORRAL; corral
CORRASION; corrasión
CORRIDOR; corredor, pasillo, pasadizo, pasaje
CORRODE; corroer; corroerse
CORROSION; corrosión
  EMBRITTLEMENT; quebradizo con corrosión
  FATIGUE; fatiga con corrosión
CORROSION-RESISTANT; resistente a la corrosión
CORROSIVE; corrosivo, corroyente
  SUBLIMATE; sublimado corrosivo, cloruro de mercurio
  SUBSTANCE; sustancia corrosiva
CORRUGATE; acanalar, corrugar
CORRUGATED; corrugado, acanalado, ondulado, arrugado
  BAR; barra corrugada, varilla corrugada, barra arrugada
  COVER; cubierta corrugada, tapadera corrugada
  CULVERT; alcantarilla corrugada
  GLASS; vidrio corrugado, ondulado
  HOSE; manguera corrugada
  IRON; hierro acanalado, hierro corrugado, hierro ondulado
  ROOFING; techado corrugado, techado acanalado
  SHEETS; chapa ondulada, palastro ondulado, láminas acanaladas, planchas corrugadas
CORRUGATED GLASS; vidrio ondulado, vidrio corrugado
CORRUGATION; canaladura, acanaladura, corrugación, arruga
  IRRIGATION; riego por surcos, irrigación por corrugaciones
CORUNDUM; corindón
COSECANT; cosecante
COSEISMAL; homosista
COSINE; coseno
COST; costo
  ACCOUNTANT; contador de costos
  ACCOUNTING; contaduría de costos
  DISTRIBUTION; repartición de costos
  INSURANCE AND FREIGHT (CIF); costo, seguro y flete (CSF)
  LESS DEPRECIATION; costo menos depreciación
  PLUS FIXED FEE; costo más honorario fijo
  PLUS PERCENTAGE; costo más porcentaje
  OF WORK; costo de obra
COST-PLUS CONTRACT; contrato al costo más honorarios, contrato por administración delegada
COSTANGENT; cotangente
COTTER; pasador, clavija, chaveta; clavija hendida
  DRILL; taladro ranurador
  FILE; lima ranuradora

MILL; fresa ranuradora
PIN; clavija hendida, chaveta de dos patas
COTTON; algodón
POWDER; algodón pólvora
ROCK; horsteno desintegrado
ROPE; soga de algodón, cable de algodón, cuerda de algodón
WASTE; hilacha de algodón, desperdicios de algodón, (A) estopa de algodón, (Ch) huaipe, (C) hilas, estopa
COTTON-COVERED WIRE; alambre aislado de algodón
COTTONWOOD; algodonero
COULOMB; culombio
METER; culombímetro
COUNTER; (inst) contador, cuentavueltas; (est) diagonal auxiliar, barra de contratensión
COUNTERBALANCE; *(s)* contrabalanza; *(v)* equilibrar, contrabalancear
COUNTERBORE; *(s)* abocardo de fondo plano; *(v)* abocardar con fondo plano
COUNTERBRACE; *(s)* barra de contratensión
COUNTERBRACING; contradiagonales, barras de contratensión
COUNTERCLOCKWISE ROTATION; movimiento siniestrogiro, rotación sinistrórsum
COUNTERCURRENT; contracorriente, contraflujo, revesa
COUNTERDIAGONAL; barra de contratensión
COUNTERDIKE; contradique
COUNTERDITCH; contracuenta
COUNTERDRAIN; contrafoso, contracuneta, cuneta de guardia
COUNTERFLANGE; contrabrida
COUNTERFLASHING; plancha de escurrimiento superior, contraplancha de escurrimiento
COUNTERFLOW; contraflujo
COUNTERFORT; contrafuerte, nervadura, machón, estribación, nervio, botarel, pilastra, pila de carga
COUNTERGUIDE; contraguía
COUNTERLATHING; contralistonado
COUNTERLODE; contrafilón, veta transversal, contravena
COUNTERPRESSURE; contrapresión
COUNTERPROPOSAL; contrapropuesta
COUNTERPUNCH; contrapunzón
COUNTERSCARP; contraescarpa
COUNTERSHAFT; contraeje, eje de transmisión, intermedia, árbol auxiliar, contraárbol
COUNTERSINK; *(s)* abocardo, avellanador, broca de avellanar, (A) fresadora; *(v)* abocardar, avellanar, embutir
COUNTERSTROKE; carrera de retroceso
COUNTERSUNK AND CHIPPED; embutido y emparejado, avellanado y cincelado
COUNTERSUNK HEAD; cabeza embutida, cabeza perdida, cabeza avellanada

COUNTERSUNK NAIL; clavo de cabeza embutida, clavo de cabeza perdida
COUNTERSUNK PLUG; (tub) tapón de avellanar
COUNTERTHRUST; contraempuje
COUNTERWEIGHT; *(s)* contrapeso; *(v)* contrapesar
COUNTRY; (geol) formación
ROCK; (min) roca madre, (M) piedra bruta
COUPLE; *(s)*(mat) par; *(v)* acoplar, juntar, enganchar
COUPLED ROOF; techado acoplado
WHEELS; (loco) ruedas acopladas
COUPLER; enganche, enganchador
COUPLING; (tub) manguito, acoplamiento, (C) nudo; (mec) acoplamiento, empalme, unión, (Ch) copla, (C) acoplo (A) acople; (eléc) acoplamiento
NUT; tuerca de unión
PIN; pasador de enganche
PULLER; tirador de uniones
ROD; (loco) biela de acoplamiento, biela paralela
SLEEVE; manguito de acoplamiento
COUPON; (est) muestra de acero para ensayo
COURSE; (mam) hilada, cordón, carrera, hilera, (Ch) corrida, (Col) fila, (U) faja, (M) capa; (ca) capa; (río) recorrido, curso; (nav) rumbo, derrotero; (lev) línea, curso, (A) tiro
COURSED; (mam) de juntas horizontales continuas
RUBBLE; mampostería de piedra bruta en hiladas
COURT; (arg) patio
COVE; ensenada, caleta, ancón, abertura, abra, cala
LIGHTING; iluminación de caveto o por bovedilla
COVED CEILING; techo cóncavo
COVER; *(s)* tapa, cubierta, tapadera, tapador; (tub) profundidad bajo tierra; *(v)* cubrir, tapar, recubrir; forrar
MATERIAL; material cubridor
PLATE; cubreplaca, plancha de cubierta, plancha de ala, tabla de cordón, (A) plata banda, (Ch) suela
COVERING CAPACITY; (tub) capacidad cubridora
COWCATCHER; limpiavía, trompa de locomotora, quitapiedras, barredor de locomotora, (A) platabanda, (Ch) suela
COWL; capucha, combrerete; (auto) bóveda, cubretablero
COYOTE BLASTING; voladura por túneles
CRAB; cabrestante, cabria, malacate, trucha
CRACK; *(s)* grieta, hendedura, rajadura, resquebrajo, agrietamiento, quebraja, resquicio, rendija, cuarteadura; *(v)* agrietar, rajar, quebrajar, resquebrar; grietarse, rajarse, resquebrajarse, cuartearse, (A) fisurarse; (pet) fraccionar por calor
CONTROL REINFORCEMENT; refuerzo para el control de grietas
CRACKING LOAD; carga de agrietamiento
CRADLE; (cons) apoyo, cama, cuna; (min) artesa oscilante; (cn) cuna de botadura

CRAMP; *(s)* gapa, laña, cárcel, grapón, corchete,
engatillado, gatillo, (Col) telera; *(v)* engrapar,
engatillar, lañar, encarcelar
CRAMPON; dispositivo de ganchos y cadena para izar
sillares o cajas
CRANDALL; martellina, bucharda
CRANE; grúa, grúa corrediza, grúa giratoria,
(A) guinche
BOOM; aguilón de grúa
CHAIN; cadena para grúas
(cadena soldada de calidad superior)
DERRICK; grúa giratoria con aguilón horizontal
y trole corredizo
GIRDER; viga portagrúa
OPERATOR; maquinista de grúa, operador
de grúa
POST; poste de grúa
RAILS; rieles de grúa
RUNWAY; vía de grúa, carrilera de grúa
TRUCK; camión de grúa
CRANEMAN; maquinista de grúa
CRANK; *(s)* manivela, manubrio, cigüeña, codo de
palanca; *(v)*(mec) acodar; (auto) dar manivela,
arrancar
ARM; manivela, brazo del cigüeñal
AXLE; eje acodado, cigüeñal
PIT; pozo de cigüeña
WHEEL; rueda de manubrio
CRANKCASE; cárter del cigüeñal
GUARD; guardacárter
CRANKPIN; gorrón de manivela, muñón del cigüeñal,
muñequilla del cigüeñal, botón del manubrio, clavija
de la cigüeña
CRANKSHAFT; cigüeñal, eje del cigüeñal, árbol
cigüeñal, eje acodado, árbol motor
CRATE; *(s)* huacal, cajón esqueleto, jaba; *(v)* (C)
enhuacalar
CRATER; (eléc)(geol) cráter
CRAWLER BELT; llanta de oruga, banda de esteras,
llanta articulada
CRAWLER CRANE; grúa de orugas, grúa
de esteras
CRAWLER FRAME; bastidor de carriles
CRAWLER SHOE; zapata de oruga, zapata
de carril
CRAWLER TRACTOR; tractor de orugas, tractor
de carriles
CRAWLER TREAD; montaje de orugas, llantas
continuas articuladas
CRAWLER WAGON; carretón de orugas
CRAZE; *(s)* grieta menuda; *(v)* cuartearse, producir
grietas menudas superficiales
CRACKING; agrietamiento irregular
CREASE; (herr) acanaladora
CREASER; copador
CREASING STAKE; bigorneta de acanalar
CREEK; arroyo, riachuelo, ría

CREEP; *(s)*(rieles) deslizamiento, movimiento
logitudinal; (conc) escurrimiento plástico; (met)
flujo; (correa) resbalamiento; (min) levantamiento;
(geol) movimiento paulatino del terreno; (hid)
percolación, filtración; *(v)* deslizarse, correrse
RATIO; (hid) factor de filtración, factor de
percolación
CREEPING PLATES; (fc) eclisa de deslizamiento
CREMONE BOLT; falleba
CRENELATED; almenado
CREOSOLE; creosol
CREOSOTE; *(s)* creosota; *(v)* creosotar
OIL; aceite de creosota
CRESCENT; *(s)* cresiente
CREST; (presa) cresta, coronamiento, copete,
coronación, (Ch) solera, (Col) cúspide; (vertedero)
umbral vertedor, umbral del vertedero; (top) cima,
cumbre, crestón; (crecida) altura máxima; (arco)
cumbrera; (rosca) cresta
FACTOR; (eléc) factor de amplitud
GATES; compuertas del umbral, compuertas de
derrame, compuertas de la cresta
WEIR; compuerta de vertedero (de dos hojas
levantables por subpresión)
CREST-STAGE METER; (hid) registrador de altura
máxima
CRETACEOUS; cretáceo
CREVASSE; (dique) brecha
CREVICE; hendidura, resquicio, rendija
CREW; tripulación, personal, dotación
CRIB; cochitril, encofrado, cofre, (Col)(C) chiquero,
(M) enchuflado, (V) jaula; (min) brocal
DAM; presa de cajón, azud de encofrado, (M)
presa de enchuflado
CRIBBLE; criba, harnero
CRIBWORK; armazón de sustentación, entramado,
encofrado de piedras, entibado, encribado, (M)
presa de enhuacalado
CRIMP; *(s)* estaje, pliegue; *(v)* doblar, acodillar, estajar,
plegar
CRIMPER; (vol) plegador de cápsulas; (ch) herramienta
de plegar
CRINGLE; garrucho
CRIPPLING; (est) desgarramiento,
despachurramiento, abarquillamiento
STRENGTH; resistencia al desgarramiento
CRITERIA; criterio
CRITICAL; crítico
DEPTH; profundidad crítica, tirante crítico
FLOW; caudal crítico; escurrimiento crítico
LOAD; carga crítica
PATH; (mec) ruta crítica
POINT; punto crítico
RADIUS; radio crítico
SPEED; velocidad crítica de revolución
VOID RATIO; (ms) relación crítica de huecos
CROCODILE SHEAR; cortador de palanca

CROCODILE SQUEEZER; (met) cinglador de quijadas
CROP OUT; aflorar, brotar
CROPPING SHEAR; cizalla recortadora
CROSS; (s)(tub) cruz, crucero, cruceta, injerto doble, cruce, doble T; (a) transversal, cruzado
    BEARER; (parrilla) barrote transversal
    BEDDING; (geol) estratificaciones cruzadas
    BIT; barrena de filo en cruz
    BOND; (lad) aparejo cruzado; (eléc) conexión entre riel y alimentador
    BRACING; arriostramiento transversal
    BRIDGING; riostras cruzadas (entre vigas de madera)
    CONNECTION; (eléc) conexión transversal; (pl) conexión entre la tubería de agua y la tubería de desagüe
    FAULT; falla transversal
    GRAIN; hilos cruzados, fibra atravesada, contrahilo, contrafibra
    HAIRS; retículo, hilos del retículo
    HEADING; galería transversal, crucero
    LOCK; (fc) barra de enclavamiento transversal
    MAGNETIZATION; imanación transversal
    SECTION; sección transversal, corte transversal
    SEIZING; barbeta cruzada
    VALVE; válvula de cruz
    VEIN; veta atravesada
    WIRES; retículo del anteojo
CROSS-AND-ENGLISH BOND; (mam) aparejo inglés y cruzado
CROSSARM; cruceta, traviesa, crucero
CROSS-BEDDED; (geol) de láminas cruzadas
CROSS-COMPOUND; compound cruzado
CROSSCUT; (s)(min) galería transversal, crucero; (v) aserrar transversalmente, aserrar a través de las fibras, trozar, tronzar
    CHISEL; bedano
    SAW; sierra de trozar, serrucho de través; (dos mangos) sierra tronzadora, sierra de tumba, trozadora
CROSSCUTTING; (mad) troceo
CROSS-DRUM BOILER; caldera de colector atravesado
CROSSED BELT; correa cruzada, correa en aspa
CROSSED THREAD; rosca cruzada
CROSSFALL; bombeo; pendiente transversal
CROSS-GRAIN PLANE; cepillo de refrentar
CROSS-GRAINED; (mad) de contrafibra, de contrahilo
CROSSHATCH; (v) sombrear, rayar
CROSSHEAD; cruceta de cabeza, cruceta
    GUIDES; guías de la cruceta, (A) paralelas de cruceta
    PIN; pasador de la cruceta
    SHOE; patín de la cruceta, zapata de la cruceta
CROSSING; crucero, cruce, (fc) paso a nivel

    FILE; lima ovalada
    FROG; cruzamiento, cruce, crucero
    GATE; puerta barrera levadiza, barrera de cruce, tranquera de cruce
    WATCHING; guardabarrera, guardacrucero
CROSSOVER; (fc) vía de traspaso, vía de enlace; (tub) curva de paso
    T; (tub) T con curva de paso
CROSS-PEEN HAMMER; martillo de peña transversal, martillo de boca cruzada
CROSS-PIECE; pieza transversal, cruceta, atravesaño, travesaño, travesero, crucero
CROSS-SECTION; (v) seccionar
CROSS-SECTION PAPER; papel cuadriculado, papel para secciones
CROSS-STONE; piedra de cruz, estaurolita
CROSSTIE; traviesa, durmiente, (C) polín, (C) atravesaño
CROTCH; (tub) bifurcación
CROTCH FROG; (fc) corazón medio
CROW; (mec) gancho
CROWBAR; pie de cabra, alzaprima, barreta, pata de cabra, palanca, (Ch) chuzo
CROWD; (v) empujar, clavar
    LINE; cable de avance, cable de empuje
CROWDING; empuje
    ENGINE; máquina de empuje, máquina de avance
    GEAR; mecanismo de empuje, (M) mecanismo de ataque
CROWFOOT; (mec) pata de gallo, pata de ganso; (lev)(dib) marca de distancia o alineación
CROWFOOT BRACE; (cal) pata de pájaro
CROWN; (s)(ca) bombeo, abovedado, comba; (arco) empino; (v)(ca) abovedar, bombear, abombar
    BAR; (cal) soporte de la placa de cabeza; (tún) larguero del techo
    BLOCK; (pet) travesero portapoleas
    BOARDS; (mad) tableros principales
    POSTS; (tún) postes de la galería de empino
    RADIUS; radio cilíndrico
    SAW; sierra cilíndrica
    SHEET; placa de cabeza, cielo del hogar
    VENT; (pl) respiradero del sifón
    WEIR; (pl) derramadero del sifón
    WHEEL; corona dentada, engranaje de corona
CROWN-FACE PULLEY; polea de cara bombeada
CROW-QUILL; (dib) pluma muy fina de acero
CRUCIBLE; crisol
    CAST STEEL; acero colado de crisol, acero de crisol
    FURNACE; horno de crisol
    STEEL; acero de crisol, acero al crisol
CRUDE; crudo, bruto
    GYPSUM; aljor
    OIL; petróleo bruto, petróleo crudo, aceite bruto
    SEWAGE; aguas crudas de albañal
    STILL; alambique para petróleo crudo

CRUMBLE; desmenuzarse, desmoronarse
CRUMBLY; desmoronadizo
CRUSH; aplastar, romper por compresión; aplastarse; (piedra) chancar, triturar, machacar, quebrantar, quebrar, picar; bocartear
    BRECCIA; brecha de trituración
    CONGLOMERATE; conglomerado de trituración
    PLATE; placa de trituración
CRUSHED STEEL; abrasivo de acero, raspante de acero
CRUSHED STONE; piedra quebrada, piedra chancada, roca triturada, piedra picada, chancado
CRUSHED ZONE; (geol) zona de trituración
CRUSHER; trituradora, chancadora, quebrantadora, machacadora, quebradora
    DUST; polvo de trituración, polvo de piedra
    RUN; chancado sin cribar
    SAND; producto fino del chancado, arena chancada
CRUSHING; trituración, machaqueo, quebradura, chanca, bocarteo; aplastamiento, (M) machacamiento; compresión
    PLANT; planta de trituración, planta quebradora, instalación de chancado, equipo de machaqueo, (C) planta picadora
    ROLL; cilindro triturador, rodillo triturador, trituradora de cilindros, molino de cilindros
    STRENGTH; resistencia al aplastamiento; resistencia a la compresión
    STRESS; esfuerzo de aplastamiento; fatiga de compresión
    TEST; ensayo de aplastamiento, ensayo de compresión
CRYLOGY; criología
CRYSTAL GLASS; cristal
CRYSTALLINE; cristalino
CRYSTALLIZE; cristalizar
CRYSTALLIZER; cristalizador
CUBE; *(s)*(todos sentidos) cubo; *(v)* cubicar; elevar al cubo
    ROOT; raíz cúbica
    SPAR; anhidrita
CUBIC; cúbico
    CENTIMETER; centímetro cúbico
    FOOT PER SECOND; pies cúbicos por secundo
    INCH; pulgada cúbica
    MEASURE; medida de capacidad
    METER; metro cúbico
    SCALE; (med) escala cúbica
    YARD; yarda cúbica
CUBICAL; cúbico
    CONTENTS; cubaje, cubicación, cubo
CUBICLE; (eléc) casilla, nicho, célula
CULL; *(s)*, (fc)(mad) traviesa o madero de clase inferior
CULLET; cristal desmenuzado
CULM; cisco, polvo de carbón
CULTIVATOR; (ec) cultivadora

CULVERT; alcantarilla, puentecillo, atarjea, (C)(Es) tajea, (V)(Es) pontón
    BRIDGE; puente de alcantarilla
    PIPE; tubo de alcantarilla; especie de tubería de acero corrugado para alcantarillas
CUMULATIVE DISTANCE; distancia progresiva
CUP; taza, copa; (mad) comba o desviación de canto
    GREASE; grasa lubricante
    LEATHER; empaquetadura de cuero forma U
    SHAKE; (mad) separación entre los anillos anuales
    VALVE; válvula de copa, válvula de campana
    WASHER; arandela acopada
    WELD; (tub) soldadura de enchufe
CUPEL; copela
CUPELLATION; copelación
CUPELLING FURNACE; horno de copela
CUPOLA; horno de ladrillos; (arq) cúpula, domo; (met) cubilote; (geol) bóveda
    FURNACE; horno de manga
CUPPED-HEAD NAIL; clavo de cabeza acopada
CUPPING; (mad) acopación
    TEST; (met) ensayo de acopamiento
CUP-SHAPED; acopado
CUP-TYPED CURRENT METER; molinete acopado, molinete de cubetas
CUP-POINT SETSCREW; tornillo prisionero de punta ahuecada
CUPRIC; cúprico
    CHLORIDE; cloruro cúprico, cloruro de cobre
    OXIDE; óxido cúprico, monóxido de cobre
    SULPHATE; sulfato cúprico, sulfato de cobre
CUPRIFEROUS; cuprífero
CUPRITE; cuprita
CUPROMANGANESE; cupromanganeso
CUPRONICKEL; cuproníquel
CUPROPLUMBITE; cuproplumbita
CUPROSILICON; cuprosilicio
CUPROUS; cuproso
CURB; *(s)* (acera) cordón, encintado, contén, bordillo; (ca) solera, (M) guarnición; (pozo) brocal
    AND GUTTER MACHINE; máquina de contén y cuneta
    BAR; guardacanto, hierro guardaborde, cantonera, guardavivo, arista metácalica de defensa
    BOX; caja de válvula (junto al cordón de la acera)
    COCK; llave de cierre junto al bordillo
    GUARD; guarda de cortén
    STRIP; (ca) tira bordeadora
    TOOL; (mam) canteador de acera
CURBSTONE; piedra de cordón
CURE; *(v)*(conc) curar, curarse
    TIME; tiempo de curación
CURING; cura, curación, curado
    AGENT; (quím) agente de curación
    COMPOUND; compuesto de curación
    PAPER; papel de curación

TUBE; tubo de curación
CURRENT; (hid)(eléc) corriente
   BREAKER; interruptor de corriente
   LIMITER; limitador de corriente,
   limitacorriente
   METER; contador de corriente, correntímetro,
   molinete hidrométrico, fluviómetro, medidor de
   corriente, (V) velocímetro
   RETARD; dique de retardo
   TRANSFORMER; transformador de corriente
CURSOR; corredora
CURTAILMENT; cercenamiento, reducción
CURTAIN GROUTING; inyecciones de cortina,
   inyecciones de pantalla
CURTAIN REINFORCEMENT; reforzamiento de
   cortina, reforzamiento de pantalla
CURTAIN WALL; pared de relleno, acitara, muro de
   cortina, arrimo; antepecho
CURVATURE; curvatura, corvadura, curvación
CURVE; (s) curva; (v) curvar, encorvar
CURVED; curvo, encorvado
CURVILINEAR; curvilíneo
CURVOMETER; curvímetro
CUSHION; (s) colchón, cojín; (v) amortiguar;
   acolchonar, acojinar, almodahillar
   CLUTCH; embrague de cojín
   FLOOR; piso amortiguador
   POOL; cuenco amortiguador, estanque
   amortiguador
CUSHIONING; amortiguamiento, aconinamiento,
   almohadillado
CUSTOMHOUSE; aduana
CUT; (s) corte, cortadura; rebaje; (exc) corte, tajo,
   desmonte, excavación, cortada; (v) cortar,
   tronchar, tajar; (exc) desmontar, cortar; (piedra)
   tallar, labrar, cantear, escodar
   AND FILL; desmonte y terraplén, corte y relleno
   BACK; (v)(asfalto) diluir, rebajar, mezclar con
   destilado ralo, adelgazar, reblandecer
   DOWN; rebajar, tumbar (árboles)
   FINISHING NAIL; alfilerillo cortado
   GEAR; engranaje fesado, engranaje tallado
   IN; (eléc) intercalar, conectar
   NAIL; clavo cortado, (C) clavo español, (C) clavo inglés
   OFF; (v) recortar, cortar; trozar, tronzar; cerrar;
   interrumpir; descabezar (remache)
   OUT RIVETS; desroblar, desroblonar
   SECTION; (fc) punto de interrupción del circuito
   de vía dentro de un tramo
   STONE; piedra labrada, piedra tallada, cantería
   RESISTANT; resistente a cortadura
   TEETH; dientes cortados, dientes fresados
   THREAD; rosca cortada, filete tallado
   TO LENGTH; cortado a la medida, recortado
   a la orden
   WASHER; roldana plana, roldana cortada,
   arandela cortada

CUTBACK; (s) asfalto mexclado con un destilado r
   alo de petróleo; asfalto cortado
CUTOFF; (pilote) nivel del corte; (fc) vía de
   acortamiento; (río) cauce recto que reemplaza una
   vuelta; (mv) cortavapor; cierre de la
   admisión; (Diesel) fin de inyección
   GAGE; guía de trozar
   GATE; compuerta radial para tolva
   SAW; sierra de recortar, sierra de trozar
   WALL; muro de guardia, diente de aguas arriba,
   murete interceptador, (A) rastrillo, (M) dentellón,
   (Ch) pantalla, (M) atajo, (A) muro de pie
CUTOUT; (eléc) cortacircuito fusible; (auto) válvula
   de escape libre
CUTTABILITY; (met) cortabilidad
CUTTER; (herr) cortador, tronchador, tajadora, (A)
   trancha; (herr) tenazas, pinzas; (draga) cabezal cortador
   BLOCK; (ac) cabezal portacuchillas
   CYLINDER; cabezal portacuchillas
   DREDGE; draga de succión con cabezal cortador
   LADDER; (draga) brazo del cabezal cortador
   WHEEL; (tub) rueda-cuchilla
CUTTERHEAD; (mh) portacuchilla; (draga) cabezal
   cortante
CUTTING; cortadura, corta; tajadura; tala; cantería;
   desmonte
   AND WELDING OUTFIT; equipo de cortadura
   y soldadura
   BAR; barra cortadora
   COMPOUND; compuesto lubricador para
   herramienta cortante
   DIE; troquel cortador
   DRIFT; mandril cortador
   EDGE; filo, arista cortante, orilla cortante, cuchillo
   perimetral (cajón)
   GUIDE; guía de cortar
   NIPPERS; tenazas de corte
   OIL; aceite soluble, aceite para cortar metales
   PLIERS; alicates de corte, pinzas cortantes,
   pinzas de filo
   PUNCH; punzón cortador
   TIP; pico cortador
   TOOL; herramienta cortante, herramienta cortadora
   TOOTH; (serrucho) diente cortante
   TORCH; soplete cortador
CUTTING-IN CROSS; (tub) cruz intercalador
CUTTING-IN T; (tub) T para insertar
CUTTINGS; cortaduras, recortes; virutas,
   acepilladuras
CUTWATER; tajamar, espolón
CYANAMIDE; cianamida
CYANIDE; (s) cianuro; (v) cianurar
   PLANT; hacienda de cianuración
CYANITE; cianita
CYANIZE; cianizar
CYCLE; ciclo, tiempo; (eléc) ciclo, período
CYCLIC; (mec)(eléc)(quim) cíclico

CYCLOID; cicloide
CYCLOIDAL; cicloidal
CYCLOMETER; ciclómetro
CYCLONE; ciclón
  SEPARATOR; separador ciclónico
CYCLONIC; ciclónico
CYCLOPEAN AGGREGATE; agregado ciclópeo,
  cantos rodados
CYCLOPEAN CONCRETE; concreto ciclópeo,
  hormigón ciclópeo
CYCLOPEAN MASONRY; mampostería ciclópea,
  hormigón ciclópeo
CYLINDER; cilindro
  ASSEMBLY; ensamblaje de cilindros
  BLOCK; bloque de cilindros
  BORE; diámetro interior del cilindro
  COCK; llave de cilindro, llave de purga, llave de
  desagüe
  GATE; compuerta cilíndrica, compuerta de
  cilindro
  HEAD; tapa del cilindro, fondo del cilindro;
  culata del cilindro
  HONE; rectificador de cilindro
  JACKET; camisa del cilindro, chaqueta del cilindro
  LAGGING; forro del cilindro, revestimiento del
  cilindro, chaqueta de cilindro
  LINER; forro del cilindro, camisa interior del cilindro
  LOCK; cerradura de cilindro, (A) cerradura a tambor
  OIL; aceite para cilindros
  SLEEVE; manguito de cilindro
  VALVE; válvula cilíndrica
CYLINDER-HEAD PULLER; (auto) sacaculata
CYLINDRICAL; cilíndrico
CYPRESS; ciprés, cedro amarillo; especie de pino

D

DAB; golpecito, toque ligero
DADO; friso arrimadillo; (carp) ranura
  HEAD; (serrucho) fresa rotativa de ranurar
  PLANE; cepillo de ranurar
DAM; *(s)*(hid) presa, represa, dique, (Ch) tranque,
  (M) cortina; (conc) tira de estancamiento; (met)
  dama; (min) cerramiento; *(v)* represar, trancar,
  embalsar, atrancar, rebalsar, (Es) remansar
  SITE; sitio de presa, ubicación de dique
DAMAGE; *(s)* desperfecto, daño, (náut) avería,
  siniestro; *(v)* averiar, dañar
DAMAGES; (leg) daños y perjuicios
DAMP; *(s)*(min) humo; *(v)*(mec)(eléc)(sonido)
  amortiguar, (eléc) templar; *(a)* húmedo
  DOWN; *(v)*(horno) cubrir el fuego
DAMPER; (mec) regulador de tiro, llave de humero;
  (eléc) amortiguador; (vibración) amortiguador
  REGULATOR; regulador de tiro
  WINDING; devanado amortiguador
DAMPING; (mec)(eléc)(sonido) amortiguación
DAMPING CONSTANT; (eléc) constante de
  amortiguación
DAMPING FACTOR; (eléc) factor de amortiguación
DAMPING PISTON; émbolo amortiguador
DAMPING RATIO; relación de amortiguación
DAMPNESS; humedad
DAMPPROOF; a prueba de humedad
DAMPPROOFING; impermeabilización, aislación de
  humedad
DANDY; cubo distribuidor de asfalto
DAP; *(s)*(carp) entalladura, muesca; *(v)*(carp) entallar,
  escoplear, muescar
DASH; (auto) tablero de instrumentos
  LINE; (dib) línea de rayas, línea de trazos
DASHPOT; amortiguador
DATA; antecedentes, datos
DATING NAIL; clavo de fecha, tachuela fechadora,
  clavo fechado
DATUM; dato, nivel de comparación
  LINE; línea de referencia
  PLANE; plano de referencia, plano de
  comparación
DAVIT; pescante, grúa de bote
DAVY LAMP; (min) lámpara de seguridad, lámpara
  de Davy
DAY LABOR; trabajo a jornal
DAY LABORER; jornalero, peón

DAY SHIFT; turno de día; equipo de día
DAY'S WAGES; jornal
DAY'S WORK; jornada, peonada
DEACTIVATE; desactivar
DEAD; muerto
    AXLE; eje muerto
    BOLT; cerrojo dormido
    CENTER; (mv) punto muerto; (torno) punta fija
    EARTH; (eléc) conexión perfecta a tierra
    END; extremo cerrado, extremo muerto
    FILE; lima sorda
    FREIGHT; (náut) falso flete
    GROUND; (min) roca estéril, terreno estéril;
    (eléc) conexión perfecta a tierra
    LOAD; carga fija, carga muerta, carga
    permanente, peso propio
    LOCK; cerradura dormida
    OIL; aceite de creosota; (M) aceite muerto
    ROCK; (min) roca estéril
    ROLL; rodillo inerte
    SHORT CIRCUIT; corto circuito directo, corto
    circuito cabal
    SPINDLE; (torno) husillo fijo
    STORAGE; almacenaje muerto,
    almacenamiento inactivo
    WALL; pared sin vanos
    WEIGHT; peso muerto
    ZONE; zona muerta
DEAD-BURN; (v) calcinar completamente
DEADEN; amortiguar
DEAD-END TRACK; vía muerta, vía de extremo
    cerrado
DEAD-FRONT; (tablero) con los dispositivos
    en el lado de atrás
DEADLATCH; aldaba dormida
DEADMAN; macizo de anclaje, muerto, anclaje,
    cuerpo muerto, morillo, (A) taco de rienda
DEAD-MAN'S HANDLE; manubrio de
    interrupción automática
DEAD-ROAST; (v) calcinar completamente
DEADS; (min) desechos, ataques, escombros
DEAD-SMOOTH FILE; lima sorda
DEAD-SOFT STEEL; acero muy blando
DEAD-SOFT TEMPER; temple blando
DEAD-WEIGHT SAFETY VALVE; válvula de
    seguridad de peso directo
DEAD-WEIGHT TON; tonelada (2240 libras) de
    carga
DEAD-WEIGHT TONNAGE; tonelaje de carga
DEADWOOD; dormido
DEAERATE; desaerear
DEAERATING TANK; tanque desaereador
DEAERATOR; desaereador
DEAL; madera de pino o abeto
    FRAME; sierra múltiple para hacer tablas
DEATH RATE; coeficiente de mortalidad, tasa de
    mortalidad

DEBARK; desembarcar
DEBRIS; escombros, desechos, derribos, cascote;
    (geol) despojos, deyección; (hid) acarreos,
    arrastres
    CONE; cono de deyección
    BASIN; (hid) vaso capatador de arrastres
    DAM; presa para escombros
    REMOVAL; traslado de escombros
    TRAP; (hid) depósito de sedimentación, presa
    captadora de arrastres
DECAGRAM; decagramo
DECALESCENCE; decalescencia
DECALESCENT; decalescente
DECALITER; decalitro
DECAMETER; decámetro
DECANT; decantar
DECAPOD LOCOMOTIVE; locomotora decápodo
DECARBONATE; decarbonatar
DECARBONATOR; decarbonatador
DECARBONIZE; decarburar, descarbonizar
DECARE; decárea
DECAY; (s) podrición, carcomida; (v) podrirse;
    carcomerse, descomponerse
DECELERATE; retardar
DECELERATION; retardación, retardo
DECELERATOR; retardador
DECHLORINATE; desclorinar, desclorar
DECHLORINATOR; desclorinador
DECIDUOUS; caedizo
DECIDUOUS CONCRETE; concreto caedizo,
    hormigón caedizo
DECIGRAM; decigramo
DECILITER; decilitro
DECIMAL; (s)(a) decimal
DECIMETER; decímetro
DECK; (náut) cubierta; (presa hueca) losa de aguas
    arriba, planchas de cubierta, cubierta, (U)
    carpeta
    BARGE; lanchón de cubierta, pontón, lancha
    plana
    BEAM; (est) viga T con nervio, T con bordón;
    (náut) bao de cubierta
    BOLT; perno para tablón de cubierta (cabeza
    chata y cuello cuadrado)
    BRIDGE; puente de tablero superior, puente de
    paso superior, puente de vía superior
    LOAD; carga de cubierta
    PLATE; placa de cubierta
    ROOF; azotea sin parapetos
    SCRAPER; rasqueta para cubiertas
    TRUSS; armadura de tablero superior
DECKING BLOCK; motón para apilar troncos
DECKING CHAIN; cadena para apilar troncos
DECLINATION; declinación
    COMPASS; brújula de declinación
DECLINOGRAPH; declinógrafo
DECLINOMETER; declinómetro

DECLUTCH; desembragar
DECOMPOSABLE; descomponible
DECOMPOSE; descomponer; descomponerse,
    corromperse
DECOMPOSITION; descomposición
DECOMPRESSION CHAMBER; cámara de
    descompresión
DECOMPRESSION VALVE; válvula de
    descompresión
DECOMPRESSOR; descompresor
DECONCENTRATOR; desconcentrador
DECONTAMINATION; descontaminación
DECOPPERIZE; descobrar
DECREMENT; decremento.
DEDENDUM CIRCLE; círculo de ahuecamiento
DE-ENERGIZE; desexcitar, desenergizar,
    desmagnetizar
DEEP; profundo, hondo
    SUMP; sumidero profundo
DEEPEN; ahondar, profundizar, rehundir
DEEP-WELL PUMP; bomba para pozos profundos
DEFAULT; falta, defecto
DEFECT; defecto
DEFECTIVE; defectuoso
DEFERRIZE; desferrificar, desferrizar
DEFICIENT; deficiente
DEFILE; (top) desfiladero
DEFINITE GAGE; calibre específico, calibre
    determinado
DEFLAGRATE; deflagrar
DEFLAGRATING EXPLOSIVE; explosivo
    deflagrante
DEFLATE; desinflar
DEFLECT; (est) flexarse, flambear, flexionarse; (río)
    desviar
DEFLECTING BAR; (fc) barra desviadora
DEFLECTING SHEAVE; garrucha de guía,
    garrucha desviadora
DEFLECTING TORQUE; (inst) momento de torsión
    desviador
DEFLECTION; (est) flecha, flambeo, (C)
    desviación, (M)(AC)(Ec) deflexión; (cab)
    flecha; (lev) desviación
    ANGLE; (fc) ángulo de desviación, ángulo
    tangencial, (V) ángulo periférico
    COEFFICIENT; (est) coeficiente de flecha
DEFLECTOMETER; deflectómetro
DEFLECTOR; desviador, deflector, placa de guía;
    (hid) muro de salto
    BLOCKS; (hid) bloques deflectores, macizos
    desviadores
    SILL; (hid) umbral desviador, reborde
    desflector, resalto
    WALL; muro desviador
DEFLOCCULATE; desflocular, (M) deflocular
DEFLOCCULATOR; desfloculador
DEFOREST; desboscar, deforestar

DEFORESTATION; desarborización, deforestación
DEFORM; deformar; deformarse
DEFORMATION; deformación
    COEFFICIENT; coeficiente de deformación
    CURVE; curva de deformaciones
DEFORMED BAR; barra deformada, varilla
    deformada
DEFORMED REINFORCEMENT; reforzamiento
    deformado
DEFORMETER; defórmetro
DEFROSTER; descongelador, desescarchador
DEGASIFY; desgasificar
DEGRADATION; (geol)(quim) degradación
DEGRADE; (quim)(geol) degradar
DEGREASE; desengrasar, desgrasar
DEGREE; (heat)(angulo)(eléc) grado
    OF CURVE; grado de la curva, grado de
    curvatura, (V) grado de agudeza
DEHUMIDIFIER; deshumedecedor, (V)
    deshumectador
DEHUMIDIFY; deshumedecer, (A) deshumidificar,
    (V) deshumectar
DEHYDRATE; deshidratar
DEHYDRATION; deshidratación
DEHYDRATOR; deshidratador
DEHYDROGENIZE; deshidrogenar
DEICE; deshelar
DELAY; (contrato) demora, retraso, mora
    BLASTING CAP; detonador de explosión
    demorada
    ELEMENT; elemento demorador
DELAYED MIXING; mezclado retardado
DELEGATE; (union) delegado
DELETE; borrar, tachar
DELIQUESCENCE; delicuescencia
DELIQUESCENT; delicuescente
DELIVERY; reparto, entrega
    BOX; (irr) caja derivadora, caja de servicio
    GATE; (irr) compuerta de servicio, compuerta
    derivadora
    YARD; (fc) patio de entrega, playa de descarga
DELTA; (río) delta
    CONNECTION; (eléc) conexión en triángulo,
    conexión en delta
    CURRENT; corriente en triángulo
    METAL; metal delta, aleación delta
    T; delta-T
DELTA-DELTA CONNECTION; conexión
    triángulo-triángulo
DELTA-STAR CONNECTION; conexión triángulo-
    estrella, conexión delta-Y
DEMAGNETIZE; desimanar, desimantar,
    desmagnetizar
DEMAND (POWER); demanda
    CHARGE; tarifa de demanda
    FACTOR; factor de demanda, factor de
    simultaneidad

METER; contador de demanda máxima
DEMANGANIZE; desmanganizar
DEMISE; fallecimiento, defunción
DEMOLISH; demoler, derribar, abatir, arrasar, aterrar
DEMOLITION; demolición, abatimiento, derribo
TOOL; martillo neumático de demolición, demoledora
DEMOUNTABLE; desmontable, postizo, amovible
DEMULSIBILITY; demulsibilidad
DEMULSIFY; demulsionar
DEMURRAGE; demora, sobrestadía, estadía
DENITRIFY; desnitrificar
DENOMINATOR; denominador
DENOUNCE; (min) denunciar
DENOUNCEMENT; (min) denuncia
DENSE; (ot) compacto, denso; (líquido) denso, viscoso, espeso; (monte) tupido; (mad) que muestra por lo menos seis anillos anuales por pulgada
DENSE-GRADED AGGREGATE; agregado de relación baja de vacíos
DENSIFICATION; (suelo) densificación
DENSIMETER; densímetro
DENSIMETRIC; densimétrico
DENSITY; densidad, espesura
FLOW; (hid) gasto inferior del agua más densa
DENTATED SILL; (hid) reborde dentado, solera dentad, umbral almenado, resalto dentado
DENTATION; indentación, dentado
DEODORANT; desodorante
DEODORIZE; desodorar
DEOXIDIZE; desoxidar
DEOXYGENATION; desoxigenación
DEOZONIZE; desozonizar
DEPARTURE; (mec)(lev) desviación
PLATFORM; (fc) andén de salida
YARD; (fc) patio de salida
DEPENDENCY; dependencia
DEPLETION; agotamiento
DEPOLARIZE; despolarizar
DEPOSIT; (s)(miner) yacimiento, ciadero, filón; (quím) precipitado, depósito; (agregados) arenal, cascajal, mina de grava o arena; (fin) depósito (Es) imposición; (v)(quím) precipitar, (agua) decantar, sedimentar
DEPOSITION; (geol) depósito
EFFICIENCY; (sol) relación de depósito
DEPRECIATE; depreciar; depreciarse
DEPRECIATION; depreciación
DEPRESSED SEWER; sifón invertido, cloaca de presión
DEPRESSION; (lev) depresión; (top) depresión, hondora, hondonada; (atmosférico) depresión
SPRING; fuente de hondonada
DEPTH; profundidad, fondo; (viga) altura, (M) peralte; (losa) espesor; (canal) tirante, calado;

(valle) hondura; (buque) puntal; (agua) brazaje, calado
CONTOUR; curva isóbata
FACTOR; (ms) factor de profundidad
FILTER; filtro de profundidad
GAGE; (mec) calibre de profundidad; (hid) limnímetro, escala hidrométrica
DEPTHOMETER; medidor de profundidad
DERAIL; descarrilar, desrielar
SWITCH; descarrilador, aguja de descarrilamiento, chucho de descarrilar
DERAILMENT; descarrilamiento, (A) descarrilo
DERIVATIVE; (s)(quím) derivado; (mat) derivada; (a)(quiím)(mat) derivativo; (geol) alógeno
DERRICK; (ec) grúa; grúa de brazos rígidos; grúa de retenidas; (pet) torre de taladrar, faro de perforación
BOAT; barca de grúa, pontón de grúa
BOOM; aguilón, pluma
CAR; carro de grúa, carro de aparejo, vagóngrúa
FITTINGS; herraje de grúa, accesorios de grúa
OPERATOR; maquinista, malacatero de grúa
STONE; piedra manejable sólo por grúa
DERRICKMAN; (pet) torrero
DESALT; desalar
DESAND; desarenar
DESANDER; desarenador, eliminador de arena
DESATURATE; desempaper
DESCALE; desescamar
DESCENDING GATE; (hid) bajada, pendiente descendente, pendiente
DESCRIPTIVE GEOMETRY; geometría descriptiva
DESERT; desierto
DESICCANT; desecante
DESICCATE; desecar
DESICCATOR; desecador, secador
DESIGN; (s) proyecto, diseño, traza; (v) proyectar, diseñar, trazar, delinear, estudiar
ALTERNATIVES; alternativas de diseño
CHANGE; cambio de diseño
FIRM; empresa de diseño
HEAD; (hid) carga presumida, carga para proyectar
LOAD; carga presumida, carga prevista
POINT; (bomba) punto característico
PRESSURE; presión presumida
STORM; (hid) aguacero presumido, precipitación presumida
DESIGNATED REPRESENTATIVE; representativo designado
DESIGNER; proyectista, diseñador, delineador
DESIGNING ENGINEER; ingeniero proyectista, ingeniero diseñador
DESILT; desembancar, desenlodar, deslamar, desenfangar, desentarquinar, retirar los embanques, (M) desazolvar

DESILTING; desembanque, desenlodamiento, (M) desenlame
 WEIR; presa de aterramiento, dique de contención de arrastres
DESK; escritorio; pupitre (tablero)
DESLUDGING VALVE; válvula purgadora de cienos
DESPUMATION; despumación
DESTRUCTIVE DISTILLATION; destilación seca, destilación destructiva
DESTRUCTOR; incinerador de basura
DESULPHURIZE; desulfurar, desazufrar
DETACHABLE; de quita y pon, de quitapón, desmontable, desprendible, removible, postizo, separable
 BIT; broca postiza, broca recambiable, broca desmontable
DETACHABLE-BIT GRINDER; afilador de brocas postizas
DETAIL; (s) detalle; (v) detallar
 DRAWING; dibujo detallado
 PAPER; papel anteado para dibujo
 PEN; tiralíneas para detalles
DETAILED PLANS; planos detallados, dibujos en datalle
DETAILED SPECIFICATIONS; especificaciones detalladas, (U) prescripciones particulares
DETECTOR; (mec) indicador; (eléc) detector
 BAR; (fc) barra de enclavamiento, barra indicadora, (A) zapata detectora
DETENTION BASIN; (hid) depósito de detención, vaso de detención, embalse de detención
DETENTION PERIOD; (is) período de retención
DETERMINATE; determinado
DETIN; recuperar estaño, desestañar
DETONATE; detonar
DETONATING; detonante
 FUSE; mecha de explosión
 POWDER; pólvora detonante
DETONATOR; (vol) detonador, fulminante; (fc) señal detonante
DETOUR; desvío, desviación, vuelta, desecho
DETRIMENTAL SETTLEMENT; sedimentación perjudicial
DETRITOR; (trademark) detritor
DETRITUS; detrito, detritus
 TANK; tanque detritor
DEVELOP; (fuerza) producir, desarrollar; (diseño) desarrollar; (foto) revelar; (proyecto) aprovechar; (calor) producir; (mat) desarrollar
DEVELOPED ELEVATION; elevación desarrollada
DEVELOPED LENGTH; largura desarrollada
DEVELOPED PRESSURE; (ms) presión desarrollada
DEVELOPED SURFACE; superficie desarrollada
DEVELOPMENT; desarrollo, fomento; producción; aprovechamiento; revelamiento; proyecto
DEVIATION; (eléc)(compás) desviación
DEVICE; dispositivo, aparato, artificio

DEVISE; (v) proyectar, idear, inventar
DEVITRIFICATION; desvitrificación
DEVULCANIZER; desvulcanizador
DEWATER; desecar, deshidratar; desaguar, achicar, agotar
DEWATERER; desaguador, deshidratador
DEW POINT; punto de condensación, punto de rocío
D-HANDLE SHOVEL; pala de mango D
DIABASE; diabasa
DIACLASE; diaclasa
DIACLASTIC; diaclasado
DIAGONAL; (s)(a) diagonal
 BRACING; diagonales de arriostramiento, aspas, diagonales cruzadas
 BREAK; quebraja diagonal
 CRACK; grieta diagonal, agrietamiento diagonal
 TENSION; tracción diagonal, tensión diagonal, (A) esfuerzo principal
DIAGRAM; diagrama, gráfica, esquema
DIAGRAMMATIC; esquemático
DIAGRAMMETER; diagrámetro
DIAL; cuadrante (manómetro), esfera (reloj), (M) carátula (báscula)
DIALLAGE; diálaga
DIALYSIS; diálisis
DIAMETER; diámetro
DIAMETRAL; diametral
DIAMOND; diamante; rombo
 BIT; corona de diamantes, broca de diamantes
 CUT; corte de diamante
 DRESSER; moleta de diamante
 DRILL; sonda de diamantes, barrena de diamantes, taladro de diamantes
 DRILLING; sondeos a diamante, perforaciones con sonda de diamante
 MESH; malla rómbica
 POINT; punta rómbica
 TOOTH; (serrucho) diente de diamante
 WHEEL; asperón de diamante
DIAMOND-HEAD-BUTTRESS DAM; presa de machones de cabeza rómbica, presa de contrafuerzas de cabeza de diamante
DIAMOND-NOSE CHISEL; cortafrío con punta rómbica
DIAMOND-SHAPED; rómbico, romboidal
DIAPHRAGM; diafragma
 GAGE; manómetro de diafragma
 PUMP; bomba de diafragma
 VALVE; válvula de diafragma
 WALL; pared de diafragma
DIARSENIDE; diarseniuro
DIASCHISTIC; diaesquistoso
DIATHERMIC; diatérmico
DIATOM; diatomea, diatoma
DIATOMACEOUS EARTH; tierra diatomácea , tierra de diatomeas

DIATOMACEOUS SILICA; sílice diatomácea
DIATOMITE; diatomita, tierra diatomácea
DICALCIUM FERRITE; ferrito dicálcico
DICALCIUM SILICATE; silicato dicálcico
DICHLORAMINE; dicloramina
DICHLORIDE; bicloruro
DIE; (roscar) hembra de terraja, dado, cojinete de
    roscar; (punzonar) troquel, matriz, sufridera;
    (aguzadera) matriz, troquel
    CASTING; pieza moldeada en matriz;
    fundición a troquel
    CHASER; dado de roscar
    CHUCK; mandril de roscar
    HOLDER; portamatriz, portaestampa
    MOLD; matriz, molde de matrizar
    PLATE; terraja; hilera, placa perforada de
    estirar
DIE-CAST; (v) fundir a troquel, matrizar
DIELECTRIC; dieléctrico
DIESEL ENGINE; máquina Diesel, motor Diesel
DIESEL OIL; aceite Diesel, petróleo combustible
    para Diesel
DIESTOCK; terraja, portacojinete
DIFFERENTIAL; (s)(a) diferencial
    BLOCK; polea diferencial, aparejo diferencial
    CALCULUS; cálculo diferencial
    CARRIER; (auto) portadiferencial
    CASE; caja de diferencial
    EQUATION; ecuación diferencial
    GEAR; engranaje diferencial
    HOIST; aparejo diferencial, polea diferencial,
    polispasto diferencial, (V) señorita
    LEVELING; nivelación diferencial
    LOCK; (auto) trabador del diferencial
    SCREW; tornillo de paso diferencial
    SETTLEMENT; sedimentación diferencial
    SHRINKAGE; contracción diferencial
    WINDLASS; cabria chinesca
DIFFRACTION; difracción
DIFFUSER; (dac) difusor, dispersor
    PLATE; placa esparcidora, placa difusora
    TUBE; tubo difusor
DIFFUSION; difusión
DIG; excavar, cavar, desmontar
DIGESTED SLUDGE; cieno digerido, barro cloacal
    digerido
DIGESTER; (dac) digestor
    GAS; (dac) gas del tanque digestor, gas de
    digestión
DIGESTING TANK; tanque digestor
DIGESTION; digestión
DIGGER; excavador
DIGGING; excavación, desmonte, cavadura
    BUCKET; cucharón excavador, (A) balde
    excavador
    DEPTH; profundidad de excavación
    LINE; (cubeta) cable de cierre

    REACH; alcance de cavadura
    SPEED; (ec) velocidad de excavación,
    velocidad excavadora
DIGIT; dígito
DIGITAL; digital
DIHYDROL; dihidrol
DIKE; (s)(hid) dique, caballón, atajo, ribero, bordo,
    reborde, (Ch) pretil, (M) barraje, (A)(C)
    malecón; (geol) dique; (v) endicar, atajar
DILUENT; diluente
DILUTE; (v) diluir, desleir; (a) diluído
DILUTION; dilusión, desleimiento
DILUVIAL; diluvial
DILUVIUM; diluvión
DIM; (v)(auto) obscurecer
DIMENSION; (s) dimensión; acotación; (v)
    dimensionar; (dib) acotar
    GAGE; medidor de maderas
    LINE; (dib) línea de cota
    LUMBER; madra aserrada en tamaños
    corrientes
    SAW; sierra de dimensión
    STONE; piedra labrada a dimensiones
    específicas
DIMENSIONAL; dimensional
    STABILITY; estabilidad dimensional
    TOLERANCES; tolerancias dimensionales
DIMENSIONED DRAWING; dibujo acotado
DIMETALLIC; bimetálico
DIMETHYL; (s) etano; (a) dimetilo
DIMMER; (auto) amortiguador de luz, reductor de luz
DIMMER SWITCH; conmutador reductor
DING HAMMER; (auto) martillo de chapista
DINKEY; locomotora liviana de trocha angosta,
    locomotora decauville
    RUNNER; maquinista
DIOPSIDE; diopsido
DIORITE; diorita
DIOXIDE; dióxido
DIP; (s)(aguja) inclinación; (geol) buzamiento, caída,
    inclinación, (M) echado; (min) recuesto;
    (v)(pint) bañar; (geol) inclinarse, buzar
    BRAZING; soldadura por inmersión
    COATING; revestimiento por inmersión, baño
    por inmersión
    FAULT; falla transversal
    NEEDLE; brújula de inclinación
DIPLOCOCCUS; (is) diplococo
DIPPED JOINT; (lad) junta de lechada
DIPPER; (pl) cucharón, capacho, cazo, (V) tobo,
    (M) bote; (beber) cazo, cucharón
    ARMS; brazos de cucharón, (A) mangos
    de cucharón
    DREDGE; draga de cucharón, draga a cuchara
    STICK; brazo del cucharón, mango del
    cucharón, (M) brazo de ataque
DIPPING; (pint) inmersión, bañado

COMPASS; brújula de inclinación
NEEDLE; aguja de inclinación
TANK; tanque de bañar, tanque de inmersión
DIRECT-ACTING; de acción directa
DIRECT-CONNECTED; (mec)(eléc) conectado
   directamente, acoplado directamente
DIRECT-CONTACT FEED-WATER HEATER;
   calentador de agua de alimentación tipo abierto
DIRECT CURRENT; corriente continua, corriente
   directa
DIRECT DRIVE; toma directa
DIRECT-GEARED; engranado directamente
DIRECTIONAL; direcciónal
   BORING SYSTEM; sistema de perforación
   direcciónal
   DRILLING; barrenamiento direcciónal
   ISLAND; (ca) isla de guía
   SIGN; (ca) indicador de dirección, señal de
   dirección
DIRECTRIX; directriz
DIRT; tierra; escombros, basura; mugre, suciedad;
   polvo
   MOVING; trabajo de desmonte, movimiento de
   tierra, remoción de tierra, (V) escombramiento
   ROAD; camino de tierra, camino sin afirmar
   TRAP; trampa de sedimentos
DISABILITY; incapacidad, invalidez
DISALIGNMENT; desalineamiento
DISASSEMBLE; desarmar, desmontar, abatir
DISASSEMBLY; desmontaje, abatimiento
DISCHARGE; *(s)*(hid) gasto, caudal; (hormigonera)
   vaciada, descarga; (eléc) descarga; (empleado)
   despedida, baja, destitución, (Ch) desahucio;
   (bomba) impulsión, descarga; *(v)*(carga)
   descargar; (eléc) descargar; (empleado)
   despedir, destituir, dar de baja, cesantear, (Ch)
   desahuciar, (Par) suspender; (río) desembocar;
   (vol) fulminar, volar; (deuda) cancelar
   COEFFICIENT; coeficiente de descarga
   CONVEYOR; transportador de descarga
   CURVE; (hid) curva de gastos, curva de caudal
   HEAD; (hid) altura de impulsión, altura de
   descarga, presión estática de descarga
   PIPE; tubo de expulsión, tubo de impulsión, caño
   expelente
   STROKE; carrera de descarga
DISCHARGER; (eléc) descargador
DISCOLORATION; descoloración
DISCONNECT; *(s)* desconectador; *(v)*(eléc)
   desconectar; (mec) desconectar, desacoplar,
   desenganchar
   PLUG; tapón desconectador
   SWITCH; interruptor de separación,
   desconectador
DISCONNECTING FUSE; desconectador fusible
DISCONNECTING LINK; (eléc) eslabón
   interruptor

DISCONNECTOR; desconectador
DISCONTINUITY; discontinuidad
DISCOUNT; descuento
DISENGAGE; desengranar; desembragar;
   desenganchar
DISHED; combado, bombeado, cóncavo
   WHEEL; rueda con copero, rueda combada
DISILICATE; disilicato
DISINCRUSTANT; desincrustante
DISINFECT; desinfectar
DISINFECTION; desinfección
DISINTEGRATE; desagregar, disgregar, desintegrar;
   desmoronarse, deshacerse
DISINTEGRATED; desagregado, descompuesto,
   disgregado, cariado
DISINTEGRATION; desagregación, desintegración,
   disgregación
DISINTEGRATOR; pulverizador, triturador,
   disgregador
DISJOINT; desunir, desarticular
DISK; disco, lenteja
   BIT; mecha de discos
   BRAKE; freno de discos
   CLUTCH; embrague de platos, embrague de
   discos
   CRANK; manivela de disco, plato-manivela
   CRUSHER; chancadora de discos, trituradora
   tipo de discos
   FEEDER; alimentador tipo de discos
   FILTER; filtro de discos
   HARROW; grada de discos, rastra de discos
   METER; contador tipo de disco
   ROLLER; rodillo de discos
   SCREEN; cedazo de disco
   SIGNAL; (fc) señal de disco
   WHEEL; rueda de plato
DISLOCATION; (geol) dislocación
DISMANTLE; desarmar, desmontar, desmantelar;
   desaparejar, desguarnecer
DISMANTLING; desmontaje, desarmadura,
   abatimiento
DISODIUM PHOSPHATE; fosfato disódico
DISPATCHING DEVICE; aparato de
   despacho
DISPERSED PHASE; (quim) fase dispersa
DISPERSER; (dac) dispersador, difusor
DISPERSION; (dac) dispersión
   MEDIUM; medio de dispersión
   TANK; (dac) tanque de dispersión
DISPLACE; desplazar
DISPLACEMENT; (náut) desplazamiento; (cilindro)
   cilindrada; (geol) falla, quiebra, (M) desalojamiento
   PUMP; bomba de desplazamiento
   TON; tonelada (2240 libras) de desplazamiento
DISPLACEMENT-TYPE METER; (agua)
   contador de desplazamiento
DISPOSAL; disposición

DISRUPTIVE VOLTAGE; tensión disruptiva
DISSIMILATION; (is) disimilación
DISSOCIATION; (quim) disociación
DISSOCIATOR; disociador
DISSOLVE; disolver; disolverse
DISSOLVED SOLIDS; (dac) sólidos disueltos
DISSYMMETRICAL; disimétrico
DISSYMETRY; disimetría
DISTANCE; distancia
    SIGNS; (ca) señales avanzadas
    STRIP; tira de distancia, tira de separación
DISTANT SIGNAL; (fc) señal avanzada, señal de
    distancia
DISTEMPER; *(s)*(pint) destemple
DISTILL; destilar, alambicar
DISTILLARY WASTES; (is) aguas cloacales de
    destilería
DISTILLATE; destilado
    PLANT; plana destiladora, destilería
DISTORT; deformar, (M) distorsionar
DISTORTION; deformación, distorsión
DISTRIBUTE; distribuir, repartir; esparcir
DISTRIBUTED LOAD; carga distribuída
DISTRIBUTING BAR; (ref) barra de repartición,
    barra repartidora, (M) cabilla de repartición
DISTRIBUTING RESERVOIR; depósito de
    distribución, depósito alimentador, estanque de
    distribución
DISTRIBUTING SWITCHBOARD; tablero de
    distribución
DISTRIBUTION; repartición, distribución
    BOARD; (eléc) cuadro de distribución
    BOX; (eléc) caja de distribución
    OF COSTS; repartición de costos
    OF PRESSURES; repartición de las presiones,
    distribución de presiones
    PIPE; tubo distribuidor
    SYSTEM; sistema distribuidor
    TRANSFORMER; transformador distribuidor
DISTRIBUTIVE FAULT; (geol) falla distributiva
DISTRIBUTOR; (turb) distribuidor; (auto)
    distribuidor; (ca) esparcidor, distribuidor; (dac)
    esparcidor, repartidora
DITCH; *(s)*(exc) zanja, trinchera, foso; (fc)(ca)
    cuneta; (irr) acequia, regadera, reguera,
    almatriche, hijuela (pequeña); (irr)
    azarbe, almenara; (desagüe) agüera, tijera; (top)
    cárcava, (Ch)(PR) zanja; *(v)* zanjar, zanjear,
    trincherar, (irr) acequiar
    CHECK; dique de zanja
    DIGGER; zanjeador, (irr) acequiador
    TENDER; (irr) acequiador
DITCHER; (ec) cavador de zanjas, zanjadora,
    cuchilla zanjeadora, (A) cuneteadora
DITCHING; zanjeo, zanjamiento, acequiadura
    SHOVEL; pala zanjadora
DIVE; *(v)* bucear

DIVER; buzo, escafandrista
DIVERSION; (hid) derivación, desviación, desvío,
    desviaje
    CHAMBER; cámara desviadora
    CHANNEL; canal de derivación, canal
    desviador
    DAM; presa de derivación, azud, barraje, presa
    derivadora, dique de toma, (A) dique nivelador,
    dique distributor
    DUTY OF WATER; (irr) volumen de agua
    derivada
    MANHOLE; (ac) pozo desviador, cámara
    desviadora
    OPENINGS; (dique) vanos de derivación,
    lumbreras provisionales
    TUNNEL; (hid) túnel de derivación, (M) túnel
    de desviación
DIVERSITY FACTOR; factor de deversidad
DIVERT; desviar, derivar
DIVIDE; *(s)*(top) divisoria de las aguas, divorcio de
    las aguas, (U) cuchilla separadora, (M)
    parteaguas, (V) fila divisoria
DIVIDER BEAM; viga divisoria
DIVIDERS; compás de división, compás de punta
    seca
DIVING; buceo
    BELL; campana de buzo, campana de bucear
    HELMET; casco de buzo, (C) escafandra
    HOOD; casco de buzo para trabajo poco
    profundo
    SUIT; escafandro, traje de buzo
DIVISION BOX; (irr) cámara de repartición,
    partidor, (A) comparto, (M) parteaguas
DIVISION ENGINEER; (irr) ingeniero de división
DIVISION GATE; (irr) atajadero, compuerta
    derivadora
DIVISION WALL; pared divisoria
DOCK; *(s)* muelle, espigón; dársena; dique; (ds)
    dique de carena, dique seco; *(v)* atracar,
    arrimar; poner en dique seco, carenar
    BUILDER; constructor de muelles
    CHARGES; derechos de muelle, muellaje
    LABORER; estibador
    SPIKE; clavo de muelle
    WALL; pared de muelle
DOCKAGE; muellaje
DOCKING SAW; serrucho para astilleros
DOCKMASTER; jefe del muelle
DOCKYARD; arsenal, astillero, carenero,
    despalmador
DOG; *(s)*(maq) trinquete, gatillo, can, retén, seguro;
    (mh) perro de torno; (as) grapa; *(v)* retener con
    trinquete, sujetar con gatillo
    BIT; púa de la grapa
    CLUTCH; embrague de garras
    HOOK; gancho de maderero
    NAIL; clavo de cabeza excéntrica

SOCKET; portapúa
WARP; cable y gancho para mover troncos
WHEEL; rueda de trinquete
WRENCH; llave para perro de torno
DOGBOLT; *(s)* torillo en ángulo recto; *(v)* trabar
con torillo en ángulo recto
DOLERITE; dolerita
DOLLY; (est) sufridera, estampa, cazoleta, dóile, (C)
boterola; aguantadora, contraestampa,
contraboterola, contrarremachador; (mad)
carretilla de rodillo; (fc) locomotora pequeña
para maniobras; (martinete) macaco;
(auto) gato rodante; (min) batidor
BAR; sufridera de palanca
TUB; (min) cubeta para lavar mineral
DOLOMITE; (miner)(geol) dolomía, (M) dolomita
DOLOMITIC; dolomítico
DOLPHIN; poste de amarre, pilote de amarrar,
duque de Alba, dolfín
DOME; (arq) cúpula, alcuba, (C) domo; (geol) techo,
bóveda
DAM; presa de cúpela
DOOR; puerta
BOLT; cerrojo, falleba, pasador
BUCK; marco de puerta, bastidor de puerta
BUTT; bisagra
CHECK; amortiguador de puerta, cierrapuerta,
freno para puerta
HANGER; suspensor de puerta, carrito
corredizo de puerta, colgador de puerta,
corredora
HARDWARE; herraje de puerta
HOLDER; retendor de puerta
LEAF; contrabisagra de puerta
PULL; agarradera, tirador, (A) manija
DOORCASE; contramarco, contracerco, chambrana
DOORFRAME; marco de puerta, alfajía, cerco,
bastidor de puerta, cuadro de puerta
DOORHEAD; dintel
DOORJAMB; jamba de puerta; quicial
DOORKNOB; perilla, pomo de puerta, agarradero
de puerta, botón de pestillo, (A) manija
DOORPOST; jamba de puerta
DOORSILL; umbral de puerta, solera de puerta
DOORSTOP; tope de puerta
DOORWAY; vano de puerta, claro de puerta
DOPE; (cab) compuesto; (vol) material absorbente;
suavizador
DORMER; (ventana) buharda, buhardilla
DORTMUND TANK; tanque Dortmund
DOSING; dosificación
DOT-AND-DASH LINE; línea punto-raya, línea de
puntos y trazos
DOTE; (mad) podrición
DOT GRID; rejilla de puntos
DOTTED LINE; línea de puntos, línea punteada,
línea interrumpida, línea puntada

DOTTING PEN; tiralíneas para puntear
DOUBLE; doble
BLOCK; motón doble, motón de dos garruchas
BOILER; (lab) baño María
DOOR; puerta gemela, puerta doble
JACK CHAIN; cadena de alambre de vuelta
doble
LAYER; doble capa
NAILING; doble clavadura
POLE; (eléc) bipolar
PURCHASE; aparejo doble; engranaje doble
RIVETING; remachado doble, roblonado doble
ROOF; techado doble
SHEAR; esfuerzo cortante doble, cortadura
doble
SHEETS; hojas dobles
SHIFT; jornada doble, doble turno, dos tandas
THREAD; rosca pareja
TRACK; vía doble
TRIANGULAR TRUSS; armadura Warren de
doble intersección
WHIP; aparejo de dos motones
Y BRANCH; (tub) bifurcación doble
DOUBLE-ACTING; de doble efecto
DOUBLE-BEAD LAP JOINT; (sol) soldadura
solapada de dos rebordes
DOUBLE-BEAT VALVE; válvula de doble golpe
DOUBLE-BIT AX; hacha de dos filos
DOUBLE-BLADE GATE; puerta de dos cuchillos
DOUBLE-BRANCH ELBOW; (tub) codo doble
DOUBLE-BREAK SWITCH; interruptor de doble
ruptura
DOUBLE-BUTT STRAP JOINT; junta de doble
cubrejunta
DOUBLE-CUT FILE; lima de doble talla, lima de
picadura cruzada
DOUBLE-CUT SAW; serrucho de corte doble
DOUBLE-CYLINDER ENGINE; máquina
bicilíndrica, máquina de dos cilindros
DOUBLE-DECK; de dos pisos
DOUBLE-DISK GATE VALVE; válvula de doble
disco
DOUBLE-DRUM ENGINE; máquina de dos
tambores, malacate de torno doble
DOUBLE-ENDED WRENCH; llave de dos bocas
DOUBLE-EXTRA STRONG PIPE; tubería
sobrextra fuerte, cañería doble extrafuerte
DOUBLE-FACE HAMMER; martillo de dos
cotillos
DOUBLE-FLANGED WHEEL; rueda acanalada,
rueda de dos pestañas
DOUBLE-FLOW TURBINE; turbina de doble
efecto
DOUBLE-HALF ROUND FILE; lima ovalada
DOUBLE-HEAD; *(v)*(fc) poner dos locomotoras
DOUBLE-HEADED NAIL; clavo de doble cabeza
DOUBLE-HEADED RAIL; riel de doble hongo

DOUBLE-HELICAL GEAR; engranaje de dientes helicoidales angulares

DOUBLE HUB; (tub) de doble campana

DOUBLE-HUNG WINDOW; ventana de guillotina, ventana de contrapeso

DOUBLE-INTERSECTION PRATT TRUSS; armadura Pratt de doble intersección, armadura Whipple

DOUBLE-IRON PLATE; cepillo de hierro doble

DOUBLE-LOOP WELDLESS CHAIN; cadena de eslabones de vuelta doble

DOUBLE-PETTICOAT INSULATOR; aislador de doble campana

DOUBLE-RUNNER PUMP; bomba de rueda doble, bomba de rodete doble

DOUBLE-SEAT VALVE; válvula doble

DOUBLE-SHAFT PIER; pilón doble

DOUBLE-STRENGTH GLASS; vidrio de doble resistencia

DOUBLE-STRENGTH STEEL; acero de doble resistencia

DOUBLE-SWING DOOR; puerta de vaivén

DOUBLE-TANG FILE; lima de dos colas

DOUBLE-TEE BEAM; viga doble T

DOUBLE-THICK WINDOW GLASS; vidrio común doble

DOUBLE-THROW LOCK; cerradura de dos vueltas

DOUBLE-THROW SWITCH; interruptor de dos vías, commutador

DOUBLETREES; balancín doble

DOUBLY REINFORCED BEAM; viga doblemente reforzada

DOUGLAS FIR/LARCH; abeto Douglas, pino del Pacífico, (A) pino oregón

DOVETAIL; *(v)* ensamblar a cola de milano
PLANE; cepillo de ensamblar
SAW; serrucho de hacer espigas, serrucho para machihembrar

DOVETAILED; a cola de milano, a cola de pato, amilanado

DOWEL; *(s)* espiga, cabilla, clavija, torillo, macho; *(v)* enclavijar, espigar, encabillar, empernar
BAR; barra de cabilla
BIT; barrena para cabillas
PIN; cabilla, espiga
SCREW; espiga roscada
SLEEVE; manguito de cabilla

DOWELED JOINT; juntura espigada

DOWELING JIG; guía de espigar

DOWN; *(a)* descendente; *(adv)* abajo
CONDUCTOR; conductor pararrayos
PIPE; tubo de bajada
STROKE; carrera descendente
TIME; período de paralización de trabajo (por panne de una máquina)

DOWNCAST; (min) pozo de ventilación

DOWNCOMER; conducto de tubo descendente

DOWNCUT; (geol) erosión descendente

DOWNDRAFT; tiro hacia abajo, tiro descendente
CARBURETOR; carburador de tiro invertido, carburador de corriente descendente

DOWNFLOW; flujo descendente

DOWNGRADE; *(s)* bajada, pendiente descendente; *(adv)* pendiente abajo, cuesta abajo

DOWNHAND WELDING; soldadura plana

DOWNHAUL BALL; (gr) pesa del motón de gancho

DOWNSPOUT; tubo de bajada, bajada pluvial, bajante, caño de bajada, tubo de descenso

DOWNSTREAM; aguas abajo, río abajo, corriente abajo
COFFERDAM; (Es) contrapresa
NOSING; contratajamar

DOWNTAKE CHAMBER; cámara de bajada

DOWNTHROW; (geol) desplazamiento descendente

DRAFT; *(s)*(mec) tiro, aspiración, tiraje; (náut) calado; (mad) guía; (aire) corriente; (com) giro, libranza, letra de cambio; (documento) borrador, proyecto; *(v)*(dib) dibujar; (documento) redactar
DAMPER; registro de tiro, regulador de tiro
EDGE; (cantería) arista viva
FAN; ventilador de tiro, aspiradero de tiro
GAGE; (mec) indicador de tiro; (náut) escala de calado
GEAR; aparato de tracción
HORSE; caballo de tiro
REGULATOR, regulador de tiro
TUBE; (turb) tubo de aspiración, tubo aspirante, aspirador

DRAFTING BOARD; tablero de dibujar, tabla de dibujar

DRAFTING INSTRUMENTS; instrumentos de dibujo, útiles de dibujo

DRAFTING MACHINE; máquina de dibujar

DRAFTING ROOM; sala de dibujo, (V) sala de proyectos

DRAFTING TABLE; mesa de dibujo

DRAFTSMAN; dibujante, delineante, delineador

DRAFT-TUBE LINER; forro del tubo de aspiración

DRAG; *(s)*(ca) rastra, narria; (as) carretilla; (cn) aumento de calado hacia la popa; (náut) rastra, draga; (fund) marco inferior de la caja; *(v)*(ca) rastrear; (tran) arrastrar, tirar; (ancla) arrastrar; (freno) rozarse; (náut) dragar, rastrear
CABLE; cable de arrastre
CHAIN; cadena para transportador de arrastre; (fc) cadena de acoplamiento
CLASSIFIER; (min) clasificador de correa sin fin
COEFFICIENT; (pa) coeficiente de retardo
CONVEYOR; transportador de cadena sin fin con paletas, transportador de arrastre

FOLD; (geol) pliegue menor dentro de otro mayor

LINK; (mot) contramanivela

MILL; (min) arrastre, bocarte

SCRAPER; trálla, pala de arrastre, (A) balde arrastrador, (Ch) pala buey, (M) escrepa de arrastre, (V) rastrillo, (Es) robadera; trálla de cable de arrastre

SEAL; (ca) sellado de arrastre

TOOTH; (serrucho) diente limpiador

TWIST; (min) hierro de limpiar barrenos

DRAGLINE; cable de arrastre

BOOM; aguilón para pala de cable de arrastre

BUCKET; cubo de arrastre, cucharón de arrastre, cucharón de draga, cangilón de arrastre, cubeta-draga, balde de arrastre

EXCAVATOR; pala de cable de arrastre, draga, excavadora de cable de tracción, (Es) dragalina

DRAGSAW; sierra de tiro; sierra de trozar

DRAG-SCRAPER BUCKET; cucharón de arrastre

DRAGSHOVEL; retroexcavador, pala de tiro

DRAIN; *(s)* desagüe, desaguadero, atarjea, albedén, dren, albañal, alcantarilla, albollón; *(v)* desaguar, agotar, sanear, achicar, desagotar, avenar, drenar; purgar, sangrar; escurrirse

COCK; llave de purga, robinete de purga, grifo de desagüe; espita de purga, llave de decantación

GALLERY; (min) socavón de desagüe

HOLE; agujero de drenaje, lloradero, orificio de purga, escurridero

PLUG; tapón de evacuación, tapón de purga

VALVE; válvula purgadora de sedimentos, válvula de drenaje

DRAINAGE; drenaje, desagüe, avenamiento, agotamiento, seneamiento; alcantarillado, (M) desecación

ADIT; socavón de desagüe, galería de agotamiento

AREA; area colectora, area de drenaje, hoya hidrológica, cuenca de captación, (A)(U) cuenca imbrífera

BASIN; véase DRAINAGE AREA

CANAL; canal de desagüe

FITTINGS; (tub) accesorios drenables

PIPING; tubería de desagüe

SYSTEM; sistema de drenaje

DRAINER; desaguador

DRAINPIPE; tubo de desagüe, caño drenante, desaguadero

DRAINTILE; tubo de avenamiento, caño de drenaje, atanor

DRAUGHT; véase DRAFT y DRAW

DRAW; *(s)*(top) arroyo, quebrada; (min) hundimiento, revenimiento; *(v)*(tran) arrastrar, halar; (plano) dibujar, trazar; (alambre) estirar; (chimenea) tirar; (clavo) arrancar, sacar; (bomba) chupar, aspirar; (agua) sacar; (hogar) sacar, apagar; (buque) calar; (imán) atraer; (contrato) redactar; (interés) devengar; (efectivo) retirar, sacar, cobrar; (giro) girar, librar; (sueldo) cobrar; (cheque) extender, girar

OFF; decantar

ON; (fin) girar contra

TO SCALE; dibujar en escala

DRAWABLE; (met) estirable

DRAWBAR; barra de tracción, barra de enganche, barra de tiro

DRAWBAR PULL; fuerza de tracción

DRAWBENCH; banco de estirar

DRAWBRIDGE; puente levadizo; puente giratorio

DRAWCUT SHAPER; limador de corte de retroceso

DRAWDOWN; (embalse) extracción, descenso del nivel; (pozo) aspiración adicional, (V) depresión, (M) abatimiento

CURVE; (ac) curva superficial cerca al emisario

DRAW-IN CHUCK; mandril de perros convergentes

DRAWING; dibujo, plano; delineación; (alambre) estirado

BOARD; tablero de dibujo

MATERIALS; útiles de dibujo, materiales de dibujo

PAPER; papel de dibujo

PEN; tiralíneas, pluma de dibujo

ROOM; sala de dibujo

TABLE; mesa de dibujo

DRAWKNIFE; cuchilla de dos mangos

DRAWN METAL; metal estirado

DRAWN TUBING; tubería estirada

DRAWPLATE; calibre de estirar; placa perforada de estirar

DRAWSHAVE; véase DRAWKNIFE

DRAWSPAN; tramo levadizo; tramo giratorio

DREDGE; *(s)* draga; *(v)* dragar

CHAIN; cadena de dragado

LEVEL; nivel de draga

PIPE; tubería para draga hidráulica

SPUD; pata de draga, puntal de draga

DREDGING; dragado, dragaje

EQUIPMENT; equipo de dragado, tren de dragado, equipo dragador

PUMP; bomba de dragado, bomba barrera

DRESS; (mad) cepillar, acepillar, labrar; (piedra) tallar, labrar; (miner) preparar para el beneficio

ROUGHLY; desbastar

DRESSED FOUR SIDES; (mad) cepillado por las cuatro caras, labrado cuatro caras

DRESSED ONE EDGE; cepillado por un canto, labrado por un canto

DRESSED ONE SIDE; labrado por una cara
DRESSER; aplanadora; alisadora; desbastador;
   (A) moleta
DRESSING; (piedra) acabado, labrado; (miner)
   preparación mecánica; (correa) adobo, aderezo,
   aprestado
DRIER; (mec) desecador, secadora; (pint) secante,
   desecador
DRIFT; *(s)* (río) basuras, escombros; (min) galería,
   socavón; (geol) terreno de acarreo, morena;
   (met) flujo; (náut) deriva; (mec) ensanchador,
   mandril cuadrado; (nieve) ventisquero; *(v)*(est)
   mandrinar, mandrilar; (min) perforar una galería
   horizontal; (náut) derivar; (arena) amontonarse,
   apilarse
   ANCHOR; ancla flotante
   BARRIER; barrera para basuras
   ICE; hielo flotante
   MINING; explotación por galerías
   PUNCH; punzón-mandril
DRIFTBOLT; *(s)* torillo, cabilla, clavija, (M) perno
   ciego, (C) pasador; *(v)* unir con cabillas, fijar
   con tornillos
   DRIVER; (herr) clavador de cabillas
DRIFTER; perforadora para agujeros horizontales
DRIFTPIN; broca pasadora, mandrín, mandril de
   ensanchar, cola de rata, conformador, pasador
   ahusado, turrión
DRIFTWAY; galería de dirección, galería horizontal
   de avance
DRIFTWOOD; madera flotante, madera de acarreo
DRILL; *(s)*(roca) perforadora, sonda, barrena,
   barreno, barrenadora, taladro; (mh) taladro,
   taladro mecánico, alesadora, agujereadora,
   taladradora; (fc) maniobra; *(v)* perforar,
   barrenar, taladrar, sondar, agujerear, horadar;
   (fc) maniobrar
   BIT; broca de barrena, barrena, fresa, mecha,
   (A) trépano
   CARRIAGE; carro de perforadoras, vagón
   barrenador, carro de taladros
   CHUCK; portabroca, portabarrena, portamecha,
   mandril de barrena
   CORE; núcleo de perforación, corazón, alma de
   taladro, testigo de perforación
   CUTTINGS; virutas de taladro
   EJECTOR; sacabarrena
   ENGINE; (fc) locomotora de maniobras,
   locomotora de patio
   EXTRACTOR; sacabarrena, arrancasondas
   GAGE; calibrador de mechas
   HOLDER; portabroca, portabarrena
   HOLE; barreno, perforación, agujero, taladro
   PIPE; caños para vástigo de barrena; caño de
   perforación
   PRESS; taladradora, prensa
   taladradora

   ROD; barra para la fabricación de barrenas;
   vástigo para broca postiza
   ROUND; (tún) sistema de barrenos para cada
   voladura
   RUNNER; (piedra) perforista, barrenero,
   barrenador, barrenista, taladarador, (M) pistolero
   (martillo perforador)
   SHARPENER; afilador de barrenas, aguzador,
   afiladora
   SLEEVE; manguito para broca, (A) manchón
   para mecha
   SLUDGE; barro de barreno, lodos de
   perforación
   STEEL; acero para perforadora, barras de
   barreno, barrenas
   TRACK; (fc) vía de maniobras
   YARD; (fc) playa de maniobras
DRILL-BIT EXTRACTOR; sacamechas
DRILLED WELL; pozo perforado, pozo horadado,
   (Col) barreno
DRILLER; (taller) taladrador, horadador,
   (A) alesador
DRILLER'S MUD; pasta aguada
   de arcilla
DRILLING; barrenamiento, sondaje, perforación,
   barrenado; taladrado, horadación;
   (fc) maniobras
   CABLE; cable para barrena de pozos
   CROW; abrazadera de taladrar
   ENGINE; (pozo) máquina
   barrenadora
   HAMMER; porrilla
   MUD; lodo para barrenamiento
   OIL; aceite de taladrar
   POST; el viejo, poste aguantador
   TEMPLATE; plantilla de taladrar, patrón de
   agujerear
DRILLING-AND-TAPPING MACHINE; máquina
   para taladrar y roscar el tubo maestro para
   macho de derivación
DRINKING TROUGH; abrevadero
DRINKING WATER; agua potable, agua
   de beber
DRIP; *(s)* gotero, escurridero, vertiente, (Es)
   guardapolvo (sobre puerta o ventana); *(v)*
   gotear, chorrear
   COCK; purgador de agua, llave de desagüe,
   robinete de purga
   MOLDING; gotero, moldura escurridera
   PAN; colector de aceite, recogegotas,
   cogegotas
   PIPE; tubo gotero
   RING; anillo de goteo
   T; (tub) T con orificio de drenaje
   TRAP; trampa de goteo
   VALVE; válvula de drenaje, llave gotera
DRIPTIGHT; a prueba de goteo

DRIVE; *(s)*(maq) transmisión, propulsión, accionamiento; *(v)*(maq) impulsar, mover, accionar, actuar, impeler; (pilote) hincar, clavar; (caballo) manejar, arrear; (remache) remachar, roblonar; (clavo) clavar; (tún) perforar, avanzar, (A) horadar, (M) colar; (pozo) perforar, enclavar; (auto) manejar, guiar, conducir; (troncos) conducir
   CAP; casquete de hincar
   COUPLING; manguito de tubería de hincar
   PIPE; tubos de hincar, caño de perforación
   SCREW; tornillo para clavar, clavo-tornillo, clavo de rosca, (A) tornillo de hincadura
   SHAFT; árbol motor, eje motor
   SHOE; (pet) zapata encajadora
   SPROCKET; rueda dentada motriz
   TO REFUSAL; hincar a rechazo, clavar hasta el rebote, (C) clavar a firme, clavar a resistencia
DRIVEHEAD; (pet) cabeza de hincado, (M) cabeza encajadora
DRIVEN PULLEY; polea impulsada
DRIVEN SHAFT; eje impulsado, árbol accionado
DRIVEN WELL; pozo hincado, pozo clavado
DRIVER; carretonero, carretero; arriero, acemilero; yuntero, boyero; (auto) conductor, operario, chófer, camionero; (loco) maquinista; tractorista; (loco) rueda motriz
DRIVER'S LICENSE; licencia de manejar, (C) título
DRIVING; (pilote) hinca, hincadura, hincamiento; (remache) remachadura, roblonado; (auto) manejo, conducción; (tún) perforación, cuele
   AXLE; eje motor, árbol motor, eje de mando
   BELT; correa de transmisión, banda de transmisión
   BLOCK; bloque de golpeo
   CAP; macaco, capuchón, sombrerete
   CHAIN; cadena motriz
   CRANK; manivela motriz
   FIT; ajuste a martillo
   FORCE; fuerza impulsora, fuerza motriz
   GEAR; engranaje motor
   NUT; (est) tuerca de golpe, tuerca de clavar
   PINION; piñón motor, piñón de mando
   PULLEY; polea motriz, polea impulsora, polea de transmisión
   SHAFT; eje motor, árbol de transmisión, árbol propulsor
   WHEELS; ruedas motrices, ruedas propulsoras
DROMOMETER; dromómetro
DROOP ENGINE SPEED; decaimiento en velocidad de máquina
DROP; *(s)*(martinete) caída; (río) desnivel, caída; (potencial) baja, caída, (presión) baja, caída; (líquido) gota; *(v)*(martinete) caer; dejar caer; (presión)(potencial) caer, bajar; (líquido) gotear
   ANCHOR; anclar, fondear, dar fondo
   APRON; placa para goteo

   CHUTE; canal de caída
   DOG; grapa de caída
   DOOR; puerta caediza
   ELBOW; (tub) codo de orejas
   FILL; (piedra) escollera arrojada, escollera a piedra perdida, enrocamiento a granel
   FORGING; pieza forjada a martinete
   HAMMER; martinete, maza, (C) mazote, (M) pilón de gravedad; martinete forjador
   HANGER; (shafting) soporte colgante, consola colgante
   INLET; (ac) boca de caída
   MANHOLE; pozo de caída
   PANEL; (piso de concreto) panel deprimido, (A) losa de refuerzo
   SIDING; tablas rebajadas para forro exterior de una casa
   STRUCTURE; (canal) salto
   SYSTEM; sistema de caída
   T; (tub) T de orejas
   TEST; ensayo de maza caediza
DROP-BOTTOM BUCKET; (conc) cucharón de descarga pro debajo
DROP-BOTTOM CAR; carro de trampas, vagón de trampilla
DROP-DOWN CURVE; (hid) curva descendiente
DROP-FORGED; forjado a martinete, forjado a troquel
DROPPING BOTTLE; botella cuentagotas
DROPPING TUBE; tubo cuentagotas
DROUGHT; sequía, seca
DROVE; *(v)*(cantería) labrar con cincel desbastador
   CHISEL; cincel desbastador
DROWN; (bomba) anegar, ahogar
DROWNED WEIR; vertedero incompleto, vertedero sumergido
DRUM; (malacate) tambor, torno, huso, (C) bidón; (hormigonera) cuerpo, tambor; (envase) bidón; (cal) colector de vapor
   ARMATURE; inducido de tambor
   BARREL; cilindro del tambor
   CONTROLLER; combinador de tambor
   GATE; (hid) compuerta de tambor, compuerta de abatimiento, compuerta de sector
   SANDER; lijadora de tambor
   SCREEN; criba de tambor
   SWITCH; conmutador de cilindro
   TRAP; (tub) trampa de tambor
   WINDING; (eléc) devanado de tambor
DRUMLIN; (geol) cerro elongado de material de acarreo
DRUMMY ROCK; roca laminada de resonancia hueca, (M) roca segregada
DRUM-TYPE MILLING MACHINE; fresadora tipo de tambor

DRUNKEN SAW; sierra circular oscilante, sierra elíptica, sierra excéntrica

DRY; *(v)* secar, resecar, desecar, enjutar; secarse; *(a)* seco, árido, enjuto

   AREA; área seca, área árida

   BATTERY; pila seca, batería seca

   BONDING; ligazón seca, trabazón seca

   CASTING; fundición en arena seca

   CELL; pila seca

   COAL; carbón seco, carbón poco volátil

   CONCENTRATION; concentración por venteo

   DENSITY; densidad seca

   DISTILLATION; destilación seca, destilación destructiva

   DOCK; dique de carena, dique seco, dique de buque

   FEED; alimentación en seco

   KILN; desflemadora

   MASONRY; mampostería en seco, pircada, mampostería a hueso

   MEASURE; medida para áridos

   MIX CONCRETE; concreto de mezclado en seco

   MIXING; mezcladura a seco

   PIPE; (cal) tubo antiespumante

   PROCESS; (quim) vía seca

   PROCESSING (arena) clasificación seca

   RODDED; (agr) varillado seco

   ROT; prodrición seca, caries seca

   SEASON; estación seca, temporada de secas, estación de sequía

   TRANSFORMER; transformador seco

   WALL; muro en seco, albarrada, horma, pirca

   WASH; arroyo seco

   WELL; (agua) pozo seco

DRY-BULB THERMOMETER; termómetro de ampolleta seca

DRY-DOCK; *(v)* poner en dique seco

DRYER; secador

DRY-FEED MACHINE; máquina alimentadora de materiales secos

DRYING BED; lecho secador

DRYING OIL; aceite secante, aceite cocido

DRY-PIPE SYSTEM; (reciador automético) sistema de tubería seca

DRY-PIPE VALVE; válvula de tubo seco

DRY-PLACED; colocado en seco

DUAL BAR; (ref) barra que se compone de dos barras redondas torcidas en frio

DUAL DRIVE; (auto) mando doble

DUAL IGNITION; encendido doble

DUALIN; dualina

DUAL TIRES; neumático doble, neumáticos gemelos

DUB; (carp) azolar, aparar

   OUT; (mam) enrasar

DUCK; loneta

DUCK-BILL POINT; punta chata

DUCT; (eléc) conducto portacables, conducto celular

DUCTILE; dúctile

DUCTILIMETER; ductilímetro

DUCTILITY; ductilidad

DUFRENITE; dufrenita

DULL; *(v)* embotar, enromar; desafilar; *(a)*(herr) desafilado, embotado, (PR) boto

   FINISH; (herr) acabado mate, deslustrado

   RED; rojo apagado

DUMB IRON; (auto) mano de ballesta

DUMB SHEAVE; polea falsa

DUMB SNATCH; guía de cable sin garrucha

DUMMY JOINT; (pav) junta simulada

DUMP; *(s)* terrero, vaciadero, botadero, tiradero, vertedero, escombrera; *(v)* verter, vaciar, voltear; botar, tirar, arrojar

   BODY; caja de volteo, caja basculante, caja volcable

   BUCKET; cubo de volteo, cubeta volcadora, balde de vuelco, cucharón volcador

   CAR; carro volcador, carro de volteo, carro de vuelco, vagón vaciador, carro basculador; vagoneta basculante, vagoneta de volteo

   POWER; potencia provisional, fuerza provisoria, energía secundaria

   SCOW; gánguil, lancha de descarga automática, chalana de compuerta

   SCRAPER; traílla de volteo, pala de arrastre de volteo

   TRUCK; camión de volteo, volquete, (M) camión de maroma

   WAGON; carretón de volteo, carro de voltear

DUMPCART; carretón de volteo, carreta volquete

DUMPED ROCK FILL; escollera a granel, escollera a volteo, enrocamiento vertido

DUMPER; volteador, tumbador

DUMPING; vaciadora, vaciada, vuelco, volteo; arrojada, botada

   BLOCK; motón de vaciar

   CHUTE; (mezclador) artesa de volteo, canaleta de descarga

   DRUM; (turno) tambor retendor

   GRATE; parrilla de báscula

   HEIGHT; altura de descarga

   LINE; cable vaciador, cable de descarga, cable de volteo

   REACH; alcance de descarga

DUMPY LEVEL; nivel de anteojo corto, nivel rígido

DUNITE; dunita

DUNNAGE; listones; abarrotes, maderos de estibar; durmientes

DUPLEX; doble, dúplice, duplex

   COMPRESSOR; compresores gemelos

   LATHE; torno doble

   LOCK; cerradura de dos cilindros

PUMP; bomba doble, bombas gemelas
DURABILITY; durabilidad
DURABLE; durable
DURALUMIN; (trademark) duraluminio
DURAMEN; duramen, madera de corazón
DURATION CURVE; curva de duración
DURAX PAVEMENT; adoquinado de pequeños
    bloques cúbicos de granito
DUROMETER; durómetro
DUST; *(s)* polvo
    COLLECTOR; atrapador de polvo, captador
    de polvo
    ELIMINATOR; eliminador de polvo
    FILTER; filtro de polvo
    FREE; libre de polvo
    GUARD; guardapolvo
    JACKET; camisa de polvo, chaqueta para polvo
    MASK; máscara contra el polvo
    RESPIRATOR; respirador para polvo
    RING; anillo guardapolvo
    SEAL; protector contra el polvo, guardapolvo
    SEPARATOR; captador de polvo, separador
    de polvo
DUSTER; (pint) cepillo de quitar polvo
DUSTPROOF; a prueba de polvo, estanco al polvo
DUST-TIGHT; estanco al polvo
DUTCHMAN; (mam) pedazo delgado para rellenar
    un hueco en el paramento de un muro
DUTY; derechos de aduana; (agua) dotación, alema,
    coeficiente de riego; (maq) servicio, trabajo;
    rendimiento
DUTY-FREE; libre de derechos, franco de derechos
DWARF SIGNAL; (fc) señal enana
DYE-VELOCITY METHOD; (hid) método tinte-
    velocidad
DYNAGRAPH; dinágrafo
DYNAMETER; dinámetro
DYNAMIC; dinámico
    ANALYSIS; analisis dinámico
    BALANCE; equilibrio dinámico, equilibrio en
    marcha
    HEAD; carga dinámica, carga de velocidad
    LOAD; carga dinámica
    SEAL; sello dinámico
    STRENGTH; fuerza dinámica
DYNAMICS; dinámica
DYNAMITE; dinamita
    CARTRIDGE; cartucho de dinamita
    THAWER; deshelador de dinamita
DYNAMO; dínamo
DYNAMOELECTRIC; dinamoeléctrico
DYNAMOMETER; dinamómetro
    BRAKE; freno dinamométrico
DYNAMOMETRIC GOVERNOR; regulador
    dinamométrico
DYNE; dina
DYSCRASITE; discrasita

E

EAGRE; maremoto
EAR; (alambre del trole) oreja, casquillo de sujeción,
    ojete de sujeción
EARNINGS; ingresos, entrada; ganancias,
    utilidades
EARTH; *(s)* tierra; (eléc) tierra, masa; *(v)*(eléc)
    conectar a tierra
    ANCHOR; ancla detierra
    AUGER; barrena de tierra, perforadora de
    tierra, taladro de tierra, sonda
    BERM; berma de tierra
    BORER; trépano de sondar, barrena de cateo,
    tienta
    DAM; presa de tierra, dique de tierra, presa de
    terraplén, (Ch) tranque de tierra, (M) cortina de
    tierra
    FILL; terraplén, relleno, (U) terraplenado, (M)
    terracerías
    MOVING; movimiento de tierra, trabajo de
    desmonte, remoción de tierra
    PRESSURE; presión de tierra
EARTHENWARE; (barro) loza
EARTH-FILL DAM; presa de terraplén, dique de
    tierra
EARTHQUAKE; terremoto, temblor, sacudida
    sísmica
EARTHQUAKE-PROOF; a prueba de terremotos,
    antisísmico
EARTHQUAKE-RESISTANT; resistente a
    terremotos
EARTHWORK; movimiento de tierra, obra de
    tierra; terraplén
EASED EDGE; borde amollado
EASEMENT; servidumbre
    CURVE; (fc) curva de transición
EASE OFF; (cab) amollar
EASER RAIL; (fc) carril de alivio, contracarril de
    resalte
EASTING; (lev) deviación hacia el este
EASY CURVE; curva suave, curva abierta
EASY GRADE; pendiente tendida, pendiente suave
EAVES; alero, socarrén, (Ch) antetecho
    BOARD; ristrel, contrapar
    COURSE; curso de alero
    PLATE; placa del alero
    STRUT; puntal de alero
    TROUGH; canaleta, canalón

EBB; *(v)* menguar, refluir, descrecer,
  AND FLOW; flujo y reflujo
  TIDE; marea menguante, reflujo, marea
  vaciante, marea desreciente, vaciamar
EBONITE; ebonita
EBONY; ébano
EBULLITION; ebullición
ECCENTRIC; *(s)* excéntrica, excéntrico, casquillo
  excéntrico
  BUSHING; (tub) buje excéntrico, casquillo
  excéntrico
  CRANK; manubrio de la excéntrica
  FITTING; ajuste excéntrico
  LOAD; carga excéntrica, carga descentrada
  MOMENT; momento excéntrico
  PIN; espiga de la excéntrica, pasador del
  excéntrico
  REDUCER; (tub) reducido excéntrico
  REDUCING COUPLING; acoplamiento
  excéntrico de reducción
  ROD; vástigo de la excéntrica, varilla de la
  excéntrica
  SHAFT; eje excéntrico; eje de la excéntrica
  STRAP; abrazadera de la excéntrica, collar del
  excéntrico
  STUD; (mec) perno excéntrico
  WALL; muro excéntrico, pared excéntrica
ECCENTRICITY; excentricidad
ECCENTRIC-SHAFT PRESS; balancín, prensa de
  eje excéntrico
ECHELON PAVING; pavimento en escalón
ECHO; eco
ECOLOGY; ecología
ECONOMETER; económetro
ECONOMIC LIFE; vida económica
ECONOMIZER; economizador
EDAPHIC; edáfico
EDDY; *(s)* remolino, torbellino; contracorriente,
  contraflujo, revesa; *(v)* arremolinarse,
  remolinar; revesar
  LOSS; (hid) pérdida por remolino; (eléc)
  pérdida por corrientes parásitas
EDDY-CURRENT SEPARATOR; (hid) separador
  de corriente; (eléc) separador de la corriente
  parásita de Foucault
EDGE; *(s)* canto, borde, reborde, bordo, arista;
  (herr) filo; *(v)*(mad) cantear
  BEAM; viga de borde
  CRACKS; grietas de borde
  JOINT; juntura de borde
  ON; de canto
  PLANE; cepillo de cantear
  PROTECTOR; guardavivo, arista metálica de
  defensa
  SEALING; sellamiento de borde
  SUPPORT; apoyo del borde
EDGER; canteador, canteadora

EDGING SAW; sierra de cantear
EDIFICE; edificio
EDISON STORAGE BATTERY; acumulador de
hierroníquel, acumulador Edison
EDUCTION; educción
EDUCTOR; eyector, eductor
EFFECTIVE; efectivo
  AGE; edad efectiva
  AREA; área efectiva
  DATE; fecha efectiva
  DEPTH; (est) altura efectiva, altura útil
  HEAD; (hid) carga efectiva, desnivel efectivo,
  caída efectiva, salto neto
  HORSEPOWER; energía neta en caballos
  REINFORCEMENT; reforzamiento efectivo
  SIZE; tamaño efectivo, diámetro eficaz
  SPAN; luz efectiva, (A) luz de cálculo
  VOLTS; voltaje vatado
EFFICIENCY; eficiencia; (maq) rendimiento
  CURVE; curva de rendimiento
  FACTOR; factor de rendimiento
EFFLORESCE; eflorescerse
EFFLORESCENCE; eflorescencia
EFFLUENT; *(s)* efluente, derrame; *(a)* efluente,
  escurrente
  GROUND WATER; agua freática efluente
  SEEPAGE; percolación efluente
EFFLUVIUM; efluvio
EFFORT; (mec) esfuerzo
EFFUSIVE; (piedra) efusivo
EGG COAL; antracita de tamaño 2 1/2 a 3 7/16 pulg;
  carbón bituminoso de tamaño 1 1/2 a 4 pulg.
EGG SHAPED; ovoide
EGRESS; salida
EIGHT-CYLINDER; de ocho cilindros
EIGHTH; *(s)* un octavo
  BEND; (tub) codo en octavo, curva de 45 , c
  urva de 1/8, acodado abierto
EIGHTH-BEND OFFSET; (tub) pieza de inflexión
  con transición a 45
EIGHT-HOUR DAY; jornada de ocho horas
EIGHT-INCH PIPE; tubo de ocho pulgadas
EIGHTPENNY NAIL; clavo de 2 1/2 pulg
EIGHTPENNY SPIKE; clavo de 8 pulg
EIGHT-PLY; de ocho capas
EJECTOR; eyector, bomba de chorro; hidroyector
  CONDENSER; eyector condensador
ELAPSED TIME; tiempo transcurrido
ELASTIC; elástico
  ANALYSIS; analisis elástico
  BITUMEN; elaterita
  COMPRESSION; compresión elástica
  CURVE; curva elástica
  DEFORMATION; deformación elástica
  FATIGUE; fatiga elástica
  LIMIT; límite de elasticidad
  RESILIENCE; elasticidad

ELASTICITY; elasticidad
ELASTITE; elastita
ELATERITE; elaterita
ELBOW; (tub) codo, ele, codillo, tubo acodado
    CATCH; fiador acodado, pestillo acodado
ELECTRIC; eléctrico
    BALANCE; (inst) balanza eléctrica
    CABLE; cable eléctrico
    CALAMINE; calamina, silicato de cinc
    CURRENT METER; molinete magnético
    DRIVE; accionamiento eléctrico,
    electropropulsión
    FIXTURES; artefactos eléctricos
    HORSEPOWER; caballo de fuerza eléctrica
    (746 vatios)
    MOTOR; motor eléctrico, electromotor
    POWER; fuerza eléctrica, energía eléctrica,
    potencia eléctrica
    POWER PLANT; central generadora, planta de
    energía, planta eléctrica, (A)(U)(B) usina
    eléctrica
    SHOCK; choque eléctrico, golpe eléctrico,
    sacudida eléctrica
    SQUIB; tronador eléctrico, carretilla
    eléctrica
    STEEL; acero de horno eléctrico
    STREET RAILWAY; tranvía eléctrico
    STRESS; esfuerzo eléctrico
    TAPE; cinta aislante
    UTILITIES; utilidades eléctricas
    VARNISH; barniz aislador
    WELDING; soldadura eléctrica, soldadura a
    electricidad, electrosoldadura
    WIRING; alambrado eléctrico, tendido eléctrico,
    canalización eléctrica
ELECTRICAL; eléctrico
    CABINET; caja eléctrica
    CONDUCTOR; conductor eléctrico
    CORING; exploración geológica mediante la
    determinación de resistividades en un barreno
    ENGINEER; ingeniero electricista, ingeniero
    eléctrico, electrotécnico, técnico electricista
    ENGINEERING; ingeniería eléctrica,
    electrotecnia
    EQUIPMENT; equipo eléctrico
    FITTINGS; accesorios eléctricos
    INTERLOCK; enclavamiento eléctrico, trabado
    eléctrico
    SUPPLIES; materiales eléctricos, efectos
    eléctricos
    STARTING SYSTEM; sistema de arranque
    eléctrico
ELECTRICALLY DRIVEN; accionado
    eléctricamente, impulsado eléctricamente
ELECTRIC-ARC FURNACE; horno de arco
    voltaico
ELECTRICIAN; electricista

ELECTRICIAN'S BIT; mecha de electricista,
    barrena de electricista
ELECTRICITY; electricidad
ELECTRIC-POWERED; accionado eléctricamente
ELECTRIFY; electrificar, electrizar
ELECTROANALYZER; electroanalizador
ELECTROCHEMICAL; electroquímico
ELECTROCHLORINATION; electrocloración
ELECTRODE; electrodo
    CARRIER; estuche de electrodos
    HOLDER; portaelectrodo
ELECTRODEPOSIT; *(v)* depositar
    electrolíticamente
ELECTRODEPOSITION; deposición
    electrolítica
ELECTRODYNAMETER; electrodinamómetro
ELECTRODYNAMIC; electrodinámico
ELECTRODYNAMICS; electrodinámica
ELECTROGALVANIZE; electrogalvanizar
ELECTROLYSIS; electrólisis
ELECTROLYTE; electrólito
ELECTROLYTIC; electrolítico
    COPPER; cobre electrolítico
ELECTROLYZE; electrolizar
ELECTROMAGNET; electroimán
ELECTROMAGNETIC; electromagnético
ELECTROMAGNETISM; electromagnetismo
ELECTROMECHANICAL; electromecánico
ELECTROMECHANICS; electromecánica
ELECTROMETALLURGY; electrometalurgia
ELECTROMETER; electrómetro
ELECTROMETRIC; electrométrico
ELECTROMETRY; electrometría
ELECTROMOTIVE; electromotor, electromotriz
    FORCE; fuerza electromotriz
ELECTROMOTOR; motor eléctrico, electromotor
ELECTRONEGATIVE; electronegativo
ELECTRONIC DISTANCE MEASUREMENT;
    medida de distancia electrónica
ELECTRONIC FILTER; filtro electrónico
ELECTROPLATE; *(v)* galvanizar
ELECTROPNEUMATIC; electroneumático
ELECTROPOSITIVE; electropositivo
ELECTROSTATIC; electroestático, electrostático
ELECTROSTATICS; electrostática, electroestática
ELECTROTHERMAL; electrotérmico
ELEMENT; (quim)(eléc)(mat) elemento
ELEMENTS; (est) características, propiedades, (M)
    elementos
ELEPHANT TRUNK CHUTE; trompa de elefante,
    (A) manga
ELEVATED RAILWAY; ferrocarril elevado
ELEVATING GATE; compuerta elevada, puerta
    elevada
ELEVATING GRADER; niveladora cargadora,
    cavadora cargadora, conformadora elevadora,
    explanadora elevadora

ELEVATION; alzamiento; altitud, altura; alto;
    (lev) elevación, cotación, cota, (C) acotación;
    (dib) elevación, alzado
    HEAD; carga de altura, desnivel
ELEVATOR; (ed) ascensor; (ec) elevador; (mtl)
    montacargos; (grano) depósito
    BELTING; correaje para elevadores de cubos
    BOLT; perno para cangilones
    CAR; camarín, cabina, (A) garita
    DREDGE; draga de cangilones, draga
    de rosario
    OPERATOR; ascensorista
    SHAFT; pozo de ascensor, caja de ascensor,
    (A) hueco del ascensor
ELIMINATOR; (todos sentidos) eliminador
ELLIPSE; elipse
ELLIPSOGRAPH; elipsógrafo
ELLIPSOID; elipsoide
ELLIPSOIDAL; elipsoidal
ELLIPTICAL; elíptico, apainelado
    ARCH; arco apainelado, arco carpanel, arco
    elíptico
    PIPE; tubo apainelado, tubo elíptico
    SPRING; ballesta elíptica
ELM; olmo
ELONGATED; alargado
ELONGATION; alargamiento, elongación,
    (A) extensión, (V) estiramiento
    INDEX; índice de elongación
    TEST; prueba de alargamiento
ELUTRIATE; elutriar
ELUTRIATED SLUDGE; cieno elutriado
ELUTRIATION TEST; ensayo de arrastre
ELUTRIATION WATER; agua de elutriación
ELUTRIATOR; elutriador
ELUVIUM; eluvión
EMBANKMENT; terraplén
EMBED; embutir, empotrar, encastrar, incrustar,
    (M) ahogar
EMBEDMENT; (ref) recubrimiento
EMBOSS; repujar, realzar
EMBRITTLE; hacer quebradizo
EMERGE; (freático) alumbrar, brotar
EMERGENCY BRAKE; freno de emergencia
EMERGENCY CIRCUIT; circuito de emergencia
EMERGENCY EXIT; salida de emergencia
EMERGENCY GATE; compuerta de emergencia,
    cierre de urgencia
EMERGENCY LOCK; esclusa de emergencia
EMERGENCY POWER; fuerza de emergencia,
    poder de emergencia
EMERGENCY SPILLWAY; eliviadero de seguridad,
    descargadora
EMERY; esmeril
    CLOTH; tela esmeril, tela lija
    GRINDER; esmeriladora, muela de esmeril,
    amoladora de esmeril

    PAPER; lija esmeril, papel esmeril
    PASTE; pasta esmeril
    POWDER; polvo esmeril, polvo de lijar
    STONE; piedra de esmeril
    WHEEL; rueda esmeril, esmeriladora, muela de
    esmeril
EMERY-WHEEL DRESSER; rectificador de
    esmeriladoras
EMINENT DOMAIN; dominio eminente
EMISSION; emisión; (vapor) escape
EMISSION STANDARD; reglamento de emisión
EMIT; (v) emitir, arrojar, despedir
EMPIRICAL FORMULA; fórmula empírica
EMPLOY; (v) emplear, ajornalar
EMPLOYEE; empleado
EMPLOYER; empresario, patrón, patrono
EMPLOYER'S ASSOCIATION; asociación de
    patrones, asociación patronal
EMPLOYER'S LIABILITY INSURANCE; seguro
    contra responsabilidades de patronos
EMPLOYMENT; empleo, enganche de trabajadores
    AGENCY; agencia de colocaciones, agencia de
    empleos
    CONTRACT; contrato de empleo, contrato de
    trabajo, contrato de enganche
EMPTY; (a) vacío; (v) vaciar
EMULSIFIED ASPHALT; asfalto emulsificado,
    asfalto emulsionado
EMULSIFIER; emulsor
EMULSIFY; emulsificar, emulsionar
EMULSION; emulsión
EMULSOID; emulsoide
ENAMEL; (s) esmalte; (v) esmaltar
    PAINT; pintura vidriada
ENAMELED BRICK; ladrillo esmaltado
ENCASED KNOT; (mad) nudo encajado
ENCLOSED; encerrado
    FLAP VALVE; válvula de charnela de disco
    interior
    MOTOR; motor acorazado
ENCLOSURE WALL; pared de cerramiento, pared
    encerradora
ENCUMBRANCE; obstáculo, empedimiento
END; cabo, extremidad, extremo
    ANCHORAGE; (cons) anclaje de extremo
    BLOCK; bloque de extremo
    CONSTRUCTION; (hid) contracción lateral
    DUMP; vaciado por el extremo, descarga por la
    extremedad
    ELEVATION; elevación del extremo, alzada
    extrema
    FRAME; armazon del extremo
    GATE; compuerta del extremo
    GRAIN; (mad) contrahilo
    MILL; fresa escariadora, fresa de espiga
    ON; de cabeza, de testa
    PLATE; placa de extremo

PLATFORM; (fc) andén de cabeza
PLAY; juego longitudinal
POST; (est) montante extremo, poste extremo
REACTION; reacción al extremo, reacción del apoyo
SECTION; sección al extremo
SPAN; tramo extremo
VIEW; (dib) vista de la extremidad
END-BEARING SLEEVE
END-BLOCK REINFORCEMENT
END-CUTTING PLIERS; pinzas con corte delantero
END-LAP CHAIN; cadena de eslabones de soldadura al extremo
END-LAP JOINT; juntura con soldedura al extremo
ENDLESS; sin fin
DRUM; (cablevía) tambor de traslación, tambor de tracción
LINE; (cablevía) cable de traslación, cable tractor, cable sin fin
SPLICE; ayuste largo
ENDURANCE LIMIT; límite de resistencia a esfuerzos repetidos o alternados
ENDURANCE TEST; prueba de resistencia a esfuerzos
END USE; uso final
ENERGIZE; excitar
ENERGY; (mec)(eléc) energía
ABSORBER; amortiguador de energía
CELL; (mot) celda de energía
DISPERSER; dispersor de energía, disipador de energía
EFFICIENT RATIO; relación de eficiencia de energía
GRADIENT; pendiente de la energía, gradiente de la energía
HEAD; altura debida a la energía, carga de energía
METER; medidor de energía
ENFILADE; (s) doble hilera
ENGAGE; (mec) engranar, embragar, enganchar; engranarse, engancharse
ENGAGED COLUMN; columna enganchada
ENGINE; máquina, motor
BLOCK; bloque del motor
DRIVER; maquinista, conductor de locomotora
FAILURE; falla de la máquina
LATHE; torno corriente, torno ordinario
OIL; aceite para máquinas, (auto) aceite de motor
RATING; clasificación de máquina
ROOM; sala de máquinas, cámara de máquinas, cuarto de máquinas
RUNNER; maquinista, operador
SPEED; velocidad de máquina
ENGINE-DRIVEN; impulsado por máquina

ENGINEER; (de profesión) ingeniero, técnico; (artesano) maquinista, operador, mecánico; (náut) oficial maquinista
CORPS; cuerpo de ingenieros, equipo de ingenieros
IN CHARGE; ingeniero encargado
IN CHIEF; jefe ingeniero
OF MAINTENANCE; ingeniero de mantenimiento
ENGINEERING; ingeniería, técnica
DESIGN; diseño de ingeniería
STUDY; estudio de ingeniería
ENGINEER-IN-TRAINING; ingeniero
ENGINEER'S LEVEL; nivel de agrimensor, nivel de anteojo
ENGINEER'S SCALE; (dib) escala decimal, escala de ingeniero
ENGINEER'S VALVE; (loco) llave del maquinista (control de freno)
ENGINEER'S WRENCH; llave de maquinista, (C) llave española
ENGINEHOUSE; casa de máquinas, galpón de locomotoras, cocherón
ENGINEMAN; maquinista
ENGLISH BOND; (lad) trabazón inglesa, aparejo inglés
ENGLISH SYSTEM; (tún) sistema con galería de avance por debajo
ENGLISH WHITE; pigmento de blanco de España
ENSIGN VALVE; válvula equilibrada tipo Ensign
ENTABLATURE; entablamento
ENTERING CHISEL; formón de cuchara
ENTERING FILE; lima cuadrada puntiaguda
ENTERING TAP; macho ahusado
ENTRAIN; (hid)(quim) arrastrar
ENTRAINED AIR; aire arrastrado
ENTRANCE; entrada
ACCELERATION; (hid) aceleración de entrada
HEAD; (hid) carga de entrada
LOSS; (hid) pérdida de entrada, pérdida de carga en la entrada
WELL; pozo de entrada
ENTROPY; entropía
ENTRY; (min) entrada; galería principal de extracción y ventilación
ENVELOPE; (s)(mat) envoltura
ENVIRONMENT; medio ambiente, ambiente
ENVIRONMENTAL DESIGN; diseño de medio ambiente
ENVIRONMENTAL IMPACT ASSESSMENT; tasación de impacto contra el medio ambiente
ENVIRONMENTALLY SENSITIVE AREA; área sensitiva al medio ambiente
EPICENTER; epicentro
EPICYCLIC; epicíclico
EPICYCLOIDAL; epicicloidal

EPIDIORITE; epidiorita
EPOXY; epoxia
    CONCRETE; concreto de epoxia
    GROUT; lechada de epoxia
    MORTAR; mortero de epoxia
    PLASTIC; plástico de epoxia
EQUALING FILE; lima paralela ligeramente combada
EQUALIZE; igualar, compensar
EQUALIZER; (mec) compensador, igualador, balancín; (eléc) compensador; (fc) alcantarilla igualadora
EQUALIZING BEAM; viga igualadora
EQUALIZING BED; bancada igualadora
EQUALIZING RESERVOIR; embalse de compensación
EQUALIZING SHEAVE; garrucha igualadora
EQUALIZING SLING; eslinga de igualación
EQUALIZING THIMBLE; guardacabo de igualación
EQUAL LEGS; (ángulo) alas iguales, ramas iguales, brazos iguales, (M) lados iguales
EQUATION; ecuación
EQUIANGULAR; equiángulo
EQUIDISTANCE; equidistancia
EQUIDISTANT; equidistante
EQUIGRANULAR; equigranular
EQUILATERAL; equilátero
EQUILIBRATE; equilibrar
EQUILIBRISTAT; (fc) equilibristato
EQUILIBRIUM; equilibrio
EQUIMOLECULAR; equimolecular
EQUIP; equipar, habilitar; pertrechar
EQUIPMENT; equipo, aperos, presto, habilitación; tren; (ec) planta, equipo, (A) plantel, (A) obrador; (auto) accesorios, aditamento
EQUIPOTENTIAL; equipotencial
EQUITY; equidad
EQUIVALENT; (s) equivalente; (a)(mat)(quím)(geol) equivalente
ERASE; borrar
ERASURE; borradura
ERECT; (cons) edificar, construir, erigir; (est) armar, montar; (maq) instalar, montar
ERECTING EYEPIECE; ocular de imagen recta
ERECTING TELESCOPE; anteojo de imagen recta, anteojo de inversión
ERECTION; montaje, armadura, montura; construcción, erección; instalación
    BOLTS; pernos de montaje, pernos de armar, bulones de montaje
    FOREMAN; jefe montador
    MARKS; marcas guías, signos para montaje
    PLAN; dibujo de montaje
    SHOP; taller de montaje
ERECTOR; montador, erector, armador, instalador
ERG; ergio, erg

ERGONOMIC DESIGN; diseño ergonómico
ERODE; erosionar, desgastar, (hid) deslavar, derrubiar
EROSION; erosión, desgaste, derrubio, deslave
EROSIVE; erosivo
ERRATIC; (geol) errático
ERROR OF CLOSURE; (lev) error en cierre del trazado
ERUBESCITE; bornita, cobre morado
ERUPTIVE; (geol) eruptivo, volcánico
ESCALATOR; escalera mecánica, escalera movible sin fin, (A) escalador, escalera rodante
ESCAPE; escape, evasión
    ROUTE; ruta de escape
ESCARP; (s) escarpa; (v) escarpar
ESCARPMENT; escarpa, escarpe
ESCUTCHEON PLATE; escudete de cerradura, escudo
ESPAGNOLETTE BOLT; falleba
ESTABLISHMENT OF A PORT; establecimiento del puerto
ESTIMATE; (s) presupuesto, estimado, estimación; apreciación; (v) presuponer, estimar, (C)(A) presupuestar; apreciar
    FOR PAYMENT; estado de pago, planilla de pago
ESTIMATED COST; costo estimado
ESTIMATOR; estimador, calculista, calculador
ESTUARY; estuario, estero, ría
ETCH; grabar al agua fuerte
ETCHED NAIL; claro grabado
ETHANE; etano
ETHER; éter
ETHYL; (s) etilo
    ACETATE; acetato etílico
    ALCOHOL; alcohol etílico
ETHYLENE; etileno
EUCALYPTUS; eucalipto
EUTECTIC; eutéctica
EVALUATION; (mat) evaluación
EVAPORATE; evaporar, evaporizar; evaporarse, evaporizarse
EVAPORATION; evaporación
    TANK; evaporímetro
EVAPORATIVE COOLER; enfriador evaporativo
EVAPORATIVITY; rapidez potencial de evaporación
EVAPORATOR; evaporador
EVAPORIMETER; evaporímetro, atomómetro
EVEN FLOW; flujo uniforme
EVICTION; desahucio
EVOLUTE; (s) evoluta
EVOLVENT; (s) involuta, evolvente
EXCAVATE; excavar, cavar, desmontar, zapar, (M) desplantar
EXCAVATION; excavación, desmonte, cavadura; tajo, corte

EXCAVATOR; excavador; excavadora, cavadora, zapadora
EXCELSIOR; pajilla de madera, paja de madera
EXCESS AIR; sobreaire
EXCESS PRESSURE; sobrepresión
EXCESS THICKNESS; sobreespesor
EXCITATION; excitación
EXCITE; excitar
EXCITER; excitador, excitatriz
EXFILTRATION; exfiltración
EXFOLIATION; exfoliación, deconchamiento
EXHAUST; *(s)*(maq) escape, descarga, expulsión, educción; *(v)*(maq) descargar, escaparse; (agua) agotar
   BRAKE; freno de escape
   CAM; leva de escape
   EMISSIONS; emisiónes de escape
   FAN; ventilador aspirador, ventilador eductor, abanico eductor
   GASES; gases de escape
   HEAD; amortiguador de escape
   LAP; recubrimiento de escape, recubrimiento interior de la corredera
   LEAD; avance del escape
   LINE; línea de escape
   MANIFOLD; múltiple de escape
   OPENING; abertura de escape
   PIPE; tubo de escape, tubo de expulsión
   PORT; lumbrera de escape
   SILENCER; silenciador de escape, amortiguador de escape
   STEAM; vapor de escape, vapor agotado, vapor perdido
   STROKE; carrera de escape, golpe de expulsión
   SYSTEM; sistema de escape
   VALVE; válvula de descarga
EXHAUSTER; aspirador; ventilador eductor; agotador
EXISTING BUILDING; edificio existente
EXIT BOLT; falleba de emergencia, falleba de salida, perno de salida
EXIT GRADIENT; gradiente de salida
EXOTHERMIC HEAT; calor exotérmico, calefacción exotérmica
EXOTHERMIC REACTION; reacción exotérmica
EXPAND; extender, dilitar; dilatarse, alargarse
EXPANDED METAL; metal estirado, metal desplegado, chapa desplegada
EXPANDER; mandril de expansión
EXPANDING BRAKE; freno de expansión
EXPANDING CONCRETE; concreto de expansión
EXPANDING MANDREL; mandril de expansión
EXPANDING PULLEY; polea de diámetro regulable
EXPANDING REAMER; escariador expansivo
EXPANSION; expansión, dilatación, alargamiento

   AMMETER; amperímetro de expansión
   ANCHOR; anclaje de expansión
   BEARING; (est) apoyo de espansión, apoyo para dilatación, soporte de rodillos
   BEND; curva de dilatación, codo compensador
   BOLT; perno de expansión, tornillo de expansión, (M) clavija de expansión
   CURVE; curva de expansión
   GAP; (fc) entrecarril compensador, entrecarril de dilatación
   JOINT; junta de expansión, junta de dilatación, unión de expansión, acoplamiento de expansión
   ROLLERS; rodillos de dilatación, cilindros de expansión
   SHIELD; escudo ensanchador, manguito de expansión, escudete de expansión
   STROKE; carrera de expansión, golpe de expansión
   TAPE; cinta de expansión
EXPANSIVE BIT; barrena ajustable, barrena de extensión
EXPANSIVE CEMENT; cemento ajustable
EXPANSIVE SOILS; suelos expansivos
EXPANSIVE STRESS; esfuerzo resultante de la expansión
EXPEDITE; acelerar, facilitar
EXPELLER; expulsor
EXPENDITURE; gasto, desembolso
EXPENSE ACCOUNT; cuenta de gastos
EXPERIMENT; *(s)* experimento, ensayo, experiencia
EXPERIMENTAL; experimental
EXPERT; *(s)* experto, perito, técnico; *(a)* experto, experimentado
   TESTIMONY; testimonio pericial, (V) experticia
   WITNESS; testigo perito
EXPLODE; estallar, reventar, volar, (c) explotar; reventarse
EXPLODER; detonador, fulminante, cápsula detonante, estopín eléctrico, (M) espoleta eléctrica
EXPLOIT; *(v)* explotar
EXPLORATION; exploración; reconocimiento; cateo
   GALLERY; galería de sondeo, galería de reconocimiento
EXPLORATORY DRILLING; barrenamiento exploratorio
EXPLORE; explorar
EXPLOSION; explosión, reventón
   ENGINE; motor de explosión, máquina de explosión
EXPLOSIVE; *(s)(a)* explosivo
   CHARGE; carga explosiva
   GELATINE; gelatina explosiva
   WELDING; soldadura explosiva
EXPONENT; (mat) exponente

EXPONENTIAL; exponencial
EXPOSED CONCRETE; concreto al aire
EXPOSED-TUBE BOILER; caldera de tubos al aire
EXPOSURE TEST; prueba de intemperismo
EXPRESS; (tran) expreso
    BOILER; caldera de tubos de agua de diámetro
    escaso
    RECEIPT; talón de expreso
EXPROPRIATE; expropiar, enajenar
EXPROPRIATION; expropiación, enajenación
    forzosa
EXSICCATION; exsicación
EXTENSIBILITY; extensibilidad
EXTENSIBLE; extensible
EXTENSION BAR; (compás) alargadera;
    extensión
EXTENSION BIT; barrena de extensión, barrena de
    expansión, mecha de expansión
EXTENSION DEVICE; aparato de extensión
EXTENSION FRAME; marco de
    extensión, marco ajustable
EXTENSION LADDER; escalera extensible, escala
    de largueros corredizos
EXTENSION LATHE; torno de extensión
EXTENSION OF TIME; prórroga, aumento del
    plazo, extensión del plazo, ampliación del plazo
EXTENSION REAMER; escariador ajustable,
    escariador de extensión
EXTENSION TRIPOD; trípode de patas extensibles
EXTENSOMETER; extensómetro
EXTERIOR; exterior, externo
    ANGLE; ángulo externo
    BOND; trabazón externo
EXTERNAL DISTANCE; (fc) distancia exterior
EXTERNAL-FIREBOX BOILER; caldera de hogar
    exterior
EXTERNALLY OPERABLE; operable
    externamente
EXTERNAL SECANT; secante externo
EXTERNAL VIBRATION; vibración externa
EXTINGUISH; extinguir, apagar
EXTINGUISHER; extintor, extinguidor, apagador
EXTRA; extra, extraordinario
    BEST BEST (EBB) WIRE; alambre extra
    mejor del mejor
    DYNAMITE; dinamita de base explosiva
    PAY; sobrepaga, sobresueldo
    RAPID-HARDENING CEMENT; cemento de
    endurecimiento extra -rapido
    WIDTH; sobreancho
    WORK; trabajo extra, trabajo extraordinario,
    (C) obra extra
EXTRACT A ROOT; (mat) extraer una raíz
EXTRACTION TURBINE; turbina de extracción
EXTRACTOR; extractor
EXTRADOS; trasdós
EXTRA-FLEXIBLE; (cab) extraflexible

EXTRA-HEAVY; (tub) extrapesado, extragrueso
EXTRANEOUS ASH; ceniza extrínseca
EXTRAPOLATION; extrapolación
EXTRA-STRONG; (tub) extrafuerte
EXTRA-THICK; extragrueso
EXTREME FIBER; fibra extrema, fibra más
    distante, fibra más alejada
EXTREME LOW WATER; marea más baja
EXTREME TENSION FIBER; fibra de tensión más
    extrema
EXTRUDE; estirar por presión, estrujar
EXTRUSION; estiramiento por presión
EXTRUSIVE; efusivo, (M) extrusivo
EYE; (mec) ojo
    PLATE; ojillo con platillo
    SPLICE; ayuste de ojal
EYE-AND-EYE TURNBUCKLE; torniquete de
    dos ojillos
EYEBAR; barra de ojo, barra de argolla
EYEBOLT; tornillo de ojo, perno de argolla, armella,
    hembrilla, cáncamo de ojo
EYELET; ojal, ojillo
    GROMMET; ollao
EYEPIECE; (inst) ocular

F

FABRIC; tela, tejido; fábrica
FABRICATE; fabricar, (V) manufacturar,
   (Ch) elaborar
FABRICATING TABLE; (ref) banco de doblar,
   mesa de fabricar
FABRICATION; fabricación, (V) manufactura
FABRICATOR; fabricante
FABRIC TIRE; neumático de tejido, goma de tela
FACADE; fachada, frontis, frontispicio, lienzo
FACE; *(s)*(exc) frente; (presa) paramento, cara;
   (min) frente; (mec) cara, superficie; (martillo)
   cotillo; (polea) ancho, cara; (inst) muestra;
   (engranaje) cara fuera del círculo primitivo;
   (V)(hombre) revestir, forrar acerrar; (mec)
   labrar, cepillar, fresar, refrentar, alisar, tornear,
   acepillar, enfrentar
   BRICK; ladrillo de fachada
   BUSHING; boquilla sin reborde, boquilla
   totalmente roscada interior y exteriormente
   CUTTER; fresa de refrentar
   GEAR; engranaje de dientes laterales, engranaje
   de corona
   MILLING; fresado de frente
   PLATE; (est) placa de frente
   PRESSURE; (compuerta) presión frontal,
   presión de asentamiento
   SLAB; losa, pantalla, placa de
   paramento, cubierta, pantalla de
   impermeabilización, (U) carpeta, (M) delantal
FACE-BEDDED; (mam) asentado de canto
FACED AND DRILLED; enfrentado y perforado,
   fresado y taladrado
FACEPLATE; (est) placa de recubrimiento; (torno)
   plato, disco, (A) plato plano; (eléc) placa
   de pared
FACE-PUTTY; enmasillar contra la cara
   del vidrio
FACING; (mam)(carp) revestimiento;
   (mec) refrentado; (fund) polvo de revestir
   BLOCK; bloque de revestimiento
   WALL; muro de revestimiento
FACING-POINT SWITCH; cambio enfrentado,
   agujas de contrapunta, agujas de encuentro,
   chucho de contrapunta
FACTICE; aceite vulcanizado
FACTOR; factor
   OF EVAPORATION; factor de evaporación

OF SAFETY; factor de seguridad, coeficiente
de seguridad, coeficiente de trabajo
FACTORED LOAD; factor de carga
FACTORY; fábrica, taller, (A) usina
   LUMBER; madera por elaborar
   NUMBER; (maq) número de fábrica, número
   de serie
   TEST; prueba en fábrica
FAGOT; haz, fajina; (hierro) paquete de barras
FAHRENHEIT; fahrenheit
FAIENCE; loza fina
FAIL; (presa) fallar, ceder, derrumbarse, caerse;
   (maq) fallar; (proyecto) fracasar
FAILURE; (cons) falla, ruptura, rotura, derrumbe,
   caída; (maq) falla, panne; (eléc) interrupción;
   (proyecto) fracaso; (com) quiebra, bancarrota
FAIRWAY; canalizo, paza
FAIR-FACED BRICKWORK; acabado de ladrillo
FAIR-FACED CONCRETE; acabado de
   concreto
FAIR-LEAD BLOCK; garrucha de gría
FAIR-MARKET VALUE; valor principal
   de mercado
FAIRWAY; canalizo
FALL; *(s)*(río) desnivel, caída, salto; (crecida)
   bajada, descenso; (aparejo) cable de izar;
   (martinete) caída; (marea) reflujo, menguante;
   (cons) derrumbe, *(v)*(agua) caer; (martinete)
   caer; (cons) derrumbarse; (presión) bajar,
   decrecer; (marea) menguar, reluir; (crecida) bajar,
   decrecer
   BLOCK; motón de gancho, cuadernal, motón
   INCREASER; (hid) reforzador de salto,
   aumentadora de salto
   LINE; (gr)(cablevía) cable de izar, cable de
   elevación
   PIPE; tubo de caída
FALLING AX; hacha de tumbar
FALLING-HEAD PERMEAMETER; (ms)
   permeámetro de carga descendente o de
   carga variable
FALLING MOLD; molde de tumbar
FALLING SAW; sierra de tumbar, sierra de talar
FALLING WEDGE; cuña de tumbar
FALLS; (agua) catarata, cascada, salto de agua;
   (ec) aparejo de izar
FALL-ROPE CARRIER; (cablevía) sostén de cable,
   jinetillo, colgador de cable
FALSE; falso
   BODY; cuerpo falso
   CEILING; falso plafón
   FLANGE; (fc) pestaña falsa
   GALENA; esfalerita, blenda
   KNEE;   codo falso
   RING; anillo fraccionado
   RISER; contraescalón atesador, contrapeldaño
   de rigidez

FALSEWORK; apuntalamiento, armaduras
provisorias, maderaje, (M) maderamen,
(C) obra falsa
FAN; ventilador, soplador, abanico
ASSEMBLY; (mot) conjunto del ventilador
BLOWER; ventilador
FOLD; (geol) pliegue en abanico
GUARD; guardaventilador
SPREAD; (geop) despliegue en abanico
TRUSS; armadura en abanico
FAN-COOLED; enfriado por ventilador
FANG; (herr) espiga, cola, rabo; (min) conducto
de aire
BOLT; perno arponado
FANGLOMERATE; fanglomerado
FARAD; faradio
FARADMETER; contador de faradios
FARM DRAIN; tubo de avenimiento, desagüe
inferior
FARM LEVEL; nivel de agricultor
FARM TRACTOR; tractor agrícola
FARRIER; herrador
FARRIER'S HAMMER; martillo de herrador
FAR SIDE; (dib) cara posterior
FASCIA BOARD; tabla de frontis, tabica
FASCINE; fajina, salchichón
REVESTMENT; enfajinado, revestimiento
de fajinas
FAST; a. rápido; fijo
KNOT; (mad) nudo apretado, nudo sano
PULLEY; polea fija
FASTEN; fijar
FASTENER; fiador, sujetador, asegurador
FASTENING; fajación, atadura, ligazón, sujeción;
retén, fiador, fijador
FAST-PIN BUTT; bisagra de pasador fijo
FAST SAW; sierra fija
FAT; (mezcla) graso; s. (quim) grasa
FATHOM; (náut) braza; (min) superficie de seis pies
en cuadro
FATIGUE; (todos sentidos) s. fatiga
FAILURE; ruptura debida a fatiga
del metal
OF METALS; fatiga de metales, agotamiento
de metales
RESISTANCE; resistencia a la fatiga
STRENGTH; fuerza contra fatiga
FATTY; (quim) graso
FAUCET; grifo, llave, espita, canilla, (PR) pluma
FAULT; (geol) falla, (M) fallamiento; (eléc) fuga
de corriente
BLOCK; (geol) masa de roca rodeada de fallas
BRECCIA; brecha de fallas
CONGLOMERATE; (geol) conglomerado de fallas
CLAY; salbanda
LINE; (geol) línea de dislocación
LOCALIZER; buscafallas

PLANE; plano de la falla
SCARP; barranca producida por una falla,
(M) falla escarpada
SURFACE; (geol) plano o superficie de falla
ZONE; (geol) zona fallada, (B) zona de
discolocación
FAULTED; fallado
FAULTFINDER; (eléc) buscafallas
FAULTING; fallamiento
FEASIBILITY STUDY; estudio de viabilidad
FEATHER; (mec) cuña; (carp) lengüeta; (v)(lad)
embadurnar (juntas)
JOINT; (carp) junta de lengüeta postiza
VALVE; válvula de lengüeta
FEATHEREDGE; canto vivo, bisel
BRICK; ladrillo de canto de bisel
FILE; lima de espada
FEATHERS; (cantero) agujas
FECES; heces, excrementos
FEE; (ingeniero) honorarios; (consular) derechos
SIMPLE; pleno dominio, dominio absoluto
FEED; (s)(eléc) alimentación; (cal) alimentación;
(herr) avance; (as) avance; (semovientes)
forraje; (v)(cal) alimentar; (horno) cargar;
(mec) avanzar
CONVEYOR; transportador alimentador
MECHANISM; mecanismo de avance
PIPE; tubo alimentador, caño de alimentación,
tubo abastecedor
PUMP; bomba alimentadora
ROD; barra alimentadora, varilla de avance
ROLLER; rodillo de avance; rodillo alimentador
SCREW; tornillo de avance
WATER; agua de alimentación
WELL; fuente de carga; (az) caja de
alimentación, tanque alimentador
WORKS; mecanismo de avance
FEEDBACK; (eléc) regeneración, realimentación
FEEDER; (río) afluente; (fc) ramal tributario; (eléc)
conductor de alimentación, alimentador; (min)
filón ramal; (mec) alimentador, avanzador
CABLE; cable alimentador
CANAL; canal alimentador
EAR; (eléc) oreja de alimentación
MAIN; tubería alimentadora
ROAD; camino secundario
FEEDING POINT; (fc eléc) contro de alimentación
FEED-WATER FILTER; filtro de agua de
alimentación
FEED-WATER HEATER; calentador de agua de
alimentación
FEED-WATER REGULATOR; regulador del agua
de alimentación
FEELER; tientaclaro, tira
calibradora, plantilla de espesor, calibrador de
cinta, (A) sonda
FELDSPAR; feldespato

FELDSPATHIC; feldespático
FELL; tumbar, talar, derribar
FELLING; tumba, corta, derribo
    AX; hacha de tumba, derribador
    SAW; sierra de tumba, sierra de talar
FELSITE; felsita, petrosílex
FELSITIC; felsítico
FELSTONE; petrosílex
FELT; fieltro
    ROOFING; techado de fieltro
FELT-AND-GRAVEL ROOF; techado de fieltro
    y grava
FELTED ASBESTOS; fieltro de asbesto
FEMALE; *(a)*(mec) hembra, matriz
    THREAD; filete matriz, rosca hembra, rosca
    matriz
FENCE; *(s)* cerco, cerca, cercado, barrera, valla,
    seto, alambrado, tranquera; (cerradura) guarda;
    (as) guía; (cepillo) guía, reborde; (*v*) cercar,
    vallar, alambrar
    FITTINGS; accesorios de alambrado
    NAIL; clavo para cerco
    POST; poste de cerco, poste de alambrado,
    estaca de cerca
    RATCHET; carraca estiradora de alambre,
    torniquete de alambrado
    STAPLE; grampa para cerco
    STRETCHER; estirador
    WIRE; alambre para cercas
FENCING; cercado, vallado; alambrado
FENDER; (muelle) defensa; (náut) pallete, andullo;
    (auto) guardafango, guardabarro; (pte) espolón
    BEAM; espolón
    MAT; empallegado de choque
    PILE; pilote de defensa, pilote paragolpes, pilote
    amortiguador
FENESTRATION; ventanaje, fenestraje
FERBERITE; ferberita
FERMENT; fermentar
FERRATE; ferrato
FERRIAGE; barcaje; paeje
FERRIC; férrico
    CHLORIDE; cloruro férrico
    HYDROXIDE; hidrato férrico
    SULPHATE; sulfato férrico
FERRIFEROUS; ferrífero
FERRITE; (geol)(met) ferrita; (quím) ferrito
FERRITIC; ferrítico
FERROALLOY; ferroaleación
FERROALUMINUM; (aleación) ferroaluminio
FERROBORON; (aleación) ferroboro
FERROCERIUM; (aleación) ferrocerio
FERROCHROMIUM; (aleación) ferrocromo
FERROINCLAVE; (trademark) especie de listonado
    metálico
FERROMAGNETIC; magnético,
    ferromagnético

FERROMANGANESE; ferromanganeso, hierro
    manganésico
FERROMOLYBDENUM; ferromolibdeno, hierro al
    molibdeno
FERRONICKEL; (aleación) hierro al níquel
FERROPHOSPHORUS; (aleación) ferrofósforo
FERROSILICON; (aleación) ferrosilicio
FERROSOFERRIC OXIDE; óxido ferrosoférrico
FERROSTEEL; semiacero
FERROTITANIUM; (aleación) hierro al titanio,
    ferrotitanio
FERROTUNGSTEN; (aleación) ferrotungsteno
FERROUS; ferroso, férreo
    AGGREGATE CONCRETE; concreto
    agregado ferroso
    AMMONIUM SULPHATE; sulfato amónico
    ferroso
    CARBONATE; carbonato ferroso; (miner)
    siderita
    OXIDE; protóxido de hierre
    SULPHATE; sulfato ferroso
FERRUGINUOUS; ferruginoso
FERRULE; (herr) virola, dedal, contera; (cal) férula,
    casquillo; (eléc) tapa de contacto; (*v*)
    encasquillar
FERRY; *(s)* embarcadero, balsadera; (*v*) balsear,
    barquear
    BRIDGE; puente transbordador, puente
    corredizo
    METAL; aleación de cobre y níquel
    RACK; estructura de guía al atracadero
    SLIP; embarcadero, atracadero del barco de
    transbordo
FERRYBOAT; bote de paso, barco de transbordo,
    barca de pasaje, pontón de transbordo, (V)
    chalana de paso, (A) balsa
FERRYMAN; balsero, barquero
FERTILIZER; (agricultura) fertilizante
FESTOON LIGHTING; alumbrado de festón
FETCH; (hid) longitud expuesta a la acción del
    viento
FIBER; fibra
    CEMENT; fibrocemento
    CONDUIT; conducto de fibra
    GASKET; empaque de fibra
    GLASS; vidrio fibroso, fibras de vidrio
    GREASE; grasa fibrosa
    INSULATION; aislante fibroso
    STRESS; esfuerzo en la fibra
    WASHER; arandela de fibra
FIBERBOARD; cartón de fibra
FIBER-CENTER WIRE STAND; cordón de
    alambre con eje fibroso
FIBER-CORE WIRE ROPE; cable de alambre con
    núcleo fibroso, cable metálico de alma fibrosa
FIBER-REINFORCED CONCRETE; concreto con
    refuerzo fibroso

FIBRIN; (is) fibrina
FIBROUS METALLIC PACKING; empaquetadura metálica fibrosa
FICTILE; *(a)* plástico, moldeable
FID; pasador de cabo, burel
FIDDLE BLOCK; motón de dos ejes con poleas diferenciales
FIDDLE DRILL; taladro de pecho, berbiquí de herrero
FIDELITY BOND; fianza de fidelidad
FIELD; (eléc) campo, inductor;   campo de la lente, campo visual; (mat) campo; (lev) campo, campaña
   BOOK; libreta de campo, cuaderno, (Col) cartera, (AC) carneta
   BREAKER; (eléc) interruptor de excitación
   DENSITY TEST; (ms) ensayo de densidad del material sin descomponer
   ENGINEERING; ingeniería de campo
   GLASSES; gemelos de campaña, anteojos de larga distancia
   ICE; bancos de hielo flotante
   JOINT; junta de montaje, unión de montaje, conexión de campo
   LABORATORY; laboratorio de campo
   MAGNET; imán del campo, imán inductor
   NOTES; notas de campo
   PAINTING; pintura de campo, pintura de la obra armada
   PARTY; brigada de campo, cuerpo de campo
   REGULATOR; (eléc) regulador del campo, reóstato de la excitación
   RHEOSTAT; reóstato regulador del campo
   RIVET; remache de montaje, remache de campo, roblón de obra
   SEPARATION; (agr) separación práctica
   STONE; piedras sueltas
   TEST; ensayo en obra
   WELD; soldadura de montaje
   WINDING; arrollamiento inductor
   WORK; trabajo de campo, trabajos de campaña, operaciones de campaña, trabajo sobre el terreno
FIELD-CURED CYLINDERS; cilindros curados en campo
FIFTH BEND; (tub) codo de 72
FIFTH ROOT; (mat) raíz quinta
FIFTH WHEEL; (ragon) quinta rueda
FIFTYPENNY NAIL; clavo de 5 1/2 pulgadas
FIGURE; (dib) figura; (mat) cifra, guarismo
   ADJUSTMENT; (lev) corrección del polígono
FIGURED DIMENSION; dimensión acotada
FILAMENT; filamento
FILAR EYEPIECE; ocular reticulado
FILE; *(s)*(herr) lima, escofina, limatón, carleta; (mh) limadora; (oficina) archivo; (papeles) legajo, expediente; *(v)* limar; (oficina) archivar

   BRUSH; carda limpialimas, cepillo para limas
   CARD; carda para limas, limpialimas
   CARRIER; portalima
   CUTTER; picador de limas
FILE-HARD; a prueba de lima
FILER; limador
FILES; (office) archivos
FILING CABINET; archivador, gabinete de archivo
FILING GUIDE; (serrucho) guía de limar
FILINGS; limaduras, limalla
FILING VISE; tornillo de sierra
FILL; *(s)* terraplén, relleno, rehincho; *(v)* llenar; (ot) terraplenar, rellenar, rehinchar; (min) atibar; (pint) aparejar
   BOX; caja de toma para tanque de petróleo soterrado
   CAPACITY; capacidad de relleno
   INSULATION; aislación de relleno
   PLANE; (conc) nivel de hormigonado, plano de colado
FILLED ASPHALT; asfalto mezclado con agregado en polvo, asfalto rellenado
FILLED GROUND; terreno rellenado, rellenamiento, suelo falso, tierra transportada
FILLED STOPE; (min) grada de relleno
FILLER; (cab) compuesto lubricante; (pint) aparejo, tapaporos, sellaporos; (ca) harina, rellenador
   BLOCK; (ed) bloque de relleno
   COAT; (pint) mano de aparejo
   GATE; (hid) compuerta piloto
   METAL; (sol) metal de aporte
   PLATE; (est) empaque, relleno, llenador, placa de relleno, chapa de relleno
   STRIP; (ca) tira de relleno o de expansión
   WALL; (ed) pared de relleno, antepecho
   WIRE; (cab) henchidor, alambre de relleno; (sol) alambre de aporte
FILLET; filete; chaflán;   rincón redondeado
   ARCH; arco de espesor variable o de filete
   SEAL; sello de filete
   WELD; soldadura con filete
FILLING; relleno, terraplén, terraplenado, rehincho
   RING; (est) anillo de empaque, anillo llenador
FILLING STATION; puesto de gasolina, estación de gasolina, surtidor de gasolina
FILLISTER; guillame
   HEAD; (tornillo) cabeza cilíndrica ranurada, (A) cabeza fijadora
FILTER; *(s)*(hid) filtro, filtrador; (eléc) filtro; *(v)* filtrar
   ALUM; sulfato de aluminio
   ATTENDANT; guardafiltro
   BED; lecho de filtración, lecho percolador, lecho filtrante
   BLANKET; colchón filtrador
   BLOCK; bloque multicelular para drenaje de filtros

CLOTH; tela de filtrar
DRAIN; desagüe filtrante
FABRIC; tejido de filtrar
FLASK; frasco de filtrar
LENS; lente filtrador
MEDIUM; material filtrante
PAPER; papel de filtrar, papel de filtro
PLANT; planta de filtros, planta filtradora, estación de filtración
PRESS; filtrar por prensa
RUN; jornada de filtro
SAND; arena para filtros
SCREEN; (auto) filtro de malla
STONE; piedra filtradora
FILTRATE; filtrado
FILTRATION; (hid) filtración, percolación, (A) filtraje
    FACTOR; factor de percolación o de filtración
    GALLERY; galería filtrante, galería de filtración
    LOSS; pérdida por filtración
FIN; (acero) rebaba; (eléc)(mec) aleta; (sol) rebaba
FINAL; final; terminal
    ACCEPTANCE; recepción definitiva (contrato)
    DRIVE; (auto) mando final, impulsión final, transmision final
    LOCATION; (fc) trazado definitivo
    SET; (cem) fragua final
FINAL-DRIVE ASSEMBLY; conjunto de la impulsión final
FINANCE; (v) financiar, costear, refaccionar
FINANCE CHARGE; cargos financieros
FINANCIAL STATEMENT; estado financiero
FIN-AND-TUBE RADIATOR; (auto) radiador de aletas y tubos
FINE; fino, menudo; puro
    AGGREGATE; agregado fino, árido fino
    COAL; carbón menudo
    FILE; lima dulce
    FINISH; (piedra) acabado fino (tolerancia 1/4 pulgada)
    FIT; ajuste preciso
    GRAIN; grano fino, fibra fina (mad)
    GRAVEL; grava fina (granos 1 a 2 milímetros)
    MESH; malla fina, malla angosta
    METAL; metal puro, metal refinado
    SAND; arena fina
    SCREEN; criba fina, tamiz de malla angosta
FINEGRADER; (ec) niveladora exacta
FINENESS; (agr) finura; (cem) sutileza, finura; (met) ley
    MODULUS; módulo de finura, (A) módulo de fineza
    OF GRINDING; (cem) finura del molido
FINES; finos
FINGER; (mec) saliente, lengüeta, aguja, trinquete, retén
    NUT; tuerca de orejetas
    PLATE; (puerta) chapa de guarda

FINGER-TIP CONTROL; control digital, (A) manejo al tacto
FINING; (met) afino
FINISH; (s)(superficie) acabado, afinado, (A) terminación; (v) terminar, acabar; (superficie) acabar, (Ch)(M) afinar
    OFF; (v) rematar
FINISHED GRADE; grado acabado, gradiente afinado
FINISHER; (hombre) cementista, albañil de cemento; (ca) máquina acabadora
FINISHING; de acabado
    BELT; (ca) correa alisadora o acabadora
    CHISEL; escoplo de acabar
    COAT; (pint) última mano, capa de acabado
    DIE; troquel de acabar
    HYDRATE; cal hidratada para la última mano del enlucido
    MACHINE; máquina acabadora, máquina terminadora
    NAIL; alfilerillo, agujuela, aguja, puntilla francesa
    PLANE; repasadera
    PLASTER; yeso blanco
    REAMER; escariador acabador
    ROOL; laminador acabador, cilindro de terminar
    TAP; macho acabador
    TOOL; acabadora; alisadora; terminadora; pulidora
    TROWEL; paleta acabadora; llana acabadora
FINITE; finito
FINITE ELEMENT ANALYSIS; análisis de elemento finito
FINK TRUSS; armadura Fink
FIR; abeto, pinabete; pino del Pacífico
FIRE; (s) fuego; incendio; (v)(cal) alimentar, cargar; (vol) volar, disparar, tirar
    ALARM; alarma de incendio; avisador de incendio
    ARCH; bóveda del fogón o del hogar
    BRIDGE; (cal) tornallamas, puente de hogar, altar
    BUCKET; cubo de incendios
    CLAY; arcilla refractaria, (A) tierra refractaria, (C) barro refractario
    CONTROL; control contra incendios
    CRACK; grieta térmica
    DAMAGE; daño causado por incendio
    DANGER; peligro de incendio, riesgo de incendio
    DOOR; (ed) puerta incombustible o contrafuego o a prueba de incendio; (cal) puerta de fuego, puerta del hogar, boca de carga, (M) puerta de horno
    ENGINE; bomba de incendios, autobomba

ESCAPE; escalera de salvamento o de escape o de emergencia, (M) salida de incendio
EXPOSURE; (ed) riesgo de incendio exterior
EXTINGUISHER; extinguidor de incendio, matafuego, extintor, apagaincendios, apagallamas
FOAM; espuma apagadora
HAZARD; riesgo de incendio
HOOK; atizador, hurgón, (Es) allegador
HOSE; manguera para incendios
HYDRANT; boca de incendio, hidrante de incendio
INSURANCE; seguro contra incendio
LIMITS; (EU) límites del área para construcción incombustible
MAINS; tubería contra incendio
PARTITION; pared divisoria parafuego
PLACE; chimenea, hogar
POINT; (aceite) punto de llama o de combustión
POT; hornillo; crisol; lámpara de plomero
PROTECTION; (ed) resistente al fuego
RAKE; rascacenizas
RISK; riesgo de incendio
SAND; arana refractaria
SHOVEL; pala carbonera
SHUTTERS; contraventanas a prueba de incendio
STOP; cortafuego, parafuegos; muro contrafuego o parallamas
TOOLS; herramientas de fogón
TOWER; (ed) caja de escalera de escape
UNDERWRITERS; aseguradores contra incendios
WALL; muro contrafuego o a prueba de incendio o refractorio, parallamas, pared cortafuego
WINDOW; ventana incombustible o a prueba de incendio
FIREBOAT; barco de bombas o para incendios
FIREBOX; fogón , hogar, caja de fuego, fornalla
STEEL; planchas de acero para hogares
FIREBRICK; ladrillo refractario o de fuego
FIRE-EXIT BOLT; (ed) falleba de emergencia
FIREMAN; (cal) fogonero, (U) foguista; (municipal) bombero
FIREPLUG; boca de incendio, hidrante, poste de incendios
FIREPROOF; a prueba de fuego, incombustible, a prueba de incendio, contrafuego, contraincendios; (v) incombustibilizar; revestir con material incombustible
FIREPROOFING; (est) envoltura del acero con material refractario; (mad) impregnación ignífuga, incombustibilización
FIRE-RESISTING; refractario, ignífugo, resistente al fuego, contrafuego, contraincendios, guardafuego

FIRE-RETARDANT; retardador de incendios
FIREROOM; cuarto de calderas
FIRESAFE; a prueba de incendio
FIRE-TUBE BOILER; caldera de tubos de humo o de tubos de llama o ígneotubular, (M) caldera humotubular
FIREWOOD; leña
FIRING DELAY; (vol) retardo de la explosión
FIRM; (s) razón social, casa, firma
NAME; razón social
POWER; fuerza continua, potencia permanente, fuerza primaria; energía permanente o primaria; (U) energía de base, (M) energía firme
PRICE; precio definitivo o fijo
FIRMER CHISEL; escoplo-punzón, formón
FIRMER GOUGE; gubia-punzón, gubia de maceta
FIRM-JOINT CALIPERS; calibre de articulación fija
FIRST; primero
AID; primera cura, primer auxilio, primera curación
COAT; (pint) primera mano; (yeso) primera capa
COST; costo incial o original
FLOOR; piso bajo, priner piso, planta baja
SPEED; primera velocidad
FIRST-AID KIT; botiquín de urgencia o de emergencia
FIRST-AID STATION; botiquín de urgencia
FISCAL YEAR; año económico, monetario
FISH; (s)(pet) pieza perdida; (v)(pet) pescar; (eléc) tirar los alambres por los conductos, pescar
GLUE; colapez, cola de pescado
JOINT; junta a tope con cubrejuntas
LADDER; (hid) escala de peces, escalera de peces, rampa salmonera, escala de pocillos
OIL; aceite de pescado
PAPER; (eléc) papel de pescado
SCREEN; (hid) cedazo para peces, rajilla para peces
WIRE; cinta pescadora
FISH-BELLIED; en forma de panza de pescado
FISHING; (pet) pesca, recobro, salvamento
JAR; (pet) percusor de pesca
TOOL; herramienta de pesca o de salvamento; (eléc) pescacable; (pet) pescaherramientas
FISHMOUTH SPLICE; empalme en V, boca de pez
FISHPLATE; (carp) cubrejunta, platabanda, costanera, cachete; (fc) eclisa, brida
FISHTAIL BIT; barrena cola de pescado
FISHWAY; (hid) rampa para peces, escala salmonera, escala de peces
FISH-WIRE PULLER; tirador de cinta pescadora
FISSILE; hendible, rajadizo
SPRING; fuente o manantial de fisura
VEIN; (geol) mineral depositado por el agua en una grieta
FISSURED ROCK; roca resquebrajada o rajada o hendida
FIT; (s) ajuste; (v) ajustar, adaptar; ajustarse a

FOR TRACK; (riel) recolocable
INTO; encajar; ajustarse a
OUT; equipar, habilitar
OVER; ajustar sobre; ajustarse sobre
TO BE SAWED; (mad) maderable, serradiza
UP; (acero) bulonar, empernar
FITCH; brocha pequeña, brocha para ventanas
FITMENT; *(s)* mueble, accesorio
FITTER; (mec) ajustador
FITTING; ajuste, ajustaje, encaje
    EQUIVALENT; (tub) largo de tubo igual en
    resistencia al accesorio
    OUT; habilitación, aparejado
    UP; (acero) empernadura, bulonado
FITTINGS; (gr) herrajes; (tub) accesorios, auxiliares,
    (Col) aditamentos; (cal) accesorios; (compuerta)
    guarniciones; (auto) accesorios, aditamentos;
    (eléc) accesorios
FITTING-UP BOLTS; pernos de ajuste, bulones
    de ajuste, pernos de montaje
FITTING-UP WRENCH; llave de cola
FIVE EIGHTHS BAR; barra de cinco octavos
    (de pulgada)
FIVE-PART LINE; aparejo quíntuplo
FIVEPENNY NAIL; clavo de 1 3/4 pulgadas
FIVE-PHASE; pentafásico
FIVE-PLY; de cinco capas
FIVE SIXTH; cinco sextos
FIVE-SPEED TRANSMISSION; transmisión
    de cinco velocidades
FIVE-STAGE COMPRESSOR; compresora
    de cinco grados
FIVE-WIRE; pentafilar
FIX; *(v)*(est) fijar
FIXATION; (quim) fijación
FIXED; fijo; estacionario; determinado
    ASSET; activo fijo
    BEAM; viga empotrada, viga fija, viga encastrada
    BRIDGE; puente fijo
    CAPITOL; capital fijo o permanente
    CARBON; carbono fijo, carbono combinado
    CHARGES; gastos fijos, cargos fijos
    COSTS; costos fijos
    FEE; honorario fijo o definido, (Ec) retribución
    fija
    GROUND WATER; agua subterránea
    de imbibición
    LIGHT; faro fijo, faro de luz continua
    ONE END; (est) empotrado por un extremo
    PRICE; precio fijo, precio determinado
    RESIDUE; residuo fijo
FIXED-BED CATALYST; (pet) catalizador de
    lecho fijo
FIXED-BLADE PROPELLER; (turb) hélice
    de aletas fijas
FIXED-END COLUMN; columna de extremo fijo
FIXED-END MOMENT; momento de empotramiento

FIXED-WHEEL GATE; compuerta de rodillos o
    de fijación, compuerta de vagón
FIXITY FACTOR; (est) factor de empotramiento,
    factor de fijación
FIXTURE; artefacto, accesorio, dispositivo, aparato;
    (eléc) artefacto; (mh) montaje, sujetadora;
    (sol) plantilla sujetadora
    WIRE; alambre para artefactos
FLAG; *(s)*(lev) bandera, banderola; *(v)*(pav) enlajar,
    enlosar
FLAGELA; (is) flagelos
FLAGGING; enlosado, embaldosado, enlajado
FLAGMAN; abanderado
FLAGSTONE; (pav) losa de piedra, baldosa, laja;
    (geol) lancha, laja, lastra, asperón
FLAKE; *(s)* escama, laminilla; *(v)* descascurarse,
    desconcharse
FLAME; llama, flama
    ARRESTER; parallamas
    BRIDGE; altar, puente de hogar
    DETECTOR; indicador de llama
    TRAP; trampa de llamas
FLAME-CUTTING; cortadura por llama de gas
FLAME-GOUGING; escopleadura con llama de gas
FLAME-HARDENED; (met) templado en fragua o
    a llama
FLAME-MACHINING; labrado por llama
FLAMEPROOF; a prueba de llamas
FLAME-RETARDANT; retardante a las llamas
FLAME-TIGHT; estanco a llamas
FLAME-TREATING; tratamiento por llama
FLAMMABILITY; inflamabilidad
FLAMMABLE LIQUID; liquido inflamable
FLANGE; *(s)*(viga compuesta) cabeza, cuerda,
    cordón, ala, (M) patín; (viga I) ala, (M) patín;
    (tub) brida, pletina, platillo, (Ch) golilla, (Pe)
    platina; (riel) base, patín, (Ch) zapata; (eclisa)
    pata, rama; (rueda) pestaña, ceja, bordón; (maq)
    oreja, pestaña, reborde, resalte; (fund)
    rebordeadora; *(v)* rebordar, embridar, bordear,
    bridar
    ANGLES; (viga) ángulos del cordón,
    escuadras del cordón, cantoneras
    COUPLING; acoplamiento de bridas,
    (A) manchón de disco
    NUT; tuerca de reborde
    PLATE; plancha de ala, plancha de cubierta
    RAIL; riel vignola, riel en T
    TAP; (hid) injerto de brida
    UNION; (tub) unión de bridas, bridas de unión,
    (C) unión de platillos, bridas gemelas,
    (A) manchones de unión
    WRENCH; llave para bridas roscadas
FLANGED FITTINGS; accesorios de brida,
    accesorios embridados, accesorios de reborde
FLANGED PIPE; tubo de bridas, caño de bridas;
    tubería embridada, cañería bridada

FLANGED PULLEY; polea rebordeada o
de pestañas
FLANGED VALVE; válvula de bridas, válvula
embridada, llave de bridas
FLANGER; (herr)(fc) pestañador
FLANGEWAY; canal de pestaña, vía de pestaña,
carrilada, garganta, ranura de pestaña
FLANGING MACHINE; pestañadora, máquina
rebordeadora
FLAP GATE; compuerta de chapaleta, compuerta
de charnela
FLAP HINGE; bisagra de superficie
FLAPPER; (vá) chapaleta
FLAP VALVE; válvula de charnela de disco exterior,
chapaleta, válvula de gozne
FLARE; (s) acampanado, abocinado; (an) reviro;
destello, hoguera, cohete; (ca) antorcha;
interreflexión; (v) abocinar, acampanar,
acampanarse, encancharse
FITTINGS; (tub) accesorios abocinados
FLAREBOARDS; adrales sobresalientes
FLARER; (herr) abocinador
FLASH; (s) destello; (sol) rebaba; (v)(ed) proteger
con planchas de escurrimiento
BACK; (llama) retroceder
BOILER; caldera rápida, caldera
instantánea
BUTT WELDING; soldadura a tope
con arco
DRIER; desacador instantáneo
EVAPORATOR; evaporador instantáneo
FLOOD; avenida repentina
MIXER; mezclador instantáneo
POINT; punto de inflamación, punto inflamador,
(M) punto de centelleo
TEST; (aceite) ensayo para punto de
inflamación; (eléc) ensayo momentáneo del
aislamiento
TESTER; probador de inflamación
VAPORIZATION; vaporización instantánea
WELDING; soldadura por arco con presión
FLASHBACK; (sol) retroceso de la llama
FLASHBOARD; (hid) alza removible, tabla de
quitapón, dispositivo de realce del umbral del
vertedero
PIN; espiga de la tablazón de alza
FLASHING; plancha de escurrimiento, placas
escurridizas, botaguas, vierteaguas, (C) sabaleta,
(A) babeta; (junta) sello, tapajunta
(eléc) chisporroteo
LIGHT; faro intermitente de destello corto
TILE; (techo) teja vierteaguas
FLASHLIGHT; luz eléctrica de bolsillo; (faro) luz
intermitente, luz de destellos, fanal de destellos,
luz relámpago
FLASHY; (lluvia) torrencial, imipetuoso,
(V) torrentoso

FLASK; (quím) frasco, matraz; (fund) caja
de moldear, caja de moldeo
FLAT; (s)(acero) planchuela, pletina, barra chata,
solera, llanta, (top) llanura; (min) filón
horizontal; (a) plano, chato, achatado, llano;
(pint) mate
ARCH; arco plano, bóveda rebajada, arco a
regla, arco adintelado, arco rectilíneo
CEILING; cielo raso
CHISEL; escoplo plano; cortafrío plano; puntero
plano
CURVE; curva a radio largo, curva abierta
DRILL; mecha de punta chata
FILE; lima plana, lima chata
FINISH; (pint) acabado mate
GLASS; vidrio estirado o plano
GRAIN; (carp) grano paralelo a la cara del madero
KNOT; nudo derecho, nudo llano, nudo
de rizos
ROOF; azotea, terrado, aljarafe
SLAB; (ed) losa plana, losa sin vigas,
(A) losa hongo, (A) suelo fungiforme
TIRE; nuemático desinflado, goma floja
TRUCK; carretón plano, camión plano, chata,
camión de estacas, camión de plataforma,
(A) camión playo
WASHER; arandela plana
WELD; soldadura plana
WHEEL; rueda achatada
WIRE; alambre plano, alambre cinta
WIRE ROPE; cable cinta
FLAT-BED TRAILER; remolque plano o de plataforma
FLATBOAT; barca chata, chata, barcaza, lanchón,
(V) balsa
FLAT-BOTTOMED; de fondo plano
FLATCAR; carro plano, carro de plataforma, vagón
raso, (C) carro de plancha, (M) plataforma;
vagoneta plataforma, (A) zorra playa
FLAT-CRESTED WEIR; vertedero de cresta plana,
vertedero de cresta ancha
FLATHEAD COUNTERSINK; abocardo
de cabeza chata
FLATHEAD RIVET; remache de cabeza achatada,
roblón de cabeza chata
FLATHEAD SCREW; tornillo de cabeza perdida
FLATHEAD STOPCOCK; llave de cierre con
cabeza plana
FLATHEAD STOVE BOLT; perno de cabeza chata
renurada, bulón de cabeza perdida, tornillo
de cabeza perdida
FLATLAND; llanura, llano, terreno llano, (Ec)
planada
FLAT-LINK CHAIN; cadena de eslabones planos
FLATNESS; aplanado, allanado, achatado
FLAT-NOSE PLIERS; alicates de punta plana
FLAT-SAWING; aserramiento simple
FLATTEN; achatar, allanar; aplastar

FLATTENING TEST; (tub) ensayo de
aplastamiento
FLATTEN STRAND; (cable de alambre) torones
achatados, cordones planos, (M) hilos
aplastados, torones aplanados
FLATTER; *(s)* aplanador, allanador, achatador
FLATTING OIL; aceite mate
FLATTING VARNISH; barniz mate
FLAW; defecto, imperfección
FLAX PACKING; empaquetadura de lino
FLEET; *(v)*(cab) despasar; (aparejo) enmendar,
tiramollar
ANGLE; (cab) ángulo de esviaje, ángulo
de desviación
OF TRUCKS; brigada de camiones
FLEETING DRUM; (cablevía) tambor de
traslación,
tambor de tracción
FLEETING SHEAVE; garrucha deslizante
FLEMISH BOND; trabazón holandesa, traba
flamenca, aparejo flamenco
FLESH SIDE; cara interior, cara brillante
FLEX; doblar, encorvar
FLEXIBILITY; flexibilidad
FLEXIBLE; flexible, doblegable
WALLS; paredes flexibles
FLEXIBLE-JOINT PIPE; tubería de junta flexible
FLEXIBLE-SHAFT VIBRATOR; (conc) vibrador
de eje flexible
FLEXOMETER; flexómetro
FLEXURAL; flexional
FLEXURE; flexión
FLIER; (es) escalón recto paralelo
FLIGHT; (mec) paleta, aspa
CONVEYOR; transportador de paletas
OF LOCKS; escala de esclusas
OF STAIRS; tramo de escalera, tiro de escalera
SEWER; cloaca escalonada
FLINT; pedernal
CLAY; arcilla refractaria apedernalada, arcilla
de pedernal
CLOTH; tela de pedernal
GLASS; cristal, cristal de roca
MILL; molino tubular con bolas de pedernal;
molino cilíndrico para cemento con bolas
de pedernal
PAPER; papel de lija de pedernal
FLINTY; apedernalado
FLIP BUCKET; (hid) deflector, dispersor de energía
FLITCH; (mad) costero, costanera; (carp) tablón
de viga ensamblada
PLATE; placa de ensamblaje
FLITCHED BEAM; viga compuesta con placas
de ensamblaje
FLOAT; *(s)* flotador; (mam) llana de madera, fratás,
aplanadora, frota, espátula, (A) fratacho; (Pan)
flota; (Es)(M) talocha, (V) cepillo de albañil;

(maq) leve desplazamiento del eje; (fc) barco
trasbordador de carros; (herr) escofina de talla
simple; *(v)* flotar; poner a flote; desencallar,
desvarar; (mam) fratasar, aplanar; (min)
hacer flotar; (eléc) conectar como compensador
BRIDGE; (op) puente de acceso al barco
transbordador de carros; (ca) puente
del aplanador
CHAMBER; cubeta del carburador; cámara
del flotador
FINISH; (mam) acabado con llana de madera
FINISHER; (ca) acabadora de frota
GAGE; escala de flotador
GAGING; aforo por flotadores
ORE; mineral flotante o en suspensión,
acarreos
SWITCH; (eléc) interruptor de flotador
TRAP; interceptor de agua a flotador
VALVE; válvula de flotador
FLOAT-ACTUATED; mandado por flotador
FLOATER COURSE; (ca) capa de acabado
FLOATER POLICY; (seg) póliza flotante
FLOAT-FEED CARBURETOR; carburador
de flotador
FLOATING; *(s)* flotación, flotaje
AXLE; eje flotante
BATTERY; ecumulador compensador
BEARING; cojinete flotante
CHUCK; mandril flotante
CRANE; grúa-pontón, barco-grúa
DEBT; deuda flotante
DRY DOCK; dique flotante, dique de carena
flotante
EQUIPMENT; equipo flotante, (A) plantel
FLOOR; piso antisonoro con capa de aire
MARK; (inst) índice móvil
ROOF; (tanque) techo a pontón, techo
flotante
SCREED; plantilla de yeso
FLOC; precipitado de hidrato de aluminio, flóculos,
coágulos, grumo
FORMER; floculador, agrumador
FLOCCULANT; *(s)* floculante
FLOCCULATE; flocular
FLOCCULATING TANK; (dac) tanque
de floculación
FLOCCULATION; floculación
FACTOR; factor de floculación, relación
de floculación
LIMIT; límite de floculación
RATIO; relación de floculación
FLOCCULATOR; floculador, agrumador
FLOCCULENT; *(s)* coagulante, floculante;
(a) floculento
FLOE; témpano
FLOGGING CHISEL; cincel de fundidor
FLOGGING HAMMER; martillo de fundidor

FLOOD; creciente, crecida, crece, avenida, riada, aluvión, (M) llena; inundación; *(v)* inundar, anegar, enlagunar, apantanar; (carburador) ahogar, anegar

CONTROL; control de las crecidas, amortiguación de las crecientes, control de avenidas

FLOW; caudal de avenida, gasto de crecida

LAMP; lámpara proyectante o inundante

PLAIN; zona de inundación, lecho de creciente

ROUTING; regulación de las crecidas

TIDE; marea creciente, marea entrante, flujo de la marea, influjo

WALL; (lluvia) muro guía, muro de encauzamiento

FLOOD-CONTROL RESERVOIR; embalse para control de las crecidas, embalse de retención

FLOODED AREA; hoya de inundación, zona inundada, área de inundación

FLOODGATE; compuerta de esclusa; compuerta de marea

FLOODING; inundación, aniego

FLOODLIGHT; lámpara proyectante, lámpara inundante; flujo luminoso

FLOODLIGHTING; iluminación proyectada

FLOODWAY; aliviadero de crecidas, cauce de alivio

FLOOR; *(s)*(ed) piso, planta, suelo; alto; (pte) tablero; (presa) zampeado, platea, losa de fundación, (U) carpeta de fundación, (Ch) radier; (canal) plantilla, (A) solera; (dique seco) solera; (geol) baja, bajo, reliz del bajo; (min) piso; lecho; *(v)* entarimar, solar

ARCH; bovedilla

BEAM; (ed) viga, vigueta, tirante; (pte) travesaño, viga transversal, viga de tablero, (M) pieza de puente

BOARD; (auto) table de piso; (cn) varenga

BOARDING; varengaje

BOLT; cerrojo de piso

CHISEL escoplo de calafatear; cincel arrancador

DRAIN; desagüe de piso; desagüe de suelo, (C) caño

FLANGE; (tub) brida de piso

FRAMING; viguería, viguetería, tirantería, (Pan) envigado

HARDENER; (conc) endurecedor de pisos de cemento

HINGE; gozne de piso, charnela de piso

HOPPER; tolva de piso

LOAD; (ed) carga de piso

PLAN; plano de piso, planta del piso

PLATE; (est) plancha para piso; (tub) férula embridada

PLUG; (eléc) clavija de piso

SLAB; losa de piso

STAND; (hid) pedestal de maniobra; (maq) soporte de piso para eje

STRIKE; hembra de cerrojo de piso

SYSTEM; (pte) tablero

TILE; baldosa, loseta, baldosín, (C) loza, (A)(M) mosaico, bloques refractarios para construcción de pisos

TOPPING; (conc) capa de desgaste

FLOORING; material para pisos, entarimado

BRAD; puntilla para entarimado

HATCHET; hachuela de entarimado

NAIL; clavo para pisos, punta para machimbre

PLASTER; yeso para piso (completamente deshidratado)

FLOTATION; flotación, flotaje

GRADIENT; (hid) pendiente de flotación

FLOUR; polvo fino de piedra, (ca) harina

FLOURY; (suelo) harinoso, polvoriento

FLOW; *(s)*(río) caudal, gasto, derrame, flujo, corriente; (Es)(Pe) fluencia; creciente, flujo, *(v)*(río) correr, fluir; subir, crecer

BACK; refluir

CAPACITY; capacidad de conducción

CHANNEL; (ms) canal de escurrimiento

CHART; cuadro de gastos por tuberías

CLEAVAGE; (geol) clivaje de flujo

COEFFICIENT; coeficiente de flujo

CURVE; curva de gastos

IN; afluir

INDEX; (ms) índice de plasticidad

INDICATOR; indicador de caudal, indicador de gasto

LINE; línea superior de la corriente; (embalse) contorno de inundación, curva de ribera

NET; red de percolación, red de flujo

NOZZLE; boquilla madidora de gasto

REGULATOR; regulador de gasto

SHEET; (hid) planilla de flujo; (taller) diagrama del avance

TABLE; mesa de flujo, tablero de fluidez, mesa de ensayos de escurrimiento

TEST; ensayo de flujo

TEXTURE; (geol) textura flúida

TUNNEL; túnel conducto

VALUE; (ms) valor del escurrimiento

FLOWAGE LINE; (represa) curva de inundación, (M) contorno de inundación

FLOW-CONTROL VALVE; válvula reguladora de gasto

FLOWERS OF ZINC; flores de cinc, óxido de cinc

FLOWING WELL; pozo surgente, (M) pozo brotante

FLOW-LINE PIPE; conducto de gravitación, tubería que sigue la pendiente hidráulica

FLOW-LINE VALVE; (pet) válvula de descarga

FLOWMETER; fluviómetro, contador de gasto, medidor de flujo

FLUCAN; (geol) salbanda

FLUE; cañón, tragante, humero, conducto de humo; (cal) tubo, flus
   BRIDGE; altar de humero
   BRUSH; cepillo para tubos de caldera, escobilla desincrustadora
   CLEANER; (cal) limpiador de tubos, limpiatubos
   EXPANDER; ensanchador de tubos, abocinador de tubos, mandril de expansión
   GASES; gases de combustión
   LINING; forro de chimenea
   ROLLER; mandril para tubos de caldera, bordeadora
   SCRAPER; raspador de tubos

FLUE-BEADING HAMMER; martillo para bordear

FLUFFY STRUCTURE; (suelo) estructura harinosa

FLUID; *(s)(a)* flúido
   DRIVE; transmisión hidráulica, transmisión flúida
   OUNCE; onza líquida, onza flúida

FLUIDAL; (geol) flúido, (A) fluidal

FLUIDITY; fluidez

FLUIDMETER; fluidímetro

FLUKE; (andaje) uña, pestaña, oreja

FLUME; canalón, canalizo, saetín, caz, puente canal, canal de madera, acueducto
   METER; medidor para canalón

FLUORESCENT; fluorescente

FLUORIC; fluórico

FLUORIDE; fluoruro, (M) fluato

FLUORINATION; fluoración

FLUORINE; flúor

FLUOR SPAR; espato flúor, fluorita

FLUSH; *(v)* baldear, limpiar por inundación; mover por chorro de agua; (A) a ras, parejo, nivelado
   BOLT; (herr) cerrojo embutido, pasador de embutir
   COAT; (pav) capa superficial de betún
   CURB; (ca) cordón al ras con el pavimento
   DOOR; puerta llana o lisa
   JOINT; junta lisa, junta llana, ensambladura enrasada; (lad) junta llena
   MARKER; marcador enterrado, señal a ras de tierra
   OUTLET; (eléc) toma de embutir, tomacorriente embutido
   PIPE; tubo de baldeo
   RECEPTACLE; (eléc) receptáculo al ras de pared
   RIVET; remache de cabeza rasa
   SASH LIFT; levantaventana embutido
   SEAL; (ca) capa de baldeo, capa final de inundación
   SWITCH; (eléc) interruptor embutido, llave de embutir
   TANK; (ac) sifón de lavado automático, depósito de baldeo, pozo lavador, tanque de inundación
   VALVE; válvula de limpieza automática; (pl) válvula baldeadora, (Es) válvula de aspersión
   WITH; al ras con, a flor de, al ras de, rasante con

FLUSHER; baldeadora

FLUSHING; baldeo
   GUN; (auto) pistola de lavar
   MANHOLE; (ac) pozo de limpieza

FLUSHOMETER; válvula de limpieza automática, (M) fluxómetro

FLUTE; (arq) estría; (fund) cuchara estriadora; *(v)* acanalar, estriar

FLUTED; estriado, arrugado, acanalado, rayado

FLUTING; acanaladura, estría
   PLANE; cepillo acanalador, guillame de acanalar

FLUTTER; (mot) vibración, trepidación

FLUVIAL; fluvial
   SOIL; suelo fluvial

FLUVIO-AEOLIAN; (geol) fluvio-eólico

FLUVIOGLACIAL DRIFT; (geol) fluvioglacial

FLUVIOGRAPH; (hid) fluviógrafo

FLUVIOLACUSTRINE; (geol) fluvioacustre

FLUVIOMARINE; (geol) fluviomarino

FLUVIOMETER; (hid) fluviómetro, fluviógrafo

FLUVIOVOLCANIC; (geol) fluviovolcánico

FLUX; *(s)*(met) fundente, flujo, castina, fluidificante; (ca) fluidificante; (eléc) flujo; *(v)*(ca) fluidificar
   ASPHALT; (ca) asfalto rebajado, (M) asfalto fluxado
   CUTTING; tipo de cortadura por llama de gas
   OIL; aceite fluidificante

FLUXIONAL; (geol) flúido

FLY ASH; ceniza muy fina

FLY-ASH PRECIPITATOR; precipitador de cenizas finas

FLY BLOCK; motón volante

FLYING-ARCH SYSTEM; (tún) método belga

FLYING BUTTRESS; (arg) botarel con arbotante

FLYING LEVEL; (lev) nivelación rápida y aproximada; (inst) tipo de nivel de mano

FLYING SCAFFOLD; andamio voladizo

FLYING SWITCH; (fc) desvío volante, cambio volante, lanzamiento, cambio corrido

FLY LARVAE; (is) larvas de mosca

FLY NUT; tuerca de orejas

FLY PRESS; prensa de volante

FLYWHEEL; volante, (C) rueda voladora

GOVERNOR; (eléc) regulador de volante
GUARD; guardavolante
MAGNETO; magneto de volante
PIT; foso de volante
RIM; llanta de volante
FOAM; *(s)* espuma; *(v)* espumar
COLLECTOR; despumador
FIRE EXTINGUISHER; extinguidor a espuma, apagador a espuma
INSULATION; aislante de espuma
FOAMED CONCRETE; concreto espumado
FOAMED INSULATION; aislamiento espumado
FOAMING COEFFICIENT; coeficiente espumante
FOAMITE; (trademark) fomita
FOCAL; focal
LENGTH; distancia focal
PLANE; plano focal
POINT; foco, punto focal
FOCUS; *(s)* foco; *(v)* enfocar
FOCUSING; enfoque
FOG; nieble
BELL; campana de nieblas
CURING; (lab) curación húmeda, curado con saturación
LIGHT; (auto) lámpara para niebla
ROOM; (lab) cuarto húmedo
SEAL; (ca) capa final de asfalto muy flúido
SIGNAL; señal de nieblas
FOGHORN; bocina de bruma, corneta de niebla
FOIL; *(s)*(met) hoja, lámina
FOLD; *(s)*(geol) pliegue, plegamiento; *(v)* plegar
FOLDING; *(a)* plegadizo, replegable
BRAKE; máquina plegadora de palastro
DOOR; puerta plegadiza
RULE; regla plegadiza, metro plegadizo
FOLIA; (geol) láminas
FOLIATED; (geol) foliado
FOLIATION; foliación
FOLLOWER; (pilote) embutidor, falso pilote, macaco; (prensaestopas) casquillo; (tub) contrabrida; engranaje impulsado; polea mandada; seguidor
RING; (compuerta) anillo seguidor
FOOLPROOF; a prueba de impericia, a prueba de mal trato, indesarreglable
FOOT; (mec) pata, pie; (med) pie; extremo inferior
ACCELERATOR; (auto) acelerador de pie o de pedal
BLOCK; (carp) calzo, zoquete, zapata, zapatilla; (gr) durmiente, durmiente con rangua, portaquicionera, portarrangua
BOLT; cerrojo de pie
BRAKE; (auto) freno de pedal
GUARD; (fc) guardapiés
LATHE; torno de pedal
LEVER; pedal

PASSENGER; peatón, caminante
PLATE; (inst) placa de soporte de los tornillos niveladores
PRESS; prensa de pedal
RULE; regla
VALVE; (bomba) válvula de aspiración, válvula de pie, sopapa, (C) chupón; (pl) válvula de pedal
VALVE AND STRAINER; alcachofa, *(v)* maraca
VISE; tornillo de pedal
FOOTAGE; longitud en pies
FOOT-BLOCK CASTING; (gr) rangua, quicionera
FOOTBOARD; estribo; tabla de piso
FOOTBRIDGE; pasarela puente, puente de peatones, pasadera
FOOT-CANDLE; pie-bujía
FOOT-POUND; librapié, pie-libra
FOOT-SECOND; pie por segundo
FOOTHILLS; colinas, precordillera
FOOTING; cimentación, fundamento, embasamento, zócalo, zarpa, (M) soclo, (V)(C)(A) zapata
FOOTPATH; sendero, vereda
FOOTPRINT; (ca) área de presión del neumático,
FOOTREST; (auto) apoyapié, descansapié, descansadillo
FOOTWALK; acera, andador
FOOTWALL; (min) respaldo bajo, (M) reliz del bajo, (M) tabla de bajo; (B) hastial de piso
FORCE; *(s)* fuerza; *(v)* forzar
ACCOUNT; costo más porcentaje
DIAGRAM; diagrama de fuerzas
FEED; alimentación forzada
FIT; ajuste forzado
MAIN; tubería de impulsión, conducto de impulsión
POLYGON; polígono de fuerzas
PUMP; bomba impelente, bomba impulsora
FORCED-COOLED TRANSFORMER; transformador enfriado por aceite bajo presión
FORCED DRAFT; tiro forzado, aspiración mecánica
FORCED-DRAFT AERATOR; aereador de aspiración mecánica
FORCED-DRAFT COOLING TOWER; torre de enfriamiento de tiro forzado
FORCED-DRAFT FAN; ventilador de tiro forzado
FORCED LUBRICATION; lubricación porpresión, lubricación forzada, engrase por presión
FORCE-FEED LOADER; cargador autoalimentador
FORD; *(s)* vado, paso, vadera
FORDABLE; (lluvia) esguazable, vadeable
FOREBAY; cámara de presión, antecámara, (Es) depósito de carga

FOREBREAST; (min) frente de ataque, frente,
    frontón
FOREHAND WELDING; soldadura directa
FOREHEARTH; antehogar, antecrisol
FORE PLANE; garlopín, garlopa
FOREMAN; capataz, sobrestante, cabo de
    cuadrilla, aperador, (V) caporal, (Ch)
    mayordomo, (Col) capitán
    CARPENTER; jefe de carpinteros, capataz de
    carpinteros
    ERECTOR; jefe montador
FOREPOLING; (min) listones de avance, estacas
    de frente
FORE-SET BEDS; (geol) depósitos al frente
    de un delta
FORESHOCK; temblor preliminar
FORESHORE; playa, ribera
FORESIGHT; visual adelante, mira de frente; lectura
    frontal, (Es) nivelada de adelante
FORESLOPE; (ca) talud interior de la cuneta
FOREST; bosque, selva, monte alto,
    (PR)(Pe) montaña, (Col) montarrón
FORESTATION; arborización, (M) forestación
FORESTER; silvicultor, selvicultor; guardamonte
FORESTRY ENGINEER; ingeniero forestal,
    silvicultor, selvicultor
FORGE; *(s)* fragua, forja; *(v)* fraguar, forjar
    BLOWER; soplador de forja
    SCALE; costra de forjadora, batiduras
    SHOP; forja, taller de forja
    WELDING; soldadura de forja
FORGING; forjadura, fraguado, forja; pieza forjada
    AND UPSETTING MACHINE; máquina de
    forjar y recalcar
    DIE; troquel de forjar
    PRESS; prensa de forjar
FORK; *(s)*(ca) bifurcación; (río) confluencia;
    (balasto) horquilla, horqueta; (mec) horca,
    horcajo; *(v)*(ca) bifurcarse
    BEAM; bao de horquilla
FORKED; ahorquillado
FORM; *(s)*(conc) molde, forma, encofrado;
    (plegar) horma, matriz; (papelería) formulario,
    modelo; *(v)* formar, modelar, moldar
    ANCHOR; (conc) ancla de molde
    CARPENTER; encofrador, carpintero
    de moldaje
    CLAMP; grampa para moldes
    SETTER; (ca) tendedor de moldes
    TAMPER; (ca) pisón para moldes
    TIES; tirantes de moldes
    YARD; plaza de moldaje, cancha de carpintería
FORMATION; (geol) formación
FORMER; formador, matriz
FORMING; (conc) encofrado, moldaje;
    (eléc) formación
    MACHINE; máquina conformadora

    PUNCH; punzón troquelador, punzón
    formador
FORMS; (conc) moldaje, encofrado, moldes,
    (Ch) estructura, (Col) cajón, (C) obra falsa
FORMULA; fórmula
FORMWORK; (conc) moldaje, encofrado
FORTYPENNY NAIL; clavo de 5 pulgadas
FORWARD; *(a)* delantero; *(adv)* adelante;
    (v) remitir, transmitir; reenviar
    TANGENT; (lev) tangente de frente
FOSSIL WATER; (geol) agua connata
FOSTERITE; (trademark)(ais) fosterita
FOUL; *(v)*(bujía) hollinarse; (cordelería) trabarse,
    enredarse; (buque) ensuciarse;
    (maq) ensuciarse; (náut) chocar;
    (a)(cab) enredado, atascado
FOUND; (cons) cimentar, fundar;
    (empresa) fundar, establecer
FOUNDATION; cimiento, fundación, cimentación,
    fundamento
    BED; terreno de cimentación
    BOLT; perno de cimiento, perno de anclaje
    DRAIN; desagüe de cimiento, desagüe
    de fundación
    SLAB; (ed) losa de cimiento, carpeta
    de fundación
    WALL; muro de cimiento, muro de fundación
FOUNDER; *(s)* fundidor; *(v)* hundirse
FOUNDRY; fundición, fundería, taller de fundición
    COKE; coque de fundición
    PIG; fundición gris
    SAND; arena de molde, arena de fundición
    SCRAP; desechos de fundición
FOUNDRYMAN; fundidor, moldeador
FOUR-CHANNEL ARCH; arco de cuatro centros
FOUR-CYCLE ENGINE; motor de cuatro tiempos
FOUR-CYLINDER; de cuatro cilindros,
    tetracilíndrico
FOUR-INCH PIPE; tubo de cuatro pulgadas
FOUR-LANE; (ca) cuadriviaria, de cuatro trochas
FOURPENNY NAIL; clavo de 1 1/2 pulgadas
FOUR-PHASE; tetrafásico
FOUR-PLY; de cuatro capas
FOUR-SIDED; cuadrilátero
FOUR-STAGE; de cuatro grados, de cuatro etapas
FOUR-STORY; de cuatro pisos
FOUR-TUCK SPLICE; (cab) ayuste de cuatro
    inserciones
FOUR-WAY CABLE DUCT; (eléc) conducto
    de cuatro pasos
FOUR-WAY SWITCH; (eléc) conmutador de
    cuatro terminales
FOUR-WAY SYSTEM; (ref) armadura en cuatro
    direcciones
FOUR-WAY VALVE; válvula de cuatro pasos
FOUR-WHEEL BRAKES; frenos en las cuatro
    ruedas

FOUR-WHEEL DRIVE; (auto) impulsión por
    cuatro ruedas
FOX BOLT; perno hendido
FOX WEDGE; contraclavija
FRACTION; fracción
FRACTIONAL; fraccionario, fraccionado
    ANALYSIS; análisis fraccionario
    COMBUSTION; combustión fraccionada
    DISTILLATION; destilación fraccionaria,
    destilación fraccionada
FRACTIONAL-HORSEPOWER MOTOR; motor
    de potencia fraccionada
FRACTIONAL-PITCH WINDING; (eléc)
    devanado de cuerdas
FRACTIONATE; separar por destilación f
    raccionada, fraccionar
FRACTURE; (s) fractura, rotura, (geol) disyunción;
    (v) fracturar
    CLEAVAGE; (geol) fragmentario, fragmentoso
    SPRING; fuente de fisura
FRAGMENTAL; (geol) fragmentario, fragmentoso
FRAME; (s)(ed) armazón, estructura, tirantería,
    esqueleto, entramado; (puerta, ventana) cerco,
    marco, alfajía, (Col) bastidor; (compuerta)
    cero-guía, marco; (cn) cuaderna; (sierra) arco,
    marco, bastidor; (min) cuadro de maderos;
    (maq) bastidor; (mot) armazón; (v)(est) armar,
    ensamblar; (carp) embarbillar,
    (Col) engalabernar; (contrato) redactar
    AND COVER; marco y tapa
    BUILDING; edificio de madera
    CONSTRUCTION; construcción de madera
    DAM; presa armada de maderos
FRAMED STRUCTURE; estructura armada,
    construcción reticulada
FRAMER; armador, esamblador
FRAMEWORK; armazón, tirantería, armadura,
    entramado, esqueleto, reticulado
FRAMING; armadura
    SQUARE; escuadra de ajustar
FRANCHISE; franquicia, privilegio
FRANCIS TURBINE; turbina de reacción, turbina
    tipo Francis
FRAZIL ICE; chispas de hielo
FREE; libre
    AIR PER MINUTE; (compressor) aire libre
    por minuto
    ALONGSIDE (FAS); libre al costado del vapor
    DISCHARGE; descarga libre
    END; extremo libre
    FALL; caída libre
    FIT; ajuste holgado
    FLOW; (hid) gasto sin sumersión, derrame libre
    HAUL; (exc) acarreo libre
    LIME; cal libre
    OF DUTY; libre de derechos, franco
    de derechos

    OF PARTICULAR AVERAGE; (seg) franco
    de avería simple
    ON BOARD (FOB); (tran) libre abordo
    (LAB), franco a bordo (FAB), puesto a bordo,
    puesto sobre vagón, cargado sobre vagón
    PORT; puerto franco
    STORAGE; (fc) almacenamiento gratuito
    STUFF; madera sin nudos
    WATER; (ms)(irr) agua libre o de gravedad
    WEIR; vertedero completo, vertedero libre
    WHEELING; marcha a rueda libre
FREEBOARD; revancha, bordo libre, obra muerta,
    (a) resguardo, (M) margen libre
FREE-BURNING COAL; carbón no aglutinante
FREE-CUTTING; acero de fácil tallado
FREEHAND DRAWING; dibujo a pulso, dibujo
    a mano libre
FREE-MOVING CAPACITY; capacidad de marcha
    libre, capacidad de movimiento sin restricción
FREE-SPOOLING; (mot) de enrollado libre
FREESTANDING; (ed) autoestable
FREESTONE; piedra franca
FREEWAY; (ca) camino de acceso limitado
FREEZE; helar, congelar; helarse, congelarse;
    (maq) aferrarse, agarrarse
FREEZING; (sol) adhesión, pegadura
    MIXTURE; refrigerate, mezcla frigorífica
    POINT; punto de congelación, punto de hielo,
    punto de fluidez (aceite)
FREIGHT; (s) flete, porte; carga, cargo; (v) fletar
    BILL; factura de flete, carta de porte
    CAR; carro de carga, vagón, (M) furgón
    CHARGES; flete
    COLLECT; porte a pagar, flete por cobrar
    ELEVATOR; ascensor de carga, elevador
    de carga, montacargas
    PREPAID; porte pagado
    RATE; tipo de flete, cuota de flete, flete,
    (A) tarifa
    SHED; cobertizo de fletes, galpón de cargas
    STATION; estación de carga, playa de carga
    TRAIN; tren de carga
    YARD; patio de carga, playa de carga
FREIGHTER; fletador; cargador; buque de carga
FRENCH CURVE; (dib) curva irregular,
    (A) pistoleta
FRENCH DRAIN; desagüe de piedra en una zanja
FRENCH TRUSS; armadura Fink con bombeo
    del cordón inferior
FRENCH WINDOW; puerta-ventana
FREQUENCY; (todos sentidos) frecuencia
    CHANGER; convertidor de frecuencia
    METER; frecuencímetro
    REGULATOR; regulador de frecuencia
FRESH; fresco; reciente
    AIR; aire puro
    SEWAGE; aguas negras nuevas

WATER; agua dulce
FRESHET; avenida, crecida
FRESNO SCRAPER; (ot) pala fresno, traílla fresno,
   (M) escrepa fresno
FRET SAW; sierra caladora, segueta
FRIABLE; desmenuzable, friable
FRICTION; fricción, rozamiento, frotamiento, roce,
   rozadura
   BAND; cinta de fricción
   BLOCKS; (turno) almohadillas, calzos
   de fricción
   BRAKE; freno de fricción
   CATCH; (puerta) pestillo de fricción
   COUPLING; acoplamiento de fricción
   DRIVE; impulsión por fricción, accionamiento
   por fricción
   FACTOR; coeficiente de fricción
   FEED; alimentación por fricción
   HEAD; (hid) carga de fricción, carga
   de rozamiento
   HORSEPOWER; potencia perdida por fricción
   INDEX; (ms) índice de fricción
   LOSS; pérdida pro fricción
   PLATE; rozadera
   PULLEY; polea de fricción
   SLOPE; (hid) pendiente de frotamiento
   TAPE; cinta aisladora
   TEST; prueba por fricción
FRICTIONAL HEAT; calor de rozamiento
FRICTIONAL RESISTANCE; resistencia
   de rozamiento, (M) resistencia frotante
FRIEZE; (arg) friso
FRINGE WATER; agua encima de la capa freática
FROG; (fc) corazón, rana, sapo; cruzamiento,
   crucero; (cepillo) cuña, contrahierro;
   (eléc) desvío, cruzamiento aéreo
   ANGLE; ángulo del corazón
   CHANNEL; (fc) canal de cruzamiento
   DISTANCE; (fc) avance, arranque
   NUMBER; (fc) número del corazón
FRONT; (s) frente, (ed) fachada, (cal) testera;
   (a) delantero
   BRICK; ladrillo de fachada
   CHISEL; cortaladrillos
   CONNECTED; conectado por delante
   DUMP; vaciado por delante, descarga por
   el frente
   ELEVATION; alzado delantero, elevación
   frontal, elevación del frente
   END; extremo delantero, delantera
   FOOT; pie frontal, pie de frente
   VIEW; vista frontal, vista del frente,
   vista anterior
   WALL; (ed) muro del frente, muro de fachada,
   lienzo; (cal) testera
FRONTAGE; frente, extensión lineal de frente
FROST; helada; escarcha

BOIL; (ca) ampolla de congelación
HEAVE; (ca) levantamiento por congelación
JACKET; (hidrante) envoltura contra
la congelación
LINE; nivel de penetración de la helada
WEDGE; cuña para tierra helada
FROSTED GLASS; vidrio mate, vidrio deslustrado
FROSTPROOF; a prueba de congelación, a prueba
   de heladas, inhelable, incongelable
FROZEN; helado, congelado
FRUSTUM; tronco
FUEL; (s) combustible; (v) aprovisionar
   de combustible
   CONSUMPTION; consumo de combustible
   ECONOMIZER; economizador de combustible
   EFFICIENCY; eficiencia de combustible
   FILTER; filtro para combustible
   OIL; petróleo combustible, aceite combustible
FULCRUM; fulcro
FULGURITE; (geol)(vol) fulgurita
FULL; lleno; pleno, completo
   CONTRACTION; (hid) contracción complete
   GATE; (turb) paletas totalmente abiertas,
   plena abertura
   LINE; (dib) línea continua, línea llena,
   (Es) línea corrida
   LOAD; plena carga
   PRESSURE; presión máxima
   SIZE; (dib) tamaño real, tamaño natural
   SPEED; toda velocidad
   STATION; (lev) progresiva completa
   (100 pies)
   STEAM; todo vapor
FULL-APRON SPILLWAY; (Ambersen) vertedero
   de lámina adherente, vertedero cerrado
FULL-BENCH SECTION; (ca) sección totalmente
   en corte
FULL-BOTTOM-OPENING BUCKET; (conc)
   capacho de abertura completa inferior
FULL-CENTERED; (arco) de media cña,
   semicircular, de medio punto, de centro pleno
FULL-DIESEL ENGINE; motor Diesel completo
FULLER; (s) copador, degüello, (A) repartidor
FULLER BOARD; cartón de Fuller, cartón comprimido
FULLER'S EARTH; galactita, tierra de batán
FULL-FLOATING; (mec) de plena flotación,
   enteramente flotante, completamente flotante
FULL-FLOW TAP; (hid) injerto a gasto completo
FULL-PITCH WINDING; (eléc) devanado
   diametral, arrollamiento diametral
FULL-REVOLVING; de vuelta completa,
   de rotación completa
FULL-THROTTLE; (mot) a plena admisión, a todo
   motor; a todo vapor
FULL-WAY VALVE; válvula sin restricción, válvula
   de paso de sección completa
FULMINATING OIL; nitroglicerina

FULMINATING POWDER; pólvora fulminante
FULMINIC ACID; ácido fulmínico
FUME; *(v)* humear
    HOOD; (lab) campana de ventilación, sombrete
    para gases
FUME-RESISTANT; resistente a vapores
FUMES; vapores, gases, vahos
FUMIGATION; fumigación
FUNCTION; (mat) función
FUNGICIDE; fungicida
FUNICULAR; funicular
    RAILWAY; ferrocarril funicular
FUNNEL; embudo; (buque) chimenea
    TUBE; (lab) tubo de embudo, tubo embudado
FUR; *(v)* enrasar, enrasillar
FURNACE; horno, fogón, fornalla; (cal) hogar
    LINING; revestimiento refractario del horno
    OIL; petróleo de horno, petróleo de hogar, aceite
    de horno, aceite combustible
    PRESSURE; presión de horno
FURRING; enrasillado, costillaje
    CHANNEL; (ed) canal de enrasillado
    STRIP; listón de enrasar, costilla
    TILE; bloques de enrasillar, bloques rayados
FURROW; (s) surco; *(v)* asurcar, surcar
    IRRIGATION; riego por surcos
FUSE; (s)(eléc) fusible, interruptor fusible;
    (vol) espoleta, mecha, salchicha, (M) cañuela,
    (Ch) guía, (min) cohete; *(v)* fundir, derretir;
    fundirse, derretirse
    BLOCK; (eléc) placa para fusibles, bloque
    de fusibles, portafusible
    CUTOUT; (eléc) cortacircuito de fusible,
    bloque de fusibles
    LINK; cinta fusible, fusible de cinta
    PLUG; tapón fusible, enchufe fusible
    TESTER; probador de fusible
    WIRE; alambre fusible, hilo fusible
FUSEBOARD; cuadro de fusibles, tablero
    de fusibles
FUSIBLE; fusible, fundible
    LINK; eslabón fusible o fundible
FUSION; fusión
    POINT; punto de fusión
    WELDING; soldadura por fusión

GABBRO; (geol) gabro
GABION; (lluvia) gavión, cestón, jaba
GABLE; gabalete, tímpano
    MOLDING; moldeo de gabalete
    ROOF; techo a dos aguas
    WALL; muro de gabalete
GAD; cuña, punzón, piquetilla
GADDER; (quarry) carro de perforadoras
GAG; *(v)* enderezar (rieles)
    PRESS; prenza para enderezar perfiles de acero
GAGE; (s)(río) escala, limnímetro, aforador,
    (Col) mira; (fc) trocha, ancho de vía, entrevía,
    (M) calibre, (V) entrecarril, (C) cartabón;
    (chapa) calibre, espesor; (alambre) calibre,
    calibrador; (est) distancia a la línea de
    remaches; (herr) calibrador, cartabón, calibre;
    (inst) manómetro, marcador, indicador
    de presión; *(v)*(río) aforar; (mam) mezclar con
    yeso mate; (fc) ajustar la trocha; (mec) calibrar,
    escantillar; (náut) arquear
    BAR; (fc) escantillón, gálibo, gabarito, vara
    de trocha
    BLOCK; bloque calibrador
    COCK; llave de prueba, llave de nivel, robinete
    de prueba, llave de comprobación
    GLASS; tubo indicador, vidrio de nivel, columna
    indicadora
    HEIGHT; (hid) altura en la escala
    LINE; (est) eje de remaches, (Es) gramil
    OF RAIL; borde interior de la cabeza del riel
    NOTCH; (hid) escotadura de aforo
    PRESSURE; presión manométrica
    WELL; pozo de limnímetro
GAGER; (lluvia) aforador
GAGING; calibraje; aforo; arqueo
    BLOCK; (barrena) matriz de tamaño
    POLE; varilla graduada
    STATION; (lluvia) estación de aforos, estación
    hidrométrica, estación fluviométrica
GAIN; (carp) muesca, gárgol, caja
GAINING MACHINE; escopleadora, mortajadora
GAL; (geop) gal
GALENA; galena, alquifol
GALENIC; galénico
GALLERY; galería
GALLON; galón
GALLOWS FRAME; horca, castillete, cabria

GALL'S CHAIN; cadena de Gall
GALVANIC; galvánico
GALVANIZE; galvanizar
GALVANIZED SHEETS; chapas galvanizadas,
   (Ch) calaminas
GALVANOMETER; galvanómetro
GALVANOMETRIC; galvanométrico
GAMBREL ROOF; techo a la holandesa
GANG; cuadrilla, equipo, brigada, tanda, (Ch) escuadra
   DRILL; taladro múltiple
   MILL; aserradero múltiple
   PLOW; arado múltiple
   SHEAR; cizalla múltiple
GANG-OPERATED; de maniobra múltiple
GANGPLANK; planchada, pasarela
GANGUE; (min) ganga
GANGWAY; pasillo, pasadera, pasaje; (náut) tilla,
   pasamano, portalón
GANISTER; (geol) especie de arenisca; (met) arcilla
   refractaria para forro de hornos
GANTLET TRACK; vía de garganta, vía traslapada
GANTRY; pórtico
   CRANE; grúa de pórtico, grúa de caballete
GAP; (top) garganta, desfiladero, abra, boca,
   angostura, estrechura, boquilla, bocal,
   portezuelo, (A) estrangulamiento; (eléc)
   intervalo, entrehierro
   GRADING; (topografía) tipo de barranca
   LATHE; torno de bancada partida
GARAGE; garaje, cochera
GARBAGE; basura, residuos
   DIGESTER; digestor de basuras
   DISPOSAL; disposición de las basuras;
   destrucción de basuras
   DUMP; basurero
   GRINDER; trituradora de basuras, moledor
   de basura
   INCINERATOR; incinerador de basuras
   REDUCER; reductor de basuras
GARNET; granate
   PAPER; papel de granate
GARNETIFEROUS; (geol) granatífero
GARNIERITE; garnierita
GAS; gas
   BLACK; negro de humo, (M) negro de gas
   BUOY; baliza luminosa, boya luminosa,
   boya-farol
   BURNER; mechero, quemador de gas
   CARBON; carbón de retorta
   COAL; carbón graso, carbón para gas
   COKE; coque de gas, cok de retorta
   CONCRETE; concreto de gas
   CONDENSER; condensador de gas
   CUTTING; cortadura por soplete de oxígeno
   DETECTOR; metanómetro
   ENGINE; motor de gas; motor de combustión
   FITTER; gasista, gasero, gasfiter

   GENERATOR; generador de gs, gasógeno
   INDICATOR; indicador de gas
   MAIN; cañería principal de gas
   MASK; careta antigás, máscara protectora
   METER; contador de gas, gasómetro, (A) medidor de gas
   PIPE; tubo de conducción de gas, (A) gasoducto
   PLANT; fábrica de gas, (A) usina de gas
   PLIERS; alicates de gasista, pinzas de gasista
   PRODUCER; gasógeno, generador de gas
   SAND; arena gasífera
   SCRUBBER; lavador de gas
   TANK; gasómetro
   TAR; alquitrán de hulla
   THREAD; rosca de tubería
   TRAP; sifón de cloaca
   VENT; ventosa de gas
   WELL; pozo de gas natural
GAS-ELECTRIC DRIVE; propulsión gasolina-eléctrica
GASEOUS; gaseoso
GAS-FIRED; alimentado por gas
GASHOLDER; gasómetro
GASIFY; gasificar
GASKET; empaquetadura, empaque, junta,
   arandela, zapatilla; (tub fund) burlete, anillo de
   asbesto, cubrejunta, (V) collar de vaciado
   CEMENT; cemento para empaquetadura
GASKETING TAPE; empaquetadura de cinta
GASOLINE; gasolina, gasoleno, (Ch) becina, (Ch)(A) nafta
   BLOW TORCH; lámpara a nafta para soldar
   ENGINE; motor de explosión, máquina
   de gasolina, motor a nafta, (Ch) motor a bencina
   GAGE; indicador de gasolina
   LOCOMOTIVE; locomotora de gasolina,
   locomotora a bencina
   PUMP; bomba para gasolina, surtidor de
   gasolina; bomba accionada por motor a gasolina,
   bomba a nafta
   SHOVEL; pala mecánica con motor de gasolina
   TORCH; soplete de gasolina, lámpara de plomero
GASOMETER; gasómetro
GASOMETRIC; gasométrico
GASPROOF; a prueba de gas
GASTIGHT; estanco al gas
GASWORKS; fábrica de gas, (A) usina de gas
GATE; (cerca) tranquera, portón, puerta, portada,
   (C) talanquera; (irr) compuerta; (presa)
   compuerta, portillo; (esclusa) puerta,
   compuerta; (fc) barrera, tranquera de
   cruce; (sierra) marco; (turb) álabe giratorio,
   álabe director, paleta directriz, paleta de
   regulación; (fund) vaciadero
   FRAME; (hid) marco, cerco, cerco-guía
   GUIDES; (hid) guías, deslizaderas, montantes,
   batientes, cárceles
   HOIST; (hid) torno de compuerta, malacate,
   cabria izadora de compuerta, (A) guinche,
   (M) elevador de compuerta

INDICATOR; (turb) indicador de posición de los álabes

LIFT; (hid) elevador de compuerta, alzador de compuerta

OPENING; (hid) vano de compuerta, (A) barbacana

RECESS; (hid) cárcel de compuerta, ranura para compuerta

RING; (turb) anillo regulador

SILL; (hid) umbral de compuerta, busco, durmiente, traviesa de busco, (U) zócalo

STAND; (hid) pedestal de maniobra, (M) malacate

STEM; (hid) vástago de compuerta, varilla de compuerta

VALVE; válvula de compuerta, (Ch) válvula plana, (Col) válvula de cortina, (A) válvula esclusa, (Es) compuerta tubular

GATEHOUSE; (hid) casilla de maniobra de compuertas, caseta de mando de compuertas

GATE-LIMIT DEVICE; (turb) limitador de abertura

GATEMAN; (fc) guardabarrera

GATE-SHIFTING RING; (turb) anillo regulador de los álabes

GATHERING LOCOMOTIVE; (min) locomotora de maniobras, máquina de distribución

GATHERING PUMP; (min) bomba secundaria

GAUGE; véase GAGE

GAULT; terreno arcilloso duro

GAUNTLETS; guantaletes

GAUZE; gasa

GAZOGENE; gasógeno

GEAR; (s) engranaje, engrane, rueda dentada; mecanismo, dispositivo; (V) engranar, encajar

BLANK; tejuelo, blanco

CASE; caja de engranajes, caja de velocidades (auto), caja de transmisión (auto), caja de cambios (auto)

CUTTER; tallador de engranajes, cortadora de engranajes

DOWN; (v) reducir la velocidad con engranajes

GREASE; grasa para engranajes

GUARD; guardaengranaje

LEVEL; (v) engranar sin modificar la velocidad

MILLER; fresador de dientes, fresadora de tallar engranajes

PITCH; paso de engranaje

PULLER; sacaengranaje

RATIO; relación de engranajes, razón de engranajes

ROLLER; máquina formadora de dientes

SHAPER; máquina para cortar engranajes

TRAIN; tren de engranajes

UP; (v) aumentar la velocidad con engranajes

WHEEL; rueda dentada, rueda de engranaje

GEARBOX; caja de engranajes, caja de cambio

GEAR-DRIVEN; accionado por engranaje

GEARED PUMP; bomba de engranaje

GEARING; engranaje

GEARSHIFT; desplazador de engranajes; cambio de velocidades

LEVER; palanca de cambio de velocidades, palanca de cambio de marcha

GEL; material gelatinoso formado por coagulación

GELATIN DYNAMITE; dinamita gelatina, gelatina explosiva

GELIGNITE; (vol) gelignita

GENERAL; general, común

ACCEPTANCE; (com) aceptación libre

AVERAGE; (seg) avería gruesa, avería común

CONTRACTOR; contratista general

EXPENSE; gastos generales

FOREMAN; capataz general, sobrestante general

PLAN; plano general

SPECIFICATIONS; especificaciones generales, pliego general de condiciones, (U) prescripciones generales

SUPERINTENDENT; superintendente general

GENERATE; (eléc) generar; (mec) tallar

GENERATING SET; juego generador, grupo electrógeno

GENERATING STATION; central generadora, planta generadora

GENERATOR; generador

GAS; gas pobre

UNIT; generador con máquina impulsora

GENERATOR-FIELD CONTROL; (elev) control por variaciones en el campo del generador

GENERATRIX; generatriz

GENUINE WROUGHT IRON; hierro forjado legítimo

GEODESIC; geodésico

GEODETIC; geodésico, geodético

AZIMUTH; azimut geodésico

COORDINATES; coordenadas geodésicas

LEVEL; (inst) nivel geodésico

GEO-ELECTRIC SURVEY; estudio geoeléctrico

GEOGRAPHER; geógrafo

GEOGRAPHIC; geográfico

COORDINATES; coordenadas geográficas, latitud y longitud

GEOGRAPHICAL LATITUDE; latitud geográfica

GEOGRAPHICAL MILE; milla marítima

GEOHYDROLOGY; geohidrología

GEOLOGICAL; geológico

ALIDADE; alidada de geólogo

SURVEY; estudio geológico

GEOLOGIST; geólogo

GEOLOGIST'S COMPASS; brújula de geólogo, compás de geólogo

GEOLOGY; geología

GEOMETRIC; geométrico

MEAN; promedio geométrico

GEOMETRICAL RADIUS; radio del círculo primitivo

GEOMETRY; geometría

GEOPHYSICS; geofísica

GEORGIA PINE; pino de hoja larga, pino de Georgia

GEOSTATIC; geostático

GEOTECHNOLOGY; geotecnología
GEOTHERMAL; geotérmico
    ENERGY; energía geotérmica
GERMICIDE; bactericida
GIANT; (hid) lanza, monitor, gigante, (Ch) pistón
    GRANITE; pegmatita
    POWDER; pólvora gigante, dinamita
GIB; chaveta, cuña, contraclavija
    AND COTTER; chaveta y contrachaveta
    PLATE; chaveta
GIB-HEAD KEY; chaveta de cabeza
GILBERT; gilbertio
GILD; dorar, dar brillo
GILL; (mec) aleta; (med) octavo de litro
GILLMORE NEEDLE; aguja de Gillmore
GIMBAL JOINT; junta universal
GIMBALS; soporte cardánico, suspensión universal,
    (cn) balancines de la brújula
GIMLET; barrena, barrenita, gusanillo
    BIT; mecha puntiaguda con espiga ahusada
GIN; poste guúa; molinete, torno de izar
    BLOCK; motón liviano de acero, motón sin cuerpo
    POLE; poste grúa, pluma, grúa de palo
GIRDER; viga, viga maestra, cuartón, trabe, jácena,
    (Col) carrera
    BEAM; viga doble T de ala ancha
    BRIDGE; puente de vigas compuestas
    DOGS; (est) ganchos para izar vigas
    RAIL; riel de tranvía, riel acanalado, riel doble T
GIRT; carrera, correa, cinta, larguero
GIRTH; perímetro, circumferencia
    JOINT; unión de circunferencia, junta circular
GLACIAL; glacial
    DRIFT; acarreos de glaciar
    MEAL; polvo de roca
GLACIATED GRAVEL; grava producida por acción
    de los glaciares
GLACIER; glaciar, ventisquero, helero
GLACIOFLUVIAL; (geol) glaciofluvial
GLACIS; glacis
GLANCE; mineral lustroso
    COAL; antracita, carbón brillante
    COBALT; cobaltina
    COPPER; calcocita
    PITCH; asfalto puro
GLAND; (maq) casquillo del prensaestopas,
    collarín del prensaestopas, cuello; caja estancadora
    PACKING; empaquetadura del casquillo
GLASS; vidrio, cristal
    BRICK; ladrillo de vidrio
    CEMENT; cemento para vidrio
    CUTTER; cortavidrio, tallador de cristal
    DOOR; puerta-vidriera
    FIBER; lana de vidrio
    INSULATOR; aislador de vidrio
    MOLDING; moldura vidriera
    PAPER; papel de vidrio

    TILE; azulejo de vidrio
    WOOL; lana de cristal, lana de vidrio
GLASS-FIBER REINFORCED CEMENT; cemento
    reforzado con lana de vidrio
GLASS-LINED; revestido de vidrio
GLASSY FELDSPAR; feldespato vítreo, sanidina
GLAZE; (s) vidriado, satinado; (v) vidriar; glasear, enlozar
GLAZED BRICK; ladrillo vidriado, ladrillo glaseado
GLAZED TILE; azulejo; baldosa vidriada
GLAZED-TILE PIPE; tubo de barro vidriado, tubo
    de barro esmaltado, tubo de arcilla glaseada
GLAZIER; vidriero
GLAZIER'S CHISEL; escoplo de vidriero
GLAZIER'S HAMMER; martillo de vidriero
GLAZIER'S NIPPERS; gruidor
GLAZIER'S POINTS; puntas de vidriar
GLAZING; vidriería, encristalado; vidriado, esmaltado
    CLIP; presilla para vidrio
    MOLDING; contravidrio, retén de vidrio
GLIMMER; (min) mica
GLIMMERITE; roca micácea
GLOBE; globo, (C) bombillo
    VALVE; válvula de globo, válvula esférica,
    válvula globular
GLORY HOLE; pozo vertedero, (A) embudo sumidero
GLOSSY FINISH; acabado brillante
GLUE; (s) cola; goma; (v) encolar, pegar
    WATER; agua de cola
GLUEPOT; cazo de cola, colero, pote para cola
GLYCERIN; glicerina
GNEISS; gneis, neis
GNEISSIC; gnéisico, néisico
GNEISSOID-GRANITE; ortogneis
GNOMON; gnomon
GOAF; (min) relleno de desechos; cámara llena
    de desechos
GOB; (s)(min) material de desecho abandonado en la
    labor, relleno de desechos; (v) rellenar con desechos
GO-DEVIL; tarugo, diablo;
    (fc) carrito automotor; (pet) raspatubos
GO GAGE; calibre de juego mínimo, calibre que
    debe entrar o dejar entrar
GOGGLES; gafas protectoras, anteojos de camino,
    espejuelos, antiparras
GOLD; oro
    ORE; mineral de oro
    WASHER; lavadero de oro
GOLD-BEARING; aurífero
GONDOLA CAR; carro abierto, góndola, (A) vagón
    de medio cajón, (C) carro de cajón
GONIOMETER; goniómetro
GONIOMETRIC; goniométrico
GOOD WILL; buen nombre, clientela, activo invisible
GOOSENECK; (herr) cuello de cisne, cuello
    de ganso; (gr) herraje del brazo rígido; (pl) tubo en S
    BAR; barra sacaclavos, barra de cuello de cisne
    BOOM; aguilón acodado

DOLLY; sufridera de pipa, sufridera cuello de ganso; sufridera acodada
TRAILER; remolque tipo cuello de cisne
GOPHER HOLE; túnel para voladura
GORGE; cañón, barranca, zanjón, barrancón, apretura, angostura, cajón, (M) resquicio
GOUGE; (s)(herr) gubia; (geol) salbanda; (v) escoplear con la gubia
GOVERN; (maq) regular
GOVERNING POINT; (lev) punto obligado
GOVERNMENT ANCHOR; (est) ancla de pared
GOVERNOR; (mec) regulador; regulador de vapor
ASSEMBLY; conjunto del regulador
BALLS; (mv) bolas del regulador
GRAB; gancho, garfio, arrancador, agarradera, garras, cocodrilo, enchufe o campana de pesca, grampa, mordaza
BUCKET; cucharón de quijadas, (A) balde grampa
HOOK; gancho de retención
SAMPLE; muestra fortuita o sin escoger
GRADATION; graduación
SCREEN; criba graduadora
GRADE; (s) grado, clase, calidad; pendiente, gradiente, declive, cuesta, rampa; rasante, nivel, explanación, plataforma; (v) clasificar, tasar, graduar; (agregado) graduar; (ot) nivelar, explanar, emparejar, allanar, aplanar, enrasar
COMPENSATION; (fc), compensación de la pendiente
CROSSING; paso a nivel, cruce a nivel, cruce de vía, (AC) cruzadilla
LINE; rasante
POINT; (lev) punto de rasante; (ot) intersección de la rasante con terreno primitivo
ROD; (lev) lectura para rasante
SEPARATION; separación de niveles
STAKE; estaca de rasante, estaquilla de nivel
GRADEBUILDER; (trademark)(ec) hoja de empuje angular, constructor de rasantes, cortador de brechas, abrebrechas
GRADED AGGREGATE; agregado escalonado, árido graduado
GRADER; (ec) nivelador, conformador, explanadora, aplanador, (A) llanadora
GRADIENT; pendiente, gradiente
GRADIENTER; (tránsito) accesorio para nivelación
GRADING; clasificación, (agregado) graduación, (M) granulometría; (ot) explanación, nivelación, (Ec) graduación
RULES; reglamento de clasificación
GRADUAL LOADING; cargamento graduado
GRADUATE; graduar
GRADUATED LIMB; limbo graduado
GRADUATOR; graduador
GRAIN; (mad) veta, grano, fibra, hebra; (pólvora) grano; (met) textura; (raspante) finura; (pesa) grano

ELEVATOR; elevador de granos, depósito de granos
TIN; casiterita
GRAM; gramo
GRANITE; granito
BLOCK; adoquín de granito
GRANITE-BLOCK PAVING; adoquinado granítico
GRANITIC; granítico
FINISH; acabado granítico
GRANITIFORM; granitiforme
GRANITITE; (geol) granitita
GRANOLITHIC; granolítico
CONCRETE; concreto granolítico
GRANOPHYRE; (geol) granofiro
GRANT; (s) concesión; subvención; (v) conceder
GRANTEE; concesionario
GRANULAR; granular, granuloso, granoso
DUST; polvo granoso
GRANULATOR; granulador
GRANULE; grava de guijas
GRANULITE; (geol) granulita
GRANULOMETRIC; granulométrico
GRAPH; gráfica, gráfico
GRAPHALLOY; grafito impregnado de metal
GRAPHIC; gráfico
FORMULA; fórmula gráfica
GRANITE; pegmatita
SCALE; escala gráfica
GRAPHICAL STATICS; estática gráfica
GRAPHICS; gráfica
GRAPHITE; (s) grafito, plombagina; (v) grafitar
GREASE; grasa grafítica
PAINT; pintura a grafito, pintura grafitada
GRAPHITIC; grafítico
GRAPHITIZE; grafitar, (A) grafitizar
GRAPNEL; rezón, arpeo, cloque, garabato
GRAPPLE; (s) arpeo, garabato, cloque; (v) agarrar, aferrar
GRAPPLING IRON; arpeo, cloque, rezón
GRASS; (s) yerba, hierba, pasto, grama, césped; (v) enyerbar, engramar, encespedar
GRATE; parrilla, parrilla de hogar, emparrillado
BARS; barras de parrilla, barrotes, (A) grillas
ROCKER; oscilador de parrilla
GRATICULATE; cuadricular
GRATING; emparrillado, rejilla, parrilla, reja, rejado, verja
GRAVEL; (s) grava, ripio, cascajo, fuijo, pedregullo, (V) granzón, (C) granza; (v) enripiar, engravar, ripiar, enguijarrar, (A) engranzar, (V) engranzonar
BAR; casquijo, cascajal, bajío de grava, gravera, cascajero
BIN; depósito para grava, buzón de grava
PIT; mina de grava, cantera de grava, gravera, cascajal, cascajar
PROCESSING; tratamiento de la grava
PROCURING; extracción de grava
RIDDLE; cedazo para grava
ROAD; camino enripiado, camino de grava

SURFACING; enguijarrado, enripiado
GRAVELLY; cascajoso, ripioso, guijoso, guijarroso,
    sabuloso, (M) gravoso
GRAVEL-SAND RATIO; relación grava-arena
GRAVEL-WALL WELL; pozo con filtro de gravilla,
    pozo filtrante, pozo con pared de pedregullo
GRAVER; buril, cincel, gradino
GRAVEYARD SHIFT; (min) tercer y último turno
GRAVIMETER; gravímetro
GRAVIMETRIC; gravimétrico
    SURVEY; estudio gravimétrico
    VALUE; valor gravimétrico
GRAVING DOCK; dique seco, dique de carena
GRAVING TOOL; buril
GRAVITATION; gravitación
GRAVITATIONAL; de gravitación,
    (M) gravitacional
    CONSTANT; constante de gravitación
    WATER; (irr)(ms) agua de gravedad, agua
    de gravitación
GRAVITY; gravedad
    AXIS; (est) eje baricéntrico
    CIRCULATION; (cal) circulación a gravedad
    CONDUIT; conducto por gravitación
    CONVEYOR; transportador a gravedad
    DAM; presa de gravedad, dique a gravedad,
    presa maciza
    FEED; alimentación por gravedad; avance
    por gravedad
    FILTER; filtro de gravedad, filtro a gravitación
    GROUND WATER; (irr) agua freática a gravedad
    HAMMER; martinete, maza
    MIXER; mezclador tipo de gravedad
    RETAINING WALL; muro de contención
    a gravedad
    SECTION; (dique) sección de gravedad, perfil
    de gravedad
    SPRING; fuente de afloramiento
    WALL; muro de contención a gravedad
    WATER; agua de gravedad, agua de gravitación
    YARD; (fc) patio de maniobra por gravedad
GRAY ANTIMONY; antimonio gris, estibnita
    COPPER; teraedrita, cobre gris
    MANGANESE ORE; manganeso gris, manganita
GRAY-CAST IRON; fundición gris
GRAYWACKE; (geol) grauvaca
GRAZING SIGHT; (lev) visual rasante
GREASE; (s) grasa; (v) engrasar
    BAR; (auto) palanquita para engrase de elásticos
    CASE; caja de grasa
    CUP; grasera de compresión, copilla de grasa,
    engrasador
    EJECTOR; eyector de grasa
    EXTRACTOR; extractor de grasa
    GUN; jeringa de grasa, engrasador de pistón,
    pistola de grasa, inyector de grasa, engrasador
    a pistola, engrasadera

PLUG; tapón de grasa
REMOVER; desengrasador
RESERVOIR; cámara para grasa
RETAINER; guardagrasa, retenedor de grasa
RING; anillo de grasa
SEAL; sello de grasa
TRAP; (pl) colector de grasa, separador
de grasa, interceptor de grasa
GREASE-FLOTATION TANK; (dac) tanque para
flotación de grasas
GREASEPROOF; a prueba de grasa
GREASE-REMOVAL TANK; (dac) tanque
eliminador de grasas
GREASING; engrasaje, engrase
GREEN; verde
    CONCRETE; concreto fresco
    COPPER ORE; malaquita
    IRON ORE; dufrenita
    LEAD ORE; piromorfita
    LUMBER; madera verde, madera fresca,
    madera tierna
    MINERAL; malaquita
    SAND; (fund) arena verde
GREENHEART; bibirú; laurel
GREENSAND; (geol) arenisca verde
GREGARIOUS WAVE; onda de oscilación
GRENADE FIRE EXTINGUISHER; extintor
de granada
GRID; (mec) rejilla, parrilla, emparrillado;
    (acumulador) rejilla
    FLAT-SLAB CONSTRUCTION; (conc) losa
    plana con nervaduras cruzadas
    FLOORING; (pte) piso de parrilla
    RHEOSTAT; reóstato de rejilla
    SYSTEM; (poder eléc) parrilla
GRIDIRON; (ds) andamiada de carenaje, parrilla
    TRACKS; (fc) vías de parrilla
    VALVE; corredora de parrilla
GRILL; enrejado, reja
GRILLAGE; (est) cuadrícula, emparrillado,
    cuadradillo, (Col) entramado
GRIND; moler; afilar, amolar; esmerilar;
    (vá) pulimentar, refrentar; (miner) pulverizar
GRINDER; moledora; amoladora, muela, afiladora;
    esmeriladora
GRINDING; molido, molienda; amoladura, afilado;
    esmerilaje, esmeriladura
    OIL; aceite para amolar
    WHEEL; muela, rueda de amolar
GRINDSTONE; muela, afilador, piedra de amolar,
    mollejón, asperón
GRIP; (s)(herr) agarre, agarradero, cogedero, mango,
    puño; (mec) mordaza, garra; (remache) agarre; (v) agarrar
    SHEAVE; garrucha agarradora
GRISOUNITE; grisunita (explosiva)
GRIT; arenilla, (dac) cascajo; (geol) especie
    de arenisca

CHAMBER; tanque desarenador, cámara
desripiadora, arenero
COLLECTOR; colector de cascajo
WASHER; (dac) lavador de cascajo
GRITS; gravilla, sábulo, sablón, (Ch) espejuelo
GRITSTONE; especie de arenisca
GRITTY; de granos angulosos
GRIZZLY; cribón, parrilla, rastrillo, enrejado, criba
GROG; material ya calcinado para fabricación
de refractarios
GROIN; (arq) arista de encuentro, aristón; (op) espolón
VAULT; bóveda de arista
GROINED ARCHES; bóvedas de arista, arcos
de encuentro
GROMMET; arandela de cabo; ojal de metal;
(náut) estrobo; (cab) ojal para cable
LINK; eslabón con anillo de cable
GROOVE; *(s)*(conc)(carp) ranura, gárgol, muesca,
rebajo; (garrucha) canaleta, acanaladura,
garganta; (riel) ranura, garganta, canaleta;
(arq) estría; *(v)* ranurar, acanalar, estriar, muescar
GAGE; calibre de ranuras
RAIL; riel de ranura, carril de canal
WELD; soldadura en ranura
GROOVER; ranurador, acanalador
GROOVING HEAD; (serrucho) fresa rotativa de ranurar
GROOVING MACHINE; ranuradora
GROOVING PLANE; cepillo de ranurar, guillame
macho
GROOVING SAW; sierra ranuradora
GROSS; *(s)*(med) gruesa; *(a)* bruto
AREA; (est) área total (incluyendo agujeros)
AVERAGE; (seg) avería gruesa
COST; costo total
HEAD; (hid) salto bruto, salto total, desnivel
bruto, caída bruta
TON; tonelada bruta, tonelada larga
TONNAGE; tonelaje bruto; arqueo bruto
WEIGHT; peso bruto
GROUND; *(s)* suelo, terreno; (eléc) tierra eléctrica
puesta a tierra, (auto) masa; (mam) rastrel,
plantilla, maestra, listón-guía; *(v)*(eléc) poner a
tierra, conectar a tierra, (auto) hacer masa;
(náut) varar, encallar, zabordar, embarrancarse
CABLE; cable de puesta a tierra, conductor a
tierra, cable de tierra
CIRCUIT; circuito que incluye la tierra
CLEARANCE; luz sobre el suelo
DETECTOR; indicador de pérdidas a tierra
FLOOR; piso bajo, planta baja
GLASS; vidrio despulido, vidrio esmerilado,
cristal deslustrado
ICE; hielo de fondo
LEVEL; nivel del terreno
LEVER; (fc) palanca de tumba
LINE; línea del terreno; (perspectiva) línea
de base, línea fundamental

MORAINE; (geol) morena de fondo, morena
interna
PLAN; planta, icnografía, planimetría
PLATE; (eléc) placa de conexión a tierra;
(carp) durmiente, solera de fondo
ROLLER; (hid) ola de fondo, resaca
SWITCH; interruptor de puesta a tierra
WATER; agua subterránea, aguas freáticas,
(A) aguas telúricas
WAYS; durmientes de grada, varaderas
WIRE; línea de tierra, conductor a tierra,
alambre de masa, (aéreo) alambre de guardia
GROUNDED; (eléc) puesto o conectado a tierra
GROUNDING; (eléc) conexión a tierra;
(náut) varada, encalladura
CONDUCTOR; conductor a tierra
ELECTRODE; electrodo de conexión a tierra
RESISTANCE; resistencia de conexión a tierra
GROUNDMASS; (geol) base vidriosa del pórfido
GROUNDSILL; durmiente, solera de fondo, carrera
de fondo
GROUND-WATER; *(a)* freático
CONTOURS; curvas freáticas
DISCHARGE; descarga freática
DIVIDE; divisoria de las aguas freáticas
MOUND; protuberancia de aguas subterráneas
RIDGE; lomo de agua subterránea
RUNOFF; escurrimiento subterráneo
TABLE; nivel freático
GROUP; *(s)* grupo; *(v)* agrupar
VENT; ventilación en grupo
GROUP-OPERATED; maniobrado por grupos
GROUSER; (mec) garra de zapata, oreja de tracción; pata
GROUT; *(s)* lechada de cemento,
(V) carato de cemento; *(v)* inyectar lechada,
lechadear, enlechar
CURTAIN; cortina de inyecciones
HOLE; barreno de enlechado, agujero
de inyección, perforación para lechada
MACHINE; inyector de lechada, inyector
de cemento, máquina de inyectar
PIPE; tubo de enlechado, caño para inyección
GROUTED-AGGREGATE CONCRETE; concreto
de agregado enlechado
GROUTING; inyecciones, enlechado,
(A) inyecciones cementicias, (M) lechadeado
GROWTH RING; (mad) anillo anual
GRUB; desraizar, desyerbar, desbrozar, descuajar
AXE; picaza, legón
HOE; escardillo, azadón
HOOK; arado desarraigador
SAW; serrrucho para mármol
SCREW; tornillo prisionero, tornillo ranurado sin
cabeza
GRUBBER; deyerbador, arrancador de raíces
GRUBBING; desenraíce, descuaje, deshierbe,
(A) desyuye

GUARANTEE; garantizar, dar fianza
GUARANTOR; fiador
GUARANTY; garantía, caución
GUARD; *(s)*(dispositivo) guardia, resguardo;
    (hombre) guarda, resguardo
    FENCE; (ca) barrera de guardia
    RING; anillo de protección
    STAKE; (lev) estaca indicadora
    TIMBER; (fc) guardarriel exterior, (A) solera
    WALL; (ca) murete de guardia
    WIRE; hilo de guardia, alambre de guardia
GUARDED; (eléc) protegido
GUARDRAIL; (fc) guardarriel, guardacarril, riel
    de guía, guardarrana (corazón), guardaaguja
    (cambio); (ca) barrera de guardia
    BRACE; abrazadera de guardacarril
    CABLE; cable guardacamino
    CLAMP; grampa de guardacarril
    POST; (ca) poste de guardacamino
    STRAND; (ca) torón guardacamino, cabo
    guardacamino
    SUPPORT; (ca) portabarrera
GUDGEON; (mec) gorrón, muñón, macho, turrión,
    pernete; (náut) muñonera, hembra de gorrón,
    encastre de muñón
    PIN; (auto) pasador de émbolo
    SOCKET; encastre de muñón
GUIDE; *(s)*(mec) guía, guiadera, montante,
    deslizadera; *(v)* guiar
    BAR; barra de guía
    BEARING; cojinete de guía
    BLOCK; pasteca
    FRAME; armazón guiadera
    MERIDIAN; (lev) meridiano de guía
    PILE; pilote de guía, estaca directriz
    PULLEY; polea-guía, polea de desviación
    RAIL; (fc) guardarriel; (puerta) riel de guía
    ROLL; (ca) cilindro de dirección, rodillo de guía
    SHEAVE; garrucha de guía
    SHOES; (elev) patines o zapatas de guía
    STEM; espiga guía, vástago de guía
    VANE; (turb) álabe director, paleta fija, paleta
    guiadora, aleta directriz
    WHEEL; rueda guía
GUIDEPOST; (ca) hito, poste de guía
GUILLOTINE SHEAR; cizalla de guillotina
GUILLOTINE VALVE; válvula de guillotina
GULCH; cañada, quebrada
GULF; golfo
GULLET; (hid) canal; (sierra) entrediente, garganta
    TOOTH; (serrucho) diente de lobo, diente
    biselado
GULLY; arroyo, quebrada, cárcava, arroyada,
    (M) barranquilla
GUM; *(s)* goma; (mad) ocozol; *(v)*(aceite) engomarse
GUMBO; especie de suelo arcilloso, gumbo
GUMMER; (serrucho) dentador, rebajador

GUMMY; gomoso, pegajoso, engomado
GUN; (vol) barreno ensanchado por el tiro sin
    romper la roca
    GREASE; grasa para inyector
    METAL; bronce de cañón
GUNCOTTON; algodón pólvora, fulmicotón,
    algodón explosivo
GUNITE; gunita, torcreto, (M) mortero lanzado
GUNPOWDER; pólvora
GUNTER'S CHAIN; cadena de Gunter, cadena
    de agrimensor
GUNWALE; (náut) borda, regala
GUSH; brotar, chorrear, borbollar, borbotar
GUSHER; pozo surgente de petróleo
GUSHING; chorreo
GUSSET; (est) escuadra de refuerzo, cartela,
    esquinero; (tún) corte en V
    PLATE; escuadra de ensamble, placa de unión,
    chapa de nudo, placa nodal, placa de empalme,
    (M) cartón
GUT; estrecho, canalizo
GUTTA-PERCHA; gutapercha
GUTTER; *(s)*(calle) cuneta, arroyo; (techo) canal,
    canalón, canaleta, albedén; (top) cárcava;
    (eléc) canal para alambres
    HANGER; portacanalón
    OFFTAKE; (ca) emisario de la cuneta,
    desembocadura de la cuneta
    SPIKE; clavo para canalones
    TILE; teja danalón
    TOOL; llana de cuneta
GUY; *(s)* retenida, viento, contraviento, obenque,
    tirante, (A) rienda; *(v)* atirantar, contraventar,
    (V) ventear
    CABLE; cabo muerto, contraviento, cable
    de retención; cable para vientos
    CAP; (gr) placa de contravientos
    DERRICK; grúa de contravientos de cable,
    grúa atirantada, grúa de retenidas
    STRAND; (cable de alambre) cabo para
    vientos, cabo de retenida
    WIRE; viento de alambre, retenida de alambre
GYPSUM; yeso, sulfato de calcio, aljez, aljor
    BOARD; cartón de yeso
    KILN; yesería
    PLASTER; revoque de yeso
GYPSUM-FIBER CONCRETE; concreto de yeso
    con agregado de virutas de madera
GYPSYHEAD; molinete, torno exterior
GYPSY WINCH; torno de mano
GYRATORY CRUSHER; trituradora giratoria,
    chancadora giratoria, quebrantadora giratoria,
    machacadora giratoria
GYROMETER; girómetro
GYROSTATIC; girostático
GYROSTATICS; girostática

H

H COLUMN; columna en H
HABITABLE; habitable
HABITAT; habitación, vivienda
HACHURES; (dib) sombreado, hachuras
HACK FILE; lima de cuchilla
HACK HAMMER; martillo para desbastar piedra
HACKMATACK; alerce
HACKSAW; *(s)*(herr) sierra para metales, serrucho
    de cortar metales; (mh) sierra mecánica para
    metal; *(v)* sierra metales, aserrar metales
    FRAME; arco de sierra, marco de segueta,
    codal, bastidor de sierra, (C) armadura
    de segueta
HADE; (geol) recuesto
HAFT; mango, asa, agarradera
HAIL; granizo
HAIR; pelo; cabello
    CRACKS; grietas capilares
    FELT; fieltro de pelo
HAIRSPRING DIVIDERS; compás de precisión
HAIRSTONE; especie de cuarzo
HALF; *(s)(a)* medio
    BEND; (tub) curva de 180°
    HITCH; cote
    PACE; a paso medio
    SECTION; semisección, media sección
    TIDE; media marea
HALF-FULL; medio-lleno
HALF-MOON TIE; traviesa de caras aserradas
    y ancho del tronco completo
HALF-MORTISE HINGE; bisagra medio superficial
HALF-OVAL; medio ovalado
HALF-ROUND; de mediacaña
HALF-S TRAP; sifón en S a 90°
HALF-SURFACE HINGE; bisagra medio superfical
HALF-TRACK;   semicarril, semitractor, (M)
    media oruga
HALITE; halita
HALLWAY; pasadizo, zaguán
HALVED JOINT; (carp) junta a media madera,
    empalme a medias, unión a medio corte
HAMMER; *(s)*(mano) martillo, porilla; (dos manos)
    mandarria, acotillo, comba, maceta, combo,
    destajador, porra, macho, maza; (calafate)
    maceta; (pav) aciche; (mam) piqueta;
    (picapedrero) escoda, alcotana; (de caída)
    maza, pilón, martinete; (maq) golpeteo, golpeo;
    (v) martillar, amartillar; machar; (maq) golpetear

BLOW; martillazo
CRUSHER; triturador de martillos
FALL; cable para manejo del martinete
HANDLE; mango de martillo
HEAD; cabeza de martillo
MILL; trituradora de martillos, molino a
    martillos, chancadora de martillos
SCALE; costra de forjadura, batiduras
SLAG; escoria de fragua
TAMPER; pisón de martillo
TEST; ensayo a martillo
UNION; (tub) unión con orejas para ajuste a
    martillazos
WELD; soldadura a martillo, soldadura de forja
HAMMER-DRESSED; labrado a escoda
HAMMER-FORGE; forjar a martinete
HAMMER-HEAD CRANE; grúa de martillo
HAMMERING; martilleo; (maq) golpeo, golpeteo
HAMMER-TYPE DRILL; perforadora de
    percusión
HAND; (hombre) operario; (inst) aguja, manilla,
    manecilla, índice, puntero; (est) mano;
    (dirección) lado
    AX; hacha de mano, hacha de mango corto
    BRAKE; freno de mano, freno manual,
    BY; a mano, a brazo, a fuerza de brazos,
    a pulso
    CONTROL; mando a mano
    CROSSCUT SAW; serrucho de trozar
    DRILL; barrena de mano, taladro de mano;
    (V) chompa, chompín
    DRILLING; perforación a mano
    FEED; avance a mano, alimentación manual
    HAMMER; porrilla, martillo de mano
    JOINTER; cepillo mecánico de alimentación
    manual
    LABOR; obra de mano, trabajo manual
    LANTERN; farol de mano
    LATHE; torno de mano
    LEVEL; nivel de mano
    MIXING; mezcladura a mano
    OPERATION; maniobra a mano, accionamiento
    a mano
    POWER; fuerza de brazos
    PUMP; bomba de mano, bomba manual
    RIPSAW; serrucho de hilar
    RIVETING; remachadura a mano, roblonado
    a mano
    SCREW; (carp) grapa de madera, prensa
    de madera, (A) sargento de madera
    THROTTLE; (auto) estrangulador manual
    TOOLS; herramientas de mano, herramientas
    manuales
    TRUCK; carretilla, zorra, carretilla para
    depósitos, (A) manomóvil
    VISE; tornillo de mano, entenallas
    WINCH; cabria de mano

HANDBARROW; parihuela, angarillas

HANDBOOK; manual

HANDCAR; carrito de mano, carro de mano,
(A) zorra de vía, (C) cigüeña

HAND-PLACED; colocado a mano, arreglado a
mano, acomodado a mano

HANDHOLE; registro de mano, orificio de
limpieza, agujero manual, agujero de acceso,
portezuelo
TRAP; sifón con orificio de limpieza

HANDLE; *(s)* mango, cabo, astil; cogedero, asa,
agarradera, puño; manigueta, manija; palanquita,
manivela; *(v)* manejar, manipular, maniobrar

HANDLING; manejo, maniobra, manipulación
STRESSES; esfuerzos de manipulación

HANDMADE; hecho a mano

HAND-FIRED; alimentado a mano, cargado a mano

HANDRAIL; baranda, barandal, pasamano, verja,
guardacuerpo

HANDSAW; serrucho, sierra de mano

HANDSHIELD; (sol) guardamano

HANDSPIKE; espeque, palanqueta, palanca de
maniobra

HANDWHEEL; rueda de mano, volante,
volantemanubrio, volante de maniobra

HANDWORK; obra de mano, trabajo manual

HANDYMAN; hombre habilidoso

HANG; *(s)* caída, *(v)* colgar, prender

HANGER; colgadero, barra de suspensión, suspen
sor, péndola; (eje) consola colgante, apoyo
colgante, soporte colgante
BEARING; soporte de gancho
BOLT; pija con cabeza roscada
SCREW; tirafondo para consola

HANGING; colgadizo, suspendido
DOOR; puerta colgante, puerta corrediza
ROAD; camino de media ladera; camino de un
agua, camino de simple vertiente
SCAFFOLD; andamio colgante, andamio
suspendido, (A) balancín
STAIRS; escalera voladiza
STILE; larguero de suspensión, larguero de
bisagra, montante
WALL; (geol) respaldo alto, cubierta del filón,
pendiente, (M) reliz del alto

HANK; *(s)* madeja

HARBOR; puerto
DUES; derechos de puerto, derechos portuarios

HARD; duro
COAL; antracita
HAT; casco
RUBBER; caucho endurecido, ebonita
SOLDER; soldadura fuerte, soldadura amarilla
WATER; agua dura, agua gruesa, agua gorda,
agua cruda

HARD-BURNED BRICK; ladrillo santo, ladrillo
recocho

HARD-DRAWN; estirado en frío, estirado en duro

HARDEN; endurecer, endurecerse

HARDENABILITY; (met) templabilidad

HARDENER; endurecedor

HARDENING; endurecimiento
ACCELERATOR; acelerador de endurecimiento

HARDNESS; dureza; (agua) dureza, crudeza, gordura
INDICATOR; indicador de dureza
NUMBER; índice de dureza
TESTING; ensayo de dureza

HARDPAN; tosca, tierra endurecida,
(M) tepetate

HARD-SURFACING; (sol) revestimiento con
metal duro

HARDWARE; ferretería, cerrajería, herraje
DEALER; ferretero
STORE; ferretería, (Ch) barraca de hierro

HARDWOOD; madera dura

HARDY; tajadera de yunque

HARMONIC; *(s)(a)*(mat)(eléc) armónico
BALANCER; (auto) compensador armónico,
balanceador armónico, amortiguador de
sacudidas

HARROW; *(s)* rastra, grada, rastro, escarificador;
(v) gradar, escarificar, rastrear

HARSH CONCRETE; concreto gureso, hormigón
áspero, concreto agrio

HARSHNESS; (conc) aspereza

HARVEYIZED STEEL; acero harveyizado

HASP; aldaba de candado, broche, portacandado
AND STAPLE; broche y picolete
LOCK; candado de aldaba

HATCH; *(s)*(náut) escotilla; *(v)*(dib) rayar, sobrear,
(Ch) hachurar
COVER; cubierta de escotilla

HATCHET; hachuela, hacheta, destral, machado,
segureta
STAKE; bigorneta de arista viva

HATCHING; (dib) rayado, sombreado,
(Ch) hachuras, (M) achurada

HATCHWAY; escotilla

HAT FLANGE; (tub) brida de copa

HAUL; *(s)* acarreo, transporte; distancia de
transporte, (Ec) tirada; *(v)* halar, acarrear,
transportar; arrastrar

HAULAGE; acarreo, transporte, halaje, arrastre
ROPE; (cable de alambre) cable de tracción

HAULAGEWAY; (min) galería de arrastre

HAULBACK; cable de retroceso, cable de
alejamiento

HAULING; tracción, arrastre; transporte, acarreo,
carretonaje, halaje
DRUM; (cablevía) tambor de tracción, tambor
de traslación
LINE; (cablevía) cable tractor, cable de tracción,
cable de traslación, cable sin fin, (A) cable de
recorrido

SCRAPER; traílla transportadora, pala transportadora

SPEED; velocidad de tiro

HAUNCH; (arco) riñón; (ca) espaldón, banqueta; (presa hueca) ménsula, (C) anca

HAWK; (mam) gamella, tabla portamezcla, esparavel

HAWSER; cable de remolque, calabrote, toa, estacha, guindaleza, sirga

BEND; vuelta de escota, gorupo

THIMBLE; guardachabo de estacha

HAWSING BEETLE; maceta de calafatear

HAWSING IRON; herramienta de calafeatear

HAWSING MALLET; mazo de calafate, maceta de calafatear

HAZARD; peligro

H BEAM; viga H

HEAD; (hid) carga, salto, caída, desnivel, altura, (Col) cabeza; (remache) cabeza; (martillo) cabeza; (riel) cabeza, hongo; (cilindro) fondo, tapa,   culata; (cal) fondo; (semovientes) cabeza; (barril) fondo

BLOCK; (carp) cabecero, cabezal; (martinete) cabezal; (as) cabezal portatronco; (fc) traviesa de cambio

CANAL; canal de aducción, canal de acceso

FLUME; (irr) canaleta de repartición

GATE; compuerta de toma, compuerta de cabecera, compuerta de arranque

HOUSE; (min) caseta de cabezal

LAMP; (auto) farol delantero, reflector

LOSS; (hid) pédida de carga

METER; (hid) contador a carga diferencial

PULLEY; polea motriz

ROD; (fc) barra de chucho

TAPEMAN; (surv) cintero delantero

TOWER; (cablevía) torre de cabeza, torre de máquina

HEADACHE POST; (pet) poste parabalancín

HEADER; (carp) travesaño; cabecero, testera, brochal, atravesaño; (cal) cabezal, colector-cabezal, (A) cabeza de hervidores; (mam) tizón, asta, (Col) llave, (tub) cabezal de tubos

BAR; (ref) barra cabecera

BEAM; cabecero, brochal

COURSE; hilera de tizones, hilada de cabezal, hilada atizonada

HEADFRAME; (min) horca, castillo, marco, caballete de extracción

HEADING; (tún) avance, galería de avance; frente

TOOL; encabezadora de pernos

HEADLAND; promontorio, morro, farallón

HEADLEDGE;   contrabrazola

HEADLIGHT; farol delantero, farol de frente, farola, luz de cabeza, reflector

HEADQUARTERS; oficina central, dirección general

HEADRACE; canal de alimentación, canal de llegada, caz de traida, saetín, (Es) canal de carga

HEADROOM; franqueo superior, altura de paso, altura libre

HEADWALL; cabecera, muro de cabeza, (V) muro de remate

HEADWATERS; nacientes, (Col) cabeceras, (C) cabezada, (Pe) nacimiento

HEADWORKS; obras de cabecera, obras de toma, obras de arranque (canal)

HEAPED CAPACITY; capacidad colmada, capacidad amontonada

HEART; (mad) corazón, alma; (cab) núcleo, alma

HEARTH; (hid) platea, zampeado, contraescarpa, antesolera, (M) delantal; (met) hogar, crisol

HEARTWOOD; madera de corazón

HEAT; *(s)* calor; calefacción; (met) hornada, calda, calentada, turno de fundición; *(v)* calentar, caldear

CAPACITY; capacidad para absorción de calor, capacidad térmica

CONDUCTOR; conductor de calor

CONTENT; contenido de calor

DETECTOR; detector de calor

DISSIPATION; dispersión de calor

ENDURANCE; aguante de calor

ENGINE; máquina térmica

EXCHANGER; intercambiador de calor, (M) cambiador de calor

INSULATION; aislación contra el calor, aislación térmica, revestimiento calorífugo

LOSS; (eléc) pérdida por resistencia

OF COMPRESSION; calor de compresión

OF HYDRATION; calor de hidratación

OF SETTING; (conc) calor del fraguado

OF WETTING; (ms) calor de humedecimiento

PUMP; (aa) equipo de enfriamiento utilazado como calentador

TRANSFER; transferencia de calefacción

TRANSMISSION; transmisión de calor

TREATMENT; tratamiento térmico, tratamiento al calor

UNIT; unidad térmica

UP; *(v)* calentar, recalentar; calentarse, recalentarse

HEAT-ABSORBING GLASS; vidrio absorbente del calor

HEATER; calentador; calorífero; calefactor

HEATING; caldeo; (ed) calefacción; (maq) calentamiento

BOILER; caldera de calefacción

CONTRACTOR; calefaccionista

ELEMENT; elemento de caldeo

LOAD; (aa) demanda para calefacción, carga de calefacción

POWER; potencia calorífica, poder calorífico

SYSTEM; sistema de calefacción
HEAT-RESISTING; resistente al calor, calorífugo
GLASS; vidrio resistente al calor
PAINT; pintura resistente al calor
HEAT-TREATED; tratado térmicamente, tratado al
caldeo, tratado al calor
HEAVE; (s)(min) dislocación; (v)(terreno) levantar
HEAVY; pesado; (plancha) espeso, grueso;
(pendiente) fuerte; (aceite) denso, espeso;
(cons) macizo; (monte)
tupido; (mar) bravo, agitado; (lluvia) fuerte,
torrencial; (tráfico) denso
CONSTRUCTION; construcción pesada
DUTY; servicio pesado
EQUIPMENT; equipo pesado
HARDWARE; ferretería gruesa
HECTARE; hectárea
HECTOMETER; hectómetro
HEDGE; cerca viva
HEEL; (presa) talón, tacón; (mec) dorso, talón,
lomo; (lima) espaldón
BLOCK; (fc) bloque de patas
DOLLY; sufridera de palanca
OF SWITCH; (fc) talón de la aguja
TRENCH; (dique) zanja de talón
HEELPOST; poste de quicio
HEIGHT; altura, alto
OF INSTRUMENT; (surv) altura de la línea de
mira, altura del ojo
HELICAL; hélico, helicoidal
CONVEYOR; transportador helicoidal
GEAR; engranaje espiral, engranaje helicoidal
REINFORCEMENT; armadura helicoidal
HELICOID; helicoide
HELIOGRAPH; heliógrafo
HELIOSTAT; helióstato
HELIOSTATIC; heliostático
HELIOTROPE; helióstato, heliógrafo, heliótropo
HELIUM; (quim) helio
HELIX; hélice
HELMET; casco, casquete
HELPER; ayudante
HELVE; (herr) mango, cabo, astil; (maq) palanca
HEMATITE; hematita, hematites
HEMICELLULOSE; (is) hemicelulosa
HEMIELLIPSOIDAL; semielipsoidal
HEMIHYDRATE; hemihidrato
HEMIMORPHITE; (miner) calamina, hemimorfita
HEMISPHERE; hemisférico
HEMISPHERICAL; hemisférico, semiesférico
HEMLOCK; abeto, pinabete
HEMP; cáñamo, abacá
ROPE; cuerda de cáñamo, cable de cáñamo
HEMP-CLAD CABLE; cable de alambre forrado
de cáñamo
HENRY; henrio
HEPTANE; heptano

HERMETIC; hermético
HERRINGBONE; espiguilla, espina de pescado,
espinazo de pescado
BOND; trabazón de tizones en espiguilla,
aparejo espigado
DRAIN; drenaje de espiguilla
GEAR; engranaje de espinas de pescado,
engranaje doble helicoidal
PINION; piñón doble helicoidal
HERTZ; (unidad de frecuencia) hertzio
HETEROGENEOUS; heterogéneo
HETEROPOLAR; heteropolar
HETEROSTATIC; heterostático
HEW; desbastar, labrar, hachear, dolar
HEWING; desbastadura, doladura, desbaste
HEXAGON; hexágono, exágono
HEXAGONAL; hexagonal, hexágono, exagonal,
exágono
HEXAGON-CENTER NIPPLE; (tub) entrerrosca
con tuerca
HEXANE; hexano
HEXANGULAR; hexángulo
H FRAME; (línea de transmisión) caballete en H
H HINGE; gozne en H
HICKEY; doblador de tubos (eléctricos); casquillo
conectador de artefacto eléctrico
HICKORY; nogal americano
HIDDEN LINES; (dib) líneas ocultadas
HIGH; alto
CONDUCTIVITY; alta conductibilidad
DUTY; alto rendimiento
EXPLOSIVE; explosivo instantáneo
FREQUENCY; alta frequencia
GEAR; (auto) toma directa
LIFT; de alzamiento alto
PRESSURE; alta presión
ROD; (surv) mira extendida
TEMPER; temple vivo
TENSION; alta tensión
TIDE; marea alta, marea llana
WATER; altas aguas; marea alta
HIGH-ALKALI CEMENT; cemento de alta álcali
HIGH-ALLOY STEEL; acero de aleación rica
HIGH-ALUMINA BRICK; ladrillo de alta alúmina
HIGH-ANGLE FAULT; (geol) falla de inclinación
parada (mayor de 45°)
HIGH-BOND MORTAR; mortero de ligazón alta
HIGH-CALCIUM LIME; cal grasa
HIGH-CAPACITY FILTER; filtro de gran
capacidad
HIGH-CARBON STEEL; acero de alto carbono
HIGH-DENSITY CONCRETE; concreto de alta
densidad
HIGH-EARLY-STRENGTH CEMENT; cemento de
fraguado rápido, cemento de alta resistencia
inicial, (M) cemento de alta resistencia a
corto plazo

HIGH-GEARED; de alta multiplicación

HIGH-GRADE; de alta calidad, superior, de primera clase

HIGH-HEAT CEMENT; cemento de calor alto

HIGH-PENETRATION ASPHALT; (ca) asfalto de alta penetración

HIGH-POWER; de gran potencia

HIGH-SPEED STEEL; acero de alta velocidad, acero rápido

HIGH-STRENGTH CONCRETE; concreto de alta resistencia

HIGH-STRENGTH STRUCTURAL BOLTS; pernos estructurales de alta resistencia

HIGH-TEMPERATURE CEMENT; cemento refractario

HIGH-TENSILE STEEL; acero extrafuerte, acero de alta resistencia

HIGH-VOLTAGE AMMETER; amperímetro de alta tensión

HIGH-WATER MARK; línea de la marea alta; línea de aguas altas

HIGHWAY; carretera, camino troncal, camino real
  BRIDGE; puente carretero, puente de carretera, (V) puente de calzada
  CROSSING; cruce caminero
  ENGINEER; ingeniero de vialidad, ingeniero vial
  ENGINEERING; ingeniería vial, ingeniería de caminos
  GUARD; cable guardacarretera; defensa caminera
  TRANSPORTATION; transporte vial

HILL; cerro, alto, colina; loma; otero, altozano; collado, alcor; cuesta

HILLSIDE; ladera, falda

HINGE; (s)(carp) bisagra, gozne, pernio; (mec) charnela, articulación, charnela; (v)(carp) embisagrar, engoznar; (mec) enquiciar, articular
  FAULT; (geol) falla girada
  HASP; portacandado de charnela
  NAIL; clavo para bisagra
  PIN; pasador de bisagra, espiga de bisagra
  PLATE; (est) placa de ensamblaje, placa de pasador, telera

HINGED ARCH; arco articulado, acro rotulado

HINGED DOOR; puerta a bisagra, puerta de charnela

HINGED JOINT; articulación, unión de charnela, junta de bisagra, rotulación

HINGED-LEAF GATE; (hid) compuerta de tablero engoznado, alza de tablero basculante

HINGED-SPRING-RAIL FROG; corazón con carril de muelle engoznado

HINGED VISE; prensa a bisagra, tornillo a charnela

HINGED WINDOW; ventana de bisagra, ventana vatiente

HIP; (techo) lima tesa, (A) aristero, (C) loma

  RAFTER; lima tesa

  ROOF; techo a cuatro vertientes, techo a cuatro aguas, cubierta a copete

HIRE; ajornalar, emplear

HIT-AND-MISS GOVERNOR; regulador a toma y deja, regulador por admisión periódica

HITCH; (cab) vuelta, ahorcaperro; (mec) enganche; (min) muesca

HOARDING; acumulación

HOB; (s) fresa; fresa madre; macho maestro de roscar; (v) fresar
  TAP; macho maestro, macho para hacer hembras de roscar

HOD; cuezo, capacho, cubo
  CARRIER; manobre, peón de albañil
  HOIST; elevador de cuezos

HOE; azada, azadón

HOG; (s) trituradora de madera; (v) triturar (mad); (an) combarse
  ROD; tirante de armadura

HOGBACK; (geol) lomp; (ca) lomo

HOGFRAME; armadura atiesadora longitudinal

HOGGIN; recebo

HOGSHEAD; bocoy, tonel, pipa

HOIST; (s) malacate, torno, torno izador, torno elevador, (Ch) huinche, (A)(U) guinche, (V)(C) winche; montacarga, grúa; (v) izar, alzar, levantar, elevar
  CABLE; (cablevía) cable de izar
  HOOK; gancho de motón, gancho de cable de izar
  RUNNER; maquinista, malacatero, tornero
  TOWER; torre de montacarga

HOISTING; elevación, alzadura, izado
  BLOCK; motón de gancho
  CABLE; cable izador, cable de elevación; cable para izar
  DRUM; tambor de izar, tambor elevador
  ENGINE; malacate, torno, (Ch) huinche, (A)(U) guinche, (V)(C) winche; (pl) máquina de elevación
  LINE; (cablevía) cable izador, cable de elevación, cable de alzar
  SPEED; velocidad de ascenso, velocidad de izar

HOISTWAY; pozo de izar

HOLD; (náut) bodega, cala
  BEAM; bao de bodega
  YARD; (fc) patio de retención

HOLDBACK; (s) restricción, freno

HOLDER-ON; (herr) sufridera, aguantadora, taco de remachar, contrarremachadora; (hombre) sufridor, aguantador

HOLDING DRUM; (gr) tambor de retención

HOLDING GROUND; fondeadero de anclaje seguro, tenedero

HOLDING LINE; (cubeta) cable de retención

HOLDING-UP BAR; (fc) alzaprima de traviesa

HOLDING-UP HAMMER; martillo-sufridera

HOLDOVER STORAGE; (hid) almacenamiento para más de un año

HOLE; (remache) agujero; (lechada) perforación, barreno; (vol) barreno; (ca) bache; (llave) ojo; (prueba) pozo; (top) hoyo; (nudo) agujero; (exc) excavación, cavadura, tajo; (conc) cavidad, hueco; (criba) perforación; (maq) taladro

    GAGE; calibre para agujeros

    SAW; sierra perforadora

    SPOTTER; indicador de agujeros

    THROUGH; (tún) encontrarse las dos labores, (M) comunicarse, (min) barrenarse

HOLLOW; (s) hueco, ahuecamiento; (top) hoyo, depresión; (a) hueco, ahuecado

    BRICK; ladrillo hueco, ladrillo aliviandado

    CORE WALL; pantalla central hueca, diafragma hueco

    DAM; presa hueca, presa de pantalla, (A) dique aligerado

    HEXAGONAL STEEL; acero hexagonal hueco

    METAL DOOR; puerta metálica hueca, (A) puerta metálica a cajón

    MILL; fresa frontal para superficies cilíndricas

    PLANE; cepillo cóncavo, guillame hembra

    PUNCH; sacabocado

    SETSCREW; tornillo prisionero encajado (sin cabeza), perno hueco

    TILE; bloque hueco de arcilla cocida, (V) losa celular

HOLLOW-BACK SAW; sierra de lomo curvo

HOLLOW-CHISEL MORTISER; escopleadora de broca hueca

HOLLOW-HORNING; (mad) huecos de curación

HOLOCLASTIC; (geol) holoclástico

HOLOZOIC; (is) holozoico

HOME OFFICE; oficina matriz

HOME SIGNAL; (fc) señal local

HOMOCLINAL; (geol) homoclinal

HOMOCLINE; homoclinal

HOMOGENEOUS; homogéneo

HOMOGENIZE; homogenizar

HOMOLOGOUS; homólogo

HOMOSEISMAL; homosista, homosísmico

HONE; (s) piedra de afilar, piedra de asentar; rectificador de cilindro; (ca) rastra; (v) asentar; rectificar; (ca) rastrar

HONESTONE; piedra de asentar

HONEYCOMB; (conc) hormigueros, panales, carcomida, (A) nido de abeja; (mad) huecos de curación

    RADIATOR; radiador de colmena, radiador de panalllll

HONING MACHINE; máquina esmeriladora, rectificadora

HOOD; sombrerete, caperuza, cubierta, capota; (auto) cubierta del motor, capó, capote, (M) cofre

HOOD INSULATOR; aislador de caperuza

HOOK; (s) gancho, garifio; (v) enganchar

    AND KEEPER; gancho y hembra, gancho y picolete

    BLOCK; motón con gancho

    BOLT; perno de gancho, tornillo de gancho

    GAGE; escala de gancho

    LADDER; escala de garfos

    PLATE; (tub) portatubo de ganchos, placa de ganchos

    UP; (v)(eléc) acoplar; entrelazar

    WRENCH; llave de gancho

HOOK-AND-EYE TURNBUCKLE; torniquete de gancho y ojo

HOOK-AND-HOOK TURNBUCKLE; torniquete de dos ganchos

HOOK-UP; sistema de conexión

HOOP; (s)(barril) zuncho, aro, anillo, cerco; (ref) zuncho, aro, (M) cincho, (A) estribo, virola; (v) enzunchar, zunchar, anillar, cinchar

    IRON; hierro en flejes, hierro de llanta

    REINFORCEMENT; anillo de refuerzo

HOPPED COLUMN; columna zunchada

HOPPER; tolva, (U)(M) embudo

    BARGE; chalana de compuerta

    CLOSET; inodoro con fondo de tolva

HOPPER-BOTTOM CAR; carro de tolva, vagón tolva, (C) carro de embudo

HOPPER-COOLED; (mot) enfriado por tanque de agua

HORIZON; horizonte

    GLASS; (inst) espejo de horizonte

HORIZONTAL; horizontal

    ALIGNMENT; alineación horizontal

    CHECK VALVE; válvula horizontal de retención

    COMPONENT; componente horizontal

    PLANE; planta horizontal

    PROJECTION; proyección horizontal

    SHEARING STRESS; esfuerzo cortante horizontal

    SHORING; apuntalamiento horizontal

HORN; (auto) bocina; (yunque) pico; (cv) cuerno, asta

    SOCKET; (pet) cono sacabarrena, (M) pescaherramientas abocinado

HORNBEAM; carpe, ojaranzo

HORNBLENDE SCHIST; (geol) hornablenda esquistosa

HORN-GAP SWITCH; interruptor de cuernos apagaarcos

HORNSTONE; especie de cuarzo, piedra córnea

HORN-TYPE LIGHTNING ARRESTER; pararrayos de cuernos, pararrayos de antena

HORNBLENDITE; hornablendita
HORSE; caballo; (carp) caballete, burro, asnillo;
    (est) bastidor, castillete, pila; (v) calafatear
    DOLLY; (est) sufridera acodada
    IRON; (náut) hierro grande de calafatear
HORSEHEAD; (pet) cabezal del balancín; (cons)
    caballete
HORSEPOWER; (HP) caballo de fuerza (c de f),
    caballo de vapor, caballo, (C) caballaje
HORSEPOWER-HOUR; caballo-hora
HORSESHOE; herradura
HOSE; manguera, manga, (A) caño
    BAND; abrazadera para manguera,
    (A) abrazadera para caño
    BIBB; llave de manguera, grifo para manguera,
    canilla para manga
    BUSHING; buje para manguera
    CAP; (tub) tapa con rosca de manguera
    CLAMP; abrazadera de manguera, grampa
    para manguera
    CONNECTOR; conectador de manguera,
    conector de manguera
    COUPLING; manguito para manguera,
    empalme para manguera
    NIPPLE; niple para manguera
    NOZZLE; lanza de manguera, boquilla de
    manguera; (hidrante) toma para manguera
    VALVE; válvula con rosca para manguera
HOSECOCK; apretatubo
HOT; caliente
    APPLIED; aplicado en caliente
    BEARING; cojinete recalentado
    CEMENT; cemento caliente
    CHISEL; cortadera en caliente, cincel para
    metal caliente, tajadera en caliente
    CUTTER; cortador en caliente, tajadera en
    caliente
    ELEVATOR; (ca) elevador del material caliente
    MIX; (asfalto) mezcla en caliente
    PATCH; (ca) remiendo caliente
    PLANT; (ca) equipo mezclador de material
    caliente
    RIVETING; remachado en caliente
    WELL; (mr) depósito de agua caliente
HOT-AIR CURE; curación en aire caliente
HOT-AIR HEATING SYSTEM; sistema de
    calefacción por aire caliente
HOT-BENT; doblado al fuego, doblado en caliente
HOT-DIPPED; bañado en caliente
HOT-DRAWN; estirado en caliente
HOT-FORGED; forjado en caliente
HOT-FORMING; moldeado en caliente
HOT-GALVANIZED; galvanizado al fuego,
    galvanizado en caliente, cincado a fuego
HOT-LAID; (pav) colocado en caliente
HOT-POURED; (ca) colocado caliente, vaciado
    en caliente

HOT-PRESSED; prensado en caliente
HOT-ROLLED; laminado en caliente
HOT-SHORT; (hierro) quebradizo en caliente
HOT-SWAGE; (v) estampar en caliente
HOT-TUBE IGNITION; encendido por tubo
    incandescente
HOT-TWISTED; torcido en caliente, retorcido en
    caliente
HOT-WATER HEATING; calefacción por agua
    caliente
HOT-WIRE AMMETER; amperímetro de hilo
    caliente
HOT-WIRE VOLTMETER; voltímetro de hilo
    caliente
HOT-WORK; (v) labrar en caliente
HOUR; hora
HOUSE; casa, caseta, casilla; (com) casa
    CONNECTION; (agua) acometida, conexión
    domiciliaria, derivación particular, (A) enlace,
    (Col) pluma; (al) cloaca domiciliaria, atarjea
    doméstica, derivación particular, acometida,
    servicio domiciliario; (eléc) conexión particular,
    derivación de servicio, (A) enlace domiciliario
    DERRICK; cabria, cabrestante
    DRAIN; desagüe domiciliario (dentro del edificio)
    SEWAGE; aguas negras, aguas cloacales
    sanitarias, (Pe) aguas caseras, (A) aguas
    residuales domiciliares, (C) albañal
    SEWER; cloaca domiciliaria (fuera del edificio)
    TRACK; vía del galpón de cargas
HOUSING; viviendas, (M) habitación; (carp)
    muesca, encaje; (mec) envoltura, caja, bastidor;
    (auto) cárter
    POLICY; política de viviendas
HOWEL; doladera, (M) tajadera
HOWE TRUSS; armadura Howe
H PILE; pilote de perfil en H
HUB; (rueda) cubo, maza; (tub) campana, enchufe;
    (A) mojón, (M) trompo, (lev) estaca de tránsito;
    (cerradura) cubo
    AND SPIGOT; enchufe y espiga, enchufe y
    cordón, campana y espiga
    END; (tub) extremo acampanado
HUBCAP; (auto) tapacubo, sombrerete, tapón de
    cubo, (C) bocina, (U) taza de rueda
HUE; (s) color; tinte; tono
HULL; casco
HUM; (s)(eléc) zumbido
HUMIC ACID; ácido húmico
HUMID; húmedo
HUMIDIFIER; humedecedor, (A) humidificador
HUMIDIFY; humedecedor, (A) humidificar
HUMIDISTAT; humidistato
HUMIDITY; humedad
    CONTROLLER; (ac) regulador de humedad
    RATIO; (ac) relación de humedad, humedad
    específica

HUMP YARD; (fc) patio de lomo para maniobras
   por gravedad
HUMUS; mantillo, humus
   SLUDGE; (dac) cieno húmico
   TANK; (dac) tanque para cieno húmico
HUNDRED; cien, ciento
HUNDREDWEIGHT; cien libras
HUNTING; (eléc) fluctuación, variación; (maq)
   oscilación, penduleo
   LINK; eslabón de ajuste, eslabón suplementario
   TOOTH; (engranaje) diente suplementario
HURDLE; zarzo, valla
HURDY-GURDY; (hid) especie primitiva de
   turbina de chorro libre
HURRICANE; huracán
HURTER; refuerzo, guarda, defensa
HUSH PIPE; (ac) tubo de baldeo, tubo de sifonaje
HUSK; (s) cáscara; vaina
HVAC; calefacción, ventilación y acondicionamiento
   de aire
HYALOBASALT; basalto vítreo
HYALOLITH; (geol) vidrio volcánico
HYALOPSITE; (geol) vidrio volcánico
HYBRID; (eléc)(geol) híbrido
   BEAM; viga híbrida
HYDRACID; hidrácido
HYDRANT; boca de incendio, boca de agua,
   hidrante, caja de incendio
   WRENCH; llave para boca de agua
HYDRATE; (s) hidrato, hidróxido; (v) hidratar
HYDRATED LIME; cal hidratada, cal apagada
HYDRATION; hidratación
HYDRATOR; hidratador
HYDRAUCONE; cono hidráulico
HYDRAULIC; (a) hidráulico; (v) excavar por
   chorro de agua
   CEMENT; cemento hidráulico
   CLASSIFIER; clasificador hidráulico
   CONDUCTIVITY; conductividad hidráulica
   DREDGE; draga hidráulica, draga de succión
   ENGINEER; ingeniero hidráulico, técnico
   hidráulico, aguañón
   EXCAVATION; excavación hidráulica
   FILL; relleno hidráulico, terraplén depositado
   por agua, (A) refulado
   FLUID; flúido hidráulico
   GATE; compuerta
   GIANT; lanza, monitor
   GLUE; cola resistente al agua
   GOVERNOR; regulador de turbina hidráulica
   GRADE; (ac) altura hidráulica
   GRADIENT; pendiente hidráulica, gradiente
   piezométrico
   JACK; gato hidráulico
   JOINT; junta sellada por agua
   JUMP; brinco hidráulico, salto hidráulico,
   resalto hidráulico

LIFT; alzamiento hidráulico
LIME; cal hidráulica
MEAN DEPTH; radio hidráulico medio
MINING; minería por chorros de agua
MODULUS; módulo hidráulico
OIL; aceite para mecanismo hidráulico
RADIUS; radio hidráulico
RAM; ariete hidráulico
REGIMEN; régimen hidráulico
SCRAPER; pala hidráulica de arrastre, traílla
   hidráulica
SLOPE; pendiente hidráulica, línea de carga
SLUICING; transporte hidráulico, movimiento
   de tierra por agua, acarreo hidráulico, laboreo
   hidráulico
VALVE; válvula accionada hidráulicamente;
   válvula para alta presión
HYDRAULICALLY OPERATED; accionado
   hidráulicamente; de manejo hidráulico, de
   manipulación hidráulica
HYDRAULICS; hidráulica, hidrotecnia, técnica
   hidráulica
HYDRIC; hídrico
HYDRIDE; hidruro
HYDROBAROMETER; hidrobarómetro
HYDROCARBON; hidrocarburo
HYDROCHLORATE; hidroclorato, clorhidrato
HYDROCHLORIC ACID; ácido hidroclórico
HYDROCHLORIDE; hidrocloruro
HYDRODYNAMIC; hidrodinámico
HYDRODYNAMICS; hidrodinámica
HYDRODYNAMOMETER; dinamómetro
   hidráulico
HYDROELECTRIC; hidroeléctrico
   DAM; presa para energía eléctrica
   DEVELOPMENT; aprovechamiento
   hidroeléctrico
   POWER; fuerza hidroeléctrica, energía
   hidroeléctrica
   POWER PLANT; central hidroeléctrica, planta
   hidroeléctrica, (A)(U) usina hidroeléctrica
HYDROEXTRACTOR; hidroextractor
HYDROGEN; hidrógeno
   CHLORIDE; cloruro de hidrógeno
   OXIDE; óxido hídrico
   SULFIDE; sulfuro de hidrógeno
HYDROGEN-ION CONCENTRATION; (is)
   concentración hidrogeniónica
HYDROGEN-ION METER; (is) medidor de pH
HIDROGENATE; hidrogenar
HYDROGENATOR; tanque hidrogenador
HYDROGENOUS; hidrogenado
HYDROGEOLOGY; hidrogeología
HYDROGRAPH; gráfico hidráulico, gráfico
   fluviométrico, (A) hidrograma, hidrógrafo
HYDROGRAPHIC SURVEY; levantamiento
   hidrográfico

HYDROGRAPHY; hidrografía
HYDROKINETIC; hidrocinético
HYDROLOGIC; hidrológico
HYDROLOGY; hidrología
HYDROLYSIS; hidrólisis
HYDROLYTE; hidrolita
HYDROLYTIC; hidrolítico
HYDROMECHANICAL; hidromecánico
HYDROMECHANICS; hidromecánica
HYDROMETALLURGY; hidrometalurgia
HYDROMETEOROLOGY; hidrometeorología
HYDROMETER; areómetro, densímetro
HYDROMETRIC; hidrométrico
HYDROMETRY; (hid) areometría
HYDROPHILIC; hidrófilo
HYDROPHONE; hidrófono
HYDROPHORE; hidróforo
HYDROPNEUMATIC; hidroneumático
HYDROSEPARATOR; (trademark) hidroseparador
HYDROSILICATE; hidrosilicato
HYDROSTAT; indicador del nivel del agua
HYDROSTATIC; hidrostático
    DRIVE; accionamiento hidrostático
    EXCESS PRESSURE; (ms) sobrepresión hidrostática
    PRESS; prensa hidrostática
HYDROSTATICS; hidrostática
HYDROSULPHIDE; hidrosulfuro
HYDROSULPHITE; hidrosulfito
HYDROTACHYMETER; hidrotaquímetro
HYDROTHERMAL; hidrotermal, hidrotérmico
HYDROTIMETER; hidrotímetro
HYDROTIMETRIC; hidrotimétrico
HYDROTIMETRY; hidrotimetría
HYDROUS; hidratado, hidroso
HYDROXIDE; hidróxido
HYETAL; pluvial
HYETOGRAPH; mapa pluviométrico; pluviómetro registrador
HYETOMETER; pluviómetro
HYGIENE; higiene
HYGIENIC; hegiénico
HYGROMETER; higrómetro
HYGROSCOPE; higroscopio
HYGROSCOPIC COEFFICIENT; (irr) coeficiente higroscópico
HYGROSCOPIC WATER; (irr) agua higroscópica
HYGROSTAT; higróstato
HYGROSTATICS; higrostática
HYGROTHERMAL; higrotérmico
HYGROTHERMOGRAPH; higrotermógrafo
HYPERBOLA; hipérbola
HYPERBOLIC; hiperbólico
HYPERBOLOID; hiperboloide
HYPEREUTECTOID STEEL; acero hipereutéctico
HYPOCHLORINATOR; hipoclorador
HYPOCHLORITE; hipoclorito

HYPOCHLOROUS; (quim) hipocloroso
HYPOEUTECTOID STEEL; acero hipoeutéctico
HYPOID; (a)(maq) hipoidal
    GEAR; engranaje hipoidal
HYPOSULPHITE; hiposulfito
HYPOTENUSE; hipotenusa
HYPOTHESIS; hipótesis
HYPSOGRAPHY; hipsografía
HYPSOMETER; hipsómetro
HYPSOMETRY; hipsometría
HYSTERESIS; (mat)(eléc) histéresis
    COEFFICIENT; coeficiente de histéresis
    LAG; atraso histerético
    LOOP; lazo de histéresis
    LOSS; pérdida por histéresis
    METER; indicador de pérdida por histéresis
HYSTERETIC; histerético

I

I-BAR; barra I

I-BEAM; viga I, viga doble T, perfil doble T, tirante I, viga laminada, viga de acero

ICE; hielo
APRON; guardahielo, tajamar
CHUTE; (hid) conducto para hielo
FLOE; témpano de hielo, banco de hielo
JAM; atascamiento de hielo
POINT; punto de congelación
PRESSURE; presión de hielo, empuje de hielo

ICEBREAKER; rompehielos

IDLE; (v)(maq) marchar en vacío
CURRENT; (eléc) corriente desvatada

IDLER CAR; (fc) carro separador

IDLER PULLEY; polea de guía, polea tensora, polea muerta, polea loca

IDLER ROLLER; rodillo loco

IDLER SHAFT; eje loco

IDLER WHEEL; rueda loca, rueda guía

IGNEOUS ROCK; roca ígnea, roca eruptiva, roca volcánica

IGNITABLE; (a) inflamable

IGNITE; inflamar, encender; inflamarse, encenderse; incinerar

IGNITION; ignición; inflamación, encendido
COIL; bobina de encendido
COMPONENT; componente de encendido
LAG; retardo de la inflamación
POINT; punto de combustión, punto de inflamación
STROKE; carrera de encendido
SWITCH; interruptor del encendido
TIMING; distribución del encendido
WRENCH; llave para encendido

I/I ANALYSIS; análisis de infiltración a una red cloacal

ILLUMINATING ENGINEERING; ingeniería de iluminación, (A) luminotecnia

ILLUMINATING GAS; gas de alumbrado, gas rico

ILLUMINATION; iluminación

IMBRICATED; imbricado, encaballado, sobrepuesto

IMHOFF CONE; (dac) cono Imhoff

IMHOFF TANK; (dac) tanque Imhoff

IMMERSE; sumergir

IMMERSION HEATER; (eléc) hervidor de inmersión, calentador de inmersión

IMMISCIBLE; no mezclable

IMPACT; impacto, choque
FACTOR; factor de impacto
LOAD; carga de impacto
LOSS; (hid) pérdida por choque
METER; (hid) contador de choque
MILL; molino de impacto
PRESSURE; presión debida al impacto
RESISTANCE; resistencia al impacto
STRENGTH; resistencia a los impactos
STRESS; esfuerzo debido al impacto
TEST; ensayo al choque, ensayo de golpe, prueba de impacto
WRENCH; llave de choque, llave de golpe, llave de impacto

IMPEDANCE; (eléc) impedancia
COIL; bobina de reacción
DROP; caída por impedancia
METER; impedómetro

IMPELLER; impulsor, propulsor, rodete
PUMP; bomba impelente, bomba de impulsor
SHAFT; eje del impulsor

IMPERIAL GALLON; galón imperial

IMPERMEABILITY; impermeabilidad

IMPERMEABILITY FACTOR; factor de impermeabilidad

IMPERMEABLE; impermeable

IMPERVIOUS; impermeable, estanco

IMPOST; (arq) imposta

IMPOUND; (hid) embalsar, represar, captar, acorralar, (Es) remansar

IMPOUNDING; captación, embalse
DAM; presa de embalse, dique de represa, presa de retención, dique de captación
RESERVOIR; embalse, depósito de captación, embalse de retención

IMPREGNATE; impregnar

IMPROVED PLOW STEEL; acero de arado superior, acero mejorado para arado

IMPROVED ROAD; camino mejorado, camino afirmado

IMPROVED SUBGRADE; subrasante mejorado

IMPULSE; impulso, impulsión
LINE; línea de impulsión, línea de acción
TURBINE; (hid) turbina de impulsión, turbina de acción, turbina de chorro libre, turbina Pelton

IMPURITIES; impurezas

IMPURITY; impureza

INCANDESCENCE; incandescencia

INCANDESCENT LAMP; lámpara incandescente, bombilla, lamparilla, (Ch) ampolleta, (C) bombillo, (Col)(Pan) foco incandescente

INCANDESCENT LIGHT; luz incandescente, luz candente

INCH; pulgada

INCHING SPEED; avance lento, avance por pulgadas

INCH-POUND; pulgada-libra

INCIDENCE; incidencia
INCINERATE; incinerar
INCINERATOR; incinerador, horno incinerador, horno crematorio
INCLINATION; inclinación, buzamiento
    GAGE; indicador de inclinación
INCLINE; *(s)* declive, rampa
    FAULT; (geol) falla inclinada, (A) falla diagonal
    FOLD; (geol) pliegue inclinado
    LIFT; alzamiento inclinado
    PLANE; plano inclinado
INCLINED-AXIS MIXER; camión con mezcleo inclinado
INCLINOMETER; clinómetro, inclinómetro
INCLUDED ANGLE; ángulo incluso, ángulo compredido
INCLUSION; (geol)(mec) inclusión
INCOLONEL; (trademark) aleación de 80% niquel, 13% cromo, 6.5% hierro
INCOMBUSTIBLE; incombustible
    CONSTRUCTION; construcción incombustible
    MATERIAL; material incombustible
INCOMPATIBLE FLUIDS; fluídos incompatibles
INCOMPETENT GROUND; (geol) terreno no competente, suelo incompetenete
INCOMPLETE COMBUSTION; combustión incompleta
INCOMPRESSIBLE; incompresible
INCORPORATE; incorporar; incorporarse
INCREASER; (tub) aumentador, tubo cónico de unión
INCREASING GEAR; engranaje multiplicador
INCREMENT; incremento
    BOROR;   calador para árboles
    LOADING; cargamento incremental
INCRUSTANT; *(s)* incrustante
INCRUSTATION; incrustación, escamación
IN-CURVE EDGER; canteador cóncavo
INCUBATOR; (is) incubadora
INDEMNIFY; indemnizar
INDEMNITY; indemnización, indemnidad
    BOND; contrafianza
INDENT; indentar, dentar
INDENTED; dentado
    BAR; barra dentada
    BOLT; perno dentado
    WIRE; alambre dentado
INDENTATION HARDNESS; dureza a indentación
INDEPENDENT; independiente
    CHUCK; mandril de mordazas independientes
    WIRE ROPE CORE; núcleo de cable metálico
INDETERMINATE PLANE STRUCTURE; estructura plana indeterminada
INDEX; *(s)*(inst)(mec)(mat) índice; *(v)*(mec) espaciar, graduar
    HEAD; cabezal divisorio

    OF REFRACTION; índice de refracción
    PLANE; (geol) plano de referencia
INDIA INK; tinta china
INDIA OILSTONE; piedra India
INDICATED; indicado
    HORSEPOWER; fuerza indicada en caballos
    LOAD; carga indicada
INDICATING; indicador
    BOLT; perno indicador
    FLOOR STAND; (hid) pedestal de maniobra indicador
    GAGE; calibre indicador
    LIQUID-LEVEL METER; (dac) indicador de nivel de líquido
INDICATION; indicación
INDICATOR; (mec)(quim) indicador
    BOARD; cuadro anunciador
    CALIPERS; calibre indicador
    CARD; (mot) gráfica del indicador
    COCK; llave indicadora
    DIAGRAM; (mot) diagrama del indicador
    POST; poste indicador
    SOLUTION; (is) solución indicadora
INDIRECT; indirecto
    LIGHTING; alumbrado indirecto, alumbrado reflejado
    WASTE PIPING; (is) tubería de desagüe indirecta
INDISSOLUBLE; indisoluble
INDOLE; (is) indol
INDOOR TRANSFORMER; transformador tipo interior
INDRAFT; corriente hacia dentro
INDUCE; inducir
INDUCED AIR; aire inducida
INDUCED BREAK-POINT CHLORINATION; (pa) producción de residuo libre disponible por adición de amoníaco antes de clorar
INDUCED CURRENT; corriente inducida, corriente inductiva
INDUCED DRAFT; tiro inducido, tiro aspirado
INDUCED-DRAFT COOLING TOWER; torre de enfriamiento de tiro inducida
INDUCED FEED-WATER HEATER; calentador inducido
INDUCED VOLTAGE; voltaje inducido
INDUCED-DRAFT FAN; ventilador eductor, ventilador aspirador
INDUCTANCE; (eléc) inductancia
    LOSS; pérdida por inductancia
INDUCTION; inducción
    AERATOR; aerador de inducción
    BALANCE; balanza de inducción
    COIL; bobina inductora, carrete de inducción
    GENERATOR; generador asincrónico, generador de inducción
    FLOW; flujo por aspiración

HARDENING; (met) endurecimiento por inducción

MACHINE; máquina de inducción

METER; contador de inducción

MOTOR; motor de inducción

PERIOD; periódo de inducción

REGULATOR; regulador de inducción, regulador de voltaje por inducción

INDUCTIVE; inductivo, inductor

LOAD; (eléc) carga inductiva

INDUCTIVITY; inductividad

INDUCTOR; inductor

INDURATE; endurecer

INDUSTRIAL; industrial

CAR; vagoneta, carro decauville

INSURANCE; seguro contra accidentes de trabajo

RAILWAY; ferrocarril industrial

SEWAGE; aguas cloacales industriales

TRACK; vía decauville, vía angosta, línea decauville, carrilera industrial

WASTES; desperdicios industriales

INDUSTRY; industria

INEFFICIENT; ineficiente

INELASTIC ACTION; acción no elástica, (M) acción inelástica

INEQUALITY; desigualdad

INERT; inerte

INERTIA; inercia

INERTIA-PRESSURE GAGING; (hid) aforo por procedimiento inercia-presión

INFECTED WATER; agua infectada

INFECTION; infección

INFEED; (mt) avance normal o radial

INFERENTIAL METER; (hid) contador tipo ilativo

INFILTRATION; infiltración

GALLERY; galería de infiltración, galería de captación

WATER; (ac) agua infiltrada

INFINITE; infinito

INFLAMMABLE; inflamable

INFLATE; inflar

INFLECTION POINT; punto de inflexión

INFLOW; caudal afluente, afluencia, influjo, aporte, caudal afluído, aportación, aflujo

INFLUENCE LINE; línea de influencia

INFLUENT; afluente, influente, incurrente

GROUND WATER; agua freática afluente

SEEPAGE; percolación afluente

STREAM; arroyo afluente

INFRARED; infrarrojo

INFRASTRUCTURE; infraestructura

INFRINGE; (patente) infringir; violar

INFUSIBLE; infusible

INFUSORIAL EARTH; tierra infusoria, tierra de infusorios

INGOT; lingote, tocho

IRON; hierro dulce, hierro de lingote

MOLD; lingotera

OF COPPER; galápago

INGREDIENT; ingrediente

INGRESS; ingreso, acceso

INHALATOR; inhalador, inspirador

INHAUL; (cablevía) cable de aproximación, cable de acercamiento, cable de tracción de retorno

INHERENT ASH; ceniza inherente

INHIBITOR; inhibitor, prohibidor, impedidor

INITIAL; inicial

CHARGE; cargo inicial, cargo de instalación, cargo original

SET; fragua inicial, fraguado inicial

STRESS; esfuerzo inicial, prefatiga

INJECT; inyectar

INJECTION; inyección

INJECTION-GNEISS; (geol) migmatita

INJECTOR; inyector

INK IN; (dib) entintar

INLAND WATERWAY; vía de navegación interior

INLAY; (v) embutir, incrustar

INLET; toma, boca de entrada, boca de admisión, tomadero; caleta, estuario

PIPE; tubo de admisión, tubo de entrada, tubo de llegada

PRESSURE; presión de toma, presión de entrada

VALVE; válvula de entrada, válvula de admisión

WELL; (ac) pozo de entrada

INNER; interior

CASING; envoltura del interior

TUBE; cámara, tubo interior, (Col) manguera, (V) tripa

INOCULATION; (is) inoculación

INORGANIC; inorgánico

COATING; revestimiento inorgánico

WASTES; desechos inorgánicos

INPHASE; (eléc) de la misma fase

COMPONENT; componente vatada

INPUT; (mec) consumo, gasto, energía absorbida, potencia consumida

SHAFT; eje impulsor

INSERT; (s)(conc) encastre, insertado, (Col) aditamiento; (mec) guarnición, inserción

INSERTED NUT; tuerca insertada

INSERTED-TOOTH MILLING CUTTER; fresa de diente postizos

INSERTED VALVE SEAT; asiento de válvula insertado

INSIDE; (s) interior; (a) interior; (adv) dentro, adentro

CALIPER; compás para el interior

DIAMETER; diámetro interior

LAP; (mr) recubrimiento interior

LEAD; (mr) avance del escape

LINING; revestimiento del interior
MEASUREMENT; medida interior, medida por
dentro
SCREW; (vá) rosca interior
WIDTH; anchura del interior
IN SITU; colocación original, en lugar
INSLOPE; (ca) talud interior de la cuneta
INSOLUBLE; insoluble
INSOLVENT; insolvente
INSPECT; inspeccionar, revisar, examinar
INSPECTING ENGINEER; ingeniero inspector
INSPECTION; inspección, revisión, registro
BOX; caja de visita, registro, caja de acceso
CHAMBER; cámara de visita
GAGE; calibre de inspección
GALLERY; galería de inspección, galería de
visita, galería de revisión
HOLE; orificio de revisión
SHAFT; chimenea de visita
WELL; pozo de visita, pozo de revisión
INSPECTOR; inspector, revisador, (U) sobresante
INSPIRATOR; (mec) inspirador
INSTABILITY; (est)(quim) inestabilidad,
instabilidad
INSTALL; instalar, poner en obra
INSTALLATION; instalación, puesto en obra,
colocación
INSTALLED CAPACITY; potencia instalada, (Es)
caballos de establecimiento
INSTANTANEOUS; *(a)* instantáneo
CURRENT; (eléc) corriente momentáneo
PEAK; (eléc) pico momentáneo
STORAGE; (hid) almacenamiento momentáneo
INSTITUTIONAL SEWAGE; aguas residuales de
establecimientos públicos
INSTRUMENT; instrumento
BOARD; (auto) panel de instrumentos, tablero
de instrumentos
MAN; (surv) instrumentista, encargado del
tránsito (o del nivel), (M) topógrafo, (Es)(A)
operador
PANEL; cuadro de mandos
INSULATE; aislar
INSULATED WIRE; alambre aislado, alambre
forrado
INSULATING; aislador, aislante
BOARD; tablilla aislante, tabla aisladora
BUSHING; manguito aislador, tubo de aislación,
boquilla aisladora
COMPOUND; compuesto aislador
CONCRETE; concreto aislador
FELT; fieltro de aislación
GLASS; vidrio aislador, cristal aislador
OIL; aceite aislante
SLEEVE; manguito aislador, manguito aislante
TAPE; cinta aislante, cinta de aislar, (Ch)
huincha aisladora, (C) teipe eléctrico

VARNISH; barniz aislador
INSULATION; aislamiento, aislación, forro
aislante
BOARD; tablilla aislante
RESISTANCE; resistencia de aislamiento
INSULATOR; aislador
BRACKET; portaaislador
PIN; espiga de aislador, estaquilla de aislador
INSURANCE; seguro
ADJUSTER; asesor de avería
CARRIER; compañía de seguros
CONTRACT; contrato de seguros
POLICY; póliza de seguro
PREMIUM; prima de seguro, premio de seguro
RATE; tipo de seguro
INSURE; asegurar
INSURED; *(s)* asegurado
INSURER; asegurador
INTAKE; (hid) toma, bocatoma, tomadero, arranque
(canal), cabecera (canal); (mv) admisión; (min)
galería de ventilación
GATE; compuerta de toma
MANIFOLD; múltiple de admisión, tubería
múltiple de toma
OPENINGS; (hid) lumbreras de toma, vanos
de toma
PIPE; tubo de llegada, tubo de admisión
TOWER; (hid) torre de toma
VALVE; válvula de admisión
WORKS; (hid) obras de toma, (Pe) obras
de captación; dispositivos de toma
INTEGRAL; *(s)*(mat) integral; *(a)*(mec)
enterizo
CEMENT FLOORING; piso de acabado
monolítico
CURB; cordón monolítico con el pavimento
WATERPROOFING; impermeabilización por
compuesto hidrófugo
INTEGRAPH; intégrafo
INTEGRATE; *(v)* integrar
INTEGRATING METER; contador integrador
INTEGRATION; integración
INTEGRATOR; integrador
INTEGRITY TEST; prueba de integridad
INTENSIFIER; intensificador, intensador
INTENSITY; intensidad
INTERCEPT; interceptar
INTERCEPTING; interceptador
CHANNEL; canal interceptador
DITCH; contracuneta, cuneta de guardia
DRAIN; desagüe interceptador
SEWER; cloaca interceptora, alcantarilla
interceptadora, colector
INTERCEPTION; (hid) interceptación, (Pe)
intercepción
INTERCEPTOR; cloaca interceptadora; (pl)
interceptador; (cal) separador de vapor

INTERCHANGE; *(s)* intercambio; (ca) sistema de
intercambio de tráfico sin cruzar a nivel; *(v)*
intercambiar
TRACK; vía de intercambio
INTERCHANGEABLE; intercambiable
INTERCHANGER; intercambiador
INTERCONDENSER; intercondensador, condesador
intermedio
INTERCONNECT; interconectador
INTERCONNECTION; interconexión
INTERCOOLER; interenfriador, enfriador intermedio
INTERFERENCE; (eléc)(mec)(hid) interferencia
INTERGRIND; moler juntamente
INTERIOR; interior, interno
ANGLES; ángulos interiores
DIFFERENTIAL NEEDLE VALVE; válvula
de aguja gobernadora por presiones
diferenciales interiores
INTERLAP; intersolapar
INTERLOCK; *(s)*(mec)(eléc) enclavamiento,
trabado; *(v)* entrelazar, trabar
INTERLOCKING; (fc) sistema de enclavamiento,
sistema de encerrojamiento
SHEET PILING; tablestacas de traba,
tablestacas de enlace, tablestacas entrelazadas
SIGNALS; (fc) señales enclavadas, señales
entrelazadas
TOWER; (fc) torre de maniobra del sistema de
encerrojamiento
INTERMITTENT; intermitente
FILTRATION; (dac) filtración intermitente
OVERLOAD; sobrecarga intermitente
SAND FILTER; filtro intermitente de arena
WELDING; soldadura por puntos
INTERNAL; interno, interior
ANGLE; ángulo interior
COMBUSTION ENGINE; motor de
combustión interna
CIRCUIT; circuito interior
FORCE; fuerza interna
FRICTION; rozamiento interno
GEAR; engranaje interior
INSPECTION; inspección interna
SAFETY VALVE; válvula atmosférica
THREAD; rosca hembra
VIBRATOR; (conc) vibrador interno
INTERNALLY FIRED BOILER; caldera de hogar
interior
INTERNALLY GUIDED EXPANSION JOINT;
junta de expansión de guía interior
INTERNATIONAL CANDLE; bujía internacional
INTERNATIONAL SYSTEM OF UNITS; sistema
de unidades internacionales
INTERNATIONAL THREAD; rosca internacional
INTERPILE SHEETING; tablas horizontales de
forro apoyadas por los pilotes
INTERPOLAR; interpolar

INTERPOLATE; interpolar
INTERPOLE; interpolo
INTERRUPTER; interruptor
INTERSECT; intersectar, intersecar; intersectarse,
intersecarse
INTERSECTION; intersección; (calles) encrucijada,
bocacalle
INTERSTAGE; (turb) intergrado
INTERSTICE; intersticio
INTERSTITIAL; intersticial
INTERVAL; (mat) intervalo
INTERVISIBILITY; (ca) intervisibilidad
INTRADOS; intradós
INTRINSICALLY SAFE EQUIPMENT; equipo
intrínsicamente seguro
INTRUSION; (geol) intrusión
INTRUSIVE; (geol) intrusivo
INUNDATE; inundar, anegar, apantanar, enlagunar
INUNDATION; inundación, anegación, aniego;
(arena) inundación
INVAR; (trademark) aleación de acero con 36% de
níquel
INVENTORY; *(s)* inventario; *(v)* inventariar
INVERSE; inverso
INVERSE-SQUARE LAW; ley del inverso de los
cuadrados
INVERSION; inversión
INVERT; *(s)* invertido, (A) solera, (M) plantilla, (V)
indos; *(v)* volver, invertir
PAVEMENT; pavimento invertido
STRUT; (tún) puntal de piso, puntal invertido
INVERTED; invertido, inverso
ARCH; arco invertido, arco vuelto,
contrabóveda
FILTER; (hid) filtro invertido
PENETRATION; (ca) penetración invertida
SIPHON; (ac) sifón invertido
Y; (tub) Y de ramal invertido
INVERTED-BUCKET TRAP; (vapor) separador
de cubeta invertida, trampa de cubo invertido
INVERTER; (eléc) inversor
INVERTING TELESCOPE; anteojo de imagen
invertida
INVITATION TO BID; anuncio de concurso,
llamada a licitación
INVOICE; *(s)* factura; *(v)* facturar
INVOLUTE; involuta, evolvente
TOOTH; diente de perfil de evolvente
INWARD-FLOW TURBINE; turbina centrípeta
IODIDE; yoduro
IODINE; yodo
ION; ion
IONIZE; ionizar
IRIDESCENT; iridescente
IRON; hierro, fierro
ALLOY; aleación de hierro, ferroaleación
ALUM; sulfato de hierro y aluminio

CARBIDE; carburo de hierro, cementita
CASTING; fundición de hierro
COAT; revoque de cemento de hierro
CEMENT; cemento de hierro
FILINGS; limaduras de hierro
FOUNDRY; fundición de hierro
ORE; mineral de hierro
OXIDE; óxido de hierro
PUTTY; masilla de óxido férrico con aceite de linaza cocido
SAND; mineral de hierro arenoso
SCRAP; hierro viejo, desechos de hierro
ZEOLITE; zeolita férrica
IRONCLAD; (eléc)(mec) blindado
IRON-CORE TRANSFORMER; transformador de núcleo
IRON-NICKEL STORAGE BATTERY; acumulador de hierro-níquel
IRON-REMOVAL FILTER; filtro desferrizador
IRON-RUST CEMENT; cemento de limaduras y sal amoníaco
IRONSTONE; mineral de hierro
IRONWOOD; palo de hierro, madera de hierro
IRONWORK; herraje, ferretería, ferrería, herrería, cerrajería, enferredura
IRONWORKER; herrero de obra; herrero de arte, (U) cerrajero
IRONWORKS; herrería, ferrería, cerrajería, fábrica de hierro
IRREGULAR CURVE; (dib) curva irregular, (A) pistoleta
IRRIDATION; irradiación
IRRIGATE; regar, irrigar
IRRIGATION; riego, irrigación, regadío, (Ec) reguío
CANAL; canal de riego, conducto de irrigación
DITCH; acequia, reguera, regadera, agüera, azarbe (de retorno), almatriche, almenara (de retorno), tijera (pequeña), hijuela (secundaria)
DUES; acequiaje, derechos de riego
RATE; canon de riego
WORKMAN; acequiador, acequiero
IRRIGATOR; regador, irrigador
ISLAND PLATFORM; (fc) andén de entrevía
ISOBAR; isobara
ISOBAROMETRIC; isobarométrico
ISOCHRONOUS; isócrono
ISOCLINE; (geol) isoclinal
ISOGRAM; isógramo
ISOGRAPH; isógrafo
ISOLATE; aislar
ISOLATION; aislamiento
ISOLATOR VALVE; válvula aisladora
ISOMETRIC PROJECTION; proyección isométrica
ISOPLUVIAL; isopluvial
ISOSCELES; isóceles
ISOSEISMIC; isosísmico, isosista

ISOSHEAR; isoesfuerzo
ISOSTATIC LINE; línea isoestática
ISOTHERMAL; isotermo
ISOTROPIC SOIL; suelo isotrópico, terreno isotrópico
ISOTROPY; isotropía
IVORY BLACK; negro de marfil

J

JACARANDA; (mad) abey
JACK; *(s)*(herr) gato, cric, (A) crique; (bomba)
   guimbalete; (eléc) receptáculo; *(v)* mover
   con gato
   BEAM; viga de gato
   CHAIN; cadena liviana de eslabones
   de alambre plegado
   LEG; (ec) poste extensible, poste de gato
   PLANE; cepillo desbastador, garlopa, garlopín
   RAFTER; cabrio cort, cabrio secundario
   STRINGER; (caballete) viga auxiliar
   TRUSS; armadura corta, armadura secundaria,
   armadura de largo parcial
JACKBIT; broca postiza para perforadora de roca,
   (M) pistola
   GRINDER; amoladora de brocas
JACKET; chaqueta, envoltura, camisa
JACKETED; enchaquetado
JACKHAMMER; perforadora de mano, martillo
   perforador, (M) pistola
JACKING DEVICE; aparato de alzamiento
JACKING DICE; bloques
   provisionales de relleno
JACKING FORCE; esfuerzo temporario de
   alzamiento
JACKKNIFE CHUTE; canaleta plegadiza
JACKSCREW; gato de tornillo, cric de tornillo
JACKSHAFT; contraeje, eje intermedio
JACOB'S LADDER; (náut) escala de jarcia, escala
   de gato
JACOB'S STAFF; (surv) vara portabrújula, báculo
   de Jacob
JAG; diente, púa; roto, siete
JALOUSIE; *(s)* celosía
JAM; *(s)* atascamiento, acuñamiento, atoramiento;
   (v) atascarse, atorarse, acuñarse, ahorcarse,
   (M) agolparse; trabar, acuñar
   NUT; tuerca fiadora, contratuerca, tuerca
   de presión
   RIVETER; remachadora para espacio estrecho
   WELD; soldadura de tope
JAMB; montante, jamba, quicial, quicialera, batiente,
   (A) mocheta
   BLOCK; bloque de jamba
   BRICK; ladrillo de jamba
   LEAF; contrabisagra de jamba

POST; poste de jamba
JAMMER;   máquina cargadora de troncos
JAPAN; *(s)* charol, negro Japón, laca japonesa;
   (v) charolar, acharolar
   DRIER; barniz japonés
   PAINT; pintura japonés
JAR; choque, golpe, sacudida; recepiente
JAW; (trituradora) mandíbula, quijada; (llave) boca;
   (tornillo) mordaza, telera
   CHUCK; mandril de quijada, mandril de
   mordaza
   CLUTCH; embraque de mordaza, embraque de
   quijadas
   COUPLER; enganche de garras
   CRUSHER; chancadora a quijadas, trituradora
   a mandíbula, machacadera de mandíbulas,
   quebradora de mandíbula
   PLATE; cachete
   VISE; tornillo de mordazas
JENNY WINCH; grúa liviana de brazos rígidos
JET; *(s)*(hid) chorro, surtidor, (M) chiflón; (fund)
   bebedero; *(v)* hundir con chorro de agua
   AGITATOR; agitador de chorro
   CARBURETOR; carburador de inyector
   CEMENT; cemento de chorro, cemento de
   inyección
   CONDENSER; condensador de chorro,
   condensador de inyección
   DISPERSER; dispersador de chorro
   INTERRUPTER; interruptor de chorro de
   mercurio
   PIPE; tubo inyector
JETTING PUMP; bomba para chorro de agua
JETTY; espolón, espigón, rempeolas, (C) tajamar,
   (V) molo, (Es) trenque
JEWEL BEARING; (inst) cojinete de piedra, cojinete
   de zafiro
J-GROOVE WELD; soldadura de ranura en J
JIB; brazo giratorio, pescante, aguilón
   CRANE; pescante, grúa de brazo, grúa
   de pared, grúa de aguilón, trucha
JIG; *(s)*(mec) gálibo, calibre, patrón, plantilla; (min)
   clasificadora hidráulica; *(v)*(min) separar por
   vibración y lavado
   SAW; sierra caladora, sierra para contornear
JIM CROW; encorvador de rieles
JIMMY;   palanqueta, pie de cabra
JINNYWINK; grúa de pescante ligera generalmente
   con torno de mano o con malacate de tambor
   sencillo
JOB; trabajo, tarea; empleo; obra
   OVERHEAD; gastos generales de la obra
   SITE; sitio de trabajo, sitio de obra
JOBBER; trabajador
JOCKEY PULLEY; polea de tensión
JOCKEY WEIGHT; pesa corrediza
JOG FEEDER; alimentador basculante

JOGGING; (eléc) avance poco a poco

JOGGLE; *(s)* (carp)(mam)(ch) nervadura, lengüeta, reborde; endentado; espiga; *(v)* ensamblar, replegar, empalmar; (cn) acodillar, plegar, (A) embayonetar
  JOINT; (mam) junta de ranura y lengua

JOIN; unir, juntar, empalmar, emlazar, empatar, trabar; (carp) embarbillar, (Col) emgalabernar

JOINER; ebanista, ensamblador

JOINER'S GAGE; gramil

JOINERY; ebanistería

JOINT; *(s)*(conc) junta; (carp) ensamblaje, empate, empalme, unión; (tub) acoplamiento, unión, acopladura, conexión; (tub) enchufe; (est) juntura, ensamblaje, conexión, unión; (armadura) nudo, punto de encuentro; (mec) articulación; (geol) grieta; (fc) junta, unión; *(v)* juntear; (mec) articular; (sierra) igualar
  BOX; (eléc) caja de empalme
  CHISEL; (lad) punzón para raspar las juntas
  COMPOUND; (tub) compuesto para enchufes
  FILE; lima redonda pequeña
  FILLER; relleno para juntas
  HINGE; gozne, bisagra de paletas
  RATE; (fc) tarifa consolidada
  REINFORCEMENT; reforzamiento de junta
  RUNNER; (tub) burlete, (V) collar de vaciado
  SHIELD; (ca) placa de guardia para la junta de expansión, chapa guardajunta

JOINTED; articulado; agrietado
  CORE; núcleo articulado

JOINTER; (carp) juntera; (em) cepillo mecánico de banco; (mam) marcador de juntas; (lad) escarbador de juntas; (sierra) igualador
  GAGE; guía para cepillo mecánico
  STONE; piedra de igualar

JOINTING; junteo; articulado; (geol) agrietamiento
  PLANE; cepillo-juntero, garlopa, guillame
  TOOL; (mam) llana de juntar

JOINT-SEALING COMPOUND; (ca) compuesto sellador de juntas

JOIST; viga, vigueta, cabio, abitaque, cabrio
  ANCHOR; ancla de viga, trabilla de viga
  HANGER; estribo

JOULE; joule, julio

JOULEMETER; juliómetro

JOULE'S LAW; (eléc) ley de Joule

JOURNAL; (mec) muñón, gorrón, macho, pezón
  BEARING; chumacera
  BOX; chumacera, cojinete, muñonera, caja de chumacera; (fc) caja de engrase
  BRASSES; forros de chumacera

JOURNEYMAN; *(s)* jornalero; oficial

JOYSTICK; palanca de gobierno

JUICER; cargador hidráulico

JUMBO; carro de perforadoras, vagón barrenador

JUMP; *(v)*(her) recalcar

JUMPER; barrena corta de mano; (eléc) alambre de cierre; cable flexible de empalme
  SWITCH; (fc) cambiavía saltacarril

JUMP FROG; (fc) cruce del riel de la línea principal sin cortarlo

JUMP SET; (tún) marco intermedio

JUMP WELD; soldadura de tope en ángulo recto

JUNCTION; (fc) empalme, entronque; (eléc) empalme; (ríos) confluencia, horcajo; (al) confluencia, empalme, bifurcación
  BOX; caja de empalmes, caja de distribución
  CHAMBER; (ac) cámara de bifurcación, caja de confluencia
  MANHOLE; (ac) pozo de confluencia, registro de encuentro

JUNIOR BEAM; viga I muy liviana

JUNK; hierro viejo, hierro de desecho, despojos de fierro, hierro de desperdicio, (A) rezago, chatarra; chicote, jarcia trozada; *(v)*(mtl) desechar, desperdiciar; (pet) abandonar
  DEALER; chatarrero
  RING; anillo de estopas, anillo de prensaestopa, anillo de empaquetado
  SHOP; chaterrería
  YARD; chatarrería

JURISDICTIONAL STRIKE; huelga por jurisdicción entre gremios

JURY RIG; cordelería improvisadora

JUTE; yute, cáñamo

JUVENILE WATERS; aguas juveniles

K

KAOLIN; caolín
KAOLINITE; caolinita
KAPLAN TURBINE; turbina Kaplan
KARSTIC; (geol) cárstico
KEEL; creyón de marcar; (náut) quilla
    BLOCKS; picaderos
KEELAGE; derechos de quilla, derechos
    de puerto
KEELSON; sobrequilla
KEENE'S CEMENT; (trademark) especie de yeso
    duro para última capa
KEEPER; (mec) fijador, abrazadera; (puerta) hembra
    de cerrojo, cerradero; (imán) armadura
KEG; cuñete, barrilete, cubeta
KELLY; (pet) vástigo cuadrado de transmision, barra
    cuadrada giratoria
    BALL; (conc) aparato usado para indicar la
    consistencia de concreto fresco
KELVIN SCALE; escala absoluta , escala Kelvin
KENTLEDGE; enjunque
KERF, corte, ranura
KERITE; (ais) kerita
KERN; (mat) kern; (est) núcleo central
KEROSENE; kerosina, petróleo de alumbrado,
    kerosén, aceite de carbón, (C) luz brillante
    ENGINE; máquina a kerosina
KETTLE; (brea) caldera, marmita, paila
KEVEL; cornamusa, bita
KEY; *(s)*(cerradura) llave; (conc) dentado, clave,
    llave, radiente, muesca, (M) amarre; (eje)
    chaveta; (mec)(carp) llave, cuña; (yesería)
    traba, trabazón; (eléc) interruptor, llave;
    (telégrafo) manipulador, llave; (isla) cayo;
    (v) acuñar, enchavetar, calzar, encuñar
    AGGREGATE; (ca) capa ligadora
    BLANK; llave ciega
    FILE; lima de cerrajero
    JOINT; (ca) junta ranurada; junta muescada
    PLATE; bocallave, chapa del ojo del llave
    SEAT; cajera, ranura, (C) cuñero, (U) chavetero
    SOCKET; portalámpara con llave giratoria
KEYBOARD; teclado
KEYHOLE; ojo de la cerradura, ojo de la llave,
    bocallave
    ESCUTCHEON; bocallave, chapa del ojo
    HACKSAW; serrucho calador de metales
    PLATE; bocallave

    SAW; sierra de punta, sierra caladora, serrucho
    de punta, segueta
KEYING; (radio) manipulación
KEY-SEATING CHISEL; asentador de chavetas
KEYSTONE; clave, llave de arco
KEYWAY; (mec) chavetero, cuñero, cajera, ranura;
    (conc) llave, clave, adaraja, endantado
KIBBLE; (min) cubo de hierro
KICK; (lad) clave de trabazón
    PLATE; placa metálica en el peinazo inferior de
    una puerta
KICKBACK; rechazo, contragolpe, reculada
KICKER; (as) lanzador de troncos
KICKING PIECE; (min) puntal corto
KICKOFF; (mec)(eléc) arranque
KICK-UP; (auto) comba, bombeo
KIESELGUHR; quiselgur, kieselgur, diatomita
KILIARE; kiliárea
KILLAS; equisito arcilloso
KILN; horno; horno de secar
KILN-DRIED; secado al horno
KILOAMPERE; kiloamperio
KILOGRAM; kilogramo
KILOGRAM METER; kilográmetro
KILOLITER; kilolitro
KILOMETER; kilómetro
KILOMETRIC; kilométrico
KILOVOLT; kilovatio, kilowatt
KILOVOLT-AMPERE; kilovoltamperio
KILOVOLTMETER; kilovoltímetro
KILOWATT; kilovatio, kilowatt
KILOWATT HOUR; kilowatio-hora
KINEMATIC; cinemático
KINETIC ENERGY; energía cinética
KINGBOLT; perno pinzote, perno real; (est)
    péndola, suspensor
KING CLOSER; (lad) ladrillo cortado a tamaño
    mayor de medio ladrillo
KINGPIN; gorrón; (auto) pivote de dirección
KING POST; pendolón, pendolón sencillo, (Col)
    pendolón rey; (cn) palo de grúa
KING-POST TRUSS; armadura de pendolón
KINK; *(s)* coca, doblez, ensortijamiento;
    (v) ensortijar, ensortijarse, (M) enredarse
    IRON; enderezador de cocas
KIOSK; *(s)* quiosco
KIP; kilolibra
KIRVE; (min) socavar, minar
KIT; equipo, juego de herramientas
KNAP; *(v)* picar
KNAPPING HAMMER; martillo de
    picapedrero
KNEE; (cons) codo, escuadra, ángulo, codillo
    BRACE; esquinal, cartela, cuadral, diagonal,
    esquinero, acartelamiento, riostra angular
    JOINT; articulación
KNEE-BRACE STRUT; sopanda

KNEELER; (mam) piedra de anclaje en una albardilla inclinada

KNIFE; cuchillo, cuchilla

BLADE; hoja de cuchillo

FILE; lima de navaja, lima-cuchillo

FUSE; (eléc) fusible de cuchilla

PLUG; (eléc) clavija a cuchilla

SWITCH; interruptor de cuchilla, conmutador de cuchillas

KNIFE-EDGE BEARING; soporte de cuña

KNOB; (puerta) perilla, botón, (A) pomo; (top) collado, alcor

AND TUBE WORK; (eléc) canalización con aisladores de perilla y tubos aisladores

INSULATOR; aislador de perilla

LOCK; cerradura movida por perilla

SPINDLE; husillo de perilla

KNOCK; (v)(mot) golpetear, cojear

METER; indicador de golpeo, medidor de golpeo

KNOCKED DOWN; desmontado, desarmado, desensamblado

KNOCKING; (mot) retintín, golpeteo, golpeamiento, detonancia, golpeo

KNOCKOUT; (eléc) destapadero

CUTTER; cortador de agujeros ciegos

PUNCH; punzón de agujeros ciegos

KNOLL; (s) loma, otero

KNOT; (cab) nudo, lazo; (mad) nudo, (M) botón; (náut) nudo

KNOTHOLE; augjero de nudo

KNOTTY; (mad) nudoso

KNUCKLE; (mec) charnela

CONNECTION; (est) conexión por ángulos en las alas de la viga

GEAR; engranaje de dientes semicirculares

JOINT; unión a charnela

PIN; (auto) pivote de dirección

SHEAVE; polea de guía, garrucha desviadora

TOOTH; (mec) diente de perfil semicircular

KNURL; (v) estriar, moletear, cerrillar

KNURLING TOOL; herramienta estriadora

KRAFT PAPER; papel kraft, papel de pulpa sulfítica

K TRUSS; armadura en K

K VALUE; conductividad térmica de un material; módulo de reacción subrasante

KYANIZE; kianizar

L

LABELED; aprobado por la Junta de Aseguradores

LABOR; mano de obra, labor, trabajo; brazos, personal a jornal

EXCHANGE; agencia de colocaciones

FOREMAN; capataz, jefe de operarios, maestro

UNION; gremio, sindicato obrero, asociación obrera

LABORATORY; laboratorio

EQUIPMENT; útiles de laboratorio

SAMPLE; muestra de laboratorio

LABORER; peón, obrero, jornalero, bracero, operario

LABYRINTH; laberinto

CONDENSER; condensador de laberinto

PACKING; empaquetadura de laberinto, guarnición espiraloide

LACE; (v)(est) armar con enrejado; (correa) coser, empalmar con cordón

LACER BAR; (ref) barra enlazada para reforzamiento

LACING; (est) enrejado simple, entenzado; (correa) cordón, tiras de cuero, enlaces (acero) costura, enlazamiento

LACQUER; (s) laca; (v) lacquear

LACUNA; laguna, blanco

LACUSTRINE; lacustre

LADDER; escalera (de mano), escala, escalera; elevador de capachos

CHAIN; cadena de escalera

DREDGE; draga de escalera, draga de rosario, draga de cangilones

RUNG; barrote, escalón, cabillón, clavija de escala

SCRAPER; escrepa

TRACK; vía maestra, vía de enlace, vía de escala

LADDER-TYPE TRENCHER; zanjadora de rosario

LADDERWAY; (min) pozo de escaleras

LADING; carga

LADLE; cucharón, cuchara; (fund) cazo de colada, caldero

ANALYSIS; (met) análisis de hornada

LAG; (s)(eléc) retraso, atraso, retardo, retardamiento; (marea) retraso; (mv) retardación, retardo; (elástico) retraso; (v)(cal) forrar, aforrar, revestir, aislar; (tún) revestir; (moldes) entablar, enlatar; (eléc) atrasarse

BOLT/SCREW; pija, (A)(C) tirafondo
FAULT; (geol) falla de desplazamiento desigual
LAGGING; (cal) envoltura aisladora, forro aislante,
  camisa, revestimiento; (moldes) entablado;
  (torno) listones, tablillas de forro; (tún)
  revestimiento, forro, costillas, listones,
  encostillado
  CURRENT; (eléc) corriente retrasada, corriente
  de retraso
  LOAD; (eléc) carga inductiva
LAGOON; laguna
LAG-SCREW SHIELD; manguito de expansión
  para pija
LAITANCE; nata, (V) lechosidad, (Pe) lechada
LAKE; lago, laguna, pantano
  ASPHALT; asfalto lacustre
  DWELLING; vivienda o habitación lacustre
  SAND; arena fina
LALLY COLUMN; (trademark) columna Lally,
  columna tubular llena de hormigón
LAMBERT; lambert
LAMELLA; laminilla
  ROOF; techado de laminilla
LAMELLAR; laminar
LAMINA; (geol) lámina
LAMINAR CONSTRUCTION; construcción laminar
LAMINAR FLOW; (hid) flujo laminar
LAMINAR VELOCITY; (hid) velocidad laminar
LAMINATE; *(s)* laminado; *(v)* laminar; *(a)*
  laminado
LAMINATED; laminado, (mad) terciado
  FLOOR; (cons de fábrica) piso sólido de
  tablones de canto
  GLASS; vidrio laminado
  SHUTTER; obturador laminado,
  obturador de laminillas
  SPRING; ballesta, muelle de hojas
LAMINATION; laminación
LAMP; lámpara, farol, linterna, fanal
  BRACKET; portafarol
  GUARD; guardalámpara
  SOCKET; portalámpara, receptáculo,
  (C) portabombillo
  TENDER; farolero
LAMPBLACK; hollín de lámpara, negro de humo
LAMPHOLE; (ac) pozo de lámpara
LAMPPOST; poste de lámpara, poste de alumbrado,
  poste de farol
LAMPROPHYRE; (geol) lamprófiro
LAMPWICK; mecha, pabilo
LANCE TOOTH; (serrucho) diente de lanza
LANCEWOOD; palo de lanza
LAND; tierra; terreno; (mec) superficie entre estrías
  ASSEMBLY; adquisición de tierra para
  desarrollo o preservación
  FREIGHT; flete terrestre
  MEASURE; medida agraria

SURVEYING; agrimensura, levantamiento
SURVEYOR; agrimensor, apeador, (M)
  topógrafo
USE; uso de tierra; clasificación de tierra
LANDFILL; relleno de tierras, terraplén
LANDING; (escalón) descanso, rellano, meseta,
  descansillo; (ef) plataforna de cargar; (min)
  botadero, vertedero;
  aterrizaje; acuatizaje (hidroavión)
  BEACON; radiofaro de aterrizaje
  FIELD; campo de aterrizaje, cancha de
  aterrizaje
  GEAR; tren de aterrizaje
  STAGE; embarcadero flotante
  STRIP; pist o faja de aterrizaje
LANDMARK; (lev) mojón; (náut) señal fija
  de tierra
LANDSCAPE ARCHITECT; arquiteco paisajista
LANDSCAPE ARCHITECTURE; arquitectura
  paisajista
LANDSCAPE ENGINEER; ingeniero paisajista
LANDSCAPING; paisajistación
LANDSLIDE; derrumbe, desprendimiento,
  dislocación, resbalamiento, corrimiento, lurte
LANE; camino; (ciudad) callejón; (autopista) carril
LANG LAY; (cable de alambre) colchado lang,
cableado tipo lang,
  trama lang, (M) torcido paralelo
LANTERN; linterna, farol, fanal
  CHISEL; cortahierro para canaletas
  PINION; piñón de linterna
  RING; (bomba) anillo de sierre hidráulico
  WHEEL; piñón de linterna, rueda de linterna
LAP; (mr) recubrimiento, avance; (met) astilla,
  sopladura; (est) traslapo, sobrepuesta,
  (C) monta; *(v)* traslapar,
  solapar, sobreponer, encaballar; traslaparse,
  recubrirse
  CEMENT; cemento de solapa
  JOINT; unión de solapa, empalme de solapa,
  junta montada, empate de solapa, junta de
  superposición, junta solapada
  SEAM; costura con solapa, costura por
  recubrimiento
  SIDINGS; (fc) apartaderos solapados
  SWITCH; (fc) chucho biselado
  WELD; soldadura de solapa
  WINDING; arrollamiento de lazo
LAPPED JOINT; (ala) junta montada, unión
  de reborde
LAPPING COMPOUND; compuesto de pulir
LAP-RIVETED; remachado a solapa, roblonado con
  recubrimiento
LAP-WELDED; soldado a solapa, soldado por
  recubrimiento, soldado por superposición
LARBOARD; babor
LARCH; alerce, pino alerce

LARIMER COLUMN; columna larimer
LARRY; vagoneta automotriz de
    volcadura
LASER; láser
    BAR; rayo láser
LASH; *(v)* amarrar, atar
LASHING; ligadura, atadura, amarre
LATCH; *(s)* candado, pestillo, aldaba, seguro,
    tarabilla, picaporte, cerrojo, corchete; *(v)*
    sujetar con pestillo
    BOLT; pestillo de resorte
    HASP; aldaba de picaporte
LATCHKEY; llavín
LATENT; latente
LATERAL; *(s)*(irr) secundario, ramal; (min) galería
    lateral; (tub) Y; *(a)* lateral
    BRACING; riostras laterales, arriostramiento
    lateral, cruceros laterales
    BUCKLING; pandeo lateral
    DISPLACEMENT; (geol) falla lateral,
    desplazamiento lateral
    FORCE; fuerza lateral
    LOAD; carga lateral
    MORAINE; (geol) morena lateral
    REINFORCEMENT; reforzamiento lateral
    SEWER; cloaca derivada o lateral, albañal
    SUPPORT; apoyo lateral
LATERAL-FLOW SPILLWAY; vertedero
    lateral
LATERITE; (geol) laterita
LATEX; (ais) látex
LATH; *(s)* listón, tablilla, lata, latilla, listón yesero,
    listoncillo; *(v)* listonar, enlistonar, alistonar,
    enlatar
    MILL; sierra para listones
LATHE; torno, torno mecánico
    ATTACHMENTS; accesorios de torno
    CENTER; punta de torno, punta de centrar
    OPERATOR; tornero
    SHOP; tornería
    TOOLS; herramientas torneadoras
    WORK; tornería
LATHE-CENTER GRINDER; rectificadora de
    puntas de torno
LATHER; listonador, listonero
LATHING; enlistonado, listonaje, chillado,
    encostillado, listonería
    HATCHET; hachuela de listonador, hachuela de
    media labor
LATITUDE; latitud
LATITUDES AND DEPARTURES; (surv) latitudes
    y desviaciones, (M) alejamientos y deviaciones
LATITUDINAL; latitudinal
LATRINE; letrina
LATTICE; (est) enrejado, celosía, entrenzado;
    (mat)(quím) celosía
    BAR; barra de celosía, barra de enrejado, listón

GIRDER; viga de alma abierta, viga de celosía,
    viga reticulada, viga de enrejado, jácena
    de celosía, (V) viga armada en celosía
TRUSS; armadura de enrejado
WEB; alma de celosía, alma calada
LATTICED COLUMN; columna de celosía,
    entrenzado, (Es) enverjado
LAUNCH; *(s)* lancha, chalupa; *(v)* botar, echar
    al agua
LAUNCHING; *(s)* botadura, botada
LAUNDER; *(s)* artesa, batea; *(v)* lavar
LAUNDRY WASTES; (is) desechos de lavandería
LAVA; lava
    BED; escorial
LAVATORY; (pl) lavabo, lavamanos, lavadero;
    (cuarto) lavatorio, lavadero
LAWS AND REGULATIONS; leyes y reglamentos
LAY; *(s)*(cab) cableado, colchado, colchadura,
    torcido, trama, retorcido, (M) trenzado,
    acomodamiento; *(v)*(tub) tender, colocar;
    (rieles) enrielar; (pav) adoquinar, enladrillar,
    afirmar; (lad) enladrillar; (cab) colchar,
    acolchar, torcer, cablear; (polvo) matar, asentar
    OFF; (trabajador) despedir, desahuciar
    OUT; (lev) replantear, trasar, localizar; (dib)
    proyectar, estudiar UP; colocación de
    reforzamiento en un molde
LAYER; capa, hilada, hilera, tongada, (C) camada
LAYING LENGTH; (tub) tramo de instalación
LAYING OUT; replanteo, trazado, demarcación
LAYOUT ENGINEER; ingeniero localizador,
    ingeniero trazador
LAYOUT OF PLANT; disposición del equipo
L BEAM; (conc) viga L
L-BRACKET; ménsula L
LCL; (less than carload) carga menor de carro
    completo
L-COLUMN; columna L
LEACH; lixiviar, percolar
LEACHING; (conc) acción disolvente del agua,
    deslave de los compuestos solubles
    CESSPOOL; pozo de percolación
LEACHY; poroso
LEAD; *(s)*(metal) plomo; (náut) sonda, escandallo;
    (v)(metal) emplomar
    ACID CELL; acumulador ácido de plomo
    BURNING; unión de piezas de plomo por fusión
    CARBONATE; carbonato de plomo
    CHROMATE; cromato de plomo
    DIOXIDE; dióxido de plomo
    FOIL; hoja de plomo
    FURNACE; hornillo para derretir plomo
    GROOVE; (tub) ranura para plomo
    JOINT; (tub) junta plomada
    LINE; (sounding) sondaleza
    MONOXIDE; monóxido de plomo
    ORE; mineral de plomo

OXIDE; óxido de plomo
PEROXIDE; dióxido de plomo
PIPE; tubo de plomo, cañería de plomo
SHEATH; funda de plomo
SHEATHING; forro de plomo
SHIELD; taquete de plomo, cincho de plomo
SULPHATE; sulfato de plomo
WASHER; arandela de plomo
LEAD; *(s)*(exc) distancia de acarreo; (fc) arranque,
    avance, (C) tira; (rosca) avance, paso; (sol)
    conductor; (mv) avance, adelanto; (min) venero,
    filón; (eléc) avance; conductor
    BLOCK; pasteca
    CURVE; (fc) curva del desviadero entre aguja y
    corazón
    SCREW; tornillo de avance
    TRACK; vía que une el patio con la vía de
    recorrido
LEAD-BASE ALLOY; aleación a base de plomo
LEAD-COATED; emplomado
LEAD-COVERED CABLE; cable forrado de
    plomo, cable acorazado con plomo
LEADED; emplomado
    CABLE; (eléc) cable revestido de plomo
LEAD-ENCASED; revestido de plomo
LEADER; (min) guía, nervadura, ramita de filón,
    vetilla; (ed) tubo de bajada, caída, canal de
    bajada, caño pluvial
    HEAD; cubeta, embudo de azotea
    STRAINER; colador de caño pluvial
LEAD-HEADED NAIL; clavo con cabeza de plomo
LEADING; *(a)* principal, *(s)* conducción;
    emplomadura
    CURRENT; (eléc) corriente avanzada, corriente
    en adelanto
    EDGE; borde de entrada, borde de ataque
    WHEEL; (auto)(loco) rueda conductora
    WIRE; (vol) alambre de cobre revestido de
    algodón
LEADING-IN INSULATOR; aislador de entrada,
    aislador tubular
LEADING-IN WIRE; alambre de entrada
LEAD-IN WIRE; (eléc)(servicio) alambre de
    entrada; (bombilla) hilo de conexión
LEADITE; (trademark) ledita
LEAD-LINED; forrado de plomo
LEADS; (martinete) guías del martinete;
    (A) cabriada, (sol) cables conductores
LEAD-SHEATHED WIRE; alambre forrado
    de plomo
LEADWORK; emplomadura, plomería
LEADWORKER; emplomador
LEAF; hoja; (bisagra) contrabisagra, ala, aleta;
    (ballesta) hoja, plancha; (compuerta) tablero;
    (puerta) hoja, ala
    CATCHER; (hid) trampa de hojas
    MOULD; mantillo

SCREEN; colador para hojas, deshojador
SPRING; ballesta, resorte de hojas
LEAK; *(s)* escape, fuga, salidero, gotera, escurridero,
    filtración; (eléc) dispersión, pérdida; *(v)* gotear,
    salirse, escurrirse; dejar escapar, tener fugas;
    (náut) hacer agua
    DETECTOR; indicador de escapes, detector de
    fugas
LEAKAGE; (hid) escapes, filtraciones, fugas, goteo,
    salideros; merma, pérdida
    FACTOR; coeficiente de dispersión
    LOAD; (aa) demanda por infiltración
    RESISTANCE; resistencia de dispersión
LEAKPROOF; a prueba de escapes, a prueba de
    goteras, a prueba de filtración
LEAN; *(v)* inclinarse, ladearse; *(a)* magro, pobre
    CONCRETE; concreto pobre, hormigón magro,
    hormigón enjuto
    LIME; cal pobre
    MIXTURE; (auto) mezcla pobre
LEANING-FRAME GRADER; explanadora de
    armazón inclinable, conformadora de bastidor
    inclinable
LEANING PIER; pilón inclinable
LEANING-WHEEL GRADER; explanadora de
    ruedas inclinables, conformadora de ruedas
    inclinables
LEAN-TO; tinglado, colgadizo, techo de un agua,
    techo a simple vertiente
LEAPING WEIR; desviador de aguas de tormenta
LEASE; *(s)* arrendamiento, arriendo; contrato
    de arrendamiento; *(v)* arrendar, alquilar
LEASEHOLD; inquilinato
LEAST COUNT; medida mas mínima usando
    un vernier
LEAST SQUARES; mínimos cuadrados
LEAST WORK; trabajo mínimo
LEATHER; cuero, suela, vaqueta
    BELT; correa de cuero, correa de suela, banda
    de cuero
    WASHER; arandela de cuero, anillo de cuero,
    zapatilla
LEAVING EDGE; borde de salida
LEDGE; (ed) retallo, escalón, resalto; (náut) arrecife
    DRAIN; desagüe de resalto
    ROCK; cama de roca, lecho de roca, roca viva,
    (Col) roca fresca, (M) roca fija, (Es) roca virgen
LEDGED AND BRACED DOOR; puerta de
    peinazos y riostra
LEDGER; (carp) traviesa de andamio; (cont) libro
    mayor
LEE SHORE; costa de sotavento
LEEWARD; sotavento
LEEWAY; deriva
LEFT BANK; (río) orilla izquierda
LEFT-HAND; de mano izquierda, zurdo
    DOOR; puerta de mano izquierda

DRIVE; conducción a la izquierda
ROTATION; rotación siniestrogira
THREAD; rosca a la izquierda, rosca zurda,
filete de paso izquierdo
LEFT LAY; (cable de alambre) colchado a la
izquierda, torcido a la izquierda
LEFT TURN; (ca) vuelta o giro a la izquierda
LEG; (perfil ángulo) ala, rama, brazo, (M) patín;
(caballete) pata, pie derecho, paral; (tub) rama;
(trípode) pierna, pata; (compás) brazo, pierna;
(cal) placa de agua, hervidor; (sol) superficie de
fusión; (eléc) circuito derivado; (mat) cateto
BRIDGE; puente de marco rígido
VISE; tornillo de pie, morsa de pie, (A) torno
de pie
LEGAL DESCRIPTION; descripción legal
LEGEND; (dib) clave; (A) leyenda
LENGTH; largo, longitud, largura; (náut) eslora; tiro,
tira, tramo, tirada
LENGTHEN; alargar, alargarse
LENGTHENING BAR; (compás) alargadera
LENS; lente; (geol) lente
LENTICLE; (geol) lenteja
LENTIL; (geol) lenteja
LESSEE; arrendatario
LESSOR; arrendador
LET DOWN; bajar, abatir
LET GO; (cab) aflojar, soltar
LET OFF STEAM; desvaporar
LETTER; (s) letra, carta; (v)(dib) rotular
OF CREDIT; carta de crédito
LETTERING; (dib) rotulación
PEN; pluma de dibujo
LET THE CONTRACT; adjudicar el contrato
LEVEE; dique, borde, endicamiento, borde de
encauzamiento, dique de defensa, dique
marginal, ribero, (A) malecón
LEVEL; (s)(inst) nivel; (top) altura; (v) nivelar,
aplanar, emparejar, enrasar, explanar, igualar;
(lev) nivelar; (a) plano, nivelado
BAR; (inst) barra maestra
BOARD; regla, tablón de nivelar
BOOK; (surv) cuaderno de nivelación
CONTROL; (pa) regulador de nivel
FULL; rasado, al ras
GAGE; indicador de nivel
NET; (surv) red de nivelación
OFF; aplanar, nivelar
RECORDER; registrador de nivel
ROD; (surv) mira de corredera, jalón de mira,
(M) estadal
SIGHTS; pínulas para nivelar
WITH; al mismo nivel que, a flor de, al ras con
LEVELING; enrasamiento, aplanamiento,
explanación, enrase; (lev) nivelación
ARM; (maq) brazo nivelador
COURSE; (ca) capa de enrase

INSTRUMENT; (surv) instrumento nivelador
SCREW; tornillo nivelador
LEVELMAN; (surv) nivelador, ingeniero
de nivel
LEVER; palanca, espeque
ARM; brazo de palanca
HANDLE; (vá) mango de palanca
JACK; gato de palanca
NUT; tuerca de puños
PUNCH; punzadora de palanca
SAFETY VALVE; válvula de seguridad de
palanca
SHEAR; cizalla a palanca, (M) guillotina de
palanca
SWITCH; interruptor de palanca
TUMBLER; tumbador de palanca
LEVERAGE; apalancamiento
LEVIGATION; levigación
LEWIS; castañuela de cantera, grapa de cuñas
para izar
ANCHOR; anclaje de castañuela
BOLT; (cantería) perno de castañuela,
perno harponado de anclaje
LIABILITY INSURANCE; seguro de
responsabilidad civil
LICENSE; (s) licencia, patente, permiso,
matrícula
PLATE; (auto) placa de número
LICENSED ENGINEER; ingeniero matriculado
LICENSEE; (s) concesionario
LID; tapa, tapadera, cubierta
LIEN; derecho de retención
LIFEBOAT; (náut) lancha salvavidas
LIFE EXPECTANCY; expectación de vida
LIFT; (s) alza, elvación, altura de alzamiento; (conc)
hormigonada, tirada, colada, (A) levante;
(compuerta) elevación, carrera; (bomba) altura
de aspiración; (ed) ascensor, elevador,
montecargas; (esclusa) diferencia de nivel,
altura de elevación; (ventana) manigueta; (auto)
levantacoches; (v) levantar, alzar;
(ca) escarificar
BAR; barra de alzamiento
BRIDGE; puente levadizo, puente basculante
CHECK VALVE; válvula horizontal de
retención
LINE; (conc) línea de colado, nivel de
hormigonado
SLAB; (conc) losa de alzamiento
TRUCK; camión elevador; carro montacargas
VALVE; válvula de cierre vertical
LIFTER; alzador, elevador; (min)(tún) barreno de
voladura al pie del frente
LIFTING; levantamiento, levantar, alzar
CAPACITY; capacidad de levantamiento
DOOR; puerta levadiza
FOOT; pie de alzar

POWER; fuerza de elevación
MAGNET; imán levantador
LIGHT; *(s)* luz, alumbrado, iluminación; luz,
lumbre, fuego; *(a)* iluminado, alumbrado; *(v)*
alumbrar, iluminar; encender; (peso) liviano,
ligero; (color) claro, blanco; (aceite) ralo, ligero,
flúido; (plancha) delgado; (buque) aligerado, sin
carga; (tráfico) escaso
    BEACON; baliza luminosa
    BUOY; boya luminosa
    CONSTRUCTION; construcción ligera
    GRADE; pendiente suave, pendiente leve,
    pendiente ligero
    METER; medidor de iluminación
    RESISTANCE; resistencia a la luz
    SHAFT; pozo de luz
    SOCKET; portalámpara,
    SWITCH; interruptor de alumbrado,
    (M) apagador
    TRUCK; camioneta, camión liviano
    WORK; trabajo ligero
LIGHT-DRAFT; de menor calado
LIGHTEN; aligerar, (náut) zafar, alijar, (A) alivianar
LIGHTER; *(a)* más claro; más ligero; *(s)* barcaza,
chalana, pontón, lanchón, alijadora, embarcación
de alijo, lancha; *(v)* transportar por barcaza,
llevar en alijadora
LIGHTERAGE; lanchaje, arrimaje, derechos
de lanchaje
LIGHTHOUSE; faro
LIGHTING; alumbrado, iluminación, alumbramiento
    FIXTURE; artefacto de alumbrado
    LOAD; carga de alumbrado
    OUTLET; tomacorriente para lámpara
    POST; poste de alumbrado, (M) albortante
LIGHTNESS; claridad, luminosidad, ligereza
LIGHTNING; rayo; relámpago
    ARRESTER; pararrayos, descargador
    CONDUCTOR; pararrayos
    FILE; lima triangular
    ROD; barra pararrayos
    TOOTH; (serrucho) diente en M
LIGHTNINGPROOF; a prueba de rayos
LIGHTPROOF; a prueba de luz
LIGHT-SENSITIVE; fotosensible, sensible a la luz
LIGHTSHIP; faro flotanate, buque faro, buque fanal
LIGHTWEIGHT CONCRETE; hormigón ligero
LIGHTWEIGHT PIPE; tubería extraliviana
LIGHTWOOD; pino resinoso
LIGNIN; lignina
LIGNITE; lignito
LIGNIUM VITAE; guayacán, cañahuate, palo santo
LIMB; (árbol) rama; (inst) limbo
    PROTRACTOR; trasportador de limbo
LIME; cal
    FEEDER; (is) alimentador de cal
    HYDRATOR; hidratador de cal

    MODULUS; módulo cálcico
    MORTAR; mortero de cal
    PLASTER; yeso de cal
    POWDER; povo de cal
    PUTTY; masilla de cal
    ROCK; piedra de cal
    SLAKER; apagador de cal
    SLUDGE; (pa) lodo de cal
LIME-BARIUM SOFTENER; (pa) suavizador
de cal-bario
LIME-COATED; encalcado
LIMEKILN; calera, horno de cal, calería
LIME-SODA SOFTENING; suavización de agua
por el método cal-sosa
LIMESTONE; caliza, piedra calcárea, piedra caliza
LIMIT; límite
    DESIGN; (armazón) proyecto a base de la
    carga total al punto cedente o de pandeo de la
    última pieza redundante
    GAGE; calibre de límites calibre de tolerancia
    SWITCH; (eléc) interruptor limitador
LIMITED-ACCESS HIGHWAY; camino de
acceso limitado
LIMITER; (eléc) limitador
LIMITING CURVATURE; límite de agudeza
LIMITING DISTANCE; distancía de límite
LIMITING GRADE; pendiente de límite
LIMITS; límites
LIMNIMETER; (hid) limnímetro
LIMNITE; limnita
LIMNOGRAPH; (hid) limnógrafo, limnímetro
LIMNOLOGY; limnología
LIMONITE; limonita
LIMPET DAM; (hid) presa de lapa
LINCHPIN; pezonera, sotrozo
LINCOLN MILLER; fresadora Lincoln
LINDEN; tilo
LINDERMANN JOINT; (conc) junta Lindermann
LINE; *(s)* línea, fila; cuerda; soga, jarcia, cable; (lev)
trazado, traza; (eléc) línea; (fc) vía, línea; *(v)*(fc)
alinear, enderezar; (tún) revestir, forrar,
encachar; (freno) forrar, aforrar, guarnecer;
(cilindro) forrar; (canal) revestir, encachar;
(laguna) revestir, forrar, encachar
    AND GRADE; alineación y rasante, traza y
    nivel, alineamiento y pendiente
    AND PIN; (carp) alineación y espigar,
    alineamiento y espiga
    DRAWING; dibujo de líneas
    DRILLING; perforación de límite
    DROP; caída de potencial de línea
    HOLES; (exc) barrenos limitadores
    IN; (surv) alinear
    LEVEL; nivel de cuerda
    MANHOLE; (ac) pozo de línea, pozo de paso
    OF COLLIMATION; línea de colimación, eje
    de colimación

OF CREEP; (hid) recorrido de filtración
OF LEVELS; línea de nivelación
OF SATURATION; línea de saturación
OF SIGHT; línea de mira, eje de visación, (A)
línea visual, (V) línea de puntería, (Es) rayo
visual
PIPE; tubería de conducción, cañería
conductora de petróleo
SHAFT; eje de transmisión
UP; *(v)* alinear, enderezar, enfilar, (C) ahilar
VALVE; válvula de paso
LINEAL; lineal
METER; metro corrido, metro lineal
LINEAL-EXPANSION LIMIT; (ms) límite de
expansión lineal
LINEAL-SHRINKAGE LIMIT; (ms) límite de
contracción lineal
LINEAMETER; lineámetro
LINEAR; linear, lineal
COEFFICIENT; coeficiente lineal
EQUATION; ecuación lineal
EXPANSION; expansión lineal
FORCE; fuerza lineal
FUNCTION; función lineal
LEAD; (mr) avance lineal
MEASURE; medida de longitud
PERSPECTIVE; perspectiva lineal
SCALE; escala lineal
STATIC FORCE; fuerza estática lineal
LINED; rayado, forrado, arrugado
BOLT HOLE; agujero de perno forrado
LINEMAN; instalador de líneas, recorredor de la
línea, guardalínea, guardahilos
LINEN TAPE; cinta de lienzo
LINER; (maq) calza, calce, placa de cuña; (cilindro)
forro
PLATES; placas de revestimiento
ROCK; piedra de revestimiento
LINING; (tún) revestimiento, forro, aforro, (conc)
encachado; (fc) alineación, enderezamiento;
(freno) forro, guarnición, cinta; (canal)
revestimiento, encachado
BAR; (fc) barra de alinear
MACHINE; (canal) máquina de revestimiento
LINK; eslabón; (mv) colisa, sector, corredera,
cuadrante oscilante
BELT; correa articulada
FUSE; fusible de cinta
MOTION; (mr) distribución por cuadrante
oscilante
LINKAGE; (mec) varillaje, articulación,
eslabonamiento; (quím) enlace, afinidad; (eléc)
concadenamiento, enlace; (mat) articulación
LINOLEUM; linóleo
LINSEED OIL; aceite de linaza, aceite de lino
LINTEL; dintel, lintel, cabecero, (Col) cabezal, (V)
clave, (M) umbral

LIPASE; (is) lipasa
LIP CURB; guarnición de carretera
LIQUATION; (met) licuación
LIQUEFACTION; licuación, licuefacción
LIQUEFIED PETROLEUM GAS; gas licuado
de petróleo
LIQUEFY; licuar, liquidar; liquidarse
LIQUID; *(s)(a)* líquido
AIR; aire líquido
ASPHALT; asfalto líquido
ASSETS; activo circulante, valores
realizables
LIMIT; límite líquido
MEASURE; medida de volumen de líquidos
SWITCH; interruptor de líquido
WASTE; desperdicios líquidos
LIQUIDATION; liquidación
LIQUIDATOR; liquidador
LIQUID-COOLED; enfriado a líquido
LIQUIDITY; liquidez, fluidez
LIQUID-LEVEL CONTROLLER; (dac) regulador
de nivel de líquido
LIQUID-MEMBRANE CURING COMPOUND;
sello líquido
LITER; litro
LITHARGE; litargirio, almártaga, litarge
LITHOCLASE; litoclasa
LITHOLOGICAL; litológico
LITHOLOGY; litología
LITHOMARGE; (miner) caolín, arcilla violácea
LITHOSPHERE; litósfera
LITMUS; tornasol
PAPER; papel de tornasol
LITTORAL; (geol) litoral
LIVE; vivo; activo; cargado
AXLE; eje motor, eje impulsor
BOOM; aguilón activo
BOTTOM PIT; sótano habitable
CENTER; (turno) punta giratoria
LOAD; carga viva, carga accidental,
(A) sobrecarga
OAK; roble vivo, roble siempre verde
ROLL; rodillo activo
STEAM; vapor vivo, (C) vapor directo
WIRE; alambre cargado
LIVE-FRONT; (tablero) con mando de frente
LIVE-STEAM FEED-WATER HEATER; calentador
a vapor vivo
LIVE-STEAM SEPARATOR; separador de vapor
vivo
LIVING EXPENSES; gastos de mantenimiento,
gastos de estadia
LOAD; (s) carga, cargamiento, carguío; vagonada,
furgonada, camionada, carretada, carretonada;
(hid) carga; (eléc) carga; *(v)*(tran)(vol)(eléc)(est)
cargar; (tran) embarcar
BINDER; (ef) atador de troncos; (pet) perro

BLOCK; (gr) (cablevía) motón de gancho, motón de izar

CABLE; cable sustentador, cable mensajero, cable de carga; cable tractor

CAPACITY; capacidad de cargamiento

CENTER; (eléc) centro de la carga, centro de distribución

CHART; cuadro de cargas máximas para maquinaria

DIAGRAM; diagrama de las cargas

DISPATCHER; (eléc) repartidor de carga

DISTRIBUTION; repartición de las cargas

FACTOR; (eléc) factor de carga, coeficiente de aprovechamiento; (compresora) factor de rendimiento, coeficiente de producción; (contador de agua) factor de gasto

FALL; (gr) cable de carga, cable de izar

INDICATOR; indicador de carga

LINE; (cv) cable de elevación; (dib) línea de las cargas; (náut) línea de flotación con carga

MOMENT; factor usado en determinar capacidad de alzamiento

TEST; prueba de carga

WATER LINE; línea de mayor carga, línea de flotación con carga

LOADED; cargado

FILTER; (ms) filtro con sobrecarga

ON CARS; libre abordo, cargado en carro, cargado sobre vagón, puesto sobre vagón

LOADER; cargador

LOADING; cargamiento; embarque; (pte) distribución de cargas

APRON; delantal de embarcar, andén

CHUTE; canaleta de carga

HOPPER; tolva de cargar

JACK; plataforma de carga

PLATFORM; plataforma de carga, embarcadero, cargadero, muelle

SKIP; cajón cargador, cargador mecánico, cucharón de carga

TRACK; vía de carga

TRAP; (transportador) escotillón de cargar, trampa para cargar

WHARF; muelle embarcadero

YARD; patio de carga

LOADOMETER; (trademark) cargómetro

LOADSTONE; magnetita, piedra imán

LOAM; marga, (M) migajón; tierra negra; (fund) arcilla de moldeo

LOAN; (s) préstamo; (v) prestar

LOBE; (mec) oreja, lóbulo

LOCAL; (a) local, regional; (s) gremio

ATTRACTION; (surv) atracción magnética local

BOND FAILURE; falla de adhesión entre armadura y concreto

BUCKLING; pandeo de un elemento de compresión

TRAFFIC; (ca) tráfico local

LOCAL-SERVICE ROAD; camino de acceso limitado

LOCATE; localizar, emplazar, ubicar, colocar, situar; (fc)(ca) trazar

LOCATING ENGINEER; ingeniero localizador, ingeniero trazador

LOCATION; localización, situación, ubicación; (fc)(ca) trazado

PLAN; plano de ubicación, plano de situación

SURVEY; (ca)(fc) trazado definitivo

LOCK; (s)(puerta) cerradura, (Pan)(Ch)(Ec) chapa; (nav) esclusa, (V) represa; (aire) esclusa; (ch) junta plegada; (fc) enclavamiento; (v) (puerta) cerrar con llave; (nav) esclusar; (ruedas) trabar, trabarse; (mec) enclavar

CANAL; canal con esclusas

CASE; (herr) caja de la cerradura

CHAMBER; cámara de esclusa, cuenco de esclusa

COCK; llave de cierre con candado

GATE; (nav) compuerta de esclusa, portillo, puerta de esclusa

HEAD; (nav) cabeza de esclusa

NUT; contratuerca, tuerca de seguridad, tuerca de sujeción, tuerca fiadora, tuerca inaflojable, tuerca de apriete; (tub) tuerca

RAIL; travesaño de la cerradura, peinazo de la cerradura

RING; (llanta) anillo de cierre, anillo de retén

SET; juego de cerradura

SILL; busco, umbral, batiente, (U) zócalo

STILE; (puerta) larguero de cerradura, montante de la cerradura

STRIKE; (herr) hembra de cerrojo

TENDER; (tún) esclusero

TRIM; (herr) guarnición de cerradura

WASHER; arandela fiadora, roldana de presión, arandela de presión, arandela de seguridad

LOCKAGE; esclusaje, derechos de esclusa

LOCK-BAR PIPE; (trademark) tubería de barra enclavada, (Col) tubería de barra de seguridad, (A) tubería de barra de cierre

LOCKED-COIL CABLE; cable de espira cerrada, cable arrollado con encaje

LOCKED-WIRE CABLE; cable de alambres ajustados

LOCKING; (s) cerradura; enclavamiento; trabadura; esclusado; (a) trabador, cerrador

DEVICE; aparato de cerradura

GEAR; engranaje trabador

PLATE; placa trabadora

SHEET; (fc) planilla de enclavamiento

LOCK-JOINT CALIPERS; calibre de articulación ajustable

LOCKOUT; cierre, huelga patronal, paro patronal; cierre electrico

LOCK-SEAM PIPE; tubería de costura engargolada

LOCK-SHIELD VALVE; válvula con manguito sobre el vástago para maniobra por llave

LOCKE LEVEL; nivel de mano

LOCKSMITH; cerrajero

LOCKSMITHING; cerrajería

LOCOMOTIVE; locomotora
    CRANE; grúa locomotora, pescante locomóvil, (A) guinche de carril, grúa de vía
    ENGINEER; maquinista, conductor de locomotora, (A) maquinista conductor
    FIREMAN; fogonero

LOCOMOTIVE-TYPE BOILER; caldera tipo locomotora

LODE; filón, veta, venero, vena

LODESTONE; piedra imán, magnetita

LOESS; (geol) loes, marga

LOG; *(s)*(mad) tronco, troza, leño, madera cachiza, rollo, (V) rola; (náut) corredera; (libro) registro; *(v)* tumbar, extraer madera; registrar
    ANCHOR; tronco de ancla, muerto
    BOOK; cuaderno de bitácora; registro
    BOOM; viga flotante, cadena de troncos
    CALIPERS; calibre para troncos
    CARRIAGE; carro para troncos
    CHUTE; canal de troncos
    DECK; pila de troncos
    FRAME; sierra múltiple para hacer tablas
    MEASURE; medida para troncos
    OF BORINGS; registros de perforación
    RULE; regla para apreciar troncos
    RUN; (mad) de todo el tronco, tal como sale del aserradero
    SCALE; escala para apreciar los pies de tabla en los troncos
    SKIDDER; máquina arrastradora de troncos
    SLUICE; canal de flotación, portillo de flotación de maderas, paso de maderadas, esclusa para armadías, (M) rápida para troncos
    TURNER; volteador de troncos

LOGARITHM; logartimo

LOGARITHMIC CURVE; curva logarítmica

LOGARITHMIC SPIRAL; espiral logarítmico

LOGGER; máquina cargadora de troncos

LOGGING; explotación forestal, aprovechamiento forestal
    ARCH; grúa transportadora de troncos
    MACHINERY; maquinaria de explotación forestal
    SYSTEM; sistema de explotación forestal
    WHEELS; ruedas grandes con eje para el transporte de troncos, (Ch)(M) diablo, (AC) troque

LOGIC; *(s)* lógica
    BOARD; tablero de lógica

LONG; largo
    CAP; (tub) capa de pila doblada
    CHORD; cuerda larga
    COLUMN; columna larga
    ELBOW; (tub) codo abierto, codo largo
    MEASURE; medida de longitud
    QUARTER BEND; (tub) codo de 90° con un brazo extendido
    SPLICE; ayuste largo, empalme largo
    TON; tonelada bruta, tonelada larga

LONG-HANDLE SHOVEL; pala de mango largo

LONG-HOLE DRILLING; barrenamiento de agujeros largos

LONGITUDE; longitud

LONGITUDINAL; longitudinal
    BAR; barra longitudinal de reforzamiento
    BRACING; arriostramiento longitudinal
    CRACK; grieta longitudinal
    PROFILE; sección vertical del centro del camino
    SECTION; corte longitudinal, sección longitudinal
    SHEAR; esfuerzo cortante longitudinal, (Es) tronchadura longitudinal

LONGLEAF PINE; pino de hoja larga, pino de fibra larga

LONG-LINK CHAIN; cadena de eslabones largos

LONG-NOSE PLIERS; tenacillas de punta larga, alicates narigudos

LONG-OIL VARNISH; barniz de alto aceite

LONG-RADIUS ELBOW; (tub) ele de curva abierta, codo suave

LONG-SWEEP BEND; (tub) curva abierta

LONG-SWEEP FITTINGS; (tub) accesorios de curva abierta

LONG-TERM FINANCING; financiamiento a largo plazo

LOOP; *(s)* lazo, gaza; (fc) ramal cerrado, vía de circunvalación; (eléc) curva cerrada, circuito cerrado, espira; (lab) lazo
    IN; (eléc) conectar en circuito
    ROD; tirante ojalado, barra de argolla
    SPLICE; ayuste de ojal
    TRAVERSE; trazado cerrado

LOOSE; desatado; suelto; flojo
    CEMENT; cemento a granel
    COVER; cubierta suelta
    FILL; relleno suelto
    FIT; ayuste holgado, ajuste con holgura
    FLANGE; platillo suelto, brida loca
    GROUND; tierra suelta, terreno flojo
    KNOT; (mad) nudo vicioso, nudo flojo
    PULLEY; polea loca
    RIVET; remache flojo
    ROCK; roca suelta, roca floja

LOOSE-JOINT BUTT; bisagra de junta suelta

LOOSEN; aflojar, soltar, desatar, desagarrar,
　　desapretar; desatarse, aflojarse, soltarse
LOOSE-PIN BUTT; bisagra de pasador suelto
LOSS; pérdida
　　FACTOR; (eléc) factor de pérdida
　　OF HEAD; (hid) pérdida de carga
　　OF HEAD GAGE; (hid) indicador de pérdida
　　de carga
　　OF PRIME; (bomba) descebamiento
　　ON IGNITION; pérdida por ignición, (Es)
　　pérdida al fuego
LOST GROUND; tierra perdida, terreno perdido
LOST MOTION; juego muerto, movimiento
　　perdido, marcha muerta
LOT; lote (cantidad); solar (terreno)
LOUDNESS LEVEL; (radio) nivel de intensidad de
　　sonido, nivel de ruido
LOUVER; lucerna, lumbrera, persiana, rejilla de
　　ventilación, (U) celosía de ventilación
LOW; bajo
　　AIR; aire suministrada a cámaras y esclusas
　　de presión
　　GEAR; (auto) engranaje de baja, engrane de
　　baja velocidad
　　FREQUENCY; baja frecuencia
　　HEAD; (hid) salto bajo, baja carga,
　　caída baja
　　HEAT OF HARDENING; bajo calor de
　　endurecimiento
　　PRESSURE; baja presión
　　SPEED; (auto) primera velocidad
　　TEMPER; temple suave
　　TENSION; baja tensión
　　TIDE; marea baja, bajamar
　　WATER; estiaje, aguas estiales, aguas mínimas,
　　corriente baja, mengua, bajante, aguas bajas;
　　marea baja
LOW-ALKALI CEMENT; cemento de bajo álcali
LOW-ALLOY STEEL; acero de aleación pobre
LOW-CARBON STEEL; acero dulce, acero de bajo
　　carbono, acero suave
LOW-CONSISTENCY PLASTER; yeso de baja
　　consistencia
LOW-DENSITY CONCRETE; concreto de baja
　　densidad
LOWER; (v) bajar, abatir, arriar; (a) inferior
　　CHORD; cuerda inferior, cordón inferior
　　FLANGE; ala inferior, cordón inferior
　　FLOOR; piso bajo
　　LEVEL; nivel bajo
　　PARALLEL PLATE; (tránsito) placa paralela
　　inferior
LOWERING SPEED; velocidad de descenso
LOW-GRADE ORE; mineral pobre, mineral de
　　baja ley
LOW-HEAT CEMENT; cemento de bajo calor de
　　fraguado

LOWLAND; hondanada, tierra baja, hoyada, bajío,
　　(PR) bajura
LOW-LIFT PUMP; bomba de carga baja
LOW-PRESSURE GROUT; lechada de presión baja
LOW-SPEED ENGINE; motor lento
LOW-VOLTAGE TRANSFORMER;
　　transformador de baja tensión
LOW-WATER MARK; línea de aguas mínimas;
　　línea de bajamar
LUBRICANT; lubricante, lubrificante
LUBRICATING GREASE; grasa lubricante
LUBRICATING OIL; aceite lubricante, aceite de
　　engrase
LUBRICATION; lubricación, lubrificación, engrase,
　　aceitado, aceitaje
LUBRICATOR; lubricador, lubrificador, aceitador
LUBRICITY; lubricidad, aceitosidad
LUFFING; amantillación
　　CABLEWAY; cablevía de amantillar
　　ENGINE; (gr) máquina de amantillar
LUFF TACKLE; aparejo de combés
LUG; (s)(mec) oreja, uña, talón, aleta, lengüeta;
　　tope; (eléc) talón, asiento
　　BAR; (ref) barra de orejas
　　BRICK; ladrillo pavimentador con talones
　　separadores
　　HOOK; tenazas para maderos
　　SILL; (ed) umbral empotrado en las jambas
　　TIRE; neumático de orejas
LUMBER; madera
　　KILN; horno de secar madera
　　RULE; regla para calcular pies de tabla
LUMBER-CORE PLYWOOD; madera laminada
　　con alma maciza
LUMBERING; explotación de bosques, beneficio de
　　madera
LUMBERJACK; maderero
LUMBERMAN; maderero
LUMBERYARD; maderería, depósito de madera,
　　(Ch) barraca de madera, (A) corralón
　　de madera
LUMEN; lumen
LUMEN-HOUR; lumen-hora
LUMINAIRE; unidad de iluminación
LUMINOSITY; luminosidad, brillantez
LUMINOUS; luminoso
　　FLUX; flujo luminoso
　　INTENSITY; intensidad luminosa
　　PAINT; pintura luminosa
　　POWER; flujo luminoso
LUMNITE CEMENT; (trademark) cemento de
　　alúmina de fraguado rápido
LUMP; (cem)(tierra) terrón
　　COAL; carbón bituminoso de más de 4 pulgadas
　　SUM; suma alzada, precio alzado, precio global,
　　(C) precio englobado
LUMP SUM BID; propuesta a suma alzada

LUMP SUM CONTRACT; contrato a precio global
LUMP SUM ITEM; partida global
LUNAR; lunar
LUSTER; (miner) brillo, lustre
LUTE; arcilla para junturas; (herr) magnesio, cobre
 y hierro
LUX; lux
LYCEUM; *(s)* liceo
LYSIMETER; lisímetro

M

MACADAM; macádam
 AGGREGATE; (ca) agregado grueso de tamaño
 uniforme
MACADAMINIZING HAMMER; martillo para
 picar piedra
MACERATE; macerar
MACERATOR; macerador
MACHETE; machete
MACHINE; *(s)* máquina; *(v)* fresar, labrar, tornear,
 ajustar
 BEAM; barra de soporte de máquina
 BIT; mecha de espiga redonda para madera
 BOLT; perno común, perno ordinario, bulón
 ordinario, (A) bulón, (C) tornillo de máquina
 BRAD; puntilla para uso con la máquina de
 clavar pisos de madera dura
 BURN; (mad) quemada debida al calor de la
 acepilladora
 DRAWING; dibujo de máquina
 LANGUAGE; serie de números binarios para
 interpretación por una computadora
 MADE; hecho a máquina
 OIL; aceite para maquinaria
 RATING; carga o poder máximo de una
 máquina
 SCREW; tornillo para metales
 SHOP; taller mecánico, taller, (Ch) maestranza
 STEEL; acero para maquinaria
 TAP; macho girado mecánicamente
 TOOLS; máquinas-herramientas, herramientas
 mecánicas
MACHINE-CUT GEARS; engranajes fresados
MACHINE-CUT THREAD; rosca fresada a
 máquina
MACHINED BOLT; perno torneado
MACHINE-HEAD RIVET; remache de cabeza
 cilíndrica
MACHINE-LAID; (ca) nivelado mecánicamente
MACHINE-MIXED; mezclado mecánicamente
MACHINERY; maquinaria
MACHINE-TOOLED; (mam) labrado a máquina
MACHINING; labrado, fresado, (A) ajustaje
MACHINIST; mecánico, ajustador
MACROSEISMIC; macrosísmico
MACROSTRUCTURE; macroestructura
MADE LAND; terreno de relleno, tierra
 transportada

MAGAZINE; polvorín, depósito de explosivos, (U) magazín; almacén
MAGGOT; (is) cresa, gusano
MAGISTRAL; (met) magistral
MAGMA; (geol) magma
MAGMATIC; magmático
MAGNA FLUX: (trademark)(met) sistema de inspección magnética
MAGNALITE; (trademark) aleación de aluminio, cobre, magnesio y otros metales
MAGNESIA CEMENT; cemento de magnesia, cemento magnésico
MAGNESIUM; magnesio
    CHLORIDE; cloruro magnésico, (miner) magnesita
    LIME; cal pobre
    OXIDE; óxido de magnesio, magnesia
    SULPHATE; sulfato de magnesio
MAGNESIUM-BASE ALLOY; aleación de magnesio, aleación a base de magnesio
MAGNESIUM LIMESTONE; dolomía, caliza magnesiana
MAGNESITE; magnesita
    BRICK; ladrillo refractario, ladrillo de magnesita
    FLOORING; piso de compuesto magnésico
MAGNET; imán, (Ch) magneto
    WIRE; alambre para imanes
MAGNETIC; magnético
    AZIMUTH; azimut magnético
    BEARING; rumbo magnético, marcación magnética
    BLOWOUT; soplo magnético, apagachispas magnético
    BRAKE; freno magnético
    CHUCK; mandril electromagnético
    CLUTCH; embrague electromagnético, embrague magnético
    COUPLE; par magnético
    CREEPING; histéresis viscosa
    CURVES; curvas de fuerza magnética
    DECLINATION; delinación magnética
    DISTURBANCE; (compás) perturbaciones magnéticas
    DIP; inclinación magnética, inclinación de la brújula
    DRIVER; impulsor magnético
    EQUATOR; ecuador magnético, línea aclínica
    FIELD; campo magnético
    FLUX; flujo inductor, flujo magnético
    FORCE; fuerza magnética
    LAG; atraso de imanación, retardo de imanación
    MERIDIAN; meridiano magnético
    NEEDLE; aguja magnética, aguja imanada
    NORTH; norte magnético
    POLE; polo magnético

    RESISTANCE; reluctancia
    RETARDATION; atraso de imanación
    SEPARATOR; separador de imán
    SLOPE; (geop) pendiente magnético
    SURVEY; estudio magnético, levantamiento magnético
    VARIATION; declinación magnética, variación magnética
MAGNETICS; magnética
MAGNETISM; magnetismo
MAGNETITE; magnetita
    SAND FILTER; filtro de magnetita triturada
MAGNETIZATION; imanación, magnetización, imantación
MAGNETIZE; imanar, magnetizar, imantar
MAGNETO; magneto
    ALTERNATOR; magneto alternador
    IGNITION; encendido por magneto
MAGNETOELECTRIC; magnetoeléctrico
MAGNETOGENERATOR; magneto alternador, magneto
MAGNIFICATION; amplificación, magnificación
    FACTOR; (vibración) factor de amplificación
MAGNIFIER; aumentator, (inst) amplificador
MAGNIFYING GLASS; lente de aumento, (A)(V) lupa
MAGNITUDE; magnitud
MAGNOLIA METAL; metal antifricción
MAIN; *(s)*(tub) tubo matriz, cañería matriz, tubería madre, tubería maestra; (eléc) conductor principal
    AIR; aire principal
    BEAM; barra principal
    BEARING; cojinete principal
    CABLE; (cablevía) cable portador
    CANAL; (irr) acequia madre, acequia principal, canal maestro, canal troncal, (Pe) canal madre
    COUPLE; (est) armadura principal de un techo
    FLOOR; primer piso, planta baja
    LINE; vía férrea troncal
    PHASE; fase principal
    REINFORCEMENT; armadura principal
    ROAD; camino troncal, camino real, carretera matriz
    RUNNER; soporte principal de un sistema de cielo raso colgante
    SEWER; cloaca maestra, albañal madre
    SHAFT; árbol principal, eje principal
    SWITCH; interruptor principal
    TRACK; vía principal, vía de recorrido
    VENT; tubo de ventilación principal
MAINTAIN; conservar, mantener
MAINTAINED LOAD TEST; ensayo de cargamiento mantenido por un periodo de tiempo
MAINTAINER; conservadora caminera

MAINTENANCE; mantenimiento, conservación, manutención, sostenimiento, (C) sostenimiento
CHARGES; gastos de conservación, gastos de mantenimiento
CONTRACT; contrato de mantenimiento
OF EQUIPMENT; conservación de equipo
OF WAY; conservación de la vía, mantención de vía
OF WAY AND STRUCTURES; conservación de vía y obras
MAJOR; (a) mayor, principal
AXIS; eje major
DIAMETER; (rosca) diámetro mayor, diámetro exterior, diámetro máximo
HEAD; (hid) carga principal
HYDRAULIC RADIUS; radio hidráulico principal
PRINCIPAL STRESS; esfuerzo principal
MAKE; (s) marca; (v) hacer; fabricar; ganar
FAST; amarrar, abitar
GOOD; cumplir, reparar, compensar
MAKE-UP WATER; (bo)agua de reemplazo, agua de complemento, agua de rellenar
MAKING; hechura, fabricación
MALACHITE; malaquita
MALE; (mec) macho
AND FEMALE; (mec) hembra
COUPLING; acoplamiento macho
GAGE; calibrador macho, calibre interior
PIVOT; gorrón, muñón
THREAD; filete macho, rosca macho
MALFUNCTION; no funcionar de la manera diseñada
MALLEABILITY; maleabilidad
MALLEABLE; maleable, forjable
CASTING; fundición maleable
CAST IRON; fundición maleable
IRON; hierro maleable, hierro forjable
MALLET; mazo, maceta, maza, mallete
MALPRACTICE; procedimeinto ilícito
MALTASE; (is) maltasa
MALTHA; especie de brea mineral
MAN; (v) tripular
POWER; potencial humano, fuerza de brazos
MANAGEMENT; dirección , administración
MANAGER; administrador, gerente
MANAGER'S OFFICE; gerencia, administración
MANDATORY; (a) obligatorio, (s) mandatario
MANDATORY RECYCLING; reciclismo mandatorio
MANDREL; (mh) mandril, husillo, árbol, (tub) mandril, raspatubos
LATHE; torno para formar chapa metálica
PRESS; prensa para asentar mandriles
WRAPPED; entubado de mandril
MANEUVERABILITY; (ec) maniobrabilidad
MANGANESE; manganeso

BRONZE; bronce manganésico
STEEL; acero al manganeso; acero manganésico
MANGANIFEROUS; manganífero
MANGANITE; (quím) manganito; (miner) manganita
MANGANOUS; manganoso
MANGROVE; mangle
MANHOLE; pozo de visita, registro de inspección, pozo de acceso, boca de inspección, caja de registro, pozo de entrada, agujero de hombre; (tún) nicho, (M) puerta de hombre
COVER; tapa del registro, tapa de pozo
FRAME; marco de pozo
HEAD; cabecero de pozo
HOOK; alzador de tapa, gancho sacatapa
STEP; escalón de barra, peldaño de registro, escalón de hierro en U
MANHOUR; hora-hombre
MANIFOLD; (s)(mec) tubo múltiple, múltiple
HEADER; colector de tubos
VALVE; (pet) válvula de distribución
MANILA ROPE; cable Manila, cabo Manila, cuerda de cáñamo, cable de abacá, (Ch) jarcia
MANIPULATOR; (mec) manipulador
MANLIFT; alza-hombre
MANNING'S FORMULA; (hid) fórmula de Manning
MANOMETER; manómetro
MANOMETRIC; manométrico
MANOSTAT; manóstato
MANTISSA; mantisa
MANTLE; (geol) regolita, manto
MANTLE-ROCK; roca suelta sobre la roca viva
MANUAL; (a) manual
CONTROLLER; (eléc) combinador de mano
LABOR; trabajo manual
OPERATION; maniobra manual
RATES; (seg) tipos de premio según el manual de los aseguradores
SEPARATION; separación manual
SWITCH; (eléc) interruptor de mano
MANUFACTURE; (s) fabricación, manufactura, (M) elaboración; (v) fabricar, manufacturar, labrar
MANUFACTURED; fabricado, manufacturado, elaborado
MANUFACTURER; fabricante, manufacturero
MANWAY; pozo de acceso; pasaje angosto
MAP; (s) mapa, carta geográfica, planimetría; (v) levantar un plano, hacer mapas
CRACKING; mapeo de grietas
MAPLE; arce, meple
MAPPING; levantamiento de planos, planimetría
CAMERA; cámara cartográfica
PEN; pluma de cartógrafo
MARBLE; mármol

DUST; marmolina
SETTER; marmolista, (A) marmolero
SHOP; marmolería
TILES; baldosa de mármol
WORK; marmolería
MAREKANITE; (geol) marecanita
MAREOGRAPH; mareógrafo
MARGIN; margen
OF ERROR; margen de error
OF SAFETY; margen de seguridad
MARGINAL; marginal
BEAM; viga marginal
DITCH; foso de cintura, zanja de circunvalación
FAULT; (geol) falla marginal
LAND; terreno marginal
WHARF; muelle marginal, atracadero paralelo
MARIGRAPH; marígrafo, mareómetro registrador
MARIGRAPHIC; mareográfico
MARINA; (s) marina, dársena para embarcaciones
menores
MARINE; (a) marino, marítimo
BORER; tiñuela, broma
ENGINEER; ingeniero marino, ingeniero naval
ENGINEERING; ingeniería marina
GLUE; cola marina
HARDWARE; herrajes marinos
RAILWAY; vía de carena
RISK; riesgo marítimo, riesgos del mar
VALVE; válvula para servicio de buques
MARINER'S COMPASS; brújula marítima, aguja
de marear, compás de mar
MARK; (s) marca; (v) marcar
OUT; agramilar, aparejar, trazar; localizar
MARKER; indicador; marcador
LIGHT; farol marcador
MARKET; plaza; mercado; venta
PRICE; precio de plaza, precio corriente
RATE; tipo del mercado
VALUE; valor en plaza
MARKING; marcación
AWL; lezna de marcar, punta de trazar, trazador
CALIPER; calibre trazador
CRAYON; creyón de marcar
GAGE; gramil
IRON; abecedario para marcar
PAINT; pintura de marcar
PIN; (surv) aguja de agrimensor, aguja
de cadeneo, (A)(M) ficha
MARL; marga, (A) marna
MARLINE; merlín, filástica
MARLINE-CLAD ROPE; cable de alambre
revestido de merlín
MARLINESPIKE; pasador de cabo, ayustadera,
burel
MARLY; margoso
MARQUEE; marquesina
MARRY; (náut) hacer ajuste largo

MARSH; pantano, marjal, bajial, aguazal, ciénaga,
fangal
GAS; gas de los pantanos, metano
MARSHALL; (conc) método de diseño de mezclado
de asfalto
MARSHALL STABILITY; (conc) máxima
resistencia de carga
MARSHY; pantanoso, cenagoso, palustre
MARTELINE; martellina
MASH WELDING; soldadura de estampado
MASKING TAPE; cinta adhesiva
MASON; albañil, mampostero, alarife
MASONITE; (miner) masonita
MASONITE; (trademark) tabla artificial para
edificación
MASONRY; mampostería, albañilería, fábrica
CEMENT; cemento de mampostería
DAM; presa de mampostería, presa fabricada,
dique de albañilería, (M) cortina de
mampostería
FILL; relleno de mampostería
REINFORCING; varillas de acero de
reforzamiento colocadas lateralmente entre
construcción de mampostería
STRUCTURES; estructuras de mampostería;
(rr o canal) obras de arte
MASON'S HELPER; peón de albañil
MASON'S LEVEL; nivel aplomador, nivel de
albañil
MASON'S PUTTY; masilla de albañil
MASON'S TRAP; sumidero
MASS; masa; macizo
CONCRETE; concreto macizo, hormigón en
masa
CURING; curado en masa
CURVE; curva de volúmenes acumulados
DIAGRAM; (hid) diagrama de acumulación,
diagrama de masas; (ot) diagrama de volúmenes
EXCAVATION; excavación en masa,
(M) excavación a granel
HAUL CURVE; diagrama de excavación
disponible para relleno
PRODUCTION; fabricación de artículos
idénticos en gran cantidad, producción en masa
PROFILE; (ca) perfile de camino detallando
volumen de corte y relleno
MASSIVE; macizo
MAST; mástil, palo, árbol; (eléc) poste
BAIL; (gr) estribo del mástil
BRACKET; (gr) ménsula del mástil
MASTER; (s) maestro
BATCH; carga maestra
CONTROLLER; combinador de gobierno
CYLINDER; cilindro principal
GAGE; calibre de comparación, calibre maestro
KEY; llave maestra, llave de paso
MAP; mapa original, mapa maestro

PLAN; plan maestro; plano maestro
SPECIFICATIONS; especificaciones maestras
SWITCH; conmutador de gobierno, interruptor maestro
VALVE; válvula maestra
MASTIC; mástique, (V) masilla
GROUT; lechada de mástique
SEALANT; sellador de mástique
MASTICATOR; máquina picadora
MAT; (ed) losa de cimiento, carpeta de fundición; (hid) platea, zampeado, (vol) estera; (náut) pallete, empalletado; (oruga) estera
FINISH; acabado mate
FOUNDATION; fundición de cimiento
REINFORCEMENT; armadura de malla
MATCH; (v)(agujero de remache); coincidir
BOX; (vol) caja de mechas
MARK; (s) marca de guía; (v) contramarcar
MATCHED LUMBER; madera machihembrada
MATCHED SIDING; tablas machihembradas de forma especial para forro exterior de casas
MATCHING PLANE; machihembra, cepillo machihembrador
MATE; (v)(mec) engranar; ajustar
MATERIAL; material
HANDLING; manejo de materiales, manipuleo de materiales
HOIST; montacarga, ascensor de materiales
LOCK; (tún) esclusa para escombros
SPECIFICATION; especificación de material
YARD; corralón de materiales
MATHEMATICAL; matemático
MATING CONNECTOR; conector
MATING GAGE; contracalibre
MATRASS; matraz
MATRIX; (mec) matriz; (quím) aglomerante; (min) ganga
MATTE; (met) mata
FINISH; (foto) acabado mate
MATT-FACE BRICK; ladrillo mate
MATT-GLAZED TILE; baldosa de vidriado mate
MATTOCK; zapapico, alcotana, piqueta, espiocha
MATTRESS; (cons) colchón de concreto, placa de revestimiento; (río) defensa de ramaje con tejido
de alambre
MATURING; envejecimiento de material
MAUL; (hierro) mandarria, macho, combo; (mad) mazo, mandarria, maceta, porra, machota, mallo; (fc) martilloclavador de escarpias
MAXIMUM; máximo
AGGREGATE SIZE; tamaño máximo de agregado
ALLOWABLE SLOPE; talud límite, talud máximo
CUTOUT; interruptor de máxima intensidad
LIFT; alzamiento máximo

LOADED VEHICLE WEIGHT; máximo peso de vehículo cargado
SPEED; velocidad máxima
MAXIMUM-FLOW GAGE; (ac) registrador de gasto máximo
MAXWELL'S LAW; (eléc) regla de Maxwell
MEADOW ORE; especie de limonita
MEAN; (s)(a) medio; (s)(mat) media, medio
DEPTH; (hid) profundidad media
FLOW; caudal medio
HIGH TIDE; marea alta media, pleamar media
HYDRAULIC RADIUS; radio medio hidráulico
LOW TIDE; bajamar media
SEA LEVEL; nivel medio del mar
STRESS; esfuerzo medio
TIDE; marea media
MEANDER; (s)(río) vuelta, meandro; (v)(río) serpentear, serpear
CORNER; (surv) intersección del trazado con una línea de meandro
LINE; (surv) línea quebrada auxiliar
MEANDERING; serpenteo, meandro
CHANNEL; canal serpentero
MEASURE; (s) medida; (v) medir, mensurar
MEASURED-IN-PLACE; (conc) medido en lugar, medido en la obra
MEASUREMENTS; medidas, mediciones, mensuras; (hid) aforos
MEASUREMENT TON; (an) cabida de 40 pies cúbicos
MEASURING; (s) medición, medida
CHAIN; cadena de medir, cadena agrimensora
FLUME; canal medidor, canalizo medidor
PUMP; bomba de medición, bomba de dosaje
TANK; tanque medidor
TAPE; cinta para medir
WEIR; vertedero medidor, vertedero aforador
MECHANIC; mecánico, ajustador; artesano, oficial
MECHANICAL; mecánico
DRAWING; dibujo mecánico
EFFICIENCY; rendimiento mecánico
ENGINEER; ingeniero mecánico
ENGINEERING; ingeniería mecánica
EQUIVALENT OF HEAT; equivalente mecánico del calor
MIXTURE; mezcla mecánica
SPECIFICATIONS; especificaciones mecánicas
MECHANICAL-ATOMIZING BURNER; quemador mecánico
MECHANICS; mecánica
MECHANISM; mecanismo
MECHANIZE; mecanizar
MECHANIZED; mecanizado
MEDIAN; mediana

BARRIER; guardarriel o dividor similar en el
mediano
STRIP; (ca) faja central, línea divisoria
MEDICAL LOCK; esclusa-hospital
MEDIUM; *(s)*(mat)(quím) medio; *(a)* mediano
FIT; ajuste mediano
SAND; arena mediana
SETTING; colocación mediana
STEEL; acero mediano, acero intermedio
MEDIUM-CURING CUTBACK; asfalto rebajado
de curación mediana, asfalto mezclado con
kerosina
MEDIUM-DENSITY FIBERBOARD; cartón de
fibra de densidad mediana
MEDIUM-FINE; entrefino
MEDIUM-HARD; semiduro
MEDIUM-SIZED; de tamaño mediano
MEDIUM-VOLATILE COAL; carbón de volatilidad
mediana
MEDULLARY RAY; (mad) rayo medular
MEETING RAIL; travesaño de encuentro
MEETING STILE; (casement) montante de
encuentro, larguero de encuentro
MEGABAR; megabarra
MEGAGRAM; megagramo
MEGAHERTZ; megahertz
MEGALITH; megalito
MEGALITHIC MASONRY; mampostería megalítica
MEGAMETER; megámetro
MEGASEISMIC; megasísmico
MEGAVOLT; megavoltio
MEGAWATT; megavatio
MEGGER; (eléc) megóhmmetro
MEGOHM; megohmio
MEGOHMMETER; megóhmmetro, megohmiómetro
MELAMINE; melamina
MELAPHYRE; (geol) meláfido, roca ígnea profídica
MELLOW; (suelo) de consistencia muy floja
MELT; *(s)* hornada, vaciada, colada, (M) lance; *(v)*
derretir, fundir; derretirse, deshelarse, fundirse
MELTING; *(s)* fundición, derretimiento, fusión
FURNACE; horno de fusión, horno para derretir
POINT; punto de fusión, punto de derretimiento
POT; olla para fundir, crisol
RATIO; (sol) relación de fusión
MEMBER; socio; vocal; (est) pieza, miembro,
elemento; (mec) parte, pieza
MEMBRANE; membrana
BARRIER; barrera de material impermeable
CURING; (conc) curación con membrana
FIREPROOFING; incombustilización por
membrana enyesada
WATERPROOFING; impermeabilización por
membrana alquitranada
MEND; (ca) resanar, bachear
MENISCUS; menisco
MENSURATION; medición

MERCHANT; comerciante
BAR; barra comercial, barra de tamaño
corriente
MILL; (met) laminador de perfiles corrientes
MERCHANTABLE; (mad) comerciable
MERCURABLE BAROMETER; barómetro de
mercurio
MERCURIC OXIDE; óxido mercúrico
MERCURY; mercurio, azogue
BOILER; caldera vaporizada de mercurio
CONTACT; contacto de mercurio
FULMINATE; fulminato de mercurio, fulminato
mercúrico
MERCURY-RESISTANT; resistente a la acción de
mercurio
MERCURY-VAPOR LAMP; lámpara de vapor de
mercurio
MERGE; fundir, unir; fusionar
MERIDIAN; *(s)* meridiano
DISTANCE; (surv) apartamiento meridiano
INSTRUMENT; anteojo meridiano
LINE; meridiana
PLANE; plano del meridiano
MERIDIONAL; meridiano
MESA; (top) mesa
MESH; *(s)* malla; (eléc) triángulo; *(v)* engranarse,
endentar, engargantar
NUMBER; (ms) número de agregado
REINFORCEMENT; armadura tejida,
armadura de malla
MESNAGER HINGE; juntura flexible en un arco de
concreto armado
MESSENGER LINE; (eléc) cable mensajero
MESSENGER STRAND; (eléc) torón mensajero
METABOLISM; (is) metabolismo
METACENTRIC; metacéntrico
METACLASE; (geol) metaclasa
METAKAOLIN; material de aluminosilicato usado
para aumentar la durabilidad y vida de concreto
METAL; metal
DEFECTS; defectos de metal
DETECTOR; detector de metal
FLOOR PLAN; relleno de chapa de metal entre
vigas, ahuecador metálico
FOIL; laminilla matálica
LATH; listonado metálico, chilla de metal
LUMBER; piezas estructurales de chapa
metálica prensada
PRIMER; pintura protectiva de metal
SASH; ventana metálica
SPRAYING; rocío metálico, metalización
METAL-ARC CUTTING; cortadura con arco
metálico
METAL-ARC WELDING; soldadura con arco
metálico
METAL-CLAD SWITCHGEAR; dispositivos de
conexión blindados

METAL-COVERED DOOR; puerta forrada de hojalata

METAL-DIP BRAZING; soldadura por inmersión en metal de aporte

METALINE; aleación de cobre 30%, aluminio 25%, hierro 10%, cobalto 35%

METAL-INSERTION PACKING; empaquetadura con inserción de metal

METAL-LINED FORMS; moldes forrados de metal

METALLIC; metálico
   GASKET; junta metaloplástica
   OXIDE; óxido metálico
   PACKING; empaquetadura metálica, guarnición metaloplástica
   PAINT; pintura para metales
   TAPE; cinta metálica, cinta de tela reforzada, lienza metálica

METALLIZE; metalizar

METALLOGRAPHIC; metalográfico

METALLOGRAPHY; metalografía

METALLURGICAL; metalúrgico

METALLURGIST; metalurgista, metalúrgico

METALLURGY; metalurgia, metálica

METALWORK; metalistería

METALWORKER; metalista

METAMORPHIC; metamórfico

METAMORPHISM; metamorfismo

METATROPHIC; (is) metatrófico

METEORIC WATERS; aguas meteóricas

METER; (s)(mec) contador, medidor, (C) metro
   contador; (med) metro; (v) medir por contador
   MASTER; instrumento registrador de gasto máximo y mínimo
   PANEL; cuadro de contador
   READING; lectura del contador
   TESTER; probador de contadores

METERGATE; (irr) compuerta medidora, compuerta aforadora

METERING PIN; (carburador) aguja dosificadora, aguja de medición

METERING PUMP; bomba contadora

METER-TON; metro-tonelada, (Ch) tonelámetro

METES AND BOUNDS; (surv) trazado, descripción

METHANE; metano

METHANOL; metanol

METHYL; metilo
   ALCOHOL; alcohol metílico
   ORANGE; anaranjado de metilo

METHYLENE; metileno

METOROLOGIST; meteorologista, meteorólogo

METOROLOGY; meteorología

METRIC; métrico
   CENTNER; quintal métrico (100 kilos)
   HORSEPOWER; caballo métrico
   HUNDREDWEIGHT; 50 kilos
   SYSTEM; sistema métrico
   TON; tonelada métrica, tonelámetrica

METROLOGY; metrología

MEZZANINE; entresuelo, entrepiso

MHO; (eléc) mho

MICA; mica
   GREASE; grasa micácea

MICACEOUS; micáceo
   IRON ORE; hematites

MICANITE; (trademark) micanita

MICROAMMETER; microamperímetro

MICROAMPERE; microamperio

MICROANALYSIS; microanálisis

MICROBE; microbio

MICROBIOLOGICAL; microbiológico

MICROCHEMICAL; microquímico

MICROCLASTIC; (geol) microclástico

MICROCRYSTAL; (geol) microcristal, microlito

MICROFARAD; (eléc) microfaradio

MICROFLORA; (is) microflora

MICROGALVANOMETER; microgalvanómetro

MICROGRAM; microgramo

MICROGRANITE; microgranito

MICROGRANULAR; microgranoso

MICROHENRY; (eléc) microhenrio

MICROLITER; microlitro

MICROMANOMETER; micromanómetro

MICROMETER; micrómetro
   CALIPERS; micrómetro de precisión, calibre micrométrico
   DEPTH GAGE; micrómetro de profundidad
   TARGET; (surv) mira micrométrica

MICROMETRIC; micrométrico

MICRON; micrón, micra

MICROORGANISM; microorganismo

MICROPEGMATITE; (geol) micropegmatita

MICROSCOPE; microscopio

MICROSCOPIC; microscópico

MICROSEISM; microsismo

MICROSEISMIC; microsísmico

MICROSTRUCTURE; microestructura

MICROSWITCH; microinterruptor

MICROVOLT; microvoltio

MICROVOLTMETER; microvoltímetro

MICROWATT; microvatio

MICROWAVE; (radio) microonda

MIDDLE; (s)(a) medio
   FIBER; fibra media
   ORDINATE; flecha, ordenada media, sagita
   RAIL; (carp) peinazo central, travesaño intermedio
   SECTION; sección media
   STRIP; (flat slab) faja central
   THIRD; (dique) tercio central, tercio medio

MIDDLE-CUT FILE; lima de talla mediana

MID GEAR; (mr) punto muerto del sector

MIDPOINT; punto medio

MIDSHIP BEAM; bao maestro
MIDSHIP FRAME; cuaderna maestra
MIDSPAN; punto medio entre soportes de un piso
MIGMATITE; (geol) especie de gneis
MIGRATION; (pet) migración
MIL; milipulgada
MILDEW; (s) mildiu
   RESISTANCE; resistencia al mildiu
MILD STEEL; acero dulce, temple suave
MILD TEMPER; temple dulce, temple suave
MILE; milla
MILEAGE; millaje
   INDICATOR; (auto) indicador de recorrido
MILE-OHM; ohmios por milla
MILE PER HOUR; milla por hora
MILEPOST; poste milar, jalón; poste kilométrico
MILESTONE; piedra miliaria, mojón, jalón
MILK OF LIME; lechada de cal
MILL; (s) fábrica, taller; molino, ingenio, trapiche;
   laminador; carpintería mecánica; aserradero;
   (mh) fresa; (fin) milésimo de dólar; (v)(mec)
   fresar, acepillar, labrar; (as) aserrar; (min)
   moler; (met) laminar; (est)
   refrentar, carear; molestar
   BENT; (est) pórtico
   CHAIN; cadena transportadora para
   aserraderos
   CINDER; escoria de horno de pudelaje
   CONSTRUCTION; tipo de construcción para
   fábricas, con muros de ladrillos y pisos de
   tablones gruesos sobre vigas grandes de madera
   DOG; grapa de aserradero
   ENGINEER; ingeniero constructor de fábricas
   FILE; lima plana para sierra
   FINISH; acabado de fábrica
   FLOOR; piso de tablones gruesos
   machihembrados sin viguetas
   MIXED; mezclado en fábrica
   PICK; pico de dos cortes
   SAW; sierra con armazón
   SCALE; costras, escamas, costra de laminado,
   batiduras, (V) concha
   TEST; prueba en fábrica
   TOOTH; (serrucho) diente triangular
   WHITE; pintura blanca de acabado lustroso
MILLBOARD; cartón
MILLED NUT; tuerca estriada, tuerca rayada
MILLED REFUSE; desperdicio molido
MILLER; (mec) fresa
MILLIAMPERE; miliamperio
MILLIARE; miliárea
MILLIBAR; miliatmósfera, milibar
MILLIEQUIVALENT; milequivalente
MILLIFARAD; milifaradio
MILLIGRAM; miligramo
MILLIHENRY; (eléc) milihenrio, milihenry
MILLILITER; mililitro

MILLIMETER; milímetro
MILLIMICRON; milimicrón
MILLING; fresado; molienda
   CUTTER; cortador rotatorio de metales,
   fresa
   MACHINE; fresadora
MILLIVOLT; milivoltio
MILLIVOLTMETER; milivoltímetro
MILL-RUN; (mad) tal como sale del aserradero
MILLWORK; (carp) carpintería mecánica,
   (A) obra blanca
MILLWRIGHT; montador de ejes y poleas
MINARET; minarete
MINE; (s) mina; (v) minar, extraer
   BUCKET; cucharón de extracción, balde de
   extracción
   CAGE; caja de extracción, jaula de extracción
   ENTRANCE; bocamina, cabeza de mina
   GUARD; guardamina
   HOIST; malacate de extracción, malacate de
   mina, (Ch) huinche de extracción
   JACK; gato minero, gato ademador
   PIG; lingotes hechos totalmente de mineral
   SHAFT; pozo de mina, pozo de extracción, tiro
   de mina
   SURVEYOR; agrimensor de minas
   TRANSIT; tránsito para minas
MINER; minero, barretero, minador
MINERAL; (s)(a) mineral
   AGGREGATE; agregado mineral
   DUST; polvo mineral
   FILLER; (ca) rellenador, harina mineral
   OIL; aceite mineral; petróleo
   PITCH; brea mineral, asfalto
   RIGHTS; derechos de mineral
   RUBBER; goma mineral
   SPIRITS; esencia mineral, espíritu de petróleo
   TAR; brea mineral
   WOOL; lana mineral, lana de escoria, lana de
   asbesto, escoria filamentosa, huaipe mineral
MINERAL-FILLED ASPHALT; asfalto mezclado
   con agregado en polvo
MINERALIZE; mineralizar
MINERALIZER; (quim) mineralizador
MINERALOGIST; mineralogista
MINERALOGY; mineralogía
MINERAL-SURFACED; (techado) revestido de
   grava, revestido de escoria
MINIMUM; mínimo
MINER'S LAMP; lámpara de minero, lámpara de
   seguridad
MINER'S PICK; pico con punta y martillo, pico
   minero, piocha
MINING; minería, explotación de minas, mineraje
   COMPASS; brújula de minero
   ENGINEER; ingeniero de minas
   ENGINEERING; ingeniería de minas

MACHINERY; maquinaria de extracción, maquinaria minera
ROYALTY; derechos de mineraje
TARGET; (surv) mira para minas
WASTE; desperdicio de minería
MINOR; menor
    CHANGE; cambio menor
    DIAMETER; (rosca) diámetro mínimo
    PRINCIPAL STRESS; esfuerzo principal secundario
    STATION; (surv) estacas negativas del punto de referencia
    STRUCTURE; estructura menor, estructura pequeña
MINUS; menos
    QUANTITY; cantidad negativa
    SIGHT; (aplanamiento) mira de frente, visual adelante
    SIGN; signo menos
    TOLERANCE; tolerancia en menos
MINUTE; (tiempo)(of arc)*(s)* minuto
MINUTES; (junta) actas
MISALIGNMENT; desalineamiento
MISCIBLE; miscible, mezclable
MISCLOSURE; (geop) error de cierre
MISFIRE; *(s)*(auto) falla de encendido; (vol) mechazo; *(v)*(vol) dar mechazo, (M) cebarse
MISS; *(v)*(engranaje) fallar
MISSED HOLE; (vol) (M) barreno cebado
MISSING LINK; (trademark) eslabón de compostura
MIST; *(s)* neblina
MISUSE OF LAND; abuso de tierra, mal uso de tierra
MITER; *(s)* inglete; *(v)* juntar con inglete, (A) angaletar
    BOX; caja de ingletes, (A) angalete
    CUTOFF GAGE; guía de trozar ingletes
    GEAR; engranaje de inglete
    JOINT; junta a inglete, empalme biselado, unión de bisel, empate a inglete
    POST; (esclusa) poste de busco
    ROD; (yesero) plancha de inglete, escantillón de bisel
    SILL; busco, batiente de esclusa
    SQUARE; falsa escuadra, escuadra de inglete
MITER BOX SAW; sierra para inglete
MITERED; ingletado
MITERING GATE; puerta de busco
MIX; *(s)* mezcla, disoficación; *(v)* mezclar, amasar (mortero)
    IN PLACE; (conc)(ca) mezclar en la obra, mezclar en lugar, mezclar en sitio
MIXED-BASE ASPHALT; asfalto a base de una mezcla de petróleos
MIXED-FLOW TURBINE; turbina mixta
MIXED-SAND; arena mezclada

MIXER; mezcladora, hormigonera, (Ch) betonera, (M) revolvedora, (V) terceadora, (C) concretera, (PR) ligadora
    BINS; tolvas cargadoras
    BLADES; paletas, álabes
    EFFICIENCY; eficiencia de mezclado
    FOREMAN; jefe de la cuadrilla mezcladora
    TRUCK; camión mezclador
MIXING; mezclado, mezcladura, (V) terceo
    AND PLACING; mezclado y colado, fabricación y colocación
    BOARD; plataforma de mezcladura
    CHAMBER; cámara de mezcla
    CYCLE; ciclo de mezclado
    DRUM; tambor mezclador
    PLANT; (conc) planta mezcladora, planta hormigonera, (A) central de hormigón
    TANK; estanque mezclador
    TIME; tiempo de mezcleo
    WATER; agua de mezclado, (A) agua de elaboración
MIXTURE; mezcla, (V) terceo, (M) revoltura; dosificación
MOBILE; móvil, movible
    CONVEYOR; transportador movible
    CRANE; grúa movible
    HOIST; malacate movible
MODEL; modelo, (V)(M) maqueta
    ANALYSIS; análisis de modelo
    TESTS; pruebas sobre modelos
    WEIGHT; peso de vehículo con equipo regular
MODERATE-HEAT-OF-HARDENING CEMENT; cemento de calor moderado de fraguado
MODERATOR; (mec) regulador, moderador
MODERNIZATION; modernización
MODIFICATION; modificación
MODIFIED CEMENT; cemento modificado (variante del cemento Portland)
MODIFIED PROCTOR; (ms) procuración modificada
MODULAR; modular
    DESIGN; diseño modular
    DIMENSION; dimensión modular
    HOUSING; casas modulares
    RATIO; relación modular
MODULATE; (radio) modular
MODULATED FAN; ventilador modulado
MODULATION; modulación
    FACTOR; coeficiente de modulación
MODULE; (mec)(hid) módulo
MODULUS; módulo
    OF COMPRESSION; módulo de compresión
    OF DEFORMATION; módulo de deformación
    OF ELASTICITY; módulo de elasticidad, coeficiente de elasticidad
    OF INCOMPRESSIBILITY; (ms) módulo de incompresibilidad

OF RESILIENCE; módulo de rebote
OF RIGIDITY; módulo de rigidez
OF RUPTURE; módulo de ruptura
OF SHEAR; (vibración) módulo de corte
OF SOIL REACTION; módulo de reacción del suelo
MOGUL LOCOMOTIVE; locomotora mogol
MOHR'S CIRCLE; círculo de Mohr
MOIL; barreta de minero
POINT; (herr) punta de barreta
MOIST CURING; curación húmeda
MOISTURE; humedad
ABSORPTION; absorción de humedad
CONTENT; contenido de agua, contenido de humedad
CONTENT OF AGGREGATE; contenido de agua de agregado
DENSITY CURVE; curva de densidad de humedad
EQUIVALENT; (ms) equivalente de humedad
FREE; libre de humedad
HOLDING CAPACITY; capacidad de retención de humedad
INDEX; (ms) relación de humedad
INDICATOR; indicador de humedad
SCALE; balanza de humedad
SEPARATOR; colector de humedad
MOISTUREPROOF; a prueba de humedad
MOISTURE-RESISTANT; resistente a la humedad
MOISTURETIGHT; estanco a la humedad
MOLD; *(s)* molde, matriz, coquilla (hierro); (suelo) mantillo, tierra vegetal, *(v)* moldear; moldurar
OIL; aceite de moldes
MOLDBOARD; vertedera, cuchilla
MOLDED; moldeado
ANGLE; ángulo entre moldeado
BREADTH; (an) manga de construcción
DEPTH; (an) puntal de construcción
INSULATION; aislamiento de construcción
SURFACE; (an) superficie interior del casco
THREAD; rosca moldeada
TOOTH; (engranaje) diente moldeado
MOLDER; moldeador; (em) máquina de moldurar
MOLDING; moldeado, vaciado; moldura, bocel
KNIFE; cuchillo de moldurar
MACHINE; (em) molduradora, tupí (eje vertical); (fund) máquina de moldear
PLANE; bocel, cepillo bocel, cepillo de molduras, molduradora, (A) viter
PRESS; moldeadora
SAND; arena de molde, arenilla, arena de fundición
MOLE; muelle, malecón, espolón, rompeolas
MOLECULAR WEIGHT; peso molecular
MOLECULE; molécula
MOLTEN; derretido
MOLYBDENUM; molibdeno

STEEL; acero al molibdeno
TRIOXIDE; trióxido de molibdeno
MOMENT; (mat) momento
CONNECTION; momento conector
DISTRIBUTION; distribución de momento
INDICATOR; indicador de momento de flexión
OF FLEXURE; momento flector
OF INERTIA; momento de inercia
OF RESISTANCE; momento de resistencia, momento resistente
SENSOR; sensor de momento
MOMENTARY FLOW; caudal instantáneo, caudal momentáneo, gasto instantáneo
MOMENTARY LOAD; (eléc) carga momentánea
MOMENTUM; impulsión, impulso
MONAZITE; monacita
MONEL METAL; (trademark) metal monel
MONIAL; miembros verticales de armadura
MONITOR; (hid) monitor, lanza de agua, (Ch) pistón; (ed) lucernario, linterna, sobretecho, linternón
MONITORING WELL; pozo de prueba, pozo monitorio
MONKEY WRENCH; llave inglesa, llave universal
MONOCABLE TRAMWAY; tranvía de un cable
MONOCALCIUM ALUMINATE; aluminato monocálcico
MONOCAST; (tub)(trademark) univaciado
MONOCHLORAMINE; (is) monocloramina
MONOCLINAL; (geol) monoclinal
MONOCLINE; pliegue monoclinal
MONOCLINIC; monoclínico
MONOHYDRATE; monohidrato
MONOLITH; monolito
MONOLITHIC; monolítico
CONCRETE; concreto monolítico
FINISH; acabado monolítico
LINING; forro monoliítico
MONOMETALLIC; monometálico
MONOMIAL; (mat) monomio
MONOMINERAL; (geol) monomineral
MONOMOLECULAR; (quim) monomolecular
MONOPHASE; (eléc) monofásico
MONOPOLAR; monopolar, unipolar
MONORAIL; monorriel, monocarril, de un solo carril, de carril único
MONOSILICATE; monosilicato
MONOSODIUM PHOSPHATE; fosfato monosódico
MONOTUBE; (trademark) monotubo
MONOXIDE; monóxido
MONTEE CAISSON; compuerta de acero
MONUMENT; *(s)*(lev) mojón, hito, (Ch) monolito, (Col)(V) zócalo; *(v)* amojonar, mojonar, acotar
MONUMENTATION; (surv) mojonamiento
MONZONITE; monzonita
MOOR; *(v)* amarrar, aferrar, anclar

MOORING; fondeo, amarre; amarre fijo, amarre de
  puerto, proís
  BITT; bita de amarre, proís, noray, bitón
  de amarre
  CABLE; cable de amarre
  CHAIN; cadena de fondeo
  POST; poste de amarre, amarradero, bolardo,
  noray; duque de Alba
MORAINE; (geol) morena
MORASS ORE; especie de limonita
MORATORIUM; moratoria
MORE-OR-LESS; mas o menos
MORNING-GLORY SPILLWAY; pozo vertedero,
  (A) embudo sumidero
MORPHOLOGICAL; (geol) morfológico
MORTALITY; (is) mortalidad
MORTAR; (mam) mortero, argamasa, mezcla, (Col)
  pañete; (lab) mortero
  BARROW; carretilla para mortero
  BOX; cuezo, artesón
  CUBE; muestra de mortero
  MIXER; mezclador de mortero
  TUB; artesa, batea, artesón
MORTARBOARD; esparavel
MORTGAGE; (s) hipoteca; (v) hipotecar
  NOTE; nota hipotecaria
MORTISE; (s) muesca, entalladura, mortaja, caja;
(v)
  escoplear, enmuescar, muescar, cajear, mortajar
  AND TENON; caja y espiga, mortaja y espiga;
  espiga y barbilla
  BOLT; cerrojo de embutir
  FLOOR HINGE; charnela de piso de embutir
  GAGE; gramil doble, gramil para mortajas
  LATCH; picaporte de embutir
  LOCK; cerradura embutida, cerradura de
  embutir
  STRIKE; hembra de cerrojo de embutir
MORTISER; escopleadora
MORTISING; (s) escopleadura
  ATTACHMENT; (serrucho) accesorio de
escoplear
  MACHINE; escopleadora, mortajadora
MOSAIC; mosaico
  SETTER; mosaiquista
MOSQUITO; mosquito, zancudo
  SCREEN; mosquitero
MOTHER LODE; (min) filón principal
MOTION; movimiento
MOTIVE; (a) motor, motriz
  POWER; fuerza-motriz, potencia motora
MOTOMIXER; (trademark)(conc) hormigonera de
  camión
MOTOPAVER; pavimentadora de camión
MOTOR; (s) motor
  CONTROL CENTER; centro de control
  motriz

CONVERTER; motor-convertidor
DRIVE; accionamiento por motor, impulsión
  por motor
FRAME; bastidor del motor
GENERATOR; motor-generador
GENERATOR SET; grupo de motor y
  generador, juego de motor y dínamo
GRADER; (ca) motoniveladora, explanadora de
  motor, motocaminera, motoconformadora,
  conformador de motor
LAUNCH; lancha automotriz
OIL; aceite lubricante para motores
ROLLER; aplanadora automotriz
SHIP; motonave
SPIRIT; gasolina, autonafta
TRAFFIC; tráfico automotor
TRANSPORT; transporte automotor, transporte
  a motor, autotransporte
TRUCK; camión, autocamión, camión automóvil
VEHICLE; vehículo automotor
MOTORBOAT; autobote, lancha automotriz
MOTOR-DRIVEN; accionado por motor,
  impulsado por motor
MOTORIZE; motorizar
MOTTLED IRON; fundición truchada, fundición
  atruchada
MOTTLED SOIL; suelo abigarrado
MOUND; montículo; terrero
MOUNTAIN; monte, montaña
  BAROMETER; barómetro portátil de alturas
  RANGE; cordillera, sierra, serranía, cadena de
  montañas
  TRANSIT; tránsito para montañas
MOUNTING; montaje, (auto) suspensión;
  instalación, puesto en obra; marco, armadura
  DEVICE; aparato de montaje
MOUSE HOLE; (pet) hueco de conexión, hoyo de
  conexión
MOUSING; (eléc) trinca
MOUTH; (río) desembocadura, boca, emboque,
  desemboque; (horno) tragante, embocadero;
  (pozo) bocal; (min) bocamina; (fc corazón) boca
MOUTHPIECE; (hid) boquilla
MOVABLE-BLADE PROPELLER; (turb) hélice
  de aletas regulables
MOVABLE BRIDGE; puente movible, puente
  móvil
MOVABLE DAM; presa movible, presa móvil
MOVABLE-POINT CROSSING; (fc) corazón
  de agujas, crucero de puntas movibles
MOVABLE-POINT FROG; corazón de punta
  móvil
MOVING-COIL GALVANOMETER;
  galvanómetro de bobina móvil
MOVING-COIL VOLTMETER; voltímetro de
  bobina móvil
MOVING FORMS; unidades de moldaje móviles

MOVING LOAD; sobrecarga móvil, carga rodante, carga diámica
MOVING REGULATOR; regulador de bobina móvil
MOVING SIDEWALK; acera de transporte
MPH; (velocity) milla por hora
MUCK; *(s)* tierra turbosa; fango; (exc) escombros, cascotes, detritos, descombro, (M) rezaga; (min) sobrecarga, material encima del mineral; *(v)* escombrar, descombrar, (M) rezagar
    BAR; (met) barra de primera laminación
    BIN; depósito de escombros
    BOX; (exc) cajón de madera
    PILE; pila de escombros
    ROLLS; (met) primera laminadora
MUCKER; (ec) máquina cargadora; (hombre) cargador, limpiador, (M) rezaguero
MUCKING MACHINE; máquina cargadora
MUCKING SHOVEL; pala para túnel
MUCKING TOOL; herramienta para túnel
MUD; lodo, fango, cieno, barro, lama, lino, tarquín
    BALL; bola de barro
    COCK; grifo descargador de barro, grifo de desagüe
    CONSTRUCTION; adobe, tapia
    DRUM; (cal) colector de sedimentos
    JACK; (trademark) gato de lodo, inyector de barro, bomba de lodo
    PIT; (pet) foso del lodo
    PLASTERING; embarrado
    PLUG; (cal) tapón del agujero de limpieza
    PUMP; bomba barrera, bomba de lodo
    RING; (cal) colector de barro
    SCREEN; (pet) colador del lodo, criba del lodo
    SLAB; losa de lodo
    SOCKET; (pet) achicador de lodo
    TRAP; colector de barro
    VALVE; válvula purgadora de sedimentos, válvula para cieno
    WALL; tapia, tapial, albarrada
MUDCAP BLAST; voladura sin barreno
MUDDY; barroso, lodoso, limoso, fangoso
MUDGUARD; guardabarro, guardalodos, guardafango, botafango, salpicadero, parafango
MUDSILL; durmiente, larguero, dormido, morillo
MUDSTONE; especie de esquisto
MUFF COUPLING; acoplamiento de árboles con collar y chaeta
MUFFLE; *(s)* mufla; *(v)*(auto) asordar el escape, apagar el ruido
    FURNACE; horno de mufla
    PIT; (mot) pozo silenciador
MUFFLER; (auto) silenciador del escape, amortiguador de ruido
MULCH; (ca) cubierta retenedora del humedad
MULE; mulo, mula, acémila
    PULLEY; polea de guía ajustable

MULEY AXLE; eje de carro sin rebordes en los muñones
MULEY HEAD; guías para sierra muley
MULLER; moleta; maza trituradora
MULLION; (arq) parteluz, montante, entreventana, (Col) mainel; larguero central de puerta; (geol) espejo de falla
MULTDIGESTER; (trademark)(is) digestor múltiple
MULTIBLADE FAN; ventilador de aletas múltiples
MULTIBREAK; (eléc) de interrupción múltiple
MULTICELLULAR; multicelular
MULTICENTERED ARCH; arco de centros múltiples
MULTICONDUCTOR; (eléc) de conductores múltiples
MULTICONE AERATOR; aereador de cono múltiple
MULTICYLINDER; policilíndrico, de varios cilindros
MULTICYCLONE COLLECTOR; colector multiciclónico
MULTIELEMENT PRESTRESSING; prefatigación de elementos múltiples
MULTIFLOW FEED-WATER HEATER; calentador de paso múltiple
MULTIFUEL ENGINE; máquina de combustible múltiple
MULTIJET CONDENSER; condensador de chorro múltiple
MULTILANE HIGHWAY; carretera de varias vías, carretera de trochas múltiples
MULTILAYER; multicapa, capas múltiples
MULTIOUTLET; (eléc) de toma múltiple
MULTIPASS FILTER; filtro de paso múltiple
MULTIPHASE; polifásico
MULTIPLE; *(a)* múltiple; *(s)* múltiplo
    CIRCUIT; circuito múltiple
    CONTROL; mando múltiple
    DRILL; taladro mútiple
    TRANSFORMER; transformador múltiple
    USE; de usos múltiples
    WINDING; arrollamiento múltiple, devanado múltiple
MULTIPLE-ARCH DAM; presa de bóvedas múltiples, presa de arco múltiple, (M) cortina de arcos múltiples
MULTIPLE-CONDUCTOR CABLE; cable de conductor múltiple
MULTIPLE-CONTACT; *(a)* de contacto múltiple
MULTIPLE-CORE CABLE; cable de almas múltiples
MULTIPLE-DISK CLUTCH; embrague de discos múltiples
MULTIPLE-FLAME WELDING; soldadura de llama múltiple
MULTIPLE-PLY; de varias capas
MULTIPLE-POLE; *(a)*(eléc) multipolar

MULTIPLE-PURPOSE DAM; presa de aprovechamiento múltiple, dique de utilización múltiple

MULTIPLE-SPAN BENT; (ed) pórtico de claro múltiple

MULTIPLE-SPAN BRIDGE; puente de tramo múltiple

MULTIPLE-STORY BENT; caballete de múltiples tramos

MULTIPLE-STORY TANK; tanque de varios pisos

MULTIPLE-THREAD; de varios filetes

MULTIPLE-UNIT TRAIN; tren de varios carros motores controlado por un combinador

MULTIPLE-WAY SWITCH; interruptor de contacto múltiple

MULTIPLE-WAY VALVE; válvula de paso múltiple

MULTIPLE-WEB BEAM; viga de almas múltiples

MULTIPLE-WRAP HOISTING DRUM; tambor de izar de paso múltiple

MULTIPLEX; multíplice

MULTIPLIER; (eléc) multiplicador

MULTIPOLE; multipolar

MULTIPORT VALVE; válvula de paso múltiple

MULTISHEAVE BLOCK; motón de garruchas mútilples

MULTISPEED; de velocidades múltiples, de velocidad ajustable

MULTISPINDLE MILLING MACHINE; fresadora de husillos múltiples

MULTISTAGE; multigradual, de etapas múltiples

MULTISTORY; (ed) de pisos múltiples

MULTITUBULAR; multitubular

MULTIVALENT; (quim) polivalente

MULTIWIRE; de alambres mútiples, multifilar

MUNICIPAL ENGINEERING; ingeniería municipal

MUNICIPAL SERVICES; servicios municipales

MUNICIPAL UTILITIES; empresas municipales

MUNTIN; parteluz

MUNTZ METAL; metal Muntz

MURIATE; muriato

MURIATIC ACID; ácido muriático, ácido chorhídrico

MUSCOVADITE; (geol) muscovadita

MUSCOVITE; muscovita, mica blanca

MUSHROOM; (v)(ca) abombarse, hincharse
    ANCHOR; ancla de campana, ancla de seta
    HEAD; (col) cabeza de hongo, cabeza fungiforme

MUSKEG; turbera

MYLONITE; (geol) milonita

MYLONITIC; cataclástico, milonítico

MYRIAGRAM; miriagramo

MYRIAMETER; miriámetro

MYRIAWATT; miriavatio

N

NADIR; nadir

NAIL; (s) clavo, punta, puntilla; (v) clavar, enclavar
    ANCHOR; sujetador de clavo
    CLIPPERS; cortaclavos
    HAMMER; martillo de uña, martillo de carpintero
    HOLE; agujero de clavo, clavera
    PULLER; sacaclavos, arrancaclavos, desclavador
    SET; botador, embutidor
    SHANK; espiga de clavo

NAILCRETE; (trademark) concreto de clavar

NAILHEAD; cabeza de clavo

NAILING; clavadura
    BLOCK; nudillo, bloque de clavar, (Col) chazo
    CONCRETE; concreto de clavar
    STRIP; listón de clavar, listón para clavado

NAME PLATE; placa-marca, placa de fabricante, chapa de identidad

NAPHTHA; nafta

NAPHTHALENE; naftalina

NAPPE; (hid) lamina vertiente, napa

NAPPING HAMMER; martillo de picapedrero con dos cabezas pulidas

NARROW; (v) estrechar, angostar; estrecharse; (a) estrecho, angosto
    CAR; carro decauville, carro de vía angosta
    GAGE; trocha angosta
    RAILROAD; ferrocarril de vía angosta
    TRACK; vía angosta, vía decauville

NARROWS; (top) garganta, angostura, apretura, desfiladero, estrechura, portezuelo; bocal; estrecho

NATIONAL BOARD OF FIRE UNDERWRITERS; (EU) Junta Nacional de Aseguradores

NATIONAL ELECTRIC CODE; (EU) Código Eléctrico Nacional

NATIVE; (miner) natural, nativo; (geol) nativo, metálico
    ASPHALT-BASE SEALANT; sello para la base de asfalto
    RUBBER; caucho natural
    SALT; halita

NATURAL; natural
    ABRASIVE; abrasivo natural
    AIR DRYING; (conc) secado al aire natural
    CEMENT; cemento natural

DRAFT; tiro normal, tiro natural, aspiración normal

FINISH; acabado normal

GAS; gas natural

GROUND; (ot) perfil de tierra y elevación original

SCALE; (perfil) escala natural

SLOPE; talud de reposo

TANGENT; tangente natural

NATURAL-DRAFT COOLING TOWER; torre de enfriamiento con tiro natural

NAUTICAL; náutico, marino, marítimo

MILE; milla marina, milla marítima

NAVAL; naval

ARCHITECT; arquitecto naval

ARCHITECTURE; arquitectura naval

BASE; base naval

STATION; arsenal, astillero, estación de la marina, apostadero naval

NAVIGABLE; navegable

NAVIGATION; navegación

NAVY YARD; arsenal, astillero

NEAP TIDE; marea muerta, marea de apogeo

NEAR SIDE; (est) cara anterior

NEAT; puro, sin diluente

CEMENT; cemento puro, cemento sin arena

LINE; línea de la estructura (sin anchura adicional para excavación)

PLASTER; yeso sin arena

NECK; (mec) cuello; (agua) estrecho; (tierra) istmo; peninsula

BOLT; cerrojo acodado

BRICK; ladrillo de cuello

NECKING; (fc) desgaste de la escarpia debajo de la cabeza

NEEDLE; (s)(inst) aguja; (mec) aguja, espiga, punzon; (vol) varilla de polvorero; (ed) aguja de pared; (v)(ed) colocar agujas de pared

BEAM; (tún) volador

BEAMS; (hid) agujas verticales

BEARING; cojinete de agujas

FILE; lima de aguja

GAGE; manómetro de presión con aguja

GALVANOMETER; galvanómetro de aguja

SCAFFOLD; andamio de aguja

SPAR; aragonita

VALVE; válvula de aguja, llave de punzón, válvula de espiga; compuerta de aguja

WEIR; vertedero fijo de soporte

NEEDLE-POINT GLOBE VALVE; válvula de globo con tapón de punta

NEEDLE-POINT NAIL; clavo con punta de aguja

NEEDLING; insertar una aguja dentro una pared

NEGATIVE; (todos sentidos) negativo

MOMENT; (conc) momento negativo

REINFORCEMENT; (conc) armadura para momento negativo, refuerzo para tensión sobre el apoyo

NEGATIVE-SLUMP CONCRETE; concreto con asentamiento negativo

NEGOTIATION; negociación

NEKTON; (is) necton

NEON; (quim) neón

ILLUMINATION; iluminación neón

LAMP; lámpara neón

NEOPRENE; neopreno

NEPHELINITE; (geol) nefelinita

NEPHELITE; (miner) nefelina

NESSLERIZE; (is) nesslerizar

NEST; (s)(geol) depósito aislado de mineral, bolsa; (v)(mec) formar paquete, anidar

OF ROLLERS; juego de rodillos

NESTABLE; anidable, encajable

NESTED; anidado, enchufado

NESTING; (a) telescópico, enchufado

NET; (s) red; (a) neto, líquido

AREA; área neta

CROSS-SECTIONAL AREA OF MASONRY; área seccional neta de mampostería

COST; costo neto

CUT; (ot) cantidad de material que será apartado, menos lo requerido para relleno

EARNINGS; utilidades líquidas, ganancia neta

FILL; (ot) la medida total de relleno requerido en una estación, menos el volumen de corte

HEAD; (hid) salto neto, desnivel efectivo

LINE; véase NEAT LINE

OPENING; luz libre, luz neta, abertura libre

TON; tonelada de dos mil libras, tonelada neta

WEIGHT; peso neto

NETTING; malla, red

NETWORK; red

DISTRIBUTION; (eléc) distribución por parrilla

PLANNING; planificación de la red

PROTECTOR; (eléc) dispositivo protector de la red

NEUTRAL; (eléc)(quim)(mat) neutro, neutral

AXIS; eje neutro, eje neutral

DEPTH; (hid) profundidad normal, profundidad neutra

FIBER; fibra neutra, fibra neutral

OIL; aceite neutro

PLANE; plano neutral

POSITION; (eléc) línea neutral; (auto) punto muerto, punto neutral, posición neutra

STRESS; esfuerzo neutro

SURFACE; superficie neutra

ZONE; (mec) huelgo positivo

NEUTRALIZATION NUMBER; (aceite) número de neutralización

NEUTRALIZE; neutralizar

NEUTRALIZER; neutralizador

NEUTRALIZING; neutralización
NEW BILLET STEEL; acero de tocho nuevo, acero de lingote
NEW CONSTRUCTION; construcción nueva
NEWEL; (arg) nabo, bolo (de escalera); poste, pilar
    STAND; (escalera) soporte vertical
    WHEEL; ruedas de carga
NEW YORK ROD; (surv) tipo de mira de corredera
NIB; punta, pico
NIBBLER; cortadora
NICHE; nicho
NICK; (s) mella; (v) mellar
NICK-BREAK TEST; prueba de mella
NICKEL; níquel
    BRONZE; cuproníquel
    GLANCE; sulfarsenuro de níquel
    STEEL; acero al níquel, aceroníquel
NICKEL-BASE ALLOY; aleación a base de níquel
NICKEL-CLAD; revestido de níquel
NICKELIFEROUS; niquelífero
NICKEL-IRON STORAGE BATTERY;
    acumulador Edison, acumulador hierro-níquel
NICKEL-PLATED; niquelado
NIGGERHEAD; morrillo, cabezón,
    pedernal; (turno) molinete, torno ahuecado exterior
NIGHT; (s) noche; (a) nocturno
    INSULATION; aislado de noche
    LATCH; pestillo de resorte
    SHIFT; turno de noche; equipo de noche
    WATCHMAN; sereno
    WORK; trabajo nocturno
NINEPENNY NAIL; clavo de 2-3/4 pulgadas
NIP; (min) contracción del filón
NIPPER; (vol) herramentero llevabarrenas,
    (Es) pinche; (fc) alzaprimador
NIPPERS; (herr) tenazas, cortaalambre; (martinete) tenazas de disparo
NIPPLE; (tub) niple, entrerrosca, (C) rosca corrida
NITER; nitro, salitre
NITRATE; nitrato
    BED; salitral, nitral, nitrera
    DEPOSIT; salitrera, salitral
    OF SODA; nitrato de sosa, caliche (crudo), (Ch) salitre
    WORKS; nitrería, (Ch) oficina
NITRATINE; nitratina, nitrato de sosa nativa, caliche
NITRIC; nítrico, azótico
    ACID; ácido nítrico
    OXIDE; óxido nítrico
NITRIDE; nitruro
NITRIDING; (met) nitruración
NITRIFY; nitrificar
NITRITE; nitrito
NITROBACTERIA; nitrobacterias
NITROCELLULOSE; nitrocelulosa
NITROCOTTON; algodón pólvora

NITROGELATINE; nitrogelatina
NITROGEN; nitrógeno
NITROGENOUS; nitrogenado
NITROGLYCERINE; nitroglicerina
NITROSOMONAS; (is) nitrosomonas
NITROUS; nitroso; salitroso, salitral
    FUMES; vapores nitrosos
    OXIDE; óxido nitroso
NODAL; (mat) nodal
NODE; (mat)(eléc) nodo; (mec) punto de unión, nudo
NODULAR; nodular
NO-FINES CONCRETE; concreto sin agregado fino
NOG; (min) madero de entibación
NOGGING; relleno de ladrillos entre montantes de madera
NO-HUB PIPE; tubo con extremos lisos
NOISE; ruido
    ABSORPTION; absorción de ruido
NOISEPROOF; a prueba de ruidos, antisonoro
NOISE-REDUCING; reductor de ruidos
NO-LOAD CIRCUIT BREAKER; interruptor de mínima
NO-LOAD CURRENT; corriente en vacío
NOMINAL; nominal
    DIMENSION; dimensión actual
    MAXIMUM SIZE OF AGGREGATE; la mas pequeña abertura permitida en un cedazo de agregado
    STEEL; barras de reforzamiento en un miembro de concreto
    STRENGTH; esfuerzo de un miembro, sin factor de reducción
NOMOGRAPH; nomograma
NONACTINIC; no actínico
NONAGITATING UNIT; camión para transportar mezcla de concreto sin agitación
NONAIR-ENTRAINED CONCRETE; concreto sin mezclado de arrastramiento por aire
NONARCING METAL; metal antiarco
NONASPHALTIC ROAD OIL; destilado de petróleo antiendurecedor
NONCARBONATE HARDNESS; dureza no de carbonatos
NONCLOGGING; que no se atasca
NONCOHESIVE SOIL; suelo fricc16nal
NONCOKING COAL; carbón no aglutinante, hulla magra
NONCOMBUSTIBLE; incombustible, no combustible
NONCOMPACT SECTION; sección no compacta
NONCONDENSING; sin condensación, de escape libre
NONCONDUCTOR; (s)(eléc) no conductor; (calor) antitérmico
NONCONTINUOUS BEAM; viga no continua, viga libremente apoyada

NONCORROSIVE; no corrosivo, anticorrosivo
NONDETACHABLE; irremovible
NONDIMENSIONAL; sin dimensión
NONDRYING; sin secar
NONEVAPORABLE WATER; agua no evaporable
NONEXPLOSIVE; inexplosible
NONFERROUS METALS; metales noferrosos
NONFLAMMABLE; no flamable
NONFLOATING; ahogadizo, anegadizo
NONFOAMING; antiespumante
NONFREEZING; incongelable
NONGLARE; antideslumbrante
NONHARDENING; antiendurecedor
NONHEATING; sin calentarse
NONINDUCTIVE; no inductivo
NONMETALLIC; no metálico
NONOVERFLOW DAM; presa insumergible, presa
   de retención, (M) cortina
NONPERFORMANCE; falta de ejecución
NONPRESSURE DRAINAGE; desagüe sin
   pressión
NONPRESSURE WELDING; soldadura sin presión
NONREACTIVE; no reactivo
NONRENEWABLE; no recambiable
NONRETURN VALVE; válvula de retención de
   vapor
NONREVERSABLE ENGINE; máquina
   irreversible, máquina ininvertible
NONRIGID; no rígido
NONRISING STEM; (vá) vástago fijo
NONRUSTING; inoxidable, incorrosible
NONSAG SEALANT; sellado sin pandeo
NONSETTLEABLE SOLIDS; (is) sólidos
   no sedimentables
NONSHATTERING GLASS; vidrio inastillable,
   cristal de seguridad
NONSKID; antideslizante, antideslizable
NONSLIP; antirresbaladizo
NONSPINNING ROPE; cable antigiratorio
NONSTAINING CEMENT; cemento que no
   descolora
NONSTICKING; a prueba de atollamiento
NONSTOP; sin escala, sin parada
NONTILTING MIXER; mezcladora no inclinable,
mezclador no basculante, hormigonera no volcable
NONUNION JOB; obra donde no se reconocen los
   gremios
NONUNION MAN; obrero no agremiado, operario
   fuera del gremio
NONUSE OF LAND; tierra no usada
NONWARPING; antialabeo
NORM; norma
NORMAL; (todos sentidos) normal
   CEMENT; cemento portland
   CHORD; (surv) cuerda de 100 pies
   DEPTH; (hid) profundidad normal,
   profundidad neutra

   DISTRIBUTION; (estadística) distribución
   normal
   FAULT; (geol) falla normal
   STRESS; (estática) componente de esfuerzo
   perpendicular al plano donde el esfuerzo
   es aplicado
NORMALIZE; (hierro) normalizar
NORMALIZING FURNACE; horno normalizador
NORTH; (s) norte; (a) del norte; (adv) al norte
   POINT; (compás) punto norte
NORTHEAST; (s)(a) nordeste
NORTHERN; del norte, septentrional
NORTHING; (surv) diferencia de latitud hacia
   el norte
NORTHWEST; (s)(a) noroeste
NORWAY IRON; hierro de Noruega
NORWAY PINE; especie de pino rojo
NORWAY SALTPETER; nitrato de calcio
NOSE; (s)(mec) oreja, talón, aleta; (geol) nariz;
   (herr) boca; (v)(ef) redondear
NOSING; (pilar) tajamar, rompehielos; (escalera)
   vuelo; (loco) serpenteo
   PLANE; cepillo para vuelo de huella, cepillo de
   encabezar escalones
NO-SLUMP CONCRETE; concreto sin
   asentamiento
NOTCH; (s) entalladura, escopleadura, mella,
   tajadura, escotadura, muesca, entalle, escote;
   (v) entallar, escoplear, ranurar, mellar, muescar,
   tajar, dentar, dentallar, escotar
NOTCHING; (eléc) escalonamiento
NOTE; (com) pagaré, (Es) abonaré
   KEEPER; apuntador, anotador
NOTES; (surv) libreta de campo, cuaderno,
   (Col) cartera, (AC) carneta
NOT-GO GAGE; calibre que no debe entrar o dejar
   entrar, calibre de juego máximo
NOTICE OF AWARD; aviso de concesión; aviso de
   premio
NOTICE TO BIDDERS; aviso a postor
NOVACULITE; novaculita
NOVELTY SIDING; especie de tablas de forro
NOZZLE; boquilla, tobera, lanza, boquerel, trompa,
   pico, boca, pitón, (M) chiflón
   AERATOR; aerador de boquilla
   END; extremo de boquilla
   HOLDER; portatobera
   PLATE; tobera plana
NOZZLEMAN; operario de la boquilla
NTH POWER; (mat) potencia enésima
NUCLEAR; nuclear
   DENSITY GAGE; aparato usado para medir la
   densidad de pavimento de asfalto
NUCLEUS; núcleo
NULL; nulo; inválido
NUMBER PLATE; (auto)(placa de) matrícula
NUMERICAL; numérico

NUN BUOY; boya cónica, boya de doble cono
NUT; tuerca, hembra de tornillo, (M) rosca
    COAL; carbón bituminoso de tamaño 3/4
    pulgadas a 1-1/2 pulgadas
    LOCK; fiador de tuerca, contratuerca
    TIGHTENER; (herr) entuercadora, ajustador
    de tuercas, atornilladora de tuercas
NUT-TAPPING MACHINE; roscadora de tuercas,
    terrajadora para tuercas
NUTRIENT AGAR; (is) agar nutritivo

O

OAK; roble, encina, encino, carrasco
OAKUM; estopa, empaque
OBELISK; obelisco
OBJECT GLASS; (inst) objetivo
OBJECTIVE LENS; (inst) lente objectivo
OBLIQUE; oblicuo
    BUTT JOINT; junta a tope no a 90°
    FAULT; (geol) falla oblicua
    OFFSET; (top) línea oblícua
    PROJECTION; proyección oblicua
    TRIANGLE; triángulo oblicuángulo
OBLIQUE-ANGLED; oblicuángulo
OBSCURED GLASS; vidrio obscurecido
OBSEQUENT STREAM; (geol) arroyo obsecuente
OBSERVATION WELL; pozo de observación
OBSERVATORY; observatorio
OBSERVED BEARING; (surv) rumbo observado
OBSERVING TOWER; (surv) torre de observación
OBSIDIAN; (geol) obsidiana
OBSOLESCENCE; desuso, (Ch) obsolescencia
OBSOLETE; desusado, anticuado
OBSTRUCT; obstruir; estorbar; atascar, atorar
OBSTRUCTION LIGHT;   farol indicador de
    obstáculo
OBTUSE ANGLE; ángulo obtuso
OCCLUSION; oclusión; (quím) absorción
OCCUPANCY; ocupación
    LOAD; (ac) demanda por ocupación, carga de
    ocupación
OCCUPATION; empleo, oficio
OCCURRENCE; acontecimiento
OCEAN; océano
    BILL OF LADING; conocimiento de embarque
    marítimo
    FREIGHT; flete marítimo
OCHER; ocre
OCTAGON; octágono
OCTAGONAL; octágono, octagonal, ochavado
OCTAHEDRAL IRON ORE; magnetita
OCTANE; octano
    NUMBER; número de octano
    SELECTOR; (auto) selector de octano
OCULAR MICROMETER; micrómetro ocular
ODD; (número) impar
ODOGRAPH; odógrafo
ODOMETER; odómetro, cuentapasos
ODONTOGRAPH; odógrafo

ODOR; olor
ODORLESS; inodoro
OFF-CENTER; fuera de centro, descentrado
OFF GAGE; no conforme a espesura específica
OFF-GAS; productos gaseosos de descomposición
   química de un material
OFFICE; despacho, oficina, escritorio
   EMPLOYEE; empleado
   MANAGER; jefe de oficina
   WORK; trabajo de oficina
OFFICIAL; (s) oficial
OFF-PEAK ENERGY; energía suministrada durante
   horas de menos carga
OFFSET; (s)(conc) rebajo, retallo, rebajada; (tub)
   pieza de inflexión, pieza en S, (A) codo doble;
   (lev) saledizo, resalto, desecho, ordenada,
   desplazamiento; (min) labor atravesada; (geol)
   desplazamiento horizontal; (v)(conc) retallar,
   rebajar; (lev) escalonar, acodar
   ANGLE; ángulo acodado
   HINGE; bisagra acodada
   LINE; (surv) línea paralela; línea acodada
   SCREWDRIVER; destornillador acodado
   VALVE; válvula con inflexión; válvula en S, válvula
   escalonada
   WRENCH; llave acodada
OFFSET-HEAD NAIL; clavo de cabeza excéntrica
OFFTAKE; (mec) toma
OGEE; perfil de gola, cimacio
   WASHER; arandela de cimacio, arandela de gola
OHM; (eléc) ohmio
OHMIC; óhmico
OHMMETER; ohmiómetro, ohmímetro
OHM'S LAW; (eléc) ley de Ohm
OIL; (s) aceite, petróleo, óleo; (v)(maq) engrasar,
   lubricar, aceitar; (ca) petrolizar, (Ch) aceitar
   AND GAS SEPARATOR; separador de petróleo
   y gas
   ASPHALT; asfalto artificial
   BARGE; lanchón petrolero
   BATH; baño de aceite
   BOILER; hervidor de aceite
   BRAKE; freno de aceite
   BURNER; quemador de petróleo
   CAR; carro tanque
   CHAMBER; cámara de aceite
   CIRCUIT BREAKER; interruptor automático
   en aceite
   COOLER; intercambiador de calor usado para
   enfriar
   CRACKING; fraccionamiento del petróleo por
   calor
   CRANE; (fc) grúa cargadora de petróleo
   combustible
   CUP; copilla de aceite, aceitador, aceitera
   DERRICK; torre pterolera, torre de taladrar,
   (M) faro de perforación

DRUM; bidón para petróleo, tambor para petróleo
ELIMINATOR; separador de aceite, eliminador
de aceite
ENGINE; máquina a petróleo, motor de aceite
FEED; alimentación del aceite
FEEDER; lubricador
FIELD; campo petrolífero, yacimiento petrolífero
FILTER; filtro de aceite
FUEL; combustible de petróleo
FURNACE; horno a petróleo
GAGE; manómetro del aceite, indicador de la
presión del aceite; indicador del nivel de aceite
GAS; gas de petróleo, (C) gas de aceite
GROOVE; ranura de lubricación, estría de
lubrificación, conducto de aceite
GUN; aceitera de resorte, inyector de aceite,
jeringa de aceite
HEATER; calentador quemador de aceite
HOUSE; aceitería, casilla de aceites
IMMERSED; sumergido en aceite
INTAKE; toma de aceite
LANDS; terreno petrolífero
METER; contador de aceite
OF TURPENTINE; aceite de trementina
OF VITRIOL; ácido sulfúrico concentrado
PAINT; pintura al óleo, pintura de aceite
PIPELINE; oleoducto, tubería para petróleo
PLUG; tapón del agujero de lubricación
POOL; criadero de petróleo
POT; tanque de petróleo
PUMP; bomba petrolífera
PURIFIER; depurador de aceite
RECLAIMER; depuradora de aceite
RESERVES; reservas petrolíferas
RESERVOIR; tanque de aceite; cámara para
aceite lubricante dentro de una garrucha
RETAINER; retenedor de aceite
RIGHTS; derechos petroleros
RING; anillo de lubricación, anillo aceitador, anillo
de engrase
ROCK; roca petrolífera
SAND; arenisca porosa con contenido de petróleo
SEAL; sello de aceite, sello de lubricación
SEPARATOR; separador de aceite
SHALE; esquisito petrolífero
SLINGER; disco de metal que previene la entrada
de aceite
STRUCTURE; estructura petrolífera
SWELL; cambio de volumen en artículo de hule
debido al aceite
SWITCH; interruptor de aceite, disyuntor
de aceite
TANKER; barco tanque para petróleo, barque
petrolero
TAR; alquitrán de petróleo
TRAP; interceptor de aceite
TREATER; tratador de aceite

VARNISH; barniz al aceite, barniz al óleo, barniz graso, barniz craso

WELL; pozo de petróleo

WELL CEMENT; cemento para pozo de petróleo

OIL-BEARING; petrolífero

OILCAN; aceitera, alcuza; lata para aceite

OIL-CONTROL RING; anillo de regulación de aceite

OIL-COOLED; enfriado por aceite

OILED AND EDGE-SEALED; aceitado y sellado al borde

OILED EARTH ROAD; camino de tierra petrolada

OILER; (herr) aceitera; (hombre) aceitador, engrasador, aceitero

OIL-FILLED CABLE; cable de aceite

OIL-FIRED; alimentado a petróleo

OIL-GAS TAR; alquitrán de gas de aceite

OIL-GRAVEL MAT; (ca) carpeta de grava petrolada

OIL-HARDENING; recocido en aceite

OILHOLE; agujero de lubricación

OILINESS; (lubricante) oleosidad

OILING; aceitado, engrase, lubricación, aceitaje
    CHAIN; cadena lubricadora
    WASHER; arandela lubricadora

OIL-INSULATED; con aislación de aceite

OIL-LEAK DETECTOR; indicador de escape de aceite

OILLESS BEARING; cojinete autolubricador, cojinete sin aceite

OIL-LEVEL INDICATOR; indicador de nivel de aceite

OIL-PRESSURE GAGE; manómetro de aceite

OIL-PRESSURE GOVERNOR; regulador por presión de aceite

OILPROOF; a prueba de aceite

OIL-REMOVAL FILTER; filtro desaceitador

OIL-RESISTING; resistente al aceite

OILSKINS; impermeables, traje de tela barnizada, encerados

OILSTONE; piedra afiladera, piedra de aceite, (A) piedra de asentar

OIL-TEMPERED; remplado al aceite, templado en aceite

OILTIGHT; hermético al aceite, estanco al aceite

OIL-WELL GAS; gas natural

OILY; aceitoso, oleoso

OKONITE; (ais) oconita

OLDHAM COUPLING; unión de Oldham

OLD MAN; (herr) el viejo, abrazadera de taladrar, (C) hombre viejo

OLEODUCT; oleoducto

OLEOMETER; oleómetro

OLEORESINOUS VARNISH; barniz de oleo y resina sintética

OLIGIST; (miner) oligisto

OLIGOCLASE; (miner) oligoclasa

OLIGOCLASITE; (geol) oligoclasita

OLIVE OIL; (lubricante) aceitón

OMBROGRAPH; pluviómetro registrador

OMBROMETER; pluviómetro

OMNIMETER; (surv) omnímetro

ON CENTER; en centro

ONDULATORY WINDING; (eléc) devanado ondulado

ON EDGE; de canto, (lad) a panderete

ONE-COURSE PAVEMENT; pavimento de una sola capa

ONE-MAN CROSSCUT SAW; trozador con mango para un hombre

ONE-MAN STONE; (mam) piedra manejable por un hombre, (M) piedra braza

ON END; de cabeza, de punta

ONE-PIECE; enterizo, de una pieza

ONE-PIPE SYSTEM; (cal) sistema de tubería única

ONE-POINT PERSPECTIVE; perspectiva paralela, perspectiva de punto único

ONE-STONE AGGREGATE; (ca) agregado de tamaño uniforme

ONE-WAY FLOOR AND ROOF SYSTEM; sistema de piso y techo de concreto reforzado

ONE-WAY-JOIST FLOOR; losa soportada de vigas de concreto reforzado

ONE-WAY SLAB; losa armada en una dirección

ONE-WAY TRAFFIC; tráfico en un solo sentido

ON-OFF SWITCH; (eléc) interruptor conectador-desconectador

ON-PEAK ENERGY; energía suministrada durante horas de máxima demanda

ON-SITE DISPOSAL; disposición en sitio

ON THE FLAT; de plano

OOZE; *(v)* filtrar, percolar; *(s)* fango

OPACITY; opacidad

OPALESCENCE; opalescencia

OPAQUE; opaco

OPEN; *(a)* abierto, descubierto; *(v)* abrir
    AGGREGATE; (ca) agregado de alto relación de huecos
    ARC LAMP; lámpara de arco abierto
    BRIDGE SOCKET; (cable de alambre) encastre abierto para puente
    CAISSON; cajón abierto
    CHANNEL; (hid) canal descubierto, coducto abierto, cauce libre
    CIRCUIT; circuito abierto
    CUT; tajo abierto, corte abierto, excavación a cielo abierto
    FLAP VALVE; válvula de charnela de disco exterior
    MIX; (ca) mezcla porosa
    ROOF; techo donde se ven las vigas, techo catedral
    SHOP; taller franco
    SOCKET; (cable de alambre) grillete abierto, grillete en horquilla, encastre abierto
    SPACE; espacio abierto

SPILLWAY; (sin compuertas) vertedero fijo, vertedero abierto, vertedero de cresta libre

TRAVERSE; (surv) trazado empezando en una estación y terminando en otra

TRENCH; zanja abierta

WIRE; (eléc) alambre descubierto, alambre aéreo

OPEN-BOTTOM RACEWAY; (eléc) conducto sin fondo, canal de fondo abierto

OPENCAST; (min) labor al aire libre

OPEN-CIRCUIT GROUTING; sistema de lechado abierto

OPEN-CIRCUIT VOLTAGE; tensión de circuito abierto

OPEN-COIL WINDING; devanado de inducido abierto

OPEN-CUT TRENCHING; corte de zanjeo abierto

OPEN-CYCLE TURBINE; turbina de ciclo abierto

OPEN-END WRENCH; llave española, llave de maquinista, llae de boca abierta

OPEN-FLUME TURBINE; turbina de cámara abierta, turbina de canal abierto

OPEN-GRADED; (agr) de relación alta de vacíos, de tamaño uniforme

OPEN-GRAINED; de grano greso

OPEN-HEARTH FURNACE; horno Siemens-Martin

OPEN-HEARTH PROCESS; procedimiento Siemens-Martin

OPEN-HEARTH STEEL; acero Siemens-Martin, acero al hogar abierto

OPEN-IMPELLER PUMP; bomba de impulsor abierto

OPENING; abertura, vano

OPEN-JOINT PIPE; tubería de juntas abiertas, tubería sin juntear

OPEN-PANEL TRUSS; armadura sin diagonales, armadura Vierendeel

OPEN-PIT MINING; minería a cielo abierto

OPENSIDE PLANER; acepilladora de un lado abierto

OPEN-SIDE TOOLPOST; (mt) poste portaherramienta abierto

OPEN-THROAT PLIERS; alicates de garganta

OPEN-TOP MIXER TRUCK; camión agitador abierto

OPEN-WEB JOIST; vigueta de celosía, vigueta de alma abierta

OPERABLE; operable

OPERATE; (maq) operar, manejar; actuar, impulsar; funcionar, marchar; explotar

OPERATING; de operación, de mando

   BRIDGE; puente de maniobra, puente de servicio, pasarela de mando

   CABLE; cable de mando

   COSTS; costos de operación

   CURRENT; corriente de servicio

   DEVICE; aparato de control, aparato de mando

   ENGINEER; ingeniero de máquina

   EXPENSES; gastos de explotación, gastos de operación

   HEAD; (hid) carga de funcionamiento, desnivel de funcionamiento

   HOUSE; casilla de mando, caseta de maniobras

   INCOME; entrada neta de operación

   INSTRUCTIONS; instrucciónes de operación

   LEVER; palanca de maniobra

   LOAD; carga de operación

   MECHANISM; mecanismo de maniobra

   NUT; tuerca de maniobra

   RATIO; (fc) coeficiente de explotación, coeficiente de operación

   STRESS; esfuerzo durante operación

   TABLE; mesa de control

   VOLTAGE; tensión de servicio

   WEIGHT; (ec) peso de trabajo, peso de operación

OPERATION; operación, manejo, maniobra, actuación; funcionamiento

   FACTOR; factor de funcionamiento

   WASTE; (irr) pérdidas de explotación

OPERATIVE; (s) operario; (a) operativo

OPERATOR; (maq) operador, maquinista; (negocio) explotador, empresario; telegrafista; telefonista

OPERATOR PLATFORM; plataforma de operador

OPERATOR'S MANUAL; manual de operación

OPERATOR'S PANEL; (elev) tablero del ascensorista

OPHITE; (geol) ofita

OPPOSITE; opuesto

OPPOSITION; (eléc) oposición

OPTICAL; óptico

   CENTER; (inst) centro óptico

   COATING; revestimiento usado en sistemas de calefacción solar

   LOSS; pérdida de radiación solar

   PROPERTY; transmisión visible de luz ultravioleta

   SIGHT; (surv) anteojo de puntería

OPTIMUM; óptimo

   CURE; curación óptima

OPTION; opción

ORANGE-PEEL BUCKET; cucharón tipo cáscara de naranja, cucharón de granada, (M) cucharón de cuatro gajos

ORDER; (com) orden, pedido; (secuencia) orden

   BILL OF LADING; conocimiento negociable

ORDINARY LAY; (cable de alambre) torcido corriente

ORDINATE; (mat) ordenada

ORE; mineral, mena

   BODY; criadero de mineral

   BRIDGE; grúa de pórtico para manejo de mineral

   BUCKET; cubo de extracción, cucharón para mineral, tonel de extracción, (M) chalupa

   CRUSHER; bocarte, trituradora de mineral

   DEPOSIT; yacimiento de mineral

   REDUCTION; beneficio de minerales

   WASHER; lavador de mineral

ORGANIC; orgánico

CONTENT; contenido orgánico
SILT; sedimentos orgánicos
SOIL; suelo orgánico
WASTES; desechos orgánicos
ORGANISM; organismo
ORGANIZATION CHART; cuadro de organización
ORIENT; orientar
ORIENTATION; (surv)(mat)(miner) orientación
ORIFICE; orificio
BOX; (hid) caja de orificio
GAGING TANK; tanque aforador de orificio
METER; contador de orificio
PLATE; (hid) placa de orificio, plancha
de orificio
ORIGIN; (surv)(mat) origen
ORIGINAL COST; costo inicial, costo original, costo
primitivo
ORIGINAL EQUIPMENT; equipo original
ORIGINAL GROUND; terreno primitivo, suelo
natural
ORNAMENTAL IRONWORK; cerrajería, herrería,
herraje ornamental, herrería artística,
(A) carpintería metálica
OROGRAPH; orógrafo
OROGRAPHIC; orográfico
OROHYDROGRAPHIC; orohidrográfico
OROLOGY; orografía
ORTHOALUMINATE; ortoaluminato
ORTHOCLASE; (miner) ortoclasa, ortosa
ORTHOCLASTIC; ortoclástico
ORTHOGNEISS; (geol) ortogneis
ORTHOGONAL; ortogonal
PERSPECTIVE; perspectiva ortogonal
ORTHOGRAPHIC PROJECTION; proyección
ortográfica
ORTHOPHYRE; (geol) pórfido feldespático,
(A) ortofina
ORTHOSILICATE; ortosilicato
ORTHOSTYLE; serie de columnas en fila
OSCILLATE; oscilar
OSCILLATING CURRENT; (eléc) corriente
oscilante
OSCILLATING-PISTON METER; (hid) contador
de émbolo oscilatorio
OSCILLATING WAVE; onda de oscilación
OSCILLATION; oscilación, (U) penduleo
OSCILLATOR; oscilador
OSCILLOGRAM; oscilograma
OSCILLOGRAPHIC; oscilográfico
OSCILLOSCOPE; osciloscopio
OSMIUM LAMP; lámpara de osmio
OSMONDITE; osmondita
OSMOSIS; ósmosis
OTTAWA SAND; arena de sílice
OUNCE; onza; onza líquida
METAL; aleación de cobre con estaño, plomo
y cinc

OUTAGE; (eléc) parada, paralización; merma
OUTBOARD BEARING; chumacera exterior,
cojinete exterior, soporte exterior
OUTBOARD MOTOR; motor de fuera
de bordo
OUTCROP; (s) afloramiento, crestón, brotazón,
(min)(Ch) reventón; (v) aflorar, brotar
OUT-CURVE EDGER; canteador convexo
OUTDOOR PAINT; pintura para intemperie
OUTDOOR SUBSTATION; (eléc) subestación
exterior, subestación al aire libre, subestación a
la intemperie
OUTER RACE; (cojinete) anillo exterior
OUTFALL; descarga, boca, salida, desembocadura,
emisario
SEWER; alcantarilla de descarga, cloaca
emisaria
OUTFIT; (s) equipo, habilitación, apero, apresto;
(v) equipar, habilitar
OUTFLOW; efluente
OUTHAUL; (cablevía) cable de alejamiento
OUTLET; (hid) boca de salida, emisario, escurridero,
escape, vano de descarga, embocadero; (eléc)
toma de corriente, toma de derivación, caja de
salida, conectador
BOX; (eléc) caja de salida
PIPE; tubo de salida
WORKS; (hid) dispositivos de salida, (M)
obras de aprovechamiento, (A) estructuras de
descarga
OUTLIER; (geol) roca apartada
OUTLOOKER; volador, viga volada, arbotante,
almojaya
OUT OF ADJUSTMENT; (inst) descorregido
OUT OF BALANCE; desequilibrado
OUT OF CENTER; descentrado
OUT OF FACE SURFACING; (fc) nivelación
continua con leve alzamiento
OUT OF FOCUS; desenfocado
OUT OF GEAR; desengranado; fuera
de toma
OUT OF LEVEL; desnivelado
OUT OF LINE; desalineado, fuera de línea,
descentrado; (maq) falseado
OUT OF ORDER; descompuesto, inhabilitado,
desarreglado
OUT OF PHASE; fuera de fase
OUT OF PLUMB; desaplomado, en desplome,
desplomado, fuera de plomo, ladeado
OUT OF ROUND; fuera de redondo
OUT OF SERVICE; fuera de servicio
OUT OF SQUARE; fuera de escuadra
OUTPUT; rendimiento, producción
FACTOR; factor de producción
FILTER; (geop) filtro de salida
STAGE; (hid) etapa final de amplificación
hidráulica

OUTRIGGER; voladizo, volador, arbotante,
almojaya; (eléc) oreja de anclaje, cuerno de
amarre
　BEAM; volado horizontal de soporte
　PAD; cojín flotante que soporta una máquina
　SCAFFOLD; andamio volado
OUTSIDE; *(s)* exterior; (A) exterior, externo;
extremo
　AIR; aire de atmósfera
　CALIPERS; calibre de espesor, calibre exterior
　CHASER; peine de rosca macho
　DIAMETER; diámetro exterior
　LEAD; (mot) avance de la admisión
　SCREW AND YOKE; (vá) tornillo exterior y
　caballete, tornillo exterior con marco
OUTSIDE-IN FLOW; flujo perpendicular y hacia el
eje del filtro
OUTSIDE-MIX BURNER; quemador de mezcla
externa
OUT-TO-OUT; de extremo a extremo
OUTWARD-FLOW TURBINE; turbina centrífuga
OUTWASH; (geol) material aluvional fuera del
cauce
OVAL; *(s)* óvalo; *(a)* ovalado
　CHUCK; madril para óvalos
OVAL-PIN SHACKLE; grillete de perno ovalado
OVEN; horno
OVENDRY; seco al horno
　CONCRETE; concreto seco al horno
OVERALL COEFFICIENT OF HEAT TRANSFER;
coeficiente completo de traspaso de calor
OVERALL DIMENSIONS; dimensiones extremas
OVERALL EFFICIENCY; rendimiento total
OVERALL LENGTH; largo total, longitud de
extremo a extremo; (náut) eslora total
OVERALLS; zahones, (A) traje de fajina, traje de
trabajo
OVERALL WIDTH; ancho total, anchura de
extremo a extremo
OVERBLASTING; fractura excesiva por voladura
OVERBREAK; (exc) sobreexcavación
OVERBURDEN; *(s)*(exc) sobrecapa, (M) cubierta,
material encima de la roca, (min) montera
OVERBURNED; (ladrillo) requemado
OVERCHLORINATION; cloración excesiva
OVERCHUTE; (hid) aliviadero superior
OVERCOMPOUNDING; (eléc) hipercompoundaje
OVERCONSOLIDATION; consolidación
excesiva
OVERCOOL; sobreenfriar
OVERCURE; *(s)* exceso de curación
OVERCURRENT; (eléc) sobrecorriente
OVERDESIGN; sobrediseño
OVERDISCHARGE; (eléc) descarga excesiva
OVERDRIVE; (auto) sobremando, sobremarcha;
(v)(pilotes) astillar por golpeo excesivo
OVEREXCAVATE; sobreexcavar

OVEREXCITATION; sobreexcitación
OVEREXPANSION; sobreexpansión
OVERFALL; (hid) vertedero; lámina vertiente,
aguas de derrame
　SPILLWAY; rebosadero, derramadero,
　vertedero libre
OVERFEED STOKER; alimentador de descarga
superior
OVERFLOW; *(s)*(presa) rebosadero, derramadero;
(v) desbordarse, rebosar, sobreverterse,
derramarse, rebasar,
(A)(Ch)(Pe) rebalsar, aplayar (río)
　CLASSIFIER; (met) clasificador de rebose
　DAM; vertedero, presa sumergible, presa
　de rebose
　PIPE; tubo de rebose, caño de desborde
　RINGS; (is) anillo reguladores del nivel
　de derrame
　TUBE; tubo rebosadero
OVER-GEAR; engranaje multiplicador
OVERHAND KNOT; medio nudo
OVERHAND STOPE; testero, grada al revés,
escalón de cielo
OVERHANG; *(s)* vuelo; *(v)* volar, sobresalir
OVERHANGING; voladizo, volado, sobresaliente,
saledizo
OVERHAUL; *(s)*(exc) transporte adicional,
sobreacarreo, acarreo extra; *(v)* componer,
rehabilitar, acondicionar
OVERHAULING LOAD; carga de sobrecarreo
OVERHEAD; *(s)* gastos generales; *(a)* de arriba
　CROSSING; paso superior, cruce superior, paso
　por encima
　EXPENSE; gastos generales
　FROG; cruzamiento aéreo, aguja aérea
　GROUND WIRE; alambre de protección, calbe
　de pararrayos
　MACHINE; máquina elevada
　STRUCTURE; estructura elevada
　VALVE; (mot) válvula en la culata
　WELD; soldadura hecha desde la cara inferior
　de las piezas soldadas
OVERHEAT; *(s)* recalentamiento; *(v)* recalentar
OVERHEATED; (mot) recalentado, sobrecalentado
OVERHUNG; volado; de suspensión superior
OVERINFLATE; (auto) sobreinflar
OVERLAP; *(s)* recubrimiento, encaballadura,
solapadura; (sol) metal de aporte derramado;
(v) solapar, traslapar, solaparse, traslaparse
　FAULT; (geol) falla inversa
OVERLAY; capa, cubierta; (dib) hoja sobrepuesta
OVERLOAD; *(s)*(todos sentidos) sobrecarga; *(v)*
sobrecargar
　CIRCUIT BREAKER; disyuntor de máxima
　POWER; sobrecarga de generador
　PROTECTION; protección contra sobrecargas
　RELAY; relai de sobrecarga

RELEASE COIL; bobina de máxima
OVERPASS; paso superior, paso por encima,
    (A) pasadera
OVERPOWER; *(s)*(eléc) sobrepotencia
OVERPRESSURE; sobrepresión
OVERRUN; invadir, investar; (tiempo) exceder de
OVERSAIL; (mam) acartelar
OVERSANDED; (conc) qué contiene demasiada
    arena
OVERSHIP; despachar con exceso
OVERSHOOT; (eléc) sobrevoltaje
OVERSHOT; *(s)* enchufe de pesca
    WHEEL; (hid) rueda de alimentación superior
OVERSITE CONCRETE; concreto colocado
    directamente bajo grado del piso bajo para sellar
    el suelo
OVERSIZE; *(s)* sobretamaño; *(a)* extra grande,
    (A) sobredimensionado
    AGGREGATE; piedras que exceden el límite
    de tamaño
OVERSLUNG; (auto) sobresuspendido
OVERSPEED; sobrevelocidad, velocidad excesiva
    GOVERNOR; regulador pro velocidad excesiva
    SWITCH; (eléc) interruptor automático para
    protección contra el exceso de velocidad
OVERSTRAIN; deformación excesiva
OVERSTRESS; *(s)* sobrefatiga, sobreesfuerzo;
    (v) sobrefatigar, (U)(M) sobreesforzar
OVERTAKE; alcanzar, dar alcance
OVERTHRUST FAULT; (geol) falla acostada,
    (M) falla por empuje
OVERTIME; tiempo extra, hora extraordinarias,
    sobretiempo
OVERTOP; sobrepasar
OVERTRAVEL; (mt) recorrido muerto, sobrecarrera
OVERTURN; volcar, voltear
OVERTURNING; volcamiento, vuelco, volteamiento
    FORCE; fuerza volcadora, fuerza
    de volcamiento
    MOMENT; momento volcador, momento
    de vuelco
OVERVIBRATION; (conc) vibración excesiva
OVERVOLTAGE; sobretensión, sobreintensidad
    CUTOUT; cortacircuito para sobretensiones
    RELAY; relevador de sobretension
OVERWEIGHT; peso excesivo, sobrepeso
OVERWET; demasiado húmedo
OVERWINDING; (mot) enrollado por encima
OVOID; ovoide
OWNER; propietario, amo, dueño
OXALATE BLASTING POWDER; pólvora que
    contiene oxalato de aluminio
OXBOW; (río) vuelta
OXIDANT; *(s)* oxidante
OXIDATION; oxidación
    INHIBITOR; inhibidor de oxidación
OXIDE; óxido

OF COPPER; óxido de cobre, óxido cúprico
OF IRON; óxido de hierro
OF LEAD; óxido de plomo
OXIDE-FILM ARRESTER; pararrayos de película
    de hidróxido, pararrayos a capa de óxido
OXIDIZE; oxidar
OXIDIZED SEWAGE; cloaca oxidada
OXIDIZING BED; lecho de oxidación
OXIDIZING FURNACE; horno de oxidización
OXYACETYLENE TORCH; soplete oxiacetilénico,
    antorcha oxiacetilénica, (C) mecha
OXYACETYLENE WELDING; soldadura
    oxiacetilénica
OXYCHLORIDE; oxicloruro
OXYGEN; oxígeno
    BOMB; bomba de oxígeno
    LANCE; (sol) soplete perforador
    REGULATOR; regulador de oxígeno
    SAG; (is) curva de oxígeno colgante, combada
    de oxígeno disuelto
OXYGENATED WATER; agua oxigenada
OXYGENATION; oxigenación
OXYGEN-DEMAND WATER; (dac) indicador de
    falta de oxígeno
OXYGEN-HYDROGEN WELDING; soldadura
    oxihidrógeno
OXYHYDRATE; oxihidrato
OXYHYDROGEN BLOWPIPE; soplete oxhídrico
OXYNITRATE; oxinitrato
OXYSULPHATE; oxisulfato
OZONATION; ozonización
OZONATOR; ozonizador, ozonador
OZONE; ozono, ozona
    CRACKING; agrietamiento de ozono
    PAPER; papel de ozona
    RESISTANCE; resistencia a efectos de ozono
OZONIC; ozonizado
OZONIZE; ozonizar, ozonar, ozonificar
OZONOMETER; ozonémetro
OZONOSCOPIC; ozonoscópico

P

PACE; paso; *(v)* medir a pasos

PACK; *(s)* fardo, bulto; (hielo) banco; (min) relleno de desechos; *(v)* embalar, empacar, encajonar; (maq) empaquetar, estopar; (min) rellenar, atibar

PACKAGE; *(s)* paquete, bulto; *(v)* envasar, empaquetar
FREIGHT; menos de un carro completo

PACKAGED CONCRETE/MORTAR/GROUT; mezcla de ingredientes secos en paquetes para preparación de concreto, mortero o lechada de cemento

PACKED TOWER; torre empaquetada con piedras quebradas para el control de contaminación en el aire

PACKER; (pozo) tapador, obturador, tapón; (min) constuctor de pilares, predricero
TRUCK; vehículo para colección de desechos sólidos

PACKERHEAD PROCESS; procedimiento para producir tubo de concreto

PACKING; embalaje, envase, encajonamiento; (maq) empaque, empaquetadura, guarnición; (tún) retaque, relleno;
(est) disposición, arreglo
BLOCK; espaciador, separador
BOX; (mec) prensaestopas
CASE; cajón, envase
DIAGRAM; (est) diagrama del arreglo de las piezas en el pasador
HOOK; gancho para empaquetaduras
LIST; lista de los bultos, planilla de envasamiento
NUT; tuerca del prensaestopas
PIECE; espaciador
RING; aro de guarnición, anillo de guarnición, aro empaquetador
SPOOL; separador, espaciador
WASHER; arandela de guarnición, arandela de empaque

PACKLESS; sin empaquetadura

PACKTHREAD; bramante

PACKWALL; (min) pared de relleno

PAD; *(s)* cojín, almohadilla; mango (sierra); portabroca (berbiquí)
EYE; ojillo de platillo
FOUNDATION; cimentación de cojín

PADDLE; *(s)*(mec) paleta; (mam) paleta de yesero
AERATOR; aereador de paletas

SAND WASHER; lavador de paletas

PADDLE-WHEEL SCRAPER; máquina escavadora

PADDOCK; prado, cercado

PADLOCK; candado
EYE; ojal de candado, cerradero

PADSTONE; bloque para cargar el peso de una viga o armadura

PAIL; cubo, balde, cubeta

PAINT; *(s)* pintura; *(v)* pintar
BASE; base de pintura
DRIER; desecador
GUN; atomizador de pintura
REMOVER; sacapintura
SCALER; raspapintura
SHOP; taller de pintura, (A) pinturería
SPRAYER; pulverizador de pintura, soplete atomizador, pistola
THINNER; diluente

PAINTBRUSH; brocha, pincel

PAINTER; pintor; (náut) boza, amarra de bote

PAINTER'S PUTTY; relleno

PAINTER'S TRIANGLE; rasqueta triangular

PAINTING; pintura, (A) pinturería

PALING FENCE; palizada, estacada, cerca de estacas

PALISADE; empalizada, estacada

PALLADIUM; paladio

PALLET; (mec) paleta

PALMETTO; palmito

PAMPAS; pampas

PAN; *(s)*(ot) traílla; (min) gamella; *(v)*(min) lavar para separación del oro
CONVEYOR; transportador de artesas, conductor de bateas

PANE; hoja de vidrio, cristal, vidrio

PANEL; (puerta) entrepaño, panel, tablero; (armadura) tramo, (M) tablero, panel, (Ch) paño; (eléc) placa, cuadro; (eléc) tablero; (pared) lienzo, tramo, recuadro
BOARD; tablero de cortacircuitos
BOX; caja de circuitos
HEATING; calefacción a panel
LENGTH; (pte) distancia entre nudos, longitud de tramos
POINT; (armazón) nudo, junta de entrepaño, punto de encuentro, punto de tramo
RADIATOR; calefactor de panel
SPACING; espaciamiento de panels
WALL; (ed) antepecho; pared de relleno o sin carga
ZONE; zona en una conexión de viga a columna

PANELING; artesonado, alfarje

PANELIZED CONSTRUCTION; construcción en secciones prefabricadas para ensamblaje en sitio

PANHANDLE; viga de concreto muy pesada entre fundamentos

PANHEAD RIVET; remache de cabeza de cono achatado, (A) remache de cabeza chanfleada

PANIC BAR; (puerta) barra de emergencia
PANIC BOLT; falleba de emergencia
PANIER; cuévano; serón
PANNING; (hid) canalización de agua dentro de un
    túnel, antes de concretar
PANTILE; teja de cimacio; teja canalón
PANTOGRAPH; (dib) pantógrafo; (eléc) colector
    pantógrafo
PANTOMETER; pantómetro
PANTOMETRIC; pantométrico
PAPER; papel
    COAL; lignito en láminas delgadas
    SHALE; esquisito de láminas delgadas
    SPAR; especie de calcita
PAPERBOARD; hojas de material fibroso delgado
PAPER-COVERED WIRE; alambre forrado de papel
PAPER-INSULATED; aislado de papel
PARABOLA; parábola
PARABOLIC; parabólico
PARABOLOID; paraboloide
PARACENTRIC LOCK; cerradura de cilindro
    paracéntrico
PARADOX CONTROL; tipo de control para válvulas
    equilibradas
PARADOX GATE; tipo de compuerta levadiza que
    tiene anillo seguidor y que se desliza contra trenes
    de rodillos
PARAFFIN; parafina
    OIL; aceite de parafina; kerosina
    WAX; parafina sólida, cera de parafina
PARAFFIN-BASE OIL; petróleo de parafina
PARAFFINED PAPER; (ais) papel parafinado
PARAFFINIC; parafínico
PARAFFINICITY; parafinicidad
PARAGNEISS; paragneis
PARALLAX; paralaje
PARALLEL; (s)(geog) paralelo; (mat) paralela,
    paralelo; (a) paralelo
    BATTERIES; baterías paralelas
    CABLEWAY; (eléc) cablevía paralelo
    CIRCUIT; (eléc) circuitos paralelos
    CONNECTION; (eléc) conexión paralela
    LAMINATED; laminado paralelo
    PERSPECTIVE; perspectiva paralela
    RULER; reglas paralelas
    THREAD; rosca paralela
    VISE; tornillo paralelo, morsa paralela
PARALLELEPIPED; paralelepípedo
PARALLEL-FLANGE I BEAM; viga I de ala sin
    ahusar
PARALLEL-FLOW JET CONDENSER; condensador
    de corrientes (vapor y agua) paralelas
PARALLELISM; paralelismo
PARALLELOGRAM; paralelogramo
PARAMAGNETIC; paramagnético
PARALLEL-SERIES CIRCUIT; (eléc) circuito en
    paraleloserie

PARALLEL-SLIDE GATE VALVE; válvula de c
    ompuerta plana
PARAMETER; (mat) parámetro
PARAPET; parapeto, pretil, antepecho, (Col) trincho
PARASITE; (s)(a) parásito
PARASITIC LOAD; sobrecarga causada por accesorio
    impulsado a máquina
PARAXIAL; paraxial
PARBUCKLE; tiravira
PARCEL; (tierra) solar, lote, parcela de terreno;
    (correo) paquete, parcela
    PLAT; (tierra) mapa de parcel
PARCHMENT INSULATION; aislante de pergamino
PARENT METAL; (sol) metal de las piezas por soldar
PARGE; (mam)(s) repello, enlucido; (v) revocar,
    enlucir
PARING CHISEL; formón de mano, escoplo de mano
PARING GOUGE; gubia de mano
PARK; (v)(auto) estacionar, situar; parque
PARKING; (auto)(elevador) estacionamiento
    BRAKE; freno de estacionamiento
    FACILITY; edificio de estacionamiento
    LANE; (ca) faja de estacionamiento
    LOT; aparcamiento
    METER; parquímetro
    SPACE; plaza o playa de estacionamiento, lugar
    de estacionamiento
PARKWAY; bulevar, prado, (B) carretera-parque; faja
    central; camino de acceso limitado
    CABLE; cable eléctrico armado con cinta de acero
PARQUET; piso de taracea o mosaico de madera
PARSHALL FLUME; canal medidor de
    Parshall
PART GATE; (turb) paletas entreabiertas
PARTIAL; parcial
    FLOW FILTER; filtro parcial
    LOAD; carga fraccionada, carga parcial
    LOSS; (propiedad) pérdida parcial
    PENETRATION; (hid) toma de un pozo no
    penetra la gruesura total de la capa acuífera
PARTIALLY FIXED; (estática) soporte del extremo
    de una viga o columna que no desarrolla momento
    total
PARTICLE; partícula
PARTICLEBOARD; tabla de partículo
PARTICLE-SIZE ANALYSIS; análisis de
    proporción por peso de partículos en suelo o
    arena
PARTICLE SIZE DISTRIBUTION; lista del número
    de partículos conforme al tamaño
PARTICULAR AVERAGE; avería particular, avería
    común
PARTICULATE CONTAMINATION; contaminación
    de particulado
PARTING; (min) lámina de material estéril entre filones;
    (fund) plano de separación (del molde)
    CHISEL; escoplo separador

STRIP; (carp) listón separador
TOOL; (mt) fresa partidora
PARTITION; *(s)* tabique, pared divisoria, acitara,
medianería; *(v)*(ed) tabicar, entabicar
BUILDER; tabiquero
PLATE; placa horizontal que capa abajo y encima
TILE; bloques huecos para paredes divisorias
PARTITIONING; tabiquería
PARTS; (maq) repuestos, partes
PARTY; (surv) cuadrilla, cuerpo, brigada, equipo
WALL; muro medianero, pared medianera, arrimo
PASS; *(s)*(top) portezuelo, abra, boca, (Ch) atravieso,
(M) puerto; (min) paso entre niveles; (fc) pase;
(laminador) canal; paso
KEY; llave maestra
PASSAGEWAY; pasadizo, pasillo, pasaje, corredor
PASSENGER; viajero, pasajero
CAR; vagón de viajeros, coche, (Ch) vagón de
pasajeros
STATION; estación de viajeros
TRAIN; tren de viajeros
PASSER; (remachar) agarrador
PASSING LANE; (ca) faja de pasar, trocha para
pasar
TONGS; (est) tenazas para tirar remaches
PASSIVE COMPONENT; (eléc) componente
pasivo
PASSIVE SOLAR ENERGY; energía solar pasiva
PASSPORT; pasaporte
PASTE; *(s)*(cem) pasta; (oficina) goma, engrudo
CONTENT; volumen de pasta en cemento
PAT; *(s)*(cem) galleta, pan, pastilla
STAIN TEST; (ca) prueba de mancha
PATCH; *(s)* remiendo; (auto) parche, emplasto; (cal)
planchuela de compostura; *(v)* remendar; (conc)
resanar, (auto) parchar; (ca) bachear
BOLT; perno prisionero de remendar
ROLLER; (ca) rodillo de bachear o para
remiendos
PATCHING; remiendo, (ca) bacheo
AND POINTING; (conc) resanado,
subsanamiento
PATENT; *(s)* patente, privilegio de invención; *(v)*
patentar
INFRINGEMENT; violación de patente
PENDING; patente en tramitación
PLASTER; yeso duro, yeso negro
PATENTEE; poseedor de patente, concesionario
PATH; sendero, vereda, senda; (mec) recorrido;
(mat) trayectoria
PATH OF PRESTRESSING FORCE; paso de
esfuerzo prefatigador
PATH OF SEEPAGE; (hid) paso de filtración,
recorrido de filtración
PATH OF TRAVEL; (mec) recorrido
PATHOGENIC BACTERIA; (is) bacterias
patógenas

PATINA; (met) pátina
PATIO; patio
PATTERN; plantilla, patrón; (fund) modelo
SHOP; taller de modelado, (Ch) modelería
PATTERNMAKER; carpintero modelador,
modelista; plantillero
PATTERNMAKING; carpintería de modelos,
modelaje
PAVE; pavimentar, afirmar, solar, empedrar;
adoquinar; enladrillar; embaldosar; entarugar;
enchinar; asfaltar; enguijarrar; (hid) zampear
PAVED FORD; (ca) vado pavimentado, (V) batea,
(A) badén
PAVED ROADWAY; calzada
PAVEMENT; pavimento; (ed) solado, solería,
embaldosado; (ca) afirmado, empedrado;
adoquinado; enladrillado, enchinado,
enladrillado
BASE PLATE; placa de base de pavimento
CONCRETE; (ca) pavimento de concreto
SEALER; (ca) sellado de pavimento
PAVER; empedrador, adoquinador; enladrillador;
asfaltador; solador
PAVING; pavimentación; pavimento, afirmado,
soladura, adoquinado; (hid) revestimiento,
zampeado
BAR; barra de empedrador
BLOCK; adoquín de madera
BREAKER; rompepavimentos; martillo
rompedor, rompedor de hormigón, (M) pistola
rompedora, partidora de hormigón
BRICK; ladrillo para pavimento, ladrillo
pavimentador
MIXER; mezclador pavimentador, hormigonera
pavimentadora, mezcladora caminera
ROLLER; cilindro apisonador
STONE; adoquín
TILE; baldosa
PAWL; trinquete, retén, linguete, uña, seguro, crique
PAY; *(v)* pagar
DIRT; (exc) cubicación pagada; (min) terreno
aurífero
LINE; (exc) línea de pago, perfil de pago
LOAD; carga útil, carga pagada
ROLL; nómina, planilla de pago, (M) lista de
raya, (Ec) rol de pago
PAYDAY; día de pago
PAYMASTER; pagador
PAYMENT BOND; fianza de pago
PAYMENT REQUEST; petición de pago
PAYMENT SCHEDULE; programa de pago
P-DELTA EFFECT; efectos secundarios en los
momentos de los miembros
PEA COAL; antracita de tamaño 1/2 pulg a 1-1/16
pulg
PEA GRAVEL; gravilla, (M) confitilla,
(Ch) espejuelo

PEAK; *(s)*(top) cima, cumbre, pico, picota; (techo)
vértice; *(v)*(aguilón) amantillar
FACTOR; (eléc) factor de amplitud
LOAD; carga máxima, demanda máxima, pico
de la carga, (A) carga de punta
OF A FLOOD; pico de la crecida, gasto
máximo
VALUE; (eléc) valor máximo, valor de cresta
VOLTAGE; voltaje máximo
PEAKED BENT; (ed) pórtico de dos aguas
PEAKED ROOF; cubierta a dos aguas, techo a dos
vertientes
PEAK-HOUR TRAFFIC; tráfico máximo
por hora
PEAKING LINE; amantillo
PEARL SPAR; especie de dolomía
PEAT; turba
BED; turbal, turbera
TAR; alquitrán de turba
PEAVY; pica de gancho, palanca de gancho
PEBBLE MILL; molino de piedras
PEBBLE POWDER; (vol) pólvora de grano gordo
PEBBLES; guijarros, piedrecitas, guijas, piedrezuelas,
chinarros, rodaditos, guijarrillos, (A) cantos
rodados
PEBBLY; guijoso
PEDAL; pedal
PEDESTAL; (est)(mec) pedestal
CRANE; poste grúa
PILE; pilote de concreto con pie abultado
URINAL; orinal de pie
PEDESTRIAN; peatón
TRAFFIC; tráfico caminante, tráfico de
peatones
PEDIMENT; (arq) frontón
PEDOMETER; pedómetro, cuentapasos
PEEL; *(v)*(montón) descortezar

PEELER; (mad) tronco para hoja de madera
PEELING AX; hacha descortezadora
PEEN; *(s)* peña, boca; *(v)* martillar con la peña
HAMMER; martillo de peña; martillo de peña
doble
PEEPHOLE; (horno) mirilla, abertura de
observación
PEG; espiga, clavija, espárrago, pernete, estaquilla,
turrión
ADJUSTMENT; (nivel) verificación por medio
de dos estacas
TOOTH; (serrucho) diente común
PEGMATITE; pegmatita
PEG-TOOTH HARROW; rastra de dientes
PEIRAMETER; peirámetro
PELLET POWDER; pólvora de grano gordo
PELLICLE; película
PELLICULAR WATER; (ms) agua pelicular
PELTIER EFFECT; (eléc) efecto Peltier

PELTON WHEEL; turbina de acción, turbina
de impulsión
PENAL INTEREST; interés punitorio
PENALTY; multa
CLAUSE; cláusula penal
FOR DELAY; multa por tardanza
PENCIL; lápiz
COMPASS; compás de punta de lápiz
POINT; (compás) portalápiz
TRACING; calco a lápiz
ROD; (met) varilla de 1/4 pulg.
SHARPENER; aguzador de lápices,
(M) sacapuntas
PENDANT; *(s)* colgadero, suspensor;
(eléc) dispositivo suspendido, colgante;
(náut) brazalote
SWITCH; interruptor suspendido
PENDENT; pendiente, colgante, suspendido
PENDULAR; pendular
PENEPLAIN; (geol) penillanura
PENETRABLE; penetrable
PENETRATING OIL; aceite penetrante
PENETRATION; penetración
MACADAM; macádam bituminoso a
penetración
PROBE; aparato medidor de resistencia de
concreto a penetración
SEAL; (ca) sellado de penetración
TEST; (ms) suelo a prueba de penetración
PENETRATOR; penetrador
PENETROMETER; penetrómetro
PENINSULA; península
PENNSYLVANIA TRUSS; aramadura
Pennsylvania
PENNYWEIGHT; escrúpulo
PEN POINT; (dib) tiralíneas del compás
PENSTOCK; conducto forzado, tubería de carga,
tubo de presión, cañería de presión, tubo de
entrada
PENT ROOF; techo de un agua
PENTACHLORIDE; pentacloruro
PENTAERYTHRITE TETRANITRATE
PENTAGON; pentágono
NUT; tuerca pentagonal
PENTAGONAL; pentagonal
PENTANE; pentano
PENTHOUSE; sobradillo, cobertizo; casa de azotea
PENTOXIDE; pentaóxido
PEPTIZE; (quim) peptizar
PEPTONE; (is) peptona
PERACID; perácido
PERCENT; porciento
FINES; porcentaje de agregado fino
PERCENTAGE; procentaje
CONTRACT; contrato a costo más porcentaje
OF REINFORCEMENT; porcentaje
de reforzamiento

PERCEPTOR; perceptor
PERCH; (med) pértiga
PERCHED GROUND WATER; agua subterránea
    aislada
PERCHLORATE; perclorato
PERCHLORIDE; percloruro
PERCHROMIC; percrómico
PERCOLATE; colarse, filtrarse, rezumarse,
    percolarse
PERCOLATING FILTER; filtro percolador
PERCOLATION; filtración, (C) percolación
    COEFFICIENT; (hid) coeficiente de
    permeabilidad
    FACTOR; (hid) factor de filtración
    TEST; a prueba de filtración
PERCUSSION; percusión
    DRILL; perforadora de percusión, sonda de
    percusión
    WRENCH; llave neumática
PERCUSSIVE WELDING; soldadura por percusión
PERFECT COMBUSTION; combustión perfecta
PERFECT FRAME; armadura perfecta
PERFORATE; perforar, agujerear, horador, calar
PERFORATION; perforación
PERFORATOR; perforador
PERFORMANCE; complimiento, (contrato);
    (mec) rendimiento, (Es) performancia
    BOND; fianza de cumplimiento
    COMPOUND; (ais) compuesto de caucho
    según especificación de la Sociedad Americana
    para Ensayo de Materiales
    FACTOR; factor de rendimiento
    RATED; clasificación de rendimiento
    TEST; ensayo de producción, ensayo de
    rendimiento, prueba de capacidad
PERIDOTITE; peridotita
PERIGEAN TIDES; mareas de perigeo
PERILLA OIL; aceite de perilla
PERIMETER; perímetro
    GROUTING; lechado de perímetro
    JOINT; junta formada por dos bordes
    de tableros
    SHEAR; esfuerzo de corte perimétrico
PERIMETRIC; perimétrico
PERIOD; (mot) (eléc) período
PERIODIC; periódico
    DUTY; servicio o trabajo periódico
PERIODICITY; periodicidad
PERIPHERAL; periférico
PERIPHERY; periferia
PERLITE; (geol) perlita
    PLASTER; yeso de perlita
PERLITIC STRUCTURE; estructura perlítica
PERM; medida de movimiento de vapor de agua por
    un material
PERMAFROST; tierra permanente congelada
PERMANENT; permanente

FORM; (conc) forma o molde permanente
LOAD; carga muerta, carga permanente
SET; deformación permanente
WAY; (fc) vía permanente
WHITE; blanco fijo
PERMANGANATE; permanganato
PERMEABILITY; (todos sentidos) permeabilidad
PERMEABLE; permeable
PERMEAMETER; permeámetro
PERMEANCE; (eléc) permeancia
PERMISSIBLE EXPLOSIVES; explosivos
    aprobados
PERMISSIBLE OVERLOAD; sobrecarga admisible
PERMISSIBLE VELOCITY; (hid) velocidad
    admisible
PERMISSIVE BLOCKING; (fc) bloqueo
facultativo
PERMIT; (s) licencia, permiso, patente
PERMITTANCE; (eléc) capacidad electroestática
PERMITTIVITY; capacidad inductiva específica
PERNITRIC; pernítrico
PEROXIDE; peróxido
PERPEND; (mam) perpiaño
PERPENDICULAR; perpendicular
PERSONNEL; personal, dotación
PERSPECTIVE; perspectiva
    DRAWING; dibujo en perspectiva
    PLANE; plano de la perspectiva
    VIEW; vista en perspectiva
PERVIOUS; permeable
PETCOCK; llave de purga, llave de desagüe, llave
    de escape
PETIT TRUSS; armadura Petit
PETROGRAPHER; petrógrafo
PETROGRAPHIC; petrográfico
PETROGRAPHY; petrografía
PETROL; gasolina, bencina, nafta
PETROLATUM; petrolato
PETROLEUM; petróleo
    ASPHALT; asfalto de petróleo
    COKE; coque de petróleo
    ENGINEER; ingeniero petrolero
    FLUID; fluído compuesto de aciete de
    petróleo
PETROLITHIC; petrolítico
PETROLIZE; petrolizar
PETROLOGY; petrología
PETROSILEX; (geol) petrosílex
PETROSILICEOUS; petrosilíceo
PETTICOAT INSULATOR; aislador de campana
PETTICOAT PIPE; (loco) tubo de escape de la caja
    de humos
PETTY AVERAGE; (seg) avería ordinaria, avería
    menor
PETTY CASH; caja chica, caja de menores
PHANTOM VIEW; vista translúcida, vista
    fantasmagórica, (A) vista transparente

PHASE; (todos sentidos)
    ADVANCE; adelantador de fases
    ANGLE; ángulo de retraso de fase, ángulo de
    desfasamiento
    BALANCE; (eléc) balance de fase
    CONVERTER; convertidor de fase
    DISPLACEMENT; desplazamiento de fase,
    avance de fase, desfasado
    INDICATOR; indicador de fases
    LAG; retraso de fase
    LEAD; avance de fase
    METER; fasómetro
    SHIFTER; decalador de fase
PHASE-CHANGE MATERIAL; material que
    guarda y suelta calor
PHASE-FAILURE PROTECTION; protección
    contra inversión de una fase
PHASE-OUT; (v) aparear las fases
PHENOL; fenol
    RED; (is) rojo de fenol
PHENOLIC RESIN; resina fenólica
PHENOLPHTHALEIN; fenolftaleína
PHI FACTOR; factor de reducción de capacidad en
    diseño estructural
PHILADELPHIA ROD; (surv) tipo de mira de
    corredera
pH INDICATOR; (is) indicador de pH
pH METER; medidor de pH, medidor de iones de
    hidrógeno
PHOENIX COLUMN; (est) columna Phoenix,
    columna fénix
PHON; (unidad de ruído) fon
PHONOLITE; (geol) fonolita
PHOSPHATE; fosfato
    FEEDER; alimentador de fosfato
    OF LIME; fosfato de cal
    PROPORTIONER; dosificador de fosfato
PHOSPHATIC; fosfático
PHOSPHATIZE; fosfatizar
PHOSPHIDE; fosfuro
PHOSPHITE; fosfito
PHOSPHOR-BRONZE; bronce fosforado
PHOSPHORESCENT PAINT; pintura fosforescente
PHOSPHORIC; fosfórico
PHOSPHORITE; (miner) fosforita
PHOSPHOROUS; fosforoso
PHOSPHOR TIN; estaño fosforado
PHOSPHORUS; fósforo
PHOTOCELL; fotocélula, pila fotoeléctrica
PHOTOCONDUCTIVE CELL; célula
    fotoconductiva
PHOTOCOPY; fotocopia
PHOTOELASTIC; fotoelástico
PHOTOELASTICITY; fotoelasticidad
PHOTOELECTRIC CELL; pila fotoeléctrica
PHOTOELECTRIC LOAD INDICATOR; aparato
    fotoeléctrico indicador de cargos

PHOTOGRAM; fotograma
PHOTOGRAMMETRIC; fotogramétrico
PHOTOGRAMMETRY; fotogrametría
PHOTOGRAPH; (s) fotografía; (v) fotografiar
PHOTOGRAPHIC; fotográfico
    MAPPING; levantamiento fotográfico
    SURVEYING; levantamiento fotográfico,
    fotogrametría
    TOPOGRAPHY; fototopografía
PHOTOMAPPING; fotocartografía
PHOTOPLAN; fotoplano
PHOTOPROCESSING; tratamiento
    fotográfico, producción de copias
    fotomecánicamente
PHOTOREPRODUCTION; fotorreproducción
PHOTOSTAT; (s) fotóstato; (v) fotostatar
PHOTOSTATIC; fotostático
PHOTOSTEREOGRAPH; fotoestereógrafo
PHOTOSURVEYING; levantamiento
    fotográfico
PHOTOTHEODOLITE; fototeodolito
PHOTOTOPOGRAPHIC; fototopográfico
PHOTOVOLTAIC; fotovoltaico,
    fotoeléctrico
    CELL; célula fotovoltaica
PHREATIC WAVE; onda freática
PHREATIC WATER; agua freática
PHREATOPHYTES; freatofitas
PHYLLITE; (miner)(geol) filita
PHYSICAL; físico
    DETERIORATION; deterioración física
    LIFE; vida estimada de una estructura
    PROPERTIES; propiedades físicas
    SURVEY; examen físico
PHYSICS; física
PICK; (s) pico, piqueta, alcotana; (v) picar; (min)
    separar mineral a mano
PICKAX; pico, piqueta, alcotana
PICKET; estaca, piquete
PICKLE; (s) baño químico para limpiar metales;
    (v) limpiar con baño químico
PICKLING TANK; tanque de ácido diluído para
    limpiar metales
PICK-MATTOCK; pico de punta y pala
PICKUP; (s)(auto) aceleración, (A) pique;
    (eléc) escobilla
    CART; ruedas y eje con lanza para mover
    maderos, tubos, etc.
    TRUCK; camión de reparto o de expreso,
    camioneta
PICRIC ACID; ácido pícrico
PICTURE PLANE; plano de la imagen
PIECE; (s) pieza; pedazo, trozo
PIECEWORK; trabajo por pieza, trabajo por medida,
    trabajo a tarea, trabajo a destajo, (C) ajuste,
    (M)(min) cuarteo, (Ch) trabajo a trato
PIEDMONT; pie de monte

PIER; (mam) pilar, pilón, machón, dado (pequeño),
(Ch) cepa, (V) estribo; (op) espigón, muelle
saliente
CAP; miembro arriba del pilón
PIERHEAD LINE; límite de proyección de los
muelles
PIEZOELECTRIC; piezoeléctrico
PIEZOMETER; piezómetro
NEST; dos o mas piezómetros instalados en un
barreno común
PIEZOMETRIC; piezómetrico
PIG; (fund) lingote, galápago
IRON; lingotes de hierro, hierro en lingotes,
hierro cochino, lingote de fundición,
(A) fundición bruta
LEAD; plomo en lingotes
PIGMENT; pigmento
PIGTAIL; (eléc) cable flexible de conexión
PIKE POLE; pica, chuzo, lanza
PILASTER; pilastra
FACE; molde para la superficie del frente del
pilastra
SIDE; molde para la superficie del lado del
pilastra
PILE; (s) montón, pila; (cons) pilote, (V) estaca;
(eléc) pila; (v) apilar, amontonar; hincar pilotes
BAND; zuncho de pilote
BENT; caballete de pilotes, pila de pilotes
BRIDGE; puente de pilotaje
BULKHEAD; estructura de pilotes verticales
BUTT; tope de pilote
CAGE; reforzamiento de acero rígido insertado
verticalmente dentro de un barreno antes de
concretar
CAP; traversero, larguero, cabezal, cepo; anillo
de protección para el tope del pilote
CLAMP; carrera, larguero, cepo
CLUSTER; grupo de pilotes, duque de Alba
CUSHION; cojín de pilote
DRIVER; martinete, machina, (Col) maza de
pilotes
DRIVING; hinca de pilotes, hincado de pilotes
ENCASEMENT; cubrimiento protectivo para
pilote
EXTRACTOR; sacapilotes, arrancapilotes
FALL; cable izador de pilotes, cable para
manejo de los pilotes
FOLLOWER; embutidor, falso pilote; macaco
FORMULA; fórmula para capacidad resistente
de pilotes
FOUNDATION; cimentación sobre pilotes
GROUP; grupo de pilotes
HAMMER; maza, martinete
LEADS; guías de hincar, guías del martinete
POINT; punta de pilote, cogollo
PULLER; arrancapilotes, sacapilotes
RING; anillo para hincar

SAW; sierra para cortar pilotes bajo el agua
SHELL; envoltura del pilote
SHOE; azuche, zueco, (Col) regatón
PILED FOOTING; cimentación reforzada
soportada en pilotes
PILE-DRIVER ENGINEER; malacatero de
martinete
PILE-DRIVER LEADS; machina, castillete, cabria
de martinete, (A) cabriada
PILEWORK; pilotaje
PILING; amontonamiento, apilamiento; pilotaje,
estacada
PILLAR; poste, columna; (min) pilar
CRANE; grúa de columna
SHAPER; limadora de columna
PILLOW BLOCK; cojinete, descanso, tejuelo, cojín,
caja de chumacera, cajera del eje
PILOT; piloto, práctico; (mec) macho centrador;
(loco) trompa, quitapiedras, limpiavía, rastrillo,
(A) meriñaque, barredor, (PR) botavaca
BEARING; cojinete de gría
BORE; (tún) galería de avance
CIRCUIT; circuito de mando en trabajo
eléctrico
DRILL; taladro piloto
EXCITER; excitador piloto
HOLE; agujero piloto
LIGHT; lámpara testigo
NUT; (est) tuerca guía
TRUCK; bogie piloto
VALVE; válvula de maniobra
WIRE; alambre piloto
PILOTAGE; practicaje, cabotaje, pilotaje
PILOT-OPERATED; accionado por piloto
PIN; (s)(est) pasador; (lev) aguja, (A) ficha;
(carp) espiga, espárrago, cabilla, macho;
(llave) espiga;
(v)(carp)(est)(mec) espigar, encabillar,
empernar, enclavijar, apernar
BEARING; apoyo de pasador
DRILL; broca con espiga de guía
INSULATOR; aislador de espiga
JOINT; junta de pasador
KNOT; (mad) nudo sano de diámetro menos
de 1/2 pulgada
OAK; roble carrasqueño
PACKING; (est) disposición, arreglo
PLATE; placa de pasador, planchuela
de pasador
PUNCH; punzón botador
SHACKLE; grillete de pasador sin rosca
SPANNER; llave de gancho con
espiga saliente
TUMBLER; tumbador de clavija
WELDING; soldadura de espiga
WRENCH; llave de pernete
PINCERS; tenazas, alicates

PINCHBAR; pie de cabra alzaprima, barreta con espolón, (A) barreta de pinchar

PINCHCOCK; apretadora para tubo flexible, abrazadera de compresión

PINCHPOINT; (herr) punta de espolón

PIN-CONNECTED; armado con pasadores, con juntas de pasador, de ensamble articulado

PINE; pino

    OIL; aceite de pino

    TAR; alquitrán de madera

PINE-TAR OIL; aceite de alquitrán de madera

PINHOLE; (est) agujero para pasador

PINHOLES; (mad) horadación por insectos

PINION; piñón

    PULLER; extractor de piñón, sacapiñón

PINT; pinta

PINTLE; (mec) macho, clavija; (ed) cabilla, pata, clavija

    CHAIN; cadena articulada

    HOOK; gancho de clavija

    NOZZLE; tobera de aguja

PIONEER CUT; corte preliminar, tajo primero

PIONEER GRADE; cuesta preliminar, pendiente provisorio para transporte del material excavado

PIONEER ROAD; camino semipermanente de acceso

PIPE; *(s)* tubo, caño, tubería, cañería; (presa de tierra) venero, (M) tubificación; (met) bolsa de contracción; (geol) formación cilíndrica vertical; *(v)* entubar, encañar, conducir por tubería; (presa de tierra) formar venero, agujerearse, (M) entubarse

    BEND; curva, codo

    BENDER; doblador de tubos, curvatubos

    BRACKET; ménsula para tubería

    CLAMP; collar de tubo, abrazadera de tubo, abrazadera para caño

    COIL; serpentín

    COLUMN; columna tubular

    COUPLING; manguito, acoplamiento, nudo

    COVERING; forro aislador de tubería, revestimiento de tubos

    CRIMPER; plegador de tubos

    CULVERT; alcantarilla de caño

    CUTTER; cortatubos, cortador de tubos, cortacaño

    DIES; dados para rosca de tubería

    DIP; baño bituminoso para tubos

    DRILL; barrena hueca para albañilería

    DUCT; conducto de tubo

    FINDER; buscatubo

    FITTER; tubero, cañero, cañista

    FITTINGS; accesorios para tubería, ajustes, accesorios de cañería, (Col) aditamentos

    FLANGE; brida, platina, platillo

    HANGER; portacaño, suspensor de tubería, colgadero de tubo

    JACK; (pet) gato alzatubos

    JOINTING; burlete

    LAYING; instalación de tubería, tendido de cañería

    LINE; tubería, conducto; acueducto; oleoducto, gasoducto

    LOCATOR; indicador de tubería

    PULLER; arrancatubos

    PUSHER; empujador de tubos

    RAILING; baranda de tubería, baranda de tubos, pasamano de tubos

    REAMER; escariador de tubos

    ROT; (mad) podredumbre fungosa de la madera de corazón

    SADDLE; silleta, dado

    SCAFFOLD; andamio tubular

    SEPARATOR; separador de tubo, tubo separador, virotillo de tubo

    SLEEVE; manguito, casquillo de tubo, cañito pasador

    STOCK; terraja para roscar tubos

    TAP; macho para rosca de tubería

    THREAD; rosca de tubería, filete de tubo

    TONGS; tenazas para tubería; llave de cadena para tubos

    TURNBUCKLE; torniquete de manguito

    VISE; prensa para cañería, tornillo para tubos, (C) mordaza

    WRAPPING; envoltura de tubería

    WRENCH; llave para tubos, llave Stillson, (Ch) tenaza para cañería

PIPE-CLEANING MACHINE; máquina limpiatubos

PIPE-CUTTING AND THREADING MACHINE; máquina de cortar y roscar tubos

PIPEMAN; tubero, cañero, cañista, instalador de cañería, (Ch) gasfiter, (U) fontanero

PIPET; pipeta

PIPING; tubería, cañería, canalización, fontanería, tubuladura, entubación; (met) bolsas de contracción; (presa de tierra) socavación, venero, (M) escurrimiento, (M) entubación, tubificación

PISTOL GRIP; mango de pistola, cabo de pistola, empuñadura de pistola

PISTON; émbolo, pistón

    ASSEMBLY; conjunto del émbolo

    CHECK VALVE; válvula de émbolo de retención

    DISPLACEMENT; desplazamiento del émbolo, cilindrada

    DRAG; (auto) arrastre de émbolo

    DRILL; perforadora neumática que tiene la barrena unida al émbolo

    GRINDER; amoladora de émbolo

    METER; (agua) contador de émbolo

    PIN; pasador del émbolo, perno del pistón, bulón del émbolo

PUMP; bomba de émbolo, bomba de pistón
RING; aro del émbolo, anillo de émbolo, aro del pistón
ROD; vástago del émbolo, varilla del pistón
SPEED; velocidad del émbolo
STROKE; carrera del émbolo, pistonada, embolada
TAIL ROD; contravástago
VALVE; distribuidor cilíndrico, distribuidor de émbolo; válvula de pistón
PISTONHEAD; fondo del émbolo, disco del émbolo
PISTON-RING COMPRESSOR; (herr) compresor de anillo
PIT; *(s)* foso, hoyo, hondón, cava; *(v)* picar; picarse
BOARD; brocal de tabla horizontal
FURNACE; horno de foso
GRAVEL; grava de cantera, grava de mina
HEAD; (min) bocal
LATHE; torno con foso
LINER; forro metálico del pozo de la turbina
SAND; arena de mina, arena de cantera
SAW; serrucho braguero, sierra al aire
PIT-CAST; fundido en foso de colada, vaciado en foso de colada
PITCH; *(s)* pez, betún, brea; (techo) declive, inclinación; (remaches) espaciado, equidistancia, separación, distanciamiento, (A) paso; (rosca) paso, avance; (engranaje) paso; (cab) paso; (hélice) inclinación; (min) buzamiento; (cadena) paso; (eléc) avance, paso; *(v)* alquitranar, betunar, brear, abetunar, (C) betunear; (cantería) cantear, escuadrar; (náut) cabecear
ARM; varilla para determinar el ángulo del cuchillo o cubeta
CHAIN; cadena articulada, cadena de engranaje, cadena para ruedas dentadas
CIRCLE; círculo primitivo (engranaje), círculo de agujeros (para pernos)
COAL; carbón lustroso o pezoso
CONE; cono primitivo
DIAMETER; (engranaje)(rosca) diámetro primitivo
LINE; (mam) línea de escuadría, (maq) línea primitiva
PINE; pinotea, pino de tea, (M) ocote
POCKET; (mad) bolsa de resina
POINT; punto de contacto de los círculos primitivos
STREAK; (mad) veta llena de resina
SURFACE; superficie primitiva
PITCH-FACED; (mam) desbastado
PITCHING; (náut) cabeceo, cabezadas
TOOL; (mam) canteadora, escoplo de cantear, (A) picadera
PITCHSTONE; vidrio volcánico
PITCHY LUSTER; (miner) brillo de betún
PITH; (mad) médula

KNOT; nudo sano con médula al centro
PITMAN; barra de conexión, biela
PITOMETER; pitómetro
SURVEY; estudio pitométrico
PITOT TUBE; tubo de Pitot
PIT-RUN; *(a)* como sale de la mina (sin cribar)
PITTED; picado, cacarañado, (M) punteado
PITTING; picaduras, cacaraña
PIVOT; *(s)* pivote, muñón, gorrón; *(v)* pivotar
BEARING; rangua, quicionera
VALVE; válvula pivotada o de mariposa
PIVOTAL FAULT; (geol) falla girada
PIVOTED-BUCKET CARRIER; transportador de cangilones pivotados
PIVOTED WINDOW; ventana de fulcro, ventana a balancín
PIVOTING; pivotaje
PLACE; *(v)* colocar, instalar, poner en la obra; localizar
MEASUREMENT; (ot) medición en corte
PLACEABILITY; (conc) manejabilidad, (M) colocabilidad
PLACEMENT; (conc) colado, colocación, vaciado
PLACER; (min) placer, mina de aluvión
MINING; explotación de placeres
PLACING; (conc) colado, colocación, vaciado
DRAWING; (conc) dibujo con los detalles de colocacion, espaciamiento, etc.
PLAGIOCLASE; (geol) plagioclasa
PLAGIOCLASITE; (geol) plagioclasita
PLAIN; *(s)* llanura, llano, llana, llanada, sabana
ASHLAR; piedra lisa
BAR; (ref) barra lisa
CONCRETE; hormigón simple, concreto sin refuerzos
END; extremo no protegido, extremo sin tapar
TIRE; (fc) llanta sin pestaña
TOOTH; (serrucho) diente común
PLAIN-LAID ROPE; soga de cableado corriente, soga de colchado simple
PLAIN-SAWING; aserramiento simple
PLAN; *(s)* proyecto, plan; (dib) plano, dibujo; planimetría (mapa); planta (vista de plano); *(v)* proyectar, planear, trasar,
AND PROFILE; (dib) plano y perfil
FILE; archivo de planos, armario de dibujos
IN; en planta
VIEW; planta, vista en planta
PLANE; *(s)* plano; (carp) cepillo, garlopa, guillame; *(v)* acepillar, cepillar, alisar; *(a)* plano, llano
COORDINATES; coordenadas planas
DEFORMATION; deformación plana
FRAME; sistema estructural
FROG; cuña de cepillo
IRON; hierro de cepillo, cuchilla de cepillo
LINEAR PERSPECTIVE; perspectiva lineal plana

OF CLEAVAGE; plano de hendidura
OF SIGHT; (surv) plano de visación
OF WEAKNESS; (ca) junta simulada
SURFACE; superficie plana
SURVEYING; planimetría, levantamiento
ordinario
TABLE; (surv) plancheta, plancheta de pínulas
PLANER; (mh) cepillo mecánico, cepilladora,
acepilladora
CHUCK; mandril de cepilladora
HEAD; cabezal de la cepilladora
KNIFE; cuchillo de acepillar
PLANER-TYPE MILLING MACHINE; fresadora
acepilladora
PLANETARY; (mec) planetario
GEAR; engranaje planetario, engranaje satélite
TRANSMISSION; transmisión planetaria
PLANET DIFFERENTIAL; engranaje diferencial
planetario
PLANIMETER; planímetro
PLANIMETRY; planimetría
PLANING MACHINE; cepillo mecánico
PLANING MILL; taller de acepillado; maquinaria
acepilladora
PLANISH; (met) allanar, alisar
PLANK; (s) tablón, madero; (v) entablonar,
enmaderar, encofrar, entablar
FRAMING; armadura de madera
PULLER; arrancatablas
PLANKING; entablonado, tablazón, entarimado,
entablado, encofrado, tablonaje
PLANKTON; (is) plancton
PLANNING GRID; (dib) rejilla de
referencia
PLANO-CONCAVE; plano-cóncavo
PLANO-CONVEX; plano-convexo
PLANOMILLER; fresadora acepilladora
PLANS; (dibujos) planos
PLANT; (s) planta, (A) establecimiento; fábrica;
instalación; (fuerza) central, estación, fábrica,
(A)(U)(B) usina; (ec) equipo, planta, (A)
planteles, obrador; (v) sembrar, plantar; (cons)
equipar
BYPRODUCTS; subproducto obtenido de la
producción de otros
CAPACITY FACTOR; (eléc) factor de
capacidad de la estación
LOAD FACTOR; (eléc) factor de carga de la
estación
MIX; (ca) mezcla de planta central
PLANTED; (carp) aplicado, no empotrado
PLASMA; (miner) prasma, plasma
PLASTER; (s) yeso, repello, jaharro, (C) masillo;
(v) enlucir, revocar, enyesar, repellar, jaharrar,
alijorozar, (Col) empañetar
BOND; pintura bituminosa para cara interior de
una pared exterior

COAT; enlucido, revoque, tendido
MIXER; mezcladora enyesadora
OF PARIS; yeso mate, yeso de París, aljez
PLASTERBOARD; cartón de yeso
PLASTERER; yesero, enlucidor, revocador,
enyesador, estuquista
PLASTERER'S SAW; serrucho de estuquista
PLASTERER'S TROWEL; llana, fratás, paleta para
yesero, llana de enlucir, (C) cuchara
PLASTERING; enlucido, aljorozado, yesería,
revoque, enyesado, jaharro, (V) encalado
SAND; arena de revocar
PLASTIC; (s) plástico; (a) plástico, pastoso
ANALYSIS; determinación de efectos de
cargos en miembros y conexiónes
CEMENT; producto especial para aplicación
de yeso
CONCRETE; concreto moldeado facilmente
CONSISTENCY; (conc) condición de cemento,
mortero, y concreto recien mezclado
CRACKING; agrietamiento en la superficie de
concreto recien colocado
DEFORMATION; deformación plástica
DESIGN SECTION; sección transversal de un
miembro que puede mantener un momento
plástico lleno
EQUILIBRIUM; (ms) equilibrio plástico
FLOW; movimiento plástico, escurrimiento
plástico
FOAM; formulación de plástico estirado para
aislamiento
FRACTURE; fractura de tensión en metal
LAG; (ms) retraso plástico
LIMIT; (ms) límite de plasticidad, (Col)(C)
límite plástico
MODULUS; módulo de resistencia a dobladura
SHRINKAGE; contracción antes del fraguado
del concreto, cemento, mortero o lechado
SLATE; cemento de techar (asfalto con polvo
de pizarra)
WOOD; madera plástica
YIELD; rendimiento plástico
ZONE; zona plática
PLASTICITY; plasticidad
INDEX; (ms) índice de plasticidad
NEEDLE; (ms) aguja de plasticidad
PLASTICIZE; plastificar
PLASTICIZER; (pint) plastificante
PLASTICS; productos de plástico
PLASTOMETER; plastómetro
PLAT; (s)(lev) trazado, mapa; (v) trazar
PLATBAND; platabanda
PLATE; (acero) plancha, placa, chapa, lámina; (carp)
solera superior; (eléc) placa
ARCH; (ca) arco de placa corrugada
CLAMP; (fc) mordaza de placas para cable
FROG; corazón de plancha

GEAR; engranaje sólido
GIRDER; viga de alma llena, jácena compuesta, (V)(M) viga de palastro
GLASS; vidrio cilindrado, cristal cilindrado
HINGE; gozne de placa
HOOKS; ganchos para manejo de planchas de acero
LOAD TEST; ensayo de carga de placa
MILL; laminador de planchas
SHEARS; cizalla para planchas de acero
STAPLE; (puerta) hembra de placa
VALVE; válvula de placa
WASHER; arandela de placa
PLATE-AND-ANGLE COLUMN; columna de plancha y escuadras
PLATEAU; meseta, mesa, altiplanicie, altiplano, (Col) altillano
PLATE-BEARING TEST; prueba del suelo por placa de aseinto
PLATE-BENDING MACHINE; máquina plegadora de chapas
PLATE-BENDING ROLLS; curvadora de planchas
PLATED; estañado; encobrado; niquelado
PLATEN; platina; plancha, mesa
PLATFORM; plataforma, tarima; (fc) andén (pasajeros), cargadero (carga), muelle (carga)
CAR; carro de plataforma
ELEVATOR; elevador de plataforma
FRAMING; (carp) tipo de construcción con pies derechos apoyados sobre las vigas de cada piso
SCALE; romana de plataforma, balanza de plataforma
TRUCK; camión plano
VIBRATOR; vibrador de plataforma
PLATINUM; platino
LAMP; lámpara incandescente de filamento de platino
POINTS; platinos, puntas de platino
PLATOON SYSTEM; (ca) serie de luces de tráfico cambiando color simultáneamente
PLATY; (geol) escamoso, laminado
PLAY; (maq) juego, huelgo, holgura
PLAYA; (geol) playa
PLENUM; pleno
PROCESS; (tún) método de aire comprimido
PLIABLE; flexible
PLICATION; (geol) pliegue
PLIERS; pinzas, alicates, tenazas, tenacillas
PLIMSOLL MARK; (náut) línea de carga máxima
PLINTH; plinto, orlo
COURSE; zócalo, embasamiento, plinto
PLOT; (s)(terreno) solar, parcela de terreno; (v) trazar; (dib) dibujar por máquina
PLOTTER; (dib) máquina dibujadora
PLOTTING MACHINE; máquina trazadora

PLOW; (s) arado; (carp) cepillo ranurador; (eléc)(fc) zapata de toma, carrillo de contacto; (v) arar; (carp) ranurar, rebajar
BEAM; timón
BOLT; perno de arado
PLANE; cepillo de ranurar, cepillo rebajador
STEEL; acero de arado, acero para arado
PLOWSHARE; reja
PLOWSHOE; portarreja
PLUG; (s) tapón, tapador, tapadero; obturador; (tub) tapón; (eléc) clavija de contacto, enchufe, ficha, tapón de contacto; (lev) estaca de tránsito; (vá) macho; (cerradura) cilindro; (mad) taco, tarugo; (geol) masa de roca ígnea intrusiva; bujía; (cantería) cuña, aguja; (v) taponar, atarugar, entarugar, cegar, tapar, (eléc) enchufar
AND FEATHERS; duña con agujas aguja infernal
AND SOCKET; tapón y enchufe
COCK; llave de macho
DRILL; barrena de canteador
FUSE; tapón eléctrico, tapón de fusión, fusible de tapón
GAGE; calibrador de macho, calibre de contacto
IN; (v)(eléc) enchufar
PATCH; (ca) remiendo interior
RECEPTACLE; toma de enchufe, caja de contacto
SAW; sierra de tapón
SWITCH; interruptor de ficha, interruptor de clavija
SWITCHBOARD; (tel) taquilla, cuadro de enchufes
TAP; macho paralelo
VALVE; llave de macho
WELD; soldadura de tapón
PLUGGED; tapado; (eléc) conectado
PLUGGING CHISEL; escarbador
PLUM; (conc) mampuesto, cabezote, rajón
PLUMB; (v) aplomar, plomar; (a) a plomo
AND LEVEL; nivel aplomador, nivel de albañil
BOB; plomada
CUT; corte vertical al pie de un cabrio
LEVEL; nivel con plomada, nivel de perpendículo
LINE; tranquil, hilo de plomada, cuerda de plomada
POINT; (lev aéreo) nadir
RULE; regla plomada
PLUMBAGO; grafito, plombagina
PLUMB-BOB GAGE; (hid) escala de plomada
PLUMBER; plomero, tubero, fontanero, cañero, instalador sanitario
PLUMBER'S CHAIN; cadena de plomero
PLUMBER'S DOPE; sellado de plomero
PLUMBER'S FURNACE; hornillo para soldar
PLUMBER'S RULE; escala de plomero

PLUMBER'S TORCH; soplete de gasolina, lámpara de plomero

PLUMBING; plomería; instalación sanitaria
CONTRACTOR; plomero contratista
FIXTURES; artefactos sanitarios
GUY; cable de plomero
LEVEL; (surv) nivel de plomar
SYSTEM; sistema de ventilación, drenaje, y agua
TILE; tubos de plomería

PLUMMET; plomada

PLUNGE; (s)(geol) inclinación, buzamiento; pequeño alberca de agua; (v)(tránsito) invertir

PLUNGER; émbolo buzo, émbolo macizo; chupón; (eléc) macho de imán
ELEVATOR; ascensor hidráulico
PISTON; émbolo buzo
PUMP; bomba de émbolo buzo, bomba de émbolo macizo

PLUS; más; (eléc) positivo
DISTANCE; (surv) distancia fraccionada (menor de 100 pies) desde la última estación
SIGHT; mira de espalda, visual inversa
STATION; (surv) progresiva fraccionada
TOLERANCE; tolerancia en más

PLUTONIC; (geol) plutónico

PLUVIAL; pluvial

PLUVIOGRAM; pluviograma

PLUVIOGRAPH; pluviógrafo

PLUVIOGRAPHIC; pluviográfico

PLUVIOGRAPHY; pluviografía

PLUVIOMETRIC; pluviométrico

PLUVIOMETRY; pluviometría

PLUVIOSCOPE; pluviómetro

PLY; hoja, pliegue, capa

PLYFORM; (trademark) madera laminada para moldes de concreto

PLYMETAL; madera terciada con inserción de aluminio, (A) contraplacado metálico

PLYWOOD; madera laminada, madera terciada, (M) madera contrachapada, (A) madera compensada

PNEUMATIC; neumático
CAISSON; cajón neumático, cajón de aire comprimido
CONVEYOR; transportador neumático
DIGGER; pla neumática, martillo de pala
DRILL; taladro de aire comprimido, taladro neumático
MORTAR; mortero de aire comprimido
PICK; quebrador de concreto
PLACING EQUIPMENT; (conc) colocadora neumática
TIRE; neumático, goma, llanta neumática
TOOLS; herramientas neumáticas
WRENCH; llave neumática, llave de choque

PNEUMATICS; neumática

POCKET; bolsillo; cavidad, bolsada
AMMETER; amperímetro de bolsillo
BELT; banda con bolsillos
CHISEL; escoplo de mano
COMPASS; brújula de bolsillo
LEVEL; nivel de bolsillo
ROT; (mad) bolsas de podrición
SEXTANT; sextante de caja, sextante de bolsillo
TRANSIT; tránsito de bolsillo
WHEEL; polea de cadena, garrucha de garganta farpada

POD; (herr) canal, canaleta, ranura

POINT; (s) punto; (inst) punta; (herr) punta, puntero; (fc cambio) aguja; (v)(inst) apuntar; (herr) aguzar; (mam)rejuntar, recalcar, (C) repasar, (A) tomar, (Col) zaboyar; (conc) resanar
GAGE; (hid) escala de aguja
LOAD; carga concentrada
OF ACCESS; punto de acceso; punto de entrada
OF COMPOUND CURVE; punto de curva compuesta
OF CONTRAFLEXURE; (est) punto de inflexión
OF CURVE; punto de la curva
OF FROG; punto de corazón (teórico); punta del corazón (real)
OF INTERSECTION; (fc) punto de intersección
OF SIGHT; (dib) punto de la vista
OF SUPPORT; punto de apoyo
OF SWITCH; punto de cambio (teórico); punta de la aguja (real)
OF TANGENCY; punto de tangencia
OF TONGUE; (fc) punta del corazón
RESISTANCE; resistencia de punta o de columna
SWITCH; cambio de aguja, chucho de aguja

POINT-BEARING PILE; pilote de columna o con resistencia de punta

POINTED; apuntado, puntiagudo, aguzado, alesnado
ARCH; arco ojival
FINISH; acabado a puntero

POINTING; (mam) rejuntado, (A) toma de juntas
CHISEL; punta, puntero
SILL; (esclusa) busco
TROWEL; rejuntador, palustrillo, lengua de vaca, (A) cucharín

POINT-TO-POINT; punto a punto, entre puntos fijos

POISE; (s)(mec)pesa, contrapeso; (med) unidad de viscosidad

POISSON'S RATIO; coeficiente de Poisson

POKE WELDING; soldadura por puntos con presión sobre un solo electrodo

POKER; atizador, espetón, picafuego, (A) lanza
    doblada
POLAR; polar
    AXIS; (inst) eje polar
    DISTANCE; distancia polar, codeclinación
POLARIMETER; polarimétrico
POLARISCOPE; polariscopio
POLARITY; polaridad
POLARITY-DIRECTIONAL RELAY; relevador
    polarizado
POLARIZATION; polarización
POLARIZE; polarizar
POLARIZED LIGHT; luz polarizada
POLE; palo, poste, paral, asta, vara, pértiga, percha;
    (mat)(geog)(eléc) polo; (lev) jalón, baliza; (med)
    percha; (tel) poste; (carretón) lanza
    ARM; (planímetro) brazo o varilla polar
    DERRICK; cabria para colocar postes de líneas
    eléctricas
    DISTANCE; (dib) distancia del polo a la línea
    de cargas
    FINDER; buscapolos, indicador del sentido de la
    corriente
    FITTINGS; accesorios para postes
    JACK; gato para postes
    LINE; línea de postes, postería, (Ch)(B)
    postación
    PIECE; (eléc) pieza polar
    PITCH; (eléc) paso polar, distancia entre polos
    TRANSFORMER; transformador para postes
    STEP; clavija de trepar, peldaño de poste, (C)
    paso para poste
    STRUT; puntal para atirantada de poste
POLE-HOLE DIGGER; perforadora de hoyos para
    postes
POLICY; (seg) póliza
POLICYHOLDER; tenedor de póliza
POLING BOARDS; (tún) listones de avance,
    estacas de avance, tablas de revestimiento,
    costillas; (min)(Es) tablestacas, agujas
POLING FRAME; armadura de costillas
POLING PLATES; (tún) placas costillas o de
avance
POLING TRACK; (fc) vía de maniobra por palo
POLISH; (v) pulir
POLISHED PLATE GLASS; vidrio cilindrado pulido
POLISHED WIRE GLASS; vidrio armado
    transparente
POLISHER; pulidora
POLISHING WHEEL; muela pulidora, rueda de
    bruñir
POLL; (hacha) cotillo
    PICK; pico de punta de cotillo
POLLUTE; contaminar
POLLUTED; contaminado, poluto
POLLUTION; contaminación, polución
POLYAMIDE; material termoplástico

POLYATOMIC; poliatómico
POLYCENTRIC; policéntrico
POLYCONIC PROJECTION; proyección policónica
POLYCYCLIC; (eléc) policíclico
POLYESTER; poliester
POLYETHYLENE; polietileno
POLYGON; polígono
    OF FORCES; polígono de fuerzas
POLYGONAL; polígono, poligonal
    ROOF; techo polígono
POLYMER; polimer
    CONCRETE; concreto de polimer
POLYMETER; polímetro
POLYPHASE; polifásico
POLYSTYRENE; poliestireno
    INSULATING BOARD; tablero aislador de
    poliestireno
POLYSULPHIDE; polisulfuro
POLYSYNTHETIC; polisintético
POLYTECHNIC; politécnico
POLYTROPIC; politrópico
POLYURETHANE; poliuretano
POLYVINYL; polivinilo
    ACETATE; acetato de polivinilo
    CHLORIDE; cloruro de polivinilo
POND; (s) charca, laguna, lago, charco, remanso,
    pantano, alberca, balsa, rebalsa, alcubilla;
    (v) embalsar, rebalsar
    PINE; especie de pino del sur de madera
    inferior
PONDAGE; almacenamiento, acopio,
    (A) pondaje, almacenamiento para regulación
    diaria
PONDEROSA PINE; especie blanda de
    pino amarillo
PONDING; (camino de concreto) inundación
PONTOON; pontón
    BRIDGE; puente de barcas, puente de
    pontones, puente flotante
PONY ROD; (pet) vástago pulido
PONY TRUCK; (loco) bogie giratorio delantero,
    carretilla portante
PONY TRUSS; armadura sin arriostramiento
    superior, armadura rebajada, (V) armadura
    enana, armadura rechoncha
    POOL; charca, balsa, alberca, rebalsa, aljibe;
    (pet) criadero, depósito; (nadar) piscina, (Pan)
    noria
POOR ADHESION; pobre adhesión
POP; (v)(auto) petardear; disparar
    SAFETY VALVE; válvula de seguridad de
    disparo
POPCORN CONCRETE; concreto sin finos
POPLAR; álamo, chopo, pobo
POPPET; (cn) cuna de botadura de proa o de popa
    CHECK VALVE; válvula de retención tipo de
    disco con varilla

VALVE; válvula de disco con movimiento
vertical
POPPETHEAD; (mh) contrapunta, cabezal móvil,
muñeca
POPPING; (tún) desconchamiento de la roca por
deformación elástica
POPULATION; población, (Col) populosidad
GROWTH; crecimiento de población
STUDY; estudio de población
PORCELAIN; porcelana, loza
FINISH; enlozado
INSULATOR; aislador de porcelana
PORCELAIN-ENAMELED; esmaltado en
porcelana
PORE RATIO; (ms) relación de porosidad, relación
de huecos
PORE SPACE; espacio de poros
PORES; poros
PORE WATER; (ms) (conc) agua dentro de los poros
POROMETER; porosímetro
POROSITY; porosidad
POROUS; poroso, permeable
TUBE; tubo poroso
PORPHYRITE; (geol) porfidita, porfirita
PORPHYRITIC; porfídico, porfirítico
PORPHYRY; pórfido
COPPER; mineral de cobre de baja ley
PORT; puerto; (mv) lumbrera; (náut) babor
BAR; cadena de maderos para cerrar un puerto
CAPTAIN; capitán del puerto
CHARGES; derechos portuarios
DUTIES; derechos portuarios
OF CALL; puerto de escala
WORKS; obras portuarias; instalaciones
portuarias
PORTABLE; portátil, transportable, móvil;
lovomóvil; desmontable
BELT CONVEYOR; correa transportadora
portátil
BOILER; caldera portátil; caldera locomóvil
BUILDING; casita desmontable, galpón
desmontable
COMPRESSOR; compresor móvil, compresor
portátil
ELEVATOR; apiladora, hacinador
GENERATING SET; juego generador portátil
LOADER; cargador transportable, cinta
transportadora portátil
TRACK; vía decauville, vía portátil
PORTAL; (pte) portal; (tún) boca, emboquillado,
portal
BRACING; riostras del portal, contravientos
de portal
CRANE; grúa de pórtico
FRAME; armadura portal
PORTLAND BLAST-FURNACE-SLAG CEMENT;
cemento hidráulico con escorias de alto horno

PORTLAND CEMENT; cemento pórtland
PORTLAND LIMESTONE; piedra caliza pórtland
POSITION; (s) posición; empleo, puesto; (v)
colocar
HEAD; (ms) carga de posición
INDICATOR; indicador de posición
POSITIONER; (sol) posicionador
POSITIVE; (s) positivo; (a)(mat) positivo;
(mec) de acción directa; (eléc) positivo,
electropositivo
COLUMN; (eléc) columna positiva
DISPLACEMENT; desplazamiento
positivo
DRIVE; propulsión positiva
FEEDBACK; (eléc) regeneración
METER; (hid) contador positivo o de
desplazamiento
MOMENT; (est) momento positivo
REINFORCEMENT; reforzamiento para
momento positivo
POST; poste, puntal, pie derecho, montante, paral,
(C) horcón, (caballete) pata
BRAKE; freno de poste
CAP; (cons de fábrica) volador, can
DRILL; taladro de poste, agujereador de
columna
INDICATOR; indicador de columna
MAUL; maza para hincar postes
OAK; roble de cerca, roble de estacas, roble de
pilotes
SHORE; miembro vertical usado para soportar
carga
SHOVEL; pala para hoyos
SPOON; pala para hoyos
POST-AND-RAIL FENCE; cerco de postes y
barandales
POSTANNEAL; posrecocer
POST-BUCKLING STRENGTH; carga permitida
despues de pandeo
POSTCHLORINATION; postcloración
POSTCURE; postcuración
POSTHEATING; postcalentamiento
POSTHOLE; hoyo de poste, agujero de poste
AUGER; barrenador de hoyo de poste
DIGGER; barrena para hoyos de postes,
cavador de agujeros de postes, barrena de tierra,
(C) hoyador
POSTING; postería, (min) posteo
POSTMINERAL FAULT; (geol) falla
postmineral
POST-OFFICE BOX; apartado postal
POST-TENSIONING; (conc) posttensionamiento
POST-TYPE INSULATOR; aislador de columna
POT; pote, marmita, olla; recipiente, vaso
ANNEALING; recocido en cofre
FURNACE; horno al crisol
SIGNAL; (fc) señal baja

POTABILITY; potabilidad
POTABLE; potable
WATER; agua potable
POTAMOLOGY; potamología
POTASH; potasa
ALUM; alumbre potásico, sulfato alumínico potásico
FELDSPAR; feldespato potásico
GRANITE; granito potásico
NITER; nitrato de potasio
POTASSIC; potásico
POTASSIUM; potasio
BICHROMATE; bicromato de potasio, bicromato de potasa
BISULPHATE; bisulfato de potasio
CARBONATE; carbonato de potasio, potasa
CHLOROPLATINATE; (is) cloroplatinato de potasio
HYDRATE; hidróxido de potasio, hidrato potásico
IODIDE; (is) yoduro de potasio
NITRATE; nitrato de potasio, nitrato de potasa, nitro
SULPHATE; sulfato de potasio
POTENTIAL; (s)(a) potencial
DIFFERENCE; diferencia de potencial o de tensión
DROP; caída de potencial
ENERGY; energía potencial
GRADIENT; gradiente de potencial
TRANSFORMER; transformador de tensión
VERTICAL RISE; potencial de terreno de subir
POTENTIOMETER; potenciómetro
POTENTIOMETRIC SURFACE; (pozo) nivel potenciométrico
POTHEAD; (eléc) terminador de cable
COMPOUND; compuesto para terminador de cable
POTHOLE; (ca) nido, bache; (top) olleta; (geol) marmita de gigante, olla o pozo de remolino
POUND; (s) libra; (v) batir, golpear, machacar
PER CUBIC FOOT; libra por pie cúbico
PER SQUARE INCH; libra por pulgada cuadrada
PRICE; precio por libra
STERLING; libra esterlina
POUR; (s)(conc) colada, hormigonada, vaciada, vertido; (v)(conc) colar, vaciar, verter
POINT; (aceite) punto de fluidez
TEST; prueba de fluidez
POURED IN PLACE; vaciado en sitio, colado en el lugar, hecho en sitio
POURING LADLE; cuchara de vaciar, cazo de colada
POWDER; polvo; (vol) pólvora
FACTOR; (exc) factor de explosivos
MAGAZINE; polvorín

POST; (mad) podrición seca
POWDERED ADMIXTURE; (conc) aditivo en polvo
POWDERED METAL; metal pulverizado o en polvo
POWDERMAN; polvorero, dinamitero
POWER; autoridad; (leg) poder; (mat) potencia; (mec) potencia, fuerza motriz; (eléc) energía, fuerza, potencia
AVAILABLE; (maq) poder disponible
AX; hacha mecánica
BENDER; (ref) máquina dobladora de barras
COMPANY; empresa de fuerza motriz
CONSUMPTION; consumo de energía
CONTROL UNIT; (ec) unidad de control mecánico, unidad de gobierno
DEVELOPMENT; aprovechamiento de fuerza eléctrica
DIVIDER; (auto) divisor de fuerza
DRAG SCRAPER; draga de arrastre, traílla mecánica
DUMP; descarga mecánica
FACTOR; factor de potencia
FEED; alimentación mecánica
FLOAT; (ec) aplanadora mecánica
LINE; línea de fuerza eléctrica
PACK; fuente de energía
PANEL; (eléc) tablero de control
PLANT; planta de fuerza, central de energía, planta generadora, (A)(U)(B) usina; (auto) grupo motor, planta motriz, (M) tren de fuerza, (A) conjunto motriz
PUMP; bomba de potencia
RELAY; (eléc) relai de potencia
SCRAPER; excavadora de arrastre, traílla de cable de arrastre
SHOVEL; pala mecánica, (A) excavadora
SPADE; pala neumática, martillo de pala
STATION; estación generadora, central de energía, (A)(U)(B) usina
STROKE; (mot) carrera motriz, carrera de impulsión
SUPPLY; aprovisionamiento de potencia
SYSTEM; red de energía
TAKE-OFF; toma de fuerza, tomafuerza
TOOLS; herramientas mecánicas
TRANFORMER; transformador de fuerza, transformador de energía
TRANSMISSION; transmisión de fuerza, transmisión de energía
UNIT; unidad de fuerza, unidad de potencia
POWERBOAT; autobote
POWER-CONTROLLED; de control mecánico, mandado a potencia
POWER-DRIVEN; mandado a potencia; (remache) remachado mecánicamente, roblonado a presión

POWER-FACTOR METER; contador de factor de potencia

POWERHOUSE; estación de fuerza, central eléctrica, central generadora, casa de fuerza, (A)(U)(B) usina eléctrica

POWER-OFF INDICATOR; indicador de interrupción

POWER-OPERATED; mandado a potencia

POWER-PRESSED BRICK; ladrillo prensado a máquina

POZZOLAN; puzolana

POZZOLANIC CEMENT; cemento puzolánico

PRATT TRUSS; armadura Pratt

PREAERATION; preaeración

PREASSEMBLED; prearmado, preensamblado

PREBUILT FORMS; (conc) moldes prefabricados

PRECALKED; precalafateado

PRECAST; prevaciado, premoldeado

PRECHLORINATION; precloración

PRECIPICE; precipicio, barranca

PRECIPITABLE; precipitable

PRECIPITANT; precipitante

PRECIPITATE; (s) precipitado; (v) precipitar

PRECIPITATION; precipitación
    HARDENING; (met) endurecimiento por precipitación
    NUMBER; número de precipitación
    SOFTENER; (pa) suavizador por precipitación
    STATION; estación medidora de precipitación

PRECIPITATOR; (quím) precipitante; (mec) precipitator

PRECISE LEVELING; nivelación de precisión

PRECISE SETTLEMENT GAUGE; (inst) indicador preciso de sedimentación

PRECISION; precisión
    BALANCE; balanza de precisión
    CALIPER; calibre de precisión
    CASTING; vaciado de precisión
    LATHE; torno de precisión
    WORK; trabajo de precisión

PRECOMBUSTION; precombustión

PRECOMBUSTION CHAMBER; cámara de combustión

PRECOMPRESSION; precompresión

PRECONDENSER; precondensador

PRECONSOLIDATION; (ms) preconsolidación

PRECOOL; preenfriar

PRECOOLER; (acondicionador) preenfriador

PRECURE; (conc) precuración

PREDRAINAGE; (hid) predrenaje

PREEXCAVATION; preexcavación

PREFABRICATED; prefabricado

PREFERRED DIMENSIONS; dimensiones preferidas

PREFILTER; prefiltro

PREFILTRATION; prefiltración

PREFLOAT; mortero colocado y endurecido

PREFLOCCULATION; prefloculación

PREFORMED; (cable de alambre) preformado
    JOINT FILLER; (ca) rellenador premoldeado
    CAVITY; huecos preformados en concreto
    WIRE ROPE; cable de alambre preformado

PREFRAMED; (ed) prearmado

PREHEAT; precalentar

PREHEATED AIR; aire precalentado

PREHEATER; precalentador

PREHYDRATION; prehidratación

PREIGNITION; encendido anticipado, encendido prematuro

PREINSULATED; preaislado

PRELIMINARY; preliminar
    DATA; antecedentes
    DESIGN; anteproyecto, proyecto preliminar
    ESTIMATE; antepresupuesto, presupuesto preliminar
    STUDY; anteestudio, estudio preliminar
    SURVEY; levantamiento preliminar

PRELOADED; precargado

PRELUBRICATED; prelubricado

PREMINERAL FAULT; (geol) falla premineral

PREMISES; local

PREMIUM; (seg) prima, premio
    RATE; tipo de premio

PREMIX; (s)(ca) premezcla; (v) premezclar

PREMIXED; premezclado

PREMOLDED; premoldeado

PREPACKAGED; preempaquetado

PREPARED JOINT; (tub) unión preparada

PREPARED ROOFING; techado prearmado, techado preparado

PREPAY; pagar adelantado

PRESATURATED; presaturado

PRESEDIMENTATION; presedimentación

PRESENT WORTH; valor actual, tasación corriente

PRESERVATION; preservación, conservación

PRESERVATIVE; (s)(a) preservativo

PRESETTLED; (hid) presedimentado

PRESS; (s) prensa; (v) prensar; apretar
    WELDER; soldadura por presión, prensa de soldar

PRESSBOARD; cartón comprimido, cartón de Fuller

PRESSED; prensado
    BRICK; ladrillo prensado, ladrillo de prensa, ladrillo de máquina
    EDGE; borde de cimentación
    STEEL; acero prensado
    THREAD; rosca prensada, filete troquelado

PRESS-FORGE; forjar a presión

PRESSURE; presión, empuje (tierra), compresión (cimiento); (eléc) tensión
    BOTTLE; (lab) botella de presión
    CONDUIT; (hid) conducto forzado, conducto a presión

DISTRIBUTOR; (bitumen) distribuidor a presión
DROP; caída de presión
EQUALIZING; igualación de presión
FEED; alimentación a presión; avance por presión
FILTER; filtro a presión
GAGE; manómetro, indicador de presión
GRADIENT; (ms) gradiente de presión
GROUTING; inyección de cemento a presión
HEAD; (hid) carga de presión, altura debida a la presión
INDICATOR; indicador de presión
METER; medidor de presión
PIPING; tubería de impulsión
PLATE;   placa de presión; (auto) platillo de presión, (A) placa presionante
PUMP; bomba impelente, bomba de presión
RECORDER; registrador de presiónl
REGULATOR; (mec) regulador de presión; (eléc) regulador de tensión
SOFTENER; (pa) suavizador a presión
SWITCH; interruptor automático por caída de presión
TANK; depósito compresor, tanque de presión
TUNNEL; túnel a presión, túnel forzado
WAVE; onda de presión
WELDING; soldadura por presión
PRESSURE-ACTUATED SEAL; sello actuado por presión
PRESSURE-GUN GREASE; grasa para inyectar
PRESSURE-OPERATED; mandado por presión
PRESSURE-REDUCING VALVE; válvula de reducción de presión
PRESSURE-REGULATING VALVE; válvula reguladora de presión, llave reguladora
PRESSURE-RELIEF WELL; (dique) pozo de alivio
PRESSURE-SEAL CASING HEAD; (pet) cabezal de sello a presión de la tubería de revestimiento
PRESSURE-TREATED; tratado a presión
PRESSURE-TYPE AIR COOLER; enfriador de aire de presión
PRESSURIZE; hacer sobrepresión
PRESTRESS; (s) prefatiga
PRESTRESSED; prefatigado
CONCRETE; concreto prefatigado
PRESTRESSING STEEL; acero prefatigador
PRESTRETCHED; preestirado
PRESTRETCHING; preestiración
PRETENSIONING; pretensionamiento
PRETEST;(conc) preensayo
PRETREATMENT; pretratamiento
PREVAILING WINDS; vientos reinantes, viento predominante
PREVENTION; prevención
PREVENTIVE MAINTENANCE; mantenimiento preventivo

PRICE ADJUSTMENT; ajuste de precio
PRICE CURRENT METER; (hid) molinete acopado o de cubetas
PRICKER; (dib) agujón, lesna; (vol) aguja de polvorero
PRICK PUNCH; punzón de marcar, punzón de puntear
PRIMARY; (eléc)(geol)(quim) primario
BATTERY; pila, pila primario
CELL; pila
CIRCUIT; circuito primario, circuito inductor
COMPRESSION FAILURE; falla de concreto reforzado
CONSOLIDATION; compresión de suelo
CURRENT; corriente inductora
DRAIN; desagüe primario
ENERGY; energía primaria, energía permanente, energía continua
POWER; fuerza primaria, potencia permanente; energía primaria
TREATMENT; tratamiento primario
PRIME; (a)(mat) prima (x´) ; (v)(bomba) cebar, abrevar; (pint) imprimar, aprestar, aparejar; (ca) estabilizar con material aglutinante; primero, básico
COST; costo neto
MERIDIAN; primer meridiano
MOVER; generadora de energía, motor primario
STRUCTURAL GRADE; (mad) estructural de primera calidad
PRIMER; (vol) cebo; (pint) imprimador, aprestador, tapaporos; (ca) aceite imprimador; (auto) cebador
PRIMING; (vol)(bomba) cebadura; (pint) aparejo, apresto, imprimación; (cal) arrastre de agua, espumación
COAT; primera mano, mano de aparejo, mano de fondo, mano imprimadora, mano aprestadora, capa de imprimación, apresto
COCK; llave de cebar, grifo de aparejamiento
CUP; robinete de copa, copilla de cebar
NEEDLE; aguja de polvorero
OF THE TIDE; adelanto de la marea alta
OIL; (ca) aceite imprimador
SOLUTION; (bomba) solución acondicionadora
PRINCIPAL; (a) principal
AXIS OF INERTIA; eje principal de inercia
PLANE; (ms) plano principal
POINT; punto principal
STRESS; esfuerzo principal, fatiga principal, (A) tensión principal
PRINT; impresión; letra; estampa; (v) imprimir; estampar
PRINTER; máquina impresora; (dib) máquina de imprimir

PRISM; prisma
    GLASS; vidrio prismático
    LEVEL; nivel de prisma
PRISMATIC; prismático
    BEAM; viga prismática
    COMPASS; brújula de reflexión
PRISMOID; prismoide
PRISMOIDAL FORMULA; fórmula primoidal
PRIVATE; privado; particular
    SIDING; (fc) apartadero particular
PRIVY; letrina, retrete, privada
PROBABLE; probable
PROBE SCREW; tornillo de prueba
PROBLEM; problema
PROCESS; *(s)* procedimiento, método, (A) proceso;
    (v) fabricar, tratar, beneficiar, elaborar,
    manufacturar
    COOLING; enfriamiento de elaboración
    PLANT; planta industrial
    STEAM; vapor de elaboración
    VENTILATION; ventilación industrial
    WATER; agua de elaboración
PROCESSED GLASS; vidrio tratado
PROCESSING PLANT; instalación de
    tratamiento, planta de proceso
PROCTOR TEST; (ms) ensayo de procuración
PROCUREMENT; procuración; obtención
PRODUCE; *(v)*(agregados) producir; (dib)(lev)
    prolongar
PRODUCER; gasógeno, generador de gas; (mtl)
    productor
    GAS; gas pobre
PRODUCT; producto
    STANDARD; producto estereotipado
PRODUCTION; producción
    LINE; cadena de producción
    WELL; pozo para producción de agua
PRODUCTIVE; productivo
PROFESSIONAL ENGINEER; ingeniero
    profesional
PROFILE; perfil
    CLOTH; tela para perfiles
    CUTTER; fresa perfilada
    GRADE; grado de perfil
    LEVELING; nivelación de perfile
PROFILING MACHINE; máquina perfiladora
PROFILOGRAPH; perfilógrafo
PROFILOMETER; perfilómetro
PROFIT; utilidad, ganancia, beneficio
    AND LOSS; ganancia y pérdidas
    SHARING; participación en los beneficios
PROFITABILITY STUDY; estudio de provecho
PROGRAM; programa; (computadora) programa de
    computadora; software
PROGRAMMER; (computadora) programador
PROGRESS; progreso, marcha, desarrollo
    ESTIMATE; estado de pago parcial

    PROFILE; perfil del avance del trabajo
    REPORT; informe del avance
    SCHEDULE; plan del avance del trabajo,
    planilla del desarollo de la obra
PROGRESSIVE; progresivo
    SYSTEM; sistema de pozos para trenchado
PROJECT; *(s)* proyecto; obra; *(v)* sobresalir, volar,
    resaltar; (dib) proyectar
    ANALYSIS; análisis del proyecto
    COST; costo de proyecto
    DRAWING; (mot) dibujo de proyecto
    ENGINEER; ingeniero profesional en sitio
    HAND-OVER; aceptancia del proyecto por un
    operador o dueño
    INSPECTOR; inspector del proyecto
    MANAGER; jefe de obras
    SPECIFICATIONS; especificaciones del
    proyecto
PROJECTED WINDOW; (acero) ventana saliente
PROJECTING; saledizo, voladizo, saliente
PROJECTION; vuelo, resalte, saliente; proyección
    WELDING; soldadura con línea de contacto
    saliente
PROJECTOR; proyector
    LENS; lente proyector
PROLIFERATION; proliferación
PROMOTE; (proyecto) fomentar, promover;
    (empleado) adelantar
PROMOTER; gestor, promotor, promovedor
PROMOTION; (proyecto) promoción fomento;
    (empleado) ascenso
PRONY BRAKE; freno Prony, freno dinamométrico
PROOF; prueba
    COIL CHAIN; cadena comprobada, cadena
    soldada ordinaria
    LOAD; carga de prueba
    STRESS; esfuerzo de prueba
    TEST; *(s)*(cadena) prueba de la cadena
    terminada
PROOF-TEST; *(v)* probar la cadena terminada
PROP; *(s)* puntal, entibo; adema; *(v)* apuntalar,
    entibar, jabalconar
PROPAGATION; propagación
PROPANE; propano
PROPELLER; hélice; propulsor
    BLADE; aleta de hélice
    PITCH; paso de la hélice
    PUMP; bomba de hélice
    SHAFT; (náut) árbol de la hélice, eje de hélice;.
    (auto) eje de propulsión, eje cardán, árbol de
    mando, (M) flecha de propulsión
    TURBINE; turbina de hélice
PROPELLER-TYPE CURRENT METER;
    molinete de paletas
PROPELLER-TYPE FAN; ventilador de hélice
PROPERTIES; (est) características, (M)
    propiedades; (quím) propiedades

PROPERTY; propiedad; bienes
    LINE; linde, lindero, (Pan) línea de propiedad
    SURVEY; levantamiento de propiedad
PROPORTION; (s)(mat) proporción, compás de
    reducción
PROPORTIONAL; proporcional
    DIVIDERS; compás de proporción, compás de
    reducción
    WEIR; vertedero proporcional
PROPORTIONALITY; proporcionalidad
PROPORTIONER; dosificador, proporcionador
PROPORTIONING; (conc) dosaje, dosificación,
    proporcionamiento
PROPOSAL; propuesta, proporsición, oferta
    FORM; formulario de propuesta
PROPULSION; propulsión
PROPYL ACETATE; acetato propílico
PROPYLITE; (geol) propilita
PRORATE; (v) prorratear
PRORATING; prorrateo
PROSPECT; (v) catear, explorar
PROSPECTING; cateo, exploración
    DRILL; perforadora de cateo, taladro explorador
    TUNNEL; socavón de cateo
PROSPECTOR; cateador, explorador
PROSPECTOR'S PICK; pico de cateador
PROTECTED; protegido
PROTECTION; protección, defensa; abrigo; (eléc)
    protección
PROTECTIVE; protector
    CLOTHING; (sol) prendas de protección
    DEVICE; dispositivo protector
    EQUIPMENT; equipo protector
PROTECTOR; (mec)(eléc) protector
PROTEIC; (is) proteína
PROTEIN; (is) proteína
PROTOPLASM; (is) protoplasma
PROTOTYPE; prototipo
PROTOXIDE; protóxido
PROTRACTOR; transportador
    SCALE; escala-transportador
    TRIANGLE; cartabón con transportador
PROVINCIAL ACCEPTANCE; recepción
    provisional, recepción provisoria
PRY; (v) alzaprimar, palanquear, apalancar
    BAR; barra arrancadora
PRY-OUT; (eléc) destapadero a palanquita
PSEUDOPODIA; (is) seudópodos
PSYCHROMETER; psicrómetro
PSYCHROMETRIC CHART; gráfica psicrométrica
P-TRAP; sifón en T
PUBLIC; (s)(a) público
    AUTHORITY; autoridad pública
    BUILDING; edificio público
    HEALTH; salubridad o higiene pública
    LETTING; licitación pública, concurso público,
    subasta pública

    LIABILITY; responsabilidad civil,
    responsabilidad pública, responsabilidades ante
    terceros
    UTILITIES; empresas de servico público
    WORKS; obras públicas, (Ch) obras fiscales
PUBLIC-SERVICE CORPORATION; empresa de
    servicio público
PUDDENING; (náut) anetadura
PUDDING STONE; conglomerado
PUDDLE; (s) terraplén sedimentado, relleno
    amasado; (v)(ot) sedimentar, amasar;
    (met) pudelar
    BAR; barra de hierro crudo
    CORE; (dique) núcleo sedimentado, corazón de
    arcilla, pantalla de arcilla
    ROLLS; (met) laminadores desbastadores
PUDDLED CLAY; arcilla batida, barro amasado
PUDDLER; (met) pudelador
PUDDLE-WALL COFFERDAM; ataguía de
    encofrado y relleno
PUDDLING; (sol) mezcla del metal de aporte con el
    metal de base fundido
PUG; (s) barro amasado; (geol) salbanda; (v)
    amasar, embarrar
PUGGING; mortero entre vigas de piso para prevenir
    sonido
PUGMILL; amasadero
PULL; (s) tracción, tiro; (ferretería) agarradera,
    tirador; (v)(tran) halar, arrastrar, tirar; (cab)
    tirar; (conductor eléc) tender; (clavo) arrancar,
    sacar
    BOX; (eléc) caja de paso, caja de acceso
    CHAIN; (eléc) cadenilla de tiro
    GRADER; (ca) nivelador de arrastre,
    explanadora de arrastre
    HOOK; gancho de tracción
    NAILS; desclavar, sacar clavos,
    desenclavar
    PILES; deshincar, sacar pilotes
    SOCKET; portalámpara de cadena
    SWITCH; (eléc) interruptor de cordón
    WIRE; (eléc) cinta pescadora
PULLBACK CYLINDER; cilindro de retroceso
PULLER; (herr) extractor, arrancador, tirador
    DOG; grapa para arranque de tablestacas
    PRESS; prensa para sacar cojinetes
PULLEY; polea, garrucha, roldana,
    (M) mastique, (A) motón
    BLOCK; motón, cuadernal
    GUARD; guardapolea
    STILE; (ventana) cara anterior de la caja
    de contrapeso
    TAP; macho largo para cubos de polea
PULLING; arrastre
    JACK; gato de tirar
    TENSION; tensión de arrastre
PULL-OUT TEST; (ref) ensayo de adherencia

PULLSHOVEL; retroexcavadora, pala de arrastre, pala de tiro
PULP; pulpa, pasta
PULPWOOD; madera de pulpa
PULSATING; pulsante, (eléc) pulsativo
PULSATION; pulsación
PULSATOR; pulsador
PULSE; (eléc) pulsación
    GENERATOR; generador de pulsación
    POWER; potencia pulsativa
PULSOMETER; pulsómetro
PULVERIZATION; pulverización
PULVERIZE; pulverizar
PULVERIZER; pulverizador, desmenuzadora
PUMICE; piedra pómez
PUMICITE; piedra pómez
PUMP; bomba; (v) bombear
    BRAKE; amortiguador hidráulico; guimbalete, balancín
    CAN; bote de agua para extinguir fuego pequeño
    CASING; caja de bomba, envoltura de la bomba, cuerpo de bomba
    HOUSE; casa de bombas
    JACK; guimbalete, balancín
    PRIMER; cebador
    ROOM; sala de bombas
    RUNNER; rodete, impulsor, rotor, rueda
    SLIP; pérdidas
    VALVE; válvula de bomba, sopapa
    WELL; pozo de la bomba
PUMPABILITY; bombabilidad
PUMPABLE; bombeable
PUMPAGE; bombeo
PUMPCRETE; (trademark) bomba de concreto
PUMPER; bombero; bomba; (pet) pozo bombeado
    NOZZLE; (hidrante) toma para bomba de incendios
PUMPING; bombeo, bombeado, bombaje
    BOOSTER; (ca) calentador de material bituminoso
    HEAD; altura total de bombeo (aspiración, descarga y rozamiento)
    LEVEL; nivel del agua en el pozo durante bombeo
    PLANT; planta de bombas, estación de bombas, planta de bombeo, (Col) central de bombeo, (U) usina elevadora, (A) establecimiento de bombeo
    WELL; (pet) pozo bombeado o a bomba
PUMPMAN; bombero
PUNCH; (s) punzón, punzonadora, agujereadora; sacabocado, granete; (her) rompeadora; (v) punzonar, punzar
    BORING; sondeo por barra punzón
    DRILL; barra punzón
    PLIERS; pinzas punzonadoras, alicates punzonadores

    PRESS; prensa punzonadora
PUNCHEON; (carp) poste corto, puntal
PUNCHING; punzonado, punzonadora, punzado, (V) punción
    DIE; troquel de punzonar
    SHEAR; esfuerzo cortante, de penetración
    TEST; ensayo a punzón
PUNCTURE; (s)(auto) pinchadura, pinchazo, picadura; (eléc) perforación, falla de aislamiento; (v) pinchar, punzar, picar
    SEAL; sello de pinchazo
    VOLTAGE; (eléc) tensión disruptiva
PUNCTUREPROOF; a prueba de pinchazo, imperforable
PUNK; yesca
PURCHASE; (s)(mec) aparejo; palanca; (v)(com) comprar
    CONTRACT; contrato de compraventa
    ORDER; orden de compra
    PRICE; precio de compra
    REQUISITION; requisa de compra
PURCHASING AGENT; agente comprador, jefe de compras, (M) jefe de servicio
PURE; puro, simple
    BENDING; flexión simple, (A) flexión pura
    COAT; capa de cemento puro
    SHEAR; esfuerzo cortante puro
PURGE; (cal) limpiar, purga
PURIFICATION; depuración, purificación
    PLANT; planta depuradora, instalación purificadora, estación depuradora, (A) establecimiento de depuración
PURIFIER; depurador, purificador
PURIFY; depurar, purificar
PURLIN; carrera, correa, hilera, larguero, nervadura, nervio, vigueta
PUSH; (s) empuje; (v) empujar
    BRACE; taladro espiral automático, trépano
    BROOM; escobillón
    BUMPER; paragolpes de empuje
    CAR; (fc) carro de mano
    DRILL; taladro de empuje, taladro de movimiento alternativo
    JOINTS; (lad) juntas empelladas
    PIT; malecón impulsado hidráulicamente
    POLE; (fc) madero de empuje
    ROD; varilla de empuje; levantaválvula
    TRACTOR; tractor empujador
PUSH-BUTTON; botón de presión, pulsador, botón de contacto
    CONTROL; (elev) manejo por botones de contacto, mando por botón
    PLATE; escudete de interruptor de botón
    SWITCH; llave a pulsador, interruptor de botón
PUSHER ENGINE; locomotora de refuerzo, locomotora de empuje

PUSHER TRACTOR; tractor suplementario de
    empuje
PUSH-LOAD; *(v)* cargar por empuje
PUSH-OFF; (fc eléc) puntal
PUSH-PULL RULE; regla rígida flexible de acero
PUSH-THROUGH SOCKET; portalámpara con
    llave de botón de empuje
PUTLOG; mechinal, almojaya, (Col) almanque
    HOLE; mechinal, (Col) ojada
PUTREFACTION; putrefacción
PUTREFY; podrirse, pudrirse
PUTRESCIBLE; putrescible
PUTTY; *(s)* masilla, (M)(V) mástique; *(v)* amasillar,
    enmasillar
    KNIFE; espátula, cuchillo para masilla, cuchillo
    de vidriero
PYCNOMETER; picnómetro
PYLON; pilón
PYRAMID; pirámide
    CUT; (tún)(min) corte piramidal
    STOPE; (min) testero abovedado
PYRAMIDAL; piramidal
PYRANOMETER; piranómetro
PYRARGYRITE; (miner) pirargirita, plata roja
PYRHELIOMETER; pirheliómetro
PYRITE; (miner) pirita
PYRITES; (miner) piritas
PYRITIC; piritoso
PYROCLASTIC; ígneo, (M) piroclástico
PYROGENIC; (geol) pirogénico
PYROLUSITE; pirolusita
PYROMETAMORPHISM; pirometamorfismo
PYROMETER; pirómetro
PYROMETRIC CONE; cono pirométrico
PYROMORPHITE; piromorfita
PYROPHOSPHATE; pirofosfato
PYROXENE; (miner) piroxeno
PYROXENITE; piroxenita

Q

Q BLOCK; unidad de mampostería de concreto
QUAD; (eléc) unidad de cuatro alambres aislados
    dentro de un cable
QUADRANGLE; cuadrángulo
QUADRANT; (mat)(inst)(eléc) cuadarante; (mec)
    codo de palanca, sector oscilante
    COMPASS; compás de arco
    ELECTROMETER; electrómetro de cuadrante
    TRANSDUCER; sensor de cuadrante
QUADRATIC; cuadrático
QUADRATURE; (mat)(eléc) cuadratura
QUADRILATERAL; cuadrilátero
QUADRUPLE; *(s)* cuádruplo, *(a)* cuádruple,
    cuádruplo, *(v)* cuadruplicar
QUAKE; (ms) compresión elástica de suelo
QUALIFICATION TEST; ensayo de calificación
QUALIFIED PERSON; persona calificada
QUALITATIVE ANALYSIS; análisis
    cualitativo
QUALITY; calidad
    ASSURANCE; seguridad de calidad
    CONTROL; control de calidad
    STANDARD; nivel de calidad
QUANTITATIVE ANALYSIS; análisis cuantitativo
QUANTITY; cantidad
    METER; (hid) contador a cantidad
    SURVEY; cómputo de cantidades de trabajo
QUANTUM NUMBER; número cuántico
QUARRY; *(s)* cantera, pedrera; *(v)* sacar piedra de
    una cantera
    BAR; barra portadora de perforadoras
    PICK; pico de cantera
    SAP; véase QUARRY WATER
    SPALLS; residuos de cantera, desperdicios de
    cantera, astillas de cantera
    TILE; baldosa colorada sin vidriar para piso
    exterior
    WASTE; desperdicios de cantera, cascajo
    WATER; humedad en los poros de la roca de
    cantera
QUARRY-FACED; de cara en bruto
QUARRYING; cantería
    MACHINE; máquina de acanalar, acanaladora
QUARRYMAN; cantero
QUARRY-RUN; tal como sale de la cantera
    (sin cribar)
QUART; cuarto de galón

QUARTER; *(s)* cuarto, cuarta parte; *(a)* cuarto; *(v)* cuartear
    BEND; (tub) codo de 1/4, curva de 90°, acodado recto
    BEND WITH HEEL INLET; codo de 1/4 con derivación acampanada
    CROWN; (ca) área del centro del camino hasta el borde
    PEG; espiga colocada al cuarto del camino
    ROUND; cuarto bocel (moldura), cuarto de caña, óvolo, (A) chanfle (cóncavo)
    SECTION; (EU) área de 160 acres (media milla en cuadro)
    TURN; cuarto de vuelta
QUARTERED OAK; roble aserrado por cuartos
QUARTERED TIE; (fc) una de cuatro traviesas de un tronco
QUARTER-INCH; de cuarto de pulgada
QUARTERING; cuarteo
QUARTERNARY; (geol) cuaternario; (mat) cuaterno, cuaternario
QUARTER-PHASE; (eléc) bifásico
QUARTERSAW; aserrar por cuartos
QUARTZ; cuarzo
    CRYSTAL; cristal de cuarzo
    PORPHYRY; pórfido cuarzoso
    ROCK; cuarcita
    SAND; arena cuarzosa
    SCHIST; esquisto cuarzoso
QUARTZ-BASALT; basalto cuarzoso
QUARTZIFEROUS; cuarcífero
QUARTZITE; cuarcita
QUARTZOSE; cuarzoso
QUARTZ-SYENITE; sienita cuarzosa
QUAY; muelle
    WALL; muro de muelle
QUEBRACHO; (madera dura) quebracho
QUEEN BOLT; perno horizontal en armazón de techado
QUEEN CLOSER; (lad) ladrillo cortado longitudinalmente por el lecho
QUEEN POST; péndola, pendolón lateral, (Col) reina
QUEEN-POST TRUSS; armadura de dos péndolas
QUENCH; (fuego) apagar; (met) enfriar por inmersión, ahogar, templar
    AGING; (met) envejecimiento por sumersión
QUENCHING OIL; aceite para temple
QUESTIONNAIRE; cuestionario
QUICK-ACTING BOLT; perno de acción rápida o de montaje
QUICK-ACTING VALVE; válvula de acción rápida
QUICK-BREAKING EMULSION; (ca) emulsión de penetración o de demulsibilidad rápida
QUICK DISCONNECT COUPLER; ajuste hidráulico que permite una línea de aceite ser conectada o desconectada
QUICK-DUMPING CAR; carro de vaciado rápido

QUICKLIME; cal vivo, (A) cal grueso
QUICKSAND; arena movediza, arena corrediza, (C) arena flúida
QUICK-SET; tratamiento que permite hidratación antes de secar
QUICK-SETTING; de fraguado rápido, de endurecimiento rápido
QUICKSILVER; azogue, mercurio
QUIESCENT CURRENT; (eléc) corriente directa
QUILL; (mec) manguito
    SHAFT; eje de vaina
QUILT; (ais) colcha, manta
QUINTAL; (100 lib) quintal; (100 kilos) quintal métrico
QUOIN; piedra angular, clave
    POST; poste de quicio, quicial
QUOTATION; (precio) cotización
QUOTE; (preco) cotizar
QUOTIENT; cociente

R

RABBET; *(s)* rebajo, encaje, ranura, (Col) mocheta;
 (v) rebajar, encajar, ranurar
    GAGE; gramil para rebajos
    PLANE; guillame, rebajador, cepillo de ranurar,
    guimbarda, (A) acanalador
RABBETED DOOR FRAME; marco rebajado para
 puerta
RABBETED JOINT; ensamblaje de rebajo
RABBETED LOCK; cerradura rebajada
RABBLE; *(s)* hurgón; *(v)* rastrar, desnatar, agitar
RACE; *(s)*(hid) canal, caz, saetín; raudal; (cojinete)
    jaula, anillo, caja, golilla; *(v)*(maq) embalarse
    dispararse, desbocarse
RACEWAY; (mec) caja, canal; (eléc) canal para
    alambres, conducto eléctrico
RACING; (mot) embalamiento, disparada
RACK; (mec) cremallera, escalerilla; (hid) reja,
    rejilla, enrejado; (tub) casillero; (cab) ganchos
    portacables; (camión) adrales
    AND PINION; cremallera y piñón
    BACK; (lad) escalonar
    CLEANER; rastrilo limpiador, limpiarrejas
    RAIL; carril de cremallera, riel dentado
    RAILROAD; ferrocarril de cremallera
    SAW; sierra de corte ancho
    TRUCK; camión con adrales altos de rejilla
RACK-AND-PINION PRESS; prensa de
    cremallera
RACKING; deformación transversal; (lad)
    escalonado, dentado
    RESISTANCE; resistencia a deformación
RADIAL; radial
    BEARING; cojinete radial
    CABLEWAY; cablevía radial, cablecarril
    giratorio
    DRILL; taladro radial
    EXPANSION; crecimiento radial
    GATE; (hid) compuerta radial, compuerta
    Tainter, (M) compuerta de abanico
    PRESSURE; presión radial
RADIAL-CONE TANK; tanque cilíndrico con fondo
    de sectores de conos radiales
RADIAL-FLOW CONDENSER; condensador
    radial
RADIAL-FLOW TANK; (dac) tanque de corriente
    radial
RADIAL-FLOW TURBINE; turbina radial

RADIAN; radián
RADIANT; radiante
    ENERGY; energía radiante
RADIANT-POWER DENSITY; densidad de fuerza
    radiante
RADIATE; radiar, irradiar
RADIATION; radiación, irradiación
    PYROMETER; pirómetro de radiación
RADIATOR; (ed) calorífero, radiador; (auto)
    radiador
    BUSHING; boquilla de calorífero
    CAP; tapa del radiador
    CEMENT; (auto) cemento para radiadores
    COOLING; enfriamiento del radiador
    CORE; (auto) núcleo del radiador
    GUARD; (auto) guardarradiador
    SHELL; (auto) casco del radiador
    SHUTTERS; (auto) enrejado del radiador,
    persiana
    VALVE; válvula para calorífero; ventosa para
    calorífero
RADICAL; (quim)(mat) radical
    SIGN; signo radical
RADIO; radio
    BEACON; radiofaro
    CHANNEL; faja de frequencia, canal de radio,
    (Es)(A) radiocanal
    COMMUNICATION; radiocumunicación
    ENGINEER; radioténico, ingeniero de radio,
    (A) radioingeniero
    ENGINEERING; raidoténica, ingeniería de
    radio
    STATION; radioestación
    TRANSMISSION; radiotransmisión
RADIOACTIVE; radioactivo
    PAINT; pintura radioactiva
RADIOFREQUENCY; radiofrequencia
    INTERFERENCE; interferencia
    de radiofrequencia
    RESISTANCE; resistencia de radiofrequencia
RADIOGRAPH; radiografía
RADIOGRAPHIC INSPECTION; inspección
    radiográfica
RADIOLOGY; radiología
RADIOMETALLOGRAPHY; radiometalografía
RADIOTECHNOLOGY; radiotécnica
RADIUS; radio, rayo
    BENT; radio de dobladura de barras
    de reforzamiento
    OF CURVATURE; radio de curvatura
    OF GYRATION; radio de giro
    OF INERTIA; radio de inercia
    OF INFLUENCE; (pozo) radio de influencia
    OF LOAD; radio de carga
    ROD; tirante de radio, barra radial
    TAP; (hid) injerto de radio
    VECTOR; radio vector

RAFT; *(s)* balsa, almadía, armadía, maderada;
   (v) balsear
   FOUNDATION; (conc) zampeado, cimiento
   de platea, placa de cimentación
RAFTER; par, cabio, cabrio, alfarda, cabrial,
   (Col) cuchillo
   DAM;   presa de encofrado con talud aguas
   arriba
   FILLING; material de relleno dentro
   de cabrios
   SQUARE; escuadra para cabrios
RAFTING; balsaje, balseo
RAG; *(v)*(min) quebrar, chancar
   FELT; fieltro de trapo, fieltro de hilacha
   WHEEL; rueda dentada
RAGGED BOLT; perno arponado, perno cabezorro,
   (Pe) tornillo garfiado
RAGGING; (min) trituración de mineral a mano
RAGLET; ranura, (Col) regata
RAIL; (fc) riel, carril; (oruga) carril; (puerta) peinazo,
   cabio; (cerco) baranda, barandal
   BACKING; miembro estructural reforzador
   BENDER; doblador de rieles, encorvador de
   rieles, curvarrieles, (C) el viejo, (A) santiago,
   (Ch) donstantiago, (A)(M) diablo
   BOND; ligazón, ligadura, conectador eléctrico
   de carriles, (C) fusible, (Ch) eclisa eléctrica
   BRACE; tacón, abrazadera de carril, silla de
   respaldón, mordaza de vía, (A) silleta de empuje
   CLAMP; (grúa) abrazadera de anclaje
   CLIP; planchuela, presilla, abrazadera, sujetador
   de riel, placa de apretamiento, (A) banquito
   FASTENING; sujetarriel
   FLANGE; base de riel, patín del riel
   GRINDER; alisadora portátil para rieles
   HACKSAW FRAME; marco alto de sierra
   HEAD; cabeza de carril, hongo de riel
   JOINT; junta de rieles, unión de carriles
   LAYING; enrieladura, tendido de carriles
   SECTION; perfil de riel
   STEEL; acero para rieles, acero de carriles;
   acero relaminado
   STRAIGHTENER; prensa enderezadora
   de carriles
   TONGS; tenazas para carriles
   TRAIN; (met) tren laminador de rieles
RAILHEAD; término de la vía
RAILING; baranda, barandaje, barandal, antepecho,
   barandilla, guardacuerpo
   FITTINGS; (tub) accesorios para barandas
   de tubería
RAILLESS; (trole) sin carriles
RAILROAD; ferrocarril, vía férrea, línea férrea,
   ferrovía
   ADZ; azulea ferrocarrilera
   BRIDGE; puente ferroviario, puente de ferrocarril
   COMPANY; empresa ferroviaria

   CROSSING; cruce de ferrocarril, paso a nivel
   MAUL; martillo para clavar escarpias
   OILER; aceitera ferrocarrilera
   PEN; (dib) tiralíneas doble
   PICK; pico de punta y pisón, pico ferrocarrilero,
   (Ch) pico carrilano
   PILE DRIVE; martinete de ferrocarril
   STATION; estación de ferrocarril
   SYSTEM; red ferroviaria
   TIE; ligadura de rieles de ferrocarril
   TRACK; vía línea, carrilera, vía ferroviaria
RAIL-STEEL REINFORCING BARS; barras
   relaminadas de rieles de desecho
RAILWAY; véase RAILROAD
RAIN; *(s)* lluvia; *(v)* llover
   GAGE; pulviómetro, udómetro, pluviógrafo
   (registrador), ombrógrafo (registrador)
   LEADER; tubo de bajada pluvial
   SHED; (eléc) botaguas, vierteaguas
   WATER; agua pluvial, aguas llovidas, agualluvia,
   agua llovediza
RAINFALL; precipitación pluvial, caída pluvial,
   aguas lluvias
   COEFFICIENT; coeficiente de precipitación
   RECORDS; registros pluviométricos
   SIMULATION; simulación de lluvia
RAINTIGHT; a prueba de lluvia, estanco a la lluvia
RAINY SEASON; estación pluvial, estación lluviosa,
   época de lluvias, temporada de aguas
RAISE; *(s)*(min) contracielo, tiro, chimenea;
   (v) elevar, alzar; (ed) erigir; (sueldo) aumentar;
   (mat) elevar a potencia; (fondos) recoger
RAISING; elevación, alce, alzadura, levantamiento;
   (tún) excavación del pozo hacia arriba
   BAR; (fc) alzaprima de traviesa
   HAMMER; martillo de hojalatero
RAKE; *(s)* rastro, rastrillo; (hid) limpiarrejas,
   limpiador de rejas; (hogar) rascacenizas;
   (cons) inclinación; (mh) inclinación; (geol)(min)
   inclinación; *(v)* rastrillar; inclinarse
   CLASSIFIER; (arena) clasificador de rastrillo
   JOINTS; *(v)* raspar las juntas, escarbar juntas,
   degradar las juntas
RAKER; rastrillador (hombre); (ed) puntal inclinado
   GAGE; (serrucho) calibre para los dientes
   limpiadores
   TOOTH; (serrucho) diente limpiador
RAKING; rastrilleo, rastrillada
   ARM; brazo rastrillador
   BOND; (mam) trabazón de tizones diagonales
   BRACE; puntal inclinado
   COURSE; (mam) hilera diagonal
   FLASHING; tapajunta
   SHORE; viga de soporte
RAM; *(s)*(mec) pisón; (hid) ariete hidráulico;
   (martinete) pisón; *(v)* apisonar, pisonear;
   (vol) atacar

RAMMED-EARTH WALL; paredes construídas
de tierra
RAMMER; pisón, apisonador, machota
RAMMING; apisonamiento, pisonadura
BAR; (vol) atacadera
RAMP; rampa
METERING; medidores reguladores de tráfico
RAMPANT ARCH; arco rampante
RAMPART; terraplén
RAMSBOTTOM SAFETY VALVE; válvula
de seguridad de Ramsbottom
RANDOM; (a) hecho o dicho al azar; casual,
aleatorio
CRACKING; (conc) grietas irregulares
FILL; (hid) terraplén común (no impermeable)
LENGTHS; longitudes diversas, largos
irregulares
LINE; (surv) línea perdida
RUBBLE; véase
SAMPLE; muestra cogida al azar
TRAVERSE; (surv) trazado auxiliar
RANDOM-RANGE MASONRY; mampostería de
piedas escuadradas de alturas diversas
RANGE; (s), (velocidades) límites; (marea)
amplitud, carrera; (grúa) alcance; (lev) línea de
vista, enfilación; (top) cordillera, sierra; (min)
faja de mineral; (EU) faja de terreno de seis
millas de ancho entre meridianas
DIAGRAM; diagrama de grúa
LIGHT; farol de enfilación
MASONRY; mampostería en hiladas
PILE; pilote de enfilación
POLE; jalón, vara de agrimensor
WORK; (mam) sillería
RANGER; (laminado) carrera, larguero, cepo
RAPE OIL; aceite de colza, aceite de nabina
RAPID; rápido
SAND FILTER; filtro rápido de arena
SETTING; (conc) fraguado rápido
RAPID-CURING CUTBACK; (ca) asfalto
mezclado con gasolina, asfalto rebajado de
curación rápida
RAPID-HARDENING CEMENT; cemento
de edurecimiento rápido
RAPIDS; rápidos, rabión, recial, raudales,
(C) cascadas
RARE EARTHS; tierras raras
RASING IRON; magujo, máujo, descalcador
RASP; (s) escofina, raspa, limatón, raspador;
(v) raspar escofinar
RASP-CUT FILE; escofina
RATCHET; matraca, trinquete, carraca, chicharra,
cric, (A) crique, catraca
BRACE; carraca, berbiquí de matraca, chicharra
DRILL; taladro de trinquete, taladro de matraca
JACK; gato a crique, gato de cremallera, cric de
cremallera

REAMER; escariador de trinquete
SCREWDRIVER; destornillador a crique
TOOTH; diente para trinquete
WHEEL; rueda de trinquete
WRENCH; llave de trinquete, llave a crique,
llave de chicharra
RATE; (s)(seg) tipo; (tran) tarifa; (irr) canon;
(interés)(cambio) tipo; (impuesto) cupo, tipo;
(agua, etc.) tasa, cuota, contribución;
(mortalidad) razón, coeficiente; (v) tasar,
valuar, justipreciar; (maq) fijar la capacidad
normal, tasar
BASE; valuación que sirve de base a las tarifas
MAKING; tarificación
OF ACCELERATION; grado de aceleración
OF DECAY; grado de podrición
OF DISCHARGE; volumen descargado por
unidad de tiempo, descarga unitaria
OF FLOW; gasto unitario; velocidad de la
corriente
OF GRADE; grado de pendiente, porcentaje de
declive
OF GROWTH; grado de crecimiento
OF PAY; tipo de sueldo, razón de salario
OF PROGRESS; rapidez de avance
OF RENTAL; canon de arrendamiento
OF SLOPE; relación del talud
OF SPEED; velocidad unitaria
RECORDER; (agua) medidor de gasto
RATED; tasado, valorado, justipreciado
CAPACITY; capacidad asignada, capacidad
nominal
CURRENT; corriente asignada
ENERGY; energía nominal
FLOW; flujo asignado
FREQUENCY; frecuencia nominal
LOAD; cargo máximo recomendado
POWER; potencia nominal
PRESSURE; presión asignada o de régimen
SPEED; velocidad de régimen
VOLTAGE; tensión nominal o de régimen
RATE-OF-FLOW CONTROLLER; regulador
de gasto
RATE-OF-FLOW GAGE; indicador de gasto
RATE-OF-FLOW INDICATOR; indicador de gasto
RATEPAYER; contribuyente
RATHOLE; (pet) ratonera
RATING; (maq)(eléc) clasificación, capacidad
normal, tasación; (fin) apreciación,
clasificación
CURVE; (hid) curva de gastos
FLUME; conducto de calibración
RATIO; relación, razón
GAGE; indicador de relación
RATIONAL FORMULA; (hid) formula
de drenaje
RATTAIL FILE; lima de cola de rata

RATTLER; tambor giratorio para el ensayo
de ladrillos
TEST; ensayo de golpeo
RAVEL; (ca) desmoronarse en el borde
RAVINE; barranca, cañada, hondonada, quebrada
RAW; crudo, bruto
LAND; tierra sin provisiones
MATERIAL; material en bruto
OIL; aceite crudo, aceite sin cocer
SEWAGE; aguas crudas de albañal
SLUDGE; cieno crudo
WATER; agua cruda, agua basta, agua bruta
RAY; rayo
RAYON; rayón, artisela
RAZE; demoler, arrasar, abatir
REACH; (s)(río) tramo; (grúa) alcance
TRUCK; camión de exgensión, carretón
de largo regulable
REACT; reaccionar
REACTANCE; (eléc) reactancia
COIL; bobina de reacción, bobina de reactancia
DROP; caída de tensión de la reactancia
VOLTAGE; tensión de reactancia
REACTION; (todos sentidos) reacción
CONE; cono de reacción
TURBINE; turbina de reacción, (hid) turbina
tipo Francis
REACTIVATE; (quim) reactivar
REACTIVATION; reactivación
REACTIVATOR; reactivador
REACTIVE; reactivo
CURRENT; corriente desvatada, corriente
reactiva
FACTOR; (eléc) coeficiente de reactancia
KVA METER; contador de energía desvatada
LOAD; (eléc) carga reactiva
POWER; potencia desvatada
SPRING; resorte antagonista
REACTOR; (eléc) reactor, bobina de reacción
REACTOR-START MOTOR; motor de arranque
con reactor
READ; (mira de corredera) leer; indicar, marcar
READING; (inst) lectura, leído, indicación
GLASS; (surv) lente, (A) lupa
READOUT; despliegue de datos o información por
aparato mecánico o electrónico
READY-MIXED CONCRETE; concreto
premezclado, (A) hormigón elaborado,
(A) hormigón de fábrica
READY-MIXED PAINT; pintura preparada,
pintura hecha
READY ROOFING; techado prearmado, techado
preparado
REAGENT; reactivo
REAL; verdadero, real
ESTATE; bienes raíces o inmuebles
REALIGNMENT; (ca)(fc) cambio de trazo, variante

REAM; (v), (mec)(est) ensanchar, alegrar, escariar,
(C) fresar, rimar; (náut) descalcar
REAMER; escariador, ensanchador, alegarador,
(C) fresador, rima, (A) alisador, calisuar
WRENCH; giraescariador
REAMING SHELL; escariador hueco
REAR; (a) trasero, de atrás, posterior
ASSEMBLY; tren trasero
AXLE; eje trasero, puente de atrás (auto)
CHAINMAN; cadenero trasero o de atrás
DUMP; descarga por detrás, vaciado por atrás,
descarga trasera
ELEVATION; alzado trasero, elevación
posterior
LOADER; cargador de atrás
TAPEMAN; (surv) cintero trasero
VIEW; vista posterior, vista desde atrás
WALL; pared trasera, muro posterior
REAR-AXLE ASSEMBLY; conjunto del eje trasero
REAR-AXLE HOUSING; caja del puente trasero
REAR-END SYSTEM; sistema de conversión de
desperdicios preelaborados en productos no
peligrosos
REBAR; barras de reforzamiento
REBATE; (carp) rebajar, recortar
REBOILER; rehervidor
REBORE; (cylindro) rectificar, remandrilar
REBOUND; (s) rebote, rechazo; (v) rebotar
SAND; arena de rebote
REBUILD; reconstruir, reedificar
RECALESCENSE; (met) recalescencia
RECALESCENT; (met) recalescente
RECALIBRATE; recalibrar
RECAPPING; (auto)(A) recauchutaje,
(Ec) reencauchutaje
RECARBONATION; recarbonatación
RECARBONATOR; recarbonatador
RECARBURIZE; recarburar
RECEDER; retirador
RECEIPTS; ingresos, recibos
RECEIVER; (aire) tanque de compresión, receptor
de aire, depósito, recipiente; (eléc) receptor,
receptriz; (tel) receptor; (fin) síndico, receptor,
administrador judicial
RECEIVING; receptor
BASIN; (ac) pozo de entrada
GAGE; calibre hembra
HOPPER; tolva receptora, tolva de recepción
TRACK; vía de llegada
YARD; (fc) patio de llegada, playa de llegada
RECEPTACLE; (eléc) receptáculo, caja
de contacto
OUTLET; toma de receptáculo
PLATE; escudete de receptáculo
PLUG; tapón de receptáculo
RECEPTION; (radio) recepción
RECEPTOR; (pl)(tel)(radio) receptor

RECESS; *(s)* rebajo, caja, cajuela, cajera, escotadura, encaje, rebajada, (U) encastre; *(v)* rebajar, cajear

RECESSED NUT; tuerca de rebajo, tuerca ahuecada

RECESSED WHEELS; ruedas rebajadas

RECESSIONAL MORAINE; morena terminal de retroceso

RECESSION CURVE; (hid) curva de retrocesión o de retroceso

RECHARGE; recargar

    WELL; (freático) pozo de restablecimiento

RECIPROCAL; *(s)*(mat) recíproca; *(a)* recíproco

RECIPROCAL LEVELING; (surv) nivelación por recíproco

RECIPROCATING; alternativo, de vaivén

    DRILL; véase PISTON DRILL

    FEEDER; alimentador oscilante

    PUMP; bomba de movimiento alternativo, (A) bomba de vaivén

    SAW; sierra alternativa

RECIPROCATING-RAKE CLASSIFIER; (arena) clasificador de rastro de vaivén

RECLAIM; (terreno) aprovechar, ganar, (A) redimir; (mtl) utilizar, recuperar

RECLAIMED AGGREGATE MATERIAL; material de pavimento recuperado

RECLAIMER; (lubricante) recuperador

RECLAMATION; recuperación; (irr) aprovechamiento, (M) bonificación

RECOIL; *(s)* reculada, culatazo, culateo; *(v)* recular

    SPRING; resorte antagonista

RECOMPRESSION; recompresión

RECONDITION; reacondicionar, rehabilitar

RECONNAISSANCE; reconocimiento

RECONSTRUCT; reconstruir

RECONSTRUCTED STONE; piedra reconstruída

RECONSTRUCTION; reconstrucción

RECORDER; (inst) contador, indicador, registrador; (hombre) anotador, apuntador

RECORDING; *(s)* registro; *(a)* registrador

    ALTIMETER; altímetro registrador, altígrafo

    AMMETER; amperímetro registrador

    BAROMETER; barómetro registrador, barógrafo

    CURRENT METER; (hid) fluviómetro registrador

    DIFFERENTIAL GAGE; (hid) escala registradora diferencial

    GAGE; manómetro marcador; (hid) aforador registrador

    INSTRUMENT; instrumento registrador o gráfico

    LIQUID-LEVEL METER; (dac) registrador de nivel de líquido

    RAIN GAGE; pluviógrafo

    REGULATOR; regulador registrador

    STEAM GAGE; manómetro registrador

    TACHOMETER; tacógrafo

    THERMOMETER; termómetro registrador, termógrafo

    WATTMETER; vatímetro registrador

    WIND GAGE; anemógrafo, anemometrógrafo

RECORDS; registros

RECOVER; recuperar

RECOVERABLE; recuperable; (min)(pet) extraíble

    RESOURCE; material recuperable

RECOVERED ENERGY; energía usada que sería desperdiciada

RECOVERY; (eléc)(mec)(quím) recuperación; (min)(pet) producción, extracción

    PEG; (surv) espiga de nivelación

    RATIO; (ms) relación de recuperación (de la muestra)

    RATE; (agua) relación de reduperación (de la muestra)

    VALUE; valor de recuperación

RECRUSH; retriturar, rechancer

RECRUSHER; triturador secundario

RECTANGLE; retángulo, cuadrilongo

RECTANGULAR; rectangular, cuadrilongo

RECTIFICATION; rectificación

RECTIFIER; (eléc)(mec) rectificador, (eléc) enderezador

RECTIFY; corregir; (quím) refinar, rectificar; (eléc) enderezar, rectificar; (mat) rectificar, (A) enderezar

RECTILINEAR; rectilíneo

RECUP; (remache) reestampar

RECUPERATOR; recuperador, regenerador

RECURRENCE PERIOD; período de repetición

RECYCLE; (pet) repasar, reciclar

RECYCLED MATERIAL; material reciclado

RECYCLING; reciclismo

RED; rojo, colorado

    ANTIMONY; antimonio rojo

    BRASS; latón cobrizo, latón rojo

    CEDAR; cedro colorado

    COPPER; cuprita, cobre rojo

    DOG; ceniza roja residuo de la combustión de los desperdicios de minas de carbón

    FIR; abeto rojo; abeto Douglas, pino del Pacífico, (A) pino oregón

    GUM; (mad) ocozol

    HEART; (mad) corazón rojo

    HEAT; calor rojo

    IRON; hematites

    KEEL; creyón de ocre rojo

    KNOT; (mad) nudo sano

    LEAD; minio, albayalde rojo, azarcón, (M) plomo rojo

    LEAD ORE; crocoíta

    OAK; roble rojo

    OCHER; (miner) hematita, (Es) almagre

    OXIDE OF IRON; óxido férrico

OXIDE OF LEAD; minio
OXIDE OF ZINC; cincita
PINE; pino rojo; pino marítimo
PRUSSIATE OF POTASH; prusiato rojo de
potasa
ROT; (mad) carcoma roja
SILVER; plato roja, pirargirita
SPRUCE; picea roja, pino rojo
ZINC ORE; cincita
REDEVELOPMENT; nuevo desarrollo
RED-HARD; (met) duro al rojo
RED-HOT; candente, calentado al rojo, enrojecido
RED-LEAD PUTTY; masilla de minio y albayalde
con aceite de linaza cocido
RED-SHORT; (met) quebradizo cuando se calienta
al rojo
REDUCE; (mat)(quim) reducir
REDUCED HEIGHT; (ms) altura reducida
REDUCED LEVEL; (surv) elevación de
datum reducido
REDUCER; (tub) reductor, reducido, reducción;
(quím) agente reductor; (mec) reductor
de velocidad
REDUCING; *(s)* reducción; *(a)* reductor
AGENT; (quim) agente reductor
COUPLING; unión de reducción, cupla de
reducción
CROSS; (tub) crucero reductor,
cruz reductor
ELBOW; codo de reducción
FLANGE; brida reductora
LATERAL; (tub) Y de reducción, Y reductor
SLEEVE; manguito reductor
T; (tub) T de reducción
TURBINE; turbina reductora de presión
VALVE; válvula reductora
Y; (tub) Y de reducción
REDUCTANT; (quim) agente reductor
REDUCTION; (todos sentidos) reducción
CRUSHER; trituradora de reducción,
chancadora reductora
GEAR; engranaje reductor, engrane de
reducción
ROLLS; laminadores de reducción
COEFFICIENT; (ms) coeficiente de reducción
TO CENTER; (surv) corrección para
colocación excéntrica
REDUCTOR; reductor
REDUNDANT MEMBER; (est) pieza redundante
REDWOOD; pino gigantesco, secoya
REED CLIPS; secciones de alambre sujetadas
a acero estructural
REED PLANE; cepillo de mediacaña
REEF; (náut) arrecife, restinga, rompiente, escollo;
(min) filón
KNOT; nudo llano, nudo de rizos, nudo
derecho

REEL; *(s)* carrete, devanadera, torno, tambor,
carretel, (A) ruleta; *(v)* enrollar, arrollar, devanar
HOLDER; portacarrete
STAND; soporte de carrete
REEMING BEETLE; maceta de calafatear
REEMING IRON; magujo, descalcador
RE-ENTRANT ANGLE; ángulo entrante
REEVE; laborear, guarnir
REEVING; laboreo
REFACER; (vá) refrentador de válvulas
REFERENCE; *(v)*(surv) fijar por mediciones
de referencia
FUEL; combustible tipo
GAGE; calibre de comparación
LINE; (dib) línea de referencia
POINT; (surv) punto de referencia, testigo
STAKE; (surv) estaca de referencia
REFILL; rellenar
REFINE; refinar, acrisolar, afinar
REFINED IRON; hierro refinado
REFINERY; refinería
WASTES; desechos de refinería
REFINING; refinación, afino
REFLECT; reflejar
REFLECTANCE; coeficiente de reflexión,
reflectancia
REFLECTING; reflector, reflectante
BUTTON; (ca) botón reflector
CURB; (ca) cordón reflector
REFLECTION; reflexión
COEFFICIENT; (eléc) coeficiente de reflexión
CRACK; grietas en pavimento
REFLECTIVE; *(a)* reflexivo, reflector
EFFICIENCY; rendimiento de reflexión
INSULATION; aislación reflectora
TAPE; cinta reflectora
REFLECTOR; reflector
BEADS; (ca) glóbulos reflectores
LAMP; (eléc) lámpara con reflector
SIGN; señal reflector
REFLUX; reflujo
VALVE; válvula de reflujo
REFORESTATION; rearborización, reforestación
REFRACT; refractar
REFRACTION; refracción
COEFFICIENT; (surv) coeficiente de
refracción
REFRACTIVE INDEX; índice de refracción
REFRACTOMETER; refractrómetro
REFRACTOR; refractor; telescopio de refracción
REFRACTORY; *(s)(a)* refractario
CEMENT; cemento refractario
INSULATING CONCRETE; concreto
refractario aislador
REFRIGERANT; *(s)(a)* refrigerante
REFRIGERATING PLANT; heladera, planta
refrigeradora, (A) frigocentral

REFRIGERATION; refrigeración, (A) frigorificación
  COIL; serpentina de refrigeración
REFRIGERATOR; refrigerador, nevera
  CAR; carro nevera
REFUSAL; (ms) condición cuando muestra de suelo o pila tiene cero penetración; rechazo, negativa
  PRESSURE; (grout) presión de rechazo
  TO; (montón) hasta el rebote, hasta el rechazo
REFUSE; (s) desperdicios, desechos, basura
  DISPOSAL; disposición de basuras
  HANDLING; mantenimiento de basuras
  INCINERATOR; incinerador de basuras
  LANDFILL; relleno con basuras
REGAIN; recuperación
REGELATION; recongelación
REGENERATE; (todos sentidos) regenerar
REGENERATION; (eléc)(mat) regeneración, restitución
REGENERATIVE; regenerador, regenerativo
  BRAKING; frenaje de regeneración, frenaje de recuperación
  CIRCUIT; (eléc) circuito regenerativo
REGENERATIVE-CYCLE GAS TURBINE ENGINE; turbina de gas de ciclo regenerador
REGENERATOR; regenerador
REGIMEN; (arroyo) régimen hidráulico
REGIONAL METAMORPHISM; (geol) metamorfismo regional
REGISTER; compuerta de tiro; (calafacción) rejilla; (contador) mecanismo integrador
  BEAM; manga de arqueo
REGISTERED LAND; tierra registrada
REGISTERED TONNAGE; (an) tonelaje de registro, tonlaje oficial, arqueo de registro
REGLETTE; (surv) escala chica de agrimensor
REGOLITH; regolita
REGRESSION; (mat) regresión
REGRIND; refrentar, reafilar, remoler
REGRINDING VALVE; válvula refrentable
REGULAR; regular; corriente
  LAY; (cable de alambre) cableado corriente, trama en cruz, colchado regular, colchadura cruzada, (M) torcido encontrado, (M) trenzado normal
REGULATE; (maq) ajustar, arreglar, regular; (río) regularizar, regular, reglar
REGULATED FLOW; caudal regularizado, caudal graduado, caudal regulado
REGULATED-SET CEMENT; cemento hidráulico
REGULATING; (s) regulación; (a) regulador
  RESERVOIR; embalse regulador, vaso regulador, depósito compensador
  RING; (turb) anillo regulador
  TRANSFORMER; transformador regulador
  VALVE; válvula reguladora

REGULATION; regulación, reglaje
REGULATOR; (todos sentidos) regulador
REHABILITATION; rehabilitación
REHANDLE; remanejar, remanipular
REHANDLING; remanejo, remanipuleo
  BUCKET; cucharón de maniobra, cucharón para remanipuleo, balde de maniobra
REHEAT; recalentar
REHEATER; recalentador
REHEATING PAN; (pav) recalentador (de asfalto)
REIMBURSE; reembolsar
REIMBURSEMENT; reembolso
REINFORCE; armar, reforzar
REINFORCED; reforzado
  BRICKWORK; enladrillado reforzado
  CONCRETE; concreto reforzado, homigón armado, cemento armado
  MASONRY; mampostería combinada para reforzamiento
REINFORCEMENT; armadura, refuerzos; reforzamiento
  RATIO; relación de reforzamiento a concreto
REINFORCING BARS; barras de refuerzo, barras de armadura, varillas de refuerzo, (Ch) enferradura
REINFORCING FABRIC; tejido de refuerzo
REINFORCING STEEL; acero de refuerzo
REJECT; rechazar
  GATE; (hid) compuerta de purga o de esclusa
REJECTION; rechazo
REJECTS; (criba) rechazos
REJUVENATED WATER; (geol) aguas rejuvenecidas
REJUVENATION; (geol) rejuvenecimiento
REKINDLE; reignar
RELATIVE; relativo
  COMPACTION; (ms) consolidación relativa
  DENSITY; (ms) densidad relativa
  HUMIDITY; humedad relativa
RELAXATION; (met) relajamiento
  FACTOR; (est) coeficiente de relajamiento
RELAY; (s)(eléc) relevador, relai
RELAYING RAILS; rieles adecuados para la recolocación
RELEASE; (s)(mec) disparador; (eléc) desengache, interruptor; (v)(mec) desenganchar, soltar, disparar
  AGENT; agente disparador
  HOOK; gancho soltador
  SPRING; resorte antagonista
  THE BRAKE; desfrenar, soltar el freno
  THE CLUTCH; desembragar, soltar el embrague
RELICTION; (leg) terreno ganado por receso de las aguas
RELIEF; (mec) relieve; (hombres) relevo; (presión) alivio, desfogue, desahogo; (maq) rebajo, franqueo

CULVERT; alcantarilla de alivio
GATE; (hid) compuerta de desfogue
HOLES; (tún) barrenos de alivio
MAP; mapa en relieve
PLATFORM; plataforma de relieve
PORT; (mot) lumbrera de escape
SEWER; cloaca de alivio, albañal de rebose
TRACK; (fc) vía auxiliar de recorrido, vía larga de paso
VALVE; válvula de desahogo, válvula de alivio, aliviador
VENT; venteo de desahogo, venteo de alivio
WELL; (hid) pozo de alivio; (pet) pozo de auxilio
RELIEVE; (mec) rebajar
RELIEVING; *(a)* aliviador, descargador
ARCH; arco de descarga, bóveda de aligeramiento, sobrearco
PLATFORM; plataforma de descarga
RELINE; reforrar, revestir de nuevo
RELOCATION; retrazado, (M)(B) relocalización, (U) desplazamiento
RELUCTANCE; (eléc) reluctancia, resistencia magnética
RELUCTIVITY; (eléc) resistencia específica, reluctancia específica
REMAINDER; (mat) residuo, resto
REMANENCE; remanencia
REMEASURE; remedir
REMEDIAL ACTION; (desarrollo) acción remediadora
REMITTANCE; remesa
REMIX; remezclar, volver a mezclar
REMODEL; reconstruir, (A)(C) remodelar
REMOLDABILITY; (conc) remoldabilidad
REMOLDING INDEX; (ms) coeficiente de remoldeo
REMOLDING TEST; (conc) ensayo de remoldaje (para trabajabilidad)
REMOTE CONTROL; gobierno a distancia, control remoto, maniobra a distancia, teleregulación, (A) telecontrol
REMOTE-CONTROL CIRCUIT; circuito de gobierno a distancia
REMOTE-CONTROL SWITCH; teleinterruptor, interruptor a distancia
REMOVABLE; de quita y pon, postizo, amovible, soltadizo, removible, desmontable
ATTACHMENT; aditamento removible
REMOVE; quitar, sacar
A HANDLE; desenmangar, quitar el mango
BOILER SCALE; descostrar, desincrustar, quitar escamas
BOILER TUBES; desentubar
BOLTS; desapernar, quitar pernos
CARBON; descarbonizar, quitar carbón
PACKING; desempaquetar
SHORES; desapuntalar, quitar puntales

SILT; desenlodar, desembancar, desenfangar, deslamar, desaterrar, (M) desazolvar
SLUDGE; desbarrar, sacar los cienos
WEDGES; desacuñar, quitar cuñas, descalzar
REMOVER; (pint) sacapintura, quitapintura
RENDER; (mam) aplicar una capa de mortero; *(v)* interpretar
RENDERING; (dib) interpretación de proyecto propuesto; (mam) cubertizo de pared con yeso
RENEW; renovar
RENEWABLE; renovable, recambiable
ENERGY SOURCE; fuente de energía renovable
SEAT; (vá) asiento de recambio, asiento postizo
RENEWABLE-JAW WRENCH; llave de mordaza renovable
RENEWAL; renovación
RENOVATION; renovación
RENT; *(s)* alquiler, renta; *(v)* alquilar, arrendar
RENTAL; arrendamiento, alquiler
RATE; canon de arrendamiento; tipo de alquiler
REOXYGENATION; reoxigenación
REPAIR; *(v)* reparar, componer, remendar
GANG; cuadrilla de reparaciones, equipo de reparaciones
GUM; material de remendar o de relleno
PARTS; repuestos, refacciones, piezas de reparación, piezas de recambio
SHOP; taller de reparaciones
REPAIRMAN; reparador
REPAIRS; reparaciones, composturas, refecciones, reparos
REPAVE; repavimentar, reafirmar, reempedrar, readoquinar
REPEATING; *(a)* repetidor
TRANSIT; tránsito repetidor
REPEL; (eléc) repeler
REPLACEABLE; reemplazable, recambiable
REPLACEABLE-SHELL BEARING; cojinete de casco reemplazable
REPLACEMENT; renovación, repuesto
COST; costo de reproducción
REPLACEMENTS; piezas de repuesto, partes de repuesto, recambios
REPOINTING; (carp) replazamiento de mortero seco con lechada de cemento fresca
REPORT; *(s)* informe, memoria, relación, (M) reporte
REPOSE SLOPE; (ot) talud de reposo
REPRESENTATIVE; representativa
FRACTION; (dib) fracción representativa, escala fraccionaria
SAMPLE; muestra representativa
REPRESSED BRICK; ladrillo reprensado
REPRODUCTION; (dib) reproducción
REPULSION; (eléc) repulsión

REQUIRED STRENGTH; (est) esfuerzo requerido
   de un miembro
REQUIREMENTS; requerimientos
RERAIL; encarrilar
REROLL; (tubos de caldera) remandrilar
REROLLED STEEL; acero relaminado, acero
   de rieles
RERUBBER; (llanta) recauchotar, recauchar
RESAW; *(s)* máquina de reserrar, sierra de reserrar,
   reaserradora; *(v)* reaserrar
RESCREENING PLANT; planta recribadora
RESEARCH; investigación
RESEATER; (vá) rectificadora
RESECTION; (surv) reseccionar
RESERVE; *(s)* reserva; *(v)* reservar
   COAL BUNKER;   carbonera de reserva
RESERVES; (min) reservas
RESERVOIR; embalse, vaso, represa, pantano,
   estanque, depósito, (C) reservorio, (M) presa,
   (Pe) atarjea
   ATTENDANT; estanquero, presero,
   guardaestanque, alberquero
   FILTER; filtro de estanque de aceite
RESETTING; (moldes) recolocación de moldes
RESHARPEN; reafilar
RESHORING; reacodamiento
RESIDENT; residente
   ARCHITECT; arquitecto residente
   ENGINEER; ingeniero residente
RESIDUAL; remanente, restante, residual
   CLAY; residuos arcillosos
   DEFLECTION; flecha residual
   MAGNETISM; magnetismo remanente
   MOISTURE; humedad remanente
   OIL; aceite residual
   PLACER; placer de roca disgregada en el sitio
   SOIL; tierra formada en el sitio por disgregación
   STRESS; esfuerzo restante
   WASTE; desperdicio remanente
RESIDUE; residuo
RESIDUUM; residuo
RESILIENCE; elasticidad, (C) resilencia, rebote
RESILIENT; elástico
   MODULUS OF SOIL; (ms) método para
   determinar gruesura de pavimento
RESIN; resina
RESINIFY; resinificar
RESINOID; resinoide
   BOND; resina sintética
RESINOUS; resinoso
RESISTANCE; (todos sentidos) resistencia
   BRAZING; soldadura con latón por resistencia
   BUTT WELDING; soldadura a tope por
   resistencia
   COIL; bobina de resistencia
   DROP; caída de tensión por resistencia
   FACTOR; coeficiente de resistencia

   THERMOMETER; termómetro de resistencia
   WELDING; soldadura por resistencia
   WIRE; alambre de resistencia
RESISTING; resistente
   FORCE; fuerza resistente
   MOMENT; momento resistente, momento
   de estabilidad
   SPRING; resorte antagonista
RESISTIVITY; resistividad
RESISTOR; (eléc) resistencia
RESOLUTION; (quím) separación; (mat)
   descomposición, resolución; análisis (óptica)
   OF FORCES; descomposición de fuerzas
RESOLVE; (mat) descomponer; (quím) reducir;
   resolver (óptica)
RESONANCE; resonancia
RESONANT; resonante
   FREQUENCY; frecuencia resonante o
   de resonancia
RESOURCES; recursos
RESPIRABLE DUST; polvo respirable
RESPIRATOR; respirador
RESPONSE; respuesta
RESTITUTION MACHINE;   aparato resituidor
REST ON; apoyarse en
RESTORATION; restauración, reposición
RESTORING TORQUE; torsión de reposición
RESTRAINED; fijada, empotrada
   BEAM; viga empotrada, viga fija; viga
   semiempotrada
   SLAB; losa fijada
RESTRAINT; (est) sujeción, fijación
   INDEX; (est) índice de fijación
RESTRICTED AREA; área restrictida
RESTRICTION; restricción
RESULTANT; *(s)(a)* resultante
RESURFACE; (ca) reafirmar
RESURFACER; (ca) máquina acabadora de la capa
   bituminosa superficial; (eléc) piedra pulidora de
   colectores
RESURVEY; *(s)* nuevo levantamiento
RETAINER; (mec) fiador, retén, aldaba; (cojinete)
   anillo fiador
RETAINING; *(a)* retenedor
   WALL; muro de retención, muro de
   sostenimiento, muro de contención, muro
   de apoyo
   WASHER; arandela de retención
RETARD; *(s)*(hid) dique de retardo; *(v)* retrasar,
   retardar
   CHAMBER; (sistema de rocío) aparato
   de retardo
RETARDATION; retraso, retardo, retardación
RETARDER; (mec)(eléc)(cem) retardador
RETARDING BASIN; embalse retardador
RETARDING DAM; presa retardadora
   de crecientes

RETEMPER; (met) retemplar, reacerar;
   (conc) retemplar
RETENTION; retención
   PERIOD; (pa) período de retención
   POND; laguna de retención
RETEST; reensayar
RETHREAD; refiletear, reroscar
RETICLE; (inst) retículo
RETICULATED; retículado
RETONATION WAVE; onda de retroceso
RETORT; retorta
   STAND; portarretorta
RETRACT; retirar
RETRACTABLE; retaíble
RETRACTION; retracción
RETREAD; (auto) recauchar, (A) recauchutar,
   (Ec) reencauchutar; (ca) colocar nueva capa
   de desgaste
   PAVER; (ca) niveladora para la capa de
   rodamiento bituminosa
RETREADING; recauchado, (A) recauchutaje, (Ec)
   reencauchutaje
RETROFIT; modificar, poner al día
RETROGRESSION; (hid)(eléc) retroceso
RETUBE; instalar tubos nuevos
RETURN; *(s)* regreso, vuelta; (cons) ala, vuelta;
   (v) volver, regresar
   AIR; aire de retorno
   AIR DUCT; conducto de aire de retorno
   BEND; (tub) codo de 180°, (A) codo doble
   BEND-CLOSE TYPE; (tub) curva en U
   estrecha, codo en U
   BEND-OPEN TYPE; (tub) curva en U ancha
   CONDUCTOR; conductor de retorno
   CONVEYOR; (ec) transportador de regreso,
   conductor de retorno
   CURRENT; corriente de retorno
   DITCH; (irr) canal evacuador, azarbe, canalizo
   de evacuación, colector
   IDLER; rodillo de retorno (correa)
   LINE; línea conductora a estanque
   STRAND; (correa transportadora) tramo de
   retorno
   STROKE; carrera de regreso
RETURN-TUBULAR BOILER; caldera tubular de
   retorno, caldera de tornallama
REUSE; usar de nuevo
REVEAL; (arg) distancia del marco de la ventana a la
   cara exterior de la pared
REVENUE; ingresos
REVERBERATION; reverberación
REVERBERATORY; reverberatorio
REVERSAL OF STRESSES; inversión de esfuerzos
REVERSE; *(v)*(mot) cambiar marcha, invertir, dar
   contramarcha, dar contravapor; (lev) invertir
   BEARING; (surv) rumbo inverso
   CIRCULATION; circulación reversa

   CURRENT; contracorriente
   CURVE; (fc) curva inversa, contracurva
   FAULT; (geol) falla invertida
   FILTER; (hid) filtro invertido
   FRAME; contracuaderna
   GEAR; (auto) engranaje de marcha atrás,
   engranaje de contramarcha
   GRADE; contrapendiente, contragradiente
   IDLER GEAR; (auto) piñón loco de marcha
   atrás
   LAY; (cab) trama inversa, colchado inverso
   LEVER; palanca de inversión, palanca
   de cambio de marcha
   POLARITY; polaridad inversa
   POWER; (eléc) potencia inversa
   SPEED; velocidad de marcha
REVERSE-CURRENT CIRCUIT BREAKER;
   disyuntor de contracorriente
REVERSED FILTER; (hid) filtro invertido
REVERSE-FLOW VALVE; válvula de contraflujo
REVERSIBILITY; reversibilidad
REVERSIBLE; reversible, de inversión, invertible
   LOCK; cierre reversible
REVERSING; (mot) cambio de marcha,
   contramarcha, inversión de marcha
   GEAR; mecanismo de inversión, dispositivo de
   retroceso
   SWITCH; conmutador de polos
REVERSION; inversión
REVERT; invertir
REVETMENT; revestimiento
REVISED PLAN; dibujo enmendado, plano revisado
REVISION; (planos) remienda, corrección, revisión,
   modificación
REVOLUTION; (maq) revolución, rotación;
   vuelta, giro
   COUNTER; contador de vueltas,
   cuentarrevoluciones
REVOLVE; girar, revolver, dar vueltas
REVOLVING; giratorio, rotativo, rotatorio
   FIELD; (eléc) inductor giratorio, campo
   giratorio
   FUND; fondo rotativo
   LIGHT; (faro) luz giratoria, fanal giratorio
   PUNCH; sacabocado a tenaza
   SCRAPER; traílla giratoria
   SCREEN; harnero giratorio, criba rotativa,
   tambor clasificador
REWASHER; relavador
REWIND; redevanar; reenrollar
REYNOLD'S NUMBER; número de Reynolds
RHEOLOGY; reología
RHEOSTAT; reóstato
RHEOSTATIC; reostático
RHEOTAN; reotano (aleación)
RHOMBIC; rómbico, rombal
RHOMBOID; romboide

RHOMBUS; rombo
RHYOLITE; riolita
RHYSIMETER; risímetro
RIA; riachuelo, estero angosto
RIB; (est) nervadura, nervio, costilla, (A) nervura,
 pestaña; (herr) costilla, nervio, lomo;
 (geol) dique; (cn) cuaderna
  BOLT; perno nervado, perno rayado, bulón
  nervado
  LATH; malla de nervadura
RIBBED; (est) nervado, (A) nervurado; acostillado
  GLASS; vidrio rayado, vidrio acanalado, vidrio
  estriado
  METAL LATH; listonado metálico costillado
  PLATE; plancha nervada, placa nervada, chapa
  rayada
  SLAB; (conc) losa nervada
RIBBING; costillaje
RIBBON; (carp) larguero, carrera, cepo, cinta
  CONVEYOR; conductor de cinta en espiral
  LOADING; método de cargar concreto
  ROCK; (min) roca veteada
RICE COAL; antracita de tamano 3/16 pulgada a
 1/4 pulgada
RICH; rico
  CONCRETE; concreto graso, hormigón rico,
  hormigón gordo
  LIME; cal grasa
  MIXTURE; (auto) mezcla rica; (conc) mezcla grasa
  ORE; mineral graso
  SOIL; tierra fértil
RICHTER SCALE; escala Richter de terremotos
RIDDLE; criba zaranda
RIDGE; (top) lomo, loma, serranía, filo, (M)
 camellón, (Ak) lomada, (Col) crestería, (U)
 cuchilla; (irr) camellón; (techo) cumbrera,
 caballete, lomera
  BEAM; viga de cumbrera
  CAP; (techo) cumbrera
  LINE; (top) crestería, cumbrera, serranía
  REAMER; escariador de lomo
  ROLL; (techo) caballete, cumbrera, (Col)
  bocelón
  TILE; (techo) teja de cumbrera, teja lomada,
  (Col) roblón
  VENTILATOR; ventilador de cumbrera o para
  caballete
RIDGEPOLE; parhilera, hilera, cumbrera, caballete,
 lomera
RIDGER; (irr) bordeadora
RIDGING; (irr) camellones, lomos, rebordes
RIDING BITT; bitón de fondeo
RIFFLE; (hid) tabla de retención en una escala
 de peces; (min) separador de mineral, rifle;
 (río) rabión
  BOX; (ms) caja separadora de agregado, caja
  de graduación de agregado

RIFFLER; lima encorvada
RIFLE BAR; barra rayada
RIFLE NUT; tuerca de barra rayada
RIFLING; rayado
RIFT; (piedra) crucero principal
RIG; (s) equipo; (v) aparejar, enjarciar, guarnir
RIGGER; aparejador, (M) cablero
RIGGER'S VISE; mordaza de ayustar
RIGGING; aparejos, enjarciaduras, cordelería,
 soguería, cabuyería
  SCREW; prensa de ayustar, tornillo de ayustar
  YARD; cordelería
RIGHT; (a)(mano) derecho; (v)(náut) adrizar
  ANGLE; ángulo recto
  BANK; flujo al margen derecho
  HAND; (s) derecha
  LAY; (cable de alambre) colchadura a la
  derecha, torcido a la derecha
  LINE; línea recta
  OF WAY; servidumbre de paso, derecho de
  paso, derecho de vía (V) permiso de paso;
  (fc) zona de vía, faja expropiada
  TRIANGLE; triángulo rectángulo
  TURN; (ca) vuelta of giro a la derecha
RIGHT-ANGLE BEND; (tub) codo en escuadra
RIGHT-ANGLED; rectángulo
RIGHT-HAND; de mano derecha
  DOOR; puerta de mano derecha
  ROTATION; movimiento destrogiro, rotación a
  la derecha
  RULE; (eléc) regla de la mano derecha
  SWITCH; (fc) cambio a la derecha
  THREAD; rosca a la derecha
RIGHT-LINE PEN; (dib) tiralíneas
RIGID; rígido
  FRAME; marco rígido, (A) pórtico
  INSULATION; aislamiento rígido
  PAVEMENT; pavimento rígido
  SLAB; (conc) losa
  WHEEL BASE; (fc) separación de los ejes
  fijos extremos
RIGIDITY; rigidez
RIM; (auto) llanta, pestaña, aro, cerco, (U) corona;
 (polea) corona, llanta
  LATCH; picaporte de arrimar
  LOCK; cerradura de caja, cerradura de arrimar,
  (A) cerradura de aplicar
  STRIKE; hembra de cerrojo de arrimar
  WRENCH; (auto) llave para llanta
RIM-BEARING DRAWBRIDGE; puente giratorio
 de apoyo circunferencial
RING; anillo, aro, argolla, virola
  ACTION; (ms) acción de anillo
  AUGER; barrena de ojo
  BEAM; viga continua en el perímetro de una
  estructura con techado de cúpula
  CONNECTOR; (carp) anillo conector

DOG; gatillo con anillo
GAGE; calibre de anillo
GATE; (hid) compuerta cilíndrica, compuerta de anillo
GEAR; corona, aro dentado, corona dentada
GROOVE; (mot) ranura para aro
LUBRICATION; lubricación por anillo, engrase por anillos
ROT; (mad) podrición a lo largo de los anillos anuales
SHAKE; (mad) separación de los anillos anuales
STONE; dovela en la cara de una bóveda en cañón
TENSION; tensión circunferencial
TEST; prueba de agrietamiento en mortero de cemento
WINDING; devanado de anillo, arrollamiento anular
RINGBOLT; perno de aro, perno de argolla
RING-FOLLOWER GATE; (hid) compuerta de anillo seguidor, (Col) compuerta de anillo corredor
RING-SEAL GATE; (hid) compuerta de anillo estancador
RINSE; deslavar
RIP; (terreno) romper, rasagar; (mad) hender, cortar al hilo, serrar a lo largo
GAGE; guía de cortar al hilo
RIPARIAN; ribereño, (A)(Ch)(Ec) riberano
OWNERS; riberanos, ribereños
RIGHTS; derechos ribereños
RIPE; (filtro) maduro
RIPPER; (herr) arrancador; (ec) rasgador, rompedor de caminos, desgarrador, escarificador
RIPPING; (a) hendedura; rasgadura
CHISEL; trencha
FENCE; guía de cortar al hilo
HAMMER; martillo de uña recta
IRON; descalcador, pico de cuervo
MACHINE; máquina de aserrar al hilo
RIPPLE; (s)(agua) escarceo, rizo; (eléc) fluctuación
CURRENT; (eléc) corriente directa con fluctuaciones
FINISH; (pint) acabado ondeado
WELD; soldadura ondulada
RIPRAP; (s) escollerado, escollera de defensa, pedraplén, enrajonado, enrocamiento, (M) pedriscal; revestimiento del talud, losas de defensa; zampeado; (v) enrocar, enrajonar, defender con piedra grande; revestir de piedra, zampear
RIPSAW; (s) sierra de hender, sierra de cortar a lo largo, sierra para rajar; (v) aserrar al hilo, aserrar a lo largo

RISE; (s)(arco) peralte, montea, flecha, (escalón) peralte, altura; (top) cuesta, subida, elevación; (marea) flujo, creciente; (río) creciente, crecida; (min) chimenea; (temperatura) elevación, subida, alza; (barómetro) alza; (precio) alza, aumento; (v)(marea) subir, crecer; (río) subir, crecer, nacer; (terreno) subir; (precio) subir, aumentarse
RISE AND FALL; subida y bajada
RISE AND RUN; (techo) subida y corrido
RISER; (tub) tubería vertical, tubo ascendente, tubería de elevación, tubo montante, caño de subida; (escalera) contrahuella, contrapeldaño, contragrada, contraescalón, (C) tabique, (M) peralte, (Pan) espejo
RISING; elevación, levantamiento, alzamiento; (a) levadizo, ascendente, elevador
ANVIL; bigorneta de dos picos
CURRENT SEPARATOR; (flujo) caja separadora de materiales orgánicos
DAMP; agua subterránea que sube por una pared de mampostería
GATE; (hid) compuerta elevadora, compuerta levadiza
HINGE; bisagra con levante
STEM; (vá) vástago ascendente, vástago saliente, vástago corredizo
STEM AND YOKE; vástago corredizo con horqueta
RISK; riesgo
RIVE; rajar, render
RIVER; río
BASIN; hoya de río, cuenca fluvial
BED; lecho del río, fondo del río, álveo, cauce, madre
DEVELOPMENT; aprovechamiento de los ríos
DRIFT; acarreo fluvial
GRAVEL; grava fluvial, grava de río
PORT; puerto fluvial
SAND; arena fluvial, arena de río
TRANSPORTATION; transporte fluvial, acarreo fluvial
WALL; muro de encauzamiento, muro de margen, muro de ribera
RIVERBANK; orilla, ribera, margen
RIVER-RUN PLANT; central de fuerza sin almacenamiento
RIVET; (s) remache, roblón; (v) remachar, roblonar, roblar
BUSTER; romperremaches, tajadera
EYEBOLT; perno de ojillo para remacharse
FORGE; fragua para remaches, hornillo para remaches
GRIP; agarre del remache
HEATER; hornillo para roblones, calientarremaches
HOLE; agujero de remache, taladro para roblón

PITCH; equidistancia de remaches, paso de remachado, separación de roblones
RINGBOLT; perno de argolla para remachar
SET; boterola, embutidor, cazarremaches
SNAP; boterola, embutidor, cazarremaches
STEEL; acero de remaches, acero para roblones
RIVETED; remachada
CONSTRUCTION; construcción de remache
GIRDER; viga remachada, viga de remache, (M) trabe remachado
SEAM; costura remachada
RIVETER; (tool)(hambre) remachador, roblonador
RIVETHEAD; cabeza de remache
RIVETING; remachadura, remachado, roblonado, roblonadura
GANG; cuadrilla de remachado
HAMMER; martillo remachador, martillo roblonador
RIVET-SET RETAINER; fiador de boterola
ROAD; camino, carretera
BUILDER; (hambre) constructor vial, constructor de caminos
BUILDING; construcción vial, vialidad
CLEARANCE; despejo de camino; (auto) distancia dentro las llantas y el camino
CROSSING; crucero, cruce de camino, paso a nivel, encrucijada
DISK; escarificador de discos
DRAG; rastra, narria
ENGINEERING; ingeniería de caminos, vialidad, ingeniería vial
FINISHER; acabadora de caminos
FORM; forma movible que establece la colocación y gruesura de la losa de pavimento
GRADER; explanadora caminera, conformadora
HEATER; calentador de caminos
HONE; rastra, aplanadora
MACHINERY; maquinaria caminera, maquinaria vial, equipo para construccón de caminos
MAINTAINER; conservador de caminos, mantenedor
MAP; mapa caminero, mapa vial, (Ch) carta de caminos
METAL; agregado, piedra triturada para caminos, árido
MIX; mezclado en sitio
OIL; petróleo para caminos
PLANER; aplanador de caminos, rastra, igualador de caminos
PLOW; arado de caminos
RECLAMATION; reclamación de camino
RIPPER; rompedor de caminos
ROLLER; apisonadora, cilindro de caminos, cilindro apisonador, cilindradora, rodillo aplanador, rodillo compresor

SCRAPER; aplanadora, niveladora, alisadora de caminos, conformadora, explanadora caminera, (Pan) cuchilla
SURFACE; camino recorrido
SYSTEM; red vial, red caminera
TRAFFIC; tráfico vial, tránsito vial
TRANSPORTATION; transporte vial
WIDENER; ensanchadora de caminos
WORK; obra caminera, obras viales
ROADBED; lecho de la vía, plataforma, explanación; piso de camino, firme, (V) apisonado, afirmado, (Ec) banco del camino
ROADBUILDER; (ec) excavadora de caminos, topadora angular; mezcladora de materiales bituminosos para caminos
ROADBUILDER; (ec)(trademark) hoja de empuje, constructor de caminos, (A) topadora empujadora
ROAD-MARKING EQUIPMENT; equipo marcador
de caminos
ROADMASTER; (fc) encargado de vía, agente de vía, maestro de vía
ROADS; (náut) rada
ROADSIDE; (ca) faja de la zona de vía fuera del afirmado
DEVELOPMENT; desarrollo de la zona de vía fuera del afirmado
ROADSTEAD; rada
ROADSTONE; piedra picada para caminos, balastro
ROADWAY; calzada; lecho de vía; camino
ROCK; roca, piedra, (M) peña; (geol) roca
ANCHOR; ancla de piedra
ASPHALT; asfalto de roca, asfalto mineral
AUGER; barrenadora de piedra
BASIN; depresión en el lecho de roca
BOLT; varilla cementada usada como ancla
CRUSHER; trituradora de piedra, chancadora de roca
CUT; corte de roca, excavación en roca
DRILL; perforadora, barrena, taladro
DUST; (s)(min) polvo de roca
FACED; de cara en bruto, (M) de cara chipodeada
FILL; escollera, enrocamiento, enrocado, (C) pedraplén, (A) escollerado
FILL DUMPED; escollera a granel, escollera a piedra perdida, encollera arrojada, enrocamiento vertido
FILL PLACED BY HAND; escollera a mano, escollera acomodada, roca aparejada, escollera ordenada
FLOUR; (geol) polvo de roca
HAMMER; martillo para machacar piedra; martillo perforador
LADDER; escalonamiento

MEAL; roca desintegrada
NECKLACE; collar de piedra en cable de acero
POCKET; pedazos de piedra de concreto
SALT; sal de piedra, sal gema
TRAP; (draga) recogedor de piedras
WOOL; lana mineral, lana pétrea
ROCK-DUST; (v)(min) rociar con polvo de roca
ROCKER; (pte) pedestal de oscilación; oscilador, balanceador
ARM; brazo oscilante, balancín, palanca de vaivén
BEARING; (est) apoyo oscilante
BENT; (pte) caballete de charnela
LEVER; palanca de balancín, palanca oscilante
SHOVEL; tipo de cargador para túnel
ROCK-FILL DAM; presa de escollera, dique de enrocamiento, (Ch) tranque de escollera, (M) cortina de enrocamiento
ROCKING; (a) oscilante
FRAME; armadura oscilante
GRATE; parrilla oscilante
ROCKMAN; poón excavador de roca
ROCKSHAFT; eje oscilante
ROCKWELL HARDNESS; prueba de endurecimiento de superficie
ROCKWORK; excavación de roca
ROCKY; rocalloso, roqueño, rocoso
ROD; (s)(acero) varilla, barra, cabilla; (tránsito) jalón, baliza, (M) báculo; (nivel) mira de corredera, jalón de mira; (med) pértiga; (maq) vástago, varilla, (v) varillar, (M) varear
BENDER; doblador de barras, curvabarras
CUTTER; cortador de barras, cortabarras
FLOAT; varilla flotadora
GAGE; varilla calibradora
LEVEL; (surv) nivel de mira o para jalón
MILL; molino de cabillas; laminador de barras
READING; (surv) lectura de mira, indicación de la mira
SOUNDING; método de determinar condiciones de suelo y piedra subterránea
RODABILITY; manejabilidad por varillado
RODDED AGGREGATE; (conc) agregado varillado
RODDING; varillado, (M) vareamiento
DOLLY; equipo de comprobación
MACHINE; (conc) varilladora
RODMAN; jalonero, portamira, portabandera, abanderado, (M) estadalero (nivel)
ROLL; (s) rollo; (met) laminador; (mec) rodillo, cilindro; (cont) nómina, planilla, lista; (v) rodar; hacer rodar; (met) laminar; (cal) mandrinar; (ca) cilindrar, rodillar, allanar; (arena) moler; (náut) balancear
BAR; (auto) barra protectora de acero
CRUSHER; triturador de rodillos, rompedora a cilindros

GRINDER; molino de rodillos
ROOFING; material de techado suministrado en rollos
SCALE; costras de laminado
SCRAPER; raspador de cilindro
STAND; juego de laminadores
UP; enrollar, arrollar
WELDING; soldadura por laminador
ROLL-AND-FILLET MOLDING; tipo de moldeado
ROLLCRETE; concreto sin asentamiento
ROLLED; laminado; cilindrado
EDGE; (placa de acero) canto laminado, borde laminado
GLASS; vidrio laminado
LUMBER; madera que tiene separación entre los anillos anuales
SAND; arena molida
STEEL SHAPE; acero perfilado, sección laminada
THREAD; rosca laminada
ROLLER; rodillo, rollete; (ot) aplanadora, cilindradora, rodillo aplanador; (hid) onda, remolino
BEARING; (maq) chumacera de rodillos, cojinete de rolletes, cojinete de rulemán, descanso de rodamiento; (pte) soporte de rodillos, asiento de expansión
CAGE; anillo portarrodillos
CHAIN; cadena de rodillos, cadena de rolletes
COMPACTION; consolidación de material o concreto por rodillos
CONVEYOR; transportador de rodillos
CRUSHER; máquina con rodillos quebradores de material
DAM; presa de cilindro
GATE; (hid) compuerta de rodamiento, compuerta de rodillos, compuerta rodante; compuerta cilíndrica
MILL; molino de cilindros, trituradora de cilindros
RACE; caja de rodillos, corona de rodillos
SUPPORT; soporte de rodillos, apoyo de rodillos
TRAIN; tren de laminar, tren de rodillos
ROLLER-BUSHED; encasquillado con rodillos
ROLLING; (s) rodadura, rodamiento, frotamiento de rodadura, rozamiento de rodadura, roce rodadero
DOOR; puerta arrolladiza
FRICTION; fricción de rodamiento, frotamiento de rodadura, rozamiento de rodadura, roce rodadero
GATE; compuerta cilíndrica
GRILL; reja metálica arrolladiza
LIFT BRIDGE; puente levadizo rodante
LOAD; carga rodante
MILL; taller de laminación; laminador, tren de laminar

RESISTANCE; resistencia al rodamiento
SECTOR GATE; (hid) compuerta de sector
rodante
SHUTTER; cortina enrollable
STEEL DOOR; puerta arrolladiza de acero,
puerta de cortina articulada, cortina metálica
de enrollar,
cortina-puerta
TOWER; estructura soportada por rolletes para
mover
ROLL-OVER PROTECTION STRUCTURE;
estructura de protección contra rodadura en
equipo móvil
ROLLWAY; (dique) vertedero sin compuertas,
cimacio vertedor
ROMAN CEMENT; cemento hidráulico
ROOF; *(s)* azotea (plana), techado, techumbre,
cubierta, techo; *(v)* techar, entechar; tejar
BEAM; viga del techo
BOARD; tablero del techo
BUCK; armadura de andamio que se ajusta al
talud del techo
COVERING; techado, cubierta de techo
DRAIN; (pl) desagüe de azotea
FRAMING; partes de techo en posición
GUTTER; canalón, canaleta de techo
HOOK; método de anclaje del sistema de
suspensión
INSULATION; aislamiento de techo
JOIST; miembro estructural de un techo plano
OVERHANG; extensión del techo más allá de
las paredes del edificio
PAINT; pintura para techos
SHEATHING; tableros fijados a miembros
estructurales del techo
SLOPE; ángulo de inclinación del techo al
horizontal
TILE; teja, (V) tablilla (plana), (A) baldosa de
techar
TRUSS; armadura para techo, cabriada de
techo, cercha, caballo (mad)
WEIR; compuerta de alzas (tableros alzados
por presión)
ROOFER; (hambre) techador
ROOFERS; (mad) tablas machichembradas de 7/8
pulgadas y de largos diversos
ROOFING; techado; (hid) ahuecamiento
BRACKET; cartela para andamio de techar
CAP; arandela de hojalata para clavo de techar
CEMENT; cemento plástico para techos,
(A) tapagoteras
CLIP; abrazadera para sujetar el acero
corrugado a las carreras
FELT; fieltro impermeable, fieltro de techar,
(C) techado felpa, (U) cartón fieltro
NAIL; clavo para techo, clavo de techar
PAPER; papel de asfaltico usado como calzo

SATURANT; asfalto saturado usado en techado
rollado
TIN; hojalata de techar; arandela de clavo
de techar
ROOFLIGHT; abertura glaseada en un techo plano o
inclinado
ROOM; cuarto, pieza, habitación; lugar; (min)
anchurón, salón, cámara
ROOSTER SHEAVE; (gr) garrucha guía encima del
gorrón
ROOT; raíz; (mat) raíz; (sol) fondo de la soldadura
CIRCLE; (engranaje) círculo de ahuecamiento,
circunferencia de raíz
CRACK; grieta en soldadura
CUTTER; cortador de raíces, cortarraíces
HOOK; gancho arrancador de raíces
OF JOINT; (sol) punto más cercano de dos
metales que serán juntados
OF THREAD; fondo de la rosca
ROT; (arbol) enfermedad que mata raíces
ROOTER; (ec) desarraigadora, rompedor de
caminos, rasgador, escarificador
PLOW; arado desarraigador
ROPE; *(s)* soga, cuerda, cable, cordel, maroma,
jarcia, cabo; *(v)* ensogar
BAND; banda de acero flexible
DRIVE; transmisión por maroma,
accionamiento por cable
GRAB; amarra de cable
GRADE; calidad de cable
LADDER; escalera de cable
RETAINING GUARD; guardia retenedora
de cable
ROPEMAKER; codelero, soguero
ROPEWALK; cordelería, soguería
ROPEWAY; cablevía, anarivel, vía aérea de cable
ROPEY; pintura sin afluencia
ROSE; (tub) regadera; (cerradura) escudilla
REAMER; escariador de cabeza cortante,
escariador tipo rosa
ROSEHEAD; boquilla para baño de ducha
ROSETTE; (eléc) roseta
ROSIN; resina, abetinote, pez griega
ROSSER;   descortezador
ROT; *(s)* podrimiento, podrición; *(v)* podrirse,
corromperse
ROTARY; giratorio, rotativo, rotatorio
BORING; método de barrenamiento rotatorio
DISTRIBUTOR; esparcidor giratorio
DRILL; taladro de rotación, perforadora
rotatoria, sonda de rotación
ENGINE; máquina rotativa
EXCAVATOR; excavadora rotatoria
FAULT; (geol) falla girada
FIELD; (eléc) campo giratorio, inductor giratorio
FLOAT; acabador de pisos de concreto de disco
rotatorio

LINE; (pet) cable de equipo rotatorio
PLANER; fresadora acepilladora, acepilladora rotatoria
PUMP; bomba rotatoria, bomba rotativa
SCRAPER; pala de arrastre giratoria, traílla giratoria
TABLE; (pet) mesa rotatiria, plato giratorio
VALVE; válvula rotativa
ROTARY-CUT; (mad) cortado del tronco por movimiento circular
ROTARY-DISK FEEDER; alimentador de disco rotatorio
ROTATABLE TRANSFORMER; transformador girable
ROTATE; girar
ROTATING; giratorio, rotativo
CYLINDER; cilíndro rotativo
JOINT; empalme rotativo
ROTATION; rotación, giro
CAPACITY; (molde) capacidad de rotación angular antes de falla
ROTATIONAL; rotacional
FAILURE; (conc) falla rotacional de cimentación
FAULT; (geol) falla giratoria
ROTIFERA; rotíferos
ROTOR; rotor, rodete
ROTTEN; podrido; cariado
KNOT; (mad) nudo blando
ROCK; roca muerta, roca deshecha, roca descompuesta
ROTTENSTONE; trípol
ROTUNDA; rotonda
ROUGE; (abrasivo) rojo de pulir, colcótar
ROUGH; (superficie) áspero; (top) escabroso, barrancoso; (tejido) basto, tosco; (mar) agitado, alborotado; (cálculo) aproximado, aproximativo
ASHLAR; canto sin labrar
CUT; (lima) talla basta, picadura gruesa
DRAFT; (s) borrador
ESTIMATE; presupuesto aproximado
FILE; lima basta
GRADING; primer etapa de excavación
GROUND; terreno escabroso, terreno accidentado
LUMBER; madera tosca, madera sin labrar
PLASTER; revoque rústico, embarrado
SAND; arena escabrosa
SKETCH; bosquejo, croquis aproximativo
ROUGH-CAST; colar en basto
ROUGH-DRESS; desbastar, desguazar
ROUGH-DRESSING; desguace
ROUGHEN; (conc) rascar, rasquetear, picar
ROUGHING; (pl) tubería, sifones, etc., de la instalación sanitaria que se hallan dentro de las paredes y los pisos
CUT; corte de desbaste

FILTER; filtro preliminar, (A) filtro desbastador
IN; primer trabajo asperozo asociado con cualquier parte de un proyecto de construcción
MILL; laminador preliminar; molino preliminar
REAMER; escariador escalonado
TAP; macho desbastador
ROUGHNESS; aspereza, escabrosidad
COEFFICIENT; (hid) coeficiente de aspereza
ROUGHOMETER; dispositivo para indicar el grado de aspereza del afirmado del camino
ROUGH-PLASTER; jaharrar, embarrar
ROUND; (s) barra redonda; (escala) peldaño redondo, escalón redondo; (vol) juego de barrenos; (a) redondo
ARCH; arco de media punta
FILE; lima cilíndrica
OFF; redondear, descantear
PLANE; cepillo convexo, cepillo bocel
SPLICE; ayuste redondo
TAPER FILE; lima redonda puntiaguda
TURN; vuelta completa de cable
ROUND-BACK ANGLE; (est) ángulo de arista redonda
ROUND-BOTTOM; de fondo redondo
ROUND-CRESTED WEIR; vertedero de cresta curva
ROUNDED; redondeado
ROUNDED-APPROACH ORIFICE; (hid) orificio de entrada redondeada
ROUND-EDGE FILE; lima de cantos redondos
ROUND-END COLUMN; columna de asiento esférico
ROUNDHEAD-BUTTRESS DAM; presa de machones de cabeza redonda, presa de contrafuertes de cabeza redonda
ROUND-HEADED BUTTRESS DAM; presa de machones curvada
ROUND-HOOK; gancho redondo
ROUNDHOUSE; casa de máquinas, depósito de locomotoras, cocherón, (M) casa redonda, (A) rotonda
ROUNDNOSE PLIERS; alicates de punta redonda
ROUND-POINT SHOVEL; pala de punta redonda, pala redonda, (A) pala punta corazón
ROUNDWAY VALVE; llave de macho con orificio circular
ROUNDWOOD; largura de árbol cortado generalmente circular
ROUSTABOUT; estibador
ROUT; contornear, perfilar
ROUTE; recorrido, trazado, línea, ruta, vía
MARKER; (ca) señal de ruta
SURVEYING; levantamiento de ruta
ROUTER; contorneador
PLANE; guimbarda, ranurador
ROW; (s) hilera, fila

ROWLOCK; (lad) sardinel; (bote) escalamera, chumacera

WALL; pared hueca de ladrillos a sardinel

RUB; frotar, rozar, ludir, raer

RUBBED FINISH; (conc) acabado a ladrillo frotador

RUBBER; goma, caucho, hule

BELT; correa de caucho, banda de hule, cinta de goma, correa de balata

BOND; material de ligazón de goma

BOOTS; botas de goma, botas de hule

CEMENT; cemento de goma

GASKET; empaque de goma, junta de hule

INSULATION; aislamiento de caucho, aislante de goma

SPACER; (loseta) espaciador de hule

TILING; embaldosado de caucho

TIRE; goma neumática, llanta de caucho

RUBBER-COVERED CABLE; cable forrado de hule, cable revestido de caucho

RUBBERIZED; engomado, impregnado de caucho, (A) cauchotado

ASPHALT; asfalto engomado

RUBBING; (s) frotación, roce, fricción

BRICK; ladrillo frotador

PLATE; placa de rozamiento, rozadera

STONE; piedra rozadora

RUBBISH; escombros, derribos, despojos, cascote; hojarasca, basura

CHUTE; canal de escombros

RUBBER-LINED PIPE; tubería forrada de caucho

RUBBER-TIRED ROLLER; aplanadora de neumáticos

RUBBLE; piedra bruta; cascote, escombros

AGGREGATE; bolones, chinos, rodados, (A) cascajo

ASHLAR; piedra de sillería

CONCRETE; concreto ciclópeo

MASONRY; mampostería de piedra bruta, mampostería concertada, (Col) mampostería de cascote

STONE; piedra bruta, piedra sin labrar, morrillo, cabezote, bolón

RUBY; rubí

COPPER ORE; cuprita

SILVER; pirargirita

ZINC; especie de esfalerita

RUDDER; timón

RUDDLE; almagre

RULE; (s)(med) regla, medida; reglamento (v) rayar, reglar

RULE-OF-THUMB METHOD; método práctico

RULER; regla

RULING GRADE; pendiente determinante, pendiente dominante, (C) rasante dominante, (M) pendiente reguladora

RUMBLE; retumbo; ruido

STRIP; (ca) tira de retumbo

SURFACE; superficie retumbidora

RUN; (s)(escalera) paso, huella; (filtro) jornada; (tub T) paso principal; (fc) recorrido; (v)(río) correr; (maq) manejar, operar, dirigir; (lev) trazar; (maq) impulsar, accionar, impeler, marchar, fucionar, andar; (empresa) administrar, dirigir

AGROUND; encallar, zabordar, embarrancarse, varar

A LINE; (surv) trazar una línea, correr una línea

DOWN; (batería) descargar, agotar; descargarse, agotarse

HOT; (maq) calentarse, recalentarse

IDLE; marchar en vacío

LEVELS; correr niveles

OFF; (lluvia) escurrirse, derramarse

OFF THE TRACK; descarrilarse

OVER; (hid) rebosar

RUNAWAY SPEED; velocidad de embalamiento

RUNG; escalón, barrote, peldaño, cabillón, (C) paso

RUNNER; (turb)(bomba) rodete, rotor, rueda, impulsor; (tub fund) burlete, anillo de asbesto; (fund) vaciadero, bebedero; (mec) corredera; patín

BLADES; aletas del rodete

CHANNELS; canales de enrasillado para listonado metálico

VANES; (turb) aletas del rotor, álabes del rodete

RUNNING; (s) trazado; operación; dirección; accionamiento; administración; (a) corrido, lineal; corriente

BOARD; (ed) carrera, larguero; (loco)(auto) estribo

FIT; ajuste de rotación libre

GEAR; tren rodante

GROUND; tierra corrediza, terreno movedizo

LIGHTS; luces de marcha

METER; metro corrido, metro lineal

RAIL; riel de recorrido, carril maestro

ROPE; cabo de labor, cable corredor, cable de corrida

SAND; arena corrediza

TRACK; (fc) vía de recorrido, vía principal

TRAP; sifón en U, trampa de flujo a nivel

WATER; (arroyo) agua corriente, agua viva

RUNOFF; (hid) escurrimiento, derrame, aporte, afluencia, aflujo, derramamiento, (Col) rendimiento

COEFFICIENT; coeficiente de derrame, coeficiente de escurrimiento, coeficiente de afluencia

RUN-OF-BANK GRAVEL; grava tal como sale

RUN-OF-MINE; tal como sale de la mina

RUN-OF-RIVER POWER PLANT; estación de
fuerza sin almacenamiento

RUN-ON-SLAB; losa de concreto reforzado usada
como entrada de puente

RUNOUT; (maq) alcance, carrera; (calafacción)
derivación al
calorífero

RUNWAY; (gr) carrilera; (aeropuerto) pista; (ed)
pasadizo

RUPTURE; rotura, ruptura
LOAD; carga de ruptura
MEMBER; miembro de ruptura
STRENGTH; esfuerzo de rotura

RUST; *(s)* moho, orín, herrumbre, (C) ferrumbre; *(v)*
aherrumbarse, enmohecerse, oxidarse
CEMENT; cemento de limaduras de hierro con
sal amoníaco
JOINT; junta estanca formada por limaduras de
hierro y sal amoníaco

RUSTICATION; rusticación

RUST-INHIBITIVE PAINT; pintura anticorrosiva

RUSTLESS STEEL; acero inoxidable, acero
inmanchable

RUSTPROOF; a prueba de oxidación, a prueba de
herrumbre, inoxidable, incorrosible

RUST-RESISTING; anticorrosivo, incorrosible,
antiherrumbroso

RUSTY; mohoso, herrumbroso, (Ch) ferrumbroso

RUT; bache, rodada, rodadura, huella, surco, rodera

RUTTER;   cortador de baches

S

SACK; saco, costal, bolsa
BAILER; máquina empacadora de sacos
CLEANER; máquina limpiadora de sacos
de cemento
ELEVATOR; elevador de sacos, montasacos
RUB; acabado de superficie de concreto
moldeado

SACKCLOTH; arpillera

SADDLE; silla de montar, montura, silla, galápago,
(C) albardilla; (puerta) umbral; (top) depresión,
(M) puerto, (U) hondadura, (A) portezuelo;
(cv) silla, asiento; (mec) silleta, caballete,
albardón; (min) silla
DAM; cierre lateral, presa auxiliar, dique lateral
FITTING; ajuste curvado
FLANGE; brida curva
JOINT; (mam)(hoja de metal) junta saliente
KEY; (mec) chaveta cóncava
T; (tub) T de silla

SADDLEBACK CAR; vagoneta de descarga doble,
carro en V invertido

SADDLEBACK ROOF; techo inclinado los dos
lados

SADDLE-TANK LOCOMOTIVE; locomotora son
tanque sobre la caldera

SAFE; *(a)* seguro, seguridad; *(s)* caja fuerte, caja de
seguridad, (C) caja de caudales, (A) tesoro de
seguridad
BEARING CAPACITY; capacidad de soporte
seguro
LIMIT; vibración que un edificio puede tomar
con seguridad
LOAD; carga límite, carga de seguridad, carga
admisible
STRESS; esfuerzo de trabajo, fatiga de
seguridad

SAFE-EDGE FILE; lima de canto liso

SAFETY; seguridad
BELT; cinturón de seguridad, cincha de
seguridad
CATCH; fiador, retén de seguridad
CHAIN; cadena de seguridad
CLUTCH; garra de seguridad
DEVICE; dispositivo de seguridad
FACTOR; factor de seguridad
FENCING; cercado de seguridad
FUSE; (vol) mecha de seguridad

GLASS; vidrio inastillable, cristal de seguridad
HOOK; gancho de cerrojo, gancho de seguridad
ISLAND; (ca) isla de seguridad, refugio
LAMP; lámpara de seguridad, davina
LINTEL; (lad) dintel detrás del arco de descarga
SETSCREW; tornillo prisionero encajado (sin cabeza), tornillo tapón de enchufe, tornillo prisionero hueco
TREAD; huella antirresbaladiza, peldaño de seguridad, (A) guardaescalón
VALVE; válvula de seguridad, válvula de alivio, válvula de desahogo
YIELD; (aquifer) rendimiento de seguridad
SAG; *(s)*(est) flecha, flambeo, pandeo; (cab) flecha, seno; (ot) desprendimiento; *(v)*(est) combarse, empandarse, pandear; (pint) correrse, fluir; (ot) desprenderse, deslizarse
BAR; barra para prevenir pandeo
PIPE; (hid) sifón invertido
ROD; (est) barra atiesadora
SAGGING; (an) arrufo
SAIL CLOTH; lona, lino
SALAMANDER; (ec) salamandra, estufa
SAL AMMONIAC; sal amoníaco, almohatre
SALBAND; salbanda
SALIENT; *(s)* saliente, resalto; *(a)* saliente, saledizo
SALIMETER; pesasales, salinómetro
SALINE; salino
SALINITY; salinidad
SALINOMETER; salinómetro, pesasales
SALMON BRICK; ladrillo rosado, ladrillo mal cocido, (Col) bizcocho
SALT; *(s)*(quím) sal; *(a)* salado, salobre
CONTENT; calobridad
DESERT; salitrera
GLAZE; vidriado común
WATER; agua salada, agua salobre
SALTPETER; salitre, nitrato de potasio
SALTATION; (río) saltación
SALT-DILUTION METHOD; (hid) procedimiento de disolución de sal, medición con disolución salina
SALT-VELOCITY METHOD; (hid) procedimiento de velocidad de sal
SALVAGE; *(s)* salvamento; derechos de salvamento; *(v)*(náut) salvar; (mtl) recobrar
AND RECLAMATION; (mtl) salvamento y reclamación
MATERIALS; material sobrante, rezago
PUMP; bomba de salvataje
VALUE; valor rezago, valor de recuperación
SAMPLE; *(s)* muestra; testigo; *(v)* muestrear, catar, catear
CORE; (barrena) alma de ensayo, corazón de prueba, testigo de perforación
DIVISION; división de muestra

REDUCTION; reducción de muestra
SPLITTER; partidor de muestras
SAMPLER; sacamuestras
SAMPLING; muestreo, catadura, cateo
SPOON; cucharón para muestreo
SAND; *(s)* arena; *(v)* arenar, enarenar
BAR; arenal, banco, bajío, barra, alfaque, playa de río, restinga
BOIL; venero, borbotón
CASTING; fundición en arena
CEMENT; cemento de arena
CLASSIFIER; clasificador de arena
CONE; prueba de nivel de consolidación de suelo
CRUSHER; trituradora de finos, trituradora de arena
DOME; (loco) cúpula de arena, arenador
DREDGER; draga aspirante
DRIER; secador de arena
DUNE; médano, algaida, mégano
EJECTOR; eyector de arena
FILTER; filtro de arena
FINISH; acabado arenoso
GATE; compuerta desarenadora
GROUT; lechado de agregado fino
HOG; trabajador en aire comprimido
HOLE; escarabajo
HOLES; (vidrio) picaduras
JACK; gato de arena
LINE; (pet) cable de la cuchara
PIPE; (loco) caño arenero
PIT; mina de arena, cantera de arena, arenal
POCKET; bolsa en cemento de agregado fino sin cemento
PUMP; bomba para arena; desarenadora
RAMMER; pisón neumático para arena
REEL; (pet) carrete o malacate de la cuchara
ROLL; rodillo triturador, triturador de finos
SEAL; (ca) capa final de arena
SEPARATOR; colector de arena, separador de arena
SLUICE; desarenador, purga de arena
SPREADER; (ca) arenadora
STREAK; (conc) área superficial arenosa
TANK; lavadora de arena
TRAP; desarenador, trampa de arena, guardaarenas, arenero
WASHER; lavador de arena
SANDBAG; saco de arena
SANDBANK; banco de arena, bajío de arena, encalladero
SANDBLAST; *(s)* soplete de arena, chorro de arena, soplo de arena, (M) chiflón de arena; *(v)* limpiar por chorro de arena
HOSE; manguera para chorro de arena
NOZZLE; tobera lanzaarena
SANDBOX; caja de arena, arenero, arenador

SAND-CAST; vaciado en molde de arena, fundido en arena

SAND/COARSE AGGREGATE RATIO; relación de arena y agregado grueso

SANDED PLASTER; yeso con arena

SANDER; lijadora, arenadora

SAND-FLOAT FINISH; (conc) acabado por llana de madera con adición de arena

SAND-LIME BRICK; ladrillo de cal y arena

SANDPAPER; *(s)* papel de lija, lija; *(v)* lijar, alijar

SANDPAPERING MACHINE; lijadora

SAND-SEALED; (ca) ligado con arena

SAND-SPUN PIPE; tubería colada centrífugamente en moldes de arena

SANDSTONE; arenisca, (Col) piedra de arena

SANDWICH CONSTRUCTION; dos o más materiales de construcción prefabricados juntos

SANDY; arenoso, arenisco, arenáceo

SANIDINITE; (geol) sanidinita

SANITARY; sanitario

    BASE; zócalo sanitario, base sanitaria

    ENGINEER; ingeniero sanitario

    ENGINEERING; ingeniería sanitaria

    FITTINGS; accesorios sanitarios

    LANDFILL; terraplén sanitario

    SEWAGE; aguas negras

    SEWER; cloaca, alcantarilla sanitaria, colector sanitario

    SURVEY; estudio sanitario

    T; (tub) T con conexión redondeada, T sanitaria

    VALVE; válvula sanitaria

SANITATION; saneamiento, sanidad, higienización

SAP; savia

    RING; anillo de albura

    ROT; podrición de albura

SAPONIFIABLE; saponificable

SAPONIFICATION; saponificación

SAPONIFY; saponificar

SAPROLITE; (geol) saprolita

SAPROPHYTIC; (is) saprofito

SAPWOOD; albura, sámago, madera de savia, madera alburente, madera tierna

SASH; (ventana) hoja, vidriera, (Col) bastidor

    BALANCE; ajustador de hoja de guillotina

    BAR; parteluz, montante

    BOLT; tarabilla

    BRACE; larguero provisional

    CHAIN; cadena para contrapeso de ventana

    CORD; cuerda para contrapeso de ventana

    DOOR; puerta con vidriera

    FAST; fiador de ventana

    FRAME; armadura de ventana

    LIFT; manija para ventana de guillotina, levantaventana

    LOCK; fiador de ventana

    OPERATOR; ajustador de ventana

    PLANE; cepillo rebajador

    PULLEY; roldana para ventana de guillotina

    TOOL; brocha para pintar ventanas

    WEIGHT; contrapeso de ventana

SATELLITE; (engranaje) satélite

SATIN FINISH; acabado satinado

SATURANT; saturante

SATURATE; saturar, empapar; (eléc) saturar

SATURATED; saturado

    FELT; fieltro impregnado con asfalto

    SOIL; terreno empapado, terreno saturado

    SOLUTION; solución saturada

    STEAM; vapor saturado

    ZONE; zona subterránea saturada

SATURATION; saturación

    FACTOR; factor de saturación

    INDEX; (is) índice de saturación

    LIMIT; (suelo) límite de saturación

    POINT; punto de saturación

SATURATOR; saturador

SAULT; rápidos, rabión de un río

SAW; *(s)* sierra, serrucho; *(v)* aserrar, serrar, (serruchar)

    ARBOR; eje de sierra

    BENCH; banco de sierra

    BLADE; hoja de sierra

    CARRIAGE; carro portasierra

    CLAMP; prensa para sierra, tornillo para serruchos

    CUT; corte de sierra, trazo de sierra, aserradura

    FILE; lima para sierra, limadora

    FRAME; marco de sierra, bastidor de sierra

    GAGE; calibre de dientes; guía de aserrar

    GUIDE; marco de sierra

    HANDLE; mango de serrucho, agarradera de serrucho

    PIT; foso de aserrar

    ROD; tensor

    SET; triscador, tenazas de triscar, (A) trabador

    TABLE; banco aserrador, mesa de serrar

    TIMBER; madera serradiza

    VISE; prensa para afilar sierras, tornillo para serrucho

SAWBUCK; cabrilla, tijera

SAWDUST; aserrín, serrín, aserraduras

    BLOWER; soplador de aserrín

    COLLECTOR; aspirador de aserrín

    CONCRETE; concreto con agregado de aserrín, concreto de clavar, hormigon de aserrín

SAWER; aserrador

SAWHORSE; caballete de aserrar, burro, camellón, asnillo, borriquete, cabrilla, caballo

SAWING; aserradura

SAWMILL; aserradero, aserrío, serrería, taller de aserrar

    CARRIAGE; carro de aserradero, carro para trozos

SAW-SETTING MACHINE; máquina de triscar, triscadora

SAW-TOOTHED ROOF; techo de diente de sierra, techo dentado

SAWYER; aserrador, serrador

SAYBOLT VISCOSITY SCALE; escala de viscosidad Saybolt

S BEND; (tub) acodado en S, codo invertido, contracodo

SCAB; *(s)*(carp) tapajunta, cubrejunta, costanera, platabanda, cachete; (hombre) ropehuelgas, esquirol; (met) costra; *(v)* sobrejuntar

SCABBLE; desbastar

SCAFFOLD; *(s)* andamio, castillete, castillejo, (col) percha; (A) balancín (colgante); *(v)* andamiar
   ACCESS; acceso a plataforma de andamio
   HORSE; borricón
   PLANK; tablón de andamio
   POLE; alma de andamio, zanco de andamio, paral de andamio

SCAFFOLDING; andamiaje, andamiada, castillejo

SCALE; *(s)*(pesar) báscula, balanza, romana; (cal) incrustación, escamas, costras; (met) laminilla, cascarilla, (V) concha; (dib) escala; (med) escala, regla; *(v)* descamarse, descascararse, desconcharse, descostrarse, (dib) medir con escala, escalar
   BOX; caja de báscula; (exc) cajón de madera
   DRAWING; dibujo a escala
   MODEL; modelo a escala, (M) maqueta a escala
   OFF; desconcharse, descamarse, (Pe) escamarse
   OF HARDNESS; escala de dureza
   OF MILES; escala de millas
   OF WAGES; escalafón, escala de sueldos

SCALED DIMENSION; dimensión a escala

SCALED DISTANCE; distancia a escala

SCALE-FORMING; incrustante

SCALENE; escaleno

SCALER; (herr) descamador

SCALING; escamar
   HAMMER; desincrustador

SCALLOP; venera; concha

SCALPER; separador preliminar

SCALPING SCREEN; criba preliminar de malla ancha

SCALP ROCK; piedra grande

SCALY; escamoso

SCANTLING; (carp) trantillo, alfarda

SCANTLINGS; dimensiones

SCARF; *(s)* rebajo, charpado; *(v)*(carp) charpar, rebajar
   CONNECTION; conexión charpada
   JOINT; junta charpada, junta biselada
   WELD; soldadura al sesgo

SCARIFICATION; escarificación

SCARIFIER; escarificador

SCARIFY; escarificar

SCARP; *(s)* declive, escarpe; *(v)* escarpar

SCATTERED DEVELOPMENT; desarrollo esporádico

SCAVENGE; (mot) barrer
   PUMP; bomba de barrido

SCAVENGER SYSTEM; sistema barridor

SCAVENGING EFFICIENCY; eficiencia de barrido

SCAVENGING STROKE; carrera de barrido, carrera de expulsión

SCHEDULE; lista, catálogo; programa; horario; plan

SCHEDULER; programador

SCHEELITE; sheelita

SCHEMATIC; (dib) esquemático

SCHEME; plan, proyecto, diseño; esquema; arreglo

SCHIST; esquisito
   OIL; petróleo de esquisito, aceite de esquisito

SCHISTIC; esquistoso

SCHMIDT HAMMER; martillo para probar endurecimiento de concreto

SCHOKLITSCH FORMULA; (dique) fórmula para determinar volumen de agua perdida por filtración

SCIENCE; ciencia

SCISSORS FAULT; (geol) falla girada

SCLEROMETER; esclerómetro

SCLEROSCOPE; escleroscopio
   HARDNESS; dureza del escleroscopio

SCONCE; tapa protectora

SCOOP; cucharón, cuchara; pala carbonera
   SHOVEL; pala carbonera, pala para carbón

SCOOT; trineo de arrastre

SCOPE; magnitud, alcance

SCORE; *(v)* rayar, estriar

SCORED TILE; bloque estructural rayado

SCORIA; escoria, cagafierro

SCORIFY; escorificar

SCOTCH; acuñar, calzar, engalgar

SCOTCH MARINE BOILER; caldera marina escocesa, caldera multitubular escocesa

SCOTCH YOKE; (maq) yugo escocés

SCOTIA; moldaje cóncavo

SCOUR; (hid)*(s)* socavación, derrubio, arrastre; *(v)* socavar, derrubiar, arrastrar

SCOURING; refregar
   BARREL; tambor giratorio de frotación
   SLUICE; compuerta de limpia; desagüe de limpia

SCOW; chalana, lancha, bongo, gángill (de vaciamiento), pontón, chata, (A) balandra

SCRAP; *(v)* desechar, (Ch) dar de baja
   IRON; hierro viejo, desecho, despojos de hierro, hierro de desperdición, hierro de metralla, chatarra, (A) rezago
   RAIL; carril de desecho, riel de desecho

VALUE; valor como desecho, (A) valor rezago

SCRAPE; raspar, rascar, raer

SCRAPER; (ec) pala de arrastre, traílla, cucharón de arrastre, (Ch) pala buey, (M) escrepa, (V) rastrillo, (A) rastrón,(Pe) rufa; (cal) limpiatubos, raspatubos; (carp) rasqueta, raedor, raspador; (pa) raedera giratoria; (min) limpiador de barrenos, sacabarro; (yesería) cuchilla

    BUCKET; cucharón cogedor, cucharón recogedor, traílla de cable

    CONVEYOR; trasportador de cadena sin fin con paletas

    PLANE; cepillo-rasqueta, cepillo raspador

    PUSHER; (ec) empujadora de traílla

    RING; (émbolo) aro rascador, anillo restregador

SCRAPER/EXCAVATOR; excavador con cubetas múltiples

SCRAPER LOADER; traílla cargadora

SCRATCH; (v) rayar, arañar

    AWL; lesna de marcar

    COAT; capa de base, capa rayada, (U) capa azotada

    COURSE; capa de mezcla de asfalto

    GAGE; gramil

    HARDNESS; dureza esclerométrica

    TEMPLATE; (ca) plantilla rayadora

SCRATCHING; rayado

SCREED; (s) plantilla, maestra, listón-guía, rastrel; escantillón, regla recta, cercha, raedera, emparejador; (v) enrasar, atablar, raer, emparejar

    BOARD; escantillón, regla recta, raedora, emparejador, rasero, rastrel, corredera

    CHAIR; soporte de emparejamiento

    GUIDE; guía de emparejador

SCREEN; (s) criba, harnero, cedazo, cribadora, tamiz (fino) cernedor, zaranda; (v) cernir, cribar, tamizar, zarandar, (Col)(Ch) harnear

    ANALYSIS; análisis de tamices, análisis de cedazo

    CHAMBER; cámara de cribas, cámara separadora

    CHUTE; canal cribador

    CLASSIFIER; clasificador de cedazo

    DOOR; puerta de tela metálica, puerta mosquitera

    PAN; artesa de criba

    TENDER; zarandero, cribador, harnerero

    TEST; ensayo de cernido

    WHEEL; rueda-cedazo

SCREENED MATERIAL; material cribado

SCREENING; cribado, cernido, zarandeo

    PLANT; planta cribadora, planta clasificadora, equipo clasificador, instalación cribadora

SCREENINGS; cerniduras; granzón, granza, grancilla, (C) recebo

GRINDER; triturador de cerniduras

SCREW; (s) tornillo; (náut) hélice; (v) atornillar, enroscar

    ANCHOR; ancla de tornillo, manga de expansión para tornillo

    AUGER; barrena salomónica, barrena espiral

    BELL; campana de tuerca, machuelo arrancasondas

    CAP; tapa roscada, tapón de tuerca

    CHASER; plantilla de filetear, peine de roscar, engastador de tornillo

    CHUCK; mandril enroscado

    CLAMP; prensa de hierro para carpinteros, prensa de tornillo

    CONVEYOR; transportador de tornillo sin fin, conductor espiral, conductor de gusano

    COUPLING; manguito roscado

    EXTRACTOR; sacatornillos

    EYE; pitón

    EYEBOLT; pija de ojillo

    FEED; avance por tornillo

    FEEDER; alimentador de tornillo

    GEAR; engranaje de tornillo sin fin

    GRAB; machuelo arrancasondas

    GUN; aparato tornillador mandado a potencia

    HOOK; gancho roscado o de tornillo

    JACK; gato de tornillo, gato de rosca, gato de gusano, cric de tornillo

    JOINT; junta roscada

    MACHINE; máquina de fabricar tornillos, torno de roscar

    NAIL; clavo de rosca, clavo-tornillo

    PILE; pilote de rosca

    PIN; pasador roscado

    PITCH; paso de tornillo

    PLATE; cojinete de roscar, portahembra; terraja

    PLUG; tapón roscado

    PRESS; prensa de tornillo

    PROPELLER; hélice

    PUMP; bomba espiral; bomba centrífuga de rodete de hélice

    PUNCH; punzón de tornillo

    RINGBOLT; pija de ojillo con aro

    SPIKE; tirafondo, (A) perno aterrajador

    STOCK; (acero) barras para fabricación de tornillos

    TAP; macho de terraja, macho de tornillo

    THREAD; filete de tornillo, rosca de tornillo

    WHEEL; engranaje helicoidal

SCREW-CUTTING LATHE; torno de roscar

SCREWDRIVER; atornillador, destornillador

    BIT; broca destornilladora, destornillador de berbiquí

SCREWED; atornillado, enroscado

    FITTINGS; (tub) accesorios de tornillo, accesorios roscados

FLANGE; brida roscada, platina atornillada, (C) platillo con rosca

JOINT; (tub) acoplamiento de rosca, junta atornillada

PIPE; tubería con rosca, tubería de tornillo, cañería

SCREWHEAD; cabeza de tornillo

SCREW-PIN SHACKLE; grillete con perno roscado

SCREW-PITCH GAGE; medidor de roscas, plantilla para filete, calibrador de roscas

SCREW-PROPELLER-TYPE CURRENT METER; molinete con hélice de aristas biseladas

SCREW-SPIKE DRIVER; clavador de tirafondos

SCREWSTOCK; terraja

SCREW-TYPE ELEVATOR; elevador operado por torno de roscar

SCRIBE; trazar, contornear

SCRIBER; punzón de trazar

SCRIBING; trazado; ajuste

BLOCK; verificador de superficies planas

COMPASS; compás de marcar

GOUGE; gubia de mano

IRON; herramienta de trazar

SCROLL; caracol, espiral, voluta

CASE; (turb) caja de caracol, cámara espiral, caja espiral, carcasa espiral

CHUCK; mandril de movimiento espiral

CONVEYOR; conductor espiral

LATHE; torno para labrar madera

SAW; sierra para contornear, sierra de calar

SCRUBBED FINISH; (conc) acabado con cepillo de alambre o de fibra tiesa

SCRUBBER; (gas) lavador de gas

SCRUBBING SCREEN; (gravel) criba lavadora

SCUFFING; (llanta) desgaste, arrastre

SCUFFLE HOE; azadón de pala

SCULPTURED TILE; baldosa con diseño decorativo

SCUM; espuma, mata

BREAKER; (dac) rompedor de espuma

COCK; grifo purgador de espumas, espumadera

COLLECTOR; colector de espumas

GRID; (dac) rejilla de espumas

PIPE; tubo despumador

REMOVER; quitaespumas, separador de espumas

TRAP; separador de espumas

WEIR; vertedor de espumas

SCUMBOARD; (dac) separador de espumas

SCUPPER; imbornal, embornal

S CURVE; curva inversa, curva en S

SCUTCH; martillo cortador de ladrillos

SCUTTLE; (s)(techo) escotillón, trampa

SCYTHE STONE; piedra guadaña

SEA; mar; oleada, marejada

LEVEL; nivel del mar

MILE; milla marina, milla marítima

WALL; malecón, murallón de defensa, murallón de ribera, muralla de mar, muro de muelle, (Ch) molo, (A) defensa marítima

WATER; agua de mar

SEACOAST; costa marítima

SEAL; (s)(hid) cierre, sello; (v) sellar, tapar, cerrar

BAR; (compuerta) barra de estancamiento

BORE; taladro de sello

CAP; (vá) casquete sellador

COAT; (ca) capa final (betún), capa de sellado; (mam) capa impermeable

RING; anillo de estancamiento

WELD; soldadura estancadora

SEALANT; (s) sellador, tapador

SEALE CONSTRUCTION; (cable de alambre) construcción Seale, trama Seale

SEALED; sellado

BEARING; soporte con sellos en los dos lados

BID; propuesta sellada

HYDRAULIC SYSTEM; sistema hidráulico a prueba de escapes

SEALING; (s) sellado; tapado

COMPOUND; (eléc) compuesto de sellar, pasta de cierre

STRIP; listón de cierre

SEAM; (roca) hendedura, fisura, grieta, veta, fractura; (est) junta, costura; (min) filón, criadero, vena; (cn) costura

SEALING; sellado de costura

WELDING; soldadura de costura

SEAMING DIES; estampas de empatar

SEAMING STRIP; cinta de empatar

SEAMLESS TUBING; tubos de acero sin costura, tubería sin soldadura, tubos enterizos, fluses de acero enterizo

SEAMY; grietoso, hendido

SEAPORT; puerto de mar, puerto marítimo

SEARCHLIGHT; proyector, reflector, faro

SEASON; (v) desecar, secar, sazonar, curar

CHECK; (mad) hendedura de desecación, grieta de desecación

SEASONED WOOD; madera desecada, madera curada, madera sazonada, madera estacionada

SEAT; (s)(est)(vá) asiento; (v) asentar

ANGLE; (est) ángulo de asiento

BAR; (compuerta) barra de asiento

REAMER; escariador de asiento de válvula

RING; (vá) anillo de asiento

STIFFENERS; (est) apoyaderos del asiento

SEATED CONNECTION; (est) conexión con asiento

SEATING; (s) asentamiento; (a) asentador

PRESSURE; (compuerta) presión de asentamiento

SECOND; (s)(tiempo)(ángulo) segundo; (a) segundo

CROSS MEMBER; (auto) segundo travesaño

GROWTH; árboles renacidos
SPEED; (auto) segunda velocidad, (Ec) segunda marcha
SECONDARY; secundario
    BATTERY; acumulador
    BEAM; viga menor
    BRANCH; (tub) derivación del tubo primario
    CIRCUIT; circuito inducido
    CRUSHER; quebradora secundaria
    FILTER; filtro secundario
    ENERGY; energía secundaria, energía provisoria
    MATERIAL; material reusado
    MEMBER; (est) miembro secundario transportador de cargas
    MOMENT; (estática) momento addicional debido a fuerzos aplicados
    POWER; potencia secundaria, fuerza povisoria; energía secundaria
    STRESSES; esfuerzos secundarios
    TREATMENT; (pa) tratamiento secundario
SECOND-CUT FILE; lima entrefina, lima de segundo corte
SECOND-FOOT; (hid) pie cúbico por segundo
SECONDHAND; de segunda mano, de ocasión, usado, (C) de uso
SECRET BLOCK; motón sencillo de cuerpo cerrado
SECRET GUTTER; (techo) canalón ocultado
SECTION; (s)(exc) sección; (mad) escuadría; (dib) corte, sección, (M) tajada; (fc) trayecto, tramo; (EU) extensión de terreno de una milla en cuadro; (v) seccionar
    FOREMAN; (fc) capataz de tramo
    GANG; (fc) cuadrilla de tramo
    LINE; (v)(dib) rayar
    MODULUS; módulo de la sección, módulo de resistencia
    SWITCH; (eléc) interruptor seccionador
SECTIONAL; seccional, seccionado
    AREA; área de la sección
    BOILER; caldera seccional
    ELEVATION; alzada en corte
    VIEW; (dib) vista seccional
SECTIONALIZE; (mec)(eléc) seccionar
SECTIONALIZING BOX; (eléc) caja de seccionamiento
SECTOR; sector
    GATE; (hid) compuerta de sector
    GEAR; sector dentado
SEDENTARY SOIL; terreno sedentario
SEDIMENT; sedimentos, depósitos de azolve
    SEPARATOR; separador de sedimentos
SEDIMENTARY; sedimentario
    BASIN; (geol) cuenca de sedimentación
    ROCK; piedra sedimentaria
SEDIMENTATION; sedimentación, decantación
    BASIN; tanque de decantación, depósito de sedimentación

    TEST; ensayo de sedimentación
SEED; (s)(vidrio) burbuja pequeña
SEEDLING; planta de semillero
SEEP; filtrarse, rezumarse, colarse, percolarse
    WATER; agua infiltrada
SEEPAGE; filtración, percolación, infiltración, (M) transminación
    FORCE; (ms) fuerza de filtración
    PIT; (dac) pozo absorbente
    WELL; pozo de colección
SEGMENT; segmento
    BLOCK; bloque segmental, dovela
    RACK; cremallera en segmento
SEGMENTAL; segmental
    ARCH; bóveda escarzana, arco rebajado, arco segmental
    GATE; (hid) compuerta de segmento, compuerta radial, compuerta Tainter
    MEMBER; (est) miembro segmental
SEGREGATION; (conc) separación, segregación, desmezclado
SEICHE; (hid) ondulación periódica del espejo de agua
SEISMIC; sísmico
    EXPLORATION; exploración sísmica
    LOAD; (est) fuerza de terremoto
    SURVEY; estudio sísmico
SEISMICITY; sismicidad
SEISMOGRAPH; sismógrafo
SEISMOGRAPHIC; sismográfico
SEISMOGRAPHY; sismografía
SEISMOLOGIST; sismólogo
SEISMOLOGY; sismología
SEISMOMETER; sismómetro
SEISMOMETRIC; sismométrico
SEISMOSCOPE; sismoscopio
SEIZE; (cab) abarbetar, barbetar, aforrar; (maq) aferrarse, agarrarse
SEIZING; (cab) barbeta; (maq) aprieto, adhesión
    IRON; herramienta para barbetar cable de alambre
    STRAND; torón de barbetar
SELECT; (a) selecto, escogido; (v) seleccionar; elegir
    GRADE; (mad) calidad selecta
SELECTED MATERIAL; (ca) material seleccionado
SELECTIVE; selectivo
    ASSEMBLY; armadura selectiva, ensamblaje selectivo, ensamblaje escogido
    BIDDING; licitación selectiva
    FIT; ajuste escogido
    FLOTATION; (met) flotación selectiva
SELECTOR; (auto) selector; cambio de velocidades; (eléc) selector
    SWITCH; conmutador selector, selector
SELENITE; (miner) selenita, espejuelo

SELENIUM; selenio
SELF-ADJUSTING; autoajustador, de ajuste propio
SELF-ALIGNING; autoalineador, de alineación propia
SELF-CALKING; autocalafateador
SELF-CENTERING; autocentrador, de centraje propio
SELF-CLEANING; autolimpiador
SELF-CLOSING; de cierre automático
SELF-CONTAINED; (mec)(eléc) completo en si mismo, independiente
SELF-COOLED; enfriado automáticamente
SELF-DUMPING; autovolcante, autobasculante
SELF-ENERGIZING BRAKE; freno de automultiplicación de fuerza
SELF-EQUALIZING; autoigualador
SELF-EVAPORATION; evaporación automática
SELF-EXTENDING SCREED; emparejadora de extensión automática
SELF-EXTINGUISHING; de extinción automática
SELF-FEEDING; de avance automático; autoalimentador
SELF-FLUXING; autofundente
SELF-FURRING; autoenrasillante
SELF-HARDENING; autoendurecedor
SELF-HEALING; (conc) autosaniculador
SELF-IGNITION; autoencendido, encendido espontáneo, autoignición
SELF-INDUCTION; autoinducción
SELF-LENGTHENING; autoalargador
SELF-LOADING; autocargador
SELF-LOCKING; autocerrador, de encerrojamiento automático, autotrabador
SELF-LUBRICATING; autolubricador, autoengrasador
SELF-MOVING; automotor, autopropulsor, locomotor
SELF-MULCHING SOIL; suelo retenedor de humedad
SELF-OILING; (s) autolubricación; (a) autolibricador
SELF-OPENING; autoabridor
SELF-OPERATING; automático
SELF-POWERED; automotriz
SELF-PRIMING; autocebador
SELF-PROPELLING; automotor
SELF-PURIFICATION; autopurificación, autodepuración
SELF-READING ROD; (surv) mira parlente
SELF-RECORDING; autorregistrador
SELF-REGULATING; autorregulador, de regulación automática
SELF-ROTATING; autorrotativo
SELF-SEALING; autosellador, de cierre propio
SELF-SIPHONING; autosifonaje
SELF-STARTER; arrancador, autoarrancador
SELF-STARTING; arranque automático

SELF-SUPPORTING; autoestable; de sostén propio, (A) autoportante
SELF-SYNCHRONIZING; de sincronización automática
SELF-TIGHTENING; de apretamiento automático
SELF-TIPPING; autovolcante, autobasculante
SELF-VULCANIZATION; de vulcanización automática
SELLERS COUPLING; acoplamiento de doble cono, acoplamiento Sellers
SELLERS THREAD; filete Sellers
SELSYN GENERATOR; generador Selsyn
SELVAGE; (geol) salbanda; (cerradura) placa de frente
SEMAPHORE; semáforo
SEMIADJUSTABLE; semiajustable
SEMIANGLE; semiángulo
SEMIANNUALLY; semianual
SEMIANTHRACITE; semiantracita
SEMIARTESIAN; semisurgente
SEMIASPHALT; semiasfáltico
SEMIAUTOMATIC; semiautomático
SEMIAXLE; semieje
SEMIBITUMINOUS COAL; carbón semigraso
SEMICIRCLE; semicírculo
SEMICIRCULAR; semicírcular
      ARCH; arco semicírcular, arco de medio punto
SEMICIRCUMFERENCE; semicircunferencia
SEMICOKE; semicoque
SEMICONDUCTOR; (eléc) semiconductor
SEMICYULINDRICAL; semicilíndrico
SEMIDIAMETER; semidiámetro
SEMIDIESEL; semidiesel
SEMI-ELLIPTICAL; semielíptico
SEMIENCLOSED; semiencerrado
SEMIFINISHED NUT; tuerca semiacabada, tuerca de medio acabado
SEMIFIXED BEAM; viga semiempotrada
SEMIFLEXIBLE JOINT; junta semiflexible
SEMIFLOATING AXLE; eje semiflotante
SEMIGELATIN; semigelatina
SEMIHARD; semiduro
SEMIHYDRAULIC FILL; terraplén seimihidráulico
SEMIMETALLIC PACKING; empaquetadura semimetálica
SEMIOUTDOOR STATION; (eléc) central medioencerrada
SEMIPORTABLE; semiportátil, semifijo
SEMIPROTECTED; semiprotegido
SEMIRIGID; semirrígido
SEMISKILLED WORKMAN; medio oficial, medio mecánico, oficial
SEMISPAN; semiluz
SEMISTEEL; semiacero, hierro acerado
SEMITANGENT; semitangente
SEMITRAILER; semirremolque, (A) semiacoplado
SENSIBILITY; sensibilidad

SENSIBILITY RECIPROCAL; (est) cambio en carga aplicada
SENSIBLE-HEAT FACTOR; (acondicionamiento) relación de calor sensible
SENSIBLE HORIZON; calor sensible
SENSITIVE PLATE; placa sensible
SENSITIVITY; sensibilidad, sensitividad
SENSITIZER; sensibilizador
SEPARATE; separado, *(v)* separar, apartar
   SEWAGE; aguas cloacales separadas
   SYSTEM; (ac) sistema separado, sistema de doble canalización, (A) sistema separativo
SEPARATION; (geol) separación
SEPARATOR; (est) espaciador, separador; (tub) separador de agua, colector de agua; (min) escogedor, separador; (eléc) separador
   WOOD; (mad) material separado
SEPARATORY FUNNEL; (lab) embudo separador
SEPIA; (dib) sepia
SEPTIC; séptico
   BED; cama séptica
   SEWAGE; aguas negras sépticas
   TANK; tanque séptico, cámara séptica, fosa séptica, pozo séptico
   TREATMENT SYSTEM; sistema de tratamiento séptico
SEPTICITY; septicidad
SEPTICIZATION; septización
SEQUENCE; serie
   TEST; ensayo de serie
SEQUENCE-STRESSING LOSS; pérdida de esfuerzos en serie
SERIES; (mat)(eléc) serie
   CIRCUIT; circuito en serie
   CONNECTION; conexión en serie, acoplamiento en serie
   EXCITATION; excitación en serie
   MOTOR; motor eléctrico en serie
   WELDING; soldadura en serie
SERIES-PARALLEL; serie paralelo
   CIRCUIT; control en serie paralelo
SERIES-WOUND; devanado en serie, arrollado en serie
SERPENTINE; (geol) serpentina
   WALL; muro serpentino
SERRATED; dentado
SERVE; (cab) aforrar, abarbetar, barbetar, amarrar
SERVICE; servicio
   AREA; área de servicio
   BOX; (agua) caja de llave de servicio; (eléc) caja de servicio, caja de abonado
   BRAKE; (auto) freno de pedal, freno de servicio
   CABLE; (eléc) cable para derivación particular
   CLAMP; (agua) abrazadera de servicio
   COCK; llave de servicio, llave de cierre de la derivación

   CONDUCTOR; (eléc) conductor de servicio
   CONNECTION; conexión domiciliaria, arranque domiciliario, derivación particular; (agua) acometida, toma particular, (A) enlace, (Col) pluma, (V) empotramiento; (al) acometida, atarjea domética; (eléc) derivación de servicio, enlace domiciliario
   DEAD LOAD; carga muerta de servicio
   DROP; (eléc) el conductor del poste hasta la casa, colgante de servicio
   ELBOW; codo de toma particular, codo de servicio
   ENTRANCE CONDUCTOR; conductor de entrada de servicio
   EQUIPMENT; (elec)depositivos de servicio
   HEAD; (eléc) terminal de derivación
   HOIST; (auto) gato de garage
   LIFE; duración de servicio
   LIVE LOAD; carga viva de servicio
   METER; contador de servicio, medidor de abonado, contador de consumo
   PANEL; (eléc) caja de servicio
   PIPE; tubería de toma particular
   RACEWAY; (eléc) cablevía de servicio
   ROAD; camino para tráfico local o de acceso limitado
   SADDLE; silla de derivación
   STATION; estación de servicio
   STOP; llave de cierre en la derivación particular
   SWITCH; interruptor de derivación particular
   SYSTEMS; sistemas de servicio
   TEST; prueba de servicio
SERVICED LOT; lote estudiado
SERVING; (cab) aforro
   MALLET; maceta de aforrar
SERVO BRAKE; servofreno
SERVOCIRCUIT; servocircuito
SERVOCONTROL; servocontrol
SERVOMOTOR; servomotor
SERVOPISTON; servoémbolo
SERVOVALVE; servoválvula
SESQUIOXIDE; sesquióxido
SESQUISILICATE; sesquisilicato
SET; *(s)*(planos) juego; (cem) fraguado; (est)(mec) flecha, deformación permanente; (herr) triscador; (sierra) triscado; cortador de bisel único; (min) marco; *(v)*(cem) fraguar; (sierra) triscar, trabar; (moldes) colocar, erigir; (mam) asentar, colocar; (maq) montar; (freno) apretar; apretar; (inst) poner, ajustar
   ACCELERATOR; (conc) acelerador de fraguado
   CHISEL; cortafrío de herrero
   GAGE; calibre de triscado
   HAMMER; martillo-estampa
   NUT; tuerca fiadora, contratuerca, tuerca de sujeción

OF DRAWINGS; juego de planos
SHAFT; eje de ajuste
SHOE; (pozo) zapata
UP; *(v)*(cem) fraguar, (mec) armar, montar;
(lev) colocar, sentar; (empresa) fundar,
establecer, instituir SET-IN; (lad) retallo, rebajo
SETBACK; (ed) retallo; (lev) retroceso
LINE; (ca) línea para estructuras fuera de la
explanación
SETOFF; retallo
SETSCREW; tornillo opresor, tornillo de ajuste, tor
nillo de presión, tornillo prisionero
SETT; adoquín de piedra
SETTING; (cem) fraguado, fragüe; (cal)
montadura; (moldes) erección; (mam) asentado,
colocación
BED; (baldosa) capa de mortero
BLOCK; (serrucho) bloque para triscar
COAT; (yeso) capa final
OUT; (lev) colocación de marcadores
STAKE; triscador para sierra circular
TEMPERATURE; temperatura de solidificación
SETTING-UP; erección; establecimiento;
fundación
SETTLE; (hid) sedimentarse, reposarse, posarse,
asentarse, (V) aposarse; (cimiento) hacer
asiento, asentarse; (com) ajustar, arreglar; (fin)
saldar, liquidar
SETTLEABLE; (hid) asentable, sedimentable
SETTLEMENT; sedimentación, decantación; asiento,
asentamiento; arreglo; saldo, liquidación
SHRINKAGE; contracción de asentamiento
SETTLING; sedimentación, decantación
BASIN; cámara de sedimentación, estanque
decantador, depósito de sedimentación
POND; laguna de sedimentación
SOLIDS; sólidos sedimentales
TANK; tanque asentador, tanque decantador
VELOCITY; velocidad de sedimentación
SETUP; instalación, montaje; (lev) colocación;
(perforadora) colocación
SETWORKS; colocador, mecanismo de ajuste
SEWAGE; aguas cloacales, aguas negras, aguas
residuarias, aguas servidas, aguas inmundas,
despojos de albañal
DISPOSAL; disposición del agua de cloacas
DISTRIBUTOR; esparcidor de aguas negras
EJECTOR; eyector de aguas negras
FARM; área para la disposición de aguas negras
por irrigación de legumbres
GAS; gas generado en la disposición de aguas
negras
GATE; compuerta para aguas cloacales
METER; contador de aguas negras
PUMP; bomba para aguas de albañal, bomba
cloacal
SLUDGE; lodos de aguas de cloaca

SEWAGE-DISPOSAL PLANT; estación depuradora
de aguas cloacales
SEWAGE-TREATMENT PLANT; instalación de
tratamiento de aguas cloacales
SEWER; cloaca, albañal, albollón, alcantarilla,
conducto de desagüe, (M) desaguadero; *(v)*
alcantarillar, (Ch) sanear
CLEANER; albañalero
GAS; gal cloacal
INLET; tragante de cloaca, boca de admisión,
imbornal
MANHOLE; pozo de acceso, registro de
inspección
PIPE; tubo de albañal, tubo de arcilla vitrificada,
tubo de barro, caño de cloaca; (Col) tubo
de gres, (U) caño de barro gres
REGULATOR; regulador del gasto cloacal
RODS; varillas de madera para limpiar cloacas
SYSTEM; sistema de alcantarillado, red de
saneamiento, red cloacal
SEWERAGE; alcantarillado, desagüe cloacal,
saneamiento
SEWER-CLEANING MACHINE; limpiadora de
cloacas
SEWER-PIPE LOCATOR; buscacloaca
SEXAGESIMAL SYSTEM; sistema sexagesimal
SEXTANT; sextante
SHACKLE; *(s)* grillete, argolla; *(v)* engrilletar,
agrilletar
BAR; alzaprima con grillete para arrancar
clavos
BLOCK; motón con grillete
BOLT; pasador de grillete, perno de grillete
SHADE; (dib) gruaduación de color, (eléc) pantalla,
reflector
SHADED POLE MOTOR; tipo de motor
monofásico de inducción
SHADING; (dib) sombreado; rasgueo
COIL; (eléc) bobina auxiliar de arranque
SHAFT; (maq) eje, árbol; (ascensor) caja, pozo;
(min)(tún) pozo, (M) tiro, (Ch) pique, (M)
lumbrera; (cajón) chimenea; (carretón) limonera,
limón; (columna) fuste, cuerpo, caña
BUCKET; balde de pozo
CAGE; jaula de pozo, camarín para pozo
CARRIAGE; carretón de pozo
COLLAR; cuello de eje, collarín de eje
DRIVE; (auto) transmisión a cardán
FURNACE; horno de cuba, horno de cubilote
GOVERNOR; regulador axial
HANGER; consola colgante, apoyo colgante,
silla colgante, soporte colgante
RESISTANCE; resistencia de suelo en pozo
SEAL; sello del eje
SINKER; perforadora para barrenos
profundos
SINKING; profundización del pozo

SPILLWAY; pozo verterdero, vertedero de
pozo, (A) embudo sumidero
SHAFTING; sistema de ejes
LATHE; torno para ejes
SHAKE; *(s)*(mad) rodadura, venteada, venteadura,
arrolladura, acebolladura; *(v)* sacudir
SHAKER; sacudidora
SHAKING; sacudimiento, vibración
CONVEYOR; transportador sacudidor
GRATE; parrilla sacudidora, emparrillado
oscilante
SCREEN; criba vibradora, criba de vaivén, reja
sacudidora, zaranda vibratoria
TABLE; mesa sacudidora
SHALE; esquisto, arcilla esquistosa, pizarra, (V)
lajilla, (V) lutita
OIL; petróleo de esquisto, aceite de esquisto
PIT; foso de esquisto
SAW; sierra mecánica para esquisto
SHAKER; (pet) criba del lodo, separadora
de lutita
SPADE; cavadora neumática para esquisto
SHALLOW; poco profundo, bajo, vadoso
FOUNDATION; cimentación poco profunda
MANHOLE; pozo de acceso poco profundo
WELL; pozo poco profundo
SHALLOW-DRAFT; de poco calado
SHALY; pizarroso, esquistoso, pizarreño
SHANK; *(s)*(barrena) espiga, mango, rabo, (Ch)
culatín; (remache) caña, fuste, cuerpo, vástago,
husillo, (V) pata; (llave) caña, cañón; (sierra)
media luna; (ancla) asta, caña; *(v)*(barrena)
espigar
GAGE; (barrena) calibrador de espigas
PROTECTOR; protector de espigas
PUNCH; punzón para espigas
SHANTY; (cons) galpón, cobertizo, tinglado, chozo
SHAPE; *(s)*(est) perfil, perfilado, (U) forma; *(v)*
conformar, formar, modelar; limar
FACTOR; relación del momento plástico al
momento cedente
SHAPER; (mh) limadora; cepillo limador; perfilador;
(ca) conformadora, abovedadora; (em) trompo,
tupí, fresadora
SHARP; (herr) afilada, aguzada, cortante;
puntiaguda; (ángulo) agudo; (arena) angulosa,
angular; (curva) cerrada, fuerte, estrecha,
forzada, brusca, aguda, (pendiente) fuerte,
parada
SHARP-CRESTED WEIR; vertedero de pared
delgada, vertedero de umbral agudo
SHARP-EDGED ORIFICE; orificio de aristas
vivas
SHARPEN; afilar, amolar, aguzar, (A) agudizar
SHARPENER; afilador, aguzador, afiladera
SHARPENING; afiladura, aguce
STONE; piedra de afilar, afilón

SHARPNESS; (herr) agudeza; (curva) estrechez;
(ángulo) agudeza; (pendiente) grado
SHARP-POINTED; puntiagudo, alesnado
SHATTER; destrozar, quebrar, fragmentar, fracturar;
quebrarse; (pilote) astillar
SHATTERED ROCK; roca fracturada, roca
resquebrajada, roca destrozada
SHATTERPROOF; a prueba de destrozamiento, a
prueba de fractura
GLASS; vidrio laminado de seguridad, cristal i
nastillable
SHAVE HOOK; rasqueta
SHAVINGS; virutas, alisaduras, acepilladuras
SHEAR; *(s)* corte, cizallamiento, esfuerzo cortante;
(mh) tijera mecánica, cizalla, (A) guillotina; *(v)*
cizallar, recortar
CONNECTOR; varilla o perno conector
FORCE DIAGRAM; (est) diagrama de
esfuerzo cortante
FRICTION; fricción cortante
GATE; compuerta de cizalla
LEGS; machina, tijeras, cabria de tres patas,
grúa de tijera, trípode de alzar
MODULUS; relación de esfuerzo cortante a
deformación de corte
PATTERN; (ms) diagrama de corte, contorno
de deslizamiento
REINFORCEMENT; reforzamiento contra
cizallamiento
TEST; (ms) prueba de resistencia contra
cizallamiento
WAVE; (vibración) onda transversal o
de corte
ZONE; (geol) zona de fallas menudas
SHEARED PLATE; plancha recortada, plancha
cizallada
SHEARING; cizallamiento, cortadura
STRAIN; deformación de corte
STRENGTH; resistencia al corte o al cizalleo
STRESS; esfuerzo cortante, esfuerzo de corte,
cizallamiento, cizalleo, cortadura, (A) tensión
de corte
SHEARS; (herr) tijeras; (ec) machina
SHEATH; *(s)* estuche; forro, revestimiento; *(v)*
entablar, entarimar, encofrar; (cab) forrar,
acorazar
SHEATHING; (carp) entablado, tablazón,
entarimado; (cab) forro, revestimiento
BOARD; cartón de yeso para revestimiento
de casas
PAPER; papel de revestimiento
SHEAVE; garrucha, polea acanalada, polea de garganta
BLOCK; motón
BRACKET; ménsula de garrucha
FACTOR; relación del diámetro de la garrucha
al diámetro del cable
FRICTION; fricción de garrucha

PIN; eje, macho, husillo, pasador

SHED; tinglado, cobertizo, galpón, barraca, colgadizo, sotechado, chozo

SHEEPNOSE; *(a)*(mec) de mediacaña

SHEEPSFOOT ROLLER; aplanadora de pie de cabra, rodillo de pata de cabra, apisonadora de patitas de carnero, (Ec) rodillo pata de oveja

SHEEPSHANK; (nudo) margarita

SHEER; (náut) arrufadura, arrufo

SHEET; *(s)*(acero) chapa, plancha, lámina; (geol) capa; (dib) hoja; *(v)*(exc) tablestacar, forrar

  ASPHALT; plancha de asfalto

  BARS; barras para laminación de planchas

  BEND; vuelta de escota

  BRASS; hoja de latón, chapa de latón, (C) chapa metálica

  COPPER; cobre en hojas, cobre en planchas

  DRAINAGE; drenaje de hoja

  EROSION; erosión de tierra por agua

  GAGE; calibre para chapas

  GLASS; vidrio laminado, vidrio común

  ICE; hielo congelado en el sitio

  LEAD; plomo en planchas, plomo en hojas

  METAL; palastro, chapa metálica, chapa de palastro, chapa, hoja metálica

  PACKING; empaquetadura laminar

  PAVEMENT; pavimento de asfalto

  PILE; *(s)* tablestaca

  PILING; tablestacado, forros de zanja; pilotes de palastro

  RUBBER; hoja de caucho, lámina de goma

  STEEL; palastro de acero, planchas de acero

SHEETED PIT; foso excavado

SHEETING; forros de zanja, estacadas, encofrado, laminado, revestimiento de la zanja

  DRIVER; martillo hincador de tablestacas, clavaestacas

  JACK; gato hincador

SHEET-IRON FOLDER; máquina plegadora de palastro

SHEET-METAL; chapa metálica

  BRAKE; máquina plegadora de chapa metálica

  ROOFING; techado de chapa metálica

  SHOP; hojalatería, (A) cinguería

  WORK; chapería, chapistería, hojalatería, (A) cinguería

  WORKER; chapista, chapistero, hojalatero, (A) cinguero, (V) latonero

SHEET-PILE; *(v)* tablestacar

SHEETROCK; (trademark) tipo de cartón de yeso

SHELF; anaquel; (geol) escalón de roca

  ANGLE; (est) ángulo de asiento

  LIFE; vida de desuso

  RETAINING WALL; muro de retención con plataforma

SHELL; (conc) losa delgada reforzada; (mec) casco, cáscara; (tub) casco, pared; (cal) cuerpo, casco, cilindro; (motón) cuerpo, cepo; concha

  AND TUBE; acorazado o del casco

  BIT; mecha de mediacaña, cuchara taladradora

  CONSTRUCTION; construcción usando losas delgadas curvadas

  LIMESTONE; piedra caliza de conchas

  REAMER; escariador hueco

  ROAD; camino afirmado con conchas

  SAND; arena de conchas

SHELLAC; *(s)* laca, goma laca, barniz de laca; *(v)* lacar, (M) enlacar

  BOND; adhesión de laca

SHELL-TYPE TRANSFORMER; transformador acorazado

SHERARDIZE; esherardizar

SHIELD; *(s)* escudo, broquel defensa; (eléc) pantalla; (tún) escudo

SHIELDED; protegido, encerrado

  ARC; (sol) arco cubierto, arco protegido

  CABLE; (eléc) cable protegido

  CONDUCTOR; (eléc) cable conductor encerrado

SHIELDING CONCRETE; concreto protector contra radiación

SHIFT; *(s)*(horas) turno, jornada, período de trabajo; (hombres) tanda, equipo, relevo, revezo, (Ch) faena; (geol) desplazamiento; *(v)*(auto) cambiar engranajes, cambiar velocidades; (eléc) decalar (escobillas)

  BOSS; jefe de turno, capataz de turno

  RAIL; riel guiador de cambiacorrea

SHIFTER; cambiador; decalcador

  FORK; cambiacorrea; (auto) horquilla de cambio

  SHAFT; (auto) eje de cambio

  YOKE; (auto) horquilla de cambios

SHIFTING SAND; arena acarreadiza

SHIM; *(s)* plancha de relleno, planchita, calza, calzo, zoquete, calce, laminita; *(v)* calzar

  STOCK; material para laminitas

SHIMMY; *(s)*(auto) bamboleo, abaniqueo de las llantas delanteras; *(v)*(auto) bambolear

SHINGLE; *(s)*(techo) tejamaní, ripia, teja de madera; (río) grava, ripio; *(v)*(techo) ripiar; (met) cinglar

  BOLT; bloque de madera para aserrar en ripias

  CHISEL; sacarripias

  MACHINE; máquina para hacer tejamaníes

  NAIL; clavo de ripias, abismal, puntilla

  SIDING; tejamaní de forro

SHINGLER; (techo) ripiador, tejador de ripias; (met) cinglador, batidor

SHINGLING HATCHET; hachuela para tejamaníes, hachuela ancha

SHIP; *(s)* barco, buque, embarcación, navío; vapor; *(v)* mandar, enviar, embarcar, despachar, expedir

AUGER; barrenador, barrena, taladra
CANAL; canal navegable para buques de alta mar
CARPENTER; carpintero de ribera, carpintero de buque
CHANDLER; proveedor de buques, cabullero, cabuyero
RAILWAY; vía de carena
REPAIR; carena de naves
SURVEYOR; arqueador
SHIPBUILDER; constructor de buques, constructor naval
SHIPBUILDING; construcción naval
CHANNEL; perfil U para construcciones navales
CRANE; grúa de grada
SHIPLAP; traslapos
SHIPLOAD; carga de buque completo
SHIPMENT; cargamento, partida, consignación; despacho, embarque, envío, remesa, expedición
SHIPPER; embarcador, cargador
SHAFT; eje en el aguilón con que se maniobra el brazo del cucharón
SHIPPING; despacho, envío, embarque; barcos
DOCUMENTS; documentos de embarque
LIST; lista de embarque
TON; 40 pies cúbicos
WEIGHT; peso de embarque
SHIP'S SIDE; al costado del buque
SHIPWAY; grada de astillero, varadero
SHIPWRIGHT; carpintero de ribera, carpintero de buque
SHIPYARD; astillero, arsenal, varadero, carenero
SLAB; banco cuadriculado de trabajo
SHIVER; esquisto, pizarra
SPAR; especie de calcita
SHIVERING; astillado
SHOAL; (s) bajo, bajío, rompiente, vado, alfaque, encalladero; (v) disminuír en profundidad; (a) bajo, vadoso
SHOCK; (s)(mec) golpe, choque, impacto; (eléc) golpe, choque; (terremoto) sacudida
ABSORBER; amortiguador de choque
HAZARD; (eléc) peligro de choque
LOAD; esfuerzo de golpe
LOSS; (hid) pérdida por choque
WAVE; presión avanzada de la onda
TEST; ensayo de golpe
SHOCK-ABSORBING BUMPER; tope amortiguador
SHOCKPROOF; (eléc) a prueba de golpes
SHOE; (est) zapato, zapata, herradura, calzo; (est) pedestal; (freno) zapata, calzo; (pilote) azuche; (oruga) zapata; (auto) cubierta, llanta; (fc eléc) patín; zapata; (bocarte) caja
PLATE; (est) placa reforzada agregada a la brida
SHOOFLY TRACK; (fc) vía provisional
S HOOK; gancho en S, gancho forma S

SHOOKS; tablillas para hacer cajas
SHOOT; (s)(min) columna rica de mineral, (M) chimenea; (v)(vol) volar, hacer saltar, tonar, disparar
SHOOT-IN; (lev) usar línea de mira paralela a la rasante y lectura constante del jalón
SHOOTING; (conc) colocación de torcreto
FLOW; (geol) caudal supercrítico
SHOP; taller, fábrica, obrador, (Ch) maestranza
CARPENTER; carpintero de banco, carpintero de taller
CARPENTRY; carpintería de taller, carpintería de blanco, (A) carpintería a vapor
DRAWING; dibujo de construcción en fábrica, dibujo de taller
FOREMAN; jefe de taller, capataz de taller
LUMBER; madera por elaborar
NUMBER; número de serie, número de fábrica
RIVET; remache de taller, roblón de taller
TEST; ensayo de fábrica; ensayo de taller
WELD; soldadura de taller
SHOPWORK; trabajo de taller
SHOPWORKER; tallerista
SHORE; (s)(mar) costa, ribera, playa; (cons) puntal, codal, zanca, apoyadero, entibo; (min) adema, ademe, (M) esteo; (v) entibar, jabalconar, apuntalar, acodar, acodalar, apear, ademar, (ds) escorar
PROTECTION; defensa de orillas
SHORING; apuntalamiento, entibamiento, entibación, acodamiento, apeo, ademado
JACK; gato acodador, gato ademador
LAYOUT; dibujo del arreglo de equipo de acodamiento
SHORT; corto; (met) quebradizo; (peso) falto, deficiente; (embarque) falto
CHORD; (surv) subcuerda
CIRCUIT; (s) corto circuito
ELBOW; (tub) codo cerrado
FINISH; (vidrio) pulido defectuoso
NIPPLE; enterrosca corta, niple corto, (A) rosca doble
SHUNT; corta derivación
SPLICE; ayuste corto, empalme corto
SWEEP; (tub) curva cerrada
TON; tonelada neta, tonelada corta
TURN; vuelta cerrada
SHORT-CIRCUIT; (v) poner en corto circuito
SHORTEN; acortar
SHORT-PITCH CHAIN; cadena de paso corto
SHORT-PITCH WINDING; devanado de cuerdas
SHORT-TIME DUTY; (eléc) servicio de corta duración
SHOT; (sonda) municiones; (vol) tiro, voladura
DRILL; sonda de municiones, sonda de perdigones, perforadora a munición, taladro a municiones

SHOTCRETE; torcreto, torcretado
SHOULDER; (mec)(carp) resalto, espaldón; (ca)
    banqueta, espaldón, berma lateral, (V) hombrillo,
    (C) paseo, (M) acotamiento, banquina
    TIES; (fc) las dos traviesas de una junta
    suspendida
SHOVEL; *(s)* pala, (Pe)(B) lampa; pala mecánica,
    (A) excavadora, (A) apaleadora; *(v)* traspalar,
    palear
    BOOM; aguilón de pala
    CUT; corte por pala mecánica
    DIPPER; cucharón de pala
    DOZER; cubeta de pala
    RUNNER; maquinista de pala
SHOVELER; paleador, palero
SHOVELFUL; palada
SHOVELING; traspaleo, paleadura, paleo
SHOVING; (ca) desplazamiento
SHOWER; aguacero
    BATH; baño de ducha, baño de regadera
    CONDENSER; condensador de rocío
    DRAIN; (pl) desagüe para ducha
    HEAD; boquilla de ducha, regadera, (A) flor
    de lluvia
    RECEPTOR; receptor de ducha
SHRED; *(v)* picar, trizar, desmenuzar, triturar
SHREDDER; (dac) triturador, desmenuzador,
    trizador
SHRINK; contraerse, acortarse
    FIT; ajuste por contracción, ajuste empotrado en
    caliente
    ON; montar en caliente, zunchar en caliente
SHRINKAGE; contracción, merma
    CRACK; grieta de contracción
    LIMIT; (ms) límite de contracción
    LOSS; (conc) reducción de esfuerzo en acero
    RATIO; (ms) razón de contracción, relación de
    contracción
    REINFORCEMENT; (conc) reforzamiento
    contra contracción
    STRESS; (conc) esfuerzo de contracción
    TEST; (ms) a prueba de contracción
SHRINKAGE-COMPENSATION; (lechado)
    compensación de contracción
SHROUD; (maq) aro de refuerzo; gualdera
SHROUDED PINION; piñón con bridas, piñón con
    gualderas
SHUNT; *(s)*(eléc) derivación; *(v)*(eléc) poner en
    derivación; (fc) apartar, desviar
    CIRCUIT; circuito de derivación
    DYNAMO; dínamo con excitación en derivación
    EXCITATION; excitación en derivación
SHUNTING ENGINE; locomotora de maniobras
SHUNT-WOUND; de arrollamiento en derivación,
    devanado en derivación
SHUTDOWN; *(v)* parar, paralizar, cerrar; *(s)* paro,
    paralización

SHUTOFF; (vapor, etc) cortar, cierre
    COCK; llave de cierre, llave de paso
    GATE; compuerta de paso
    NOZZLE; boquilla de cierre
    VALVE; válvula de cierre, (Pe) válvula de
    interrupción
SHUTTER; (ventana) contraventana, sobrevidriera,
    persiana; (presa) tablero, alza
    BAR; aldaba de contraventana
    DAM; presa de hojas engoznadas al pie, presa
    de abatimiento
    FASTENER; fiador de contraventana
    GATE; (hid) portillo
    SCREEN; (pozo) criba de persiana
    WEIR; vertedero de alzas; alza de tablero
    basculante, compuerta de tablero engoznado
SHUTTING STILE; (puerta) larguero de la
    cerradura
SHUTTLE; *(v)* ir y venir; transportar rápidamente
    ARMATURE; inducido Siemens
    CONVEYOR; transportador corto reversible
    TRAIN; tren que hace viajes cortos de ida y
    vuelta
SIAMESE CONNECTION; unión gemela
SICCATION; secamiento
SICCATIVE; secante
SIDE; *(s)* lado, costado, flanco; (plancha) cara; (río)
    margen; (cerro) ladera, flanco; *(a)* lateral,
    de lado
    ADJUSTMENT; (surv) corrección de los lados
    BATTER; talud izquierda o derecha lateral
    CHANNEL; vertedero lateral
    CHISEL; cortafrío de bisel único; formón de
    bisel, formón de filo oblicuo
    CLEARANCE; (maq) juego lateral; (fc)
    espacio libre lateral, franqueo lateral
    CONSTRUCTION; construcción
    cara a cara
    CUTTER; fresa de disco
    DUMP; descarga lateral, vaciado al lado,
    volquete lateral
    ELEVATION; elevación lateral, alzado lateral
    FILE; lima de canto liso; (sierra) lima lateral
    FILLISTER; guillame de costado
    FRAME; (riel) estructura apoyadora lateral
    HAMMER; martillo de picapedrero de filo al
    lado
    KEELSON; sobrequilla lateral
    LAP; solapadura o superposición lateral,
    recubrimiento transversal
    LOADER; cargador lateral
    OUTLET; abertura al lado
    PLANE; cepillo de costado
    PLANER; cepilladora de un lado abierto
    RAIL; (auto) larguero del bastidor
    ROD; (loco) biela paralela, biela de
    acoplamiento

SHOT; (surv) visual desviada o auxiliar
SLOPE; talud lateral
VIEW; vista lateral, vista de costado, vista del lado
WALL; pared lateral
SIDEBOARDS; (vagón) adrales, barandillas, (Ch) barrales
SIDECAR; cochecito lateral
SIDE-CAST; (v)(ot) arrojar al lado, tirar lateralmente
SIDE-CHANNEL SPILLWAY; canal vertedor, vertedero lateral
SIDE-CUTTING PLIERS; tenazas de corte lateral, pinzas de corte al costado, alicates de corte lateral
SIDE-ENTRANCE MANHOLE; pozo de acceso con entrada lateral
SIDE-FLOW WEIR; (ac) desviador del agua de tormenta, vertedero de alivio
SIDEHILL EXCAVATION; excavación a media ladera, faldeo, excavación a media falda, (M) excavación en balcón, (Es) excavación en vertiente
SIDERITE; (mineral de hierro) siderita, siderosa
SIDE-INLET T; T con toma auxiliar lateral
SIDE-INLET Y; Y con toma auxiliar lateral
SIDE-LAP CHAIN; cadena de eslabones soldados por el lado
SIDE-OUTLET ELBOW; (tub) codo con salida lateral, codo con derivación
SIDE-OUTLET T; T con salida lateral
SIDERURGY; siderurgia
SIDESWAY; (est) ladeo
SIDETRACK; (s) apartadero, desvío, vía apartadera, vía lateral, vía derivada; (v) desviar, apartar
SIDEWALK; acera, vereda, (M) banqueta, (Col) andén, alar
BRIDGE; cubierta de acera (estructura protectora durante construcciones o demoliciones)
ELEVATOR; montacarga de acera
SIDING; (fc) desvío, desviadero, apartadero, (M) espuela, (C) chucho; (mad) tablas de forro, tablas de chilla, traslapos, tingladillos, costaneras; (met) chapas para paredes
SIEVE; (s) cedazo, zaranda, tamiz, cernedor; (v) cerner, cribar, zarandar
ANALYSIS; análisis de tamices o de cedazo
FRACTION; porción de cedazo
SHAKER; sacudidor para cedazos, vibradora de tamices
TEST; prueba de porcentaje de asfalto
SIFT; tamizar, zarandar, cerner, (Col)(Ch) harnear; colarse
SIFTER; cernidor, tamizador, cribador
SIFTING; zarandeo, cernido, tamizado
SIGHT; (s)(inst) pínula; (lev) visual, mira; (v) alinear con visual, (A) visar

DISTANCE; (ca) alcance de la vista, distancia de visibilidad
FEED; alimentación visible
GLASS; vidrio de nivel, tubo indicador
ROD; (surv) jalón, vara de agrimensor
SIGHT-FEED LUBRICATOR; aceitador cuentagotas, lubricador de alimentación visible, engrasador de gotas visibles
SIGHT-FEED OIL CUP; aceitera con gota visible
SIGN; (s) señal, letrero; (mat) signo
SIGNAL; (s) señal; (v) señalar
BRIDGE; (fc) puente para señales
CODE; código de señales
CORD; cuerda de señal
DEVICE; (elev) aparato indicador
FLAG; banderín, bandera de señales
LAMP; farol de señal, lámpara de señal
LIGHT; linterna avisadora
TOWER; (fc) torre de señales
SIGNALMAN; señalador, (Ch) señalero
SIGNIFICANT LOSS; pérdida significante
SILENCER; silenciador, amortiguador de ruido
SILENT CHAIN; cadena silenciosa, cadena sorda
SILICA; sílice
BRICK; ladrillo de sílice
CEMENT; cemento de sílice
FLOUR; sílice fina
GEL; sílice gelatinosa
SAND; arena de sílice, arena silícea
SILICA-SESQUIOXIDE RATIO; (ms) relación sílice-sesquióxido
SILICATE; silicato
BOND; adhesión de silicato
COTTON; lana mineral
OF SODA; silicato de sosa
SILICATED ROAD SURFACING; afirmado silicatado
SILICEOUS; silíceo, (M) silicoso
AGGREGATE CONCRETE; concreto de agregado silíceo
SILICIC; silícico
SILICOMANGANESE; aleación de silicio y manganeso con un poco de hierro
SILICON; silicio
BRASS; latón silícico
BRONZE; bronce silíceo, bronce silicado
CARBIDE; carburo de silicio, carborundo
COPPER; aleación de silicio y cobre
DIOXIDE; dióxido de silicio, sílice
STEEL; acero al silicio
SILICONATE; siliconato
SILICONE; (inl) silicón
SILICOSIS; silicosis
SILL; (puerta) umbral; (hid) busco, reborde, umbral, (U) zócalo; (ventana) antepecho, solera; (grúa) larguero, durmiente; (cons) durmiente, solera inferior; (esclusa) busco; (min) fondo del filón; (geol) capa intrusiva

ANCHOR; anclaje en concreto
COCK; grifo de manguera
COURSE; (ed) cordón al nivel del umbral de
ventana
PLATE; miembro estructural de anclaje
SILO; silo
BLOCK; bloque de segmento para silos
LOADOUT; sistema de peso de material
SILT; sedimentos, depósito fluvial, acarreo fluvial,
azolve; limo, fango, légamo, barro, suelo de
granos .05 milímetros y menos
BASIN; (ac) desarenador, sumidero,
decantador, cámara de sedimentación
DEPOSITION; (hid) depósito de acarreos
LOAD; arrastres, (A) derrame sólido, (M)
acarreos de azolve
REMOVAL; desembanque, desenlodamiento,
(M) desazolvamiento
RUNOFF; (hid) escurrimiento sólido, acarreos
del escurrimiento
SLUICE; (dique) conducto de desembanque,
descargador de fondo
TRANSPORTATION; acarreo de sedimentos
UP; sedimentar, embancarse, aterrarse,
atarquinarse, enlegamarse, azolvarse,
enfangarse, (A) colmatarse
SILTING UP; sedimentación, enlodamiento,
embanque, atarquinamiento, embancamiento,
azolvamiento, (A) colmataje
SILTY; limoso, fangoso, barroso
SILVER; plata
FOIL; hoja de plata
FULMINATE; fulminato de plata, plata
fulminante
GLANCE; argentita
ORE; mineral de plata
SOLDER; soldadura de plata
SILVER-ALLOY BRAZING; soldadura con
aleación de plata
SILVICULTURAL SYSTEM; sistema silvicultural
SILVICULTURE; silvicultura
SIMONIZE; simonizar
SIMPLE; simple, sencillo
BEAM; viga simplemente apoyada
CURVE; curva de radio constante
ENGINE; máquina de simple expansión
EQUATION; ecuación del primer grado
FRACTION; quebrado común, fracción común
FRAMEWORK; armadura perfecta
ORE; mineral de un solo metal
SPAN; superestructura dentro de estribos
SIMPLEX; simple
PILE; pilote simple, (tipo de pilote de
concreto que se vacía)
en el lugar mientras se saca el molde
SIMPLY SUPPORTED BEAM; viga simplemente
apoyada, viga sostenida

SINE; seno
CURVE; curva sinoidal
GALVANOMETER; brújula de senos
WAVE; onda senoidal
SINGLE; simple, sencillo; único
CORNER BLOCK; motón sencillo
FOOTING; cimentación de una sola columna
JACK; (min) porrilla
LATTICING; (est) enrejado sencillo
LAYER; capa sencilla
PURCHASE; engranaje simple; aparejo simple
RIVETING; remachadura sencilla, roblonado
simple
SHEAR; esfuerzo cortante sencillo, esfuerzo
cortante simple, cortadura simple
SHIFT; jornada simple, turno único, una sola
jornada
SPAN; (est) miembro estructural sin apoyo
SURFACE TREATMENT; (ca) tratamiento
sencillo de caminos
TRACK; vía única, vía simple, vía sencilla
WHIP; aparejo de un solo motón, aparejo de
lantia
WINDING; (eléc) devanado simple
SINGLE-ACTING; de simple efecto, de acción
simple, de efecto único
SINGLE-ARCH DAM; presa de bóveda sencilla,
presa en arco, (M) cortina de un solo arco
SINGLE-AXLE WEIGHT; (auto) peso sencillo en
camino
SINGLE-BITTED AX; hacha de un solo filo
SINGLE-BLADE GATE; (elev) compuerta
vertical de un solo panel
SINGLE-BREAK SWITCH; (eléc) interruptor de
ruptura única
SINGLE-CABLE CONTROL; mando por un cable
SINGLE-COATING TECHNIQUE; revestimiento
de una sola capa
SINGLE-CONDUCTOR CABLE; cable de un solo
cilindro
SINGLE-CUT FILE; lima de picadura sencilla, lima
de talla simple, lima musa
SINGLE-CYCLE; monocíclico
SINGLE-CYLINDER; monocilíndrico
SINGLE-DISK; monodisco
SINGLE-DRUM; de tambor sencillo, de torno único
SINGLE-EXPANSION; de expansión simple
SINGLE-FUNCTION MACHINE; máquina de una
sola función
SINGLE-LANE ROAD; camino de una sola vía
SINGLE-LINE BUCKET; cucharón de un solo
cable
SINGLE-LOCK WELT; costura de techo simple
SINGLE-LOOP WELDLESS CHAIN; cadena de
eslabones de vuelta simple
SINGLE-PASS SOIL STABILIZER; (ca)
estabilizador de suelos de paso único

SINGLE-PHASE; monofásico

SINGLE-PIECE CONVEYOR; transportador de un solo pedazo

SINGLE-PITCH ROOF; techo de agua simple, techo a simple vertiente

SINGLE-PLATE CLUTCH; embrague de platillo único

SINGLE-PLY ROOFING; techado de una sola capa

SINGLE-POLE; unipolar, monopolar

SINGLE-PURPOSE DAM; presa de aprovechamiento simple, presa de uso único

SINGLE-RAIL LADDER; escalera de un solo riel

SINGLE-SHAFT TURBINE ENGINE; máquina de turbina de un solo eje

SINGLE-SHEAVE BLOCK; monopasto, motón sencillo

SINGLE-SPEED; de velocidad única

SINGLE-SPINDLE SHAPER; limadora de un solo huso

SINGLE-STAGE; de un grado, de etapa única, de un escalón
    COMPRESSOR; compresor de un grado
    CURING; curación de etapa única

SINGLE-SUCTION; de aspiración simple

SINGLE-SWEEP T; (tub) T de curva simple, tubo en T con codo

SINGLE-THICK WINDOW GLASS; vidrio común sencillo, vidrio simple

SINGLE-THROW CRANKSHAFT; cigüeñal de un codo

SINGLE-THROW LOCK; cerradura de una vuelta

SINGLE-THROW SWITCH; interruptor de vía única

SINGLETREE; barra articulada de tiro, balancín

SINGLE-WALL COFFERDAM; ataguía de tablestacado simple

SINGLE-WELDED; de soldadura simple

SINGLE-WHIP TACKLE; tecle

SINGLE-WIRE; monofilar

SINK; (s) sumidero, sentina; (geol) depresión; (pl) fregadero, pileta; (v)(cimiento) hundirse, asentarse; (pozo) profundizar, ahondar, cavar, (M) colar; (cajón) bajar, hundir, calar; (buque) hundir, echar a pique; hundirse, anegarse

SINKAGE; hundimiento

SINKER DRILL; martillo perforador para barrenos profundos

SINKHOLE; sumidero

SINKING; hundimiento, profundización, sumergimiento
    FUND; fondo de amortización
    PUMP; bomba colgante, bomba suspendida

SINTER; (s) concreción; (v) concrecionar, (V) sinterizar

SINTERED; concrecionado

SINTERING GRATE; parrilla de concreción

SINUOUS FLOW; (hid) flujo turbulento

SINUSOID; sinusoide

SIPHON; (s) sifón; (v) sifonar
    BREAKER; destructor de acción de sifón
    CAN; bote-sifón
    PRIMER; cebador de sifón
    SPILLWAY; sifón vertedero, vertedor-sifón, sifón aliviadero
    TANK; tanque sifónico

SIPHONING; sifonaje

SIPHON-JET WATER CLOSET; inodoro sifónico a chorro

SIREN; sirena

SISAL; henequén, sisal
    ROPE; cable de henequén, soga de sisal, cabuya

SISTER BLOCK; motón de dos garruchas una sobe la otra

SISTER HOOKS; ganchos gemelos

SISTER-TYPE HOOK; (gr) gancho de dos cuernos

SITE; ubicación, sitio, situación
    ANGLE; (surv) ángulo vertical
    ASSEMBLY; ensamblaje en sitio
    CLEARING; despejo de sitio
    DEVELOPMENT; desarollo de sitio
    DRAINAGE; drenaje de sitio
    INSPECTION; inspección de sitio
    INVESTIGATION; estudio de sitio
    UTILIZATION; utilización de sitio

SIX-CYLINDER; de seis cilindros

SIX-INCH PIPE; tubería de 6 pulgadas

SIXPENNY NAIL; clavo de 2 pulgadas

SIX-PHASE; hexafásico

SIX-PLY; de seis capas

SIXTEENTH BEND; (tub) codo de 22-1/2°

SIXTH BEND; (tub) codo de 60°

SIXTY-FOURTH BEND; (tub) codo de 5-5/8°

SIX WHEELER; camión de seis ruedas

SIZE; (s) tamaño; (v) clasificar por tamaño; (pl) igualar; (pint) aparejar, encolar; (mad) calibrar; (mec) labrar a tamaño
    ANALYSIS; (ms) curva de clasificación
    CONSISTENCY; consistencia de tamaño
    REDUCTION; reducción de material

SIZED SLATES; pizarra medida

SIZER; medidor, calibrador

SIZING; clasificación por tamaño; (mad) igualación, labrado; (pint) aparejo, encolaje, encolado
    TABLE; mesa medidora
    TOOL; herramienta para cortar a tamaño

SKELETON; (est) esqueleto, armazón
    CONSTRUCTION; construcción esquelética
    KEY; llave maestra
    STEP; escalera sin contrapeldaño

SKETCH; esbozo, croquis, esquema, bosquejo; (v) esbozar, bosquejar

PLATE; plancha cortada según croquis
SKEW; *(s)* sesgo, sesgadura, oblicuidad, esviaje; *(s)*
    sesgar, oblicuar, esviar
    ANGLE; ángulo sesgado
    ARCH; arco oblicuo, arco sesgado, arco en
    esviaje
    BRIDGE; puente sesgado, puente oblicuo,
    puente en esviaje
    CHISEL; formón de filo oblicuo
    HINGE; bisagra con levante
    NAILING; clavos sesgados
SKEWBACK; sotabanco, imposta, salmer
SKEWED; sesgado
SKI ANGLE; (ca) ángulo que un asfaltador flota
    arriba del mezcleo colocado
SKID; *(s)*(ec) larguero, corredera, polín, varadera,
    viga de asiento; (auto) patinazo; *(v)*(troncos)
    arrastrar; (auto) patinar, resbalar
    LOG;   tronco de arrastre
    NUMBER;   coeficiente de resistencia al
    arrastre multiplicado por 100
    POLE;   poste de arrastre
    RESISTANCE; resistencia al arrastre
    ROAD;   camino de arrastre
SKIDDER; arrastrador de troncos
SKIDDING; patinaje, resbalamiento
    CHAIN;   cadena para arrastrar troncos
    LINE;   cable de arrastre
    PAN;   placa de arrastre
    SLED;   rastra para troncos
    TONGS;   tenazas para trozas
SKILLED WORKMAN; artesano; oficial
SKIM; *(s)*(vidrio) línea de burbujas pequeñas; *(v)*
    desanatar, despumar
    COAT; (yeso) capa de acabar
SKIMMER; (ec) desencapadora, pila niveladora, (A)
    pala aplanadora; (dac) espumadera; (fund)
    desescoriador
    SCOOP; (ec) desencapadora, cucharón
    desencapador, pala niveladora
SKIMMING; (hid) derivación del agua supeficial;
    (pet) distilación inicial o primaria
    LADLE; cuchara de desnatar
    TROUGH; artesa de despumación
SKIN; forro, revestimiento; piel
    COAT; capa delgada
    EFFECT; (eléc) efecto superficial
    ENCLOSURE; revestimiento a prueba de la
    interperie
    FRICTION; fricción superficial
    PATCH; (ca) bacheo superficial
    PLATE; placa de cara, placa de forro
SKINNING; quitar el cubrimiento o aislado de cables
    eléctricos; (pint) capa dura en la superficie de
    pintura o barniz
SKIP; *(s)* cajón, cucharón, (M) esquife, concha, bote,
    chalupa; (mad) área sin acepillar

HOIST; montacarga de cajón
LOADER; cargador, cucharón de cargar, (A)
    cuchara, balde cargador
SHAKER; vibrador de cucharón
TROWEL; textura de enyesado
WELDING; soldadura alternativa
SKIRT; faldón de émbolo; costado o faldón de
    guardabarro
    BOARD; (transportador) tabla delantal
    PLATE; placa delantal
SKIRTING; (carp) tablas de zócalo; guarnición de
    pozo de escalera
    BLOCK; motón arquitrabe
SKIVE; ahusar, biselar, adelgazar
    EDGE; cinta para muro en seco ahusada
SKULCH; troncos de madera sin valor
SKULL CRACKER; bola rompedora
SKYLIGHT; claraboya, tragaluz, lumbrera, luceta,
    (A) buhardilla, (C) lucernario, (Col) luz cenital,
    aojada
SKYLINE;   cable aéreo o portante
    ROAD; camino de cable aéreo
    SLOPE; talud de cable aéreo
SKYSCRAPER; rascacielos
SLAB; *(s)*(conc) losa, placa, (V) platabanda, (M)
    dala, (U) carpeta; (est) palastro, plancha; (mad)
    costero, costanera; (met) zamarra; (mármol)
    losa; *(v)*(mad) quitar los costeros
    BAND; (ed) viga ancha y profunda de
    concreto armado
    BOLSTER; apoyo de barras profundas
    CONSTRUCTION; construcción sin excavación
    JACKING; rellenamiento de losa
    ON GRADE; losa de concreto en rasante
    SCHEDULE; (dib) tabla de reforzamiento
    SPACER; espaciador de reforzamiento
SLAB-AND-BUTTRESS DAM; presa tipo
    Ambursen, dique de pantalla plana
SLACK; *(s)*(cab) seno; (carbón) cisco, carbón
    menudo; *(v)* aflojar, amollar, arriar;
    desmenuzarse; *(a)*(cab) flojo
    ADJUSTER; regulador de juego
    TIDE; repunte de la marea, estoa
    WATER; cilanco, agua muerta; marea muerta
SLACKLINE CABLEWAY; excavador de cable
    aéreo, draga de arrastre, excavadora funicular,
    excavadora de cable aflojable
SLACKLINE SCRAPER; traílla de cable de arrastre
SLAG; *(s)* escorias, escorias de alto horno,
    cagafierro; *(v)* formar escoria, escorificar
    BRICK; ladrillo de escoria y cemento
    CEMENT; cemento de escoria
    CONCRETE; concreto de escorias
    DUMP; escorial, (M) grasero
    FILTER; filtro de escoria triturada
    ROOFING; tejado de fieltro y alquitrán con
    capa superficial de escoria

SAND; escoria triturada al tamaño de arena
STRIP; borde de madera al borde del tejado
WOOL; lana mineral, lana de escoria, (A)
  algodón mineral
SLAKE; (cal) apagar, azogar
SLAKED LIME; cal apagada, cal muerta
SLAKER; apagador
SLAKING; (suelo) deleznamiento
SLANT; (s) tubo biselado; (alcantarilla) bifurcación
SLASH; ramalla, ramojo; corte
  BAR; atazador, hurgón
  BURNING; quemado de ramalla
SLASHER; cortador
SLAT; tablilla, listón, tableta
  CONVEYOR; transportador de listones
  DOOR; puerta persiana, puerta romanilla,
  puerta de rejilla
  MACHINE; máquina para hacer listones y
  tablillas
SLATE; (s) pizarra, esquisto; (v) empizarrar,
  apizarrar
  CEMENT; cemento de tachar hecho de asfalto
  con polvo de pizarra
  CLAD; techado prearmado de pizarra
  CLAY; arcilla pizarrosa
  QUARRY; pizarral
  ROOF; empizarrado
  SPAR; especie de calcita
SLATER; pizarrero
SLATER'S CEMENT; cemento de empizarrar
SLATING NAIL; abismal de tejar, clavo de pizarrero
SLATY; pizarroso, esquistoso
SLED; rastra, narria
SLEDGE HAMMER; mandarria, combo, marro,
  marrón, macho, acotillo
SLEEKER; alisador
SLEEK STONE; piedra pulidora
SLEEPER; durmiente, dormido, corredera
  empotrada; (piso) plantilla
  BEAM; viga dormiente
  WALL; muro apoyador de dormientes
SLEET; aguanieve, cellisca; hielo
SLEETPROOF; a prueba de cellisca; a prueba
  de hielo
SLEEVE; manguito, manga, casquillo
  BEARING; cojinete de manguito
  BRICK; ladrillo refractario tubular
  COUPLING; unión de manguito, acolamiento
  de manguito
  NUT; manguito de tuerca, tensor
  WRENCH; (eléc) torcedor de manguito de unión
SLENDER; (est) pila o poste con razón de delgadez
  sobre 10
  BEAM; viga de derrumbe pandeo
  COLUMN; columna con capacidad reducida
  WALL; pared con relación de altura a gruesura
  sobre 12

SLENDERNESS RATIO; razón de delgadez,
  relación de esbeltez
SLEW; (v) torcer
SLICER; desguazador
SLICK; (ca) liso, lustroso; (a) resbaladizo
  SHEET; (exc) plancha de metal para paleo
SLICKENSIDE; (geol) plano de resbalamiento, (A)
  espejo de fricción
SLICKER; gabán de lona encerada, (C) capa
SLIDE; (s)(mec) resbaladera, corredera, colisa;
  (tierra) desprendimiento, derrumbe, dislocación;
  (inst) cursor, colisa; (v) deslizar, deslizarse;
  (tierra) derrumbarse, desprenderse
  BAR; guía de la corredera
  BLOCK; (mot) corredera de cuadrante oscilante
  CALIPERS; calibre corredizo de espesor,
  calibre a colisa
  COMPARATOR; comparador corredizo
  RULE; regla de cálculo
  VALVE; corredera, distributor, válvula corrediza
SLIDEBACK CYLINDER; cilindro hidráulico
  corredizo
SLIDING; (s)(presa) deslizamiento, resbalamiento;
  (a) corredizo, corredero, deslizante
  AND OVERTURNING; (dique) resbalamiento
  y giro
  DOOR; puerta corrediza
  FACTOR; (dique) factor de seguridad contra
  deslizamiento
  FRICTION; frotamiento de deslizamiento, roce
  resbaladizo, fricción de deslizamiento
  GATE; (hid) compuerta deslizante; (fc) barrera
  corrediza
  GEARS; tren de engranajes corredizos,
  engranajes desplazables
  JOINT; junta corrediza
  PINION; piñón deslizable
  RESISTANCE; resistencia a deslizamiento
  SHAFT; árbol corredizo
  TANDEM; ensamblaje corredizo
SLIDING-STEM VALVE; válvula de vástago
  corredizo
SLIME; (cañería matriz) babaza
SLIMES; fango mineral, lama,
  (Ch) barro
SLIM FILE; lima puntiaguda
SLING; (s) eslinga; (v) eslingar, embragar
  HOOK; gancho para eslinga
  PSYCHROMETER; psicrómetro giratorio
SLINGING CHARGE; (náut) eslingaje
SLIP; (s)(tierra) derrumbe, desprendimiento; (geol)
  desplazamiento; (cn) grada; (op) espacio entre
  espigones; arrimadero (barco de transbordo);
  (correa) deslizamiento; (bomba) escape,
  pérdida; (mot) deslizamiento; (hélice)
  resbalamiento; (v) resbalar, deslizarse,
  desprenderse, patinar

COUPLING; (tubo) acoplamiento deslizante
DOCK; dique con vía de carena
FACTOR; coeficiente de fricción
FORM; molde deslizante, molde corredizo
GAGE; calibrador de espesor
GRAB; eslabón de retención
HOOK; gancho de deslizamiento
JOINT; unión resbaladiza, unión corrediza; junta movediza
LAYER; (ms) revestimiento bituminoso aplicado a una pila
MORTISE; mortaja abierta
RAMP; (ca) conexión angular dentro de un camino de acceso y un camino de frente paralelo
RING; (eléc) anillo colector, anillo rozante, anillo de frotamiento
SCRAPER; traílla, pala de arrastre, (Ch) pala buey, (M) escrepa
SILL; (carp) umbral entre jambas
STONE; piedra achaflanada para afilar
SURFACE; (geol) plano de derrumbe de un banco de tierra
SWITCH; (fc) cruzamiento con cambiavía, cambio corredizo, (A) cambio de cruzamiento, cambio inglés
SLIP-CRITICAL JOINT; junta de perno con resistencia a delizamiento
SLIPFORM; (conc) molde resbalador, molde movedizo
PAVER; (ca) máquina que coloca losas de concreto y al tiempo quita los moldes
PAVING TRAIN; equipo y maquinaria que produce losas de pavimento para caminos y aeropistas
SLIP-IN BEARING; cojinete con ajuste de precisión
SLIP-ON FLANGE; (tub) brida loca o postiza, (V) brida de deslizamiento
SLIP-ON TANKER; unidad de bombeo movible
SLIPPAGE; (correa) resbalamiento; (mec) pérdida; (contador) gasto no medido
CRACK; grieta de resbalamiento
SLIPPER; (maq) zapatilla, patín; (cn) deslizadera
SLIPPER BRAKE; (fc) freno de patín
SLIPPERY; resbaladizo, resbaloso
SLIP-RING MOTOR; motor de anillos rozantes, motor de anillo, motor de inducido devanado
SLIPWAY; grada de halaje, deslizadero, varadero
SLIT; (s) raja, hendedura; (v) rajar, hender
SLITTER; tajadera
SLITTING; hendedura
SAW; sierra para ranurar metales, cortador rotativo delgado
SHEARS; cortador mecánico para hojalata, cizalla para chapa metálica
SLIVER; astilla, tira

SLOOP; especie de trinco
SLOPE; (s) cuesta, recuesto; (ot) talud, declive; pendiente; (cerro) ladera, falda, vertiente, flanco; (techo) inclinación, declive, vertiente, faldón; (v) ataludar, ataluzar, taludar; inclinarse
ANGLE; (ot) ángulo del talud; ángulo de reposo
CIRCLE; (ms) círculo de talud
GAGE; plantilla de talud, gálibo de inclinación
LEVEL; clinómetro
OF 1-1/2 TO 1; talud de 1-1/2 por 1, talud de 1-/2 sobre 1
PAVING; revestimiento de taludes
PROTECTION; defensa de talud
STAKE; estaca limitadora de talud
WALL; muro de defensa del talud
SLOPED FOOTING; cimentación inclinada
SLOPER BLADE; hoja para taludes, ataludadora
SLOPE-STAKE ROD; mira limitada de taludes
SLOPING; (ot) excavación inclinada
SLOPING-FLANGE I BEAM; viga I de ala ahusada
SLOP MOLDING; (ladrillo) moldeado con lubricación de agua
SLOPPY; (conc) aguado
SLOP SINK; vaciadero
SLOT; (s) ranura, muesca, canal; (v) ranurar, acanalar; cepillar verticalmente
CUT; corte de ranura
RAIL; riel de ranura, carril partido
WELD; soldadura de muesca, soldadura de ranura
SLOTTED; ranurado
HOLE; (est) agujero oblongo, taladro ovalado
NUT; tuerca encastillada
SCREW; tornillo de cabeza ranurada
SLOTTING AUGER; barrena para mortajas
SLOTTING MACHINE; máquina de ranurar; limadora vertical
SLOUGH (slew); lodazal, fangal
SLOUGH (sluff); (ot) desprenderse, derrumbarse, caerse
SLOW; lento
CURING ASPHALT; asfalto de curación lenta
SAND FILTER; filtro de arena de acción lenta
SET EMULSION; alfalto con propiedades estables
SLOW-BURNING CONSTRUCTION; construcción de combustión lenta
SLOW-MOTION SCREW; (inst) tornillo de aproximación
SLOW-SETTING CEMENT; cemento de fraguado lento
SLOW-SPEED GENERATOR; generador de marcha lenta

SLUDGE; barro de barreno; (dac) cieno, lodo, fango, heces, barro cloacal; (pa) cienos, sedimentos; (min) fango mineral, lama; (auto) cieno, fango
ACID; (pet) ácido sucio, ácido lodoso
BED; lecho secador para cienos
BLANKET; colchón de cieno
CAKE; pan de cieno, terrón de lodos
COLLECTOR; recogedor de cieno, colector de lodo
CONDITIONING; (dac) acondicionamiento de cienos
DIGESTION; (dac) digestión de cienos o del fango
DISINTEGRATOR; disgregador de cienos
GAS; gas de cieno, gas de los lodos
INCINERATOR; incinerador de cienos
INDEX; (dac) índice de sedimentación
MIXER; mezclador de cienos
PRESSING; (dac) desecación de cienos por presión
PUMP; bomba de lodo
REMOVER; quitador de cieno
SAMPLE; muestra de cieno
SOUNDER; sondador de cieno
THICKENER; espesador de cieno
TROUGH; artesa de cienos
WELL; pozo de cienos
SLUDGE-DIGESTION CHAMBER; cámara de digestión
SLUDGE-DRYING BED; lecho secador de cienos, (A) secadero
SLUDGER; cubeta sacalodo, sacaarena
SLUE; girar, dar vueltas; hacer girar
SLUG; pedazo de metal
SLUGGING; flujo intermitente de torcreto
SLUGGISH; (arroyo) despacioso
SLUICE; *(s)*(hid) esclusa, conducto de evacuación, vano de limpieza; (min) limpiadora; *(v)* mover con corriente de agua
BOX; caja de esclusa
GATE; compuerta de desagüe, compuerta desarenadora, compuerta de evacuación, compuerta de esclusa, compuerta de purga
VALVE; válvula esclusa, válvula de desagüe; válvula de compuerta
SLUICEWAY; conducto de evacuación, vaciadero, esclusa; (presa) aliviadero de fondo, galería de evacuación, descargador de fondo, (Col) escape de fondo
SLUICING; transporte hidráulico, arrastre con chorros de agua; esclusaje
SLUING; viración, giro
ATTACHMENT; (gr) dispositivo de giro
ENGINE; máquina de giro
GEAR; mecanismo de giro
PLATES; placas de fijación de los cables de giro
RING; (gr) corona dentada de giro

RODS; tirantes de giro
SLUM; habitación peligrosa, deteriorada, y no sanitaria
SLUMP; *(s)*(conc) asentamiento, abatimiento, asiento, (M) revenimiento, (Pe)(U) aplastamiento; (geol) hundimiento
CONE; molde cónico para la prueba de asentamiento, (M) cono de revestimiento
LOSS; cambio de asentamiento
MOLD; molde para prueba de asentamiento
PAN; bandeja para la prueba de asentamiento
TEST; prueba de asentamiento, ensayo de abatimiento
SLURRY; pasta aguada
BASE; (ca) base de agregado sin cribar consolidado por agua
COAT; capa lechada de material
TRENCH; zanja rellena de pasta aguada
WALL; muro de lechado
SLUSH; *(s)*(pet) barro; *(v)*(mam) rellenar con mortero blando; (min) llenar hidráulicamente
COAT; capa pura y suave
ICE; chispas de hielo
PUMP; (pet) bomba de lodo
SLUSHED JOINT; (lad) junta rellena con mortero
SLUSHER; (min) limpiador de barrenos
SLUSHING; relleno hidráulico
OIL; grasa de protección para superficies brillantes de metal
SMALLS; (min) finos
SMEAR; (ms) remoldeo del suelo a la periferia de un pozo de arena
RATIO; relación de remoldeo
SMELT; fundir, beneficiar
SMELTER; hacienda de beneficio, hacienda de fundición, oficina de fusión
SMELTING FURNACE; horno de fundición, horno de beneficio
SMITHING; herrería
COAL; carbón de forja, carbón de herrero
SMITHSONITE; esmitsonita
SMOG; niebla con humo
SMOKE; *(s)* humo; *(v)* humear
ALARM; alarma de humo
DETECTOR; indicador de humo
INDICATOR; indicador de humo
PIPE; conducto de humo
TEST; (tubo) prueba de impermeabilidad; prueba de humo
SMOKEBOX; caja de humos
SMOKE-CONSUMING; fumívoro
SMOKE-DENSITY RECORDER; registrador de la densidad del humo
SMOKELESS; sin humo, fumívoro, fumífugo
SMOKEPROOF; a prueba de humo, estanco al humo

SMOKESTACK; chimenea
SMOOTH; *(a)* liso, alisado; llano; suave
    ASHLAR; piedra alisada
    COVER; cubierto alisado
    FILE; lima musa, lima dulce
    PLANE; cepillo alisador, cepillo acabador
    RASP; escofina dulce
    UP; alisar, aplanar
SMOOTH-BORE HOSE; manguera de alambre lisa
    por dentro
SMOOTH-COIL CABLE; cable de arrollado liso
SMOOTHER; *(s)*(fund) alisador, espátula
SMOOTH-FACE BRICK; ladrillo liso
SMOOTHING; alisadura
    BLADE; (maquínaría caminera) cuchillo alisador
    IRON; (asfalto) alisador
SMOOTH-ON; (trademark) cemento para hierro
SNAG; *(s)* tocón, tropiezo; (lluvia) tronco
    sumergido; (ef) árbol roto; nudo
SNAIL CURVE; (ca) curva espiral
SNAIL-HEAD COUNTERSINK; abocardo tipo
    caracol
SNAKE; (eléc) cinta pescadora
    FENCE; cerca alemana
    HOLE; (vol) hoyo para la coloación de
    explosivas
SNAKEHOLDING; (vol) barrenos debajo de los
    cantos rodados
SNAKING; arrastre
SNAP; *(s)* (remache) boterola
    FLASK; (fund) caja de charnela
    GAGE; calibre exterior
    HEADER; (lad) tizón falso, medio tizón
    HOOK; mosquetón , gancho de mosquetón
    LOCK; cerradura de resorte
    RING; (émbolo) aro de resorte
    SHACKLE; grillete de pestillo, grillete de
    resorte
    SWITCH; interruptor de resorte
    TEAM; pareja auxiliar, pareja ayudante,
    (C) tiradero
    TIE; (conc) ligadura de golpe
    TRACTOR; tractor suplementario de tiro
SNAPHEAD; (remache) cabeza de botón
SNATCH; arrebatamiento
    BAR; barra de enganche
    BLOCK; pasteca
    CLEAT; cornamusa escotera
    HITCH; enganche de gancho
SNIFTING VALVE; llave de alivio, llave roncadora
SNIPE; *(v)* redondear
SNIPS; tijeras de hojalatero
SNOW; nieve; nevada
    COURSE; zona nivométrica
    DENSITY; densidad de nieve
    FENCE; palizada para nieve, paranieve, valla
    paranieves

    GAGE; medidor de nevada
    GUARD; (techo) paranieve
    LINE; límite de las nieves perpetuas
    LOAD; carga debida a la nieve, carga de nieve
    LOADER; máquina cargadora de nieve
    SAMPLER; medidor de nieve, probador de
    nevada
    SHOVEL; pala para nieve
    SURVEY; relevamiento nivométrico
    SWEEPER; barredora de nieve
SNOWDRIFT; ventisca
SNOWFALL; nevada
SNOWPLOW; arado de nieve, quitanieve,
    limpianieve
SNOWSHED; guardanieve, cobertizo para nieve
SNUB; *(v)*, (cab) detener, refrenar, amarrar; (correa)
    doblar, plegar
SNUBBER; tambor de frenaje; (auto) amortiguador
SNUBBING; (min) socavación
    LINE; cable de refrenamiento
    POST; poste de amarre
SNUG; *(s)* reborde, oreja, nervadura
    FIT; ajuste sin holgura
SOAKAWAY; sumidero ciego
SOAKING CHAMBER; (pet) cámara de
    reacción
SOAKING PERIOD; período de recalentamiento
SOAKING PIT; foso de recalentamiento
SOAP; jabón
    EARTH; jaboncillo, esteatita
    HARDNESS; (pa) dureza de jabón
    TEST; (pa) ensayo al jabón
SOAPING TILE; aplicación de jabón a baldosa
SOAPSTONE; esteatita, jaboncillo, saponita
SOCKET; *(s)*(mec) casquillo, rangua, cubo, tejuelo;
    (cab) encastre, enchufe, grillete; (eléc)
    tomacorriente, toma, enchufe, receptáculo;
    portalámpara; (pet) pescasonda; *(v)*(cab)
    encastrar, engrilletar
    BOWL; (cable de alambre) casco del encastre,
    taza del enchufe
    GOUGE; gubia de espiga hueca
    OUTLET; tomacorriente
    PUNCH; sacabocado, sacabocado a golpe
    WRENCH; llave de cubo, llave de caja, llave de
    copa
SOD; *(s)* césped, tepe, gallón, (Ec) chamba; *(v)*
    encespedar, enyerbar, engramar, (A) entepar
SODA; sosa, soda
    ASH; carbonato sódico anhidro, ceniza de soda,
    sosa comercial
    FELDSPAR; feldespato sódico
SODIUM; sodio
    ALUMINATE; (is) aluminato de sodio
    BISULPHATE; bisulfato de sodio
    CARBONATE; carbonato de sodio, carbonato
    de soda

CHLORIDE; cloruro de sodio
HYDRATE; hidróxido de sodio, hidrato de sodio
HYDROXIDE; hidróxido de sodio, sosa cáustica
METASILICATE; metasilicato de sodio
NITRATE; nitrato de sodio, silicato de sosa
SILICATE; silicato de sodio, silicato de sosa
SULPHATE; sulfato de sodio
VAPOR; vapor de sodio
SODIUM-COOLED; enfriado por sodio
SODIUM-VAPOR LAMP; (ca) lámpara de vapor de sodio
SOFFIT; sofito, plafón; intradós
    BOARD; tabla de sofito
    FORM; molde apoyador de viga
    SPACER; (est) espaciador de metal
SOFT; blando
    COAL; hulla grasa, carbón bituminoso, carbón graso
    GROUND; (ms) tierra blanda
    IRON; hierro dulce, hierro blando
    PARTICLE; partículo de agregado blando
    SOLDER; soldadura de estaño, soldadura blanda
    STEEL; acero dulce, acero suave
    TEMPER; temple blando
    WATER; agua suave, agua blanda, agua delgada
SOFT-BURNED; rosado, mal cocido
SOFTEN; reblandecer, ablandar; reblandecerse, ablandarse; (agua) suavizar, ablandar, endulzar, adelgazar
SOFTENER; (agua) suavizador, ablandador
SOFTENING; ablandamiento, reblandecimiento
    FILTER; (pa) fitro suavizador
    PLANT; (pa) planta suavizadora, planta de ablandamiento
    POINT; punto de reblandecimiento
    TANK; (pa) tanque suavizador
SOFTNESS; blandura; (agua) suavidad, blandura
SOFTWOOD; madera blanda, (U) madera tierna
SOIL; (s) suelo, terreno, tierra; tierra negra, tierra vegetal
    ADHESION; adhesión de suelo
    ANALYSIS; (ms) análisis de suelo
    ANCHOR; anclaje de suelo
    AUGER; barrena de tierra
    BORING; (ms) barreno de suelo
    BRANCH; (pl) derivación de la tubería de evacuación
    CAKE; pan de tierra, pastilla, galleta
    CLASSIFICATION SYSTEM; (ms) sistema de clasificación de suelos
    COHESION; cohesión de suelo
    COMPACTION; (ca) compresión de suelo debido a tráfico
    CONSOLIDATION; consolidación de suelo

EROSION; desgaste de suelo debido al viento y agua
FAILURE; falla de suelo debido a esfuerzos mecánicos
HORIZON; (geol) capa de suelo distinta a otras
INVESTIGATION; estudio de suelo
MECHANICS; mecánica de los suelos
PIPE; tubo de evacuación, tubo de desagüe sanitario; cañería de fundición liviana, (V) tubería de hierro negro
PIPING; tubería de evacuación, cañería residual
PLASTICITY; plasticidad de suelo
PROFILE; (ca) sección del terreno
PUNCH; punzón de tierra
SAMPLE; muestra de suelo
SAMPLER; muestreador de tierra
STABILIZER; (ca) estabilizador de suelos
STACK; (pl) tubo vertical para evacuación de inodoros, bajada de inmundicias, bajante de aguas negras
TECHNOLOGY; tecnología de los suelos
TEST; pruebas de suelos
SOIL-BOUND MACADAM; macádam ligado con tierra
SOIL-CEMENT ROAD; camino de tierra estabilizada con cemento
SOILS ENGINEER; ingeniero de suelos
SOLAR; solar
    ACCESS; colección solar
    ATTACHMENT; (tránsito) accesorio solar
    CELL; dispositivo convertidor de radación solar a energía eléctrica
    COMPASS; brújula con anteojo solar
    FRACTION; (ed) requerimiento de porcentaje de calefacción solar
    FURNACE; intercambiador de calefacción solar
    INSOLATION; radiación solar disponible
    LIGHT; luz cargada por energía solar
    OIL; aceite solar
    ORIENTATION; (ed) colocación para obtener energía solar máxima
    PUMP; bomba impulsada por energía solar, bomba solar
    RADIATION; radiación solar, energía del sol
    REFLECTING SURFACE; superficie r eflectora del sol
    STORAGE; almacenaje de energía solar
    SYSTEM; (equipo) sistema solar, sistema colector de energía solar
SOLDER; (s) soldadura; (v) soldar, (A) sopletear
    POT; olla para soldadura, crisol de soldadura
SOLDERING; soldadura
    BOLT; cabeza de cobre del soldador
    COPPER; soldador de cobre
    FLUX; fundente para soldar
    FURNACE; hornillo para hierro de soldar

IRON; soldador, cautín, hierro para soldar
LUG; oreja para conexíon soldada
PASTE; pasta para soldar
SOLDER-JOINT FITTINGS; accesorios de tubería
con extremos para soldar
SOLDIER; larguero vertical alineador
BEAM; viga apoyadora en excavación
COURSE; hilera de ladrillos colocados de
cabeza
SOLENOID; solenoide
BRAKE; freno de solenoide
OPERATED; mandado por solenoide
SOLENOIDAL; solenoidal
SOLEPIECE; solera, durmiente, soldera
de base
SOLEPLATE; (est) placa de asiento; (carp) solera
inferior; (maq) bancada, bancaza
SOLID; sólido, macizo; enterizo
ANGLE; ángulo sólido
BEARING; cojinete cerrado, chumacera
enteriza
BRIDGING; arriostrado macizo
DAM; presa maciza
DRILLING; barrenamiento sólido
FLOOR; (conc) piso macizo
GEOMETRY; geometría de espacio
INJECTION; (diesel) inyección sin aire
MEASURE; medida para sólidos
PARTITION; pared divisoria de materiales
sólidos
PULLEY; polea enteriza
ROCK; roca fija, roca sólida, roca maciza
SOIL; suelo macizo
SPROCKET; rueda de cadena enteriza
STATE; (eléc) mando eléctrico sólido
STREAM; agua usada para incendios
TIRE; goma maciza, llanta maciza
WASTE; desperdicios sólidos
WASTE DISPOSAL; disposición de
desperdicios sólidos
WASTE MANAGEMENT; administración del
programa de desperdicios sólidos
WEB; (est) alma llena
WEDGE; (vá) cuña sólida, cuña enteriza
SOLID-DRAWN TUBING; tubo estirado, tubo sin
costura
SOLIDIFIED WATER; (ms) agua solidificada
SOLIDIFY; solidificar, solidificarse
SOLIDITY; solidez
SOLIDS; sólidos
SOLID-TOOTH SAW; sierra enteriza, sierra de
dientes fijos
SOLUBILITY; solubilidad
SOLUBLE; soluble
SOLUTION; (quím) solución, disolución; (mat)
solución
FEEDER; alimentador de solución

TREATMENT; tratamiento de metales en
solución
SOLVE; (mat) resolver, (Pe) reducir
SOLVENT; (s) solvente, disolvente; (a) solvente
SONIC; sónico
SONOGRAPH; sonógrafo
SONOMETER; sonómetro
SONOTUBE; (trademark) forma cilíndrica para
formar columnas de concreto
SOOT; hollín
BLOWER; aventador de hollín
CATCHER; hollinero, deshollinador
DOOR; (chimenea) puerta de metal para sacar
hollín
EJECTOR; eyector de hollín
SOOTY; holliniento
ORE; especie de calcocita
SORBENT; absorbente; adsorbente
SORBITE; (met) sorbita
SORBITIC; sorbítico
SORTING; clasificación
BELT; correa seleccionadora
HAMMER; (min) martillo para machacar
mineral
TRACK; vía de acomodación
YARD; patio de clasificación
SOUND; (s) sonido; (geog) estrecho, sonda;
(v)(náut) sondar, sondear; (a)(roca) sólida,
maciza, sana; (mad) densa, resistente, sana;
(cem) de volumen constante; (agregado)
durable, resistente a la intemperie, inalterable;
(com) solvente
ABSORPTION COEFFICIENT; coeficiente de
absorción de sonido
BOARD; superficie reflectiva de sonido
INSULATION; aislación de sonido
KNOT; nudo fijo o sano
WAVE; onda sonora
WOOD; madera sin defectos
SOUNDER; sondador
SOUNDING; sondeo
LEAD; escandallo
LINE; sonda, sondaleza, bolina
MACHINE; máquina sondadora
ROD; sonda, tientaaguja, vara de sondear, tienta
SOUNDINGS; sondajes, sondeos
SOUNDNESS; sanidad, resistencia, solidez;
constancia de volumen; solvencia
TEST; (cem) ensayo de inalterabilidad de
volumen, prueba de sanidad
SOUNDPROOF; antisonoro, insonoro
SOUNDPROOFING; aislación del sonido,
amortiguamiento de ruido
SOURCE; fuente
OF SUPPLY; (agua) fuente de abastecimiento
REDUCTION; reuso de material, productos y
empaquetadura

SOUR GAS; combustible sulfuroso
SOUTH; *(s)* sur; *(a)* del sur, austral, meridional
SOUTHEAST; *(s)(a)* sudeste
SOUTHERN; del sur, austral, meridional
SOUTHING; (surv) diferencia de latitud hacia el sur
SOW; *(s)*, (her) matriz; (met) reguera, fosa; (met)
    galápago, goa
SPACE; *(s)* espacio, lugar; *(v)* espaciar
    FRAME; (est) armadura de tres dimensiones
    HEATING; calefacción por espacio
    RESECTION; (surv) resección en espacio
SPACED COLUMN; columna de tablones
    ensamblados
SPACER; espaciador, separador
SPACING; separación, espaciamiento, equidistancia
    BARS; (ref) barras espaciadoras, barras
    repartidoras
    MIX; (baldosa) mezcleo rellenador para
    espaciamiento
    RING; anillo espaciador
SPAD; (surv) alcayata, escarpia
SPADABLE SLUDGE; (dac) cieno traspalable
SPADE; *(s)* azada, azadón, laya, garlancha, (C)
    legón; (conc) paleta; *(v)*(conc) consolidar con
    paleta, (M) picar
    VIBRATOR; (conc) vibrador de pala
SPADING; consolidación de concreto
SPALL; *(s)* laja, astilla de piedra, lasca, (U) escalla,
    (M) rejón, (PR) estilladura; *(v)* astillarse,
    desconcharse, desgajarse, descostrarse, (PR)
    estillarse
SPAN; *(s)* luz, claro, ojo; tramo; *(v)* salvar, pontear,
    franquear
SPANDREL; (arco) enjuta, embecadura; (ed)
    antepecho, pared de relleno
    ARCHES; arcos de descarga, arcos de enjuta
    BEAM; viga de enjuta
    FILLING; (Es) enjutado
    RATING; capacidad de carga de un panel
    WALL; tímpano, muro de enjuta
SPANISH; español
    WHITE; blanco de España
    WINDLASS; tortor, molinete
SPANNER; llave de manguera, llave de gancho
SPAR; (miner) espato; (náut) palo, berlinga, pértiga
    BUOY; baliza, boya de pértiga, boya de palo
    VARNISH; barniz para uso a la intemperie
SPARE; de repuesto, de reserva
    BOILER; caldera de reserva
    PARTS; repuestos, piezas de recambio, piezas
    de repuesto, piezas de reserva
    TIRE; neumático de repuesto, goma de
    recambio
SPARK; *(s)* chispa; *(v)* chispear, centellear
    ARRESTER; (fc) chispero, parachispas; (eléc)
    apagachispas
    CATCHER; chispero, arrestachispas

COIL; bobina de chispas, bobina de encendido
EXTINGUISHER; apagachispas
ENCLOSING EQUIPMENT; encerramiento de
    equipo eléctrico
GAP; distancia disruptiva; descargador a
    distancia explosiva
IGNITION; (mot) encendido de chispa,
    encendido por chispa
KNOCK; (mot) golpeo por encendido
LEVER; (auto) manija de ignición
PLUG; (engranaje) bujía, bujía de encendido
SPARKER; (eléc) apagachispas; (auto) encendedor
SPARKING; chisporroteo, chispeo
    DISTANCE; distancia explosiva máxima
    POINTS; (engranaje) puntas de chispa
SPARKLESS; sin chispas
SPARK-PLUG SOCKET; casquillo para bujía
SPARK-PLUG WRENCH; llave para bujías
SPARRY; (geol) espático
    IRON; siderita, hierro espático
SPATIAL; espacial
SPATTER; salpicadura
    LOSS; (sol) pérdida por salpicadura
SPATTLE; espátula
SPATULA; espátula
SPEAKING ROD; (surv) mira parlante
SPECIAL; especial
    BENDING; dobladura de barras
    reforzadoras
    PROVISION; proviciones especiales
    STEEP ASPHALT; asfalto de techo especial
SPECIAL-PURPOSE MOTOR; motor para uso
    especial
SPECIAL-PURPOSE OUTLET; (eléc)
    tomacorriente para artefacto especial
SPECIALS; (tub) piezas especiales, accesorios,
    auxiliares
SPECIFIC; específico
    ADHESION; (conc) adhesión específica
    CAPACITY; capacidad específica; (bomba)
    rendimiento específico
    CONDUCTANCE; (is) conductancia
    epecífica
    CONDUCTIVITY; conductividad específica
    DISCHARGE; (hid) descarga específica
    ENERGY; (hid) energía específica
    FUEL CONSUMPTION; consumo específico,
    unitario de combustible
    GRAVITY; peso específico, gravedad
    específica
    HEAT; calor específico
    RESISTANCE; resistividad, resistencia
    específica
    RETENTION; (irr) retención específica
    SPEED; velocidad específica, velocidad
    característica
    SURFACE; superficie específica

VOLUME; volumen específico
WEIGHT; peso específico
YIELD; rendimiento específico; (hid) escurrimeinto específico
SPECIFICATIONS; especificaciones, plan detallado, (U) prescripciones
SPECIFIED DIMENSION; dimension especificada
SPECIFY; especificar
SPECIMEN; espécimen, muestra
SPECK; manchita, partícula
SPECTRAL ANALYSIS; análisis espectral
SPECTROGRAPH; espectrógrafo
SPECTROGRAPHIC ANALYSIS; análisis espectrográfico
SPECTROMETER; espectrómetro
SPECTROSCOPE; espectroscopio
SPECTRUM; espectro
ANALYSIS; análisis espectral
SPECULAR; especular
COAL; lignito
IRON; hierro especular
IRON ORE; hematita
STONE; mica
SPEED; velocidad
CONE; polea escalonada
DROOP; (turb) disminución de velocidad
DROP; caída de velocidad
INDICATOR; indicador de velocidad; contador de vueltas
LATHE; torno de mano
OF SOUND; velocidad de sonido
RECORDER; registrador de vueltas
REDUCER; reductor de velocidad
REGULATOR; regulador de velocidad
RING; (turb) distribuidor, anillo distribuidor, corona fija, rueda directriz, (U) anillo de traviesas
SCHEDULE; programa del avance de la obra, cuadro de la marcha del trabajo
SELECTOR; selector de rapidez
VARIATOR; variador de velocidad
SPEED-CHANGE GEARS; engranaje cambiador de velocidad
SPEED-CHANGE LANE; (ca) carril de deceleración
SPEED-CHANGER; (trademark) cambiador de velocidad
SPEED-INCREASING GEAR; engranje aumentador de velocidad
SPEEDOMETER; velocímetro, indicador de velocidad; cuentamillas, contador kilométrico, cuentakilómetros
SPELTER; peltre, cinc
SOLDER; soldadura de cinc y cobre
SPHALERITE; esfalerita
SPHERE; esfera
SPHERICAL; esférico
ABERRATION; aberración de esfericidad

ANGLE; ángulo esférico
COORDINATES; coordenadas esféricas
SPHEROID; esferoide
SPHEROIDAL; esferoidal
SPHEROMETER; esferómetro
SPIDER; (mec) araña; (pet) cubo de garras
GEAR; engranaje de araña
SPIGOT; grifo, canilla; (tub) espiga, cordón, macho
BEAD; (tub) reborde del macho
SPIKE; (s) clavo, pincho, perno, chillón real; (fc) escarpia, alcayata; (v) clavar, enclavar, empernar; (fc) escarpiar, clavar
BAR; (fc) arrancaescarpias
DRIVER; martillo neumático para clavar
KNOT; nudo que se ve longitudinalmente en el canto del tablón
PULLER; arrancapernos; (fc) arrancaescarpias, arrancaalcayata
SPIKE-KILL; (fc) destruir la traviesa clavando escarpias
SPIKER; clavador, (fc) escarpiador
SPIKE-TOOTH HARROW; grada de dientes
SPIKING; clavadura
HAMMER; (fc) martillo escarpiador
SPILE; tarugo, estaca
SPILING; (tún) estacas de soporte
SPILITE; (geol) espilita
SPILL; (s)(mad)(met) astilla; (carp) lengüeta postiza
OVER; verterse, rebosar
WATER; agua vertiente, agua de rebose
SPILLING; (tún) listones de avance, estacas de avance
SPILL-THROUGH ABUTMENT; (est) estribo de agua vertiente
SPILLWAY; vertedero, vertedor, aliviadero, limitador, derramadero, (Col) rebosadero
APRON; (dique vacio) losa delantera, parametro exterior del vertedero, delantal, (U) carpeta del vertedero
BUCKET; terminal del vertedero, taza de vertedero, deflector, (A) cubeta, (M) cimacio
CHANNEL; canal vertedor, canal evacuador
CREST; umbral vertedor, umbral derramador, solera del vertedero, umbral limitador
DAM; presa sumergible, dique vertedor, presa vertedora, (M) cortina vertedora
GATES; compuertas del vertedero, compuertas de demasías, compuertas de derrame
SPILLY; (acero) astilloso
SPIN; (rueda) girar sin avanzar
SPINDLE; eje, árbol, husillo, huso, macho, gorrón, mandril, nabo, vástago, carretel
SPINEL; (miner) espinela
SPINE WALL; (ed) muro de soporte
SPINNING; (a) girante
LATHE; torno para formar chapa metálica
LINE; (pet) cable auxiliar para enroscar tubos

SPIRAL; *(s)* espiral, espira, caracol; *(a)* espiral, salomónico, acaracolado
   BEVEL GEAR; engranaje cónicohelicoidal, engranaje cónico espiral
   BLADE MIXER; mezclador espiral
   CASING; (turb) caja espiral, cuerpo espiral, carcasa espiral
   CHUTE; conducto espiral
   CLASSIFIER; (arena) clasificador espiral
   CLEANER; limpiador espiral
   COLUMN; (ref) columna con barras espirales
   CONVEYOR; conductor espiral
   CURVE; (fc) curva de transición, espiral de transición
   GEAR; engranaje espiral
   LINING; (tubo) revestimiento espiral
   REINFORCEMENT; armadura en espiral
   SCREWDRIVER; atornillador de empuje, destornillador automático
   SPACER; (ref) ángulo mantenedor de barras
   SPRING; resorte en espiral, muelle en espiral
   STAIRWAY; escalera de caracol, escalera de espiral
   WINDING; devanado espiral, arrollamiento espiral
SPIRAL-FLOW TANK; (dac) tanque de flujo espiral
SPIRAL-RIVETED PIPE; tubo remachado en espiral
SPIRAL-WELDED PIPE; tubo soldado en espiral
SPIRE; (arq) aguja, chapitel; torre
SPIRILLA; (is) espirilos
SPIRIT; alcohol
   LEVEL; nivel de aire
   STAIN; (pint) tinte de alcohol
   VARNISH; barniz de alcohol
SPLASH; *(s)* salpique, chapoteo; *(v)* salpicar, chapotear
   DAM; presa niveladora
   GUARD; (llanta) escudo deflector
   LUBRICATION; lubricación al chapoteo, lubricación por barboteo, lubricación al salpique
   PLATES; (dac) salpicaderos
   TROUGH; artesa de salpicadura
   WALL; pared de baño, pared de regadera
SPLASHBOARD; alero, guardabarros
SPLASHGUARD; salpicadero
SPLASHPROOF; a prueba de salpicaduras
SPLATTER; chapotear, salpicar
SPLAY; *(s)* bisel, chaflán; (ventana) alféizar, mocheta; *(v)* achaflanar, descantear; abocardar, aboquillar, emboquillar
   ANGLE; ángulo de bisel más de 90°
SPLAYED GROUND; terreno biselado

SPLICE; *(s)*(cab) ayuste; (est) empalme, unión, juntura, empate; (carp) empate, unión; (fc) junta, unión; (correa) juntura, amarre; *(v)*(cab) ayustar; (est) empalmar, unir, empatar; (carp) empatar, empatillar, empalmar; (elec cab) empalmar; (fc) eclisar; (correa) amarrar
   BAR; (fc) eclisa, brida, barra de brida, (C) mordaza
   BOX; (eléc) caja de empalme
   MARK; defecto de empate
   PLATE; cubrejunta, tapajunta, platabanda, sobrejunta, plancha de unión, cachete, chapa de unión
   POINT; (est) punto de empalme
SPLICER; (eléc) empalmador; (cab) ayustador
SPLICING; empalme; ayuste
   CHAMBER; pozo de empalme, caja de empalme
   EAR; (fc eléc) oreja de empalme
   PIN; pasador de cabo con mango de madera
   SLEEVE; manguito de empalme
   TONGS; alicates de ayustar
   WRENCH; llave para amarrar alambre
SPLINE; *(s)*(mec)(carp) lengüeta postiza; ranura; (dib) regla flexible; *(v)* fijar con lengüeta postiza
   MILLING MACHINE; fresadora ranuradora
SPLINED SHAFT; eje acanalado, eje ranurado
SPLINEWAY; ranura
SPLINTER; *(s)* astilla de madera, brizna, raja; *(v)* astillar; astillarse
SPLINTERY; astilloso
SPLINTWOOD; alburno
SPLIT; *(s)* partido, hendedura, raja, cuarteadura, resquebrajo; *(v)* hendir, rajar, resquebrar, cuartear; henderse, rajarse, quebrajarse, resquebrajarse
   BEARING; chumacera partida, cojinete seccional
   BLOCK; (conc) bloque partido
   BOLT; castañuela, perno hendido
   BUSHING; casquillo partido, buje partido
   CABLE GRIP; mango de cable partido
   CASING; caja partida, caja dividida, cámara partida, cuerpo dividido
   COUPLING; acoplamiento partido
   FACE; acabado áspero
   LEVEL HOUSE; residencia con pisos de varios niveles
   PHASE; fase partida
   PIN; chaveta hendida, pasador de aletas
   PULLEY; polea partida, polea dividida
   SPOON SAMPLER; (ms) barrenadora de exploración
   SPROCKET; rueda de cadena partida
   SWITCH; cambio de agujas, chucho de agujas
   TIMBER; madera de raja
   WASHER; arandela partida

WEDGE; (vá) cuña partida
SPLIT-BATCH CHARGING; cargado variable de
mezcladora
SPLIT-BEAM T; perfil T producido por división lon
gitudinal de una viga I
SPLIT-COEFFICIENT; (ca) condición de alta
fricción a un lado y baja fricción al otro
SPLIT-FIELD MOTOR; motor monofásico de
campo dividido
SPLIT-RING CONNECTOR; conector de anillo
partido
SPLITTER; (mec) partidor; (as) placa abridora; (lab)
partidor de muestras
SPLITTING; hendedura, hendidura
TENSILE STRENGTH; resistencia a la tensión
hendidura
SPOIL; (s)(exc) escombros, descombro, desechos
BANK; vaciadero, escombrera, botadero,
terreno, caballero, (M) tiradero, terraplén de
desperdicio
SPOKE; rayo
SPOKESHAVE; bastrén, cuchillo para rayos,
(A) pulidor de madera
SPOOL; carrete, carretel, devanadera
CABLE HANGER; carretel colgadero de cable
INSULATOR; roldana aisladora, aislador de
carrete
VALVE; válvula de carrete
SPOOLER; (pet) bobinadora
SPOON; (ms) cuchara excavadora
BIT; mecha de cuchara
BLOW; (ms) golpe de cuchara
SPOT; (v) colocar, situar, lugar
BOARD; (fc) escantillón indicador de nivel para
la vía
ELEVATION; (top) elevación acotada
LEVEL; elevación arriba o debajo del nivel de
comparación
LIGHTING; iluminación proyectada
PRIMING; (ca) establzación con aglutinante
WELDER; soldadora por puntos
SPOT-FACED; (ala) fresado para las tuercas
SPOTLIGHT; (auto) reflector buscahuellas
SPOTTER; (mec) situador
SPOTTING WINCH; malacate situador
SPOT-WELD; soldar por puntos
SPOUT; (s) pitón, surtidor; caño; (conc) canaleta; (v)
echar; brotar;
ADZ; azuela curva
SPOUTING PLANT; (conc) equipo de torre y
canaletas distribuidoras
SPRAG; (s)(min) puntal; zoquete; (v) apuntalar,
ademar
SPRAY; (s) rocío, rociada; (v) rociar, regar
APPLICATION; aplicación de rocío
BAR; barra rociadora
CARBURETOR; carburador de chorro

CHAMBER; cámara de rocío
DRYING; secado de rocío
GUN; pistola pulverizadora
LIME; cal de rocío
NOZZLE; boquilla de regar, pico regador,
surtidor, pitón atomizador
PAINTING; pintura por pulverización
POND; estanque de rociada, tanque de rocío
TEXTURE; textura a rocío
TOWER; torre rociadora
SPRAYER; (pint) rociador, pulverizador, pistola
pulverizadora
SPRAYING COMPRESSOR; compresora rociadora
SPRAY-ON LINING; revestimiento a rocío
SPREAD; distribuir, esparciar; extender, cubrir,
tender, desparramar
FOOTING; cimiento ensanchado
RECORDER; instrumento medidor de
esparciamiento
SPREADER; (ec) viga de separación, viga cepo,
travesaño, balancín; (moldes) tornapunta, aguja,
separador; (her) desplegador, repartidor; (vá)
partidor; (ca) esparcidor, distribuidor; (ef)
igualador, estirador
BEAM; viga de balancín
BOX; (ca) caja distribuidora, caja esparcidora
PLATE; placa esparcidora
RIDGE; (hid) camellón distribuidor
SPREADER-FINISHER; (ca) paleta esparcidora
SPREADING; palustreamiento
SPREADING RATE; (pint) extensión expecífica
SPRIG; espiga, puntilla, hita
BOLT; perno arponado
SPRING; (s) elasticidad, flexión elástica; (agua)
manantial, fuente, ojo de agua, veneno; (mec)
resorte, ballesta (laminado), muelle; (auto)
elástico; (estación) primavera; (v)(arco) a
rrancar; (est) bombearse; (vol)
ensanchar al fondo; (mec) armar con resortes
BALANCE; balanza
BOLT; cerrojo de resorte
BUFFER; paragolpes de elevador
BUSHING; (auto) buje de ballesta, buje del
elástico
CAPACITY; capacidad de elástico
CALIPERS; calibre de resorte
CATCH; pestillo de resorte
DEFLECTION; flambeo de elástico
DOLLY; sufridera de resorte
FAUCET; grifo de resorte
FLOODS; crecientes de primavera
GOVERNOR; regulador de resorte
HINGE; bisagra de resorte, bisagra de muelle
LATCH; picaporte de resorte, aldaba de resorte
LEAF; hoja de ballesta, hoja de elástico
LINE; arranque, línea de imposta
LOADED; detenido por resortes

LOCK; cerradura de resorte, cerradura de muelle
PLUG COCK; llave de macho invertido y resorte
PUNCH; punzón de resorte
RATING AT GROUND; (tierra) peso total que el resorte puede cargar
SAFETY VALVE; válvula de seguridad de resorte
SEAT; silla de la ballesta
SHACKLE; (auto) grillete de ballesta, gemelo de elástico
STEEL; acero para ballestas
TIDE; marea viva
TRAILER; remolque sobre muelles
WASHER; arandela elástica, arandela de resorte
WATER; agua de manantial, agua de pie
WIRE; alambre para resortes
SPRING-ACTUATED PUMP; bomba de resorte
SPRINGBACK; saltar hacia atrás
SPRINGBOARD; trampolín
SPRINGER; (arco) salmer
SPRING-LOADED GOVERNOR; regulador de resorte
SPRING-RAIL FROG; corazón con carril de muelle
SPRING-SET; (a)(serrucho) trabado
SPRING-TOOTH HARROW; rastra de dientes de resorte
SPRINGWOOD; albura de primavera
SPRINKLE; rociar, regar
SPRINKLER; rociador, regadera
FITTINGS; (tub) accesorios para rociadores automáticos
HEAD; regadera automática, rociador
SYSTEM; instalación para la extinción de incendios por rociadura automática
TRUCK; camión regador
SPRINKLING; rociada, riego, regadura
CART; carro de riego, carro aguatero, carro regador, carricuba
FILTER; filtro rociador, filtro de regadera
HYDRANT; boca de riego
SPROCKET; rueda dentada, rueda de cadena, polea de cadena, corona dentada, (C) catalina
SPROCKET-WHEEL CHAIN; cadena para rueda dentada, cadena de transmisión
SPRUCE; abeto, picea, pino abete
SPRUNG; provisto de muelles o resortes
FOUNDATION; (conc) cimentación con resortes
SAW; sierra doblada o torcida
WEIGHT; soporte total de resorte
SPUD; (s)(draga) pata, puntal, (A) pilón; (vibrador) macho, cabeza vibradora; (pilote) punzón; (exc) azadón; (mad) laya, escarda; (her) punzón; (v)(pet) perforar

KEEPER; armadura de perforadora
VIBRATOR; (conc) vibradora de concreto
WRENCH; llave de cola
SPUDDER; (herr) laya, escoplo; (pet) perforadora
SPUDDING; (pet) barrenamiento con puntal
BEAM; (pet) balancín
LINE; (pet) cable de maniobra
REEL; (pet) carretel
SHOE; (pet) corredera
SPUN; rotación
CONCRETE; concreto apisonado por acción centrifugadora
LINING; (tub) forro centrifugado, revestimiento por rotación
SPUR; espuela, trepadera, escalador; (top) contrafuerte, estribación; (carp) puntal, codal, tornapunta; (arq) riostra; (fc) desvío muerto
BRACE; puntal inclinado
DIKE; espigón, espolón; contradique
GEAR; engranaje recto, engranaje de espuela
GROMMET; ojal de púas
PILE; pilote inclinado
PINION; piñón recto
POINT; (barrena) punta de espuela
TIMBER; (min) montante, estemple
TRACK; desvío muerto, (M) espuela
WHEEL; engranaje recto
SPUR-HEAD ADZ; azuela de espiga
SQUAD; cuadrilla, brigada
SQUARE; (s)(mat) cuadrado, segunda potencia; (carp) escuadra, cartabón; (techado) cuadrado; (ciudad) cuadra, plaza; (v)(mat) cuadrar, elevar al cuadrado; (mad) escuadrar, acodar; (a) cuadrado; a escuadra
CENTIMETER; centímetro cuadrado
EDGE; canto vivo
FOOT; pie cuadrado
GROOVE WELD; soldadura de ranura recta
INCH; pulgada cuadrada
KNOT; nudo llano, nudo de rizos, nudo derecho
MEASURE; medida de superficie
METER; metro cuadrado
MILE; milla cuadrada
ROOT; raíz cuadrada
SHANK; espiga cuadrada
TAPER FILE; lima cuadrada puntiaguda
TWISTED BAR; barra cuadrada torcida
WITH; a escuadra con
YARD; yarda cuadrada
SQUARE-HEAD SETSCREW; tornillo prisionero de cabeza cuadrada
SQUARE-HEAD STOPCOCK; llave de cierre con cabeza cuadrada
SQUARENESS; cuadratura
SQUARE-POINT SHOVEL; pala de punta cuadrada, pala cuadrada
SQUARE-ROOT ANGLE; ángulo de rincón vivo

SQUARING; cuadratura, escuadreo
    SHEAR; cizalla de escuadrar
SQUEAK; *(s)*(maq) rechinado, rechinido; *(v)*(maq) rechinar, chillar
SQUEEGEE; escoba de goma
SQUEEZE; *(s)*(min) estrechamiento del filón; apretón
    FILM LUBRICATION; estado de lubricación
    RIVETER; remachadora de presión
    TIME; (sol) período de presión antes de aplicar la corriente eléctric
    OUT; hacer salir apretando
SQUEEZER; (met) cinglador; (fund) prensa moldeadora
SQUEEZING GROUND; (tún) suelo descompuesto que entra al hoyo
SQUIB; (vol) tronador, carretilla eléctrica
SQUINT BRICK; ladrillo de molde especial
SQUIRREL-CAGE FAN; ventilador a jaula de ardilla
SQUIRREL-CAGE MOTOR; motor de jaula de ardilla, motor de inducido de jaula, motor de inducido de barras
SQUIRT CAN; aceitera a presión, aceitera de fondo flexible
STABBING POINTS; puntos de acero enchufados
STABILITY; estabilidad
    AGAINST OVERLOADING; (dique) estabilidad al giro, estabilidad al vuelco
    AGAINST SLIDING; (dique) estabilidad al deslizamiento, estabilidad al resbalamiento
    FACTOR; (ms) (eléc) factor de estabilidad
STABILITY-LIMIT LOAD; carga máxima de estabilidad
STABILIZATION; estbilización
STABILIZE; (todos sentidos) estabilizar
STABILIZED; estabilizado
STABILIZER; estabilizador; (auto) amortiguador
STABILIZING JACK; (auto) gato estabilizador
STABILOMETER; (asfalto) estabilómetro
STABLE; *(s)* establo, caballeriza, cuadra, pesebrera, pesebre; boyera (bueyes); *(a)*(est)(quím) estable
    DOOR; puerta cortada al medio horizontalmente
STACK; *(s)*(mtl) pila, montón; (cal) chimenea; (pl) tubo vertical de evacuación; *(v)* hacinar, apilar
    EFFECT; efecto de chimenea
    GAS; chimenea de gases generados
    PARTITION; pared divisoria que contiene desperdicios de suelo
    SAMPLING; muestras de materia en la chimenea
    VENT; ventilación de chimenea
STACKER; hacinador, apiladora
    CONVEYOR; transportador hacinador
STACKING; apilonar
    TILE; baldosa apilonada
    TUBE; estructura tubular de almacenamiento
STADIA; estadia, taquímetro

    DISTANCE; distancia taquimétrica
    HAIRS; hilos taquimétricos, pelos de la estadia
    HAND LEVEL; nivel taquimétrico de mano
    LEVELING; nivelación taquimétrica
    ROD; mira taquimétrica
    SURVEY; levantamiento taquimétrico, taquimetría, levantamiento estadimétrico
    TRANSIT; taquímetro, tránsito taquimétrico, estadia
    TRAVERSE; trazado taquimétrico
    WIRES; hilos taquimétricos
STADIMETER; especie de sextante
STADIMETRIC INTERVAL; intercepto estadimétrico
STADIOMETER; estadiómetro
STADIUM; estadio
STAFF; palo, vara; personal de administración; (ed) mezcla de yeso y fibra; (fc) bastón
    GAUGE; escala hidrométrica, limnímetro
STAGE; (mec) grado, etapa; (río) altura, estado
    CONSTRUCTION; construcción por etapas
    DIGESTION; (dac) digestión por etapas
    FILTRATION; filtración por etapas
    GROUTING; inyección por etapas
STAGE-DISCHARGE CURVE; (lluvia) curva de altura-gasto
STAGGER; poner al tresbolillo, hacer tambalear, alternar, saltear
STAGGERED; al tesbolillo, en zigzag, salteado
    FILET WELD; soldadura de filetes alternados
    SPLICES; (ref) empalmes alternados
STAGING; andamiaje; (maq) graduación
STAGNANT; estancado
STAIN; *(s)* tinte, tintura; mancha *(v)* teñir, manchar, descolorar
STAINED GLASS; vidrio de color
STAINLESS STEEL; acero inoxidable, acero inmanchable
STAIR; escalera, escalón, peidaño
    CARRIAGE; miembro de soporte
    LANDING; rellano, descansillo, descanso, mesa
    RAIL; pasamano de escalera
    RISE; distancia vertical del nivel del piso al descanso
    RUN; distancia horizontal del peralte y la plataforma
    STRING; zanca, gualdera, limón, larguero de escalera
    TREAD; peldaño
    WELL; caja de escalera, pozo de escalera, (M) tiro de escalera, hueco de escalera
STAIRCASE; escalera con su armazón
    FORMULA; fórmula de escalera
STAIRHEAD; alto de la escalera
STAIRWAY; escalera
STAKE; *(s)*, (lev) estaca, estaquilla, piquete; (camión) telero, varal; (herr) bigorneta

MARKER; (surv) marcador de estacas
NOTE; (surv) registro de colocación de estacas
OUT; replantear, estacar, estaquillar, estaquear
STAKE-BODY TRUCK; camión de estacas
STAKEMAN; (surv) estaquero
STAKING OUT; estacado, replanteo, piqueteo, piquetaje
STAKING PLAN; (dib) plano de colocación de estacas
STALE SEWAGE; aguas cloacales libres de oxígeno pero aún sin putrefacción
STALK; sección vertical de muro de retención de concreto
STALL; (s) pesebre; (min) cámara; (v)(maq) parar, ahogar, atascar; pararse, ahogarse, atascarse
STAMP; (s)(min) mazo, pisón; (v) troquelar, estampar; (min) triturar
HAMMER; martillo de estampa
MILL; bocarte, molino de mazos, batería de mazos
STAMPED; estampado
METAL; metal estampado
THREAD; filete troquelado
STAMPING; estampado
DIE; matriz de estampa, estampa
MACHINE; estampadora, troqueladora
STANCHION; poste, pie derecho, montante; (cn) candelero
STAND-ALONE SYSTEM; (computadora) sistema capaz de completar la función de diseño sin asistencia
STANDARD; (s) norma, corriente, modelo, tipo, patrón; (mec) soporte, pilar; (a) normal, tipo, corriente, de norma
AIR; aire normal
ATMOSPHERE; atmósfera típica
BEND; (ref) dobladura de anclaje
CANDLE; bujía patrón, bujía normal
CONDITION; condición normal
CURING; curación típica
DETAIL; (dib) detalle normal
DEVIATION; (mec) desviación normal
DIMENSION; dimensión designada
DRILLING; perforación normal
EQUIPMENT; (auto)(maq) dotación corriente, equipo normal, accesorios de norma
FITTINGS; (tub) accesorios corrientes
GAGE; trocha normal, entrevía normal
HUNDRED; medida para madera de varios valores
KNOT; (mad) nudo sano de 1-1/2 pulgadas de diámetro o menos
LOADING; (pte) carga típica
PIPE; tubería corriente
PENETRATION; (ms) resistencia a penetración
PENETRATION TEST; (ms) a prueba de penetración

PLAN; dibujo patrón, plano tipo
PRESSURE; presión normal
RATING; clasificación normal
SAND; arena normal
SECTION; perfil normal, sección típica
SIZE; tamaño normal, tamaño modelo
SLUMP; (conc) asentamiento normal
SPECIFICATION; especificación normal, especificación modelo
STANDARD-DUTY INSULATOR; aislador corriente
STANDARDIZE; normalizar, (M) estandardizar
STAND-BY BOILER; caldera de reserva
STANDBY CREW; personal de recurso
STAND-BY POWER PLANT; central auxiliar, planta de reserva, (A)(U) usina auxiliar
STANDBY POWER SUPPLY; (eléc) potencia de recurso
STANDEE; barra especial de reforzamiento
STANDING; erecto, estable, estancado
BLOCK; motón fijo
FID; pasador de cabo con base
LEVEL; (pozo) nivel de equilibrio
LINE; cable fijo
PIER; pilar de puente fijo
RIGGING; jarcias muertas
ROPE; cabo muerto
SEAM; (sml) junta de plegado saliente
TIMBER; madera viva, madera en pie
WATER LEVEL; nivel de agua estancada
WAVE; onda fija, ola estacionaria
STANDING-WAVE FLUME; aforador de resalto, (M) medidor de resalto
STAND OF TIMBER; conjunto de madera en pie
STANDPIPE; (hid) depósito regulador, columna reguladora; (ed) tubo vertical, bajante; (fc) grúa de agua, grúa hidráulica; (carburador) tubo vertical
STANDSTILL; (maq) parada
STAND-UP TIME; (exc) tiempo una excavación sin soporte puede ser mantenida
STANNATE; (quim) estannato
STANNIC; estánnico
STANNIDE; estannido
STANNITE; (quím) estannito; (miner), estaño piritoso
STANNOUS; estañoso, estannoso
OXIDE; óxido estannoso
STAPLE; (s) picolete, armella, cerradero, grampa, argolla, (C) alcayata; (v) engrampar
PULLER; sacaarmellas
STAPLER; grapadora
STAR; estrella
BIT; broca estrellada
CONNECTION; (eléc) conexión de estrella
DRILL; barrena de filo en cruz

WHEEL; rueda de estrella
STARBOARD; estribor
STARCH SOLUTION; (is) solución de almidón
STARCH-IODINE; (is) almidón-yodo
STAR-DELTA CONNECTION; (eléc) conexión
    estrella-triángulo, conexión Y-delta
STARLING; tajamar, espolón
STARRED ANGLES; (est) columna de dos ángulos
    formando cruz, ángulos en cruz
STAR-STAR CONNECTION; (eléc) conexión
    estrella-estrella, conexión Y-Y
START; *(v)*(maq) poner en marcha, arranque,
    echar a andar; *(s)* comienzo
    OF CONSTRUCTION; comienzo de
    construcción
STARTABILITY; arrancabilidad
STARTER; (perforadora) barena primera; (auto)
    arrancador
    BAR; (conc) barra reforzadora saliente
    PEDAL; botón de arranque, pedal de arranque
    STRIP; (techo) cinta primera en el techo
STARTING; (maq) arranque, puesta en marcha
    ACCELERATION; aceleración de arranque
    BOX; (eléc) arrancador, caja de arranque
    COMPENSATOR; compensador de arranque
    CRANK; manivela de arranque
    NEWEL; poste debajo de los escalones
    POINT; (surv) punto de arranque
    RESISTANCE; resistencia de arranque
    RHEOSTAT; reóstato de arranque
    STEP; primer escaló
    SYSTEM; sistema de arranque
    TORQUE; par de arranque, momento de torsión
    de arranque
START-STOP SWITCH; interruptor de contacto
    momentáneo
START-UP; (maq) arrancar, poner en marcha
    COST; costo de arranque
    TIME; período de arranque
STATE; estado, condición
STATED SPEED SIGN; (ca) señal de velocidad
    obligatoria
STATE-OF-THE-ART; estado del arte, desarrollos
    mas recientes
STATIC; estático
    BALANCE; equilibrio estático
    BONDING; (eléc) conexión que elimina cargos
    eléctricos estáticos
    CONDUCTIVE; (eléc) conductor de
    electricidad estática
    CONDENSER; condensador estático
    CONE PENETRATION TEST; (ms) ensayo de
    penetración con cono
    ELECTRICITY; electricidad estática
    FRICTION; fricción estática
    HEAD; (hid) carga estática
    INDUCTION; inducción electrostática

    JOINT; junta inmovil
    LOAD; (est) carga estática
    MOMENT; momento estático
    ROCK STRENGTH; esfuerzo estático de piedra
    SEAL; (maq) sello estático
    TIPPING LOAD; (maq) carga mínima
    basculable
    TORQUE; momento de torsión de arranque
    WATER LEVEL; (pozo) nivel de agua estática
    WATER SUPPLY; abastecimiento de agua
    inmovil
    WIRE; (eléc) alambre estático
STATICAL; estático
    FRICTION; fricción de arranque, rozamiento
    estático
STATICALLY INDETERMINATE; estáticamente
    indeterminado, (A) hiperestático
STATICS; estática
STATION; (fc) estación; (fuerza) central, estación,
    planta, (A)(U)(B) usina; (lev) progresiva,
    estación
    ADJUSTMENT; (surv) corrección de estación
STATIONARY; fijo, estacionario
    CONTACT MEMBER; (eléc) pieza fija de
    contacto
    EMISSION SOURCE; facilidad estacionaria
    que descarga gases y vapores
    HOPPER; contenedor de concreto mezclado
STATIONING; (surv) estacionamiento
STATION-POWER SWITCHBOARD; tablero de
    consumo propio
STATISTICAL SAMPLING; muestras estadísticas
STATISTICS; datos estadísticos
STATOR; estator
STATOSCOPE; estatóscopo
STATUTE MILE; milla legal inglesa, milla terrestre
STAUNCHING BEAD; aberturas verticales en una
    prensa
STAUROLITE; estaurolita, piedra de cruz
STAVE; *(s)* duela
    JOINTER; juntera de duelas
    PIPE; tubería de duelas
STAY; *(s)* tirante, riostra, (C) estai; *(v)* atirantar,
    arriostrar, riostrar
    BAR; barra temporal
    BOLT; virotillo, contrete, estay, trabante, riostra,
    perno de puntal, tirante, espárrago
    PILE; pila de anclaje
    PLATE; (est) placa de refuerzo, placa
    atiesadora, plancha de rigidez
    RING; (turb) anillo distribuidor
    ROD; tirante
    ROLLER; rollete de guía
    TUBE; tubo tirante
STAY-BOLT HAMMER; martillo para virotillos
STAY-BOLT TAP; herramienta que combina
    escariador, macho ahusado y macho recto

STEADY; firme; estable; regular
    FLOW; flujo laminar
    PIN; clavija de fijación
    REST; (mt) centrador fijo
    STATE; condiciones de operación bajo carga constante
STEAM; *(s)* vapor; *(v)* tratar a vapor; emitir vapor; (cal) generar vapor, dar vapor
    ATOMIZATION; atomización de vapor
    BLOWER; soplador de vapor
    BOX; (conc) cerramiento para productos de vulcanización a vapor
    CHEST; cámara de vapor, caja de vapor
    CLEANING; limpieza a vapor
    COCK; llave de cierre para tubería de vapor
    COIL; serpentín de vapor
    CURING; vulcanización a vapor
    DOME; cúpula de vapor, cúpula de caldera
    DRUM; tambor de vapor, colector de vapor
    ENGINE; máquina de vapor, máquina a vapor
    FIT; ajuste a prueba de vapor
    FITTER; tubero, cañero
    GAGE; manómetro
    GAS; vapor altamente recalentado
    HAMMER; martinete a vapor, (A) maza de vapor, (M) pilón de vapor
    HEATING; calefacción por vapor
    HOSE; manguera para vapor, (A) caño para vapor
    JAMMER; máquina cargadora de troncos
    JET; chorro de vapor
    JOINT; junta a prueba de vapor
    LEAD; (mr) avance de admisión
    METAL; aleación resistente al vapor
    PACKING; empaquetadura para tubería de vapor
    PLANT; instalación de calderas, planta generadora de vapor; planta eléctrica a vapor
    POWER; fuerza a vapor
    POWER PLANT; planta de vapor, (A) usina térmica; central termoeléctrica
    PUMP; bomba a vapor
    PURIFIER; depurador de vapor
    ROLLER; aplanadora a vapor, cilindro de vapor, rodillo a vapor
    SHOVEL; pala de vapor, (A) excavadora a vapor
    SIPHON; eyector a chorro de vapor
    SIZES; (coal) los cuatro tamaños de antracita hasta el máximo de 1 pulgada
    SPECIALITIES; accesorios para instalación de fuerza a vapor
    STAND-BY PLANT; planta térmica auxiliar, planta de reserva a vapor, (A) usina térmica auxiliar
    TRAP; interceptor de agua, separador de agua, atrapadora de agua

    TURBINE; turbina de vapor, turbina a vapor
    VALVE; válvula de admisión; válvula para tubería de vapor
STEAM-BLOWN ASPHALT; asfalto refinado al vapor
STEAMBOAT COAL; antracita del tamaño mayor
STEAMBOAT RATCHET; manguito roscado con trinquete
STEAM-DRIVEN; a vapor, accionado por vapor
STEAM-ELECTRIC POWER PLANT; cental termoeléctrica, (A) usina termoeléctrica
STEAMER CONNECTION; (hidrante) boquilla para bomba de incendios
STEAM-JET EJECTOR; eyector a chorro de vapor
STEAMPROOF; a prueba de vapor
STEAMTIGHT; estanco al vapor
STEARATE; estearato
STEARIC ACID; ácido esteárico
STEATITE; esteatita, jaboncillo
STEEL; acero; (perforación) barrenas
    CASTING; fundición de acero
    EMERY; abrasivo de acero de crisol pulverizado
    ERECTOR; armador de acero
    FIBER; (conc) fibra de acero para reforzamiento
    FOUNDRY; fundición de acero
    FRAME; armazón de acero, armadura de acero
    HOLDER; portabarrena
    JOIST; viga de acero prensado para construcciones livianas
    MILL; fábrica de acero, acería, taller siderúrgico
    PLATE; plancha de acero, palastro de acero
    SHAPE; perfil de acero
    SHEET PILING; tablestacas de acero, pilotes de palastro
    SLAB; palastro de acero, losa gruesa de acero
    SQUARE; (herr) escuadra de acero
    TAPE; (surv) cinta de acero, (Ch) huincha de acero
    TURNINGS; alisaduras de acero, virutillas
    WOOL; virutas de acero, (C) estopa de acero
STEEL-CLAD HOISTING ROPE; cable de alambre de seis torones cada uno forrado de acero plano
STEEL-FRAME BUILDING; edificio de armazón de acero
STEEL-REINFORCED TREAD; llanta reforzada con acero
STEEL-TRAY WHEELBARROW; carretilla de cuerpo de acero
STEELWORK; estructura de acero; montaje dde acero estructural
STEELWORKER; erector, montador, herrero de obra; trabajador en un taller siderúrgico
STEELWORKS; fábrica de acero, oficina siderúrgica, acería, (A)(U) usina siderúrgica

STEELYARD; romana
STEEP; parado; empinado, escarpado, pino, acantilado
    ASPHALT; asfalto de techado
STEEPLE; campanario, aguja
STEEPLEJACK; reparador de campanarios
STEER; *(v)*(auto) guiar, dirigir; (náut) timonear
STEERING; dirección, gobierno
    ARM; brazo de dirección
    ASSEMBLY; conjunto de dirección
    AXLE; eje director
    BRAKE; freno de dirección
    CLUTCH; embrague de dirección
    COLUMN; columna de dirección
    KNOB; botón de dirección
    KNUCKLE; muñón de dirección; charnela de dirección
    LOCK; (auto) ángulo máximo de desviación de las ruedas delanteras
    WHEEL; (auto) volante de dirección, rueda de dirección; (náut) rueda del timón
STEERING CLUTCH ASSEMBLY; conjunto del embrague de dirección
STEERING-WHEEL PULLER; sacavolante
STELLITE; estelita
STEM; *(s)*(vá) vástago, varilla; (viga T) alma; (náut) roda; (conc) parte vertical de muro de retención; *(v)*(vol) atacar
    BAR; barra en sección de pared
    WALL; pared desde la cimentación hasta el piso bajo
STEMMING; (vol) taco
STEMPLE; estemple, montante
STEMSON;   contrarroda, contrabranque
STEMWOOD; (mad) madera de la parte principal del árbol
STENCH TRAP; (dac) trampilla guardaolor
STENCIL; *(s)* estarcido, (C) calado, (A) abecedario; *(v)* estarcir
STEP; *(s)* paso; (escalera) escalón, peldaño, grada; (auto)(fc) estribo; (mec) quicionera, rangua; (náut) carlinga; *(v)* medir a pasos; escalonar, (mástil) planter
    AERATOR; areador de escalones
    BEARING; rangua, quicionera, tejuelo
    BOLT; perno para peldaños
    BRACKET; ménsula
    EDGER; canteador de peldaños
    EXCAVATION; (dique) excavación para formar escalones
    FAULT; (geol) falla escalonada
    GAGE; calibre escalonado
    GRATE; parrilla escalonada
    JOINT; junta escalonada
    SPLICE; (fc) junta escalonada
    TAP; macho escalonado
STEP-DOWN TRANSFORMER; transformador reductor

STEPHENSON LINK; cuadrante oscilante, sector de Stephenson, corredera de Stephenson
STEPLADDER; escalera de tijera, escalera de mano
STEPPED; escalonado
    COLUMN; (est) columna escalonada
    FLASHING; (techo) vierteaguas escalonadas
    FOOTING; cimiento de retallo, fundación escalonada
    KEY; llave de paletón
    LEVEL BOARD; (fc) patrón de peralte
    PULLEY; polea escalonada
    REAMER; escariador escalonado
    SKIRTING; guarnición de asfalto de pozo de escalera
STEP-TAPERED PILE; pila de concreto escalonada
STEP-UP TRANSFORMER; transformador elevador
STEREOAUTOGRAPH; estereoautógrafo
STEREOCOMPARATOR; estereocomparador
STEREOGRAPHIC; estereográfico
STEREOGRAPHY; estereografia
STEREOMETER; estereómetro
STEREOMETRIC MAP; mapa estereométrico
STEREOPHOTOGRAPHY; estereofotografía
STEREOPLOTTING; estereotrazado
STEREOSCOPE; estereoscopio
STEREOSCOPIC; estereoscópico
    PAIR; par estereoscópico
    PLATTING; trazado estereoscópico
STEREOSCOPY; estereoscopía
STEREOSTATIC; geostático
STEREOTOMY; estereotomía
STEREOTOPOGRAPHIC; estereotopográfico
STERILE; estéril
STERILIZE; esterilizar, desinfectar
STERNPOST; codaste, roda de popa
STEVEDORE; estibador
STIBNITE; antimonio gris, estibnita
STICK; *(s)* palo; (dinamita) cartucho; *(v)* pegar; adherirse
STICKER; etiqueta engomada
STICKY CEMENT; cemento viscoso
STIFF; *(a)*, (est) rígido, tieso; (conc) tieso, duro, consistente, (A) denso; (líquido) espeso
STIFFEN; atiesar; endurecer; espesar
STIFFENER; (est) atiesador, montante de refuerzo, ángulo atiesador; contrafuerte
    LIP; (est) extensión corta en sección de acero
STIFFENING; refuerzo, tiesura
    ANGLES; ángulos atiesadores, montantes de refuerzo
    BEAM; (ed) viga atiesadora, viga de rigidez
    GIRDER; (est) sección de acero atiesadora
    TRUSS; (ed) armadura atiesadora, armadura de rigidez, (M) trabe de rigidez
STIFFLEG DERRICK; grúa de brazos rígidos, (M) grúa de piernas rígidas

STIFFLEG IRONS; herrajes del brazo rígido
STIFFNESS; (est) rigidez; (maq) dureza, tiesura
    FACTOR; factor de rigidez
STILE; (puerta) larguero, montante
STILL; *(s)* alambique, destiladora
    AIR; aire quieto
    WATER; agua muerta, agua estancada; agua
    mansa, agua tranquila
STILLING; amortiguación
    POOL; (hid) lecho amortiguador, cuenco
    amortiguador, estanque amortiguador, tazón, (M)
    colchón hidráulico
    RACK; rejilla amortiguadora
    WELL; pozo de calma, pozo amortiguador
STILLING-POOL WEIR; (A) contrapresa
STILLSON WRENCH; llave para tubos, llave
    Stillson, caimán, (C) picoloro
STILTED ARCH; arco peraltado
STINGER BLADE; (trademark) hoja punzante
STINKDAMP; (min) hidrógeno sulfurado
STIPPLE; revestimiento áspero
STIRRER; (lab) agitador
STIRRUP; estribo
    PUMP; bomba de estribo
STITCH RIVET; remache de punto
STITCH WELDING; soldadura de punto
STOCK; *(s)*(roscar) terraja, tarraja, portacojinete;
    (mtl) existencias; (ancla) cepo; (yunque) cepo;
    (caballos) semovientes; (cepillo) caja; (fin)
    acciones; *(v)* almacenar, acopiar; tener en
    existencia
    DOOR; puerta de tamaño normal
    IN; en existencia, en almacén
    LENGTHS; largos corrientes
    PASS; (fc) paso inferior para ganado
    PILE; pila de existencia, montón de reserva
    RAIL; riel maestro, riel continuo, carril
    contraaguja
    ROTATION; rotación de material en almacen
    SIZE; tamaño corriente
STOCKCAR; carro ganadero, vagón jaula
STOCKHOLM TAR; alquitrán de leña
STOCKING; utilización de árboles en tierra
STOCK-PILE; apilar material de existencia,
    almacenar en montones
STOICHIOMETRIC RATIO; relación
    estoicométrica, relación de aire/combustible
STOKE; cargar, alimentar
STOKER; (mec) alimentador, cargador; (hombre)
    fogonero, cargador, foguista
    TIMER; aparato de distribución automática
STONE; piedra
    AX; martillo para desbastar piedra
    BOLT; castañuela
    COLUMN; piedra inyectada al suelo
    CRUSHER; chancadora de piedra, quebradora
    de piedra, trituradora

    DRAIN; drenaje con piedras
    DUST; polvo de piedra, polvo de trituración
    FORK; (fc) horquilla para balasto
    HAMMER; dolobre, almádana, marra
    MACADAM; macádam de piedra
    MASONRY; mampostería de piedra, albañilería
    de piedra, calicanto, cal y canto
    PAVEMENT; empedrado
    QUARRY; cantera, pedrera
    SAND; arena artificial, arena molida
    SAW; sierra de cantero
    SCREENINGS; residuos de chancado, recebo,
    grancillas
    SEAL; (ca) capa final de granzón
    SLEDGE; mandarria, marra, almádena
    TONGS; tenazas para manejar piedras
    WEDGE; cuña de cantero
    WIRE; alambre en paquetes de 12 libras
STONEBOAT; rastra
STONECUTTER; cantero, cincelador, picapedrero,
    pedrero, tallista de piedra
STONECUTTING; cantería, labrado de piedra
    YARD; cantería
STONE-HOIST HOOKS; ganchos para izar sillares
STONEMASON; albañil, mampostero, asentador
STONEWARE; gres
STONEWORK; obra de mampostería
STONEY GATE; (hid) compuerta Stoney
STOOL; (ventana) listón interior de la solera
STOOP; escalinata de entrada
STOP; *(s)*(mec) tope, limitador, parador; (ventana)
    moldura de guía; (fc) parada, paradero, alto;
    (cerradura) seguro; (puerta) tope; *(v)* parar,
    detener; pararse, detenerse; tapar, atascar,
    obstruir
    BEAD; batiente
    BUTTON; botón de tope
    KEY; llave de seguridad
    LIGHT; (auto) lámpara de alto, luz de parada
    LOGS; (hid) vigas horizontales de cierre,
    tableros de cierre, travesaños corredizos, (A)
    palconcellos
    NUT; tuerca limitadora, tuerca de tope
    PLANK; tablón de cierre
    PLUG; tapón de tope
    SCREW; tornillo de tope
    SIGNAL; señal de alto, señal de parada
    VALVE; válvula de cierre
    WATCH; reloj de segundos muertos
STOP-AND-WASTE COCK; llave de cierre con
    orificio de drenaje
STOP-BEAD ADJUSTER; ajustador de batiente
STOPCOCK; llave de cierre, llave de paso
STOP-LOG GROOVE; ranura de ataguiamiento,
    ranura para viguetas de cierre
STOPE; *(s)*(min) labor escalonada, grada; *(v)*(min)
    avanzar por escalones

CUTOUT; grada ramal
RAISE; contracielo escalonado
STOPER; perforadora para agujeros verticales, perforadora de realce
STOPPER; tapón, tapadero, tapador, taco; (cab) boza
STOPPING; (maq) parada
DISTANCE; (ca) distancia para parada
STOPWORKS; (esclusa) dispositivo para fijación del pestillo o cerrojo
STORAGE; almacenaje, almacenamiento
BATTERY; acumulador, batería
BIN; tolva de almacenaje
CAPACITY; capacidad de almacén
CELL; acumulador
COEFFICIENT; (hid) volumen de descarga agua por capa acuífera
PILE; pila de acopio
PIT; hoyo retenedor de desperdicios sólidos
RESERVOIR; embalse de almacenamiento, estanque almacenador, embalse de reserva, depósito de acumulación, (M) presa de almacenamiento
TANK; tanque almacenador
TRACK; vía de reserva
YARD; (fc) patio de reserva
STOREHOUSE; almacén
STOREROOM; despensa, bodega, almacén, pañol
STORE YARD; (mtl) patio de almacenaje, plaza de acopio, cancha de almacenaje, corralón de materiales
STORM; tormenta, temporal
CELLAR; sótano reforzado contra tormentas
DOOR; cancel, contrapuerta
DRAIN; desagüe de agua pluvial
OVERFLOW; (ac) aliviadero de agua sobrante o de crecidas
SASH; contraventana, contravidriera
SEWAGE; agua pluvial de albañal
WATER; agua pluvial, aguas meteóricas
WINDOW; ventana contra tormentas
STORM-WATER SEWER; colector de agua de lluvia, conducto pluvial, (A) colector de aguas blancas, pluvioducto, conducto de tormenta
STORMPROOF; a prueba de tormenta
STORM-WATER TANK; tanque de agua pluvial
STORY; (ed) piso, alto, (C) planta
STOVE; estufa, hornillo
BOLT; perno de ranura, perno de cabeza ranurada, perno de muesca
COAL; antracita de tamaño 1 a 1-1/2 pulgadas
STOW; estibar, arrumar, (Col) atibar
STOWAGE; estiba, arruaje; bodega
STRADDLE; horquillar
MILL; fresa de corte lateral
TRUCK; camión a horcajadas o de caballete
STRADDLE-MOUNTED; (mec) montado a horcajadas

STRAIGHT; (a) derecho, recto
DYNAMITE; dinamita corriente
FILE; lima derecha
GRAIN; (mad) veta recta, fibra derecha
LINE; línea recta
REAMER; escariador cilíndrico, escariador paralelo
SHANK; espiga cilíndrica, espiga pareja
TAP; macho cilíndrico
TIME; sueldo uniforme por horas; sueldo constante
STRAIGHT-BLADE FAN; ventilador de aletas planas
STRAIGHTEDGE; (s) escantillón, gálibo, regla; regla recta, emparejador, aplanadera, readera, reglón
STRAIGHTEN; enderezar, poner derecho, rectificar, desencorvar; desalabear, desenmarañar
STRAIGHTENING; enderezador, rectificador
MACHINE; máquina enderezadora
ROLLS; cilíndros de enderezar
TOOL; enderezador, (A) grifa
STRAIGHT-JOINT TILE; (techo) teja de línea recta
STRAIGHT-LINE; línea recta, lineal
COMPRESSOR; compresora en línea recta
DEPRECIATION; depreciación por reducción anual de un porcentaje uniforme del costo primitivo
DISTRIBUTION; repartición lineal
DIAGRAM; (eléc) diagrama de acuerdo a circuitos
THEORY; teoría en el análisis de concreto reforzado
STRAIGHT-PEEN HAMMER; martillo de peña derecha
STRAIGHT-RUN PITCH; pez de la primera destilación
STRAIGHT-SHAFT PIER; pilón de pozo recto
STRAIGHTWAY; de paso recto
PUMP; bomba de paso recto
VALVE; válvula de paso recto
STRAIGHT-WEB SHEET PILING; tablestancas de alma recta
STRAIGHT-WHEEL GRADER; niveladora de rueda recta
STRAIN; (s)(cab) tensión, tirón, tirantez; (mec) deformación; (v) estirar, forzar, someter a esfuerzo; (mec) deformar; (líquido) colar
AGING; (met) envejecimiento por deformación
EAR; (fc eléc) oreja de anclaje, ojete tensor
ENERGY; energía en cuerpo elástico, energía de deformación
GAGE; medidor de deformación
HARDENING; (met) endurecimiento por deformación
INSULATOR; aislador de amarre, aislador de anclaje

METER; medidor de deformación, (M)
fatigámetro
POLE; poste de retención
TOWER; torre de retención
WIRE; alambre con centro de acero
STRAINER; colador, coladera, cedazo, criba,
tamizador; (bomba) cesta de aspiración,
chupador, alcachofa; (mec) tensor
STRAIT; pasaje, estrecho, bocal
STRAKE; traca, (A) curso
STRAND; *(s)*(cab) cordón, cabo, hebra, trenza,
ramal, torcido, (M) hilo, torzal; (correa) tramo;
(v)(náut) encallar, vararse, zabordor
WRAPPING; (conc) envoltura con cordón
STRANDED; (cab) trenzado, trefilado; (náut)
encallado, varado
CONDUCTOR; (eléc) alambre trenzado
STRANDING MACHINE; máquina torcedora
STRAND-LAID; (cab) acolchado
ROPE; cable acolchado
S TRAP; sifón en S
STRAP; *(s)* correa; (acero) barra chata, solera,
llanta; (motón) guarnición
ANCHOR; trabilla de fleje
HINGE; gozne, bisagra de paleta, bisagra de
ramal, (A) bisagra gozne
IRON; fleje de hierro, cinta de hierro
WELD; soldadura con cubrejunta
STRAPPING; zunchamiento
STRATIFICATION; estratificación
STRATIFIED; estratificado
STRATIGRAPHIC; estratigráfico
THROW; (geol) separación estratigráfica
STRATIGRAPHY; estratigrafía
STRATOSPHERE; estratosfera
STRATUM; capa, estratificación, estrato, camada,
cama, manto, lecho, horizonte; (U) banqueto
STRAW; paja
BOSS; cabo de cuadrilla, subcapataz
LINE;   cable de traslación
STRAY POWER; energía perdida en el generador
STREAK; *(s)*(min) filón, veta
STREAM; río, arroyo; corriente
BED; lecho, álveo
CAPTURE; (geol) captura, (A) captación
ENCLOSURE; confinamiento de corriente,
encañado de corriente
FLOW; gasto, caudal
GAGE; escala hidrométrica, hidrómetro,
aforador, escala fluviométrica, limnímetro, mira
GAGER; aforador, (Ch) hidromensor, (Es)
hidrómetra
GAGING; aforo, hidrometría
GRADIENT; gradiente fluvial
POLLUTION; polución fluvial
STREAM-FLOW RECORDS; registros del gasto,
registro hidrométrico

STREAMING FLOW; caudal subcrítico
STREAMLINED; aerodinámico, perfilado,
fuselado, (U) de línea de corriente,
hidrodinámico, (M) correntílíneo
STREAMLINE FLOW; flujo laminar, flujo viscoso
STREET; calle
ELBOW; codo roscado macho y hembra
FLUSHER; camión-tanque lavador de calles
FORM; (conc) molde para cordón y cuneta
INLET; (ac) boca de calle, sumidero, (A) boca
de tormenta, boca de entrada
INTERSECTION; bocacalle, intersección de
calles
PLATES; (caterpillar) protectores para
pavimentos
RAILWAY; tranvía, ferrocarril urbano,
(PR) trole
SWEEPER; barredor de calles
T; (tub) T roscado macho y hembra
STREETCAR; coche de tranvía
RAIL; riel acanalado, riel tranviario, carril de
tranvía
TRACK; vía tranviaria, vía de tranvía
STREET CLEANING EQUIPMENT; equipo
para aseo de calles
STRENGTH; fuerza; (mtl) resistencia; (eléc)
intensidad; (solución) concentración
LIMIT STATE; (est) estado de resistencia
máxima
OF MATERIALS; resistencia de materiales
STRENGTH-DESIGN METHOD; (est) diseño a r
esistencia
STRENGTHEN; fortalecer
STRESS; *(s)* esfuerzo, fatiga, solicitación, tensión,
(A) tensión; *(v)* someter a esfuerzo, fatigar,
solicitar, (U) esforzar
ANALYSIS; (est) calculación de esfuerzos
CRACKING; (conc) agrietamiento debido a
esfuerzos
DIAGRAM; diagrama de los esfuerzos
DISTRIBUTION; repartición de los esfuerzos
RELAXATION; relajamiento del esfuerzo, (A)
relajamiento de tensión
RELIEVING; alivio de esfuerzos,
desfatigamiento
STRESS-GRADE LUMBER; madera clasificada por
esfuerzo admisible
STRESSING END; (conc) extremo de esfuerzo
STRESS-STRAIN CURVE; curva de deformaciones
STRETCH; *(s)* alargamiento, elasticidad, extensión;
trecho, tramo, tirada, trayecto; *(v)* estirar, ex
tender; alargarse, extenderse
STRETCHER; (lad) soga, ladrillo al hilo
STRETCHING; estiramiento
STRIA; (geol) estría; (vidrio) cuerdas
STRIATED; estriado
STRIATION; estriación, estriadura

STRICKLE; *(s)* escantillón; *(v)* enrasar
STRIDING LEVEL; (surv) nivel montado
STRIKE; *(s)*(hombres) huelga, paro, paro obrero;
    (geol) rumbo, arrumbamiento, (cerradura)
    hembra; *(v)* golpear; parar, estar en huelga
    CENTERS; descimbrar, quitar las cimbras
    FAULT; (geol) falla corriente
    JOINT; (lad) biselar hacia dentro
    OFF; (mam) enrasar, nivelar
    SLIP; (geol) desplazamiento horizontal
STRIKE-OFF BOARD; escantillón, regla recta,
    emparejador
STRIKER; golpeador, huelguista
    PLATE; (puerta) placa de cerrojo
STRIKING; golpeo, martilleo
    HAMMER; macho, mandarria, porra, porrilla,
    combo
    JOINTS; quitar el lechado exceso
    STILE; (puerta) montante de la cerradura
STRING; *(s)* cuerda, cordel, bramante; (escalera)
    limón, zanca, gualdera; (escala) montante;
    (vidrio) cuerdas
    BOARD; cubierto de gualdera
    COURSE; (ed) cordón
    INSULATOR; aislador de cadena
    LINE; línea de elevación
STRINGER; (pte) larguero, viga longitudinal;
    (caballete) viga; (fc) carrera, durmiente
    longitudinal; (cn) trancanil; (min) venilla, venita
    LODE; filón que contiene muchas vetillas
    irregulares
    PLATE; plancha trancanil
STRIP; *(s)* franja, faja, tira, cinta; (met) tira; *(v)*(exc)
    escarpar, despejar, desmontar, desencapar;
    (moldes) desencofrar, desmoldar, quitar formas;
    (corteza) descortezar; (rosca) estropear,
    desgarrar; (aislamiento) desforrar, desaislar;
    (maq) desguarnecer
    BALLAST; *(v)* deslastrar
    BATTENS; *(v)* deslatar
    BOARDS; *(v)* desentablar, desentarimar
    BURNING; (bosque) quemado por tiras
    FLOORING; piso sólido de tablones de
    canto
    FOOTING; cimentación continua
    FUSE; (eléc) fusible de cinta, tira fusible
    LOAD; (ms) carga de faja
    MILL; laminador de tiras
    MINING; minería de cierro abierto
    PLASTER; *(v)* desenyesar
    RIGGING; *(v)* desenjarciar, desguarnir,
    desaparejar
    ROOF TILES; *(v)* desentejar
    SEALANT; sellador en tiras
    SHEATHING; *(v)* desaforrar
    SOD; *(v)* desencespedar
    STEEL; chapa de acero en tiras

STRIPING MACHINE; (ca) máquina fajadora,
    rayadora
STRIPPER; (moldes) desmoldador; (mh) separador;
    (pet) raspador, limpiador
STRIPPING; (exc) despejo, desmonte, escarpado;
    (moldes) desmolde, desencofrado
    BAR; barra sacaclavos
    FOREMAN; (conc) jefe desmoldador, capataz
    del desconfrado
    SHOVEL; desencapador, pala desencapadora
STROBOSCOPE; estroboscopio
STROBOSCOPIC; estroboscópico
STROKE; golpe, choque; (émbolo) carrera,
    recorrido, embolada
STRONG; (mtl) resistente; (maq) fuerte; (eléc)
    intenso; (solución) concentrado, fuerte
    AXIS; eje principal
    SEWAGE; aguas negras con bastante materia
    orgánica
STRONGBACK; larguero, cepo, carrera
STRONTIUM; estroncio
    OXIDE; óxido de estroncio, estronciana
STRUCK JOINT; (mam) junta biselada hacia
    adentro y hacia abajo
STRUCK MEASURE; volumen enrasado,
    capacidad rasada, capacidad al nivel
STRUCTURAL; estructural, de construcción
    ADHESIVE; adhesivo estructural
    ALTERATIONS; cambio estructural
    ANALYSIS; análisis estructural
    BOND; ligazón estructural
    BRONZE WORK; broncería de obra
    CARPENTRY; capintería de obra, (V)
    carpintería de armar
    CLAY UNIT; arcilla refractaria
    COMPETENCE; capacidad estructural
    CONCRETE; concreto de calidad estructural
    DESIGN; diseño estructural
    DRAWING; dibujo estructural, plano estructural
    ENGINEER; ingeniero de estructuras
    EXCAVATION; excavación estructural
    FILL; relleno estructural
    FRAME; armazón estructural
    GLASS; (ed) cuadernal de vidrio
    GRADE; calidad estructural, grado estructural
    INTEGRITY; integridad estructural
    IRONWORK; herrería de obra, herraje
    estructural
    IRONWORKER; herrero de obra, armador de
    herrería
    LUMBER; madera de construcción
    MEMBER; miembro de estructura
    RAMP; (auto) rampa estructural
    SANDWICH CONSTRUCTION; construcción
    laminar
    SHAPE; perfilado, hierro perfilado, perfil de
    grueso, perfil estructural

SLAB; losa reforzada de concreto
SOUNDNESS; sanidad estructural
SPECIFICATIONS; especificaciones estructurales
STEEL; acero estructural, acero de construcción
SYSTEM; ensamblaje estructural
TILE; bloque refractario de construcción
TIMBER; madera de construcción, madero
WORKER; montador, erector, herrero de obra
WRENCH; llave de cola, llave para armar acero
STRUCTURE; estructura, construcción; (geol) estructura
    CONTOURS; (geol) curvas de nivel
    SECTION; (ca) sección de material completo
STRUT; *(s)* puntal, codal, jabalcón, apoyadero, (A) machón, (min) estemple; *(v)* acodar, apuntalar
STUB; (cerradura) guarda; (ca) desvío muerto; (cheque) talón; (poste) cepa, tope
    COLUMN; (conc) muestra de columna
    END; (est) cabilla recalcada y roscada; (maq) cabeza de muñón
    LENGTH; tubo corto
    MORTISE; mortaja ciega
    SWITCH; chucho de tope, cambio de tope
    TAP; macho corto
    TRACK; (fc) desvío muerto
    WALL; (conc) muro chico
STUB-TOOTH GEAR; engranaje de dientes cortos
STUCCO; *(s)* estuco, revoque, guarnecido, repello, (C) betunado, (Ch) estuque; *(v)* estucar, repellar, guarnecer, revocar, (C) betunar, (Col) acerar
STUCK-ON FLOOR; piso pegado; piso asentado sin clavar
STUD; (carp) pie derecho, montante; (cadena) travesaño; (mec) perno, husillo; perno prisionero; (eléc) clavija de conexión; *(v)* (mec) fijar con pernos prisioneros; (carp) armar con pies derechos
    BOLT; tornillo opresor, perno prisionero, (A) espárrago
    FINDER; aparato magnético que localiza prisioneros
    GUN; pistola de pernos
    PULLER; sacaprisionero
    SHEAR; cortaprisioneros
    WALL; pared de entramado
    WELDING; soldadura de espárragos
STUDDING; pies derechos, montantes, entramado
STUD-LINK CHAIN; cadena de contretes, cadenas de eslabón con travesaño
STUFFING BOX; caja de estopas, prensaestopas, caja de empaquetadura, (M) estopera
STULL; estemple
STUMP; *(s)* tocón, cepa, toza

JUMPER; placa protectora contra topes
PULLER; arrancatocón, destroncadora
PULLING; destronque
SCALING; medición de tocones
SPLITTER; (ec) rajatocones
STUMPAGE; precio de madera viva; madera en pie
STUMPER; sacatocones
STUNT END; (conc) encofrado al extremo de un vaciado
STUNTHEAD; (losa) tabla fraguadora
STYLE; estilete, estilo
STYLUS; (computer) estilete
STYRENE; (quim) estireno
STYROFOAM; poliestireno aislante
SUBAREA; subárea
SUBARTESIAN; subartesiano
SUBASSEMBLAGE; subconjunto
SUBATOMIC; subatómico
SUBBASE; (ca)(maq) subbase
SUBBASEMENT; subsótano
SUBBED; (fc) sublecho
SUBBIDDER; subcontratista
SUBCARBIDE; subcarburo
SUBCELLER; subsótano
SUBCENTER; subcentro
SUBCHORD; subcuerda
SUBCONTRACT; *(s)* subcontrato; *(v)* subcontratar
SUBCONTRACTOR; subcontratista
SUBCOOLING; (ac) subenfriamiento
SUBCRITICAL FLOW; (hid) gasto subcrítico
SUBCURRENT; subcorriente
SUBDEFLECTION ANGLE; (surv) subángulo de desviación
SUBDIVIDE; (tierra) subdividir
SUBDIVISION; subdivisión
SUBDRAIN; *(s)* desagüe inferior, tubo de avenamiento, subdrén; *(v)* desaguar el subsuelo
SUBDRAINAGE; avenamiento, desagüe inferior, drenaje del subsuelo, subdrenaje
SUBDRILL; subtaladrar
SUBFEEDER; (eléc) subalimentador
SUBFLOORING; contrapiso
SUBFLOW; gasto subálveo
SUBFLUORESCENCE; (salt) subfluorescencia
SUBFLUVIAL; subfluvial
SUBFRAME; (auto) bastidor auxiliar
SUBGRADE; subrasante, rasante, explanación, plantilla, plataforma de la vía, (V) apisonado
    DRILLING; barrenamiento subrasante
    MODULUS; módulo de reacción del subrasante
    REACTION; (ms) reacción del cimiento
    RESTRAINT; (losa) resistencia de rozamiento
    TESTER; probador de la explanación
SUBGRADER; (ca) niveladora de subrasantes
SUBIRRIGATION; irrigación subterránea, subirrigación
SUBJOIST; durmiente

SUBLAYER; subcapa
SUBLEASE; *(s)* subarriendo, *(v)* subarrendar
SUBLET; subcontratar; subarrendar
SUBLEVEL; (min) subnivel
SUBLIMATE; *(s)* sublimado
SUBLIME; *(v)*(quim) sublimar, sublimarse
SUBMAIN; conducto secundario
　　SEWER; cloaca secundaria
SUBMARINE; submarino
SUBMEMBER; subpieza
SUBMERGE; sumergir, ahogar, inundar, anegar
SUBMERGED; sumergido
　　ORIFICE; orificio sumergido, orificio ahogado
　　WEIR; vertedero sumergido, vertedero ahogado,
　　vertedero anegado
SUBMERGED-TUBE BOILER; caldera vertical de
　　tubos sumergidos
SUBMERGENCE; sumersión, (M) sumergencia
SUBMERSIBLE; sumergible
SUBMETALLIC; submetálico
SUBMITTAL; (bid) sometencia
SUBMULTIPLE; submúltiplo
SUBNITRATE; subnitrato
SUBOIL; (ca) petrolizar la capa inferior
SUBOXIDE; subóxido
SUBPIER; subpilar
SUBPUNCH; *(v)*(est) subponzonar
SUBPUNCHING AND REAMING; subponzonado
　　y escariado
SUBPURLIN; (techo) subcarrera
SUBSEALING; (ca) inyección de asfalto caliente
　　bajo la losa de concreto
SUBSIDENCE; (ot) asiento
　　BASIN; depósito de sedimentación
SUBSIDIARY; *(a)* subsidiario; *(s)* empresa
　　subsidiaria
SUBSIDY; subvención
SUBSILL; subsolera
SUBSOIL; subsuelo
　　DRAIN; drenaje subsuelo
SUBSOIL DRAINAGE PIPE; tubo de drenaje
SUBSOIL EXPLORATION; exploración
　　subsuelo
SUBSOIL PLOW; arar de subsuelo
SUBSTANTIAL COMPLETION; terminación
　　sustancial
SUBSTANTIAL PERFORMANCE; ejecución
　　sustancial
SUBSTATION; (eléc) subestación, subcentral; (lev)
　　subestación; (A) subusina
SUBSTITUTION; sustitución
SUBSTOPING; (min) laboreo de subniveles
SUBSTRATE; material de apoyo
SUBSTRATUM; capa inferior
SUBSTRUCTURE; subestructura, infraestructura,
　　estructura inferior
SUBSTRUT; subpuntal

SUBSURFACE; subterráneo; submarino; subálveo
　　DAM; dique de afloramiento
　　FLOAT; flotador sumergido
　　FLOW; corriente freática
　　INVESTIGATION; investigación de subterráneo
　　IRRIGATION; (irr)(dac) irrigación subterráneo
　　PERCHED STREAM; corriente subterránea
　　STREAM FLOW; gasto subálveo
　　WATER; agua freática
SUBSYSTEM; (computadora) subsistema
SUBTANGENT; subtangente
SUBTEND; subtender
SUBTENSE BAR; (surv) reglón, barra subtensa
SUBTERRANEAN; subterráneo
　　DAM; dique subterráneo, dique de afloramiento
SUBTIE; (est) subtirante
SUBTRACT; substaer, restar
SUBTRACTION; resta, sustracción
SUBURBAN EXPANSION; expansión urbana,
　　expansión de las afueras
SUBVENTION; subvención
SUBVERTICAL; (armazón) subvertical
SUBWAY; paso subterráneo, paso inferior;
　　(cab)(tub) galería, conducto; (fc) ferrocarril
　　subterráneo
SUBZERO; subcero
SUCK; (bomba) aspirar, chupar, succionar
SUCKER; émbolo, (M) succionador
　　ROD; (bomba) vástago de succión
SUCTION; aspiración, succión
　　BOOSTER; (bomba) sifón de chorro
　　CHAMBER; (mot) cámara de aspiración
　　DREDGE; draga de bomba centrífuga, draga de
　　succión, draga aspirante
　　FAN; abanico de succión
　　HAT; (tanque) capa coladera
　　HEAD; altura de aspiración, elevación estática
　　de aspiración
　　HOSE; manguera de succión, manguera
　　aspirante, (A) caño aspirante
　　LIFT; altura de aspiración
　　LINE; (bomba) línea de toma
　　NOZZLE; tobera de aspiración
　　PIPE; tubo aspirante, tubo aspirador, aspirador
　　PIT; pozo de succión, pozo de aspiración, (M)
　　cárcamo de succión
　　PUMP; bomba aspirante, bomba chupadora
　　STROKE; carrera de aspirante, golpe de
　　aspiración
　　VALVE; válvula de aspiración
SUCTION-CUTTER DREDGE; draga de succión
　　cortadora
SUDDEN DRAWDOWN; (dique) caída rápida en el
　　nivel de agua
SUDS; (lubrication) jabonaduras
SUITABLE; adecuado
SULPHATE; *(s)* sulfato; *(v)* sulfatar

ATTACK; reacción física o química entre
sulfatos
SULPHATE-RESISTANT CEMENT; cemento
resistente a los sulfatos
SULPHATED ASH; ceniza sulfatada
SULPHATIZE; convertir en sulfato
SULPHIDE; sulfuro
SULPHITE; sulfito
SULPHUR; azufre
SULPHURIC ACID; ácido sulfúrico
SULPHUROUS; sulfuroso
SULKY;   ruedas para transporte de troncos
SUM; suma
SUMMATION; suma
SUMMER; (conc) dintel; viga maestra; imposta;
(temporada) verano
SUMMERWOOD; albura de verano
SUMMIT; cima, cumbre
  LEVEL; nivel más alto
  YARD; patio de lomo para maniobras por
  gravedad
SUMP; sumidero, resumidero, pozo de recogida,
poceta; (maq) colector de aceite
  PUMP; bomba de sumidero, bomba de sentina
SUMPING CUT; (min) socavación del frente de
ataque
SUN; sol
  CHECKING; grietas en hule causadas por
  el sol
  EFFECT; efecto del sol
  PRINT; heliografía, copia heliográfica
SUNDECK; cubierta del sol
SUNK KEY; chaveta embutida
SUNSHADE; (inst) pantalla
SUPER; (ca) talud continua
SUPERALKALINE; superalcalino
SUPERCAPILLARY; supercapilar
SUPERCHARGED GAS TURBINE ENGINE;
turbina de gas supercargada
SUPERCHARGER; supercargador
SUPERCHARGING; (diesel) sobrealimentación
SUPERCHLORINATE; superclorinar, superclorar
SUPERCONDUCTIVITY; superconductividad
SUPERCOOL; sobreenfriar
SUPERCRITICAL FLOW; gasto supercrítico
SUPERELEVATION; (fc) superelevación, peralte,
sobreelevación, (V) peraltamiento, peraltaje
SUPERELEVATION RATE; relación de peralte
SUPERFICIAL MEASURE; (mad) medida
superficial
SUPERFINISH; superacabado
SUPERHEAT; *(s)* supercalor; *(v)* recalentar,
sobrecalentar
SUPERHEATED STEAM; vapor recalentado
SUPERHEATER; recalentador, supercalentador,
sobrecalentador
SUPERHEATING; recalentamiento

SUPERHIGHWAY; supercarretera, camino de
acceso limitado
SUPERIMPOSE; sobreponer
SUPERIMPOSED LOAD; carga sobrepuesta
SUPERINTENDENCE; superintendencia
SUPERINTENDENT; superintendente, maestro de
obras, jefe de construcción
SUPERIOR DIAMETER; (col) diámetro
superior
SUPERSATURATED; sobresaturado
SUPERSTRATUM; estrato superior
SUPERSTRUCTURE; superestructura, estructura
superior
SUPERSULFATED CEMENT; cemento
supersulfurado
SUPERVISE; dirigir; vigilar; supervisar
SUPERVISION; supervisión, dirección;
administración, superintendencia
SUPERVISOR; (fc) agente de vía, encargado de vía;
supervisor
SUPERVISORY SIGNAL; señal supervisor de
sistemas o equipo
SUPPLEMENT; (mat) suplemento
SUPPLEMENTAL SPECIFICATIONS;
especificaciones suplementales
SUPPLEMENTARY; (mat) suplementario
  PLATFORM; plataforma suplementaria
SUPPLIER; suministrador, abastecedor
SUPPLIES; suministros, pertrechos, abastecimientos,
materiales menores del trabajo
SUPPLY; *(s)* abastecimiento, provisión; *(v)*
abastecer, aprovisionar, suministrar
  DUCT; conducto de aducción
  MAIN; tubería de conducción, acueducto,
  conducto de aducción
  PIPE; surtidor, conducto de aducción, caño de
  alimentación, tubo abastecedor
  TANK; tanque de reserva, tanque de provisión
SUPPORT; *(s)* apoyo, sostén, soporte; *(v)* apoyar,
sostener, soportar
  BAR; (ref) barra de soporte
  SYSTEM; (est) sistema de apoyo
SUPPORTED; apoyada, soportada, sostenida
  FRAME; armazón sostenido
  JOINT; (fc) unión soportada, junta apoyada
SUPPRESSED; suprimida, eliminada
  CONTRACTION; (hid) contracción eliminada
  ORIFICE; (hid) orificio sin contracción
  WEIR; vertedero sin contracción
SUPPRESSOR; supresor, amortiguador
SURCHARGE; *(s)*(ot) sobrecarga; (com) recargo,
sobreprecio; *(v)*(tierra) sobrecargar
  STORAGE; (hid) almacenamiento de
  sobrecarga
SURCHARGED WALL; muro de retención con
sobrecarga
SURETY; fiador; caución, fianza

SURFACE; *(s)* superficie; (ca) afirmado, carpeta;
(v)(fc) emparejar, nivelar; (conc) acabar, alisar,
afinar
AREA; área del superficie
BOLT; (puerta) cerrojo de aplicar
BONDING OF MASONRY; ligazón de
mampostería
BURNING CHARACTERISTICS; (mtl) índice
de inflamabilidad
CARBURETOR; carburador de evaporación
COEFFICIENT; (agr) coeficiente de
superficie
COMPACTION; consolidación del superficie
CONDENSER; condensador de superficie
CONTRACTION; (hid) contracción
superficial
COOLING; enfriamiento superficial
COURSE; (ca) capa superficial
CRACKING; agrietamiento del superficie
DRAINAGE; drenaje de la superficie, desagüe
superficial
DRYING; secamiento del superficie
FATIGUE; fatiga superficial
FILM; (hid) superficie pelicular, película
superficial
FINISH; acabado de superficie, afinado de
superficie
GAGE; calibre de altura, verificador de
superficies planas
GRINDING; esmerilación de superficie
GROUTING; (dique) lechado del superficie
HARDENING; (met) endurecimiento de
superficie
HINGE; bisagra de superficie
IRRIGATION; riego superficial, irrigación de la
superficie
LEAKAGE; (eléc) descarga superficial
MEASURE; medida de cara
MOISTURE; (conc) humedad de superficie
OF EVAPORATION; superficie de evaporación
PLANER; equipo alisador
PROTECTIVE TREATMENT; (conc)
tratamiento protector de la superficie
RECYCLING; (ca) reciclismo del material de la
superficie
RETARDER; (conc) retardador aplicado al
superficie
ROLLER; (hid) torbellino superficial de eje
horizontal
RUNOFF; (hid) escurrimiento superficial
TENSION; tensión superficial
TEXTURE; textura de superficie
VELOCITY; velocidad de la superficie,
velocidad superficial
VIBRATOR; (conc) vibradora superficial
VOID; huecos en la superficie, vacíos en la
superficie

WATER; agua en la superficie
WAVE; onda sísmica sobre la superficie
SURFACE-BENT; (riel) desalineado verticalmente
SURFACE-COOLED; enfriado superficialmente
SURFACED LUMBER; madera labrada
SURFACE-DRY; seco superficialmente
SURFACER; (conc) alisadora; (em) acepilladora
SURFACING; acabado; revestimiento; (ca)
afirmado; (fc) nivelación
MACHINE; máquina alisadora, máquina
acabadora
SURGE; *(s)*(hid) oleaje, oleada
BIN; depósito de compensación
CHAMBER; cámara de compensación, cámara
de carga
HOPPER; (agregado) depósito de
compensación, tolva igualadora
PIPE; tubo de oleaje
SNUBBER; (hid) amortiguador de oleaje
SUPPRESSOR; (hid) amortiguador de oleaje
TANK; tanque igualador, tanque de oleaje,
tanque de oscilación, cámara de compensación,
chimenea de equilibrio, (V) tanque de ruptura de
carga
VALVE; válvula de alivio de sobrepresión
SURPLUS POWER; potencia secundaria, energía
secundaria
SURROUND; *(s)* borde; marco; *(v)* cercar, rodear
SURVEY; *(s)* levantamiento, planimetría, apeo;
examen, estudio; *(v)* levantar un plano, levantar
una planimetría, levantar, apear; estudiar,
examinar
PARTY; cuadrilla de levantamiento
SURVEYING; levantamiento de planos, agrimensura
INSTRUMENTS; instrumentos de agrimensura
SEXTANTS; sextante hidrográfico
SYSTEM; (equipo) instrumentos de agimensura
SURVEYOR; agrimensor
SURVEYOR'S CHAIN; cadena de agrimensor
SURVEYOR'S COMPASS; brújula de agrimensor,
compás de agrimensor
SUSCEPTABILITY; (eléc) susceptabilidad
SUSCEPTANCE; susceptancia
SUSPEND; suspender
SUSPENDED; suspendido, colgado
CEILING; cielo raso colgante
FLOOR; piso entre soportes, piso suspendido
JOINT; (fc) junta al aire, unión suspendida
MATTER; (arroyo) arrastres
SCAFFOLD; plataformas elevados
SOLIDS; (hid) sólidos suspendidos
SPAN; (pte) tramo suspendido
WATER; aguas suspendidas
SUSPENDER CABLE; (pte) cable suspendedor
SUSPENSION; suspensión
BAR; barra de suspensión, pendolón
BEARING; cojinete de suspensión

BRIDGE; puente colgante, puente suspendido, (V) puente de suspensión
CABLE; cable portante
INSULATOR; aislador de suspensión, aislador de cadena, aislador colgante
MOUNT; montaje de suspensión
SUSPENSION-CABLE ANCHOR; ancla de cable portante
SUSTAINED; sostenido
MODULUS OF ELASTICITY; módulo de elasticidad sustenido
SWAB; (s)(pet) pistón de achique; (v)(pet) achicar con émbolo buzo
SWAGE; (s)(her) estampa; (sierra) recalcador; (v)(her) estampar, forjar en estampa; (sierra) recalcar, extender
BAR; barra de recalcar
BLOCK; (her) bloque de estampar, tas de estampar, placa sufridera; (sierra) bloque de recalcar
SWALE; pantano, bajío
SWAMP; (s) pantano, ciénaga, bañado, marisma, aguazal, cenegal; (v) encharcar, empantanar
ORE; limonita
OUT; (bosque) desbrozar
WHITE OAK; roble blanco de pantano
SWAMPY; pantanoso, cenagoso, encharcado
SWAN'S NECK; tubo S
SWARF; virutas de taladro, limaduras de hierro
SWAY; (est) ladeo, cimbreo, balanceo; (v) ladearse, balancearse
BRACING; arriostramiento contraladeo, tijerales verticales
FRAME; (est) armazón contraladeo
SWEAT; (s) soldar
SWEATING; (tub) transpiración, condensación, resudamiento
THIMBLE; casquillo de soldar
SWEDES; (surv) método de colocar grados
SWEDISH BREAK; (geol) quebradura sueca
SWEEP; (s)(mec) cigüeña, guimbalete
SWEEPER; (maq) barredora, escoba mecánica
SWELL; (s)(náut) oleada, marejada; (v) hinchar; hincharse, engrosarse
BUTT; (árbol) abultado a la base
FACTOR; (material) factor de hinchamiento
LIMIT; (suelo) límite de hinchamiento
SWELLING; hichazón, esponjamiento
INDEX; índice de hinchamiento
SOIL; suelo de esponjamiento
SWIFT; sujetador, amarre
SWING; (v)(grúa) girar; (puerta) girar; (péndulo) oscilar; (náut) bornear
ANGLE; ángulo de oscilación
BOLT; perno de charnela
BRIDGE; puente giratorio

CHECK VALVE; válvula de retención a bisagra, válvula de charnela
CLEARANCE; (maq) espacio libre para giración
CUTOFF SAW; sierra colgante de vaivén, sierra colgante de recortar
DUTCHMAN; técnico especial de caída
JACK; gato de tornillo corredizo
JOINT; (tub) unión giratoria
MECHANISM; mecanismo de oscilación
OFFSET; (surv) distancia normal a una línea
RADIUS; radio de oscilación
SAW; sierra de columpio, sierra de péndulo, sierra colgante
SHIFT; turno de tarde
SPAN; (pte) tramo giratorio
SWING-AND-DUMP; rotación de viga alimentadora
SWINGER; (gr) mecanismo de giro
SWING-FRAME GRINDER; amoladora de armazón nado
SWINGING; oscilación, balanceo, viavén; viraje
DOOR; puerta engoznada, puerta de vaivén, puerta a bisagra
RACK; (gr) cremallera de girar
SCAFFOLD; andamio suspendido, (A) balancín
SWING-RAIL FROG; cruzamiento de carril engoznado
SWIRL; (v)(hid) arremolinarse, girarse
FINISH; (conc) acabado de remolino
METER; medidor de remolinos
RATIO; relación de torbellino
SWITCH; (s)(fc) cambiavía, cambio, chucho, (Col) suiche; (eléc) interruptor, conmutador, (C) cortacuito, chucho; (v)(fc) desviar, cambiar, (C) enchuchar
BLADE; (fc) aguja de cambio; (eléc) cuchilla del interruptor
HOUSE; (eléc) casa de distribución
KEY; llave del conmutador
LAMP; (fc) farol de cambio
LEVER; (fc) palanca de cambio, palanca de agujas
OFF; (eléc) desconectar, interrumpir
ON; (eléc) conectar
POINT; aguja de cambio, aguja de chucho, lengüeta
RAIL; riel de cambio, carril de cambio, carril de aguja
SIGNAL; señal de chucho, señal de cambio, (A) indicador de cambio
STAND; caballete de maniobra, pedestal de chucho, poste de cambiavía
TIE; durmiente de aguja, traviesa de cambio
TIMBER; traviesas de desvío, (C) polines de desvío

TOWER; torre de maniobra de cambios
SWITCHBACK; vía en zigzag, pendiente de vaivén
SWITCHBOARD; tablero, cuadro de distribución,
tablero de distribución, tablero de control
SWITCHGEAR; (eléc) mecanismo de control,
dispositivos de distribución
SWITCHING; (fc) desviación; maniobras
DEVICE; (eléc) aparato conmutador
ENGINE; locomotora de maniobras
ROPE; cable maniobras
YARD; (fc) playa de maniobras
SWITCHMAN; cambiador, agujista, guardaagujas,
guardacambio, (C) chuchero, (A) cambista
SWITCHYARD; (eléc) playa de distribución
SWIVEL; *(s)* eslabón giratorio; (mh) placa giratoria;
(v) girar
BLOCK; motón de gancho giratorio
EYE; ojillo giratorio
HEAD; cabeza giratoria
HITCH; enganche giratorio
HOOK; gancho giratorio
JOINT; unión giratoria, articulación giratoria
PLATE; (mt) placa giratoria
PLUG; tapón giratorio
SOCKET; (cable de alambre) encastre giratorio
TABLE; (mt) mesa giratoria
S WRENCH; llave forma S, llave de doble curva
SYCAMORE; sicomoro, falso plátano
SYENITE; (geol) sienita
SYENODIORITE; (geol) sienodiorita
SYMBIOTIC; (is) simbiótico
SYMBOL; símbolo
SYMMETRICAL; simétrico
SYMMETRY; simetría
SYMPIESOMETER; simpiezómetro
SYNCHRONISM INDICATOR; indicador de
sincronismo
SYNCHRONIZE; sincronizar
SYNCHRONIZER; sincronizador
SYNCHRONIZING; *(s)* sincronización; *(a)*
sincronizador
RING; (auto) anillo sincronizador
SYNCHRONOUS; sincrónico, síncrono
CONVERTOR; convertidor rotativo
GENERATOR; (eléc) generador sincrónico
MOTOR; motor sincrónico
SPEED; velocidad de sincronismo
SYNCHROSCOPE; sincroscopio
SYNCLINAL; sinclinal
SYNCLINE; (geol) sinclinal
SYNDICATE; *(s)* sindicato; *(v)* sindicar
SYNERGY; sinergía
SYNGAS; gas sintético
SYNTHESIS; síntesis
SYNTHETIC; sintético
LUBRICANT; lubricante sintético
RESIN; resina sintética

SYSTEM; sistema; procedimiento; (fc) red; (mec)
instalación; (geol) formación
ACCURACY; presición de la red
AIR FLOW RESTRICTION; limitación del
sistema de flujo de aire
DISPLAY MONITOR; (computer) monitor de
despliegue
EFFICIENCY; (eléc) rendimiento de la red
LOAD FACTOR; factor de carga de la red
RESERVE; (eléc) reserva de la red
SYSTEMATIC ERROR; (surv) error sistemático
SYSTEME INTERNATIONAL; sistema métrico
de medida
SYSTEMS ENGINEERING; ingeniería de sistema

T

T; (tub) T, injerto; (est) hierro T, perfil T
    BAR; (est) barra T, perfil T, (C) angular T
    BEAM; (conc) viga en T, viga con losa, viga de placa
    BEVEL; falsa escuadra en T
    BOLT; perno de cabeza en T
    BRANCH; (tub) ramal T
    CRANK; palanca en T
    CUTTER; máquina cortadora de hierros T
    HINGE; gozne en T, bisagra en T
    NUT; tuerca forma T
    RAIL; riel Vignola, riel de hongo, riel de patín, carril de patín, carril americano
    SLOT; ranura en T
    SPIKE; pasador de cabo en T
    SQUARE; regla T, T de dibujante, escuadra en T, doble escuadra
TABER ABRADER; (mtl) probador de resistencia a la abrasión
TABLE; mesa; (mec) banco; (cifras) cuadro, tabla; (arq) tablero
TABULAR; (geol) laminado
TABULATED DATA; datos tabulados
TABULATION; cuadro, tabla, planilla
TACHEOMETER; (surv) taqueómetro
TACHOGRAPH; tacógrafo
TACHOMETER; tacómetro, contador de velocidad, cuentavueltas
TACHOSCOPE; tacóscopo
TACHYLITE; taquilita
TACHYMETER; taquímetro
TACHYMETRIC; taquimétrico
TACK; tachuela, puntilla, clavete, clavito; hilván
    CLOTH; tela limpiadora de polvo
    COAT; (ca) capa ligante
    LIFTER; (dib) sacachinche
    PULLER; sacatachuela
    WELD; soldar por puntos
    WELDING; soldadura por puntos
TACKLE; aparejo, polipasto
    BLOCK; motón de aparejo, polea, cuadernal, (C) roldana
TACKY; pegajoso
TAG; etiqueta, marbete
TAGLINE; cable de cola
TAIL; cola; rabo
    BAY; extremo del tramo de un techo
    BEAM; (ed) viga apoyada en el cabecero
    BLOCK; motón de cola, motón de rabiza
    CUT; (cabrio) corte vertical al extremo
    GATE; (esclusa) compuerta inferior; (camión) puerta trasera; (carro) compuerta de cola
    HEATER; calentador de aceite
    JOIST; vigueta corta apoyada en el cabecero
    LOCK; esclusa de salida
    PLATE; (auto) parte del extremo
    PULLEY; (transportador) polea impulsada
    ROD; (mot) contrvástago, vástago guía
    ROPE; cable de cola
    TOWER; (cablevía) torre de cola
    WATER; agua de salida, aguas de descarga
TAILING; desechos; restos; entrega
    DAM; (min) presa de retención para decantación de desechos
    IN; (est) fijación de un miembro
    IRON; (pared) sección de acero
TAILINGS; desechos, deslave, lamas, relaves, colas
TAILLIGHT; fanal de cola, fanal trasero, luz trasera
TAILPOST; poste de ancla
TAILRACE; canal de descarga, canal de fuga, cauce de escape, caz de descarga, socaz
TAILSHAFT; árbol de cola, eje de guía; contraeje; (cn) eje fuera de bordo
TAILSTOCK; (turno) muñeca corrediza, cabezal móvil, contrapunta
TAILSWING; (maq) radio del extremo
TAINTER GATE; (hid) compuerta Tainter, compuerta radial, compuerta de segmento, (M) compuerta de abanico
TAKE BIDS; licitar, subastar, rematar
TAKE-OFF; *(s)*(maq) toma de fuerza, tomafuerza; (avión) despegue, decolaje
    LINE; (tub) tubo de tomafuerza
    RUN; (airport) recorrido de despegue
    SPEED; (airport) velocidad de despegue
TAKEOFF; (dib) lista de materiales
TAKE-UP; *(s)* compensación
    BEARING; chumacera ajustable
    TACKLE; aparejo atesador, aparato tensor, aparejo de compensación
TALBOT PROCESS; (tubo) revestimiento protector
TALC; talco
    SCHIST; (geol) esquisto talcoso
TALCOSE; talcoso
TALL BOY; (chimenea) acero que impide tiro descendente
TALL OIL; subproducto de papel de pino
TALLOW; sebo
TALLY; (surv) indicador de 10 pies
    COUNTER; (mec) grabador de números
    PIN; (surv) aguja de medición
TALPETATE; (geol) talpetate
TALUS; talud, pendiente, (A) detrito de falda, (B) salleriós

TAMARACK; (mad) alerce
TAMP; (conc) pisonar, pisonear, apisonar; (ot) pisonar, consolidar, (Ch) compactar; (vol) taconear, atacar; (fc) acuñar, recalcar, batear
TAMPER; pisón, apisonadora; (conc) palita; (fc) bateador; (vol) atacadora
TAMPING; apisonamiento, pisonadura; (vol) ataque, atacadura; (vol) taco; (fc) bateo, recalcadura, retaque
   BAG; bolsa de atacadura
   BAR; (fc) barra de batear, bateador de balasto
   FEET; apisonadores
   MACHINE; máquina apisonadora
   PICK; piso pisón, pico de acuñar, pico bate
   ROD; varilla compactadora
   ROLLER; rodillo apisonador
   SCREED; (ca) plantilla apisonadora
TAMPION; tarugo ensanchador
TANDEM; (maq) tándem
   COMPOUND ENGINE; máquina compound en tándem
   DRIVE; accionamiento por dos poleas
   ROLLER; cilindradora tándem
   SWITCH; cambiavía tándem
TANDEM-AXLE WEIGHT; peso de ejes en tándem
TANDEM-DRUM HOIST; malacate de tambores en tándem
TANDEM-OPERATED; manejado en tándem
TANG; (herr) cola, rabo, rabera
   CHISEL; escoplo con rabo
   GOUGE; gubia con rabo
TANGENCY; tangencia
TANGENT; (s)(fc)(mat) tangente
   DISTANCE; distancia tangencial
   GALVANOMETER; brújula de tangentes
   OFFSET; (fc) ordenada desde la tangente
   POINT; punto de tangencia
   SCREW; tornillo de aproximación, tornillo tangencial, (V) tornillo tangentímetro
TANGENTIAL; tangencial
   SHRINKAGE; contracción tangencial
   STRESS; esfuerzo tangencial
TANGENT-SAWING; aserrado simple
TANK; tanque, depósito, (C) aljibe; (fc) ténder
   BARGE; chalana cisterna
   BODY; camión cisterna
   CAR; carro tanque, vagón tangue, (Ch) carro petrolero
   GAGE; indicador de nivel
   LOCOMOTIVE; locomotora de tanque, locomotora-ténder
   NIPPLE; niple de roscado especial para tanques
   SPRAYER; tanque rociador
   STAVES; duelas de tanque
   TRUCK; camión tanque, camión cuba
   VEHICLE; vehículo tanque

   WAGON; carretón tanque, carro de tanque, (A) aguatero
TANKER; barco tanque, buque cisterna, barco petrolero
TANKING; (ed) revestimiento impermeable
TANNERY; curtiduría, tenería, curtiembre
   WASTES; (is) desechos de curtido, aguas cloacales de curtiduría
TAP; (s)(herr) macho, macho de roscar, macho de tarraja; (agua) grifo; (gas) llave; (eléc) derivación, toma de corriente; (cañería matriz) injerto, férula de toma, (V) empotramiento, (v)(rosca) aterrajar, roscar a macho, terrajar con macho; (cañería matriz) taladrar y roscar; (eléc) derivar, hacer una derivación en; (horno) vaciar, sangrar; (barril) horadar
   BOLT; perno prisionero, tornillo opresor, prisionero
   BOX; (eléc) caja de derivación
   DRILL; taladro para macho
   EXTRACTOR; sacamacho
   RIVET; tornillo prisionero con extremidades remachadas
   SCREW; tornillo opresor
   WRENCH; volvedor, giramacho, manija para machos, desvolvedor, (A) mandril de mano
TAPE; cinta, (M) cinta métrica; (eléc) cinta de aislar, (C) teipe; (v)(lev) medir con cinta; (eléc) forrar con cinta
   CORRECTION; (surv) corrección a medidas de cinta
   GAGE; (hid) escala de cinta
   HOLDER; (surv) portacinta
   MENDER; (herr) reparador de cintas de acero
   ROD; (surv) mira de cinta
   SPLICE; (surv) empate para cinta
TAPELINE; cinta para medir
TAPEMAN; (surv) medidor, cintero, cadenero
TAPER; (s) ahusamiento, despezo; (v) ahusar, despezar
   ELBOW; (tub) codo reductor
   FILE; lima ahusada, lima puntiaguda, lengua de pájaro
   GAGE; calibrador de ahusamiento
   PIN; pasador ahusado
   REAMER; escariador ahusado
   REDUCER; reductor ahusado, reducido ahusado
   TAP; macho cónico, macho ahusado
   THREAD; (tub) rosca de diámetro que aumenta ligeramente desde el extremo del tubo
TAPER-BORED; de horado ahusado
TAPERED; ahusado
   AERATION; (is) aeración gradual
   ROD; barra ahusada
TAPERED-FLANGE BEAM; viga con alas ahusadas
TAPERING CURVE; (fc) curva de transición
TAPER-LEAF SPRING; resorte de hojas ahusadas
TAPER-ROLLER BEARING; cojinete de rodillos ahusados

TAPESTRY BRICK; ladrillo prensado de textura áspera

TAPING; medición de dos puntos con cinta reforzada

COMPOUND; (tub) compuesto para empotrar cinta de juntas

TAPPER; herramienta eléctrica para cortar roscas hembras

TAP; macho para roscar tuercas

TAPPET; (auto) levantaválvulas, varill levantadora, alzaválvulas

MOTION; mecanismo de distribución por varillas levantadoras

ROD; varilla de empuje de válvula

VALVE; válvula de platillo

WRENCH; llave para levantaválvulas

TAPPING; enrosque hembra; golpecitos

BOSS; (tub) protuberancia de conexión roscada

CHUCK; mandril para macho

HOLE; agujero por roscar

MACHINE; máquina taladradora de tubería bajo presión

SADDLE; (agua) silla de derivación

SLEEVE; manguito de derivación

TILE; inspección de adhesión de teja

VALVE; válvula de la máquina taladradora de tubería bajo presión

TAR; *(s)* alquitrán, brea, chapapote; *(v)* alquitranar, embrear

CEMENT; cemento de alquitrán

CONCRETE; hormigón de alquitrán

DISTILLATE; destilado de alquitrán

KETTLE; caldero de brea, marmita, hornillo para brea

MACADAM; macádam alquitranado

MELTER; hornillo para alquitrán, marmita

OIL; aceite de alquitrán

PAPER; papel impermeable, papel alquitranado, papel embreado, cartón embetunado

ROOFING; techado de papel impermeable con brea

TARE; *(s)* tara; *(v)* tarar

BAR; (scale) barra de taras

WEIGHT; taraje

TARGET; (lev) corredera, mira, mirilla, galleta; (fc) placa de señal, banderola

BOARD; tablero de corredera

LAMP; (fc) farol de cambio con banderola

ROD; mira de corredera

STRING; cable de alineación

TARIFF; tarifa

TARPAULIN; encerado, loma impermeable, manta, cubierta de lona, alquitranado, (Ch) carpa

TARRED FELT; fieltro embreado, fieltro alquitranado

TARRY; alquitranoso

TARVIA; (ca) tarvia

TASEOMETER; tasímetro

TASIMETRIC; tasimétrico

TASIMETRY; tasimetría

TASK; tarea

TASKWORK; trabajo a medida, tarea, destajo, (C) ajustes

TAUT; tenso, tieso, teso, tirante

TAUTLINE CABLEWAY; cablecarril, cablevía

TAUTNESS; tesura

TAX; impuesto, contribución

RATE; tipo de impuesto, cupo

TAX-EXEMPT; libre de impuesto

TEAK; teca

TEAM; equipo, pareja, tronco, par; yunta (bueyes)

TEAMSTER; tronquista, carretero

TEAR; rasgón, desgarrón

RESISTANCE; (hule) resistencia a rasgón

STRIP; tira de rasgón

TEARDOWN; desmontaje, abatimiento

TECHNICAL; técnico

ADVISER; asesor técnico

LIFE LENGTH; (maq) vida de producción

TECHNICIAN; técnico

TECHNIQUE; técnica

TECHNOCHEMISTRY; química industrial

TECHNOLOGICAL; tecnológico

TECHNOLOGY; tecnología

TECTONIC; arquitectónico; (geol) tectónico

STRESS; esfuerzo tectónico

TECTONICS; (geol) tectónica; estructura terrestre

TEE; véase T

TEETH GROMMET; ojal de púas

TELEGRAPH; *(s)* telégrafo; *(v)* telegrafiar; (cons) mover una carga suspendida atesando un cable mientras se afloja otro

POLE; poste telegráfico

WIRE; alambre telegráfico

TELEGRAPHIC; telegráfico

TELEGRAPHY; telegrafía

TELEMECHANICS; telemecánica

TELEMETER; telémetro, (Es)(A) distanciómetro

TELEMETERING; telemedición

TELEMETRIC; telemétrico

TELEMETRY; telemetría

TELEPHONE; teléfono

BOOTH; casilla de teléfono, caseta telefónica

CABLE; cable telefónico

EXCHANGE; central telefónica

POLE; poste telefónico

RECEIVER; receptor telefónico

SWITCHBOARD; tablero de distribución telefónica; taquilla

TRANSMITTER; transmisor telefónico

WIRE; alambre telefónico

TELEPHONIC; telefónico

TELEPHOTOGRAPHY; telefotografía

TELESCOPE; *(s)* telescopio, catalejo; (lev) anteojo; *(v)* enchufar, telescopiar; enchufarse

HYDRAULIC ELEVATOR; elevador hidráulico telescopio
TELESCOPIC; telescópico
    CENTERING; moldes enchufados
    FORM; (conc) losa con canales de acero telescópicos
    HOIST; elevador telescópico
    STICK; excavador enchufador
TELESCOPING; enchufador
    BOOM; aguilón enchufador
    DERRICK; (pet) torre de extensión
TELLTALE; indicador de movimiento, (fc) dispositivo de aviso frente a túnel o paso superior
    FLOAT; flotador indicador de nivel
    LAMP; lámpara de aviso
    POSITION; (eléc) posición indicadora
TELLURIC; telúrico
TELLUROMETER; telurómetro
TELPHER; télfer, vía de transporte aéreo; ferrocarril suspendido
    CONVEYOR; transportador teleférico
TELPHERAGE; telferaje
TEMPER; temple; (v)(acero) templar, (mortero) templar, ablandar; (pint) mezclar; (gres) amasar
    COLOR; color de recocido
    MILL; laminador de temple
    ROLLING; (met) templado por laminación en frío
    SCREW; (pet) tornillo alimentador
TEMPERATURE; temperatura
    COEFFICIENT; coeficiente de temperatura
    CONTROLLER; regulador de temperatura
    CORRECTION; (surv) corrección por temperatura
    CRACKING; (est) agrietamiento por temperatura
    DETECTOR; indicador de temperatura, detector de temperatura
    GAGE; indicador de temperatura
    GRADIENT; pendiente de temperatura
    REGULATOR; regulador de temperatura
    REINFORCEMENT; refuerzo contra esfuerzos de temperatura
    RISE; subida de temperatura
    STRESS; esfuerzo por temperatura, esfuerzo de temperatura
TEMPERATURE SENSITIVE; sensible a la temperatura
TEMPERED; templado; (cem) mezclado
TEMPERING; templadura, temple, templado
    AIR; aire templado
    FURNACE; horno de templar
TEMPLATE; plantilla, gálibo, patrón, (Col) cercha, (Ec) grifa
TEMPORARY; temporal, provisional
    CASING; envoltura temporal
    HARDNESS; dureza temporal
    POWER; (eléc) energía provisional

    STRESS; (conc) esfuerzo temporal
    STRUCTURE; estructura temporal
TENACIOUS SOIL; suelo cohesivo
TENACITY; tenacidad
TEN-CHORD SPIRAL; (ca) espiral de diez cuerdas
TENDER; (s) propuesta, oferta; (fc) ténder, (C) alijo; (náut) transbordador, alijadora; tierno
    MIX; mezcla tierna de asfalto
TENDON; (est) elemento de tensión
    PROFILE; (est) perfil de tensión
TENON; (s) espiga, almilla; (v) espigar, desquijerar
TENONER; espigadora
TENPENNY NAIL; clavo de 3 pulgadas
TENSILE; de tensión
    BOLT; perno de alta tensión
    STRENGTH; resistencia a la tensión, resistencia a la tracción, (M) resistencia tensora
    STRESS; esfuerzo de tensión, fatiga de tracción, esfuerzo tractor, (A) tensión de tracción
    TEST; ensayo a la tracción
TENSIMETER; manómetro
TENSIOMETER; tensiómetro
TENSION; tensión, tracción; (remache) descabezamiento; (eléc) tensión
    BLOCK; motón de tensión
    HANDLE; (surv) cogedero indicador de tensión, tensor de resorte
    FIELD ACTION; (est) reacción de viga de alma llena bajo tensión
    INDICATOR; indicador de tensión
    MEMBER; tirante, tensor
    PILE; pilote para subpresión
    PULLEY; polea de tensión, polea tensora, polea de gravedad
    REINFORCEMENT; reforzamiento contra tensión
    ROLLER; rodillo tensor
    STRENGTH; (mtl) resistencia a tensión
    WRENCH; llave indicadora de tensión
TENSIONAL STRESS; esfuerzo de tensión, fatiga de tensión
TENT; tienda de campaña, carpa, toldo
TEPHRITE; (geol) tefrita
TERMINAL; (fc) terminal, término; (eléc) borne, borne de conexión, terminal
    BLOCK; (eléc) tablero de bornes; bloque terminal
    CONNECTOR; (eléc) conector terminal
    LANDING; plataforma de elevador
    LUG; (eléc) talón terminal
    MORAINE; (geol) morena terminal, morena frontal
    RAIL; (puerta) riel de guía de plataforma terminal
    STATION; término, estación terminal, (A) estación cabecera

STOPPING DEVICE; aparato que automáticamente para el elevador en la plataforma terminal

STRAIN INSULATOR; aislador de anclaje

VELOCITY; velocidad final

VOLTAGE; tensión en los bornes

TERMINUS; término, estación terminal

TERMITE; termita, hormiga blanca, comején

SHIELD; guardacomején

TERNARY; (met)(quim)(mat) ternario

TERNE PLATE; chapa aplomada, lámina de estaño emplomado

TERRACE; (s) terraza, bancal, terrado, parata, balate; (ed) azotea; (geol) terraza; (v) terrazar, abancalar

TERRA COTTA; terracota, barro cocido, tierra cocida

TERRAIN; terreno

TERRAZZO; terrazo

CONCRETE; terrazo con concreto de agregado de mármol

TERRESTRIAL; terrestre

PHOTOGRAPHIC SURVEYING; fotogrametría terrestre

TELESCOPE; anteojo de imagen recta

TERTIARY TREATMENT; (pa) fase de reacción química

TESSELATED FLOOR; pavimento teselado

TESSERA; tesela

TEST; (s) prueba, ensayo, (A) experiencia; (v) probar, ensayar

ANCHOR; ancla de prueba puesta a tierra

BORING; perforación de prueba, sondeo, sondaje de exploración, cala

CERTIFICATE; certificado de ensayo

CORE; (conc) muestra de sondaje

COUPON; muestra para ensayo

CYLINDERS; (conc) cilindros de prueba, (A) probetas cilíndricas

HOLE; agujero de prueba; pozo de exploración

INDICATOR; indicador de ensayo

LEAD; plomo puro de ensayo

LIGHT; luz de prueba

LOAD; carga de prueba, carga de ensayo

PAPER; papel de ensayo, papel reactivo

PIECES; piezas de ensayo, probetas, muestras para ensayo

PILE; pilote de prueba, pilote de ensayo

PIT; pozo de exploración, pozo de sondeo, pozo de reconocimiento, pozo de prueba, cala, (A) calicata, (U) pozo de ensayo

PLUG; tapón de prueba

POINT; (eléc) punto de comprobación

PRESSURE; presión de prueba, presión de ensayo

SAMPLE; probeta, muestra para ensayo

TUBE; probeta, tubo de ensayo

TUNNEL; socavón de cateo, túnel de exploración

WELL; pozo de prueba

TESTED DESIGN; diseño comprobado con cargas

TESTER; probador, ensayador

TESTING; ensayo, prueba

LABORATORY; laboratorio de ensayos

MACHINE; máquina de prueba, máquina de ensayo

METER; contador portátil de prueba

TRANSFORMER; transformador de ensayo

TESTWEIGHT; (elev) peso de prueba

TETHERED-ELECTRIC TRUCK; camión eléctrico atado con cable

TETRACALCIUM ALUMINOFERRITE; (cem) ferroaluminato tetracálcico

TETRACHLORIDE; tetracloruro

TETRAETHYL LEAD; plomo tetraetilo

TETRAGONAL; tetrágono, tetragonal

TETRAHEDRITE; tetrahedrita

TETRAPOD; (rompeolas) tetrapodo reforzado

TETRASTYLE; (ed) tetraestilo, diseño de cuatro columnas a través del frontis

TEXAS QUICK-LOAD PILE TEST; (conc) ensayo de penetración constante

TEXTURAL; textural

TEXTURE; textura

TEXTURED; texturado, tejido

FINISH; acabado texturado

PLYWOOD; madera terciada texturada

TEXTURING; (conc) texturación

THALASSOMETER; talasómetro

THALWEG; (top) línea de pendiente más fuerte normal a las curvas de nivel

THAW; (s) deshielo, derretimiento, desnevado; (v) deshelar, derretir, descongelar; deshelarse, derretirse

T-HEAD CYLINDER; (mot) cilindro de culata T

THEODOLITE; teodolito

THEOREM; teorema

THEORETICAL; teórico

AIR; (combustión) cantidad de aire requerida

LEAD; (fc) arranque teórico

THERM; unidad térmica

THERMAL; térmico; termal

AMMETER; amperímetro térmico

BARRIER; barrera térmica

COEFFICIENT; coeficiente de expansión por calor

CONDUCTIVITY; conductividad térmica

CONDUCTOR; conductor térmico

CONTRACTION; contracción térmica

CONVERSION; conversión térmica, conversión de desechos orgánicos a energía

DEGRADATION; degradación térmica

DIFFUSIVITY; (mtl) índice de cambio de temperatura

EFFICIENCY; rendimiento térmico

ENERGY; energía latente

EXPANSION; expansión térmica

FRACTURE; rotura térmica

INSULATION; aislamiento para calor
LAG; retraso térmico
MASS; (mtl) capacidad térmica
METAMORPHISM; (geol) metamorfismo
geotérmico
MOVEMENT; (mtl) cambio térmico en
dimensión
OVERLOAD RELAY; relai térmico para
sobrecarga
RADIATION; radiación térmica
RESISTANCE; (mtl) propiedad aisladora
SHOCK; (mtl) impacto térmico
STORAGE; (mtl) sistema de almacenaje de
calor
STORAGE ROCK BED; contenedor aislado
con piedritas que retienen energía solar
STRESS CRACKING; agrietamiento térmico
TRANSMISSION VALUE; factor de
resistencia al calor
THERMIC; térmico
THERMISTOR; (eléc) resistor térmico
THERMIT WELD; (trademark) soldadura de termita
THERMOAMMETER; termoamperímetro
THERMOCHEMICAL PRESSURE; presión
termoquímica
THERMOCOUPLE; pila termoeléctrica, par térmico
THERMODYNAMIC; termodinámico
THERMODYNAMICS; termodinámica
THERMOELECTRIC; termoeléctrico
THERMOELECTROMOTIVE FORCE; fuerza
termoelectromotriz
THERMOGRAPH; termógrafo, termómetro
registrador
THERMOGUARD; termoguarda
THERMOJUNCTION; empalme termoeléctrico, pila
termoeléctrica
THERMOMAGNETIC; termomagnético
THERMOMETER; termómetro
SCALE; escala termométrica
THERMOMETRIC; termométrico
THERMOPLASTIC; termoplástico
SEALANT; (mtl) sello termoplástico
THERMOREGULATOR; termorregulador
THERMOSET SINGLE-PLY MEMBRANE; techo
de capa simple
THERMOSETTING; endurecimiento por calor,
fraguado térmico
THERMOSIPHON; termosifón
THERMOSTAT; termóstato
THERMOSTATIC; termostático
VALVE; válvula de gobierno termostático
THERMOTANK; tanque térmico, caja térmica
THICK; (plancha) espeso, grueso; (monte) tupido;
(líquido) denso, espeso, viscoso
THICK-AND-THIN; (panel) variación en espesura
THICKENER; espesador
THICKENING; espesamiento

AGENT; agente de espesamiento
THICKET; matorral
THICKNESS; espesor, grueso, grosor, espesura
CONTROL; (plantilla) control de espesura
de losa
GAGE; lengüeta calibradora, calibre de espesor,
plantilla de espesor
SWELL; (panel) aumento en espesura
THIEF SAND; (pet) arena de escape
THIEF TUBE; tubo muestreador
THIMBLE; (eléc) manguito; (cab) guardacabo,
(M) asa
SPLICE; ayuste de ojal
THIN; (a)(plancha) delgado; (líquido) diluído, ligero,
ralo; (tejido) ligero; (v)(líquido) adelgazar,
desleír
COVER; cubierto delgado
OUT; adelgazarse; aclararse
SHELL; techo de placa delgada
THINNER; (pint) diluyente, diluente, adelgazador
THINSET; adhesivo de cemento
THIN-WALLED STRUCTURE; estructura de
pared delgada
THIOSULPHATE; (is) tiosulfato
THIRD; (a) tercero; (s) un tercio, una tercera parte
RAIL; carril conductor, tercer carril, riel
conductor o de toma
SPEED; tercera velocidad
THIRTYPENNY NAIL; clavo de 4 1/2 pulgadas
THOROUGHFARE; vía pública
THOUSAND; mil
THREAD; (s)(mec) rosca, filete, (M) cuerda, (C)
hilo; (v) roscar, enroscar, tarrajar, filetear,
atarrajar
ANGLE; ángulo de las dos caras de la rosca
CUTTER; máquina o herramienta de roscar
DOPE; compuesto de tarrajar
GAGE; calibre para roscas
MILLER; fresadora para roscas
PROTECTOR; guardarrosca
ROLLER; laminador de roscas
THREADBAR; barra enroscada
THREADED; roscado, fileteado
ANCHORAGE; anclaje enroscado
COUPLING; manguito roscado, manguito de
tornillo, (C) nudo
FITTINGS; accesorios de rosca, accesorios
enroscados
JOINTS; juntas atornilladas, uniones roscadas
STEM; vástago roscado
VALVE; válvula de rosca
THREADING; enrosque
MACHINE; máquina de enroscar, tarrajadora,
cortarroscas, fileteadora
THREADLESS CONNECTOR; conector sin rosca
THREE-CENTERED ARCH; arco apainelado, arco
carpanel, arco de tres centros

THREE-CORE BLOCK; (conc) motón de tres núcleos
THREE-DIMENSIONAL; tridimensional
THREE-DRUM HOIST; malacate de tres tambores
THREE-EDGE BEARING TEST; prueba de tres aristas
THREE-EIGHTHS PLATE; planca de tres octavos
THREE-HINGED ARCH; arco de triple charnela, arco de tres articulaciones, arco trirotulado
THREE-LANE HIGHWAY; carretera triviaria, camino de tres trochas
THREE-PART LINE; aparejo de tres partes, aparejo triple
THREE-PART SEALANT; sellador de tres partes (base, agente de curación y agente de color)
THREEPENNY NAIL; clavo de 1 1/4 pulgadas
THREE-PLY; de tres capas
THREE-POINT PERSPECTIVE; perspectiva de tres puntos
THREE-POINT PROBLEM; (surv) problema de tres puntos
THREE-POINT RESECTION; (surv) trisección
THREE-POINT SUSPENSION; suspensión en tres puntos
THREE-POINT SWITCH; (eléc) llave de tres puntos
THREE-POLE; tripolar
THREE-QUARTER BAT; ladrillo con un extremo cortado
THREE-QUARTER ELLIPTICAL SPRING; ballesta de cayado
THREE-QUARTER FLOATING AXLE; eje tres cuartos flotante
THREE-QUARTER HEADER; ladrillo igual a tres cuartos de la espesura de la pared
THREE-QUARTER S-TRAP; (tub) sifón en S a 45°
THREE-SHIFT; de jornada triple, de tres turnos
THREE-SPEED; de tres velocidades
THREE-STORY; de tres pisos
THREE-THROW SWITCH; (fc) cambio de vía triple, chucho de tres tiros
THREE-TIE JOINT; (fc) junta de tres traviesas, unión sobre tres durmientes
THREE-WAY SWITCH; (eléc) conmutador de tres direcciones, llave de tres puntos
THREE-WAY VALVE; válvula de tres pasos
THREE-WIRE; trifilar, de tres hilos
THRESHOLD; (carp) umbral, solera de puerta
   LIMIT VALUE; (pa) concentración mínima
   NUMBER; (pa) intensidad de olor
THROAT; (top) angostura; (mec) garganta; (fc) cuello, garganta
   FLUME; canalón de garganta
   RING; (turb) anillo de la garganta
   VALVE; válvula de garganta

THROTTLE; (s)(auto) válvula de estrangulación, obturador de la gasolina; (v) estrangular, obturar
   LEVER; palanquita de estrangulación, manija de admisión, (U) palanquita del obturador
   TRIGGER; control de estrangulación
   VALVE; válvula de estrangulación, (C) válvula de cuello, regulador, (auto) mariposa
THROTTLING GOVERNOR; regulador de estrangulación
THROUGH; (adv) a través, a través de; (a) pasante, continuo
   BOLT; tornillo pasante, perno pasante
   BOND; (mam) trabazón de cara a pared
   BRIDGE; puente de tablero inferior, puente de paso a través, puente de vía inferior
   CAR; elevador pasante
   CHECK; (mad) grieta pasante
   CUT; cortada, corte pasante
   GIRDER; viga de tablero inferior
   HIGHWAY; camino de acceso limitado
   HOLE; agujero pasante
   LINTEL; cabecero grueso
   LOT; lote de pasado
   SHAKE; rodadura pasante
   TRAFFIC; (ca) tráfico de tránsito
   TRAIN; tren directo
   TRUSS; armadura de tablero inferior
THROUGHPUT CAPACITY; rendimiento, producto; (hid) gasto
THROW; (s)(mec) carrera, recorrido; alcance; (geol) dislocación vertical, (M) salto, (A) rechazo vertical
   IN; (v) embragar
   OUT; (v)(engranaje) desengranar; (embrague) desembragar
THROW-AND-HEAVE; (vol) quiebra de piedras
THRUST; (s) empuje, presión, (M) coceo; (geol) falla
   ARM; brazo de empuje
   BEARING; cojinete de empuje, quicionera
   BLOCK; (tub) motón de empuje
   BORER; equipo barrenador
   COLLAR; anillo de empuje, collarín de empuje
   FAULT; (geol) falla acostada, (M) falla por empuje
   SCREW; tornillo de empuje
   WASHER; arandela de empuje
   WHEEL; rueda horizontal de empuje
THUMB; pulgar
   BOLT; cerrojo movido por botón de presión
   LATCH; picaporte
   NUT; tuerca con orejitas, tuerca de alas, tuerca de mariposa, tuerca manual
THUMBSCREW; tornillo de orejas o de mariposa

THUMBTACK; chinche
TIDAL; de marea
    AMPLITUDE; amplitud de la marea
    BASIN; dársena de marea
    CONSTANT; factor de marea
    EPOCH; retraso de la marea máxima después del plenilunio
    FLOOD; maremoto
    MARSH; patano de la marea
    RIVER; río de marea
    WAVE; aguaje
TIDE; marea
    GAGE; mareómetro; mateógrafo, escala de marea
    GATE; compuerta de marea, compuerta de retención de marea
    LOCK; esclusa contra la marea
    REGISTER; mareógrafo
    RIP; corriente fuerte de marea en un bajío
TIDEHEAD; límite de subida de la marea
TIDELAND; terreno inundado por la marea, marisma
TIDERACE; estrecho de la marea, angostura de la marea
TIDEWATER; agua de marea
TIDEWAY; canal de marea
TIE; *(s)* ligadura, atadura, amarre, enlace, ligazón; tirante; (fc) traviesa, durmiente, travesaño, (C) polín; *(v)* atar, amarrar, ligar
    BAR; (fc) barra esparadora de las dos aguajas de cambio
    BEAM; tirante, viga tensora, riostra
    CARRIER; (fc) portatraviesa
    MILL; siera mecánica para hacer traviesas
    PLATE; (fc) placa de asiento, placa de defensa, silla de asiento, plancha de traviesa; (est) plancha atiesadora, plancha de refuerzo
    POINT; (surv) punto de cierre
    ROD; tirante, tensor, varilla de tensión, barra tirante, trabante
    TAMPER; bateadora, apisonadora de traviesas, recalcadora de traviesas
    WIRE; alambre para atados
TIEBACK; brandal, retenida
TIED; atada, ligada
    COLUMN; (conc) columna zunchada
    JOINT; (conc) junta atada
TIEDOWN ASSEMBLIES; (mec) ensamblajes sujetados
TIER; grada, fila; tonga; (lad) media citara
TIERING; amontonamiento
TIGHT; (mec) apretado, ajustado, justo; (cab) tieso, atesado, teso; (hid) estanco, hermético
    BRAID; reforzamiento trenzado
    CESSPOOL; pozo negro estanco
    FIT; ajuste forzado, ajuste apretado
    KNOT; (mad) nudo sano

    PULLEY; polea fija
    SOIL; suelo compacto, suelo imimpermeable
TIGHTEN; (perno) apretar; (cab) tesar, atesar
TIGHTENER; atiesador, tensor, estirador; apretador
TIGHTLINE; cable atesador
TIGHTNESS; tirantez; impermeabilidad; apretura
TILE; *(s)*(techo) teja, (V) tablilla; (piso) baldosa, loseta, baldosín, (M) solera, (A) mosaico; (vidriado) azulejo; (ed) bloque hueco de construcción, (V) losa celular; *(v)* tejar, entejar, enlosar, alosar, embaldosar, losar; azulejar
    BARROW; carretilla para bloques refractarios
    DRAIN; desagüe inferior de tubos de arcilla cocida con juntas abiertas
    FLOOR; embaldosado, enlosado
    LAYER; entejador, tejero, solador, (A) mosaista
    PIPE; tubo de barro cocido
    SETTER; azulejero
    SPACER; espaciador de baldosa
TILER; tejador; enlosador; azulejero
TILING; tejado; enlosado; embaldosado; azulería
TILL; (geol) morena, terreno de acarreo por ventisqueros
TILLER; (náut) caña del timón
TILT; *(v)* ladearse, inclinarse; (hormigonera) volcar, bascular, voltear; voltearse, volcarse; (met) forjar con martinete de báscula; (geol) inclinarse
    BLADE; cuchillo inclinador
    GATE; (dique) compuerta de la cresta
    SENSOR; (surv) sensor de inclinación
    SLAB WALL UNIT; (losa) pared inclinada al vertical
    WORKS; mecanismo de inclinar
TILTH; cultivo, labranza
TILTING; inclinado, ladeado
    FAILURE; (wall) derrumbe por volcamiento
    GATE; (hid) compuerta basculante
    GRATE; parrilla basculante, emparrillado de báscula
    MIXER; (conc) homigonera volcadora, mezcladora basculante, mezcladora inclinable, mezcladora volcable
TILTMETER; medidor de inclinación
TIMBER; *(s)* madera, madera de construcción; maderaje, viga, madero, leña, (C) timba; *(v)* entibar, ademar; enmaderar
    BAR; alzaprima con punta piramidal
    CARRIER; tenazas para maderos
    DOLLY; rodillo para maderos, (A) zorra
    FRAMING; armazón de madera
    HITCH; vuelta de braza
    LINE; altitud máxima de árboles
    MILL; aserradero para maderos pesados
    REMOVAL; subproducto de fábrica
    RIGHTS; derechos de monte, derechos de bosque
TIMBERBIND; tensión en madera

TIMBERED; arbolado; (exc) entibado, tablestacado

TIMBERING; entibado, enmaderado, apeo, entibación; (min) asnado, ademado

TIMBER-JOINT CONNECTOR; conector para madera

TIMBERLAND; terreno maderable

TIMBERWORK; maderaje, maderamen

TIME; tiempo; plazo

    CONSTANT; (eléc) constante de tiempo

    CYCLE; tiempo de ciclo completo

    FLOW; (est) deformación plástica

    FRAME; programa de tiempo

    FUSE; espoleta de tiempo

    LAG; retraso, período de atraso

    OF COMPLETION; plazo de terminación

    OF DELIVERY; plazo de entrega

    OF SETTING; (cem) duración del fraguado

    SCHEDULE; horario, programa

    SHEET; hoja de jornales devengados

    SWITCH; interruptor de reloj, limitador horario

    YIELD; (conc) deformación anelástica debido de la aplicación continua de la carga, escurrimiento plástico

TIMECARD; tarjeta registradora de hora trabajadas

TIME-DELAY RELAY; (eléc) relai de retardo

TIME-LAG FUSE; fusible de acción retardada

TIMING; (mot) regulación del encendido, distribución del encendido

    CHAIN; (auto) cadena de distribución

TIN; *(s)* estaño; *(v)* estañar

    FOIL; hoja de estaño, papel de estaño

    ORE; casiterita, mineral de estaño

    PLATE; hojalata, hoja de lata, chapa estañada, lámina estañada

    ROOF; techado de hojalata

    SHOP; hojalatería

    SNIPS; tijeras de hojalata

    SPAR; casiterita

    STREAM; depósito aluvional de casiterita

TIN-BEARING; estañífero

TINCLAD; forrado de hojalata

TINDER; yesca

TIN-DIPPED; bañado en estaño

TINKER; hojalatero, chapistero

TIN-LINED; forrado de estaño; revestido de hojalata

TINNED; estañado

TINNING; (metal) revestimiento

TINSMITH; hojalatero, chapista, chapistero

TINT; tinte

TINWORK; hojalatería

TIP; *(s)* boquilla, punta; (sol) pico; *(v)* volcar, voltear, bascualar; volcarse; ladearse

    BUCKET; cubo volcador, balde volquete, cubeta volcadora, cangilón basculante

    CART; carro de vuelco

TIPOVER BUCKET; balde basculante, cucharón volcable

TIPPING; volcadero

    BAY; (desperdicios) abertura de local para vaciado

    CONDITION; (estática) condición de balance

    FEE; (fin) cargos de vaciado

    FLOOR; (desperdicios) area de descargadero

TIRE; (hierro) llanta, calce, bandaje, cerco; (goma) neumático, goma, llanta, bandaje, (A)(U) cubierta, (V) caucho

    CARRIER; portaneumático

    CEMENT; cemento para neumáticos

    CHAINS; cadenas de rueda, cadenas antideslizantes

    GAGE; manómetro para neumáticos

    HOLDER; portaneumático, portallanta

    LOAD CAPACITY; (carga) capacidad de neumático

    PENETRATION; (ca) presión de neumático

    PRESS; prensa para montar llantas macizas

    PUMP; inflador, bomba de neumáticos

    RACK; portaneumáticos

    REMOVER; (herr) desmontador de neumáticos

    REVOLUTIONS PER MILE; revoluciones por milla

    SIZE; anchura de neumático

    SPREADER; ensanchador de neumáticos

    TYPES; tipos de neumáticos

    TREAD; rodadura, banda de rodamiento

    VALVE; válvula de neumático

TIRE-REPAIR KIT; estuche de reparación de neumáticos

TITAN CRANE; grúa gigante

TITANITE; titanita

TITANIUM; titanio

    OXIDE; óxido de titanio

    STEEL; acero al titanio

TITLE; (dib) título, letrero

    SHEET; (dib) primer hoja de planos

TITRATE; determinar por análisis volumétrico, titular

TITRATION; análisis volumétrico, titulación

    METHOD; (hid) procedimiento de disolución de sal, sistema de titulación

TITRIMETER; medidor por titulación

TITRIMETRY; análisis por titulación

T-JOINT WELD; soldadura en T

TOBIN BRONZE; bronce Tobin

TOE; (presa) línea de base aguas abajo; (talud) pie, base; (fc) boca; (maq) gorrón; (min) base de talud; (sol) intersección soldadura con metal de base

    BOARD; barrera vertical al nivel del piso

    JOINT; (est) junta de punta

    OF DAM; (río) confluencia con superficie de terreno

    RAIL; (fc) riel de boca

STEEL; (pila) reforzamiento de punta
WALL; (hid) rastrillo, dentellón, muro de pie, endentado
TOE-IN; (auto) convergencia
TOE-IN GAGE; (auto) indicador de convergencia
TOENAIL; (carp) sujetar con clavos oblicuos
TOE-OUT; divergencia
TOGGLE; fiador atravesado
    BOLT; tornill de fiador en T
    CHAIN; cadena con fiador y anillo
    JOINT; junta de codillo
    PLATE; (crusher) placa de articulación
    PRESS; prensa de palanca acodillada
TOILET; (pl) inodoro, (V) sanitario, escusado
    FACILITIES; servicios
TOLERANCE; tolerancia, variación
TOLL; peaje, pontazco
    BRIDGE; puente de peaje
TOLUENE; subproducto de coque
TOMMY; pasador
    HOLE; agujero de argüe
    MOORE; motón chico
TON; tonelada
    OF REFRIGERATION; tonelada de refrigeración
TON-MILE; milla-tonelada
TONCAN IRON; (trademark) aleación de hierro con cobre y molibdeno
TONGS; alicates, tenazas
TONGUE; (carp)(mec)(est) lengüeta; (fc) punta movible de cambiavía
    SWITCH; cambio de aguja
TONGUE-AND-GROOVE; a ranura y lengueta, machihembrado
TONITE; algodón pólvora nitrado
TONNAGE; tonelaje; (náut) arqueo
    DECK; puente de arqueo
    DUES; derechos de tonelaje
TONS BURDEN; (an) arqueo, capacidad
TONS DISPLACEMENT; tonelaje de desplazamiento
TONS REGISTER; tonelaje de registro, tonelaje oficial, tonelaje de arqueo
TOOL; (s) herramienta, utensilio; (v) labrar, trabajar
    BAG; bolsa de herramientas, mochila, barjuleta
    BELT; cinturón para herramientas
    CAR; carro de herramientas
    CARRIER; portaherramientas; herramentero, (min)(M) abajador
    CHEST; caja de herramientas
    GRINDER; rectificador de herramientas
    HOUSE; bodega de herramientas, depósito de herramientas, casilla de herramientas
    KIT; juego de herramientas
    REST; soporte de herramienta, apoyo de herramienta
    STEEL; acero para herramientas, acero de herramientas

TOOLBOX; herramental, caja de herramientas
TOOLED FINISH; (conc) acabado mecánico
TOOLING; estampación en seco
TOOLMAKER; fabricante de herramientas
TOOTH; (s)(mec) diente; (v) dentar, adentar, adentellar, endentar
    GAGE; calibre para dientes
    HARROW; grada de dientes
    PITCH; paso de dientes
    PRESSURE; presión de dientes
    ROTATION; rotación de dientes
TOOTHED; dentado, endentado, dentellado, en adaraja
TOOTHING; (mec) dentado; (mam) adaraja, enjarje, adentelladura, (C) mordiente, endentado
    PLANE; cepillo dentado
TOOTH-SET GAGE; (serrucho) calibre de triscado
TOP; (s)(cerro) cima, cumbre; (caja) tapa; (pared) remate, coronamiento; (auto) capota, toldo; (v)(aguilón) amantillar; (a) superior
    CHORD; cordón superior
    COURSE; teja de techado
    DIE; contramatriz
    DRESSING; (ca) recebo, ligante
    FLANGE; ala superior, desgüello superior
    FORM; (conc) forma de encima
    HEADING; galería de avance
    IRON; contrahierro
    MAUL; mandarria de marinero
    OUT; coronar, rematar
    PLATE; (est) miembro de encima
    RAIL; (puerta) peinazo superior
    SWAGE; estampa superior
    VIEW; vista desde arriba , vista del encima
TOP-COAT SEALER; sellado superior
TOPOGRAPHER; topógrafo
TOPOGRAPHIC; topográfico
    INTERPOLATION; interpolación topográfica
    MAP; mapa topográfico
TOPOGRAPHY; topografía
TOPPING; (conc) acabado; (mam) capa final; (pet) destilación inicial
    BLOCK; motón de amantillar
    COMPOUND; compuesto de acabado
    LIFT; perigallo, amantillo
    LINE; (aguilón) cable de soporte
TOPPING OUT; (mam) terminación de pared; terminación de techo
TOP-SET BEDS; depósitos sobre un delta
TOPSOIL; tierra vegetal, tierra mantillosa, tierra negra, capa vegetal superior, (U) tierra húmica, (M) migajón
TORCH; soplete, antorcha
TORPEDO SAND; arena gruesa
TORQUE; momento de torsión, momento torsional, (A) cupla
    ARM; (auto) barra de torsión

CONVERTER; convertidor de torsión
GAGE; indicador de torsión
METER; medidor de torsión
MOTOR; (eléc) transductor rotatorio
SHAFT; árbol de torsión
VISCOMETER; viscosímetro de torsión
WRENCH; llave de torsión
TORREFACTION; torrefacción
TORRENT; torrente, raudal
TORRENTIAL; torrencial, (V) torrentoso
TORSIGRAM; diagrama del torsímetro
TORSIGRAPH; torsímetro
TORSIMETER; torsímetro, torsiómetro
TORSION; torsión
BALANCE; balanza de torsión
DAMPENER; amortiguador de torsión
DYNAMOMETER; dinamómetro de torsión
METER; torsímetro, indicador de torsión'
SPRING; resorte de torsión
TORSIONAL; torsional
ANALYSIS; análisis de torsión
MOMENT; momento de torsión
STRENGTH; resistencia a la torsión
STRESS; esfuerzo de torsión, (A) tensión
de torsión
TEST; ensayo de torsión
VIBRATION; (maq) vibración de torsión
TORTUOSITY; (flujo) tortuosidad
TORTUOUS FLOW; (hid) flujo tortuoso
TOTAL; total
ACIDITY; acidez total
DISABILITY; incapacidad absoluta, invalidez
absoluta
DYNAMIC HEAD; carga dinámica total
EARTH; (eléc) conexión completa a tierra
ENERGY; energía total
HARDNESS; (agua) dureza total
LOAD; carga total
LOSS; pérdida total
MOISTURE; humedad total en agregado
OPERATING WEIGHT; peso de operación
total
SLIP; (geol) desplazamiento máximo
STRESS; (ms) esfuerzo total
WATER DEMAND; (pl) volumen de agua
requerida
TOTALIZE; totalizar
TOTE BOX; caja colectora de desperdicios
sólidos
TOUGH; tenaz, correoso
TOUGHNESS; tenacidad
INDEX; índice de tenacidad
TOURMALITE; turmalita
TOW; *(s)* remolque, acoplado, atoaje; estopa; *(v)*
remolcar, atoar, toar, sirgar
BAR; barra de remolque
BROOM; (ca) escoba de arrastre

CHAIN; cadena de remolque
SLING; aparato de alzamiento y remolque
TRUCK; camión remolcador
TOWAGE; remolque, atoaje
TOWBOAT; remolcador
TOWER; torre, castillete
BUCKET; (conc) cucharón para torre
DRILL; perforadora de torre
EXCAVATOR; excavadora de torre
HOPPER; (conc) tolva para torre
TRUCK; (fc eléc) camión andamio, camión
de torre
TOWING; remolque, atoaje
BAR; barra de remolque
CAPACITY; carga total de remolque
CHARGES; derechos de remolque
POST; poste de amarre para calbe de remolque
WINCH; torno de remolcar
TOWLINE; cable de remolque, estacha
TOWNSHIP; municipio
TOWPATH; camino de sirga, camino de remolque,
andén
TOWROPE; cable de remolque
TOXIC; tóxico
TOXICITY; toxicidad
TRACE; *(s)*(dib) trazo; *(v)*(dib) calcar; (tran)
comprobar el tránsito
AMPLITUDE; amplitud de onda sísmica
TRACER; (dib) calcador
ARM; (planímetro) brazo trazador
TRACES; (quím) indicios, vestigos, (M) trazas;
(carretón) tirantes, tiraderas
TRACHYANDESITE; (geol) traquiandesita
TRACHYBASALT; (geol) trquibasalto
TRACHYTE; traquita
TRACING; (dib) calco, rastreo, (C) tela
CLOTH; tela de calcar, tela de dibujo
PAPER; papel de calcar, (Col) papel tela
TRACK; (fc) vía, línea, camino, carrilera; (tractor)
oruga, vía de rodamiento; riel, carril; (puerta
corrediza) riel
BOLT; (fc) perno para eclisa, perno de vía,
bulón de vía, tornillo de eclisa
BRAKE; freno sobre carril
CABLE; (cablevía) cable de vía, cablerriel, cable
portador
CHAIN; cadena de vía
DRILL; taladro para rieles
FRAME; armazón de orugas
GAGE; trocha; patrón de ancho, vara de trocha,
gálibo, escantillón
INDICATOR; registrador de asperezas de la vía
LAYER; (maq) colocador de vía
LEVEL; nivel de vía, nivel de peralte
LOADER; cargador de vía
PAN; canaleta de toma en marcha, artesa
de vía

PIN; espiga de vía
PUNCH; punzón de rieles
ROLLER; rodillo de carril
SCALE; báscula de vía, romana de vía
SHIFTER; máquina trasladora de vía
SPIKE; clavo de vía, escarpia, clavo rielero, (C) alcayata de vía
STANDPIPE; grúa alimentadora de agua, grúa hidráulica, (A) grúa hidrante
STRAND; torón para tranvías, torón para cablevía
VELOCIPEDE; velocípedo de vía
WAGON; carretón de orugas, carretón de carriles
WHEELS; ruedas de carril
WRENCH; llave ferrocarrilera, llave de eclisas
TRACKAGE; sistema de vías
TRACKBARROW; carretilla de vía
TRACKLAYING; tendido de la vía
TRACK-LAYING MACHINE; tendedora de carriles
TRACKLESS; sin rieles
TRACK-TYPE TRACTOR; tractor de carriles, tractor de orugas
TRACKWALKER; guardavía, corredor de vía
TRACTION; (mec) tracción; (río) arrastre
COMPANY; empresa de tranvía
DRUM; tambor de tracción
ENGINE; máquina de arrastre por camino
LINE; (cablevía) cable tractor, cable de traslación
SHAFT; eje de tractor
SHOVEL; pala mecánica sobre ruedas planas, pala de tracción
STEEL; acero de tracción
WHEEL; rueda de tracción; polea impulsora de banda de cadena
TRACTIVE; de tracción, tractivo
EFFICIENCY; eficiencia de tracción
EFFORT; esfuerzo de tracción
FACTOR; factor de tracción
FORCE; fuerza tractora, potencia tractora, fuerza de arrastre
RESISTANCE; resistencia a tracción
TRACTOR; tractor
CRANE; grúa de tractor
GATE; tipo de compuerta para cargas altas
OPERATOR; tractorista, maquinista, conductor
TRUCK; camión tractor
TRACTOR-DRAWN; arrastrado por tractor
TRACTOR-DRIVEN GENERATOR; generador impulsado por tractor
TRACTOR-PULLED SCRAPER; (ot) traílla automotriz, mototraílla
TRACTOR-SHOVEL; cargador-hidráulico
TRADE; (s)(labor) oficio, (Ch) profesión
NAME; nombre de fábrica

PRACTICE; práctica de profesión
WASTES; desechos industriales
WINDS; alisios
TRADEMARK; marca de fábrica
TRADE-UNION; gremio, sindicato gremial, (Ch) asociación profesional obrera
TRADITIONAL MASONRY; mampostería tradicional
TRAFFIC; tráfico
CENSUS; censo de tráfico
CIRCLE; glorieta, (m) rotonda
CONE; (obra) cono de tráfico
CONGESTION; concentración de tráfico
INTERCHANGE; (ca) intercambio de tráfico
ISLAND; isla de seguridad, refugio
LANE; línea de tránsito, carril
LIGHT; farol de tráfico, fanal de tráfico
MARKING; (ca) limitador de tráfico
PLATES; (ed) planchas de desgaste
SIGNALS; señales de tráfico
SIGNS; señales de tráfico
STRIPING; (ca) rayado de guía
TRAFFIC-ACTUATED; (ca) mandado por el tráfico
TRAFFIC-BOUND; (ca) consolidado por el tráfico, ligado poe el tráfico
TRAFFIC CONTROL SIGNAL; señal de mando
TRAIL; (s) sendero, vereda, andada, trillo, trocha, camino de herradura, (V) pica
GRADER; (ca) niveladora de remolque
TRAILBUILDER; (ec)(trademark) abrebrechas, abreveredas, constructor de veredas, hoja de empuje angular, (M) brechero
TRAILER; carro de remolque, remolque, (A) acoplado
HITCH; enganche para remolque
KINGPIN; gorrón de remolque
MIXER; (conc) hormigonera remolcable
SUPPORT; (tierra) soporte de remolque
TRAILING AXLE; eje muerto
TRAILING EDGE; borde de salida
TRAILING-POINT SWITCH; cambio de arrastre, cambio de talón, chucho de arrastre
TRAILING TRUCK; (loco) carretilla de atrás, bogie de arrastre
TRAIN; (fc) tren, (Es)(A)(U) convoy; (mec) tren; (v) adiestrar, amaestrar; guiar
OIL; aceite de pescado
PIPE; tubería de frenaje
SHED; obertizo de trenes
TRAINING IDLER; polea de guía
TRAINING WALL; (hid) muro de margen, muro de encauzamiento, muro guía, (M) muro de encause, muro de flanqueo
TRAINLOAD; carga de tren completo
TRAIN-MILE; milla de tren
TRAJECTORY; trayectoria

TRAM; *(v)*(min); arrastrar por vía decauville
   RAIL; riel de télfer; riel de tranvía
TRAMMEL; compás de vara
TRAMP IRON; (cem) fragmentos extraños de
   hierro, (M) pedacería de fierro
TRAMWAY; tranvía; andarivel, funicular aérea,
   teleférico, vía aérea, tranvía de cable aéreo;
   (min) tranvía
   BUCKET; cubo de andarivel, carro de suspensión
   STRAND; (cable de alambre) torón para
   tranvías, cordón de andariveles
TRANSDUCER; (eléc) transductor
TRANSFER; *(s)*(fc) vía de transferencia; *(v)*
   transbordar, trasladar, transferir
   BOND; esfuerzo de adhesión por transferencia
   CAR; (fc) carril de traslado
   CASE; (camión) caja de transferencia
   CONVEYOR; transportador de transbordo,
   transportador transferente
   LENGTH; (est) largura de transmisión
   MEDIUM; (energía solar) medio de
   trasferencia
   PLATFORM; (carga) plataforma de transbordo,
   muelle de transbordo; (viajeros) andén de
   transbordo
   PUMP; bomba de traslado
   SHED; cobertizo de transbordo
   SLIP; (fc) atracadero de los barcos
   transbordadores de vagones
   STATION; estación de transferencia
   SWITCH; (eléc) conmutador
   STRENGTH; (conc) esfuerzo requerido para
   transferencia
   TRACK; vía de transbordo
   WHARF; muelle de transbordo
TRANSFERRING; (mad) translado de trozas
TRANSFORM; transformar
TRANSFORMATION; (mec)(mat) transformación
TRANSFORMED SECTION; (mtl) sección
   transformada
TRANSFORMER; (eléc) transformador
   CORE; núcleo del transformador
   HOUSE; caseta de transformador
   LOSSES; pérdidas de transformación
   OIL; aceite para transformadores
   RATIO; razón de transformación
   STATION; estación transformadora, central de
   transformación, (U) usina transformadora
   TANK; envoltura del transformador, caja del
   transformador
TRANSIENT; *(s)*(eléc) oscilación momentánea;
   transitorio
   CURRENT; (eléc) corriente momentánea
   POWER LIMIT; (eléc) límite de estabilidad
   momentánea
   PROTECTION; (eléc) protección contra el
   ruido transitorio

   REACTANCE; reactancia momentánea
   RECOVERY TIME; (eléc) período de
   recuperación transitoria
TRANSISTOR; transistor
TRANSIT; *(s)*(inst) tránsito, teodolito; *(v)* tránsito,
   transitar
   MIXER; hormigonera de camión, camión
   mezclador, automezclador
   POINT; (surv) punto del tránsito, (A) mojón
   ROD; (surv) jalón, vara de agrimensor
   STATION; (surv) punto de tránsito, estación del
   tránsito
   SYSTEM; (urbano) sistema de tránsito
TRANSITION; transición
   BELT; banda de transición
   CURVE; curva de enlace, espiral de transición,
   curva de acuerdo
   PIECE; pieza de acordamiento, adaptador, tubo
   de ajuste, tubo de acuerdo
   SLAB; losa de concreto
   WIDTH; (ca) ancho de transición
   ZONE; (geol) zona de transición
TRANSIT-MIXED CONCRETE; concreto
   mezclado en camión o en tránsito
TRANSIT PIPE; (trademark) tubería de
   asbestocemento
TRANSLATION; (mec) traslación; (idioma)
   traducción
TRANSLATOR; (eléc) traslador; (idioma)
traductor
TRANSLATORY WAVE; onda de translación
TRANSLUCENT; translúcido
   CONCRETE; (panel) combinación de concreto
   y vidrio
TRANSMISSION; (mec) transmisión; (eléc)
   transmisión, transporte; (auto) transmisión,
   caja de engranajes, caja de cambio
   BELT; correa transmisora, banda de
transmisión
   CABLE; cable de transmisión
   CASE; caja de la transmisión, caja de
   velocidades
   CHAIN; cadena de transmisión
   EFFICIENCY; rendimiento de transmisión,
   efecto útil de transmisión
   GEAR RATIO; relación de engranajes de
   transmisión
   LINE; línea de transmisión, línea de transporte
   de energía
   LOSSES; pérdidas por transmisión
   SHAFT; eje de transmisión, eje motor
   TOWER; torre de transmisión, castillete de
   transmisión, mástil de transmisión
TRANSMISSIVITY; transmisividad
TRANSMIT; transmitir
TRANSOM; luceta, tragaluz, travesaño, claraboya,
   montante, (A) bandelora

BAR; travesaño entre puerta y claraboya
LIFTER; alzador de claraboya, levantador de
banderola
TRANSPARENT; transparente
COATING; capa transparente
TRANSPIRATION; transpiración
TRANSPORT; *(v)* transportar, acarrear
AIR; aire de transferencia de sistemas
neumáticos
TRANSPORTATION; transporte, acarreo,
transportación, conducción, acarreamiento
TRANSPORTER BRIDGE; puente transbordador
TRANSPOSE; transponer
TRANSPOSITION; (quím) transposición; (eléc)
cruce de los hilos, transposición
TRANSSHIPMENT; transbordo
TRANSVERSE; transversal, transverso
CRACK; (losa) grieta transversa
JOINT; (est) junta transversa
PRESTRESS; (est) prefatiga transversal
REINFORCEMENT; reforzamiento transverso
SECTION; sección transversal, corte
transversal
TRANSVERTER; transvertidor
TRAP; *(s)*, (tub) sifón, trampa; (aceite) interceptor,
separador; (geol) trapa; (vapor) purgador,
colector de agua, separador de agua
BUSHING; casquillo para sifón
DOOR; escotillón, trampilla, trampa
GRATE; rejilla atrapadora
TRAPEZOID; trapecio
TRAPEZOIDAL; trapecial
THREAD; rosca trapecial
WEIR; vertedero trapecial
TRAPPEAN; (geol) trapeano
TRAPPED AIR; aire trapada
TRAPROCK; (geol) trapa, roca trapeana; *(s)*(tub)
sifón, trampa, bombillo, (V) inodoro; (aceite)
interceptor, separador; (vapor) purgador,
colector de agua; *(v)* atrapar
TRASH; (hid) basura, hojarasca
CHUTE; conducto de basuras, paso de
hojarasca
PUMP; bomba centrífuga que pasa hojarascas
sin; atascarse
SCREEN; criba para basuras
SLUICE; desaguador de basuras
TRASH RACK; rejilla contra basuras, reja,
canastillo, rejilla coladora, (A) parrilla
RAKE; rastrillo limpiarrejas, raedera
TRAVEL; *(s)*(maq) recorrido, curso, carrera,
corrida
ALARM; (exc) alarma de recorrido
BASE; (grúa corrediza) base de monte
MECHANISM;   mecanismo de avance
PLANT; (ca) equipo locomóvil
TRAVELED WAY; carretera para vehículos

TRAVELER; (ec) andamio móvil, andamio
ambulante, grúa corrediza, carrito, torre
movible,
andadera
BLOCK; motón corredizo
TRAVELING; corredizo, móvil, ambulante
CABLEWAY; cablecarril corredizo, cablevía
trasladable
CRANE; grúa corrediza, grúa de puente, grúa
rodante, (A) puente rodante
DERRICK; grúa corrediza, grúa viajera, grúa
corredera
EXCAVATOR; excavadora ambulante,
excavadora movible
FORM; molde corredizo
GEAR; (gr) mecanismo de marcha
GRATE; parrilla corrediza
HOIST; torno móvil, malacate corredizo,
(A) guinche corredizo
NUT; tuerca corrediza
SCAFFOLD; andamio móvil, andamio
ambulante, andamio corredizo
SCREEN; cedazo corredizo, criba corrediza,
harnero corredizo
SPEED; (cablevía) velocidad de recorrido,
velocidad
de traslasión
STRINGLINE; viga larguera
TRAVELING-GRATE STOKER; alimentador de
parrilla corrediza
TRAVELING-GRIZZLY FEEDER; alimentador de
criba corrediza
TRAVERSE; (lev) trazado, (A) rodeo; (mec) carrera,
juego; *(v)*(lev) trazar; (mec) trasladar
CLOSURE; cierre del trazado
DRILL; taladro de ajuste lateral; taladro
ranurador
FEED; avance lateral
SHAPER; limadora de cabeza móvil
TABLE; (lev) cuadro de latitudes y
desviaciones; (fc) transbordador
TRAVERSEMAN; (surv) trazador
TRAVERTINE; travertino
TRAVIS TANK; (dac) tanque séptico tipo Travis
TRAY; batea, artesa; (carretilla) caja, cuerpo
ELEVATOR; elevador de cadena con rejillas
THICKENER; espesador de batea
TREAD; *(s)*, (escalera) peldaño, escalón, huella,
(Pan) paso; (rueda) cara, llanta, rodadura, (C)
llanura; (auto) anchura de vía, huella, (U) trocha
BAND; (llanta) banda de rodamiento
DEPTH; (auto) profundidad de huella
DIAMETER; diámetro de rodamiento,
diámetro efectivo, (M) diámetro de huella
GUM; (llanta) hule de reparación
PLATE; zapata
RADIUS; (llanta) radio de huella

TREADLE; pedal
TREADWAY; carril, rodada
TREAT; tratar
TREATMENT; tratamiento
TREE; *(s)* árbol
    CLASSES; clasificaciones de árboles
    COMPASS; calibrador de árboles
    DOZER; (ec) tumbador de árboles, destroncadora
    FARM; hacienda de árboles
    INSULATOR; aislador de árboles
TREELINE; altitud que alcanzan los árboles
TREENAIL; cabilla, espiga
TREFOIL; trébol
TREMIE; (agua) tubo para concreto; (M) alcancía, (Pe) tolva, (A) tolva y tubería
TRENCH; *(s)* zanja, foso, trinchera, fosa; *(v)* zanjar, zanjear, trincherar
    BRACE; codal, puntal jabalcón
    BRACING; apuntalamiento, entibación, acodamiento, acodalamiento
    BUCKET; balde volcable para zanjas
    DIGGER; (herr) zanjadora, neumática, excavadora de zanjas
    EXCAVATION; excavación en zanja
    FORM; molde de zanja
    HOE; (ec) pala de tiro, azadón mecánico, retroexcavadora, trincheradora
    JACK; gato puntal, puntal ajustable
    ROLLER; aplanadora para zanjas
    SHIELD; sistema de apuntalamiento
    SOIL CLASSIFICATION SYSTEM; sistema de clasificación de suelos
TRENCHER; máquina zanjadora, trincheradora
TRENCHING; zanjeo, zanjamiento
    MACHINE; zanjadora, cavador de zanjas, trincheradora, excavadora a cangilones
TREPAN; (min) trépano
TRESTLE; *(s)* viaducto de caballetes, puente de caballetes; *(v)* construir caballetes; salvar con viaducto de caballetes
    BENT; caballete, castillete, burro, pila, (Ch) cepa
    BRIDGE; puente de caballetes
    DAM; presa de caballetes engoznados al pie
    HORSE; borricón, cabrilla, caballete
TRESTLEWORK; estructura de caballetes, castillejo; construcción de caballetes
TRIAL; ensayo, prueba; tanteo
    AND ERROR; tanteos
    BATCH; (conc) carga de tanteo, revoltura de prueba
    MIX; mezcla de prueba, mezcla de tanteo
    PIT; (ms) pozo de prueba
    RUN; marcha de ensayo
TRIAL-LOAD ANALYSIS; (hid) análisis por cargas de prueba

TRIANGLE; triángulo; (dib) escuadra, cartabón
TRIANGULAR; triangular, triangulado, triángulo
    COMPASS; compás de tres piernas
    SCALE; (dib) escala triangular, (A) escalímetro
    TRUSS; armadura Warren, armadura triangular
TRIANGULAR-NOTCH WEIR; vertedor de entalladura triangular
TRIANGULATE; triangular
TRIANGULATION; triangulación
TRIAXIAL TEST; a prueba de cargos triaxiales
TRIBASIC; tribásico
TRIBOLOGY; tribiología
TRIBUTARY; *(s)(a)* tributario, afluente, confluente
TRICALCIUM ALUMINATE; aluminato tricálcico
TRICALCIUM SILICATE; silicato tricálcico
TRICHLORAMINE; tricloramina
TRICHLORIDE; tricloruro
TRICHLOROETHYLENE; tricloroetileno
TRICKLE CHARGER; (eléc) dispositivo de carga lenta
TRICKLE DRAIN; desagüe lento
TRICKLING FILTER; (dac) filtro percolador, filtro de escurrimiento
TRIGGER; gatillo; ocasionar, provocar
TRIGONOMETRIC; trigonométrico
TRIGONOMETRICAL STATION; (surv) estación de base
TRIGONOMETRY; trigonometría
TRILATERATION; (surv) trilateración
TRIM; *(s)*(carp) contramarcos, chambranas, contracercos, guarnición, (A) obra blanca, (C) vestidura; (cerradura) guarnición; *(v)* desbastar, dolar; (carp) montar contramarcos
TRIMETALLIC; trimetálico
TRIMMER; desbastador, recortadora
    ARCH; (ed) arco entre cabios que soporta el hogar
    BEAM; viga que soporta el cabecero, cabio
    SCREW; tornillo ajustador
TRIMMING ANGLE; ángulo de ajuste
TRIMMING JOIST; (carp) viga cabecera
TRIMMINGS; (vá) guarniciones
TRINITROTOLUENE; trinitrotolueno
TRINOMIAL; trinomio
TRIOXIDE; trióxido
TRIP; *(s)*(mec)(eléc) disparo; gatillo; *(v)*(mec) soltar, disparar; (transportador) voltear; (ancla) desagarrar
    COIL; (eléc) bobina cortacircuito
    GEAR; mecanismo de desenganche
    HAMMER; martillo-pilon
    LATCH; gatillo de descarga
    LINE; cable de descarga
TRIP-FREE CIRCUIT BREAKER; interruptor de desenganche libre
TRIPLE; triple
    BLOCK; motón de tres garruchas

POINT; punto de equilibrio
VALVE; válvula de tres direcciones;
(fc) válvula de control del freno neumático
TRIPLE-ACTING; de triple efecto
TRIPLE-DUTY; de triple oficio
TRIPLE-EXPANSION; (mot) de triple expansión
TRIPLE-PETTICOAT INSULATOR; aislador de
tres campanas
TRIPLE-POLE; (eléc) tripolar
TRIPLE-THROW SWITCH; (eléc) interruptor de
tres cuchillas
TRIPLEX; tríplice, triple
CHAIN BLOCK; aparejo de engranaje triple
PUMP; bomba triple
TRIPOD; trípode, (M) tripié, (C) trespatas
DERRICK; cabria de trípode
DRILL; perforadora de trípode
HEAD; (inst) cabeza de trípode
SIGNAL; (surv) señal de trípode
TRIPOLAR; tripolar
TRIPPER; disparador; volteador, tumbador
TRIPPING; disparo
COIL; bobina de interrupción, bobina de disparo
TRANSFORMER; transformador de
desenganche
TRISECT; trisecar
TRISILICATE; trisilicato
TRISULPHIDE; trisulfuro
TRITURATE; triturar
TRITURATION; trituración
TRITURATOR; triturador
TROLLEY; (mec) trole cargador, carretilla, carrillo;
(eléc) trole
CONVEYOR; transportador telférico
HANGER; (puerta) suspensor de carrito
HOIST; montecarga colgante, (A) guinche
colgante
LINE; línea de tranvía; red de tranvía
POLE; pértiga del trole
WHEEL; polea de trole, polea de contacto
WIRE; alambre de contacto, alambre del trole
TROMBE WALL; (conc) pared que absorba
calefacción solar
TROMMEL; zaranda, trómel
TROUBLESHOOTING; solucionar problemas
TROUGH; artesa, batea, gamella, pileta; (v) acanalar
BELT; correa cóncava
PLATE; (est) plancha Zorés, perfil Zoré
SPILLWAY; canal vertedor, vertedero de saetín
TROUGHING; (eléc) canales; (est) sección U
CONVEYOR; transportador de correa
cóncava, transportadora acanalada
IDLER; (transportador) rodillo albardillado
TROWEL; (s) paleta; (yesero) llana metálica, fratás,
(albañil) trulla, palustre, (C) cuchara, (M)
plana; (v) palustrear, fratasar, (A) flatachar,
(Ch) platachar

FINISH; (conc) acabado llano
TROWELFUL; paletada
TROWELING MACHINE; máquina llanadora
TRUCK; (s) camión, autocamión, (M) troque;
carretón, carro; (fc) carretilla, bogie; (tractor)
bastidor de las orugas; (mec) carro, carretilla,
juego de ruedas; (hambre) carretilla, zorra; (v)
acarrear, transportar por camión
AGITATOR; (conc) camión agitador
BODY; caja de camión, (A) carrocería
CRANE; grúa de camión, camión de grúa, grúa
automovil
DRIVER; camionero, carretero, carretonero,
conductor, chófer, (M) troquero
FRAME; bastidor de rodaje
HITCH; enganche de camión
MIXER; (conc) mezclador de camión,
automezclador, camión batidor, (A) camión
agitador
SHOVEL; pala de camión
TRACTOR; tractor de camión
TRAILER; remolque para camión
TRUCK-BODY HOIST; elevador de caja de
camión
TRUCKING; acarreo, camionaje, carretonaje
SILL; umbral de acarreo
TRUCKLOAD; carretonada, carga de camión,
camionada; furgonada
TRUCK-MOUNTED; montado sobre camión
TRUCK-TYPE GATE; (hid) compuerta de rodillos,
compuerta de ruedas fijas, (Es) compuerta de
vagón
TRUE; (a) alineado; nivelado; (v) rectificar
AZIMUTH; azimut verdadero
BEARING; marcación real, rumbo
verdadero
COHESION; (ms) cohesión verdadera
MERIDIAN; meridiano verdadero
NORTH; norte verdadero
POWER; vatios efectivos
SECTION; (dib) sección verdadera
TRUNCATE; truncar, troncar
TRUNCATED CONE; cono troncado, tronco e cono
TRUNK; (s)(árbol) tronco; (a) troncal, principal
LINE; (fc) línea principal
SEWER; cloaca maestra, alcantarilla maestra,
cloaca troncal, cloaca máxima
TRUNNION; muñón, gorrón
AXIS; eje de muñón
TRUSS; (s) armadura, (U) cercha, (A) reticulado,
caballete, cabriada, (Pan)(mad) caballo; (v)
armar, atirantar
BAR; barra de armadura
BRIDGE; puente de armadura, (Ec) puente
de celosía
ROD; tirante de armadura, tensor de armadura
SHOE; pedestal de armadura

TRUSSED BEAM; viga armada, viga atirantada,
viga embragada
TRUSSED JOIST; viga de enrejado de barras
TRUSSED ROOF; techo armado, techo embragado
TRUSSING; armadura
TRY; probar, intentar
COCK; llave de prueba, espita de prueba, grifo
de prueba, robinete de comprobación
OUT; experimentar, probar, tantear
SHORE; codal con cabeza T
SQUARE; escuadra, escuadra de espaldón,
codal, cartabón
TUB; cuba, cubeta; artesa, tina
TUBBING; entibado de pozo
TUBE; tubo; (cal) tubo, flus; (auto) cámara, tubo
interior, tubo
BEADER; mandril de bordear, bordeadora
BENDER; curvador de tubos, doblador de tubos
CLEANER; limpiatubos, raspador de tubos,
escobillón desincrustador
CUTTER; cortatubos, cortador de tubos
de vidrio
EXPANDER; ensanchador de tubos, mandril de
expansión, abocinador de tubos, bordeadora, (M)
abretubos, (A) expandidor para tubos
EXTRACTOR; sacatubos, arrancatubos
FLOAT; (hid) flotador tubular, tubo flotador
HEADER; cabezal de tubos
INSULATOR; tubo aislador
MILL; remoledor tubular, molino de tubos
SAMPLER; tubo de muestro
SHEET; placa tubular, plancha de tubos, chapa
tubular, (C) cabezal de tubos
VALVE; válvula de tubo movible
TUBE-AND-COUPLING SHORING; entibamiento
de manguito
TUBING; entubado, tubería
TUBULAR; tubular
BOILER; caldera tubular; caldera de tubos de
humo
GASKETING; empaquetadura tubular
JIB; extensión tubular
WELL; pozo tubular
TUBULAR-FRAME WHEELBARROW; carretilla
tubular
TUCK; (s)(cab) paso; (v)(cab) pasar
SPLICE; ayuste corto
TUFF; (geol) tufa
TUFFACEOUS; toboso, tobáceo
TUGBOAT; remolcador
TUMBLE BAY; (hid) amortiguador de energía,
lecho amortiguador
TUMBLER; (mec) tambor; (cerradura) volcador,
tumbador, rodete fiador
SWITCH; (eléc) interruptor de volquete
TUMBLING BARREL; molino de tambor, barril de
frotación

TUMBLING LEVER; (fc) palanca de tumba
TUMBLING ROD; (fc) barra tumbadora
TUNG OIL; aceite de tung, aceite de palo
TUNGSTEN; tungsteno, volframio
CARBIDE; carburo de tungsteno
STEEL; scero al tungsteno
TRIOXIDE; trióxido de tungsteno
TUNGSTEN-FILAMENT LAMP; lámpara de
filamento de tungsteno
TUNGSTENIFEROUS; tungstenífero
TUNNEL; (s) túnel; (v) perforar un túnel
BAR; barra portadora de perforadoras para
obras de túnel
LINER; placa de revestimiento
SHIELD; escudo de perforación
SPILLWAY; túnel vertedor
TARGET; (surv) mira para túneles
TUNNEL-BORING MACHINE; máquina
perforadora de túneles
TUP; mazo; (martinete) cabeza
TUPELO; (wood) nisa
TURBID; turbio, túrbido
TURBIDICATOR; (trademark) indicador de turbidez
TURBIDIMETER; turbidímetro
TURBIDIMETRIC; turbidimétrico
TURBIDITY; turbieza, turbiedad, turbidez
TURBINE; turbina
CASE; distribuidor, anillo de rodete
ENGINE; motor de turbina
GOVERNOR; regulador de la distribución
PUMP; bomba de turbina
SETTING; (hid) montura de la turbina
TURBINE-TYPE METER; contador de turbina
TURBOAERATOR; turboaereador
TURBOBLOWER; turbosoplador
TURBOCHARGER; turbocargador
TURBOCOMPRESSOR; turbocompresor
TURBOEXCITER; turboexcitador
TURBOFAN; turboventilador
TURBOGENERATOR; turbogenerador
TURBOMIXER; turbomezclador
TURBOPUMP; turbobomba
TURBULENCE; (hid)(mot) turbulencia
TURBULENT; turbulento, tumultuoso
FLOW; (hid) flujo turbulento
VELOCITY; (hid) velocidad productora de
flujo turbulento
TURF; (s) césped, tepe; (v) encespedar
TURMERIC PAPER; papel de cúrcuma
TURN; (s) vuelta, revolución, giro, revuelta;;
(v)(maq) girar, revolver; hacer girar; (mh)
tornear; (auto) doblar
ANGLE; (surv) ángulo de vuelta
KNOB; botón de cerrojo dormido
OVER; volver; volcar; volcarse
TURNBUCKLE; torniquete, tarabilla, templador,
tensor

INSULATOR; aislador tensor
TURNED BOLT; perno torneado, perno ajustado,
   bulón torneado
TURNED WORK; labor torneado
TURNER; tornero
TURNING; viraje, giro; tornería
   BASIN; dársena de maniobra, borneadero
   CENTER; centro de torno
   CHISEL; escoplo de torno, asentador, formón
   de tornero
   DIAMETER; diámetro de viraje
   GOUGE; gubia de torno
   POINT; (surv) punto de cambio
   RADIUS; radio de viraje, radio de giro
TURNING-RADIUS GAGE; (auto) indicador de
   radio de viraje
TURNINGS; virutas, alisaduras, acepilladuras
TURNKEY; contrato que cubre todos los aspectos
   del labor
TURNOUT; (fc) cambiavía, desviadero, desvío
   lateral, arranque, (C) chucho; apartadero de
   paso; (irr) toma, compuerta derivadora
TURNPIKE; carretera troncal
TURNPIN; mandril ensanchador para tubos de
   plomo, tarugo ensanchador
TURNSTILE; torniquete, (A) molinete
TURNTABLE; placa giratoria, tornamesa, mesa
   giratoria, tornavía, (M) cambiavía
   BEARING; cojinete de tornamesa
TURPENTINE; aguarrás, trementina
   SUBSTITUTE; aguarrás mineral
TURRET; (turno) torrecilla, torre
   DRILL; taladro de torrecilla
   LATHE; torno revolvedor, torno de torrecilla
   STEP; escalón de torre
TUSCAN; toscano
TUYERE; tobera
TWELVEPENNY NAIL; clavo de 3-1/4 pulgadas
TWENTYPENNY NAIL; clavo de 4 pulgadas
TWIN; (a) gemelo, doble
   LOCKS; esclusas gemelas, esclusa doble
   TOWERS; torres gemelas
TWIN-CYLINDER; de dos cilindros, de cilindros
   gemelos
TWIN-HEAD NAIL; clavo de doble cabeza
TWIN-SCREW; de dos hélices
TWIN-TWISTED BAR REINFORCEMENT;
   reforzamiento de barras de doble torcido
TWIST; (s) torcedura; (v) torcer, retorcer; retorcerse
   DRILL; barrena espiral, barrena de caracol
   LOAD; carga torcedora
   PACKING; empaquetadura retorcida, torzal
   empaquetador
TWISTED BAR; (ref) barra torcida
TWISTING MOMENT; momento de torsión
TWIST-LINK CHAIN; cadena de eslabones
   torcidos

TWITCH; (v) arrastrar
TWO-BLOCK; a besar, a rechina motón
TWO-BY-FOUR; (mad) 2 por 4 pulgadas
TWO-COAT WORK; obra de dos capas
TWO-CORE BLOCK; motón de dos núcleos
TWO-CYCLE ENGINE; máquina de dos
   tiempos
TWO-FOOT RULE; regla de 2 pies de largo
TWO-HINGED ARCH; arco de dos articulaciones,
   arco birrotulado
TWO-INCH-PIECE; pedazo de 2 pulgadas
TWO-LANE HIGHWAY; carretera biviaria, camino
   de dos trochas
TWO-LEG SLING; (cab) eslinga de dos partes
TWO-LINE BUCKET; cucharón de almeja de
   dos cables
TWO-MOTOR; bimotor
TWO-PART SEALANT; sellado de dos partes
TWOPENNY NAIL; clavo de 1 pulgada
TWO-PHASE; bifásico
TWO-PIPE SYSTEM; sistema de tubería doble
TWO-PLY; de dos capas
TWO-POLE; bipolar
TWO-SCREED FINISHING MACHINE; (ca)
   acabadora de dos escantillones
TWO-SHEAVE BLOCK; motón doble
TWO-STAGE; de dos etapas, de dos grados, de dos
   escalones
   CURING; (conc) curación de dos etapas
   FILTER; filtro de dos grados
TWO-STROKE CYCLE; ciclo de dos tiempos
TWO-THROW SWITCH; (fc) cambio de dos tiros
TWO-WAY DUMP; descarga por los dos lados
TWO-WAY REINFORCEMENT; refuerzo cruzado,
   armadura cruzada
TWO-WAY SLAB; (conc) losa con armadura
   cruzada
TWO-WAY SWITCH; conmutador de dos
   direcciones
TWO-WAY SYSTEM; (ref) sistema cruzado
TWO-WAY VALVE; válvula de dos pasos
TWO-WIRE; bifilar
T-Y BRANCH; (tub) injerto T-Y
TYPICAL; típico
   DRAWING; sección típica

U

U ABUTMENT; estribo en U
U BAR; barra en U
U BEND; (tub) curva en U
U BOLT; perno U, hierro en U
U BRANCH; (tub) bifurcación en U
UDOMETER; udómetro, pluviómetro
UDOMOGRAPH; pluviómetro registrador
U-GROOVE; ranura en U
ULTIMATE; último
BEARING POWER OF SOIL; presión unitaria al fallar
BEARING PRESSURE; (ms) presión de apoyo final
BEARING VALUE; (montón) carga máxima
CARBON DIOXIDE; (aire) porcentaje de dióxido carbónico al quemar gases
COMPRESSIVE STRENGTH; (mtl) resistencia a la compresión al fallar
ELONGATION; alargamiento al fallar
FACTOR OF SAFETY; factor de seguridad final
LOAD; carga al fallar
MOMENT; momento al fallar
STRENGTH; resistencia a la rotura, resistencia al fallar, (M) resistencia final, fatiga de ruptura
ULTRAFILTRATION; ultrafiltración
ULTRAMICROMETER; ultramicrómetro
ULTRASONIC; supersónico, (A) ultraacústico
WELDING; soldadura supersónica
ULTRAVIOLET; ultravioleta
RAYS; rayos ultravioleta, rayos ultraviolados
UMBRELLA-TYPE GENERATOR; generador tipo paraguas
UMPIRE TEST; ensayo por árbitro
UNAVAILABLE WATER; agua no disponible
UNBALANCED; desequilibrado
BID; propuesta desequilibrada
CONSTRUCTION; construcción desequilibrada
HEATING SYSTEM; sistema de calefacción desequilibrado
PHASES; (eléc) fases desequilibradas
PRESSURE; presión desequilibrada
UNBOLT; desempernar
UNBONDED MEMBER; (conc) miembro no ligado
UNBRACED; sin apoyo
FRAME; armadura sin apoyo
LENGTH; (col) largo sin apoyo

UNBUFFED END; (panel) extremo no pulimentado
UNBURNED BRICK; ladrillo sin cocer, ladrillo crudo
UNCLAMP; soltar, desagarrar
UNCOIL; desenrollar
UNCOMBINED; (quim) no combinado
UNCONFINED; (ms) libre, sin soporte lateral
UNCONFORMITY; (geol) discordancia
UNCONTROLLED FILL; (ot) relleno no compactado
UNCOUPLE; desenganchar, desacoplar
UNCOURSED; (mam) sin haladas
RUBBLE; piedra bruta sin haladas
UNDERBED; mortero de base
UNDERBID; hacer propuesta mas baja
UNDERBODY; cuerpo sumergido
UNDERBRUSH; maleza, arbustos, monte bajo, chaparral, (C) manigua
UNDERBURNED BRICK; ladrillo rosado, ladrillo mal cocido
UNDERCARRIAGE; carro inferior, carrito inferior
UNDERCOAT; (pint) primera capa
UNDERCONSOLIDATION; (ms) consolidación baja
UNDERCURE; (conc) curación incompleta
UNDERCURRENT; corriente submarina
RELAY; (eléc) relevador de baja corriente
UNDERCUT; (bosque) muesca de guía; (sol) socavación; (v) socavar, derrubiar, (bosque) aserrar por debajo
UNDERCUTTING; derrubio
UNDERDRAIN; (s) desagüe inferior; (v) desaguar
UNDERDRAINAGE; desagüe inferior
UNDERDRIVE; (auto) bajomando
UNDERESTIMATE; hacer presupuesto demasiado bajo
UNDEREXCITATION; subexitación
UNDERFEED STOKER; cargador por debajo
UNDERFILTER; filtro inferior
UNDERFIRE AIR; aire alimentado por debajo
UNDERFLOOR; embutido, debajo del piso
HEATING; calefacción debajo del piso
RACEWAY; (eléc) conducto embutido, canal debajo del piso
UNDERFLOORING; tablonado inferior
UNDERFLOW; corriente subálvea
UNDERFRAME; bastidor inferior
UNDERGRADE CROSSING; paso inferior, paso por debajo, cruce inferior
UNDERGROUND; subterráneo
UNDERGROWTH; maleza, monte bajo
UNDERHAND STOPE; escalón de banco, grada derecha
UNDERLAYMENT; (ed) contrapiso, capa bituminosa debajo del piso de madera
UNDERLAY MINERAL; (techo) capa de arena debajo del asfalto

UNDERLIFT; aparato de remolque
UNDERLYING; subyacente
UNDERMINE; socavar, minar, zapar, descimentar
UNDERMINING; socavación, socava, derrubio
UNDERPASS; paso inferior, paso por debajo
UNDERPIN; socalzar, sotomurar, recalzar, (A) submurar
UNDERPINNING; sotomuración, recalce, recalzo
UNDERREAM; (pozo) ensanchar al fondo
UNDERREAMER; (pet) ensanchador de fondo
UNDERRIVER; subfluvial
UNDERSANDED; (conc) sin suficiente arena
UNDERSEA; submarino
UNDERSHOT; (rueda) de impulsión por abajo
    GATE; (hid) compuerta de descarga inferior
UNDERSIZE; *(s)* subtamaño, (M) infratamaño; *(a)* de tamaño bajo el límite, (M) de infratamaño
UNDERSLUICE; desagüe de fondo, galería de evacuación, aliviadero de fondo
UNDERSLUNG; (auto) suspendido de las ballestas, colgante
UNDERTHRUST FAULT; (geol) falla por empuje inferior
UNDERVOLTAGE; bajo voltaje
UNDERWATER; subácueo
UNDERWINDING; (mot) enrollado por debajo
UNDERWRITERS; (seg) aseguradores
    HARDWARE; herraje de los aseguradores
    STANDARDS; normas del consejo de aseguradores
UNDISTURBED; tranquilo
    SAMPLE; (ms) muestra no descompuesta
UNDULATION; ondulación
UNEQUAL; desigual
    LEGS; (ángulo) alas desiguales, brazos desiguales, ramas desiguales
UNEVEN; (número) impar
UNFAIR; (rivet holes) dealineado, sin coincidir
UNFINISHED; sin acabar, bruto
    BOLT; (est) perno sin tornear
UNGLAZED; no vidriado
UNHINGE; desgoznar, desengoznar, desquiciar
UNHOOK; desenganchar, desganchar
UNIAXIAL; uniaxial
    COMPRESSION; compresión uniaxial
UNIDIRECTIONAL; unidireccional
UNIFLOW ENGINE; máquina de flujo unidireccional
UNIFORM; uniforme
    LOAD; carga uniforme
    SAND; arena uniforme
UNIFORMITY COEFFICIENT; (ms) coeficiente de uniformidad, (C) coeficiente uniforme
UNIFORMLY DISTRIBUTED; distribuido uniformemente, repartido uniformemente
UNILATERAL TOLERANCE; tolerancia unilateral

UNIMPROVED PROPERTY; propiedad no desarrollada
UNIMPROVED ROAD; camino de tierra o sin afirmar
UNINSULATED; sin aislación
UNINTERRUPTED POWER SUPPLY; abasto de energía no interrumpido
UNION; (tub) unión; (hombres) gremio, sindicato obrero
    BEND; doblado de unión
    COUPLING; acoplador de unión
    ELBOW; codo de unión
    FITTINGS; (tub) accesorios de unión
    NUT; tuerca de unión
    T; (tub) T con unión
UNIPERIODIC; uniperiódico
UNIPOLAR; unipolar
UNIT; *(s)* unidad; *(a)* unitario
    COST; costo unitario
    HEATER; calentador unitario, unidad de calefacción
    LOAD; carga unitaria, carga específica
    OF FORCE; unidad de fuerza
    PRICE; precio unitario, precio por unidad
    STRAIN; deformación unitaria
    STRESS; esfuerzo unitario, fatiga específica
    VENT; (pl) un tubo ventilador para dos sifones
    WEIGHT; peso unitario
UNITARY; unitario
UNIT-PRICE CONTRACT; contrato a precios unitarios, contrato por medida
UNIVERSAL; universal
    COMPASSES; compás universal
    GRINDER; rectificadora universal
    JOINT; junta universal, unión universal, junta cardánica, acoplamiento universal
    MILL; laminador universal
    MOTOR; motor universal
    PLATE; (acero) planchas producidas en el laminador universal
    SHEAR; tijera universal
UNIVERSAL-CAST IRON PIPE; (trademark) tubería Universal
UNIVERSAL CLAMP; (trademark)(forma) abrazadera Universal
UNJOINTED; desarticulado
UNKINK; desensortijar
UNKNOWN QUANTITY; incógnita
UNLAY; destorcer, descolchar
UNLOAD; descargar, desembarcar
UNLOADED VEHICLE WEIGHT; peso de vehículo sin carga
UNLOADER; (todos sentidos) descargador
UNLOADING; descargue, descarga, (náut) alijo
    PLATFORM; descargadero
UNMERCHANTABLE WOOD; madera no para comercio

UNMESH; desengranar, desencajar
UNMESHED; desengranado, fuera de toma
UNMETERED WATER; agua sin medir, (U) agua a robinete libre
UNMIXED; (conc) desmezclado
UNPAVED; no pavimentado
UNPROTECTED; sin protección, indefenso
UNREEL; desenrollar
UNREEVE; despasar
UNREFINED; en bruto, no refinado
UNRIG; desaparejar, desenjarciar
UNROLL; desarrollar
UNROOF; destechar
UNSAFE; inseguro
UNSANDED PANEL; panel no ligado
UNSATURATED COMPOUND; compuesto no saturado
UNSCREW; destornillar, desatornillar
UNSEASONED; sin sazonar; (mad) verde
UNSEATING PRESSURE; (hid) presión de desasiento
UNSKILLED LABOR; peones, braceros, (Ch) rotos
UNSLAKED LIME; cal viva
UNSLING; deslingar
UNSOUND; poco firme; defectuoso; poco sólido
    CEMENT; cemento de volumen variable
    KNOT; nudo vicioso
    PROJECT; proyecto improductivo
    TIMBER; madera defectuosa
UNSPOOL; desenrollar
UNSPRUNG; sin resortes
    WEIGHT; (vehicle) peso sin soporte de resortes
UNSTABLE; (est) inestable,(quím) inestable; (terreno) desmoronadizo, flojo, desleznable
    EQUILIBRIUM; desequilibrio, equilibrio inestable
    FRAME; armazón inestable
    SOIL; suelo desleznable
UNSTRATIFIED; no estratificado
UNSTRESSED; sin esfuerzo, no fatigado
UNSUBMERGED; no sumergido, desahogado
UNSUPPORTED LENGTH; largo sin apoyo, (A) largo de pandeo
UNSYMMETRICAL; asimétrico, disimétrico
UNTREATED; sin tratar
UNTRIMMED; sin desbastar, sin alisar
UNTRUE; desalineado; desaplomado, desplomado
UNTWIST; destorcer; destorcerse
UNWATER; desaguar, desagotar, agotar, achicar
UNWATERING; achicamiento, achicadura, achique, (C) desagote
UNWEATHERED; nointemperizado
UNWIND; desenrollar
UP; *(a)* ascendente; *(adv)* arriba
UPCAST; (min) pozo de salida de aire
UPDATE; poner al día
UPDRAFT; corriente ascendente

UPEND; poner vertical
UPFEED SYSTEM; (cal) sistema de vapor ascendente
UPFLOW; flujo ascendente
UPGRADE; *(s)* pendiente en subida, declive en subida; *(adv)* cuesta arriba, pendiente arriba
UPHEAVAL; (geol) levantamiento, solevamiento
UPKEEP; conservación
UPLAND; terreno elevado
UPLIFT; (hid) subpresión, fuerza de levantamiento, solivio; (geol) levantamiento
    CAPACITY; resistencia contra levantamiento
    PILE; pilote contra subpresión
UPPER; superior
    BOUND LOAD; carga última
    CHORD; cuerda superior, cabeza superior, cordón superior
    FLANGE; ala superior, cabeza superior, cordón superior
    FLOOR; (ed) planta alta, piso de arriba, alto, (A) entrepiso
UPPERMOST; el mas alto
UPPERSTRUCTURE; superestructura
UPRAISE; *(s)*(min) contrapozo, (Ch) chimenea, (Col) tambor
UPRIGHT; *(s)* vertical, pie derecho, montante
    ENGINE; máquina vertical
    SPRINKLER; regadera vertical
    Y BRANCH; bifurcación de ramal paralelo
UPSET; *(v)* recalcar, engrosar
    PIPE; tubo reforzado por recalcadura
UPSETTING FORGE; fragua de recalcar
UPSETTING MACHINE; recalcadora
UPSTAND BEAM; (losa) viga que extende hacia arriba
UPSTREAM; río arriba, aguas arriba; contracorriente, arriba de corriente
    COFFERDAM; (Es) antepresa
    ELEVATION; alzada de aguas arriba
    FACE; (dique) paramento de aguas arriba, paramento de agua
    HEARTH; antesolera
    SLOPE; talud de aguas
UPSTROKE; (engr) carrera ascendente, carrera de ascenso
UPTAKE CHAMBER; cámara de subida
UPTHROW; (geol) desplazamiento hacia arriba, dislocación ascendente
UPTHRUST; (geol) solevantamiento
UPWARD FILTRATION; (pa) filtración por corriente ascendente
UPWARD PRESSURE; subpresión, presión de solvio
URBAN; urbano
    AREA; área urbana
    GROWTH; desarrollo y expansión urbana
URETHANE; uretano

URINAL; orinal, urinario
USABLE LIFE; (producto) vida servible
USED EQUIPMENT; equipo usado, equipo de
    ocasión, planta de segunda mano
USE FACTOR; factor de capacidad
USEFUL; útil
    HEAD; (hid) caída útil, desnivel útil, salto útil
    HEAT; calor aprovechable
    LOAD; carga útil
USER; consumidor, (computer) usario
U-TIE; ligadura de alambre en U
UTILITY; utilidad; empresa de servicio público
    GRID; parilla de servicio
    ROOM; (ed) cuarto de utilidades
UTILIZATION; utilización, aprovechamiento
    EQUIPMENT; equipo de utilización
    FACTOR; coeficiente de utilización, factor de
    utilización
    SYSTEM; (eléc) sistema de utilización
U-TRAP; sifón en U

V

VACANCY; vacante, vacío
VACUATION; (is) vaciamiento
VACUUM; vacío, vacuo; (maq) espiradora
    BOOSTER; multiplicador de fuerza al vacío
    BRAKE; freno de vacío, freno al vacío
    BREAKER; rompedor de vacío
    CHAMBER; cámara de vacío
    CHLORINATOR; clorador al vacío
    CONDENSER; condensador a vacío
    DISTILLATION; destilación al vacío
    FEED; alimentación por aspiración, alimentación
    al vacío
    FEED-WATER HEATER; calentador primario o
    al vacío
    FILTER; filtro al vacío
    GAGE; vacuómetro, indicador de vacío,
    manómetro al vacío
    GOVERNOR; regulador al vacío
    HEAD; (hid) carga de vacío
    LIFTING; (maq) cargadora al vacío
    LOADER; (maq) limpiadora al vacío
    MAT; (conc) cojín de vacío
    PAN; tacho al vacío
    PROCESS; (conc) procedimiento al vacío
    (extracción del agua sobrante)
    PUMP; bomba de vacío, bomba al vacío
    SATURATION; saturación al vacío
    SEAL; sello del vacío
    TANK; tanque al vacío
    VALVE; ventosa al vacío
VACUUMIZED CONCRETE; concreto tratado al
    vacío (extracción del agua)
VACUUM-OPERATED; mandado a vacío
VADOSE WATER; agua subterránea más arriba de
    la capa freática
VALANCE; (quim) valencia
VALLEY; (top) valle, quebrada; (techo) lima hoya,
    (A) combersa
    DRAINAGE; drenaje por cuneta
    FLASHING; (techo) planchas de escurrimiento
    FLAT; llanura del río, piso del valle
    LINE; (top) línea de pendiente máxima o de
    corriente
    RAFTER; lima hoya
    STORAGE; (hid) almacenamiento de
    desbordamiento
    TILE; (techo) teja canalón o canal

TRAIN; (geol) material depositado en el valle más abajo de la morena terminal

VALUATION; apreciación, avaluación, avalorización, valoración

ENGINEER; ingeniero tasador, ingeniero apreciador

VALUE; (s) valor; (v) valorar, tasar

VALVE; (hid) válvula, llave, robinete; (eléc) válvula; (mv) distribuidor, corredera

ACUTATOR; actuador de válvula

BAG; bolsa de válvula, bolsa de papel a válvula

BANK; banco de válvulas

BODY; cuerpo de la válvula

BONNET; casquete de la válvula, sombrete de la válvula

BOX; caja de válvula, registro de válvula; (mv) caja de distribución

CAP; (auto) tapita de válvula

CHAMBER; cámara de válvula

CHEST; caja de distribución

GEAR; (mr) mecanismo de distribución

GRINDER; refrentador de válvulas, amoladora de asientos de válvulas, rectificador de válvulas

GUIDE; guía de la válvula

HAMMER; golpeteo

HOLE; agujero para válvula

HOUSE; caseta de válvulas

INSERT; asiento de válvula insertado

INTERRUPTER; interruptor hidráulico de válvula

KEY; llave para válvula

LIFT; alza de la válvula, carrera de la válvula

LIFTER; desmontaválvulas, levantaválvulas

ROD; varilla de la válvula, tirador de válvula, (A) tiraválvula

ROTATOR; rotador de válvula

SEAT; asiento de la válvula

STEM; vástago de válvula, varilla de válvula; varilla de distribución; barra de corredera

TIMING; (auto) regulación de las válvulas

TWIST; torzal para prensaestopas de válvula

WRENCH; llave para válvula

VALVE-GRINDING COMPOUND; compuesto para esmerilar, pasta para válvulas;

VALVE-IN HEAD; válvula en la culata

VALVELESS; sin válvulas

VALVE-OPERATING DEVICE; dispositivo para maniobra de válvulas

VANADIUM STEEL; acero de vanadio, acero al vanadio

VANDYKE PRINT; negrosina

VANE; (turb) paleta, álabe director, aleta

METER; (agua) contador de paletas

RATIO; relación de paletas

VANG LINE; línea de retenida

VANISHING; de fuga

LINE; (dib) línea de fuga

POINT; (dib) punto de la vista, punto de fuga

TRACE; (dib) trazo de fuga

VAN STONE FLANGE; brida Van Stone

VAPOR; vapor

BARRIER; (conc) barrera de vapores

BLASTING; (limpiadura) voladura a vapor

DENSITY; densidad de vapor

HEATING; calefacción a vapor de muy baja presión

LOCK; bolsa de vapor; (M) cierre de vapor

PLUME; (chimenea) pluma de vapor

RETARDER; retardador de vapor

SEAL; sello de vapor

VAPORIZATION; vaporización, vaporación

VAPORIZE; vaporizar, vaporar, volatizar; volatilizarce

VAPORIZER; vaporizador

VAPOROUS; vaporoso

VAPORTIGHT; estanco al vapor, hermético al vapor

VARIABLE; (s)(a) variable

CAN RATE; tarifa por servicios de desperdicios

COST; costo variable

PITCH; (turb) paso regulable

RESISTOR; (eléc) resistor variable

VOLTAGE; voltaje variable, multivoltaje

TIME; (maq) tiempo variable

VARIABLE-AREA METER; (hid) contador de área variable

VARIABLE-DISPLACEMENT PUMP; bomba de carrera regulable o de caudal variable

VARIABLE-HEAD PERMEAMETER; (ms) permeámetro de carga descendente o de carga variable

VARIABLE-SPEED MOTOR; motor de velocidad variable, motor de velocidad ajustable

VARIABLE-SPEED TRANSMISSION; transmisión de velocidad regulable

VARIABLE-VOLUME PUMP; bomba de volumen variable

VARIANCE; disidencia, desacuerdo, desavenencia

VARIATION; (compás) declinación, variación

VARIATOR; variador

VARIEGATED COPPER ORE; bornita

VARIOMETER; variómetro

VARNISH; (s) barniz, charol; (v) barnizar, charolar, embarnizar

PAINT; pintura al barniz

REMOVER; quitabarniz

THINNER; diluyente para barniz

VARNISHED CAMBRIC; (ais) cambray barnizado

VARVED SILT or CLAY; arcilla estratificada

VARYING SPEED MOTOR; motor de velocidad variable

VARYING-VOLTAGE MOTOR; control por voltaje variable

VAT; cuba, tina, tanque

VAULT; *(s)* bóveda, alcuba; esquifida; depósito a prueba de incendio; *(v)* abovedar
  LIGHT; claraboya de bóveda, luz de bóveda, vidrio de piso

VAULTING; abovedado, bóvedas

VAULT-LIGHT CEMENT; cemento para pisos de vidrio

V BELT; correa en V, correa en cuña, correa trapezoidal

V BRANCH; (tub) bifurcación

V CONNECTION; (eléc) conexión en V

V CUT; (tún)(min) corte de cuña

V DUMP CAR; carro decauville, vagoneta volcadora tipo V

VECTOR; vector
  FUNCTION; función vectorial
  QUANTITY; cantidad vectorial
  SUM; suma vectorial

VEGETABLE; *(s)* vegetal
  MOLD; tierra vegetal, mantillo
  OIL; aceite vegetal

VEHICLE; vehículo, (A) rodado; (pint) vehículo
  CURB WEIGHT; peso de vehículo en operación
  MAINTENANCE EXPENSE; costos de mantenimiento
  MAXIMUM LOAD ON THE TIRE; carga máxima en las llantas

VEHICULAR; vehicular

VEIN; (mad) veta, hebra; (min) vena, veta, filón, criadero, venero
  DIKE; dique de filón
  QUARTZ; ganga cuarzosa

VEINSTONE; (min) ganga

VELICIMETER; velocímetro

VELOCITY; velocidad
  GAGE; indicador de velocidad
  HEAD; (hid) altura debida a la velocidad, carga de velocidad, altura dinámica
  METER; velocímetro, contador de velocidad
  OF APPROACH; (hid) velocidad de llegada, velocidad de acceso
  OF RECESSION; (hid) velocidad de alejamiento
  STAGE; (turb) grado de velocidad, etapa de velocidad

VENA CONTRACTA; (hid) chorro contraído, chorro contracto

VENEER; *(s)* chapa, hoja de madera; *(v)* enchapar, chapear
  GRADE; grado de chapa

VENEERED CONSTRUCTION; construcción revestida

VENEERING; enchapado, chapeado

VENETIAN; veneciano
  BLIND; persianas

VENT; *(s)* respiradero, sopladero, orificio de ventilación, venteo, desfogue, desventador; *(v)* desventar, desahogar, desfogar, purgar
  BRANCH; (tub) ramal de 180° invertido
  CONNECTOR; (tubo) sistema de conducción
  FORM; (conc) moldaje de ventilación
  PIPE; (tubo) tubo de ventilación, caño ventilador, tubo de alivio
  STACK; (pl) tubo vertical de ventilación

VENTILATE; ventilar, airear

VENTILATED; ventilado

VENTILATING FAN; ventilador, soplador ventilador

VENTILATION; ventilación
  DUCT; conducto de ventilación
  SHAFT; chimenea de ventilación, respiradero

VENTILATOR; ventilador

VENTURI; (auto) Venturi, tubo Venturi
  FLUME; canaleta de aforos Venturi
  METER; venturímetro, medidor Venturi
  TUBE; tubo Venturi

VERANDA; terraza

VERDIGRIS; (quim) verdete, cardenillo

VERDUNIZATION; (pa) verdunización

VERGE; *(s)* borde, margen; orilla
  BOARD; (carp) tabica

VERIFICATION; verificación

VERMICULITE CONCRETE; concreto vermiculítico

VERNIER; nonio, vernier
  CALIPER; calibre de nonio
  COMPASS; brújula de nonio
  LEVEL; nivel de nonio
  PLATE; (inst) disco de nonio

VERSED COSINE; coseno verso

VERSED SINE; seno verso

VERTEX; vértice

VERTICAL; vertical
  ANGLE; ángulo vertical
  BAR; (ref) barra vertical
  BRACING SYSTEM; sistema de arriostramiento vertical
  BOILER; caldera vertical
  CHECK VALVE; válvula vertical de retención
  CIRCLE; (surv) círculo graduado
  CLEARANCE; franqueo superior, altura libre
  COMPONENT; componente vertical
  CURVE; (ca) curva vertical
  DRAIN; (ms) drenaje de arena
  JOINT; juntura vertical
  SHIFT; (geol) componente vertical de desplazamiento relativo

VERTICAL-FLOW TANK; (dac) tanque de flujo hacia arriba

VERTICAL-LIFT BRIDGE; puente de ascensión vertical, puente levadizo vertical

VERTICAL-LIFT DOOR; puerta levadiza

VERTICAL-VELOCITY CURVE; (hid) curva de velocidades en una vertical

VESICLE; (geol) vesícula

VESICULAR; (geol) vesicular

VESSEL; barco, buque, embarcación; recipiente

VESTIBULE; (ed) vestíbulo, zaguán; (fc) vestíbulo

V-GROOVE WELD; soldadura de ranura en V

V-NOTCH WEIR; vertedero de aforo en V

VIADUCT; viaducto

VIAL; (nivel) tubo; (lab) frasco

VIAMETER; odómetro

VIBRATE; vibrar

VIBRATED CONCRETE; concreto consolidado por vibración

VIBRATING; vibrante
    FEEDER; alimentador vibratorio, alimentador vibrante
    ROLLER; rodillo vibrante de compactación
    SCREEN; criba vibratoria, cedazo vibrante, reja sacudidora, zaranda vibratoria
    TABLE; (conc) mesa vibratoria

VIBRATION; vibración, trepidación, sacudimiento
    CRACK; falla debido a vibración
    DAMPER; amortiguador de vibraciones

VIBRATOR; vibrador, temblador
    COMPACTOR; compactador de vibración

VIBRATORY; vibratorio
    SCREED; emparejadora vibratoria
    SLUMP; (conc) asentamiento con vibración

VIBRIO; (is) vibrión

VIBROGRAPH; vibrógrafo

VIBROMETER; vibrómetro

VICAT APPARATUS; (hid) aparato de Vicat

VICAT NEEDLE; aguja de Vicat

VICKERS HARDNESS; (metal) escala de dureza Vickers

VICTAULIC COUPLING; (trademark) acoplamiento Victaulic

VIERENDEEL TRUSS; armadura Vierendeel

VINYL; vinilo

VIRGIN TIMBER; madera virgen

VIRTUAL; virtual
    AMPERES; amperaje efectivo
    AXIS; eje instantáneo
    GRADE; pendiente virtual
    LENGTH; longitud virtual
    SLOPE; gradiente hidráulico
    UPLIFT; (hid) subpresión virtual
    VELOCITY; velocidad virtual
    VOLTAGE; voltaje efectivo

VISCOSIMETER; viscosímetro, indicador de viscosidad

VISCOSITY; viscosidad
    INDEX; índice de viscosidad

VISCOUS; viscoso
    DRAG; (pa) retardo viscoso
    FLOW; (hid) flujo laminar o viscoso

VISE; prensa de tornillo, tornillo de banco, cárcel, morsa, (A) sargento

VISIBILITY; visibilidad
    DISTANCE; (ca) alcance de la vista, distancia de visibilidad

VISIBLE; visible
    AREA; área visible

VISIBLE-VACUUM CHLORINATOR; (is) clorador de vacío visible

VISTA; vista, panorama

VISUAL; visual
    ALARM; alarma visual
    ANGLE; ángulo visual
    POINT; punto de vista

VITREOUS; vítreo, vidrioso
    SILVER; argentita
    TILE; teja vítrea

VITRIFICATION; vitrificación

VITRIFIED; vitrificado
    BOND; adhesión vitrificado
    CLAY; barro vitrificado, arcilla vitrificada
    PIPE; tubería vitrificada

VITRIFY; vitrificar

VITRIOL; vitriolo

VITRITE; vitrita

VITROBASALT; basalto vítreo

VITROPHYRE; (geol) vitriofido

V MOTOR; motor en V, máquina de cilindros convergentes

VOID; hueco, vacío, oquedad
    RATIO; (conc) relación de huecos

VOIDED SLAB; (conc) losa hueca

VOLATILE; volátil
    FLAMMABLE LIQUID; líquido inflamable volátil
    MATERIAL; material volátil
    OIL; aceite volátil

VOLATILITY; volatilidad

VOLCANIC; volcánico
    ASH; lava pulverizada; cenizas volcánicas, escorial
    BRECCIA; brecha volcánica
    CONE; cono volcánico, cerro de materiales ígneos
    GLASS; vidrio volcánico, obsidiana
    ROCK; roca eruptiva, roca volcánica
    TUFF; tufa

VOLCANO; volcán

VOLT; voltio

VOLTAGE; voltaje
    AMPLIFIER; amplificador de voltaje o de tensión
    COIL; bobina de tensión
    DIP; reducción de voltaje
    DROP; caída de tensión
    GAIN; (eléc) relación de entrada y salida
    REGULATOR; regulador de tensión

TRANSFORMER; transformador de tensión
VOLTAIC; voltaico
VOLTAMETER; voltámetro
VOLTAMMETER; voltamperímetro
VOLTMETER; voltímetro
VOLUME; volumen, contenido; cubaje
    BATCHER; (conc) medidor por volumen
    CHANGE; cambio volumétrico
    OF FLOW; gasto, caudal
    METER; (hid) contador de volumen
VOLT-AMPERE; voltamperio
VOLUMETER; volúmetro
VOLUMETRIC; volumétrico
    DISPLACEMENT; desplazamiento
    volumétrico
    EFFICIENCY; rendimiento volumétrico
VOLUTE; voluta
    CHAMBER; cámara de voluta, caja espiral
    COMPASS; compás de espirales
    PUMP; bomba centrífuga con cuerpo de
    caracol
    SPRING; resorte de espira cónica
VORTEX; vórtice
VOUCHER; comprobante
VOUSSOIR; dovela; ladrillo de arco
V THREAD; filete triangular
VULCANITE; vulcanita
    PAVEMENT; pavimento de concreto asfáltico
VULCANIZATION; vulcanización
VULCANIZE; vulcanizar
VULCANIZED; vulcanizado
    FIBER; (trademark) fibra vulcanizada
    OIL; aceite vulcanizado
VULCANIZER; vulcanizador

WACKE; (geol) waca, vacia
WAD; (geol) ocre negro
WADDING; algodón en rama
WAFER; (mtl) chapa, plancha
WAFFLE-PLATE CONSTRUCTION; (conc)
    reforzamiento de planchas de acero
WAGES; jornal, sueldo, salario
WAGNER FINENESS; (cem) finura de Wagner
WAGON; carretón, carreta, galera
    BODY; caja de carretón, cajón
    DRILL; perforadora de carretilla, taladro de
    carreta, taladro sobre ruedas, sonda locomóvil
    LOADER; cargador portátil
    ROAD; camino carretero
    SCRAPER; carra traílla
WAGONLOAD; carretada, carretonada, carga de
    carro, galerada
WAINSCOT; alfarje, zócalo, arrimadillo, friso
WAIST; (losa) hondura mínima
WAIVER; dispensa
WAKEFIELD PILE; tablestaca de tablones
    ensamblados
WALE; (cn) traca
WALER; carrera, larguero, cepo, cinta
WALKING; (a) ambulante
    BEAM; (mot) balancín
    BOSS; capataz general, ayudante del
    superintendente
    DRAGLINE; draga ambulante, excavadora
    ambulante de cable de arrastre
    EDGER; canteador ambulante
WALK-UP; edificio sin elevador
WALKWAY; pasillo, pasaje, andén, pasadero,
    (C) sardinel, (A) pasarela
WALL; (s) muro, pared, muralla, (divisorio) tabique,
    (de barro) tapia, (de piedra) pirca; (geol) reliz;
    (v) emparedar, murar, amurallar, tabicar
    ANCHOR; ancla de pared
    BEAM; viga exterior
    BEARING STRUCTURE; estructura apoyada
    con paredes
    BRACKET; brazo de pared
    BRUSH; brocha de pintar
    CRANE; grúa de pared
    FORM; (conc) molde de pared
    HANGER; estribo de pared
    INSULATOR TUBE; aislador mural

OPENING; abertura en pared
PLANER; acepilladora vertical
PLATE; (carp) carrera, carrera de pared, solera; (est) placa de asiento; (eléc) chapa de pared, escudete; (tub) brida para pared
PLUG; (eléc) enchufe de pared
RADIATOR; calorífero mural, radiador de pared
ROCK; (geol)(min) roca de respaldo
SCRAPER; cuchilla para yeseros
SPREADER; separador de reforzamiento en la pared
STACK; (calefacción) conducto rectangular de paredes
STRING; (escalón) gualdera contra la pared
TIE; ligadura para paredes
WASHBASIN; lavadero de pared, lavatorio de arrimar
VENT; sopladero en pared
WALLBOARD; hojas de fibra prensada, cartón de yeso
WALNUT; nogal
WANE; (mad) bisel
WANY-EDGE SIDING; tabla de borde biselada
WARD; (cerradura) guarda, cacheta, rastrillo; (llave) rastrillo, guarda
WAREHOUSE; almacén, bodega, depósito, (Ch) barraca, (A) hangar
BOND; fianza de almacén
CHARGES; derechos de almacenaje
SET; hidratación de cemento almacenado
TRUCK; carretilla para depósitos, carretilla de mano, zorra para depósitos
WAREHOUSING; almacenaje, bodegaje
WARM-AIR HEATING; calefacción por aire
WARM UP; (engr) calentar
WARNING; caución, advertencia
DEVICE; aparato de advertencia
LIGHT; luz de aviso
SIGN; (ca) señal de advertencia
WARP; *(s)* alabeo, comba; *(v)* alabearse, combarse, abombarse, abarquillarse; (náut) espiar
WARPED SURFACE; superficie alabeada
WARPING; alabeo, combadura
BUOY; boya de espía
CABLE; espía
DRUM; torno de espiar
STRESS; esfuerzo debido al alabeo
TORSION; torsión debido al alabeo
WARRANTY; garantía
WARREN GIRDER; armadura Warren, armadura triangular
WARRINGTON CONSTRUCTION; (cable de alambre) construcción Warrington
WASH; *(s)*(top) lecho de río intermitente; cono aluvial; (mam) retallo de derrame; *(v)* lavar

AWAY; deslavar, derrubiar
BORING; perforación con lavado, (M) perforación lavada, (Pe) sondaje a chorro
FILTER; filtro de lavado
GRAVEL; (min) grava aurífera
LOAD; (hid) acarreos de superficie
MILL; (cem) molino desleidor
OUT; arrastrar, deslavar
WATER; (pa) agua de lavado, (M) agua de enjuague
WASHBASIN; lavamanos, lavabo, jofaina, palangana, lavadero, aguamanil
WASHBOARD; (ca) ondulaciones; (cn) falca
WASHBOWL; palangana
WASH-DOWN WATER CLOSET; inodoro de lavado hacia abajo
WASHER; (arena) lavadora, lavadero; (mec) arandela, roldana, golilla, rondela, platillo, volandera, zapatilla; planchuela de perno
CUTTER; cortaarandelas
GROMMET; ojal de arandela
WASHERY; (min) lavadero
WASHING; lavado, lavadura, lavaje
DOWN; limpiar una pared de ladrillo
PLANT; instalación de lavado
SCREEN; criba lavadora
WASHOUT; socavación, derrumbamiento, arrastre
PLUG; tapón de limpieza
WASH-RATE CONTROLLER; (pa) regulador del lavado
WASH-RATE INDICATOR; (pa) indicador de gasto
WASHTROUGH; (min) artesón, gamella de lavar
WASTE; *(s)* (algodón) desperdicios de algodón, hilacha de algodón, hilacha, huaipe, (C) estopa; (min) escombros, desechos; (mad) desperdicios; (geol) erosión; *(v)* desperdiciar, derrochar; (exc) botar, tirar, arrojar
BANK; terreno, escombrera, vaciadero
DISPOSAL; disposición de basuras
GATE; (hid) compuerta de desagüe, compuerta de descarga
NUT; brida de piso
PIPE; tubo de evacuación, tubo de desagüe, desaguadero
STACK; (pl) tubo vertical de evacuación
WEIR; aliviadero, vertedero
WASTE-HEAT BOILER; caldera de calor de desecho
WASTES; desperdicios, despojos
WASTEWATER; (pa) agua cloaca; agua negra
WASTEWAY; canal evacuador, canal de descarga; conducto de desfogue; aliviadero, vertedero
WATCHMAN; sereno, velador, (M) vigilador, celador, (U) guardián
WATER; *(s)* agua; *(v)* aguar; regar; abrevar

BALLAST; lastre de agua
BAR; (ca) caballón desviador
BARGE; lanchón para agua, aljibe
BEARING; cojinete lubricado por agua
BLAST; chorro de agua
BRIDGE; (cal) altar de agua
CARRIER; aguador, (A) aguatero
CART; carro-tanque, carricuba, (A) aguatero
CLOSET; (pl) inodoro; (cuarto) retrete, (Ec) casilla
COLUMN; (fc) columna de agua, grúa alimentadora de agua
CONDITIONER; acondicionador de agua, suavizador de agua
CONTENT; (ms) contenido de agua
COOLING; enfriamiento por agua
CRANE; (fc) grúa alimentadora de agua, grúa hidrante
CURTAIN; cortina de agua contra incendios
CUSHION; colchón de agua, almohadón de agua
DEMAND; (maq) demanda de agua
GAGE; indicador de nivel de agua
GAS; gas de agua
HAMMER; golpes de ariete, ariete hidráulico, choque de ariete, choque de agua
JACKET; camisa de agua, chaqueta de agua, camisa de enfriamiento
JET; chorro de agua, (M) chiflón de agua; inyección de agua
LEG; (cal) hervidor; placa de agua
LEVEL; nivel de agua; (inst) nivel de agua
LINE; (cal) nivel del agua; (náut) línea de flotación
MAINS; cañería de acueducto, cañería matriz, tubería maestra
MANIFOLD; (mot) múltiplo del agua
MARK; (hid) elevación de agua
METER; contador de agua, medidor de agua
MISCIBLE; soluble con agua
MOTOR; motor de agua
OF ABSORPTION; (irr) agua de imbibición
OF COMPACTION; (ms) agua de consolidación
OF CONDENSATION; agua de condensación
OF CONSTITUTION; agua de constitución
OF CRYSTALLIZATION; agua de cristalización
OF DILATION; agua de sobresaturación
OF HYDRATION; agua de hidratación
PIPE; caño de agua, tubería de agua
POWER; fuerza hidráulica, energía hidráulica, potencia hidráulica, fuerza de agua; salto de agua
PREHEAT TANK; tanque de agua precalentada
PRESSURE; presión de agua

PURIFICATION; depuración de agua, purificación de agua
RAM; ariete hidráulico
RATE; tasa de agua, cuota de agua; (irr) canon de riego
REPELLENT; impermeable, resistente al agua
RESISTANCE; reóstato de agua
RESOURCES; aguas aprovechables, recursos hidráulicos
RETENTION; retención de agua
RHEOSTAT; reóstato de agua, resistencia hidráulica
RIGHTS; derechos de agua, merced de agua
RING; (min) cuneta colectora en la pared del pozo
SEAL; cierre hidráulico
SERVICE; derivación de agua, toma de agua particular, (Col) pluma
SHEEN; superficie lustrosa debido al agua en concreto
SOFTENER; equipo suavizador de agua, ablandador de agua
SOFTENING; ablandamiento de agua, suavización de agua, adelgazamiento de agua, endulzamiento de agua, (A) edulcoración de agua
STATION; aguadero, aguada
STOP; dispositivo de estancamiento, (M) tapajunta
SUPPLY; abastecimiento de agua, suministro de agua, provisión de agua, abasto de agua potable, aprovisionamiento de agua, (V) proveimiento de agua
SURFACE; espejo del agua, lumbre del agua
SYSTEM; sistema fluvial; acueducto, red de aguas corrientes
TABLE; (ed) retallo de derrame, botaguas; (subsuelo) napa freática, lámina acuífera, nivel de agua freática, (V) mesa de agua, (C) tabla de agua
TEST; (tubo) ensayo de presión
TOWER; torre de agua, aguatorre
TREATMENT; tratamiento de agua
TROUGH; (fc) canaleta de toma en marcha
TUBE; (cal) tubo de agua, tubo hervidor
TURBINE; turbina hidrálica, turbina de agua
VAPOR; vapor de agua, vapor acuoso
VELOCITY; velocidad de corriente
WHEEL; rueda hidráulica, rueda de agua
WATER-BASED COATING; pintura con base de agua
WATER-BEARING STRATUM; capa acuífera, manto freático, horizonte acuífero
WATER-BORNE; llevado pro las aguas
    DISEASE; (V) enfermedad hídrica
WATER-BOUND MACADAM; macádam hidrálico, macádam al agua

WATER-CEMENT RATIO; relación agua-cemento, razón agua-cemento

WATER-CLOSET TANK; tanque de inundación

WATER-COOLED; enfriado por agua

WATERCOURSE; corriente de agua, curso fuvial, curso de agua, vaguada, río

WATERFALL; salto de agua, caída de agua, cascada, catarata

WATER-GAS TAR; allquitrán de gas de agua

WATER-HARDENED; (met) templado en agua

WATER-INCH; pulgada de agua

WATER-LEVEL GAGE; indicador de nivel de agua

WATERING CART; carro de riego, pipa de riego, carro aguatero

WATERING TROUGH; abrevadero, (C) canoa

WATER-LEVEL MEASUREMENT; medida de material enrasado

WATER-LINE LENGTH; eslora de flotación

WATERLOGGED; anegado, (A) revenido

WATER-LUBRICATED; lubricado por agua

WATER-POWER PLANT; planta hidroeléctrica, central de fuerza de agua, central hidráulica, (A) usina hidráulica

WATERPROOF; *(v)* impermeabilizar; (A) impermeable, a prueba de agua, hidrófugo
   CEMENT; cemento impermeable
   COATING; revestimiento impermeable
   INSULATION; aislación a prueba de intemperie, aislación impermeable

WATERPROOFER; impermeabilizador

WATERPROOFING; impermeabilización, (A) estancamiento, aislación
   COMPOUND; material hidrófugo
   COURSE; capa impermeable, (A) capa aisladora

WATER-RELIEF VALVE; válvula de purga de agua

WATER-SEALED; cerrado con agua

WATERSHED; (top) cuenca colectora, hoya tributaria, hoya hidrológica, superficie de desagüe, (A)(U) cuenca imbrífera; (top) vertiente; (ed) botaguas, vierteaguas

WATERSPOUT; manga, tromba marina

WATER-TABLE STREAM; corriente freática

WATERTIGHT; estanco, hermético, impermeable

WATERTUBE BOILER; caldera acuotubular, caldera con tubos de agua, caldera con tubos hervidores

WATERWALL; pantalla de agua

WATER-WASTE DETECTOR; detector de escapes

WATER-WASTE SURVEY; investigación de pérdidas de agua

WATERWAY; vía fluvial, vía de agua, cauce, canal

WATERWORKS; planta de agua potable, instalación de agua corriente, obras de agua, acueducto, (A)establecimiento de aguas corrientes

WATT; vatio

CURRENT; corriente vatada

PER SQUARE METER; vatio por metro cuadruado

WATTAGE; vatiaje, potencia en vatios, (A) wattaje

WATT-HOUR; vatihora, vatio-hora

WATT-HOUR METER; contador de vatio-horas, vatihorámetro

WATTLE; zarzo

WATTLESS; desvatado
   POWER; voltamperios reactivos, potencia desvatada

WATTMETER; vatímetro, voltamperímetro

WAVE; onda, ola
   ACTION; oleaje, olaje
   FORM; (eléc) forma de onda
   LENGTH; longitud de onda
   PRESSURE; presión de onda
   SPEED; velocidad de onda

WAY AND STRUCTURES; (fc) vía y obras

WAY TIMBERS; largueros de vía

WAX; cera

WEAK; (est) poco resistente; (maq) poco fuerte; (solución) diluído; (eléc) débil; (mercado) flojo
   AXIS; (sección) eje menor
   SEWAGE; aguas negras con poca materia orgánica

WEAKEN; debilitar; atenuar

WEAKENED PLANE; (ca) junta simulada

WEAR; *(s)* desgaste, uso; *(v)* desgastar, gastar; gastarse, desgastarse
   AND TEAR; uso y desgaste, desgaste natural
   AWAY; gastar, degastar; gastarse, desgastarse
   OUT; desgastar, gastar; desgastarse, gastarse

WEARING; *(a)* agotador, desgaste
   COURSE; capa de desgaste, capa de defensa
   PLATE; placa de frotamiento, plancha de desgaste, placa de defensa
   RING; anillo desgastable
   STRIP; tira de defensa
   SURFACE; (ca) capa de desgaste, carpeta de desgaste, capa de rodamiento; (neumático) superficie de rodamiento

WEATHER; *(s)* tiempo; *(v)* desgastarse a la intemperie, intemperizarse
   BUREAU; servicio meteorológico
   CONTACT; (eléc) contacto por humedad
   FILLET; (mam) mortero en un ángulo para escurrir el agua
   JOINT; (mam) junta biselada para escurrimiento de la lluvia
   PROTECTION; protección contra la intemperie
   SHORE; costa de barlovento
   STRIP; burlete, gualdrín

WEATHERBOARD; tabla soplada, tabla de chilla, chillado

WEATHERED; intemperizado

WEATHERING; intemperización, intemperismo, (M)
  meteorización; (ed) botaguas, escurridero
  INDEX; (coal) índice de intemperismo
  TEST; prueba de intemperismo
WEATHERPROOF; a prueba de intemperie,
  resistente a la intemperie
  WIRE; alambre de intemperie
WEATHER-RESISTANCE; resistencia a la
  intemperie
WEATHERTIGHT; estanco
WEAVING; (ca) mezcla de tráfico en la encrucijada;
  (sol) oscilación, soldadura de tejido
WEB; (viga)(riel) alma; (est) nervio; (rueda) plato;
  (taladro) ánima, alma; (armadura) tejido,
  trabazón
  BUCKLING; pandeo de plancha de alma
  CRIPPLING; falla de plancha de alma
  MEMBER; pieza de enrejado, pieza de
  armadura, barra de celosía, miembro del alma,
  (V) barra del tejido
  PLATE; plancha de alma
  REINFORCEMENT; (conc) reforzamiento
  de miembro
  STIFFENERS; montantes de refuerzo, ángulos
  atiesadores
WEBER; weber (unidad de flujo magnético)
WEDGE; (s) cuña, calce, calza; (v) calzar, acuñar,
  encuñar, calar, recuñar, cuñar
  ANCHORAGE; anclaje de cuña
  BAR; barra de cuña
  CUT; (min)(tún) corte de cuña
  GAGE; calibre de cuña
  GATE; (vá) compuerta acuñada
  SOCKET; (cable de alambre) encastre acuñado
WEDGE-GATE VALVE; válvula de cuña
WEDGE-POINT CROWBAR; barra punta-de-cuña
WEDGE-WIRE SCREEN; criba de alambre
  acuñada
WEDGING; acuñadura, acuñamiento, calzadura,
  recalce
  PLATE; placa de acero acuñadora
WEED; (s) maleza, (v) desmalezar
  BURNER; quemador de malezas
  ERADICATOR; (ec) arrancador de yerbajos
  KILLER; destructor de malezas
WEEP HOLE; agujero de drenaje, mechinal,
  cantimplora, lloradero, aliviadero, gotero,
  barbacana
WEEP PIPE; tubo de drenaje
WEFTLESS CORD FABRIC; tela de cuerda sin
  tramas
WEIGH; (s) pesar, romanear
  HOPPER; medidor por peso
  LARRY; carretilla pesadora
  SCALE; escala de peso
  STATION; estación de peso
WEIGHBRIDGE; puente-báscula, báscula-puente

WEIGHING; pesar, pesada
  BATCHER; medidor por peso, tolva pesadora,
  (A) báscula-tolva
WEIGHT; (s) peso, pesa; (v) cargar, lastrar
  BATCHING; (conc) proporcionamiento
  por peso
  DISTRIBUTION; (estática) distribución de
  carga, distribución de peso
WEIGHTED AVERAGE; promedio compensado,
  promedio pesado
WEIGHTED FILTRATION FACTOR; (hid) factor
  gravado de percolación, factor compensado de
  filtración
WEIGHTING; aplicar peso
WEIGHTOMETER; registrador de peso
WEIR; vertedero, presa sumergible, vertedor, azud
  AERATION; aeración por vertedero
  CHAMBER; cámara de vertedero
  CREST; umbral vertedor
  HEAD; carga en el vertedero
  METER; contador vertedor
  PLATE; placa de vertedero
WEISBACH TRIANGLE; (surv) triángulo Weisbach
WELD; (s) soldadura; (v) solar, caldear
  CRACK; grieta en metal soldador
  METAL; metal soldador, metal de aporte
WELDABILITY; soldabilidad
WELDABLE; soldable
WELDED; soldado
  CHAIN; cadena de eslabones soldados
  FLANGE; brida soldada
  PIPE; cañería soldada, tubería soldada
  REINFORCEMENT; reforzamiento soldado
WELDED-WIRE FABRIC; malla de alambre
  soldada
WELDER; (hombre) soldador; (maq) soldadura
WELDING; soldadura
  CAP; (tub) tapa para soldar
  COMPOUND; soldadura fundente, fundente
  soldador
  ELBOW; (tub) codo para conexiones soldadas
  ELECTRODE; electrodo para soldar
  FITTINGS; (tub) accesorios para conexiones
  soldadas
  FLUX; fundente para soldar
  JIG; plantilla de soldador
  LENS; vidrio de soldador, vidrio filtrante
  POSITIONER; posicionador soldador
  POWDER; polvo fundente
  ROD; varilla soldadura, varilla fundente
  SEQUENCE; sequencia de soldadura
  SLAB; banco de soldar
  T; (tub) T para conexiones soldadas
  TORCH; soplete soldador, antorcha soldadora
  VALVE; válvula para conexiones soldadas
  WIRE; alambre soldador, alambre fundente
WELDLESS CHAIN; cadena sin soldar

WELDMENT; conjunto de partes soldadas

WELL; (agua) pozo, (Ch)(M) noria; (escalera) caja, pozo; (náut) sentina

AUGER; barrena de tierra

BIT; broca para sonda de pozos

CASING; entubado de pozos, tubería de revestimiento, (M) ademado

DRAIN; drenaje de pozo

DRILL; sonda, barrena para pozos, perforadora a cable

LOSS; pérdida de pozo

POINT; coladera-punta, punta coladora

RIG; equipo para perforación de pozos

SCREEN; tamiz de pozo, colador de pozo

SURVEYING; (pet) estudio de pozos

WATER; agua de pozo, (M) agua de noria

WELL-BURNED BRICK; ladrillo recocho, ladrillo cocido

WELLHEAD; (pet) cabeza de pozo

WELLHOLE; (ed) pozo de escalera; (al) pozo de caída

WEST; (s) oeste; (a) del oeste, occidental; (adv) al oeste

WESTING; (surv) desviación hacia el oeste

WET; (v) remojar, mojar; (a) húmedo

ANALYSIS; análisis de suelo con agua

COLLECTOR; rocío de asfalto

CONNECTION; (tub) injerto, conexión bajo presión

DIGESTION; (pa) estabilización de desperdicios sólidos

DOCK; dársena, dársena de flote

GRINDING; esmerilado en húmedo

HEAT; sistema de calefacción utilizando agua

LINER; forro de cilindro tipo húmedo

MIX; concreto húmedo

PROCESS; (quim) procedimiento húmedo, vía húmeda

PROCESSING; (agr) clasificación con lavado

ROT; putrefacción húmeda

SAND; (conc) alisado húmedo

SCREENING; cribado con lavado, cernido húmedo

SIEVE; cedazo húmedo

SOIL; suelo húmedo

STEAM; vapor húmedo

WELL; pozo sumidero, pozo de aspiración

WET-BULB THERMOMETER; termómetro de ampolleta húmeda

WET-CAST PROCESS; procedimiento de moldeado húmedo

WETNESS; porcentaje de agua en vapor

WET-PROCESS INSULATOR; aislador de fabricación húmeda

WETTED PERIMETER; (hid) perímetro mojado, contorno bañado

WETTED SURFACE;   superficie bañada

WETTING; (mtl) mojada, remojo

WHARF; muelle, embarcadero, atracadero, atraque

BORER; barrenillo de muelles

WHEATSTONE BRIDGE; puente de Wheatstone

WHEEL; rueda

ALIGNER; (auto) alineador de ruedas

BALANCER; (auto) contrapesador de ruedas

BASE; base de ruedas, distancia entre ejes, batalla, (Ec) intereje, (A) base de rodado

DOLLY; carrito para ruedas

DRESSER; rectificador de ruedas abrasivas

GUARD; guardarrueda, salvarruedas; guardacantón

LIFT; (auto) alzador de ruedas

LOAD; carga sobre una rueda

PIT; cámara de turbina

PULLER; (auto) sacarrueda

SCREEN; (hid) tambor cribador

SPINDLE; (auto) muñón de rueda

TRACK; rodada

TRACTOR; tractor de ruedas

WHEELBARROW; carretilla

LOAD; carretillada

WHEELED ROLLER; aplanador de ruedas

WHEELED SCRAPER; pala de ruedas, traílla de ruedas, (M) escrepa de ruedas, (V) rastrillo de ruedas

WHEEL-MOUNTED; montado sobre ruedas

WHEEL-TYPE DITCHER; zanjadora tipo de rueda

WHET; afilar, aguzar

WHETSTONE; piedra de afilar, afiladera, aguzadera, (A) piedra de asentar

WHIFFLETREE; balancín, volea

WHIM; (min) cabrestante

WHIPLINE; cable de elevación auxiliar

WHIPPING; (cab) latigazo, vapuleo

WHIPPLE TRUSS; armadura Whipple

WHIPSAW; (s) sierra cabrilla

WHIPSTOCK; (pet) desviador, guiasondas

WHIRL; (hid) remolino

WHIRLER; (Whirley) grúa de aguilón activo y de rotación completa

WHIRLPOOL; remolino, torbellino, vorágine, vórtice

WHIRLWIND; remolino de viento

WHISTLE; (s) pito, silbato; (v) pitar

WHISTLING BUOY; boya de silibato, boya de pito, boya de sirena

WHITE; blanco

ASH; (mad) fresno blanco

BRASS; latón blanco

CAST IRON; fierro fundido blanco

CEMENT; cemento Portland blanco

COAL; hulla blanca

DAMP; gas venenoso de minas de carbón

FIR; abeto blanco

HEAT; calor blanco

IRON; fundición blanca
LEAD; albayalde, cerusa, (V) blanco de plomo, (M) plomo blanco
METAL; metal blanco
OAK; roble blanco, encino blanco, roble albar
PINE; pino blanco, pino albar
POPLAR; álamo blanco
PRINT; fotocalco blanco, copia heliográfica blanca, fotocopia blanca
ROT; (mad) carcoma blanca, prodrición blanca
SPRUCE; abeto blanco, picea albar
WHITE-HOT; calentado al blanco, incandescente
WHITEWASH; (s) lechada, blanqueado, encalado, jalbegue, pintura de cal; (v) blanquear, enjalbegar, jalbegar, emblanquear, encalar
WHITEWASHING; blanqueado, enjalbegado, lucidura
WHITEWOOD; tulipero, palo blanco
WHITING; blanco de España, blanco de yeso
WHITNEY STRESS DIAGRAM; (conc) diagrama de los esfuerzos
WHITWORTH THREAD; filete Whitworth
WHMIS; (abreviatura) sistema de información de materiales peligrosos en el trabajo
WHOLE-BRICK WALL; pared con anchura de un ladrillo
WHOLE-CIRCLE BEARING; (surv) marcación desde norte verdadero
WHOLESALE; al por mayor
WICK; mecha, pabilo, estoperol
    LUBRICATION; lubricación por mecha, engrase por mecha
    OILER; aceitera de mecha
    PACKING; empaquetadura de mecha
WICKET DAM; presa de tableros; presa de abatimiento
WICKET GATE; (turb) álabe giratorio, álabe director, compuerta de postigo, álabe del distribuidor, aleta distribuidora, paleta de regulación; (hid) compuerta de mariposa
WICKING; (llanta) acción capilar
WIDE; ancho
    GAGE; trocha ancha
WIDE-FLANGE I BEAM; viga de ala ancha
WIDEN; ensanchar
WIDENING; ensanche, ensanchamiento
WIDE-THROW HINGES; bisagras de tiro ancho
WIDTH; anchura, ancho
WILDFIRE; fuego fatuo
WILD WELL; (pet) pozo fuera de control
WILLOW; sauce, mimbre, mimbrera
WIMBLE; berbiquí; barrena
WINCH; cabrestante, cabria, cigüeña, malacate, montacarga, (Ch) huinche, (A) guinche; guinche de mano
    HEAD; molinete, huso, tambor exterior
WIND; (s) viento

BRACING; contravientos, contravienteo, arriostramiento contraviento, (U) contraventamientos
ENERGY; energía de viento
GAGE; anemómetro
LOAD; carga debida al viento
PRESSURE; presión del viento
SHAKE; (mad) venteadura
STOP; burlete
STRESS; esfuerzo debido al viento
TOWER; torre de enfriamiento atmosférico
VANE; veleta
WIND; (s)(est)(carp) torcedura, alabeo, comba; (v) devanar, arrollar, bobinar, enrollar; (inst) dar cuerda
    UP; enrollar
WINDAGE; (maq) fricción del aire
WINDBREAK; rompevientos, cortavientos, abrigo
WINDING; (eléc) devanado, arrollamiento, enrollado, bobinado, bobinaje
    DRUM; tambor de enrollar
    MACHINE; bobinadora, devanadora
    PITCH; paso del arrollamiento
    STAIRS; escalones espirales
WINDLASS; torno, malacate, molinete, montacarga, cabria, argüe, baritel, (A) guinche de mano
    JACK; gato de manivela
WINDMILL; motor de viento, molino de viento, (M) papalote
WINDOW; ventana, ventanal; vidriera
    BAR; parteluz, barra de ventana
    BLIND; persiana, celosía, contraventana, contravidriera
    FASTENER; fiador de ventana
    FRAME; marco de ventana, alfajía, jambaje, cerco de ventana
    GLASS; vidrio común, vidrio ordinario
    GUARD; salvavidrio
    HEAD; cabezal de ventana
    OPENING; vano de ventana, ventanal
    PIPE; tubo de descarga
    SASH; hoja de ventana, vidriera, (Col) bastidor
    SCREEN; mosquitero
    SHUTTER; contraventana, persiana, cerrador
    SILL; solera de ventana, umbral de ventana, antepecho, repisa de ventana
    SPEED; velocidad del viento
    SPLAY; mocheta
    STILE; montante
    STOOL; listón interior de la solera
    STOP; tope de hoja de ventana, moldura de guía
    TRIM; contramarco de ventana, vestidura, chambranas
    TUNNEL; estructura de ensayo de viento
WINDOWPANE; hoja de vidrio, cristal
WIND SCALE; escala de vientos

LIGHT WIND; brisa ligera
STRONG WIND; brisote
GALE; viento fuerte, galerna, ventarrón
WINDROW; camellón
WINDSHIELD; parabrisas, guardabrisa, cortaviento,
    guardaviento, (C)(PR) brisera, (Col) brisero
    WIPER; limpiador del parabrisa, desempañador
WINDWARD; barloviento
WING; (presa) ala, alero; (ed) ala, aleta
    BOLT; perno de orejas
    CALIPERS; calibrador con arco
    COMPASS; compás con arco
    DAM; espolón, espigón
    NUT; tuerca de orejas, tuerca de alas, tuerca de orejetas, (M) mariposa
    RAIL; contracarril; contracorazón, pata de l iebre, ala del corazón
    SCREEN; criba de ala
    SCREW; tornillo de mariposa, tornillo de orejas
    SNOW PLOW; quitanieve de alas
    TREAD; (llanta) ala de huella
    WALL; muro alero, muro de ala, muro de defensa, muro de acompañamiento, (M) guardatierra
WING-TYPE CROSSHEAD; (mot) cruceta abierta, cruceta de alas
WINTER; invierno
WINZE; (min) pozo ciego
WIPE; (pl) soldar
    JOINT; unión soldada
WIPER; (mec) álabe, leva; (auto) limpiador, desempañador
WIPING SLEEVE; (eléc) manguito de soldar
WIRE; *(s)* alambre, hilo; *(v)*(ref) atar; (eléc) alambrar, instalar conductores
    AXE; cortador de alambre
    BRAD; alfilerillo de alambre, puntilla de París
    BRUSH; cepillo de alambre, cepillo metálico, brocha de alambre, cepillo de acero, escobilla de alambre; (eléc) alambre tejido
    CHISEL; cortaalambre
    CLOTH; tejido de alambre, tela metálica
    CUTTERS; cortaalambre, tenazas
    DRAWING; estirado de alambre
    DRILL; broca de alabre
    FABRIC; tejido de alambre, malla de alambre
    FENCE; cerca alambrada, alambrado
    GAGE; (herr) calibrador de alambres; (med) escala de diámetros
    GAUZE; gasa de alambre
    GLASS; vidrio armado, vidrio alambrado, vidrio reforzado, cristal armado
    LATH; listonado metálico, tela de alambre para tabiques
    MESH; malla de alambre, tela de alambre,

    reticulado de alambre, (Ch) esterilla de alambre
    NAIL; punta de París, clavo francés, clavo de alambre, (Ch) punta de alambre, puntilla
    NETTING; tela mecánica, alambre tejido, enrejado de alambre
    REINFORCED; (manguera) reforzada con alambre
    ROPE; cable de alambre, cable de acero, cable metálico, (V) guaya
    SAW; (piedra) sierra de alambre
    SOLDER; alambre de soldadura
    STRAND; cordón de alambre, torón de alambre
    STRETCHER; estirador de alambre
    TIE; (ref) ligadura de alambre
    TWISTER; torcedor de alambre, tortor
    WOVEN; (ref) tejido de alambre
    WRAPPING; (estructura de concreto) envuelto con alambre
WIRE-BRUSH; cepillo de alambre
WIRE-CUT BRICK; ladrillo de máquina hilera
WIRING; canalización eléctrica, alambrado, alambraje, tendido eléctrico
    CLIP; sujetahilo
    DIAGRAM; esquema alámbrico, diagrama de instalción alámbrica
    SCHEDULE; (dib) programa de alambraje
WIRE-INSERTION PACKING; empaquetadura con inserción de alambre
WIRE-ROPE BLOCK; motón para cable de alambre
WIRE-ROPE CUTTER; cortador de cable
WIRE-ROPE FITTINGS; accesorios para cable de alambres
WIRE-ROPE SHEAVE; garrucha para cable de alambre
WIREWAY; (eléc) conducto de alambres, canal de alambres
WIRE-WEIGHT GAGE; (hid) aforador de alambre y pesa
WIRE-WOUND HOSE; manguera alambrada, manguera armada, manguera entorchada
WITNESS; testigo
    CORNER; (surv) vértice testigo o de referencia
    STAKE; (surv) estaca indicadora
    TREE; (surv) árbol de referencia
WOBBLE; bambolear, oscilar
    FRICTION; (conc) fricción de bamboleo
    SAW; sierra elíptica, sierra circular oscilante, sierra excéntrica
WOBBLE-WHEEL ROLLER; (ot) aplanadora de ruedas oscilantes
WOLFRAM; volframio, tungsteno
WOLLASTON WIRE; (inst) hilo de Wollaston
WOOD; madera
    BLOCK; motón de cuerpo de madera; (pav) adoquín de madera, tarugo
    BORER; (maq) barrenadora de madera

BRICK; ladrillo de madera, bloque de clavar, nudillo, (Col) chazo
BUSHING; manguito de madera
CEMENT; cemento para madera
CONVERSION; conversión de madera en producto comercial
FIBER; fibra de madera
FILE; lima para madera
FLOUR; polvo de madera
FOUNDATION; fundición de madera
GAS; gas de madera
PULP; pulpa de madera
RASP; escofina para madera
SCREW; tornillo para madera
SHAVINGS; virutas
SPLITTER; hacha mecánica
TAR; alquitrán vegetal
WOOL; lana de madera
WOOD-BLOCK PAVEMENT; adoquinado de madera
WOOD-BORING MACHINE; taladradora para madera, máquina barrenadora de madera
WOODCUTTER; leñador, hachero
WOODS; bosques
WOOD-STAVE PIPE; tubería de duelas de madera
WOOD-TURNING LATHE; torno para labrar madera
WOODWORK; maderaje, enmaderado
WOODWORKING; elaboración de maderas
WORK; *(s)* trabajo, labor; tarea, faena; obra; (mat) trabajo; *(v)* trabajar, obrar; (mtl) elaborar, labrar; (min) explotar; (maq) manejar, operar, maniobrar, funcionar, marchar, impulsar
DAY; día de trabajo
HARDNESS; (met) endurecimiento de trabajo
LOOSE; aflojarse, soltarse
SHEET; hoja de computaciones
TABLE; (mt) mesa de sujeción
WORKABILITY; (conc) trabajabilidad, manejabilidad, manuabilidad, (A)(V) laborabilidad
WORKABLE; trabajable, manuable, manejable, (A)(V) laborable
WORKBENCH; banco de trabajo, mesa de trabajo
WORKED OUT; (mina) agotado
WORKER; trabajador, obrero, labrador, operario, jornalero
WORKING; *(s)*(min) labor, laboreo
BEAM; balancín
CHAMBER; cámara de trabajo
CYCLE; operación de máquina
DRAWING; dibujo de trabajo, plano de ejecución
FACE; frente de ataque
GAGE; calibre de taller
HOURS; horas de trabajo, horas laborables
LIMIT; (cadena) límite de trabajo

LINE; (est) eje de la pieza
LOAD; carga de servicio, carga de trabajo
MODEL; modelo de guía
ORDER; autorización de trabajo
PRESSURE; presión de trabajo
SHAFT; pozo de trabajo
SPEED; velocidad de trabajo, velocidad de funcionamiento
STRESS; esfuerzo de trabajo, fatiga de trabajo, (A) tensión de trabajo
STROKE; (mot) carrera de trabajo, carrera de encendido
VOLTAGE; tensión de servicio
WEIGHT; (maq) peso en operación
WORKMAN; obrero, operario, trabajador, jornalero, obrador, bracero
WORKMANSHIP; mano de obra, hechura
WORKMEN'S COMPENSATION; compensación por accidentes de trabajo
WORKPIECE; pieza en elaboración
WORKS; mecanismo; fábrica; obras
WORKSHOP; taller, obrador, oficina
WORM; (mec) tornillo sin fin, (M) gusano; (tub) serpentín
AND ROLLER; sinfin y rodillo
CONVEYOR; sistema de tranportador espiral
DRIVE; transmisión por tornillo sin fin, mando a sinfin
FENCE; cerca en zigzag, (C) cerca alemana
GEAR; engranaje de tornillo sin fin, engranaje helicoidal
WHEEL; rueda dentada de tornillo sin fin
WORM-EATEN; carcomido, agusanado, abromado, picado
WORMHOLE; picadura de gusano, (Pe) carcomido
WORN; gastado
WOVEN-WIRE FABRIC; tela de alambre tejido
WOVEN-WIRE FENCING; malla para cerca
WRAP; envolver; (eléc) revestir con cinta aisladora
WRAPPING; (columna) envoltura con barras reforzadoras
WREATH; (escalón) codo, acodado
WRECK; *(v)* (ed) demoler, derribar, arrasar; (náut) naufragar
WRECKER; (ed) demoledor, derribador; (auto) camión de auxilio; (fc) tren de auxilio; carro de grúa; (náut) salvador de buques
WRECKING; (ed) demolición, derribamiento, derribo; (náut) salvamento
BALL; bola rompedora
BAR; barra sacaclavos, barra cuello de ganso
CAR; (fc) carro de grúa, carro de auxilio
CRANE; grúa de auxilio; grúa de salvamento
CREW; equipo de urgencia; cuadrilla de salvamento
FROG; (fc) rana encarriladora
JACK; gato encarrilador, gato de auxilio

PUMP; bomba de salvataje
ROPE; (fc) cable para encarrilamiento
TRAIN; tren de auxilio
WRENCH; llave, llave de tuerca
FIT; ajuste de llave
HEAD; cabeza para llave
WRINGING FIT; ajuste sin holgura
WRIST PIN; pasador de articulación
WROUGHT; forjado, fraguado
BRONZE; bronce forjado
IRON; hierro forjado, hierro fraguado; hierro dulce
IRON-CASTING; fundición de hierro maleable
WYE BRANCH; ramal Y
WYE LEVEL; nivel en Y, nivel de horquetas
WYTHE; (lad) media citara

XANTHATE; (quim) xantato
XANTHIC; xántico
X-BRACE; diagonales cruzados, crucetas, aspas
X-CRACK; grieta de tensión
XENOMORPHIC; (geol) xenomórfico
X-RAYS; rayos X
XYLENE; (quim) xileno
XYLOMETER; (bosque) xilómetro

Y

Z

Y; (tub) Y, injerto oblicuo, bifurcación
    BRANCH; (tub) ramal Y, ramal de 45°, bifurcación
    LEVEL; (inst) nivel en Y, nivel de horquetas
    TRACK; (fc) triángulo de inversión de marcha
YARD; (med) yarda; (mtl) cancha, patio, corralón, corral, plaza; (fc) patio, playa
    ENGINE; locomotora de patio, locomotora de maniobras
    FOREMAN; capataz de patio, canchero
    LUMBER; madera de barraca
    MULE; tractor chico de patio
    TRACK; vía de patio, vía de playa
YARDAGE; cubicación en yardas, yardaje
YARDING; arrastre
    CRANE; grúa de arrastre
    ROAD;   camino de arrastre
YARN; estopa, (Col) yute, (C) pabilo; *(v)* calafatear con estopa
YARNING CHISEL; escoplo calafateador de estopa
YARNING IRON; calafateador de estopa
YEAR RING; (árbol) anillo de año
YELLOW; amarillo
    BRASS; latón corriente, latón ordinario
    COPPER ORE; calcopirita
    EARTH; amarillo de montaña
    OCHER; (miner) ocre amarillo
    PYRITES; calcopirita
    WAX; (pet) cera amarilla
YEW; tejo
YIELD; *(s)* rendimiento, producto; *(v)* producir, rendir; ceder
    MOMENT; momento de rendimiento
    POINT; punto cedente, límite elástico aparente, punto de deformación, (A) límite de fluencia
    STRENGTH; resistencia a punto cedente
    STRESS; punto cedente, punto de deformación
YOKE; (mec) horqueta, horcajo, horquilla, caballete, araña; (para bueyes) yugo, gamella; (de bueyes) yunta; (ventana) cabecero
YOUNG'S MODULUS OF ELASTICITY; módulo de elásticidad de Young

Z BAR; hierro Z, barra Z, perfil Z, (C) angular Z
Z-BAR COLUMN; columna de barra Z
ZEITFUCHS CROSS-ARM VISCOMETER; (asfalto) viscómetro Zeitfuchs
ZENITH; cenit, zenit
    ANGLE; ángulo zenit
ZENITHAL; cenital, zenital
ZEOLITE; zeolita, ceolita
ZEOLITIC; zeolítico
ZERO; cero
    SLUMP CONCRETE; concreto sin pandeo
    POTENTIAL; (eléc) tensión nula
ZINC; cinc, zinc, peltre
    BLENDE; blenda, esfalerita
    CARBONATE; carbonato de cinc
    CHLORIDE; cloruro de cinc
    CHROMATE; cromato de cinc
    OXIDE; óxido de cinc
    SPAR; esmitsonita
    SULPHIDE; sulfuro de cinc
    WHITE; blanco de cinc
    WORK; zincaje, (A) zinguería
ZINC-BASE ALLOY; aleación a base de cinc
ZINC-COATED; bañado de cinc, cincado
ZINCIFEROUS; cincífero, zincífero
ZINCITE; (miner) cincita
ZIRCONIA; circonia
ZONE; zona
    CONTROL; (termóstato) mando de calefacción y enfriamiento
    OF AERATION; (hid) zona de aeración
    OF SATURATION; (hid) tierra bajo el nivel de agua freática
ZONING; (ciudad) zonificación, (A) zonización
    ORDINANCE; ordenanza de zonificación
    PERMIT; permiso de zonificación

ESPAÑOL-INGLÉS
SPANISH-ENGLISH

ÁBACO; abacus; (conc)(M) drop panel; (A) graph, chart; (min) washtrough

ABAJADERO; downgrade

ABAJADOR; (min)(M) tool carrier

ABAJAR; descend, to lower; to fall

ABAJO; below, under, down

ABALANZAR; to balance

ABALIZAR; to buoy, to place beacons

ABALIZARSE; to place bearings

ABANCALAR; to bench, to terrace

ABANDERADO; *(s)* flagman; (surv) rodman

ABANDONO; abandonment

ABANICO; fan; fan-shaped; small derrick, crane; (rr)(PR)(C) switch target
    ALLUVIAL; (river) alluvial fan
    DE DEYECCIÓN; (geol) debris cone
    DE SUCCIÓN; suction fan
    EDUCTOR; exhaust fan

ABANIQUEO; (auto) shimmy

ABARBETAR; (cab) to serve, seize

ABARCÓN; (Es) clamp, anchor

ABARQUILLAMIENTO; (str) crippling

ABARQUILLAR; to warp; curl

ABARROTAR; (cons) to place a whaler or strongback; (naut) to stow cargo

ABARROTES; dunnage

ABASTAR; to supply, to furnish

ABASTECEDOR; supplier

ABASTECER; to supply, to furnish, provide

ABASTECIMIENTO; supplying, furnishing
    DE AGUA; water supply
    DE AGUA INMOVIL; static water supply
    DE COMBUSTIBLE; fuel supply
    DE POTENCIA BIPOLAR; bipolar power supply

ABASTO DE AGUA; water supply

ABASTO DE ENERGÍA NO INTERRUMPIDO; uninterrrupted power supply

ABATIBLE; descending, collapsible

ABATIDERO; (Es) drain, gulley, gutter

ABATIMIENTO; descending, lowering; (ed) collapsible, demolition; (str)(machy) disassembling, teardown; (conc) slump

ABATIR; to lower; disassemble; to demolish; to batter, slope

ABECEDARIO PARA MARCAR; marking stamp

ABEDUR; birch

ABERRACIÓN; aberration
    DE ESFERIDAD; spherical aberration

ABERTURA; an opening; aperture; cove, small bay
    AL LADO; side outlet
    CLARA; clear aperture
    DE ESCAPE; exhaust opening
    DE LA RAÍZ; (weld) root opening
    DE LOCAL PARA VACIADO; (waste) tipping bay
    DE OBSERVACIÓN; peephole
    EN PARED; wall opening
    GLASEADA; roof light
    LIBRE; clear span, net opening

ABETE; (lbr) fir, deal

ABETINOTE; rosin

ABETO; fir, spruce, hemlock
    BLANCO; white fir, white spruce
    DOUGLAS; Douglas Fir
    ROJO; red fir, Douglas Fir, Oregon pine

ABETUNAR; coating or impregnating with pitch

ABEY; jacaranda

ABIERTO; open

ABIGARRADO; (soil) mottled

ABISAGRAR; to hinge

ABISAL; (geol) abyssal

ABISELAR; chamfer, to bevel

ABISMAL; (geol) abyssal; nail

ABISMO; (geol) abyss

ABITAQUE; a timber; joist

ABITAR; make quickly on a bitt

ABLACIÓN; ablation

ABLANDADOR; (water) softener

ABLANDAMIENTO; softening

ABLANDAR; to soften; (mortar) to temper

ABLANDARSE; to soften, become soft

ABLANDECER; to soften

ABOCARDADO; countersunk; bellmouthed

ABOCARDAR; to countersink; to splay; to counterbore

ABOCARDO; countersinking drill, countersink
    DE CABEZA CHATA; flathead countersink
    DE FONDO PLANO; (hw) counterbore

ABOCINADO; bellmouthed

ABOCINADOR; (tool) flarer
    DE TUBOS; (bo) tube expander

ABOCINAR; to flare, to form with a bellmouth

ABOMBAR; to crown, arch

ABOMBARSE; (rd) to mushroom; to buckle, warp, bulge

ABONADO; (electric current) consumer, customer; (rr) commuter

ABONAR; to fertilize

ABONARÉ; (Es)(com) note

ABONO; fertilizer; (rr) commutation

ABOQUILLADO; bellmouthed

ABOQUILLAR; to splay

ABORDAR; to reach port; to berth at a dock
ABORTAR; abort
ABOVEDADO; crown of a road
ABOVEDADORA; subgrader, road shaper
ABOVEDAR; to arch, crown, vault
ABOYAR; to buoy
ABRA; (top) gap, pass; (geo) cove; (geol) fissure; (surv) clearing for line of sight
ABRASIÓN; abrasion, (hyd) scour
ABRASIVO; abrasive
    ARTIFICIAL; artificial abrasive
    DE ACERO; crushed steel
    FORRADO; coated abrasive
    NATURAL; natural abrasive
ABRAZADERA; clamp, clip; cleat; clevis; (reinf)(Pe) column hoop
    ANTIDESLIZANTE; (rr) anticreeper
    CUADRADA; box brace
    DE ANCLAJE; (crane) rail clamp
    DE CARRIL; rail brace; rail clip
    DE COMPRESIÓN; pinchcock
    DE GUARDACARRIL; guardrail brace
    DE MANGUERA; hose clamp
    DE REPARACIÓN; repair clamp
    DE SERVICIO; (p) service clamp
    DE TALADRAR; (p) drilling crow; (str) old man
    DE TUBO; pipe clamp
    PARA CAÑO; pipe clamp; (A) hose band
    PARA VIGA I; beam clamp
    UNIVERSAL; Universal clamp
ABRAZADERA-AISLADOR; cleat insulator
ABRAZAR; to clamp, clip
ABREBRECHAS; (ce) gradebuilder, trailbuilder
ABREHOYO; hole opener, (pet) reamer
ABRETROCHAS; (ce) trailbuilder
ABRETUBOS; (ce) trailbuilder
ABREVAR; hosing a wall before stuccoing; (pump) to prime
ABREVEREDAS; (ce) trailbuilder
ABRIGO; protection, cover; windbreak; (min) width of a vein of ore
ABRIR; to open, unlock, unfasten, unhook
ABROMADO; wormeaten
ABSAROQUITA; absarokite
ABSCISA; abscissa
ABSOLUTO; absolute
ABSORBEDERO; (Es) leaching cesspool; sewer catch basin
ABSORBEDOR; absorber
ABSORBENCIA; absorption; absorbency
ABSORBENTE; absorbent
ABSORBER; to absorb
ABSORCIÓN; (hyd)(elec)(chem) absorption
    DE HUMEDAD; moisture absorption
    DE RUIDO; noise absorption
ABSORSOR; (A) absorber

ABSTRACTO; abstract
ABULONAR; to bolt
ABULTADO A LA BASE; (árbol) swell butt
ABULTAR; to swell, to bulk
ABUSO DE TIERRA; misuse of land
ACABADO; (surface) finish; finishing coat
    A FROTA MECÁNICA; (conc) machine finish
    A LADRILLO FROTADOR; rubbed finish
    A PUNTERO; (stone) pointed finish
    ÁSPERO; split face
    BRILLANTE; glossy finish
    CON ADICIÓN DE ARENA; (conc) sand-float finish
    CON CEPILLO DE ALAMBRE; (conc) scrubbed finish
    DE CONCRETO; fair-faced concrete
    DE FÁBRICA; mill finish
    DE REMOLINO; (conc) swirl finish
    DE SUPERFICIE; (conc) sack rub; surface finish
    EN FRÍO; cold-finished
    FINO; (stone) fine finish
    GRANÍTICO; granetic finish
    LIGADO; (conc) bonded finish
    LLENO; (conc) trowel finish
    MATE; flat finish, dull finish, mat finish
    MECÁNICO; (conc) tooled finish
    MONOLÍTICO; monolithic finish
    NORMAL; natural finish
    ONDEADO; (pt) ripple finish
    SATINADO; satin finish
    TEXTURADO; textured finish
ACABADOR DE PISOS ROTATORIO; rotary float
ACABADORA; finishing machine; finishing tool
    DE FROTA; (rd) float finisher
    DE DOS ESCANTILLONES; (rd) two-screed finishing machine
    DE SUBRASANTE; (rd) subgrade planer
ACABADORA-PISONADORA; (rd) tamping finisher
ACABAR; to finish
ACAFELAR; (Col) to plaster; to wall up a window or door
ACALABROTADO; (rope) cable-laid; (elec) rope-laid
ACAMADO; horizontal; flat
ACAMPANADO; bellmouthed, bell-shaped
ACAMPANAR; to flare
ACANALADO; corrugated, fluted, grooved
ACANALADOR; groover; channeling machine; (A) rabbet plane
ACANALADORA; channeling machine, flute, corrugate
ACANALADURA; channel; (elec) raceway gutter
ACANALAR; to channel, groove, corrugate, flute; trough

ACANTILADO; steep; a cliff
ACARREADIZO; (sand) shifting; portable
ACARREADOR; carrier
ACARREAR; to transport, haul, carry, convey
ACARREO; transportation, hauling,, conveying
    DE ESCURRIMIENTO; (hyd) silt runoff
    DE PROMEDIO; average haul
    EXTRA; overhaul
    FLUVIAL; alluvium, silt; river transport, river drift
    FLUVIOGLACIAL; fluvioglacial drift
    HIDRÁULICO; hydraulic haul, sluicing
    LIBRE; (exc) free haul
ACARREOS; bed load, stream carried; (geol) drift; float ore
    DE GLACIAR; glacial drift
    DEL ESCURRIMIENTO; (hyd) silt runoff
    DE SUPERFICIE; wash load
ACARRETO; (M)(PR) hauling
ACARTELADO; bracketed, corbeled, cantilever
ACARTELAMIENTO; corbel
ACARTELAR; (mas) oversail
ACCELADOR; (sen)(trademark) Accelator
ACCELOFILTRO; (wp)(trademark) Accelofilter
ACCESABILIDAD; accessibility
ACCESIBLE; accessible
ACCESIBILIDAD; accessibility
ACCESO; access; an approach
    A LOS FÍSICAMENTE INCAPACES; access for the physically challenged
    A LOS MINUSVÁLIDOS; access for the physically handicapped
    A PLATAFORMA DE ANDAMIO; scaffold access
ACCESORIO; accessory; fitting, attachment, appurtenance
    AJUSTABLE; adjustable attachment
    CARGADOR; (ce) loader attachment
    DE BARRENAR; boring attachment
    DE DOS VÍAS; (p) Y branch
    DE ESCOPLEAR; (lum) mortising attachment
ACCESORIOS; accessories, fittings
    ABOCINADOS; (p) flare fittings
    DE BRIDA; (p) flanged fittings
    DE CADENA; chain attachments
    DE CALDERA; boiler fittings
    DE CAÑERÍA; pipe fittings
    DE COMPRESIÓN; compression fittings
    DE CURVA ABIERTA; (p) long-sweep fittings
    DE GRÚA; derrick fittings
    DE INSERCIÓN; (conc) inserts
    DE NORMA; (auto) standard equipment
    DE PIE; (p) base fittings
    DE REBORDE; (p) beaded fittings
    DE TORNILLO; screwed fittings, threaded fittings

    DE TORNO; lathe attachments
    DE TUBERÍA; pipe fittings
    DE UNIÓN; (p) union fittings
    DE VÍA; (rr) track accessories
    DRENABLES; (p) drainage fittings
    EMBRIDADOS; (p) flanged fittings
    PARA CABLE; cable fittings, cable attachments, cable accessories
    PARA CONDUCTO PORTACABLE; conduct fittings
    PARA CONEXIONES SOLDADAS; (p) welding fittings
    SANITARIOS; (p) sanitary fittings
ACCIDENTADO; (top) hilly, broken; (A)(Ch)(Sp) injured in an accident
ACCIDENTAL; accidental
ACCIDENTE; accident
ACCIDENTES GEOLÓGICOS; geologic structural projections
ACCIDENTES TOPOGRÁFICOS; hills and valleys
ACCIÓN; action
    CAPILAR; (tire) wicking
    DE ANILLO; (sm) ring action
    INELÁSTICA; elastic action
    RÁPIDA; quick-acting
    REMEDIADORA; (development) remedial action
    SIMPLE; single-acting
ACCIONADO; driven, operated, actuated
    A VAPOR; steam-driven
    ELÉCTRICAMENTE; electrically driven, motor-driven
    POR CORREA; belt-driven
    POR ENGRANAJES; gear-driven
    POR PILOTO; pilot operated
ACCIONAMIENTO; drive, operation; running
    A MANO; hand operated
    HIDROSTÁTICO; hydrostatic drive
    POR BANDA; belt drive
    POR CADENA; chain drive
ACCIONAR; to drive, actuate, operate
ACEBOLLADURA; (lbr) shakes
ACEITADO; lubricated, oiled
ACEITADOR; lubricator, (man) oiler
    A PRESIÓN; force-feed lubricator
    CUENTAGOTAS; sight-feed lubricator
    DE LÍNEA; (drill) air-line oiler
ACEITAJE; oiling, lubrication
ACEITAR; to oil, to lubricate
ACETATO DE BUTILO; butyl acetate
ACEITADO Y SELLADO; oiled and edge sealed
ACEITE; oil
    AISLANTE; insulating oil
    BRUTO; crude oil; oil in bulk
    COCIDO; boiled oil, drying oil
    COMBUSTIBLE; fuel oil, furnace oil
    CRUDO; crude oil; raw oil

DE ALQUITRÁN; tar oil
DE ALUMBRADO; kerosene oil
DE BALLENA; train or whale oil
DE CALEFACCIÓN; furnace oil
DE CARBÓN; coal oil
DE COLZA; colza oil, rape oil
DE CREOSOTA; creosote oil, dead oil
DE ENGRASE; lubricating oil
DE ESQUISITO; shale oil, schist oil
DE HORNO; furnace oil, fuel oil
DE LÁMPARA; (M) kerosene
DE LINAZA; linseed oil
DE LINO COCIDO; boiled linseed oil
DE LINO CRUDO; raw linseed oil
DE MOLDES; mold oil
DE NABINA; rape oil
DE PALO; tung oil, China wood oil
DE PERILLA; perilla oil
DE PESCADO; train oil, fish oil
DE PINO; pine oil
DE RICINO; castor oil
DE TALADRAR; drilling oil
DE TREMENTINA; oil of turpentine
DIESEL; Diesel oil
ESENCIAL; essential or volatile oil
FLUIDIFICANTE; (rd) flux oil
GRASOSA; fatty oil
IMPRIMADOR; (rd) priming oil
ISOLANTE; (Ec) insulating oil
LUBRICANTE; lubricating oil
LUBRICANTE DE MOTOR; motor oil
MATE; flatting oil
MINERAL; mineral oil, petroleum
MUERTO; (M) dead oil
NEUTRO; neutral oil
PARA MÁQUINAS; machine oil, engine oil
PARA MECANISMO HIDRÁULICO;
hydraulic oil
PARA TEMPLE; quenching oil
PARA TRANSFORMADORES; transformer
oil
PENETRANTE; penetrating oil
RESIDUAL; residual oil
SECANTE; (pt) boiled oil, drying oil
SOLAR; solar oil
SOLUBLE; soluble oil, cutting oil
VOLÁTIL; volatile or essential oil
VULCANIZADO; vulcanized oil, factice
ACEITERA; oiler, oilcan
A PRESIÓN; squirt can
CON GOTA VISIBLE; sight-feed oil can
DE MECHA; wick oiler
DE RESORTE; oil gun
FERROCARRILERA; railroad oiler
ACEITERÍA; oil house
ACEITERO; (person) oiler
ACEITÓN; lubricating olive oil

ACEITOSIDAD; lubricity
ACEITOSO; oily
ACELERACIÓN; acceleration
DE ENTRADA; (hyd) entrance acceleration
DE GRAVEDAD; acceleration due to gravity
NEGATIVA; deceleration, retardation,
negative acceleration
ACELERADOR; accelerator
DE FRAGUADO; (conc) set accelerator
DE ENDURECIMIENTO; hardening
accelerator
DE MANO; (auto) hand throttle
DE PEDAL; (auto) foot accelerator
DE PIE; (auto) foot accelerator
ACELERAR; to accelerate; expedite
ACELERÓGRAFO; (earthquake) accelerograph
ACELERÓMETRO; accelerometer
INTEGRADOR; integrating accelerometer
REGISTRADOR; recording accelerometer
ACENDRAR; to refine
ACEPILLADORA; planer, surfacer
CERRADA; closed planer
DE BANCO; bench planer
DE LADO ABIERTO; openside planer
PARA CURVAS; radius planer
VERTICAL; wall planer, vertical planer
ACEPILLADURA; planing
ACEPILLADURAS; wood shavings, cuttings
ACEPILLAR; to plane, dress, mill; to brush
ACEPTAR; to accept
ACEPTABLE; acceptable
ACEPTACIÓN; acceptance
DE LABOR; acceptance of work
LIBRE; (com) general acceptance
ACEPTADO; accepted
ACEPTANCIA DEL PROYECTO; project
hand-over
ACEQUIA; irrigation ditch, canal; (Pe) brook
DERIVADA; branch canal
EVACUADORA; return ditch
MADRE; main canal
ACEQUIADOR; irrigation workman
ACEQUIAJE; irrigation dues
ACEQUIAR; to ditch
ACEQUIERO; canal tender, ditch-maintenance
ACERA; sidewalk; (Sp) face of a wall
DE TRANSPORTE; moving sidewalk
ACERACIÓN SUPERFICIAL; (met) chilling
ACERAR; (met) to chill, harden; (mas) to face
with stone; (Col) to stucco; to lay a sidewalk
ACERÍA; steel mill
ACERO; steel
ÁCIDO; acid steel
AL CARBONO; carbon steel
AL COBRE; copper-bearing steel
AL HOGAR ABIERTO; open-hearth steel
AL MANGANESO; manganese steel

AL NÍQUEL; nickel steel
BESSEMER; Bessemer steel
CEMENTADO; casehardened steel
COBALTOCROMO; cobalt-chrome steel
COLADO; cast steel
CROMADO; chromium steel
CROMONÍQUEL; chrome-nickel steel
DE ALEACIÓN POBRE; low-alloy steel
DE ALEACIÓN RICA; high-alloy steel
DE ALTA RESISTENCIA; high tensile steel
DE ALTA VELOCIDAD; high-speed steel
DE ALTO CARBONO; high-carbon steel
DE ARADO SUPERIOR; improved plow steel
DE CARRILES; rail steel
DE CONSTRUCCIÓN; structural steel
DE CONTINUIDAD; continuity steel
DE CRISOL; crucible steel
DE DOBLE RESISTENCIA; double strength steel
DEL EJE; axle steel
DE HERRAMIENTAS; tool steel
DE HORNO ELÉCTRICO; electric steel
DE LIGA; alloy steel
DE LINGOTE; billet steel
DE NITRURACIÓN; nitrided steel
DE REFUERZO; reinforcing steel
DE TALLADO FÁCIL; free cutting steel
DE TRACCIÓN; traction steel
DESPLEGADO; (pole) expanded steel
DULCE; mild or soft steel, low-carbon steel
EMPAVONADO; blue steel
ENCERRADO; rimmed steel
ENCOBRADO; copper-bearing steel
ESTRUCTURAL; structural steel
EXTRA FUERTE; high tensile steel
FUNDIDO; cast steel
HIPEREUTÉCTICO; hypereutectoid steel
HIPOEUTÉCTICO; hypoeutectoid steel
INMANCHABLE; stainless steel, rustless steel
INOXIDABLE; rustless steel, rust-resistant steel
INTERMEDIO; medium steel
LAMINADO; rolled steel
MANGANÉSICO; manganese steel
MEDIANO; medium steel
MOLDEADO; cast steel
PERFILADO; structural shapes, rolled steel sections
PREFATIGADOR; prestressing steel
RÁPIDO; high-speed steel
RELAMINADO; rerolled steel, rail steel
SIEMENS-MARTIN; open-hearth steel
SUAVE; soft steel, mild steel
TAPADO; capped steel
ULTRARRÁPIDO; high-speed steel
ACEROCROMO; chromium steel

ACERONÍQUEL; nickel steel
ACERROJAR; (door) to bolt, lock; (str)(C) to bolt
ACETATO; acetate
BUTÍLICO; butyl acetate
CÚPRICO; cupric acetate
DE AMILA; amyl acetate
DE POLIVINILO; polyvinyl acetate
ETÍLICO; ethyl acetate
PROPÍLICO; propyl acetate
ACETILENO; acetylene
ACETONA; acetone
ACÍCLICO; (elec) acyclic
ACICHE; paver's hammer
ACIDEZ; acidity
TOTAL; total acidity
ACIDIFICAR; to acidify
ACIDÍMETRO; acidmeter
ÁCIDO; acid
CARBÓNICO; carbonic acid
CLORHÍDRICO; hydrochloric acid, muriatic acid
ESTEÁRICO; stearic acid
FOSFÓRICO; phosphoric acid
HIDROCLÓRICO; hydrochloric acid, muriatic acid
LODOSO; (pet) sludge acid
MURIÁTICO; muriatic acid, hydrochloric acid
NÍTRICO; nitric acid
SULFÚRICO; sulphuric acid
ÁCIDOS GRASOS; fatty acids
ACIMUT; azimuth
ASUMIDO; assumed azimuth
DE ATRÁS; back azimuth
DE CUADRÍCULA; grid azimuth
DE FRENTE; forward azimuth
MAGNÉTICO; magnetic azimuth
VERDADERO; true azimuth
ACITARA; wall partition; curtain wall
ACLARADOR; clarifier
ACLARAR; to clarify
ACODADERA; stonecutter's chisel
ACODADO; a bend; bent to an angle
ABIERTO; (p) eighth bend
RECTO; (p) quarter bend
ACODALAMIENTO; shoring, trench bracing
ACODALAR; to brace, to shore
ACODALARSE; to jam
ACODAMIENTO; a bend, elbow; shoring, trench bracing
ACODAR; to bend; to brace, to shore; to square up; (surv) to offset
ACODILLADO; bent to an angle; (str) crimped
ACODILLAR; bend to an angle
ACOJINAR; to cushion
ACOLCHAR; to cushion; (rope) to lay
ACOLCHONAR; to cushion

ACOLLADOR; calker; calking tool
ACOLLAR; to calk
ACOMBAR; to warp, buckle
ACOMETER; (p)(sw)(min) to branch
ACOMETIDA; (p)(sw) house connection
    DE CABLE; electric service connection
ACOMETIMIENTO; house connection
ACOMODADO A MANO; (rock fill) hand-placed
ACOMODAMIENTO; (cab)(M) lay
ACOMODAR; to place; arrange; to fit
ACOMODO; (V) assembly, framing
ACOMPAÑADO; (Col) conduit, pipe trench
ACOMPAÑAR; (Ch) to chink; to fill holes in a
    wall
ACONCHARSE; to run aground; (Ch) to deposit
    sediment
ACONDICIONADOR; (ac)(wp)(sd)(pet)
    conditioner
    DE AIRE CENTRAL; central air conditioner
    DE AGUA; water softener, water conditioner
    DE CIENOS; (sd) sludge conditioner
    DE LODO; (pet) mud conditioner
    DE ROCÍO; (ac) spray-type conditioner
    UNITARIO; (ac) unit conditioner
ACONDICIONAMIENTO; conditioning
    DE AIRE; air conditioning
ACONDICIONAR; to condition; to repair, overhaul
ACONTECIMIENTO; occurence
ACOPACIÓN; (lbr) cupping
ACOPADO; hollowed out, cupped
ACOPAR; hollowed out, cupped; (min) to batter
ACOPIAR; to store, stock
ACOPIO; storage; (hyd) pondage
    DE SOBRECARGA; (hyd) surcharge storage
    EN LAS RIBERAS; (hyd) bank storage
    MUERTO; dead storage
    PARA USO; (hyd) conservation storage
ACOPLADO; (A) trailer; (U) tow of barges
    DIRECTAMENTE; direct-connected
ACOPLADOR; a coupling
    DE UNIÓN; union coupling
ACOPLADURA; coupling, joint, connection
ACOPLAMIENTO; coupling, splice, joint,
    connection; (A) clutch
    AL RAS; flush joint
    CADENA; (A) link joint
    CÓNICO; cone coupling
    DE AJUSTE; flexible coupling
    DE BRIDAS; flange coupling
    DE COMPRESIÓN; compression coupling
    DE DILATACIÓN; expansion joint
    DE FRICCIÓN; friction coupling; (A) friction
    clutch
    DE INSERCIÓN; (p) inserted joint
    DE MANGUITO; sleeve coupling
    DE PESTAÑA; flange coupling
    DE ROSCA; (p) screwed joint

    DE SELLERS; cone coupling, Sellers
    coupling
    ELECTROMAGNÉTICO; magnetic clutch
    EN CASCADA; (elec) cascade connection
    EN SERIE; (elec) series connection
    HIDRÁULICO; fluid drive
    MACHO; male coupling
    SIN ROSCA; threadless coupling
    UNIVERSAL; universal joint
ACOPLAR; to couple, join, connect, hook up
ACOPLE; (A) a coupling
ACOPLO; (C) a coupling
ACORAZADO; (A) armored; enclosed; shell and
    tubed
ACORDAMIENTO; transition piece
ACORDAR; to make level or flush
ACORDELAR; to lay out with a chalk line
ACORDONAR; to chord, to twine
ACORRALAR; impound
ACORTAR; to shorten
ACORTARSE; shorten, contract, shrink
ACORVAR; to bend
ACOSTILLADO; ribbed
ACOTACIÓN; elevation or dimension indicated on
    a plan; boundary mark; (C) elevation
ACOTAMIENTO; setting boundary monuments;
    dimensioning; (M) shoulder of a road
ACOTAR; (dwg) to mark elevations, to dimension;
    (surv) to stake out, to set monuments
ACOTILLO; sledge, striking hammer, maul
ACRE; acre
ACREDITAR; accredit
ACREPÍE; acre-foot
ACREPULGADA; acre-inch
ACRIBAR; to screen, sift
ACRÍLICO; acrylic
ACRISOLAR; to assay; to refine
ACROLEÍNA; acrolein
ACROMÁTICO; achromatic
ACTAS; (meeting) minutes
ACTÍNICO; actinic
ACTINOGRAFÍA; actinography
ACTINÓGRAFO; actinograph
ACTINOGRAMA; actinogram
ACTIVABLE; (sen) activable
ACTIVADA CON CALOR; heat activated
ACTIVADOR; (chem) activator
ACTIVAR; to activate
ACTIVIDAD; activity
ACTIVO; (chem) active
    ACUMULADO; (fin) accrued asset
    CIRCULANTE; (fin) liquid assets
    FIJO; (fin) fixed asset
ACTO DE QUIEBRA; (fin) act of bankruptcy
ACTUADOR; actuator
    DE VÁLVULA; valve actuator
ACTUAR; to actuate, drive, operate

ACUÁTICO; aquatic
ACUEDUCTO; aqueduct, conduit, flume; water
system, waterworks, waterways
ÁCUEO; aqueous
ÁCUEOGLACIAL; aqueoglacial
ÁCUEOÍGNEO; aqueoigneous
ACUERDAR; to lay out with a chalk line
ACUERDO; agreement; resolution;
transition piece
ACUICIERRE; aquiclude
ACUÍFERO; water-bearing
CONFINADO; (soils) confined aquifer
ACUIFUGA; aquifuge
ACUMULACIÓN; hoarding, accumulation
ACUMULADO; (fin) accrued
ACUMULADOR; (mech) accumulator; (elec)
storage battery, storage cell
ÁCIDO DE PLOMO; lead acid cell
ALCALINO; alkaline cell
COMPENSADOR; floating battery
DE ALTA-GRAVEDAD; high-gravity battery
DE BAJA-GRAVEDAD; low-gravity battery
DE HIERRO-NÍQUEL; nickel-iron storage
battery
DE VAPOR; steam accumulator
FLOTANTE; floating battery
HIDRÁULICO; hydraulic battery
ACUMULATIVO; cumulative
ACUÑADOR DE BALASTO; ballast tamper
ACUÑAR; to wedge; to choke; to key; to jam; to
tamp
ACUOSO; aqueous
ACUOTUBULAR; (bo) watertube
ACÚSTICA; acoustics
ACÚSTICO; acoustic
ACUTÁNGULO; acute-angled
ACHAFLANAR; to bevel, chamfer, splay
ACHAPARERA; (min)(M) long-handled adz
ACHAROLAR; to varnish
ACHATADO; flatness, flat
ACHATADOR; (bs) flatter
ACHATAR; to flatten
ACHICADOR; bailer
DE LODO; (pet) mud socket
DE SÓTANO; cellar drainer
ACHICADURA; draining, bailing, drainage
ACHICAR; drain, bail out
ACHIFLONADO; (min)(Ch) sloping
ACHIGUAR; (A)(Ch) to bulge, buckle
ACHIQUE; bailing, draining, unwatering
ACHOLOLE; (M) water runoff from excess
irrigation
ACHOLOLEAR; (M) runoff
ACHOLOLERA; (M) ditch to collect excess
irrigation water
ACHURADA; (dwg)(M) hatching
ACHURAR; (dwg)(M) to hatch

AD VALÓREM; ad valorem
ADALA; dale, spout, trough
DE BOMBA; pump dale
ADAMANTINO; (miner) adamantine
ADAPTADOR; (mech) adapter; (p) transition piece
ADAPTAR; to fit
ADARAJA; bondstone; (conc) bonding key;
toothing
ADECUADO; suitable
ADELANTADOR DE FASES; phase advancer
ADELANTAR; to advance
ADELANTE; ahead; forward
ADELANTO; progress; advance payment; (se) lead
ADELGAZADOR; (pt) thinner
ADELGAZAR; (pt) to thin; to taper; (water) to
soften; (asphalt) to cut back
ADELGAZARSE; thin out
ADEMA; (min) a shore, prop
ADEMADO; timbering, bracing, shoring; (M) well
casing
DE CAJÓN; cribwork
ADEMADOR; timberman, shorer
ADEMAR; to shore, timber
ADEME; (min) a strut, shore
DE PRESTADO; (min) temporary timbering
ADENTAR; to tooth
ADENTELLADURA; toothing
ADENTELLAR; to tooth; (conc) to form bonding
keys
ADENTRO; inside
ADEREZO; (mech) to fit, to rig, rectify, dressing
ADHERENCIA; adhesion, bond
ADHERENTE; adhesive
ADHERIENDO; bonding
ADHESIÓN; adhesion, bond; (weld) freezing
DE LACA; shellac bond
DE SILICATO; silicate bond
DE SUELO; soil adhesion
VITRIFICADA; vitrified bond
ADHESIVO; adhesive
DE CEMENTO; thinset
ESTRUCTURAL; structural adhesive
ADIABÁTICO; adiabatic
ADIATÉRMICO; adiathermic
ADICIÓN; addition
ADICIONAL; (conc)(A) admixture
ADICIONANTE; (conc)(M) admixture
ADINOLA; adinole
ADINTELAR; (Col) to place a lintel
ADITAMIENTO; a fitting, attachment, accessory;
(auto) equipment; (conc)(Col) insert
DE TALADRAR; boring attachment
REMOVIBLE; removable attachment
ADITAMIENTOS; attachments
DE CADENA; chain attachments
DE TUBERÍA; (Col) pipe fittings
ADITIVO; additive

DE COMBUSTIBLE; fuel dope
EN POLVO; (conc) powdered admixture
ADJETIVO; adherent
ADJUDICAR; (contract) to award
AUJUDICACIÓN; (contract) award
ADJUDICATARIO; successful bidder
ADMINISTRACIÓN; administration, management
    DEL PROGRAMA DE DESPERDICIOS
SÓLIDOS; solid waste management
    DELEGADA; agency form of contract
ADMINISTRADOR; administrator, manager
    DE OBRAS; construction manager
    JUDICIAL; (fin) receiver
ADMISIÓN; admission, intake
    TOTAL; (turb) full admission
ADMITANCIA; (elec) admittance
ADOBAR; to apply dressing
ADOBE; adobe, mud construction; an unburned
    brick
ADOBERA; mold for adobe brick; adobe brickyard
ADOBERÍA; adobe brickyard
ADOBO; belt dressing; cable compound
ADOBÓN; one pour of an adobe wall; (V) large
    brick
ADOQUÍN; stone paving block; cobblestone
    DE CONCRETO; concrete block paving
    DE ASFALTO; asphalt block
    DE MADERA; wood paving block
ADOQUINADO; block paving
    GRANÍTICO; granite-block paving
ADOQUINADOR; paver
    DE CONCRETO; concrete paver
ADOQUINAR; to pave with blocks
ADOSAR; to abut against, back up to
ADQUISICIÓN; adquisition
    DE TIERRA PARA DESARROLLO O
PRESERVACIÓN; land assembly
ADRALES; truck sideboards or racks
    SOBRESALIENTES; flareboards
ADSORBENTE; adsorbent
ADSORBER; to adsorb
ADSORCIÓN; adsorption
ADUANA; customhouse
ADUANAR; to pay duties
ADUJA; (rope) a coil
ADUJADAS; coils
ADUJAR; to coil
ADULZAR; (water, metals) to soften
ADVERTENCIA; warning
AERACIÓN; aeration
    GRADUAL; (sen) tapered aeration
    POR VERTEDERO; weir aeration
AERAR; to aerate
AERADOR; aerator
    A DIFUSIÓN; diffusion water
    A ROCÍO; spray aerator
    A SALPICADURA; splash aerator

DE ASPIRACIÓN MECÁNICA; forced-draft
aerator
    DE BATEA DE COQUE; coke-tray aerator
    DE CASCADAS; cascade aerator
    DE CONO MULTÍPLE; multicone aerator
    DE CONTACTO; contact aerator
    DE CORRIENTE DESCENDENTE;
downdraft aerator
    DE ESCALONES; step aerator
    DE INDUCCIÓN; induction-type aerator
    DE PALETAS; paddle aerator
    DE PLACAS DEFLECTORAS; baffle-plate
aerator
AEREAR; to aerate
AÉREO; aerial
AERÍFERO; containing air
AERIFICAR; to aerify
AEROACETILÉNICO; (welding) air-acetylene
AEROACONDICIONADOR; air conditioner
AERÓBICO; aerobic
AEROCONCRETO; (Col), (conc)(trademark)
Aerocrete
AERODINÁMICA; aerodynamics
AERODINÁMICO; aerodynamic, streamlined
AERÓDROMO; airport
AEROFILTRO; aerofilter
AERÓFORA; aerophore
AEROFOTOGRAFÍA; aerial photography
AEROFOTOGRAMETRÍA; aerial photography,
    (surv) aerosurveying
AEROFOTOGRAMÉTRICO;
    aerophotogrammetric
AEROFOTOTOPOGRAFÍA; aerial topography
AERÓGENOS; (sen) aerogenes
AEROGRÁFICO; aerographic
AEROHIDRODINÁMICO; aerohydrodynamic
AEROLITA; (aluminum alloy) aerolite
AEROMAGNÉTICO; aeromagnetic
AEROMECÁNICA; aeromechanics
AEROMETRÍA; aerometry
AERÓMETRO; aerometer
AERONIVELACIÓN; (A) aerial leveling
AEROPLATAFORMA; aerial platform
AEROPOLIGONACIÓN; (fma) aerial traversing
AEROPROYECTOR; (fma) aeroprojector
AEROPUERTO; airport
    ADUANERO; airport of entry
    DE TODO INTERPERIE; all-weather airport
AEROPULVERIZADOR; compressed air atomizer
AEROSOL; aerosol
AEROSTÁTICO; aerostatic
AEROTÉCNICO; aerotechnical
AEROTRANSPORTE; air transport
AEROTRIANGULACIÓN; aerial triangulation
AEROVÍA DE CABLE; aerial tramway
AFALLAMIENTO; (geol)(M) faulting
AFANITA; (geol) aphanite

AFERRAR; to bind with iron clamps; to anchor, moor
AFIANZADOR; fastener
AFIANZAR; to tie, make fast
AFIDÁVIT; (legal) affidavit
AFILADERA; sharpener, whetstone
AFILADO; sharp
AFILADOR; sharpener, whetstone, grindstone
AFILAR; to sharpen, whet, grind
AFILÓN; sharpening stone
AFINADO; (s) (surface) finish
AFINADORA; (rd) finishing machine; surfacer
AFINAR; to finish; to refine
AFINIDAD QUÍMICA; chemical affinity
AFINIDO DE SUPERFICIE; surface finish
AFINO; (s) refining
AFIRMADERO; (Ch) strut, shore
AFIRMADO; (s) road surfacing, pavement, paving; (V) roadbed
AFIRMAR; to make fast; (ea) to compact; (rd) to pave
AFLOJAR; to loosen; to let up
AFLOJARSE; loosen up; let up
AFLORAMIENTO; (conc)(A) bleeding
AFLORAR; (groundwater) to emerge; to crop out
AFLUENCIA; (hyd) runoff, inflow
AFLUENTE; (s)(a) tributary
AFLUIR; to flow in
AFLUJO; inflow, runoff
AFOLADOR; chalker
AFOLAR; to calk
AFORADOR; stream gage; gager; appraiser
    DE ALAMBRE Y PESA; wire-weight gage
    DE CADENA; chain gage
    DE CINTA; tape gage
    DE FLOTADOR; float gage
    DE RESALTO; standing-wave flume
    REGISTRADOR; recording gage
AFORAR; (stream) to gage; to measure; to appraise
AFORO; gaging, measurement; appraisal; (freight) classification
    AMERICANO; (A) American wire gage
    CON DISOLUCIÓN SALINA; (hyd) salt-dilution method of gaging
    POR FLOTADORES; (hyd) float gaging
    POR INCERCIA-PRESIÓN; (hyd) inertia-pressure method of gaging
    POR MOLINETE; (hyd) current-meter gaging
    POR PROCEDIMIENTO; inertia-pressure gaging
    POR VELOCIDAD DE SAL; (hyd) salt-velocity method of gaging
    QUÍMICO; (hyd) chemical gaging, salt-dilution method
AFORRAR; to line; (forms) to lag; (cab) to serve
AFORRO; lining, sheathing, lagging; (cab) serving

AGAR; agar
    NUTRITIVO; (sen) nutrient agar
AGARGANTADO; (Es) grooved
AGARRADERA; handle, grip; clamp
    DE CINTA; (surv) tape grip
    DE PUERTA; door pull
AGARRADERO; clamp; handle, grip
    DE CABLE; cable clip
    DE PUERTA; doorknob
AGARRADOR; handle, grip
    DE TENSIÓN; (surv) tension handle
AGARRADURMIENTES; (rr)(M) tie tongs
AGARRAR; to grip, grapple; (brake) to drag
AGARRE; (mech)(rivet) grip
AGENTE; agent
    COMPRADOR; purchasing agent
    DE ABULTAMIENTO; bulking agent
    DE CURACIÓN; (chem) curing agent
    DE VÍA; (rr)(A) roadmaster, supervisor
    DISPARADOR; release agent
    QUÍMICO; chemical agent
    REDUCTOR; (chem) reducing agent, reducer
AGITACIÓN; agitation
AGITADOR; agitator, mixer
    DE CHORRO; jet agitator
AGITAR; to agitate, stir
AGLOMERADO; (geol) agglomerate; a coal briquette
AGLOMERANTE; (s) binder, mixer
AGLOMERAR; to agglomerate
AGLUTINADOR; binder, cementing material
AGLUTINANTE; (s) binder, cementing material
AGLUTINAR; to bind, cement
AGLUTINARSE; to cake
AGOGÍA; a drain
AGOLPARSE; to jam
AGÓNICO; agonic
AGOTADOR; exhauster; wearing
AGOTAMIENTO; exhaustion; depletion; run down; drainage
    DE METALES; metal fatigue
AGOTAR; to drain; to exhaust, run down
AGRADACIÓN; aggradation
AGRAMILAR; to mark out, to indicate with a marking gage
AGRANUJAR; (Col) to give a granular finish
AGREGADO; (s), (conc)(rd)(geol) aggregate
    CAPA DE BASE; aggregate base course
    DE RELACIÓN BAJA DE VACÍOS; dense-graded aggregate
    DE TAMAÑO UNIFORME; (rd) one-stone aggregate
    EN POLVO; (conc) powdered admixture
    ESCALONADO; graded aggregate
    GRADUADO; graded aggregate
    GRUESO; coarse aggregate
    FINO; fine aggregate

LIMPIO; clean aggregate
MINERAL; mineral aggregate
PREMEZCLADO; (conc) premixed aggregate
TAL COMO SALE; run-of-bank aggregate
VARILLADO; rodded aggregate
AGREMIADO; *(s)* a union person
AGREMIAR; to unionize
AGRIETAMIENTO; (conc) cracking; (geol)
jointing; (lbr) checking
DE OZONO; ozone cracking
DEL SUPERFICIE; surface cracking
DEBIDO A ESFUERZOS; stress cracking
DIAGONAL; (conc) diagonal crack
PLÁSTICO; (conc) plastic cracking
POR TEMPERATURA; (str) temperature
cracking
AGRIETARSE; to crack; (lbr) to check
AGRILLETAR; to fasten with a shackle
AGRIMENSOR; surveyor
DE MINAS; mine surveyor
AGRIMENSURA; land surveying
AGRIO; sour, bitter; harsh, rough
AL FRIO; (met) cold-short
AGROLÓGICO; agrological
AGRONOMÍA; agronomy
AGRONÓMICO; agronomic
AGRÓNOMO; agronomist, agricultural engineer
AGRUMADOR; flocculator
AGRUPACIÓN; grouping, banking
AGRUPAR; to group, bank
AGUA; water
ADSORBADA; adsorbed water
BASTA; raw water, untreated water
BLANDA; soft water
BRUTA; raw water, untreated water
CAPILAR; (sm)(irr) capillary water
CLOACA; wastewater
CONNATA; connate water
CORRIENTE; running water, flowing water;
water distribution system
CRUDA; crude water, raw water, unfiltered
water; hard water
DE ALBAÑAL; sewage
DE ALIMENTACIÓN; feed water
DE CAL; limewater
DE COHESIÓN; (sm) cohesive water
DE COLA; glue water
DE COMPLEMENTO; (bo) make-up
water
DE CONDENSACIÓN; condensation water
DE CONSOLIDACIÓN; (sm) compaction
water
DE CONSTITUCIÓN; constitution water
DE CUMPLIMIENTO; make-up water
DE ELABORACIÓN; process water, (conc)
mixing water
DE ENJUAGUE; (M)(wp) wash water

DE FONDO; (pet) bottom water
DE FORMACIÓN; (geol) connate water
DE GRAVEDAD; gravitational water, free
water
DE HIDRATACIÓN; hydration water
DE IMBIBICIÓN; absorption water,
imbibition water
DE NORIA; (M) well water
DE PIE; spring water
DE REBOSE; spill water
DE REEMPLAZO; make-up water
DE RELLENAR; make-up water
DE SALIDA; tail water
DE SOBRESATURACIÓN; dilation water
DELGADA; soft water
DOSIFICADA; batched water
DULCE; fresh water
EN LA SUPERFICIE; surface water
ENFRIADORA; cooling water
ESTANCADA; stagnant water, standing water
FREÁTICA; ground water, suspended water
FREÁTICA A GRAVEDAD; (irr) gravity
ground water
FREÁTICA AFLUENTE; influent ground
water
FREÁTICA EFLUENTE; effluent ground
water
GORDA; hard water, brackish water
GRUESA; hard water
INFECTADA; infected water
INFILTRADA; (sw) infiltrated water
LIBRE; (sm)(irr) free water
LLOVIDA; rainwater
MUERTA; still water; stagnant water
NEGRA; wastewater
NO DISPONIBLE; unavailable water
NO EVAPORABLE; nonevaporable water
PARA INCENDIOS; solid stream
PELICULAR; (sm) pellicular water
PLUVIAL; rainwater
PLUVIAL DE ALBAÑAL; storm sewage
POTABLE; drinking water, potable water;
domestic water supply
SIN MEDIR; unmetered water
SOLIDIFICADA; (sm) solidified water
SUBÁLVEA; bed stream water
SUBTERRÁNEA ADHERIDA; attached
ground water
SUBTERRÁNEA AISLADA; perched ground
water
SUBTERRÁNEA ENDICADA; (A) perched
ground water
SUBTERRÁNEA FIJADA; (A) attached
ground water
SUBTERRÁNEA QUE SUBE; rising damp
SURGIDORA; artesian water
VERTIENTE; spill water

VIVA; flowing water, running water
AGUAS; water
    ABAJO; downstream
    ALTAS; high water
    APROVECHABLES; water resources
    ARRIBA; upstream
    BAJAS; low water
    BLANCAS; (A)(Es)(Pe) storm-water drainage
    CASERAS; (Es)(Pe) domestic sewage
    CLOACALES CLARIFICADAS; clarified sewage
    CLOACALES COMBINADAS; combined sewage
    CLOACALES DE CURTIDURÍA; (sen) tannery wastes
    CLOACALES DE DESTILERÍA; (sen) distillary wastes
    CLOACALES DE INFLITRACIÓN; ground or infiltration water
    CLOACALES INDUSTRIALES; industrial waste
    CLOACALES PLUVIALES; storm sewage
    CLOACALES SANITARIAS; sanitary sewage, domestic sewage
    CLOACALES SEPARADAS; separate sewage
    CLOACALES SIN PUTREFACCIÓN; stale sewage
    CORRIENTES; (A) municipal water supply
    DULCE; fresh water
    DE DERRAME; (hyd) overfall
    DE DESCARGA; tail water
    FECALES; sanitary sewage
    ESTIALES; low water
    INMUDAS; sewage
    JUVENILES; juvenile waters
    METEÓRICAS; rain water, storm water; meteoric water
    MÍNIMAS; low water
    NEGRAS; house sewage
    NEGRAS CON MATERIA ORGÁNICA; strong sewage
    NEGRA NUEVA; fresh sewage
    REJUVENICIDAS; rejuvenated water
    RESIDUALES DE ESTABLECIMIENTOS
PÚBLICOS; institutional sewage
    RESIDUARIAS; sewage
    SERVIDAS; sewage
    SOMERAS; (A) surface water
    SUSPENDIDAS; suspended water
    TELÚRICAS; (A) ground water, well water
    VERTIENTES; (hyd) runoff
AGUABRESA; (Es) soil pipe
AGUACERO; heavy rainfall; downpour
    PRESUMIDO; (hyd) design storm, assumed rainfall
AGUACHINAR; (Es) to saturate soil

AGUADA; water station; flood
AGUADERO; water station
AGUADUCHO; conduit; flood
AGUAJE; tidal wave
AGUALOTAL; (CA) bog, swamp
AGUALITA; (Pe) shallow water
AGUALLUVIA; rainwater
AGUAMANIL; washbasin, lavatory
AGUANIEVE; sleet
AGUANTADOR; dolly
AGUANTAR; to support; resist; (str) to support
AGUANTE; (mech) endurance, resistence
    AL CALOR; heat endurance
AGUAÑON; hydraulic engineer
AGUAR; to water; dilute
AGUARSE; drown out
AGUARRÁS; turpentine
    MINERAL; turpentine substitute
AGUATAL; (Ec) pool; swamp
AGUATERO; (A) water cart
AGUATOCHA; pump
AGUATORRE; water tower
AGUAZAL; swamp, marsh
AGUCE; (hw) sharpening
AGUDIZAR; (A) to sharpen
AGUDO; sharp; acute
AGÜERA; irrigation ditch
AGUILÓN; boom; jib
    ACTIVO; live boom
    DE GRÚA; crane boom; derrick boom
    DE PALA; shovel boom
    ENCHUFADOR; telescoping boom
    PARA CABLE DE ARRASTRE; dragline boom
AGUJA; needle; (rr) switchpoint; (hyd) needle beam; (carp) finishing nail, brad; (inst) needle; (cons) shore, spreader; (min) small branch vein; steeple
    AÉREA; aerial frog
    DE AGRIMENSOR; surveyor's marking pin
    DE BRÚJULA; compass needle
    DE CADENEO; (surv) marking pin
    DE CAMBIO; switchpoint, switchblade
    DE CARRIL; switchpoint
    DE CHUCHO; switchpoint
    DE INCLINACIÓN; dipping needle
    DE MANÓMETRO; hand of a pressure gage
    DE MAREAR; mariner's compass
    DE MEDICIÓN; (surv) metering pin
    DE PARED; (ed) needle
    DE PLASTICIDAD; plasticity needle
    DE POLVORERO; blasting needle, pricker
    DESCARRILADORA; derail switch
    DOSIFICADORA; metering pin
    IMANADA; magnetic needle
    INDICADORA; (eng) bouncing pin

INFERNAL; plug and feathers
PARA MARCAR; center punch
AGUJAS; (min)(Sp) poling boards
DE ARRASTRE; (rr) trailing-point switch
DE ENCUENTRO; (rr) facing-point switch
EN CONTRAPUNTA; (rr) facing-point switch
ENCLAVADAS; (rr) interlocked switch
VERTICALES; (hyd) needle beams
AGUJAL; (Col) hole in a wall due to a form bolt or
spreader
AGUJEREADOR; a drill
DE BANCO; bench drill
DE COLUMNA; post drill
AGUJEREADORA; drill, boring machine
AGUJEREAR; to bore, drill, perforate
AGUJEREARSE; to form holes; (earth dam) to
form a pipe
AGUJERO; hole
CIEGO; blind hole
DE ACCESO; handhole
DE DRENAJE; weep hole, drain hole
DE HOMBRE; (equipment) manhole
DE INYECCIÓN; grout hole
DE LUBRICACIÓN; oil hole
DE MANO; handhole
DE MUESTREO; (sen) sampling hatch
DE NUDO; knothole
DE PERNO; bolthole
DE PERNO FORRADO; lined bolt hole
DE PRUEBA; test hole
DE SONDA; drill hole, boring
MANUAL; handhole
OBLONGO; (str) slotted hole
PARA PASADOR; (str) pinhole
PARA POSTE; posthole
PARA VÁLVULA; valve hole
PASANTE; through hole
PILOTO; pilot hole
POR ROSCAR; tapping hole
SIN SALIDA; (A) blind hole
AGUJEROS DE GUÍA; (mt) guideholes
AGUJISTA; switchman
AGUJUELA; finishing nail, brad
AGUSANADO; worm-eaten
AGUZADERA; whetstone
AGUZADOR; drill sharpener
DE LÁPICES; pencil sharpener
AGUZAR; to sharpen; whet
AHERRUMBRARSE; to rust
AHILAR; (C) line-up, align
AHITAR; (surv) to set monuments
AHOGADIZO; nonfloating
AHOGADO; submerged, drowned; (M) embedded
AHOGADOR; (auto)(M) choke
AHOGAR; to submerge, drown; to quench; (M) to
embed
AHOGARSE; to be submerged; (eng) to stall

AHONDAR; to deepen, dig, (shaft) sink
AHONDE; deepening
AHORCARSE; to jam
AHORQUILLADO; forked
AHUECADO; hollowed out
AHUECADOR METÁLICO; (ed) metal floor plan
AHUECAMIENTO; cavity, void, hollow; (hyd)
roofing
AHULADO; (s)(CA) waterproof fabric
AHUSAMIENTO; taper
AHUSAR; to taper; to batter; skive
AILISITA; (geol) ailsyte
AIRE; air
A PRESIÓN; (M) compressed air
ALIMENTADO POR DEBAJO; underfire air
ARRASTRADO; entrained air
COMPRIMIDO; compressed air
DE AMBIENTE; ambient air
DE ATMÓSFERA; outside air
DE COMBUSTIÓN; combustion air
DE RETORNO; return air
DE TRANSFERENCIA; transport air
EXCESO; excess air
INDUCIDO; induced air
LIBRE; outdoor air
LÍQUIDO; liquid air
PRECALENTADO; pre-heated air
PRINCIPAL; main air
PURO; fresh air, pure air
QUIETO; still air
NORMAL; standard air
RETENIDO; (V) entrained air
TEMPLADO; tempering air
TRAPADA; trapped air
AIREAR; to aerate; to ventilate
AISLACIÓN; insulation; (A) waterproofing
DE HUMEDAD; dampproofing
DE RELLENO; fill insulation
DE SONIDO; soundproofing
REFLECTORA; reflective insulation
TÉRMICA; heat insulation
AISLADO; insulated, insulation
A PAPEL; paper-insulated
DE NOCHE; night insulation
DE PERGAMINO; parchment insulation
AISLADOR; insulator, insulating
ABRAZADOR; cleat insulator
CORRIENTE; standard-type insulator
DE AMARRE; strain insulator
DE ANCLAJE; terminal strain insulator
DE CADENA; string insulator, suspension
insulator
DE CAMPANA; bell insulator, petticoat
insulator
DE CAPERUZA; hood insulator
DE CARRETE; spool insulator
DE COLUMNA; post-type insulator

DE ESPIGA; pin insulator
DE FABRICACIÓN HÚMEDA; wet-process insulator
DE PERILLA; knob insulator
DE SEMIANCLAJE; semistrain insulator
DE SUSPENSIÓN; suspension insulator
DISTANCIADOR; standoff insulator
MURAL; wall insulator tube
SECCIONADOR; section insulator
TENSOR; turnbuckle insulator
TUBULAR; wall insulator tube, leading-in insulator

AISLAMIENTO; insulation; (A) waterproofing
DE CONSTRUCCIÓN; molded insulation
DE TECHO; roof insulation
ESPUMADO; foamed insulation
RÍGIDO; rigid insulation

AISLANTE; *(s)* insulation, insulating material
DE CAMBRAY; cambric insulation
DE ESPUMA; foam insulation
DE PERGAMINO; parchment insulation
FIBROSO; fiber insulation

AISLAR; to insulate, isolate
AJARAFE; tableland; flat roof
AJORNALAR; to employ by the day
AJUSTABLE; adjustable
AJUSTADO; adjusted, fitted; snug fit
AJUSTADOR; machinist, mechanic, adjusting tool; (mech)(carp) adjuster
DE BANDOLERA; transom operator
DE BATIENTE; (carp) stop-bead adjuster
DE TUERCAS; (hw) nut tightener, nut runner
DE VENTANA BATIENTE; casement adjuster

AJUSTAJE; adjustment; machining
AJUSTAR; adjust, to fit; (surv) to balance; (inst) set
AJUSTARSE SOBRE; to fit over
AJUSTE; adjustment, fitting; (C) piecework
A GOLPE LIGERO; tapping fit
A MARTILLO; driving fit
A PRUEBA DE VAPOR; steam fit
AHUSADO; taper fit
APRETADO; tight fit
CON HOLGURA; loose fit
CORREDIZO; sliding fit
DE ROTACIÓN LIBRE; running fit
DEL TRAZADO; (surv) balancing the survey
EMPOTRADO EN CALIENTE; shrink fit
ESCOGIDO; selective fit
EXCÉNTRICO; eccentric fitting
FORZADO; tight fit, force fit
HIDRÁULICO; quick-disconnect coupler
HOLGADO; loose fit
MEDIANO; medium fit
POR CONTRACCIÓN; shrink fit

PRECISO; fine fit
REAL; actual fit
SIN HOLGURA; snug fit, wringing fit

AJUSTES; (p) fittings
AJUSTÓN; (Ec) tight fit
ALA; (dam or bldg) wing; (angle) leg; (I beam) flange; leaf of a hinge or folding door
DEL CORAZÓN; (frog) wing rail
DE HUELLA; (tire) wing tread

ALABASTRINO; alabaster
ALABASTRO; alabaster
ÁLABE; (turb) bucket, gate, vane; (mixer) blade
DEL DISTRIBUIDOR; (turb) wicket gate, guide vane
DIRECTOR; (turb) wicket gate, guide vane
REGULABLE; adjustable blade

ALABEARSE; to warp
ALABEO; warping; (rd)(V) crown
ALACRÁN; swivel; (Col) clamp
ALADRO; plow
ALAGADIZO; likely to be inundated
ALAGADO; *(s)*(B) inundated land
ALAGUNAR; (Ch) to inundate, flood
ALAMBICAR; to distill
ALAMBIQUE; a still
ALAMBRADO; wiring; a wire fence
ALAMBRADOR; (A) wire-fence erector
ALAMBRAJE; wiring, wire fencing
ALAMBRAR; to wire
ALAMBRE; wire
A PRUEBA DE INTEMPERIE; weatherproof wire
A TIERRA; ground wire
AÉREO; open wire
AGRIO; bright wire
AISLADO; insulated wire
ALIMENTADOR; feed wire
CARGADO; live wire
CINTA; flat wire
CON CENTRO DE ACERO; strain wire
DE ATAR; (reinf) tie wire
DE CONTACTO; contact wire, trolley wire
DE ENTRADA; lead-in wire
DE ESPINAS; barbed wire
DE GUARDÍA; (elec) guard wire, ground wire
DE MASA; (elec) ground wire
DE PÚAS; barbed wire
DE RELLENO; (wr) filler wire
DE SOLDADURA; wire solder; welding wire
DENTADO; indented wire
DESCUBIERTO; open wire
DESNUDO; bare wire
DULCE; soft wire, annealed wire
ESPIGADO; (CA) barbed wire
ESTÁTICO; (elec) static wire
ESTIRADO EN FRÍO; cold-drawn wire

FORRADO DE ASBESTO; asbestos-insulated wire

FORRADO DE PAPEL; paper-covered wire

FORRADO DE PLOMO; lead-sheathed wire

FUNDENTE; welding wire

FUNDENTE DE LATÓN; brazing wire

FUSIBLE; fuse wire, a wire fuse

MEJOR DE LO MEJOR; (elec) (BB) best best wire

NUDO; bare wire

PARA ARTEFACTOS; (elec) fixture wire

PARA CERCAS; fence wire

PILOTO; (elec) pilot wire

RECOCIDO; annealed wire

SOLDADOR; welding wire; wire solder

TEJIDO; wire fabric, wire netting; wire brush

TELEFÓNICO; telephone wire

TRENZADO; braided wire, stranded wire

ALAMBRECARRIL; (A) aerial tramway

ALAMBRERA; wire netting

ÁLAMO; poplar

ALAMUD; door belt

ALAR; (Col) sidewalk; eaves

ALARGADERA; lengthening bar for compass; lengthening bar for drill

ALARGAMIENTO; elongation, expansion

AL FALLAR; ultimate elongation

ALARGAR; to lengthen, elongate, extend

ALARGARSE; to expand, lengthen, stretch

ALARIFE; mason; builder

ALARMA; alarm

AUDIBLE; audible alarm

DE INCENDIO; fire alarm

DE HUMO; smoke alarm

DE RECORRIDO; travel alarm

VISUAL; visual alarm

ALASTRAR; to ballast

ALBAÑAL; a sewer, a drain

DE ALIVIO; relief sewer

DE EDIFICIO; building sewer

DE REBOSE; relief sewer, overflow sewer

DERIVADO; branch sewer

DOMÉSTICO; house connection to a sewer, service connection

MADRE; main sewer

PLUVIAL; storm sewer

SANITARIO; sanitary sewer

ALBAÑALERO; sewer builder; sewer cleaner

COMÚN; common sewer

ALBAÑEAR; to do mason work

ALBAÑIL; mason, bricklayer

DE CEMENTO; cement mason

ALBAÑILERÍA; masonry

DE PIEDRA BRUTA; rubble masonry

DE PIEDRA LABRADA; ashlar masonry

EN HILERAS; ashlar masonry

EN SECO; dry masonry

ALBARDILLA; coping, capstone

ALBARDÓN; (ed)(Ca) coping; (hyd)(A) check dam; dike; ridge

ALBARRADA; mud wall; dry stone wall

ALBARRADÓN; dike, small earth dam

ALBAYALDAR; to coat with white lead

ALBAYALDE; white lead

DE PLOMO; white lead

ROJO; red lead

ALBEDÉN; gutter, drain

ALBELLÓN; a sewer

ALBERCA; pool, pond; basin, tank

ALBERCÓN; reservoir

ALBERQUERO; tank tender, reservoir tender

ALBINA; salt pool, marsh

ALBITITA; albitite

ALBOLITA; albolite

ALBOLLÓN; drain, sewer

ALBORTANTE; (M) lighting post

ALBUHERA; pond, reservoir

ALBUMOSA; (sen) albumose

ALBURA; sapwood

ALCACHOFA; (pump) strainer

ALCALESCENTE; alcalescent

ÁLCALI; alkali

ALCALÍMETRO; alkalimeter

ALCALINIDAD; alkalinity

ALCALINO; alkaline

ALCALIZAR; to render alkaline

ALCANCE; reach; range, scope; (rr) rear-end collision

DE CAVADURA; (pb) digging reach

DE DESCARGA; (pb) dumping reach

DE LA VISTA; (rd) sight distance, visibility distance

ALCANCÍA; (M) bin, hopper; (min) chute, (conc) tremie

ALCANTARILLA; culvert; sewer, drain; conduit

DE ALIVIO; relief culvert

DE CAJÓN; box culvert

DE DESCARGA; outfall sewer

DE PLATABANDA; (V) box culvert

INTERCEPTADORA; intercepting sewer

MAESTRA; trunk sewer

PLUVIAL; storm-water sewer

SANITARÍA; sanitary-sewer

ALCANTARILLADO; sewerage

SEPARATIVO; separate system of sewerage

UNITARIO; unitary system of sewerage

ALCANTARILLAR; to sewer, drain; to build culverts

ALCANZAR; to overtake; to reach

ALCARRÍA; plateau

ALCATIFA; layer of cinders or other filling under floor or roof tiles

ALCAYATA; spike, spad; (C) staple

DE VÍA; (C) track spike

ALCE; raising
ALCOHOL; alcohol; (min) galena
    ETÍLICO; ethyl alcohol
    METÍLICO; methyl alcohol, wood alcohol
    PROPÍLICO; propyl alcohol
ALCOR; hill
ALCORNOQUE; cork tree
ALCOROZADO; (ed)(M) space between beams on
    a wall; filling between beams
ALCOTANA; pick, mattock
    DE DOS HACHAS; asphalt mattock
ALCUBA; dome, cupola; vault
ALCUBILLA; covered reservoir; basin,
    pond
ALCUZA; oilcan
ALDABA; latch, retainer
    ANTIFORZADA; antipick latch
    DE CANDADO; hasp
    DE CONTRAVENTANA; shutter bar
    DE HIERRO Y MANGANESO; manganesian
    DE PICAPORTE; latch hasp
    DE RESORTE; spring latch
    DE SEGURIDAD; safety latch
    DORMIDA; deadlatch
ALDABÍA; crossbar on a double door; plate or sill
    of a partition
ALEACIÓN; an alloy
    A BASE DE ALUMINIO; aluminum-base
    alloy
    A BASE DE CINC; zinc-base alloy
    A BASE DE NÍQUEL; nickel-base alloy
    DE ALUMINIO; (trademark) magnalite
    DE MAGNESIO; magnesium-base alloy
    DELTA; delta metal
    NO FERROSA; nonferrous alloy
ALEAJE; (U) an alloy
ALEAR; to alloy
ALEFRIZ; (carp) a rabbet
ALEGRADOR; reamer, broach
ALEGRAR; ro ream; to widen
ALEJAMIENTO; receding, separation
ALEJAMIENTOS Y DESVIACIONES; (surv)(M)
    latitudes and departures
ALEMA; duty of irrigation water
ALERO; caves; (ed)(dam) wing; (bdg) wing
    wall; splashboard
ALESADOR; (A) operator of a drill
ALESADORA; a drill
ALESAJE; (cylinder) bore
ALESNA; awl
ALESNADO; sharp-pointed
ALETA; (mech) lug, gill; (hinge) leaf; (mixer)
    blade; (turb) vane, wicket
    DIRECTRIZ; (turb) guide vane, wicket gate
    DISTRIBUIDORA; (turb) wicket gate, guide
    vane
ALETAS DE ENFRIAMIENTO; cooling fins

ALFAJÍA; door or window frame; batten; (Col)
    roofing board
ALFAQUE; shoal, bar
ALFARDA; (carp) rafter; light wooden beam
ALFARDÓN; (V) brick masonry; tilework
ALFARJAR; to wainscot
ALFARJE; wainscot; paneling
ALFÉIZAR; (s) splay of a door or window
ALFILERILLO; finishing nail, brad
ALFOMBRADO; (mas)(V) base course, mat;
    (carp) carpeting
ALGA; alga
ALGAS; algae
ALGÁCEO; algal
ALGAIDA; sand dune
ALGECIDA; algaecide
ALGODÓN; cotton
    CALAFATEO; calking cotton
    EN RAMA; wadding
    EXPLOSIVO; guncotton
    PÓLVORA; guncotton, nitrocotton; cotton
    powder
ALGODONITA; algodonite
ALGOSO; full of algae
ALICATES; pliers; tongs; pinchers
    DE AYUSTAR; splicing tongs
    DE CORTE; cutting pliers
    DE PUNTA PLANA; flat-nose pliers
    DE PUNTA REDONDA; roundnose pliers
    PUNZONADORES; punch pliers
ALIDADA; alidade
    DE GEÓLOGO; geological alidade
    DE TOPÓGRAFO; engineering alidade
ALDEHIDO; aldehyde
ALIENACIÓN; alienation
ALIGACIÓN; tie; bond; alloy
ALIGERAR; to lighten
ALIJADORA; a sander
ALIJAR; to lighten, to sandpaper
ALIJO; unloading
ALIMENTACIÓN; feed, feeding
    AL VACÍO; vacuum feed
    DE FRICCIÓN; friction feed
    DIRECTA; (wp) direct feed
    EN SECO; (wp) dry feed
    FORZADA; force feed
    MANUAL; manual feed
    MECÁNICA; power feed
    POR ASPIRACIÓN; vacuum feed
    VISIBLE; sight feed
ALIMENTADO A PETRÓLEO; (bo) oil-fired,
    oil-burning
ALIMENTADO POR GAS; gas-fired
ALIMENTADOR; feeder; stoker; feed wire
    AUTOMÁTICO; automatic feeder
    BASCULANTE; jog feeder
    DE CARBÓN; stoker

DE CORREA; belt feeder

DE CRIBA CORREDIZA; traveling-grizzly feeder

DE DESCARGA LATERAL; side-cleaning stoker

DE DESCARGA SUPERIOR; overfeed stoker

DE DISCO ROTATORIO; rotary-disk feeder

DE HOGAR; mechanical stoker

DE PARRILLA CORREDIZA; traveling-grate stoker

OSCILANTE; oscillating feeder

ALIMENTAR; to charge; to feed, stoke

ALINDAR; to mark boundaries

ALINEACIÓN; alignment

HORIZONTAL; horizontal alignment

Y ESPIGAR; (carp) line and pin

Y RASANTE; line and grade, line and level

ALINEADOR; aligning tool

ALINEAMIENTO Y ESPIGA; line and pin

ALINEAR; to line, line up, align

ALISADO HÚMEDO; (conc) wet sand

ALISADOR; finishing tool; (asphalt) smoothing iron; (rd) smoothing blade; (fdy) smoother; (A) reamer

ALISADORA; surfacing machine; dresser

DE CAMINOS; road scraper

ALISADURAS; shavings, turnings

ALISAR; face, surface, to level, to smooth; (mech) planish

ALISIOS; tradewinds

ALISO; alder

ALISONITA; alisonite

ALISTADOR DE TIEMPO; timekeeper

ALISTONAR; to lath; to cleat

ALITA; alite

ALIVIADERO; spillway, wasteway; sluiceway; weep hole

DE AGUAS SOBRANTE; (sw) storm overflow

DE CRECIDAS; floodway; (sw) storm overflow

DE CRESTA LIBRE; open spillway

DE FONDO; sluiceway, undersluice

DE LLUVIA; (Es) inlet to a strom sewer

DE SEGURIDAD; emergency spillway

DE SUPERFICIE; spillway, wasteway

SUPERIOR; (irr) overchute

VERTICAL DE ARENA; (ea) sand drain

ALIVIADOR; spillway; relief valve

ALIVIANAR; (A) to lighten

ALIVIO; (pressure) relief

DE ESFUERZOS; stress relieving

ALJARAFE; flat roof

ALJEZ; gypsum, plaster of Paris

ALJIBE; pool, tank, cistern

ALJOR; gypsun

ALJOROZAR; to plaster; to smooth up

ALMA; (dam) core; (str) web, stem; (cab) center, core; (lbr) heart; drill core; scaffold pole

CALADA; lattice web

COMBADA; (sheet pile) arched web

DE ANDAMIO; scaffold pile

DE CELOSÍA; lattice web

DE ENSAYO; test core, sample core

DE RIEL; web of a rail

LLENA; (str) solid web, plate web

ALMACÉN; storeroom; warehouse; store

DE AGUA; cistern, tank

ALMACENAJE; storage, warehousing

DE ENERGÍA SOLAR; solar storage

ALMACENAMIENTO; storage

DE DESBORDAMIENTO; (hyd) valley storage

DE SOBRECARGA; (hyd) surcharge storage

EN LAS RIBERAS; (hyd) bank storage

MOMENTÁNEO; (hyd) instantaneous storage

MUERTO; dead storage

PARA USO; (hyd) conservation storage

ALMACENAR; to store; stock

ALMADÍA; raft

ALMAGRE; red ocher

ALMANQUE; (Col) putlog

ALMARBATAR; (timber) to frame

ALMÁRTAGA; litharge

ALMATRICHE; irrigation ditch

ALMENADO; dentated

ALMENARA; (irr) return ditch; (Col) surge tank

ALMENDRILLA; fine coal; fine gravel; (geol) conglomerate of fine stone

ALMENDRÓN; (geol) conglomerate of large stones

ALMIDÓN; starch

ALMILLA; tenon

ALMOCEDA; water rights; irrigation rate

ALMOHADA; cushion

ALMOHADILLAR; to cushion; to pad

ALMOHADILLAS; (eng) friction blocks; brake blocks

ALMOHADÓN DE AGUA; water cushion

ALMOJAYA; putlog; outlooker

ALMONEDA; auction

ALOCLASA; alloclase

ALÓGENO; (geol) allogenic, derivative

ALOMORFO; (miner) allomorph

ALOQUETITA; allochetite

ALOSAR; (floor) to tile

ALOXITO; (abrasive) aloxite

ALPENDE; tool storage

ALQULAR; to rent

ALQUILER; rental

ALQUITARAR; to distill

ALQUITRÁN; tar, pitch

DE CARBÓN; coal tar

DE GAS DE ACEITE; oil-gas tar

DE GAS DE AGUA; water-gas tar
DE HORNOS DE COQUE; coke-oven tar
DE HULLA; coal tar, gas tar, coal-tar pitch
DE HULLA DILUÍDA; coal-tar cutback
DE LEÑA; Stockholm tar
DE MADERA; pine tar
DE PETRÓLEO; oil tar; petroleum pitch
DE TURBA; peat tar
MINERAL; asphalt
REBAJADO; cutback tar
VEGETAL; coal, wood tar
ALQUITRANDO; tarpaulin; application of tar
ALQUITRANADORA; tar-spraying machine
ALQUITRANAJE; tarring
ALQUITRANAR; to treat with pitch; to coat
with tar
ALQUITRANOSO; tar-like
ALTA; (min) hanging wall
CALIDAD, DE; high grade
RESISTANCE A CORTA EDAD; (cem)
high early strength
TAREA; (C) high duty
ALTAR; bridge wall, fire bridge
DE AGUA; water bridge
DE HUMERO; flue bridge
ALTAS AGUAS; high water
ALTERNACIÓN; alternation
ALTERNADO; alternating
ALTERNADOR; alternator
DE INDUCTOR GIRATORIO; revolving-field
alternator
ALTERNAR LAS JUNTAS; to break joints, to
stagger the joints
ALTERNATIVAS DE DISEÑO; design alternatives
ALTERNATIVO; (eng) reciprocating; (elec)
alternating
ALTERNO; alternating, alternate
ALTIBAJOS; broken ground, uneven ground
ALTÍGRAFO; altigraph
ALTILLANO; (Col) plateau
ALTILO; small hill; (A)(ed) second story
addition
ALTIMETRÍA; altimetry, running levels; topo
graphical survey
ALTIMÉTRICO; altimetrical
ALTÍMETRO; altimeter
DE AGRIMENSOR; surveying altimeter
REGISTRADOR; recording altimeter,
altigraph
ALTIPLANICIE; plateau, tableland
ALTIPLANIMÉTRICO; topographical
ALTIPLANO; plateau
ALTITUD; altitude, elevation
DE ÁRBOLES; treeline
ALTO; height; elevation; (geol) hanging wall;
(ed) upper floor, story; (rr)(auto) a stop;
(a) high

CALOR; (cem) high-heat
CARBONO; (steel) high-steel
DE LA ESCALERA; stairhead
EXPLOSIVO; high explosive
HORNO; blast furnace
RENDIMIENTO; high duty
ALTOZANO; small hill
ALTURA; elevation, height, altitude; (hyd) head;
(str) depth; (river) stage
CINÉTICA; (hyd) dynamic head
DE ASPIRACIÓN; (hyd) suction head, suction
height, suction lift
DE CARGA; (hyd) head
DE DESCARGA; (hyd) discharge head
DE DESPEJO; clearance head
DE EDIFICIO; building height
DE FRANQUEO; clearance head
DE IMPULSIÓN; (hyd) discharge head
DE SUCCIÓN; (bm) suction head
DEL OJO; (surv) height of instrument
DE PASO; headroom
DE PRESIÓN; (hyd) pressure head
DINÁMICA; (hyd) velocity head
EFECTIVA; (str) effective depth
EN LA ESCALA; (hyd) gage height
ESTÁTICA; (hyd) static head
HIDRÁULICA; (sw) hydraulic grade
LIBRE; vertical clearance, clear height,
headroom; freeboard
PIEZOMÉTRICA; (hyd) piezometric head
REDUCIDA; (sm) reduced height
ÚTIL; (str) effective depth
ALUD; avalanche
ALUMBRADO; lighting; *(a)* lighted; treated with
alum
A TUBO DE GAS; gas-tube lighting
DE AMBIENTE; ambient lighting
DE CONTORNO; outline lighting
DE FASTÓN; festoon lighting
REFLEJADO; indirect lighting
ALUMBRAR; to light; to treat with alum, (ground
water) to emerge
ALUMBRE; alum
ACTIVADO; activated alum
DE AMONIO; ammonia alum
DE FILTRO; (V) filter alum
POSTÁSICO; potash alum
ALÚMINA; alumina, aluminum oxide
ALUMINATO; aluminate
DE CALCIO; calcium aluminate
DE SODIO; sodium aluminate
ALUMINIO; aluminum, aluminium
ACTIVADO; activated aluminum
ALUMINITA; aluminite
ALUMINIZAR; to aluminize
ALUMINOSILICATO; aluminosilicate
ALUMINOSO; aluminous

ALUMINOTÉRMICO; aluminothermic
ALUNDO; alundum
ALUNITA; alunite, alum rock
ALUNÓGENA; alunogen
ALUVIAL; alluvial
ALUVIÓN; alluvial deposit, alluvium; a flood of
    silt; (A) a flood, an inundation
ALUVIONAL; alluvial
ÁLVEO; bed of a river, channel
ALZA; rise, lift; shim; (hyd) flashboard, leaf of a
    bear-trap gate; (hyd)(Sp) stop log
    AUTOMÁTICA; automatic flashboard
    DE TABLERO BASCULANTE; automatic
    flashboard, shutter weir, hinged-leaf gate
    DE LA VÁLVULA; valve lift
    HOMBRE; manlift
ALZADA; (dwg) elevation; face of a building
    EXTREMA; end elevation
ALZADO; elevation
    DE COSTADO; side elevation
    DELANTERO; front elevation
    EN CORTE; sectional elevation
    TRASERO; rear elevation
ALZADOR; a lifting device
    DE RUEDAS; wheel lift
ALZADURA; hoisting, raising
ALZAMIENTO; lift; rising
    ALTO, DE; high lift
    HIDRÁULICO; hydraulic lift
    INCLINADO; incline lift
    MÁXIMO; maximum lift
ALZAPRIMA; crowbar, lever, pinch bar
    DE TRAVIESA; nipper
ALZAPRIMAR; to pry, move with a lever
ALZAR; to hoist, raise, lift
ALZAVÁLVULAS; tappet
ALLANADO; flatten
ALLANADOR; (bs) a flatter
ALLANAR; to level, grade; to flatten
ALLANE; (M) leveling, grading
AMACIZAR; to compress; to make solid
AMACHAMBRADO; (Es) tongued and grooved
AMADRINAR; to couple, join
AMAESTRAR; to set grounds or screeds
AMALGAMA; amalgam
AMALGAMACIÓN; amalgamation
AMALGAMADOR; amalgamator
AMALGAMAR; to amalgamate
AMANTILLAR; (de) to top, peak; to luff
AMANTILLACIÓN; luffing
AMANZANAR; (A)(U) to lay out land in
    blocks
AMAÑOS; tools, equipment, outfit
AMARAJE; (seaplane) landing on the water
AMARAR; to land on the water
AMARILLO; yellow
    DE MONTAÑA; yellow earth, yellow ocher

AMARRA; a tie, lashing; mooring
    DE BOTE; painter
    DE CABLE; rope grab
    DE PUERTO; mooring
AMARRAS PARA CORREA; belt hooks, belt
    clamps
AMARRADERO; mooring posts; mooring berth
AMARRAJE; wharfage; (cab) serving
AMARRAR; to tie, splice, lash, belay, make fast;
    to moor; (cab) to serve, take, seize
AMARRAZONES; ground tackle
AMARRE; tie, splice, lashing, swift; anchorage,
    mooring; (conc)(M)(Pe) bond
    A PATA DE GANSO; bridle mooring
AMARTILLAR; to hammer
AMASADA; (M) a batch of mortar
AMASADERO; clay mill, pugmill
AMASAR; (mortar) to mix; (fill) to puddle; to pug;
    (clay) temper
AMASILLAR; to putty
AMATOL; (explosive) amatol
AMBIENTE; ambient, environment
ÁMBITO; ambit, contour
AMBULANTE; (de) traveling; (dragline)
    walking
AMEBA; amoeba
AMELGA; (irr) ridge, dike
AMELGAR; to set boundary monuments
AMELLAR; to notch
AMERICANO; american
AMIANTISTA; asbestos worker
AMIANTO; asbestos, amianthus
AMIBA; amoeba
AMIBIANO; amoebic
AMÍBICO; amoebic
AMIGDALOIDE; (a)(geol) amygdaloid
AMILASA; (sen) amylase
AMINOÁCIDO; (sen) amino acid
AMOJONAR; to set monuments
AMOHOSARSE; (A)(Ch) to rust
AMOLADERA; grindstone, grinder
AMOLADORA; grinder
    DE ARMAZÓN OSCILANTE; swing-frame
    grinder
    DE ASIENTOS DE VÁLVULAS; valve
    grinder
    DE BANCO; bench grinder
    DE PIE; floor-stand grinder
    HÚMEDA; wet grinder
AMOLAR; to grind, sharpen
AMOLDAR; to mold, shape
AMOLLAR; (rope) slack, ease off
AMONIACIÓN; ammoniation
AMONÍACO; ammonia
AMONIADOR; (wp) ammoniator
    DE ALIMENTACIÓN DIRECTA; direct-feed
    ammoniator

AMONIO; ammonium
AMONTONAR; to pile, pile up
AMONTONAMIENTO; tiering
AMORDAZAR; to clamp
AMORFO; amorphous
AMORTIGUACIÓN; deadening; absorbing;
(mech)(elec)(sound) damping; stilling
DE LAS CRECIDAS; (river) flood control
AMORTIGUADOR; (mech) shock absorber,
damper, dashpot; (carp) door check; (hyd)
stilling pool; (auto) muffler; (elec) damper;
(auto) snubber; suppressor
DE CHISPAS; spark arrester
DE CHOQUE; shock absorber; bumper
DE ENERGÍA; energy absorber; (hyd) stilling
pool, tumble bay
DE ESCAPE; exhaust head, exhaust silencer
DE LUZ; (auto) dimmer
DE OLEAJE; (hyd) surge suppressor; surge
snubber
DE RUIDO; silencer, muffler
DE SACUDIDAS; harmonic balance
DE SONIDO; sound absorber
DE TORSIÓN; torsion dampener
DE VIBRACIONES; vibration damper
AMORTIGUAMIENTO DE SONIDO; sound
proofing
AMORTIGUAR; to cushion, deaden, lessen;
(shocks) to damp; to absorb
AMORTIZACIÓN; amortization
AMORTIZAR; to amortize, to redeem, refund
AMOVIBLE; removable, demountable
AMPELITA; (coal) ampelite
AMPERAJE; amperage
EFECTIVO; virtual amperes
AMPERÍMETRO; ammeter, amperemeter
DE BOLSILLO; pocket ammeter
DE EXPANSIÓN; expansion ammeter
DE HILO CALIENTE; hot-wire ammeter,
thermal ammeter
REGISTRADOR; recording ammeter
TÉRMICO; thermal ammeter, thermoammeter
AMPERIO; ampere
AMPERIO-HORA; ampere-hour
AMPERIO-PIE; ampere-foot
AMPERIVUELTA; ampere turn
AMPERÍMETRO; ammeter
AMPERÓMETRO; ammeter, amperemeter
AMPITEATRO; amphitheater
AMPLIACIÓN DEL PLAZO; extension of time
AMPLIAR; to enlarge, amplify, extend
AMPLIFICACIÓN; amplification
AMPLIFICADOR; magnifier; booster
DE ENFRENAMIENTO; brake booster
DE VOLTAJE; voltage amplifier
AMPLIFICAR; (elec) to amplify
AMPLITUD; amplitude

DE LA MAREA; tidal amplitude; range of the
tide
DE ONDA SÍSMICA; trace amplitude
AMPOLLA; blister; bulb
DE CONGELACIÓN; (rd) frost boil
AMPOLLARSE; to blister
AMPOLLETA; incandescent lamp; bulb
AMURALLAR; to wall; to build into a wall
AMURAR; (A) to embed in a wall
ANÁBOLICO; (sen) anabolic
ANACLINAL; anaclinal
ANAERÓBICO; (sen) anaerobic
ANALATISMO; (surv) anallatism
ANALCIMA; analcite, analcime
ANALCITA; analcite, analcime
ANALCITITA; analcitite
ANÁLISIS; analysis
DE CEDAZO; screen analysis
DE COMPROBACIÓN; check analysis
DE ELEMENTO FINITO; finite element
analysis
DE HORNADA; (met) ladle analysis
DE INFILTRACIÓN; I/I analysis, infiltration
analysis
DE MODELO; model analysis
DE PROPORCIÓN DE PARTÍCULOS; (sm)
particle size analysis
DEL PROYECTO; project analysis
DE SUELO; soil analysis
DE SUELO CON AGUA; wet analysis
DE TORSIÓN; torsional analysis
DINÁMICO; daynamic analysis
ELÁSTICO; elastic analysis
ESPECTRAL; spectral analysis
ESTRUCTURAL; structural analysis
FRACCIONARIO; fractional analysis
PONDERAL; gravimetric analysis
POR CARGOS DE PRUEBA; (hyd) trial load
analysis
TAMIZADO; (sm) analysis sieved
ANALISTA; analyst
ANALÍTICO; analytical
ANALIZADOR; analyst
ANALIZAR; to analyze
ANALOGÍA DE LA PLACA; slab analogy
ANÁLOGO; analogue
ANAQUEL; shelf
ANARANJADO DE METILO; methyl orange
ANCARAMITA; (geol) ankaramite
ANCARATRITA; (geol) ankaratrite
ANCLA; (str)(mech)(naut) anchor
DE CABLE PORTANTE; suspension cable
anchor
DE CAMPANA; mushroom anchor, bell
anchor
DE COLUMNA; column anchor
DE MOLDE; form anchor

DE PARED; (ed) wall anchor
DE PRUEBA; test anchor
DE SETA; mushroom anchor
DE TIERRA; earth anchor
DE TORNILLO; screw anchor
DE VÍA; (rr) anticreeper
FLOTANTE; drift anchor
RETENIDA; earth anchor
ANCLADERO; anchorage, anchoring ground
ANCLAJE; anchorage, anchoring; anchorage
charges
DE CASTAÑUELA; lewis anchor
DE CONCRETO; sill anchor
DE CUÑA; wedge anchoring
DE EXPANSIÓN; expansion anchor
DE EXTREMO; end anchorage
DE SUELO; soil anchor
ENROSCADO; threaded anchorage
ANCLAR; to anchor
ANCLOTE; anchor
ANCO; (min)(Pe) a silver ore
ANCÓN; bay, cove; (PR) small lighter
ANCONAJE; (PR) lighterage
ÁNCORA; anchor
ANCORAJE; anchorage
ANCORAR; to anchor
ANCHO; (n) width; *(a)* wide
DE TRANSICIÓN; (rd) transition width
DE VÍA; (rr) gage
TIPO; (rr)(M) standard gage
ANCHURA; width
DEL EJE; axle width
DEL INTERIOR; inside width
DE NEUMÁTICO; tire size
TOTAL; over-all width
ANDADA; a trial, path
ANDADERA; traveler, traveling derrick
ANDADERO; footwalk
ANDADOR; footwalk
ANDAMIADA; scaffolding
DE CARENAJE; (dd) gridiron
ANDAMIAJE; scaffolding, staging
ANDAMIAR; to scaffold
ANDAMIO; scaffold
AMBULANTE; traveler, traveling scaffold
COLGANTE; hanging scaffold
CORREDIZO; traveling scaffold, traveler
DE AGUJA; needle scaffold
SUSPENDIDO; swinging scaffold, hanging
scaffold
TUBULAR; pipe scaffold, tubular scaffold
VOLADIZO; flying scaffold, cantilever
scaffold
VOLADO; outrigger scaffold
ANDARACHE; (min)(Es) scaffold
ANDARIVEL; aerial tramway, cableway, ropeway,
cable ferry

ANDÉN; (rr) platform; sidewalk on a bridge;
walkway; towpath; (top)(Pe)(B) terrace;
(airport) loading apron
DE CABEZA; (rr) end platform
DE ENTREVÍA; (rr) island platform
DE LLEGADA; (rr) arrival platform
DE SALIDA; (rr) departure platform
DE TRASBORDO; transfer platform
ANDULLO; (naut) fender, mat
ANEGACIÓN; inundation
ANEGADIZO; liable to be overflowed; nonfloating
ANEGAR; to submerge, flood, inundate, (pump)
drown
ANEGARSE; to flood; to sink; to become water
logged
ANEMÓGRAFO; anemograph
ANEMOMETRÍA; anemometry, wind gaging
ANEMOMÉTRICO; anemometric
ANEMÓMETRO; anemometer, wind gage
ANEMOMETRÓGRAFO; anemometrograph,
recording wind gage
ANEMOSCOPIO; anemoscope
ANERÓBICO; (sen) anaerobic
ANEROIDE; aneroid
DE TOPÓGRAFO; surveying aneroid
ANETADURA; (naut) puddening
ANEXO; (ed) annex, wing, addition
ANFÍBOL; (miner) hornplende, amphibole
ANFIBOLITA; (geol) amphibolite
ANGALETAR; (A) to miter
ANGALETE; (A) miter box
ANGARILLAS; handbarrow
ANGARILLEAR; (Ch) to move material in
handbarrows
ANGLESITA; anglesite, native lead sulphate
ANGOSTAR; contract, to narrow
ANGOSTO; narrow, close
ANGOSTURA; gap, narrows, gorge; throat
DE LA MAREA; tiderace
ANGULAR; (n)(C)(Pe) steel angle, angle iron;
rolled steel shapes; *(a)* angular; (sand) sharp
CANAL; (C) channel iron
ELE; (C) steel angle, angle iron
T; (C) T bar, T iron
Z; (C) Z bar
ÁNGULO; angle
ASCENDENTE; (surv) angle of elevation
ATIESADOR; (str) stiffening angle
COMPRENDIDO; included angle
CON BORDÓN; (str) bulb angle
CON NERVIO; (str) bulb angle
DE ACCESO; approach angle
DE ARISTA REDONDA; (est) round-back
angle
DE ASIENTO; (str) shelf angle, seat angle
DE ATAQUE; (mt) clearance angle, angle of
attack

DE AVANCE; (se) angle of lead, angular advance; (elec) angle of lead, angle of lag
DE BASE; base angle
DE BISEL; berel angle
DE CONTACTO; angle of contact
DE CONTINGENCIA; (rr) angle of intersection
DE CORTO; angle of nip
DE DEFLEXIÓN; deflection angle
DE DESFASAMIENTO; phase angle
DE DESVIACIÓN; deflection angle; angle of deviation; (cab) fleet angle
DE DOBLADURA; angle of bend
DE ELEVACIÓN; (surv) angle of elevation
DE ESVIAJE; angle of skew; (cab) fleet angle
DE FRICCIÓN; angle of friction, angle of repose
DE INCIDENCIA; angle of incidence
DE INCLINACIÓN; bias angle, roof slope
DE OPERACIÓN; angle of operation
DE OSCILACIÓN; swing angle
DE POSTE; angle post
DE REPOSO; angle of repose, angle of friction
DE RESBALAMIENTO; (A) angle of repose
DE RESISTENCIA AL CORTE; (sm) angle of shearing resistance
DE RETRASO; angle of lag, phase angle
DE RINCÓN VIVO; (str) square-root angle
DE ROSCA; angle of thread
DE ROZAMIENTO; angle of friction
DE TENDIDO; angle of lay
DE SESGO; angle of skew
DEL TALUD; (ea) slope angle
DE VUELTA; (surv) turn angle
DESCENDENTE; (surv) angle of depression
DESIGUAL; (str) angle with unequal legs
DIAGONAL; bias angle
ENTRANTE; re-entering angle
ENTRE MOLDEADO; molded angle
IGUAL; (str) angle with equal legs
INCLUSO; included angle
MANTENEDOR DE BARRAS; (reinf) spiral spacer
PERIFÉRICO; (rr)(V) deflection angle
RECTO; right angle
SESGADO; skew angle
SUBTENSO; (surv) subtense angle
SUJETADOR; (str) clip angle
TANGENCIAL; (rr) deflection angle
VERTICAL; (surv) vertical angle, angle of elevation, altitude or site angle
ZENIT; zenith angle
ÁNGULOS; angles
ADYACENTES; adjacent angles
ALTERNOS; alternate angles
DE ENSAMBLAJE; (str) connection angles
EN CRUZ; (str) starred angles
ESPALDA CON ESPALDA; back to back angles
ANGULOSO; angular; (sand) sharp
ANHÍDRICO; anhydrous
ANHÍDRIDO; anhydrous
ANHIDRITA; anhydrite
ANHIDRO; anhydrous
ANIDABLE; nestable
ANIDADO; nested
ANIEGO; inundation, flooding
ANILLAR; to form rings or hoops
ANILLEJO; annulet
ANILLO; ring, hoop, collar, rim
ACEITADOR; oil ring
ANUAL; (lbr) growth ring
COLECTOR; (elec) slip ring, collector ring
CONECTOR; (carp) ring connector
DE ALBURA; (lbr) sap ring
DE BOLAS TIPO EMPUJE; thrust ball race
DE CENTRAR; centering ring
DE CIERRE; lock ring
DE CIERRE HIDRÁULICO; (bm) lantern ring
DE CORRECCIÓN; adjusting ring
DE CRECIMIENTO; (lbr) growth ring
DE ÉMBOLO; piston ring
DE EMPAQUE; packing race; washer; junk ring; (str) filling ring
DE ESTANCAMIENTO; (lubricant) seal ring
DE ESTOPAS; junk ring
DE FROTAMIENTO; (mot) slip ring
DE LA GARGANTA; (turb) throat ring
DE GOTEO; drip ring
DE GRASA; grease ring
DE GUARNICIÓN; packing ring
DE LUBRICACIÓN; oil ring
DE PILOTE; pile ring
DE PRENSAESTOPAS; junk ring
DE REFUERZO; hoop reinforcement
DE REGULACIÓN DE ACEITE; oil-control ring
DE REMATE; (str) cap ring
DE RESORTE; (piston) snap ring
DE RETÉN; lock ring
DE RETÍCULO; (inst) cross-hair ring
DE RODETE; turbine case
DE TRAVIESAS; (turb)(U) speed ring
DESGASTABLE; wearing ring
DISTRIBUIDOR; (turb) speed ring, stay ring
EXTERIOR; (support) outer race
FIADOR; (ball bearing) retainer
FRACCIONADO; false ring
GUARDAPOLVO; dust ring
LIMPIADOR DE ACEITE; wiper ring
LLENADOR; (str) filling ring
PORTANTE; (turb) case ring

REGULADOR; (turb) gate ring; (sen) overflow rings

RESTREGADOR; (piston) scraper ring

ROZANTE; (motor) slip ring

SEGUIDOR; (gate) follower ring

SINCRONIZADOR; (auto) synchronizing ring

ÁNIMA; (cab) center, core; (drill) web; (mech) bore

ANIÓN; anion

ANISOMÉTRICO; anisometric

ANISOTRÓPICO; anisotropic

AÑO; year

    ECONÓMICO; (fin) fiscal year

ANÓDICO; anodic

ÁNODO; anode

ANOMALIA; (all senses) anomaly

ANORTITA; anorthite

ANORTOCLASA; anorthoclase

ANORTOSITA; anorthosite

ANOTADOR; recorder, note keeper

ANOTAR; to take notes

ANQUERITA; ankerite

ANTAGONISTA; (mech) reactive, antagonistic

ANTECÁMARA; (hyd) forebay; lobby

    DE COMPRESIÓN; (M) air lock

ANTECEDENTES; preliminary data

ANTECRISOL; forehearth

ANTEDIQUE; entrance to a dry dock

ANTEESCLUSA; entrance to a lock

ANTEESTUDIO; preliminary study

ANTEFORNALLA; front of fire box

ANTEHOGAR; front of fire box

ANTENA; antenna

    DIRECCIONAL; antenna array, beam or directional antenna

    DIRECCIONAL TRANSMISORA; directive antenna

    EMISORA; transmitting antenna

ANTEOJO; (transit or level) telescope

    ASTRONÓMICO; (inverted image) astronomical telescope

    DE IMAGEN RECTA; erecting telesope, terrestrial telescope

    DE INVERSIÓN; erecting telescope, terrestrial telescope

    DE PUNTERÍA; (surv) optical sight

    MERIDIANO; meridian instrument

ANTEOJOS DE CAMINO; goggles

ANTEPAGAR; prepay

ANTEPECHO; railing; parapet; curtain wall; window sill; spandrel; filler wall

ANTEPOZO; (A)(Es) pump pit for semiartesian well

ANTEPRESA; (Es) upstream cofferdam

ANTEPRESUPUESTO; preliminary estimate

ANTEPROYECTO; preliminary design

ANTEPUERTO; outer harbor, anchorage outside of an artifical port

ANTESOLERA; (hyd) upstream hearth

ANTESTUDIO; preliminary study

ANTETECHO; (Ch) roof overhang, eave

ANTEUMBRAL; (hyd) upstream sill

ANTIABLANDECEDOR; nonsoftening

ANTIÁCIDO; acid-resistant

ANTIALABEO; non-warping

ANTIARCOS; nonarcing

ANTICLINAL; (geol)(n) anticline; *(a)* anticlinal

    INTERRUMPIDO; arrested anticline

    TUMBADO; overturned anticline

ANTICLORO; antichlor

ANTICOAGULANTE; anticoagulant

ANTICOMBUSTIBLE; fire-extinguishing

ANTICONDENSACIÓN; anticondensation

ANTICONGELANTE; antifreeze

ANTICONTRACCIÓN; nonshrink

ANTICORROSIVO; anticorrosive, rust-resistant

ANTIDESLIZANTE; nonskid, non-slip

ANTIDESLUMBRANTE; (glass) antiglare; non-glare

ANTIDETONANTE; (n) antiknock, antidetonant

ANTIEBULLICIVO; (bo) antipriming

ANTIECONÓMICO; unprofitable

ANTIENDURECEDOR; non-hardening

ANTIEPICENTRO; antiepicenter

ANTIESPUMA; antifoam

ANTIESPUMANTE; non-foaming

ANTIESTÁTICO; antistatic

ANTIFRICCIÓN; antifriction

ANTIGIRATORIO; (cab) non-spinning

ANTIGOLPETEO; antiknock

ANTIHERRUMBROSO; rust-resisting

ANTILOGARITMO; antilogarithm

ANTIMONIO; antimony

ANTIMONIOSO; antimonious

ANTIMONITA; (miner) antimonite

ANTIMONITO; (chem) antimonite

ANTINCRUSTANTE; (n) boiler compound, antiscale compound; *(a)* preventing scale formation; (pt) antifouling

ANTINORMAL; antinormal

ANTIOXIDANTE; rust-resistant, antirust

ANTIPARALELA; (math) antiparallel

ANTIPARALELO; *(a)* antiparallel

ANTIPARRAS; goggles

ANTIPATINADOR; *(s)* antiskid device

ANTIRRAJADURA; antisplitting

ANTIRRECHINANATE; antisqueak

ANTIRRESBALADIZO; nonslip, nonskid

ANTIRRESONANTE; (A) soundproof

ANTISÉPTICO; antiseptic

ANTISIFONAJE; antisiphon

ANTISIMÉTRICO; antisymmetrical

ANTISÍSMICO; earthquake-proof, antiseismic

ANTISONORO; soundproof
ANTITÉRMICO; nonconducting of heat
ANTIZUMBIDO; (elec) antihum
ANTORCHA; welding torch; plumber's torch
    A SOPLETE; blowtorch
    DE GUITARRA; banjo torch, wall torch
    DE PARED; wall torch, banjo torch
ANTRACÍFERO; anthraciferous
ANTRACITA; anthracite coal, hard coal
ANTRACÍTICO; anthracitic
ANTRACÓMETRO; anthracometer
ANTRAXOLITA; anthraxolite
ANULADOR DE ENERGÍA; stilling pool, any
    device dissipating the energy of falling water
ANULAR; *(a)* annular
ANUNCIADOR; (elec) annunciator
ANUNCIAR; announce; advertise
ANUNCIO DE CONCURSO; invitation to bid
AOJADA; (Col) skylight
APAGABRASAS; (loco) live-coal extinguisher
APAGACHISPAS; spark extinguisher, spark
    arrester
APAGADA AL AIRE; (lime) air-slaked
APAGADOR; extinguisher; slaker; (elec) light
    switch
    A ESPUMA; foam fire extinguisher
    DE CAL; lime slaker
APAGAINCENDIOS; fire extinguisher
APAGALLAMAS; fire extinguisher
APAGAR; to extinquish, quench; (switch) turn-off;
    (lime) to slake
APAINELADO; (arch) elliptical; (Col) paneled
APALANCAMIENTO; leverage
APALANCAR; to pry; to move with a lever
APALEADORA; (C) power shovel
APALEAR; to shovel
APANTANAR; to flood, inundate
APANTLE; (M) irrigation ditch, open flume
APARAR; to dress with an adz, to dub
APARATO; apparatus, device
    ANTIMARTILLO; antihammer device
    ANTIROTATIVO; antirotation device
    AUTOMÁTICO DE TRANSFERENCIA;
    automatic transfer device
    DE ADVERTENCIA; warning device
    DE ALZAMIENTO; jacking device
    DE ALZAMIENTO Y REMOLQUE; tow
    sling
    DE CERRADURA; locking device
    DE CONTROL; operating device
    DE DESPACHO; dispatching device
    DE DISTRIBUCIÓN AUTOMÁTICA; stoker
    timer
    DE EXTENSIÓN; extension device
    DE MANDO; control mechanism
    DE MANTENIMIENTO NEUMÁTICO; air
    maintenance device

    DE MONTAJE; mounting device
    DE PARADO AUTOMÁTICO; (elev)
    terminal stopping device
    DE REMOLQUE; underlift
    DE RETARDO; (irr) retard chamber
    DE SEGURIDAD; safety device
    INDICADOR; signal device
    MAGNÉTICO; stud finder
    MEDIDOR DE RESISTENCIA; (conc)
    penetration probe
    RESTITUIDOR; (phototopography) restitution
    machine
    TENSOR; take-up tackle, tightening device
    TORNILLADOR DE POTENCIA; screwgun
    VICAT; (hyd) Vicat apparatus
APARCAMIENTO; parking lot
APAREAR LAS FASES; phase out
APAREDAR; to wall up
APAREJADOR; rigger; one who lays out the work
APAREJAR; to rig; (pt) to prime, size, fill; (mas)
    to bond; to lay out
APAREJO; block and fall; chain block; purchase;
    tackle, rigging; (pt) priming, sizing, filler;
    (mas) bond, lay out
    A CADENA; chain block
    ATESADOR; take-up tackle
    CRUZADO; (bw) cross bond
    CUÁDRUPLE; four-part tackle
    DE LANTIA; single whip
    DIFERENCIAL; differential hoist, chain
    block
    ESPIGADO; herringbone bond
    FLAMENCO o HOLANDÉS; Flemish bond
    INGLÉS; English bond
    INGLÉS Y CRUZADO; block-and-cross
    bond, cross-and-English bond
    QUÍNTUPLO; five-part line
APARENCIA; appearance
APARTADERO; (rr) siding; turnout; (rd) wide area
    for passing
    DE PASO; passing side, turnout
    MUERTO; dead-end siding
    PARTICULAR; private siding
APARTADEROS SOLAPADOS; (rr) lap sidings
APARTADO POSTAL; post-office box
APARTAMENTO; apartment
APARTAMIENTO MERIDIANO; (surv) meridian
    distance
APARTAR; (rr) to sidetrack; to sort, separate
APARTARRAYOS; lightning arrester
APATITA; apatite
APEADERO; (rr) small station
APEADOR; land surveyor
APEADURA; surveying
APEAR; (trees) to fall; (wheel) to chock; to survey;
    to shore, timber, brace
APEDERNALADO; flinty

APELMAZAR; to compress

APEO; a survey; timbering, shoring; cutting of
trees

APERADOR; wheelwright; foreman

APERNAR; to bolt; to pin

APEROS; tools, equipment, outfit

APERTURA; to open

APESTAÑAR; (Es) to flange

ÁPICE; apex

APILADORA; stacker, portable elevator

APILAR; to pile, stack

APILONAR; (C)(PR)(M) to pile, pile up, stack

APISONADO; *(s)*(V) roadbed, subgrade

APISONADOR; rammer, tamper
  DE RELLENO; backfill tamper
  DE VAPOR; steam roller

APISONADORA; tamper; roller
  DE NEUMÁTICOS; rubber-tire roller
  DE PATITAS DE CARNERO; tamping roller
  NIVELADORA; (rd) tamping and leveling
  machine

APISONADORES; tamping feet

APISONAR; to tamp, compact, ram

APIZARRAR; slatework

APLANADERA; straightedge; mason's float; road
drag

APLANADO; flat, flatness

APLANADOR; roller; grader; (bs) flatter;
(mas) float

APLANADORA; roller; grader; mason's float;
dresser
  A VAPOR; steam roller
  AUTOMOTRIZ; motor roller
  CON PIES DE CABRA; sheepsfoot roller
  DE NEUMÁTICOS; rubber-tired roller
  DE RUEDAS OSCILANTES; (ea) wobble-
  wheel roller
  MECÁNICA; power float
  PATA DE CABRA; sheepsfoot roller

APLANAR; to level, grade; to smooth up; (mas) to
float

APLANÁTICO; aplanatic

APLANTILLAR; to work with a template

APLASTAMIENTO; collapsing; crushing, (pile)
brooming; (conc)(Pe)(U) slump

APLASTAR; to flatten; to crush; (pile) to broom

APLASTARSE; to collapse

APLAYAR; (river) to overflow

APLICACIÓN DE JABÓN A BALDOSA; soaping
tile

APLICACIÓN DE VACÍO; spray application

APLICADO EN CALIENTE; hot applied

APLICAR; to place against, apply to
  PESO; weighting
  UNA CAPA DE MORTERO; (mas) render

APLITA; aplite

APLÍTICO; aplitic

APLOBASALTO; aplobasalt

APLOGRANITO; aplogranite

APLOMAR; to plumb; to coat with lead

APLOMARSE; to collapse

APLOMO; plumb, vertical; plumb line

APOGEO; apogee

APOMECÓMETRO; (surv) apomecometer

APORTACIÓN; (hyd) inflow, runoff; weld
metal

APORTADERO; (naut) to arrive in port

APORTE; (hyd) runoff, inflow

APORTICADO; (str)(A) rigidly framed

APORTILLAR; to make an opening

APORTILLARSE; to collapse

APOSTADERO; naval station

APOYADA; supported

APOYADERO; support, strut, shore
  DEL ASIENTO; (str) seat stiffeners

APOYADO LIBREMENTE; (girder) simply
supported

APOYAPIÉ; (auto) footrest

APOYAR; to support

APOYARSE EN; rest on, butt-up against

APOYO; support, bearing, cradle
  CENTRAL; center bearing
  COLGANTE; shaft hanger
  DE BARRAS PROFUNDAS; slab bolster
  DE DILATACIÓN; expansion bearing
  DE OSCILACIÓN; (str) oscillating
  bearing
  DE PASADOR; pin bearing
  DE RODILLOS; (bdg) roller bearing
  DEL BORDE; edge support
  LATERAL; lateral support

APOZARSE; (Col)(PR)(water) to back up; to form
pools

APRECIACIÓN; appraisal, valuation; estimate;
(inst) smallest reading

APRECIADOR; appraiser

APRECIAR; to value, appraise; to estimate

APRENDIZ; apprentice

APRENDIZAJE; apprenticeship

APRESAR; (Es) to dam

APRESTADO; *(s)* dressing

APRESTADOR; (pt) primer

APRESTAR; to get ready; (pt) to prime

APRESTO; outfit, equipment; (pt) priming
  PARA CORREAS; belt dressing

APRETADO; tight, close; compact

APRETADOR; tightener

APRETAR; to tighten; (brake) to set

APRETATUBO; hosecock, pinchcock

APRETÓN; (min) pressure

APRETURA; tightness; (top) gorge, narrows

APRIETACABLE; (A) cable clip

APRIETO; gripping; (min) pressure; (machy)
seizing

APROBADO POR LA JUNTA DE
ASEGURADORES; labeled
APROCHES; (M) an approach
APROVECHAMIENTO; development,
    exploitation, usage; reclamation
    FORESTAL; logging
APROVISIONAMIENTO DE AGUA; water supply
APROVISIONAMIENTO DE POTENCIA; power
    supply
APROVISIONAR; to furnish, supply
APROXIMACIÓN; approximation; approach
APROXIMADO; approximate
APUNTADOR; note keeper; timekeeper; recorder
APUNTALAMIENTO; shoring, timbering, trench
    bracing; falsework
    HORIZONATAL; horizontal shoring
APUNTALAR; to shore, brace, prop-up
APUNTAR; write down; to sketch; to point; (inst)
    to sight
APUNTE; rough sketch; memorandum, note
APUNTILLADO; (min) wedging, shimming
APURAR; to hurry; to purify
AQUERITA; (geol) akerite
AQUILATAR; to assay
ARABESCO; arabesque
ARADO; plow
    DE CAMINOS; road plow
    DE NIEVE; snowplow
    DESARRAIGADOR; rooter plow, rooting
    plow; grub hook
    DESCARGADOR; (rr) train plow, ballast plow
    MÚLTIPLE; gang plow
    QUITANIEVE; snowplow
ARAGONITA; aragonite
ARANDELA; washer, gasket; burr
    ACOPADA; cup washer
    ACHAFLANADA; bevel washer
    AHUSADA; bevel washer
    CORTADA; cut washer
    DE CABO; grommet
    DE CIMACIO; ogee washer, cast-iron washer
    DE EMPAQUE; packing washer
    DE EMPUJE; thrust washer
    DE GOLA; ogee washer, cast-iron washer
    DE GRIFO; bibb washer
    DE GUARNICIÓN; packing washer
    DE PLACA; plate washer
    DE PRESIÓN; lock washer
    DE RESORTE; spring washer
    DE SEGURIDAD; lock washer
    ELÁSTICA; spring washer
    FIADOR; lock washer
    LUBRICADORA; oiling washer
    PARTIDA; split washer
    PLANA; flat washer, cut washer
    SEPARADORA; spacing washer
ARAÑA; (mech) spider, yoke

    DE LUCES; chandelier
ARAÑAR; to score, scratch
ARAR; to plow
ARBITRACIÓN; arbitration
ARBITRADOR; arbitrator
ARBITRAJE; arbitration
ARBITRAR; to arbitrate
ÁRBITRO; arbitrator
ÁRBOL; tree; mast; (machy) shaft, axle; mandrel;
    (ed) center post of a spiral stairway
    ACODADO; crankshaft
    CARDÁN; cardan shaft
    CIGÜENAL; crankshaft
    DE CABEZAL; head shaft
    DE COLA; tailshaft
    DE CONTRAMARCHA; countershaft
    DE EXCÉNTRICAS; camshaft
    DE IMPULSIÓN; driving shaft
    DE LEVAS; camshaft
    DE MANDO; (auto) propeller shaft
    DE REENVÍO; (Es) countershaft, secondary
    shaft
    DE REFERENCIA; (surv) witness tree
    DE TORSIÓN; torque shaft
    MOTOR; driving shaft, driving axle; crank
    shaft
    PROPULSOR; driving shaft; (auto) propeller
    shaft
ÁRBOLES RENACIDOS; (lbr) second growth
ARBOLLÓN; sewer, drain
ARBORIZACIÓN; forestation
ARBOTANTE; semiarch supporting a vault; flying
    buttress strut; outlooker, hoisting beam
ARCA; box
    DE AGUA; cistern
    DE HERRAMIENTAS; toolbox
ARCADA; arcade, series of arches
ARCADUZ; elevator bucket
ARCE; maple
ARCÉN; (Es) curb around a shaft or well;
    riverbank
ARCHIVO DE PLANOS; plan file
ARCILLA; clay
    BATIDA; puddled clay
    COCIDA; burnt clay
    DE COHESIÓN o DE LIGA; (sm) bond clay
    DE FILTRO; filter clay
    DE PUDELAJE; (M) clay puddle
    DESCOLORADORA; bleaching clay
    ENDURECIDA; (V) clay stone
    ESQUISTOSA; shale
    ESTRATRIFICADA; varved clay
    REFRACTARIA; fire clay; structural clay unit
ARCILLAR; (n) deposit of clay; (v) to spread clay;
    mix with clay
ARCILLITA; (V) clay stone
ARCILLOARENOSO; (geol) argilloarenaceous

ARCILLOCALCÁREO; argillocalcareous
ARCILLOSO; clayey, argillaceous
ARCO; arch; arc; (elec) arc
    A REGLA; flat arch
    ADINTELADO; flat arch
    APAINELADO; elliptical arch
    ARTICULADO; hinged arch
    BIRROTULADO; two-hinged arch
    CAPIALZADO; arch behind a lintel
    CRUCERO; crossing of groined arches
    CUBIERTO; (weld) covered arc
    DE ALIGERAMIENTO; relieving arch
    DE ÁNGULO CONSTANTE; (dam) constant-angle arch
    DE BOMBEO; camber arch
    DE CENTRO PLENO; semicircular arch, full-centered arch
    DE CUATRO CENTROS; four-centered arch
    DE DECLINACIÓN; (inst) declination arch
    DE DESCARGA; relieving arch
    DE DOS ARTICULACIONES; two-hinged arch
    DE ENCUENTRO; groined arch
    DE ESPESOR VARIABLE; fillet arch
    DE FILETE; fillet arch
    DE MEDIO PUNTO; semicircular arch
    DE PLACA CORRUGADA; (rd) plate arch
    DE RADIO CONSTANTE; constant-radius arch
    DE SEGMENTO; segmental arch
    DE SIERRA; hacksaw frame
    DE SIERRA AJUSTABLE; adjustable hacksaw frame
    DE TRES ARTICULACIONES; three-hinged arch
    DE TRES CENTROS; three-centered arch
    DE TRIPLE CHARNELA; three-hinged arch
    DE TRIPLE RÓTULA; three-hinged arch
    DE ESVIAJE; skew arch
    ESCARZANO; segmental arch
    MÚLTIPLE; (dam) multiple-arch
    OBLICUO; skew arch
    RAMPANTE; rampant arch
    REBAJADO; segmental arch
    RECTILÍNEO; flat arch
    ROTULADO; hinged arch
    SESGADO; skew arch
    SONORO; (elec) singing arc
    SOPORTADOR; (bldg) trimmer arch
    TAQUIMÉTRICO; (inst) stadia arc
    TRIROTULADO; three-hinged arch
    VUELTO; inverted arch
ARCÓN; bin, bunker; caisson
    CARBONERO; coalbin
ARCOSA; (geol)(sandstone) arkose
ARCHIVADOR; filing cabinet
ARCHIVOS; files

ÁREA; area
    ALIMENTADORA; (hyd) drainage area, catchment area, watershed
    ÁRIDA; dry area
    CIRCUNFERENCIAL DE APOYO; circumferential bearing area
    COLECTORA; (hyd) drainage area, catchment area, watershed
    COMÚN; common area
    DE ACERO; area of steel
    DE CAPTACIÓN; (hyd) catchment area, watershed
    DEL CENTRO HASTA EL BORDE; (rd) quarter crown
    DE CONTACTO; area of contact
    DE CONSTRUCCIÓN; building area, construction area
    DE DRENAJE; (hyd) drainage area, watershed
    DE ESCURRIMIENTO; (hyd)(Col) drainage area, watershed
    DE INUNDACIÓN; flooded area
    DE RETENCIÓN; (irr) check
    DE SERVICIO; amenity area; service area
    DE SOPORTE; (str) bearing area
    DEL SUPERFICIE; surface area
    DE SUSTENTACIÓN; bearing area
    EFECTIVA; effective area
    NETA; net area
    PÚBLICA; communal area, public area
    RESTRICTIDA; restricted area
    SECA; dry area
    SECCIONAL NETA DE MAMPOSTERÍA; net cross-sectional area of masonry
    SENSITIVA AL MEDIO AMBIENTE; environmentally sensitive area
    SIN ACEPILLAR; (min) skip
    URBANA; urban area
    VERTIENTE; (hyd) watershed, drainage area
    VISIBILITY; visible area
ÁREAS EXTREMAS; (ea) end areas
ARENA; sand
    ASFÁLTICA; asphalt-sand
    CORREDIZA; quicksand, running sand
    CUARZOSA; quartz sand
    CHANCADA; crusher sand
    DE ARISTAS VIVAS; sharp sand
    DE CANTERA; pit sand
    DE CONCHAS; shell sand
    DE ESCAPE; thief sand
    DE FUNDICIÓN; molding sand, foundry sand
    DE GRANOS ANGULOSOS; sharp sand
    DE MAR; beach sand
    DE MINA; pit sand
    DE MOLDE; molding sand, foundry sand
    DE PLAYA; beach sand
    DE REVOCAR; plastering sand
    DE SÍLICE; silica sand, ottawa sand

ESCABROSA; rough sand
FINA; lake sand, fine sand
FLÚIDA; quicksand
FLUVIAL; river sand
GASÍFERA; gas sand
GORDA; coarse sand
GRUESA; coarse sand
MEDIANA; (soils) medium sand
MEZCLADA; mixed sand
MOLIDA; rolled sand, manufactured sand
MOVEDIZA; quicksand
NORMAL; standard sand
RECIA; coarse sand
REFRACTARIA; fire sand, refractory sand
RODADA; buckshot sand
UNIFORME; uniform sand
VERDE; (foun) green sand
ARENÁCEO; sandy, arenaceous
ARENADOR; sander; sandbox; (loco) sand dome;
(A) sandblast outfit
ARENADORA; (rd) sand spreader, sander
ARENAL; sand pit, deposit of sand, sand bar
ARENAR; to sand
ARENEO; sanding, sandblasting
ARENERO; sandbox; sand trap, settling basin; grit
chamber
ARENILLA; fine sand, molding sand; grit
DE FUNDICIÓN; core sand, molding sand
ARENILLAS; (min)(M) tailings
ARENISCA; sandstone
VERDE; greensand
ARENISCO; sandy
ARENOSO; sandy
AREOMETRÍA; hydrometry, aerometry
AREÓMETRO; aerometer, hydrometer
ARGAMASA; (mas) mortar
ARGAMASAR; to lay in mortar, to cement
ARGAMASÓN; lump of mortar
ARGANEO; anchor ring
ARGÉNTICO; argentic
ARGENTÍFERO; containing silver, argentiferous
ARGENTINO; argental, silvery
ARGENTITA; argentite
ARGILITA; argillite
ARGILLA; clay
ARGIRITROSA; argyrythrose, pyrargyrite
ARGO; argon
ARGOLLA; ring; staple; shackle
ARGÜE; windlass, capstan
ÁRIDO; (n)(conc)(rd) aggregate, road metal; *(a)*
arid
FINO; fine aggregate, sand
GRADUADO; graded aggregate
GRUESO; coarse aggregate
ARIEGITA; (geol) ariegite
ARIETAZO; (hyd) water hammer
ARIETE; ram; water hammer

A VAPOR; steam ram
HIDRÁULICO; hydraulic ram; water hammer
ARIQUE; (ed)(F) post, stud
ARISTA; edge; salient angle; curb
CORTANTE; cutting edge
DE ENCUENTRO; groin, intersection of
groined arches
HIDROGRÁFICA; (V)watershed divide
MATADA; beveled edge
METÁLICA DE DEFENSA; curb bar; corner
bead
VIVA; sharp edge; draft edge
ARISTERO; (A)(roof) hip
ARISTÓN; line of intersection of groined arches;
reinforced corner; vault rib
ARIMÉTICA; arithmetic
ARITMÓMETRO; calculating machine
ARMADA; *(s)* erection, assembly; navy
ARMADÍA; raft
ARMADO; built-up, framed, assembled; rein
forced; trussed
CON PASADORES; pin-connected
ARMADOR; erector, framer
ARMADURA; erection, assembly; framework;
truss; (magnet) armature; (V) concrete forms;
(conc) reinforcement; mounting
A; A frame
ARTICULADA; pin-connected truss
ATIESADORA; stiffening truss
BALTIMORE; Baltimore truss
BURR; Burr truss
COMPRIMIDA; (conc) compression
reinforcement
CRUZADA; (conc) two-way reinforcement
DE ANDAMIO; roof buck
DE ARCO Y CUERDA; bowstring truss
DE ARO; hoop reinforcement
DE CIZALLA COMBINADA; combined
shear reinforcement
DE COSTILLAS; poling frame
DE DOS PÉNDOLAS; queen-post truss
DE ENREJADO; lattice truss
DE MADERA; plank framing
DE MALLA; (conc) mat reinforcement; mesh
reinforcement
DE PASADORES; pin-connected truss
DE PENDOLÓN; king-post truss
DE PERFORADORA; spud keeper
DE RIGIDEZ; stiffening truss
DE SEGUETA; (C) hacksaw frame
DE TABLERO INFERIOR; through truss
DE TABLERO SUPERIOR; deck truss
DE TRES DIMENSIONES; (str) space
frame
DE VENTANA; sash frame
DE VIGA; beam truss
EN ABANICO; fan truss

EN ARCO; arch truss
EN ESPIRAL; spiral reinforcement
EN K; K truss
ENANA; (V) pony truss
FINK; french truss
HELICOIDAL; helical reinforcement
HOWE; Howe truss
OSCILANTE; rocking frame
PARA CONTROL DE GRIETAS; crack
control reinforcement
PENNSYLVANIA; Pennsylvania truss, Petit
truss
PERFECTA; perfect frame; simple frame
PETIT; Petit truss
PORTAL; portal frame
PRATT; Pratt truss
PRINCIPAL; (roof) main couple
REBAJADA; pony truss
RECHONCHA; (V) pony truss
SELECTIVA; selective assembly
SIN APOYO; unbraced frame
SUPERIOR; (A) through truss
TEJIDA; (conc) mesh reinforcement
TRIANGULAR; triangular truss, Warren
truss, Warren girder
VOLADA; cantilever truss
WARREN; Warren girder, Warren truss,
triangular truss
WARREN DE DOBLE INTERSECCIÓN;
double triangular truss
WHIPPLE; Whipple truss, double-intersection
Pratt truss
ARMADURÍA; assembly shop
ARMAR; assemble, erect, frame; reinforce; truss
CON PIES DERECHOS; (carp) stud
ARMARIO DE HERRAMIENTAS; tool cabinet
ARMARIO DE DIBUJOS; plan file
ARMAZÓN; framework, skeleton, frame, chassis;
floor system of a bridge; (V) concrete
reinforcement
A; A frame
CONTRALADEO; (str) sway frame
CUADRADA; box frame
DE MADERA; timber framing
DE ORUGAS; track frame
DE PORTADOR; carrier frame
DE SUSTENTACIÓN; cribwork, crib
EMPERNADA; bolted frame assembly
ENTIBADA; braced frame
ESTRUCTURAL; structural frame
GUIADORA; guide frame
INESTABLE; unstable frame
PARA SERRUCHO; (A) hacksaw frame
SOSTENIDO; supported frame
ARMELLA; eyebolt; staple
ARMERÍA; armory
ARMÓNICO; (math)(elec) harmonic

ARO; hoop, ring; (auto) tire rim
DEL AGUILLÓN; (de) boom band
DE BARRIL; barrel hoop
DE COMPRESIÓN; compression
ring
DE ÉMBOLO; piston ring
DE GUARNICIÓN; packing ring
DE NEUMÁTICO; (auto) rim
DE PISTÓN; piston ring
DE RESORTE; snap ring
DENTADO; ring gear
DESMONTABLE; demountable rim
EMPAQUETADOR; packing ring
PORTABOLAS; (bearing) ball race
RASCADOR; (piston) scraper ring
ARPEOS DE PIE; climbing irons
ARPILLERA; burlap, bagging
ARPONADO; (bolt) pronged, ragged
ARQUEADOR; ship surveyor
ARQUEAR; to arch; to survey a ship
ARQUEO; arching; tonnage of a vessel;
measurement of a vessel
DE REGISTRO; registered tonnage
ARQUERÍA; series of arches, arcade
ARQUITECTO; architect
CONSULAR; consulting architect
PAISAJISTA; landscape architect
RESIDENTE; resident architect
ARQUITECTÓNICO; architectural
ARQUITECTURA; architecture
CIVIL; civil architecture
HIDRÁULICA; hydraulic engineering
MILITAR; military engineering
NAVAL; naval architecture
ARQUITECTURAL; (M)(Es) architectural
ARQUITRABE; architrave; (C) beam; (Col) lintel
ARQUIVO; archive
ARRAMBLARSE; sand coverage due to a
flood
ARRANCAALCAYATES; (rr) spike puller
ARRANCABILIDAD; startability
ARRANCACLAVOS; claw bar, nail puller
ARRANCADOR; (elec) starting box, starting
compensator; (auto) starter, self-starter;
grubber; ripper; puller; grab
A BOTÓN; push-button starter
AUTOMÁTICO; self-starter
DE RAÍCES; grubber
DE YERBAJOS; (ce) weed eradicator
ARRANCAESCARPIAS; (rr) spike bar
ARRANCAMIENTO; avulsion
ARRANCAPERNOS; spike puller
ARRANCAPILOTES; pile puller, pile extractor
ARRANCAR; start-up; to pull, draw; to root out;
(arch) to spring
ARRANCASONDAS; drill extractor
ARRANCATABLAS; plank puller

ARRANCATOCÓN; stump puller
ARRANCATUBOS; pipe puller, tube extractor
ARRANQUE; (machy) start; (canal) intake,
beginning; (arch) spring line; (rr) lead,
turnout; (min) breaking ground; (mech)
kickoff
DOMICILIARIO; service connection to a
main
EN FRÍO; (eng) cold starting
PRÁCTICO; (rr) practical lead
Y ACUÑAMIENTO; barring and wedging
ARRASADOR; (Ch) leveling or finishing machine
ARRASAR; level; (ed) to wreck, demolish, raze
ARRASTRA; arrastra
ARRASTRADO POR AIRE; air-entrained
ARRASTRAMIENTO EN AIRE; air entraining
ARRASTRAR; to haul, move, pull, draw, drag;
(hyd) to scour, wash out; (river) to carry in
suspension; (hyd)(chem) to entrain; (lbr) twitch
ARRASTRE; haulage, hauling, pulling, yarding,
dragging, snaking; washout; drag mill; slope
of an adit
CAPILAR; capillary entrainment
DE AGUA; (bo) priming
DE ÉMBOLO; (auto) piston drag
DE FONDO; (river) bed load
ARRASTRES; suspended matter in a stream, silt
ARREBATAMIENTO; snatch
ARRECIFE; (rock) ridge, ledge, reef; causeway
BARRERA; barrier reef
ARREGLADOR DE AVERÍAS; average
adjuster or surveyor
ARREMOLINARSE; to eddy, swirl, form
whirlpools
ARRENDAMIENTO; a lease
ARRENDAR; to rent, lease
ARRESTACHISPAS; spark catcher
ARRIADA; flood
ARRIAR; to lower; to slack off; (cab) to pay out
ARRIARSE; to flood
ARRIBA; above, overhead, upstairs
DE LA CORRIENTE; upstream
ARRIMADERO; berth at a dock
ARRIMADILLO; wainscot
ARRIMAJE; lighterage
ARRIMAR; get closer to; (naut) to dock, berth
ARRIMO; curtain wall; party wall
ARRIOSTRADO MACIZO; solid bridging
ARRIOSTRAMIENTO; bracing
CONTRALADEO; sway bracing
CONTRAVIENTO; wind bracing
DE CONTRATENSIÓN; counterbracing
DE PORTAL; portal bracing
ARRIOSTRAR; to brace, stay
ARROBA; (wt) 25 pounds
ARROJAR; (exc) to cast, dump; to waste
AL LADO; side-cast

ARROLLADIZO; rolling
ARROLLADO EN DERIVACIÓN; shunt-wound
ARROLLADO EN SERIE; series-wound
ARROLLADURA; (lbr) shake
ARROLLAMIENTO; (elec) winding
ANULAR; ring winding
DE CUERDAS; chord winding, short-pitch
winding, fractional-pitch winding
DE LAZO; lap winding
DE TAMBOR; drum winding
DIAMETRAL; full-pitch winding
EN PARALELO; parallel winding
INDUCTOR; field winding
ONDULADO; undulatory or wave winding
REGULADOR; regulating winding
ARROLLAR; to roll; to wind; to reel
ARROMAR; to blunt, dull
ARROYADA; channel of a small stream, gully,
brook
ARROYO; brook, stream, creek; small valley,
gully, draw; gutter
AFLUENTE; (geol) influent stream
CONSECUENTE; (geol) consequent stream
OBSECUENTE; (geol) obsequent stream
RESECUENTE; (geol) resequent stream
SUBSECUENTE; (geol) subsequent stream
ARRUFADURA; (na) sheer
ARRUFO; (na) sheer; sagging
ARRUGA; corrugation, wrinkle
ARRUGADO; corrugated, fluted
ARRUGAMIENTO; (geol) small fold
ARRUMAR; to stow
ARRUMBAMIENTO; (surv) bearing; (geol) strike
ARRUMBE; (Ch)(Col) rust
ARRUMBRARSE; (Ch) to rust
ARSENAL; shipyard, dockyard; navy yard; arsenal
ARSENIATO; arsenate, arseniate
ARSENICAL; arsenical
ARSÉNICO; arsenic
PIRITOSO; arsenical pyrites, arsenopyrite
ARSENITO; arsenite
ARSENIURO; arsenide
ARTESIANA; artesian
ACUÍFERA; artesian aquifer
ARTEFACTO; device, appliance, fixture, item
ARTEFACTOS DE ALUMBRADO; lighting
fixtures
ARTEFACTOS ELÉCTRICOS; electrical fixtures;
electrical fittings
ARTEFACTOS SANITARIOS; plumbing fixtures
ARTESA; tray, launder; trough, mortar tub; (Col)
river basin
DE ALMACENAMIENTO; (Col) storage
basin or reservoir
DE AMORTIGUACIÓN; (hyd)(Col) stilling
pool
DE CRIBA; screen pan

DE DESPUMACIÓN; skimming trough
DE SALPICADURA; splash trough
DE VÍA; (rr) track pan
DE VOLTEO; dumping chute
OSCILANTE; (min) cradle
ARTESANO; artesan, mechanic, skilled worker
ARTESIANO; artesian
ARTESÓN; tub, mortar box; panel; (min)
   washtrough
ARTESONADO; (s) paneling, wainscoting
ARTICULACIÓN; joint, hinge, articulation,
   linkage, knee joint
   CARDÁN; cardan joint
   DE RÓTULA; ball-and-socket joint
   ESFÉRICA; ball-and-socket joint
   GIRATORIA; swivel joint
   UNIVERSAL; universal joint
ARTICULADO; jointed, articulated
   CON PASADORES; pin-connected
ARTICULAR; to hinge, articulate, joint
ARTÍCULO; article
ARTICULOS ANÁLOGOS; analogous articles
ARTIFICIAL; artificial
ARTISELA; rayon
AS DE GUÍA; bowline knot
ASA; handle, haft, bail; (M) thimble
   DE CUBO; bail
ASBESTINO; made of asbestos
ASBESTO; asbestos
   ALCOCHONADO; (insl) asbestos blanket
   EN CARTÓN; asbestos board
ASBESTO-CAMBRAY BARNIZADO; (insl)
   asbestos-varnished cambric
ASCENDENTE; rising, ascending; up
ASCENSO; rise; promotion
ASCENSOR; elevator
   DE CARGA; freight elevator
   DE MATERIALES; material hoist
   HIDRÁULICO; plunger elevator
   SIN ENGRANAJE; gearless elevator
ASCENSORISTA; elevator operator
ASEGURADO; (s) the assured
ASEGURADOR; fastener, anchor; insurer
ASEGURADORES CONTRA INCENDIOS; fire
   underwriters
ASEGURAR; to fasten; to insure
ASENTABLE; (hyd) settleable
ASENTADO DE CANTO; (mas) face-bedded
ASENTADOR; chisel; stonemason
   DE CHAVETAS; key-seating chisel
ASENTAMIENTO; settlement; (conc)(A)(C) slump
   CON VIBRACIÓN; (conc) vibratory slump
   NORMAL; (conc) standard slump
ASENTAR; (str) to set, seat; (mas) to bed; (hw) to
   hone
ASENTARSE; to settle
ASEO URBANO; street cleaning

ASERRADERO; sawmill
ASERRADIZO; fit to be sawed into lumber
ASERRADO POR CUARTOS; quartersawing
ASERRADO SIMPLE; tangent-sawing,
   plain-sawing
ASERRADORA; power saw
   DE BANDA; band saw
   EN FRÍO; cold saw
ASERRADURA; sawing; a saw cut
ASERRADURAS; sawdust
ASERRAR; to saw
   A CONTRAHILO; to saw across the grain
   AL HILO; to ripsaw
   METALES; to hacksaw
   POR DEBAJO; undercut
ASERRÍN; sawdust
ASERRUCHAR; to saw
ASESOR; consultant; (ins) adjuster
   DE AVERÍAS; average adjuster, insurance
   adjuster
   TÉCNICO; technical advisor
ASFALTADOR; asphalt paver
ASFALTAR; to asphalt
ASFÁLTICO; asphaltic
ASFALTÍFERO; containing asphalt
ASFALTINA; asphaltene
ASFALTO; asphalt
   ARTIFICIAL; artificial asphalt, oil asphalt
   CON PROPIEDADES ESTABLES; slow-set
   emulsion
   CORTADO; asphalt cutback
   DE ALTA PENETRACIÓN; (rd) high-
   penetration asphalt
   DE BASE MEZCLADA; mixed-base asphalt
   DE CAPA BASE; asphalt base course
   DE CURA RÁPIDA; rapid-curing asphalt
   DE CURADO LENTO; slow-curing asphalt
   DE PETRÓLEO; petroleum asphalt
   DE ROCA; rock asphalt
   DE TECHO ESPECIAL; special steep asphalt
   DILUÍDO; cutback asphalt
   ENGOMADO; rubberized asphalt
   FLUXADO; (rd)(M) flux asphalt
   FRAGUADO CON CORCHO; cork setting
   asphalt
   INSUFLADO; blown asphalt
   LACUSTRE; lake asphalt
   LÍQUIDO; liquid asphalt
   MEZCLADO CON AGREGADO; filled
   asphalt
   MINERAL; rock asphalt, mineral-filled
   asphalt
   PLÁSTICO; asphalt putty
   REBAJADO DE CURACIÓN MEDIANA;
   medium-curing cutback
   REFINADO AL AIRE; air-blown asphalt
   REFINADO AL VAPOR; steam-blown asphalt

RELLENADO; filled asphalt
SATURADO; (roof) roofing saturant
ASIDERO; handle
ASIENTO; (str) bearing seat; (conc) slump; (foun) settlement; (hyd) sediment, settling; site
   DEL AGUILÓN; (de) boom-seat casting
   DE EXPANSIÓN; (bdg) roller bearing, expansion bearing
   DE MONTAJE; (str) erection seat
   DE PUENTE; bridge seat
   DE RECAMBIO; (va) renewable seat
   POSTIZO; (va) renewable seat
ASIGNACIÓN DE FONDOS; (fin) cash allowance
ASIMETRÍA; asymmetry
ASIMÉTRICO; asymmetrical, unsymmetrical
ASINCRÓNICO; (elec) asynchronous
ASINCRONISMO; asynchronism
ASÍNTOTA; asymptote
ASINTÓTICO; asymptotic
ASISMICIDAD; aseismicity
ASÍSMICO; aseismic
ASNADO; mine timber
ASNAS; rafters
ASNILLA; strut, shore
ASNILLO; carpenter's horse; shore
ASOCIACIÓN; association, union
   OBERA; labor union
   PATRONAL; employer's association
   PROFESIONAL OBRERA; (Ch) trade-union
ASPA; vane; wing; flight; (min) intersection of two veins; (M) blade of a concrete mixer
ASPAS; X bracing
ASPEREZA; roughness; (conc) harshness
ÁSPERO; rough; (conc) harsh
ASPERÓN; grindstone; flagstone, stone slab; sandstone
   DE DIAMANTE; diamond wheel
ASPERSOR; sprinkler
ASPIRACIÓN; suction, draft
   MECÁNICA; forced draft
   NORMAL; natural draft
ASPIRADOR; suction pipe; draft tube; exhauster; aspirator
   DE ASERRÍN; sawdust collector
ASPIRADORA; vacuum
ASPIRAR; aspirate; to suck, draw in
ASTA; pole; (hw) handle, shank; (mas) header
   DE SUSPENSORES; (cy) carrier horn
   DE MURO; wall 1 brick thick
   Y MEDIA; wall 1-1/2 bricks thick
ASTÁTICO; astatic
ASTIAL; (Es) side wall of a sewer
ASTIL; shank, handle; beam of a scale
ASTILLA; chip, splinter; spall
   DE CANTERA; quarry spall
   DE LAMINACIÓN; (met) spill, lap

ASTILLAR; to splinter, (pile) broom
ASTILLARSE; to splinter; to spall; (pile) to broom
ASTILLERO; shipyard, dockyard, naval station
ASTILLOSO; splintery, easily chipped; (met) spilly
ASTRÁGALO; (ar) astragal
ASTRONÓMICO; astronomic, astronomical
ASURCAR; to furrow
ATABLADERA; drag, smooth off
ATABLAR; to screed, smooth off
ATACADERA; (bl) to tamp, ram, stem
ATADA; tied
ATADO; a bundle
ATADOR DE TRONCOS; (ef) load binder
ATADURA; a tie, fastening
ATAGUÍA; (hyd) cofferdam; (mech) guides
   CELULAR; cellular cofferdam
   DE CAJÓN; open caisson
   DE COFRE; crib cofferdam
   DE ENCOFRADO Y RELLENO; puddle-wall cofferdam
   DE TABLESTACADO SIMPLE; single-wall cofferdam
   ENCAJONADA; box cofferdam, open caisson
ATAGUIAR; to cofferdam
ATAJADERO; (hyd) small gate; (irr) division gate
ATAJADIZO; baffle wall
ATAJADOR; (mech) arrester
ATAJAR; to obstruct; to dike
ATAJO; dike; (A) cofferdam; (M) cutoff wall
ATALAJE; to haul; coupling; hitching up
ATALUDADORA; backsloper, sloper blade
ATALUDAR; to slope; to batter
ATALUZAR; to slope; to batter
ATANOR; draintile
ATAPIALAR; (Ec) to build mud walls
ATAQUE; powder tamping; (Pe) breaking ground
ATAQUES; (min) deads, rubbish
ATAR; to tie, bind
ATARJEA; drainpipe, small culvert; (M) small sewer; (Pe) reservoir
   DOMÉSTICA; sewer house connection
ATARQUINAMIENTO; silting up, covering with mud
ATARQUINARSE; to silt up
ATARRAJAR; to plug; to wedge
ATASCADERO; mudhole, bog
ATASCADO; foul
ATASCAMIENTO DE HIELO; ice jam
ATASCAR; to stop up, obstruct
ATASCARSE; to stick, jam; (eng) to stall
ATASCO; jamming, sticking
ATAUJÍA; (CA) conduit, drain
ATEJE; a hardwood
ATEMPERAR; (A)(air) to condition
ATÉRMANO; athermanous
ATÉRMICO; athermic
ATENUAR; attenuate

ATERRAJAR; to thread, tap
ATERRAR; to fill with earth; to demolish
ATERRARSE; to silt up
ATERRIZAJE; (ap) landing
ATERRONARSE; to become lumpy, to cake
ATESADOR; stiffener; take-up tackle
    DE CORREA; belt tightener
ATESAR; to tighten, to stiffen
ATESTIGUAR; attest
ATIBAR; (min) to pack, fill up; (Col) to load, stow
ATIERRE; filling with earth; silting up; (min) slide
    of waste material
ATIESADOR; stiffener; take-up tackle, false riser
ATIESAR; to tighten; to stiffen
ATIRANTAR; to guy, stay; to truss
ATIZADOR; poker, clinker bar, slash bar, fire
    hook; stoker
ATIZAR; to trim a fire
ATIZONAR; to bond with headers; (beams) to
    embed in a wall
ATMÓMETRO; atmometer
ATMÓSFERA; atmosphere
    TÍPICA; standard atmosphere
ATMOSFÉRICO; atmospheric
ATOAJE; towing, towage; a tow
ATOAR; to tow
ATÓMICO; atomic
ATOMIZADOR; atomizer
ATOMIZAR; to atomize
ÁTOMO; atom
ATORARSE; to jam, stick
ATORNILLADO; screwed
ATORNILLADOR; screwdriver
    DE EMPUJE; automatic screwdriver, spiral
    screwdriver
ATORNILLADORA DE TUERCAS; nut runner,
    nut tightener
ATORNILLAR; to screw; (C) to bolt
ATRACADERO; wharf, landing place, berth; ferry
    slip
ATRACAR; (naut) to berth, dock
ATRACCIÓN MAGNÉTICA LOCAL; (surv) local
    attraction
ATRANCAR; to dam; to lock
ATRAPADOR; trap
    DE AGUA; steam trap
    DE POLVO; dust trap
ATRAPADORA DE ARENA; (pet) sand trap
ATRAQUE; landing place, wharf
ATRASARSE; (elec) to lag; (rr) tardy, late
ATRASO; lag
    DE IMANACIÓN; magnetic lag
    HISTERÉTICO; hysteresis lag
ATRAVESADO; across
ATRAVESAÑO; header, cap, crosspiece; (ed)
    floor beam; (C) crosstie
ATRAVIESO; (top)(Ch) gap, pass

ATRICIÓN; attrition
ATRIO; atrium
AUDIBLE; audible
AUDIO; (radio) audio
AUDITOR; (M) auditor
AUGITA; (miner) augite, pyroxene
AUGITA-PÓRFIDO; augite-porphyry, augitophyre
AUMENTADOR; increaser; booster; augmenter;
    magnifier
AUMENTADORA DE SALTO; (hyd) fall increaser
AUMENTO; increase
    DE TASACIÓN; (fin) appraisal increase
    EN ESPESURA; (panel) thickness swell
AUQUI; (Pe) drill runner in a mine
AUREOLA; (geol) contact zone, aureole
AURÍFERO; gold-bearing
AUSOLES; (CA) cracks in volcanic formation
AUSTENITA; austenite
AUSTENÍTICO; austenitic
AUTIGÉNICO; authigenic
AUTOABRIDOR; self-opening
AUTOAERACIÓN; self-aeration
AUTOAJUSTADOR; self-adjusting
AUTOALARGADOR; self-lengthening
AUTOALIMENTADOR; self-feeding
AUTOALINEAMIENTO; self-alignment
AUTOARRANCADOR; self-starting
AUTOBASCULANTE; self-tipping, self-dumping
AUTOBOMBA; motor fire engine
AUTOBOTE; motorboat
AUTOCALAFATEADOR; self-calking
AUTOCALIBRADOR; self-calibrating
AUTOCARGADOR; self-loading
AUTOCARRIL; car on railroad track; (rr)(Ec)
    motorcar
AUTOCEBADURA; self-priming
AUTOCENTRADOR; self-centering
AUTOCERRADOR; self-closing; self-locking
AUTOCLAVE; autoclave; retort
AUTOCOLIMACIÓN; autocollimation
AUTOCOMPENSADOR; self-compensating
AUTODEPURACIÓN; self-purification
AUTODESPLAZABLE; self-moving
AUTODINÁMICO; autodynamic
AUTOENCENDIDO; self-ignition
AUTOENDURECEDOR; self-hardening
AUTOENGRASADOR; self-lubricating
AUTOENRASILLANTE; (ed) self-furring
AUTOESTABLE; (ed) free standing; self-
    supporting
AUTOESTRADA; (A)(M) automobile road
AUTOFERRO; (U) car on a railroad track
AUTOFUNDENTE; self-fluxing
AUTOGENÉTICO; (geol) autogenetic
AUTÓGENO; autogenous
AUTOIGNICIÓN; self-ignition; spontaneous
    combustion

AUTOIGUALADOR; self-equalizing
AUTOINDUCCIÓN; self-induction
AUTOINFLAMACIÓN; self-ignition; spontaneous combustion
AUTOLIGADOR; self-bonding
AUTOLIMPIADOR; self-cleaning
AUTOLUBRICACIÓN; self-oiling
AUTOMÁTICO; automatic, self-operating
AUTOMATIZACIÓN; automization
    DE VAPOR; steam automization
AUTOMEZCLADOR; (conc) truck mixer, transit mixer
AUTOMOTOR; (n)(rr) motorcar; *(a)* self-moving, automotive
AUTOMOTRIZ; self-powered
AUTOMÓVIL; automobile
    DE VÍA; automobile on a railroad track
AUTONAFTA; motor spirit
AUTONIVELADORA; (rd) motor grader
AUTOPISTA; (A) automobile road, street
AUTOPENSOR; clamshell bucket
AUTOPROPULSOR; self-moving, automotive
AUTOPROTECTOR; self-protecting
AUTOPURIFICACIÓN; self-purification
AUTORIDAD; authority
    PÚBLICA; public authority
AUTORIZACIÓN DE TRABAJO; work order
AUTORREGADORA; street-sprinkling truck
AUTORREGISTRADOR; self-recording
AUTORREGULADOR; self-regulating
AUTORROTATIVO; self-rotating
AUTOSANICULADOR; (conc) self-healing
AUTOSELLADOR; self-sealing
AUTOSIFONAJE; self-siphoning
AUTOSOSTENIDO; self-supported
AUTOTÉCNICA; automotive engineering
AUTOTÉCNICO; automotive engineer
AUTOTRABADOR; self-locking
AUTOTRANSFORMADOR; autotransformer, balancing coil
AUTOTRANSPORTE; motor transport
AUTOVENTILADOR; self-ventilating
AUTOVÍA; automobile highway; (A) gasoline-driven handcar
AUTOVOLCANTE; self-tipping, self-dumping
AUTOZORRA; (A) handcar with power
AUXILIAR; *(s)* helper, assistant
AUXILIARES; (p) specials, fittings
AVALANCHA; avalanche; (A) flood
AVALORAR; to appraise
AVALUAR; to appraise
AVALÚO; appraisal, valuation
AVANCE; (mech) advance, feed; (tun) heading; (rr) lead, frog distance; (se) lead, lap; (elec) lead, pitch
    A MANO; hand feed

ANGULAR; (elec) angular pitch
AUTOMÁTICO; automatic advance
DE LA ADMISIÓN; (se) admission lead, outside lead
DEL ENCENDIDO; advancing the ignition
DEL ESCAPE; (se) exhaust lead, phase displacement
NORMAL O RADIAL; infeed
POR GRAVEDAD; gravity feed
POR PRESIÓN; pressure feed
TEÓRICO; (rr) theoretical lead
AVANTRÉN; front truck of any piece of rolling stock
AVANZADO; advanced
AVANZADOR; feeder
AVANZAR; to advance; (mech) to feed; (tun) to drive
AVEJIGAR; to blister
AVELLANADO Y CINCELADO; (rivet) countersunk and chipped
AVELLANADOR; countersinking bit
AVELLANAR; to countersink
AVENAMIENTO; drainage, draining, subdrainage
AVENAR; to drain
AVENIDA; flood; avenue
AVENTADOR; blower, fan
AVERÍA; damage, breakdown; a damaged article, a second; (ins) average
    COMÚN; common average, particular average
    GRUESA; general average, gross average
    PARTICULAR; particular average, common average
    SIMPLE; particular average, common average
AVERIAR; to damage
AVIÓN; airplane
    MARINO; seaplane, hydroplane
    TERRESTRE; landplane
AVÍOS; tools, equipment, outfit
AVISADOR; warning sign; indicator; alarm
    DE BAJO NIVEL; (bo) alarm gage
    DE INCENDIO; fire alarm
AVISO; notice
    DE CONCESIÓN; notice of award
    DE PREMIO; notice of award
    A POSTOR; notice to bidders
AXIAL; axial
AXONOMÉTRICO; (dwg) axonometric
AYUDANTE; helper, assistant
AYUNQUE; (M) anvil
AYUSTADERA; marlinespike
AYUSTAR; (cab) to splice
AYUSTE; a splice
    CORTO; short splice, tuck splice
    CURVADO; saddle fitting
    DE CUATRO INSERCIONES; four-tuck splice

DE OJAL; eye splice, loop splice, thimble splice

LARGO; long splice, endless splice

AZADA; spade; hoe; (C) adz

AZADÓN; hoe, grub hoe, spud

    DE PALA; scuffle hoe, weeding hoe

    MECÁNICO; (ce) trench hoe

AZANCA; subterranean spring

AZARBE; (return) irrigation ditch

AZARBETA; subsidiary irrigation ditch

AZARCÓN; red lead

AZIMUT; azimuth

    ASUMIDO; assumed azimuth

    VERDADERO; true azimuth

AZIMUTAL; azimuthal

AZOATO; nitrate

AZOCALAR; (Ch) a wall built with heavy base or water table

AZOCAR; (cab) to pull taut

ÁZOE; nitrogen

AZÓFAR; brass

AZOGAR; (lime) to slake

AZOGUE; quicksilver, mercury; (M) silver ore

AZOLAR; to adz; to dub

AZOLVARSE; to silt up; to become obstructed

AZOLVE; silt

AZOLVOS; silt; obstructions

AZOTEA; roof, (ed) terrace

AZÓTICO; nitric

AZUCHAR; to shoe piles

AZUCHE; pile shoe

AZUD; diversion dam, weir

    DE ENCOFRADO; crib dam

AZUELA; adz

    CURVA; spout adz

    DE ESPIGA; spur-head adz

    FERROCARRILERA; railroad adz

AZUFRE; sulphur

AZUL; blue

AZULADO POR RECOCCIÓN; blue-annealed

AZULEJAR; to set glazed wall tiles

AZULEJERÍA; glazed tiling

AZULEJERO; (wall) tile setter

AZULEJO; glazed tile; (A) wall tile

AZUMAGARSE; (Ch) to rust; (lbr)(Ec) to decay

AZUTERO; custodian of a diversion dam or irrigation intake

B

BABAZAS; slime (water mains)

BABETA; (A) flashing

BABOR; (naut) port, larboard

BACILAR; bacillary

BACILO; bacillus

BACTERIANO; bacterial

BACTERIA ANERÓBICA; anaerobic bacteria

BACTERIAS PATÓGENAS; pathogenic bacteria

BACTERICIDA; *(s)* bactericide

BACTERIOLOGÍA; bacteriology

BACTERIÓLOGO; bacteriologist

BÁCULO; (M) transit rod

BACHADORA; (M) road-patching machine

BACHE; rut; mudhole; pothole, pocket; (C) sump

BACHEADO EN FRIO; (rd) cold patch

BACHEAR; to patch a road

BACHEO; (rd) patching, filling ruts

    SUPERFICIAL; (rd) skin patch

BADÉN; (A) paved ford

BADILEJO; bricklayer's trowel

BAHÍA; bay, harbor

BAHORRINA; (sd)(M) sludge

BAJA; *(s)* fall, drop; (employee) discharge

BAJADA; lowering, descent, downgrade; downspout; (p) riser

    DE INUNDACIONES; soil stack

    DE INUNDICIAS; soil riser

    PLUVIAL; leader, downspout

BAJAMAR; low tide

    MEDIO; mean low tide

BAJANTE; low water; leader, downspout; (p) riser, standpipe

    DE AGUAS NEGRAS; soil stack

    DE AGUAS SERVIDAS; waste stack

    DE VENTILACIÓN; vent stack

BAJAR; to lower; to descend; to drop, fall; let down

BAJIAL; low ground subject of overflowing

BAJÍO; sand bar, shoal; lowland

BAJA FREQUENCIA; low frequency

BAJO; (n) sand bar, shoal; (min)(M) footwall, floor; *(a)* low

    CALOR DE ENDURECIMIENTO; (cem) low heat of hardening

    MANDO; (auto) underdrive

    VOLTAJE; undervoltage

BAJURA; (PR) lowland

BALA; ball; bale
BALANCE; (n) balance; balance sheet
    DE PHASE; phase balance
BALANCEADOR ARMÓNICO; harmonic
    balancer
BALANCEAR; (mech)(act) to balance
BALANCEARSE; to rock, roll, wobble
BALANCEO; balancing; oscillation, rocking,
    swinging, sway
BALANCÍN; balance beam, working beam,
    spudding beam; rocker arm; beam of a scale;
    spreader; eccentric-arbor press; (A) hanging
    scaffold; pump jack
    COMPENSADOR; equalizing beam
    DEL FRENO; brake beam
BALANCINERO; (A) eccentric-shaft press
    operator
BALANCINES DE LA BRÚJULA; (na) gimbals
BALANDRA; (A) scow
BALANZA; scale, balance
    DE ENSAYO; assay balance
    DE HUMEDAD; moisture scale
    DE INDUCCIÓN; induction balance
    DE PLATAFORMA; platform scale
    DE PRECISIÓN; precision balance
    DE RESORTE; spring balance
    DE TENSIÓN; spring balance
    DE TORSIÓN; torsion balance
    ELÉCTRICA; (inst) electric balance
BALASTAJE; ballasting
BALASTAR; to ballast
BALASTERA; ballast pit
BALASTO; ballast
BALATA; balata; rubber
BALATE; terrace; border of a trench
BALAUSTRADA; balustrade
BALAÚSTRE; baluster; (Ec) bricklayer's trowel
BALCÓN; balcony; (M)(Pe) sidehill cut
BALDADA; bucketful
BALDE; bucket, pail
    ARRASTRADOR; (A) drag scraper
    BASCULANTE; dump bucket, tipover bucket;
    contractor's bucket, coal bucket
    CARGADOR; (A) skip loader
    DE ARRASTRE; dragline bucket; drag
    scraper
    DE EXTRACCIÓN; mine bucket
    DE HORMIGÓN; (A) concrete bucket
    DE MANIOBRA; rehandling bucket
    DE POZO; shaft bucket
    DE VOLTEO; dump bucket, contractor's
    bucket, coal bucket
    EXCAVADOR; digging bucket
    GRAMPA; (A) clamshell bucket, grab bucket
    VOLCADOR; dump bucket, coal bucket
BALDEADORA; flusher
BALDEAR; to bail out; to wash, flush

BALDEO; bailing; washing, flushing
BALDOSA; floor tile, paving tile; flagstone
    APILONADA; stacking pile
    ASFÁLTICA; asphalt tile
    COLORADA DE EXTERIOR; quarry tile
    DE CERÁMICA; (floor) ceramic tile
    DE CORCHO; cork tile
    DE DISEÑO DECORATIVO; sculptured tile
    DE MARMOL; marble tile
    DE MOSAICO CERÁMICO; ceramic mosaic
    tile
    DE TECHAR; (A) roof tile
    DE VIDRIADO MATE; matt-glazed tile
    GRES; clay floor tile
    VIDRIADA; glazed floor tile
BALDOSADO; tile paving
BALDOZÍN; floor tile
    DE LADRILLO; (Col) a brick (20 x 20x 4 cm)
BALERO; (M) ball bearing
BALICERO; (surv)(M) rodman
BALINERO; ball race; ball bearing
BALINES; (bearing) small balls, shot
BALITA; (F) area measure approximately .69 acre
BALIZA; buoy; survey pole; marker, beacon
    DE ACERCAMIENTO; (ap) approach beacon
    FIJA; beacon, range marker
    LUMINOSA; gas buoy; light beacon
BALÓN; (tire) balloon
BALSA; pool, pond; raft; balsa, corkwood; (A)
    ferryboat; (V) flatboat; (min) hanging scaffold
    used in shaft timbering
BALSADERA; a ferry
BALSAJE; rafting; ferrying
BALSEAR; to raft; to ferry
BALLESTA; laminated spring
    DE ARCO; semielliptical spring
    DE CAYADO; three-quarter elliptical spring
    DE MEDIA PINZA; semielliptical spring
    DOBLE; elliptical spring
BALLESTRINQUE; clove hitch
BAMBOLEAR; (auto) to shimmy
BAMBOLEO; (auto) shimmy
BAMBÚ; bamboo
BAÑADO; dip, bath
    ASFÁLTICO; asphalt dip
BANCADA; bench; (min) stope; (machy)
    bedframe, solepiece
    IGUALADORA; equalizing bed
BANCAL; berm, bench, terrace; sandbank
BANCAZA; bedplate; heavy bench
    DEL TORNO; lathe bed
BANCO; (fin) bank; (geol) stratum; (carp) bench;
    (river) sand bar; (top) level ground
    ASSERADOR; saw table
    DE ARENA; sandbank, sand bar
    DEL CAMINO; (Ec) roadbed
    DE CORAL; coral reef

DE COTA FIJA; benchmark
DE DESPERDICIO; (M) spoil bank
DE DOBLAR; (reinf) bending table
DE ESTIRAR; drawbench
DE HIELO; ice floe
DE NIVEL; benchmark
DE RÍO; riverbank
DE SOLDAR; welding slab, welding table
DE TRABAJO; workbench
DE VÁLVULA; valve bank
BANDA; belt, band; (CA) window sash
CON BOLSILLOS; pocket belt
DE ACERO FLEXIBLE; rope band
DE CUERO; leather belt
DE ESTERAS; crawler belt
DE FRENO; brake band
DE HULE; rubber belt
DE RODAMIENTO; (tire) tread band
DE TRANSICIÓN; transition belt
DE TRANSMISIÓN; driving belt,
transmission belt
TRANSPORTADORA; belt conveyor
BANDAJE; (rubber) tire; rim
DEL INDUCIDO; armature band
MACIZO; solid tire
BANDERA; (rr)(surv) flag
BANDERÍN; signal flag
BANDEROLA; (ed)(A) transom; (surv) flag
A BALACÍN; (A) pivoted transom
BANQUEAR; to level; to bench
BANQUEO; leveling, grading, benching; a bench
DE PRÉSTAMO; (V) borrow pit
BANQUETA; berm; sidewalk; haunch, shoulder of
road; banquette
BANQUINA; berm, shoulder; (A) wall footing
BANQUITO; (A) rail clip
BAÑADERA; bathtub
BAÑADO; (A)(U) marsh, wet land; dipped, coated
DE ASFALTO; asphalt-dipped, asphalt-coated
DE CINC; zinc-coated
EN CALIENTE; hot-dipped
EN ESTAÑO; tin-dipped
BAÑAR; (pt) to dip
BAÑO; bath; bathtub; bathroom; (pt) coating;
dip
BITUMINOSO PARA TUBOS; pipe dip
DE ACEITE; oil bath
DE DUCHA; shower bath
DE REGADERA; shower bath
MARÍA; water bath, double boiler
POR INMERSIÓN; dip coating
BAO; (na) beam, cross timber
DE BODEGA; (sb) hold beam
DE HORQUILLA; fork beam
MAESTRO; midship beam
SESGADO; cant beam
BAQUELITA; bakelite

BAQUELIZAR; to bakelize
BARANDA; railing, handrail
BARANDADO; balustrade
BARANDAJE; railing, balustrade
BARANDAL; railing
BARANDILLA; railing; sideboard of a wagon;
(PR) stake of a flat truck
DE RESGUARDO; highway guardrail
BARBA DE TALADRO; burr
BARBACANA; narrow opening in a wall;
weephole; (hyd)(A) gate opening
BARBETA; lashing; (cab) seizing
CRUZADA; cross seizing
BARBETAR; (cab) to serve, seize
BARBOTAJE; (lubrication) splash
BARCA; boat, barge
CARBONERA; coal barge
CHATA; flatboat, scow
DE PASAJE; ferryboat
BARCADA; bargeload
BARDAJE; ferriage
BARCAZA; lighter, barge, flatboat
ALIJADORA; lighter
BARCO; vessel, boat, barge
DE CABOTAJE; coasting vessel
DE GRÚA; derrick boat
DE TRANSBORDO; ferryboat
PETROLERO; tanker
BARCO-PUERTA; caisson of a graving dock,
caisson gate
BARICÉNTRICO; barycentric
BARIO; barium
BARITA; baryta
BARITEL; windlass
BARJULETA; tool bag
BARLOVENTO; windward
BARNIZ; varnish
AISLADOR; insulating varnish, electric
varnish
AL ACEITE; oil varnish
AL ÓLEO; oil varnish
DE ALCOHOL; spirit varnish
DE ALTO ACEITE; long-oil varnish
DE APAREJO; sizing
DE LACA; shellac
DE OLEO Y RESINA SINTÉTICA; oleore
sinous varnish
EXTERIOR; spar varnish, exterior varnish
GRASO; oil varnish
MATE; flatting varnish
PARA INDUCIDOS; armature varnish
SECANTE; drier
BARNIZAR; to varnish
BARÓGRAFO; barograph, recording barometer
BAROMÉTRICO; barometric
BARÓMETRO; barometer
ANEROIDE; aneroid barometer

DE MERCURIO; mercurial barometer
REGISTRADOR; recording barometer
BAROMETRÓGRAFO; barometrograph
BAROTERMÓGRAFO; barothermograph
BAROTERMÓMETRO; barothermograph
BARQUEAR; to transport by boat, to ferry
BARQUÍN; bellows
BARRA; bar, rod; sand bar
  A VAPOR; steam pump
  ALIMENTADORA; feed rod
  ANGULAR; (rr) angle bar, splice bar
  ANTIPANDEO; antisag bar
  ARQUEADA; arch bar
  ARRANCADORA; pry bar
  ARRUGADA; (reinf) corrugated bar
  ATIESADORA; (str) sag rod
  CABECERA; (reinf) header bar
  COLECTORA; bus bar
  CORRUGADA; (reinf) corrugated bar
  CORTADORA; cutting bar
  CUADRADA TORCIDA; square twisted bar
  CUELLO-DE-GANSO; gooseneck bar, wrecking bar
  DE ALINEAR; (rr) lining bar
  DE ALZAMIENTO; lift bar
  DE ARGOLLA; (str) eyebar, loop rod
  DE ARMADURA; truss bar
  DE ASIENTO; seat bar
  DE BRIDA; (rr) splice bar, angle bar, fishplate
  DE CABILLA; dowel bar
  DE CELOSÍA; (str) lattice bar; web member
  DE CINCO OCTAVOS; five-eighths bar
  DE COMPRESIÓN; compression bar
  DE CONEXIÓN; (elec) connecting rod, pitman; (elec) connection bar
  DE CONTRATENSIÓN; counterbracce, counterdiagonal
  DE CORREDERA; (se) valve stem
  DE CHUCHO; (rr) bridle rod, switch rod, head rod
  DE CUÑA; wedge bar
  DE DOBLADO; bent bar
  DE EMERGENCIA; panic bar
  DE EMPARRILLADO; grate bar
  DE EMPEDRADOR; paving bar
  DE ENCLAVAMIENTO; (rr) detector bar
  DE ENGANCHE; drawbar; snatchbar
  DE ENREJADO; (str) lattice bar
  DE ESTANCAMIENTO; seal bar
  DE OJO; eyebar
  DE OREJAS; (reinf) lug bar
  DE PARACHOQUES; buffer bar
  DE PARRILLA; grate bar; clinker bar
  DE RECALCAR; (saw) swage bar
  DE REMOLQUE; towing bar
  DE RÍO; shoal, bar

  DE ROSCA; threaded rod
  DE SOPORTE; (reinf) support bar
  DE SUSPENSIÓN; hanger
  DE TARAS; (básculas) tare bar
  DE TEJIDO; (V) web member
  DE TIRO; drawbar
  DE TORSIÓN; (auto) torque arm
  DE TRABAZÓN; (reinf) bond bar
  DE TRACCIÓN; drawbar
  DE UNIÓN; (reinf) bond bar, dowel
  DE UÑA; claw bar, nail puller
  DE VENTANA; muntin, window bar
  DEFORMADA; (reinf) deformed bar
  DENTADA; indented bar
  DESVIADORA; (rr) deflecting bar
  EN SECCIÓN DE PARED; stem bar
  EN U; U bar
  ENROSCADA; threadbar
  I; (met) I bar
  INDICADORA; (rr) detector bar
  LISA; (reinf) plain bar smooth bar
  LONGITUDINAL; longitudinal bar
  MAESTRA; level bar
  ÓMNIBUS; bus bar
  PARA PREVENIR PANDEO; sag bar
  PLANA CON CANTOS DE FLEJE; band-edge flat
  PRINCIPAL; main beam
  PROTECTORA DE ACERO; (auto) roll bar
  PUNTA-DE-CUÑA; wedge-point crowbar
  PUNTA-DE-ESPOLÓN; pinch-point crowbar
  PUNZÓN; punch drill
  RADIAL; (auto) radius rod
  REFORZADORA SALIENTE; (conc) starter bar
  REPARTIDORA; (reinf) distributing bar
  ROCIADORA; spray bar
  SACACLAVOS; stripping bar, nail puller; wrecking bar, claw bar
  T; T bar, T iron
  TALADRADORA; boring bar
  TEMPORAL; stay bar
  TIRANTE; tie rod
  TUMBADORA; (rr) tumbling rod
  V; V bar
  VERTICAL; (reinf) vertical bar
  Z; Z bar
BARRAS; bars
  DE ARMADURA; reinforcing bars
  DE BARRENO; drill steel
  DE DESLIZAMIENTO; (gate) guides
  DE REFORZAMIENTO; rebar
  DE REFORZAMIENTO EN UN MIEMBRO DE CONCRETO; nominal steel, reinforcing steel
  DE REFUERZO DE ACERO DEL EJE; axle-steel reinforcing bars
  ESPACIADORAS; (reinf) spacing bars

REPARTIDORAS; (reinf) distributing bars
BARRACA; barrack, bunkhouse; (Ch) warehouse,
    shed
    DE HIERRO; (Ch) hardware store
    DE MADERAS; (Ch) lumber shed,
    lumberyard
BARRACÓN; barracks
BARRAJE; dike, barrage, diversion dam
BARRALES; (Ch) sideboards of a wagon
BARRANCA; cliff, bluff; gorge, ravine; (A)(U)
    downgrade
BARRANCO; precipice, cliff; gorge
BARRANCÓN; gorge, canyon
BARRANCOSO; (top) broken, rough
BARRANQUILLA; (M) gully
BARREDOR DE LOCOMOTORA; pilot
BARREDORA; sweeper
    DE GOMA; squeegee
    DE TRACTOR; (rd) tractor sweeper
    ELÉCTRICA; (M) vacuum cleaner
    REMOLCADA; drawn road broom
BARRENA; drill, auger, gimlet, drill bit; crowbar
    ADAMANTINA; (M) adamantine drill
    CORTANÚCLEO; core bit
    DE CABLE; cable drill
    DE CANTEADOR; sontecutter's drill, plug
    drill
    DE CARACOL; twist drill, auger bit
    DE CATEO; earth borer
    DE CINCEL; chisel bit
    DE COLUMNA; column drill
    DE DIAMANTES; diamond drill
    DE FILO EN CRUZ; star drill
    DE GUÍA; center bit
    DE MANO; hand drill, jumper
    DE OJO; ring auger
    DE PECHO; breast auger
    DE TIERRA; earth auger, posthole digger,
    well auger, soil auger
    DESMONTABLE; detachable bit
    ESPIRAL; twist drill, auger bit
    NEUMÁTICA; drill
    PARA BERBIQUÍ; brace bit
    PARA CABILLAS; dowel bit
    PARA MORTAJAS; slotting auger
    PARA POZOS; well drill
    ROMPEPAVIMIENTO; pavement breaker,
    bullpoint
    SACANÚCLEOS; (M) core drill
    SALOMÓNICA; twist drill; screw auger
BARRENAS; drill steel
BARRENADOR; drill runner; drill, auger
    DE HOYOS; (postes) posthole auger
BARRENADORA; drill
    DE ARCILLA; pneumatic clay spade
    DE EXPLORACIÓN; split spoon sampler
    DE PIEDRA; rock auger

BARRENAMIENTO; drilling
    CON PUNTAL; (pet) spudding
    DE AGUJEROS LARGOS; long-hole drilling
    DIRECCIONAL; directional drilling
    EXPLORATIVO; exploratory drilling
    SÓLIDO; solid drilling
    SUBRASANTE; subgrade drilling
BARRENAR; to drill; to blast
BARRENARSE; (min)(M) to hole through,
    connect up
BARRENERO; drill runner
BARRENILLO; boring insect
    DE MUELLES; wharf borer
BARRENISTA; drill runner
BARRENITA DE MANO; gimlet
BARRENO; drill; drill hole; (Col) drilled well
    CEBADO; (bl)(M) missed hole
    DE ENLECHADO; grout hole
    DE SUELO; (sm) soil boring
    DE VOLADURA; blasting hole
BARRENOS DE ALIVIO; (tun) relief holes
BARRENOS LIMITADORES; line holes
BARRER; to sweep; (eng) to scavenge
BARRERA; fence, barrier, barricade, (rr) crossing
    gate; (hyd) diversion dam
    CORREDIZA; (rr) sliding gate
    CORTAFUEGO; firebreak; fire stop
    DE AIRE; air barrier
    DE BÁSCULA; (rr) hinged and counter
    weighted crossing gate
    DE CABLE; cable guardrail
    DE CINTA; (rd) traffic tape
    DE CRUCE; (rr) crossing gate
    DE GUARDIA; (rd) guardrail
    DE MATERIAL IMPERMEABLE; membrane
    barrier
    DE VAPORES; vapor barrier
    GUARDACRUCE; (rr) crossing gate
    PARA BASURAS; (hyd) drift barrier
    PARAHIELOS; ice screen
    TÉRMICA; thermal barrier
    VERTICAL AL NIVEL DEL PISO; toe board
BARRERO; clay mixer; clay pit; mudhole
BARRETA; crowbar; bullpoint; small bar
    CON ESPOLÓN; pinch bar
    DE PINCHAR; (A) pinch bar
    DE PUNTA; bullpoint
    DE UÑA; claw bar
    PATA-DE-CABRA; claw bar
    ROMPEDORA; bit of a paving breaker,
    bullpoint
BARRETEAR; to bar, work with a bar
BARRETERO; miner, drill runner in a mine
BARRIAL; clay pit; mudhole
BARRICADA; barricade
BARRIDA; sweeping; (eng) scavenging
BARRIL; barrel; approximately 20 gallon measure

DE FROTACIÓN; tumbling barrel
BARRILETE; clamp
BARRO; mud, clay, silt; sludge; adobe; (pet) slush
AMASADO; puddled clay
CLOACAL; (sd) sludge
COCIDO; terracotta; burnt clay
DE BARRENO; drill sludge
DIGERIDO; (sd) digested sludge
ESMALTADO; glazed clay, glazed terracotta
QUEMADO; burnt clay
REFRACTARIO; (C) fire clay
BARROCO; baroque
BARROS ACTIVADOS; (sd) activated sludge
BARROSO; muddy, clayey
BARROTE; heavy bar; grate bar; rung; (A) door
bolt; (rr)(C) angle bar; batten of a hatch
BARROTÍN; batten of a hatch; (rr) carline; (sb)
carling
BASA; base, pedestal
BASÁLTICO; basaltic
BASALTIFORME; basaltiform
BASALTO; basalt
VÍTREO; basalt glass, vitrobasalt
BASAMENTO; base; pedestal; (A) footing,
foundation
BÁSCULA; (weight) a scale; (rr)(Ec) crossing gate
DE BALANCÍN; beam scale
DE PLATAFORMA; platform scale
DE POZO; pit scale
DE VÍA; track scale
BÁSCULA-PUENTE; weighbridge
BÁSCULA-TOLVA; (A) weighing batcher
BÁSCULA-VAGONES; car dumper
BASCULADOR; dumper; rocker; (min) tippleman;
a tipping device
DE CAJA; (truck) body rocker
DE CARROS; car dumper
BASCULAR; to tip, tilt
BASE; basis; base; rail flange
DE AGREGADO SIN CRIBAR; (rd) slurry
base
DE COMPARACIÓN; (surv) comparator base
DE COMPROBACIÓN; (surv) check base
DE CUCHILLA; blade base
DE PINTURA; base paint
DE RUEDAS; wheel base
DE RIEL; base of rail
DE RODADO; (A) wheel base
IMPONIBLE AJUSTADO; (fin) adjusted tax
basis
NAVAL; naval base
SANITARIA; (ed) sanitary base
BASES DEL CONCURSO; bidding conditions
BASES DE LICITACIÓN; bidding conditions,
bidding specifications
BÁSICO; (chem)(geol)(met) basic
BASTARDA; (file) bastard

BASTIDOR; frame, bedframe; (Col) window sash
AUXILIAR; (auto) subframe
DE MOLDEO; foundry flask
DE PUERTA; door buck, doorframe
DE RODAJE; truck frame
DE SIERRA PARA METALES; hacksaw
frame
INFERIOR; underframe
BASTIÓN; bastion
BASTO; (a) rough, unfinished; coarse
BASTÓN; (rr) staff
BASTRÉN; spokeshave
BASURAS; trash, rubbish, dirt, refuse; garbage;
river drift
BASURERO; garbage dump
BATALLA; wheel base, distance between axles
BATE; tamping pick
BATEA; trough, launder; tray, mortar tub; (V)
paved ditch; paved ford; (A) paved gutter
crossing a road
DE COQUE; (aerator) coke tray
DE PALIDA; (conc) batch box
BATEADOR DE BALASTO; (rr) tamping bar
BATEADORA; tie tamper
BATEAR; (ties) to tamp
BATEO; tamping
BATERÍA; battery
DE ACUMULADORES; storage battery
DE CALDERAS; boiler battery
DE MAZOS; stamp mill
ELEVADORA; booster battery
BATERÍAS PARALELAS; parallel batteries
BATIDERA; beater, maul; (Sp) mortar hoe
BATIDO; hammered, wrought
EN FRÍO; cold-hammered
BATIDOR; beater; (A) mixer; (min) dolly; (met)
shingler
BATIDURAS; mill scale, hammer scale
BATIENTE; jamb; gate guide; lock sill; (dam)
apron, hearth; (dd) apron; (carp) stop bead
DE ESCLUSA; lock sill; miter sill
BATIR; to beat, hammer, pound
BAUXITA; bauxite
BAYONETA; (mech) bayonet
BEBEDERO; (foun) sprue, jet
BEGOHMIO; (elec) begohm
BELVEDERE; belvedere
BENCINA; gasoline; benzine
BENEFICIAR; to smelt, refine; to work a mine; to
benefit; to process
BENEFICIARIO; assignee
BENEFICIO; smelting, ore reduction, benefit;
profit; working of a mine
DE EXPLOTACIÓN; operating profit
DE MADERA; lumbering
POR AMALGAMACIÓN; amalgamation
process

BENQUE; (CA) riverbank
BENTONITA; bentonite
BENZOL; benzol
BERBIQUE; carpenter's brace
BERBIQUÍ; carpenter's brace; (U) crankshaft
 ACODADO; angular bit stock
 DE ENGRANAJE; angle brace
 DE MATRACA; ratchet brace
 PARA RINCONES; corner brace; angle brace
 Y BARRENAS; brace and bits
BERILIO; beryllium
BERLINGA; pole, round timber, spar
BERMA; berm, (rd) shoulder
 DE TIERRA; earth berm
BESAR, A; block and block, two-blocks
BETONERA; (Ch) concrete mixer
BETUMEN; bitumen
BETÚN; bitumen, pitch; (C) stucco
 JADAICO; asphalt
BETUNAR; to coat with pitch; (C) to stucco
BETUNEAR; (C) to coat with pitch
BIANGULAR; biangular
BIAXIL; biaxial
BIBIRÚ; greenheart
BICARBONATO DE CALCIO; calcium
 bicarbonate
BICILÍNDRICO; *(a)* double-cylinder
BICLORURO; bichloride
BICÓNCAVO; biconcave
BICONVEXO; biconvex
BICROMATO DE POTASIO; potassium
 bichromate
BIDIMENSIONAL; two-dimensional
BIDÓN; steel drum; (C) drum of a hoist; a large
 can, a tin
BIELA; connecting rod, pitman
 DE ACOPLAMIENTO; coupling rod, side rod
 MOTRIZ; connecting rod, main driving rod
 PARALELA; (loco) coupling rod, side rod
BIEN DEFINIDO; clear cut
BIENES; property; belongings, assets
BIFÁSICO; two-phase
BIFILAR; two-wire
BIFURCACIÓN; junction of streams; bifurcation;
 crotch; (p) Y branch; (rr)(C)(Sp) junction
 DE RAMAL PARALELO; (p) upright Y
 branch
 DOBLE; (p) double Y branch
 EN U; (p) U branch
BIFURCARSE; to fork, branch
BIGORNETA; small anvil
 DE ACANALAR; creasing stake
 DE ARISTA VIVA; hatchet stake
 DE COSTURA; seaming stake
 DE PICO; beakhorn stake
BIGORNIA; anvil
BIHILAR; *(a)* two-wire

BILATERAL; (mech) bilateral
BIMETÁLICO; bimetallic
BIMOTOR; *(a)* two-motor, bimotor
BINARIO; binary
BINOMIO; binomial
BIOACTIVACIÓN; (sd) bio-activation
BIOAERACIÓN; (sd) bio-aeration
BIODEGRADABLE; biodegradable
BIOFILTRACIÓN; (sen) biofiltration
BIOFILTRO; biolytic
BIOFLOCULACIÓN; bioflocculation
BIOLÍTICO; (sd) biolytic
BIOLÓGICO; biological
BIOQUÍMICO; biochemical
BIORREDUCCIÓN; (sd) bio-reduction
BIÓXIDO; dioxide
BIPOLAR; *(a)* two-pole, bipolar
BIRROTULADO; two-hinged
BISAGRA; hinge
 A MUNICIÓN; ball-bearing hinge
 ACODADA; offset hinge
 CON LEVANTE; rising hinge, skew hinge
 DE BOLITAS; ball-tip door butt
 DE JUNTA SUELTA; loose-joint butt
 DE MUELLE; spring hinge
 DE PALETA; strap hinge, joint hinge
 DE PASADOR FIJO; fast-pin butt
 DE PASADOR SUELTO; loose-pin butt
 DE RAMAL; strap hinge
 DE RESORTE; spring hinge
 DE SUPERFICIE; flap hinge, surface hinge,
 full-surface hinge
 DE TIRO ANCHO; wide-throw hinge
 EN T; T hinge
 INERTE; dead hinge
 MEDIO SUPERFICIAL; half-surface hinge;
 half-mortise hinge
BISECAR; to bisect
BISECTRIZ; bisector
BISEL; a bevel, chamfer; (lbr) wane
BISELADO; beveled; (lbr) waney
BISELADORA; chamfering tool
BISELAR; to bevel, chamfer
BISLICATO; bisilicate
BISMUTINA; (miner) bismuthine, bismuth glance
BISMUTO; bismuth
BISULFATO DE SODIO; sodium bisulphate
BISULFATO DE SODIO ANHIDRO; anhydrous
 bisulphite of soda
BISULFURO DE ARSÉNICO; arsenic disulphide
BITA; (naut) cleat, bitt
BITADURA; rope turn around a bitt
BITE; (A) bead
BITÓN; bitt
 DE AMARRE; mooring bitt
 DE FONDEO; riding bitt
BITOQUE; (M) faucet, cock; (CA) sewer

BITUMÁSTICO; bitumastic
BITUMEN; (U) bitumen
BITUMINÍFERO; containing bitumen
BITUMINOSO; bituminous
BITUVIA; (trademark) Bituvia
BIVALENTE; bivalent
BIVIARIO; (highway) two-lane
BLANCO; *(a)* white; blank form; gear blank
    DE BARITA; barium sulphate
    DE BISMUTO; bismuth white
    DE CINC; zinc white
    DE CHINA; Chinese white
    DE ESPAÑA; Spanish white
    DE PLOMO; white lead
    DE YESO; whiting
    FIJO; permanent white, barium sulphate
BLANDO; soft, bland
BLANQUEAR; to whitewash; to bleach; whiten
BLECK, BLEQUE; (A) tar and asphalt products
BLENDA; (miner) blende
BLINDADO; armored, ironclad; (elec) shielded
BLINDAJE; armor; (elec) shielding
BLONDÍN; (Es) cableway
BLOQUE; block
    AMORTIGUADOR; cushion block
    CALIBRADOR; gage block
    CARGADOR; (weight) padstone
    CELULAR; cellular cofferdam
    DE COJINETE; bearing block
    DE BARRENAR; boring block
    DE BASE; base block
    DE CASAS; (PR) city block, block of houses
    DE CILINDROS; cylinder block
    DE CLAVAR; nailing block, wood brick
    DE DOBLAR; (reinf) bending block
    DE ENRASILLAR; (ed) furring block
    DE ESTAMPAR; (bs) swage block
    DE FALLAS; (geol) fault block
    DE FUSIBLES; fuse block
    DE GOLPEO; thrust block, driving block, turnpin
    DE JAMBA; jamb block
    DE MOTOR; engine block
    DE PATAS; (rr) heel block, heel raiser
    DE RECALCAR; (saw) swage block
    DE RELLENO; (ed) filler block
    DE REVESTIMIENTO; facing block
    MULTICELULAR DE FILTROS; filter block
    PARA TRISCAR; (saw) setting block
    PARTIDO; (conc) split block
    REFRACTARIO DE CONSTRUCCIÓN; structural tile
    SECCIONAL; (rr) block
BLOQUEAR; to block
BLOQUEO; (rr) blocking
    ABSOLUTO; absolute blocking
    FACULTATIVO; permissive blocking

    MANUAL; (rr) manual blocking
BLOQUES PROVISIONALES DE RELLENO; (underpinning) jacking dice
BOBINA; (elec) coil; bobbin
    APAGACHISPAS; blowout coil
    AUXILIAR DE ARRANQUE; (elec) shading coil
    CORTACIRCUITO; (elec) trip coil
    DE COMPENSACIÓN; compensating coil
    DE CHISPAS; spark coil
    DE DISPARO; tripping coil
    DE ENCENDIDO; spark coil; ignition coil
    DE INDUCCIÓN; induction coil
    DE MÁXIMA; overload release coil
    DE REACCIÓN; reactance coil, choking coil
    DE REACTANCIA; reactance coil, impedance coil
    INDUCTORA; induction coil
BOBINADO; *(s)*(elec) winding
BOBINADORA; winding machine; (pet) spooler
BOBINAJE; (elec) winding
BOBINAR; (elec) to wind
BOCA; mouth, entrance; nozzle; (tun) portal; (hyd) intake; (top) gap, pass, saddle; (hw) peen
    ACAMPANADA; bellmouth
    DE AGUA; hydrant
    DE ASPIRACIÓN; air inlet
    DE CAÍDA; (sw) drop inlet
    DE CALLE; sewer inlet
    DE CARGA; boiler fire door
    DE CORAZÓN; frog toe
    DE DESAGÜE; drain inlet
    DE DESCARGA; outlet, discharge opening
    DE ENTRADA; manhole; portal; intake; sewer inlet
    DE INCENDIO; fire hydrant, fireplug
    DE INSPECCIÓN; manhole
    DE LIMPIEZA; cleaning hole; sluiceway
    DE REGISTRO; manhole
    DE RÍO; river mouth
    DE SALIDA; outlet
    DE TORMENTA; (A) storm-water sewer inlet
    DE VISITA; manhole
BOCACALLE; street intersection
BOCACAZ; opening in a flume or dam
BOCAL; mouth, entrance; (top) gap; (harbor) narrows; (min) pit head
BOCALLAVE; keyhole
BOCAMINA; entrance to a mine
BOCARTE; crusher, stamp mill; drag mill
BOCARTEAR; to crush
BOCARTEO; crushing
BOCATEJA; first tile in a course
BOCATOMA; (hyd) intake
BOCAZO; (bl) blowout
BOCEL; molding plane; a convex molding
BOCELADORA; molding plane

BOCELAR; to form moldings
BOCELETE; small molding plane
BOCELÓN; (Col) ridge roll
BOCINA; bushing; bell end of a pipe; auto horn;
    (C) hubcap; bellmouth; (hyd)(A)(spillway)
    morning glory
    DE BRUMA; foghorn
BOCOY; large barrel, hoghead; (C) measure
    approximately 175 gallons
BOCHORNO; (M) afterdamp; chokedamp
BODEGA; warehouse, storehouse; (naut) hold;
    cellar; (Ch) boxcar
BODEGAJE; warehousing
BODEGUERO; storekeeper
BOGIE; (rr) truck
    DE ARRASTRE; trailing truck
    DE UN SOLO EJE; pony truck
    GIRATORIO; pony truck
    PILOTO; pilot truck
BOLA; ball
    DE LODO; mud ball
    ROMPEDORA; wrecking ball, ball breaker
    Y CUENCA; ball and socket
BOLARDO; bollard, mooring post
BOLEO; boulder; deposit of boulders
BOLÍN; ball; shot
BOLINA; sounding line
BOLO; (stairs) newel
BOLÓN; cobble, boulder; rubble stone
BOLSA; bag, sack; pocket; stock exchange; pocket
    of rich ore
    DE AIRE; (eng) air lock
    DE ATACADURA; (bl) tamping bag
    DE CORTEZA; (lbr) bark pocket
    DE PODRICIÓN; (lbr) pocket rot
    DE RESINA; (lbr) pitch pocket
    DE VÁLVULA; valve bag
    DE VAPOR; vapor lock
BOLSADA; pocket, cavity; a pocket of rich ore
BOLSÓN; (geol) bolson
BOMBA; a pump; fire engine; (V) mudhole
    A MANO; hand pump
    A NAFTA; gasoline-driven pump
    A VACÍO; vacuum pump
    A VAPOR; steam pump
    ALIMENTADORA; feed pump, boiler-feed
    pump
    ALTERNATIVA; reciprocating pump
    ASPIRANTE; suction pump
    BARRERA; dredging pump, mud pump
    CALORIMÉTRICA; bomb calorimeter
    CENTRÍFUGA; centrifugal pump
    COLGANTE; sinking pump
    CONTADORA; (fuel) metering pump
    CONTRA INCENDIOS; fire pump; fire
    engine
    CHUPADORA; suction pump

DE AIRE; pump
DE BALACÍN; beam pump
DE BARRIDO; scavenge pump
DE CARENA; bilge pump
DE CARRERA VARIABLE; variable-
displacement pump
DE COMBUSTIBLE AUXILIAR; auxiliary
fuel pump
DE CONCRETO; (trademark) Pumpcrete
DE DESPLAZAMIENTO; displacement pump
DE DIAFRAGMA; diaphragm pump
DE DOBLE EFECTO; double-acting pump
DE DOBLE PASO; two-stage pump
DE DOS ESCALONES; two-stage pump
DE DOS ETAPAS; two-stage pump
DE DOS GRADOS; two-stage pump
DE DOSAGE; measuring pump
DE DRAGADO; dredging pump
DE EFECTO ÚNICO; single-acting pump
DE ÉMBOLO; piston pump
DE ÉMBOLO BUZO; plunger pump
DE ÉMBOLO MACIZO; plunger pump
DE ENGRANAJE; geared pump
DE ESTRIBO; stirrup pump
DE FANGO; mud pump
DE GASTO VARIABLE; variable-discharge
pump
DE HÉLICE; screw pump, propeller pump
DE IMPULSOR ABIERTO; open-impeller
pump
DE IMPULSOR CERRADO; closed-impeller
pump
DE INCENDIOS; fire engine
DE INMERSIÓN; submersible pump, deep-
well turbine pump
DE LODO; mud jack; sludge pump; dredging
pump, mud pump; slush pump
DE MEDICIÓN; measuring pump
DE OXÍGENO; oxygen bomb
DE PASO MÚLTIPLE; multiple-stage pump
DE PASO RECTO; straightway pump
DE PISTÓN; piston pump
DE POTENCIA; power pump
DE RESORTE; spring-actuated pump
DE RODETE DOBLE; double-runner pump
DE ROSARIO; chain pump
DE SALVATAJE; salvage pump, wrecking
pump
DE SENTINA; bilge pump; sump pump
DE SIMPLE EFECTO; single-acting pump
DE SUMIDERO; sump pump
DE TRASLADO; transfer pump
DE TURBINA; turbine pump
DE VAIVÉN; (A) reciprocating pump
DE VOLUMEN VARIABLE; variable-volume
pump
DOBLE; duplex pump

GIRATORIA; rotary pump
IMPELENTE; force pump, pressure pump
IMPULSADA POR ENERGÍA SOLAR; solar pump
IMPULSORA; force pump, pressure pump
INYECTORA DE COMBUSTIBLE; fuel-injection pump
MANUAL; hand pump
MULTIGRADUAL; multistage pump
PARA NEUMÁTICOS; (auto) pump
PARA POZOS PROFUNDOS; deep-well pump
PETROLÍFERA; oil pump
REFORZADORA; booster pump
ROTATIVA; rotary pump
SUMERGIBLE; submersible pump, deep-well turbine pump
SUSPENDIDA; sinking pump
TRIPLE; triplex pump
BOMBAS GEMELAS; duplex pump
BOMBAJE; pumping
BOMBABILIDAD; pumpability
BOMBEABLE; pumpable
BOMBEADO; (n) pumping; arching, crowning; *(a)* arched, crowned; dished
BOMBEAR; to pump; to crown; to camber
BOMBEARSE; to bulge, spring
BOMBEO; pumping; crowning; bulging, camber
BOMBERO; pumpman; fireman
BOMBILLA; incandescent lamp; bulb
BOMBILLO; small pump; (p) trap; (C) incandescent lamp
BONANZA; large deposit of rich ore
BONETE; (va) bonnet
BONGO; scow
BONIFICACIÓN; bonus; (irr)(M) reclamation
BOQUERA; head gate; sluice gate; outlet; (Sp) cesspool
BOQUEREL; nozzle
BOQUERÓN; large opening
BOQUILLA; small opening; socket; bushing; (hyd) mouthpiece, nozzle; (weld) tip; (top) gap, pass; (mas) chink
AISLADORA; insulating bushing
DE CALORÍFERO; radiator bushing
DE CIERRE; shut off nozzle
DE FLUJO; flow nozzle
DE FORRO; liner bushing
DE MANGUERA; hose nozzle
DE PULVERIZADORA; spray or airbrush nozzle
DE SUJECIÓN; (hw) chuck
ROCIADORA; spray nozzle
SIN REBORDE; (p) face bushing
BÓRAX; borax
BORBOLLAR; to gush, boil up
BORBOLLÓN; a spring, boiling up

BORBOTAR; to gush, boil up
BORBOTEO; gushing, bubbling, boiling up
BORBOTÓN; a boil in sand, a spring
BORDA; (na) gunwale
BORDE; edge; dike, levee; verge
DE ATAQUE; upstream edge, leading edge
DE CIMENTACIÓN; pressed edge
DE DESVIACIÓN; (irr) border check
DE ENCAUZAMIENTO; levee
DE ENTRADA; leading edge
DE MADERA AL TEJADO; slag strip
DE RETACADURA; calking edge
DE SALIDA; downstream edge, trailing edge, leaving edge
GRUESO; fat edge
LAMINADO; (steel plate) rolled edge
RECORTADO; (steel plate) sheared edge
BORDEADORA; tube expander, beading tool, flue roller; (irr) ridger
DE DISCOS; (irr) disk ridger
BORDEAR; to flange; to edge
BORDILLO; curb
DE LABIO; (rd) lip curb
BORDO; dike; edge; side of a ship
DE CONTENCIÓN; levee, dike
DE ENCAUZAMIENTO; levee
LIBRE; (hyd)(na) freeboard
PROVISONAL; (M) cofferdam
BORDÓN; flange of a wheel; bulb on an angle or T
BORNE; (elec) terminal, binding post; a hardwood
BORNEADERO; (naut) berth; turning basin
BORNEAR; (naut) to swing; turn
BORO; boron
BORRA DE ALGODÓN; cotton waste; cotton linters
BORRADOR; rough draft
BORRADURA; erasure
BORRAR; erase, (comp) delete
BORRICO; (carp) sawhorse; donkey
BORRICÓN; scaffold horse, large sawhorse
BORRIQUETE; sawhorse, carpenter's horse
BOSQUE; forest, woods
BOSQUEJAR; to sketch
BOSQUEJO; a sketch
BOTADA; *(s)* launching
BOTADERO; dump, spoil bank
BOTADOR; nail set; backing-out punch
BOTAFANGO; mudguard
BOTAGUAS; water table; flashing; rain shed; (door) awning; leader boot; weathering
BOTALODO; (PR) mudguard
BOTALÓN; derrick boom; (V) witness stake
BOTAR; to dump; (exc) to waste; (ocean) to launch
BOTAREL; buttress, counterfort
CON ARBOTANTE; flying buttress
BOTAS DE GOMA; rubber boots
BOTAVACA; (PR)(loco) pilot

BOTE; boat; container; (M) bucket, skip; (sh)(M)
  dipper
    DE DRAGA; (M) dragline bucket
    DE LATA; tin container
    DE PASO; ferryboat
    DE VALVA DE ALMEJA; (M) clamshell
    bucket
BOTE-SIFÓN; siphon can
BOTELLA CUENTAGOTAS; (lab) dropping bottle
BOTELLA DE PRESIÓN; (lab) pressure bottle
BOTEROLA; dolly; rivet set, rivet snap
BOTIQUÍN; medicine chest
    DE EMERGENCIA; first-aid kit
    DE URGENCIA; first-aid kit
BOTO; blunt
BOTÓN; button; doorknob; crankpin; (chem) bead;
    (lbr)(M) knot
    DE ARRANQUE; (auto) starter pedal
    DE CONTACTO; push button
    DE DIRECCIÓN; steering knob
    DE ESTRANGULACIÓN; (auto) choke
    button
    DE MANUBRIO; crankpin
    DE PESTILLO; doorknob
    DE PRESIÓN; push button
    DE PUERTA; door knob
    DE TOPE; (cy) button stop
    DE TRÁFICO; (rd) traffic-stopping
    button
    REFLECTOR; (rd) reflecting button
BOTONERA; panel of push buttons
BÓVEDA; arch; (geol) dome, cupola; (A) road
    crown
    CORRIDA; barrel arch
    DE ALIGERAMIENTO; relieving arch
    DE ARISTAS; groined arch
    DE CENTRO PLENO; semicircular arch
    DE CLAUSTRO; cloister vault, cloistered
    arch
    DE DESCARGA; relieving arch
    DEL FOGÓN; fire arch
    DEL HOGAR; fire arch
    DE MEDIO CAÑÓN; barrel arch,
    semicircular vault
    DE MEDIO PUNTO; semicircular arch
    DE SEGMENTO; segmental arch
    ESFÉRICA; dome
    REBAJADA; flat arch
    VAÍDA; spherical vault limited by four
    vertical planes
BOVEDILLA; arch between steel floor beams;
    closed body of a truck
BOVEDÓN; (Pe) chamber in a mine
BOYA; buoy; float
    CÓNICA; nun buoy
    DE CAMPANA; bell buoy
    DE DOBLE CONO; nun buoy

    DE ESPÍA; warping buoy
    DE PALO; spar buoy
    DE PÉRTIGA; spar buoy
    DE PITO; whistling buoy
    DE SIRENA; whistling buoy
    LUMINOSA; gas buoy; light buoy
    SONORA; bell buoy
BOYA-FAROL; gas buoy, lighted buoy
BOYANTE; buoyant
BOYAR; to buoy; to float
BOZA; (naut) a stop; a painter
BRACERO; laborer, workman
BRAMANTE; twine, cord
BRAMIL; chalk line
BRANCA; (Col) pier, pilaster
BRANDAL; backstay; tieback
BRASCAR; to line with firebrick
BRAZA; fathom
BRAZAL; irrigation ditch
BRAZADA DE PIEDRA; (M) a cubic measure
    used in selling building stone
BRAZAJE; water depth
BRAZO; arm; leg of an angle; branch of a stream;
    branch of a tree
    DE ATAQUE; (pb)(M) dipper stick
    DEL CIGÜEÑAL; (eng) crank arm
    DEL CUCHARÓN; (pb) dipper stick
    DE DIRECCIÓN; (auto) steering arm
    DE EMPUJE; thrust arm
    DE GOBIERNO; (auto) control arm
    DE GRÚA; boom, jib
    DE PALANCA; lever arm; leverage
    DE PARED; wall bracket
    DE RESTRICCIÓN; arm restrainer
    DE ROMANA; scale beam
    DE RUPTURA; (auto) breaker arm
    OSCILANTE; rocker arm
    NIVELADOR; leveling arm
    PARA LÁMPARA; lamp bracket
    POLAR; (planimeter) pole arm
    RASTRILLADOR; raking arm
    RÍGIDO; (de) stiffleg
    VOLADO; (bdg) cantilever arm
BRAZOS; (men) laborers
BRAZOLA; coaming; curb
    DE REGISTRO; manhole coaming
BREA; pitch, tar, petroleum asphalt
    DE ALQUITRÁN; (M) coal-tar pitch
    DE CARBÓN; coal tar
    DE HULLA; coal tar
    DE HULLA RESIDUAL; coal-tar pitch
    DE PRIMERA DESTILACIÓN; straight-run
    pitch
    MINERAL; asphalt, mineral pitch, maltha,
    mineral tar
BREAR; to coat with pitch
BRECCIA; breccia

BRECHA; a breach, opening, crevasse; (geol)
  breccia
  DE FALLAS; fault breccia
  DE TRITURACIÓN; crush breccia
  DE TALUD; talus breccia
BRECHOSO; (geol) brecciated
BREQUE; brake; (Pe) baggage car
BRETE; (rr)(A) cattle pass, cattle ramp
BRIDA; (p) flange; clamp; (clamp) bridle;
  (harness) bridle
  ANGULAR; (rr) angle bar
  CIEGA; blind flange; blank flange
  CURVA; saddle flange
  DE COPA; hat flange
  DE DESLIZAMIENTO; (v) slip-on flange
  DE OBTURACIÓN; blind flange
  DE PISO; waste nut, floor flange
  LISA; (M) blank flange
  POSTIZA; slip-on flange
  REDUCTORA; reducing flange
  ROSCADA; screwed flange
  SOLDADA; welded flange
  TAPADERA; blind flange
BRIDAS DE ACOPLAMIENTO; companion
  flanges
BRIDAS DE UNIÓN; union flanges
BRIDAS GEMELAS; companion flanges
BRIDAS LOCAS; loose flanges
BRIDAR; to flange
BRIGADA; squad, party; (trucks) fleet
  DE CAMPO; field forces, field party
  DEL TRÁNSITO; (surv) transit party
  TOPOGRÁFICA; (A) survey party
BRILLANTE; (wire) bright
BRILLO; (miner) luster; (il) brightness; gloss
  ANACARADO; pearly luster
  DE BETÚN; (miner) pitch luster
  GRASOSO; (B) greasy luster
  MATE; dull luster
BRINCO HIDRÁULICO; hydraulic jump
BRIQUETA; briquette
BRIQUETEADORA; briquette making or molding
  machine
BRIQUETEAR; mold into briquettes
BRISA; breeze, light wind
  LIGERA; light or gentle wind
BRISERA; (C)(PR) windshield
BRISERO; windshield
BRISOTE; strong wind
BROCA; drill, drill bit
  CENTRADORA; center bit
  DE ALAMBRE; wire drill
  DE ALEGRAR; reamer
  DE AVELLANAR; countersinking bit
  DE BARRENA; drill bit
  DE DIAMANTES; diamond bit
  DESMONTABLE; detachable bit

DESTORNILLADORA; screwdriver bit
ESPIRAL; twist drill
ESTRELLADA; star bit
HELOCOIDAL; twist drill
PASADORA; (str) driftpin
POSTIZA; detachable bit
RECAMBIABLE; detachable bit
SALOMÓNICA; twist drill
BROCAL; mouth of a shaft; curb around an
  opening, coaming; (M) sidewalk curb; (min)
  crib
  DE TABLA HORIZONTAL; pit board
BROCHA; brush
  DE ALAMBRE; wire brush
  DE BLANQUEAR; whitewash brush
  PARA PINTURA; paintbrush
BROCHADA; brush stroke; brush coat
BROCHAL; header beam
BROCHAR; to brush
BROCHE; hasp
BROCHES PARA CORREAS; (A) belt hooks, belt
  lacing
BROCHÓN; whitewash brush
BROMADO; worm-eaten
BRÓMICO; bromic
BROMO; bromine
BRONCE; bronze; brass
  AMARILLO; brass
  ANTIÁCIDO; acid bronze
  CROMADO; chromium bronze
  DE ALUMINIO; aluminum bronze
  DE CAMPANAS; bell metal
  DE CAÑÓN; gun metal
  FORJADO; wrought bronze
  FOSFORADO; phosphor bronze
  HIDRÁULICO; hydraulic bronze
  MANGANÉSICO; manganese bronze
  SILICADO; silicon bronze
  TOBIN; Tobin bronze
BRONCES; (rr) car brasses
BRONCEADO; brass-pleated, bronzed
BRONCERÍA; bronze work, brasswork; bronze or
  brass shop
  DE OBRA; structural bronze work
BROTAR; to crop cut; (ground water) to emerge
BROTAZÓN; an outcrop
BROZA; brushwood; (Ch) mine waste
BRÚJULA; compass, magnetic needle
  DE AGRIMENSOR; surveyor's compass
  DE AZIMUT; azimuth compass, amplitude
  compass
  DE BOLSILLO; pocket compass
  DE DECLINACIÓN; declination compass
  DE GEÓLOGO; geologist's compass
  DE INCLINACIÓN; dipping compass, dip
  needle
  DE NONIO; vernier compass

DE SENOS; sine galvanometer
DE TANGENTES; tangent galvanometer
DE TOPÓGRAFO; (M) surveyor's compass
MARÍTIMA; mariner's compass
SUSPENDIDA; (min) hanging compass
BRUSCO; (curve or grade) sharp
BRUTO; gross; crude
BRUZA; coarse brush
BUCEAR; to dive
BUCEO; diving, submarine work
BUCHARDA; bushhammer; crandall
BUFARSE; to swell, heave
BUHARDILLA; garret; (A) skylight
BUJA; (M) bushing
BUJARDA; bushhammer
BUJE; bushing, sleeve
    DE BALLESTA; (auto) spring bushing
    DE REDUCCIÓN; (p) bushing
    DE TUBO-CONDUCTO; conduit bushing
    EXCÉNTRICO; (p) eccentric bushing
    PARA MANGUERA; hose bushing
    PARTIDO; split bushing
BUJÍA; spark plug; candle; candle power
    DE ENCENDIDO; spark plug
    INTERNACIONAL; international candle,
    British standard candle
    LUMINOSA; candle power
    NORMAL; standard candle
    PATRÓN; standard candle
BULBO; (A)(lamp) bulb
BULÓN; bolt; (A) machine bolt
    COMÚN; machine bolt
    DE AJUSTE; (str) fitting-up bolt
    DE ANCLAJE; anchor bolt
    DE CABEZA PERDIDA; countersink bolt;
    flathead stove bolt
    DE ECLISA; (rr) track bolt
    DEL ÉMBOLO; (eng) piston pin
    DE FIJACIÓN; (A) stud bolt, setscrew; clamp
    bolt
    DE MONTAJE; (str) erection bolt
    DE PISTÓN; piston pin
    DE VÍA; (rr) track bolt
    NERVADO; (str) rib bolt
    ORDINARIO; machine bolt
    TORNEADO; turned bolt
    ZURDO; bolt with left-hand thread
BULONADO; *(s)* bolting, fitting up
BULONAR; to bolt
BUQUE; boat, vessel; (CA) doorframe
    CISTERNA; tanker
    DE CABOTAJE; coasting vessel
    FANAL; lightship
    FARO; lightship
    PETROLERO; oil tanker
BURBUJA; blister; bubble
    DE AIRE; air bubble

BURDA; backstay; tieback
BUREL; marlinespike
BUHARDA; (window) dormer
BURIL; small chisel, graver
BURILADA; a chisel cut
BURILAR; to chisel, carve
BURLETE; weather strip; (p) joint runner, gasket
BURRO; sawhorse; trestle bent; donkey
BUSCACLOACA; sewer-pipe locator
BUSCADOR; (inst) finder
BUSCAFALLAS; (elec) fault localizer, fault finder
BUSCAHUELLA; (auto) spotlight
BUSCAPOLOS; (elec) pole finder
BUSCATUBO; pipe finder
BUSCO; (hyd) gate sill, lock sill, miter sill; toe
    wall
BUTANO; butane
BUTEROLA; dolly, rivet set
BUZAMIENTO; (geol) dip; (min) pitch
BUZAR; (geol) to dip
BUZARDA; (na) breasthook
BUZO; diver; plunger
BUZÓN; bin, bunker; letter box; (Pe) manhole
    DE INSPECCIÓN; (sw)(Pe) manhole
    PARA CARBÓN; coal bunker, coalbin
BUZONES CARGADORES; (conc) mixer bins

C

CABALLAJE; (C) horsepower
CABALLERÍA; land measure approximately
CABALLERO; (ea) spoil bank
CABALLETE; (const) horse head, trestle bent, A
    frame; (A) truss; ridge of a roof, ridge roll,
    sawhorse; (va) yoke; (mech) saddle
    A; A frame
    DE ASERRAR; sawhorse
    DE EXTRACCIÓN; (mines) headframe
    DE MANIOBRA; (rr) switch stand; (gate)
    floor stand
    DE MÚLTIPLES TRAMOS; multiple-story
    bent
    EN H; H frame
    EN MARCO; framed bent
CABALLITO; bidet
CABALLO; horse; horsepower; sawhorse; wood
    roof truss
    DE FUERZA; horsepower
    DE FUERZA AL FRENO; brake
    horsepower
    DE VAPOR; horsepower
    ELÉCTRICO; electric horsepower
    MÉTRICO; metric horsepower
CABALLOS DE ESTABLECIMIENTO; (Es)
    installed horsepower
CABALLO-HORA; horsepower-hour
CABALLÓN; dike, levee
    DESVIADOR; (rd) water bar
CABECEAR; (ship) to pitch; (M) to cap
CABECERA; headwall; intake
CABECERAS; (Col) headwaters
CABECERO; header beam; cap, lintel; head block;
    yoke
    DE POZO; (sw) manhole head
    DE PUERTA; doorhead, lintel
    GRUESO; through lintel
CABECILLA; (U) binding post, terminal
CABEZA; (bolts, rivets, nails) head, head of water;
    (girder) flange
    AVELLANADA; countersunk head
    CILÍNDRICA RANURADA; fillister head
    ,DE; on end
    DE BOTÓN; snaphead
    DE ESCLUSA; (hyd) lock head
    DE HERVIDORES; (bo)(A) header
    DE HINCADO; (pet) drivehead

DE HONGO; (column) mushroom head,
    (rivet or bolt) buttonhead
DE MINA; entrance to a mine
DEL PILOTE; butt of a pile
DE POZO; wellhead
DE PUENTE; bridge head
DE REMACHE; rivethead
DE SETA; buttonhead
DE TORNILLO; screwhead
EMBUTIDA; countersunk head
ENCAJADORA; (pet)(M) drivehead
FIJADORA; (A) fillister head
FUNGIFORME; (column) mushroom head
GIRATORIA; swirl head
PARA LLAVE; (bolt) wrench head
PERDIDA; countersunk head
PLANA; (A) countersunk head
CABEZADA; bridle, halter; (C) headwaters; (top)
    highest peak of a region
CABEZAL; cap, header, lintel; bridle;
    header brick
    DEL BALANCÍN; (pet) horse head
    DE BOMBA CENTRÍFUGA; centrifugal
    pump head
    DE CONTROL; (pet) control head
    DE CHOQUE; (rr) bumper, bumping post,
    bumping block
    DE NIVELACIÓN; (inst) leveling head
    DE POZO; casing head
    DE TALADRAR; (mt) boring head
    DE TUBOS; tube header; (p) T branch; (C)
    tube sheet
    DE VENTANA; window head
    DIVISORIO; index head
    MÓVIL; (hoist) tailstock, poppethead
    PORTCUCHILLAS; (saw) adz block, cutter
    block, cutter cylinder
    PORTATRONCO; (saw) head block
    TRANSFERENTE; (saw) transfer block
CABEZÓN; boulder; (Col) eddy, whirlpool
CABEZORRO; ragged bolt
CABEZOTE; rubble stone; (conc) plum
CABIDA; contents; capacity, space
CABILLA; steelbar, dowel, driftbolt; (naut)
    belaying pin; (conc) reinforcing bar
    DE REPARTICIÓN; (reinf)(M)
    distributing bar
    DE TENSIÓN; (rd) tension dowel
    DEFORMADA; (reinf)(V) deformed bar
CABILLÓN; ladder rung
CABINA; elevator car; (sh) cab
CABIO; joist; trimmer; rafter; rail of a door
CABLE; cable, rope, line; (elec) cable
    ACOLCHADO; strand-laid rope
    ACORAZADO; armored cable
    AÉREO; (lbr) skyline
    ALIMENTADOR; feed cable

ANTIGIRATORIO; nonspinning rope
ARROLLADO CON ENCAJE; locked-coil cable
ATESADOR; tight line
BLINDADO; armored cable
CINTA; flat wire rope
COMPENSADOR; compensating rope
CORREDOR; running rope
DE ABACÁ; Manila rope
DE ACEITE; (elec) oil-filled cable
DE ACERCAMIENTO; (cy) inhaul cable
DE ACERO; wire rope; wire cable
DE ALAMBRE CON NÚCLEO FIBROSO; fiber-core wire rope
DE ALAMBRES AJUSTADOS; locked-wire cable
DE ALAMBRE PREFORMADO; preformed wire-rope
DE ALEJAMIENTO; (cy) outhaul cable
DE ALGODÓN; cotton rope
DE ALINEACIÓN; target string
DE ALMAS MÚLTIPLES; multiple-core cable
DE ALZAR; hoisting line
DE ANCLAJE; anchor cable
DE APROXIMACIÓN; (cy) inhaul cable
DE ARRASTRE; dragline, hauling cable, (lbr) skidding line
DE ARROLLADO LISO; smooth-coil cable
DE AVANCE; (pb) crowd line
DE BOTONES; (cy) button line
DE CADENA; chain cable
DE CÁÑAMO; Manila rope, hemp rope
DE CARGA; load cable, carrying cable
DE CIERRE; digging line, closing line
DE COLA; tag line, tail rope
DE CONDUCTOR MÚLTIPLE; multiple-conductor cable
DE CONEXIÓN; (elec) pigtail
DE CORDONES PLANOS; flattened-strand wire rope
DE CORRIDA; running rope
DE DESCARGA; dumping line, trip line
DE ELEVACIÓN; hoisting line, fall line, load line
DE ELEVACIÓN AUXILIAR; whipline
DE EMPUJE; (pb) crowd line
DE EQUIPO ROTATORIO; (pet) rotary line
DE ESPIRA CERRADA; (wr) locked-coil cable
DE EXTRACCIÓN; cable on a mine hoist
DE GIRO; (de) sluing line
DE HENEGUÉN; sisal rope
DE IZAR; fall line, hoisting line, load fall
DE LA CUCHARA; (pet) sand line
DE LABOR; running rope

DE LEVANTE; (M) hoisting line
DE MANDO; operating cable
DE NUDOS; (cy) button line
DE PUENTE; bridge head
DE RECORRIDO; (cy)(A) hauling line, endless line
DE REFRENAMIENTO; snubbing line
DE REMOLQUE; hawser, towing line, towline
DE RETENCIÓN; (bucket) holding line, guy cable
DE RETROCESO; (pb) haulback rope
DE SOPORTE; (boom) topping line
DE TIERRA; (elec) ground cable
DE TRACCIÓN; (wr) haulage cable; (cy) hauling line, endless line; (ce) dragline
DE TRASLACIÓN; (cy) hauling line, endless line, straw line
DE TREPAR; climbing rope
DE VÍA; (cy) track cable, main cable
DE VOLTEO; dumping line
ELÉCTRICO; electric cable
FIJO; standing line
GRÚA; (Es) cableway
GUARDACARRETERA; highway guard cable
MANILA; Manila rope
MENSAJERO; carrying cable, messenger cable, load cable
METÁLICO DE ALMA FIBROSA; fiber-core wire rope
MUERTO; standing rope
PARA ENCARRILAMIENTO; (rr) wrecking rope
PARA MANIOBRAS; switching rope
PARA VIENTOS; guy cable
PORTADOR; main cable, load cable; suspension cable
PREFORMADO; preformed wire rope
PROTEGIDO; (elec) shielded cable, shielded conductor
REFORZADORES; booster cables
REVESTIDO DE PLOMO; (elec) leaded cable
ROSARIO; (cy)(A) button line
SIN FIN; (cy) hauling line, endless line
SUSPENDEDOR; (bdg) suspender cable
SUSTENTADOR; carrying cable, load cable
TELEFÉRICO; aerial tramway
TRACTOR; (cy) hauling line, endless line
TRANSBORDADOR; cableway
TRENZADO; braided cable, stranded cable
VACIADOR; dumping line
CABLEADO; *(s)*(cab) lay
  CRUZADO; regular lay
  PARALELO; lang lay
CABLEAR; (cab) to twist; to lay

CABLECARRIL; cableway; aerial tramway
    CORREDIZO; traveling cableway
    GIRATORIO; radial cableway
CABLERO; (M) rigger
CABLERRIEL; (cy) track cable
CABLEVÍA; cableway; aerial tramway
    DE AMANTILLAR; luffing cableway
    DE SERVICIO; (elec) service raceway
    FLOJO; slack cableway
    PARALELO; parallel cableway
    RADIAL; radial cableway
    TRASLADABLE; traveling cableway
CABO; rope; strand; foreman; handle; cape; end
    CIEGO; (A) cap nut
    DE CUADRILLA; straw boss, assistant
    foreman
    DE LABOR; running rope
    DE PISTOLA; pistol grip
    DE RETENIDA; guy cable; guy strand
    GUARDACAMINO; guardrail strand
    MANILA; Manila rope
    MUERTO; standing rope, guy cable
    PARA VIENTOS; guy strand
CABRESTANTE; winch, crab, A frame, breast
    derrick, house derrick
    CORREDIZO; (hyd) traveling gate hoist
CABRIA; winch, windlass, crab; crane, derrick; A
    frame, gallows frame, house derrick
    CHINESCA; differential windlass
    DE AGUILÓN; jib crane
    DE MARTINETE; pile-driver leads
    DE PIES RÍGIDOS; stiffleg derrick
    DE TRES PATAS; shear legs, tripod derrick
    DE VIENTOS; guy derrick
    IZADORA DE COMPUERTA; (hyd) gate
    hoist
CABRIADA; (A) truss; pile-driver leads
CABRIAL; rafter
CABRILLA; sawhorse, sawbuck; trestle horse
CABRIO; joist, rafter
    AUXILIAR; auxiliary rafter
CABRIÓN; a chock
CABUYA; sisal rope, hemp rope
CABUYERÍA; rigging, outfit of ropes or cables
CABUYERO; ship chandler
CACARAÑA; (rust) pitting
CACARAÑADO; pitted
CACERA; channel, canal, irrigation ditch
CACHETE; splice plate, fishplate, scab; cheek
    plate, jaw plate
CACHIMBA; (A) shallow well, spring; (M)
    miner's lamp
CACHUCHO; (Ch) bucket
CACHUELA; (Pe) river rapids
CADENA; chain; log boom; (conc) tie, brace,
    reinforcement, buttress
    AFIANZADA; stud-link chain

    AGRIMENSORA; measuring chain
    ANTIDESLIZANTE; tire chain
    ARTICULADA; block chain; pitch chain;
    pintle chain
    COMPROBADA; proof coil chain
    DE ADUJADAS; coil chain
    DE AGRIMENSOR; surveyor's chain
    DE AISLADORES; (elec) chain insulator
    DE CABLE; cable chain, stud-link chain
    DE COMPENSACIÓN; compensating chain
    DE CONTRETES; stud-link chain, cable
    chain
    DE DISTRIBUCIÓN; (auto) timing chain
    DE DRAGADO; dredge chain
    DE ENGRANAJE; pitch chain
    DE ESCALERA; ladder chain
    DE ESLABÓN CON TRAVESAÑO; stud-link
    chain, cable chain
    DE ESLABÓN TORCIDO; twist-link chain
    DE ESLABONES CORTOS; close-link chain
    DE ESLABONES PLANOS; flat-link chain
    DE FONDEO; mooring chain
    DE GALL; Gall's chain
    DE GUNTER; Gunter's chain, surveyor's
    chain
    DE MEDIR; surveyor's chain; engineer's
    chain; measuring chain
    DE PASO CORTO; (flat link) short-pitch
    chain
    DE PASO LARGO; (flat link) long-pitch chain
    DE PRODUCCIÓN; production line
    DE REMOLQUE; tow chain
    DE ROCAS; reef, rock ridge
    DE RODILLOS; roller chain
    DE SEGURIDAD; safety chain
    DE TRANSMISIÓN; chain belt, driving chain
    DE TRONCOS; log boom
    DE VÍA; track chain
    LUBRICADORA; oiling chain
    MOTORA; driving chain
    PARA DRAGAS; dredge chain
    PARA HOJAS DE VENTANA; sash chain
    PARA INGENIEROS; (surv) engineer's chain
    PARA TRANSPORTADOR; conveyor chain
    SILENCIOSA; silent chain
    SIN SOLDAR; weldless chain
    SORDA; silent chain
CADENADA; (surv) length of one chain
CADENAS DE RETENCIÓN; check chains
CADENEAR; (surv) to chain
CADENEO; chaining
CADENERO; chainman; (surv) tapeman
    TRASERO; rear chainman
CADENETAS; (Ch) bridging between joists
CADENILLA DE TIRO; (elec) pull chain
CADMIADO; cadmium-plated
CADMIO; cadmium

CAEDIZO; deciduous
CAER, CAERSE; to fall, drop
CAGAFIERRO; slag, scoria
CAICO; (C) reef, shoal
CAÍDA; fall, drop, hang; (hyd) head; (geol) dip; (str) failure; (min) slip; rock fall; (ed) roof leader
    BRUTA; (hyd) gross head
    DE AGUA; waterfall
    DE FRICCIÓN; (hyd) friction drop
    DE PRESIÓN; pressure drop
    DE VELOCIDAD; speed drop
    EFECTIVA; (hyd) effective head
    ESTÁTICA; (hyd) static head
    LIBRE; free fall
    PLUVIAL; rainfall
    POR IMPEDANCIA; impedance drop
    POTENCIAL; potential drop
    RÁPIDA EN EL NIVEL DE AGUA; (dam) sudden drawdown
    ÚTIL; (hyd) useful head
CAIMÁN; Stillson wrench; (M) ore chute
CAJA; box, case; car body, truck body; (carp) mortise, recess; (machy) housing, casing; (elec) outlet box, junction box; (rd) pavement excavation; (min) vein thickness; (com) cash; safe, cash register; fund
    BASCULANTE; (truck) dump body
    CHICA; petty cash
    COLECTORA DE DESPERDICIOS SÓLIDOS; tote box
    DE ABONADO; (water) service box
    DE ACCESO; inspection box; (elec) pullbox
    DEL ALMA; (drilling) core box
    DE ARRANQUE; (elec) starting box
    DE ASCENSOR; elevator shaft
    DE BÁSCULA; (weight) scale box
    DE BOLAS; (bearing) ball race, retainer
    DE BOMBA; pump casing
    DE CAMBIO; (auto) gear case, gearbox
    DE CARACOL; (turb) scroll case
    DE CARRETILLA; wheelbarrow tray
    DE CARRO; car body
    DE CAUDALES; (C) safe
    DE CERRADURA; lock case
    DE CIGÜENAL; (auto) crankcase
    DE CIRCUITOS; panel box
    DE CONTACTO; (elec) receptacle, socket
    DE CHUMACERA; journal box, pillow block; axle box
    DE DERIVACIÓN; (elec) tap box; service box
    DE DIFERENCIAL; (auto) differential box
    DE DISTRIBUCIÓN; (se) valve chest; (elec) distribution box, junction box
    DEL EJE; journal box, axle box
    DE EMPALME; junction box, splice box, joint box

    DE EMPAQUETADURA; stuffing box
    DE ENGRANAJES; gear case; (auto) transmission
    DE ENGRASE; (rr) journal box, axle box, axle chamber
    DE ESCALERA; stair well
    DE ESCALERA DE ESCAPE; (ed) fire tower
    DE ESCLUSA; sluice box
    DE ESTOPAS; stuffing box
    DE EXTRACCIÓN; mine cage
    DE FUEGO; firebox
    DE GRADUACIÓN DE AGREGADO; (sm) riffle box
    DE GRASA; grease case
    DE HERRAMIENTAS; toolbox
    DE HUMO; smokebox, breeching
    DE INCENDIO; hydrant
    DE INGLETES; miter box
    DE MENORES; petty cash
    DE MOLDEAR; foundry flask
    DE MUESTRAS; core box
    DE ORIFICIO; (hyd) orifice box
    DE PASO; (elec) pull box
    DE PILADA; batch box
    DEL PUENTE POSTERIOR; rear-axle housing
    DE REGISTRO; (street) manhole
    DE RODILLOS; (bearing) roller race
    DE SALIDA; (elec) outlet box, conduit box
    DE SEBO; (U) grease cup
    DE SECCIONAMIENTO; (elec) section box
    DE SEGURIDAD; safe; safe-deposit box
    DE SERVICIO; service box; (irr) delivery box
    DE TOMA; fill box
    DE TRANSMISIÓN; (auto) gear case, transmission case
    DE VAGÓN; car body
    DE VÁLVULA; valve box; valve chest
    DE VAPOR; steam chest
    DE VELOCIDADES; (auto) transmission case, gear box
    DE VENTILACIÓN; air shaft, ventilation shaft
    DE VISITA; manhole; inspection box
    DE VOLTEO; dump body
    DERIVADORA; (irr) delivery box
    DISTRIBUIDORA; (rd) spreader box
    ELÉCTRICA; electrical cabinet
    ESPARCIDORA; (rd) spreader box
    ESPIRAL; (turb) scroll case
    ESTANCADORA; (machy) gland
    FUERTE; safe
    PARTIDA; split casing
    PEQUEÑA; (Ec) petty cash
    REPARTIDORA; (irr)(M) divison box

SEPARADORA DE AGREGADO; (sm) riffle box

ORGÁNICOS; (flujo) rising current separator

VOLCABLE; dump body

Y ESPIGA; mortise and tenon; (M) bell and spigot

CAJA-DIQUE; cofferdam

CAJEAR; to mortise, recess

CAJERA; groove, channel, recess

DE CHAVETA; keyway

DEL EJE; journal box, pillow block

CAJÓN; packing case; caisson; bin; skip; car body; (Ch)(V) gorge, canyon; (Col) concrete forms

CARGADOR; loading skip

DE AIRE COMPRIMIDO; pneumatic caisson

DE CARRO; wagon body; car body

DE EMBALAJE; packing case

DE MADERA; (exc) scale box

ESQUELETO; crate

SUMERGIBLE; pneumatic caisson

CAJONES DE AGREGADOS; aggregate bins

CAJUELA; groove, recess; (auto) trunk

CAL; lime

APAGADA; slaked lime

CÁUSTICA; caustic lime, quicklime

DE ROCÍO; spray lime

GRASA; rich lime, high-calcium lime

GRUESA; (A) quicklime

HIDRATADA; hydrated lime, slaked lime

LIBRE; free lime

MUERTA; slaked lime, hydrated lime

QUEMADO; burnt lime

POBRE; lean lime, magnesium lime

VIVA; quicklime, caustic lime

Y CANTO; stone masonry

CALA; cove, small bay; vessel hold; test core, test boring, test pit

DE PRUEBA; test boring, boring core

CALABROTE; hawser

CALADO; (s) draft, depth

CALADOR; calking iron; drill for taking samples

PARA ÁRBOLES; increment borer, accretion borer

CALADURA; boring

CALAFATEADOR; (man) calker; calking tool

DE ESTOPA; yarning iron

CALAFATEAR; to calk

CON ESTOPA; yarn

CALAFATEO; calking

CALAJE; (elec) angular displacement

CALAMINA; calamine

CALAMINAS; (Ch)(B) galvanized corrugated sheets

CALAMITA; loadstone

CALAR; to perforate; to wedge; treat with lime; make core borings; (caissons) to sink; (naut) to draw

CALCA; a copy

HELIOGRÁFICA; sun print, blueprint

CALCADO; tracing

CALCADOR; tracer

CALCAR; to trace, copy

CALCÁREO; calcareous

CALCE; a wedge, liner, shim; underpinning; iron tire

CALCÍMETRO; calcimeter

CALCINA; (Sp) concrete

CALCINADOR; calciner

CALCIO; calcium

CALCITA; calcite

CALCO; a tracing; (V) original drawing on transparent paper

A LÁPIZ; pencil tracing

HELIOGRÁFICO; (A) blueprint

CALCOPIRITA; chalcopyrite, yellow copper ore, yellow pyrites

CALCULACIÓN; calculation

DE ESFUERZOS; stress analysis

CALCULADOR; calculator; estimator; computer

CALCULAR; calculate; to compute; (str) to design

CALCULISTA; calculating; (str) designer

CÁLCULO; calculation, computation; estimate; (math) calculus

CALDA; heating; (steel) heat

CALDEAR; to heat; to weld

CALDEO; heating

CALDERA; boiler; tar kettle

ACUOTUBULAR; watertube boiler

DE CALEFACCIÓN; heating boiler

DE CALOR DE DESECHO; waste-heat boiler

DE HOGAR EXTERIOR; external-firebox boiler

DE HOGAR INTERIOR; internal-firebox boiler

DE RETORNO DE LLAMA; return-tubular boiler

DE TORNALLAMA; return-tubular boiler

DE TUBOS AL AIRE; exposed-tube boiler

DE TUBOS DE AGUA; watertube boiler

DE TUBOS DE HUMO; fire-tube boiler

DE TUBOS DE LLAMA; fire-tube boiler

DE TUBOS HERVIDORES; watertube boiler

DE TUBOS SUMERGIDOS; submerged-tube boiler

ESCOCESA; Scotch boiler

ÍGNEOTUBULAR; fire-tube boiler

ISTANTÁNEA; flash boiler

LOCOMÓVIL; portable boiler on wheels

MULTITUBULAR ESCOCESA; Scotch marine boiler

RÁPIDA; flash boiler

SEMIFIJA; semiportable boiler

TIPO LOCOMOTORA; locomotive-type boiler

TUBULAR DE RETORNO; return-tubular boiler
CALDERADA; boiler water capacity
CALDERERÍA; boilermaking; boiler shop
CALDERERO; boilermaker
CALDERISTA; boilermaker
CALDERO; boiler; caldron; (met) ladle
    DE BREA; tar kettle
    DE COLADA; ladle
CALEFACCIÓN; heat, heating
    A PANEL; panel heating
    A VAPOR; steam heating
    A VACÍO; vacuum heating system
    AUXILIAR; auxiliary heat
    DE PUNTO; spot heating
    DEBAJO DEL PISO; underfloor heating
    EXOTÉRMICA; exothermic heat
    OCULTADA; concealed heating
    POR AIRE CALIENTE; hot-air heating
    POR ESPACIO; space heating
    POR VAPOR DE ESCAPE; exhaust-steam heating
CALEFACCIONAR; to heat
CALEFACCIONISTA; heating contractor
CALEFACTOR; heater
    DE PANEL; panel radiator
CALENDARIO; calendar
CALENTADA; (steel) heat
CALENTAR; warm up
CALENTADO AL BLANCO; white-hot
CALENTADO AL ROJO; red-hot
CALENTADOR; heater
    A PRESIÓN; pressure feed-water heater
    DE AGUA DE ALIMENTACIÓN; feed-water heater
    DE CAMBIAVÍA; (rr) switch heater
    DE CAMINOS; road heater
    DE CONTRAFLUJO; counterflow feed-water heater
    DE ESPACIO; space heater
    DE MATERIAL BITUMINOSO; (rd) pumping booster
    DE PASO MÚLTIPLE; multiflow-feed water heater
    DE SUPERFICIE; (asphalt) surface heater
    UNITARIO; unit or space heater
CALENTAR; to heat
CALENTARSE; to heat up, run hot
CALERA; limekiln
CALERÍA; limekiln
CALERO; calcareous
CALESÍN; cart, wagon; concrete buggy
CALETA; cove, small bay, inlet; (PR) short street
CALETERO; coasting vessel; (V) stevedore
CALIBRACIÓN; calibration
CALIBRADOR; gage, calipers; (rr) clearance template; sizer

CON ARCO; wing calipers
CONVERTIBLE; inside and outside calipers
DE AHUSAMIENTO; taper gage
DE ALAMBRE; wire gage
DE ÁRBOLES; tree compass
DE CINTA; feeler ribbon
DE CORTEZA; bark-measuring instrument
DE ESPIGAS; (drill) shank gage
DE MECHAS; drill gage
DE ROSCAS; screw-pitch gage
MACHO; male gage
PARA ESPESOR; outside calipers; slip gage
PARA INTERIOR; inside calipers
PARA PLANCHAS; sheet gage
CALIBRADORA; calibrator
CALIBRAJE; calibration; gaging
CALIBRAR; calibrate, gage, to caliper
CALIBRE; gage, bore, caliber; (inst) gage, jig, calipers; (rr)(M) gage
    A COLISA; slide caliper
    AMERICANO; American wire gage, Browne and Sharpe wire gage
    CORREDIZO; sliding calipers
    DE ALTURA; surface gage
    DE ANILLO; ring gage
    DE ARTICULACIÓN FIJA; firm-joint calipers
    DE BIRMINGHAM; Birmingham wire gage
    DE CIRCUNFERENCIA; circumference gage
    DE COMPARACIÓN; master gage, reference gage
    DE DIENTES LIMPIADORES; (saw) raker gage
    DE ESPESOR; outside calipers; thickness gage
    DE ESTIRAR; drawplate
    DE INSPECCIÓN; inspection gage
    DE JUEGO MÁXIMO; no-go gage
    DE JUEGO MÍNIMO; go gage
    DE LÍMITES; limit gage
    DE MACHO; plug gage
    DE NONIO; vernier calipers
    DE PRECISIÓN; precision calipers
    DE PROFUNDIDAD; depth gage
    DE RANURAS; groove gage
    DE RESORTE; spring calipers
    DE SUPERFICIE; surface gage
    DE TALLER; working gage
    DE TOLERANCIA; limit gage
    DE TRISCADO; (saw) tooth-set gage
    DETERMINADO; definite gage
    ESCALONADO; step gage
    ESPECÍFICO; definite gage
    EXTERIOR; snap gage; outside calipers
    HEMBRA; receiving gage
    INDICADOR; indicator calipers; indicating gage

INTERIOR; male gage
MAESTRO; master gage
MICROMÉTRICO; micrometer calipers
NORMAL; standard gage
PARA MECHAS Y ALAMBRE DE ACERO; drill and steel wire gage
PARA TRONCOS; log calipers
TRAZADOR; marking caliper
CALICANTO; stone masonry
CALICATA; (A) test pit
CALICHE; (clayey soil) caliche; (Ch) soil that produces sodium nitrate
CALICHERA; (Ch)(Pe) nitrate deposit; caliche residue
CALIDAD; quality
DE CABLE; rope grade
SELECTA; (lbr) select grade
CALIENTARREMACHES; rivet heater
CALENTADOR; heater
AL VACÍO; vacuum feed-water heater
A VAPOR VIVO; live-steam separator
DE ACEITE; tail heater
INDUCIDO; induced feed-water heater
NEUMÁTICO; air heater
UNITARIO; unit heater
CALIENTE; hot, warm
CALIFICACIÓN DE FILTRACIÓN ABSOLUTA; absolute filtration rating
CALISUAR; (A) reamer
CALIZA; limestone
CALIZO; calcareous, containing lime
CALOR; heat
APROVECHABLE; useful heat
DE COMBUSTIÓN; heat of combustion
DE FRAGUADO; (conc) heat of setting
DE HIDRATACIÓN; heat of hydration
DE HUMEDECIMIENTO; (sm) heat of wetting
DE ROZAMIENTO; frictional heat
ESPECÍFICO; specific heat
MODERADO DE ENDURECIMIENTO; (cem) moderate hardening heat
CALORÍA; calorie
CALÓRICO; caloric
CALORÍFERO; (n) radiator, heater; *(a)* giving heat
DE AIRE; hot-air furnace
MURAL; wall radiator
CALORÍFUGO; nonconducting of heat, heat-resistant
CALORIMÉTRICO; calorimetric
CALORÍMETRO; calorimeter
CALUMA; (Pe) gap, pass, gorge
CALZA; wedge, chock, liner, shim; (str) shoe; (C) brake block
CALZADA; paved roadway, causeway
CALZAR; to wedge, scotch, chock, shim; to key; to tamp ties

CALZO; wedge, chock; shim; foot block; friction block; (machy) shoe
CALZÓN; (p) Y, bifurcation
CALLE; street
URBANIZADA; (Es) street paved and curbed
CALLEJÓN; lane, alley; (top) pass
CALLOSO; callus
CAMA; bed, bedplate; stratum; cog; cam; body of flat truck or car
DE MORTERO; bed of mortar
DE ROCA; bedrock, ledge rock
SÉPTICA; septic bed
CAMADA; stratum, layer
CÁMARA; chamber; camera; (auto) inner tube; room
AEROFOTOGRAMÉTRICA; aerial photography camera, aerocamera
ÁRIDA; arid chamber
CAPTADORA; (hyd)(Pe) intake camera
CARTOGRÁFICA; mapping camera
DE AIRE; air chamber
DE ASPIRACIÓN; suction chamber
DE BAJADA; downtake chamber
DE CALMA; (hyd) stilling well or box
DE CARGA; surge tank, surge chamber
DE COMBUSTIÓN; precombustion chamber
DE COMPENSACIÓN; surge tank, surge chamber
DE CONTACTO; contact chamber
DE DECANTACIÓN; settling basin
DE DESCOMPRESIÓN; decompression chamber
DE DIGESTIÓN; (sd) sludge-digestion chamber, digestion compartment
DE DOSIFICACIÓN; dosing chamber
DE EMPALME; splicing chamber
DE EQUILIBRIO; (hyd) surge tank
DE ESCLUSA; lock chamber
DE MANDO; control room
DE MÁQUINAS; engine room
DE MEZCLA; mixing chamber
DE OLEAJE; (hyd) surge chamber
DE PRESIÓN; (hyd) forebay
DE REACCIÓN (pet) soaking chamber
DE REPARTICIÓN; (irr) division box
DE ROCÍO; spray chamber
DE SALIDA; (hyd) uptake chamber, afterbay
DE SEDIMENTACIÓN; silt basin
DE TRABAJO; working chamber
DE TRANQUILIZACIÓN; (hyd) stilling chamber
DE TURBINA; wheel pit
DE VAPOR; steam chest
DE VERTEDERO; (hyd) weir chamber
DE VISITA; manhole, inspection chamber
DESRIPIADORA; (sd) grit chamber

DESVIADORA; diversion chamber
ESPIRAL; (turb) scroll case
FOTOGRÁFICA; camera
SEPARADORA; (hyd) screen chamber
SÉPTICA; (sd) septic tank
CAMARÍN; elevator car; shaft cage
CAMARÓN; (Ch) wheels and axle used to handle
logs
CAMARÚ; (A) a hardwood similar to oak
CAMBIACORREA; belt shifter
CAMBIADOR; switchman; (elec) switch, shifter;
(rr)(Ch)(M) switch
DE CALOR; (M) heat exchanger
DE VELOCIDAD; speed changer
CAMBIAR; to change, exhange; to switch
ENGRANAJES; (auto) to shift gears
MARCHA; (machy) to reverse; to change speed
CAMBIAVÍA; (rr) turnout; switch; (C)(M)(PR)
switchman; (M) turntable
DE AGUJA; point switch
DE RESORTE; spring switch
EN Y; Y switch
TÁNDEM; tandem switch
CAMBIO; (rr) switch; (auto) shift; (com) exchange
AÉREO; (trolley) overhead frog
CORREDIZO; (rr) slip switch
CORRIDO; (rr) flying switch
DE AGUJA; point switch, split switch, tongue
switch
DE ARRASTRE; trailing-point switch
DE ASENTAMIENTO; slump loss
DE CRUZAMIENTO; (rr)(A) slip switch
DE DESCARRILAR; derail switch
DE DISEÑO; design change
DE ESTADO; change of state
DE MARCHA; (eng) reversing
DE MENOR; minor change
DE TALÓN; trailing-point switch
DE TOPE; stub switch
DE TRAZO; (rd) realignment
DE TRES TIROS; three-throw switch
DE VELOCIDAD; gearshift
DE VÍA TRIPLE; three-throw switch
EN CARGA APLICADA; sensibility
reciprocal
EN VOLUMEN DEBIDO AL ACEITE; oil
swell
ENFRENTADO; facing-point switch
ESTRUCTURAL; structural alterations
INGLÉS; (rr)(A) slip switch
TÉRMICO EN DIMENSIÓN; thermal
movement
CAMBISTA; switchman
CAMBRAY BARNIZADO; (insl) varnished
cambric
CAMELLÓN; sawhorse; windrow; (top) ridge; (irr)
ridging

DISTRIBUIDOR; (hyd) spreader ridge
CAMINAMIENTO; (surv)(Es) traversing
CAMINERO; (n) road workman; (A) track laborer;
(a) pertaining to roads
CAMINO; road, lane, track
AFIRMADO; paved roadway, improved road
AGITADOR; (conc) truck agitator
CARRETERO; wagon road
CARROZABLE; (Ec) wagon road
DE ACCESO; access road
DE ACCESO LIMITADO; (rd) limited-access
highway, through highway; local service road;
freeway
DE ARRASTRE; (ed) skid road, yarding road
DE CABLE AÉREO; sky road
DE ENTRADA; (Es) access road
DE FOMENTO; feeder road
DE REMOLQUE; towpath
DE SIMPLE VERTIENTE; hanging road
DE SIRGA; towpath
DE TIERRA; dirt road, unimproved road
DE TRONCOS; corduroy road
DE UN AGUA; hanging road
MEJORADO; improved road
REAL; highway, main road
RECORRIDO; road surface
SECUNDARIO; feeder road
SEMIPERMANENTE DE ACCESO; pioneer
road
TRONCAL; main road, highway
VECINAL; local road, subsidiary road
CAMIÓN; truck
A HORCAJADAS; straddle truck
AGITADOR; (A)(conc) mixer truck
AGITADOR ABIERTO; open-top mixer
truck
ANDAMIO; (elec rr) tower truck
AUTOMÓVIL; motor truck
BASURERO; garbage truck
BATIDOR; (conc) mixer truck
CUBA; tank truck
CISTERNA; tank body
CHATO; flat truck
DE ADRALES; flat truck with racks
DE AUXILIO; wrecker; tow truck
DE ESTACAS; stake-body truck
DE EXTENSIÓN; extension truck
DE GRÚA; crane truck
DE MAROMA; (M) dump truck
DE PLATAFORMA; flat truck
DE REVOLTURA; (conc) batch truck
DE SEIS RUEDAS; six wheeler
DE TELEROS o VARALES; flat truck with
stakes
DE VOLTEO; dump truck
DE VOLTEO ARTICULADO; articulated
dump truck

ELÉCTRICO ATADO CON CABLE; tethered-electric truck
ELEVADOR o LEVANTADOR; lift truck
MEZCLADOR; (conc) mixer truck
PARA TRANSPORTAR CONCRETO; nonagitating unit
PLANO; platform truck
PLAYO; (A) flat truck
REGADOR; sprinkler truck
REMOLCADOR; tow truck
TANQUE; tank truck
TRACTOR; tractor truck
VOLQUETE; dump truck
CAMIONADA; truckload
CAMIONAJE; trucking
CAMIONERO; truckdriver
CAMIONETA; small truck, pickup
CAMISA; jacket, lagging; bushing; drill chuck
DE AIRE; air jacket
DE AGUA; water jacket
DE CALDERA; boiler lagging
DE POLVO; dust jacket
DE REPATO; alarm bell
DE VAPOR; steam jacket
EXTRÍNSECA; extraneous ash
PARA ARENA; sand jacket
CAMPANA; bell; bell-shaped; (p) hub, bell; (elec)(insl) petticoat
DE AIRE; air chamber, air receiver
DE BUCEAR; diving bell
DE BUZO; diving bell
DE NIEBLAS; fog bell
NEUMÁTICA; (M) pneumatic caisson
Y ESPIGA; bell and spigot
CAMPANARIO; steeple
CAMPANILLA ELÉCTRICA; electric bell
CAMPAÑA; level country; field
CAMPO; field; mining camp
DE ATERRIZAJE; landing field, airfield
DE AVIACIÓN; airfield, airport
GIRATORIO; (elec) revolving field
PETROLÍFERO; oil field
RASO; open country; flat country
CAN; corbel, bracket; column cap; shoulder; pawl, dog
CANAL; canal, channel, gullet; chute, flume, race; (min) ground sluice; (elec) raceway, wireway
ALIMENTADOR; feeder canal, headrace
CRIBADOR; screen chute
DE ACCESO; (hyd) head canal
DE ADUCCIÓN; headrace, head canal
DE ALAMBRES; wireway
DE ALCANTARILLADO; drainage or sewer canal
DE CARGA; (Es) headrace
DE DERIVACIÓN; diversion channel

DE DESCARGA; spillway channel, wasteway, tailrace
DE ESCURRIMIENTO; (sm) flow channel
DE FLOTACIÓN; log sluice
DE FUGA; tailrace, spillway channel
DE LLEGADA; headrace; approach channel
DE MAREAS; tideway
DE RIEGO; irrigation channel
DE TRAÍDA; headrace
DERIVADO; branch canal
DESCUBIERTO; open channel
DESVIADOR; diversion channel
EVACUADOR; spillway channel, wasteway; (irr) return ditch
MADRE; (Pe) main canal
MAESTRO; main canal
MEDIDOR; measuring flume
MEDIDOR DE PARSHALL; Parshall flume
SERPENTERO; meandering channel
TRONCAL; (irr) main canal
VERTEDOR; trough spillway, chute spillway; spillway channel
CANAL; (female) conduit, duct, pipe; channel iron; roof gutter; slot
CON ESCLUSAS; lock canal
DE ESCOMBROS; rubbish chute
CORREDIZO; carrying channel
DE AFLORAMIENTO; bleeding channel
DE ALUMINIO; (str) aluminum channel
DE BAJADA; (ed) leader, downspout
DE CABLES; cable duct
DE CAÍDA; drop chute
DE CRUZAMIENTO; (rr) frog channel
DE DESAGÜE; (Pe) sewer pipe
DE ENRASILLADO; (ed) furring channel
DE ESCURRIMIENTO; flow channel
DE FONDO ABIERTO; open-bottom raceway
DE HUMO; (M) flue
DE LLUVIA; (roof) gutter
DE MARCA; tide-way
DE PESTAÑA; flangeway
DE TRONCOS; log chute
LATERAL; by channel
TRANSPORTADOR; carrying channel
U; channel iron
CANALADO; corrugated, fluted, grooved
CANALADOR; channeler; rabbeting plane
CANALADURA; corrugation, fluting
CANALERA; roof gutter
CANALERÍA; system of ducts or ditches
CANALETA; chute, channel tile; groove, corrugation; roof gutter, eaves trough; (A) street gutter; (conc) spout
DE AFOROS VENTURI; Venturi flume
DE CARGA; loading chute
DE DESCARGA; dumping chute
DE REPARTICIÓN; (irr) head flume

DE TOMA EN MARCHA; (rr) track pan
PLEGADIZA; jackknife chute
CANALISTAS; (Ch) irrigation subscribers
CANALIZACIÓN; canalization; flume; piping;
system of ducts
DE AGUA EN TÚNEL; (hyd) panning
DE DESAGÜES; sewer system
ELÉCTRICA; electric wiring
MAESTRA; mains
CANALIZAR; to canalize; to channel
CANALIZO; flume, channel; fairway, gut
DE CONTROL; control flume
DE EVACUACIÓN; sluiceway; (irr) return
ditch
MEDIDOR; measuring flume
CANALÓN; flume; gutter, eaves trough; leader;
waste pipe; (M) chute
DE GARGANTA; throat flume
DE MEDIA LADERA; bench flume
MEDIDOR; control flume, measuring flume
OCULTADO; (roof) secret gutter
SUSPENDIDO; (roof) hanging gutter
CANASTA; (hyd) strainer; basket
CANASTILLA; (M) passenger car on cableway;
bucket
CANASTILLO; (hyd) trashrack
CANASTO; basket; (A) small bucket for mortar
CÁNCAMO; eyebolt; bolt
DE OJO; eyebolt
CANCHA; yard; a level tract of land; a wide
stretch of river; (U) path, road
DE ALMACENAJE; store yard
DE ATERRIZAJE; landing field, airfield
DE CARPINTERÍA; form yard
DE EQUIPO; (conc) equipment yard
DE SECAMIENTO; (sd)(Ch) sludge-drying
bed
CANCHAL; deposit of boulders
CANCHERO; yard foreman
CANDADO; padlock; latch
DE ALDABA; hasp lock
DE COMBINACIÓN; combination lock
CANDELA; (lamp) candela
CANDELERO; support, cradle; stanchion
CANDENTE; incandescent, red-hot
CANECILLO; corbel, bracket
CANEY; small bay; (C) bend of a river
CANGA; (A)(B) iron soil
CANGALLA; mine refuse, tailings
CANGILÓN; bucket; (Ec) mudhole; (PR) small
waterfall
BASCULANTE; tip bucket
DE ARRASTRE; dragline bucket
ELEVADOR; elevator bucket
VOLQUETE; dump bucket, contractor's
bucket
CANILLA; faucet, spigot, cock, bibb; spool, reel

PARA MANGA; hose bibb
CANOA; flume, trough; launch, canoe; (CA) roof
gutter
CANON; rate; tax; royalty; list
DE ARRENDAMIENTO; rental rate
DE RIEGO; irrigation rate
CANTEADOR; edger; edging saw; pitching tool
AMBULANTE; walking edger
CÓNCAVO; in-curve edger
CONVEXO; out-curve edger
DE ACERA; curb tool
DE PELDAÑOS; step edger
EN BISEL; bevel edger
CANTEADORA; edger
CANTEAR; to lay on edge; to cut stone; to edge
CANTERA; quarry
DE ARENA; sand pit
DE GRAVA; gravel pit, gravel bank
DE LASTRE; ballast pit
DE PRÉSTAMO; borrow pit
CANTERÍA; stonecutting; quarrying; cut stone,
ashlar masonry; stonecutting yard
CANTERO; stonecutter, quarryman; (A) raised
area held by curbs
CANTIDAD; quantity
DE AIRE REQUERIDA; (combustion)
theoretical air
DE MATERIAL DE CORTE; (ea) net cut
DE MEZCLEO; amount of mixing
NEGATIVA; minus quantity
CANTIL; cliff
CANTILEVER; cantilever
CANTIMPLORA; weep hole
CANTO; edge; thickness of a board; ashlar stone;
pebble, boulder
DE; on edge
LAMINADO; (plate) rolled edge
RECORTADO; (plate) sheared edge
RODADO; boulder, cobble, pebble
SIN LABRAR; rough ashlar
VIVO; square edge
CANTONERA; curb angle, curb bar, corner bead;
reinforcing piece on a corner or edge; (Sp)
angle iron
CAÑA; shank, handle; column shaft; (naut) tiller
BRAVA; bamboo
DEL ANCLA; anchor shank
DE COLUMNA; column shaft
DEL TIMÓN; tiller
CAÑADA; ravine, gorge, gulch; (PR)(C) brook
CAÑADÓN; canyon, gorge
CAÑAHUATE; lignum vitae
CAÑAMAZO; burlap; canvas
CÁÑAMO; hemp, jute; (Ec) burlap
DE CALAFATEAR; calking yarn
DE LAS INDIAS; jute
DE MANILA; Manila hemp, abaca

CAÑERÍA; piping, pipe, conduit
  BRIDADA; flanged pipe
  CONDUCTORA DE PETRÓLEO; line pipe
  DE ACUEDUCTO; water mains
  DE ARCILLA VITRIFICADA; sewer pipe,
  glazed tile pipe
  DE CARGA; penstock, force main
  DE ENTUBACIÓN; casing pipe
  DE EVACUACIÓN; soil piping
  DE FUNDICIÓN; cast-iron pipe
  DE FUNDICIÓN LIVIANA; soil pipe,
  lightweight cast-iron pipe
  DE PRESIÓN; penstock, pressure conduit
  DERIVADA; branch pipe line
  FORZADA; pressure conduit, penstock
  MAESTRA; mains
  MATRIZ; mains
  ROSCADA; screwed pipe
  SURTIDORA; aqueduct, supply pipe
CAÑERO; pipeman, plumber, pipe fitter,
  steamfitter
CAÑISTA; pipeman, pipe fitter
CAÑITO PASADOR; pipe sleeve
CAÑO; pipe, conduit; gutter; roof leader; small
  stream; channel; (A) hose; (C) sump,
  floor drain
  ARENERO; (loco) sand pipe
  ASPIRANTE; suction pipe, (A) suction hose
  DE ACOTAMIENTO; service connection
  DE ALIMENTACIÓN; feed pipe, inlet pipe
  DE BAJADA; downspout, leader
  DE BRIDAS; flanged pipe
  DE DESBORDE; overflow pipe
  DE DRENAJE; drainpipe, draintile
  DE PERFORACIÓN; drill pipe; drive pipe
  DE SERVICIO; (C)(A) service connection
  DE SUBIDA; riser
  DE TORNILLO; screwed pipe, threaded pipe
  EXPELENTE; (eng) exhaust pipe; discharge
  pipe
  PLUVIAL; leader, downspout
  ROSCADO; screwed pipe, threaded pipe
  SIN COSTURA; seamless tubing
CAÑÓN; pipe, tube; gorge, canyon; barrel of an
  arch; hydrant barrel; (Col) tree trunk
  DE ASCENSOR; elevator shaft
  DE CALDERA; boiler tube
  DE CEMENTO; cement gun
  DE COLUMNA; column shaft
  DE CHIMENEA; chimney flue
  DE ESCALERA; stairwell
  DE LLAVE; shank of a key
  LANZACEMENTO; cement gun
CAÑUELA; (bl)(M) fuse
CAOBILLA; (C)(PR) inferior variety of
  mahogany
CAOLÍN; kaolin, China clay

CAOLINITA; kaolinite
CAPA; layer; stratum; ply; (pt) coat; (mas) course,
  coat of plaster; (min) seam, vein; (C) slicker,
  oilskin coat
  ACTIVA; active layer
  ACUÍFERA; water-bearing stratum, aquifer
  ADHESIVA; adhesive coating
  AISLADORA; (A) waterproofing course
  AZOTADA; (U) scratch coat
  BASE; base coat
  COLADERA; suction hat
  DE ACABADO; finishing coat; (plaster) putty
  coat; (rd) floater course
  DE ADHESIÓN; bond layer
  DE ARENA DEBAJO DEL PISO; underlay
  mineral
  DE BALDEO; (rd) flush seal
  DE BASE; (rd) base course, base layer
  DE COLOR ASFÁLTICA; asphalt color coat
  DE CONGLOMERANTE; (rd)(Ch) binder
  course
  DE CUBIERTA; (rd) cover stone
  DE DEFENSA; wearing coat, wearing surface
  DE ENRASE; (rd) leveling course
  DE IMPRIMACIÓN; (pt) priming coat
  DE LIGAZÓN; binder course
  DE MEZCLA DE ASFALTO; scratch course
  DE MORTERO; mortar bed; (slab) setting bed
  DE PILA DOBLADA; long cap
  DE RODAMIENTO; (rd) wearing surface
  DE SELLADO; seal coat
  DE SUELO DISTINTA A OTRAS; (geol) soil
  horizon
  FREÁTICA; ground water, water table,
  aquifer
  LECHADA DE MATERIAL; slurry coat
  LIGADORA; (rd) key aggregate
  LIMITADORA; boundary layer
  PEGAJOSA; (rd)(M) tack coat
  PURA Y SUAVE; slush coat
  RAYADA; scratch coat
  SELLANTE; (rd) seal coat
  SENCILLA; single layer
  SUPERFICIAL; (rd) surface course
  TRANSPARENTE; transparent coating
CAPACIDAD; capacity
  ALTERNATIVA; alternate capacity
  ASIGNADA; rated capacity
  BÁSICA; basic capacity
  DE AFLORAMIENTO; bleeding capacity
  DE ALMACEN; storage capacity
  DE ALZAMIENTO; lifting capacity
  DE ASIENTO; (sm)(M) bearing capacity
  DE BOMBA CENTRÍFUGA; centrifugal
  pump capacity
  DE CARGA DE UN PANEL; spandrel rating
  DE CARGAMIENTO; load capacity

DE CONDUCCIÓN; (hyd) flow capacity
DE COJINETE; bearing capacity
DE ELÁSTICO; spring capacity
DE MARCHA LIBRE; free-moving capacity
DE NEUMÁTICO; (carga) tire load capacity
DE RELLENO; fill capacity
DE RETENCIÓN DE HUMEDAD; moisture
holding capacity
DE ROTACIÓN ANGULAR; angular rotation
capacity
DE SOPORTE DEL TERRENO; soil bearing
capacity
DE SOPORTE SEGURO; safe bearing
capacity
DE TIERRA APARENTE; apparent dirt
capacity
ESPECÍFICA; specific capacity
ESTRUCTURAL; structural competence
PERMITIDA; allowable bearing capacity
PORTANTE; carrying capacity
TÉRMICA; heat capacity, (mtl) thermal mass
CAPACITADOR; capacitor
CAPACITANCIA; capacitance
CAPACITOR; capacitor
CAPACHO; bucket; dipper; brick hod
CON DESCARGA POR DEBAJO; bottom-
dump bucket
DE ELEVADOR; elevator bucket
DE TORRE; (conc) tower bucket
CAPARROSA; copperas
CAPAS MÚLTIPLES; multilayer
CAPATAZ; foreman
DE CARPINTEROS; carpenter foreman
DEL PATIO; yard foreman
DE TRAMO; (rr) section foreman
DE TURNO; shift foreman
DE LA VÍA; track foreman
GENERAL; general foreman, walking boss
CAPERUZA; pipe cap; hood
CAPIALZADO; flashing over a door or window
CAPILAR; capillary
CAPILARIDAD; capillarity
CAPITAL; (money) capital; (city) capital
FIJO; fixed capital
CAPITALIZAR; to capitalize
CAPITÁN; captain; (Col) foreman
CAPITANÍA DEL PUERTO; harbor master office
CAPITEL; capital, column head; (conc) column cap
CAPÓ; (auto) hood
CAPORAL; (V) foreman
CAPOTA; (auto) hood
CAPOTE; hood; (Col) topsoil
CÁPSULA DE ANCLAJE; capsule anchor
CÁPSULA DETONANTE; blasting cap, exploder
CÁPSULA FULMINANTE; blasting cap, exploder
CAPTACIÓN; (hyd) catchment, impounding;
diversion

CAPTADOR DE POLVO; dust collector
CAPTAR; (hyd) collect; impound; to divert
CAPUCHINA; (Col) door or window latch
CAPUCHÓN; (pile) driving cap; tire
valve cap
CAPTURA; (geol) stream capture
CARA; face
ANTERIOR; (dwg) near side
BRILLANTE; (leather) flesh side
DE CAMPANA; (hammer) bell face
DE RUEDA; tread
POSTERIOR; (dwg) far side
CARACOL; spiral; (turb) scroll case; (A) worm
gear
CARACTERÍSTICA; (mech)(elec)(math)
characteristic
CARAMERO; (V) flood drift
CARATO DE CEMENTO; (V) cement grout
CARÁTULA; (M) instrument dial
CARBÓN; coal; charcoal; carbon
ACTIVADO; activated carbon
ANIMAL; bone charcoal
BITUMINOSO; bituminous coal
BRILLANTE; glance coal
DE BUJÍA; cannel coal
DE FORJA; blacksmith coal
DE HUESOS; animal charcoal
DE LEÑA; charcoal
DE LLAMA CORTA; smokeless coal, hard
coal
DE LLAMA LARGA; soft coal
DE MADERA; charcoal
DE PIEDRA; coal
DE RETORTA; gas carbon
DE VOLATILIDAD MEDIANA;
medium-volatile coal
DISPONIBLE; available carbon
GRASO; bituminous coal, soft coal, coking
coal, gas coal
LUSTROSO; pitch coal
MATE; cannel coal
MINERAL; coal
NO AGLUTINANTE; free-burning coal
PARA CALDERAS; steam coal
SECO; dry coal
SEMIGRASO; semibituminous coal
VEGETAL; charcoal
CARBONACIÓN; (wp)(Pe) carbonation
CARBONATADOR; carbonator
CARBONATAR; to carbonate
CARBONATO; carbonate
DE CALCIO; calcium carbonate
SÓDICO ANHIDRO; soda ash
CARBONCILLO; fine coal
CARBONEAR; to load coal
CARBONERA; coalbin, reserve coal bunker;
(bl)(A) coyote hole

CARBONERÍA; coalyard
CARBONERO; (n) coal miner; coal handler; *(a)* pertaining to coal
CARBÓNICO; carbonic
CARBONÍFERO; coal-bearing, carboniferous
CARBONILLA; fine coal, pulverized coal; (A)(V) cinders
CARBONITA; carbonite
CARBONIZAR; to carbonize; to char
CARBONO; (chem) carbon
CARBONÓMETRO; carbonometer
CARBONOSO; carbonaceous
CARBURADOR; carburetor
    A SUCCIÓN ASCENDENTE; updraft carburetor
    DE CORRIENTE DESCENDENTE; downdraft carburetor
    DE CHORRO; spray carburetor
    DE EVAPORACIÓN; surface carburetor
    DE FLOTADOR; float-feed carburetor
    DE INYECTOR; jet carburetor
CARBURAR; to carburize, carburet
CARBURIZADOR; carburizer
CARBURIZAR; to carburize, carburet
CARBURO; carbide
    DE CEMENTO; cemented carbide
    DE HIERRO; iron carbide, cementite
    DE SILICIO; silicon carbide, carborundum
CARBURÓMETRO; carburometer
CÁRCAMO; sump; wheel pit
    DE SUCCIÓN; suction pit
CARCASA; casing; framework
    ESPIRAL; (turb) scroll case
CÁRCAVA; gully, ditch, gutter
CÁRCEL; clamp, cramp; vise; (hyd) gate groove; timber frame in a shaft
CARCOMA; wood borer; borer dust
    BLANCA; (lbr) white rot
    ROJA; (lbr) red rot
CARCOMERSE; worm-eaten; decay; undermined
CARCOMIDA; decay; corrosion; (conc) honeycomb
CARCOMIDO; (n)(Pe) wormhole; *(a)* worm-eaten; corroded; decayed; honeycombed
CARDA PARA LIMAS; file card, file brush
CARDÁN; (joint) Cardan
CARDENILLO; verdigris
CAREAR; to face, smooth up; to mill
CARENAR; to careen; to repair a ship, dock for repairs
CARENERO; dockyard, shipyard
CARETA ANTIGÁS; gas mask
CARGA; load, loading; freight; cargo, lading; (hyd) head; (conc) charge, batch; (elec) charge, load; (met) head, charge
    ABSOLUTA; (hyd) absolute head
    ACCIDENTAL; live load

    ADMISIBLE; allowable load
    AL FALLAR; ultimate load
    AUXILIAR; auxiliary load
    CÉNTRICA; centric load
    CRÍTICA; critical load
    COLATERAL; collateral load
    CONCENTRADA; (str) concentrated load, point load
    DE AGRIETAMIENTO; cracking load
    DE ALTURA; (hyd) elevation head
    DE BARRENO; blasting charge
    DE BUQUE; cargo
    DE CALEFACCIÓN; (ac) heating load
    DE CAMIÓN; truckload
    DE CARRO; wagonload; carload
    DE CENTRO ALTERNATIVA; alternate load center
    DE COJINETE; bearing load
    DE CUBIERTA; deck load
    DE DESCARGA; (bm) discharge head
    DE ENERGÍA; (hyd) energy head
    DE ENSAYO; test load
    DE ENTRADA; (hyd) entrance head
    DE FAJA; (sm) strip load
    DE FLEXIÓN; (str) beam loading
    DE FRACTURA; breaking load
    DE FRICCIÓN; (hyd) friction load
    DE FUNCIONAMIENTO; (hyd) operating head
    DE HORMIGONERA; batch of concrete
    DE IMPACTO; impact load
    DE INSTALACIÓN; initial load
    DE OCUPACIÓN; occupancy load
    DE OPERACIÓN; operating load
    DE PANDEO; buckling load
    DE PISO; (ed) floor load
    DE POSICIÓN; (sm) position head
    DE PRESIÓN; (hyd) pressure head
    DE PRUEBA; test load, proof load
    DE PUNTA; (str) column loading; (elec)(A) peak load
    DE ROTURA; breaking load
    DE RUPTURA; rupture load
    DE SEGURIDAD; safe load
    DE SERVICO; working load
    DE TANTEO; (conc) trial batch
    DE TRABAJO; working load
    DE UNA RUEDA; wheel load
    DE VACÍO; (hyd) vacuum head
    DE VELOCIDAD; (hyd) velocity head, dynamic head
    DESCENTRADA; eccentric load
    DINÁMICA; moving load; dynamic head
    DISTRIBUÍDA; distributed load
    EFECTIVA; (hyd) effective head, net head
    ESPECÍFICA; unit load

ESTÁTICA; (hyd) static head; (str) static load, dead load
EXPLOSIVA; blasting charge, explosive charge
FRACCIONADA; (str) partial loading
FUNDAMENTAL; (elec) base load
GRIETADOA; cracking load
HIDRÁULICA; head
INDUCTIVA; (elec) inductive load, lagging load
INICIAL; initial load
LATERAL; lateral load
LÍMITE; safe load, allowable load
MAESTRA; master batch
MÁXIMA; (pile) ultimate bearing value, maximum load
MÁXIMA DE ESTABILIDAD; (str) stability-limit load
MÁXIMA DE MÁQUINA; machine rating
MÍNIMA BASCULANTE; (machy) static tipping load
MOMENTARÍA; (elec) momentary load
MUERTA; (str) dead load
MUERTA DE SERVICIO; service dead
PAGADA; pay load
PERMANENTE; (str) dead load
PERMITIDA DESPUES DEL PANDEO; post-buckling strength
PLENA; full load
PRESUMIDA; assumed loading
PREVISTA; design load
PRINCIPAL; (hyd) major head
PROPIA; (str) dead load
REACTIVA; reactive load
REAL; actual load
RODANTE; moving load, rolling load
TÍPICA; standard loading
TIPO; standard loading
TOTAL; total load
TOTAL DE REMOLQUE; (vehicle) towing capacity
TRANSVERSAL; (str) beam loading
UNIFORME; uniform load
ÚTIL; payload, useful load; live load
ÚLTIMA; upper bound load
VIVA; live load
VIVA DE SERVICIO; service live load
CARGADA; a load
CARGADERO; loading platform; freight station
CARGADO; loaded; live, active
SOBRE VAGÓN; car load; FOB
VARIABLE DE MEZCLADORA; split-batch charging
CARGADOR; loader, skip loader; mucking machine; (man) mucker; (bo) stoker; (elec) charger; shipper, freighter
AUTOALIMENTADOR; force-feed loader

DE ACUMULADORES; battery charger
DE CANGILONES; bucket loader
DE CARBÓN; stoker
DE MANDIL; apron loader
DE VÍA; track loader
HIDRAÚLICO; juicer, tractor shovel
LATERAL; side loader
POR DEBAJO; underfeed stoker
PORTÁTIL; wagon loader, portable conveyor
CARGADORA; loading or stoking apparatus
AL VACÍO; (machy) vacuum lifting
CARGAMENTO; load, cargo, loading
AXIAL; axial loading
DE ASTILLA; chimney load
EN MASA; bulk loading
GRADUADO; gradual loading
INCREMENTAL; increment loading
CARGAR; to load; to charge; to stoke; (act) to debit, charge
POR EMPUJE; push-load
CARGO; cargo, freight; office, position; (act) charge
AVANZADO; advanced charge
MÁXIMO RECOMENDADO; rated load
CARGÓMETRO; (trademark) Loadometer
CARGOS; charges
DE VACIADO; (fin) tipping fee
FINANCIEROS; finance charges
CARGUÍO; cargo, load
CARIADO; disintegrated, rotten
CARIES SECA; dry rot
CARLETA; (hw) file
CARNETA; (CA) notebook, fieldbook
CARPA; tent; (Ch) tarpaulin
CARPE; hornbeam
CARPETA; coating; pavement; (U)(M) slab
ASFÁLTICA; sheet asphalt
BITUMINOSA; skin coating of bituminous material on a road
DE DESGASTE; wearing surface
DE FUNDACIÓN; (hyd)(U) foundation slab or mat
CARPINTEAR; carpenter work
CARPINTERÍA; carpentry; carpenter shop
A VAPOR; (A) shop carpentry
DE ARMAR; (V) structural carpentry
DE BLANCO; trim, millwork
DE MODELOS; patternmaking
DE OBRA; structural carpentry
DE TALLER; shop carpentry, millwork
MECÁNICA; millwork; mill, carpenter shop
METÁLICA; light ironwork in a building
CARPINTERO; carpenter
ADEMADOR; timberman
DE BANCO; shop carpenter
DE BUQUE; shipwright, ship carpenter
DE MOLDAJE; form carpenter

DE OBRA; structural carpenter
DE RIBERA; shipwright, ship carpenter
ENCOFRADOR; form carpenter
MODELADOR; patternmaker
CARRACA; ratchet brace, ratchet
ESTIRADORA DE ALAMBRES; fence ratchet
CARRERA; strongback, waler, stringer, ranger, running board; (Col) girder; (carp) wall plate; purlin; girt; pile clamp; highway; (Col) avenue; (machy) stroke, throw, travel
ASCENDENTE; (piston) upstroke
DE ADMISIÓN; (eng) admission stroke, intake stroke
DE ASPIRACIÓN; (eng) suction stroke
DE BARRIDO; (Diesel) scavenging stroke
DE COMPRESIÓN; (eng) compression stroke
DE ENCENDIDO; (eng) ignition stroke, working stroke
DE ESCAPE; (eng) exhaust stroke
DE EXPULSIÓN; (Diesel) scavenging stroke, exhaust stroke
DE FONDO; groundsill
DE LADRILLOS; brick course
DE LA MAREA; tide range
DEL MARTINETE; pile hammer drop
DE PARED; (carp) wall plate
DE RETROCESO; backstroke
DE TECHO; ceiling joist
DE TRABAJO; (piston) working stroke
MOTRIZ; (eng) working stroke, power stroke
CARRETA; cart, wagon
DE LA CUCHARA; (pet) sand reel
VOLQUETE; dumpcart
CARRETADA; cartload, wagonload
CARRETAJE; cartage
CARRETAL; (Es) rough ashlar stone
CARRETE; reel, coil; spool; (elec) coil
DE INDUCCIÓN; induction coil
CARRETEAR; to cart, haul
CARRETEL; a reel, spool, spindle
COLGADERO DE CABLE; spool cable hanger
CARRETERA; highway, road
BIVIARIA; two-lane highway
CUADRIVIARIA; four-lane highway
DE ACCESO; access road
DE TROCHAS MÚLTIPLES; multilane highway
DE VARIAS VÍAS; multilane highway
MATRIZ; main highway
CARRETERO; truckman
CARRETILLA; wheelbarrow; small car; tramway bucket; cableway carriage; (rr) truck; trolley; (A)(U) small wagon
ALZADORA; lift truck
CONCRETERA; concrete barrow

CORREDIZA; I-beam trolley; cableway carriage
DE ATRÁS; (loco) trailing truck
DE CUERPO DE ACERO; steel-tray wheelbarrow
DE EQUIPAJE; baggage truck
DE MANO; hand truck, warehouse truck
DE SUSPENSIÓN; cableway carriage
DE VÍA; (rr) trackbarrow
ELÉCTRICA; electric squib
PARA CAJONES; box truck
PARA DEPÓSITOS; warehouse truck
PESADORA; weigh larry
PORTANTE; (loco) pony truck
TUBULAR; tubular-frame wheelbarrow
CARRETILLADA; wheelbarrow load
CARRETÓN; wagon, cart, truck; (PR) reel; (M) concrete buggy
CORREDIZO; cableway carriage
DE CARRILES; track wagon, caterpillar wagon
DE ORUGAS; track wagon, caterpillar wagon
DE POZO; shaft carriage
DE VOLTEO; dump wagon, dumpcart
REGADOR; sprinkling wagon
TANQUE; tank wagon
CARRETONADA; wagonload, truckload, cartload
CARRETONAJE; cartage, trucking, hauling
CARRETONERO; truck driver
CARRICUBA; tank wagon
CARRIL; rail; truck, traffic lane, treadway, narrow road; (V) rut
A GARGANTA; grooved rail, streetcar rail
AMERICANO; T rail
CONDUCTOR; third rail, contact rail, conductor rail
CONTRAAGUJA; stock rail
DE AGUJA; switch rail
DE ALAMBRE; aerial tramway
DE ALIVIO; (rr) easer rail
DE CAMBIO; switch rail
DE CANAL; grooved rail, streetcar rail
DE CREMALLERA; rack rail
DE DECELERACIÓN; (rd) decelerating lane
DE DESECHO; scrap rail
DE HONGO; T rail, standard railroad rail
DE MUELLE; (frog) spring rail
DE PUERTA CORREDIZA; sliding door track
DE RANURA; grooved rail, streetcar rail
DE TOMA; third rail, conductor rail
DENTADO; rack rail
DOBLE T; girder rail
GUÍA; guardrail
MAESTRO; stock rail, running rail
PARTIDO; (tramway) slot rail
ÚNICO; monorail
VIGNOLA; T rail, standard railroad rail

CARRILADA; flangeway
CARRILANO; (Ch) railroad worker, trackman
CARRILEO; (V) scraping a road to fill ruts
CARRILERA; track
    DE GRÚA; crane runway
    INDUSTRIAL; industrial railway
CARRILLO; small cart; tackle block; I-beam
    trolley; (Sp) sheave, pulley
    DE CONTACTO; (elec rr) contact plow
CARRIOLA; (Col) purlin
CARRITO; small car; concrete buggy; cableway
    carriage; sliding-door hanger; (ea)(V) scraper
    CARGADOR; (ef) loading carriage
    CORREDIZO; trolley, cableway carriage
    DE CIGÜEÑA; small car moved by hand
    power
    DE MANO; handcar
    PARA RUEDAS; wheel dolly
CARRO; car; wagon, cart; automobile
    AGUATERO; watering cart
    BASCULADOR; dump car
    BODEGA; (Ch) boxcar
    CARBONERO; coal car
    CARGADOR; charging carriage
    CUBA; tank car, tank wagon
    DE APAREJO; wrecking car, derrick car
    DE ASERRADERO; sawmill carriage
    DE AUXILIO; wrecking car
    DE CAJÓN; boxcar, (C) gondola car
    DE CARGA; freight car
    DE DESPEJO; clearance car
    DE EMBUDO; (C) hopper-bottom car
    DE GRÚA; wrecking car, derrick car
    DE HACIENDA; (A) cattle car
    DE MANGUERAS; hose cart
    DE MANO; handcar, push car
    DE PERFORADORAS; drill carriage, jumbo
    DE PLANCHA; (C) flatcar
    DE PLATAFORMA; flatcar
    DE REMOLQUE; trailer
    DE RIEGO; sprinkling cart
    DE TALADROS; drill carriage
    DE TOLVA; hopper-bottom car
    DE TRAMPAS; drop-bottom car
    DE VÍA ANGOSTA; narrow car
    DE VOLTEO; dump car
    DE VUELCO; dump car; tip cart
    DECAUVILLE; narrow-gage dump car
    ELEVADOR; lift truck
    GANADERO; cattle car, stockcar
    INFERIOR; undercarriage
    LASTRERO; (Ch) ballast car
    NEVERA; refrigerator car
    PARA TROZOS; sawmill carriage
    PETROLERO; (Ch) tank car
    PORTASIERRAS; saw carriage
    REGADOR; sprinkling cart

    SEPARADOR; idler car
    TANQUE; tank car; water cart
    TRAÍLLA; wagon scraper
    VOLCADOR; dump car; dump wagon
CARROS COMPLETOS; carloads
CARROCERÍA; automobile body
    DE VOLTEO; (M) dump body
CARROSAGE; (auto) front wheel inclination
CARRUAJE; vehicle
CARRUCHA; (CA) a reel; pulley
CÁRSTICO; (geol) karstic
CARTA; chart; map; letter, document
    CAMINERA; (Ch) road map
    CONSTITUCIONAL; charter
    DE CRÉDITO; letter of credit
    DE FLETAMIENTO; charter party
    DE PAGO; receipt
    DE PORTE; freight bill; bill of lading
    DE PRIVILEGIO; franchise, concession
    DE VENTA; bill of sale
    GEOGRÁFICA; map
    GEOGRÁFICA AÉREA; aerocartograph
    HIDROGRÁFICA; chart
    PLANIALTIMÉTRICA; (A) contour map
CARTABÓN; square; rule; gage; (dwg) triangle;
    (str) gusset plate; roof peak
    CON TRANSPORTADOR; protactor triangle
    DE INGLETE; bevel square
    DE PROFUNDIDAD; depth gage
    PARA MADERA; (A) board rule
CARTABONEAR; (A) work with a square
CARTELA; bracket, corbel; knee brace
CÁRTER; housing, casing, cover; (Ch) crankcase
CARTERA; (Col) notebook, fieldbook
CARTOGRAFÍA; cartography
    AÉREA; aerial photographic surveying;
    airplane mapping
CARTOGRÁFICO; cartographic
CARTÓGRAFO; cartographer
CARTÓMETRO; chartometer
CARTÓN; cardboard, millboard, heavy paper; (M)
    gusset plate, bracket
    ALQUITRANADO; tar paper
    COMPRIMIDO; pressboard, Fuller board
    DE ASBESTO; asbestos board
    DE BAGAZO; celotex
    DE FIBRA; fiberboard
    DE FIBRA DE DENSIDAD MEDIANA;
    medium-density fiberboard
    DE YESO; plasterboard, wallboard, gypsum
    board
    EMBETUNADO; tar paper
    FIELTRO; (U) roofing paper, roofing felt
CARTUCHO; cartridge
    DE DINAMITA; dynamite cartridge
    FUSIBLE; cartridge fuse
CARTULINA; Bristol board

CASA; house; firm; casing
    CENTRAL; main office, home office
    CONSTRUCTORA; construction company
    DE BOMBAS; pumphouse
    DE CALDERAS; boilerhouse
    DE COMANDO; control house
    DE DISTRIBUCIÓN; (elec) switch house
    DE FUERZA; powerhouse
    DE LAS COMPUERTAS; (hyd) gatehouse
    DE MÁQUINAS; enginehouse; powerhouse
    DE BOMBAS; pump house
    REDONDA; (rr)(M) roundhouse
CASAS MODULARES; modular housing
CASCADA; waterfall, cascade
CASCADAS; (C) rapids
CASCAJAL o CASCAJAR; gravel pit, gravel bed
CASCAJERO; gravel bed; worked-out mine
CASCAJO; gravel; quarry waste; (sd) grit; (A) rubble aggregate, cobbles
CASCAJOSO; gravelly
CÁSCARA; shell; casing; bark, husk
    DE NARANJA; (bucket) orange peel
CASCARÓN; shell, casing; (A) scale deposit
CASCO; shell, casing; cask; (naut) hull
    DE BUZO; diver's helmet
    DE COJINETE; bearing shell
    DE RADIADOR; (auto) radiator shell
CASCOTE; debris, rubbish; rubble; (A) brickbat; (exc) muck
CASCOTEAR; (Col) to grade or level up with rubbish
CASEÍNA C; casein C
CASEOSO; (sm)(M) compressible, easily deformed
CASETA; (shovel) cab; small building
    DE CABEZAL; (min) headhouse
    DEL GUARDAAGUJAS; switchman's shanty
    DEL GUARDACRUCERO; crossing watchman's shanty
    DE MANDO; control house
    DE MANIOBRAS; operating house
    DE TRANSFORMADOR; transformer house
    DE TELÉFONO; telephone booth
    TELEFÓNICA; telephone booth
CASILLA; small building, shed; post-office box; (loco) cab; (elec) cubicle; (Ec) water closet
    DE ACEITES; oil house
    DEL CAMBIADOR; switchman's shanty
    DE COMPUERTAS; (hyd) gatehouse
    DE CORREO; post-office box
    DE HERRAMIENTAS; tool shed
    DE MANDO; operating house
    DEL MAQUINISTA; (loco) cab
CASILLERO; (pipes, etc.) rack; (C) bin
CASIMBA; well; spring
CASITERITA; cassiterite
CASCO; hardhat

CASO FORTUITO; force majeure, contingency, act of God
CASQUETE; cap; shell; helmet
    DE HINCAR; (pile) drive cap
    DE TUBO; pipe cap
    DE VÁLVULA; valve bonnet
    SELLADOR; (va) seal cap
CASQUIJO; gravel, gravel bar
CASQUILLO; ferrule; gland; sleeve, bushing; socket; (min) blasting cap, exploder
    ABIERTO; (cab) open socket
    CERRADO; (cab) closed socket
    DEL ALMA; (drill) core barrel
    DE MOTÓN; coak
    DE PUENTE; (cab) bridge socket
    DE SOLDAR; sweating thimble
    DE TUBO-CONDUCTO; (elec) conduit bushing
    PARA BUJÍA; spark-plug socket
    PARTIDO; split bushing
    REDUCTOR; pipe bushing
CASQUILLOS; (rr) car brasses
CASTAÑO; chestnut wood
CASTAÑUELA; lewis bolt, split bolt; stone bolt
CASTILLEJO; trestlework, scaffolding; pedestal
CASTILLETE; scaffold; trestle bent; A frame; horse; piledriver leads
    DE CABLEVÍA; cableway tower
    DE TRANSMISIÓN; transmission tower
CASTILLO; (min) headframe
CASTINA; flux
CASUCHA; (shovel) cab; shanty
CATA; test pit; testing, test boring, exploration
CATACLÁSTICO; cataclastic
CATADORA; earth auger, an exploring tool
CATALEJO; telescope
CATALINA; (C) sprocket, gear wheel
CATÁLISIS; catalysis
CATALÍTICO; catalytic
CATALIZADOR; catalyst, catalytic agent
    DE LECHO FIJO; (pet) fixed-bed catalyst
CATÁLOGO; catalogue; schedule
CATAMARÁN; catamaran
CATAR; to explore the ground; dig test pits; take samples
CATARATA; waterfall, cataract; (se) cataract
CATASTRAL; cadastral
CATASTRO; (district) real estate inventory; census, cadastre
CATÁSTROFE; catastrophe
CATEADOR; prospector
CATEAR; ground exploration, borings, prospect; take samples
CATEDRAL; cathedral
CATENARIA; catenary
CATEO; prospecting, exploration; sampling
CATETO; right triangle leg

CATIÓN; cation
CATÓDICO; cathodic
CÁTODO; cathode
CATRACA; (A) ratchet
CAUCE; channel, river bed
    DE ALIVIO; floodway
    DE ESCAPE; trailrace
    DE EVACUACIÓN; spillway channel
    LIBRE; open channel
CAUCIÓN; warning
    DE LICITADOR; bid security
CAUCHO; rubber; (V) automobile tire; native
    rubber
CAUCHOTADO; (A) rubberized, waterproofed
CAUCHOTAR; rubber treated
CAUDAL; volume of flow
    AFLUENTE; runoff, inflow
    CRÍTICO; critical flow
    DE AVENIDA; flood flow
    GRADUADO; regulated flow
    INSTANTÁNEO; momentary flow
    MEDIO; mean flow
    SUBCRÍTICO; streaming flow
    SUPERCRÍTICO; (geol) shooting flow,
    streaming flow
    REGULARIZADO; regulated flow
CAUDALOSO; full flow, flood
CAUSTICAR; to causticize
CÁUSTICO; caustic
CAUTÍN; soldering iron
CAVA; pit, excavation
CAVADIZO; easily excavated
CAVADOR; excavator
    DE AGUJEROS POSTE; (hw) posthole digger
    DE ZANJAS; trench machine, ditcher
CAVADORA; excavator
    CARGADORA; elevating grader
    DE DESAGÜES; drainage ditcher
CAVADURA; excavation, digging
CAVAR; to excavate, dig
CAVERNA; cavern, hollow
CAVERNOSO; porous, full of cavities, containing
    voids
CAVETO; quarter-round cancave molding
CAVIDAD; cavity
CAVITACIÓN; cavitation
CAYO; key, small island; shoal
CAZ; flume, canal, race
    DE DESCARGA; tailrace
    DE TRAÍDA; headrace
CAZANGUEO; (M) clearing land
CAZARREMACHES; rivet set, rivet snap
CAZO; ladle, bucket, dipper
    DE COLA; gluepot
    DE COLADA; pouring ladle, charging ladle
    DE FUNDIDOR; casting ladle
CAZOLETA; turbine bucket; pan; dolly

DEL DIFERENCIAL; (auto) differential
    housing
CEBADERO; furnace opening for charging
CEBADOR; (auto) choke; priming cup
CEBADURA; priming
CEBAR; (bl) to prime; (pump) to prime; (bo)
    charge, to feed
CEBARSE; (bl)(M) to misfire
CEBO; (bl) primer, fuse; (rd) binder; (bo) charge
    FULMINANTE; blasting cap, exploder
CEDAZO; screen, sieve, strainer, riddle
    CORREDIZO; traveling screen
    DE BANDA; band screen
    DE DISCO; disk screen
    HÚMEDO; wet sieve
    PARA PECES; (hyd) fish screen
    SACUDIDO; shaking screen
    VIBRANTE; vibrating screen
CEDER; to yield, give way, fail
CEDRO; cedar
CEGAR; to wall up; to plug, stop up
CEJA; flange
CEJADOR; watchman
CELDA; cell; bin
    DE BATERÍA; (A) battery cell
    DE ENERGÍA; energy cell
CELITA; celite
CELOSÍA; (str) latticing, lacing; window blind;
    lattice
    DE VENTILACIÓN; (U) louver
CELSIO; celsius
CÉLULA; cell; cubicle
    FOTOCONDUCTIVA; photoconductive cell
    FOTOVOLTAICA; photovoltaic cell
CELULAR; cellular
CELULOIDE; celluloid
CELULOSA; cellulose
CEMENTACIÓN; (mas)(met) cementation
CEMENTAR; to cement; to caseharden
CEMENTADORA; (Sp) cement gun; (Ec)
    cementing equipment
CEMENTISTA; cement worker, cement mason
CEMENTITA; cementite
CEMENTO; cement
    A GRANEL; bulk cement, loose cement
    AJUSTABLE; expansive cement
    ARMADO; reinforced concrete
    BITUMINOSO; bituminous cement
    CALIENTE; hot cement
    COLORIZADO; colored cement
    DE ALQUITRÁN; tar cement
    DE ALTA ALCALÍ; high-alcali cement
    DE ALTA RESISTENCIA A CORTO PLAZO;
    (M) high-early strength cement
    DE ALTA RESISTENCIA INICIAL; high-
    early-strength cement
    DE ALTO CALOR; high-heat cement

DE ALTO HORNO; slag cement
DE ALUMINIO; alumina cement
DE BAJO ALCALÍ; low-alkali cement
DE BAJO CALOR; low-heat cement
DE CALOR MODERADO DE FRAGUADO; moderate-heat-hardening cement
DE CHORRO; jet cement
DE EMPIZARRAR; slater's cement
DE ENDURECIMIENTO EXTRA-RÁPIDO; extra rapid-hardening cement
DE ESCORIA; slag cement
DE FRAGUADO LENTO; slow-setting cement
DE FRAGUADO RÁPIDO; quick-setting cement, high-early-strength cement
DE GOMA; rubber cement
DE HIERRO; iron cement
DE MAMPOSTERÍA; masonry cement
DE SOLAPA; lap cement
DE INYECCIÓN; jet cement
DE LADRILLO; brick cement
DE SÍLICE; silica cement
DE VOLUMEN VARIABLE; unsound cement
IMPERMEABLE; waterproof cement
HIDRÁULICO; hydraulic cement, roman cement
MAGNÉSICO; magnesia cement
MEZCLADO; blended cement
MODIFICADO; modified cement
NATURAL; natural cement
QUE NO DESCOLORA; nonstaining cement
PARA EMPAQUETADURA; gasket cement
PARA PISOS DE VIDRIO; vault-light cement
PARA POSO DE PETRÓLEO; oil well cement
PARA VIDRIO; glass cement
PLÁSTICO PARA TECHOS; roofing cement
PÓRTLAND; Portland cement
PUZOLÁNICO; puzzolanic cement
REFORZADO; (Col) reinforced concrete
REFRACTARIO; high-temperature cement, refractory cement
RESISTENTE A LOS SULFATOS; sulphate-resisting cement
SIN ARENA; neat cement
SUPERSULFURADO; supersulfated cement
VISCOSO; sticky cement
CEMENTOSO; cementitious
CENAGAL; swamp
CENAGOSO; swampy
CENICERO; ashpan, ashpit
CENIT; zenith
CENIZA; ash
DE SODA; soda ash
INHERENTE; inherent ash
SULFATADA; sulphated ash
CENIZAL; ashpit, ash dump

CENIZAS; ashes, cinders
VOLCÁNICAS; volcanic ash
CENSO; census; ground rent
CENTESIMAL; centesimal
CENTIÁREA; centiare, centare
CENTÍGRADO; centigrade, celsius
CENTIGRAMO; centigram
CENTILITRO; centiliter
CENTIMETRADO; (A)(tape) divided into centimeters
CENTÍMETRO; centimeter
CUADRADO; square centimeter
CÚBICO; cubic centimeter
CENTRADOR FIJO; (mt) steady rest
CENTRAJE; centering
PROPIO; self-centering
CENTRAL; *(s)* plant, station; powerhouse; telephone exchange
AUXILIAR; auxiliary power plant
CONTRA INCENDIOS; fire control center
DE BOMBEO; (Col) pumping station
DE ENERGÍA; power plant, powerhouse
DE FUERZA; power plant
DE HORMIGÓN; (A) concrete-mixing plant
DE TRANSFORMACIÓN; transformer station, substation
ELÉCTRICA A VAPOR; steam-electric power station
ELEVADORA; pumping plant
GENERADORA; powerhouse, electric power plant, generating power station
HIDRÁULICA; water-power plant
MEDIOENCERRADA; (elec) semi-outdoor station
TÉRMICA; steam power plant
TERMOELÉCTRICA; steam-electric power plant
CENTRAR; to center
CENTRÍFUGA; *(s)* centrifuge, centrifugal
CENTRIFUGADORA; centrifugal
CENTRÍFUGO; *(a)* centrifugal
CENTRÍPETO; centripetal
CENTRO; center
A CENTRO; center to center
CÍVICO; civic center
CONJUGADO; conjugate center
DE CONTROL MOTRIZ; motor control center
DE FLOTABILIDAD; (na) center of buoyancy
DE GIRO; center of gyration
DE GRAVEDAD; center of gravity
DE MASA; center of mass
DE MOMENTOS; center of moments
DE PRESIÓN; center of pressure
DE ROTACIÓN; center of gyration
DE TORNO; turning center
ÓPTICO; (inst) optical center

SOCIAL; community center
CENTROIDAL; centroidal
CENTROPUNZÓN; (C) center punch
CEOLITA; zeolite
CEPA; stump; (Ch) pier; trestle bent; (M) cutoff wall
CEPILLADO POR CUATRO CARAS; (lbr) dressed four sides
CEPILLADO POR UN CANTO; (lbr) dressed one edge
CEPILLADORA; planer, plane; jointer
    DESBASTADORA; jack plane
CEPILLADURAS; shavings
CEPILLAR; to plane, face, dress; to brush
CEPILLO; plane; brush
    ACABADOR; smooth plane
    ACANALADOR; fluting plane
    BISELADOR; chamfer plane
    BOCEL; plane for making half-round moldings
    CÓNCAVO; hollow plane
    CONVEXO; round plane
    DE ACERO; wire brush
    DE ACHAFLANAR; bevel plane
    DE ALAMBRE; wire brush
    DE ALISAR; smooth plane
    DE ASTRÁGALOS; beading plane
    DE BANCO; bench plane
    DE CANTEAR; edge plane
    DE CONTRAFIBRA; block plane
    DE COSTADO; side plane
    DE ENCABEZAR ESCALONES; nosing plane
    DE ENSAMBLAR; dovetail plane
    DE GRAMIL; rabbet plane with fence
    DE HIERRO DOBLE; double-iron plane
    DE JUNTAS; jointing plane
    DE MEDIACAÑA; half-round plane
    DE MOLDURAS; molding plane; beading plane
    DE RANURAR; grooving plane, rabbet plane, plow plane
    DE REFRENTAR; cross-grain plane
    DENTADO; tooting plane
    DESBASTADOR; jack plane
    LIMADOR; shaping plane
    MACHIHEMBRADOR; matching plane
    MECÁNICO; planer, jointer
    METÁLICO; wire brush
    RASPADOR; scraper plane
    REBAJADOR; rabbet plane, plow plane, sash plane
    REDONDO; compass plane
    UNIVERSAL; combination plane
CEPILLO-JUNTERA; jointing plane
CEPILLO-RASQUETA; scraper plane
CEPO; waler, ranger, ribbon, stringpiece; bent cap; anvil stock; anchor stock; tackle block shell
CEQUIÓN; (Ch)(V) irrigation canal
CERA; wax
    AMARILLA; (pet) yellow wax
    DE PARAFINA; paraffin wax
    PARA CORREAS; belt wax
CERÁMICA DE CONSTRUCCIÓN; hollow tile, structural terra cotta
CERÁMICO; ceramic
CERARGIRITA; cerargyrite
CERCA; fence
    ALAMBRADA; wire fence
    ALEMANA; (C) worm fence, snake fence
    DE ESTACAS; paling fence
    DE LIENZOS; (C)(PR) panel fence between posts
    DE NACER; wire fence on posts with roots
    DE PIE; (C)(PR) paling fence
    DE PIEDRA; stonewall
    DEFENZA DE CABLE; cable guardrail
    ELSABONADA; chain link fence
    EN ZIGZAG; worm fence
    PARANIEVE; snow fence
    VIVA; hedge
CERCADO; fence, fencing
    DE SEGURIDAD; safety fencing
    ESLABONADO; chain-link fencing
CERCAR; to fence, surround
CERCENAMIENTO; curtailment
CERCO; fence; hoop; frame; (auto) rim; iron tire
    DE ALAMBRE; wire fence
    DE BARRIL; barrel hoop
    DE PUERTA; doorframe
    DE RUEDA; tire
    DE VENTANA; window fence
CERCO-GUÍA; (hyd) gate frame
CERCHA; arch center rib; (U) truss; (Col) template; screed
CERCHÁMETRO; (rr)(A) clearance gage
CERCHÓN; arch centering
CEREZO; cherry wood
CERNEDOR; screen, sieve
CERNER; to screen, sift
CERNIDO HÚMEDO; wet screening
CERNIDOR; screen, sieve; (Col) buddle; sifter
CERNIDURAS; screenings
CERNIR; to screen; (Col) to buddle
CERO; zero
    ABSOLUTO; absolute zero
CEROZO; waxy
CERRADERO; lock keeper or strike; padlock eye; staple; a locking device
    ANGULAR; angle strike
CERRADO; closed; (curve) sharp
    ANGULAR; (str) angle closer
    CON AGUA; water-sealed
CERRADURA; lock

A TAMBOR; (A) cylinder lock
DE APLICAR; (A) rim lock
DE ARRIMAR; rim lock
DE CAJA; rim lock; safe lock
DE CILINDRO; cylinder lock
DE CILINDRO PARACÉNTRO; paracentric lock
DE COMBINACIÓN; combination lock
DE DOS CILINDROS; duplex lock
DE DOS VUELTAS; double-throw lock
DE EMBUTIR; mortise lock
DE MUELLE; spring lock
DE RESORTE; spring lock, snap lock
DORMIDA; dead lock
REBAJADA; rabbeted lock
CERRAJA; (Es) lock
CERRAJEAR; locksmith work
CERRAJERÍA; locksmithing; ironworks
CERRAJERO; locksmith
CERRAMIENTO; closure; bulkhead; fence; partition; curtain wall; (min) dike, dam
CERRAR; to close; to fasten; lock, enclose; to obstruct, block; to seal; shutdown
CON LLAVE; to lock
EL TRAZADO; to close the survey
CERRILLADA; range of low hills
CERRO; hill
CERROJO; door bolt, lock bolt; latch; (C) machine bolt
ACODADO; neck bolt
CILÍNDRICO DE APLICAR; barrel bolt
DE APLICAR; surface bolt
DE CAJA; case bolt
DE CAJA TUBULAR; barrel bolt
DE EMBUTIR; mortise bolt, flush bolt
DE PIE; foot bolt
DE PISO; floor bolt, bottom bolt
DE RESORTE; latch, spring bolt
DORMIDO; dead bolt
CERTENEJA; (Ch) hole scoured in the bed of a stream
CERTIFICADO DE TÍTULO; certificate of title
CERUSA; white lead, ceruse, cerussite
CERUSITA; cerussite
CESANTE; unemployed; discharged
CESANTEAR; (men) to discharge
CESANTÍA; unemployment
CESIÓN; abandonment
CÉSPED; sod, grass, turf
CESPOL; (pb) floor drain; (sd)(M) cesspool
CESTA; basket; bucket; strainer
DE ASPIRACIÓN; strainer for foot valve
CESTÓN; bundle of brushwood filled with stone for banks and streams
CESTONADA; revetment of gabions
CIANITA; cyanite
CIANIZAR; cyanize

CIANURACIÓN; cyaniding
CÍCLICO; cyclic
CICLO; (elec)(mech)(chem) cycle
AUTOCLAVE; autoclave cycle
COMPUESTO; (eng) mixed cycle
DE MEZCLADO; mixing cycle
CICLOIDAL; cycloidal
CICLOIDE; cycloid
CICLÓMETRO; cyclometer
CICLÓN; cyclone
CICLÓNICO; cyclonic
CICLÓPEO; (mas) cyclopean
CIEGO; (flange, nut, window) blind; blank
CIELO; ceiling; top
ABIERTO; on the surface, open cut
DEL HOGAR; crown sheet
DESCUBIERTO; on the surface, open cut
RASO; flat ceiling, flush ceiling, plastered ceiling
RASO ACÚSTICO; acoustical ceiling
CIEN, CIENTO; hundred
CIÉNAGA; swamp, marsh
CIENCIA; science
CIENEGAL; (PR) swamp
CIENO; mud; sludge
ACTIVADO; (sd) activated sludge
DE ACUMULADOR; (elec) battery mud
DIGERIDO; (sd) digested sludge
ELUTRIADO; (sd) elutriated sludge
HÚMICO; (sd) humus sludge
CIERRAPUERTA; door check
CIERRE; closure, locking, sealing, shut off
DEL TRAZADO; (surv) closure, traverse closure
DE VAPOR; vapor lock
DEFINITIVO; final closure
HIDRÁULICO; water seal
INVERSIBLE; reversible lock
CIERRO; closure; fence
CIFRA GLOBAL; lump sum
CIGÜEÑA; crank; sweep; winch, windlass, capstan; (C) handcar, car on railroad track
CIGÜEÑAL; crankshaft
DE COMPENSACIÓN; balanced crankshaft
CILANCO; slack water, stagnant water, backwater
CILINDRADA; piston displacement, cylinder capacity
CILINDRADORA; road roller
CILINDRAR; to roll, compact
CILINDREO; rolling
CILÍNDRICO; cylindrical
CILINDRO; cylinder; roller, roll
APISONADOR; tamping roller; paving roller
COMPRESOR; road roller, tamping roller
DE BRAZO; (mech) arm cylinder
DE CALDERA; boiler shell
DE CAMINOS; road roller

DE CULATA T; T-head cylinder
DE CURVAR; bending roll
DE DIRECCIÓN; (rd) guide roller
DE LAMINAR; roll in a steel mill
DE PRUEBA; test cylinder
DE RETROCESO; pullback cylinder
HIDRÁULICO CORREDIZO; slideback
cylinder
PRIMITIVO; (ge) pitch cylinder
ROTATIVO; rotating cylinder
TRITURADOR; crushing roll
CILINDROS CURADOS EN CAMPO; field-cured
cylinders
CILINDROS DE ENDEREZAR; straightening rolls
CILINDROS DE EXPANSIÓN; expansion rollers
CILINDROS TERMINADORES; finishing rolls
CIMA; crest, summit, peak, top
CIMACIO; ogee; (M) spillway bucket
VERTEDOR; (dam) rollway
CIMBRA; arch centering
CIMBRAR; (arch) to center
CIMBRÓN; (A) vibration
CIMBRONAZO; (V) earthquake
CIMENTACIÓN; foundation, footing
COMBINADA; combined footing
CON RESORTES; sprung foundation
CÓNICA; cone foundation
CONTINUA; continuous footing
DE CAJÓN; caisson foundation
DE COJÍN; pad foundation
DE COLUMNA; column footing
DE CONCRETO; concrete footing
DE MADERA A PRUEBA DE TODA
INTERPERIE; all weather wood foundation
DE UNA SOLA COLUMNA; single footing
DE ZAMPEADO; mat foundation
EN CANTILIVER; cantilever footing
ESCALONADA; stepped footing
INCLINADA; sloped footing
POCO PROFUNDA; shallow foundation
REFORZADA SOPORTADA EN PILOTES;
piled footing
SOBRE PILOTES; pile foundation
VOLADA; cantilever footing
CIMENTAR; to lay a foundation
CIMENTO; (geol) cementing material
CIMIENTO; foundation, footing; cement
CONTINUO; continous footing
DE RETALLO; stepped footing
ENSANCHADO; spread footing
CIMÓFANA; (min) cat eye
CINABRIO; cinnabar
CINC; zinc
CINCADO; galvanized, zinc-plated, zinc-coated
A FUEGO; hot-galvanized
CINCEL; chisel, cutter, graver
ARRANCADOR; floor chisel, box chisel

DE FUNDIDOR; flogging chisel
DESBASTADOR; drove chisel, boaster
CINCELADOR; chipping hammer; chipping chisel;
stonecutter
CINCELAR; to chisel, carve; to chip
CINCÍFERO; containing zinc, zinciferous
CINCITA; zincite
CINCHA DE SEGURIDAD; safety belt
CINCHAR; to cinch; to hoop, band
CINCHO; (M) hoop, bant, iron tire
CINEMÁTICA; kinematic
CINÉTICO; kinetic
CINGLADOR; blacksmith's hammer; (met)
chingler; squeezer
DE QUIJADAS; (met) alligator squeezer
CINGLAR; (iron) to shingle
CINCO SEXTOS; five sixths
CINGUERÍA; (A) sheet-metal work, sheet-metal
shop
CINGUERO; (A) sheet-metal worker, tinsmith
CINTA; belt; rope; tape; strip; waler; (str) girt
ADHESIVA; masking tape; adhesive tape
AISLADORA; insulating tape; friction tape
DE ACERO; steel tape
DE AGRIMENSOR; measuring tape
DE CORDONES; (measuring) corded tape
DE EMPATAR; seaming strip
DE ENCAJONAR; box strapping
DE EXPANSIÓN; expansion tape
DE FRENO; brake band; brake lining
DE FRICCIÓN; friction band
DE GÉNERO; (meas) cloth tape
DE HIERRO; strap iron, band iron
DE LIENZO; linen tape
DE MEDIR; tapeline, measuring tape
DE REFRACCIÓN; (surv) refraction
coefficient
DE SELVICULTOR; circumference tape
DE TELA REFORZADA; (surv) metallic tape
ENMASCADORA; masking tape
FUSIBLE; (elec) fuse link
METÁLICA; metallic tape
MÉTRICA; measuring tape
PARA MEDIR; measuring tape
PARA MURO EN SECO; skive edge
PESCADORA; (elec) fish wire, snake, pull
wire
PRIMERA EN EL TECHO; starter strip
REFLECTORA; reflective tape
CINTADA; (surv) tape length, tape
measurement
CINTERO DELANTERO; (surv) head tapeman
CINTERO TRASERO; (surv) rear tapeman
CINTRAR; (arch) to center
CINTREL; arch template
CINTURA; chimney throat; belt
CINTURÓN DE SEGURIDAD; safety belt

CINTURÓN PARA HERRAMIENTAS; tool belt
CIPRÉS; cypress
CIRCONIA; zirconia
CIRCUITO; circuit
    A TIERRA; ground circuit
    DE DERIVACIÓN; shunt circuit
    DE EMERGENCIA; emergency circuit
    DE GOBERNIO A DISTANCIA; remote-control circuit
    DE LÍNEA; (rr) line circuit
    DE MANDO EN TRABAJO ELÉCTRICO; pilot circuit
    DE VÍA LIBRE; (rr) clearing circuit
    EN SERIE; series circuit
    EN SERIE PARALELA; (elec) parallel-series circuit
    INDUCIDO; secondary circuit
    INDUCTOR; primary circuit
CIRCULACIÓN; circulation
    A GRAVEDAD; (ht) gravity circulation
    REVERSA; reverse circulation
CIRCULADOR; circulator
CIRCULAR; (v) to circulate; (a) circular
CÍRCULO; circle
    ANUAL; (lbr) annual ring
    AZIMUTAL; azimuth circle
    DE AHUECAMIENTO; dedendum circle
    DE CABEZA; addendum circle
    DE MOHR; Mohr's circle
    DE TALUD; (sm) slope circle
    PARALELO; parallel circuit
    PRIMITIVO; pitch circle
    REGENERATIVO; regenerative circuit
    TAQUIMÉTRICO; (inst) stadia circle
    VERTICAL; (surv) vertical circle
CIRCUNFERENCIA; circumference
    DE BASE; base circle
    DE CABEZA; addendum circle
    DE RAÍZ; root circle, dedendum circle
    PRIMITIVA; pitch circle
CIRCUNFERENCIAL; circumferential
CISCO; coal dust, culm, slack; (V) cinders
    DE COQUE; coke breeze
CISTERNA; tank, cistern
CITACIÓN A LICITADORES; call for bids
CITARA; brick wall 1 brick thick; (Col) partition wall
CITARILLA; thin partition wall
CITARÓN; (C) brick wall 2 bricks thick; (Col) header
CIUDAD; city
CIZALLA; a shear
    DE ESCUADRAR; squaring shear
    DE PALANCA; lever shear
    MÚLTIPLE; gang shear
CIZALLAMIENTO; shearing stress; shearing
CIZALLAR; to shear
CIZALLEO; shearing; shearing stress

CLARABOYA; skylight; transom; clearstory
    DE BÓVEDA; vault light
CLARIDAD; lightness, clarity
CLARIFICADOR; clarifier
CLARIFICAR; to clarify
CLARIFLOCULADOR; (sen) Clariflocculator
CLARIGESTOR; (sen) Clarigester
CLARO; (n) clear span, bay, opening; (a) bright; (glass) clear; (color) light
    DE COMPUERTA; gate opening
    DE PUENTE; bridge span
    DE PUERTA; doorway
CLASE DE ENVEJECIMIENTO; age class
CLASIFICACIÓN; classification, sorting
    DE AGREGADO COMBINADO; combined aggregate grading
    DE AIRE; air classification
    DE ÁRBOL; tree classification
    DE BANCADA; gap grading
    DE MÁQUINA; engine rating
    DE RENDIMIENTO; performance rating
    NORMAL; standard rating
CLASIFICADOR; classifier; screen
    DE ARRASTRE; drag classifier
    DE CEDAZO; screen classifier
    DE RASTRILLO; rake classifier
    DE RASTRO DE VAIVÉN; reciprocating-rake classifier
    DE REBOSE; overflow classifier
    DE TAZA; bowl classifier
    EN ESPIRAL; (sand) spiral classifier
    HIDRÁULICO; hydraulic classifier, jog
CLASIFICAR; to classify, grade; to screen; to rate
CLÁSTICO; (geol) clastic
CLAVADOR; (Ec) stake driver
    DE CABILLAS; driftbolt driver
    DE PERNOS; bolt driver; spike driver
    DE POSTES DE CERCO; fence-post driver
CLAVAESTACAS; sheeting hammer
CLAVAR; to nail, spike; to drive piles; (sh) to crowd
    A FIRME; (C)(piles) to drive to refusal
    A RESISTENCIA; (C) to drive to refusal
    HASTA EL REBOTE; to drive to refusal
CLAVAZÓN; stock of nails
CLAVE; key, keystone; code; legend; (conc) bonding key; (V) lintel
    DE TRABAZÓN; (conc) bonding key
CLAVERA; nail hole
CLAVETE; small nail, tack
CLAVIJA; pin, peg, dowel, driftbolt; plug; pintle
    A CUCHILLA; (elec) knife plug
    DE LA CIGÜEÑA; (eng) crankpin
    DE CONEXIÓN; (elec) stud
    DE CONTACTO; (elec) plug
    DE CORRECCIÓN; (inst) adjusting pin
    DE DOS PATAS; cotter pin

DE ESCALA; ladder rung
DE EXPANSIÓN; (M) expansion bolt
DE PISO; (elec) floor plug
DE TRAPAR; pole step
HENDIDA; cotter pin
CLAVITO; brad, small nail, tack
CLAVO; nail, spike; (min) chimney; (min)(M) rich
body of ore
ARPONADO DE TECHAR; barbed roofing nail
CON PUNTA DE AGUJA; needle-point nail
CORTADO; cut nail
DE ALAMBRE; wire nail
DE CABEZA ACOPADA; cupped-head nail
DE CABEZA EMBUTIDA; countersunk nail
DE CABEZA EXCÉNTRICA; offset-head nail
DE CABEZA PERDIDA; countersunk nail
DE CAJONERO; box nail
DE DOBLE CABEZA; double-headed nail
DE EMBARCACIONES; boat spike
DE ENCAJONAR; box nail
DE FECHA; dating nail
DE FUNDICIÓN; foundry nail
DE MUELLE; dock spike
DE PUNTA ROMA; blunt-point nail
DE RIPIAR; shingle nail
DE ROSCA; screw nail, drive screw
DE TECHAR; roofing nail
DE TINGLAR; clout nail
DE VÍA; track spike
DE 1 PULGADA; twopenny nail
DE 1-1/2 PULGADAS; fourpenny nail
DE 2 PULGADAS; sixpenny nail
DE 2-1/2 PULGADAS; eightpenny nail
DE 3 PULGADAS; tenpenny nail
DE 3-1/2 PULGADAS; sixteenpenny nail
DE 4 PULGADAS; twentypenny nail
DE 4-1/4 PULGADAS; thirtypenny nail
DE 5 PULGADAS; fortypenny nail
DE 5-1/2 PULGADAS; fiftypenny nail
DE 6 PULGADAS; sixtypenny nail
DE 8 PULGADAS; eightypenny nail
ESPAÑOL; (C) cut nail
FECHADO; dating nail
FRANCÉS; wire nail, (C) finishing nail
HARPONADO; barbed nail
INGLÉS; (C) cut nail
PARA BISAGRA; hinge nail
PARA REMACHAR; clinch nail
REVESTIDO DE CEMENTO; cement-coated
nail
RIELERO; track spike
SESGADO; skew nail
CLAVO-TORNILLO; drive screw
CLIENTE; client
CLIMA; climate
CLIMATOLOGÍA; climatology
CLINÓGRAFO; clinograph

CLINOMETRÍA; clinometry
CLINÓMETRO; clinometer, slope level
CLITÓMETRO; clinometer
CLIVAJE; (geol) cleavage, stratification
DE FLUJO; flow cleavage
CLOACA; sewer
COLECTORA; intercepting sewer
DE ALIVIO; relief or overflow sewer
DE DESCARGA; outfall sewer
DE PRESIÓN; depressed sewer
DERIVADA; lateral sewer
DOMICILIARIA; house sewer; main soil pipe
EMISARIA; outfall sewer
ESCALONERA; flight sewer
INTERCEPTADORA; intercepting sewer
LATERAL; lateral sewer
MAESTRA; trunk sewer
MÁXIMA; trunk sewer
OVOIDE; egg-shaped sewer
OXIDADA; oxidized sewage
SECUNDARIA; submain sewer
TUBULAR; pipe sewer
UNITARIA; (A) combined sewer
CLOACAL; pertaining to sewerage
CLOAQUISTA; (A) person who lays sewer pipe
CLOQUE; grapple, grappling iron
CLORACIÓN; chlorination
CON RESIDUO COMBINADO
APROVECHABLE; (wp) combined residual
chlorination
CON RESIDUO LIBRE APROVECHABLE;
(wp) free residual chlorination
CLORADOR; chlorinator
AL VACÍO; vacuum chlorinator
DE VACÍO VISIBLE; (sen) visible-vacuum
chlorinator
DE ALIMENTACIÓN DIRECTA; direct-feed
chlorinator
CLORAMINA; (wp) chloramine
CLORAMONIAR; treated with chloramine
CLORAR; to chlorinate
CLORHÍDRICO; hydrochloric
CLORIFICAR; to chlorinate
CLORINACIÓN; chlorination
CLORINADOR; chlorinator
CLORINAR; to chlorinate
CLORITA; (miner) chlorite
CLORITO; (chem) chlorite
CLORIZACIÓN; chlorination
CLORIZADOR; chlorinator
CLORIZAR; to chlorinate
CLORO; chlorine
CLOROALIMENTADOR; (wp) Chlorofeeder
CLOROFILA; chlorophyll
CLORÓMETRO; chlorometer
CLOROPLATINATO DE POTASÍO; (sen)
potassium chloroplatinate

CLOROSO; chlorous
CLORURO; chloride
    DE AMONIO; ammonium chloride
    DE BARIO; barium chloride
    DE CAL; chloride of lime, bleaching powder
    DE HIDRÓGENO; hydrogen chloride
    DE POLIVINILO; polyvinyl chloride
    DE SODIO; sodium chloride, common salt
    MAGNÉSICO; magnesium chloride
    SÓDICO; sodium chloride
COAGULACIÓN; coagulation
COAGULADOR; coagulator
COAGULANTE; *(s)* coagulant, flocculant
COAGULAR; to coagulate; to clump
COAGULARSE; to coagulate, form floc; clump; clot
COÁGULO; floc, coagulum, clot
COALTARIZAR; to coat with pitch
COAXIAL; coaxial
COAXIL; coaxial
COBALTÍFERO; containing cobalt
COBALTO; cobalt
COBERTIZO; shed; (Col) lean-to; penthouse
    DE TRASBORDO; transfer shed
    DE TRENES; train shed
    PARA CARROS; carbarn
    PARA NIEVE; snowshed
COBERTURA; cover, covering
COBRE; copper
    AMPOLLOSO; blister copper
    AÑILADO; blue copper ore
    AZUL; azurite, blue copper ore
    DE CEMENTACIÓN; cement copper
    GRIS; tetrahedrite, gray copper ore
    PIRITOSO; copper pyrites, chalcopyrite
    ROJO; redo copper ore, cuprite
COBREADO; copper-plated
COBRERÍA; copper work; copper shop
COBRERO; coppersmith
COBRIZADO; copper-plated
COBRIZO; containing copper; copper-colored
COCA; a kink
COCCIÓN; baking, roasting
COCEO; (M) thrust
COCER; to bake; to boil
COCIENTE; quotient
COCO; (sen) coccus
COCHE; (rr) car, coach; (auto) automobile
    DE TRANVÍA; streetcar, trolley car
COCHERA; carbarn; garage
COCHERÓN; enginehouse, roundhouse
COCHINO; (met) pig
COCHITRIL; crib
CODAL; strut, spreader; spur, trench brace; saw frame
    DE CABEZA T; try shore

CODASTE; sternpost
CÓDIGO; code
    ELÉCTRICO NACIONAL; (US) national electric code
    DE COLOR; color coding
    DE EDIFICACIÓN DE CASAS; housing code
    DE EDIFICACIÓN DEL CONDADO; county building code
    DE EDIFICACIÓN DEL ESTADO; state building code
    DE EDIFICACIÓN DE LA CIUDAD; city building code
    DE EDIFICACIÓN UNIFORMES; uniform building code
    DE PRÁCTICA; practice code
    DE SEÑALES; signal code
CODILLO; knee, elbow, bend
CODO; (machy) crank; (p) elbow, bend; (conc) knee
    ABIERTO; long elbow
    CERRADO; short elbow
    COMPENSADOR; expansion bend
    CON BASE; base elbow
    CON DERIVACIÓN; side-outlet elbow
    CON LOMO; bossed elbow
    DE OREJAS; drop elbow
    DE PALANCA; crank
    DE REDUCCIÓN; reducing elbow
    DE SERVICIO; service elbow
    DE TOMA PARTICULAR; service elbow
    DE UNIÓN; union elbow
    DE 180°; return bend, half bend
    DOBLE; offset; return bend
    EN ESCUADRA; right-angle bend
    EN OCTAVO; eighth bend
    FALSO; false knee
    OBTUSO; (A) eighth bend
    REDUCTOR; taper elbow, reducing elbow
COEFICIENTE; coefficient
    COMPLETO DE TRASPASO; overall coefficient of heat transfer
    DE ABSORCIÓN DE SONIDO; sound absorption coefficient
    DE ABSORCIÓN; absorption factor
    DE ACIDEZ; (geol) acidity coefficient
    DE AFLUENCIA; (hyd) runoff coefficient
    DE ÁLCALI; alkali coefficient
    DE APROVECHAMIENTO; (elec) load factor
    DE ASPEREZA; (hyd) roughness coefficient
    DE CAUDAL; (hyd) coefficient of discharge
    DE COMPACTACIÓN; (sm) coefficient of consolidation
    DE COMPRESABILIDAD; compressibility coefficient
    DE CONSOLIDACIÓN; (ea) coefficient of shrinkage; (sm) coefficient of consolidation
    DE DEFORMACIÓN; deformation coefficient
    DE DERRAME; (hyd) runoff coefficient

DE DILATACIÓN; coefficient of expansion
DE DISPERSIÓN; (elec) leakage factor,
leakage coefficient
DE ELASTICIDAD; modulus of elasticity
DE ESCAMAS; (wp) coefficient of scale
hardness
DE ESCORRENTÍA; (hyd) runoff coefficient
DE ESCURRIMIENTO SUPERFICIAL;
(hyd) surface runoff coefficient
DE EXPLOTACIÓN; (rr) operating ratio
DE FINURA; fineness coefficient
DE FLECHA; (str) deflection coefficient
DE FLUJO; flow coefficient
DE FRICCIÓN; friction factor, friction
coefficient, slip factor
DE FRICCIÓN DE DESLIZAMIENTO;
coefficient of sliding friction
DE FROTAMIENTO; coefficient of friction,
friction factor
DE GASTO; (hyd) coefficient of discharge
DE MODULACIÓN; modulation factor
DE MORTALIDAD; death rate
DE OPERACIÓN; (rr) operating ratio
DE PANDEO; buckling coefficient
DE PERMEABILIDAD; (hyd) percolation
coefficient; (sm) coefficient of permeability
DE POISSON; Poisson's ratio
DE PRECIPITACIÓN; rainfall coefficient
DE PRESIÓN DE TIERRA; earth pressure
coefficient
DE PRODUCCIÓN; load factor,
bulk loading
DE REACTANCIA; (elec) reactive factor
DE REDUCCIÓN; (sm) reduction coefficient
DE REFLEXIÓN; (il) reflectance; (elec)
reflection coefficient
DE RELAJAMIENTO; (str) relaxation factor
DE REMOLDEO; (sm) remolding index
DE RESISTENCIA; resistance factor; skid
number
DE RETARDO; (wp) drag coefficient; (hyd)
coefficient of retardation
DE RETRASO; (hyd) coefficient of retardation
DE RIEGO; irrigation water duty
DE RUGOSIDAD; (hyd) roughness coefficient
DE SEGURIDAD; factor of safety
DE SUPERFICIE; (ag) surface coefficient
DE TEMPERATURA; temperature coefficient
DE TRABAJO; factor of safety
ESPUMANTE; foaming coefficient
COFRE; box; crib; bin; (A) concrete form
COGEDERO; handle, grip; bail
INDICADOR DE TENSIÓN; (surv) tension
handle, spring balance
COGEGOTAS; drip pan
COGENERACIÓN; (energy) (power)
cogeneration

COGER; to grasp; to collect; (mas)(Col) to point
COHERENTE; cohesive
COHESIÓN; cohesion, bond
DE SUELO; soil cohesion
VERDADERA; (sm) true cohesion
COHESIVO; cohesive
COHETE; (min) blasting fuse; blast hole
COINCIDIR; (rivet holes) to match; line-up;
coincide
COJEAR; (eng) to knock
COJÍN; cushion, pad; pillow block
DE CHIMENEA; chimney pad
DE PILOTE; pile cushion
DE VACÍO; (conc) vacuum mat
FLOTANTE; outrigger pad
COJINETE; bearing, pillow block, journal box;
bushing; (threads) die
A MUNICIONES; ball bearing
A RULEMÁN; roller bearing
AUTOLUBRICADOR; oilless bearing
CERRADO; solid bearing
CON AJUSTE DE PRECISIÓN; slip-in
bearing
DE AGUJAS; needle bearing
DE ALINEAMIENTO; alignment
bearing
DE BOLAS DE CONTACTO ANGULAR;
angular-contact ball bearing
DE BOLAS DE EMPUJE; thrust-type ball
bearing
DE BOLILLAS; ball bearing
DE CASCO REEMPLAZABLE; replaceable-
shell bearing
DE COLA; tail bearing
DE COLLARES; collar bearing
DE EMPUJE; thrust bearing
DE ENGRASE AUTOMÁTICO; self-
lubricating bearing
DE GUÍA; pilot bearing, guide bearing
DE MANGUITO; sleeve bearing
DE PIEDRA; (inst) jewel bearing
DE RODILLOS AHUSADOS; tapered roller
bearing
DE ROLLETES; roller bearing
DE ROSCAR; die for threading, screw
plate
DE SUSPENSIÓN; suspension bearing
DE TERRAJA; die for threading
DE TOPE; (U) thrust bearing
DE TORNAMESA; turntable bearing
EXTERIOR; outboard bearing
FLOTANTE; floating bearing
RADIAL; radial or annular bearing
RECALENTADO; hot bearing
COK; coke
DE RETORTA; gas coke
PARA ALTOS HORNOS; blast-furnace coke

COLA; glue; tail; (hw) fang
  AISLANTE; insulating glue
  DE BARRENA; shank
  DE CASEÍNA; casein cement, casein glue
  DE MARTILLO; peen
  DE MILANO; dovetail
  DE PATO; dovetail
  DE PESCADO; isinglass; fish glue; (bit) fishtail
  DE RATA; (file) rattail; driftpin
  MARINA; marine glue
COLAS; (min) tailings
COLADA; (met) a melt; (conc) a pour, a lift; (conc) a batch
COLADERA; strainer; (M)(PR) leaching cesspool; (M) sewer, drain
COLADERA-PUNTA; well point
COLADO EN EL LUGAR; (conc) poured in place
COLADOR; strainer
  DE CAÑO PLUVIAL; leader strainer
  DE COQUE; coke strainer
  PARA HOJAS; (hyd) leaf screen
COLAGÓN; (M) conduit, canal
COLANILLA; door bolt
COLAPEZ; isinglass; fish glue
COLAPSO; (M) failure, collapse
COLAR; to pour; to strain; to cast; (tun)(M) to drive, bore; (shaft) to sink
  EN BASTO; to rough-cast
COLARSE; to seep, percolate; to sift
COLCHADO; (s)(cab) lay
  A LA DERECHA; right lay
  A LA IZQUIERDA; left lay
  CORRIENTE; regular lay
  CRUZADO; regular lay
  LANG; lang lay
  PARALELO; lang lay
COLCHAR; to lay rope
COLCHÓN; cushion, mattress
  AMORTIGUADOR; (hyd)(Col) stilling pool
  DE AGUA; water cushion, stilling pool
  DE AIRE; air cushion
  DE BARRO; (hyd) clay blanket
  DE CIENO; (sd) sludge blanket
  FILTRADOR; filter blanket
  HIDRÁULICO; (M) stilling pool
COLECCIÓN; collection
  SOLAR; solar access
COLECTOR; collector; catch basin, trap; intercepting sewer; (irr) return ditch; (elec) commutator; collector
  CLOACAL; main sewer
  DE ACEITE; oil trap; drip pan
  DE AGUAS BLANCAS; (A) storm-water sewer
  DE AIRE; air trap

  DE BARRO; mud trap, catch basin
  DE CASCAJO; grit collector
  DE DESAGÜE; (pb) main soil pipe, house drain; (Pe) sewer
  DE GRASA; grease trap
  DE HUMEDAD; moisture separator, moisture trap
  DE LODOS; sludge collector
  DE POLVO; dust collector
  DE SEDIMENTOS; mud drum
  DE TUBOS; manifold header
  DE VAPOR; (loco) steam drum
  MULTICICLÓNICO; multicyclone collector
  PANTÓGRAFO; pantograph trolley
  PLUVIAL; storm-water sewer
  SANITARIO; sanitary sewer
COLECTOR-CABEZAL; boiler header
COLERO; gluepot; (M)(Pe) labor foreman
COLETA; burlap
COLGADERO; hanger, pendant
COLGADIZO; (n) shed, lean-to; (a) hanging, suspended
COLGADOR; hanger
  DE ARTEFACTO; (elec) fixture hanger
  DE CABLE; (cy) fall-line carrier
  DE PUERTA; door hanger
  DE TUBO; pipe hanger
COLGANTE; hanger, pendant; (a) suspended
COLGAR; to hang
COLILLAS; (min) tailings
COLIMACIÓN; collimation
COLIMADOR; collimator
COLINA; hill
COLINEAL; collinear
COLISA; slide; (eng) link
COLISIÓN; collision
COLMADO; heaped up
COLMATACIÓN; filling, earth fill; (A) silting up
COLMINA; beehive
COLOCABILIDAD; (conc)(M) placeability
COLOCACIÓN; placement, location
  DE MARCADORAS; (surv) setting out
  DE REFORZAMIENTO EN UN MOLDE; lay up
  DE TORCRETO; shooting
  MÁXIMA; (ed) solar orientation
  MEDIANA; medium setting
  ORIGINAL; in situ
  PARA OBTENER ENERGÍA SOLAR
COLOCADOR; setter, placer, positioner; (saw) setworks
  DE VAGONES; car spotter
  DE VÍA; (machy) track layer
COLOCADORA NEUMÁTICA; pneumatic concrete placer
COLOCAR; to place, locate, set; to invest
COLOIDAL; colloidal

COLOIDE; colloid
COLOR; color
DE RECOCIDO; temper color
COLORIMÉTRICO; colorimetric
COLORÍMETRO; colormeter
COLUMNA; column
AGRUPADA; clustered column
ANILLADA; annulated column
ARRIOSTRADAS; braced beam
ATADA; attached column
CAROLÍTICA; carolithic column
CERRADA; box column
COMBINADA; (ed) combination column
COMPUESTA; (str) built-up column,
clustered column; (conc) composite column
CON BARRAS ESPIRALES; (reinf) spiral
column
CON CAPACIDAD REDUCIDA; slender
column
CUADRADA; box column
DE AGUA; (rr) water column
DE ÁNGULOS EN CRUZ; (str) starred
angles
DE ASIENTO ESFÉRICO; round-end column
DE CAJA; box column
DE CELOSÍA; latticed column
DE DIRECCIÓN; (auto) steering column
DE EQUILIBRIO; (hyd) surge tank
DE EXTREMO FIJO; fixed-end column
DE FUNDICIÓN; cast-iron column
DE PLANCHA Y ÁNGULOS; plate-end-
angle column
DE TABLONES ENSAMBLADOS; spaced
column
ENGANCHADA; engaged column
ESCALONADA; (str) stepped column
FÉNIX; Phoenix column
LARGA; long column
H; H column
LALLY; lally column
POSITIVA; (elec) positive column
REGULADORA; (hyd) surge tank, standpipe
TUBULAR; steel-pipe column
COLUMNATA; row of columns, colonnade
COLUVIAL; (geol) colluvial
COLLADO; hill; gap, pass
COLLAR; (mech) collar, collet
DE BOLAS; (bearing) ball race
DEL EXCÉNTRICO; eccentric strap
DE PIEDRA EN CABLE DE ACERO; rock
necklace
DE VACIADO; (p)(V) joint runner
COLLARÍN; collar
DE EMPUJE; thrust collar
DEL PRENSAESTOPAS; gland
COLLERA; (rr)(A) length of track between two
pairs of opposite joints

COMANDO A DISTANCIA; remote control
COMARCA; region, territory
COMBA; warp, wind, bulge; camber; (rd) crown;
(Pe) maul, sledge
COMBADURA; warping, bulging; camber; sag
COMBAR; to camber; to bend; (Ch) to strike with
a maul
COMBARSE; to sag, warp, bulge
COMBERSA; (A) valley
COMBINACIÓN; combination
DE CONCRETO Y VIDRIO; (panels)
traslucent concrete
QUÍMICA; chemical combination
COMBINADOR; (elec) controller
DE GOBIERNO; master controller
COMBINARSE; (chem) to combine
COMBO; maul, sledge
COMBURENTE; *(a)* combustible
COMBUSTIBLE; (n) fuel; *(a)* combustible
ARTIFICIAL; artificial fuel
DE SEGURIDAD; safety fuel
SULFUROSO; sour gas
TIPO; reference fuel
COMBUSTIÓN; combustion
ESPONTÁNEA; spontaneous combustion
FRACCIONADA; fractional combustion
FUMÍVORA; smokeless combustion
INCOMPLETA; incomplete combustion
PERFECTA; perfect combustion
RETARDADA; afterburning
COMBUSTÓLEO; fuel oil
DE CALEFACCIÓN; furnace oil
COMEJÉN; termite
COMERCIABLE; (grade) merchantable;
marketable
COMERCIANTE; merchant
COMIENZO; start
DE CONSTRUCCIÓN; start of construction
DE LABOR; work commencement, start of
project
COMISARÍA; commissary
COMISARIATO; (Es) commissary
COMISARIO DE AVERÍAS; average surveyor
COMISIÓN DE ESTUDIO; (C) survey party
COMO DIBUJADO; as drawn
COMPACTACIÓN; (Ch) compacting, consolidation
COMPACTADA; (soil) compacted
COMPACTADOR DE VIBRACIÓN; vibrator
compactor
COMPACTAR; (Ch) to compact
COMPACTO; *(a)* compact, dense
COMPAÑÍA; company; corporation
COMPARADOR; comparator
COMPARTIDOR; (A) irrigation water official
COMPARTIMIENTO; compartment
DE CALDERAS; (na)(A) boiler room
DE MÁQUINAS; (na)(A) engine room

COMPARTO; (irr)(A) division box
COMPÁS; compass, dividers, calipers
    CON ARCO; wing compass, wing dividers; quadrant compass
    DE AGRIMENSOR; surveyor's compass
    DE BISECCIÓN; bisecting dividers
    DE DIVISIÓN; dividers
    DE DIVISIÓN A RESORTE; hairspring dividers
    DE ESPESOR; calipers, outside calipers
    DE ESPIRALES; volute compass
    DE GRUESOS; calipers
    DE MAR; mariner's compass
    DE MARCAR; scribing compass
    DE MUELLE; bow pencil, bow pen
    DE PRECISIÓN; hair compass, hairspring dividers
    DE PROPORCIÓN; proportional dividers
    DE PUNTA SECA; dividers
    DE REDUCCIÓN; proportional dividers
    DE TRES PIERNAS; triangular compass
    DE VARA; beam compass, trammel
    DESLIZANTE; beam compass
    MICROMÉTRICO; micrometer calipers
    PARA HUECOS; inside calipers
    UNIVERSAL; universal compasses
COMPATIBILIDAD; compatability
COMPENSACIÓN; compensation; balancing; take-up
    DE CONTRACCIÓN; (grout) shrinkage compensation
    DE LA PENDIENTE; (rr) grade compensation
    DE TIERRAS; (ea) balancing cut and fill
    POR ACCIDENTES DE TRABAJO; workmen's compensation
COMPENSADOR; compensator; equalizer
    DE ARRANQUE; starting compensator
COMPENSAR; compensate; balance, equalize
COMPETENCIA; competition; fitness, capacity
COMPETICIÓN; competition
COMPLECIÓN ACELERADA; accelerated completion
COMPLEMENTARIO; (math) complementary
COMPLEMENTO; (math) complement
COMPLETO; complete
    EN SI MISMO; (mech)(elec) self-contained
COMPONENTE; component
    DE COMPUTADORA; computer hardware
    DE ENCENDIDO; ignition component
    DE ESFUERZO PERPENDICULAR; (statics) normal stress
    DESVATADA; wattless component
    PASIVO; (elec) passive component
    VATADA; active component, inphase component
COMPONER; to repair, fix; overhaul
COMPOSICIÓN; composition

COMPOSTURAS; repairs
COMPOUND; (se)(elec) compound
    CRUZADO; cross-compound
    EN TÁNDEM; tandem compound
COMPOUNDAJE; (elec) compounding
COMPRESIBILIDAD; compressibility
COMPRESIBLE; compressible
COMPRESIÓN; compression
    DE SUELO; primary consolidation
    DE SUELO DEBIDO A TRÁFICO; (rd) soil compaction
    ELÁSTICA; elastic compression
    UNIAXIAL; uniaxial compression
COMPRESIVO; compressive
COMPRESO; compressed
COMPRESÓMETRO; compression gage
COMPRESOR, COMPRESORA; compressor
    CENTRIFUGADO; centrifugal compressor
    DE ÁNGULO; angle compressor
    DE ANILLO; (hw) piston-ring compressor
    DE CINCO GRADOS; five-stage compressor
    DE DOS ETAPAS; two-stage compressor
    DE UN GRADO; single-stage compressor
    EN LÍNEA RECTA; straight-line compressor
    MULITGRADUAL; multistage compressor
COMPRESORES GEMELOS; duplex compressor
COMPRESORA; compressor
    NEUMÁTICA; (M) air compressor
    ROCIADORA; spraying compressor
    ROTATIVA; rotary compressor
COMPRIMIBLE; compressible
COMPRIMIR; to compress, compact
COMPROBACIÓN DEL TRÁNSITO; (Ec)(shipment) tracing
COMPROBADOR; checker; tester
COMBROBANTE; voucher
COMPROBAR; to check; verify; to prove
COMPUERTA; (hyd) gate; (ar) half door; (V) bulkhead in a concrete form
    ACUÑADA; (va) wedge gate
    AFORADORA; metergate
    BASCULANTE; (hyd) tilting gate
    BROOME; Broome gate, caterpillar gate
    CILÍNDRICA; rolling gate; ring gate
    DE ABANICO; (M) Tainter gate, radial gate
    DE ABATIMIENTO; bear-trap; drum gate
    DE ACERO; montee caisson
    DE AGUJA; needle valve
    DE ALZAS; bear-trap gate, roof weir
    DE ANILLO; ring gate
    DE ANILLO CORREDOR; ring-follower gate
    DE ANILLO ESTANCADOR; ring-seal gate
    DE ANILLO SEQUIDOR; ring-follower gate
    DE ARRANQUE; head gate
    DE BIFURCACIÓN; (irr) bifurcation gate

DE CABECERA; head gate
DE CANAL; chute gate
DE CIZALLA; shear gate
DE COLA; tail gate
DE CHAPALETA; flap gate
DE CHARNELA; flap gate
DE DESAGÜE; sluice gate, waste gate
DE DESLIZAMIENTO; sliding gate
DE ESCLUSA; sluice gate; lock gate
DEL EXTREMO; end gate
DE LA CRESTA; tilt gate
DE LIMPIA; (dam) sluice gate
DE MAREA; tide gate, floodgate
DE ORUGAS; caterpillar gate, Broome gate
DE PASO; shutoff gate
DE POSTIGO; (turb) wicket gate
DE PURGA; (hyd) sluice gate, reject gate
DE RETENCIÓN; backwater gate
DE RODAMIENTO; roller gate
DE RODILLOS; fixed-wheel gate, truck-type gate; Stoney gate
DE RUEDAS FIJAS; fixed-wheel gate
DE SECTOR; sector gate; drum gate
DE SECTOR RODANTE; rolling sector gate
DE SEGMENTO; segmental gate
DE SERVICIO; (irr) delivery gate
DE TABLERO ENGOZNADO; hinged-leaf gate, shutter weir
DE TAMBOR; drum gate
DE TIRO; damper
DE TOLVA; bin gate
DE TOMA; intake gate, head gate
DE URGENCIA; emergency gate
DE VAGÓN; (Es) truck-type gate, fixed-wheel gate
DERIVADORA; (irr) delivery gate, turnout
DESARENADORA; sand gate, sluice gate
DESVIADORA; diversion gate
ELEVADORA; rising gate, elevating gate
FLOTANTE; (dd) caisson
LEVADIZA; rising gate
MEDIDORA; (irr) metergate
PARTIDORA; (irr) bifurcation gate
PILOTO; filler gate
RADIAL; radial gate, Tainter gate
RODANTE; roller gate, rolling sector gate
TRASERA; (co) tail gate
TUBULAR; (Es) gate valve
VERTICAL DE UN SOLO PANEL; (elev) single-blade gate
COMPUERTAS DE DEMASÍAS; spillway gates
COMPUERTAS DE DERRAME; spillway gates, crest gates
COMPUERTAS DEL UMBRAL; crest gates
COMPUESTO; (n) a compound; (a) compound; (str) built-up
ADHESIVO; (rd) antistripping compound

AISLADOR; insulating compound
DE ACABADO; topping compound
DE CIERRE VACIADO EN FRÍO; cold poured sealing compound
DE CURACIÓN; (conc) curing compound
DE ENFRIAMIENTO; cooling compound; (mt) cutting compound
DE PULIR; lapping compound
DE RETACAR; calking compound
DE TARRAJAR; thread dope
DESINCRUSTANTE; boiler compound
IMPERMEABILIZADOR; waterproofing compound
NO SATURADO; unsaturated compound
PARA BANDA; belt dressing
PARA EMPOTRAR CINTA DE JUNTAS; taping compound
PARA ENCHUFE; (p) joint compound
PARA TERMINADOR DE CABLE; pothead compound
QUÍMICO; chemical compound
SELLADOR DE JUNTAS; joint-sealing compound
COMPUTAR; to compute, calculate
COMPUTADORA; computer
CÓMPUTO; computation
COMUNICACIÓN; communication
COMUNIDAD; community
CÓNCAVO, CÓNCAVA; (s) cavity, hollow; (a) concave, dished
CONCENTRACIÓN; concentration
DE TRÁFICO; traffic congestion
HIDROGENIÓICA; hydrogen-ion concentration
POR VENTEO; (min) dry concentration
CONCENTRADO; (n) a concentrate; (a) concentrated
CONCENTRADOR; concentrator
CONCENTRAR; to concentrate
CONCÉNTRICO; concentric
CONCENTRIDAD; concentricity
CONCESIÓN; a concession; (contract) award; grant
CONCESIONARIO; holder of a concession, licensee; grantee
CONCRECIÓN; (geol) concretion, sinter
CONCRECIONAL; concretionary
CONCRETADURA EN INTEMPERIE FRÍA; cold weather concreting
CONCRETAR; to concrete
CONCRETERA; (C) concrete mixer
CONCRETO; (cons) concrete
ACORAZADO; armored concrete
AEREADO; aerated concrete
AGREGADO EN LECHADO; grouted-aggregate concrete
AGREGADO FERROSO; ferrous aggregate concrete

AGRIO; harsh concrete
AISLADOR; insulating concrete
AL AIRE; exposed concrete
ALUMINATO; aluminate concrete
CENTRIFUGADORA; spun concrete
ARMADO; reinforced concrete
ARQUITECTONICO; architectural concrete
ASFÁLTICO; asphalt concrete
CARGADO CON BORO; boron-loaded concrete
CAEDIZO; deciduous concrete
CELULAR; cellular concrete
CICLÓPEO; cyclopean concrete, rubble concrete
COLOIDAL; colloidal concrete
CON ASENTAMIENTO NEGATIVO; negative-slump concrete
CON REFUERZO FIBROSO; fiber reinforced concrete
CONSOLIDADO POR VIBRACIÓN; vibrated concrete
DE AGREGADO SILÍCEO; siliceous aggregate concrete
DE ALTA DENSIDAD; high-density concrete
DE ALTA RESISTENCIA; high-strength concrete
DE BAJA DENSIDAD; low-density concrete
DE CALIDAD ESTRUCTURAL; structural concrete
DE CEMENTO DE CAL; lime cement concrete
DE CENIZAS; cinder concrete
DE CLAVAR; nailing concrete, Nailcrete
DE ESCORIAS; slag concrete; (C) cinder concrete
DE EXPANSIÓN; expanding concrete
DE GAS; gas concrete
DE POLIMER; polymer concrete
EN MASA; mass concrete
ESPUMADO; foamed concrete
FRESCO; green concrete
GRANOLÍTICO; granolithic concrete
GRASO; rich concrete, fat concrete
HÚMEDO; wet mix
MACIZO; mass concrete
MAGRO; lean concrete
MEZCLADO EN CAMIÓN; transit-mixed concrete
MEZCLADO EN SECO; dry mix concrete
MOLDEADO FACILMENTE; plastic concrete
MONOLÍTICO; monolithic concrete
POBRE; lean concrete
PREFATIGADO; prestressed concrete
PREMEZCLADO; ready-mixed concrete
PREMOLDEADO; precast concrete
PROTECTOR CONTRA RADIACIÓN; shielding concrete
RECIEN MEZCLADO; plastic consistency
REFORZADO; reinforced concrete
REFRACTARIO AISLADOR; refractory insulating concrete
SECADO AL HORNO; ovendry concrete
SIMPLE; plain concrete
SIN AGREGADO FINO; no-fines concrete, popcorn concrete
SIN ARRASTAMIENTO POR AIRE; non-air entrained concrete
SIN ASENTAMIENTO; no-slump concrete, rollcrete
SIN PANDEO; zero slump concrete
VERMICULÍTICO; vermiculite concrete
CONCURSANTE; bidder
CONCURSO DE COMPETENCIA; (A) competitive bidding
CONCURSO PÚBLICO; public letting
CONCHA; shell; casing; boiler scale; (V) mill scale
DE ALMEJA; (bucket) clamshell
CONCHÍFERO; containing shells
CONDENSACIÓN; condensation
CONDENSADO; (A) condensate
CONDENSADOR; (mech)(elec) condenser
A VACÍO; vacuum condenser
ESTÁTICO; static condenser
DE AIRE; (elec) air condenser
DE CORRIENTES; parallel-flow jet condenser
DE CHORRO; jet condenser
DE CHORRO MÚLTIPLE; multijet condenser
DE ENFRIAMIENTO POR AIRE; (mech) air condenser
DE INYECCIÓN; jet condenser
DE ROCIO; shower condenser
DE SUPERFICIE; surface condenser
PATRÓN; standard condenser
RADIAL; radial-flow condenser
CONDENSAR; to condense
CONDICIÓN; condition, state
DE ALTA Y BAJA FRICCIÓN; (rd) split-coefficient
NORMAL; standard condition
CONDICIONES CAMBIADAS; changed conditions
CONDICIONES DE OPERACIÓN BAJO CARGA; operation with load conditions
CONSTANTE; steady state
CONDUCCIÓN; conduction; transportation, cartage; (auto) driving
DE CALOR; thermal conduction
CONDUCIR; to carry, conduct, convey; (auto) to drive

CONDUCTANCIA; conductance
CONDUCTABILIDAD; conductivity
CONDUCTIVIDAD; conductivity
 HIDRÁULICA; hydraulic conductivity
 TÉRMICA; thermal conductivity
 TÉRMICA DE UN MATERIAL; K value
CONDUCTIVO; conductive
CONDUCTO; conduit, flume, aqueduct; duct; flue;
 chute
 CELULAR; duct for electric cables
 DE ABASTECIMIENTO; (hyd) supply line,
 aqueduct
 DE ACEITE; oil duct, oil groove; oil pipe
 DE ADUCCIÓN; supply line, aqueduct,
 supply duct
 DE AIRE DE RETORNO; return air duct
 DE ALAMBRES; wireway, raceway, electric
 conduit
 DE BANQUETA; (hyd) bench flume
 DE BASURAS; (hyd) trash chute
 DE CAJA; (hyd) box flume
 DE CALIBRACIÓN; (hyd) rating flume
 DE CUATRO PASOS; four-way cable duct
 DE DESAGÜE; sewer, drain
 DE DESEMBARQUE; (dam) silt sluice
 DE DESFOGUE; (hyd) sluiceway, wasteway
 DE EVACUACIÓN; outlet pipe; sluiceway
 DE FIBRA; fiber conduit
 DE GRAVITACIÓN; flow-line pipe
 DE HUMO; flue
 DE IMPULSIÓN; (hyd) force main
 DE IRRIGACIÓN; irrigation canal
 DE TORMENTA; (A) storm-water sewer
 DE TUBO; pipe duct
 DE VENTILACIÓN; ventilation duct, (min)
 airway
 ELÉCTRICO; electric conduit, raceway
 EMBUTIDO; (elec) underfloor raceway
 FORZADO; (hyd) pressure conduit, penstock
 METÁLICO FLEXIBLE; flexible metallic
 conduit, flexible raceway
 PARA HIELO; (hyd) ice chute
 PLUVIAL; storm-water sewer; roof leader
 POR GRAVITACIÓN; (hyd) gravity conduit
 PORTACABLE; cable duct
 RECTANGULAR DE PAREDES;
 wall stack
 SIN FONDO; (elec) open-bottom raceway
 SURTIDOR; supply pipe
CONDUCTOR; (elec) conductor; (rr) conductor;
 (auto) driver, chauffeur; (Sp) machine
 operator; conveyor; (weld) lead
 A TIERRA; ground wire, grounding conductor
 DE ALIMENTACIÓN; feed wire, feeder
 DE ARRASTRE; drag conveyor
 DE CALOR; heat conductor
 DE CINTA EN ESPIRAL; ribbon conveyor

DE CORREA; belt conveyor
DE CUBETAS; bucket conveyor, bucket
elevator
DE ELECTRICIDAD ESTÁTICA; (elec)
static conductive
DE ENTRADA DE SERVICIO; service
entrance conductor
DE GUSANO; screw conveyor
DE LOCOMOTORA; engine driver,
locomotive engineer
DE OBRAS; (Ch) construction manager;
resident engineer
DE SERVICIO; (elec) service conductor
DESNUDO; bare conductor
ELÉCTRICO; electrical conductor
ESPIRAL; screw conveyor, spiral conveyor
TÉRMICO; thermal conductor
CONECTADO; connected
 POR DELANTE; front connected
CONECTADOR; (elec) outlet
 DE MANGUERA; hose connector
 ELÉCTRICO DE CARRILES; rail bond
CONECTAR; (mech)(elec) to connect
CONECTOR; connector, mating connector
 DE ANILLO PARTIDO; split-ring connector
 DE MANGUERA; hose connector
 TERMINAL; terminal connector
CONEXIÓN; connection, joint
 ANGULAR DE CAMINOS; slip ramp
 A TIERRA; (elec) grounding
 CON ASEINTO; (str) seated connection
 CHARPADA; scarf connection
 DE CAMPO; (str) field connection
 DE ESTRELLA; star connection
 DE MONTAJE; field connection
 DOMICILIARIA; house service
 ELIMINADORA DE CARGOS; charge
 removel connection
 ELÉCTRICOS ESTÁTICOS; (elec) static
 bonding
 EMPERNADA; bolted connection
 EN DELTA; delta connection
 EN TRIÁNGULO; delta connection
 EN V; (elec) V connection
 ESTRELLA-ESTRELLA; star-star connection
 PARA TUBERÍA; pipe coupling; pipe fitting
 PARALELA; (elec) parallel connection
 PARTICULAR; (elec) house connection
 PERFECTA A TIERRA; dead earth, dead
 ground
 POR ÁNGULOS; (str) knuckle connection
 POR ENCHUFE; (elec) plug connection; (p)
 bell-and-spigot connection
 TRIÁNGULO-ESTRELLA; delta-star
 connection
 TRIÁNGULO-TRIÁNGULO; delta-delta
 connection

CONFIGURACIÓN; (top)(math)(chem) configuration
CONFITILLA; (M) pea gravel
CONFLAGRACIÓN; conflagration
CONFLUENCIA; confluence, stream junction; (rr) junction
    CON SUPERFICIE DE TERRENO; (river) toe-of-dam
CONFLUENTE; (s)(a) tributary, confluent
CONFORMADOR; grader, road shaper; driftpin; (mt) shaper; contour machine
    DE BASTIDOR INCLINABLE; leaning-frame grader
    DE MOTOR; motor grader
    DE RUEDAS INCLINABLES; leaning-wheel grader
CONFORMADORA DE CAMINOS; road scraper, road grader
CONFORMADORA ELEVADORA; elevating grader
CONFORMAR; to shape
CONFORME; (s) approval
CONGELAR; to freeze
CONGELARSE; to freeze
CONGLOMERADO; (n) conglomerate
    DE BOLEOS; boulder conglomerate
    DE CHINOS; cobble conglomerate
    DE FALLAS; fault conglomerate
    DE GRANITO; (A)(floor) granolithic
    DE PEÑAS; (V) cobble conglomerate
    DE PEÑONES; (V) boulder conglomerate
    DE TRITURACIÓN; crush conglomerate
CONGLOMERANTE; (s) binding material
CONGLUTINARSE; to cake, become lumpy
CONGOSTO; canyon, gorge
CONICIDAD; taper; conicity
CÓNICO; conical
CÓNICOHELICOIDAL; conico-helicoidal, spiral bevel
CONIFORME; cone-shaped
CONJUNTO; (mech) assembly
    DE EJE TRASERO; rear-axle assembly
    DE LA IMPULSIÓN FINAL; final-drive assembly
    DEL VENTILADOR; fan assembly
    MOTRIZ; (auto)(A) power plant
CONMUTADOR; (elec) switch, change-over switch; commutator
    DE CILINDRO; drum switch
    DE CUATRO TERMINALES; four-way switch
    DE CUCHILLAS; knife switch
    DE DOS DIRECCIONES; two-way switch
    DE GOBIERNO; master switch
    DE POLOS; reversing switch
    REDUCTOR; (auto) dimmer switch
CONMUTAR; to commutate; (elec switch) to throw over

CONMUTRATRIZ; converter
CONO; cone
    ALUVIAL; alluvial cone, cone delta
    DE DEPRESIÓN; depression cone
    DE DEPRESIÓN DE BOMBEO; pumping depression cone
    DE DEYECCIÓN; (geol) debris cone
    DE REVENIMIENTO; (conc)(M) slump cone
    DE TRÁFICO; traffic cone
    HIDRÁULICO; hydraucone
    IMHOFF; (sd) Imhoff cone
    PRIMITIVO; pitch cone
    ROSCADO; (A) cone nut
    SACABARRENA; horn socket
CONOCIMIENTO DE EMBARQUE; bill of lading
CONOCIMIENTO NEGOCIABLE; order bill of lading
CONOCIMIENTO NO TRASPASABLE; straight bill of lading
CONOIDAL; conoidal
CONOIDE; conoid
CONSEJO; commission, board, council
    DE ADMINISTRACIÓN; board of directors
    DE ASEGURADORES; board of underwriters
    DE SEGURIDAD; board of health
CONSERVACIÓN; conservation; maintenance
    DE LA VÍA; track maintenance, way maintenance
    DEL LECHO; (rr) roadway maintenance
    DE VÍA Y OBRAS; way and structures maintenance
CONSERVADORA CAMINERA; road maintainer
CONSERVAR; to maintain; conserve
CONSIGNACIÓN; consignment, shipment
CONSIGNADOR; consignor
CONSIGNAR; to consign
CONSIGNATARIO; consignee
CONSISTENCIA; consistency
    DE TAMAÑO; size consistency
CONSISTENTE; (mtl) consistent
CONSOLA; bracket
    COLGANTE; shaft hanger, drop hanger
CONSOLIDACIÓN; consolidation
    BAJA; (sm) underconsolidation
    DE CONCRETO; spading
    DE MATERIAL POR RODILLOS; roller compaction
    DE SUELO; soil consolidation
    DEL SUPERFICIE; surface compaction
    EXCESIVA; overconsolidation
    RELATIVA; (sm) relative compaction
CONSOLIDAR; consolidate, to compact
CONSOLIDARSE; to settle, become compact
CONSTANTE; (s) constant
    DE AMORTIGUACIÓN; (elec) damping constant
    DE GRAVITACIÓN; gravitational constant

DE TIEMPO; (elec) time constant
TAQUIMÉTRICA; (surv) stadia constant
CONSTRICCIÓN; constriction
CONSTRUCCIÓN; construction; structure
A TOPE; end construction
ACÚSTICA; acoustic construction
ASFÁLTICA COLOCADA EN FRÍO; cold
laid asphalt construction
CARA A CARA; side construction
CELULAR; cellular construction
COMBUSTIBLE; combustible construction
DE ADOBE; mud construction
DE COMBUSTIÓN LENTA; slow-burning
construction
DE EDIFICIO; building construction
DE MADERA; frame construction
DE NAVE ALTERNA; alternate bay
construction
DE PUENTES; bridge construction
DE REMACHE; riveted construction
DESEQUILIBRADA; unbalanced
construction
EN SECCIONES PREFABRICADAS;
panelized construction
ESQUELÉTICO; (ed) skeleton construction
INCOMBUSTIBLE; fireproof construction;
incombustible construction
LAMINAR; laminar construction; structural
sandwich construction
MACIZA; heavy construction
NAVAL; shipbuilding
NUEVA; new construction
PESADA; heavy construction
POR ETAPAS; stage construction
RESISTENTE AL FUEGO; fire-resistant
construction
RETICULADA; framed structure
REVESTIDA; veneered construction
SEALE; (cab) Seale construction
SIN EXCAVACIÓN; slab construction
VIAL; road construction
WARRINGTION; (cab) Warrington
construction
CONSTRUCTOR; constructor
DE PUENTES; bridgebuilder
DE RASANTES; gradebuilder
DE VEREDAS; trailbuilder
NAVAL; shipbuilder; naval architect
VIAL; road contractor
CONSTRUCTORA DE CAMINOS; roadbuilder
CONSTRUÍDO; built, constructed
COMO EL DIBUJO; as built drawing
EN EL LUGAR; built-in-place
CONSTRUIR; to construct, build, erect
CONSTRUIRSE PARA ADAPTAR; build to suit
CONSULTOR; (n) consultant; *(a)*(engr) consulting
CONSUMIDOR; consumer

CONSUMO; consumption
DE COMBUSTIBLE; fuel consumption
ESPECÍFICO; specific fuel consumption
CONTABILIDAD; accounting
CONTABILISTA; accountant
CONTABLE; accountant
CONTACTADOR; (elec) contactor
CONTACTO; contact
PERFECTO A TIERRA; (elec) dead earth,
dead ground
POR HUMEDAD; (elec) weather contact
CONTACTOS DEL DISTRIBUIDOR; (auto)
breaker points
CONTACTOR; (elec) contactor
CONTADOR; accountant; meter; counter
A CANTIDAD; quantity meter
A CARGA DIFERENCIAL; (hyd) head
meter
COMPUESTO; (water) compound meter
DE AIRE; air meter
DE AGUAS NEGRAS; sewage meter
DE ÁREA VARIABLE; (hyd) variable-area
meter
DE CONSUMO; service meter
DE CORRIENTE; (hyd) current meter; (elec)
ampere-hour meter
DE COSTOS; cost accountant
DE CHOQUE; (hyd) impact meter
DE DEMANDA MÁXIMA; demand
meter
DE DESPLAZAMIENTO; (water)
displacement-type meter
DE DISCO; disk water meter
DE ÉMBOLO; piston-type water meter
DE ÉMBOLO OSCILATORIO; (hyd)
oscillating-piston meter
DE ENERGÍA DESVATADA; reactive kva
meter
DE ESTACIONAMIENTO; parking meter
DE FACTOR DE POTENCIA; power-factor
meter
DE GAS; gas meter
DE GASTO; flowmeter
DE KILOMETRAJE; speedometer
DE ORIFICIO; orifice meter
DE PALETAS; (meter) vane meter
DE PRUEBA; testing meter
DE RELOJ; clock meter
DE REVOLTURAS; (conc) batch meter
DE TANTOS; (M) batch meter
DE TURBINA; turbine-type meter
DE VOLUMEN; (hyd) volume or quantity
meter
DE VUELTAS; revolution counter, speed
indicator
ILATIVO; (hyd) inferential meter
POSITIVO; (hyd) positive meter

VERTEDOR; (hyd) weir meter
CONTAMINACIÓN; contamination, pollution
    DE AIRE; air pollution
    DE PARTICULADO; particulate contamination
CONTAMINANTE; contaminant
    ARTIFICIAL; artificial contaminant
    EMPOTRADO; built-in contaminant
    QUÍMICO; chemical contaminant
CONTAMINANTES DE AIRE; air contaminants
CONTAMINAR; to contaminate, pollute
CONTÉN; curb
CONTENEDOR DE CONCRETO MEZCLADO; stationary hopper
CONTENEDOR DE PIEDRAS QUE RETIENEN ENERGÍA SOLAR; thermal storage rock bed
CONTENIDO; content
    DE AGUA; (sm) water content
    DE AGUA EN AGREGADO; aggregate moisture content
    DE AIRE; air content
    DE BARRO; clay content
    ORGÁNICO; organic content
CONTERA; ferrule; pile shoe
CONTIGUO; adjoining
CONTINENTAL; continental
CONTINGENCIAS; contingencies
CONTINUIDAD; continuity
CONTINUO; continuous
CONTORNEADOR; router
CONTORNEAR; to saw around, cut a profile; to route; to trace a contour; to scribe; to streamline
CONTORNO; outline, contour
    BAÑADO; (hyd) wetted perimeter
    DE INUNDACIÓN; (hyd) flow line
    DE TOPE; buff contour
CONTRA; against, opposite to
CONTRA-AMPERIOS-VUELTAS; back ampere turns
CONTRAAGUJA; guardrail at a switch
CONTRAÁRBOL; countershaft
CONTRAATAGUÍA; secondary cofferdam; buttress to straighten a cofferdam
CONTRABALANCEAR; to counterbalance
CONTRABALANCÍN; balance bob
CONTRABALANZA; a counterbalance
CONTRABISAGRA DE JAMBA; (hinge) jamb leaf
CONTRABISAGRA DE PUERTA; (hinge) door leaf
CONTRABORDO; (M) a curb
CONTRABOTEROLA; dolly
CONTRABÓVEDA; inverted vault, inverted arch
CONTRABRANQUE; (na) apron, stemson
CONTRABRAZOLA; (na) headledge
CONTRABRIDA; counterflange; follower

CONTRACABEZA; lip forming flangeway of a grooved rail
CONTRACALIBRE; mating gage
CONTRACANAL; branch canal
CONTRACARRIL; (rr) guardrail
    DE RESALTE; (rr) easer rail
CONTRACCIÓN; contraction
    ANTES DEL FRAGUADO; (conc) plastic shrinkage
    COMPLETA; (hyd) full contraction
    DE ASENTAMIENTO; settlement shrinkage
    DEL FILÓN; (min) nip
    DIFERENCIAL; differential shrinkage
    ELIMINADA; (hyd) suppressed contraction
    LATERAL; (hyd) end contraction
    POR DESECACIÓN; (conc) drying shrinkage
    SUPERFICIAL; (hyd) surface contraction
    TANGENCIAL; tangential shrinkage
    TÉRMICA; thermal contraction
CONTRACERCOS; door and window trim
CONTRACIELO; (min) raise
    ESCALONADO; stope raise
CONTRACIMIENTO; wall or paving to protect a foundation
CONTRACLAVE; voussoir next to the keystone
CONTRACLAVIJA; gib, key, fox wedge
CONTRACODO; (p) S bend
CONTRACORAZÓN; (rr) frog wing
CONTRACORRIENTE; countercurrent, eddy, reverse current; upstream; against the current
CONTRACUADERNA; (na) reverse frame
CONTRACUCHILLA; shear fixed blade
CONTRACUNETA; intercepting ditch at the top of a slope, counterdrain, berm ditch
CONTRACUÑA; gib
CONTRACURVA; reverse curve
CONTRACHAPADA, MADERA; (M) plywood
CONTRACHAVETA; gib
CONTRACHOQUE; bumper, buffer
CONTRADEGÜELLO; (bs) bottom fuller
CONTRADEPÓSITO; (Es) reservoir below a dam
CONTRADIAGONALES; counterbracing
CONTRADIQUE; supporting dike, spar dike, counterdike, (A) cofferdam
CONTRADURMIENTE; (na) clamp
CONTRAEJE; countershaft, jackshaft
CONTRAEMPUJE; counterthrust
CONTRAENSAYO; check analysis
CONTRAERSE; to contract, shrink
CONTRAESCALÓN; (str) riser
CONTRAESCARPA; (hyd) hearth, apron
CONTRAESTAMPA; (str) dolly, bucker
CONTRAEXPLOSIÓN; (auto) backfire
CONTRAFIANZA; indemnity bond
CONTRAFIBRA; cross grain
CONTRAFILO; (hw) back edge
CONTRAFILÓN; (min) contervein

CONTRAFLECHA; camber
CONTRAFLUJO; reverse current, countercurrent, counterflow, eddy
CONTRAFOSO; counterdrain
CONTRAFRENTE; (A) back
CONTRAFRICCIÓN; antifriction
CONTRAFUEGO; fireproof, fire-resistant
CONTRAFUERTE; counterfort, buttress, stiffener; (top) spur; (M) abutment
DE GRAVEDAD; massive buttress
CONTRAGOLPE; (piston) return stroke; kickback
CONTRAGRADA; (stair) riser
CONTRAGRADIENTE; reverse grade
CONTRAGUÍA; elevador guide stiffener; (hyd) steel lining in the gate guides; counterguide
CONTRAHIERRO; top iron, frog
CONTRAHILO; (lbr) end grain; cross grain
CONTRAHUELLA; (stair) riser
CONTRAINCENDIOS; fireproof, fire-resistant
CONTRALADEO; (str) sway brace
CONTRALECHO; (M) lower bed of an ashlar stone
CONTRALISTONADO; (ed) counterlathing
CONTRALOR; controller, auditor; (elec)(A) controller
CONTRALORÍA; auditing; auditor's office
CONTRAMANIVELA; drag link
CONTRAMARCAR; to matchmark
CONTRAMARCO DE CORNISA; (carp) cornice trim
CONTRAMARCOS; door or window trim
CONTRAMARCHA; (eng) reversing
CONTRAMARTILLO; dolly, bucker
CONTRAMATRIZ; top die
CONTRAMINA; adit; drift connecting two mines
CONTRAMURO; (A)(Col) wall built against another
CONTRAPAR; eaves board; rafter
CONTRAPELDAÑO DE RIGIDEZ; (str) false riser
CONTRAPENDIENTE; reverse grade, acclivity
CONTRAPESADOR DE RUEDAS; (auto) wheel balancer
CONTRAPESAR; to counterweight
CONTRAPESO; counterweight
CONTRAPILASTRA; astragal, molding covering a door joint
CONTRAPISO; subfloor; (rd) subgrade; (ed) underlayment
CONTRAPLACA; anchor plate
CONTRAPLANCHA DE ESCURRIMIENTO; counterflashing
CONTRAPOZO; (min) raise, uprising
CONTRAPRESA; (Sp) downstream cofferdam; (A) stilling-pool weir
CONTRAPRESIÓN; back pressure

CONTRAPROPUESTA; counterproposal
CONTRAPRUEBA; check test
CONTRAPUERTA; storm door
CONTRAPUNTA; (mn) back center; tailstock, poppethead
CONTRAPUNZÓN; counterpunch
CONTRARREGUERA; subsidiary irrigation ditch
CONTRARREMACHADOR; dolly, holder
CONTRARREMACHAR; to clinch; to buck up
CONTRARRIEL; (rr) guardrail
CONTRARROBLÓN; burr, riveting washer
CONTRARRODA; stemson, apron
CONTRASTAR; to assay; comparison with standard
CONTRASTE; an assay; comparison with standard
CONTRATAJAMAR; downstream nosing
CONTRATALADRAR; to counterbore
CONTRATALUD; counterslope, (rd) foreslope
CONTRATANTE; contracting party
CONTRATAPA; auxiliary top or cover
CONTRATAR; (job) to contract
CONTRATERRAPLÉN; (A) any structure to hold a fill
CONTRATIRO; back draft; (min)(M) auxiliary shaft
CONTRATISTA; contractor
DE EDIFICACIÓN; building contractor
GENERAL; general contractor
SANITARIO; (ed) plumbing contractor
CONTRATO; contract
A COSTO MÁS HONORARIO; cost-plus contract, contract fee
A PRECIO DETERMINADO; fixed-priced contract
A PRECIO GLOBAL; lump-sum contract
A PRECIOS UNITARIOS; unit-price contract
DE ADJUDICACIÓN; award of contract
DE CONCURSO; competitive bid contract
DE CONSTRUCCIÓN; construction contract
DE ENGANCHE; employment contract
DE MANTENIMIENTO; maintenance contract
DE TRABAJO; employment contract
POR MEDIDA; unit-price contract
QUE CUBRE TODOS LOS ASPECTOS DEL LABOR; (comp)(project) turn-key
CONTRATUERCA; lock nut, jam nut; set nut, nut lock
CONTRAVAPOR; back-pressure steam
CONTRAVÁSTAGO; piston tail rod
CONTRAVENA; counterlode
CONTRAVENTAMIENTOS; (U) wind bracing; guys
CONTRAVENTANA; window shutter; storm sash
CONTRAVENTANAS A PRUEBA DE INCENDIO; fire shutters
CONTRAVENTAR; to brace, guy

CONTRAVENTEO; wind bracing
   DE PORTAL; portal bracing
CONTRAVIDRIERA; window blind; storm sash
CONTRAVIDRIO; glazing molding
CONTRAVIENTO; a guy; wind bracing
CONTRETE; stay bolt
CONTRIBUCIÓN; contribution
CONTRIBUYENTE; ratepayer
CONTROL; control
   A DISTANCIA; remote control
   AL TACTO; finger-tip control
   AUTOMÁTICO; automatic control
   AUTOMÁTICO DE TRACCIÓN; automatic traction control
   DE CALIDAD; quality control
   DE ALIMENTADOR AUTOMÁTICO; automatic feeder control
   DE ESPESURA DE LOSA; thickness control
   DE GRADIENTE AUTOMÁTICO; automatic grade control
   DE LA MEZCLA DE CONRETO; controlled design concrete
   DE VARIACIONES EN EL CAMPO DEL GENERADOR; (elev) generator-field control
   DE TALUD AUTOMÁTICO; automatic slope control
   EN SERIE PARALELO; series-parallel control
   POR VOLTAJE VARIABLE; varying voltage motor
   REMOTO; remote control
CONTROLADOR; (mech) controller
CONTROLAR; to control
CONTRÓLER; (elec) controller
CONVECCIÓN; convection
CONVENIO; agreement, contract
   CONTINGENTE; contingent agreement
   DEL PRESTAMO PARA LA CONSTRUCCIÓN; building loan agreement
   DE VENTA; agreement of sale
CONVERGENCIA; (surv) convergence; (auto) toe-in
CONVERGENTE; converging
CONVERSIÓN; conversion
   TÉRMICA; thermal conversion
CONVERTIBILIDAD; convertibility
CONVERTIBLE; convertible
CONVERTIDOR; (elec)(met) to convert
   BESSEMER; Bessemer converter
   DE FASES; phase converter
   DE FRECUENCIA; frequency changer
   DE TORSIÓN; torque converter
   EN CASCADA; cascade converter
CONVERTIR; (chem)(elec)(met) to convert
CONVEXIDAD; convexity
CONVEXO; convex
CONVOY; (A)(Es) railroad train

COOPERATIVA; cooperative
   DE EIFIFICACIÓN; building cooperative
COORDENADAS; coordinates
   ESFÉRICAS; spherical coordinates
   GEOGRÁFICAS; geographic coordinates
   PLANAS; plain coordinates
COPADOR; fuller; creaser
   INFERIOR; bottom fuller
   SUPERIOR; top fuller
COPELA; cupel
COPELACIÓN; cupellation
COPETE; crest
COPIA; copy
   AL CARBÓN; carbon copy
   AL FERROPRUSIATO; blueprint
   AZUL; blueprint
   HELIOGRÁFICA; blueprint, sun print
   NEGROSINA; vandyke print
COPILLA; small cup
   DE ACEITE; oil cup
   DE CEBAR; priming cup
   DE ENGRASE; grease cup, oil cup, lubricator
   DE GRASA; grease cup
COPLA; (Ch) a coupling
COPLANO; coplanar
COPLE; a coupling
COPLÍN; (C) a coupling
COQUE; coke
   DE ALTO HORNO; blast-furnace coke
   DE FUNDICIÓN; foundry coke
   DE GAS; gas coke
   DE PETRÓLEO; petroleum coke
   DE RETORTA; gas coke
COQUIFICAR; to coke
COQUIMBITA; coquimbite
CORAL; coral
CORALINA; (a) coral
CORAZA; armor, protective covering
CORAZÓN; core; drill core; hearwood; (rr) frog
   CON CARRIL DE MUELLE ENGOZNADO; hinged-spring-rail frog
   CON INSERTADOS DE ACERO ENDURECIDO; anvil faced frog
   CON PATA DE LIEBRE MÓVIL; spring-rail frog
   DE ARCILLA; (hyd) puddle core, clay core
   DE CABLE; center strand, core
   DE PLANCHA; plate frog
   DE PRUEBA; drill core
   DE PUNTA MÓVIL; movable-point frog
   DE RIELES ENSAMBLADOS; built-up frog
   MEDIO; crotch frog
   ROJO; (lbr) red heart
CORCHETE; cramp; catch, latch; belt clamp
CORCHO; cork
CORDAJE; cordage, rope

CORDEL; rope, cord; belt course; length measure, area measure
    DE MARCAR; chalk line
CORDELERÍA; rigging; rigging yard; ropewalk; cordage
    IMPROVISADORA; jurying
CORDERÍA; rigging storehouse
CORDILLERA; mountain range
CORDITA; cordite
CORDÓN; cord, rope strand; belt lacing; sidewalk curb; (str) chord, flange; (mas) course; (p) spigot end; (A)(C) mountain chain
    AL NIVEL DEL UMBRAL DE LAVENTANA; (ed) sill course
    AL RAS CON EL PAVIMENTO; (rd) flush curb
    COMPRIMIDO; compression flange
    DE ALAMBRE; wire strand
    DE ALAMBRE CON EJE FIBROSO; fiber-center wire stand
    DE ANDARIVELES; tramway strand
    DE CERROS; range of hills
    DE VEREDA; curbstone, curb
    MONOLÍTICO CON EL PAVIMENTO; integral curb
    INFERIOR; lower chord, bottom flange
    PARA CORREA; belt lacing
    PARA TRANVÍAS; tramway strand
    PLANO; flattened strand
    REFLECTOR; (rd) reflecting curb
    SUPERIOR; upper chord, top flange
    CORINDÓN; corundum
CORNAMUSA; cleat, bitt, kavel
    DE GUÍA; (naut) chock
    ESCOTERA; chock, snatch cleat
CORNETA DE NIEBLA; foghorn
CORNIJA; cornice
CORNIJAL; corner post
CORNISA; cornice
CORNISÓN; building street corner
CORONA; annular space; ring gear; (elec) corona; (dam) crest; (auto) rim; tubular drill bit
    DE ARCO; arch crown
    DE DIAMANTES; diamond bit
    DE RODILLOS; roller race
    DENTADA; sprocket, gear; crown wheel; ring gear
    FIJA; (turb) speed ring
CORONACIÓN; crest
CORONAMIENTO; crest, coping, top
CORONAR; to top out
CORRAL; corral, stockyard
    DE ALMACENAMIENTO; store yard
    DE MADERAS; lumberyard
CORRALÓN; yard, store yard
CORRASIÓN; corrasion
CORREA; belt, strap; purlin, girt

    ALISADORA; (rd) finishing belt
    ARTICULADA; belt link, chain belt
    CÓNCAVA; trough belt
    CONDUCTORA; belt conveyor
    CORRUGADA; cog belt
    CRUZADA; crossed belt
    DE CADENA; chain belt
    DENTADA; cog belt
    EN CUÑA; V belt
    SELECCIONADORA; sorting belt
    SIN FIN; endless belt
    TRANSMISORA; driving belt, transmission belt
    TRANSPORTADORA; belt conveyor
    TRANSPORTADORA PORTÁTIL; portable belt conveyor
    TRAPEZOIDAL; V belt
CORREAJE; belting
CORRECCIÓN; correction; (inst) adjustment
    A MEDIDAS DE CINTA; (surv) tape correction
    ATMOSFÉRICA; atmospheric correction
    DE ESTACIÓN; (surv) station adjustment
    DE LOS LADOS; (surv) side adjustment
    DE POLÍGONO; (surv) figure adjustment
    PARA COLOCACIÓN; (surv) reduction to center
    POR FLECHA; (surv) figure adjustment
    POR TEMPERATURA; temperature correction
CORREDERA; track, slide; slide valve; skid; (surv) target; (inst) cursor, slide; (mas) screed board; door hanger; (naut) log line
    A MUNICIONES; (door) ball-bearing hanger
    DE CUADRANTE OSCILANTE; (se) slide block
    DE PARRILLA; gridiron valve
    DE STEPHENSON; Stephenson link
CORREDERAS; guides; skids
    DE COMPUERTA; (hyd) gate guides
CORREDERO; *(a)* sliding, traveling
CORREDIZO; sliding, traveling
CORREDOR; passage, corridor; broker
    DE VÍA; trackwalker
CORREDURA; flow; overflow
CORREGIR; to correct, rectify; (inst) to adjust
CORRELACIÓN; (geol)(math) correlation
CORRENTADA; swift flow of a river
CORRENTILÍNEO; (M) streamlined
CORRENTÍMETRO; current meter
CORRENTÓN; (PR) strong current
CORRENTOSO; strong flow, torrential
CORREÓN; heavy strap or belt
CORREOSO; tough
CORRER; to run; to flow; to travel, slide
    NIVELES; to run levels
    UNA LÍNEA; (surv) to run a line

CORRERSE; (pt) to run, sag
CORRIDA; run, travel; (mas)(Ch) course; (min)(Ch) outcrop
CORRIENTE; current,flow; stream, river; electric current; (C) roof slope; *(a)* regular, standard, normal
  ABAJO; downstream
  ALTERNA; alternating current
  ALTERNADA; alternating current
  ARRIBA; upstream
  ASCENDENTE; updraft
  ASIGNADA; rated current
  BAJA; (river) low water
  CONTINUA; direct current
  DE RETRASO; (elec) lagging current
  DESVATADA; wattless current, idle current
  DIRECTA; (elec) quiescent current
  DIRECTA CON FLUCTUACIONES; (elec) ripple current
  EN ADELANTO; leading current
  EN TRIÁNGULO; delta current
  EN VACÍO; no-load current
  FREÁTICA; subsurface flow, water-table stream
  HACIA DENTRO; indraft
  INDUCTIVA; induced current
  MOMENTÁNEA; transient current, instantaneous current
  OSCILANTE; (elec) oscillating current
  REACTIVA; idle current, reactive current
  SUBÁLVEA; (river) underflow
  SUBTERRÁNEA AISLADA; (river) subsurface perched stream
  VATADA; active current, watt current
CORRIMIENTO; sliding; landslide; run; (geol)(A) thrust
CORROER; to corrode
CORROMPERSE; to rot, decompose
CORROSIÓN; corrosion
  DE CONTACTO; contact corrosion
CORROSIVO; corrosive
CORROYENTE; corrosive; abrasive
CORRUGACIÓN; corrugation; rut
CORRUGADO; corrugated
CORTA; cutting; felling
CORTAALAMBRE; wire cutters, nippers
CORTAARANDELAS; washer cutter
CORTABARRAS; bar cutter
CORTABILIDAD; (met) cuttability
CORTABULONES; boltcutter
CORTACAÑO; pipe cutter
CORTACIRCUITO; circuit breaker, switch, cutout
  DE FUSIBLE; fuse cutout
  DE TIEMPO; time-delay circuit breaker
  PARA SOBRETENSIONES; overvoltage cutout
CORTACLAVOS; nail clippers

CORTADA; *(s)* a cut, a through cut
CORTADERA; blacksmith chisel
  EN CALIENTE; hot chisel
CORTADO; cut
  A MEDIDA; cut to length
  A TRAVÉS; crosscut
  CIRCULAR DEL TRONCO; (lbr) rotary cut
CORTADOR; cutter, clipper; (sa) slasher
  DE AGUJEROS CIEGOS; (elec) knockout cutter
  DE BRECHAS; (ce) gradebuilder
  DE CABLE; wire-rope cutter
  DE CARRILES; track chisel
  DE CRISTAL; glass cutter
  DE MACHOS; (foun) core cutter
  EN CALIENTE; hot cutter
  EN FRÍO; cold cutter
CORTADORA; cutter, chisel, nibbler
CORTADURA; cutting, shearing, shearing stress
  CON ARCO METÁLICO; metal-arc cutting
  DE PENETRACIÓN; (stress) punching shear
  DOBLE; (stress) double shear
  SIMPLE; (stress) single shear
CORTADURAS; cuttings
CORTAESPOLETA; fuse cutter
CORTAFIERRO; cold chisel
CORTAFRÍO; cold chisel, cold cutter
CORTAFUEGO; fire wall, fire stop
CORTAHIERRO; cold chisel, cold cutter
  PARA CANALETAS; lantern chisel
CORTALADRILLOS; front chisel, bricklayer's chisel
CORTAMATAS; brush hook, bush hook
CORTANTE; cutting, sharp
CORTAPERNO; boltcutter
CORTAPRISIONEROS; stud shear
CORTAR; to cut
  AL HILO; (carp) to rip
CORTARRAÍCES; root cutter
CORTARROSCAS; threading machine
CORTATUBO; pipe cutter; tube cutter
CORTAVAPOR; (se) cutoff
CORTAVIDRIOS; glass cutter
CORTAVIENTO; windbreak, windshield
CORTE; a cut, slash; a section; cutting edge; shearing stress
  A LADERA ENTERA; hillside cut for the full width of the roadbed
  A MEDIA GALERÍA; (A) sidehill cut with overhanging roof
  A MEDIA LADERA; sidehill cut
  ANUAL ASIGNADO; allowable annual cut
  ASIGNADO; allowable cut
  DE CUÑA; (min)(tun) wedge cut
  DE DESBASTE; roughing cut
  DE DIAMANTE; diamond cut
  DE RANURA; slot cut

DE ROCA; rock cut
DE ZANJEO ABIERTO; open-cut trenching
DIAGONAL; bias cut
EN BALCÓN; (M) sidehill cut
EN BISEL; bevel cut
EN CUÑA; (tun)(min) V cut
ESPECÍFICO; (stress) specific shear
LONGITUDINAL; (dwg) longitudinal section
PASANTE; through cut
PERIMETRAL; (A) perimeter shear
TÍPICO; typical section
TRANSVERSAL; transverse section, cross section, crosscut
VERTICAL AL EXTREMO; tail cut
VERTICAL AL PIE; plumb cut
Y RELLENO; (ea) cut and fill
CORTEZA; bark; crust
CORTEZADOR; barker
CORTINA; (hyd) core wall; (M) dam, nonoverflow dam
DE AGUA; water curtain
DE ARCOS MÚLTIPLES; (M) multiple-arch dam
DE CABEZA; (M) roundhead-buttress or diamond-head-buttress dam
DE ENROCAMIENTO; (M) rock-fill dam
DE INYECCIONES; grout curtain
DE MACHONES; (M) buttress dam
ENROLLABLE; rolling shutter
IMPERMEABLE; (hyd) core wall
METÁLICA DE ENROLLAR; rolling steel shutter
VERTEDORA; (M) spillway dam
CORTINA-PUERTA; rolling steel door
CORTO; short
CIRCUITO; short circuit
CIRCUITO CABAL; dead short circuit
CIRCUITO DIRECTO; dead short circuit
CORUNDO; corundum
CORVADURA; curvature
CORVO; bent, curved
COSECANTE; cosecant
COSENO; cosine
COSER; to make a seam; (belt) to lace
COSO; wood borer
COSTA; coast, shore
DE BARLOVENTO; weather shore
DE SOTAVENTO; lee shore
MARÍTIMA; seacoast
COSTADO; side
VAPOR; (FAS) free alongside
COSTAL; bag, sack
COSTANERA; slope; (lbr) slab; (carp) scab, flitch, fishplate
COSTANERAS; (ed) siding
COSTERO; (lbr) slab; flitch
CONTENIDO DE CALOR; heat content

COSTILLA; (str) rib; (tun) poling board; (ed) furring strip
COSTILLAJE; furring; ribbing; ship frame
COSTO; cost
AMORTIZADO; amortized cost
APLICADO; applied cost
BASE AJUSTADO; adjusted base cost
COMÚN; common cost
DE ARRANQUE; start-up cost
DE CONSTRUCCIÓN; construction cost
DE FINALIZACIÓN; closing cost
DE PROYECTO; project cost
EFECTIVO; actual cost
ESTIMADO; estimated cost
EVITADO; avoided cost
FIJO; fixed cost
MÁS HONORARIO FIJO; cost plus fixed fee
MÁS PORCENTAJE; cost plus percentage, force account
MENOS DEPRECIACIÓN; cost less depreciation
NETO; net cost, prime cost
POR OBRA; cost of work
PRIMITIVO; original cost
SEGURO Y FLETE; (CSF); cost, insurance and freight (CIF)
UNITARIO; unit cost
VARIABLE; variable cost
COSTOS; costs
DE MANTENIMIENTO DE VEHÍCULO; vehicle maintenance expense
DE OPERACIÓN; operating costs
COSTRA; scale; crust
DE CALDERA; boiler scale
DE FORJADURA; forge scale, hammer scale
DE FUNDICIÓN; casting skin
DE HERRUMBRE; rust scale
DE LAMINADO; mill scale, roll scale
COSTURA; seam, joint
CON SOLAPA; lap seam
DE SOLDADURA; welded seam
DE TECHO SIMPLE; single-lock welt
POR RECUBRIMIENTO; lap seam
COTA; (top) elevation
DE ALTURA, DE NIVEL; elevation
DE REFERENCIA; datum, datum plane
DE RETENIDA; (hyd) storage level
COTACIÓN; elevation
COTANA; mortise
COTAGENTE; cotangent
COTE; half hitch
COTIZACIÓN; (cost) quotation
COTIZAR; (cost) quote
COTILLO; (hammer) poll; striking force
COVACHA; a void, small cave
CRAQUEAR; (pet)(A) to crack
CRAQUEO; (A) cracking

CRÁTER; (elec)(geol) crater
CRECE; (Ch) a flood
CRECER; to increase; (river) to rise
CRECIDA; a flood
CRECIENTE; a flood; crescent
    DE LA MAREA; flood tide
CREMALLERA; rack, rail, cograil
    DE GIRAR; (de) swinging rack
    Y PIÑÓN; rack and pinion
CRECIMIENTO; growth
    DE PROBLACIÓN; population growth
    RADIAL; radial expansion
CREMONA; large door bolt
CREOSOTA; creosote
CRESA; (sen) maggot
CRESTA; crest
    NORMAL; (hyd) standard crest
    VERTIENTE; (hyd) spillway crest
CRESTERÍA; (top) ridge, ridge line
CRESTÓN; outcrop; (top) crest
CRETA; chalk
CRETÁCEO; chalky, cretaceous
CRIADERO; (min) seam, vein, deposit
    DE PETRÓLEO; oil pool
CRIBA; screen, strainer, riddle; cribble
    CORREDIZA; traveling screen
    DE ALA; wing screen
    DE ALAMBRE ACUÑADA; wedge-wire screen
    DE ASPIRACIÓN; foot valve strainer
    DE BARROTES; bar screen
    DE CESTA; basket screen
    DE CORREA; band screen
    DE JAULA; cage screen
    DE LODO; mud screen
    DE PERSIANA; (well) shutter screen
    DE TAMBOR; drum screen
    DE VAIVÉN; shaking screen
    FINA; fine screen
    GRADUADORA; gradation screen
    LAVADORA; scrubbing screen, washing screen
    PARA BASURAS; trash screen
CRIBADO CON LAVADO; wet screening
CRIBADOR; sifter, screen tender
CRIBADORA; a screen
CRIBAR; to screen
CRIBÓN; grizzly
CRIC; jack; ratchet
    DE CREMALLERA; ratchet jack
    DE TORNILLO; screw jack; jackscrew
    HIDRÁULICO; hydraulic jack
CRIQUE; (A) ratchet; pawl; jack
CRISOL; crucible, melting pot; furnace hearth
CRISOLADA; crucible charge
CRISTAL; glass; glass pane; crystal
    AISLADOR; insulating glass
    ARMADO; wire glass

CILINDRADO; plate glass
    DE CUARZO; quartz crystal
    DE ROCA; flint glass
    DE SEGURIDAD; non-shattering glass, safety glass
    DESLUSTRADO; ground glass
    DESMENUZADO; cullet
CRISTALINO; crystalline
CRISTALIZADOR; crystallizer
CRISTALIZAR; crystallize
CRITERIO; criteria
    DE CALIDAD DE AIRE; air quality criteria
CROMADO; chromium-plated
CROMATO DE CINC; zinc chromate
CRÓMICO; containing chromium, chromic
CROMITA; (miner) chromite
CROMO; chrome, chromium
CROMÓMETRO; chromometer
CROMONÍQUEL; (steel) chrome-nickel
CRONÓMETRO; chronometer
CROQUIS; a sketch
CRUCE; crossing; (rr) crossing frog; (p) cross
    A NIVEL; grade crossing
    CAMINERO; highway crossing, grade crossing
    DE VÍA; grade crossing
    INFERIOR; undergrade crossing
    SUPERIOR; overhead crossing
CRUCERO; batten, crosspiece; (elec) crossarm; (p) cross; (rr) crossing frog; road crossing, (stone) cleavage; (min) cross heading, crosscut; cross timber
    A NIVEL; grade crossing
    DE CARRIL CONTINUO; continuous-rail frog
    DE COMBINACIÓN; a set of slip switches and movable-point crossings
    DE PUNTAS MOVIBLES; movable-point crossing
    REDUCTOR; (p) reducing cross
CRUCEROS LATERALES; (str) lateral bracing
CRUCETA; crossarm; crosshead; crosspiece
    ABIERTA; wing-type crosshead
    DE CABEZA; crosshead
CRUCETAS; X bracing; (wood floor) bridging
CRUDEZA; water hardness
CRUDO; (untreated) raw; crude; (water) hard
CRUJÍA; corridor, passage; (ed)(M) bay
CRUZ; cross; (min) crossing to two veins
    INTERCALADOR; (p) cutting-in cross
    REDUCTORA; (p) reducing cross
CRUZADILLA; (CA) grade crossing
CRUZAMIENTO; crossing; crossing frog, frog
    AÉREO; (trolley wire) aerial frog
    CON CAMBIAVÍA; slip switch
    DE CARRIL ENGOZNADO; swing-rail frog
    ENSAMBLADO; built-up frog

CRUZAR; to cross; to place crosswise
CUADERNA; frame
    MAESTRA; midship frame
CUADERNAL; tackle block
    DE VIDRIOS; (ed) structural glass
CUADERNO; notebook, field book
    DE NIVELACIÓN; level book
CUADRA; stable, box stall; city block, square
CUADRADILLO; grillage
CUADRADO; (n)(a)(math) square
CUADRAL; knee brace, diagonal brace, angle
    brace
CUADRÁNGULO; quadrangle
CUADRANTE; quadrant; instrument dial
    AZIMUTAL; azimuth dial
    OSCILANTE; Stephenson link
CUADRAR; (math)(carp) to square
CUADRÁTICO; quadratic
CUADRATURA; squaring; squareness; measuring
    areas; quadrature
CUADRÍCULA; grillage; a checkerboard pattern
CUADRICULADO; in squares
CUADRICULAR; (v) to graticulate; (a) in squares
CUADRILÁTERO; quadrilateral
CUADRILONGO; rectangular
CUADRILLA; party, squad, gang
    CAMINERA; road party
    DE REPARACIONES; repair gang
    DE SALVAMENTO; wrecking gang
    DE TRAMO; (rr) section gang
CUADRIVIARIA; (ea) four-lane
CUADRO; a square; timber frame; table of figures,
    tabulation
    ANUNCIADOR; indicator board
    DE COLOCACIÓN; (conc) placing gang
    DE CONMUTADORES; switchboard
    DE CONTADOR; meter panel
    DE DISTRIBUCIÓN; switchboard
    DE ENCHUFES; (tel) plug switchboard
    DE ESTACIÓN; (rr)(A) widened right of way
    DE FUSIBLES; fuseboard
    DE GOBIERNO; control board
    DE MANDOS; instrument panel
    DE PROPUESTA; bidding schedule
    DE PUERTA; doorframe
    DE SANITACIÓN; sanitary squad
CUADRO; square; tabulation; table of figures;
    (elec) switchboard
    DE ORGANIZACIÓN; organization chart
    DE TABLAS MÁXIMAS; load chart
CUÁDRUPLE; (a) quadruple
CUÁDRUPLO; (s)(a) quadruple
CUAJARÁ; (C) construction wood
CUAJARSE; to coagulate, clot; to cake
CUALITATIVO; qualitative
CUANTITATIVO; quantitative
CUARCÍFERO; quartzferous

CUARCITA; quartzite, quartz rock
CUARTA; a quarter; quart; lineal measure of 1/4
    CAÑA; quarter round
CUARTEADURA; a crack, split
CUARTEAR; to split; to divide into blocks; to
    quarter
CUARTEARSE; to crack, split, (lbr) to check
CUARTEO; crack, fissure; splitting, dividing into
    part, quartering; (min)(M) piecework
CUARTERNARIO; (geol) quarternary
CUARTERÓN; panel; (M) measure of 25 liters;
    (Ch) diagonal brace in a partition
CUARTILLO; liquid and dry measure having
    various values
CUARTO; quarter; room
    BOCEL; quarter-round molding
    DE CALDERAS; boiler room, fireroom
    DE CAÑA; quarter round
    DE GALÓN; quart
    DE MANDO; control room
    DE MÁQUINAS; engine room
    DE UTILIDADES; (ed) utility room
    DE VUELTA; quarter room
    HÚMEDO; (lab) fog room
CUARTÓN; girder, large beam, (C) parcel of land;
    (min) boulder
CUARZO; quartz
    BASTARDO; bastard quartz
CUARZOSO; quartzose
CUATRO; four
    CAPAS, DE; four-ply
    ETAPAS, DE; four-stage
    PASOS, DE; (valve) four-way
    PISOS, DE; (ed) four-story
    TIEMPOS, DE; (engine) four-cycle
    VÍAS, DE; (highway) four-lane
CUATROPEAR; (M) to break joints
CUBA; tank, tub, vat; cask; tank car; turbine
    bucket; conveyor bucket
CUBAJE; volume, cubical contents
CUBETA; bucket, pail; basin; leader head; water
    closet bowl; (A) spillway bucket; keg; tub
    AUTOPRENSORA; clamshell bucket
    DEL CARBURADOR; float chamber
    DE ELEVADOR; elevator bucket
    DE PALA; shovel dozer
    DEL TERMÓMETRO; thermometer
    bulb
    SACALODO; sludger
    VOLCADORA; dump bucket, contractor's
    bucket
CUBETA-DRAGA; dragline bucket
CUBICACIÓN; cubical contents; computation of
    volumes
CUBICAR; to cube; to compute volumes; (min) to
    block out
CÚBICO; cubic, cubical

CUBIERTA; cover, covering,cap, lid; roof, roof covering; (naut) deck; (str) cover plate; (mech) casing, hood; (A)(U) tire shoe; (exc)(M) overburden; (dam) face slab
   A COPETE; hip roof
   A CUATRO AGUAS; hip roof
   A DOS AGUAS; hip roof
   CORRUGADA; corrugated cover
   DEL CILINDRO; cylinder lagging
   DE AVERÍAS; average cover
   DE ESCOTILLA; hatch cover
   DE FILÓN; (min) hanging wall
   DE LONA; tarpaulin, canvas cover
   DE MOTOR; (auto) hood
   DEL SOL; sundeck
   DE TUBERÍA; pipe insulation
   DE UN AGUA; lean-to roof
   GUARDANIEVE; snowshed
   SUELTA; loose cover
   RETENEDORA DE HUMEDAD; (rd) mulch
CUBIERTO; cover, roof, shed
   ALISADO; smooth cover
   DE CONCRETO; concrete cover
   DE GUALDERA; string board
   DELGADO; thin cover
CUBILOTE; (met) cupola
CUBO; pail, bucket; cube; cubical contents; hub; socket; boss; brick hod; (math) cube
   DE AGUILÓN; (paver) boom bucket
   DE ANDARIEL; tramway bucket
   DE ARRASTRE; dragline bucket
   DE BAYONETA; bayonet socket
   DE DESMONTES; volume of excavation
   DE EXTRACCIÓN; mine bucket
   DE HIERRO; (min) kibble
   DE INCENDIO; fire bucket
   DEL INDUCIDO; armature hub
   DE PALA; shovel dipper
   DE ROSARIO; elevator bucket
   DE TRAÍLLA; scraper bowl
   DE VOLTEO; dump bucket, contractor's bucket, tip bucket
   VOLCADOR; tip bucket, dump bucket
CUBRECADENA; chain guard
CUBREJUNTA; splice plate, butt strap, fishplate, scab; astragal; gasket for pouring lead joints
CUBREPLACA; cover plate
CUBRETABLERO; (auto) cowl
CUBRIMIENTO PROTECTIVO PARA PILOTE; pile encasement
CUBRIR; to cover
CUCHARA; bucket; dipper, scoop, ladle; (A) skip loader; (A)(C) mason's trowel; posthole shovel; (pet) bailer
   AGARRADERA; grab bucket, clamshell
   AUTOMÁTICA; clamshell
   DE ALBAÑIL; trowel

   DE COLAR; ladle
   DE CUATRO GAJOS; (M) orange-peel bucket
   DE DESNATAR; skimming ladle
   DE FUNDICIÓN; casting ladle
   DE VACIAR; (foun) pouring ladle
   ESCAVADORA; (sm) spoon
   TALADRADORA; shell bit
CUCHARADA; bucketful
CUCHARÍN; (A) pointing trowel
CUCHARÓN; bucket, dipper, scoop, skip; scraper
   BIVALVO; (M) clamshell bucket
   COGEDOR; scraper bucket, scraper
   DE ALMEJA; clamshell bucket
   DE ARRASTRE; dragline bucket; drag scraper
   DE BOTALÓN; (paver) boom bucket
   DE CARGA; skip loader, charging skip
   DE COLADA; ladle
   DE CONCHAS DE ALMEJA; (M) clamshell bucket
   DE DESCARGA POR DEBAJO; bottom-dump bucket
   DE DRAGA; dredge dipper; dragline bucket
   DE EXTRACCIÓN; ore bucket; mine bucket
   DE GARRAS; clamshell bucket
   DE GRANADA; orange-peel bucket
   DE MANIOBRA; rehandling bucket
   DE MORDAZAS; clamshell bucket
   DE QUIJADAS; clamshell bucket; grab bucket
   DE TRAÍLLA; scraper bowl
   DE UN CABLE; single-line bucket
   DESENCAPADOR; skimmer scoop
   EXCAVADOR; digging bucket
   PARA HORMIGÓN; concrete bucket
   PARA MUESTREO; sampling scoop, sampling spoon
   PARA REMANIPULEO; rehandling bucket
   RECOGEDOR; scraper bucket
   TIPO CASCO DE NARANJA; orange-peel bucket
   VOLCADOR; dump bucket
CUCHILLA; blade; knife; wall scraper; moldboard; (Pan) road scraper; (top)(Col)(U) ridge
   DE ACEPILLAR; planer knife
   DE ARADO; colter
   DE CEPILLO; planer iron
   DE CONTACTO; (elec) switchblade
   DE DOS MANGOS; drawknife
   DE MOLDURAR; molding knife
   EMPUJADORA; bulldozer, bullgrader, roadbuilder; moldboard
   NIVELADORA; bulldozer, bullgrader, roadbuilder
   PARA INGLETES; miter knife

PARA MASILLA; putty knife
PARA YESEROS; wall scraper
QUITAHIELO; sleet cutter
SEPARADORA; (top)(U) divide
ZANJEADORA; ditcher
CUCHILLO; knife, blade; scraper; (Col) rafter;
   (top) ridge
   ALISADOR; smoothing blade
   DE VIDRIERO; putty knife
   INCLINADOR; tilt blade
   PARA RAYOS; spokeshave
   PERIMETRAL; (caisson) cutting edge
CUCHILLO-SERRUCHO; saw knife
CUCHILLÓN; (Ch) broadax
CUELE; (min)(drift) driving, penetration; (shaft)
   sinking
CUELGA; (Col)(Ch) slope, grade
CUELGATUBO; pipe hanger
CUELLO; collar, neck, throat; journal;
   gland
   DE CISNE; gooseneck
   DE EMBRAQUE; clutch collar
   DE EMPUJE; thrust collar
   DE GANSO; gooseneck
CUENCA; basin, drainage area, catchment area,
   watershed; valley
   CARBONÍFERA; coal basin
   COLECTORA; drainage area, catchment area,
   watershed
   DE CAPTACIÓN; watershed, catchment area,
   drainage area
   DE DRENAJE; (A) drainage area
   DE FALLAS; (geol) graben, fault trough
   DE RETENCIÓN; detention basin
   DE SEDIMENTACIÓN; (geol) sedimentary
   basin
   FLUVIAL; river basin
   HULLERA; coal basin
   IMBRÍFERA; (A)(U) drainage area,
   catchment area, watershed
   RECOLECTORA; (A) drainage area,
   watershed
CUENCO; pool, basin
   AMORTIGUADOR; stilling pool
   DE ESCLUSA; lock chamber
CUENTA; (fin) account
   AUTOMÁTICA; automatic count
   DE GASTOS; expense account
   POR COBRAR; account payable
   POR PAGAR; account payable
CUENTAKILÓMETROS; speedometer
CUENTAMILLAS; speedometer
CUENTAPASOS; pedometer, odometer,
   passometer
CUENTARREVOLUCIONES; speedometer,
   tachometer, revolution counter
CUANTAVUELTAS; tachometer, counter

CUERDA; cord, line, rope; chord; cord of wood;
   (girder) flange; (PR) land measure
   approximately 1 acre; (M) screw thread; (Ec)
   beam, joist
   DE ALGODÓN; cotton rope
   DE ALINEAR; chalk line
   DE CÁÑAMO; Manila rope
   DE CIEN PIES; (surv) normal chord
   DE CORREA; belt lacing
   DE MARCAR; chalk line
   DE PLOMADA; plumb line
   DE SEÑAL; signal cord
   INFERIOR; lower chord, bottom flange
   LARGA; long chord
   MECHA; (bl) fuse
   PARA VENTANAS; sash cord
   SUPERIOR; upper chord, top flange
CUERNO; horn; anvil horn; cableway carriage horn
   DE AMARRE; outrigger
CUERO; leather
CUERPO; body; corps, party
   DE AGRIMENSORES; survey party
   DE ARCO; arch ring
   DE BOMBA; pump casing
   DE CABRESTANTE; capstan barrel
   DE CALDERA; boiler shell
   DE CARRETILLA; wheelbarrow tray
   DE COLUMNA; column shaft
   DE INGENIEROS; corps of engineers
   DE POLEA; tackle block shell
   DE REMACHE; rivet shank
   DE LA VÁVULA; valve body
   DIVIDIDO; split casing
   ESPIRAL; (turb) spiral casing, scroll case
   FALSO; false body
   MUERTO; a permanent mooring; deadman
CUESCO; core
CUESTA; slope, hill, grade
   ABAJO; downgrade
   ARRIBA; upgrade
CUESTIONARIO; questionnaire
CUEVA; cave; cellar
CUÉVANO; panier
CUEZO; hod, mortar box; trough, basin
CULATA; butt; haunch; yoke
   DE CILINDRO; (mg) cylinder head
   DE TUBOS; pipe header
CULATAZO; kick, recoil
CULATEO; backlash, recoil, kick
CULATÍN; shank
COLUMBÍMETRO; coulometer, coulomb meter
COLUMBIO; coulomb
CULTIVADORA; (ce) cultivator
CUMBRE; crest, summit, ridge, peak, top
CUMBRERA; (roof) ridge cap; ridgepole, ridge
   roll, ridge line; arch crown
CUNA; (mech) cradle

CUNETA; ditch, gutter
   COLECTORA EN EL POZO; (min) water ring
   DE GUARDÍA; intercepting ditch, counterdrain, (rd) berm ditch
CUNETEADORA; (A) ditcher
CUÑA; wedge, chock; key, gib; plane frog; paving stone; gad
   CON AGUJAS; plug and feathers
   DE CANTERO; stone wedge
   DEL COLECTOR; commutator bar
   DE TUMBAR; falling wedge
   ENTERIZA; (va) solid wedge
   PARTIDA; (va) split wedge
CUÑAR; to wedge
CUÑERO; (C) keyway, key seat
CUÑETE; keg
CUOTA DE AGUA; water rate
CUOTA DE FLETE; freight rate
CUPLA; a coupling
   DE REDUCCIÓN; reducing coupling
CUPO; tax rate; quota
CUPÓN; coupon; (U) a short rail
CÚPRICO; copper-bearing, cupric
CUPRÍFERO; copper-bearing
CUPRITA; red copper, cuprite
CUPROMANGANESO; cupromanganese
CUPRONÍQUEL; nickel bronze, cupronickel
CUPROSILICIO; cuprosilicon
CUPROSO; copper-bearing, cuprous
CÚPULA; dome, cupola
   DE ARENA; (loco) sand dome
   DE CALDERA; steam dome
   DE VAPOR; steam dome
CURA; (conc) curing
CURACIÓN; (conc) curing; (lbr) seasoning
   ACELERADA; accelerated curing
   ADIABÁTICA; adiabatic curing
   AUTOCLAVA; autoclave curing
   AUTÓGENA; autogenous healing
   DE AIRE; (conc) air cure
   DE ETAPAS; (conc) two-stage curing
   DE ETAPA ÚNICA; single-stage curing
   EN AIRE CALIENTE; hot-air cure
   HÚMEDA; (lab) fog curing
   INCOMPLETA; (conc) undercure
   QUÍMICA; chemical cure
   ÓPTICA; optimum cure
   TÍPICA; standard curing
CURADO; curing
   AL AGUA; (conc) water curing
   CON SATURACIÓN; fog curing
   EN MASA; mass curing
CURAR; (conc) to cure; (lbr) to season
CURRENTILÍNEO; streamlined
CURSO; stroke, throw, course, travel
   DE AGUA; watercourse, stream

   DE ALERO; eaves course
   DEL ÉMBOLO; piston travel
   FLUVIAL; watercourse, stream
CURSOR; (machy) a slide
CURTIDO AL CROMO; chrome-tanned
CURTIDURÍA; tannery
CURVA; a curve, bend
   ABIERTA; (rr) easy curve; (p) long sweep
   AGUDA; sharp curve
   BRUSCA; sharp curve
   CERRADA; (rr) sharp curve; (p) short sweep
   COMPUESTA; compound curve
   DE ACUERDO; transition curve
   DE ALTURA-GASTO; (river) stage-discharge curve
   DE CABIDAS; (hyd) capacity curve
   DE CLASIFICACIÓN; (sm) size analysis
   DE DEFORMACIÓN-ESFUERZO; deformation curve, stress-strain curve
   DE DENSIDAD DE HUMEDAD; moisture-density curve
   DE DILATACIÓN; (p) expansion bend
   DE DURACIÓN; duration curve
   DE ENLACE; transition curve; junction curve
   DE GASTOS; (hyd) flow curve, rating curve
   DE NIVEL; contour line
   DE OXÍGENO COLGANTE; oxygen sag
   DE PASO; (p) crossover
   DE PASO CON SALIDA ATRÁS; (p) back-outlet crossover
   DE PIE; base elbow
   DE REMANSO; (hyd) backwater curve
   DE RENDIMIENTO; efficiency curve
   DE RETROCESIÓN; (hyd) recession curve
   DE VELOCIDADES; (hyd) vertical-velocity curve
   DE 90°; (p) quarter bend
   DE 180°; (p) half bend
   EN U; return bend
   EN U ANCHA; (p) return bend - open type
   EN U ESTRECHA; (p) return bend - close type
   ELÁSTICA; electric cable
   ENTRÓPICA; entropy diagram
   ESPIRAL; (rd) snail curve
   ESTRECHA; sharp curve
   INVERSA; reverse curve
   IRREGULAR; (dwg) French curve, irregular curve
   ISÓBATA; depth contour
   SENOIDAL; (math) sine curve
   SUAVE; easy curve
   VERTICAL CÓNCAVA; (rd) sag vertical
CURVAS DE FUERZA MAGNÉTICA; magnetic curves
CURVAS FREÁTICAS; ground-water contours
CURVABARRAS; bar bender

CURVACIÓN; curvature
CURVADORA; bender
CURVAR; to bend, curve
CURVARRIELES; rail bender
CURVATUBOS; pipe bender
CURVATURA; curvature; bending
CURVILÍNEO; curvilinear
CURVÍMETRO; curvometer
CURVO; curved
CÚSPIDE; crest, apex, vertex

CH

CHAFIRRO; (CA) machete, knife
CHAFLÁN; bevel, chamfer
CHAFLANADOR; beveling tool
CHAFLANAR; to chamfer, bevel
CHALANA; scow, lighter
    DE COMPUERTA; dump scow, hopper barge
CHALUPA; launch, small vessel, boat; (M) ore
    bucket, ship
CHAMBA; (Ec) sod, turf; (Col) a ditch; (M)
    occupation
CHAMBEAR; (Col) to dig trenches; (Ec) to sod;
    work
CHAMBRANAS; (carp) trim
CHAMBURGO; (Col) pool, backwater
CHAMPA; (A) sod
CHAMPÁN; large flat boat
CHANCA; crushing
CHANCADO; (s) crushed stone
    SIN CRIBAR; crusher-run aggregate
CHANCADORA; crusher
    DE CONO; cone crusher
    DE DISCOS; disk crusher
    DE MANDÍBULAS; jaw crusher
    DE MARTILLOS; hammer mill
    DE QUIJADAS; jaw crusher
    GIRATORIA; gyratory crusher
    REDUCTORA; reduction crusher
CHANCAR; to crush
CHANFLE; bevel, chamfer; (A)(concave) quarter
    round
CHANGOTE; steel billot, bloom
CHANTO; (Es) flagstone
CHAPA; sheet, plate; veneering; (C) brass check;
    (Pan)(Ec)(Ch) door lock
    ABOVEDADA; buckle plate
    ACANALADA; corrugated sheet
    CALADA; perforated plate
    CERÁMICA; ceramic veneer
    COMBADA; buckle plate
    CORRUGADA; corrugated sheet
    DE CALDERA; boiler plate
    DE GUARDA; (door) finger plate
    DE IDENTIDAD; name plate
    DE NUDO; (str) gusset plate
    DEL OJO; keyhole escutcheon
    DE PALASTRO; plate steel; sheet iron
    DE PATENTE; (auto) license plate

DE RELLENO; (str) filler plate
DE UNIÓN; splice plate
DESPLEGADA; expanded metal
EMPLOMADA; terneplate
ESCAMADA; (U) checkered plate
ESTRIADA; checkered plate
ETIQUETA; nameplate
LISA; flat sheet metal
MATRÍCULA; license plate
METÁLICA; sheet metal; (C) sheet brass
NODAL; gusset plate
ONDULADA; corrugated sheet metal
PARA PARED; (elec) wallplate
RAYADA; ribbed plate
TUBULAR; (bo) tube sheet
CHAPALETA; flat valve; check valve clapper
CHAPAPOTE; tar; asphalt
CHAPAPOTEAR; to coat with tar
CHAPARRÓN; cloudburst, downpour
CHAPEAR; to veneer; to line with metal;
(C)(PR)(CA) to clear land, to grub
CHAPERÍA; plate work; sheet-metal work
CHAPISTA; sheet-metal worker, tinsmith
CHAPISTERÍA; sheet-metal work
CHAPISTERO; sheet-metal worker, tinsmith,
tinker
CHAPITA; brass check
CHAPITEL; (column) capital
CHAPOTEO; splashing
CHAPURO; (CA) asphalt; tar
CHAQUEAR; (A)(B) to clear land
CHAQUETA; casing; jacket
DE AGUA; water jacket
DE CALDERA; boiler lagging, boiler
insulation
DE CILINDRO; cylinder lagging
DE POLVO; dust jacket
CHARCA; pool, pond
CHARCO; pool
CHARNELA; hinge, knuckle, articulated joint
DE DIRECCIÓN; (auto) steering knuckle
DE PISO; floor hinge
CHAROL; a coating; varnish; patent leather
JAPONÉS; japan
CHAROLAR; to varnish, japan; to coat
CHARPAR; to scarf
CHARQUEAR; (min) to bale out, unwater
CHARQUERO; (min) drainage ditch
CHASIS; chassis
CHASQUEAR; (machy) to clatter
CHATA; (s) flat truck; flat barge
ALIJADORA; a lighter
BARRERA; mud scow
CHATARRA; junk, scrap iron
CHATARRERÍA; junk shop, junk yard
CHATARRERO; junk dealer
CHATO; flat

CHAUTI; (M) clay
CHAUTOSO; (M) clayey
CHAVETA; cotter, key, gib; wedging piece
CÓNCAVA; saddle key
DE CABEZA; gib-head key
DE DOS PATAS; cotter pin
EMBUTIDA; sunk key
HENDIDA; cotter pin, cotter
Y CONTRACHAVETA; gib and cotter
CHAVETERO; (U) key seat
CHAZA; (Pe) port inner basin; (Ch) cooper's
driver
CHAZO; (Col) nailing block, wood brick
CHECAR; (M) to check
CHEJE; (CA) a link
CHEQUE; check; (C) check valve
CERTIFICADO; certified check
INTERVENIDO; certified check
CHEQUEAR; (CA)(Ec)(Col) to check, verify
CHIAPAS PARA PAREDES; siding
CHICANA; a baffle
CHICOTES; packing, junk
CHICHARRA; ratchet; electric buzzer
CHIFLÓN; flume; strong wind of air; mine
chamber; (min) loose stone slide; inclined
gallery; (Ch) rapids; (CA) waterfall;
(Col)(water) spring; (M) nozzle
DE AGUA; (M) water jet
DE ARENA; (M) sandblast
CHILENO; (min) edge mill, Chile mill
CHILLA; clapboarding; lathing; thin board
DE METAL; metal lath
CHILLADO; (s) weatherboarding, clapboarding;
lathing
CHILLAR; to creak, squeak
CHIMENEA; chimney, chimney stack; shaft;
fireplace; (Pe) ascending gallery
DE AIRE; air shaft
DE EQUILIBRIO; (hyd) surge tank
DE GASES GENERADOS; stack gases
DE HUMO; smoke stack
DE VISITA; inspection shaft
CHINA; small stone, cobble
CHINARRO; pebble, cobble
CHINATA; (C) pebble, cobble
CHINATEADO; small cobble paving
CHINCHE; thumbtack
CHINO; cobble; (PR) boulder; (min) iron pyrites,
copper pyrites
CHIPODEADO; (M) rock-faced
CHIQUERO; (C) crib, cribwork
CHIRLE; (Col) grout; whitewash
CHIRRIDO; (machy) squeaking
CHISPA; spark
CHISPAS DE HIELO; (hyd) frazil ice
CHISPEAR; to spark; sprinkle; (PR) to spray
CHISPEO; sparking; sprinkling

CHISPORROTEO; sparking
CHIVATO; (B) helper, apprentice
CHOCAR; to collide; (naut) to foul
CHOCO; (Ch) stump
CHÓFER; chauffeur
CHOMPA; (V) churn drill, hand drill
CHOMPÍN; (V) hand drill
CHOPO; poplar
CHOQUE; impact, shock, collision, crash
    DE AGUA; water hammer
    DE ARIETE; water hammer
    ELÉCTRICO; electric shock
CHORIZO; mud wall; mud and straw mixture for
    wall plastering
CHORREAR; to spout, gush; to drip
CHORREO; spouting, gushing
CHORRO; jet stream
    CONTRAÍDO; (hyd) vena contracta
    DE AGUA; water blast
    DE ARENA; sandblast
    DE VAPOR; steam jet
CHOY; (M) a soft shale
CHOZO; shed, shanty
CHUCHERO; (C) switchman
CHUCHO; (rr) switch; (elec) switch; (C) siding;
    turnout
    BISELADO; (rr) lap switch
    DE AGUJA; (rr) point switch; split switch
    DE ARRASTRE; (rr) trailing switch
    DE DESCARRILAR; (rr) derail switch
    DE TOPE; (rr) stub switch
    DE TRES TIROS; three-throw switch
    EN CONTRAPUNTA; facing switch
    ENFRENTADO; facing switch
    MUERTO; (C) dead-end siding
CHUMACERA; bearing, pillow block, journal box;
    rowlock
    A RODILLOS; roller bearing
    DE BOLAS; ball bearing
    DE CAMIZA; sleeve bearing
    DEL CONTRAVÁSTAGO; tail bearing
    DE EMPUJE; thrust bearing
    EXTERIOR; outboard bearing
    PARTIDA; split bearing
    RECALENTADA; hot bearing
CHUMERO; (CA) helper, apprentice
CHUPADERO; suction pipe
CHUPADOR; foot valve strainer
CHUPAR; (pump) suck, draw
CHUPÓN; plunger; (C) foot valve
CHUZO; pike pole; (Ch) crowbar

D

DADO; die; (mas) small pier, capstone; (M)
    jackbit
    DE BARRENA; (M) jackbit
    DE ROSCAR; die
DADOS; dies
    DE AMORTIGUAMIENTO; (hyd) baffle
    blocks
    PARA TORNILLOS; bolt dies
    PARA TUBERÍA; pipe dies
DALA; (M) slab
DAMA; blast furnace dam; (A) mound of earth
    underneath an engineer's stake
DAMERO-ESTAMPA; (A) swage block
DAÑAR; to damage
DAÑO; damage
    CAUSADO POR INCENDIO; fire damage
DAÑOS Y PERJUICIOS; (leg) damages
DAR; to give
    ALCANCE; to overtake
    BOCAZO; (bl) to blow out
    BRILLO; gild
    CONTRAMARCHA; (machy) to reverse
    CUELE; (tun)(M) to drive
    CUERDA; (inst) to wind
    DE BAJA; (person) to discharge; (Ch) to scrap
    FONDO; to anchor, drop anchor
    FUEGO; to blast; to blow in a furnace
    MANIVELA; (auto) to crank
    MECHAZO; (bl) to misfire
    PRESIÓN; to get up stream
    VAPOR; (bo) to steam
    VUELTAS; to revolve, slue
DÁRSENA; basin, dock, inner harbor
    DE FLOTE; wet dock, basin
    DE MANIOBRA; turning basin
    DE MAREA; tidal basin
DATO; datum
DATOS; data
    TABULADOS; tabulated data
DAVINA; miner's safety lamp
DE CABEZA; on end
DE CANTO; on edge
DEBAJO; below, under
    DEL PISO; underfloor
DÉBIL; weak
DEBILITAR; weaken
DÉCADA; decade

DECAGRAMO; decagram
DECALADOR DE FASE; phase shifter
DECALESCENCIA; decalescence
DECALESCENTE; decalescent
DECALITRO; decaliter
DECÁMETRO; decameter
DECANTABLE; (hyd) settleable
DECANTACIÓN; (hyd) sedimentation, settling; pouring
DECANTADOR; settling tank
    DE ARENA; sand trap, separator, catch basin
DECANTAR; to deposit silt, settle; to pour; to drain off
DECARBONATADOR; decarbonator
DECARBONATAR; to decarbonate
DECARBONIZAR; to decarbonize
DECARBURACIÓN; decarburization
DECÁREA; decare
DECAUVILLE; narrow-gage
DECELERACIÓN; deceleration, retardation
DECIGRAMO; decigram
DICILTRO; deciliter
DECIMAL; (s)(a) decimal
DECÍMETRO; decimeter
DÉCIMO; tenth
DECLINACIÓN; (compass) declination
DECLINÓGRAFO; declinograph
DECLINÓMETRO; declinometer
DECLIVE; slope, grade, incline, pitch
    DE SUBIDA; upgrade
DECLIVIDAD; slope
DECRECER; (tide) ebb; (river) to fall; to decrease
DECREMENTO; decrement
DEDAL; carp, ferrule
DEDO DE CONTACTO; (elec) contact finger
DEFECTO; defect, flaw, default
    DE EMPATE; splice mark
    DE METAL; metal defect
DEFECTUOSO; defective; unsound
DEFENSA; guard, fender, protection
    DE LA ESCOTILLA; coaming
    DE ORILLAS; shore protection
    DE RIBERAS; bank protection
    FLUVIAL; bank protection
    MARÍTIMA; (A) sea wall
DEFICIENCIA DE AIRE; air deficiency
DEFICIENTE; deficient
DEFINITIVO; definitive
DEFLAGRAR; to deflagrate
DEFLECCIÓN; (str)(Es)(A) deflection
DEFLECCIONAR; (str)(A) to deflect
DEFLECTÓMETRO; deflectometer
DEFLECTOR; baffle, deflector, flip bucket
    DE AIRE; air deflector
    DE DESCARGA; belt plow
DEFLEXIÓN; (str)(surv) deflection
DEFLOCULANTE; (M) deflocculant

DEFLOCULAR; (M) deflocculate
DEFORESTAR; to deforest
DEFORMACIÓN; deformation, strain; distortion
    ANCLADERA; anchorage seating, anchorage deformation
    ANELÁSTICA; (A) plastic flow
    DE CORTE; shearing strain
    PLANA; plain deformation
    PLÁSTICA; plastic deformation; (str) time flow
    TRANSVERSAL; racking
DEFORMAR, DEFORMARSE; to deform, distort
DEFÓRMETRO; deformeter
DEGRADABLE; (soil) erosible
DEGRADACIÓN; (chem)(geol) degradation
DEGRADAR; (chem)(geol) to degrade; (mas) to rake joints
DEGÜELLO INFERIOR; (bs) bottom fuller
DEGÜELLO SUPERIOR; (bs) top fuller
DELANTAL; (mech)(auto)(hyd) apron
    IMPERMEABILIZANTE; (M) dam face slab
DELANTERA; (s) front end, front part
DELANTERO; (s) stair tread nosing; (a) front
DELEGADO; (union) delegate
DELEZNABLE; (ground) unstable, crumbly, (soil) brittle
DELEZANAMIENTO; (soil) slaking
DELGA; thin sheet; commutator bar
DELGADEZ; slenderness
DELGADO; (a) thin, light
DELICUESCENCIA; deliquescence
DELICUESCENTE; deliquescent
DELINEADOR; draftsman, designer
DELINEAR; to design, draw
DELTA; (river)(elec) delta
    T; delta T
DEMANDA; demand, load
    DE AGUA; (machy) water demand
    MÁXIMA; peak load
    PARA CALEFACCIÓN; heating load
    POR INFILTRACIÓN; (ac) leakage load
    POR OCUPACIÓN; (ac) occupancy load
DEMARCACIÓN; laying out; (A) fencing
DEMOLEDOR; building wrecker
DEMOLEDORA; demolition tool
DEMOLER; to demolish, raze, (ed) wreck
DEMOLICIÓN; wrecking, demolition
DEMORA; delay; demurrage; (naut) bearing
DEMULSIBILIDAD; demulsibility
DEMULSIONAR; to demulsify
DENOMINADOR; denominator
DENSIDAD; density
    DE FUERZA RADIANTE; radiant power density
    DE NIEVE; snow density
    DE VAPOR; vapor density
    RELATIVA; (sm) relative density

SECA; dry density
DENSIFICACIÓN; (sm) desification
DENSIMÉTRICO; densimetric
DENSÍMETRO; densimeter; hydrometer
DENSO; dense, thick; (conc)(A) stiff
DENTADO; *(a)* dented, toothed, serrated, in
    dented; (n) toothing, (conc) bonding key;
    indentation
DENTADOR; (saw) gummer
DENTAR; to tooth, notch, indent
DENTELLADO; toothed, notched, indented
DENTELLÓN; (dam) cutoff wall; brick wall
    toothing
DENUNCIA; (min) denouncement
    DE ACCIDENTE; accident report
DENUNCIAR; (min) to denounce
DEPARTAMENTO; compartment; department;
    apartment
DEPENDENCIA; dependency
DEPLECIÓN; (A) depletion
DEPOSICIÓN; (met)(geol) deposition
    ELECTROLÍTICA; electrodeposition
DEPOSITACIÓN; (hyd)(A) sedimentation
DEPOSITAR; to deposit
DEPÓSITO; storehouse, warehouse; store; bin;
    tank; reservoir; sediment, precipitate; deposit;
    (geol) deposition
    AL FRENTE DE UNA DELTA; (geol) fore-set
    beds
    ALIMENTADOR; distributing reservoir
    ALUVIAL; alluvial deposit
    COMPENSADOR; regulating reservoir
    COMPRESOR; pressure tank
    DE ACARREOS; (hyd) silt deposits
    DE ACUMULACIÓN; storage reservoir
    DE AIRE COMPRIMIDO; air receiver
    DE BALDEO; flush tank
    DE CAPTACIÓN; impounding reservoir
    DE CARBÓN; coalbin
    DE CARGA; (hyd)(Es) forebay
    DE COMPENSACIÓN; surge bin; (hyd)
    regulating reservoir
    DE DETENCIÓN; detention basin
    DE DISTRIBUCIÓN; distributing reservoir
    DE ESCOMBROS; muck bin
    DE EXPLOSIVOS; magazine
    DE INCRUSTACIONES; deposit of scale
    DE LIMPIA; (sw)(Es) flush tank
    DE LOCOMOTORAS; (rr) enginehouse,
    roundhouse
    DE MADERAS; lumberyard
    DE MINERALES; mineral deposit
    DE RETENCIÓN; (sd)(Pe) detention basin
    DE SEDIMENTACIÓN; settling basin; (hyd)
    debris trap
    REGULADOR; regulating reservoir;
    standpipe

DEPRECIACIÓN; depreciation
    ACELERADA; accelerated depreciation
    ACUMULADA; accrued depreciation,
    accumulated depreciation
DEPRECIAR, DEPRECIARSE; to depreciate
DEPRESIÓN; (top) depression, hollow; gap, pass;
    (hyd)(V) drawdown; (surv) depression
DEPRIMIDO; (hyd) drawdown
DEPURADOR; cleaner, purifier; filter
    DE AIRE; air washer, air scrubber
    DE AIRE CENTRIFUGADO; centrifugal air
    cleaner
    DE COK; coke scrubber
    DE VAPOR; steam purifier
DEPURAR; to purify
DERECHA; *(s)* right hand
DERECHO; (n) grant, concession; law; *(a)* straight;
    (hand) right
    DE BOSQUE; timber rights
    DE MONTE; timber rights
    DE PASO; right of way
    DE RETENCIÓN; lien
    DE VÍA; right of way
DERECHOS; taxes, duties, fees
    ADUANEROS; customs dues
    CONSULARES; consular fees
    DE AGUA; water rights
    DE ALMACENAJE; storage charges,
    warehouse charges
    DE ANCLAJE; anchorage dues
    DE BALIZA; beaconage
    DE ESCLUSA; lockage, locking charges
    DE EXPORTACIÓN; export duties
    DE LANCHAJE; lighterage
    DE MINERAJE; mining royalty
    DE MINERAL; mineral rights
    DE MUELLE; wharfage
    DE PATENTE; patent royalty
    DE PUERTO; harbor dues, keelage
    DE QUILLA; keelage
    DE REMOLQUE; towing charges
    DE RIEGO; irrigation rights; irrigation dues
    DE SALVAMENTO; salvage
    DE TONELAJE; tonnage dues
    PETROLEROS; oil rights
    PORTUARIOS; port charges, harbor dues
DERIVA; drift, leeway
DERIVACIÓN; diversion; by-pass; branch, service
    connection; overflow; (elec) shunt
    AL CALORÍFERO; runout
    DEL AGUA SUPERFICIAL; (hyd) skimming
    DE LA TUBERÍA DE EVACUACIÓN; (pb)
    soil branch
    DE SERVICIO; (p) house connection, house
    service
    DEL TUBO PRIMARIO; (p) secondary
    branch

PARTICULAR; (p) house service
DERIVADA; *(s)*(math) derivative
DERIVADO; *(s)*(chem) derivative; branch
DERIVAR; to divert; (elec) to shunt; to branch off; (naut) to drift
    LAS JUNTAS; (Ch) to break joints
DERIVATIVO; *(a)*(chem)(math) derivative
DERRAMADERO; (hyd) apron; spillway; (M) stream valley
    DEL SIFÓN; crown weir
DERRAMAMIENTO; (hyd) runoff
DERRAMARSE; to overflow; to run off
DERRAME; (hyd) runoff, flow, effluent, overflow; (ed) water table; window or doorjamb splay; (C) drip, overhang
    SÓLIDO; (A) silt load
DERRETIDO; *(a)* melted, molten; (conc) grout
    DE CEMENTO; (C) cement grouting
DERRETIR; to melt, fuse
DERRETIRSE; to melt, thaw; to fuse
DERRIBADOR; felling ax; building wrecker
DERRIBAR; to wreck, demolish; to fell
DERRIBO; wrecking, demolition; felling
DERRIBOS; building rubbish, debris
DERRISCO; (C) gorge
DERROCADORA; (A) rock breaker
DERROCAMIENTO; demolition; (A) rock excavation
DERROCAR; to tear down, demolish
DERROCHAR; to waste
DERROCHE; waste
DERRUBIAR; to erode, wash away, undercut
DERRUBIO; erosion, undercutting, scour, undermining; eroded material
DERRUMBARSE; collapse; to fail; (earth) to slide
DERRUMBE; failure, fall; slip, landslide; cave-in
    POR VOLCAMIENTO; (well) tilting failure
DESABOLLADOR; sheet metal straightening tool
DESABOLLAR; to straighten out dents or bulges
DESACEITADO; lacking lubrication
DESACELERAR; (M) to decelerate
DESACIDIFICAR; to neutralize acids
DESACOPLAR; to uncouple, disconnect
DESACTIVAR; to deactivate
DESACUERDO; variance
DESACUÑAR; to remove wedges; to unseat
DESADOQUINAR; to tear up pavement
DESAEREADOR; deaerator
DESAEREAR; deaerate
DESAFILADO; dull
DESAFILARSE; to become dull
DESAFORRAR; to remove sheathing
DESAGARRAR; to release a clamp or clutch
DESAGOTAR; to drain
DESAGOTE; (C) draining
DESAGREGACIÓN; disintegration
DESAGREGADO; disintegrated

DESAGUABLE; drainable
DESAGUADERO; drainpipe, drain; (M) sewer
DESAGUADOR; a drain; drainer; dewaterer
    DE BASURAS; trash sluice
DESAGUADORA DE SÓTANOS; cellar drainer
DESAGUAR; to drain, unwater; to discharge
DESAGUAZAR; to drain
DESAGÜE; drainage; a drain, drainpipe; gutter
    CLOACAL; a sewer; sewerage
    COMBINADO; combined drain
    DE AGUA PLUVIAL DE EDIFICIO; building storm drain
    DE ÁREA; area drain
    DE AZOTEA; (pb) roof drain
    DE CIMIENTO; foundation drain
    DE CONSTRUCCIÓN; building drain
    DE DESPERDICIOS; (hyd)(M) wasteway
    DE FONDO; sluiceway, undersluice
    DE FUNDACIÓN; foundation drain
    DE MACHONES; buttress drain
    DE PISO; floor drain
    DE SUELO; floor drain
    DOMICILIARIO; house drain
    FILTRANTE; filter drain
    INFERIOR; subdrainage, underdrainage, agricultural drain
    INTERCEPTADOR; intercepting drain
    LENTO; trickle drain
    PARA DUCHA; shower drain
    PLUVIAL; storm-water sewer
    PRIMARIO; primary drain
    SIN PRESIÓN; nonpressure drainage
    SUPERFICIAL; surface drainage
DESAHOGADO; (hyd) unsubmerged
DESAHOGAR; to vent, relieve pressure; (Sp) to drain
DESAHOGO; vent, discharge, relieve of pressure
DESAHUCIAR; (Ch)(person) to discharge
DESAHUCIO; (Ch)(person) discharge, eviction; (Pan) exhaust
DESAIRE; (A) venting
DESAIREAR; to deaerate
DESAISLACIÓN; insulation removal
DESAJUSTARSE; to get out of order
DESAJUSTE; bad order, breakdown
DESALABEAR; to straighten
DESALINEADO; out of line, untrue, (holes) unfair
DESALINEAMIENTO ANGULAR; angular misalignment
DESALINEARSE; to get out of line
DESALMACENAR; to take out of storage
DESALOJAMIENTO; (M) displacement
DESAMOLDAR; (conc) to strip forms
DESANGRAMIENTO; (conc)(M) bleeding
DESAPAREJAR; to dismantle, strip, unrig
DESAPERNAR; to loosen bolts; to remove bolts
DESAPLOMADO; out of plumb

DESAPRETAR; to loosen
DESAPUNTALAR; to remove shores
DESARBORIZACIÓN; deforestation
DESARENADOR; sand trap, grit chamber, catch
    basin, silt basin; sluiceway, sand sluice
DESARENADORA; sand pump
DESARENAR; to remove sand; desand
DESARMABLE; collapsible, detachable
DESARMADO; knocked down, dismantled
DESARMAR; to dismantle, disassemble; (forms)
    to strip
DESARME; dismantling
DESARRAIGADOR; (ce) rooter
DESARREGLADO; out of order
DESARREGLO; no order, chaos
DESAROLLAR; to unroll; to develop
DESAROLLO; development
    ANUAL; annual growth
    EN LA ZONA DE VÍA; (rd) roadside
    development
    ESPORÁDICO; scattered development
    Y EXPANSIÓN URBANO; urban
    development
DESARTICULAR; to disjoint
DESASFALTAR; (pet) remove asphalt
DESASIENTO; (pressure) unseating
DESATERRAR; silt removal; to cleam up rubbish;
    (min) dead removal
DESATORAR; to remove obstructions; to clear
    away rubbish
DESATORNILLAR; to unscrew
DESAZOLVAR; (M) silt removal
DESAZUFRAR; to desulphurize
DESBACTERIZACIÓN; (A) sterilization
DESBANQUE; (M) stripping top soil; (Ec) sidehill
    excavation
DESBARATAR; to demolish, break
DESBARBADOR; chipping chisel
DESBARBAR; to chip, trim, smooth off
DESBARNIZAR; varnish removal
DESBARRAR; sludge or silt removal
DESBASTADOR; hewer; a trimming or shaping
    tool; (sa) trimmer; dresser
DESBASTAR; to dress roughly, trim, scabble; to
    hew
DESBASTE; hewing; rough-dressing
DESABOCARSE; (machy) to race
DESBORDARSE; to overflow
DESBOSCAR; deforest, clear
DESBOSQUE; (land) clearing; cutting trees
DESBROCE; (land) clearing, grubbing
DESBROZAR; (land) to clear, to grub; (forest)
    swamp out
DESCABEZAMIENTO; rivet tension; rivethead
    cutting
DESCAFILAR; mortar cleaning from bricks or
    stones

DESCALCADOR; reeming iron, ripping iron
DESCALCAR; caulk removal
DESCALZAR; underpinning removal; wedge or
    chock removal
DESCAMADOR; (hw) scaler
DESCAMARSE; to scale off
DESCAMINARSE; to run off a road
DESCAMINO; running off a road
DESCANSADILLO; (auto) footrest
DESCANSAPIÉ; (auto) footrest
DESCANSO; bearing, pillow block; stair landing;
    (Ch) water closet; (str)(A) bearing
    DE BOLAS; ball bearing
    DE RODILLOS; roller bearing
DESCANTEAR; to chamfer, splay; to round off
DESCANTILLADORA; chipper
DESCANTILLAR; to chip off, spall; to bevel
DESCAPOTAR; (Col) to strip topsoil
DESCARBONIZAR; carbon removal; to
    decarbonize
DESCARBURAR; to decarbonize
DESCARGA; unloading, dumping; (hyd)
    discharge, outlet; (machy) exhaust; (elec)
    discharge
    ESPECÍFICA; (hyd) specific discharge
    INFERIOR; bottom dump
    LATERAL; side dump
    POR EL FRENTE; front dump
    REGULABLE; controllable dump
    SUPERFICIAL; (elec) surface leakage
    TRASERA; rear dump
DESCARGADERO; unloading platform
DESCARGADOR; (hyd) wasteway; (elec)
    lightning arrester; (elec) discharger;
    (compressor) unloader; relieving
    DE CARROS; car unloader
    DE FONDO; (dam) sluiceway, silt sluice
    ELECTROSTÁTICO; electrostatic arrester
DESCARGADORA DE VAGONES; car unloader
DESCARGAR; to unload; to discharge; (eng) to
    exhaust
DESCARGARSE; to discharge; (battery) to run
    down
DESCARGUE; unloading; discharge
DESCARRILADOR; derail switch
DESCARRILARSE; to run off the track
DESCARRILO; (A) derailment
DESCASCARARSE; flake
DESCEBARSE; (pump) to lose prime
DESCENTRADO; out of line, off center, eccentric
DESCERCAR; fence removal
DESCIMBRAR; to strike centers
DESCIMENTAR; to undermine
DESCLAVADOR; claw bar, nail puller
DESCLAVAR; to pull nails
DESCLAVIJAR; pin or cotter removal
DESCLORAR; to dechlorinate

DESCLORINACIÓN; dechlorination
DESCLORÍNADOR; dechlorinator
DESCOAGULÁNTE; clot dissolving
DESCOBRAR; to decopperize
DESCOLCHAR; (cab) to unlay
DESCOLORACIÓN; discoloration
DESCOLORAR; color removal, bleach
DESCOMBRAR; spoil removal, to muck, clean up
DESCOMBRO; muck, excavated material, rubbish
DESCOMPONER; to break, to decompose; (math) resolve
DESCOMPONERSE; decay, rot, decompose; take out of order
DESCOMPONIBLE; decomposable
DESCOMPOSICIÓN; decomposition
   DE FUERZAS; resolution of forces
DESCOMPOSTURA; breakdown, no order
DESCOMPRESIÓN; decompression
DESCOMPRESOR; decompressor
DESCOMPUESTO; out of order; disintegrated
DESCONCENTRADOR; deconcentrator
DESCONCHAMIENTO DE LA ROCA; (tun) popping
DESCONCHAR; to scale off, spall; to exfoliate
DESCONECTADOR; disconnector, disconnecting switch
   FUSIBLE; disconnecting fuse
DESCONECTAR; disconnect
DESCONEXIÓN; disconnection
DESCONGELADOR; defroster
DESCONGELAR; thaw out
DESCONTAMINACIÓN; decontamination
DESCORDANCIA; (geol) uncomformity
DESCORREGIDO; (inst) out of adjustment
DESCORTEZADOR; (lbr) rosser
DESCORTEZADORA; bark mill
DESCORTEZAR; bark stripping
DESCOSTRADOR; boiler compound
DESCOSTRAR; scale removal
DESCOSTRARSE; to scale; to spall
DESCRECER; (tide) to ebb, (river) falling of level
DESCRIPCIÓN LEGAL; legal description
DESCUAJAR; to grub
DESCUAJE; grubbing
DESCUBIERTO, AL; above ground, in open air, in sight; open
DESCUENTO; discount
DESCHAVETAR; key or cotter removal
DESECACIÓN; drying, desiccation; (lbr) seasoning; (M) drainage
DESECADOR; drier, dehydrator, desiccator
   DE CIENOS; (sd) sludge drier
   INSTANTÁNEO; flash drier
DESECANTE; desiccant
DESECAR; to dry, season, desiccate; (M) to drain, dewater
DESECHAR; to scrap

DESECHO; scrap, junk; (surv) offset; (rd) detour
DESECHOS; spoil, tailings, rubbish, scrap, waste, (min) deads
   DE CURTIDO; (sen) tannery wastes
   DE FUNDICIÓN; foundry scrap
   DE HIERRO; scrap iron
   DE LAVANDERÍA; (sen) laundry wastes
   INDUSTRIALES; trade wastes
   INORGÁNICOS; inorganic wastes
   ORGÁNICOS; organic wastes
   REFINARÍA; refinery wastes
DESEMBALDOSAR; to take up tile pavement
DESEMBANCAR; silt removal
DESEMBANQUE; silt removal
DESEMBARCADERO; wharf, loading dock
DESEMBARCAR; unload, disembark, debark
DESEMBARRAR; to clear of mud or silt
DESEMBOCADURA; outlet, mouth, outfall
DESEMBOCAR; (stream) to discharge, empty
DESEMBOLSO; expenditure
DESEMBOQUE; mouth, outlet
DESEMBRAGAR; clutch release
DESEMBRAGUE; clutch release, throwout
DESEMPAÑADOR; windshield cleaner
DESEMPAPAR; to desaturate
DESEMPAQUETAR; packing removal
DESEMPEDRAR; tear up paving
DESEMPERNAR; bolt removal, unbolt
DESEMPLOMAR; lead removal
DESEMPOTRAR; loosen something fixed or embedded
DESENASTAR; handle or haft removal
DESENCAJAR; throw out of gear, unmesh
DESENCAPADORA; stripping shovel, skimmer scoop
DESENCAPAR; (top soil) to strip
DESENCASTRAR; to free something embedded; to disconnect
DESENCESPEDAR; sod stripping
DESENCLAVAR; to pull nails; clutch release
DESENCLAVIJAR; dowel or pin removal
DESENCOFRAR; form stripping
DESENCOLAR; gluing or sizing removal
DESENCORVAR; to straighten
DESENERGIZAR; to de-energize
DESENFANGAR; to desilt, mud removal
DESENFOCADO; out of focus
DESENGALGAR; chock or wedge removal
DESENGANCHAR; to unhook, disconnect, disengage, release, uncouple
DESENGANCHE; unhooking, uncoupling; (elec) release
DESENGOZNAR; to unhinge
DESENGRANAR; disengage, unmesh, out of gear
DESENGRASADOR; grease remover
DESENGRASAR; to degrease
DESENGRASE; degreasing

DESENJARCIAR; to unrig
DESENLADRILLAR; take up brick pavement
DESENLODAR; mud removal, to desilt
DESENLOSAR; take up flagstones
DESENMANGAR; handle or haft removal
DESENMOHECER; rust cleaning
DESENRAÍCE; grubbing
DESENROLLAR; unreel, uncoil, unwind, unspool
DESENSAMBLAR; to knock down
DESENSORTIJAR; remove kinks
DESENTABLAR; board stripping
DESENTARIMAR; boarding removal
DESENTARQUINAR; to desilt
DESENTEJAR; roof tile stripping
DESENTUBAR; boiler tube removal
DESENYERBAR; to strip, remove grass
DESENYERSAR; to tear off plaster
DESENQUILIBRADO; unbalanced
DESEQUILIBRIO; unstable equilibrium
DESESCAMAR; scale removal
DESESCARCHADOR; defroster
DESESCOMBRO; clean up
DESESTAÑAR; to detin
DESEXCITAR; de-energize
DESFASADO; (s) phase displacement
DESFASAMIENTO; phase difference
DESFATIGAMIENTO; stress relieving
DESFERRIFICAR; to deferrize
DESFILADERO; gap, pass, defile
DESFLEMADORA; dry kiln
DESFLOCULADOR; deflocculator
DESFLOCULAR; to deflocculate
DESFOGAR; to vent; (hyd) to drain off, sluice
DESFOGUE; (pressure) relief; a vent; (hyd)(M)
    wasteway, sluice
DESFORESTACIÓN; deforestation
DESFORRAR; to remove sheathing or lining
DESFRENAR; to release brakes
DESGANCHAR; to unhook
DESGARRADOR; (road) ripper
DESGARRAMIENTO; (str) crippling
DESGARRÓN; tear
DESGASIFICAR; to degasify, degas
DESGASTANTE; abrasive
DESGASTAR; to erode, wear, abrade, wear away
DESGASTARSE; to wear, wear out
DESGASTE; erosion, abrasion, wear
    DE LA ESCARPIA DEBAJO DE LA
CABEZA; (rr) necking
    DE SUELO; soil erosion
    NATURAL; ordinary wear and tear
DESGOZNAR; to unhinge
DESGRACIA; accident
DESGRASAR; degrease
DESGUACE; (lbr) rough-dressing
DESGUARNECER; to strip off fittings, dismantle
DESGUAZAR; (lbr) to rough-dress

DESHACERCE; to disintegrate
DESHELADOR DE DINAMITA; dynamite thawer
DESHELAR; to thaw; to deice
DESHELARSE; to thaw
DESHERRUMBAR; to clean off rust
DESHIDRACIÓN; dehydration
DESHIDRATADOR; dehydrator, dewaterer
DESHIDRATAR; to dehydrate, dewater
DESHIDROGENAR; to dehydrogenize
DESHIELO; thawing, a thaw
DESHIERBAR; to grub
DESHIERBE; grubbing
DESHINCAR; (piles) to pull
DESHOJADOR; leaf screen
DESHOLLINADOR; soot catcher
DESHOLLINAR; soot removal
DESHUMECTADOR; (V) dehumidifier
DESHUMECTAR; (V) to dehumidify
DESHUMEDECEDOR; dehumidifier
DESHUMIDIFICAR; to dehumidify
DESIFONAR; (A) to siphon
DESIGUAL; unequal
DESIMANAR; to demagnetize
DESIMANTAR; to demagnetize
DESINCRUSTADOR; boiler-tube cleaner; scaling
    hammer
DESINCRUSTANTE; boiler compound
DESINCRUSTAR; to remove scale
DESINFECCIÓN; desinfection
DESINFECTAR; to disinfect, sterilize
DESINFLADO; (tire) flat
DESINFLAR; to deflate
DESINTEGRACIÓN; disintegration
DESINTEGRAR; to disintegrate
DESLADRILLAR; to tear up brick pavement
DESLAMAR; to desilt, mud removal
DESLASTRAR; to remove ballast
DESLATAR; to strip off laths or battens
DESLAVAR; to erode, wash away; to rinse,
    wash
DESLAVE; tailings; eroded material; erosion
DESLEÍR; to dilute
DESLINDAR; to mark boundaries; to survey
DESLINGAR; to unsling
DESLIZADERAS; slides; (hyd) gate guides
DESLIZADERO; slipway; launching way
DESLIZAMIENTO BÁSICO; basic creep
DESLIZAR; to slide; slip; (rr) to creep
DESLUSTRADO; (finish) dull
DESMAGNETIZAR; to demagnetize; de-energize
DESMALEZAR; weed
DESMANGAR; to remove a handle
DESMANTELAR; to dismantle
DESMENUZABLE; friable; unstable
DESMENUZADORA; pulverizer, crusher,
    shredder
DESMENUZAR; to crush, pulverize

DESMEZCLADO; (conc) separated, unmixed
DESMOLDADOR; (forms) stripper
DESMOLDAR; to strip forms
DESMONTABLE; detachable, removable, collapsible, demountable
DESMONTADO; knocked-down, dismantled
DESMONTADOR DE NEUMÁTICOS; (hw) tire remover
DESMONTAJE; dismantling, demounting, disassembly, teardown
DESMONTAR; to dismantle, disassemble, take apart; (land) to clear; to excavate, cut, dig
DESMONTAVÁLVULAS; valve lifter
DESMONTE; clearing; excavation, cut; dirt moving
    Y TERRAPLÉN; cut and fill
DESMONTES Y CANTERA; (Ch) quarry refuse
DESMORONADIZO; crumbly, (soil) unstable, easily disintegrated
DESMORONARSE; to crumble, disintegrate
DESMULTIPLICACIÓN; (ge) reduction
DESMURAR; to wreck walls
DESNATAR; to skim, remove scum, rabble
DESNEVADO; a thaw
DESNITRIFICAR; to dentrify
DESNIVEL; (hyd) head, elevation difference, fall, drop
    BRUTO; gross head
    DE FUNCIONAMIENTO; operating head
    EFECTIVO; effective head, net head
    ÚTIL; useful head
DESNIVELACIÓN; elevation difference
DESNIVELARSE; to get out of level
DESNUDO; (wire) bare
DESOCUPACIÓN; unemployment
DESODORANTE; deodorant
DESODORAR; to deodorize
DESOXIDAR; to deoxidize
DESOXIGENAR; to deoxidize, deoxygenate
DESOZONIZAR; to deozonize
DESPACHAR; to ship; (order) to fill
DESPACHO; office; shipping, shipment
DESPACHURRAMIENTO; (str) crippling
DESPALMADOR; dockyard
DESPAREDAR; to throw down a wall
DESPARRAME; (fill) spreading
DESPASAR; (cab) to unreeve; to fleet
DESPEDAZADO; shattered, broken
DESPEDIDA; (person) discharge
DESPEDIR; (person) lay-off; discharge, emit
DESPEJAR; (top soil) to strip; clear; (math) to solve
DESPEJO; clearing, stripping; clearance
    DE SITIO; site clearing
DESPENSA; storeroom
DESPERDICIAR; waste
DESPERDICIO; spoil, excavated material; waste

DE MINERÍA; mining waste
MOLIDO; milled refuse
REMANENTE; residual waste
DESPERDICIOS; wastes
    DE ALGODÓN; cotton waste
    DE CANTERA; quarry spoil; quarry waste
    DE HIERRO; junk, scrap iron
    DE LANA; wool waste
    INDUSTRIALES; industrial wastes, industrial sewage
    LÍQUIDOS; liquid wastes
    SÓLIDOS; solid wastes
DESPERFECTO; damage, imperfect
DESPEZAR; to taper
DESPEZO; taper
DESPIEZO; taper; (Col) laying out or bonding of stones
DESPILAR; pillar removal in a mine; shore removal
DESPILARAR; (min) to throw down pillars
DESPLANTAR; (M) to excavate
DESPLANTE; (M) excavation
DESPLAYADO; (s) flats left by receding water
DESPLAZADOR DE ENGRANAJES; gearshift
DESPLAZAMIENTO; (geol) displacement; (U) change of line; (rr) relocation; (surv) offset; (rd) shoving
    DE FASE; phase displacement, phase difference
    HORIZONTAL; (geol) strike slip
    POSITIVO; positive displacement
    VOLUMÉTRICO; volumetric displacement
DESPLAZAR; to displace
DESPLEGADOR; (hw) spreader
DESPLIEGUE; display
    ALFANUMÉRICO; alphanumeric display
    DE DATOS POR APARATO; readout
    ELECTRÓNICO; readout
    EN ABANICO; fan spread
DESPLOMAR; to batter, incline
DESPLOMARSE; to get out of plumb; to collapse
DESPLOME; batter; collapse; (conc) slump; (M) overhang
DESPLOMO; deviation from the vertical
DESPOJADO; (machy) backed off
DESPOJOS; debris, rubbish, spoil
    DE ALBAÑAL; sewage
    DE HIERRO; scrap iron, junk
DESPOLARIZAR; to depolarize
DESPRENDERSE; (ea) to slip, slide, slough, sag
DESPRENDIBLE; detachable
DESPRENDIMIENTO; landslide, slip; loosening; (sm) slump
DESPULIDO; (glass) ground
DESPUMACIÓN; skimming; despumation
DESPUMADOR; foam collector

DESPUNTES; cuttings; short ends of bars or shapes
DESQUEBRAJADA; (M)(rock) shattered
DESQUICIAR; to unhinge
DESQUIJERAR; to tenon
DESRAIZAR; to grub
DESRIELAR; to derail
DESRIPIADOR; grit chamber
DESRIPIAR; to remove gravel
DESROBLAR; to cut out rivets
DESROBLONAR; to cut out rivets
DESTAJADOR; striking hammer
DESTAJO; taskwork, piecework
DESTAPADERO; (elec) knockout
    A PALANQUITA; (elec) pry-out
DESTECHAR; to unroof
DESTEJAR; to remove roof tiles
DESTEMPLAR; anneal
DESTEMPLE; annealing; (pt) distemper
DESTILACIÓN; distillation
    AL VACÍO; vacuum distillation
    DESTRUCTIVA; destructive distillation
    FRACCIONARÍA; fractional distillation
DESTILADERA; a still
DESTILADO; *(s)* distillate
    DE PETRÓLEO ANTIENDURECEDOR; nonasphaltic road oil
DESTILADOR; a still
DESTILAR; to distill
DESTILERÍA; distilling plant
DESTINATARIO; consignee
DESTITUCIÓN; (person) discharge
DESTITUIR; (person) to discharge
DESTORCER; to untwist; (cab) unlay
DESTORNILLADOR; screwdriver; wrench
    A CRIQUE; ratchet screwdriver
    ACODADO; offset screwdriver
    AUTOMÁTICO; spiral screwdriver, automatic screwdriver
    DE BERBIQUÍ; screwdriver bit
DESTORNILLAR; to unscrew
DESTRAL; hatchet
DESTRÓGIRO; clockwise
DESTRONCADORA; stump puller
DESTRONCAR; (M) to clear land, to pull stumps
DESTRONQUE; (V) stump pulling; (M) clearing land, grubbing
DESTROZAR; shatter
DESTRUCTOR DE MALEZAS; weed killer
DESTRUIR LA TRAVIEZA CON ESCARPIAS; (rr) spike-kill
DESULFURAR; to desulphurize
DESVAPORAR; to let off steam
DESVATADO, DESVATIADO; wattless
DESVENTADOR; vent
DESVENTAR; to vent

DESVIACIÓN; diversion; (compass) deviation; (angle) deflection; (surv) departure; detour; (str)(C) deflection
DESVIADERO; (rr) siding; turnout
DESVIADOR; deflector, baffle; diversion dam
    DEL AGUA DE TORMENTA; (sw) side-flow weir
    DE CORREA; belt shifter
DESVIAJE; diversion
DESVIAR; to divert; to deflect; (rr) to switch
DESVIARSE; to deviate; to branch off
DESVÍO; diversion; by-pass; (rr) siding, turnout; detour
    DE ATAJO; (rr) catch siding
    MUERTO; dead-end siding, spur track, stub track
    TRANSVERSAL; crossover
    VOLANTE; flying switch
DESVITRIFICACIÓN; devitrification
DESVOLCANARSE; (Col) to collapse, be destroyed; to be covered by landslide
DESVOLVEDOR; tap wrench; (Sp) monkey wrench
DESVULCANIZADOR; devulcanizer
DESYERBADOR; grubber
DESYERBAR; to grub
DESYERBE; grubbing
DESYUYE; (A) grubbing
DETALLAR; to detail
DETALLE; detail
    DE CONTRATO; contract item
    NORMAL; (dwg) standard detail
DETECTOR; (elec) detector; (rr)(A) detector bar
    DE CALOR; heat detector
    DE ESCAPES; leak detector, water-waste detector
    DE FUGAS; leak detector
    DE METAL; metal detector
    DE TEMPERATURA; temperature detector
DETECTOR-ZAPATA; (rr)(A) detector bar
DETENEDOR; (mech) arrester, catch
DETENIDO POR RESORTES; spring loaded
DETERIORACIÓN; deterioration
    FÍSICA; physical deterioration
DETERMINACIÓN DE EFECTOS DE CARGOS; (str) plastic analysis
DETERMINADO; (math) determinate; fixed
DETONADOR; blasting machine; blasting cap, detonator, exploder, ignitor
    DE EXPLOSIÓN DEMORADA; delay blasting cap
    ELÉCTRICO; exploder
DETONANCIA; (mg) knocking
DETONANTE; highly explosive, detonating
DETONAR; to detonate, explode
DETRITO DE FALDA; (A) talus
DETRITOR; (sd) Detritor

DETRITOS; detritus, (tun) muck
DEUDA FLOTANTE; floating debt
DEVANADERA; a reel, spool
DEVANADO; *(s)*(elec) winding
    AMORTIGUADOR; damper winding, amortisseur winding
    ANULAR; ring winding
    DE CADENA; chain winding
    DE CUERDAS; chord winding, short-pitch winding, fractional-pitch winding
    DE TAMBOR; drum winding
    EN DERIVACIÓN; shunt winding
    EN PARALELO; parallel winding
    EN SERIE; series winding
    ONDULADO; (elec) ondulatory winding
    SIMPLE; single winding
DEVANADOR; a reel, spool
DEVANADORA; winding machine; reel
DEVANAR; to reel; to wind
DEXTRORSO; clockwise
DEYECCIÓN; (geol) debris
DÍA; day
    DE TRABAJO; work day
DIABASA; diabase
DIABLO; (M)(A) rail bender; (Col) jack; (Ch) pair of wheels for moving logs; (oil)(M) go-devil
DIACLASA; diaclase
DIACLASADO; fractured, diaclastic
DIAESQUISTOSO; diaschistic
DIAFRAGMA; diaphragm
DIAGONAL; *(s)(a)* diagonal
DIAGONALES CRUZADAS; X bracing, diagonal bracing
DIAGRAMA; diagram
    DE ACUERDO A CIRCUITOS; (elec) straight-line diagram
    DE ACUMULACIÓN; (hyd) mass diagram
    DE ARREGLO; (str) packing diagram
    DE ESFUERZO CORTANTE; shear force diagram
    DE EXCAVACIÓN DISPONIBLE PARA RELLENO; mass haul curve
    DE FUERZAS; force diagram
    DE GRUÁ; range diagram
    DEL INDICADOR; indicator diagram
    DE LOS ESFUERZOS; (conc) Whitney stress diagram
    DE VOLÚMENES; (hyd) mass diagram
DIAGRÁMETRO; diagrammeter
DIÁLAGA; diallage
DIAMANTE NEGRO; black diamond, carbon diamond, bort
DIAMETRAL; diametrical, diametral
DIÁMETRO; diameter
    CONJUGADO; conjugate diameter
    DE HUELLA; (M)(sheave) tread diameter
    DE RODAMIENTO; (sheave) tread diameter

    DE VIRAJE; turning diameter
    EFICAZ; effective size
    EXTERIOR; outside diameter
    MÁXIMO; (thread) major diameter
    MÍNIMO; (thread) minor diameter
    PRIMITIVO; pitch diameter
    SUPERIOR; (col) superior diameter
DIATOMÁCEO; diatomaceous
DIATOMEA; diatomite
DIATOMITA; diatomite
    DE ASBESTO; asbestos-diatomite
    DIBUJANTE; draftsman
DIBUJAR; to draw, draft
    EN ESCALA; draw to scale
    POR MÁQUINA; (comp) plot
DIBUJO; drawing, plan
    A MANO LIBRE; freehand drawing
    A PULSO; freehand drawing
    ACOTADO; dimensioned drawing
    ARQUITECTÓNICO; architectural drawing
    CON DETALLES DE COLOCACIÓN; (conc) placing drawing
    DEL ARREGLO DE EQUIPO; shoring layout
    DE ARMADURA; assembly drawing
    DE CONSTRUCCIÓN EN FÁBRICA; shop drawing
    DE DETALLE; detail drawing
    DE EJECUCIÓN; working drawing
    DE LÍNEAS; line drawing
    DE MÁQUINA; machine drawing
    DE MONTAJE; erection plan
    DE PROYECTO; project drawing
    DE TALLER; shop drawing
    DE TRABAJO; working drawing
    EN PERSPECTIVA; perspective drawing
    ESTRUCTURAL; structural drawing
    ISOMÉTRICO; isometric drawing
    LAVADO; wash drawing
    PATRÓN; standard plan, standard drawing
DIBUJOS DEL CONTRATO; contract plans
DICLORAMINA; dichloramine
DIELÉCTRICO; dielectric
DIENTE; tooth, cog; (conc) bonding key; (hyd) cutoff wall, toe wall
    AMERICANO; (saw) great American tooth
    BISELADO; (saw) gullet tooth
    COMÚN; peg tooth, common tooth, tenon tooth, plain tooth
    CORTANTE; cutting tooth
    DE DIAMANTE; diamond tooth
    DE EMPOTRAMIENTO; (hyd) cutoff wall
    DE LANZA; lance tooth
    DE LOBO; gullet tooth
    DE PERFIL EVOLVENTE; involute tooth
    EN M; lightning tooth
    LIMPIADOR; raker tooth, drag tooth

POSTIZO; bit, inserted tooth
RASPADOR; raker tooth
TIPO CAMPEÓN; champion tooth
TRIANGULAR; mill tooth
DIENTES DE CHOQUE; (hyd) baffle piers, baffle
blocks
DIFERENCIA; difference
DE POTENCIAL; potential difference
DIFERENCIAL; differential
DIFRACCIÓN; diffraction
DIFUNDIR; to diffuse
DIFUSIÓN; diffusion
DIFUSOR; diffusor, disperser
DE AIRE; air diffuser
DIGESTIÓN; digestion
ANERÓBICA; anaerobic digestion
DE CIENOS; sludge digestion
DEL FANGO; sludge digestion
DE LOS LODOS; sludge digestion
POR ETAPAS; (sd) stage digestion
DIGESTOR; digester
DE BASURAS; garbage digester
DE CIENOS; (sd) sludge digester
MÚLTIPLE; (sen) multidigester
DIGITAL; digital
DÍGITO; digit
DILITACIÓN; expansion
DILATARSE; to expand
DILUCIÓN; dilution
DILUENTE; diluent; (pt) thinner
DILUÍDO; *(a)* dilute, thin, weak
DILUIR; to dilute; to cut back
DILUVIAL; diluvial
DILUVIO; flood; heavy rain
DILUVIÓN; diluvium
DIMENSIÓN; dimension
A ESCALA; scaled dimension
ACOTADA; figured dimension
ACTUAL; nominal dimension, actual
dimension
DESIGNADA; standard dimension
ESPECIFICADA; specified dimension
EXTREMA; over-all dimension
MODULAR; modular dimension
REAL; actual dimension
DIMENSIONAL; dimensional
DIMENSIONAR; to proportion, dimension
DIMENSIONES; dimensions
AVERÍAS; average dimensions
DE CHASIS; chassis dimensions
PREFERIDAS; preferred dimensions
DIMETÁLICO; dimetallic
DINA; dyne
DINÁGRAFO; hynagraph
DINÁMETRO; dynameter
DINÁMICA; dynamics
DINÁMICO; dynamic

DINAMITA; dynamite
AMONIACAL; ammonia dynamite
CORRIENTE; straight dynamite
DE BASE EXPLOSIVA; extra dynamite
GELATINA; gelatine dynamite
PARA EXPLOTACIÓN FORESTAL; logging
dynamite
DINAMITAR; to blast
DINAMITERO; blaster, powderman
DÍNAMO; dynamo
DINAMOELÉCTRICO; dynamoelectric
DINAMOMÉTRICO; dynamometric
DINAMÓMETRO; dynamometer
A FRICCIÓN DE AGUA; water brake
DE RETRASO MAGNÉTICO; magnetic-drag
brake
DE TORSIÓN; dorsion dynamometer
DE TRANSMISIÓN; transmission
dynamometer
HIDRÁULICO; hydrodynamometer
DINTEL; lint, cap, doorhead
DETRÁS DEL ARCO DE DESCARGA; (bw)
safety lintel
DINTELAR; to place a lintel
DIORITA; diorite
MICÁCEA; mica diorite
DIÓXIDO; dioxide
CARBÓNICO; carbon dioxide
DE SILICIO; silicon dioxide
DIQUE; dike, levee; dam; (geol) dike, rib; (A)
dock; (C)(Sp) dry dock
A CABEZA REDONDA; (A) round-head
buttress dam
A CONTRAFUERTES; buttress dam
A GRAVEDAD; gravity dam
A VERTEDERO; spillway dam, overflow
dam, weir
ALIGERADO; (A) hollow dam
DE AFLORAMIENTO; subsurface dam
DE ARCO MÚLTIPLE; multiple-arch
dam
DE ATAJE; (A) cofferdam
DE ATERRAMIENTO; (A) desilting dam
DE BUQUE; dry dock, graving dock
DE CIERRE; bulkhead dam, nonoverflow
dam
DE CONTENCIÓN DE ARRASTRES; (A)
desilting dam
DE DEFENSA; levee, dike
DE EMBALSE; impounding dam, storage
dam
DE ENCAUZAMIENTO; levee
DE ENROCAMIENTO; rock-fill dam
DE ESCOLLERA; rock-fill dam
DE MACHONES DE CABEZA REDONDA;
roundhead buttress dam
DE REPRESA; impounding dam, storage dam

DE RETARDO; retard, current retard, stream retard
DE RETENCIÓN; bulkhead dam, nonoverflow dam; check
DE TIERRA; earth dam, earth-fill dam
DE TOMA; diversion dam
DE ZANJA; ditch check
DISTRIBUIDOR; (A) diversion dam
EN ARCO; single-arch dam, arch dam
FLOTANATE; floating dry dock
INSUMERGIBLE; nonoverflow dam, bulkhead dam
LATERAL; saddle dam; dam wing
MARGINAL; levee
NIVELADOR; diversion dam
PROVISORIO; cofferdam, temporary dam
REPARTIDOR; (A) diversion dam
SECO; dry dock, graving dock
SECO EN CARENA; graving dock, graving dry dock
SUMERGIBLE; spillway dam, weir, overflow dam
TAJAMAR; (A) cofferdam
TIPO AMBURSEN; Ambursen dam
TIPO MURO ALIVIANADO; (A) round-head buttress dam
VERTEDOR; spillway dam
DIRECCIÓN; management; manager's office; (A) department; board of directors; address; (auto) steering; direction, instruction
DE EDIFICACIÓN; building department
GENERAL; headquarters
DIRECCIÓNAL; directional
DIRECTRICES; (turb) guide vanes
DIRECTRIZ; directrix; arch template; (turb) guide vane
DIRIGIR; to manage, direct; (auto) to steer; (letter) to direct
DISCO; disk
DEL ÉMBOLO; pistonhead
DE INFORMACIÓN; (comp) information disk, diskette
DE METAL QUE IMPIDE LA ENTRADA DE ACEITE; oil slinger
DEL NONIO; (inst) vernier plate
ROTATIVO ACABADOR DE PISOS; (conc) rotary float
DISCONTINUIDAD; discontinuity
DISCONTINUO; discontinuous
DISCURRIMIENTO; (U) flow
DISEÑADOR; designer
DISEÑAR; to design; to sketch
DISEÑO; a design; a sketch
A RESISTENCIA; (str) strength design method
ARQUITECTÓNICO; architectural design

COMPROBADO CON CARGOS; tested design
CONCEPTUAL; conceptual design
CONVECCIÓNAL; convectional design
DE COLUMNAS ATRAVÉS DEL FRONTÍS; (ed) tetrastyle
DE CONSTRUCCIÓN; (ed) building design
DE INGENIERÍA; engineering design
DE MEDIO AMBIENTE; environmental design
DE PUNTO CENTRAL; centerpoint design
EN CANTILIVER; cantilever formwork
EN COMPUTADORA; computer aided design
ERGONÓMICO; ergonomic design
ESTRUCTURAL; structural design
MODULAR; modular design
Y CONSTRUCCIÓN ACELERADO; accelerated design and construction
Y DIBUJO EN COMPUTADORA; computer aided design and drafting
DISGREGACIÓN; disintegration, separation
DISGREGADOR DE CIENOS, sludge disintegrator
DISICENCIA; variance
DISILICATO; disilicate
DISIMETRÍA; dissymmetry
DISIMÉTRICO; unsymmetrical
DISIMILACIÓN; (sen) dissimilation
DISIPADOR DE ENERGÍA; (hyd) energy disperser
DISLOCACIÓN; a slide; (geol) downthrow
ASCENDENTE; (geol) upthrow
DESCENDENTE; (geol) downthrow
LONGITUDINAL; (A) strike fault
TRANSVERSAL; cross fault
DISOCIACIÓN; (chem) dissociation
DISOCIADOR; dissociator
DISOLUCIÓN; solution; disintegration
DISOLVENTE; a solvent
DISOLVER; to dissolve
DISOLVERSE; to dissolve
DISPARADA; (machy) racing
DISPARADOR; tripper, release
DISPARAR; to trip, release; to explode; (bl) to shoot, fire, put off
DISPARARSE; (machy) to race
DISPAREJO; uneven
DISPARO; discharge, explosion; trip
DISPENSA; waiver
DISPERCIÓN DE CALOR; heat dissipation
DISPERSADOR; (sd) disperser
DE CHORRO; jet disperser
DISPERSIÓN; (sd) dispersion; (elec) leakage
COLOIDAL; collodial dispersion
DISPERSOR; disperser, diffuser
DE ENERGÍA; energy disperser, energy dissipator; (hyd) flip bucket
DISPOSICIÓN; disposal; arrangement

DEL AGUA DE CLOACAS; sewage disposal

DEL ALBAÑAL; (C) sewage disposal

DE BASURAS; garbage disposal, refuse disposal

DE DESPERDICIOS SÓLIDOS; solid waste disposal

EN SITIO; on-site disposal

DISPOSITIVO; device, appliance, fixture, mechanism; arrangement, layout; facility

CONVERTIDOR DE RADIACIÓN SOLAR; solar cell

DE ALTERNACIÓN; (sd) alternating device

DE CARGA LENTA; (elec) trickle charger

DE EVACUACIÓN; outlet works; blowoff arrangement

DE MANDO; control mechanism

DE RETROCESO; reversing gear

DE SALIDA; (hyd) outlet works

DE SEGURIDAD; safety device

PARA MANIOBRA DE VÁLVULO; valve-operating device

PROTECTOR; protective device

DISPOSITIVOS DE DISTRIBUCIÓN; (elec) switchgear

DISPOSITIVOS DE SALIDA; outlet works

DISPOSITIVOS DE TOMA; intake works

DISRUPTIVO; disruptive

DISTANCIA; distance

A ESCALA; scaled distance

ANCLADERA; anchorage distance

DE ENFOQUE; focal length

DE LÍMITE; limiting distance

DISRUPTIVA; spark gap

ENTRE EJES; wheel base

EXPLOSIVA; spark gap

EXTERIOR; (rr) external distance

FOCAL; focal length

HORIZONTAL; stair run

PARA PARADA; (rd) stopping distance

POLAR; polar distance

PROGRESIVA; cumulative distance

TANGENCIAL; tangent distance

TAQUIMÉTRICA; stadia distance

VERTICAL; stair rise

DISTANCIAMIENTO; spacing, pitch

DISTANCIÓMETRO; (Es)(A) telemeter, distance meter

DISTORSIÓN; distortion

DISTORSIONAR; (M) to distort

DISTRIBUCIÓN; distribution, apportionment

DE CARGA; (statics) weight distribution

DEL ENCENDIDO; ignition burning

DE MOMENTO; moment distribution

DE PESO; (statics) weight distribution

DE SECTOR; (se) link motion

NORMAL; (stat) normal distribution

POR PARRILLA; (elec) network distribution

STEPHENSON; (se) Stephenson's link motion

DISTRIBUIDOR; distributor; spreader; (se) slide valve; (turb) speed ring; (reinf) distributing bar

CILÍNDRICO; piston valve

DE ENCENDIDO; (auto) distributor

DISTRIBUIR; to distribute

DISTRITO DE COMERCIO CENTRAL; central business district

DISYUNCIÓN; (geol) fracture

DISYUNTOR; circuit breaker, disjunctor

DE CONTRACORRIENTES; reverse-current circuit breaker

DE MÁXIMA; overload circuit breaker

EN ACEITE; oil circuit breaker

EN EL AIRE; air breaker

DIVERGENCIA; (auto) toe-out

DIVISIBLE; divisible

DIVISIÓN; division

DE MUESTRA; sample division

DIVISOR; divider

DE FUERZA; (auto) power divider

DIVISORIA; divide

CONTINENTAL; continental divide

DE LA AGUAS; (top) divide, ridge

DE LAS AGUAS FREÁTICAS; ground-water divide

DIVORCIO DE LA AGUAS; (top) divide, ridge

DOBLADO; bent

AL FUEGO; hot-bent

DE UNIÓN; union bend

EN CALIENTE; hot-bent

EN FRÍO; bent cold

DOBLADOR; bender

DE RIELES; rail bender

DE TUBOS-CONDUCTOS; conduit bender, hickey

DOBLADORA DE CHAPAS; cornice brake

DOBLADURA; bending

BIAXIAL; biaxial bending

DE ANCLAJE; (reinf) standard bend

DE BARROS REFORZADOS; special bending

DOBLAR; to bend; to double; to flex; (belt) to snub; (auto) to turn

DOBLE; double, duplex, twin

ASTA, MURO DE; brick wall 2 bricks thick

CAMPANA; (p) double hub

CAPA; double layer

CITARA; brick wall 2 bricks thick

CLAVADURA; double nailing

DECÍMETRO; (A) a rule 20 cm long

EFECTO, DE; double-acting

ESCUADRA; T square

EXTRAFUERTE; extra-strong

T; I beam; (p) cross

TURNO; double shift
DOBLEZ; a bend, a kink
DOCUMENTO; document
    CERTIFICANDO COBERTURA DE SEGURO; certificate of insurance
    CERTIFICANDO CON LEYES DE EDIFICACIÓN; certificate of occupancy
    DE CONTRATO; contract document
    DE LICITACIÓN; bidding documents
DÓILE; dolly rivet set
DOLAR; to hew; to trim
DOLERITA; dolerite
DOLOBRE; stone hammer
DOLOMÍA; dolomite
DOLOMÍTICO; dolomitic
DOMINIO ABSOLUTO; fee simple
DOMO; dome
DONSANTIAGO; rail bender
DORAR; gild
DORMIDO; mudsill, sleeper; (sb) deadwood
DORSO; back edge, heel
DOS AGUAS, A; (roof) peaked
DOS BOCAS, DE; (wrench) double-ended
DOS CAPAS, DE; two-ply; two coat
DOS COLAS, DE; (file) double-tang
DOS ETAPAS, DE; (pump) two-stage
DOS TANDAS, DE; double-shift
DOS TRAVIESAS DE UNA JUNTA-SUSPENDIDA; (rr) shoulder ties
DOS VIGAS I DOBLADAS POR EL EJE; Larimer column
DOS VUELTAS, DE; (lock) double-throw
DOSAJE; mixture, proportioning
DOSIFICACIÓN; dosing; (conc) proportioning, mixture
DOSIFICADOR; proportioner, dosing apparatus; (A) batcher
DOSIFICAR; to proportion a mixture
DOTACIÓN; (water) duty supply; crew, personnel
    CORRIENTE; (auto)(machy) standard equipment, regular equipment
    UNITARIA DE RIEGO; water duty, allowance per unit of area
DOVELA; voussoir
    DE LADRILLO; arch brick
DOVELAJE; set of arch stones
DOVELAR; to cut arch stones
DRAGA; a dredge; a dragline outfit; a drag
    A BALDE; (A) clamshell dredge
    A CUCHARA; dipper dredge
    A SUCCIÓN; suction dredge, hydraulic dredge
    AMBULANTE; walking dragline
    ASPIRANTE; suction dredge, sand dredger
    DE ARRASTRE; slackline-dragline, slackline cableway; power drag scraper
    DE BOMBA CENTRÍFUGA; suction dredge

    DE CANGILONES; ladder dredge, bucket dredge, elevator dredge
    DE ESCALERA; ladder dredge, bucket dredge
    DE ROSARIO; ladder dredge, bucket dredge, elevator dredge
    DE SUCCIÓN CORTADORA; suction cutter dredge
DRAGAJE; dredging
DRAGALINA; (Es) dragline
DRÁGAR; to dredge; (naut) to drag
DREN; a drain
DRENAJE; drainage
    CON PIEDRAS; stone drain
    DE ARENA; (sm) vertical drain
    DE ESPIGUILLA; herringbone drain
    DE HOJA; sheet drainage
    DE POZO; well drain
    POR CUNETA; valley-drainage
    SUBSUELO; subsoil drain
DRENAR; to drain
DUALINA; dualin
DÚCTIL; ductil
DUCTILIDAD; ductility
DUCTILÍMETRO; ductilimeter
DUCHA; shower bath
DUELA; a stave
DUEÑO DEL EDIFICIO; building owner
DUFRENITA; dufrenite, green iron ore
DULCE; (water) fresh; (steel) soft
DULZURAR; (water) remove salt
DUNITA; dunite
DÚPLICE; duplex, double
DUQUE DE ALBA; mooring post formed by a cluster of piles
DURABILIDAD; durability
DURABLE; durable, sound
DURACIÓN DE SERVICO; service life
DURALUMINIO; (alloy) duralumin
DURAMEN; duramen, heartwood
DUREZA; hardness; water hardness
    A INDENTACIÓN; indentation hardness
    BRINELL; Brinell hardness
    DEL ESCLEROSCOPIO; scleroscope hardness
    DE JABÓN; soap hardness
    ESCLEROMÉTRICA; scratch hardness
    TEMPORAL; (wp) temporary hardness
    TOTAL; (water) total hardness
DURMIENTE; groundsill, ground plate, solepiece; mudsill; (hyd) gate sill; (rr) tie, crosstie; (sb) clamp
    DE AGUJA; switch tie
    DE CAMBIO; switch tie
    DE PUENTE; (rr) bridge tie
DURMIENTES DE GRADA; ground ways
DURO; hard
DURÓMETRO; durometer

E

EBANISTA; joiner, cabinetmaker
EBANISTERÍA; joining, cabinetmaking
ÉBANO; ebony
EBONITA; ebonite
EBULLICÍON; ebullition, boiling
ECLÍMETRO; clinometer
ECLISA; (rr) splice bar, fishplate
    ANGULAR; (rr) angle bar
    CANTONERA; (rr) angle bar
    DE DESLIZAMIENTO; (rr) creeping plates
    ELÉCTRICA; (Ch) rail bond
ECLISAR; to place splice bars
ECO; echo
ECOLOGÍA; ecology
ECONOMATO; commissary store
ECONÓMETRO; econometer
ECONOMIZADOR; economizer
ECUACIÓN; equation
    DE PRIMER GRADO; simple equation
    DIFERENCIAL; differential equation
ECUADOR; equator
ECHADO; (geol)(M) dip
ECHAR; to cast
    A ANDAR; (machy) to start
    A PIQUE; (naut) to wreck; to sink
    EL ESCANDALLO; to take soundings
EDAD; age
    ACTUAL; (ed) actual age
    EFECTIVA; effective age
EDIFICACIÓN; building
EDIFICADOR; builder
EDIFICAR; to build, construct, erect
EDIFICIO; a building; edifice
    DE ESTACIONAMIENTO; parking facility
    EXISTENTE; existing building
    INCOMBUSTIBLE; fireproof building
    SIN ELEVADOR; walk-up
EDUCCIÓN; eduction; (eng) exhaust
EDUCTOR; eductor; steam ejector
EDULCORAR; (A)(water) to soften
EFECTO; (mech)(elec) effect
    DE CHIMENEA; stack effect
    DEL SOL; sun effect
    DELTA-P, DE; P-delta effect
    DOBLE, DE; double-acting
    SIMPLE, DE; single-acting
    PELTIER; (elec) Peltier effect

    ÚNICO, DE; single-acting
    ÚTIL DE TRANSMISIÓN; transmission efficiency
EFICIENCIA; efficiency
    DE BARRIDO; scavenging efficiency
    DE COMBUSTIBLE; fuel efficiency
    DE MEZCLADO; mixer efficiency
    DE TRACCIÓN; tractive efficiency
EFICIENTE; efficient
EFLORESCENCIA; efflorescence; (min)(Pe) outcrop
EFLORESCERSE; to effloresce
EFLUENTE; effluent; outflow
EFLUVIO; effluvium
EFUSIVO; (geol) effusive, extrusive
EGRESO; egress, exit
EJE; axis; shaft, axle, sheave pin; core
    ACANALADO; spline shaft
    ACODADO; crankshaft, crank axle
    AUXILIAR; countershaft
    BARICÉNTRICO; (str) centroidal axis, gravity axis
    CIGÜEÑAL; crankshaft
    DE AJUSTE; (saw) set shaft
    DE ATRÁS; rear axle
    DE BALANCE; balance shaft
    DE CAMBIO; (auto) shifter shaft
    DE CÁÑAMO; (cab) hemp center
    DE CARRETÓN; axletree
    DE COLIMACIÓN; line of collimation
    DE COORDENADAS; coordinate axis
    DE LA EXCÉNTRICA; eccentric shaft
    DE LA HÉLICE; propeller shaft
    DE IMPULSIÓN; driving shaft, driving axle
    DE INCLINACIÓN; (aerial survey) axis of tilt
    DE LA VÍA; track centerline
    DE LEVAS; camshaft
    DE MANDO; driving axle
    DE MUÑÓN; trunnion axis
    DE PROPULSIÓN; (auto) propeller shaft
    DE ROTACIÓN; axis of rotation
    DE SIMETRÍA; axis of symmetry
    DE SOLDADURA; axis of weld
    DE TRACTOR; traction shaft
    DE TRANSMISIÓN; driving shaft, line shaft, transmission shaft
    DE VAINA; quill shaft
    DE VISACIÓN; (surv) line of sight
    DELANTERO; front axle
    DIRECTOR; steering axle
    FLOTANTE; floating axle
    IMPULSADO; driven shaft
    INTERMEDIO; countershaft, jackshaft
    LOCO; idler shaft
    MAYOR; major axis
    MENOR; minor axis; (section) weak axis
    MOTOR; driving shaft, driving axle, live axle

MUERTO; dead axle; (truck) trailing axle
NEUTRO; neutral axis
OSCILANTE; rockshaft
POLAR; (inst) polar axis
PRINCIPAL; strong axis
TRES CUARTOS FLOTANTE;
three-quarter-floating axle
ELABORACIÓN; manufacture, fabrication,
processing
CENTRIFUGA; centrifugal process
CERÁMICA; ceramic process
DE LOS AGREGADOS; (conc) aggregate
processing
DE MADERAS; woodworking
ELABORAR; (mtl) to work; to process; to
manufacture; (Ch) to fabricate
ELASTICIDAD; elasticity, resilience, spring,
stretch
ELÁSTICO; (n)(auto) a spring; *(a)* elastic
ELASTITA; (trademark) Elastite
ELE; angle iron; pipe elbow
DE CURVA ABIERTA; long-radius elbow
ELECTRICIDAD; electricity
ESTÁTICA; static electricity
ELECTRICISTA; electrician
DE OBRAS; erecting electrician, installing
electrician
ELÉCTRICO; electric
ELECTRIFICAR; to electrify
ELECTRIZAR; to electrify
ELECTROANÁLISIS; electroanalysis
ELECTROANALIZADOR; electroanalyzer
ELECTROBOMBA; motor-driven pump
ELECTROCLORACIÓN; electrochlorination
ELECTROCORROSIÓN; electrolytic corrosion
ELECTRODINÁMICA; electrodynamics
ELECTRODINÁMICO; electrodynamic
ELECTRODINAMÓMETRO; electrodynamometer
ELECTRODO; electrode
DE CONEXIÓN A TIERRA; grounding
electrode
PARA SOLDAR; welding electrode
ELECTROESTÁTICA; electrostatics
ELECTROESTÁTICO; electrostatic
ELECTROGALVANIZAR; to electrogalvanize
ELECTROGENERADOR; electric generator
ELECTRÓGENO; generating electricity
ELECTROIMÁN; electromagnet
ELECTRÓLISIS; electrolysis
ELECTROLÍTICO; electrolytic
ELECTRÓLITO; electrolyte
ELECTROLIZAR; to electrolyze
ELECTROMAGNÉTICO; electromagnetic
ELECTROMAGNETISMO; electromagnetism
ELECTROMECÁNICA; *(s)* electromechanics
ELECTROMECÁNICO; (n) worker on electrical
machinery; *(a)* electromechanical

ELECTROMETALURGIA; electrometallurgy
ELECTROMETRÍA; electrometry
ELECTROMÉTRICO; electrometric
ELECTRÓMETRO; electrometer
ELECTROMOTOR; (n) electric motor; *(a)*
electromotive
ELECTROMÓVIL; *(s)* electric automobile
ELECTRONEGATIVO; electronegative
ELECTRONEUMÁTICO; electropneumatic
ELECTRÓNICA; electronics
ELECTROPOSITIVO; electropositive
ELECTROPROPULSIÓN; electric drive
ELECTROQUÍMICA; electrochemistry
ELECTROSIDERURGIA; electrometallurgy of
iron and steel
ELECTOSOLDADURA; electric welding
ELECTROSTÁTICA; electrostatics
ELECTROSTÁTICO; *(a)* electrostatic
ELECTROTECNIA; electrical engineering
ELECTROTÉCNICA; electrotechnics, electrical
engineering
ELECTROTÉCNICO; *(s)* electrical engineer
ELECTROTÉRMICO; electrothermal
ELEMENTO; (chem) element; (elec) element, cell
DE CALDEO; heating element
DE CONSTRUCCIÓN; building element
COMÚN; common element
DEMORADOR; delay element
ELEVACIÓN; elevation, altitude; (dwg) elevation;
lift, rising
ACOTADA; (top) spot elevation
DE AGUA; (hyd) water mark
DE COMPARACIÓN; spot level
DE DATUM REDUCIDO; (surv) reduced level
DELANTERA; front elevation
DESARROLLADA; developed elevation
EN CORTE; sectional elevation
EN EL EXTREMO; end elevation
LATERAL; side elevation
POSTERIOR; rear elevation
ELEVADOR; elevator, rise, lift; hoist
AUTOMÁTICO; automatic elevator
DE AUTOMÓVILES; automobile lift
DE CAJA DE CAMIÓN; truck-body hoist
DE CANGILONES; bucket elevator
DE CAPACHOS; bucket elevator, ladder
DE CARGA; freight elevator
DE CENIZAS; ash hoist
DE CORREA; belt elevator
DE CUBOS; bucket elevator
DE CUEZOS; hod elevator, hod hoist
DE FUERZA AUXILIAR; auxiliary-power
elevator
DE LA COMPUERTA; (hyd)(M) gate hoist
DE LA POTENCIAL; (elec) booster
DEL MATERIAL CALIENTE; (rd) hot
elevator

DE PLATAFORMA; platform elevator
HIDRÁULICO TELESCOPIO; telescope hydraulic elevator
OPERADO POR TORNO DE ROSCAR; screw-type elevator
PASANTE; through car
TELESCÓPICO; (truck) telescopic hoist
ELEVAR; to elevate, hoist, raise
    AL CUADRADO; (math) to square
    A POTENCIA; (math) to raise to a power
ELEMENTO; element
    DE TENSIÓN; tendon
    ENFRIADOR; cooling element
ELIMINACIÓN; elimination
    DE LAS BASURAS; garbage disposal
    DE OLORES; (sen) odor removal
ELIMINADOR; eliminator
    DE REMANSO; (hyd) backwater suppressor
ELIPSE; ellipse
ELIPSÓGRAFO; ellipsograph
ELIPSOIDAL; ellipsoidal
ELIPSOIDE; ellipsoid
ELÍPTICO; elliptical
ELONGACIÓN; elongation
ELUTRIACIÓN; elutriation
ELUTRIADOR; elutriator
ELUTRIAR; to elutriate
ELUVIÓN; (geol) eluvium
EMBADURNAR; (brick) to butter
EMBALAJE; (for shipment) packing
EMBALAMIENTO; (eng) racing
EMBALAR; to pack, bale; (machy) to race, spin
EMBALARSE; (machy) to race
EMBALASTAR; to ballast
EMBALDOSAR; to pave with tile; to flag
EMBALSAR; to impound, dam, pond
EMBALSE; (water) impounding; reservoir; (Sp) a dam
    DE ACUMULACIÓN; (A) storage reservoir
    DE ALMACENAMIENTO; storage reservoir
    DE APROVECHAMIENTO MÚLTIPLE; multipurpose reservoir
    DE COMPENSACIÓN; equalizing reservoir
    DE DETENCIÓN; detention basin
    DE RESERVA; storage reservoir
    DE RETENCIÓN; flood-control reservoir
    DE USO SIMPLE; single-purpose reservoir
    REGULADOR; regulating reservoir
    RETARDADOR; retarding basin, retarding reservoir
EMBANCAMIENTO; (Ex) embankment
EMBANCARSE; to silt up
EMBANQUE; silting; a deposit of silt
EMBARBILLAR; (carp) to join, frame, assemble
EMBARCACIÓN; boat, vessel
    DE ALIJO; lighter

EMBARCADERO; loading platform, wharf; ferry; ferry slip
    FLOTANTE; landing stage
EMBARCADOR; shipper
EMBARCAR; to load; to ship
EMBARNIZAR; to varnish
EMBARQUE; shipment, loading
EMBARRADO; mud plastering; rough plastering
EMBARRANCARSE; to stick in the mud; (naut) to run aground
EMBARRAR; to plaster with mud; to rough-plaster; to pug
EMBARRILAR; to pack in barrels
EMBASAMIENTO; footing, base course, plinth course
EMBAYONETAR; (str)(A) to crimp
EMBECADURA; (arch) spandrel
EMBETUNAR; to impregnate with pitch; to bituminize
EMBISAGRAR; to hinge
EMBLANDECER; to soften
EMBLECAR; (A) to treat with tar or asphalt
EMBOCADERO; mouth, outlet
EMBOLADA; piston stroke
ÉMBOLO; piston, sucker
    AMORTIGUADOR; damping piston
    BUZO; plunger
    COMPENSADOR; balance piston
    DISTRIBUIDOR; piston valve
    MACIZO; plunger, ram
EMBOLSADOR; bagging machine, cement packer
EMBOLSAR; to bag
EMBONAR; to repair; to reinforce
EMBONO; (na) liner, filler
EMBOQUE; mouth
EMBOQUILLADO; (s) mouth, portal; (mas) pointing or chinking joints
EMBOQUILLAR; to splay; (mas) to point or chink joints
EMBORNAL; scupper
EMBOTAR; to blunt, dull
EMBRAGAR; to throw in a clutch; to sling
EMBRAGUE; a clutch
    DE BANDA; band clutch
    DE COJÍN; cushion clutch
    DE DIRECCIÓN; steering clutch
    DE DISCOS MÚLTIPLES; multiple-disk clutch
    DE FROTAMIENTO; friction clutch
    DE GARRAS; claw clutch, dog clutch
    DE MORDAZAS; jaw clutch
    DE PLATOS; disk clutch
    DE QUIJADAS; jaw clutch
EMBREAR; to coat with tar, impregnate with tar
EMBRIDAR; to flange
EMBROCHALAR; to frame with a header beam
EMBUDADOR; oil hole to hold a funnel

EMBUDO; funnel; leader head; (M)(C) hopper, (C) bin
    DE ABATIMIENTO DE PRESIÓN; (ground water) pressure relief cone
    DE AZOTEA; leader head
    DE DEPRESIÓN DEL NIVEL FREÁTICO; water table depression cone
    SEPARADOR; (lab) separating funnel
    SUMIDERO; (hyd)(A) shaft spillway, glory-hole spillway
EMBUJAR; (C) to bush
EMBUTIDO; countersunk; embedded
    Y EMPAREJADO; (rivet) countersunk and chipped
EMBUTIDOR; nail set; pile follower; rivet set; punch
EMBUTIR; to embed; to countersink; inlay
EMERGENCIA; emergency
EMISARIO; outlet, outfall
    DE LA CUNETA; (rd) gutter offtake
EMISIÓNES; emissions
    DE AIRE; air emissions
    DE ESCAPE; exhaust emissions
EMITIR; emit
EMPACAR; to pack
EMPADRONAR; to register irrigation subscribers; to take a census
EMPAJAR; to cover with straw
EMPALIZADA; palisade
EMPALIZADAS; (A) trench sheeting
EMPALMADORES PARA CORREA; belt clamps, belt hooks
EMPALMAR; to splice, join, connect
EMPALME; (carp) joint; (elec) splice; (rr) junction; (cab) splice; (p) coupling, joint; (mech) connection, joint
    A MEDIA; halved joint
    A ROSCA; threaded connection
    A TOPE; butt joint
    ALTERNADO; (reinf) staggered splices
    AMINLANADO; dovetail joint
    BISELADO; miter joint
    CARRETERO; road intersection
    CELULAR; (carp) cellular abutment
    CORTO; (cab) short splice
    DE COLA DE MILANO; dovetail joint
    DE CONTROL; (carp) control joint
    DE ESPIGA Y MORTAJA; mortise-and-tenon joint
    DE SOLAPA; lap joint
    DE VÍAS; (rr) junction
    EN V; fishmouth splice
    INVISIBLE; (rd) blind intersection
    LARGO; (cab) long splice
    PARA MANGUERA; hose coupling
    ROTATIVO; rotating joint
    TERMOELÉCTRICO; thermojunction

EMPALOMADO; (Es)(Col) dry masonry diversion dam
EMPALLETADO DE CHOQUE; fender mat, collision mat
EMPANDARSE; to deflect, sag
EMPANTANAR; to swamp, submerge
EMPANTANARSE; to stick in the mud, bog down
EMPAÑETAR; (Col) to plaster
EMPAPAR; to soak, saturate
EMPAREJADOR DE CEMENTO; cement screed
EMPAREJADORA; screed
    DE EXTENSIÓN AUTOMÁTICA; self-extending screed
    VIBRATORIA; vibratory screed
EMPAQUE; gasket, packing, oakum; (elec cab) bedding; (str) filler plate
    ACOPADO; (oil-well pump) seating cup
    DE VÁSTAGO; rod packing
    PARA CALAFATEAR; (M) calking yarn
EMPAQUETADURA; gasket, packing
    CON INSERCIÓN DE TELA; cloth-insertion packing
    DE CINTA; gasketing tape
    DE LABERINTO; labyrinth packing
    DE LINO; flax packing
    DE MECHA; wick packing
    LAMINAR; sheet packing
    METÁLICA FIBROSA; fibrous metallic packing
    RETORCIDA; twist packing
    TUBULAR; tubular gasketing
EMPAQUETAR; to pack
EMPAREDAR; to wall up
EMPAREJADOR DE CEMENTO; cement screed
EMPAREJADORA; straightedge; screed
EMPAREJAR; to grade, level off; (rr) to surface; (rivets) to chip; to rough plaster; to screed
EMPARRILLADO; (s) grillage, grating, grate, grid
    DE BÁSCULA; tilting grate
    DE PISO; floor grating
    OSCILANTE; shaking grate
EMPATAR; to splice, join
EMPATE; joint, splice, seam
    A INGLETE; miter joint
    DE SOLAPA; lap joint
    DE TOPE; butt joint
    PARA CADENA; connecting link
    PARA CINTA; (surv) tape splice
EMPATILLAR; (A) to splice, join
EMPAVONADO; (steel) blue
EMPEDRADO; (s) stone pavement
EMPEDRADOR; paver
    DE CONCRETO; concrete paver
EMPEDRAR; stone paving
EMPEGAR; pitch coating
EMPERNAR; to bolt, spike, dowel, pin; (str) to fit up

EMPINARSE; to slope up; to stand at a steep slope
EMPINO; arch crown
EMPÍRICO; empirical
EMPIZARRAR; to roof with slate
EMPLANTILLADO; (Ch) floor paving
EMPLAZAMIENTO; (PR) location, site
EMPLAZAR; (A) to set, place, locate
EMPLEADO; employee
EMPLEAR; to employ
EMPLEO; employment
EMPLOMADO; poured with lead, coated with
    lead
EMPLOMADOR; leadworker
EMPLOMADURA; leadwork
EMPLOMAR; to lead
EMPOTRADO; embedded; (beam) fixed
    POR UNA EXTREMIDAD; fixed one end
EMPOTRAMIENTO; abutment; embedding;
    (V)(pipe) branch outlet; (V) service
    connection to a sewer
EMPOTRAR; to embed, to fix in a wall
EMPOTRE; (V) house connection to a sewer; tap
    in a main
EMPOZARSE; to form pools, become stagnant
EMPRESA; undertaking, enterprise; company
    CONSTRUCTORA; construction company
    DE AGUA POTABLE; water company
    DE DISEÑO; design firm
    DE SERVICIOS PÚBLICOS; public-utility
    company
    DE TRANSPORTE; carrier, transportation
    company
    FIADORA; bonding company
    FISCAL; (Ch) a government enterprise
    POR; by contract
    SUBSIDIARIA; subsidiary
EMPRESAS; utilities, companies
    DE SERVICIOS PÚBLICOS; public utilities
    MUNICIPALES; municipal utilities
EMPRESARIO; contractor, employer
EMPRÉSTITO; borrowed fill; a loan
EMPUJADOR DE TUBOS; pipe pusher
EMPUJADORA; pusher
    DE TRAÍLLA; (ce) scraper pusher
    NIVELADORA; (ce) bulldozer, bullgrader,
    roadbuilder
EMPUJAR; to push
EMPUJATIERRA; (ce) bulldozer, bullgrader,
    roadbuilder
EMPUJE; thrust, push, pressure; (rivet or pin)
    bearing; (shovel) crowding
    A CABLE; (pb) cable crowd
    DE CADENA; (pb) chain crowd
EMPUÑADORA DE PISTOLA; pistol grip
EMULSIFICAR; to emulsify
EMULSIÓN; emulsion
    ANIÓNICA; anionic emulsion

    ASFÁTICA; asphalt emulsion
    DE ALQUITRÁN DE HULLA; coal-tar
    emulsion
    DE DEMULSIBILIDAD RÁPIDA; (rd) quick-
    breaking emulsion
EMULSIONAR; to emulsify
EMULSOIDE; emulsoid
EMULSOR; emulsifier; (hyd) air lift
EN GRADO; at grade
ENAJENACIÓN FORZOSA; expropriation,
    condemnation
ENAJENAMIENTO; alienation
ENARENACIÓN; sanding; plastering of lime and
    sand
ENARENAR; to sand; to deposit sand, to silt up
ENASTAR; to a put a handle on
ENCABALLAR; to lap
ENCABAR; (C)(PR) to pat a handle on
ENCABEZADO; (s)(PR) foreman
ENCABEZADOR DE PERNOS; heading tool
ENCABEZAMIENTO; title of a drawing; letter
    head
ENCABEZAR; to cap; to place on end; to frame
    end to end
ENCABILLAR; to dowel, pin
ENCABRIAR; to place rafters
ENCACHADO; (tun) lining; culvert paving; (C)
    riprap
ENCACHAR; to line with concrete; to riprap; to
    pave a stream bed
ENCADENADO; (mas) bond; (A) bracing; (V)
    buttress, retaining wall
ENCADENAR; to chain; to brace; to buttress;
    (mas) to bond; catenate
ENCAJABLE; nestable
ENCAJAR; to rabbet; to gear; to fit
ENCAJE; rabbet, recess; fitting; socket; (Col) gear
    CHAFLANADO; (Col) bevel gear
ENCAJONADO; (n) cofferdam; boxing; (a)
    narrow, confined by steep hillsides
ENCAJONAR; to box, pack; to cofferdam; to
    confine
ENCALADO; lime coated
ENCALAR; to treat with lime; to whitewash
ENCALLADERO; shoal, sandbank
ENCALLAR; to run aground, strand
ENCAMISAR; to place lining, sleeve or bushing
ENCANALAR; (Es)(water) to conduct
ENCAÑAR; to pipe
ENCAPILLAR; (tun)(min) to enlarge a heading
ENCARCELAR; to clamp
ENCARGADO; (s) the man in charge
    DEL TRÁNSITO; (surv) transit person
    DE VÍA; (rr) roadmaster, supervisor
ENCARRILADERA; wrecking frog, rerailing
    device
ENCARRILAR; to rerail, place on the rails

ENCASQUILLAR; to bush
ENCASTILLADA; (nut) castellated
ENCASTRAR; to embed; (wr) to socket
ENCASTRE; groove; socket; insert; (U) recess
    ABIERTO; (cab) open socket
    ACUÑADO; (cab) wedge socket
    CERRADO; (cab) closed socket
    CERRADO PARA PUENTE; (cab) closed
    bridge socket
    DE MUÑÓN; (naut) gudgeon, gudgeon socket
    DE PUENTE; (cab) bridge socket
    ESCALONADO; (cab) stepped socket
    GIRATORIO; (cab) swivel socket
ENCAUCHAR; to treat with rubber
ENCAUZAR; (stream) to guide, canalize
ENCENDEDOR; (auto) ignitor, sparker
ENCENDER; to ignite
ENCENDERSE; to ignite, take fire
ENCENDIDO; (s) ignition
    ANTICIPADO; preignition
    DOBLE; dual ignition
    ESPONTÁNEO; self-ignition
    POR COMPRESIÓN; compression egnition
    POR TUBO INCANDESCENTE; hot-tube
    ignition
ENCEPAR; to place a cap or header
ENCERADO; (s) tarpaulin, oilskin
ENCERRADO; enclosed, shielded
ENCERRAMIENTO DE EQUIPO ELÉCTRICO;
    spark enclosing equipment
ENCERROJAMIENTO; (rr) interlocking
ENCESPEDAR; to sod, to grass
ENCIMA; on top, overhead
ENCINA, ENCINO; oak
ENCINTADO; (s) curb
ENCLAVAMIENTO; nailing, spiking;
    (mech)(rr)(elec) interlocking
ENCLAVAR; to nail, spike; to lock, interlock;
    (well) to drive
ENCLAVARSE; to lock
ENCLAVIJAR; to dowel, pin
ENCOBRADO; copper-plated; copper-bearing
ENCOBRIZADO; copper-plated
ENCOFRADO; forms; planking, sheeting; framing;
    cribwork
    AL EXTREMO DE UN VACIADO; (conc)
    stunt end
ENCOFRADOR; form carpenter
ENCOFRAR; (conc) to form; to plank
ENCOGER; to shrink, contract
ENCOLADO; (s)(pt) sizing
ENCOLAJE; sizing; gluing
ENCOLAMIENTO; (A) glue, cementing material
ENCOLAR; to glue; to size
ENCORCHETAR; to clamp
ENCOROZAR; (Ch) to smooth up a wall; (Col) to
    fill in between the beams on a wall

ENCORVADO EN FRÍO; bent cold
ENCORVADOR DE RIELES; rail bender, jim-
    crow
ENCORVAR; to bend, curve
ENCORVARSE; to deflect; to buckle
ENCRIBADO; cribwork, blocking
ENCRISTALADO; (s) glazing
ENCRUCIJADA; street intersection; road crossing
ENCUADRAR; to frame, square
ENCUENTRO; joint
ENCUÑAR; to wedge, key
ENCHAPAR; to veneer; to line with sheet metal
ENCHAQUETADO; jacketed
ENCHARCADO; swampy
ENCHARCAR; to flood, swamp
ENCHAVETAR; to key
ENCHINAR; to pave with cobbles
ENCHUCHAR; (rr)(C) to switch
ENCHUFAR; to telescope, nest; to mesh; to plug in
ENCHUFE; bell end of a pipe; bell-and-spigot
    joint; (elec) plug; (elec)(cab) socket
    DE CAMPANA; (p) bell-and-spigot joint
    DE PARED; (elec) wall plug
    DE PESCA; grab
    DE PUENTE; (cab) bridge socket
    FUSIBLE; fuse plug
    Y CORDÓN; bell and spigot, hub and spigot
    Y ESPIGA; bell and spigot, hub and spigot
ENDENTADO; (n)(conc) keyway; (mas) toothing;
    (hyd) toe wall; (a) toothed, dented
ENDENTAR; to key, tooth; to mesh
ENDEREZADOR; straightener; (elec) rectifier
    DE COCAS; kink iron
    DE RUEDAS; (auto) wheel straightener
ENDEREZAR; to line, straighten
ENDICAMIENTO; dike, levee
ENDICAR; to build dikes
ENDUÍDO; (A) a brush coat of grout or a water
    proofing material; plaster finishing coat
ENDULZAR; (water) to soften
ENDURECEDOR PARA PISOS; floor hardener
ENDURECER; to harden; to indurate
ENDURECERSE; to harden
    POR ENVEJECIMIENTO; (met) age harden
ENDURECIDO; hardened
    AL AIRE; air-hardened
    SUPERFICIALMENTE; casehardened
ENDURECIMIENTO; hardening
    POR CALOR; thermosetting
    POR DEFORMACIÓN; (met) strain
    hardening
    POR INDUCCIÓN; (met) induction hardening
    POR PRECIPITACIÓN; (met) precipitation
    hardening
ENERGÍA; energy, power
    COMERCIAL; commercial power
    CONTINUA; firm power; primary energy

DE BASE; (U) firm power; primary energy
DE DEFORMACIÓN; strain energy
DE VIENTO; wind energy
DEL SOL; solar radiation
EN CUERPO ELÁSTICO; strain energy
ESPECÍFICA; (hyd) specific energy
FIRME; (M) firm power
GEOTÉRMICA; geothermal energy
HIDRÁULICA; water power
LATENTE; thermal energy
NOMINAL; rated energy
PERDIDA EN EL GENERADOR; stray power
PERMANENTE; firm power, primary power;
primary energy
POTENCIAL; potential energy
PRIMARIA; firm power, primary energy
PROVISIONAL; (elec) temporary power
PROVISORIA; dump power; secondary
energy
RADIANTE; radiant energy
RECUPERADA; recovered energy
SECUNDARIA; secondary energy; secondary
power, surplus power
SOLAR PASIVA; passive solar energy
TÉRMICA; steam-generated power
TOTAL; total energy
ENÉSIMO; (math) nth power
ENFAJINADO; *(s)* fascine work, bank protection
ENFANGARSE; to silt up
ENFARDAR, ENFARDELAR; to bale, pack
ENFERMEDAD; disease
HÍDRICA; (Ec)(V) water-borne disease
QUE MATA RAÍCES; (tree) root rot
ENFERRADURA; ironwork; (Ch) reinforcing steel
ENFILAR; to line up, align, range
ENFOCAR; to focus
ENFOQUE; focusing
ENFOSCAR; to patch or fill with mortar
ENFRENAR; to brake
ENFRENTADO Y PERFORADO; faced and
drilled
ENFRENTAR; to face
ENFRIADO; cooled
SUPERFICIAL; surface-cooled
POR AGUA; water-cooled
POR AIRE; air-cooled
POR TANQUE DE AGUA; (eng)
hopper-cooled
ENFRIADOR; cooler; coolant
DE AIRE; air cooler
DE AIRE DE PRESIÓN; pressure-type air
cooler
EVAPORATIVO; evaporative cooler
ENFRIAMIENTO; (eng)(ac) cooling; refrigeration
DE ELABORACIÓN; process cooling
DEL RADIADOR; radiator cooling
EVAPORATIVO; evaporative cooling

SUPERFICIAL; surface cooling
ENFRIAR; to cool
ENFRIARSE; to cool, cool off
ENFURGONAR; (PR) to load a box car
ENGALABERNAR; (Col) to frame timbers
ENGALGAR; to chock, scotch
ENGANCHADOR; coupler; labor agent
DE CORREA; belt stud
ENGANCHAR; to hook, couple, engage; to employ
ENGANCHE; coupling, coupler; hitch;
employment
COMPLETAMENTE FLOTANTE; full-
floating hitch
DE CAMIÓN; truck hitch
DE GANCHO; snatch hitch
DE GARRAS; jaw coupler, M.C.B. coupler
DE REMOLQUE; trailer hitch
DE VUELTA; anchor hitch
GIRATORIO; swivel hitch
TONELERO; barrel hitch
ENGARGANTAR; to mesh, engage
ENGARGOLAR; to groove; to make a male-and-
female joint
ENGARZAR; to hook, couple
ENGASTADOR DE TORNILLO; screw chaser
ENGASTE; setting, bedding
ENGATILLAR; to clamp, cramp
ENGOMADO; rubberized; (oil) gummy
ENGOMARSE; (oil) to gum
ENGOZNAR; to hinge
ENGRAMAR; to grass, sod
ENGRAMPAR; to clamp; to staple
ENGRANADO DIRECTAMENTE; direct-geared
ENGRANAJE; gearing; a gear
ANGULAR; bevel gear
CAMBIADOR DE VELOCIDAD; speed-
change gears
CÓNICOHELICOIDAL; spiral bevel gear
DE ARAÑA; spider gear
DE BAJA; (auto) low gear
DE CAMBIO; change gear
DE CONTRAMARCHA; (auto) reverse gear
DE CORONA; crown wheel; face gear
DE DIENTES HELICOIDALES
ANGULARES; double-helical gear
DE ESPINA DE PESCADO; herringbone gear
DE ESPUELA; spur gear
DE GIRO; (de) bull gear
DE INGLETE; miter gear
DE MANDO; driving gear
DE MARCHA ATRÁS; (auto) reverse gear
DE TORNILLO SIN FIN; worm gear
DESPLAZABLE; sliding gear
DIFERENCIAL PLANETARIO; planet
differential
DOBLE HELICOIDAL; herringbone gear
FRESADO; machine-cut gear

HELICOIDAL; helical gear, worm gear; screw wheel
HIPOIDAL; hypoid gears
INTERIOR; internal gear
MOLDEADO; molded gear
MOTOR; driving gear
MULTIPLICADOR; increasing gear, over-gear
PLANETARIO; planetary gear
RECTO; spur gear
REDUCTOR; reducing gear
TRABADOR; (auto) locking gear
ENGRANAR; to gear; engage
ENGRANARSE; to mesh, engage
ENGRANE; gear
ENGRANZAR; (A) to surface with gravel or crushed stone
ENGRANZONAR; (V) to surface with gravel
ENGRAPAR; to clamp, cramp
ENGRASADERA; grease cup
ENGRASADOR; grease cup, grease gun; oiler
    A PISTOLA; grease gun
    DE COMPRESIÓN; grease cup
    DE GOTAS VISIBLES; sight-feed lubricator
    DE PISTÓN; grease gun
ENGRASAJE; lubrication, greasing
ENGRASAR; to grease, lubricate, oil
ENGRASE; lubrication, greasing
    POR ANILLOS; ring lubrication
    POR MECHA; wick lubrication
    POR PRESIÓN; forced lubrication
ENGRAVAR; to surface with gravel
ENGRAVILLAR; to surface with grits or stone screenings
ENGREDAR; to treat with clay
ENGRILLETAR; to attach a socket, clevis or shackle
ENGROSAR; (bar) to upset
ENGROSARSE; (bar) to swell
ENGRUDO; belt dressing; paste
ENGUIJARRAR; to surface with gravel; to pave with cobbles
ENHUACALADO; (M) cribwork; (C) crating
ENJARCIADURA; rigging
ENJARCIAR; to rig
ENJARJE; (bw) toothing
ENJAULAR; (min) to load in the cage
ENJUNQUE; pig-iron ballast, kentledge
ENJUTA; (arch) spandrel
ENJUTADO; (s)(Es) spandrel filling
ENJUTAR; to dry
ENJUTO; dry; (conc) lean
ENLACAR; shellac
ENLACE; (rr) crossover; ladder track; linkage
    DOMICILIARIO; (A) house service
ENLACES; belt lacing; ties, connections
ENLADRILLADO; (s) brick paving, brickwork; bricklaying

REFORZADO; reinforced brickwork
ENLADRILLADOR; bricklayer
ENLADRILLAR; to lay brick, pave with brick
ENLAGUNAR; to flood, inundate
ENLAJAR; to lay flagstones
ENLAMAR; to cover with salt
ENLATAR; to roof with tin; to lath; to lag; to cleat
ENLAZAR; to join, connect
ENLECHAR; to grout
ENLEGAMAR; to cover with mud
ENLEGAMARSE; to silt up
ENLISTONADO METÁLICO; metal lathing
ENLISTONAR; to lath; to cleat, batten
ENLODAMIENTO; silting up; covering with mud
ENLODAR; to place mud, seal with mud
ENLODAZAR; to cover with mud
ENLOSADOR; tile paver
ENLOSAR; to pave with flags or tiles
ENLOZAR; to enamel, glaze
ENLUCIDO; plaster coat; sidewalk finish
ENLUCIDOR; plasterer
ENLUCIR; to plaster
ENLLANTAR; to rim; to put on a tire
ENMADERACIÓN; (Ch) boarding, forms
ENMADERAR; to plank, board, timber
ENMANGAR; to put a handle on
ENMASILLAR; to putty
ENMENDAR; (tackle) to fleet; (plans) to revise
ENMIENDA; amendment, revision
    DE PLANOS; plan revision
ENMOHECERSE; to rust
ENMUESCAR; to notch, mortise
ENMURADO; built into a wall
ENQUICIAR; to hinge
ENRAJONAR; to build with rubble; to riprap
ENRALLADO; (Col) tie beam on a wooden truss
ENRAMADO; mattress of branches
ENRASAR; to level, grade; to rough plaster; to screed, smooth up; to fur; to dub out
ENRASE; leveling up, grading
ENRASILLADO; furring; filling on top of floor arches
ENREDADO; (rope) foul; (M) kinked
ENREJADO; (s)(str) grillage; (str) latticing, lacing; (hyd) trash rack, bar screen; grizzly
    DE ALAMBRE; wire netting, wire mesh
    DEL RADIADOR; (auto) radiator shutters
    SIMPLE; (str) lacing
ENREJAR; to place gratings or grills; to lace, lattice
ENREJILLADO; grating, grid
ENRIELADURA; rail laying; rails in place
ENRIELAR; to lay rails; to put on the rails
ENRIPIAR; to surface with gravel
ENROCAMIENTO; rock fill, stone riprap
    ACOMODADO; rock fill hand-placed
    VERTIDO; rock fill dumped, dump fill

ENROCAR; to fill with rock; to pave with rock
ENROJECIDO AL FUEGO; red-hot
ENROLLABLE; (shutter) rolling
ENROLLADO; *(s)*(elec) winding; spooling
    LIBRE; (eng) free spooling
    POR DEBAJO; (eng) underwinding
    POR ENCIMA; (eng) overwinding
ENROLLAR; to wind, wind up, reel, coil
ENROMAR; to dull, blunt
ENROSCADO; screwed
ENROSCAR; to thread, to screw up
ENROSQUE; threading, screwing up
    HEMBRA; tapping
ENSACAR; to put in bags
ENSAMBLADO; dovetailed, framed; built-up
ENSAMBLADOR; joiner; framer
ENSAMBLADURA; joint
    A COLA DE MILANO; dovetail joint
    A MEDIA MADERA; halved joint
    A TOPE; butt joint
    DE CAJA Y ESPIGA; mortise-and-tenon joint
    DE INGLETE; miter joint
    DE LENGÜETA; tongue-and-groove joint
    DE PASADOR; pin-connected joint
    ENRASADA; flush joint
    SOLAPADA; lap joint
ENSAMBLAJE; assembling, joining, joint
    CORREDIZO; sliding tandem
    DE CILINDROS; cylinder assembly
    DE SOLDADURA FUNDIDA; cast weld
    assembly
    EN SITIO; site assembly
    ESTRUCTURAL; structural system
    SELECTIVO; (machy) selective assembly
    SUJETADOS; tiedown assemblies
ENSAMBLAR; to assemble, frame, join, connect
ENSAMBLE; joint, assembly
ENSANCHADOR; reamer, drift, broach; tube
    expander; driftpin
    DE FONDO; (pet) underreamer
    DE NEUMÁTICOS; tire spreader
ENSANCHADORA DE CAMINOS; road widener
ENSANCHAR; to widen, enlarge; to ream
ENSANCHE; widening, extension, enlargement
ENSARDINADO; *(s)*(Ch) rowlock, course of brick
    on edge
ENSAYADOR; assayer, tester; testing machine
ENSAYAR; to assay, test
ENSAYO; a test, an assay
    AL CHOQUE; impact test
    AL FRENO; brake test
    A LA TRACCIÓN; tensile test
    DE ADHERENCIA; (reinf) pull-out test
    DE AGUA FRÍA; cold-water test
    DE APLASTAMIENTO; (conc) crushing test
    DE ARRASTRE; elutriation test
    DE ASIENTO; (conc) slump test

    DE CALIFICACIÓN; qualification test
    DE CARGAMIENTO MANTENIDO;
    maintained load test
    DE CARGA DE PLACA; plate load test
    DE COMPRESIÓN; (conc) crushing test
    DE CONTENIDO DE AIRE; air content test
    DE DENSIDAD DEL MATERIAL; (soils)
    field density test
    DE DESGASTE POR FROTAMIENTO
    RECÍPROCO; attrition test
    DE DESGASTE POR ROZAMIENTO;
    abrasion test
    DE DOBLADO; bending test
    DE DUREZA; hardness testing
    DE ENVEJECIMIENTO; aging test
    DE EXTENDIDO; (conc)(A) slump test,
    consistency test
    DE FLEXIÓN; (beam) bending test
    DE FLUJO; flow test
    DE GOLPE; shock test; impact test
    DE GOLPEO; rattler test
    DE MAZA CAEDIZA; drop test
    DE PENETRACIÓN CONSTANTE; (conc)
    quick-load pile test
    DE PENETRACIÓN DE CONO; (soils)
    cone penetration test
    DE PROCURACIÓN; (sm) proctor test
    DE PRODUCCIÓN; performance test
    DE REMOLDAJE; (conc) remolding test
    DE SERIE; sequence test
    DE TIZA; chalk test
    EN OBRA; field test
    MOMENTÁNEO DEL AISLAMIENTO;
    (elec) flash test
    PARA PUNTO DE INFLAMACIÓN; (oil)
    flash test
ENSEBAR; to grease
ENSENADA; cove, small bay
ENSORTIJAMIENTO; a kink
ENSORTIJAR, ENSORTIJARSE; to kink
ENTABICAR; to partition; to wall up
ENTABLAMIENTO; entablature
ENTABLAR; to sheath with boards, to plank
ENTABLILLAR; to batten, cleat
ENTABLONADO; *(s)* planking
ENTALLADURA; mortise, notch, groove, dap;
    (mas)(C)(M) pointing
ENTALLAR; to notch, dap, mortise; to carve, make
    a cut in; (mas)(C)(M) to point
ENTARIMAR; to sheath with boards
ENTARQUINAMIENTO; deposit of mud or silt
ENTARQUINARSE; to silt up
ENTARUGAR; to plug; to lay wood blocks
ENTECHAR; to roof
ENTEJAR; to lay roof tiles
ENTENALLAS; small vise
ENTEPAR; (A) to sod

ENTERIZO; in one piece, solid, integral, whole

ENTERO; *(a)* whole, complete; whole number, integer

ENTIBACIÓN DE CAJA; box brace

ENTIBADO; *(s)* timbering; cribwork; blocking

ENTIBADOR; timberman

ENTIBADORA NEUMÁTICA; (riveting) holder-on

ENTIBAMIENTO DE MANQUITO; tube-and-coupling shorring

ENTIBAR; to timber, shore, prop

ENTIBO; a shore, prop

ENTINTAR; (dwg) to ink in

ENTRADA; entrance; (hyd) intake; (min) entry; the point of reamer or similar tool; cash receipts; (conc) embedded end of a beam

ENTRAMADO; *(s)* framework; studding; cribwork; (Col) grillage
CONTINUO; (str)(A) continous frame

ENTRANTE; re-entrant; recess, step

ENTRE PUNTOS FIJOS; point-to-point

ENTRECANAL; space between canals; spacing of grooves or corrugations

ENTRECARRIL; (rr)(V) gage
COMPENSADOR; (rr) expansion gap
DE EXPANSIÓN; (rr) expansion gap

ENTRECAVADO; partly excavated

ENTRECORTEZA; bark in the interior of timber

ENTREDIENTE; (saw) gullet

ENTREFINO; mediun-free

ENTREGA; delivery; (Col) portion of beam embedded in a wall

ENTREGAR; to deliver; to embed

ENTREHIERRO; (elec) clearance, air gap

ENTELAZAR; to interlock; (power plants) to hook up

ENTRENZADO; *(s)*(str) lacing, latticing

ENTREPAÑO; panel; shelf

ENTREPILASTRA; pilaster spacing

ENTREPISO; (ed) mezzanine; (A)(V) upper floor; (A) floor structure; (min) intermediate gallery between two main levels
DE LOSA PLANA; (A)(conc) flat slab floor
NERVURADO; (A) ribbed floor

ENTRERROSCA; (p) nipple
CON TUERCA; hexagon-center nipple
CORTA; short nipple
DE LARGO MÍNIMO; close nipple
LARGA; long nipple
PARA TANQUES; tank nipple

ENTRESECADO; partly seasoned

ENTRESUELO; mezzanine; shallow basement; (min)(M) intermediate gallery between two main levels

ENTREVENTANA; mullion, pier between windows

ENTREVÍA; (rr) gage; (C) space between tracks

NORMAL; standard gage

ENTREVIGADO; space between beams

ENTRONCAR; (rr) to join, make a junction, connect

ENTRONQUE; (rr) junction; (C) sewer or water connection to a main

ENTROPÍA; entropy

ENTUBACIÓN; piping, tubing, well casing; (M)(earth dam) piping

ENTUBADO; casing, tubing, wrap
DE MANDRIL; mandrel wrapping
DE POZOS; well casing

ENTUBAR; to pipe

ENTUBARSE; (M)(dam) to pipe

ENTUERCADORA; (hw) nut runner, nut setter, nut tightener

ENTUMECERSE; to swell

ENTURBIARSE; to become turbid

ENVARILLADO; (A) grill; (A)(M) concrete reinforcement

ENVASAR; (shipment) to pack

ENVASE; packing, boxing; container

ENVEJECIMIENTO; aging
ACELERADO; accelerated aging
DE MATERIAL; maturing
POR DEFORMACIÓN; (met) strain aging
POR SUMERCIÓN; quench aging

ENVERJADO; skew, oblique

ENVIAR; to send, ship, forward

ENVIGADO; floor framing, system of beams

ENVIGAR; to set beams

ENVÍO; shipment

ENVOLTURA; casing, jacket, housing; envelope
CON BARRAS REFORZADORAS; wrapping
DEL INTERIOR; inner casing
TEMPORAL; temporary casing

ENVOLVENTE; casing, jacket; (math) envelope

ENVUELTO CON ALAMBRE; (conc) wire wrapping

ENYERBAR; to sod, to grass

ENYESADO; plastering

ENYESADOR; plasterer

ENYESAR; to plaster

ENZARZADO; stakes and header frame used in river bank protection

ENZOLVAR; (M)(hyd) to silt up

ENZUNCHAR; to hoop, band

EÓLICO; (geol) aeolian

EPICENTRO; epicenter

EPIDIORITA; epidiorite

ÉPOCA; season, epoch
DE CRECIDAS; flood season
DE LLUVIAS; rainy season
DE SEQUÍA; dry season

EPOXIA; epoxy

EQUIÁNGULO; equiangular

EQUIDAD; equity

EQUIDIMENSIONAL; of equal dimensions
EQUIDISTANCIA; equidistance; pitch, spacing
EQUIDISTANTE; equidistant
EQUIGRANULAR; equigranular
EQUILÁTERO; equilateral
EQUILIBRAR; to balance, counterbalance; to
    equilibrate
EQUILIBRIO; equilibrium, balance
    AL DESLIZAMIENTO; (Col)(dam) stability
    against sliding
    DINÁMICO; dynamic balance, running
    balance
    ESTABLE; stable equilibrium
    INESTABLE; unstable equilibrium
    PLÁSTICO; (soils) plastic equilibrium
EQUILIBRISTATO; (rr) equilibristat
EQUIMOLECULAR; equimolecular
EQUIPAR; equip, fit
EQUIPO; equipment, plant, outfit, rig; kit; gang,
    shift
    ALISADOR; surface planer
    AUXILIAR; auxiliary equipment
    BARRENADOR; thrust borer
    CLASIFICADOR; screening equipment
    DE COMPROBACIÓN; rodding dolly
    DE CONSTRUCCIÓN; building equipment
    DE DÍA; day shift
    DE DOSIFICACIÓN; (conc) batching plant,
    proportioning equipment
    DE EMERGENCIA; wrecking gang
    DE ENFRIAMIENTO UTILIZADO COMO
    CALENTADOR; heat pump
    DE EXCAVACIÓN DE AIRE; air excavation
    equipment
    DE INGENIEROS; engineering party,
    engineer corps
    DE MACHAQUEO; crushing plant
    DE NOCHE; night shift
    DE REPARACIONES; repair gang
    DE TRABAJO; construction plant
    DE URGENCIA; wrecking crew
    DE UTILIZACIÓN; utilization equipment
    DRAGADOR; dredging equipment
    ELÉCTRICO; electrical equipment
    INTRÍNSICAMENTE SEGURO; intrinsically
    safe equipment
    ORIGINAL; original equipment
    LOCOMÓVIL; (rd) travel plant
    MARCADOR DE CAMINOS; road-marking
    equipment
    NORMAL; (auto) standard equipment
    PARA TREPAR; climbing equipment
    PESADO; heavy equipment
    PROPORCIONADOR; batcher plant
    PROTECTOR; protective equipment
    QUE PRODUCE LOSAS DE PAVIMENTO;
    (rd) slipform paving train

    SUAVIZADOR; (water) softening plant
EQUIPOTENCIAL; equipotential
EQUIVALENTE; (s)(a) equivalent
    CENTRÍFUGO DE HUMEDAD; (sm)
    centrifuge moisture equivalent
    CENTRÍFUGO DE KEROSINA; centrifuge
    kerosene equivalent
    DE HUMEDAD EN EL CAMPO; (sm)(C)
    field moisture equivalent
    MECÁNICO DEL CALOR; mechanical
    equivalent of heat
ERA; a paved or graded area, working area; mixing
    board
ERECCIÓN; erection; setting-up
ERECTO; standing; erect
ERECTOR; erector, steelworker
ERGIO; erg
ERIGIR; to erect, set up, build
EROGACIÓN DE COMBUSTIBLE; (A) fuel
    consumption
EROSIÓN; erosion
    DE TIERRA POR AGUA; sheet erosion
EROSIONAR; to erode
EROSIVO; erosive
ERRÁTICO; (geol) erratic
ERROR; (math) error
    ACCIDENTAL; accidental error
    DE CIERRE; (surv) error of closure, misclosure
    SISTEMÁTICO; systematic error
ERUPCIÓN; eruption
ERUPTIVO; volcanic, eruptive
ESBELTEZ, RELACION DE; slenderness ratio
ESBOZAR; to sketch
ESBOZO; a sketch
ESCABROSO; rough, (ground) rugged
ESCAFANDRISTA; diver
ESCANFANDRO; diving suit
ESCAFILAR; to trim back
ESCALA; ladder; (dwg) scale; (draftsman) scale;
    gage; port of call
    ABSOLUTA; Kelvin scale
    CÚBICA; (lbr) cubic scale
    CHICA DE AGRIMENSOR; (surv) reglette
    DE AGUJA; (hyd) point gage
    DE ARQUITECTO; architect scale
    DE BAUMÉ; Baumé scale
    DE CALADO; (naut) draft gage
    DE CINTA; (hyd) tape gage
    DE DUREZA; hardness scale
    DE DUREZA VICKERS; (metal) Vickers
    hardness
    DE EMERGENCIA; fire escape
    DE ESCLUSAS; flight of locks
    DE FLOTADOR; (hyd) float gage
    DE GANCHO; (hyd) hook gage
    DE GARFIOS; hook ladder
    DE GRADUACIÓN TOTAL; chain scale

DE INGENIERO; (dwg) engineer scale
DE MAREAS; tide gage
DE MILLAS; scale of miles
DE PECES; (hyd) fish ladder, fishway
DE PESO; weigh scale
DE PLOMADA; plumb-bob gage
DE PLOMERO; plumber's rule
DE VELOCIDAD SAYBOLT; Saybolt viscosity scale
DE VIENTOS; wind scale
FLUVIOMÉTRICA; stream gage
GRÁFICA; graphic scale
HIDROMÉTRICA; stream gage, staff gage
KELVIN; Kelvin scale
LINEAL; linear scale
REGISTRADORA DIFERENCIAL; (hyd) recording differential gage
RICHTER; Richter scale
TRANSPORTADOR; protractor scale
TRIANGULAR; (dwg) triangular scale
ESCALADOR; (A) escalator
ESCALADORES; climbers
ESCALAFÓN; wage scale; register of employees
ESCALAR; (dwg) to scale
ESCALENO; scalene
ESCALERA; stair, ladder, stairway
CUADRADAS; box stairs
DE CABLE; rope ladder
DE CARACOL; spiral stairway
DE ESCAPE; fire escape
DE ESCAPULARIO; ladder fixed to a shaft or manhole
DE IDA Y VUELTA; side by side stairs in two flights
DE LARGUEROS CORREDIZOS; extension ladder
DE MANO; ladder, stepladder
DE PECES; (hyd) fish ladder, fishway
DE TIJERA; stepladder
DE TREPAR; climbing ladder
DE UN SOLO RIEL; single-rail ladder
EXTENSIBLE; extension ladder
MECÁNICA; escalator
MÓVIL; escalator
RAMPANTE; (A) a ramp with cleats
RODANTE; (A) escalator
SIN CONTRAPELDAÑO; skeleton step
VOLADIZA; hanging stairs
ESCALERILLA; (pinion) rack; car step
ESCALERO; (Es) stream gage reader
ESCALINATA; small stairway; outside stairway
DE ENTRADA; stoop
ESCALÓN; step, rung, stair tread; grading; (exc) bench; (dd) altar; (min) stope
DE BANCO; underhand stope
DE BARRA; manhole step
DE CIELO; overhand stope

DE ROCA; shelf
DE TORRE; turret step
RECTOPARALELO; (st) flier
ESCALONADO; stepped; (gravel) graded; (bw) racking
ESCALONAMIENTO; (elec) notching; rock ladder
ESCALONAR; to form in steps; (surv) to offset; (bw) rackback
ESCALONES; stairs
CAJONEROS; box stairs
ESPIRALES; winding stairs
ESCAMA; boiler scale, rust scale, flake
ESCAMACIONES; incrustations, scale
ESCAMAR; scaling, scaly
ESCAMARSE; (Pe) to form scale, scale off
ESCAMOSO; scaly, flaky; (geol) platy
ESCANDALLAR; to take soundings
ESCANDALLO; sounding lead
ESCANTILLAR; to gage, measure; to lay out
ESCANTILLÓN; straightedge, screed, strickle, screed board; rule; gage; template; level board; (rr) gage bar
DE BIRMINGHAM; Birmingham wire gage
DE BISEL; miter rod
ESCAPE; leak; outlet; escape; exhaust; (M)(rr) siding; (pump) slip; (vapor) emission
DE AIRE; air escape
DE FONDO; (Col) sluiceway
ESCARABAJO; (foun) air hole
ESCARAMUJO; barnacle
ESCARBADOR; digger; plugging chisel
DE JUNTAS; bricklayer's jointer
ESCARBAR JUNTAS; (bw) to rake joints
ESCARCEO; (water) ripple
ESCARDA; (lbr) spud
ESCARIADOR; reamer
ACABADOR; finishing reamer
AHUSADO; taper reamer
CENTRADOR; center reamer
CILÍNDRICO; straight reamer
DE CABEZA CORTANTE; rose reamer
DE LOMO; ridge reamer
DE TRINQUETE; ratchet reamer
ESCALONADO; stepped reamer, roughing reamer
ESFÉRICO; ball reamer
ESTRUCTURAL; bridge reamer
EXPANSIVO; expanding reamer
HUECO; shell reamer
PARALELO; straight reamer
ESCARIAR; to ream, broach
ESCARIFICACIÓN; scarification
ESCARIFICADOR; harrow, scarifier, ripper, rooter
ESCARIFICAR; to scarify, harrow
ESCARPA; batter; escarpment
ESCARPADO; steep; battered
ESCARPAR; to escarp, to slope steeply

ESCARPE; scarp, escarpment; (M) batter; (hyd) apron

ESCARPIA; tack spike

ESCARPIADOR; (rr) spiker

ESCARPIAR; to spike

ESCARZANO; (arch) segmental

ESCLERÓMETRO; sclerometer

ESCLEROSCOPIO; scleroscope

ESCLUSA; sluice; air lock; navigation lock
  CONTRA LA MAREA; tide lock
  DE CUENCO; navigation lock
  DE EMERGENCIA; emergency lock
  DE SALIDA; tail lock
  HOSPITAL; medical lock
  NEUMÁTICA; air lock
  PARA ARMADÍAS; (hyd) log sluice
  PARA ESCOMBROS; (tun) material lock

ESCLUSADA; lockful

ESCLUSAJE; lockage; sluicing

ESCLUSAR; (vessel) to lock; to sluice

ESCLUSERO; lock tender

ESCOBA; broom
  CAMINERA; road broom
  DE ARRASTRE; tow broom
  DE CAUCHO; squeegee
  DE PAIZAVA; bass broom
  MECÁNICA; sweeper

ESCOBILLA; brush; (elec) brush
  DE ALAMBRE; wire brush
  DESINCRUSTADORA; flue brush, flue cleaner
  LIMPIALIMAS; file card, file cleaner
  LIMPIATUBOS; flue brush, flue cleaner

ESCOBILLÓN; boiler flue cleaner; push broom

ESCODA; stonecutter's hammer

ESCODAR; to cut stones

ESCOFINA; a rasp, rasp-cut file; (C) bastard file
  BASTARDA; bastard file
  DULCE; smooth rasp
  PARA MADERA; wood rasp

ESCOFINAR; to rasp, file

ESCOGIDO; selected, picked

ESCOLLAR; to run on a reef

ESCOLLERA; rock fill; riprap; breakwater
  A GRANEL; dumped rock fill
  A MANO; rock fill placed by hand
  A PIEDRA PERDIDA; drop fill
  ACOMODADA; rock fill placed by hand
  ARROJADA; dumped rock fill
  VERTIDA; dumped rock fill

ESCOLLERADO; (s) rock fill; riprap

ESCOLLO; a reef

ESCOMBRAMIENTO; (V) move dirt

ESCOMBRAR; to remove spoil, to muck; to clean up rubbish

ESCOMBRERA; spoil bank, dump; spoil, muck

ESCOMBROS; spoil, muck, rubbish, debris, dirt; quarry wast; (min) deads; river drift
  EMPOTRADO; built-in dirt

ESCONCE; (Es) rabbet

ESCOPETA DE AIRE COMPRIMIDO; air gun

ESCOPLADURA; chisel cut

ESCOPLEADORA; mortising machine, mortiser, gaining machine
  DE BROCA HUECA; hollow-chisel mortiser

ESCOPLEADURA; a notch, mortise
  CON LLAMA DE GAS; flame gouging

ESCOPLEAR; to mortise, notch, dap; to chisel

ESCOPLO; a chisel, socket chisel, framing chisel
  ANGULAR; corner chisel
  BISELADO; bevel chisel
  CALAFATEADOR DE ESTOPA; yarning chisel
  CON RABO; tang chisel
  DE ACABAR; finished chisel
  DE DESCORTEZAR; bark spud
  DE MANO; pocket chisel, paring chisel
  DE TORNO; turning chisel
  DE VIDRIERO; glazier's chisel
  RANURADOR; cope chisel
  SEPARADOR; parting chisel

ESCOPLO-PUNZÓN; firmer chisel

ESCORAR; (dd) to shore

ESCORIA; slag, clinker; (C) cinders
  DE CEMENTO; cement clinker
  DE FRAGUA; anvil dross, hammer slag
  DE FUNDICIÓN; slag
  DE HULLA; clinker
  FILAMENTOSA; mineral wool

ESCORIAS DE ALTO HORNO; blast-furnace slag

ESCORIAL; slag dump; volcanic ash deposit; lava bed

ESCORIFICAR; to reduce to slag, clinker, scorify

ESCORREDERO; (Es) drainage ditch

ESCORREDOR; (Es) drainage ditch; sluice gate

ESCOTA; stone hammer; miner's pick

ESCOTADURA; notch, recess; opening, trap door
  DE AFORO; (hyd) gage notch

ESCOTAR; to notch, cut out

ESCOTE; a notch

ESCOTERA; (naut) chock

ESCOTILLA; (elevator) shaft; hatchway, trap door

ESCOTILLÓN; trap door, hatchway
  DE CARGAR; loading trap

ESCREPA; (M) scraper
  DE ARRASTRE; drag scraper
  DE EMPUJE; bulldozer
  DE EMPUJE EN ÁNGULO; angledozer
  DE RUEDAS; wheeled scraper
  FRESNO; fresno scraper

ESCRITORIO; desk; (A) office

ESCRITURA; contract; deed; policy; legal instrument

DE CONSTITUCIÓN; corporation charter
DE SEGURO; insurance policy
DE VENTA; bill of sale; (C) deed
ESCRÚPULO; pennyweight
ESCUADRA; square; angle iron; (dwg) triangle;
knee, corner brace, gusset plate; (Ch) gang,
A; square, at right angles
ABORDONADA; bulb angle
DE ACERO; steel square
DE AJUSTAR; framing square
DE DIÁMETROS; center square
DE ENSAMBLADURA; gusset plate
DE ESPALDÓN; try square
DE INGLETE; miter square
DE REFUERZO; (str) gusset
EN T; T square
FALSA; bevel square
, FUERA DE; out of square
PARA CABRIOS; rafter square
ESCUADRA-TRANSPORTADOR; (A)(dwg)
bevel protractor
ESCUADRAS DEL CORDÓN; flange angles
ESCUADRAS DE ENSAMBLAJE; (str)
connection angles
ESCUADRAR; to square
ESCUADREO; squaring; sectional area
ESCUADRÍA; a section
ESCUDETE; shield; (Sp) gusset plate; escutcheon
plate
DE CERRADURA; (lock) rose
DE EXPANSIÓN; expansion shield
DE PULSADOR; push-button plate
DE RECEPTÁCULO; receptacle plate
ESCUDILLA; (lock) rose
ESCUDO; shield; escutcheon plate
DE PERFORACIÓN; tunnel shield
ENSANCHADOR; expansion shield
ESCURRENTE; effluent
ESCURRIDERAS; (M) irrigated land runoff
ESCURRIDERO; drain hole, outlet; weathering;
drip; leak
ESCURRIEMIENTO; (hyd) runoff; (M)
(earth dam) piping
CRÍTICO; (hyd) critical flow
ESPECÍFICO; (hyd) specific yield
PLÁSTICO; plastic flow, (conc) creep, time
yield
SÓLIDO; (hyd) silt runoff
ESCURRIRSE; to run off, drain; to leak
ESFALERITA; sphalerite, zinc blende
ESFERA; sphere; a gage dial
ESFÉRICO; spherical
ESFEROIDAL; spheroidal
ESFEROIDE; spheroid
ESFERÓMETRO; spherometer
ESFORZAR; (U) to stress
ESFUERZO; stress; effort

CAPILAR; capillary stress
COMPUESTO; compound stress
CORTANTE; shearing stress
CORTANTE DE PENETRACIÓN; punching
shear
CORTANTE DOBLE; double shear
CORTANTE SIMPLE; single shear
DE ADHESIÓN; (reinf) bond stress
DE ADHESIÓN PARA TRANSFERENCIA;
transfer bond
DE APLASTAMIENTO; crushing stone
DE APOYO; (beam) bearing stress
DE CIZALLAMIENTO; shearing stress
DE COMPRESIÓN; compressive stress
DE CONTRACCIÓN; (conc) shrinkage stress
DE CORTE PERIMÉTRICO; perimeter shear
DE DOBLADURA; (cab) bending stress
DE EMPUJE; bearing stress on rivets or pins
DE FLEXIÓN; (str) bending stress
DE GOLPE; shock load
DE PRUEBA; proof stress
DE ROTACIÓN; torsional stress
DE RUPTURA; breaking stress, ultimate
strength, rupture strength
DE TENSIÓN; tensile stress, tensional stress
DE TRABAJO; working stress
DE TRACCIÓN; tractive effort; tensional
stress
DE TRACCIÓN DIAGONAL; diagonal stress
DE TRONCHADURA; (Es) shearing stress
DE UN MIEMBRO; nominal strength
DEBIDO AL ALABEO; warping stress
DEBIDO AL IMPACTO; impact stress
DURANTE OPERACIÓN; operating stress
ELÉCTRICO; electric stress
EN LA FIBRA; fiber stress
ESPECÍFICO; unit stress
ESTÁTICO DE PIEDRA; static rock strength
FLEXOR; (str) bending stress
INICIAL; initial stress
MEDIO; mean stress
NEUTRAL; neutral stress
PERMISIBLE; allowable stress
PRINCIPAL; principal stress; (A) diagonal
tension
PRINCIPAL SECUNDARIO; minor principal
stress
RASANTE; (Sp) longitudinal shear; (M)
shear
REQUERIDO DE UN MIEMBRO; required
strength
REQUERIDO PARA TRANSFERENCIA;
(conc) transfer strength
RESTANTE; residual stress
TANGENCIAL; tangential stress
TECTÓNICO; tectonic stress
TEMPORAL; (conc) temporary stress

TEMPORARIO DE ALZAMIENTO; jacking force
TOTAL; (sm) total stress
TRACTOR; tensile stress; tractive effort
UNITARIO; unit stress
ESFUERZOS; stresses
   A MANO; handling stresses
   COMBINADOS; combined stresses
ESHERARDIZAR; to shearadize
ESLABÓN; link
   CON MALLETE; stud link
   DE AJUSTE; hunting link
   DE COMPOSTURA; missing link
   DE RETENCIÓN; (lbr) slip grab
   DE SEGURIDAD; (turb) breaking link
   GIRATORIO; swivel
   INTERRUPTOR; (elec) disconnecting link
   REPARADOR; connecting link, chain-repair link
ESLABONAMIENTO; linkage
ESLINGA; sling
   DE BRIDA; bridle sling
   DE DOS PORTES; (cab) two-leg sling
   DE IGUALACIÓN; equalizing sling
ESLINGAJE; (cargo) slinging charge
ESLINGAR; to sling
ESLORA; (naut) length
   DE FLOTACIÓN; water-line length
   TOTAL; over-all length
ESMALTAR; to enamel
ESMALTE; enamel
   DE ASFALTO; filled asphalt
ESMALTO DE PORCELANA; porcelain-enameled
ESMERIL; emery
ESMERILACIÓN DE SUPERFICIE; (dam) surface grinding
ESMERILADO EN HÚMEDO; wet grinding
ESMERILADORA; grinder
   DE BANCO; bench grinder
   DE SUPERFICIE; surface grinder
   DE VELOCIDAD GRADUABLE; adjustable-speed grinder
   PARA MANDRIL DE TORNO; chucking grinder
ESMERILAJE; grinding
ESMERILAR; to grind, to polish with emery
ESMITSONITA; smithsonite, sinc spar
ESPACIADO; spacing, (rivet) pitch
ESPACIADOR; spacer, separator, packing block
   DE BALDOSA; tile-spacer
   DE BARRAS; (reinf) bar spacer
   DE HULE; (slab) rubber spacer
   DE METAL; (str) soffit spacer
   DE REFORZAMIENTO; slab spacer
ESPACIAL; spacial, spacious
ESPACIAMIENTO; spacing; extent, space
   DE PANELS; panel spacing

ESPACIAR; to space; (mech) to index
ESPACIO; space
   ABIERTO; open space
   DE POROS; pore space
   LIBRE; clearance
   LIBRE PARA GIRACIÓN; (machy) swing clearance
   MUERTO; clearance
   NOCIVO; (cylinder) clearance
ESPADILLA; (A) blade tamper
ESPALDA CON ESPALDA; back to back
ESPALDÓN; shoulder, heel
ESPAÑOLETA; door bolt
ESPARAVEL; plasterer's hawk; mortarboard; plasterer's float
ESPARCIADOR; spreader, distributor
   DE ASFALTO; asphalt spreader
   DE HORMIGÓN; concrete spreader
   GIRATORIO; rotary distributor
ESPARCIADORA; spreader, finisher
   DE ADHESIVO; adhesive spreader
ESPARCIR; to spread, distribute
ESPÁRRAGO; pin, peg; (C) stay bolt; (A) stud bolt
ESPARRAMAR; (A) to spread
ESPATO; (min) spar
   ADAMANTINO; adamantine spar, corundum
   FERRÍFERO; siderite, sparry iron
   FLUOR; fluor spar, fluorite
   PESADO; heavy spar, barite
ESPÁTULA; spatula; trowel; spattle; putty knife; mason's float
ESPECIE; type; species; kind
   DE ARENISCA; (geol) ganister
   DE PIEDRA DE AFILAR; Arkansas oilstone
   DE TRINCO; (lbr) sloop
   DE YESO DURO; (trademark) Keene's cement
ESPECIFICACIÓN; specification
   DE MATERIAL; material specification
   MODELO; standard specification
   NORMAL; standard specification
ESPECIFICACIONES; specifications
   DEL PROYECTO; project specifications
   ESTRUCTURALES; structural specifications
   MAESTRAS; master specifications
   MECÁNICAS; mechanical specifications
   SUPLEMENTALES; supplemental specifications
ESPECIFICAR; to specify
ESPECÍFICO; specific
ESPÉCIMEN; specimen
ESPECTÓGRAFO; spectrograph
ESPECTRO; spectrum
ESPECTROGRÁFICO; spectrographic
ESPECTRÓMETRO; spectrometer
ESPECTROSCOPIO; spectroscope

ESPECULAR; (iron) specular
ESPEJO; mirror; (ed)(Pan) stair riser
    DE AGUA; water surface
    DE FRICCIÓN; (geol)(A) slickenslide
    DE HORIZONTE; (inst) horizon glass
ESPEJUELO; (Ch) fine gravel, grits
ESPEQUE; lever, handspike
ESPESADOR; thickener
    DE BATEA; tray thickener
    DE CIENO; (sd) sludge thickener
ESPESAR; to thicken; stiffen
ESPESO; thick, dense, heavy
ESPESOR; thickness, (sheet) gage; (slab) depth
ESPESURA; thickness; density
ESPETÓN; poker; iron pin
ESPÍA; warping cable
ESPIAR; (naut) warp
ESPIGA; pin, peg, needle, dowel; tenon; (hw)
    shank, fang; (p) spigot; joggle
    AHUSADA; taper shank
    AL CUARTO DEL CAMINO; quarter peg
    CENTRAL; center pin
    CILÍNDRICA; straight shank
    DE AISLADOR; insulator pin
    DE LA BISAGRA; hinge pin
    DE LA EXCÉNTRICA; eccentric pin
    DE VÍA; track pin
    DESTACHADA; bare faced tenon
    ESTRIADA; fluted shank
    GUÍA; guide stem
    NIVELACIÓN; (surv) recovery peg
    PAREJA; straight shank
    ROSCADA; dowel screw
    Y ENCHUFE; (p) bell and spigot
ESPIGADORA; tenoner
ESPIGAR; to dowel, pn; to tenon; to shank
ESPIGÓN; jetty, wing dam, spur dike; pier
ESPIGUETA; blasing needle
ESPIGUILLA; herringbone
ESPILITA; spilite
ESPINA DE PESCADO; herringbone
ESPINAZO DE PESCADO; herringbone
ESPINELA; spinel
ESPIOCHA; mattack, pick
ESPIRA; a turn, loop; a spiral
    CERRADA; (cab) locked coil
ESPIRAL; *(a)* spiral
    DE DIEZ CUERDAS; (rd) ten-chord spiral
    DE TRANSICIÓN; (rr) transition curve
ESPIRILOS; (sen) spirilla
ESPITA; cock, faucet
    DE PRUEBA; try cock
    DE PURGA; drain cock
ESPOLETA; (elec)(bl) fuse; (auto)(U) hood
    DE TIEMPO; time fuse
    ELÉCTRICA; (M) exploder
    FULMINANTE; (M) blasting cap

ESPOLÓN; cutwater; wing dam, pier dam, jetty,
    mole, groin; starling, fender; (top) spur
ESPONJAMIENTO; swelling
ESPONJOSO; spongy
ESPORAS; (sen) spores
ESPUELA; spur; (rr) siding; (C) climbing iron
ESPUMA; scum; foam
    APAGADORA; fire foam
ESPUMADERA; skimmer; spray nozzle; (loco)
    scum cock
ESPUMAR; to foam
ESQUELEO; (A) shearing
ESQUELETO; (str) skeleton, frame; (conc) coarse
    aggregate; blank form; crate
ESQUEMA; sketch, plan, diagram
    ALÁMBRICA; wiring diagram
    DE LAS CARGAS; load diagram
ESQUEMÁTICO; , schematic, diagrammatic
ESQUIFADA; vault
ESQUIFE; skiff; barrel arch
ESQUINA; corner
ESQUINAL; knee brace; corner post
ESQUINERA; corner post, corner piece, knee
    brace
ESQUIROL; strikebreaker
ESQUISTO; shale, slate, schist
    ALUMINOSO; alum shale, alum schist, alum
    slate
    ARCILLOSO; clay slate, killas
    PETROLÍFERO; oil shale
    TALCOSO; talc schist
ESQUISTOSO; claty, shaly
ESTABILIDAD; stability
    AL DESLIZAMIENTO; (dam) stability
    against sliding
    AL GIRO; (dam) stability against overturning
    AL RESBALAMIENTO; (dam) stability
    against sliding
    AL VUELCO; stability against overturning
    DIMENSIONAL; dimensional stability
ESTABILIZACIÓN; stabilization
    DE DESPERDICIOS SÓLIDOS; (wp) wet
    digestion
    DE SUELOS; soil stabilization
ESTABILIZADO; stabilized
ESTABILIZADOR; stabilizer
    DE SUELOS DE PASO ÚNICO; single-pass
    soil stabilizer
ESTABILIZAR; to stabilize
ESTABILÓMETRO; (asphalt) stabilometer
ESTABLE; *(a)* stable, standing, steady
ESTABLECIMIENTO; (A) plant, installation
    DE AGUAS CORRIENTES; (A) waterworks
    DE DEPURACIÓN; (A) purification plant
    DEL PUERTO; port establishment
ESTACA; stake, paling; pile, sheet pile, picket;
    spile

CENTRAL; (surv) center stake
DE CERCA; fence post
DE RASANTE; grade stake
DE REFERENCIA; (surv) reference stake
DIRECTRIZ; guide pile
INDICADORA; (surv) witness stake, guard stake
LIMITADORA DE TALUD; slope stake
PEQUEÑAS DE PUNTO; (surv) minor station
ESTACAS DE AVANCE; (tun) poling boards, spilling
ESTACADA; sheeting, piling; fence
ESTACAR; stake out
ESTACIÓN; station; plant; season; survey station
    CABECERA; (rr)(A) terminal station
    CARBONERA; coaling station
    DE AFOROS; (hyd) gaging station
    DE BASE; base station; (surv) trigonometrical station
    DE BOMBEO; pumping plant
    DE CARGA; freight station
    DE FUERZA; power plant, powerhouse
    DE FUERZA SIN ALMACENAMIENTO; run-of-river power plant
    DE MACHAQUEO; (Es) crushing plant
    DE PESO; weigh station
    DE SERVICIO; service station
    DE TRANSFERENCIA; transfer station
    DE TRANSFORMACIÓN AL AIRE LIBRE; outdoor substation
    DE VIAJEROS; passenger station
    DEPURADORA; purification plant
    EXCÉNTRICA; (surv) eccentric station
    FILTRADORA; filter plant
    FLUVIOMÉTRICA; (hyd) gaging station
    HIDROMÉTRICA; (hyd) gaging station
    LLUVIOSA; rainy season
    NAVAL; naval station
    PLUVIAL; rainy season
    SECA; dry season
ESTACIONAMIENTO; (auto) parking; (conc)(A) curing; (lbr)(M)(A) seasoning; (surv) stationing
ESTACIONAR; (auto) to park; (surv) to set up
ESTACIONARIO; stationary, fixed
ESTACÓN; large stake; pile
ESTACHA; hawser, towline
ESTADAL; length measure; (M) level rod
    DE CORREDERA; level rod
    ESTADIMÉTRICO; stadia rod
ESTADALERO; (M)(level) rodman
ESTADIA; stadia
ESTADÍA; demurrage; stay
ESTADIO; stadium
ESTADIÓMETRO; stadiometer
ESTADO; state, condition; (river) stage; statement, report; state

DEL ARTE; state-of-the-art
DE LUBRICACIÓN; squeeze film
DE RESISTENCIA MÁXIMA; (str) strength limit state
FINANCIERO; financial statement
ESTAI; (C) a stay
ESTAJAR; (str) to crimp
ESTAJE; (str) crimping; (CA) piecework, taskwork
ESTAJEAR; (CA) work by piece or task system
ESTALLADURA; (auto) blowout
ESTALLAR; to explode, burst
ESTAMPA; dolly; swage; rivet set; stamp; print
    DE COLLAR; collar swage
    INFERIOR; bottom swage
    SUPERIOR; top swage
ESTAMPACIÓN EN SECO; tooling
ESTAMPADO; stamped
ESTAMPADORA; stamping machine
ESTAMPAS DE EMPATAR; seaming dies
ESTAMPAR; to stamp; to swage
    EN CALIENTE; to hot-swage
ESTANCADO; stagnant, standing
ESTANCAMIENTO; damming; (water) backing up; waterproofing
ESTANCAR; to dam; to make watertight
ESTANCARSE; (water) to back-up, to stagnate
ESTANCO; watertight, airtight, weathertight
    AL ACEITE; oiltight
    AL AGUA; watertight, waterproof
    AL AIRE; airtight
    AL GAS; gastight
    A LA HUMEDAD; moisturetight
    A LLAMA; flame tight
    AL POLVO; dustproof, dust-tight
    AL VAPOR; steamtight, vaportight
ESTANDARDIZACIÓN; (M)(A)(V) standardization
ESTANNATO; stannate
ESTÁNNICO; stannic
ESTANNITO; (chem) stannite
ESTANNOSO; stannous
ESTANQUE; reservoir, basin
    ALMACENADOR; storage reservoir
    AMORTIGUADOR; stilling pool, cushion pool
    DE ACUMULACIÓN; (A) storage reservoir
    DE AIRE; air reservoir
    DE CLARIFICACIÓN; settling basin
    DE DEPOSICIÓN; settling tank, settling basin
    DE DISTRIBUCIÓN; distributing reservoir
    DE ENFRIAMIENTO; cooling pond
    DE ROCIADA; spray pond
    DECANTADOR; settling basin
    MEZCLADOR; mixing tank
    REGULADOR; regulating reservoir
    SÉPTICO; septic tank

ESTANQUEDAD; watertightness
ESTANQUERO; reservoir attendant; (surv) stakeman
ESTANTE; post, upright; buck
    PARA CERCA; (V) fence post
ESTAÑADO; tin-plated
ESTAÑIFERO; containing tin
ESTAÑO; tin
    DE ACARREO; (cassiterite) stream tin
    EMPLOMADO; (plate) terne
    FOSFORADO; phosphor tin
ESTAÑOSO; stannous
ESTAQUERO; (surv) axman
ESTAQUILLA; peg, pin, dowel; stake
    DE AISLADOR; insulator pin
    DE NIVEL; grade stake
ESTAQUILLAR; to stake out; to peg
ESTAR EN HUELGA; (work) strike
ESTARCIDO; a stencil
ESTARCIR; to stencil
ESTÁTICA; statics
    GRÁFICA; graphical statics
ESTÁTICAMENTE INDETERMINADO; statically indeterminate
ESTÁTICO; static
ESTATOR; stator
ESTATÓSCOPIO; statoscope
ESTAUROLITA; staurolite, cross-stone
ESTAY; stay bolt
ESTE; east
ESTEARATO DE BUTILO; butyl stearate
ESTEATITA; steatite
ESTEI; (C) a stay
ESTELITA; (met) Stellite
ESTEMPLE; timber; strut, stull, stemple
ESTEO; (M) shore, strut
ESTERA; a mat; (mech) apron; (C) slat conveyor
    DE REFUERZO; (conc) mesh reinforcement
    PARA VOLADURAS; blasting mat
ESTERAS; crawlers, caterpillar tread
ESTÉREO; stere
ESTEREOAUTÓGRAFO; stereoutograph
ESTEREOCOMPARADOR; stereocomparator
ESTEREOFOTOGRAFÍA; stereophotography
ESTEREOFOTOGRAMETRÍA; stereophotogrammetry
ESTEREOGRAFÍA; stereography
ESTEREOGRÁFICO; stereographic
ESTEREOMÉTRICO; stereometric
ESTEREÓMETRO; stereometer
ESTEREOPLANÍGRAFO; stereoplanigraph
ESTEREOSCOPÍA; (pmy) stereoscopy
ESTEREOSCÓPICO; stereoscopic
ESTEREOTOMÍA; stereotomy
ESTEREOTOPOGRÁFICO; stereotopographic
ESTEREOTRAZADO; stereoplotting
ESTÉRIL; sterile

ESTERILIZADOR; sterilizer, sterilizing agent
ESTERILIZAR; to sterilize
ESTERILLA DE ALAMBRE; wire mesh
ESTERO; estuary, inlet; (A) swamp; (V) pond
ESTIAJE; low water; (A) low tide
ESTIBA; stowage; (A) loading
ESTIBAR; to load cargo, stow
ESTIBNITA; (miner) stibnite, gray antimony
ESTILETE; style; (dwg)(comp) stylus, tracer
ESTILO; style, stylus
ESTILLADURA; (PR) a split, crack; a spall
ESTILLARSE; (PR) to crack; to spall; to splinter
ESTIMACIÓN; an estimate, estimating
ESTIMADOR; estimator
    DE CONSTRUCCIÓN; construction estimator
ESTIMAR; to estimate, appraise
ESTIMATIVO; estimated
ESTIRADO; (tubing) drawn; (metal) expanded; stretched
    EN CALIENTE; hot-drawn
    EN DURO; hard-drawn
    EN FRÍO; cold-drawn, hard-drawn
ESTIRADOR DE ALAMBRE; wire stretcher
ESTIRAJE; stretching
ESTIRAMIENTO; (A)(V) elongation, stretching
ESTIRAR; to draw, stretch
    POR PRESIÓN; to extrude
ESTÍRENO; (chem) styrene
ESTOA; slack tide
ESTOPA; oakum, calking yarn; (C) cotton waste
    DE ACERO; steel wool
    DE ALGODÓN; cotton waste
    DE LANA; wool waste
    DE PLOMO; lead wool
ESTOPAR; to pack
ESTOPERA; (M) stuffing box
ESTOPEROL; wick; clout nail
ESTOPÍN; exploder
ESTORBAR; to obstruct, be in the way
ESTRADA; paved road, causeway
ESTRANGULADO; choked
ESTRANGULADOR; throttle; (auto) choke; choker
    DE AIRE; (auto) choke
    MANUAL; hand throttle
ESTRANGULAMIENTO; (A) gap, pass
ESTRANGULAR; to throttle; (auto) to choke
ESTRATIFICACIÓN; stratification, stratum, bedding
ESTRATIFICADO; stratified
ESTRATIGRAFÍA; statigraphy
ESTRATIGRÁFICO; stratigraphic
ESTRATO; stratum
ESTRATOSFERA; stratosphere
ESTRECHAMIENTO DEL FILÓN; (min) squeeze
ESTRECHAR; to narrow; to stretch

ESTRECHARSE; to narrow, contract
ESTRECHO; (n) strait, gut, neck; gap, pass; *(a)* narrow, close; (curve) sharp
   DE LA MAREA; tiderace
ESTRECHURA; gap, narrows
ESTRELLA; star, yoke; (elec) star
ESTRELLADO; (lbr) checked
ESTRENAR; (machy) to run in
ESTRENO; (machy) running in
ESTRÍA; a groove, fluting; (geol) stria
   DE LUBRICACIÓN; oil groove
ESTRIACIÓN; (geol) striation
ESTRIADO; fluted, ribbed; (plate) checkered; striated
ESTRIADORA; machine to cut grooves
ESTRIADURA; fluting; (geol) striation
ESTRIAR; to groove, flute, knurl, score
ESTRIBACIÓN; counterfort; (top) spur
ESTRIBAR EN; to rest on, abut against, be based on
ESTRIBO; abutment; buttress; (reinf) stirrup; (ed) joist hanger, bridle iron; (auto) running board; (rr) car step
   CELULAR; (ar)(str) cellular abutment
   DE AGUA VERTIENTE; (str) spill-through abutment
   DE AGUILÓN; (de) boom bail
   DE FLEJE; (reinf)(A) hoop
   DE MÁSTIL; (de) mast bail
   DE PARED; wall hanger
   EN U; U abutment
ESTRIBOR; (naut) starboard
ESTROBAR; to place grommets; to furnish with a becket
ESTROBO; grommet; becket; (C) sling
ESTROBOSCÓPICO; stroboscopic
ESTROBOSCOPIO; stroboscope
ESTROPEADO; broken down
ESTRUCTURA; structure; (conc) forms; (geol) formation
   APOYADA CON PAREDES; wall bearing structure
   APOYADA LATERALMENTE; side frame
   ARMADA; framed structure
   COSTROSA; (soil) crusted structure
   DE CONCRETO PARA CONTENCIÓN; concrete containment structure
   DE DESCARGA; (A) outlet works
   DE ENSAYO DE VIENTO; wind tunnel
   DE GUÍA AL ATRACADERO; ferry rack
   DE PARED DELGADA; thin-walled structure
   DE PILOTES VERTICALES; pile bulkhead
   DE PROTECCIÓN; CON RODADURA; roll-over protection structure
   DE SOPORTE NEUMÁTICO; air supported structure
   ESQUELÉTICA; skeleton construction

   INFERIOR; substructure
   MENOR; minor structure
   PETROLIFERA; oil structure
   SOPORTADA POR ROLLETES; rolling tower
   SUPERIOR; superstructure
   TEMPORAL; temporary structure
   TUBULAR DE ALMACENAMIENTO; stacking tube
ESTRUCTURACIÓN; (U) construction
ESTRUCTURAL; structural
   DE PRIMERA CALIDAD; (lbr) prime structural grade
ESTRUJAR; to extrude
ESTUARIO; estuary, inlet
ESTUCAR; to stucco
ESTUCO; stucco
ESTUCHE; case, box
   DE REPARACIÓN DE NEUMÁTICOS; tire-repair kit
ESTUDIAR; to study, plan
ESTUDIO; study, consideration; designing, planning; survey
   DE DESPERDICIOS DE AGUA; wastewater survey
   DE INGENIERÍA; engineering study
   DE POBLACIÓN; population study
   DE POZOS; well surveying
   DE PROVECHO; profitability study
   DE SUELO; soil investigation
   DE TRAZADO; location survey
   DE VIABILIDAD; feasibility study
   GEOELÉCTRICO; geo-electric survey
   GEOLÓGICO; geological survey
   GRAVIMÉTRICO; gravimetric survey
   MAGNÉTICO; magnetic survey
   PITÓMETRICO; pitometer survey
   SANITARIO; sanitary survey
   SÍSMICO; seismic survey
   SISMOGRÁFICO; seismographic survey
ESTUQUE; (Ch) stucco
ESTUQUISTA; plasterer, cement mason
ESVIAJE; skew
ETANO; ethane
ETAPA; station, stop; stage of the work, work phase; (machy) stage
ÉTER; ether
ETILENO; ethylene
ETILO; ethyl
ETIQUETA; label, tag
   ENGOMADA; sticker
EUCALIPTO; eucalyptus
EUTÉCTICA; eutectic
EVACUADOR; (A) spillway; (hyd) escape, wasteway
EVACUAR; evacuate, empty, exhaust
EVALUACIÓN; valuation, appraisal; evaluation

EVAPORACIÓN; evaporation
   AUTOMÁTICA; self-evaporation
EVAPORADOR; evaporator
   DE ALCOHOL; alcohol evaporator
   INSTANTÁNEO; flash evaporator
EVAPORAR; to evaporate
EVAPORARSE; to evaporate
EVAPORÍMETRO; evaporimeter, evaporation tank
   atmometer
EVAPORIZAR; to evaporate
EVAPORÓMETRO; evaporometer
EVAPOTRANSPIRACIÓN; (irr) evapotranspiration
EVASIÓN; escape
EVENTUALIDADES; contingencies
EXAGONAL; hexagonal
EXÁGONO; (n) hexagon; (a) hexagonal
EXAMEN FÍSICO; physical survey
EXAMINAR; inspect, examine
EXCAVACIÓN; excavation, cut; digging
   A CIELO ABIERTO; open cut
   A GRANEL; (M) mass excavation
   A MEDIA FALDA; sidehill excavation
   A MEDIA LADERA; sidehill excavation
   DE CORTE PASANTE; through cut
   DE ENSAYO; test pit, test excavation
   DEL POZO HACIA ARRIBA; (tun) raising
   EN BALCÓN; (M) sidehill excavation
   EN MASA; mass excavation
   EN ROCA; rock cut
   EN ZANJA; trench excavation
   ESTRUCTURAL; structural excavation
   HIDRÁULICA; hydraulic excavation
   INCLINADA; (ea) sloping
   PARA FORMAR ESCALONES; (dam) step
   excavation
EXCAVADOR; (person) excavator, digger
   CON CUBETAS MÚLTIPLES; scraper/
   excavator with multiple buckets
   ENCHUFADOR; telescopic stick
EXCAVADORA; excavator; (M)(A) power shovel
   A CANGILONES; trench machine, bucket
   excavator
   ACARREADORA; carryall scraper
   AMBULANTE; traveling excavator
   AMBULANTE DE CABLE DE ARRASTRE;
   walking dragline
   DE ARRASTRE; power scraper
   DE CABLE; cableway excavator
   DE CABLE AFLOJABLE; slackline cable
   way, slackline excavator
   DE CABLE DE ARRASTRE; slackline
   excavator, slackline dragline
   DE CABLE DE TRACCIÓN; dragline
   excavator; power scraper
   DE CAMINOS; road builder, road
   excavator
   DE CAPACHOS; bucket excavator

   DE CUCHARA; power shovel
   DE TORRE; tower excavator
   DE ZANJAS; (hw) trench digger
   ELEVADORA; (M) elevating grader
   EXPLANADORA; (Es) elevating grader
   FUNICULAR; slackline-dragline, slackline
   cableway
   PARA PROFUNDIDAD; (A) ditcher,
   backdigger
   ROTATORIA; rotary excavator
EXCAVAR; to excavate, dig
EXCEDER DE; overrun, excede
EXCÉNTRICA; (s)(machy) eccentric
EXCENTRICIDAD; eccentricity
EXCÉNTRICO; (a) eccentric
EXCESO DE CURACIÓN; overcure
EXCITACIÓN; excitation
   COMPUESTA; compound excitation
   EN DERIVACIÓN; shunt excitation
   EN SERIE; series excitation
EXCITADOR; exciter
   PILOTO; pilot exciter
EXCITAR; to excite, energize
EXCITATRIZ; exciter
EXCLUSA; sluice; lock
EXCRECIÓN; excretion
EXCREMENTO; excrement
EXCRETOS; excreta
ESCUSADO; bathroom, water closet, privy; (V)
   toilet, (fixture) water-closet
EXFILTRACIÓN; exfiltration
EXFOLIACIÓN; scaling, exfoliation
EXFOLIAR; to exfoliate
EXISTENCIA, EN; in stock
EXISTENCIAS; stock, storage
EXOLÓN; (abrasive) exolon
EXPANDIDOR PARA TUBOS; (A) boiler-tube
   expander
EXPANDIR; (A)(Ch) to expand
EXPANSIÓN; expansion
   LINEAL; linear expansion
   TÉRMICA; thermal expansion
   URBANA; suburban expansion
EXPANSIVO; expansive
EXPANSOR; expander
EXPECTACIÓN DE VIDA; life expectancy
EXPEDIDOR; shipper
EXPEDIENTE; docket
EXPEDIR; to ship, to forward
EXPELER; to expel
EXPENSAR; (M) to finance
EXPERIENCIA; experience
EXPERIMENTADO; experienced, expert
EXPERIMENTAL; experimental
EXPERIMENTAR; to experiment, to test
EXPERIMENTO; experiment
EXPERTICIA; (V) expert testimony, expert advice

EXPERTO; *(s)(a)* expert
EXPLANACIÓN; grading; subgrade, roadbed
EXPLANADA; leveled space
EXPLANADORA; grader, spreader, scraper
    CAMINERA; road grader
    DE ARMAZÓN INCLINABLE; leaning-frame grader
    DE ARRASTRE; pull grader
    DE CUCHILLA; road scraper, blade grader
    DE EMPUJE; bulldozer
    DE MOTOR; motor grader
    DE RUEDAS INCLINABLES; leaning-wheel grader
    ELEVADORA; elevating grader
EXPLANAR; to level, grade
EXPLAYAR; to extend in area
EXPLORACIÓN; exploration
    SÍSMICA; seismic exploration
EXPLORADOR; prospector
EXPLORAR; to explore
EXPLOSIÓN; explosion
EXPLOSIVO; *(s)(a)* explosive
    APROBADO; permissible explosive
    DEFLAGRANTE; deflagrating explosive
    DETONANTE; detonating explosive
    INSTANTÁNEO; high explosive
EXPLOSOR; exploder; (M) blasting machine
EXPLOTACIÓN; operating, working
    DE PLACERES; placer mining
EXPLOTADOR; enterprise operator
EXPLOTAR; (C) to explode; to operate; to exploit
EXPONENCIAL; (math) exponential
EXPONENTE; (math) exponent
EXPRESO; (tr) express
EXPRIMIR; to squeeze out
EXPROPIACIÓN; expropriation
EXPROPIAR; to expropriate, condemn
EXPULSIÓN; expulsion; (se) exhaust
EXPULSOR; expeller
EXSICACIÓN; exsiccation
EXTENDEDOR DE BALASTO; ballast spreader
EXTENDER; to stretch; to lay out; (saw) to swage; (note) to extend; (document) to draw
EXTENSIBILIDAD; extensibility
EXTENSIBLE; extensible
EXTENSIÓN; extension; (A) elongation
    CORTA EN SECCIÓN DE ACERO; (str) stiffener lip
    DE AVENAMIENTO; (hyd)(Col) drainage or catchment area
    DE LAS PAREDES DEL EDIFICIO; roof overhang
    DE PLAZO; time extenstion
    ESPECÍFICA; spreading rate
    TUBULAR; tubular jib
EXTENSÓMETRO; extensometer
EXTENSOR; extension piece

EXTERIOR; exterior, external
EXTERNO; exterior
EXTINCIÓN AUTOMÁTICA, DE; self-extinguishing
EXTINGUIDOR; extinguisher
    A ESPUMA; foam fire extinguisher
    DE INCENDIO; fire extinguisher
EXTINGUIR; to extinguish
EXTINTOR; extinguisher
    A GRANADA; grenade fire extinguisher
EXTRA; extra
    MEJOR DEL MEJOR; (wire)(EBB) extra best best
EXTRACCIÓN; ore removal from a mine; yield; (tun) mucking; extraction
    DE AGREGADOS; (conc) aggregate procuring
EXTRACTOR; extractor, puller
    DE GRASA; grease extractor
    DE NÚCLEOS; (drill) core extractor
    DE PIÑÓN; pinion puller
EXTRADÓS; extrados
EXTRAER; to extract; (piles) to pull
EXTRAFINO; extra-fine
EXTRAFLEXIBLE; extra-flexible
EXTRAFUERTE; extra-strong
EXTRAGRUESO; extra-thick
EXTRAPESADO; extra-heavy
EXTRAPOLACIÓN; extrapolation
EXTRAPOTENTE; high-power
EXTRARRESISTENTE; extra-resistant
EXTRAVIARSE; to get out of line
EXTREMIDAD; extremity, end
EXTREMO; end
    A EXTREMO; end-to-end
    CEMENTADO; cemented end
    DE BOQUILLA; nozzle end
    DE ESFUERZO; (conc) stressing end
    DEL TRAMO DE UN TECHO; tail bay
    INFERIOR; (pi) foot
    LIBRE; free end
    MUERTO; dead end
    NO PROTEGIDO; plain end
    NO PULIMENTADO; (panel) unbuffed end
    SIN TAPAR; plain end
EXTRUSIVO; (geol)(M) extrusive
EXUDACIÓN; (rd) bleeding
EYECTOR; ejector
    A CHORRO DE VAPOR; steam-jet ejector
    CONDENSADOR; condenser ejector
    DE AGUAS NEGRAS; sewage ejector

F

FÁBRICA; factory, mill, shop; plant; masonry
  COMERCIAL; commercial plant
  DE ACERO; steelworks
  DE CANTERÍA; ashlar masonry
  DE CEMENTO; cement mill
  DE ELECTRICIDAD; electric power plant
  DE GAS; gas plant
  DE HIERRO; ironworks
  DE LADRILLOS; brick masonry; brick factory
  DE MEZCLEO DE ASFÁLTICO; asphalt
    mixing plant
  DE SILLERÍA; ashlar masonry
  GENERATRIZ; powerhouse, central station
FABRICACÓN; fabrication, manufacture
FABRICADO; manufactured
FABRICANTE; fabricator, manufacturer
  DE HERRAMIENTAS; toolmaker
FABRICAR; to fabricate, manufacture; to
    construct; to process
FACILIDAD ESTACIONARIA QUE DESCARGA
GASES Y VAPORES; stationary emission source
FACILITAR; facilitate; expedite
FACTOR; factor
  COMPENSADO DE FILTRACIÓN; weighted
    filtration factor
  CONTRA EL DESLIZAMIENTO; (dam)
    sliding factor
  DE ABULTAMIENTO; bulking factor
  DE AMORTIGUACIÓN; (elec) damping
    factor
  DE AMPLIFICACIÓN; (optics) amplification
    factor; magnification factor
  DE AMPLITUD; amplitude factor, crest
    factor, peak factor
  DE CAPACIDAD; capacity factor, use factor
  DE CAPACIDAD DE LA ESTACIÓN; plant
    capacity factor
  DE CARGA; load factor, factored load
  DE CARGA DE LA PLANTA; plant load
    factor
  DE CARGA DE LA RED; system load factor
  DE CONSISTENCIA; consistency factor
  DE CONVERSIÓN; conversion factor
  DE DEMANDA; demand factor
  DE DISPONIBILIDAD; availability factor
  DE DIVERSIDAD; diversity factor
  DE EMPOTRAMIENTO; (str) fixity factor

  DE ENTUBADO; casing factor
  DE ESCURRIMIENTO; (hyd)(Col) runoff
    coefficient
  DE ESTABILIDAD; stability factor
  DE EVAPORACIÓN; evaporation factor
  DE EXPLOSIVOS; powder factor
  DE FIJACIÓN; (str) fixity factor
  DE FILTRACIÓN; (hyd) creep ratio,
    percolation factor
  DE FLEXIÓN; bending factor
  DE GASTO; (water meter) load factor
  DE HINCHAMIENTO; swell factor
  DE IMPACTO; impact factor
  DE IMPERMEABILIDAD; impermeability
    factor
  DE MAREA; tidal constant
  DE MOMENTO DE CARGA; load moment
    factor
  DE PERCOLACIÓN; (hyd) filtration factor,
    creep ratio
  DE PÉRDIDA; (elec) loss factor
  DE POTENCIA; power factor
  DE PRODUCCIÓN; output factor
  DE PROFUNDIDAD; depth factor
  DE REDUCCIÓN; (str) reduction factor, phi
    factor
  DE RENDIMIENTO; (compressor) load
    factor, efficiency factor, performance factor
  DE RESISTENCIA; (sm) bearing capacity
    factor
  DE RESISTENCIA AL CALOR; thermal
    transmission factor
  DE RIGIDEZ; siffness factor
  DE SEGURIDAD; factor of safety
  DE SEGURIDAD FINAL; ultimate factor of
    safety
  DE SIMULTANEIDAD; demand factor
  DE TRACCIÓN; tractive factor
  DE UTILIZACIÓN; utilization factor
  GRAVADO DE PERCOLACIÓN; (hyd)
    weighted filtration factor
FACTORÍA; factory; agency; (Ec) foundry
FACTURA; invoice, bill
FACHADA; facade, front of a building
  ACORAZADA; armored front
  DE CALDERA; boiler front
FAENA; work; (Ch) a gang, a shift
FAETÓN; (ce) carrying scraper; concrete
    buggy
FAHRENHEIT; Fahrenheit
FAJA; strip, belt
  CENTRAL; (rd) separation strip, parkway,
    median strip
  DE ACELERACIÓN; (rd) accelerating lane
  DE APOYO; (flat-slab construction) column
    strip
  DE DECELERACIÓN; (rd) decelerating lane

DE ESTACIONAMIENTO; (rd) parking lane; (ap) parking apron
DE FRECUENCIA; radio channel
DE PASAR; (rd) passing lane
EXPROPIADA; (rr) right of way
FAJADERA; (rd) stripping machine
FAJAR; to band; to stripe
FAJINA; fascine, bundle of brushwood, fagot
FAJINADA; brushwood revetment
FAJINANTE; (Pan) common laborer
FALDA; slope, hillside
FALDEAR; make a sidehill excavation
FALDEO; sidehill cut
FALDÓN; roof slope
    DE ÉMBOLO; skirt
    DE GUARDABARRO; skirt
    DEL VERTEDERO; (hyd)(PR) spillway apron
FALSA ESCUADRA; (carp) bevel square
FALSA ESCUADRA EN T; T square
FALSA LENGÜETA; (carp) spline
FALSEADO; (machy) out of line, untrue
FALSEAR; to bevel
FALSEARSE; (V) to buckle, sag, give way
FALSEO; beveling, bevel
FALSETE; a chamfered corner
FALSO; false, dead, bastard
    FLETE; (naut) dead freight
    PILOTE; pile follower
    PLAFÓN; false ceiling
FALTA; default
FALLA; failure, breakdown; (geol) fault
    ACOSTADA; thrust fault, overthrust fault
    CORRIENTE; strike fault
    DE ADHESIÓN ENTRE ARMADURA Y CONCRETO; local bond failure
    DE COMPRESIÓN; compression failure
    DE CONCRETO REFORZADO; primary compression failure
    DE HENDEDURA; cleavage failure
    DE INCLINACIÓN; (geol) high-angle fault
    DE PLANCHA DE ALMA; web crippling
    DE SUELO A ESFUERZOS MECÁNICOS; soil failure
    DEBIDO A VIBRACIÓN; vibration crack
    DIAGONAL; (A) incline fault
    DISTRIBUTIVA; distributive fault
    ESCALONADA; step fault
    ESCARPADA; (M) fault scarp
    GIRADA; rotary fault, pivotal fault, scissors fault
    GIRATORIA; (geol) rotational fault
    INCLINADA; (geol) incline fault
    INVERSA; (geol) overlap fault
    INVERTIDA; reverse fault
    LATERAL; (geol) lateral displacement
    MARGINAL; (geol) marginal fault
    NORMAL; normal fault

    OBLICUA; (geol) oblique fault
    POR EMPUJE; (M) thrust fault
    POR EMPUJE INFERIOR; (geol) underthrust fault
    POSTMINERAL; (geol) postmineral fault
    PREMINERAL; (geol) premineral fault
    ROTACIONAL DE CIMENTACIÓN; (conc) rotational failure
    THRUST; (geol) thrust
    TRANSVERSAL; dip fault, cross fault
FALLADO; faulted
FALLAMIENTO; faultage, faulting
FALLAR; to fail; (ge) to miss
FALLEBA; door bolt, cremone bolt, espagnolette bolt
    DE EMERGENCIA; exit bolt, panic bolt
    DE SALIDA; exit bolt, panic bolt
FALLECIMIENTO; demise
FALLO; (C) flaw, outlet
FANAL; lamp, lantern
    DE ARRUMBAMIENTO; (ap) bearing projector
    DE DESTELLOS; (lighthouse) flashlight
    DE TRÁFICO; traffic light
    GIRATORIO; (lighthouse) revolving light
    TRASERO; taillight
FANEGA; a dry measure
    DE TIERRA; a land measure
FANEGADA; a land measure
FANGAL; marsh, bog
FANGLOMERADO; fanglomerate
FANGO; mud, muck, silt; sludge; ooze
    ACTIVO; (sd) active sludge
    BIOLÓGICAMENTE ACTIVADO; (sd) active sludge
    MINERAL; (min) slimes
FANGOSO; muddy
FARADIO; farad
FARALLÓN; cliff, bluff, headland; (min) outcrop
FARDO; bale, bundle
FARERO; (pet)(M) derrickman
FARO; lighthouse, beacon; headlight
    DE LUZ CONTINUA; fixed light
    DE PERFORACIÓN; (M) oil derrick
    DE RUTA; course light
    DE RUTA AÉREA; airway beacon
    FLOTANTE; lightship
    INTERMITENTE; flashing light
FAROL; lantern, lamp
    DE CAMBIO; (rr) switch lamp
    DE ENFILACIÓN; range light
    DE FRENTE; headlight
    DE MANO; hand lantern
    DE SEÑAL; (rr) signal lamp
    DE TRÁFICO; traffic light
    DELANTERO; headlight
FAROLA; large lantern, light, headlight

FAROLERO; lamp tender
FASE; (elec)(chem)(met) phase
    DE CONSTRUCCIÓN; construction phase
    DE REACCIÓN QUÍMICA; (wp) tertiary
    treatment
    DISPERSA; (chem) dispersed phase
    PARTIDA; split phase
FASES DESEQUILIBRADAS; unbalanced phases
FASÓMETRO; phase meter
FATIGA; stress; fatigue
    ADMISIBLE; allowable stress
    CON CORROSIÓN; corrosion fatigue
    CORTANTE; shearing stress
    DE APOYO; (beam) bearing stress
    DE COMPRESIÓN; compressive stress
    DE CONTRACCIÓN; contractile stress
    DE FLEXIÓN; bending stress; bending
    fatigue
    DE METALES; metal fatigue
    DE RUPTURA; breaking stress, ultimate
    strength
    DE SEGURIDAD; safe stress, working stress
    DE TRABAJO; working stress
    DE TRACCIÓN; tensile stress
    ELÁSTICA; elastic fatigue
    ESPECÍFICA; unit stress
    PRINCIPAL; principal stress, (A) diagonal
    tension
    SUPERFICIAL; surface fatigue
FATIGÁMETRO; (M) strain meter
FATIGAR; to stress
FECHA; date
    DE CONTRATO; contract date
    DE FINALIZACIÓN; closing date
    DE LICITADOR; bid date
    EFECTIVA; effective date
FELDESPÁTICO; feldspathic
FELDESPATO; feldspar
    POTÁSICO; potash felspar, orthoclase
    VÍTREO; sanidine, glassy feldspar
FELSITA; felsite
FELSÍTICO; felsitic
FENESTRAJE; fenestration
FÉNICO; carbolic
FENOL; phenol
FENOLFTALEÍNA; phenolphthalein
FENÓMENO; phenomenon
FERBERITA; ferberite
FERMENTAR; to ferment
FERRATO; ferrate
FÉRREO; ferrous, containing iron
FERRERÍA; ironwork; iron shop
FERRETEAR; to bind with iron
FERRETERÍA; hardware; hardware store;
    ironwork
    GRUESA; heavy hardware
FERRETERO; hardware dealer

FÉRRICO; ferric
FERRÍFERO; containing iron
FERRIPRUSIATO; (C) blueprint
FERRITA; (geol)(met) ferrite
FERRÍTICO; ferritic
FERRITO; (chem) ferrite
    DICÁLCICO; dicalcium ferrite
FERROACERO; semisteel
FERROALEACIÓN; iron alloy
FERROALUMINATO TETRACÁLCITO;
    tetracalcium aluminoferrite
FERROALUMINIO; ferroaluminum
FERROCARRIL; railroad, railway
    DE CIRCUNVALACIÓN; belt line
    DE CREMALLERA; rack railway
    FUNICULAR; cable railway
    INDUSTRIAL; industrial railway
    SUBTERRÁNEO; subway
    TRONCAL; trunk-line railway
    URBANO; street railway
FERROCARRILERO; (a) pertaining to railroads
FERROCONCRETO; reinforced concrete
FERROCROMO; ferrochromium
FERROFÓSFORO; ferrophosphorous
FERROHORMIGÓN; reinforced concrete
FERROMAGNÉTICO; ferromagnetic
FERROMANGANESO; ferromanganese
FERROMOLIBDENO; ferromolybdenum
FERRONÍQUEL; ferronickel
FERROPRUSIATO; (C) blueprint
FERROSILICIO; ferrosilicon
FERROSO; ferrous
FERROTITANIO; ferrotitanium
FERROTUNGSTENO; ferrotungsten
FERROVÍA; railroad
FERROVIAL; pertaining to railroads
FERRUGÍNEO; containing iron
FERRUGINOSO; containing iron, ferruginuous
FERRUMBRE; (C) rust
FERRUMBROSO; (Ch) rusty
FERTILIZANTE; fertilizer
FÉRULA; ferrule; (water main) tap
    EMBRIDADA; (tub) floor plate
FIADOR; fastener, retainer; catch; bondsman, surety,
    guarantor
    ACODADO; elbow catch
    ATRAVESADO; (chain) toggle
    DE BOTEROLA; rivet-set retainer
    DE TUERCA; nut lock
    DE VENTANA; window fastener, window lock,
    sash fast
FIANZA; (surety) a bond
    DE ALMACÉN; warehouse bond
    DE AVERÍAS; average bond
    DE CUMPLIMIENTO; performance bond
    DE FIDELIDAD; fidelity bond
    DE LICITADOR; bid bond

DE PAGO; payment bond
FIBRA; fiber; (ore) vein; (wood) grain
   ALINEADA; aligned fibers
   ATRAVESADA; cross grain
   COMBUSTIBLE; combustible fiber
   CORTA; (pine) shortleaf
   DE ACERO; (conc) steel fiber
   DE ASBESTO; asbestos fiber
   DE PLOMO; (M) lead wool
   DE TENSIÓN EXTREMA; extreme tension
   fiber
   EXTREMA; extreme fiber
   FINA; fine grain
   GRUESA; coarse grain
   LARGA; (pine) longleaf; long-staple
   MÁS ALEJADA; extreme fiber
   RECTA; straight grain
FIBRAS DE VIDRIO; fiberglass
FIBROCEMENTO; fiber cement
FIBROSO; fibrous
FICHA; brass check; card; (elec) base plug; (A)(M)
   surveyor's pin, marking pin
FIELTRO; felt
   ASFALTADO; asphalt felt, roofing felt
   DE AISLACIÓN; insulating felt
   DE ASBESTO; felted asbestos
   DE HILACHA; rag felt
   DE PELO; hair felt
   DE TECHAR; roofing felt
   DE TRAPO; rag felt
   EMBREADO; tarred felt
   IMPERMEABLE; waterproofing felt
   IMPREGNADO CON ASFALTO; saturated
   felt
FIERRO; iron
   ANGULAR; angle iron
   CANAL; channel iron
   DE DESECHO; scrap iron
   FORJADO; wrought iron
   FUNDIDO; cast iron
   FUNDIDO BLANCO; white cast iron
   SOLDADO; (Ch) wrought iron
   VIEJO; junk, scrap iron
FIERROS; (CA) tools, irons
FIGURA; (dwg) figure
FIJA; trowel; (Pe) blade tamper
FIJACIÓN; fastening, attachment
   DE UN MIEMBRO; (str) tailing-in
FIJADA; restrained, fixed
FIJADOR; a fastening; (mech) keeper
FIJAR; to fasten; to fix
   CON PERNOS PRISIONEROS; (mech) stud
   POR MEDICIONES DE REFERENCIA;
   (surv) reference points
FIJO; stationary, fixed
FILA; row, line, range; (meas) a measure of
   irrigation water

DIVISORIA; (top)(V) divider
FILAMENTO; filament
FILÁSTICA; marline, calking yarn
   ALQUITRANADA; marline
   DE PLOMO; lead wool
FILETE; thread; fillet
   A LA DERECHA; right-hand thread
   A LA IZQUIERDA; left-hand thread
   BASTARDO; bastard thread; bolt thread
   DE TORNILLO; screw thread; bolt thread
   DE TUBO; pipe thread
   MACHO; male thread
   MATRIZ; female thread
   SELLERS; Seller's thread
   TALLADO; cut thread
   TRAPEZOIDAL; buttress thread
   TRIANGULAR; V thread
   TROQUELADO; pressed thread
   WHITWORTH; Whitworth thread
FILETEADO; threaded
FILETEADORA; threading machine; chasing tool
FILETEAR; to thread, chase
FILITA; (geol)(miner) phyllite
FILO; cutting edge; (top) ridge
   DE CINCEL; chisel point
   DE CORTE; cutting edge
FILÓN; vein, seam, lode
   COMPUESTO; compound vein
   DE CONTACTO; contact vein
   ESCALONADO; step vein
   PARALELO; (to the saratifaction) bedded vein
FILTRACIÓN; filtration; seepage, creep
   INTERMITENTE; (sd) intermittent filtration
   POR CORRIENTE ASCENDENTE; (wp)
   upward filtration
   POR ETAPAS; stage filtration
FILTRADO; (s) filtrate
FILTRADOR; a filter
FILTRAJE; (A) filtration
FILTRAR; to filter
FILTRARSE; to leak, seep
FILTRO; (hyd)(elec) a filter
   A GRAVITACIÓN; gravity filter
   A PRESIÓN; pressure filter
   AL VACÍO; vacuum filter
   CON SOBRECARGA; loaded filter
   DE BARRERA; barrier filter
   DE BORDE; (eng) edge filter
   DE CUERDAS; (sd) cord filter
   DE DOS GRADOS; two-stage filter
   DE EFLUENTE; (sd) effluent filter
   DE ESCURRIMIENTO; trickling filter
   DE GRAN CAPACIDAD; high-capacity filter
   DE GRAVEDAD; gravity filter
   DE LAVADO; wash filter
   DE PASO MÚLTIPLE; mulipass filter
   DE POLVO; dust filter

DE REGADERA; sprinkling filter
DE TODO PASO; all-pass filter
DEACEITADOR; oil-removing filter
DESBASTADOR; (wp)(A) roughing filter
DESFERRIZADOR; iron-removal filter
ELECTRÓNICO; electronic filter
GOTEANTE; (M) trickling filter
INFERIOR; underfilter
INTERMITENTE DE ARENA; (sd) intermittent sand filter
INVERTIDO; (hyd) inverted filter
PARCIAL; partial filter
PERCOLADOR; (sd) percolating filter, trickling filter
RÁPIDO DE ARENA; (wp) rapid sand filter
ROCIADOR; (sd) sprinkling filter
SECUNDARIO; secondary filter
SUAVIZADOR; (wp) softening filter
FILTRO-PRENSA; filter press
FINANCIAMIENTO A LARGO PLAZO; long-term financing
FINANCIAR; to finance
FINO; fine
FINOS; fines
FINURA; fineness, grain
DEL MOLIDO; (ct) fineness of grinding
DE WAGNER; (cem) Wagner fineness
FIRME; (n) roadbed, foundation course; (a) firm, solid, stable, compact
FÍSICA; physics
FÍSICO; physical
FÍSIL; fissile
FISURA; seam, fissure
FISURARSE; (A) to crack
FLAGELOS; (sen) flagella
FLAMA; flame
FLAMANTE; brand new; spick and span
FLAMBEAR; to buckle; to deflect
FLAMBEO; buckling, deflection
DE ELÁSTICO; spring deflection
FLANCO; side; slope of a wall
FLANCHE; (pet)(V) flange
FLATACHAR; (A) to trowel; to float
FLATACHO; (A) mason's float; trowel
FLECHA; deflection, sag; middle ordinate; (road) crown; (arch) rise; (wagon) pole; (M) shaft, axle
DE PROPULSIÓN; (M) propeller shaft
FLEJE; band, iron strap, hoop
FLETADOR; freighter
FLETAR; to charter, hire; to freight
FLETE; freight; freight rate; freight charges
DEBIDO O POR COBRAR; freight collect
PAGADO; freight prepaid
FLEXARSE; to bend, deflect
FLEXIBILIDAD; flexibility
FLEXIBLE; flexible

FLEXIÓN; bending, flexure
COMPUESTA; compound flexure
PURA; (A) pure bending
SIMPLE; pure bending
FLEXIONAL; flexural
FLEXIONARSE; to deflect, bend, buckle
FLEXÓMETRO; flexometer
FLEXOR; (a) bending
FLOCULACIÓN; flocculation
FLOCULADOR; flocculator, floc former
FLOCULANTE; (s) flocculant
FLOCULAR; to flocculate
FLOCULENTO; (a) flocculent
FLÓCULO; floc
FLOJEDAD; slack; looseness
FLOJO; slack, loose; (ground) unstable
FLOR, DE, A; flush with, level with
FLOR DE AGUA, A; awash
FLOR DE LLUVIA; (A) shower head
FLORES DE CINC; zinc oxide, zinc flowers
FLOTABILIDAD; buoyancy
FLOTABLE; able to float
FLOTACIÓN; (naut)(min) flotation; buoyancy
FLOTADOR; float
DE BASTÓN; (hyd) rod float
TUBULAR; (hyd) tube float
FLOTAJE; floating, flotation
FLOTAR; to float
FLUENCIA; (Es)(Pe) flow
FLUIDAL; (geol)(A) fluidal
FLUIDEZ; fluidity, liquidity
FLUIDIFICANTE; a flux
FLUIDIFICAR; to liquefy, flux
FLUIDÍMETRO; fluidimeter
FLÚIDO; (n) a fluid; (a) fluid; (geol) fluidal
COMPUESTO DE ACEITE Y PETRÓLEO; petroleum fluid
HIDRÁULICO; hydraulic fluid
FLÚIDOS IMCOMPATIBLES; incompatible fluids
FLUÍMETRO; (Ch) flowmeter
FLUIR; to flow; (pt) to sag
FLUJO; flow; flux; (met) creep
ASIGNADO; rated flow
CAPILAR; capillary flow
COMPRESIBLE; compressible flow
DE ARCO; (weld) arc stream
DE FONDOS; (fin) cash flow
DE LA MAREA; flood tide
DEL MARGEN DERECHO; right bank
FRÍO; cold flow
INDUCTOR; magnetic flux
INTERMITENETE DE TORCRETO; slugging
LAMINAR; (hyd) laminar or viscous flow, steady flow, streamline flow
LUMINOSO; luminous flux, luminous power; floodlight
PAREJO; even flow

PERPENDICULAR Y HACIA EL EJE DEL
FILTRO; outside-in flow
    POR ASPIRACIÓN; induction flowing
    TORTUOSO; (hyd) tortuous flow
    TURBULENTO; (hyd) turbulent flow, eddy
    flow, sinuous flow
    UNIFORME; even flow
    VISCOSO; streamline flow, viscous flow
FLÚOR; fluorine
    ESPATO; fluor spar, fluorite
FLUORACIÓN; fluorination
FLUORESCENTE; fluorescent
FLUÓRICO; fluoric
FLUORURO; fluoride
FLUS DE ACERO ENTERIZO; seamless tubing
FLUS DE CALDERA; boiler tube
FLUVIAL; pertaining to rivers, fluvial
FLUVIO-EÓLICO; fluvio-aeolian
FLUVIOGLACIAL; fluvioglacial
FLUVIÓGRAFO; (hyd) recording stream gage;
    fluviograph
FLUVIOLACUSTRE; fluviolacustrine
FLUVIOMARINO; fluviomarine
FLUVIÓMETRO; (hyd) current meter; flowmeter
    REGISTRADOR; recording current meter
FLUVIOVOLCÁNICO; fluviovolcanic
FLUXÓMETRO; (M) flushometer
FLUYENDO; flowing
FOCAL; focal
FOCO; focus; focal point
    PRINCIPAL; (inst) principal focus
    REAL; real focus
FOGÓN; firebox, furnace
FOGONERO; fireman, stoker
FOGUISTA; fireman, stoker
FOLIACIÓN; (geol) foliation
FOLIADO; (geol) foliated
FON; (noise) phon
FOMENTAR; (a project) to promote
FOMENTO; development; promotion
FOMITA; foamite
FONDEAJE; (hyd)(C) sediment
FONDEADERO; anchorage, berth
FONDEAR; to anchor, drop anchor
FONDEO; anchoring, mooring
FONDO; bottom, far end, bed; depth
    DE AMORTIZACIÓN; sinking fund
    DE BARRIL; barrelhead
    DE LA CALDERA; boiler head
    DEL CILINDRO; cylinder head, back cylinder
    head
    DEL ÉMBOLO; pistonhead
    DEL RÍO; river bed
    DE LA ROSCA; root of thread
    REDONDO; round bottom
    ROTATIVO; (fin) revolving funds
FONOLITA; phonolite, clinkstone

FONTANERÍA; pipework, piping
FORESTACIÓN; (M) forestation
FORESTAL; forestal
FORJA; a forge; forging
    CON MARTINETE; drop-forging
    DE SOLDAR; welding forge, brazing forge
FORJABLE; malleable
FORJADO; forged, wrought
    A MARTINETE; drop-forged
    EN CALIENTE; hot-forged
    EN FRÍO; cold-forged
FORJADOR; blacksmith
FORJAR; to forge
    A PRESIÓN; press-forge
FORMA; form, shape; (conc) form; (Col) roof truss
    CILÍNDRICA PARA FORMAR COLUMNAS
    DE CONRETO; (trademark) sonotube
    DE CAPAS B-B; B-B plyform
    DE CONCRETO; concrete form
    DE ENCIMA; (conc) top form
    DE ONDA; (elec) wave form
    DIVISORIA; (sotechado) bulkhead form
    MOVIBLE PARA LOSA DE PAVIMENTO;
    road form
    PERMANENTE; permanent form
    PRISMOIDAL; pismoidal form
FORMABILIDAD; formability
FORMACIÓN; (geol) formation, country; array
FORMADOR; shaper; former
FORMALETA; small form, centering, form for
    concrete pipe
FORMAR; to form
FORMÓN; chisel, firmer chisel
    CON CHANFLE; cant chisel
    DE ÁNGULO; corner chisel
    DE CUCHARA; bent; entering chisel
    DE FILO OBLICUO; side chisel, skew chisel
    DE TORNERO; turning chisel
FÓRMULA; formula; (A) blank form
    DE DRENAJE; rational formula
    DE ESCALERA; staircase formula
    DE EULER; Euler's formula
    DE MANNING; (hyd) Manning's formula
    DE SCHOKLITSCH; (water) Schoklitsch's
    formula
    PARA CAPACIDAD RESISTENTE DE
    PÍLOTES; pile formula
FORMULACIÓN DE PLÁSTICO; (insl) plastic
    form
FORMULARIO; blank form
    DE CONTRATO; contract form
    DE FIANZA; surety bond form
    DE PROPUESTA; bidding blank, bidding
    form, proposal form
FORNALLA; firebox, furnace; (C) ashpit
FORRADO; lined, covered
    DE ASBESTO; asbestos covered

DE ESTAÑO; ton-lined
FORRAR; to line, sheath, cover, ceil, coat, lag
FORRO; lining, lagging, sheathing
    ABSORBENTE; absorptive liner
    AISLANTE; insulation
    CENTRIFUGADO; (tub) spun lining
    DE BANCADA; bed liner
    DE CAMA; bed liner
    DE CILINDRO; cylinder liner
    DE CILINDRO TIPO HÚMEDO; wet liner
    DE COJINETE; bearing sleeve, bushing
    DE CHIMENEA; flue lining, chimney liner
    DE CHUMACERA; bushing, liner
    DE FRENO; brake lining
    MOLOLÍTICO; monolithic lining
FORROS DE ZANJA; sheeting, sheet piling
FORTALECER; to strengthen
FORTALEZA; strength
FORTIFICACIÓN; (min) system of supports
FORTIFICAR; to strengthen, brace, shore
FORZAR; to force
FOSA; pit; drain; (met) sow
    DE EXCRETA; cesspool
    SÉPTICA; septic tank
FOSFÁTICO; phosphatic
FOSFATIZAR; to phosphatize
FOSFATO; phosphate
    DE CAL; lime phosphate
FOSFITO; phosphite
FOSFÓRICO; phosphoric
FOSFOROSO; phosphorous
FOSFURO; phosphide
FOSO; trench, ditch, pit
    DE ALMACENAJE; live-bottom pit
    DE ASERRAR; saw pit
    DE CENIZAS; ashpit
    DE COLADA; (foun) casting pit
    DE ESQUISITO; shale pit
    DE LODO; mud put
    DE PRÉSTAMO; (ea) borrow pit
    DE RECALENTAR; soaking pit
    DE VOLANTE; flywheel pit
    EXCAVADO; sheeted pit
FOSTERITA; fosterite
FOTOCALCAR; to blueprint
FOTOCALCO; photoprint; photographic copy
    AZUL; a blueprint
    BLANCO; white print
FOTOCARTOGRAFÍA; photomapping
FOTOCOPIA; photocopy, blueprint
    AZUL; blueprint
    BLANCA; white print
FOTOCOPIAR; to blueprint, make a photocopy
FOTOELÁSTICO; photoelastic
FOTOELÉCTRICO; photoelectric
FOTOESTÁTICO; (M) photostatic
FOTOGRAFÍA; photography

FOTOGRAMA; photogram
FOTOGRAMETRÍA; photogrammetry, photo
    graphic surveying
    AÉREA; aerosurveying
    TERRESTRE; terrestrial photographic
    surveying
FOTOGRAMÉTRICO; photogrammetric
FOTOPLANO; photoplan
FOTORREPRODUCCIÓN; photoreproduction
FOTOSTATAR; to photostat
FOTOSTÁTICO; photostatic
FOTÓSTATO; (s) photostat
FOTOSUSIBLE; light-sensitive
FOTOTAQUIMETRÍA; (Es) photogrammetry
FOTOTEODOLITO; phototheodolite
FOTOTOPOGRAFÍA; photographic topography
FOTOVOLTAICO; photovoltaic
FRACASAR; to fail; to wreck
FRACASO; failure; breakdown
FRACCIÓN; fraction
    REPRESENTATIVA; (dwg) representative
    fraction
FRACCIONADO; fractional, divided; broken
FRACCIONAR; to break down, to fraction
FRACCIONARIO; a fraction
FRACTURA; fracture, breaking
    DE TENSIÓN EN METAL; plastic fracture
FRACTURAR; to fracture
FRAGATA; (C) boxcar
FRAGILIDAD; brittleness
FRAGMENTAR; to divide, break up
FRAGMENTARIO; (geol) fragmental
FRAGMENTOSO; (geol) fragmental
FRAGUA; a forge; blacksmith shop; (cem)
    setting
    DE RECALCAR; upsetting forge
    DE SOLDAR; welding forge
    FINAL; final set
    INICIAL; initial set
FRAGUADO; forging; (cem) setting, wrought
    RÁPIDO; (conc) rapid setting
FRAGUADOR; blacksmith
FRAGUAR; to forge; (cem) to set; (Col) to
    grout; (asphalt) to cure
FRAGÜE; setting, set
FRAGMENTARIO; (geol) fracture cleavage
FRANCO; open, free, clear
    ABORDO; (FAB) free on board (FOB)
    DE DESECHOS; duty-free
FRANJA; a strip, band
FRANQUEAR; to span, clear
FRANQUEO; postage; prepayment; clearance,
    (machy) relief
    LATERAL; side clearance
    SUPERIOR; headroom, vertical clearance
FRANQUICIA; franchise
FRASCO; vial, flask, bottle

DE FILTRAR; filter flask
FRATACHO; (A) mason's float
FRATÁS; plasterer's trowel, mason's float
FRATASAR; to trowel, float
FREÁTICO; phreatic, subsurface
FREATÍMETRO; (A) device for gaging ground
　　water
FREATOFITAS; (hyd) phreatophytes
FRECUENCIA; (elec) frequency
　　CIRCULAR; circular frequency
　　NOMINAL; rated frequency
　　REGISTRADOR; frequency recorder
　　RESONANTE; resonant frequency
FREGADERO; (pb) a sink
FRENAJE; braking
FRENAR; to brake
FRENO; brake
　　AL VACÍO; vacuum brake
　　DE ACEITE; oil brake
　　DE AIRE; air brake
　　DE ALMOHADILLAS; block brake
　　DE BANDA; band brake
　　DE CADENA; chain brake
　　DE DIRRECIÓN; steering brake
　　DE ESCAPE; exhaust brake
　　DE ESTACIONAMIENTO; (auto) parking
　　brake
　　DE FRICCIÓN; friction brake
　　DE PATÍN; slipper brake
　　DE PEDAL; foot brake
　　DE SEGURIDAD; emergency brake
　　DE URGENCIA; emergency brake
　　MANUAL; hand brake
FRENTE; front, face; (min) heading
　　DE ATAQUE; forefront
　　DE MANZANA; city block
　　VIVO; (switchboard) live front
FRENTEAR; to face, mill, machine
FRENTEO; facing, milling
FRENTISTA; (A)(U) cement mason
FREÓN; (trademark) freon
FRESA; bit, milling tool; (C) reamer; (A) counter
　　sinking bit
　　CORTADORA; cutter bit
　　DE DISCO; side cutter
　　DE ESPIGA; end mill
　　DE DISCO; side cutter
　　DE ROSCAR; thread cutting tool
　　DESBASTADORA; stocking cutter
　　PARTIDORA; parting tool
　　PERFILADA; profile cutter
　　RANURADORA; cotter mill
FRESAS DE DISCO ACOPLADAS; straddle mill
FRESA-TALADRADORA; boring mill
FRESABILIDAD; machinability
FRESABLE; machinable
FRESADO; milling

A GAS; gas machining
ANGULAR; angular milling
DE FRENTE; face milling
Y TALADRADO; (tub) faced and drilled
FRESADORA; milling machine; shaper; (C)
　　reamer
　　ACEPILLADORA; milling planer
　　DE BANCO; bench miller
　　DE DESBASTAR; roughing reamer
　　DE ROSCAR; thread miller
　　DE SUPERFICIE; slab miller
FRESAR; to mill, face, machine; (C) to ream; (A)
　　to countersink
　　LA CARA DE ATRÁS; to back-face
FRESNO; (lbr) ash
FRIABILIDAD; friability
FRIABLE; brittle, frail
FRICCIÓN; friction
　　CORTANTE; shear friction
　　DEL AIRE; (machy) windage
　　DE ARRANQUE; staring friction
　　DE BAMBOLEO; wobble friction
　　DE DESLIZAMIENTO; sliding friction
　　DE GARRUCHA; sheave friction
　　ESTÁTICA; static friction
FRIGOCENTRAL; (A) refrigeration plant
FRIGORÍFICO; cold-storage plant; meat-packing
　　plant
FRIGORÍGENO; produces cold
FRISO; wainscot, (V) scratch coat of plaster
FROGAR; (Col) to fill joints
FRONTAL; front, head
FRONTERA; (Es) front wall
FRONTIS; fascia; facade
FRONTÓN; pediment; (min) working face
FROTA; cement mason's float
FROTACIÓN; rubbing
FROTADOR; rubber; (elec)(U) contact
　　brush
FROTAMIENTO; friction, chafing, rubbing
　　DE DESLIZAMIENTO; sliding friction
　　DE RODADURA; rolling friction
FROTAR; to rub; to chafe
FUSCINA; (sen) fuchsin
FUEGO; fire
　　FATUO; wildfire
FUELLAR; to blow with bellows
FUELLE; bellows, blower
FUENTE; fountain; spring; source
　　ACELERADORA; accelerating well
　　ARTESIANA; artesian well
　　DE ABASTECIMIENTO; source of water
　　supply
　　DE AFLORAMIENTO; gravity spring
　　DE BEBER; drinking fountain
　　DE CARGA; feed well
　　DE ENERGÍA; power supply

DE ENERGÍA RENOVABLE; renewable energy source
SURTIDORA; source of supply
FUENTES FLUVIALES; (PR) water resources
FUERA; outside, out
DE AJUSTE; out-of-adjustment
DE APLOMO; out-of-plumb
DEL CAMINO; off-the-road
DE CENTRO; off-center
DE FASE; out-of-phase
DE LÍNEA; out-of-line
DE SERVICO; out-of-service
FUERTE; strong; (curve) sharp; (grade) heavy
DE ENERGÍA; power pack
FUERZA; force, power
AL FRENO; brake horsepower
A VAPOR; steam power
CABALLAR; horsepower
CENTRÍPETA; centripetal force
CONTINUA; primary power
DE AGREGADO; aggregate strength
DE AGUA; water power
DE BRAZOS; hand power; manpower
DE COMPRESIÓN; compression strength
DE EMERGENCIA; emergency power
DE FILTRACIÓN; (sm) seepage force
DE FLEXIÓN; bending force
DE LEVANTAMIENTO; (dam) uplift
DE TERREMOTO; (str) seismic load
DINÁMICA; dynamic strength, dynamic force
DISCONTINUA; secondary power
ESTÁTICA; static force
ESTÁTICA LINEAL; linear static force
GRAPADORA; clamping force
HIDRÁULICA; water power
IMPULSORA; driving force
INTERNA; internal force
LATERAL; lateral force
LINEAL; linear force
MAGNÉTICA; magnetic force
MAYOR; act of God
MOTRIZ; driving force
PERMANENTE; firm or primary power
PRIMARIA; primary power
RESISTENTE; resisting force
TERMOELECTROMOTRIZ; thermoelectromotive force
FUGAS; (hyd) leakage; (elec) fault
FULGURACIÓN; fulguration
FULGURITA; (geol)(bl) fulgurite
FULMINANTE; exploder, blasting cap, detonator
FULMINAR; to discharge; to cause an explosion
FULMINATE; ignitor
FULMINATO; fulminate
FULMÍNICO; fulminic
FUMIFUGO; smokeless
FUMIGACIÓN; fumigation

FUMÍVORO; smoke-consuming
FUNCIÓN; (math) function
DE SIMPLE VALUACIÓN; single-valued function
DE VALUACIÓN MÚLTIPLE; multiple-valued function
ESCALAR; scalar function
VECTORIAL; vector function
FUNCIONAMIENTO; operation
FUNCIONAR; to operate, work, run
FUNCIONARIO; officer
FUNDA; case, sheath
DE CEMENTO; (PR) cement bag
DE NEUMÁTICO; (auto) tire cover
FUNDACIÓN; foundation
CORRIDA; continous footing
DE CAJÓN; pneumatic-caisson foundation
DE CIMIENTO; mat foundation
ENSANCHADA; spread footing
ESCLONADA; stepped footing
FUNDAMENTAL; fundamental
FUNDAMENTAR; to lay a foundation
FUNDAMENTO; foundation, footing; (geol) basement
FUNDAR; to found, to ground
FUNDENTE; welding compound, flux
FUNDERÍA; foundry; casting; smelting works
AL COQUE; coke iron
A PRESIÓN; die-casting
ATRUCHADA; mottled iron
BLANCA; white cast iron
BRUTA; (A) pig iron
DE ACERO steel casting; steel foundry
DE ALEACIÓN; alloy cast iron
DE HIERRO; iron founding; iron foundry; cast iron
DE HIERRO MALEABLE; wrought-iron casting
DE LATÓN; brass casting
DE LIGA; alloy cast iron
GRIS; foundry pig; gray-iron casting
MALEABLE; malleable casting
FUNDICIÓN; melting
DE ALEACIÓN; alloy cast iron
DE MADERA; wood foundation
FUNDIDO; cast; fused, melted
CENTRÍFUGAMENTE; centrifugally cast
EN ARENA; sand-cast
EN BLOQUE; (auto) cast-in-block
EN FOSO DE COLADA; pit-cast
FUNDIDOR; founder, melter
FUNDIR; to cast; to melt; smelt; merge; (fuse) to blow out
FUNDIRSE; to fuse, melt
FUNGICIDA; fungicide
FUNGIFORME; (column head) mushroom
FUNGISTÁTICO; fungistatic

FUNICULAR; cable railway
    AÉREO; aerial tramway
FURGÓN; baggage car; van; (M) boxcar; (A)
    baggage car, mail car
    DE CARGA; (A) freight car
    DE COLA; caboose
    DE EQUIPAJES; baggage car
FURGONADA; carload, truckload, vanload
FURNIA; sump
FURO; orifice; (top) channel
FUSELADO; streamlined
FUSELAJE; fuselage
FUSIBILIDAD; fusibility
FUSIBLE; fuse; (C) rail bond
    DE ACCIÓN RETARDADA; time-delay fuse
    DE CINTA; link or strip fuse
    DE TAPÓN; plug fuse
    DE TIEMPO; time-lag fuse
FUSIFORME; streamlined
FUSIÓN; fusion
FUSIONAR; (A) to fuse, merge
FUSLINA; (Es)(A) smelter
FUSTE; column shaft; bolt or rivet shank

G

GABARI, GABARIT, GABARITO; (rr), clearance
    gage; track gage
GABARRA; scow, barge
GABARRERO; bargeman
GABLETE; gable
GABRO; gabbro
GAFA; cant hook; (C) gaff
GAFAS DE SOLDADOR; welding goggles
GAITA; (PR) , a wood used for construction
GAJO; leaf of an orange-peel bucket
GAL; (geop) gal
GALACTITA; fuller's earth
GALAPAGO; (arch) centering; saddle; pig, ingot,
    sow
GALENA; galena
GALERA; wagon; (CA) shed, shanty
GALERADA; wagonload
GALERÍA; gallery, heading, (min) drift
    DE AGOTAMIENTO; draining adit
    DE ARRASTRE; (min) haulageway
    DE AVANCE; heading; pilot bore
    DE CAPTACIÓN; (hyd) infiltration gallery,
    collecting gallery
    DE COLECCIÓN; (hyd) collecting gallery
    DE DESCARGA; (hyd) sluiceway
    DE DIRECCIÓN; (min) driftway
    DE EVACUACIÓN; (hyd) sluiceway, under
    sluice
    DE EXTRACCIÓN; (min) adit
    DE REVISIÓN; inspection gallery
    DE SONDEO; exploration gallery
    DE VISITA; inspection gallery
    FILTRANTE; filtration gallery, infiltration
    gallery
    TRANSVERSAL; cross heading
GALERNA; wind gale
GALERÓN; (M)(CA) barracks; shed
GALIBAR; to work to a template
GÁLIBO; template, jig; straightedge; clearance
    diagram
    DE INCLINACIÓN; slope gage
    DE PERFIL NORMAL; (rr) clearance gage
GALÓN; gallon
    IMPERIAL; imperial gallon
GALPÓN; storehouse, enclosed shed, shanty
    DE CARGAS; freight shed
    DE REMOVIDO; (A) transfer shed

GALPONISTA; (A) erector of iron sheds
GALVÁNICO; galvanic
GALVANIZADO AL FUEGO; hot-galvanized
GALVANIZADO EN CALIENTE; hot-galvanized
GALVANIZAR; galvanize, electroplate
GALVANOMÉTRICO; galvanometric
GALVANÓMETRO; galvanometer
    DE AGUJA; needle galvanometer
    DE BOBINA MÓVIL; moving-coil galvanometer
GALLETA; cement pat; soil cake; (rod) target
GALLÓN; sod
GAMBUSINO; (C) skilled miner; prospector
GAMELLA; yoke for oxen; plasterer's hawk;
    trough; washtub; (min) gamella; (CH) chute
    DE LAVAR; (min) washtrough
GANANCIA; earning
    NETA; net earnings
    Y PÉRDIDAS; profit and losses
GANCHO; hook, grab
    ALZADOR DE TAPA; manhole hook
    ARRANCADOR DE RAÍCES; root hook
    DE CABLE DE IZAR; hoist hook
    DE CERROJO; safety hook
    DE CLAVIJA; pintle hook
    DE DESLIZAMIENTO; slip hook
    DE ESTRIBADOR; box hook
    DE ESTRIBAR; cargo hook
    DE MADERERO; dog hook
    DE MOSQUETÓN; snap hook
    DE MOTÓN; hoist hook
    DE RETENCIÓN DE CADENA; grab hook
    DE SEGURIDAD; safety hook
    DE TRACCIÓN; pull hook
    GIRATORIO; swivel hook
    REDONDO; round-hook
    ROSCADO; screw hook
    SACATAPA; manhole hook
    SOLTADOR; release hook
    Y HEMBRA; hook and keeper, hook and eye
    Y PICOLETE; hook and keeper
GANCHOS; clamps, dogs, hooks
    DE CORREA; belt hooks, belt clamps
    DE FARDO; bale hooks
    DE ESCALADORES; climbing irons
    GEMELOS; sister hooks
    PARA IZAR VIGAS; (str) girder dogs
    PARA MANEJO DE PLANCHAS DE
    ACERO; plate hooks
GANGA; gangue
    CUARZOSA; vein quartz
GÁNGUIL; dump scow
GARABATILLO; small vise, clamp
GARABATO; grapnel, grappling iron
GARAJE; garage
GARANTÍA; warranty, guarantee
    DEL CONTRATISTA; builder's warranty

GARANTIZAR; guarantee
GARFIO; hook, (C) gaff
GARFIOS DE TREPAR; climbing irons, climbers
GARGANTA; (mech) groove channel; (top) gap,
    narrows, gorge; (saw) gullet
GÁRGOL; groove, notch, gain
GARITA; cab of a truck or shovel; watchman's
    box; (A) elevator car
GARLANCHA; spade, (Col) blade tamper
GARLOPA; jack plane, jointing plane, fore plane
GARNIERITA; garnierite
GARRA; clutch, catch, claw, grip
    DE FRICCIÓN; friction clutch
    DE SEGURIDAD; safety clutch
    DE ZAPATA; grouser
GARRAS PARA CORREA; belt hooks, belt
    clamps, belt lacing
GARRANCHA; (C) a hook
GARROTE; (M) a brake
GARROTERO; (M) brakeman
GARRUCHA; cheave, pulley
    AGARRADORA; grip cheave
    DE CADENA; chain block, chain hoist
    DE GARGANTA FARPADA; pocket wheel,
    chain wheel
    DE GUÍA; guide sheave, deflecting sheave,
    fair-lead block
    DESLIZANTE; sliding sheave, fleeting sheave
    DESVIADORA; defecting sheave, knuckle
    sheave
    IGUALADORA; equalizing sheave
GARRUCHO; cringle
GAS; gas
    ACEITILENO; acetylene gas
    CLOACAL; sewer gas
    COMPRIMIDO; compressed gas
    DE ACEITE; (C) oil gas
    DE AGUA; water gas
    DE AIRE; air gas
    DE ALTOS HORNOS; blast furnace gas
    DE ALUMBRADO; illuminating gas
    DE CARBÓN; coal gas
    DE CIENO; sludge gas
    DE DIGESTIÓN; digestor gas
    DE HORNO DE COQUIZACIÓN; coke-oven
    gas
    DE HULLA; coal gas
    DE LOS LODOS; sludge gas
    DE LOS PANTANOS; marsh gas
    DE MADERA; wood gas
    DE PETRÓLEO; oil gas
    DEL TANQUE DISGESTOR; (sd) digestor
    gas
    LICUADO DE PETRÓLEO; liquified
    petroleum gas
    NATURAL; natural gas
    POBRE; producer gas, generator gas

RICO; illuminating gas
SINTÉTICO; syngas
GASES; gases
    DE COMBUSTIÓN; combustion gases
    DE ESCAPE; exhaust gases
    DE EXPLOSIÓN; aftergases
    DE INCENDIO; aftergases
    DE LA COMBUSTIÓN; flue gases
GASA DE ALAMBRE; wire gauze
    DE REGLAMENTO AMERICANO; standard wire gauge
GASEOSO; gaseous
GASERO; gas fitter, pipeman
GASFITER; gas fitter, pipeman
GASÍFERO; containing gas
GASIFICAR; to gasify
GASODUCTO; (A) pipe line for gas
GASÓGENO; gazogene; gas producer
    DE ACETILENO; acetylene generator
GASOLENO; gasoline
GASOLINA; gasoline
GASOMÉTRICO; gasometric
GASÓMETRO; gasometer, gas tank; gas meter
GASTAR; to wear, wear out, wear away; to use up; to spend; GASTARSE; to wear, wear out
GASTO; volume of flow; discharge; expenditure; consumption; wear
    DE CRECIDA; flood flow
    INSTANTÁNEO; momentary flow
    SÓLIDO; (hyd) bed load, material in suspension
    SUPERCRÍTICO; supercritical flow
GASTOS; expenses, expenditures, charges; (hyd) throughput capacity
    DE ADMINISTRACIÓN; administration expenses
    DE CONSERVACIÓN; maintenance charges
    DE ESTABLECIMIENTO; (Es) capital charges, fixed charges
    DE EXPLOTACIÓN; operating expenses
    GENERALES; general expense, overhead
    IMPREVISTOS; contingencies
    INFERIOR DEL AGUA MÁS DENSA; density flow
GATILLO; cramp; pawl, dog, trip, trigger
    CON ANILLO; ring dog
    DE DESCARGA; trip latch
GATILLOS CON CADENA; chain dogs
GATO; jack; (M) rail bender
    A CRIQUE; ratchet jack
    ACODADOR; shoring jack
    ADEMADOR; shoring jack; mine jack
    ALZATUBOS; (pet) pipe jack
    CORREDIZO, traversing jack
    DE AUXILIO; wrecking jack
    DE CREMALLERA; ratchet jack, rack-and-pinion jack

    DE GARAGE; (auto) service hoist
    DE GUSANO; screw jack
    DE LODO; muk jack
    DE MANIVELA; windlass jack
    DE PALANCA; lever jack
    DE PUENTE; bridge jack
    DE ROSCA; screw jack
    DE TIRAR; pulling jack
    DE TORNILLO; screw jack, jackscrew
    DE TORNILLO CORREDIZO; traversing jack, swing jack
    EMPUJADOR DE TUBOS; pipe pusher
    ENCARRILADOR; wrecking jack
    ESTABILIZADOR; stabilizing jack
    HIDRÁULICO; hydraulic jack
    HINCADOR; sheeting jack
    MINERO; mine jack
    PARA POSTES; pole jack
    PUNTAL; trench jack
GAVILÁN; center screw of a carpenter's bit
GAVIÓN; gabion
GAZA; loop; (cab) bend; (reinf) hook
GELATINA EXPLOSIVA; explosive gelatine, blating gelatine, gelatine dynamite
GELIGNITA; gelignite, gelatine dynamite
GEMELO; twin, duplex, double
    DE BALLESTA (auto); spring shackle
GEMELOS DE CAMPAÑA; field glasses
GENERADOR; generator
    ASINCRÓNICO; induction generator
    DE ACETILENO; acetylene generator
    DE GAS; gas producer
    DE MARCHA LENTA; slow-speed generator
    DE PULSACIÓN; pulse generator
    IMPULSADO POR TRACTOR; tractor-driven generator
    SELSYN; selsyn generator
    SINCRÓNICO; synchronous generator
    TIPO PARAGUAS; umbrella-type generator
GENERAR; to generate
GENERATRIZ; generatrix; (elec) generator
GÉNERO; cloth; (tire) carcass
GEODÉSICO; geodetic
GEOELÉCTRICO; geo-electrical
GEOFÍSICA; geophysics
GEÓGRAFO; geographer
GEOHIDROLOGÍA; geohydrology
GEOLOGÍA; geology
    AGRÍCOLA; agricultural geology
GEOLÓGICO; geological
GEÓLOGO; geologist
GEOMETRÍA ANALÍTICA; analytical geometry
GEOMETRÍA DESCRIPTIVA; descriptive geometry
GEOMÉTRICO; geometric
GEOTECNOLOGÍA; geotechnology
GERENCIA; manager's office

GERENTE manager
GESTOR; promoter; agent, representative
GIGANTE; giant, monitor
GILBERTIO; gilbert
GIRAESCARIADOR; reamer wrench
GIRAMACHOS; tap wrench, stock
GIRAR; to revolve, turn, slue, swivel, swing,
    rotate; (a draft) to draw
GIRATORIO; revolving, gyratory, rotary, rotating
GIRO; revolving, sluing; (machy) revolution; (dam)
    overturning
    A LA DERECHA; (rd) right-turn
GIRÓMETRO; gyrometer
GIROSTÁTICA; gyrostatics
GLACIAL; glacial
GLACIAR; glacier
GLACIS; glacis
GLACIOFLUVIAL; (geol) glaciofluvial
GLASEADO; glazed; glazing
GLICERINA; glycerine
GLOBO; globe
GLOSADOR; (M) auditor
GNEIS; gneiss
GNÉISICO; gneissic
GNOMON; gnomon; carpenter's square
GOA; (iron) pig, bloom; sow
GOBERNAR; to control
GOBIERNO A DISTANCIA; remote control
GOLA; ogee; (A) spillway bucket
GOLILLA; wacher; (Ch) pipe flange
    DE COJINETE; bearing race
GOLPE; blow, jar, shock, stroke; (C) throw
    CORTANTE; chop
    DE ARIETE; water hammer
    DE ASPIRACIÓN; suction stroke
    DE COMPRESIÓN; compression stroke
    DE COMPUERTA; (M) water hammer
    DE EXPULSIÓN; exhaust stroke
    DE RETARDO; backlash
    ELÉCTRICO; electric shock
GOLPEADOR; striker (with a hammer)
GOLPEAR; to strike, pound; (eng) knock
GOLPEO; striking, pounding; (eng) knock
    POR ENCENDIDO; spark knock
GOLPETEAR; (eng) to knock, hammer
GOLPETEO; knocking
GOMA; rubber; a rubber tire
    CLORADA; chlorinated rubber
    DE BALÓN; balloon tire
    DE BUTILO; buryl rubber
    DE CASEÍNA; casien glue
    DE CUERDAS; cord tire
    DE NEOPRENO; neoprene rubber
    DE TELA; gabric tire
    FLOJA; flat tire
    LACA; shellac
    MINERAL; mineral rubber

GOMAR; to treat with rubber
GOMERÍA; (A) tire-repair shop
GOMERO VULCANIZADOR; (A) tire vulcanizer
GOMOSO; gummy
GÓNDOLA; (rr) gondola car
GONIOMÉTRICO; goniometric
GONIÓMETRO; goniometer
GORDO; (cone) rich; (water) hard; oily; bulky
GORRÓN; grudgeon; male pivot; journal; kingpin,
    trunnion
    DEL EJE; journal
    DE MANIVELA MOTRIZ; crankpin
    DE REMOLQUE; trailer kingpin
GORUPO; hawser bend
GOTEAR; to leak, to drip
GOTEO; leakage, leaking
GOTERA; a leak
GOTERO; (sill) a drip; weep hole
GOTERÓN; (skylight) condensation gutter; drip
GOZNE; hinge, strap hinge
    AMORTIGUADOR DE PISO; chicking floor
    hinge
    DE PALETA; strap hinge
    DE PISO; floor hinge
    DE PLACA; plate hinge
    EN T; T hinge
GRABAR AL AGUA FUERTE; etch
GRADA; step; gradin; stepladder; harrow;
    shipway; slip; (min) stope; (dd) altar
    AL REVÉS; overhand stope
    DE DIENTES; tooth harrow
    DE DISCOS; disk harrow
    DE HALAJE; slipway
    DE RELLENO; (min) filled stope
    DERECHA; underhand stope
    FLUVIAL; stream gradient
GRADAR; to harrow
GRADERÍA; series of steps; stadium, grandstand
GRADIENTE; grade, slope, (CH) upgrade,
    gradient
    AFINADO; finished grade
    DE LA ENERGÍA; energy gradient
    DE POTENCIAL; potential gradient
    DE PRESIÓN; (sm) pressure gradient
    DE SALIDA; exit gradient
    HIDRÁULICO; (hyd) virtual slope
    PIEZOMÉTRICA; hydraulic gradient
GRADINO; stonecutter's chisel, graver
GRADO; grade, class, rate; (machy) stage; (math)
    degree
    ACABADO; finished grade
    DE AFINIDAD; chemical bond
    DE AGUDEZA; (V) degree of curve
    DE CALOR; degree of heat
    DE CRECIMIENTO; rate of growth
    DE CURVATURA; degree of curve
    DE CHAPA; veneer grade

DE LATITUD; degree of latitude
DE PERFIL; profile grade
DE PRODRICIÓN; rate of decay
DE PUREZA; (met) fineness
DE VELOCIDAD; rate of speed
GRADUABLE; adjustable
GRADUACIÓN; gradation, graduation, grading;
(Ec) grading, leveling; (machy) staging
CONTINUA; (agregado) continuous grading
DE COLOR; (dwg) shade
GRADUADOR; gage; graduator
GRADUAR; to grade aggregate; to graduate;
(mech) to index; to classify, grade; (Ec) to
level, grade
GRÁFICA; graphics; diagram, graph
DEL INDICADOR; indicator card
PSICROMÉTRICA; psychrometric chart
GRÁFICO; (n) diagram, graph, graphic, chart; *(a)*
graphical
FLUVIOMÉTRICO; hydrograph
HIDRÁULICO; hydrograph
GRAFITAR; to apply graphite; to graphitize
GRAFÍTICO; graphitic
GRAFITIZAR; (A) to apply graphite; to graphitize
GRAFITO; graphite
GRAMA; grass
GRAMIL; (carp) marking gage; router; (Sp) gage
line of rivets
DOBLE; mortise gage
PARA BISAGRAS; butt gage
PARA MORTAJAS; mortise gage
PARA REBAJAR; rabbet gage
GRAMILAR; to mark out, lay out
GRAMO; gram
GRAMPA; clamp, clip, grab, cramp; staple
A CADENA; chain vise
DE GUARDACARRIL; grardrail clamp
PARA CABLE; cable clip, cable clamp
PARA CERCA; fence staple
PARA MANGUERA; hose clamp
PARA MOLDES; form clamp
GRAMPAS PARA CORREA; belt clamps, belt
hooks, belt lacing
GRANADA EXTINTORA; grenade fire
extinguisher
GRANATE; garnet
GRANATIÍFERO; (geol) garnetiferous
GRANCILLAS; stone screenings
GRANEL, A; loose, in bulk
GRANETAZO; a punch mark
GRANETE; to mark with a center punch
GRANÍTICO; granitic
GRANITIFORME; granitiform
GRANITITA; graitite
GRANITO; granite
POTÁSICO; potash granite
GRANITULLO; (A) small granite paving block

GRANISO; hail
GRANIZA; (A) grits, small gravel
GRANO; grain; grain (weight)
ABIERTO; (C) coarse grain
CERRADO; close grain
FINO; fine grain
GORDO; (C) coarse grain, Bentonite cement
pallet
GRUESO; coarse grain
GRANOFIRO; granophyre
GRANOGABRO; granogabbro
GRANOLÍTICO; granolithic
GRANOSO; granular
GRANULADOR; granulator
GRANULADORA; (A) sand crusher, sand roll
GRANULAR; granular
GRANULITA; granulate
GRANULOMETRÍA; (M) grading, graduation
GRANULOMÉTRICO; granulometric
GRANULOSO; granular
GRANZA; stone screenings; (C) gravel; (A)
scruched stone
GRANZÓN; screenings; (V) gravel, grits
GRAPA; clip, clamp, cramp; staple; (sa) dog
DE ASERRADERO; mill dog
DE BANCO; bench clamp
DE CAÍDA; (saw) drop dog
DE MADERA; hand screw, carpenter's clamp
PARA CABLE; cable clip, cable clamp
REGULABLE; adjustable clamp
GRAPADORA; stapler
GRAPÓN; cramp iron, clamp
GRASA; grease; slag
FIBROSA; fiber grease
GRAFÍTICA; graphite grease
LUBRICANTE; cup grease, lubricating grease
MICÁCEA; mica grease
PARA EJES; axle grease
PARA INYECTOR; gun grease
GRASERA DE COMPRESIÓN; grease cup
GRASERO; (M) slag dump
GRASO; oily; (cone) rich; (mixture) fat
GRATIFICACIÓN; bonus to an employee
GRAUVACA; graywacke
GRAVA; gravel
DE BOLEOS; boulder gravel
DE CANTERA; pit gravel
DE GUIJAS; (V) granule gravel
DE MINA; pit gravel
DE PLAYA; beach gravel
FINA; fine gravel
FLUVIAL; river gravel
GRADUADA; graded gravel
TAL COMO SALE; run-of-bank gravel
GRAVEDAD; gravity
ESPECÍFICA; specific gravity
GRAVERA; gravel pit

GRAVILLA; fine gravel, pea gravel; grits
GRAVIMÉTRICO; gravimetric
GRAVÍMETRO; gravimeter
GRAVITACIÓN; gravitation, gravity
GRAVITACIONAL; (M) gravitational
GRAVOSO; (M) gravelly
GREDA; clay, marl, chalk
GREDAL, clay pit
GREDOSO; clayey
GREMIO; labor union; (U) trade
GRES; clay mixture for making sewer pipe,
    stoneware
    VIDRIADO; (pipe) glazed tile, glazed terra
    cotta
GRIETA; crack, seam, chink; (lbr) check; (geol)
    joint
    CAPILAR; hair crack
    DE ASTILLA; chimney chip cracks
    DE CONTRACCIÓN; shrinkage crack
    DE DESECACIÓN; (lbr) season check
    DE PALANCA; alligator cracks
    DE RESBALAMIENTO; slippage crack
    DE TENSIÓN; x-crack
    DIAGONAL; diagonal crack
    EN METAL SOLDADOR; weld crack
    EN SOLDADURA; root crack
    LONGITUDINAL DE REFORZAMIENTO;
    longitudinal crack
    PASANTE; (lbr) through check
    TÉRMICA; (glass) fire crack
    TRANSVERSA; (slab) transverse crack
GRIETAS; cracks
    DE BORDE; edge cracks
    EN HULE CAUSADAS POR EL SOL; sun
    cracking
    EN PAVIMENTO; reflection crack
    IRREGULARES; random cracking
    QUE EXTENDEN DEBAJO DE
    CONCRETO; map cracking
GRIETARSE; to crack
GRIETOSO; crack, seamy
GRIFERÍA; stock or assortment of cocks or bibs
GRIFA; straightening tool
GRIFO; cock, faucet, bibb
    DE APAREJAMIENTO; (auto) priming cock
    DE CIERRE AUTOMÁTICO; self-closing
    faucet
    DE COMPRESIÓN; compression cock
    DE DESAGÜE; mud cock, drain cock
    DE DESAHOGO; blowoff cock
    DE DESCARGA DEL SEDIMENTO; mud
    valve
    DE PRUEBA; try cock
    DE RESORTE; spring faucet
    PARA MANGUERA; hose bibb
    PURGADOR DE ESPUMAS; scum cock
GRILLA; (A) grill grate

GRILLERO; (A) grate cleaner
GRILLETE; shackle; socket; clevis
    ABIERTO; (cab) open socket
    CERRADO (cab) closed socket
    CON PERNO ROSCADO; screw-pin shackle
    DE PERNO OVALADO; oval-pin shackle
    DE PUENTE; (cab) bridge socket
    DE RESORTE; snap chackle
    EN HORQUILLA; (cab) open socket
    ESCALONADO; (cab) stepped socket
    PARA ANCLA; bending shackle, anchor
    shackle
    PARA CADENA; chain shackle
GRISÚ; firedamp
GRISÚMETRO; testing device for firedamp
GRISUNITA; grisounite
GROSOR; thickness
GRÚA; crane; derrick; hoist
    ALIMENTADORA (rr) water crane
    ATIRANTADA; guy derrick
    AUTOMÓVIL; truck crane
    CORREDERA; traveling crane; traveling
    derrick
    CORREDIZA; crane; traveling derrick
    DE AGUILÓN; derrick; jib crane
    DE ARRASTRE; (lbr) yarding crane
    DE AUXILIO; wrecking crane
    DE BOTE; davit
    DE BRAZO; jib crane
    DE BRAZOS RÍGIDOS; stiffleg derrick
    DE CABALLETE; gantry crane
    DE CAMIÓN; truck crane
    DE CONTRAVIENTOS DE CABLE; guy
    derrick
    DE ESTERAS; (C) caterpillar crane
    DE GRADA; chipbuilding crane
    DE MARTILLO; hammer-head crane
    DE MÉNSULA; bracket crane
    DE ORUGAS; caterpillar crane, crawler crane
    DE PALO; gin pole
    DE PARED; wall crane, jib crane
    DE PESCANTE; jib crane, jimmywink
    DE PIERNAS RÍGIDAS; (M) stiffleg
    derrick
    DE PÓRTICO; gantry crane, bridge crane,
    portal crane
    DE PUENTE; traveling crane, bridge crane
    DE RETENIDAS; guy derrick
    DE ROTACIÓN COMPLETA; crane; whirler
    DE SALVAMENTO; wrecking crane
    DE TIJERA; shear legs
    DE TRACTOR; tractor crane
    GIGANTE; titan crane
    GIRATORIA; crane
    HIDRANTE; (rr)(A) water crane
    HIDRÁULICA; (rr) water crane, track stand-
    pipe

LOCOMOTORA; locomotive crane
LOCOMÓVIL; locomotive crane
MOVÍBLE; mobile crane
PONTÓN; derrick barge, floating crane
TRANSPORTADORA DE TRONCOS;
logging arch
VIAJERA; traveling derrick
GRUESA; *(s)* a gross
GRUESO; (n) thickness; *(a)* thick, dense, heavy,
coarse; (water) hard; (conc) harsh
GRUJIDOR; glazier's nippers
GRUMO; floc, clot, bunch
GRUPO; group; set, battery
COMPENSADOR; balancing set
DE CALDERAS; battery of boilers
DE CARGA; battery-charging set
DE MOTOR Y GENERADOR; motor
generator set
DE PILOTES; pile cluster, pile group
ELECTRÓGENO; generating set
MOTOR; (auto) power plant
GUAFE; (C) small wharf
GUALDERA; stair string, stringer; (machy) shroud
CONTRA LA PARED; (stair) wall string
DEL MOTÓN; cheek of a tackle block
GUALDRÍN; weather strip
GUANTELETES; gauntlets
GUARAPARIBA; (V) cedar
GUARATURO; (V) flint; quartz
GUARDA; guard; war of a lock or key; (rr)
conductor, brakeman, guard
ÁNGULO; corner guard
ESQUINA; corner guard
VENTILADOR; fan guard
GUARDAAGUAS; flashing
GUARDAAGUJAS; switchman
GUARDAALUDES; shed to protct railroad track
from landslides
GUARDAARENAS; sand trap
GUARDABARRERA; crossing watchman, gate
tender
GUARDABARRO; mudguard, splashboard; (auto)
fender
GUARDABORDE; curb bar
GUARDABRISA; windshield
GUARDACABLE; cable guard
GUARDACABO; thimble
GUARDACABO DE ESTACHA; hawser thimble
GUARDACABO DE IGUALACIÓN; equalizing
thimble
GUARDACADENA; chain guard
GUARDACAMBIO; switchman
GUARDACANTO; curb bar; corner bead, nosing
GUARDACÁRTER; crankease guard
GUARDACOMEJÉN; termite shield
GUARDACORREA; belt guard
GUARDACRUCERO; (rr) crossing guard

GUARDACUERPO; railing
GUARDADÁSENA; custodian of a dock or basin
GUARDAENGRANAJE; gear guard
GUARDAESCALÓN; (A) safety tread
GUARDAESQUINA; corner guard
GUARDAESTANQUE; (CH) reservoir custodian
GUARDAFANGO; mudguard
GUARDAFIERROS (M) tool keeper
GUARDAFILTRO; gilter attendant
GUARDAGRASA; grease retainer
GUARDAHERRAMIENTAS; tool keeper
GUARDAHIELO; ice apron
GUARDAHILOS; lineman
GUARDALÁMPARA; lamp guard
GUARDALASTRE; (rr)(CH) curb to retain ballast
GUARDALÍNEAS; lineman
GUARDALODOS; mudguard
GUARDALLUVIA; hood over a door or window
GUARDAMANO; (weld) handshield
GUARDAMINA; mine guard
GURADAMONTE; forester, forest warden
GUARDAMUELA; guard over a grinding wheel
GUARDANIEVES; snowshed
GUARDAPIÉS; (rr) footguard
GUARDAPOLEA; pulley guard
GUARDAPOLVO; dust guard; dust seal; overalls;
(Sp) flashing or hood over a door or window
GUARDAPUENTE; bridge guard
GUARDARRADIADOR; (auto) radiator guard
GUARDARRANA; (rr) guardrail at a frog
GUARDARRIEL; guardrail, guard timber,
median barrier
GUARDARRIEL EXTERIOR; (rr) guard timber
GUARDARROSCA; thread protector
GUARDARRUEDAS; wheel guard; (V) guardrail
GUARDASIERRA; saw guard
GUARDASILLAS; chair rail
GUARDATIERRA; (M) wing wall
GUARDAVÍA; trackwalker
GUARDAVIENTO; windshield
GUARDAVIVO; corner bead, curb bar, edge
protector
GUARDAVOLANTE; flywheel guard
GUARDIÁ; (U) watchman, custodian, policeman
RETENEDORA DE CABLE; rope retaining
guard
GUARDILLA; attic
GUARISMO; figure, number, cipher
GUARNECER; to trim, fit out; to stucco; (brake) to
line
GUARNECIDO; *(s)* stucco
DE BRONCE; with brass trimmings
GUARNICIÓN; packing; (carp) trim, base trim;
(M) curb; (mech) insert
DE AMIANTO; asbestos packing
DE ASFALTO DE ESCALERA;
stepped skirting

DE CERRADURA; lock trim
DEL EMBRAGUE; clutch lining
DE FRENO; brake lining
ADEMOTÓN; strap of a tackle block
ESPIRALOIDE; labyrinth packing
GUARNICIONES; fittings, trimmings
GUARNIR; to reeve; to rig
GUATA; (Ch) buckling, warping, deflection
GUANTAMBU; a South American wood
GUAYA; (V) wire rope
GUAYABI; a South American hardwood
GUAYACÁN, GUAYACO; lignum vitae
GUAYAROTE; (PR) wood similar to cedar
GUAYO; a Cuban hardwood; a Chilean hardwood
GUBIA; (carpenter's and ironworker's) a gouge
    ACODADA; bent gouge
    CON RABO; tang gouge
    DE ESPIGA HUECA; socket gouge
    DE MACETA; firmer gouge
    DE MANO; paring gouge, scribing gouge
    DE TORNO; turning gouge
GUBIA-PUNZÓN; firmer gouge
GUÍA; (mech) guide; (bl) fuse; (geol) branch wein;
    (min) leader; (rr) waybill
    DE CARGA; waybill
    DE CORTAR AL HILO; rip gage
    DE EMBARQUE (A) bill of lading
    DE EMPAREJADOR; screed-guide
    DE ESPIGAR; doweling jig
    DE LIMAR; (saw) filing guide
    DE SIERRA; saw guide, saw gage
    DE TROZAR; cutoff gage
    DE TROZAR INGLETES; miter cutoff gage
    DE LA VÁLVULA; valve guide
    PARA BISELAR; chamfer gage
GUÍAS DEL MARTINETE; pile-driver leads
GUIADERA DE COJINETE; bearing race
GUIADERAS; guides
GUIAR; to guide; (auto) to drive
GUIASONDAS; (M)(oil well) whipstock
GUIJA; pebble
GUIJARRAL; gravel bed
GUIJARRILLOS; pebbles
GUIJARRO; pebble, cobble, boulder
GUIJO; gravel; (machy) journal, gudgeon
GUIJOSO; gravelly, pebbly
GUILLAME; rabbet plane, fillister
    DE ACANALAR; fluting plane
    DE COSTADO; side fillister
    DE INGLETE; chamfer plane
    HEMBRA; hollow plane
    MACHO; grooving plane
GUILLOTINA; a chear; double-hung window
GUIMBALETE; pump jack; cornice brake; sweep
    of a bit brace
GUINCHE; (A)(U) hoisting engine, winch,
    windlass; crane

CARRIL; locomotive crane
COLGANTE; trolley hoist
CORREDIZO; traveling hoist
DE COMPUERTA; gate hoist
DE MANO; windlass, winch
LOCOMÓVIL; locomotive crane
GUINCHERO; (A) an upright, a stake for sighting
GÜIRIS; mining expert
GUNITA; gunite
GUNITISTA; cement gun worker
GUSANO; (sen) maggot
GUSANILLO; gimlet, twist drill
GUSANO; drill bit; worm; (V) spiral
    reinforcement
GUTAPERCHA; gutta-percha
GUTAPERCHADO; (A) rubber-covered

H

HABITABLE; habitable
HABITACIÓN; habitat, room
    LACUSTRE; lake dwelling
    PELIGROSA; slum
HABILITACIÓN; outfit, equipment; fitting out
HABILITAR; to equip, fit out, rig
HACER; make
    AGUA; (naut) to leak
    AJUSTE LARGO; (naut) marry
    ASIENTO; to settle
    MASA; (elec) to ground
    SALIR APRETANDO; squeeze out
    SALTAR; (bl) to fire, shoot
    SOBREPRESIÓN; (sm) pressurize
HACIENDA; treasury; landed estate; works plant; plantation, farm; (A) cattle, livestock
    DE ÁRBOLES; tree farm
    DE BENEFICIO; smelter
    DE CIANURACIÓN; cyanide plant
    DE FUNDICIÓN; smelter
    PÚBLICA; public treasury
HACINADOR; stacker
HACINAR; to stack
HACHA; ax
    ANCHA; broadax
    DE DOS FILOS; double-bit ax
    DE MANO; hatchet, hand ax
    DE TUMBA; falling ax
    DE UN SOLO FILO; single-bit ax
    MECÁNICA; power ax, wood splitter
    PARA DESCORTEZAR; peeling ax
HACHAGUBIA; (M) ax used in mine timbering
HACHAZO; blow of an ax
HACHAZUELA; (M) adz
HACHEAR; to hew, to cut with an ax
HACHERO; axman, woodcutter
HACHETA; hachet
HACHUELA; hatchet; (C) adz
    ANCHA; broad hatchet, shingling hatchet
    DE BANCO; bench hatchet
    DE ENTARIMAR; flooring hatchet
    DE LISTONADOR; lathing hatchet
    DE MARTILLO; hatchet with hammer face
    DE TONELERO; barrel hatchet, cooper's hatchet

    PARA TEJAMANÍ; shingling hatchet
HACHURAR; (dwg)(CH) to hatch
HACHURAS; (dwg)(CH) hatching, hachures
HALADOR DE VAGONES; car puller
HALAJE; hauling, haulage
HALAR; to haul, pull
HALITA; halite, native salt
HANGAR; hangar; (A) warehouse, shed
HARINA; (rd) flour
    MINERAL; (rd) mineral filler
HARNEAR; (COL)(CH) to sift, screen
HARNERERO; screen tender
HARNERO; a screen
    CORREDIZO; traveling screen
    GIRATORIO; revolving screen
    VIBRATORIO; shaking screen
HARINOSO; (soil) floury
HASTIAL DE PISO; (B) footwall
HAYA; beech
HAZ; bundle; fagot
HEBRA; (wood) grain; vein of ore; strand
HECES; sludge; feces
HECTÁREA; hectare
HECTOGRAMO; hectogram
HECTÓMETRO; hectormeter
HECTOVATIO; hectowatt
HECHO; made
    A MANO; handmade
    A MÁQUINA; machine-made
    AL AZAR; random
    EN SITIO; built-in-place
HECHURA; workmanship, making
HELADA; frost
HELADERA; refrigerating plant; icebox
HELAR; HELARSE; to freeze
HELERO; glazier
HÉLICE; screw propeller; helix
    DE ALETAS FIJAS; (turb) fixed-blade propeller
    DE ALETAS REGULABLES; (turb) movable-blade propeller, adjustable-blade propeller
HÉLICO; helical
HELICOIDAL; helicoidal
HELICOIDE; helicoid
HELIO; (chem) helium
HELIOGRAFÍA; blueprint, sun print
HELIÓGRAFO; heliograph, heliotrope
HELIOSTÁTICO; heliostatic
HELIÓSTATO; heliotrope, heliostat
HELIOTROPISTA; operator of a heliotrope
HELIOTOPO; (inst) heliostrope
HEMBRA; (n) pipe cap; nut; *(a)*(mech) female
    DE CERROJO; keeper, staple, bolt socket, lock strike
    DE CERROJO DE APLICAR; surface strike
    DE CERROJO DE ARRIMAR; rim strike
    DE CERROJO DE EMBUTIR; mortise strike

DE CERROJO DE PISO; floor strike
DE GORRÓN; (naut) gudgeon
DE PLACA; plate staple
DE TERRAJA; die for male thread
DE TORNILLO; nut
HEMBRILLA; eye bolt
HEMIELIPSOIDAL; hemiellipsoidal
HEMIHIDRATO; hemihydrate
HEMIMORFITA; hemimorphite, calamine
HEMISFÉRICO; hemispherical
HEMISFÉRIO; hemisphere
HENCHIDOR; (wr) filler wire
HENDEDURA; split, crack, slitting, crevice,
    splitting; (lbr) check; (min) cleat; cleavage
    DE DESECACIÓN; season check
HENDER; to split; (lbr) to rip
HENDERSE; to split, (lbr) to check
HENDIBLE; easily split, fissile
HENDIDURA; split, crack, seam, (lbr) check
HENEQUÉN; sisal
HENRIO; henry
HEPTANO; heptane
HERMETICIDAD; watertightness
HERMÉTICO; watertight, airtight, hermetic
    AL ACEITE; oiltight
    AL VAPOR; vapor tight
HERRAJE; ironwork, hardware
    DE LOS ASEGURADORES; underwriters'
    hardware
HERRAJES DE GRÚA; derrick fittings
HERRAJES MARINOS; marine hardware
HERRADURA; (str) shoe
HERRAMENTAJE; outfit of tools
HERRAMENTAL; toolbox; kit of tools
    LLEVABARRENAS; drill nipper
HERRAMENTISTA; operator of a machine tool
HERRAMIENTA; tool
    CORTADORA; cutting tool
    DE FILETEAR; chasing tool
    DE PESCA; fishing tool
    MANUAL; hand tool
    MECÁNICA; machine tool, power tool
    PARA TÚNEL; mucking tool
HERRAMIENTAS DE FOGÓN; fire tools
HERRAMIENTAS DE FRAGUA; blacksmith
    tools
HERRAMIENTAS DE YUNQUE; anvil tools
HERRAMIENTAS TORNEADORAS; lathe tools
HERRANZA; (Col) blacksmith work
HERRAR; to shoe horses, do blacksmith work
HERRERÍA; blacksmithing; blacksmith shop;
    ironwork
    ARTÍSTICA; (A) ornamental ironwork
    DE OBRA; structural ironwork
HERRERO; blacksmith
    ARMADOR; iron erector
    CARROCERO; blacksmith for wagons

DE GRUESO; structural ironworker;
    blacksmith
    DE OBRA; structual-iron erector, steel-worker
HERRUMBRE; rust
HERRUMBROSO; rusty
HERTZIO; hertz
HERVIDERO; water leg of a boiler
    DE ACEITE; oil boiler
HERVIDOR DE INMERSIÓN; immersion heater
HERVIR; to boil
HERVOR; boiling, ebulition
HETEROPOLAR; heteropolar
HEXAFÁSICO; six-phase
HEXAGONAL; hexagonal
HEXÁGONO; (n) hexagon; (a) hexagonal
HEXÁNGULO; hexangular
HEXANO; hexane
HÍBRIDO; (geol)(elec) hybrid
HICORIA; hickory
HIDRÁCIDO; hydracid
HIDRANTE; hydrant
    DE INCENDIO; fire hydrant
HIDRATACIÓN; hydration
    DE CEMENTO ALMACENADO; warehouse
    set
HIDRATADO; hydrated; hydrous
HIDRATADOR; hydrator
HIDRATAR; to hydrate
HIDRATO; hydrate
    DE CLORO; chlorine hydrate
    DE SODIO; sodium hydrate
    FÉRRICO; ferrie hydroxide
    POÁSICO; potassium hydrate, potassium
    hydroxide
HIDRÁULICA; hydraulics
    APLICADA; applied hydraulics
HIDRÁULICO; (n) hydraulic engineer; (a)
    hydraulic
HIDRAULISTA; (Es) hydraulic engineer
HÍDRICO; hydric
HIDROBARÓMETRO; hydrobarometer
HIDROCARBURO; hydrocarbon
HIDROCINÉTICO; hydrokinetic
HIDROCLORATO; hydrochlorate
HIDROCLÓRICO; hydrochloric
HIDROCLORURO; hydrochloride
HIDRODINÁMICA; hydrodynamics
HIDRODINÁMICO; hydrodynamic; streamlined
HIDROELÉCTRICO; hydroelectric
HIDROEXTRACTOR; centrifugal drier,
    hydroextractor
HIDRÓFILO; absorbent, hydrophilic
HIDRÓFONO; hydrophone
HIDRÓFORO; hydrophore
HIDRÓFUGO; (n) a waterproofing compound; (a)
    waterproof
HIDROGENADO; hydrogenous

HIDROGENAR; to hydrogenize, hydrogenate
HIDROGENIÓN; hydrogen ion
HIRÓGENO; hydrogen
    SULFURADO; sulphurated hydrogen, (min)
    stinkdamp
HIDROGEOLOGÍA; hydrogeology
HIDROGNOSIA; hydrognosy
HIDROGRAFÍA; hydrography
HIDROGRAFIAR; to make a hydrographic survey
HIDROGRÁFICO; hydrographic
HIDRÓGRAFO; hydrograph
HIDROGRAMA; (A) hydrograph
HIDRÓLISIS; hydrolysis
HIDROLITA; hydrolyte
HIDROLÍTICO; hydrolytic
HIDROLOGÍA hydrology
HIDROLÓGICO; hydrologic
HIDROMECÁNICA; hydromechanics
HIDROMECÁNICO; hydromechanical
HIDROMENSOR; (Ch) stream gager
HIDROMETALURGIA; hydrometallurgy
HIDROMETEOROGÍA; hydrometeorology
HIDRÓMETRA; (Es) stream gager
HIDROMETRÍA; stream gaging, measurement of
    flow
HIDROMÉTRICO; hydrometric
HIDRÓMETRO; stream gage, current meter,
    (A)(C) hydrometer
HIDRONEUMÁTICO; hydropneumatic
HIDROSEPARADOR; hydroseparator
HIDROSILICATO; hydrosilicate
HIDROSTÁTICO; hydrostatic
HIDROSULFITO; hydrosulphite
HIDROSULFURO; hydrosulphide
HIDROTAQUÍMETRO; hydrotachymeter
HIDROTECNIA; hydraulics, hydraulic engineering
HIDROTÉCNICO; (s) hydraulic engineer
HIDROTERMAL; hydrothermal
HIDROTIMETRÍA; hydrotimetry
HIDROTIMÉTRICO; hydrotimetric
HIDROTÍMETRO; hydrotimeter
HIDRÓXIDO; hydroxide, hydrate
    DE ALUMINIO; aluminum hydroxide
    DE CALCIO; calcium hydroxide, hydrated
    lime
HIDROYECTOR; ejector
HIDRURO; hydride
HIELO; ice
    DE ANCLAS; anchor ice
    DE CHISPAS; frazil ice
    DE FONDO; anchor ice, ground ice
    FLOTANTE; drift ice
HIERRO; iron; iron of a plane; any iron implement
    AL CARBÓN DE LEÑA; charcoal iron
    AL COQUE; coke iron
    AL MOLIBDENO; ferromolybdenum
    AL NÍQUEL; ferronickel

    AL TITANIO; ferrotitanium
    ACANALADO; corrugated iron
    ACERADO; semisteel
    ANGULAR; angle iron
    BATIDO; wrought iron
    COCHINO; pig iron
    COLADO; cast iron
    DE CANAL; channel iron
    DE CARBÓN VEGETAL; charcoal iron
    DE CEPILLO; a plane iron
    DE DESECHO; scrap iron, junk
    DE FRAGUA; wrought iron
    DE FUNDICIÓN; cast iron
    DE LINGOTE; ingot iron; pig iron
    DE PARRILLA; a grate bar
    DE RECALCAR; calking tool
    DOBLE T; I beam
    DULCE; wrought iron; ingot iron
    ELE; (A) angle iron with unequal legs; any
    angle iron
    FORJABLE; malleable iron
    FORJADO; wrought iron
    FORJADO LEGÍTIMO; genuine wrought iron
    FRAGUADO; wrought iron
    FUNDIDO; cast iron
    GUARDABORDE; curb bar
    I; I beam
    LAMINADO; rolled iron
    MANGANÉSICO; ferromanganese
    ONDULADO; corrugated iron
    PARDO; limonite, brown hematite
    PERFILADO; structural shapes
    SEMIACERADO; (Pe) semisteel
    SOLDADOR; a soldering iron
    T; T iron, T bar
    U; channel iron
    VACIADO; cast iron
    VIEJO; scrap, junk
    Z; Z bar
HIGIENE; hygiene
HIGIÉNICO; hygienic
HIGIENIZAR; to make sanitary
HIGRÓMETRO; hygrometer
    REGISTRADOR; hygrograph
HIGROSCÓPICO; hygroscopic
HIGROSCOPIO; hygroscope
HIGROSTÁTICO; hygrostatics
HIGRÓSTATO; hygrostat
HIGROTÉRMICO; hygrothermal
HIGROTERMÓGRAFO; hygrothermograph
HIJUELA; subsidiary irrigation ditch; branch
    sewer; small vein of ore
HILA; a measure of irrigation water used in Spain
HILACHA DE ALGODÓN; cotton waste
HILADA; layer, course, (conc) a lift
    ATIZONADA; (mas) header course
    DE CABEZAL; header course

DE CORONACIÓN; coping
DE FAJA (mas) stretcher course
HILAS, (C) cotton waste
HILERA; purlin; ridgepole; (mas) course
HILO; wire; thread; (M) strand; (C) screw thread;
  small vein of ore
  DE CONTACTO; (Ch) contact wire
  DE GUARDIA; guard wire
  DE PLOMADA; plumb line
  DE WOLLASTON; Wollaston wire
  FUSIBLE; fuse wire
HILOS APLASTADO; (cab)(M) flattened strand
HILOS DEL RETÍCULO; cross hairs
HILOS TAQUIMÉTRICOS; stadia wires
HILVÁN; tack
HINCA; driving
HINCAPILOTES; (A) pile driver
HINCAR; (piles) to drive
  A RECHAZO; to drive to refusal
HINCHARSE; to swell; (rd) to mushroom
HINCHAZÓN; swelling, bulking
HIPÉRBOLA; hyperbola
HIPERBÓLICO; hyperbolic
HIPERBOLOIDE; hyperboloid
HIPERCOMPOUND; (elec) overcompounded
HIPERESTÁTICO; (A) statically indeterminate
HIPOCLORADOR; hypochlorinator
HIPOCLOROSO; hypochlorous
HIPOIDAL; (a)(machy) hypoid
HIPOSULFITO; hyposulphite
HIPOTECA; mortgage
HIPOTENUSA; hypotenuse
HIPÉTESIS; hypothesis
HIPSOGRAFÍA; hypsography
HIPSOMÉTRICO; hypsometric
HIPSÓMETRO; hypsometer
HESTÉRESIS VISCOSA; viscous hysteresis,
  magnetic creeping
HISTÉRETICO; hysteretic
HITA; brad, finishing nail
HITO; survey monument; guidepost
HOGAR; firebox, furnace
  ABIERTO, DE; (steel) open-hearth
HOJA; leaf; foil; sheet; ply; blade; (glass) pane,
  light; window sash; leaf of a door; leaf of a
  spring
  BATIENTE; casement sash, hinged window
  CORTA; (pine) shortleaf
  DE COMPUTACIONES; work sheet
  DE CUCHILLO; knife blade
  DE EMPUJE ANGULAR; angledozer,
  gradebuilder, trailbuilder
  DE ESTAÑO; tin foil
  DE ESTAÑO EMPLOMADO; terneplate
  DE LATA; tin plate
  DE LATÓN; sheet brass
  DE MADERA; veneer

DE PLATA; silver foil
DE PLOMO; lead foil
DE RUTA; waybill
DE SIERRA; saw blade
LARGA; (pine) longleaf
METÁLICA; sheet metal
PARA TALUDES; (ce) sloper blade,
backsloper
PUNZANTE (ce) stinger blade
SOBREPUESTA; (dwg) overlay
TOPADORA (ce) bulldozer
HOJALATA; tin plate; sheet metal
HOJALATERÍA; tinsmithing, sheet-metal work;
  sheet-metal shop
HOJALATERO; tinsmith, sheet-metal worker
HOJARASCA; lead leaves, trash, rubbish
HOJAS; sheets
  DE MATERIAL FIBROSO DELGADO;
  paperboard
  DOBLES; double sheets
HOLGURA (machy) play
HOLOCLÁSTICO; holoclastic
HOLOZOICO; (sen) holozoic
HOLLÍN; soot, lampblack
HOLLINARSE; (spark plug) to foul, become sooty
HOLLINERO; soot catcher, chimney cap
HOLLINIENTO; sooty
HOMBRE; man
  HABILIDOSO; handyman
  VIEJO; rail bender
HOMBRILLO; (V) shoulder of a road
HOMOCLICAL; (n) homocline; (a) homoclinal
HOMOGÉNEO; homogeneous
HOMOGENIZAR; homogenize
HOMÓLOGO; homologous
HOMOSISTA; homoseismal, coseisal
HONDO; (a) deep, low
HONDONADA; (top) low land; (U) saddle,
  depression
HONDURA; depth; (top) depression
  MÍNIMA; (slab) waist
HONGO; (ed) mushroom head of a column; (str)
  button head of a rivet; (rr) head of a rail;
  fungus
HONORARIO; fee
  FIJO; fixed fee
  VARIABLE; variable fee
HORADADOR; driller
HORADAR; to drill, bore, perforate; (tun)(A) to
  drive
HORARIO; schedule, program
  DE CONSTRUCCIÓN; construction schedule
HORA-HOMBRE; manhour
HORAS; hours
  EXTRAORDINARIAS; overtime
  LABORABLES; working hours
HORCA; gallows frame; fork

HORCAJO; confluence, junction of strams; yoke; fork

HORIZONTAL; horizontal

HORIZONTE; stratum; horizon

ACUÍFERO; water-bearing stratum

ARTIFICIAL; artificial horizon

SENSIBLE; apparent horizon

HORMA; mold, form; dry wall; (Col) bed of sand under a tile pavement

HORMIGÓN; concrete

ACORAZADO; armored concrete

ARMADO; reinforced concrete

BITUMINOSO; bituminous concrete

CAEDIZO; deciduous concrete

CICLÓPEO; cyclopean concrete

DE ACERO; (Es) facing concrete

DE ASERRÍN; sawdust concrete

DE CARBONILLA; (A) cinder concrete

DE FÁBRICA; (A) ready-mixed concrete

ELABORADO; (A) ready-mixed concrete

EN MASA; mass concrete

ENJUTO; lean concrete

GORDO; rich concrete

GRASO; rich concrete

LIGERO; lightweight concrete

MAGRO; lean concrete

MOSAICO; road surface made by binding macadam with cement

POBRE; lean concrete

REFORZADO; reinforced concrete

SIMPLE; plain concrete

HORMIGONADA, a pour, a lift

HORMIGONAJE; concreting

HORMIGONAR; to concrete

HORMIGONERA; concrete mixer

DE CAMIÓN; truck mixer, transit mixer

NO VOLCABLE; nontilting mixer

PARA EDIFICACIÓN; building mixer

PAVIMENTADORA; paving mixer

POR CARGAS; batch mixer

REMOLCABLE; traler mixer

VOLCADORA; tilting mixer

HORMIGUEROS; (conc) honeycomb

HORNABLENDA; hornblende

ESQUISTOSA; hornblende schist

HORNABLENDÍFERO; containing hornblende

HORNABLENDITA; hornblendite

HORNADA; (met) a melt; (conc)(A) a batch

HORNAGUERA; coal

HORNALLA; (A) brickkiln; furnace

HORNILLO PARA SOLDAR; plumber's furnace, fire pot

HORNO; furnace, kiln, oven

A PETRÓLEO; oil furnace

ABIERTO (melt)(C) open hearth

AL CRISOL; pot furnace

CREMATORIO; incinerator

DE ARCO VOLTAICO; (met) electric-arc furnace

DE CAL; limekiln

DE CEMENTO; cement kiln

DE COK; coke oven

DE COPELA; cupeling furnace

DE CRISOL; crucible furnace

DE CUBA; shaft furnace

DE CUBILOTE; shaft furnace

DE ENSAYAR; assay furnace

DE FUSIÓN; melting furnace

DE FUNDICIÓN; smelting furnace, (M) blast furnace

DE HOGAR ABIERTO; open-hearth furnace

DE LADRILLOS; brickkiln

DE MANGA; cupola furnace

DE MUFLA; muffle furnace

DE OXIDACIÓN; oxidizing furnace

DE POZO; pit furnace

DE RECOCER; annealing furnace

DE TEMPLAR; tempering furnace

INCINERADOR DE BASURA; garbage incinerator

PARA DERRETIR; melting furnace

PARA MACHOS; core oven

ROTARIO; rotary kiln

SIEMENS-MARTIN; open-hearth furnace

HORQUETA; yoke; fork of a road, fork of a stream

Y TORNILLO EXTERIOR; (va) outside screw and yoke

HORQUILLA; fork; yoke; clevis

BALASTO; (rr) ballast fork, stone fork

DE CAMBIO; (auto) shifter yoke, shifter fork

DE CORREA; belt fork

HORQUILLAR; straddle

HORSTENO; (geol) chert

HOYA; basin, drainage area, watershed; base sheet

DE CAPTACIÓN; flooded area

DE INUNDACIÓN; flooded area

HIDROLÓGICA; drainage area, watershed

SURTIDORA; drainage area, watershed

TRIBUTARIA; drainage area, watershed

HOYADOR; (C) posthole digger

HOYAR; (C) (Ch) to dig holes

HOYO; hole pit

DE COLADA; casting pit

DE CONEXIÓN; (pet) mouse hole

PARA CENIZAS; ashpit

RETENEDOR DE DESPERDICIOS; landfill, waste pit

SÓLIDOS; storage pit

HUACAL; crate

HUAIPE; cotton waste

MINERAL; mineral wool

HUAIRONA; (Pe) limelike

HUARO; (Pe) cable ferry

HUECO; (n) a void, hollow, cavity, alcove; *(a)* hollow

DE AIRE; air void

DEL ASCENSOR; (A) elevator shaft

DE ESCALERA; stair well

EN LA SUPERFICIE; surface void

PREFORMADO EN CONCRETO; preformed cavity

HUELGA; a strike

PATRONAL; lockout

HUELGUISTA; striker

HUELGO; (machy) play

POSITIVO; (mech) neutral zone

HUELLA; stair tread, run; trail, track, rut; width of tread of a vehicle

ANTIRRESBALADIZA; safety tread

HUESO; (Pr) a wood used in construction

HUINCHA; tape

AISLADORA; (Ch) insulating tape

DE ACERO; (Ch) steel tape

HUINCHADA; (Ch) a tape measurement

HUINCHE; (Ch) hoisting engine

A BENCINA; gasoline hoist

DE BUQUE; cargo hoist

DE CABLEVÍA; cableway engine

DE EXTRACCIÓN; mine hoist

DE TAMBOR ÚNICO; single-drum hoist

HUINCHERO; (Ch) hoist runner, hoisting engineer

HULE; rubber; oilcloth

DE REPARACIÓN; (tire) tread gum

HULLA; coal

BLANCA; (white coal) water power

BRILLANTE; hard coal

DE FRAGUA; blacksmith coal

GRASA; soft coal, coking coal

MAGRA; noncoking coal

HULLERA; coal mine, colliery

HULLERO; (n) coal miner; (a) pertaining to coal

HUMEAR; to smoke, emit smoke; to fume

HUMEDAD; humidity, dampness, moisture

ABSORBADA; absorbed moisture

CAPILAR; capillary moisture

DE AMBIENTE; ambient moisture

DE SUPERFICIE; (conc) surface moisture

RELATIVA; relative humidity

RELATIVA MEDIA; average relative humidity

REMANENTE; residual moisture

TOTAL EN AGREGADO; total moisture

HEMEDECEDOR; humidifier

HUMEDECER; to humidify, dampen, moisten

HÚMEDO; wet, damp, humid

HUMERO; flue; breeching; smoke jack

HÚMICO; humic

HUMIDIFICADOR; (A) humidifier

HUMIDIFICAR; (A) to humidify

HUMIDISTATO; humidistat

HUMO; smoke; fume; (min) damp

HUMPE; chokdamp, blackdamp

HUMUS; humus

HUNDIDO; (s)(M)(geol) dip

HUNDIR; to sink; HUNDIRSE, to settle; to sink founder; to cave in

HURGON; poker, clinker bar, fire hook, slash bar

HURGONEAR; to trim a fire

HUSILLO; chank; stud, mandrel, spindle, sheave pin; small drum

DE PERILLA; knob spindle

DE TORNO; lathe spindle

FIJO; (mt) dead spindle

HUSO; drum, winch head

DE TORNO; lathe spindle

I

IDEAR; to design; to plan
ÍGNEO; igneous
IGNEOTUBULAR; (bo), fire-tube
IGNICIÓN; ignition
    a contratiempo (auto), backfire
IGNÍFUGO; fire-resisting
IGUAL; same, equal
    APROBADO; approved equal
IGUALACIÓN DE PRESIÓN; pressure equalizing
IGUALADOR; equalizer, spreader
    DE CAMINOS; road planer
IGUALAR; to equalize; to Ievel, smooth off; to
    joint (saw)
ILUMINACIÓN; lighting, illumination,
    floodlighting; spot lighting
    NEÓN; neon illumination
ILUMINAR; to light
IMADAS; launching ways
IMÁN; magnet
    INDUCTOR; field magnet
IMANACIÓN; magnetization
    TRANSVERSAL; cross magnetization
IMANAR; to magnetize
IMBORNAL; scupper
IMBRICADO; imbricated, lapped
IMPACTO; impact
    TÉRMICO; (mtl) thermal shock
IMPAR; (number) odd
IMPEDANCIA; impedance
IMPEDIDOR; inhibitor
IMPEDÓMETRO; impedance meter, impedometer
IMPELER; to drive
IMPERMEABILIDAD; impermeability,
    watertightness
IMPERMEABILIZACIÓN; waterproofing,
    dampproofing
    POR COMPUESTO HIDRÓFUGO; integral
    waterproofing
IMPERMEABILIZADOR; waterproofer
IMPERMEABITIZANTE; (s), waterproofing
    material
IMPERMEABILIZAR; to waterproof
IMPERMEABLE, impermeable, impervious,
    watertight; water repellant
IMPERMEABLES; oilskins, waterproof clothing
IMPETUOSO; (river), flashy
IMPOSTA; skewback; impost

IMPOTABLE; impotable
IMPREGNAR; to impregnate
IMPRESIÓN AZUL; blueprint
IMPREVISTOS; contingencies
IMPRIMADOR; (pt)(rd), primer
IMPRIMAR; to prime
IMPUESTO; tax
    DE NEGOCIO; business tax
IMPULSAR; to drive, actuate, operate
IMPULSIÓN; discharge; impulse; drive;
    momentum
    FINAL; (auto)   final drive
    POR CORREA; belt drive
IMPULSO; impulse; momentum
IMPULSOR; impeller, runner
    MAGNÉTICO; magnetic driver
IMPUREZAS; impurities
INASTILLABLE; nonshattering (glass)
INCANDESCENCIA; incandescence
INCANDESCENTE; incandescent
INCAPACIDAD ABSOLUTA; total disability
INCENDIO; fire
INCIDENCIA; (math), incidence
INCINERADOR; incinerator
    DE BASURA; garbage incinerator
    DE CIENO; sludge incinerator
INCINERAR; to incinerate
INCLINABLE; (mixer) tilting
INCLINACIÓN; dip grade, inclination, slope,
    pitch, (geol) plunge
    MAGNÉTICA; magnetic dip
INCLINADO; inclined, tilting
INCLINARSE; to slope, rake (geol) to dip; lean
INCLUSIÓN; (geol) inclusion
INCÓGNITA; (s) unknown quantity
INCOMBUSTIBLE; noncombustible
INCOMBUSTIBILIZACIÓN; fireproofing,
    incombustible, fireproof
    POR MEMBRANA ENYESADA; membrane
    fireproofing
INCOMPRESIBLE; incombustible
INCONGELABLE; frostproof, nonfreezing
INCORPORAR; incorporate
INCORROSIBLE; rust-resisting, rustproof,
    nonrusting
INCREMENTO; increment
INCRUSTACIÓN; (bo), scale, incrustation
INCRUSTADO; embedded; incrusted
INCRUSTANTE; (n) incrustant; (a) scale-forming
INCRUSTAR; to embed; to form scale; inlay
INCUBADORA, incubator
INCUMBA; (Col) skewback
INCURRENTE; influent
INDEMNIDAD; indemnity
INDEMNIZACIÓN; indemnity, indemnification
INDEMNIZAR; to indemnify
INDENTACIÓN; indentation, dentation

INDENTAR; to indent, form teeth
INDEPENDIENTE; independent
INDETERMINADO, indeterminate
INDICACIÓN; indication
    DE LA MIRA; (surv) rod reading
INDICADOR; indicator, gage; (chem) indicator;
    sign
    DE ACEITE; oil gage
    DE AGUJEROS; hole spotter
    DE ALINEACIÓN; alignment gage
    DE CAMBIO; (A) switch signal
    DE CAMBIO DE TEMPERATURA; (mtl)
    thermal diffusivity
    DE CARGA; load indicator
    DE CAUDAL; flow indicator
    DE COLUMNA; (tub) post indicator
    DE CONCENTRIDAD; concentricity
    indicator
    DE CONSISTENCIA; consistency indicator
    DE CONVERGENCIA; (auto) toe-in gage
    DE DIEZ PIES; (surv) tally
    DE DIRECCIÓN; (rd) directional sign
    DE DUREZA; hardness indicator
    DE ENSAYO; test indicator
    DE ESCAPES; leak detector
    DE FALTA DE OXÍGENO; (sd) oxygen-
    demand water
    DE FASES; phase indicator
    DE GAS; gas indicator
    DE GASOLINA; gasoline gage
    DE GASTO; rate-of-flow gage, flow indicator;
    (wp) wash-rate indicator
    DE GOLPEO; knock meter
    DE HUMEDAD; moisture indicator
    DE HUMO; smoke detector
    DE INCLINACIÓN; inclination gage
    DE INTERRUPCIÓN; power-off indicator
    DE LLAMA; flame detector
    DE NIVEL; level gage, gage glass
    DE NIVEL DE ACEITE; oil-level indicator
    DE NIVEL DE LÍQUIDO; (sd) indicating-
    liquid level meter
    DE PÉRDIDA DE CARGA; loss-of-head gage
    DE PÉRDIDA POR HISTÉRISIS; hysteresis
    meter
    DE PÉRDIDAS A TIERRA; (elec) ground
    detector
    DE pH; pH indicator
    DE POSICIÓN; position indicator
    DE PRESIÓN; pressure gage, pressure
    indicator
    DE RADIO DE VIRAJE; (auto) turning-radius
    gage
    DE RECORRIDO; (auto) mileage indicator
    DE RELACIÓN; ratio gage
    DE TENSIÓN; tension indicator
    DE TIRO; draft gage

    DE TORSIÓN; torsion meter, torque gage
    DE TUBERÍA; pipe locator
    DE VACÍO; vacuum gage
    DE VELOCIDAD; speedometer; speed
    indicator; velocity gage
    DE VISCOSIDAD; viscosimeter
    PRECÍSO DE SEDIMENTACIÓN; (inst)
    precise settlement gage
INDICAR; read, indicate
ÍNDICE; (math)(machy)(inst) index; (inst) hand
    DE COMPRESIÓN; (sm) compression
    index
    DE DUREZA; hardness number
    DE ELONGACIÓN; elongation index
    DE FIJACIÓN; (str) restraint index
    DE HINCHAMIENTO; (sm) swelling index
    DE INFLAMABILIDAD; (mtl) surface
    burning characteristics
    DE INTEMPERISMO; (coal) weathering
    index
    DE PLASTICIDAD; (sm) flow index,
    plasticity index
    DE REFRACCIÓN; refraction index
    DE SATURACIÓN; (sen) saturation index
    DE SEDIMENTACIÓN; (sd) sludge index
    DE TENACIDAD; toughness index
    DE VISCOSIDAD; viscosity index
    MÓVIL; (inst) floating mark
INDICIOS; (quim) traces
INDIRECTO; indirect
INDISOLUBLE; indissoluble
INDOL; indole
INDOS; (hyd) (V) invert
INDUCCIÓN; induction
    ELECTROSTÁTICA; static induction
INDUCIDO; armature
    AL TAMBOR; drum armature
INDUCIR; (elec),to induce
INDUCTANCIA; (elec) inductance
INDUCTIVIDAD; inductivity
INDUCTIVO; inductive, inductor, (n) field,
    inductor; (a) inductive
INDUSTRIA; industry
INDUSTRIAL; industrial
INERCIA; inertia
INERTE; inert
INERTES; (conc) aggregates
INESTABILIDAD; instability
INESTABLE; (str)(chem) unstable
INESTANCO; not watertight
INEXPLOSIBLE; nonexplosive
INFECCIÓN; infection
INFERIOR; lower, bottom, inferior
INFILTRACIÓN; infiltration, percolation
INFINITO; infinite
INFLADOR; tire pump
INFLAMABILIDAD; flammability

INFLAMABLE; flammable, ignitable
INFLAMACIÓN; ignition; firing
    ESPONTÁNEA; spontaneous combustion
INFLAMAR, to ignite
INFLAMARSE; to take fire, ignite
INFLAR; to inflate
INFLEXIÓN; contraflexure
INFLUENCIA; (elec) influence
INFLUENTE; influent
INFLUJO; inflow; floodtide
INFORMACIÓN; information; report; investigation
INFORME; a report
INFRAESTRUCTURA; infrastructure;
    substructure, (rr)(A) roadbed
INFRARROJO; infrared
INFRATAMAÑO; (M) undersize
INFRINJIR; infringe
INFUSIBLE; infusible
INFUSORIO; infusorial
INGENIERIA; engineering
    DE CAMPO; field engineering
    DE ILUMINACIÓN; illuminating engineering
    DE SISTEMA; system engineering
    MARINA; marine engineering
INGENIERIL; *(a)* (C), engineering
INGENIERO; engineer
    AGRÓNOMO; agricultural engineer
    ARQUITECTO; architect-engineer
    ASESOR; consulting engineer
    AUTOMOTOR; (A) automotive engineer
    CIVIL; civil engineer
    CONSEJERO; (Es) consulting engineer
    CONSULTOR; consulting engineer
    DE MÁQUINA; operating engineer
    DE MINAS; mining engineer
    DE MONTES; forester, forestry engineer
    DE NIVEL; (Ec) levelman
    DE PROYECTO; project engineer, on-site
    engineer
    DE SANIDAD; sanitary engineer
    DE SUELOS; soils engineer
    DEL TRÁNSITO; transitman
    DISEÑADOR; designing engineer
    ELECTRICISTA; electrical engineer
    EN ENTRENAMIENTO; engineer-in-training
    ENCARGADO; engineer in charge
    FISCAL; (Ch) government engineer
    FORESTAL; forester
    HIDRÁULICO; hydraulic engineer
    JEFE; chief engineer
    LOCALIZADOR; layout engineer
    MAYOR; chief engineer
    MECÁNICO; mechanical engineer
    NAVAL; marine engineer
    PAISAJISTA; landscape engineer
    PRINCIPAL; chief engineer
    PROFESIONAL; professional engineer

    PROYECTISTA; designing engineer
    RESIDENTE; resident engineer
    SANITARIO; sanitary engineer
    TASADOR; valuation engineer
    TRAZADOR; locating engineer; layout
    engineer
    VIAL; highway engineer
INGLETADO; mitered
INGLETE; a miter
INGREDIENTE; ingredient
INGRESOS; revenue, receipts, earnings
    ACUMULADOS; accrued revenue
INHABILITADO; out of order, broken down
INHALADOR; inhalator
INHELABLE; frostproof
INHIBIDOR; inhibitor
    DE OXIDACIÓN; oxidation inhibitor
INICIAL; initial
ININVERTIBLE; nonreversible
INJERTO; (tub) T; Y; branch
    A GASTO COMPLETO; (hyd) full-flow tap
    DE BRIDA; (hyd) flange tap
    DE RADIO; (hyd) radius tap
    DOBLE; (tub) cross
    OBLICUO; (tub) Y
    RECTO; T
INMANCHABLE; stainless steel
INNAVEGABLE; not navigable
INOCULACIÓN; inoculation
INODORO; water closet (fixture); odorless
    A LA TURCO; (A) hole in floor with places
    for feet
    DE BORDE LAVADOR; flushing rim water
    closet
    DE LAVADO HACIA ABAJO; wash-down
    water closet
    SIFÓNICO DE CHORRO; siphon-jet water
    closet
INORGÁNICO; inorganic
INOXIDABLE; rustless, rust-resisting nonrusting
INQUILINATO; leasehold
INSEGURO; unsafe
INSERCIÓN; an insert
INSERTADO; *(s)* an insert
INSERTAR AGUJAS DENTRO DE PAREDES;
    needling
INSOLUBLE; insoluble
INSOLVENTE; insolvent
INSONORO; soundproof
INSPECCIÓN; inspection
    DE ACEPTACIÓN; acceptance inspection
    DE ADHESIÓN DE TEJA; tapping tile
    DE CONTROL; control survey
    DE EDIFICIO; building inspection
    INTERNA; internal inspection
INSPECCIONAR; to inspect
INSPECTOR; inspector

DEL PROYECTO; project inspector
INSPIRADOR; (mech) inspirator
INSTABILIDAD; instability
INSTABLE; unstable
INSTALACIÓN; installation; an installation, a
  plant
  CRIBADORA; screening plant
  DE AFORO; gaging station
  DE CALEFACCIÓN; heating system
  DE CHANCADO; crushing plant
  DE FUERZA; power plant
  DE TRATAMIENTO; processing plant
  DOSIFICADORA; (conc) batching plant
  MEZCLADORA; mixing plant
  PURIFICADORA; purification plant
  SANITARIA; plumbing
  TRITURADORA; crushing plant
INSTALACIONES PORTUARIAS; port works
INSTALADOR; erector
  DE CAÑERIA; pipeman, plumber
  DE LINEAS; lineman
  SANITARIO; plumber
INSTALAR; to install, erect, place
INSTRUCCIONES DE OPERACIÓN; operating
  instructions
INSTRUMENTO; instrument
  NIVELADOR; (surv) leveling instrument
  MEDIDOR DE ESPARCIAMIENTO; spread
  recorder
  REGISTRADOR; recording instrument
INSTRUMENTOS; instruments
  DE AGRIMENSURA; surveying instruments
  DE DIBUJO; drafting instruments
INSUMERGIBLE; (dam) nonoverflow
INTEGRACIÓN; (math) integration
INTEGRADOR; integrator, totalizer
INTÉGRAFO; integraph
INTEGRAL; (s)(a) integral
INTEGRAR; to integrate
INTEGRIDAD ESTRUCTURAL; structural
  integrity
INTEMPERIE; A LA, outdoors, exposed to the
  weather
INTEMPERISMO; weathering
INTEMPERIZACIÓN; weathering
INTEMPERIZARSE; to weather
INTENSIDAD; intensity
  DE OLOR; (wp) threshold number
INTENSIFICADOR; intensifier
INTENTAR; try
INTERCALAR; (elec) to cut in
INTERCAMBIABLE; interchangeable
INTERCAMBIADOR; interchanger
  DE CALEFACCIÓN SOLAR; solar furnace
  DE CALOR; heat exchanger
  PARA ENFRIAR; oil cooler
INTERCAMBIO; interchange, exchange

DE BASES; (chem) base exchange
DE TRÁFICO; (rd) traffic interchange
INTERCEPCIÓN; (Pe) interception
INTERCEPTACIÓN; (hyd) interception
INTERCEPTADOR; (pb) interceptor
INTERCEPTAR; to intercept
INTERCEPTO ESTADIMÉTRICO; stadimetric
  interval
INTERCEPTOR; separator, trap
  DE ACEITE; oil trap
  DE AGUA; steam trap
  DE AGUA A FLOTADOR; float trap
  DE GRASA; grease trap
INTERCOLUMNIOS; (Col) column spacing
INTERCONDENSADOR; intercondenser
INTERCONEVIÓN; interconnection
INTEREJE; distance between axles, (auto) wheel
  base
INTERENFRIADOR; intercooler
INTERÉS; interest
  ACUMULADO; accrued interest
  AGREGADO; add-on interest
  PUNITORIO; penal interest
INTERFERENCIA; (elec) interference
  DE RADIOFRECUENCIA; radio frequency
  interference
INTERGRADO; (turb) interstage
INTERIOR; interior, inside
INTERMITENTE; intermittent
INTERPERIZACIÓN ACELERADA; accelerated
  weathering
INTERPRETACIÓN DE PROYECTO
  PROPUESTO; (dwg) rendering
INTERPOLAR; (v) interpolate; (a)(elec)
  interpolar
INTERPOLACIÓN TOPOGRÁFICA; topographic
  interpolation
INTERPOLO; interpole
INTERPRETACIÓN DE PROYECTO
  PROPUESTO; (dwg) rendering
INTERRUPTOR; (elec) switch; circuit breaker,
  release
  AL AIRE; airbreak switch
  A DISTANCIA; remote control switch
  A FLOTADOR; float switch
  AUTOMÁTICO; circuit breaker
  CONECTADOR-DESCONECTADOR; (elec)
  on-off switch
  DE ACEITE; oil switch
  DE ALUMBRADO; light switch
  DE APLICAR; surface switch
  DE BOTON; pushbutton switch
  DE CLAVIJA; plug switch
  DE CONTACTO; contact breaker
  DE CORDAN; pull switch
  DE CORRIENTE; current breaker
  DE CUCHILLO; knife switch

DE CUERNOS APAGAARCOS; horn-gap switch
DE CHORRO DE MERCURIO; jet interrupter
DE DESENGANCHE LIBRE; tripfree circuit breaker
DE DOBLE RUPTURA; double-break switch
DE DOS VÍAS; double-throw switch
DE EXCITACIÓN; field breaker
DE FICHA; plug switch
DE MANO; (elec) manual switch
DE MÍNIMA; noload circuit breaker
DE PALANCA; knife switch, lever switch
DE PROTECCIÓN CONTRA EL EXCESO DE VELOCIDAD; (elec) overspeed switch
DE PUESTA A TIERRA; ground switch
DE RELOJ; time switch
DE RESORTE; snap switch
DE RUPTURA ÚNICA; singlebreak switch
DE SEPARACIÓN; disconnect switch
DE TRES CUCHILLAS; triple-throw switch
DE VÍA ÚNICA; singlethrow switch
DE VOLQUETE; tumbler switch
EMBUTIDO; flush switch
FUSIBLE; fuse
HIDRÁULICO DE VÁLVULA; valve interruptor
HORARIO; time switch
LIMITADOR; limit switch
PROTECTOR; circuit breaker
SECCIONADOR; section switch
SUSPENDIDO; pendent switch
INTERSECAR, INTERSECARSE; to intersect
INTERSECCIÓN; intersection
DEL TRAZADO CON UNA LÍNEA DE MEANDRO; (surv) meander corner
INTERSOLAPAR; to interlap
INTERSTICIAL; interstitial
INTERSTICIO; (turb) clearance
INTERSTICIOS; interstices
INTERVALO; (elec) gap; (math) interval
INTERVENTOR; auditor
INTRADÓS; intrados
INTRASITABLE; (rd) unfit for traffic, impassable
INTRUSIÓN; (geol) intrusion
INTRUSIVO; (geol) intrusive
INUNDABLE; subject to inundation
INUNDACIÓN; inundation; (conc road) ponding
BASE; base flood
INUNDADOR; (M) inundator
INUNDAR; to inundate, flood; submerge
INUTILIZADO; broken down, out of order
INVADIR; overrun
INVALIDEZ; invalid, disability
ABSOLUTA; total disability
RELATIVA; partial disability
INVÁLIDO; null, disabled

INVENTARIAR; to inventory
INVENTARIO; inventory
INVERNAZO; (PR) rainy season
INVERSIÓN; investment; reversing; inversion, reversion
ATMOSFÉRICA; atmospheric inversion
DE ESFUERZOS; reversal of stresses
DE MARCHA; (eng) reversing
INVERSO; inverse
INVERSOR; reversing mechanism; (elec) inverter
INVERTIBLE; reversable
INVERTIDO; (s) inverted
INVERTIR; to invert; (transit) to plunge; (engine) to reverse, revert
INVESTIGACIÓN DE SUBTERRÁNEO; subsurface investigation
INVIERNO; winter
INVOLUTA; involute
INYECCIÓN; grouting, injection
DE ASFALTO BAJO LA LOSA DE CONCRETO; (rd) subsealing
DIRECTA; (eng) solid injection
POR ETAPAS; stage grouting
INYECCIONES; grouting, injections
CEMENTICIAS; (A), grouting
DE COLCHÓN; blanket grouting
DE CORTINA; curtain grouting
DE PANTALLA; curtain grouting
INYECTAR; to inject
INYECTOR; (bo) injector
DE BARRO; mud jack
DE CEMENTO; grout machine
DE GRASA; grease gun
DE LECHADA; grout machine
ION DE HIDRÓGENO; hydrogen ion
IONIZAR; to ionize
IR Y VENIR; (transport) shuttle
IRIDESCENTE; iridescent
IRRADIACIÓN; radiation, irradiation
IRRADIAR; to radiate
IRREMOVIBLE; nondetachable
IRREVERSIBLE; not reversible
IRRIGABLE; irrigable
IRRIGACIÓN; irrigation
CON LÍQUIDO CLOACAL; broad irrigation
POR CORRUGACIONES; corrugation irrigation
POR CUADROS REBORDEADOS; block system, check system
POR SURCOS; furrow irrigation
POR TUBERIA SUPERFICIAL; surface pipe method
SUBTERRÁNEA; subsurface irrigation
SUPERFICIAL; surface irrigation
IRRIGADOR; irrigator
IRRIGAR; to irrigate
ISLA; island

DE GUÍA; (rd) directional island
DE SEGURIDAD; (rd) safety island, traffic
island
ISOBARA; isobar
ISOBAROMÉTRICO; isobarometric
ISOFUERZO; isoshear
ISÓGRAFO; isograph
ISÓGRAMO; isogram
ISOHIETO; isohyetal
ISOLADOR; (Ec) insulator
ISOMETRICO; isometric
ISOPLUVIAL; isopluvial
ISÓSCELES; isosceles
ISOSÍSMICO; isoseismic
ISOSISTA; isoseismic
ISOSTÁTICO; isostatic
ISOTÉRMICO; isothermic
ISOTERMO; isothermal
ISOTROPIA; isotrophy
ISOTRÓPICO; isotropic
ISOYETA; (Ch) isohyetal line
ISOYÉTICO; (M) isohyetal
IZAR; to hoist; to heave
IZQUIERDA; *(s)* left hand
IZQUIERDO; *(a)* left, left-hand

J

JABA; crate; basket; gabion
JABALCÓN; strut, trench brace
JABALCONAR; to shore, brace, prop
JABONADURAS; suds (lubrication)
JABONCILLO; steatite, soapstone, soap earth
JÁCENA; girder; header beam; (Sp) truss
COMPUESTA; built-up girder
DE CELOSÍA; lattice girder
MAESTRA; girder
TRIANGULADA; lattice girder, Warren
girder
JAHARRAR; to plaster, to rough-plaster
JAHARRO; plaster, plastering, rough plastering
JALATOCLE; (M) fertile soil carried away by
erosion
JALÓN; milepost, milestone; (surv) rod, pole
DE CADENEO; chaining pin
DE MIRA; level rod
JALONAR; to run a survey line; to set a milepost
JALONERO; rodman
JAMBA; jamb
JAMBAJE; door or window frame
JAQUELADO; checkerboard pattern
JARCIA; manila rope, sisal rope; rigging
DE ACERO; (C), wire rope
TROZADA; junk
JARJA; (Col) double skewback
JAULA; cage (shaft); cattle car; (V) crib
DE ARDILLA; squirrel cage (motor)
DE BOLAS; ball race, ball cage
DE COJINETE; bearing cage
DE EXTRACCIÓN; mine cage
JEFE; chief
DE ADQUISICIONES; (Ch) purchasing agent
DE BRIGADA; chief of party
DE CARPINTEROS; carpenter foreman
DE COMPRAS; purchasing agent
DE CONSTRUCCIÓN; construction manager,
superintendent
DE CUADRILLA; chief
DE DIBUJANTES; chief draftsman
DE EQUIPO; chief of party
DE ESTUDIOS; chief designer, chief of
surveys
DEL MUELLE; dockmaster
DE OBRAS; project manager, construction
manager
DE OFICINA; office manager

DE OPERARIOS; labor foreman
DE PATIO; yardmaster
DE PROYECTOS; chief designer
DE SERVICIO; (M) purchasing agent
DE TALLER; shop foreman
DE TURNO; shift boss
DESMOLDADOR; stripping foreman
INGENIERO; chief engineer
MONTADOR, foreman erector
JERINGA DE GRASA; grease gun
JERINGA PARA ACEITE; oil gun
JINETILLOS; fall-line carriers
JORNADA; day's work; a shift
    DEL FILTRO; filter run
    DOBLE; double shift
    SIMPLE; single shift
JORNAL; wage, day's wages, (C) hourly wage
    A; by day's work, by the hour
JORNALAR; to employ by the day
JORNALERO; workman, laborer, journeyman
JOULE; joule
JUEGO; a set; (machy) throw; (machy) play,
    clearance
    BALANCEADOR; (elec), balancing set
    DE CERRADURA; lock set
    DE LAMINADORES; roll stand (rolling mill)
    DE LA LEVA; cam lift
    DE MOTOR Y DÍNAMO; motor generator set
    DE PLANOS; set of plans, set of drawings
    GENERADOR; generating set
    LONGITUDINAL; end play
    MUERTO; lose motion
    PERDIDO; lost motion, backlash
JULIO; (elec) joule
JULIÓMETRO; joulemeter
JUNTA; connection; joint, splice; gasket;
    commission, council, board
    AL AIRE (rr) suspended joint
    A INGLETE; miter joint
    A MEDIA MADERA; halved joint
    A TOPE; butt joint
    APOYADA; (rr), supported joint
    ATADA; tied joint
    ATORNILLADA; screwed coupling; threaded
    joint
    CORREDIZA; slip joint, expansion joint,
    sliding joint
    DE APOYO; abutting joint
    DE ASEGURADORES; board of underwriters
    DE BISAGRA; hinged joint
    DE BOLA; ball joint
    DE CODILLO; toggle joint
    DE COLADO; (conc) construction joint
    DE COLLAR; collar joint
    DE COMPENSACIÓN; expansion joint
    DE COMPRESIÓN; compression joint
    DE CONSTRUCCIÓN; construction joint

DE CONTROL; (conc) control joint
DE CUBREJUNTA; butt joint
DE DILATACIÓN; erpansion joint
DE DOBLE CUBREJUNTA; double-butt-
strap joint
DE EDIFICIO; building committee
DE ENTREPAÑO; panel point (truss)
DE EXPANSIÓN ASFÁLTICA; asphalt
expansion joint
DE EXPANSIÓN DE GUIA INTERIOR;
internally guided expansion joint
DE HULE; rubber gasket
DE INTERRUPCIÓN; (conc)(A) construction
joint
DE LECHADA; (bw) dipped joint
DE LENGÜETA POSTIZA; (carp), feather
joint
DE MONTAJE; field joint
DE PASADOR; pin joint
DE PERNO CON RESISTENCIA A
DESLIZAMIENTO; slip-critical joint
DE PESCADO; fish joint
DE PLEGADO SALIENTE; (ch) standing
seam
DE PUENTE; (ic) bridge joint
DE PUNTA; toe joint
DE RANURA Y LENGUA; (mas) joggle joint
DE SANIDAD; board of health
DE SUPERPOSICIÓN; lap joint
DE TRABAJO; (conc) construction joint
TRANSVERSA; (str) transverse joint
DE TRES TRAVIESAS; (rr) three-tie joint
DIRECTIVA; board of directors
EMBADURNADA; (bw) buttered joint
ENCHUFADA; bell-and-spigot joint, male-
and-female joint
ENRASADA; flush joint
ESCALONADA; (rr) step splice, compromise
splice
ESFÉRICA; ball joint
FRÍA; cold joint
FORMADA POR DOS BORDES DE
TABLEROS; perimeter joint
INMOVIL; static joint
LINDERMANN; (conc) lindermann joint
METALOPIÁSTICA; metallic gasket
MONTADA; lap joint
MUESCADA; key joint
NACIONAL DE ASEGURADORES; (US)
National Board of Fire Underwriters
PLOMADA; (tub) lead joint
RESBALADIZA; slip joint
SALIENTE; (mas) saddle joint
SELLADA POR AGUA; hydraulic joint
SEMIFLEXIBLE; semiflexible joint
SIMULADA; (rd) plain of weakness
SOLAPADA; lap joint

SUJETADORA; clip joint
SUSPENDIDA REFORZADA (rr), bridge joint
TOMADA;(mas)(A), pointed joint
UNIVERSAL; universal joint
JUNTAS A ROSCA; (tub) screwed joints
ALTERNADAS; broken joints, staggered joints
EMPELLADAS; (bw) push joints
LLENAS; (bw) flush joints
REMETIDAS; (bw) raked joints
JUNTAR; to splice, joint, couple
JUNTEAR; to joint, to fill joints
JUNTEO; jointing
JUNTERA; jointing plane jointer, buzz planer
DE DUELAS; stave jointer
JUNTURA; splice
DE BORDE; edge joint
ESPIGADA; doweled joint
MONTANTE; vertical joint; field joint
PARA CONTRACCIÓN; contraction joint
POSTIZA; dummy joint
VERTICAL; vertical joint
JUSTIPRECIADOR; appraiser
JUSTIPRECIAR; to appraise, rate

K

KERITA; kerite
KEROSÉN; kerosina, kerosene
KIANIZAR; kyanize
KILAJE; (A) weight in kilograms
KILIÁREA; kiliare
KILOAMPERIO; kiloampele
KILOGRÁMETRO; kilogram-meter
KILOGRAMO; kilogram
KILOLIBRA; kip
KILOLITRO; kiloliter
KILOMETRAJE; distance in kilometers
KILOMÉTRICO; kilometric
KILÓMETRO; kilometer
KILOVATIAJE; power in kilowatts
KILOVATIO; kilowatt
KILOVATIO-HORA; kilowatt-hour
KILOVOLTAMPERIO; kilovolt ampere
KILOVOLTIO; kilovolt

L

LABERINTO; (mech), labyrinth

LABOR; work, labor; (min) a working; (meas) 177.14 acres
    A CIELO ABIERTO; open-pit mining
    DE PLANO DE CONCRETO; concrete flatwork
    TORNEADO; turned work

LABORABILIDAD; (conc) (A) (V) workability

LABORABLE; tillable, arable; (conc) (A) (V) workable

LABORADOR; worker, laborer

LABORAR; to work; to till

LABORATORIO; laboratory
    DE CAMPO; field laboratory
    DE ENSAYO; testing laboratory

LABOREAR; to reeve; to work

LABOREO; reeving; working; (min) a working
    DE GRADA; (min) stoping
    DE SUBNIVELES; (min) substoping
    HIDRÁULICO; hydraulicking, sluicing

LABORERO; (Ch) heading foreman

LABRA; working, cutting, stonecutting

LABRABILIDAD; machinability

LABRABLE; machinable

LABRADO; dressed, wrought; manufactured
    A ESCODA; hammerdressed
    A MÁQUINA; machine tooled
    CUATRO CARAS; (lbr) dressed four sides
    POR LLAMA; flame machining
    POR UNA CARA; dressed one side
    POR UN CANTO; dressed one edge

LABRADOR; worker

LABRAR; to work; to till; to dress, face, mill, to carve; to tool; to manufacture
    EN CALIENTE; to hot-work
    EN FRÍO; to cold-work

LACA; shellac, lacquer
    JAPONESA; japanese shellac

LACAR; to shellac

LACUSTRE; lacustrine

LADEADO; out of plumb, tilting

LADEARSE; to tip, get out of plumb; to tilt; lean, sway

LADEO; sway, tilting, sidesway

LADERA; hillside slope of a valley

LADERO; siding

LADO; side; (M) leg of an angle

LADRILLADO; (s) brick pavement, brickwork

LADRILLADOR; bricklayer

LADRILLAL; brickyard

LADRILLAR; (n) brickyard; brickkiln; (v) to lay brick, to pave with brick

LADRILLEJO; briquette

LADRILLERA; brickmaking machine

LADRILLERO; brickmaker

LADRILLO; brick
    AL HILO; stretcher
    A TIZÓN; header
    AISLADOR; insulating brick
    ALIVIANADO; hollow brick
    ATIZONADO; header
    CON UN EXTREMO CORTADO; three-quarter bat
    COCIDO; well-burned brick
    COMÚN; common brick
    CORRIENTE; common brick
    CORTADO A TAMAÑO MAYOR; (bw) king closer
    CORTADO LONTITUDINALMENTE; (bw) queen closer
    CRÓMICO; chrome brick
    CRUDO; unburned brick
    DE ARCO; arch brick, voussoir
    DE ASTA; header
    DE CAL Y ARENA; sand-lime brick
    DE CAMPANA; clinker brick
    DE CANTO DE BISEL; featheredge brick
    DE CONCRETO; concrete brick
    DE CUELLO; neck brick
    DE CUÑA; arch brick
    DE FACHADA; face brick, front brick
    DE FUEGO; firebrick
    DE JAMBA; jamb brick
    DE MÁQUINA; pressed brick
    DE MÁQUINA HILERA; wire-cut brick
    DE MOLDE ESPECIAL; squint brick
    DE PRENSA; pressed brick
    DE SILICE; silica brick
    DE SOGA; stretcher
    DE TRES CUARTOS DE PARED; three-quarter header
    DE VIDRIO; glass brick
    ESCORIADO; clinker brick
    ESMALTADO; enamelled brick
    FROTADOR; rubbing brick
    GLASEADO; glazed brick
    LISO; smooth-face brick
    MATE; matt-face brick
    PAVIMENTADO; paving brick
    PRENSADO A MÁQUINA; power-pressed brick
    RECIO; common brick
    RECOCHO; well-burned brick
    REFRACTARIO; fire brick

REFRACTARIO AISLANTE; insulating firebrick

REFRACTARIO DE ALÚMINA; alumina brick

REPRENSADO; repressed brick

ROSADO; salmon brick, underburned brick

SANTO; hard-burned brick

SIN COCER; adobe brick

TABLÓN; (Col) brick 25 x 25 x 5 cm

TOLETE; (Col) brick 26 x 13 x 6 or 7 cm

VIDRIADO; glazed brick

VITRIFICADO; vitrified brick, paving brick

LADRILLOS; bricks

A SARDINEL; brick laid on edge

CANTO; brick laid on edge

DE TESTA; brick laid on end

LADRÓN; (hyd) sluice

DE ADMISIÓN; (dd) filling culvert

DE DESAGÜE; (dd) emptying culvert

LAGO; lake, pond

ARTIFICIAL; artificial lake

LAGRIMAL; (s) weep hole

LAGUNA; lake, pool, lagoon

DE ENFRIAMIENTO; cooling pond

DE RETENCIÓN; retention pond

DE SEDIMENTACIÓN; settling pond

LAGUNATO; (C) pool, pond

LAINE; (C) liner, shim

LAJA; flagstone, slab; layer; stratum of rock; spail

LAJEADO; (M) (U), laminated

LAJILLA; (V), shale

LAJOSO; laminated

DESBASTADOR; (met), puddle train, puddle rolls; blooming mill

PRELIMINAR; blooming mill

UNIVERSAL; universal mill

LAMA; mud; ore dust, (min) tailings, slime

LAMILLA; flake

LÁMINA; sheet, plate; (geol) lamina, (M) sheet metal

ACUÍFERA; water-bearing table, water table

ADHERENTE; (hyd) clinging nappe

ASFÁLTICA; sheet asphalt

VERTIENTE; (hyd) overfall

LAMINACIÓN DE PERFILES CORRIENTES; (met) merchant mill

LAMINADO; laminated, sheeting

EN CALIENTE; hot-rolled

EN FRÍO; cold-rolled

PARALELO; paralled laminated

LAMINADOR; rolling mill; rill

ACABADOR; finishing roll

DE BARRAS; bar mill

DE GRUESO; blooming mill

DE PLANCHAS; plate mill

DE ROSCAS; thread roller

DE TEMPLE; temper mill

DE TIRAS; strip mill

LAMINADORES DE REDUCCIÓN; reduction rolls

LAMINAR; (v)(steel) to roll; (a) laminated, laminate

LAMINILLA; (rust) scale; lamella

METÁLICA; metal foil

LAMINITA; shim, small plate

LAMPA; large shovel

LAMPADA; (Pe) shovelful

LÁMPARA; lamp

CON REFLECTOR; (elec) reflector lamp

DE ALTO; (auto), stop light

DE ARCO; arc lamp

DE DESPEJO; (auto) clearance lamp

DE PLOMERO; blowtorch; gasoline torch

DE SEGURIDAD; safety lamp, miner's lamp; Davy lamp

DE SOLDAR; blowtorch

DE VAPOR DE SODIO; sodium-vapor lamp

INCANDESCENTE; incandescent lamp

INUNDANTE; floodlight

NEÓN; neon lamp

PARA NEBLINA; fog lamp

PROYECTANTE; searchlight, floodllight

TESTIGO; pilot light

LAMPARILLA; small lamp; incandescent lamp

LAMPEAR; to shovel

LAMPERO; shoveler

LAMPÓN; (Ec) long-handled shovel

LAMPRÓFIRO; (geol) lamprophyre

LANA; wool

DE ASBESTO; mineral wool

DE CRISTAL; glass wool

DE ESCORIA; mineral wool, slag wool

DE MADERA; wood wool

DE PLOMO; lead wool

DE VIDRIO; glass wool

MINERAL; mineral wool, rock wool

PÉTREA, rock wool

LANCE (M); a melt (steel)

LANCHA; launch, lighter, scow; flagstone, slab

AUTOMOTRIZ; motorboat, motor launch

BARRERA; mud scow

CARBONERA; coal barge

DE DESCARGA AUTOMÁTICA; dump scow

ENCAJONADA; covered lighter

PLANA; deck barge

SALVAVIDAS; lifeboat

LANCHADA; bargeload

LANCHAJE; lighterage

LANCHAR; flagstone quarry

LANCHÓN; lighter, barge, scow, flatboat

ALIJADOR; lighter

CARBONERO; coal barge

DE CUBIERTA; deck barge

PETROLERO; oil barge

LANCHONERO; lighterman, boatman
LANZA; nozzle, giant, monitor; wagon pole; (A)
   clinker bar; pike pole
     DOBLADA (A), poker
LANZAARENA, sandblast outfit
LANZADOR, nozzle, monitor
     DE TRONCOS; (saw) kicker
LANZAMORTERO (M); cement gun
LAÑA; a clamp, cramp
LAÑAR; to clamp
LAPA; barnacle; (Pe) footwall
LÁPIZ; pencil; graphite
LAPIZAR; to draw with a pencil
LARGO; (n) length; *(a)* long
     DE PANDEO (A); unsupported length
     SIN APOYO; unsupported length, (col)
     unbraced length
     TOTAL; over-all length
LARGOS CORRIENTES; stock lengths
LARGUERO; stringer, girt, pile clamp, purlin;
   waler, ranger, strongback; sill; skid; pile cap
     CENTRO DE PUERTA; mullion
     DE BASTIDOR; (auto) side rail
     DE BISAGRA; hanging stile
     DE CERRADURA; (door) lock stile
     DE ENCUENTRO; meeting stile
     DE ESCALERA; stair string
     DE PUERTA; stile of a door
     PROVISIONAL; sash brace
     VERTICAL ALINEADOR; soldier
LARGURA; length
     DE ÁRBOL CORTADO; roundwood
     DESARROLLADA; developed length
     LIBRE; clear length
LARVOS DE MOSCA; (sen) fly larvae
LASCA; a spall
LÁSER; laser
LASTRA; slab, flagstone
LASTRAJE; ballasting
LASTRAR; to ballast; to weigh down; to surface
   with gravel
LASTRE; (rr)(naut) ballast
     DE AGUA; water ballast
LASTREAR; (Ch) to ballast
LATA; a tin, tin can; a lath, batten
LATENTE; latent
LATERAL; lateral
LATERLA (CA); tin plate
LATERITA; laterite
LATERO (CA); tinsmith
LÁTEX; latex
     DE CEMENTO; cement latex
LATIGAZO; whipping of a cable
LATILLA; lath
LATITUD; latitude
     Y LONGITUD; geographic coordinates,
     latitude and longitude

LATITUDES Y DESVIACIONES; latitudes and
   departures
LATITUDINAL; latitudinal
LATÓN; brass; a large can; (PR) an iron water
   pail
     BLANCO; white brass
     COBRIZO; red brass
     CORRIENTE; yellow brass
     DE ALUMINIO; aluminum brass
     PARA SOLDAR; brazing brass
     SILÍCICO; silicon brass
LATONADO; brass-plated
LATONERIA; brasswork; brass shop
LATONERO; brassworker; (V) sheet-metal worker
   tinsmith
LATRINA; latrine
LAUREL; a lumber used in construction
LAVA; lava; (min) washing
LAVABO; washbasin, lavatory
     CUBIERTO; commode, toilet
LAVADERO; washer; lavatory, washbasin;
   washtub; washroom; place where gravel is
   washed for gold
     DE PARED; wall-type washbasin
     DE PIE; pedestal washbasin
LAVADO; washing
     CONTRACORRIENTE, countercurrent
     washing
     DE CEMENTO; cement wash
LAVADOR; washer
     DE ARENA; sand washer, sand tank
     DE CASCAJO (sd); grit washer
     DE GAS; gas scrubbor
     DE PALETAS; paddle-type sand
     wash
LAVAJE; washing
LAVAMANOS; washbasin, lavatory
LAVAR; to wash
LAVATORIO; lavatory; washbasin
     DE ARRIMAR; wall-type lavatory
     DE PIE; pedestal-type lavatory
LAYA; a spade
     DE DESCORTEZAR; bark spud
LAZO; loop, tie
     DE HISTÉRESIS; hysteresis loop
LECTURA (inst); a reading
     DE ATRÁS; (surv) backsight
     DEL CONTADOR; meter reading
     DE MIRA; (surv) rod reading
     FRONTAL; foresight
     PARA RASANTE; (surv) grade rod
LECHADA; grout; (C) whitewash;
   (Pe) laitance
     COLOIDAL; colloidal grout
     COLORIZADO; colored grout
     DE CAL; milk of lime; (V) whitewash
     DE CEMENTO QUÍMICO; chemical grout

DE CEMENTO RESISTENTE A ÁCIDO Y ÁLCALI; acid and alkali resistant grout
DE MÁSTIQUE; mastic grout
LECHADEAR, to grout
LECHADO *(s)*; grouting
    DE AGREGADO FINO; sand grout
    DE PERIMETRO; parimeter grouting
    DEL SUPERFICIE; surface grouting
LECHO, bed   stratum; (min) floor
    AMORTIGUADOR; stilling pool, tumble bay
    DE CANTERA; natural bed of a stone
    DE LA CARRETERA; subgrade, roadbed
    DE CONTACTO (sd); contact bed
    DE FUNDACIÓN; foundation bed
    DE LA CORRIENTE; stream bed
    DE OXIDACIÓN; oxidizing bed
    DEL RÍO; river bed
    DE ROCA; bedrock, ledge rock
    DE LA VIA; roadbed
    FILTRANTE; filter bed
    PERCOLADOR; filter bed
    SECADOR PARA CIENOS; sludge bed, dry bed
LECHOSIDAD (V); laitance
LEDITA; leadite
LÉGAMO; mud, tilt, (min) slime
LEGÓN; grub ax; grub hoe
LEGUARIO (Ch); milestone
LEÍDO; (inst) reading
LENGUA; tongue
    DE CARPA; a kind of chisel
    DE PÁJARO; taper file
    DE VACA; pointing trowel
LENGUAJE DE ARMADURA; assembly language
LENGÜETA; tongue, lug; joggle; switch blade; point of a frog; feather
    CALIBRADORA; thickness gage
    POSTIZA; spline
    Y RANURA; tongue and groove
LENTE; lens (optical); lens (geol)
    DE AUMENTO; magnifying glass
    FILTRADO; filter lens
    PROYECTOR; projector lens
LENTEJA; disk; (geol) lenticle, lentil
LENTO; slow
LEÑA; firewood
    DE CUERDAS; cordwood
LEÑADOR; woodcutter
LEÑAR; to cut wood
LEÑO; log, timber
LERNA; (PR) awl
LESNA; awl, bradawl
    DE MARCAR; scratch awl, marking awl
    PARA CORREAS; belt awl
    PARA PUNTILLAS; bradawl
LENTE OBJETIVO; objective lens
LETRA; print
LETRERO; a sign; (dwg) title

LETRINA; latrine, privy
LEVA; pawl, dog, catch; cam; (C) lever
    DE ADMISIÓN; admission cam
    DE ESCAPE; exhaust cam
LEVADIZO; lift (bridge), rising, lifting
LEVADOR; cam
LEVAJE; lifting
LEVANTACOCHES; automobile lift
LEVANTADOR DE BANDEROLA; transom lifter
LEVANTAMIENTO; a survey; raising, lifting; (geol) upheaval
    AÉREO DE PLANOS; air survey
    ALTIMÉTRICO; topographical survey
    DE LÍMITES; boundary survey
    DE MANDO; control survey
    DE PLANOS; surveying, mapping
    DE RUTA; route surveying
    ESTADIMÉTRICO; stadia survey
    FOTOGRÁFICO; photographic surveying, photographic mapping
    HIDROGRÁFICO; hydrographic survey
    MAGNÉTICO; magnetic survey
    TAQUIMÉTRICO; stadia survey
    TOPOGRÁFICO; topographical survey
LEVANTAR; to hoist; to survey; to heave, lift
    UNA PLANIMETRÍA; to make a survey
LEVANTARRIELES; track jack
LEVANTAVÁLVULA; tappet, push rod, valve lifter
LEVANTAVENTANA EMBUTIDO; flush sash lift
LEVANTE; raising, hoisting; (conc)(A) a lift
LEVE; light, easy (grade)
LEVIGAR; to levigate
LEY; law
    DE JOULE; (elec) Joule's law
    DE OHM; Ohm's law
LEYES Y REGLAMENTOS; laws and regulations
LIBRA; a pound
    DE ENSAYADOR; assay pound
    ESTERLINA; pound sterling
    POR PIE CÚBICO; pound per cubic foot
    POR PULGADA CUADRADA; pound per square inch
LIBRAPIÉ; foot pound
LIBRE; free
    ABORDO (lab); free on board (fob)
    AL COSTADO; vapor, free alongside (fas)
    DE DERECHOS; duty free
    DE HUMEDAD; moisture free
    DE IMPUESTO; tax exempt
    DE POLVO; dust free
LIBREMENTE APOYADO; (str) simply supported
LIBRETA DE CAMPO; field book
LICENCIA; license, permit; leave of absence
    PARA EDIFICACIÓN; building permit
LICENCIAR; to license

LICEO; *(s)* lyceum
LICITACIÓN; bidding, taking bids
    SELECTIVA; selective bidding
LICITADOR; bidder
LICITANTE; bidder
LICITAR; to bid in competition; to take bids
LICUACIÓN; liquefaction; (met) liquation
LICUAR; to liquefy
LICUEFACCIÓN; liquefaction
LIENZA METÁLICA; metallic tape
LIENZO; facade, front wall; bay of a wall, panel of
    a fence
LIGA; an alloy; binding material
    DE ASBESTO; asbestos bonding
LIGADERA DE RIELES DE FERROCARRIL;
    railroad tie
LIGADA; tied
LIGADO; bonded, bonding
    A POST-TENSIVA; bonded posttentioning
    CON AGUA; (macadam) water bound
    CON ARENA; (rd) sand-sealed
LIGADOR; binder
LIGADURA; a tie, lashing; a rail bond
    ANGULAR; angle tie
    DE ALAMBRE; (reinf) wire tie
    DE ALAMBRE EN U; U-tie
    DE COLUMNA; column tie
    DE GOLPE; (conc) snap tie
    DE RIELES DE FERROCARRIL; railroad tie
LIGAR; to bond, tie; to alloy; bequeath
LIGAZÓN; tie, fastening; (mas) bond; (rr) rail bond
    CERÁMICA; ceramic bonding
    DE POSTTENSIONAMIENTO; bonded
    posttentioning
    DE MAMPOSTERÍA; masonry surface
    bonding
    ESTRUCTURAL; structural bond
    SECA; dry bonding
LIGERO *(a)*; light, thin
LIGNINA; lignin
LIGNITO; lignite
    EN LAMINAS DELGADAS; paper coal
LIJA; sandpaper
    ESMERIL; emery paper
LIJADORA; sandpapering machine, sander
    DE BANDA; belt sander
    DE CINTA; belt sander
    DE TAMBOR; drum sander
LIJAR; to sandpaper; to attach
LIMA; a file; hip or valley of a roof; hip or valley
    rafter
    AHUSADA; taper file
    BASTA; rough file
    BASTARDA; bastard file
    CILÍNDRICA; round file
    CUADRADA PUNTIAGUDA; square taper
    file, entering file

    DE AGUJA; needle file
    DECANTO LISO; safe edge file, side file
    DE COLA DE RATA; rattail file
    DE CUCHILLA; hack file, knife file
    DE DOBLE TALLA; double-cut file
    DE DOS COLAS; double-tang file
    DE CUCHILLA; hack file, knife file
    DE ESPADA; featheredge file
    DE NAVAJA; knife file
    DE PICADURA CRUZADA; double-cut file
    DE PICADURA SIMPLE; single-cut file
    DE SEGUNDO CORTE; second-cut file
    DE TALLA MEDIANA; middle-cut file
    DULCE; fine file, smooth file
    ENCORVADA; riffler, bow file
    ENTREFINA; second-cut file
    HOYA; valley of a roof
    MUSA; single-cut file, smooth file
    OVALADA; crossing file, double-half-round
    file
    PARALELA; blunt file
    PLANA PARA SIERRA; mill file
    PUNTIAGUDA; taper file, slim file
    REDONDA PUNTIAGUDA; round taper file
    SORDA; dead-smooth file, dead file
    TESA; hip of a roof, angle rafter
LIMA-CUCHILLO; slitting file, knife file
LIMADOR; filer
LIMADORA; shaper; power file, saw-filing tool
    DE COLUMNA; pillar shaper
    DE CORTE DE RETROCESO; drawcut
    shaper
LIMADURAS; filings
LIMALLA; filings
LIMAR; to file; to shape
LIMATÓN, rasp, coarse file
LIMBO (inst)   limb
    GRADUADO; (transit) graduated limb
LIMITACIÓN; limitation
    DEL SISTEMA DE FLUJO DE AIRE; system
    airflow restriction
LIMITACORRIENTE, current limiter
LIMITADOR, (hyd) spillway; (elec) limiter; (auto)
    fuel or speed regulator; (mech) a stop
    DE TRÁFICO; (rd) traffic marking
    HORARIO, time switch
LÍMITE, boundary, limit
    DE AGUDEZA (rr), endurance limit
    DEL ÁREA PARA CONSTRUCCIÓN
INCOMBUSTIBLE; (US) fire limits
    DE CONTRACCIÓN (sm), shrinkage limit
    DE ELASTICIDAD, elastic limit
    DE ESCURRIMIENTO (A), yield point
    DE ESTABILIDAD MOMENTÁNEA; (elec)
    transient power-limit
    DE FLOCULACIÓN, flocculation limit
    DE FLUENCIA (A), yield point

DE HINCHAMIENTO; (soil) swell limit
DE HIDRATACIÓN, hydration limit
DE PLASTICIDAD, plastic limit
DE SATURACIÓN; (soil) saturation limit
DE TRABAJO; working limit
ELÁSTICO APARENTE, yield point
LIMNÍMETRO, stream gage, staff gage, limnimeter
LIMNITA, limnite, bog iron
LIMNÓGRAFO, limnograph
LIMNOLOGÍA, limnology
LIMO, mud, silt
LIMOSO; muddy
LIMÓN, stair string
LIMONITA, limonite, brown iron ore
LIMPIADOR, cleaner; mucker
    DE AIRE; air cleaner
    DE BARRENOS; (min), scraper
    ESPIRAL; spiral cleaner
LIMPIADORA AL VACÍO; (machy) vacuum loader
LIMPIALIMAS; file cleaner, file card
LIMPIANIEVE; snowplow
LIMPIAPARABRISAS; windshield wiper
LIMPIAR; to clean; to strip, to clear; (bo) to purge
LIMPIARREJAS; (hyd) rack cleaner, rack rake
LIMPIATUBOS; tube cleaner, flue scraper
LIMPIAVÍA; locomotive pilot
LIMPIEZA; stripping, clearing, cleaning
    A VAPOR; steam cleaning
LIMPIO; clean
LINAZA; linseed
LINDE; property line
LÍNEA; line, track
    ACLÍNICA; aclinic line, magnetic equator
    AGÓNICA; agonic line
    CONDUCTORA A ESTANQUE; return line
    CONTINUA; (dwg) full line
    CORRIDA; (dwg) (Es) full line
    DE ACCIÓN; impulse line
    DE ACORDAMIENTO; (surv) cutoff line
    DE AGUAS MÍNIMAS; low-water mark
    DE ARRANQUE; spring line
    DE BAJAMAR; low-water mark
    DE BASE; base line
    DE CARGA; hydraulic slope, hydraulic gradient
    DE LAS CARGAS; (dwg) load line
    DE COLADO; (conc) lift line
    DE COLIMACIÓN; (surv) collimation line
    DE COTA; dimension line
    DE DISLOCACIÓN; fault line
    DE EDIFICACIÓN; building line
    DE EJE; axis, center line
    DE ELEVACIÓN; string line, elevation line
    DE ESCAPE; exhaust line
    DE ESCUADRA; (mas) pitch line
    DE FLOTACIÓN CON CARGA; load water line
    DE FUGA; (dwg) vanishing line

DE IMPOSTA; spring line
DE IMPULSIÓN; impulse line
DE MARCAR; chalk line
DE LA MAREA ALTA; high-water mark
DE MIRA; line of sight
DE NIVELACIÓN; a line of levels
DE PENDIENTE MÁXIMA; (top) valley line
DE PROPIEDAD; (Pan) property line
DE PUNTOS; (dwg) dotted line
DE PUNTOS Y TRAZOS; dot-and-dash line
DE RAYAS; broken line, dash line
DE REFERENCIA; (dwg) reference line
DE SATURACIÓN; line of saturation
DE TOMA; (pump) suction line
DE TRÁNSITO; traffic lane
DE TRANSMISIÓN; transmission line
DE TRANSPORTE DE ENERGÍA; transmission line
DE TRAZOS; (dwg) dash line, broken line
DECAUVILLE; portable track, industrial track
DERIVADA; branch line
DIVISORIA; (rd) median strip
FÉRREA; railroad track, railroad
FERROVIARIA; railroad track
FUNDAMENTAL; ground line (perspective)
INTERRUMPIDA; (dwg) dotted line, broken line
LLENA; (dwg) full line
MEDIA; center line
MUNICIPAL; building line
OBLÍCUA; (top) oblique offset
OCULTA; (dwg) hidden line
PARA ESTRUCTURAS FUERA DE EXPLANACIÓN; (rd) setback line
PERDIDA; (surv) random line
PIEZOMÉTRICA; hydraulic gradient
PRIMITIVA; (machy) pitch line
PUNTADA; (dwg) dotted line
PUNTEADA; (dwg) dotted line
PUNTO-RAYA; (dwg) dot-and-dash line
QUEBRADA; (dwg) dash line, broken line
RECTA; straight line
LINEAS DE INFLUENCIA; influence lines
LINEAL; lineal, linear
LINEAMETRO; lineameter
LINEAR; lineal, linear
LINGOTE; pig, ingot; bloom, billet
LINGOTERA; mold for pig iron, billet mold
LINGUETE; pawl
LINO; canvas, sailcloth; linen, flax
LINÓLEO; linoleum
LINTEL; lintel
LINTERNA; lantern, lamp; monitor (roof)
    AVISADORA; signal light
    PARA MACHOS; (foun) core barrel
LINTERNÓN; clearstory; big lantern, monitor

LIÑUELO; strand of rope
LIPASA; (sen) lipase
LIQUIDACIÓN; liquidation
LIQUIDADOR; liquidator
LIQUIDAR; to liquidate; to liquefy
LIQUIDARSE; to liquefy
LIQUIDEZ; liquidity
LÍQUIDO; (n) liquid; *(a)* liquid; (com) net
    COMBUSTIBLE; combustible liquid
    INFLAMABLE; flammable liquid
    INFLAMABLE VOLÁTIL; volatile flammable
    liquid
LÍQUIDOS CLOACALES CRUDOS; (A) raw
    sewage
LÍQUIDOS RESIDUALES; (A) sewage
LISERA; berm
LISÍMETRO; lysimeter
LISO; (rd) slick, plane, smooth
LISTA; list, distribution
    DE EMBARQUE; shipping list
    DE MATERIALES; (dwg) takeoff
    DE LOS BULTOS; packing list
    DE PARTICULO CONFORME AL
TAMAÑO; particle-size distribution
    DE RAYA (M); payroll
LISTERO; timekeeper
LISTÓN; lath, cleat, batten, slat; lattice bar
    CUBREJUNTA; astragal
    DE-CIERRE; sealing strip
    DE DEFENSA; wearing strip
    DE ENRASAR; furring strip
    PARA CLAVADO; nailing strip
    SEPARADOR; parting strip (window)
    YESERO; lath
LISTONADO METÁLICO COSTILLADO; ribbed
    metal lath
LISTONES DE AVANCE; (tun) poling boards,
    spilling, forepoling
LISTÓN-GUÍA; a ground; a screed
LISTONADO METÁLICO; metal lath
LISTONADOR; lather
LISTONAR; to lath; to place cleats or battens
LISTONCILLO; lath
LISTONADOR; lather
LITÓSFERA; lithosphere
LITARGE; litharge
LITARGIRIO; litharge
LITERA; bunk
LITOCLASA; lithoclase
LITOLOGÍA; lithology
LITOLÓGICO; lithological
LITORAL; coast, shore, (geol) littoral
LITRAJE; (A) volume in liters
LITRO; liter
LIVIANO; *(a)* light
LÓBULO; (mech) lobe, ear
LOCAL; (sitio) premises; local

LOCALIZACIÓN; location, site; laying out
LOCALIZAR; to lay out, locate, place
LOCO; loose (pulley)
LOCOMOTOR; *(a)* locomotive, self-moving
LOCOMOTORA; *(s)* locomotive
    A BENCINA; gasoline locomotive
    A VAPOR; steam locomotive
    CIENTOPIÉS; centipede locomotive
    DE EMPUJE; pusher engine
    DE MANIOBRAS; switching engine, drill
    engine, yard engine
    DE PATIO; yard engine, drill engine
    DECÁPODO; decapod locomotive
    DECAUVILLE; contractor's narrow-gage
    locomotive, dinkey
    MOGOL; mogul locomotive
LOCOMOTORA-TÉNDER; tank locomotive
LOCOMÓVIL; portable, movable
LODO; mud; sludge
    DE BARRENAMIENTO; drilling mud
    DE CAL; lime sludge
    DIGERIDO; (sd) digested sludge
    MINERAL; (min) slime
LODOS; sludge
    ACTIVADOS; activated sludge
    DE PERFORACIÓN; drill sludge
LODOSO; muddy
LODOZAL; (slew) slough
LOES; loess
LOGARÍTMICO; logarithmic
LOGARITMO; logarithm
    ORDINARIO; common logarithm
LÓGICA; logic
LOMA; ridge, knoll, hill; (C) hip (rafter)
LOMADA; (A) hill, ridge
LOMERA; ridgepole
LOMO; ridge; shoulder of a road; back of a saw;
    (mech) boss; (geol) hogback
    DE AGUA SUBTERRÁNEA; ground-water
    ridge
    DE PERRO; (V) crown of a road; coping on a
    wall
    DE SIERRA; rib of a backsaw
LONA; canvas, sailcloth
LONCHA; flagstone
LONETA; cotton duck
    DESNUDA; bare duck
LONGITUD; longitude; length
    DE ONDA; wavelength
    DE PANDEO; (Col) unsupported length
    EXPUESTA A LA ACCIÓN DEL VIENTO;
    (hyd) fetch
    TOTAL; over-all length
    VIRTUAL; virtual length
LONGITUDINAL; longitudinal
LONGRINA; cap; bridge stringer
LOSA; slab, floor tile, flagstone

CELULAR; (V) hollow building tile
CON ARMADURA CRUZADA; two-way slab
CON CANALES DE ACERO TELESCÓPICOS; (conc) telescopic form
CONTINUA; (conc) continuous slab
DE ALZAMIENTO; lift slab
DE CIMIENTO; (ed) foundation slab
DE CONCRETO; transition slab
DE CUBIERTA; (hollow dam) deck slab
DE ENTRADA DE PUENTE; (conc) run-on-slab
DE LODO; mud slab
DE REFUERZO; (A)(flat slab) drop panel
EN RASANTE; (conc) slab on grade
FIJADA; restrained slab
HONGO; (ed)(A) flat slab
HUECA; (conc) voided slab
NERVADA; (conc) ribbed slab
PLANA; (ed) flat slab
PLANA CON NERVADURAS CRUZADAS; (conc) grid flat-slab construction
REFORZADA DE CONCRETO; structural slab
RÍGIDA; (conc) rigid slab
SOPORTADA DE CONCRETO REFORZADO; one-way joist floor
LOSADO; (J) tile floor
LOSAR; (floor) to tile
LOSETA; floor tile, small slab
CERÁMICA; (floor) ceramic tile
LOSILLA; briquette
LOTE; a lot; (V) a batch; a land measure, allotment, parcel
DE PASADO; through lot
DE VAGÓN (A); carload lot
ESTUDIADO; serviced lot
LOTEAR; to bundle, bunch; to lay out in lots
LOTEO; laying out in lots
LOZA; porcelain; (C) a flat tile
FINA; faience
LUBRICACIÓN; lubrication
CON ANILLO; ring lubrication
FORZADA; forced lubrication
POR MECHA; wick lubrication
POR SALPICADURAS; splash lubrication
LUBRICADOR; lubricator
DE ALIMENTACIÓN REGULABLE; adjustable-feed lubricator
DE ALIMENTACIÓN VISIBLE; sight-feed lubricator
LUBRICANTE; (s) lubricant
SINTÉTICO; synthetic lubricant
LUBRICAR; to lubricate
LUBRICIDAD; lubricity
LUBRIFICADOR; lubricator

LUBRIFICANTE; (s) lubricant; to lubricate
LUCARNA; (A) louver; dormer window
LUCERNA; louver, monitor; (C) skylight, dormer window
LUCERNARIO; monitor (roof), louver; clearstory (C) skylight
LUCES; lights
DE ESTACIONAMIENTO; (auto) parking lights
DE TRÁFICO; (ap) traffic-signal lights
LUCETA; skylight; small window; transom
LUCHADERO; journal box; journal
LUDIR; to abrade, chafe, rub
LUGAR; space; site; place; a room
DE ESTACIONAMIENTO; parking space
LUIR; to abrade, wear away
LUMBRE; light; skylight
LUMBRERA; opening; shaft; skylight; engine port
DE ADMISIÓN; admission port
DE ESCAPE; exhaust port, relief port
SANGRADORA; bleeder port
LUMBRERAS; openings
DE TOMA; (hyd) intake openings
MÚLTIPLES, DE; multiported
PROVISIONALES; (dam) diversion openings
LUMEN; lumen
LUMEN-HORA; lumen-hour
LUMINOSIDAD; lightness, luminosity
LUMINOSO; luminous
LUNAR; lunar
LUPA; (A) magnifying glass
LUPIA; bloom (steel)
LUPO; (A) reading glass
LURTE; avalanche, landslide
LUSTRE; luster
LUTITA; (V) shale
LUX; lux
LUZ; light; span, opening; clearance; (ed) bay
BRILLANTE (C); kerosene
CARGADA POR ENERGÍA SOLAR; solar light
CENITAL; (Col) skylight
DE AVISO; warning light
DE BÓVEDA; vault light
DE CABEZA; headlight
DE CÁLCULO; (A) effective span
DE DESTELLOS; flashing light (lighthouse)
DE MARCHA; running light
DE PARADA; (auto) stop light
DE PRUEBA; test light
EFECTIVA; effective span
FRENTE UNA VENTANA DE SÓTANO; areaway
GIRATORIA; revolving light (lighthouse)
LIBRE; clear span
NETA; net opening

PILOTO; (burner) pilot light
POLARIZADA; polarized light
RELÁMPAGO; flashlight
TRASERA; taillight

LL

LLAGA; (mas) crack; (Col) vertical joint
LLAMA; flame
    AEROACETILÉNICA; air-acetylene flame
    CARBONIZADORA; (weld) carbonizing flame
LLAMADA A LICITACIÓN; invitation to bid
LLANA; a plain; plasterer's trowel, mason's float
    ACABADORA; finishing trowel
    ACODADA; corner trowel, angle trowel
    DE ÁNGULO; corner trowel, angle trowel
    DE CUNETA; gutter tool
    DE ENLUCIR; plasterer's trowel
    DE JAHARRAR; browning trowel
    DE JUNTAR; jointing tool
    DE MADERA; mason's float
LLANADA; flat land, level ground
LLANADORA; (A) grader
LLANCA; (Ch) a copper ore
LLANO; (n) flatland; *(a)* even, flat, smooth
LLANTA; iron tire, tire rim; tread; rubber tire; a
    steel flat
    ARTICULADA; crawler belt
    DE VOLANTE; flywheel rim
    DESMONTABLE; demountable rim
    MACIZA; solid tire
    REFORZADA CON ACERO; (tire) steel-
    reinforced thread
    SIN PESTAÑA; (rr) blind tire, blank tire
LLANTAS DE ORUGA; caterpillar mounting,
    crawler tread
LLANURA; plain, flatland; (C) tread of a wheel
    DEL RÍO; valley flat
LLAUCANA; (Ch) miner's crowbar
LLAVE; key (lock); (mech) key, wedge; valve cock,
    bibb, faucet; (mas) header; key
    stone; (elec) key, small switch
    A CRIQUE; ratchet, wrench
    A PULSADOR; push-button switch
    ACODADA; offset wrench, angle wrench,
    angle valve
    ANGULAR; angle valve
    CERRADA; box wrench
    CIEGA; blank (key)
    DE ALIVIO; snifting valve
    DE ARCO; keystone
    DE ARMADOR; construction wrench
    DE BERBIQUI; brace wrench
    DE BOCA; open-end wrench
    DE BOLA; ball valve

DE BRIDAS; flange valve; flange wrench
DE CADENA; chain wrench, chain tongs
DE CAJA; socket wrench
DE CEBAR; priming cock
DE CIERRE; stopcock
DE CIERRE AUTOMÁTICO; self-closing faucet
DE CIERRE CON CABEZA CUADRADA; square-head stoplock
DE CILINDRO; cylinder cock
DE COLA; fitting-up wrench, spud wrench
DE COMBINACIÓN; combination wrench
DE LA COMPAÑÍA; corporation cock
DE COMPROBACIÓN; try cock, gage cock
DE COMPUERTA; gate valve
DEL CONMUTADOR; switch key
DE COPA; box wrench, socket wrench
DE CUATRO PASOS; four-way valve
DE CUBO; socket wrench; box key
DE CHICHARRA; ratchet wrench
DE CHOQUE; impact wrench, pneumatic wrench
DE DECANTACIÓN; drain cock
DE DESAGÜE; drip cock, drain cock, petcock
DE DOBLE CURVA; S wrench
DE DOS BOCAS; double-ended wrench
DE ECLISAS; track wrench
DE EMBUTIR; (elec) flush switch
DE ESCAPE; exhaust valve; blowoff cock, petcock
DE FLOTADOR; float valve, ball cock
DE GANCHO; spanner wrench, hook wrench
DE GANCHO CON ESPIGA SALIENTE; pin spanner
DE GOLPE; impact wrench
DE HUMERO; damper
DE MACHO; plug valve, plug cock wrench
DEL MAQUINISTA; (loco) engineer's brake valve
DE MORDAZA; alligator wrench
DE NIVEL; gage cock
DE PALETÓN; bit key
DE PASO; by-pass valve: stopcock: master key
DE PERNETE; pin wrench
DE PICO DE LORO; Stillson wrench
DE PRUEBA; try cock, gage cock
DE PUNZÓN; needle valve
DE PURGA; blowoff valve, drain cock, petcock
DE RETENCION; check valve; shutoff cock
DE SEGURIDAD; safety valve
DE SERVICIO; service cock; faucet
DE TORSIÓN; torque wrench
DE TRES PASOS; three-way valve
DE TRES PUNTOS; (elec) three-way switch, three-point switch

DE TRES VÍAS; (elbc) three-point switch
DE TRINQUETE; ratchet wrench
DE TUERCAS; wrench
DENTADA; alligator wrench
DESAHOGADORA DE AIRE; air cock
DESCONECTADORA; (A) disconnect switch
DOBLE; double-ended wrench
ESCLUSA; (A) gate valve
ESPAÑOLA ; (C) open-end wrench, engineer's wrench
FERROCARRILERA; track wrench
FORMA S; S wrench.
GOTEADORA; drip cock
GOTEADORA DE ALIMENTACIÓN VISIBLE; sightfeed valve
INDICADORA; indicator cock
INDICADORA DE TENSIÓN; tension wrench
INGLESA; monkey wrench
MAESTRA; master key, pass key; corporation cock
MUNICIPAL; corporation cock
NEUMÁTICA; pneumatic percussion wrench
PARA ARMAR ACERO; structural wrench
PARA BOCA DE AGUA; hydrant wrench
PARA BUJÍA; spark-plug wrench
PARA ENCENDIDO; (auto) ignition wrench
PARA LEVANTAVALVULAS; tappet wrench
PARA LLANTA; (auto) rim wrench
PARA MANDRIL; chuck wrench
PARA TUBOS; pipe wrench, Stillson wrench
PARA TUERCAS Y CAÑOS; combination wrench
REGULADORA; pressure-regulating valve
RONCADORA; snifting valve
UNIVERSAL; monkey wrench
LLAVÍN; key, latchkey
LLENA; (J)(M) a flood.
LLENADOR; (str) filler plate
   DE ACUMULADOR; battery filler
LLENAR; to fill
LLEVABARRENAS; nipper, driil-steel carrier
LLORADERA; a leak
LLORADERO; weep hole, drain hole; leak; spring (water)
LLOVER; to rain
LLUVIA; rain, rainfall
   DE ÁCIDO; acid rain
LLUVIOSO; rainy

M

MACACO; striking plate, dolly: pile follower
MACÁDAM; macadam
    AL AGUA; water-bound macadam
    ALQUITRANADO; tar macadam
    ASFÁLTICO; asphalt macadam
    BITUMINOSO A PENETRACIÓN;
    penetration macadam
    HIDRÁULICO; water-bound macadam
    LIGADO CON TIERRA; soil-bound macadam
MACADÁN; macadam
MACANA; spade
MACERADOR; macerator
MACERAR; to macerate; (A) to slake (lime)
MACETA; maul, hammer, mallet
    DE AFORRAR; serving mallet
MACETEAR; to strike with a maul
MACIZAR; to fill in, make solid
MACIZO; (n) bulk; mass; (a) massive, solid, heavy
    DE ANCLAJE; deadman
MACIZOS DESVIADORES; (hyd) deflector
blocks
MACROESTRUCTURA; macrostructure
MACROSÍSMICO; macroseismic
MACHACADORA; crusher
    A MANDÍBULAS; jaw crusher
    GIRATORIA; gyratory crusher
MACHACAMIENTO; (M) crushing stress
MACHACAR; to crush; to pound
MACHADO; hatchet
MACHAQUEO; crushing; pounding
MACHAR; to hammer, break with a hammer
MACHETE; machete
MACHETEAR; to cut with a machete
MACHETERO; (Ec) man who clears ground with a
    machete
MACHIHEMBRA; (A) jointing plane
MACHIHEMBRADO; tongued and grooved,
    matched
MACHIHEMBRADOR; machine for cutting
    tongue and groove
MACHIMBRE; a tongued and grooved board
MACHINA; pile driver; shear legs
MACHINAL; putlog
MACHO; (n) dowel; pintle; shaft, journal, spindle;
    gudgeon; sheave pin; sledge hammer; pier,
    buttress; (fdy) core; (hw) tap; (p) pigot end;
    (geol) dike; (min) unproductive vein; (va)
    plug; spud (vibrator); (a)(mech) male
    AHUSADO; taper tap, entering tap

CILÍNDRICO; straight tap, bottoming tap
CÓNICO; taper tap
CORTO; stub tap
DE FRAGUA; blacksmith sledge
DE IMAN; (elec) plunger
DE LLAVE; plug of a cock
DE PERNO; bolt tap
DE PESCA; (pet) fishing tap
DE ROSCAR; tap
DE TERRAJA; tap
DE TIMÓN; rudder pintle
DESBASTADOR; roughing tap
ESCALONADO; step tap
MAESTRO DE ROSCAR; hob tap, master tap
PARA TUBERÍA; pipe tap
PARALELO; plug tap
Y CAMPANA; bell and spigot
Y HEMBRA; (mech) male and female, (C) bell
and spigot
MACHÓN; buttress, pier, counterfort; shaft,
    gudgeon; (A) strut
    DE GRAVEDAD; massive buttress
    (Ambursen dam)
MACHUCAR; to pound
MACHUELO ARRANCASONDA; screw grab,
    screw bell
MADERA; timber, wood, lumber
    ALBURENTE; sapwood
    ANEGADIZA; wood heavier than water
    CEPILLADA; dressed lumber
    CLASIFICADA POR ESFUERZO
    ADMISIBLE; stress-grade lumber
    COMPENSADA; (A) plywood
    CONTRACHAPADA; (M) plywood
    CURADA; seasoned lumber
    DE ACARREO; driftwood
    DE BARRACA; yard lumber (all stock sizes
    less than 6 inches in thickness)
    DE CONSTRUCCIÓN; structural timber
    DE CORAZÓN; heartwood
    DE DEMOLICIÓN; secondhand lumber
    DE HIERRO; ironwood
    DE HILO; lumber dressed four sides
    DE PASTA; pulpwood
    DE RAJA; split timber
    DE SAVIA; sapwood
    DE SIERRA; sawn lumber
    DESECADA; seasoned lumber
    DURA; hardwood
    EN PIE; standing timber, stumpage
    EN ROLLO; logs
    FRESCA; green lumber
    LABRADA; surfaced lumber
    LAMINADA; plywood
    LAMINADA CON ALMA MACIZA;
    lumber-core plywood
    LAMINADA PARA MOLDES; (conc) plyform

LIMPIA; clear lumber
NO COMERCIABLE; unmerchantable wood
POR ELABORAR; factory lumber, shop
lumber
PRINCIPAL DEL ÁRBOL; (lbr) stemwood
ROLLIZA; logs
RÚSTICA; unsawn lumber, logs
SANA; sound lumber
SERRADIZA; timber fit to be sawed
SIN DEFECTOS; sound wood
TERCIADA; plywood, laminated wood
TERCIADA CON INSERCIÓN DE
ALUMINIO; plymetal
TERCIADA TEXTURADA; textured plywood
TIERNA; sapwood; green lumber
TROCEADA; (A) cordwood
VERDE; green lumber
VIRGEN; virgen timber
VIVA; standing timber
MADERABLE; fit to be sawed into lumber
MADERADA; raft, float; timber grillage
MADERAJE; timberwork, woodwork, timber
MADERAR; to cut trees for lumber
MADERERÍA; lumberyard
MADERERO; lumberjack
MADERO; a timber, a log
CACHIZO; a log fit to be sawed
DE EMPUJE; (rr) push pole
ROLLIZO; log
MADEROS DE ESTIBAR; dunnage
MADRE; bed of a river; main irrigation ditch
MADREJÓN; (A) pool formed by river
overflow
MADURO; ripe
MAESTRA; (s)(p) main; (mas) screed, ground
MAESTRANZA; machine shop
MAESTRO; (n) journeyman, (a) main, principal,
master
AGUAÑÓN; (Es) hydraulic engineer
ALBAÑIL; master mason
DE OBRAS; construction manager,
superintendent
DE TALLER; (Ch) master mechanic
DE VÍA; roadmaster
MAYOR; master workman; building
superintendent; a man licensed to direct
construction but not to design
MECÁNICO; master mechanic
MAGAZÍN; (U) magazine
MAGISTRAL; (met) magistral
MAGMA; magma
MAGMÁTICO; magmatic
MAGNESIA; magnesia
MAGNÉSICO; magnesic
MAGNESIO; magnesium
MAGNESITA; magnesite
MAGNÉTICA; magnetics

MAGNÉTICO; magnetic
MAGNETISMO REMANENTE; residual
magnetism
MAGNETIZAR; to magnetize
MAGNETO; (Ch) magnet
MAGNETOELÉCTRICO; magnetoelectric
MAGNETOMOTRIZ; magnetomotive
MAGNIFICACIÓN; magnification
MAGNITUD; magnitude, scope
MAGRO; (conc) lean
MAGUJO; reeming iron
MAINEL; mullion
MALACATE; hoisting engine, winch, hoist, crab
AUXILIAR; auxiliary hoist
CORREDIZO; traveling hoist
DE BUQUE; cargo hoist
DE COLISA; link-motion hoist, reversible
hoist
DE CONO DE FRICCIÓN; cone-friction hoist
DE DOS TAMBORES; double-drum hoisting
engine
DE EXTRACCIÓN; mine hoist
DE FRICCIÓN DE BANDA; band-friction
hoist
DE TAMBOR SIMPLE; single-drum hoist
MOVIBLE; mobile hoist
NEUMÁTICO; air hoist
PARA CABLEVÍA; cableway engine
SITUADOR; spotting winch
MALACATERO; hoist runner
MALAQUITA; malachite
MALEABILIDAD; malleability
MALEABLE; malleable
MALECÓN; sea wall, bulkhead, mole; dike; (C)
heavy wall
IMPULSADO HIDRÁULICAMENTE; push
pit
MALEZAS; underbrush; weeds
MALLA; mesh, screen; mat; network
ANCHA; coarse mesh
ANGOSTA; fine mesh
BITUMINOSA; bituminous mat
DE ALAMBRE; wire mesh, wire fabric
DE ALAMBRE SOLDADA; welded-wire
fabric
DE CERCA; woven-wire fencing
DE CURACIÓN DE CONCRETO; concrete
curing mat
DE NERVADURA; rib lath
METÁLICA; wire mesh
RÓMBICA; diamond mesh
MALLETE; mallet; stud of a chain link; wedge,
chock; (Ec) dap, notch
DE CALAFATE; calking mallet
MALLO; wooden maul
MAMPARA; screen, partition
DE ESTANCAMIENTO; core wall

MAMPARO; bulkhead; (A) core wall
    CELULAR; (A) cellular core wall
MAMPOSTEAR; to build with masonry
MAMPOSTERÍA; masonry, stonework
    A HUESO; dry masonry
    CICLÓPEA; cyclopean masonry
    COMBINADA PARA REFORZAMIENTO;
    reinforced masonry
    CONCERTADA; rubble masonry
    DE CASCOTE; (Col) rubble masonry
    DE PIEDRA BRUTA; rubble masonry
    DE SILLARES; ashlar masonry
    DE UNIDADES SÓLIDAS; solid-unit
    masonry
    EN HILADAS; range masonry
    EN SECO; dry masonry
    HORMIGONADA; (Es) cyclopean concrete
    MEGALÍTICA; megalithic masonry
    TRADICIONAL; traditional masonry
MAMPOSTERO; stonemason
MAMPUESTA; (mas) a course
MAMPUESTO; block of stone; (conc) plum
MANANTIAL; a spring (water)
MANCHITA; speck
MANCHON; a patch; (A) shaft coupling
    DE DISCO; (A) flange coupling
    DE MANGUITO; (A) compression coupling
    PARA MECHAS; (A) drill sleeve, drill socket
MANCHONES DE UNIÓN; (A) companion
    flanges
MANDADO, powered, driven
    A POTENCIA; power-driven, power-operated
    A VACÍO; vacuum-operated
    POR EL TRÁFICO; (rd) traffic actuated,
    traffic interchange
    POR FLOTADOR; float-activated
MANDAR; to send; to control, drive, actuate
MANDARRIA; maul, sledge
    DE LEÑERO; wood chopper's maul
MANDÍBULA; jaw
MANDIL; apron
    ALIMENTADOR; apron feeder
    ESCURRIDOR; apron flashing
    MOLDEADOR; apron molding
MANDO; control, drive, operation
    A DISTANCIA; remote control
    A LA IZQUIERDA; left-hand drive
    A MANO; hand control
    A SINFÍN; worm drive
    DE CALEFACCIÓN Y ENFRIAMIENTO;
    (thermostat) zone control
    DE POTENCIA; power control
    DOBLE; (auto) dual drive
    ELÉCTRICO SÓLIDO; (elec) solid state
    FINAL; (auto) final drive
    POR BOTÓN; push-button control
    POR UN CABLE; single-cable control

MANDÓN; (min)(M) foreman
MANDRIL; mandrel, chuck (lathe); spindle;
    driftpin; boring tool
    CON MOVIMIENTO ESPIRAL; scroll chuck
    CORTADOR; cutting drift
    DE AGUJERO SIMPLE; bar chuck
    DE BARRENA; drill chuck
    DE BORDEAR; (bo) tube beader
    DE CEPILLADORA; planer chuck
    DE ENSANCHAR; driftpin
    DE EXPANSIÓN; tube expander
    DE MANO; (A) tap wrench
    DE MORDAZAS; jaw chuck
    DE MORDAZAS INDEPENDIENTES;
    independent chuck
    DE PERROS CONVERGENTES; draw-in
    chuck, collet chuck
    DE QUIJADAS; jaw chuck
    DE ROSCA; die chuck
    DE TORNILLOS; bell chuck, cathead chuck
    FLOTANTE; floating chuck
MANDRILAR; to bore, bore out; to roll
    (boiler tubes); to drift (holes)
MANDRÍN; driftpin
MANDRINAR; to drift (rivet holes); to roll
    (boiler tubes)
MANECILLA; hand of a gage: small lever, handle
MANEJABILIDAD; (conc) workability
MANEJABLE; workable
MANEJAR; to handle, manage; (auto) to drive;
    (eng) to run, operate
MANEJO; handling; management; operation;
    (auto) driving
    AL TACTO; (A) finger-tip control
MANETA; contact finger
MANGA; hose, waterspout; (mech) sleeve; (naut)
    beam; (conc)(A) elephant-trunk chute
    DE ARQUEO; (na) register beam
    DE CONSTRUCCIÓN; (na) molded breadth
MANGANATO; manganate
MANGANÉSICO; containing manganese
MANGANESÍFERO; containing manganese
MANGANESO; manganese
    GRIS; manganite, gray manganese ore
MANGÁNICO; manganic
MANGANITA; (miner) manganite, gray
    manganese ore
MANGANITO; (chem) manganite
MANGAR; to put a handle on
MANGLE; mangrove
MANGO; shank, handle, grip, haft
    CILÍNDRICO; straight shank
    DE CABLE PARTIDO; split cable grip
    DEL CAZO; (pb) dipper stick
    DEL CUCHARÓN; (pb) dipper stick
    DE HACHA; ax handle
    DE PALANCA; (va) lever handle

DE PISTOLA; pistol grip
MANGOS DE CUCHARÓN; (pb)(A) dipper arms
MANGOTE; chuck
MANGUARDIA; wing wall; buttress
MANGUERA; hose; inner tube
    ALAMBRADA; wire-wound hose, armored hose
    ARMADA; wire-wound hose
    ASPIRANTE; suction hose
    CORRUGADA; corrugated hose
    DE ALAMBRE LISA POR DENTRO; smooth-bore hose
    DE INCENDIO; fire hose
    DE SOLDADOR; welding hose
    ENTORCHADA; wire-wound hose
    NEUMÁTICA; air hose
    PARA CHORRO DE ARENA; sandblast hose
    PARA VAPOR; steam hose
MANGUITO; sleeve, pipe coupling; bushing; small handle; chuck; thimble; quill
    AISLANTE; insulating sleeve
    DE ACOPLAMIENTO; sleeve coupling
    DE CABILLA; dowel sleeve
    DE CABLE; thimble
    DE CILINDRO; cylinder sleeve
    DE COLUMNA; end-bearing sleeve
    DE DERIVACIÓN; tapping sleeve
    DEL EJE; axle sleeve
    DE EMPALME; splicing sleeve
    DE EXPANSIÓN; expansion shield
    DE MADERA; wood bushing
    DE MOTÓN; coak
    DE SOLDAR; (elec) wiping sleeve
    DE TUBERÍA DE HINCAR; drive coupling
    DE TUERCA; sleeve nut
    ENROSCADO; threaded coupling
    PARA MANGUERA; hose coupling
    PORTABROCAS; drill chuck
    PORTAHERRAMIENTA; chuck
    REDUCTOR; reducing sleeve
    ROSCADO CON TRINQUETE; steamboat ratchet
MANIGUA; (C) underbrush
MANIGUETA; handle, sash lift
MANIJA; handle; clamp; hand of a gage; sash lift, (A) door pull; (A) doorknob
    DE ADMISIÓN; (auto) throttle lever
    DE IGNICIÓN; spark lever
    PARA MACHOS; tap wrench
    PARA ROBINETES; cock wrench
MANIJERO; foreman
MANIJÓN; heavy handle
MANILLA; hand of a gage
MANIOBRA; operation; control; handling; (rr) drilling
    A DISTANCIA; remote control
    A MANO; hand operation

MÚLTIPLE; gang operation
MANIOBRABILIDAD; maneuverability
MANIOBRAR; to operate, handle; (rr) to drill
MANIPULACIÓN; (radio) keying
MANIPULADOR; manipulator; telegraph key
MANIPULAR; to handle
MANIPULEO; handling
MANIVELA; crank; handle
    DE ARRANQUE; starting crank
    DE DISCO; disk crank
    MOTRIZ; driving crank
MANO; hand; (pt) coat
    A; by hand
    APRESTADORA; priming coat
    DE APAREJO; priming coat, filler coat
    DE BALLESTA; (auto) dumb iron
    DE FONDO; priming coat
    DE OBRA; labor; workmanship
    IMPRIMADORA; priming coat
MANOBRE; hod carrier
MANOMÉTRICO; monometric
MANÓMETRO; pressure gage, steam gage, manometer
    AL VACÍO; vacuum gage
    DE ACEITE; oil-pressure gage
    DE ALARMA; (bo) alarm gage
    DE DIAFRAGMA; diaphragm gage
    DE PRESIÓN DE AMONÍACO; ammonia gage
    MARCADOR; recording gage
    PARA CONTORNOS; contour gage
    PARA NEUMÁTICOS; tire gage
    REGISTRADOR; recording gage
MANOMÓVIL; (A) hand truck
MANOSTÁTO; manostat
MANTA; tarpaulin; (min) thin bed of ore
MANTENCIÓN; maintenance (of equipment and of personnel)
    DE VÍA; maintenance of way
MANTENEDOR; (machy) road maintainer
MANTENER; to maintain
MANTENERSE A DISTANCIA; at arm's length
MANTENIMIENTO; maintenance
    DE BASURAS; refuse handling
    PREVENTIVO; preventive maintenance
MANTEO; (geol)(U) bedding
MANTILLO; humus, vegetable mold
MANTISA; mantissa
MANTO; stratum
    FREÁTICO; water-bearing stratum
MANUABILIDAD; (conc) workability
MANUABLE; handy, easily handled; (conc) workable
MANUAL; (n) handbook; *(a)* manual, hand
    DE OPERACIÓN; operator's manual
MANUBRIO; crank, handle
    DE LA EXCÉNTRICA; eccentric crank

MANUFACTURA; manufacturing, manufacture;
(V) fabrication
MANUFACTURADO; manufactured, fabricated
MANUFACTURAR; to manufacture; (V) to
fabricate; to process
MANUFACTURERO; manufacturer
MANUTENCIÓN; maintenance
MANZANA; a block of buildings; a land measure
about 2.5 acres in Argentina, about 1 3/4 acres
in Central America
MANZANILLO; tackle block becket
MANÓMETRO; gage
DE PRESIÓN CON AGUJA; needle gage
PARA CONTORNOS; (inst) contour gage
MAPA; a map
CAMINERO; road map
CATASTRAL; real-estate map, cadastral map
DE PARCEL; (land) parcel plot
HIDROGRÁFICO; chart
MAESTRO; master map
TOPOGRÁFICO; contour map, topographic
map, topographical plan
VIAL; road map
MAPEO; mapping
DE GRIETAS; map cracking
MAPOTECA; (A) a collection of maps, place
where maps are kept
MAQUETA; (M)(V) a model
MÁQUINA; machine, engine
A NAFTA; gasoline engine
A PETRÓLEO; oil engine
A VAPOR; steam engine
CALCULADORA; calculating machine
CON RODILLOS QUEBRADORES; roller
crusher
CONFORMADORA; forming machine
CONDENSADORA; condensing engine
DE ACANALAR; channeling machine,
channeler
DE ACEITE; oil engine
DE AMANTILLAR; (de) luffing engine
DE AVANCE; (pb) crowding engine
DE BALANCÍN; beam engine
DE COMBUSTIBLE MÚLTIPLE; multifuel
engine
DE COMBUSTIÓN; internal combustion
engine
DE ELEVACIÓN; a hoist; (sh) hoisting
engine
DE EMPUJE; (pb) crowding engine
DE ENCORVAR; bending machine
DE ENROSCAR; bolt-and-pipe machine,
threading machine
DE ENSAYO; testing machine
DE ESCAPE LIBRE; noncondensing engine
DE EXPANSION TRIPLE; triple-expansion
engine
DE EXPLOTACIÓN FORESTAL; logging
engine
DE EXTRACCIÓN; mine hoist
DE IMPRIMIR; printer
DE INYECTAR CEMENTO; grout machine
DE MANIOBRAS; (rr) drill engine, yard
locomotive
DE PRUEBA; testing machine
DE SUMAR; adding machine
DE TURBINA DE UN SOLO EJE; single-
shaft turbine engine
DE UNA SOLA FUNCIÓN; single-function
machine
DETONADORA; blasting machine
DIBUJADORA; (dwg)(comp) plotter
DIESEL; Diesel engine
DOBLADORA; bending machine, power
bender
DOBLADORA DE BARRAS; (reinf) power
bender
ELEVADA; overhead machine
EMPACADORA DE SACOS; sack bailer
ESCAVADORA; paddle-wheel scraper
ESMERILADORA; honing machine
ESTALLADORA; blasting machine
EXCAVADORA; ladder scraper
HELIOGRÁFICA; blueprint machine
IZADORA; hoisting engine, hoist
IMPRESORA; printer
LIMPIATUBOS; pipe-cleaning machine
LLANADORA; troweling machine
PERFORADORA DE TÚNELES; tunnel-
boring machine
RAYADORA; (rd) striping machine
SIN CONDENSACIÓN; noncondensing
engine
SOPLANTE; blower
TÉRMICA; heat engine
TRAZADORA; plotting machine
MÁQUINA-HERRAMIENTA; machine tool
MÁQUINA-TÉNDER; tank locomotive
MAQUINARIA; machinery
CAMINERA; road machinery, road-building
equipment
DE CONSTRUCCIÓN; construction plant,
construction equipment
DE EXTRACCIÓN; mining machinery
EXPLOTADORA DE MADERA; logging
machinery
PARA LABRAR MADERA; woodworking
machinery
VIAL; road-building equipment, road
machinery
MAQUINISTA; hoist runner, operator of an
engine, locomotive engineer
CONDUCTOR; (A) locomotive engineer
TITULADO; licensed engineer

MAR; sea
MARACA; (V) foot valve and strainer
MARCA; brand, make; mark
    DE FÁBRICA; trademark
MARCAS DE COLIMACIÓN; collimating mark
MARCAS GUÍAS; erection marks; matchmarks
MARCACIÓN; compass bearing; marking
    DESDE NORTE VERDADERO; (surv) whole-circle bearing
    MAGNÉTICA; magnetic bearing
    REAL; true bearing
MARCADOR; (Ch) measuring device
    DE ASTRÁGALOS; (mas) beading tool
    DE CAMINOS; road sign, road maker
    DE CORTORNO; contour gage
    DE ESTACAS; (surv) stake-marker
    ENTERRADO; (ap) flush marker
MARCAR A FUEGO; to brand
MARCO; frame; yoke; standard of size for timber; (meas) a measure of irrigation
    A CAJÓN; doorframe with trim both sides
    CEÑIDO; (A) a frame formerly used to measure irrigation water
    DE COMPUERTA; (hyd) gate frame
    DE EXTENSIÓN; extension frame (hacksaw)
    DE POZO; manhole frame, shaft frame
    DE PUERTA; doorframe, door buck
    DE REGISTRO; manhole frame
    DE SEGUETA; hacksaw frame
    DE SIERRA; saw gate, saw frame
    DE TAJO; (A) a measuring weir formerly used for irrigation water
    DE VENTANA; window frame
    EN A; (M) A frame
    FUNDAMENTAL; (A) bedframe
    INTERMEDIO; (tun) jump set
    RÍGIDO; rigid frame
    Y TAPA; frame and cover
MARCHA; movement; progress; (machy) running
    ATRÁS; backing up; (machy) reversing
    DE ENSAYO; trial run
    EN VACÍO; running with no load, idling
    MUERTA; lost motion, backlash
MARCHAR; to go, move, function; to progress; (machy) to run, operate
MAREA; tide
    ALTA; high tide
    ALTA MEDIA; mean high water
    ASCENDENT; flood tide
    BAJA; low tide
    CRECIENTE; flood tide
    DE APOGEO; apogean tide, neap tide
    DE PERIGEO; perigean tide, spring tide
    DECRECIENTE; ebb tide
    DESCENDENTE; ebb tide
    ENTRANTE; flood tide
    LLENA; high tide, high water

    MEDIA; mean tide
    MENGUANTE; ebb tide
    MONTANTE; flood tide
    MUERTA; neap tide
    SALIENTE; ebb tide
    VACIANTE; ebb tide
    VIVA; spring tide
MARECANITA; marekanite
MAREJADA; sea
MAREMOTO; bore (tidal), eagre, tidal flood
MAREOGRÁFICO; marigraphic
MAREÓGRAFO; recording tide gage, marigraph
MAREÓMETRO; tide gage
MARGA; marl; loam
MARGARITA; (knot) sheepshank
MARGEN; riverbank; margin; verge
    DE ERROR; margin of error
    DE SEGURIDAD; margin of safety
    LIBRE; (M) freeboard
MARGINAL; marginal
MARGOSO; marly, loamy
MARÍGRAFO; tide gage
MARINO; marine, nautical
MARIPOSA; butterfly (valve); (M) wing nut; (auto) throttle
    REGULADORA DE TIRO; butterfly damper
MARISMA; tideland
MARÍTIMO; marine, maritime
MARJAL; marsh
MARMAJA; (M) iron pyrites
MARMITA; small furnace, tar kettle, small boiler, pot
    HERMÉTICA; autoclave
MÁRMOL; marble
MARMOLERÍA; marble shop; marble work
MARMOLETE; (V) a kind of limestone
MARMOLINA; (A) marble dust
MARMOLISTA; marble setter
MARNA; (A) marl
MAROMA; cable
MARQUESINA; locomotive cab; marquee
MARRA; maul
MARRANOS; (Col) timbering in a mine shaft
MARRO; (M) maul, striking hammer
MARTELLINA; bushhammer; marteline; crandall
MARTELLINAR; to bushhammer
MARTILLAR; to hammer
MARTILLAZO; blow of a hammer
MARTILLEO; hammering
    HIDRÁULICO; water hammer
MARTILLO; a hammer
    BURILADOR; chipping hammer
    CINCELADOR; chipper, chipping hammer
    CON BOLITA; ball-peen hammer
    DE ADOQUINADOR; paver's hammer
    DE BOCA CRUZADA; cross-peen hammer
    DE BOCA DERECHA; straight-peen hammer

DE BOCA ESFÉRICA; ball-peen hammer
DE BOLA; ball-peen hammer
DE CARA DE CAMPANA; bell-faced
hammer
DE CARPINTERO; claw hammer, carpenter's
hammer, nail hammer
DE COTILLO CONVEXO; bell-faced
hammer
DE DOS COTILLOS; double-face hammer
DE ENLADRILLADOR; brick hammer
DE ESTAMPA; stamp hammer
DE FUNDIDOR; flogging hammer
DE HERRADOR; farrier's hammer
DE MADERA; beetle, wooden maul
DE OREJAS; claw hammer
DE OREJAS RECTAS; ripping hammer
DE PALA; pneumatic clay spade, air spade
DE PEÑA; peen hammer
DE PEÑA CRUZADA; cross-peen hammer
DE PEÑA DERECHA; straight-peen hammer
DE PEÑA DOBLE; double-peen hammer;
(stone) peen hammer
DE PEÑA TRANSVERSAL; cross-peen
hammer
DE PICAPEDRERO; stonecutter's hammer,
knapping hammer
DE UÑA; claw hammer, nail hammer
DE UÑA RECTA; ripping hammer
DESINCRUSTADOR; scaling hammer
ESCARPIADOR; (rr) spiking hammer, spike
maul
HINCADOR DE TABLESTACAS; sheeting
hammer
NEUMÁTICO; air hammer; jackhammer
PARA BORDEAR; flue-beading hammer
PARA DESCANTILLAR; chipping hammer
PARA PUNTILLAS; brad hammer
PARA VIROTILLOS; stay-bolt hammer
PERFORADOR; jackhammer
PROBADOR DE ENDURECIMIENTO;
(conc) schmidt hammer
REMACHADOR; riveting hammer
ROBLONADOR; riveting hammer
ROMPEDOR; concrete buster
MARTILLO-CINCEL; chipping hammer
MARTILLO-ESTAMPA; button set, rivet set; set
hammer
MARTILLO-PILÓN; drop hammer, trip hammer
MARTILLO-SUFRIDERA; holding-up hammer
MARTINETE; pile driver, pile hammer, drop
hammer, gravity hammer
A VAPOR; steam hammer
DE CAÍDA; (pile) drop hammer
DE FERROCARRIL; railroad pile driver
FORJADOR; trip hammer, drop hammer,
forging hammer
MÁS; plus, more

ALTO, EL; uppermost, highest
O MENOS; more or less
MASA; mass, bulk; (elec) ground
PLÁSTICA; (A) mastic, roofing cement,
asphalt putty
MÁSCARA CONTRA EL POLVO; dust mask
MASILLA; putty; (v) mastic
DE ALBAÑIL; mason's putty
DE ASFALTO; asphalt putty
DE CAL; lime putty
DE CALAFATEAR; calking compound
DE LIMADURAS DE HIERRO; iron-rust
cement
MASILLO; (C) plaster
MÁSTIL; mast, (U) transmission tower
DE CARGA; cargo mast
MASTIQUE; (M) pulley
MÁSTIQUE; mastic; (M)(V) putty
ASFÁLTICO; asphalt mastic, asphalt putty
MATA; (met) matte
MATACÁN; (Col) cobblestone
MATACHISPAS; spark arrester
MATAFUEGO; fire extinguisher
MATAR LAS ARISTAS; to bevel the edges; (C) to
round off
MATEMÁTICO; mathematical
MATERIAL; material
ACÚSTICO; acoustical material
CALCINADO PARA FABRICACIÓN; grog
COMPUESTO; compound material
CRIBADO; screened material
CUBRIDOR; cover material
DE ALUMINOSILICATO; (reinf) metakaolin
DE APOYO; substrate
DE CONSTRUCCIÓN; building material
DE CONSTRUCCIÓN FABRICADO JUNTO;
sandwich construction
DE RELLENO; rafter filling
DE REMENDAR; repair gum
DE PAVIMENTO RECUPERADO; reclaimed
aggregate material
DE TECHADO EN ROLLOS; roll roofing
EN BRUTO; raw material
FIILTRANTE; filtering medium
INCOMBUSTIBLE; incombustible material
LIGADOR DE HULE; rubber bond
QUE GUARDA Y SUELTA CALOR;
phase-change material
RECICABLE; recycle material
RECUPERABLE; recoverable resource
RE-USADO; secondary material
RODANTE; rolling stock
SELECCIONADO; (rd) selected material
SEPARADOR; (lbr) separator wood
TERMOPLÁSTICO; plyamide
VOLÁTIL; volatile material
MATORRAL; underbrush, thicket

MATRACA; ratchet
MATRAZ; (chem) matrass
    DE LAVADO; (lab) wash bottle
MATRÍCULA; (engineer's, auto, etc.) a license
MATRICULADO; (engineer) registered, licensed
MATRIZ; (n) die, mold, form; matrix; (bs) sow; *(a)*
    main, principal; (mech) female
    DE ESTAMPA; stamping die
    DE TAMAÑO; gaging block (drill)
MATRIZAR; to form with a die, to die-cast
MÁUJO; rasing iron
MÁXIMA; maximum
    RESISTENCIA DE CARGA; (conc) marshall
    stability, maximum load resistance
MÁXIMO; maximum
    PESO DE VEHÍCULO CARGADO;
    maximum loaded vehicle weight
MAYOCOL; (M) mayoral (Pe), foreman
MAYOR; major, principal
MAYORDOMO; foreman; janitor
MAZA; drop hammer, pile hammer; stamp; mallet,
    striking hammer; roll; hub
    DE MARTINETE; drop hammer
    DE RUEDA; hub
    DE VAPOR; (A) steam hammer
    PARA HINCAR POSTES; post maul
    TRITURADORA; bucking hammer
MAZACOTE; (Es) concrete
MAZARÍ; (Col) paving tile
MAZO; maul, sledge, beetle, mallet
    DE CALAFATE; hawsing mallet
MAZOTE; (C) drop hammer
MEÁNDRICO; *(a)*(M) meandering (stream)
MEANDRO; *(s)* meandering of a stream
MECÁNICA; mechanics
    APLICADA; applied mechanics
    DE SUELOS; soil mechanics
MECÁNICO; (n) machinist, mechanic; *(a)*
    mechanical
    JEFE; master mechanic
MECANISMO; mechanism, gear
    DE ATAQUE; (pb)(M) crowding gear
    DE AVANCE; feed mechanism; (sa) feed
    works; (sh) travel mechanism
    DE CONTROL; (elec) switchgear
    DE DISTRIBUCIÓN; (se) valve gear
    DE EMPUJE; (pb) crowding gear
    DE INVERSIÓN; reversing gear
    DE MANIOBRA; operating mechanism
    DE MARCHA; (crane) traveling gear
    DE OSCILACIÓN; swing mechanism
MECANIZADO; mechanized
MECANIZAR; to mechanize
MECATE; (M) rope
MECHA; fuse, wick; drill bit; (C) oxyacetylene
    torch
    DE BARRENA; auger bit

    CENTRADORA; center bit
    CILÍNDRICA; straight-shank twist drill
    CÓNICA; (A) taper-shank twist drill
    DE CUCHARA; spoon bit
    DE DISCOS; disk bit
    DE ELECTRICISTA; electrician's bit
    DE EXPANSIÓN; extension bit
    DE EXPLOSIÓN; detonating fuse
    DE PUNTA CHATA; flat drill
    DE SEGURIDAD; (bl) safety fuse
    ESPIRAL; twist drill
    EXTRACTORA; tap extractor, screw
    extractor
MECHA-MACHO; combined drill and tap
MECHAZO; (bl) misfire
MECHERO; a burner; (Col) plumber's torch
    BUNSEN; Bunsen burner
MECHINAL; weep hole; putlog hole; putlog
MÉDANO; sandbank, sand dune
MEDIA; medium, halfed
    ASTA, MURO DE; wall 1/2 brick thick
    CITARA; (brick) wall 1/2 brick thick, wythe
    CUCHARA; (M) semiskilled mason
    FALDA, A; (cut) sidehill
    GARLOPA; short jack plane
    LADERA; A; sidehill, half cut and half fill
    LUNA; (inserted-tooth saw) shank
    LLENAR, A; half full
    MADERA, A; (timber joint) halved
    MAREA; half tide
    ORDENADA; middle ordinate
MEDIAAGUA; lean-to, roof sloped in one
    direction
MEDIACAÑA, DE; half-round
MEDIANA; *(s)*(A) median
MEDIANERA; *(s)* party wall
MEDIANERÍA; partition way, party wall
MEDIANO; medium
MEDIATRIZ; median line
MEDICIÓN; measurement; mensuration,
    measuring
    CON CINTA REFORZADA; taping
    DE TOCONES; stump scaling
    EN CORTE; (ea) place measurement
    EN LA OBRA; measurement in place
MEDIDA; measure, measurement; rule, measuring
    tape
    AGRARIA; land measure
    CON CALIBRADOR; caliber rule
    DE CARA; surface measure
    DE DISTANCIA ELECTRÓNICA; electronic
    distance measurement
    DE LONGITUD; long measure
    DE MOVIMIENTO; (elec) perm
    DE SUPERFICIE; square measure
    DE TABLA; board measure
    MAS MÍNIMA; (vernier) least count

PARA MADERA; board measure
PARA TRONCOS; log measure
SUPERFICIAL; (lbr) superficial measure
MEDIDOR; meter; batcher, measuring device
    gage; sizer
    A INUNDACIÓN; inundator
    DE ABONADO; service meter
    DE CAPILARIDAD; capillometer
    DE CARGAS; (conc) batcher
    DE CONSISTENCIA; consistency meter
    DE CORRIENTE; current meter
    DE DEFORMACIÓN; strain gage, strain
    meter
    DE DISCO; (water) disk meter
    DE ENERGÍA; energy meter
    DE FLUJO; flowmeter
    DE GAS; (A) gas meter
    DE GASTO; flow meter; rate recorder
    DE GOLPEO; knock meter
    DE ILUMINACIÓN; light meter
    DE INCLINACIÓN; tiltmeter
    DE MADERAS; dimension gage
    DE NEVADA; snow gage; snow sampler
    DE pH; pH meter, hydrogen-ion meter
    DE PRESIÓN; pressure meter
    DE REMOLINOS; swirl meter
    DE RESALTO; (M) standing-wave flume
    DE ROSCAS; screw-pitch gage
    DE TORSIÓN; torque meter
    DE VELOCIDAD; speedometer
    PARA CANALÓN; flume meter
    POR PESO; weighing batcher, weigh hopper
    POR TITULACIÓN; titrimeter
    POR VOLUMEN; volume batcher
MEDIDORES REGULADORES DE TRÁFICO;
    ramp metering
MEDIO; (n) middle; mean; medium; (a) half; mean
    CAÑÓN, A; semicylindrical.
    CORTE, A; (timber joint) halved
    DE DISPERSIÓN; dispersion medium
    DE TRANSFERENCIA; (solar energy)
    transfer medium
    LLENAR, A; half full
    MECÁNICO; semiskilled workman
    NUDO; overhand knot
    OFICIAL; semiskilled workman
    OVALADO; half-oval
    PUNTO, DE; (arch) semicircular
MEDIR; to measure
    A PASOS; to pace
    EN EL LUGAR; to measure in place
MÉDULA; (lbr) pith
MEGAGRAM; megagram
MEGAHERTZ; (ra) megahertz
MEGALITO; megalith
MEGÁMETRO; megameter
MÉGANO; sand dune, sandbank

MEGASÍSMICO; megaseismic
MEGAVATIO; megawatt
MEGAVOLTIO; megavolt
MEGOHMIO; megohm
MEGOHMIÓMETRO; megohmmeter
MEGÓHMMETRO; megohmmeter, megger
MEJOR DEL MEJOR; (wire), best best (BB)
MEJORADOR; (conc)(M) admixture
MAJORARA; to improve, make better
MELÁFIDO; melaphyre
MELAMINA; melamine
MELLA; a notch, a nick
MELLAR; to notch, nick
MEMBRANA; membrane
MEMORIA; a report; (min)(M) pay roll
MENA; ore
MENGUA; low water
MENGUANTE; ebb (tide)
MENGUAR; to ebb, fall (tide)
MENISCO; meniscus
MENOR; minor
MENOS; minus
MENSAJERO; (a) carrying, carrier,
    messenger
MÉNSULA; bracket, corbel; column cap; haunch
    (Ambursen dam)
    ÁNGULAR; angle bracket
    DE GARRUCHA; sheave bracket
    DEL MÁSTIL; (crane) mast bracket
    L; L-bracket
    PARA TUBERÍA; pipe bracket
MENSURA; measurement
MENSURAR; to measure
MEOLLAR DE CÁÑAMO; (A) calking yarn,
    packing
MEPLE; maple
MERCED DE AGUAS; concession for the use of
    water
MERCED DE TIERRAS; a grant of land
MERCÚRICO; mercuric
MERCURIO; mercury, quicksilver
    CÓRNEO; horn quicksilver
MERIDIANA; meridian line
MERIDIANO; (n) meridian; (a) meridional
    DE GUÍA; (surv) guide meridian
    MAGNÉTICO; magnetic meridian
    VERDADERO; true meridian
MERIÑAQUE; (A) locomotive pilot, cowcatcher
MERLÍN; marline
MERMA; shrinkage; leakage
MESA; plateau, tableland; table; stair landing;
    wall plate
    CONCENTRADORA; concentrating table
    DE ACEPILLADORA; platen of a planer
    DE AGUA; (V)(ground) water table
    DE CONTROL; operating table
    DE DIBUJO; drawing table, drafting table

DE ENSAYOS DE ESCURRIMIENTO; flow table
DE FLUJO; flow table
DE SUJECIÓN; (mt) work table
DE TRABAJO; workbench
DE TRASLACIÓN; transfer table
GIRATORIA; (rr) turntable; (mt) swivel table
MEDIDORA; sizing table
ROTATIVA; (pet) rotary table
SACUDIDORA; shaking table
MESADA; monthly rate of pay
MESERO; employee paid by the month
MESETA; plateau; stair landing
METABOLISMO; metabolism
METACÉNTRICO; metacentric
METACLASA; metaclase
METAL; metal; (C) brass, bronze, (M) ore
AMARILLO; (C) brass
ANTIFRICCIÓN; Babbitt metal, bearing metal
BLANCO; Babbitt metal
DE APORTE; (weld) filler metal, adding material
DELTA; delta metal
DESPLEGADO; expanded metal
EN BRUTO; ore
ESTIRADO; expanded metal; drawn metal
EXPANDIDO; (Es) expanded metal
MONEL; monel metal
MUNTZ; Muntz metal
NO FERROSO; nonferrous metal
PATENTE; (C) Babbitt metal
METALADA; *(s)* metal content of ore
METÁLICA; *(s)* metallurgy
METÁLICO, metallic, metal
METALÍFERO; containing metal
METALISTA; metalworker
METALISTERÍA; metalwork
METALIZACIÓN; metal spraying
METALIZAR; to metalize
METALOGRAFÍA; metallography
METALOGRÁFICO; metallographic
METALURGIA; metallurgy
METALÚRGICO; (n) metallurgist; *(a)* metallurgical
METALURGISTA; metallurgist
METAMÓRFICO; metamorphic
METAMORFISMO; metamorphism
GEOTÉRMICO; (geol) thermal metamorphism
REGIONAL; (geol) regional metamorphism
METANO; methane, marsh gas
METANOL; methanol
METANÓMETRO; methanometer, gas detector
METASILICATO DE SODIO; sodium metasilicate
METATRÓFICO; (sen) metatrophic
METEORIZACIÓN; (M) weathering

METEOROLOGÍA; meteorology
METEOROLOGISTA; meteorologist
METILENO; methylene
METILO; methyl
MÉTODO; method
BELGA; (tun) flying-arch system
DE ACRECIMIENTO; accrual method
DE AIRE COMPRIMIDO; plenum process
DE ANCLAJE; (roof) roof hook
DE BARRENAMIENTO ROTATORIO; rotary boring
DE CARGAR CONCRETO; ribbon loading
DE COLECCIÓN; collection method
DE COLOCAR GRADOS; (surv) swedes
DE DISEÑO MARSHALL; (asphalt)(conc) marshall
DE ESTIMACIÓN DE ÁREA; area estimating method
PRÁCTICO; rule-of-thumb method
METRAJE; distance in meters; area in square meters; volume in cubic meters; measurement, metering
METRALLA; scrap iron
METRAR; to meter, measure
MÉTRICO; metric
METRO; a rule; (meas) meter
CONTADOR; (C) meter (water)
CORRIDO; lineal meter
CUADRADO; square meter
CÚBICO; cubic meter
DE BOJ; boxwood rule
PLEGADIZO; folding rule
METROLOGÍA; metrology
MEZANINA; (Col) mezzanine
MEZCLA; mix, mixture; mortar
DE PRUEBA; trial mix
DE TANTEO; trial mix
EMPAQUETADA; (conc)(grouting) packaged concrete, mortar, grout
EN FRÍO; (rd) cold mix
GRASA; rich mixture
MECÁNICA; mechanical mixture
POBRE; lean mixture
POROSA; open mix
TIERNA; (asphalt) tender mix
MEZCLABLE; miscible
MEZCLADO; mix
DE ASFALTO EN FRÍO; cold mix asphalt
DE MORTERO DE ARCILLA; clay mortar mix
EN FÁBRICA; mill mixed
EN SITIO; mix in place; road mix
RETARDADO; delayed mixing
MEZCLADOR; mixer
DE CIENOS; sludge mixer
ESPIRAL; spiral-blade mixer
INSTANTÁNEO; flash mixer

MEZCLADORA; mixer
    BASCULANTE; tilting mixer
    CAMINERA; paving mixer
    CENTRAL; central mixer
    COLOIDAL; collodial mixer
    CONTINUA; continuous mixer
    DE LECHADA; grout mixer
    DE MACÁDAM BITUMINOSO; bituminous mixer
    EN CAMIÓN; truck mixer, transit mixer
    ENYESADORA; plaster mixer
    INCLINABLE; tilting mixer
    INSTANTÁNEA; flash mixer
    NO BASCULANTE; nontilting mixer
    PAVIMENTADORA; paving mixer
    POR CARGAS; batch mixer
    TRANSPORTABLE; portable mixer
    VOLCABLE; tilting mixer
MEZCLADURA A MANO; hand mixing
MEZCLADURA A SECO; dry mixing
MEZCLAR; to mix; (pt) to temper
    EN EL LUGAR; mix in place
    EN SITIO; mix in place
MEZCLEO RELLENADOR PARA ESPACIAMIENTO; (tile) spacing mix
MICA; mica
    BLANCA; muscovite
MICÁCEO; micaceous
MICANITA; micanite
MICRA; micron
MICROAMPERÍMETRO; microammeter
MICROAMPERIO; microampere
MICROANÁLISIS; microanalysis
MICROBIO; microbe
MICROBIOLÓGICO; microbiological
MICROCLÁSTICO; (geol) microclastic
MICROCRISTAL; (geol) microcrystal
MICROESTRUCTURA; microstructure
MICROFLORA; (sen) microflora
MICROFARADIO; (elec) microfarad
MICROGALVANÓMETRO; microgalvanometer
MICROGRAMO; microgram
MICROGRANITO; microgranite
MICROGRANOSO; microgranular
MICROHENRIO; (elec) microhenry
MICROHMIO; microhm
MICROINTERRUPTOR; microswitch
MICROLITRO; microliter
MICROMANÓMETRO; micromanometer
MICROMÉTRICO; micrometric
MICRÓMETRO; micrometer
    DE PROFUNDIDAD; micrometer-depth gage
MICRÓN; micron
MICROONDA; (ra) microwave
MICROORGANISMO; microorganism
MICROPEGMATITA; micropegmatite
MICROQUÍMICO; microchemical

MICROSCÓPICO; microscopic
MICROSCOPIO; microscope
MICROSÍSMICO; microseismic
MICROSISMO; microseism
MICROVATIO; microwatt
MICROVOLTÍMETRO; microvoltmeter
MICROVOLTIO; microvolt
MIEMBRO; member, piece
    ARRIBA DEL PILÓN; pier cap
    DEL ALMA; web member
    COMPUESTO; built-up member
    DE ENCIMA; (str) top plate
    DE ESTRUCTURA; structural member
    DE RUPTURA; rupture member
    DE SOPORTE; stair carriage
    ESTRUCTURAL DE ANCLAJE; sill plate
    ESTRUCTURAL DE TECHO; roof joist
    ESTRUCTURAL REFORZADOR; rail backing
    FLEXIONAL DE CONCRETO COMPUESTO; composite concrete flexural members
    NO LIGADO; (conc) unbonded member
    SECUNDARIO; (str) secondary member
    SEGMENTAL; (str) segmental member
    VERTICAL DE ARMADURA; monial
    VERTICAL DE SOPORTE; (carga) post shore
MIGAJÓN; (M) loam, topsoil
MIGRACIÓN; (pet) migration
MIL; thousand
MILDIU; mildew
MILIAMPERÍMETRO; milliammeter
MILÍBARA; millibar
MILIAMPERIO; milliampere
MILIÁREA; milliare
MILIATMÓSFERA; millibar
MILIEQUIVALENTE; milliequivalent
MILIFARADO; millifarad
MILIGRAMO; milligram
MILIHENRIO; (elec) millihenry
MILILITRO; milliliter
MILIMETRADO; divided into millimeters
MILIMETRAJE; length in millimeters
MILÍMETRO; millimeter
MILIMICRÓN; millimicron
MILIPULGADA CIRCULAR; circular mil
MILIVOLTÍMETRO; millivoltmeter
MILIVOLTIO, millivolt
MILONITA; mylonite
MILONÍTICO; mylonitic, cataclastic
MILLA; mile
    CUADRADA; square mile
    LEGAL INGLESA; statute mile
    MARÍTIMA; nautical mile, sea mile, geographical mile
    POR HORA; mile per hour
    TERRESTRE; statute mile

MILLAJE; mileage
MIMBRE; willow
MIMBRERA; willow
MINA; a mine; (A) graphite, lead of pencil
    DE ALUVIÓN; placer
    DE ARENA; sand pit
    DE BALASTO; ballast pit
    DE GRAVA; gravel pit
    DE PETRÓLEO; deposit of oil
MINADOR; miner
MINAR; to mine; to undermine
MINARETE; minaret
MINERAJE; mining
MINERAL; (n) ore, mineral; a mine; (a) mineral
    BAJO DE LEY; low-grade ore
    DE ALTA LEY; high-grade ore
    GRASO; rich ore
    POBRE; low-grade ore
MINERALIZADOR; mineralizer
MINERALIZAR; to mineralize
MINERALOGÍA; mineralogy
MINERALOGISTA; mineralogist
MINERÍA; mining
    DE CIELO ABIERTO; strip mining
MINERO; (n) miner; (a) pertaining to mines
    DE CUARTO; (M) shift boss
    MAYOR; (M) foreman
MINGITORIO; urinal, upright urinal
MÍNIMO; minimum
MÍNIMOS CUADRADOS; least squares
MINIO; red lead; minium
MINUTAS; (surv) notes
MINUTO; (of arc) minute
MIRA; level rod; (rod) target; a sight; stream gage
    ANGULAR; angle target
    ATRÁS; backsight
    DE CINTA; (surv) tape rod
    DE CORREDERA; target rod
    DE DELANTE; foresight
    DE ENCHUFE; telescoping level rod
    DE ESPALDA; backsight, plus sight (level)
    DE FRENTE; foresight
    EXTENDIDA; (surv) high rod
    LIMITADA DE TALUDES; slope-stick rod
    MICROMÉTRICA; (surv) micrometer target
    PARA MINAS; (surv), mining target
    PARA TÚNELES; tunnel target
    PARLANTE; speaking level rod
    TAQUIMÉTRICA; stadia rod
MIRADOR; belvedere
MIRIAGRAMO; myriagram
MIRIÁMETRO; myriameter, 10,000 meters
MIRIAVATIO; myriawatt
MIRILLA; small opening in a boiler door; window: (surv) target
MISCIBLE; miscible
MISMO; same, equal

    NIVEL, AL; level with
MOCA; (Ec) swamp, bog
MOCHETA; splay of a window jamb; (Col) rabbet
MOCHILA; tool bag
MODELADOR; patternmaker
MODELAJE; shaping, forming; patternmaking
MODELAR; to form, shape
MODELERÍA; (Ch) pattern shop
MODELISTA; patternmaker
MODELO; model; pattern; standard; blank form
    A ESCALA; scale model
    ARQUITECTÓNICO; architectural model
    BÁSICO; basic module
    DE CONTRATO; form of contract
    DE FIANZA; form of bond
    DE GUÍA; working model
    DE PROPOSICIÓN; bidding form
MODERADOR; (mech) moderator
MODERNIZACIÓN; modernization
MODIFICACIÓN; conversion, modification
MODIFICAR; retrofit, modify
MODULACIÓN; modulation
MODULAR; modular, modulate
MÓDULO; modulus; (mech) module; (hyd) module
    CÁLCICO, lime modulus
    DE COMPRESIÓN; modulus of compression
    DE CORTE; (vibration) modulus of shear
    DE DEFORMACIÓN; modulus of deformation
    DE ELÁSTICIDAD; modulus of elasticity
    DE ELÁSTICIDAD DE YOUNG; Young's modulus of elasticity
    DE FINEZA; (A) fineness modulus
    DE FINURA; fineness modulus
    DE INCOMPRESIBILIDAD; modulus of incompressibility
    DE REACCIÓN DEL SUELO; soil reaction modulus
    DE REACCIÓN DEL SUBRASANTE; subgrade modulus
    DE REBOTE; modulus of resilience
    DE RESISTENCIA; section modulus
    DE RESISTENCIA A DOBLADURA; plastic modulus
    DE RIGIDEZ; modulus of rigidity
    DE RUPTURA; modulus of rupture
    DE LA SECCIÓN; section modulus
    ELÁSTICO DE SUELO; resilient modulus of soil
    HIDRÁULICO; hydraulic modulus
MOFETA; afterdamp
MOHO; rust; mold, mildew
MOHOSEARSE; (Pe) to rust
MOHOSO; rusty; musty, moldy
MOJADA; wet; (mtl) welting

MOJÓN; monument, landmark; milestone; (A)
    hub, transit point
MOJONA; land survey, setting of monuments
MOJONAMIENTO; (surv) monumentation
MOJONAR; to set monuments
MOLAR; (Col) rubble stone; foundation stone
MOLDAJE; forms, forming
    CÓNCAVO; scotia
    DE VENTILACIÓN; (conc) vented form
    VOLADO; cantilever formwork
MOLDAR; to form; to mold
MOLDE; form; mold; pattern
    APOYADOR DE VIGA; soffit form
    DE COLUMNA; column form
    DE CURVAR; bending form
    DE MATRIZAR; die mold
    DE PARED; (conc) wall form
    DE ZANJA; trench form
    DESLIZANTE; slip form
    MOVEDIZO; (conc) slipform
    PARA CORDÓN Y CUNETA; (conc) street
    form
    PARA LA SUPERFICIE DEL FRENTE;
    pilaster face
    PARA LA SUPERFICIE DEL LASO;
    pilaster side
    PARA PRUEBA DE ASENTAMIENTO;
    slump mold
    RESBALADOR; (conc) slipform
MOLDES; forms
    CORREDIZOS; traveling forms
    DEJADOS EN OBRA; forms left in place
    ENCHUFADOS; telescopic centering
    FORRADOS DE METAL; metal-lined
    forms
    PREFABRICADOS; (conc) prebuilt forms
MOLDEABLE; fictile
MOLDEADO; molded, cast
    APLICADO; applied molding
    BASE; base molding
    CON LUBRICACIÓN DE AGUA; (brick)
    slop molding
    DE BANCADA; bed molding
    DE CAMA; bed molding
    EN CALIENTE; hot-forming
    EN EL LUGAR; cast in place
MOLDEADOR; molder; foundryman
MOLDEADORA; molding press
MOLDEAR; to cast, to mold, to form
MOLDEO; forming centering; casting
    DE CONCRETO; concrete form
    DE GABALETE; gable molding
    EN MATRIZ; die casting
MOLDURA; a molding
    DE GUÍA; window stop
    ESCURRIDERA; drip molding
    VIDRIERA; glass molding

MOLDURADORA; machine for making wood
    moldings; molding plane
MOLDURAR; to mold, to shape into moldings
MOLDURERA; machine for making wood
    moldings; (A) press for making tiles
MOLÉCULA; molecule
MOLECULAR; molecular
MOLEDOR DE BASURA; garbage grinder
MOLEDORA DE BOLAS; ball grinder
MOLEJÓN; (C) reef, ridge of rock
MOLER; to grind; to comminute
MOLETA; (met) muller; (A) dresser (emery wheel)
    DE DIAMANTE; diamond dresser
MOLETEADOR; (A) dressing tool
MOLETEAR; to mill, knurl
MOLIBDENO; molybdenum
MOLIDO; (s) grinding
MOLIENDA; grinding, milling
MOLINETE; current meter; turnstile; winch head,
    gypsyhead, niggerhead
    ACOPADO; (hyd) price current meter, cup-
    type current meter
    ACÚSTICO; (hyd) acoustic current meter
    CON HÉLICE DE ARISTAS BISELADAS;
    screw propeller-type current meter
    CONTADOR; current meter
    DE CUBETAS; (hyd) price current meter, cup-
    type current meter
    DE PALETAS; propeller-type current meter
    HIDROMÉTRICO; current meter
    MAGNÉTICO; (hyd) electric current meter
MOLINO, mill, grinder
    A MARTILLOS; hammer mill
    A TAMBOR; tumbling barrel
    CHILENO; Chile mill
    DE AMASIJAR; pugmill
    DE ARCILLA; clay mill, clay mixer, pugmill
    DE BOLAS; ball mill
    DE CABILLAS; rod mil
    DE CILINDROS; crushing roll, roller mill
    DE IMPACTO; impact mill
    DE MAZOS; stamp mill
    DE PIEDRAS; pebble mill
    DE RODILLOS; roll grinder
    DE TUBOS; tube mill
    DE VIENTO; windmill
    DESLEIDOR; (cem) wash mill
MOLO; (Ch)(V) breakwater, sea wall, jetty
    DE ABRIGO; (Ch) breakwater
MOLLEJÓN; grindstone
MOMENTO; (statics) moment; (C) momentum
    AL FALLAR; ultimate moment
    SECUNDARIO; secondary moment
    CONECTOR; moment connection
    DE EMPOTRAMIENTO; fixed-end moment
    DE ESTABILIDAD; resisting moment
    DE FLEXIÓN; bending moment

DE INERCIA; moment of inertia
DE RENDIMIENTO; yield moment
DE TORSIÓN; torsional moment, twisting moment
DE VUELCO; overturning moment
ESTÁTICO; static moment
EXCÉNTRICO; eccentric moment
FLECTOR; (A) bending moment
FLEXIONANTE; (M) bending moment
FLEXOR; bending moment
NEGATIVO; (conc) negative moment
POSITIVO; positive moment
RESISTENTE; resisting moment
TORSIONAL; torque
MONACITA; monazite
MONITOR; monitor, giant
DE DESPLIEGUE; (comp) system display monitor
MONOCARRIL; monorail
MONOCILÍNDRICO; single-cylinder
MONOCLINAL; monoclinal
MONOCLÍNICO; monoclinic
MONOCLORAMINA; monochloramine
MONODISCO; single-disk
MONOFÁSICO; single-phase, monophase
MONOFILAR; single-wire
MONOLÍTICO; monolithic
MONOLITIZAR; (A) to solidify, make monolithic
MONOLITO; monolith
MONOMETÁLICO; monometallic
MONOMINERAL; monomineral
MONOMIO; monomial
MONOMOLECULAR; (chem) monomolecular
MONOPASTO; single-sheave block
MONOPOLAR; single-pole, monopolar
MONORRIEL; monorail
MONOSILICATO; monosilicate
MONOTUBE; (pi) monotube
MONÓXIDO CARBÓNICO; carbon monoxide
MONTA; (mech)(C) lap
MONTAAUTOMÓVILES; automobile lift; automobile jack
MONTABARCO; device for raising boats in a canal
MONTABARRILES; barrel elevator
MONTACARGA; material hoist; windlass, winch, hoisting engine
COLGANTE; trolley hoist
DE ACERA; sidewalk elevator
DE CADENA; chain hoist, chain block
DE CAJÓN; skip hoist
PARA EDIFICACIÓN; builder's hoist
MONTACARROS; elevator for automobiles
MONTACENIZAS; ash hoist
MONTADO; mounted
A HORCAJADAS; (mech) straddle-mounted
EN BRONCE; bronze-mounted

SOBRE CAMIÓN; truck-mounted
SOBRE RUEDAS; wheel-mounted
MONTADOR; erector, steelworker
JEFE; foreman erector
MONTADURA; mounting, setting, erection; (bo) a setting
MONTAJE; erection, mounting, installation
DE ORUGAS; caterpillar mounting
DE SOLDADURA FUDIDA; cast weld assembly
MONTANTE; post, upright, stud; jamb, guide; stiffener (plate girder); vertical member of a truss; mullion, sash bar; transom
CORNIJAL; corner post
DE CONTENCIÓN; (bo) buckstay
DE ENCUENTRO; (casement) meeting stile
DE ESCALA; ladder string
DE PUERTA; hanging stile; jamb
EXTREMO; end post
MONTAÑA; mountain; (PR)(Pe) forest; (min)(M) country rock
MONTAR; to erect, assemble, mount, set
EN CALIENTE; to shrink on
MONTARRÓN; (Col) forest
MONTASACOS; bag elevator
MONTATROZAS; log haul-up rig
MONTAVAGONES; car elevator
MONTE; mountain; woodland, forest
ALTO; forest
BAJO; underbrush
TAILAR; forest fit for cutting into lumber
MONTEA; stonecutting; camber, rise of an arch; full-size drawing
MONTEAR; to lay out; to make a working drawing of; to arch, vault
MONTERA; skylight; (min) overburden
MONTÓN DE ALMACENAMIENTO; (M) stock pile
MONTÓN; pile
DE PIEDRAS; cairn
DE RESERVA; stock pile
MONTURA; saddle; mounting, setting, erection, assembly
DE LA TURBINA; (hyd) turbine setting
MONZONITA; monzonite
MORADA ADHERIDA; attached dwelling
MORATORIA; moratorium
MORDAZA; clamp, jaw; (rr)(C) splice bar; (C) pipe vise
AISLADORA; cleat insulator
ANGUIAR; (rr)(C) angle bar
DE AYUSTAR; rigger's vise
DE CABLE; cable clamp
DE CONTACTO; (elec) contact clip
DE PLACAS; (cab) plate clamp
DE VÍA; rail brace

TIRADOR DE ALAMBRE; come-along clamp
MORDIENTE; (C) toothing, bonding key
MORENA; moraine
    CENTRAL; medial moraine
    DEL FONDO; ground moraine
    FRONTAL; terminal moraine
    INTERNA; ground moraine
    LATERAL; lateral moraine
    TERMINAL DE RETROCESO; recessional moraine
MORFOLÓGICO; (geol) morphological
MORILLO; mudsill; deadman, andiron
MORRILLO; cobble, boulder, rubble stone, nigger-head
MORRO; headland; mass of masonry
MORSA; vise
    DE MANO; hand vise
    DE PIE; leg vise
    PARALELA; parallel vise
MORTAJA; mortise, socket
    CIEGA; stub mortise
    Y ESPIGA; mortise and tenon
MORTAJADORA; mortising machine, gaining machine
MORTAJAR; to mortise
MORTAJE ABIERTA; slip mortise
MORTALIDAD; (sen) mortality
MORTERO; (mas) (lab) mortar
    COLOCADO Y ENDURECIDO; prefloat
    DE AIRE COMPRIMIDO; pneumatic mortar
    DE BASE; (pt) underbed
    DE ESCURRIMIENTO; (mas)(water) weather fillet
    DE LIGAZÓN ALTA; high-bond mortar
    LANZADO; (M) gunite
    PARA PREVENIR SONIDO; (floor) pugging
MOSAICO; mosaic; (A) floor tile
MOSAIQUISTA; mosaic layer
MOSAISTA; (A) floor-tile layer
MOSQUETÓN; snap hook
MOSQUITERO; mosquito screen, mosquito net
    A GUILLOTINA; vertically sliding mosquito screen
MOSQUITO; mosquito
MOTOCAMINERA; motor grader, road patrol
MOTOCAMIÓN; motor truck
MOTOCONFORMADORA; motor grader
MOTOEXPLANADORA; motor grader
MOTOGRÚA; truck crane
MOTOMEZCLADOR; truck mixer
MOTÓN; block, pulley
    ARQUITRABE; skirting block
    DE AMANTILLAR; topping block
    DE APAREJO; tackle block
    DE COLA; tail block
    DE DOS GARRUCHAS; double block

    DE DOS NÚCLEOS; two-core block
    DE EMPUJE; (conc) thrust block
    DE GANCHO; fall block, hoisting block, hook block, load block
    DE GURRUCHAS MÚLTIPLES; multisheave block, multiple-sheave block
    DE IZAR; load block, fall block
    DE RABIZA; tail block
    DE TENSION; tension block
    DE TRES NÚCLEOS; (conc) three-core block
    DIFERENCIAL; differential hoist
    DOBLE; two-sheave block, double block
    FIJO; standing block
    SENCILLO; single-sheave block, single block
    SENCILLO DE CUERPO CERRADO; secret block
    VOLANTE; fly block
MOTONAVE; motor ship
MOTONIVELADORA; motor grader
MOTOPATRULLERA; (A) motor patrol
MOTOR; (n) motor, engine; (a) driving, motive
    A BENCINA; (Ch) gasoline engine
    A NAFTA; gasoline engine
    A PETRÓLEO; oil engine
    ACORAZADO; enclosed motor
    DE ACEITE; oil engine
    DE AGUA; water motor
    DE ANILLO; slip-ring motor
    DE ANILLOS ROZANTES; slip-ring motor
    DE ARRANQUE CON REACTOR; reactor-start motor
    DE COMBUSTIÓN INTERNA; internal-combustion engine
    DE CUATRO TIEMPOS; four-cycle engine
    DE DOS TIEMPOS; two-cycle engine stroke-cycle engine
    DE EXPLOSIÓN; gasoline engine
    DE FUERA DE ABORDO; outboard motor
    DE GAS; gas engine
    DE INDUCCIÓN; induction motor
    DE INDUCIDO DE BARRAS; squirrel-cage motor
    DE INDUCIDO DEVANADO; slip-ring motor
    DE INDUCIDO DE JAULA; squirrel-cage motor
    DE JAULA DE ARDILLA; squirrel-cage motor
    DE POTENCIA FRACCIONADA; fractional horsepower motor
    DE PRESIÓN CONSTANTE; constant-pressure-combustion engine
    DE TURBINA; turbine engine
    DE USO ESPECIAL; special-purpose motor
    DE VELOCIDAD REGULABLE; variable-speed motor, adjustable-speed motor

DE VELOCIDAD VARIABLE; varying-speed motor, variable-speed motor
DE VIENTO; windmill
DE VOLUMEN CONSTANTE; constant-volume-combustion engine
DIESEL; Diesel engine
DIESEL COMPLETO; full-Diesel engine
EN DERIVACIÓN; shunt-wound motor
EN SERIE; series-wound motor
ELÉCTRICO EN SERIE; series motor
INVERTIBLE; reversible motor
PRIMARIO; prime mover
MOTOR-CONVERTIDOR; motor converter
MOTOR-GENERADOR; motor generator
MOTORISTA AJUSTADOR; (A) engine repairman
MOTORIZAR; to motorize
MOTORRIEL; (rr) (Ch) track velocipede with power
MOVEDIZO; movable; unstable
MOVER; to move, drive, actuate
MOVIBLE; movable, portable
MOVIDO A CORREA; belt-driven
MOVIDO POR MOTOR; motor-driven
MÓVIL; portable, movable, mobile
MOVIMIENTO; motion, movement
AXIAL; axial motion
PERDIDO; lost motion
MUCA; (M) a kind of stone used in construction
MUCHETA; (A) jamb
MUELA; grindstone, whetstone, grinder
DE ESMERIL; emery wheel
PULIDORA; polishing wheel
MUEBLE; fitment
MUELLE; wharf, dock, quay, mole, pier; loading platform; spring
ANTAGONISTA; recoil spring, reactive spring, antagonistic spring
CARBONERO; coal wharf, coaling station
DE BALLESTA; laminated spring
DE HOJAS; laminated spring
DE TRANSBORDO; transfer platform, transfer wharf
EMBARCADERO; loading wharf
EN ESPIRAL; spiral spring
SALIENTE; (op) pier
MUERTO; (s) deadman
MUESCA; notch, mortise, groove, dap, gain
DE CHAVETA; keyway
DE GUÍA; undercut
MUESCAR; to notch, mortise, groove, dap
MUESTRA; a sample
COGIDA AL AZAR; random sample
ESTADÍSTICAS; statistical sampling
DE ANÁLISIS; analysis sample
DE CIENO; sludge sample
DE COLUMNA; (conc) stub column
DE LABORATORIO; laboratory sample

DE MATERIA EN LA CHIMENEA; stack sampling
DE MORTERO; mortar cube
DE SONDAJE; boring core; (conc) test core
DE SUELO; soil sample
FORTUITA; grab sample
NO DESCOMPUESTA; (sm) undisturbed sample
REPRESENTATIVA; representative sample
MUESTRARIO; collection of samples, set of cores
MUESTREADOR DE TIERRA; soil sample
MUESTREAR; to sample
MUESTREO; sampling
MUFLA; block and fall; (met) muffle
CON CADENA; chain block
MULTA; penalty, fine
MULTAR; to impose a penalty, penalize
MULTICAPA; multilayer
MULTICELULAR; multicellular
MULTIFILAR; multiple-wire, multiwire
MULTIGRADUAL; multistage, multiple-stage
MÚLTIPLE; (n) a manifold; (a) multiple
DE ADMISIÓN; intake manifold
DE ESCAPE; exhaust manifold
MULTIPLICADOR; (elec) multiplier
DE FUERZA AL VACÍO; vacuum booster
MULTÍPLICE; multiplex
MÚLTIPLO; multiple; (mech) manifold
COMÚN; common multiple
DEL AGUA; water manifold
MULTIPOLAR; multiple-pole, multipole
MULTITUBULAR; multitubular
MULTIVOLTAJE; variable voltage
MUNICIONERA; (v) ball bearing
MUNICIONES; shot, small balls
MUNICIPAL; municipal
MUNICIPIO; township
MUÑECA; poppet of a lathe; crankpin
CORREDIZA; (hoist), tailstock, popperhead
MUÑEQUILLA; pin, spindle
DEL CIGÜEÑAL; crankpin
MUÑÓN; gudgeon, journal, pivot, trunnion
DEL CIGÜEÑAL; crankpin
DE DIRECCIÓN; steerig knuckle
DE LA MANIVELA; crank pin
DE RUEDA; (auto) heel spindle
MUÑONERA; socket; journal box, bearing; (naut) gudgeon
MURALLA; wall
DE MAR; sea wall
MURALLÓN; heavy wall
DE DEFENSA; sea wall, bulkhead
DE RIBERA; dike, wall for bank protection; sea wall
MURAR; to wall
MURETE; light wall
CORTAAGUAS; baffle wall; cutoff wall

DE GUARDIA; (rd) guard wall
INTERCEPTADOR; cutoff wall
MURIÁTICO; muriatic
MURIATO; muriate, chloride
DE AMONÍACO; ammonium chloride
MURO; a wall; (min) footwall
A PRUEBA DE INCENDIO; fire wall
ALERO; wing wall
CONTRAFUEGO; fire wall, fire stop
CORTAFUEGO; fire division wall
CHICO; (conc) stub wall
DE ACOMPAÑAMIENTO; wing wall
DE ALA; wing wall
DE ALMA; core wall
DE APOYO; retaining wall; bearing wall
DE ASTA; wall 1 brick thick
DE ASTA Y MEDIA; wall 1 1/2 bricks
thick
DE CABECERA; headwall
DE CABEZA; headwall
DE CARGA; bearing wall
DE CIMIENTO; foundation wall
DE CONTENCIÓN; retaining wall
DE CONTENCIÓN A GRAVEDAD; gravity
retaining wall
DE CORTINA; core wall; curtain wall
DE CHICANA; baffle wall
DE DEFENSA; wing wall; sea wall;
parapet
DE DENTELLÓN; cutoff wall
DE DESVIACIÓN; baffle wall
DE ENCAUCE; (M) training wall
DE ENCAUZAMIENTO; training wall, river
wall, flood wall
DE ENCLAVAMIENTO; (C) core wall
DE ENJUTA; spandrel wall
DE FACHADA; front wall
DE GABALETE; gable wall
DE GUARDIA; cutoff wall
DE GUÍA; training wall
DE IMPEDIR; (M) baffle wall
DE LECHADO; slurry wall
DE MARGEN; training wall, river wall
DE MUELLE; sea wall, bulkhead, quay wall
DE PIE; toe wall, (A) cutoff wall
DE PIEDRA SECA; dry wall
DE REMATE; (V) headwall
DE RETENCIÓN; retaining wall
DE RETENCIÓN CON PLATAFORMA; shelf
retaining wall
DE RETENCIÓN CON SOBRECARGA;
surcharged wall
DE REVESTIMIENTO; facing wall, breast
wall
DE RIBERA; bulkhead, sea wall; river wall
DE SALTO; (spillway) deflector
DE SOPORTE; (ed) spine wall

DE SOSTENIMIENTO; retaining wall, (C)
bearing wall
DE SOSTENIMIENTO EMPOTRADO; (A)
cantilever retaining wall
DE VUELTA; (A) return wall, wing wall
DESVIADOR; deflector wall
DIVISORIO; partition wall
EN SECO; dry wall
EXCÉNTRICO; eccentric wall
GUÍA; flood wall
IMPERMEABILIZADOR; core wall
MEDIANERO; party wall
NERVADO; buttressed wall
NUCLEAR; core wall
PANTALLA; core wall
REFRACTARIO; fire wall
RIBEREÑO DE CONTENCIÓN; bulkhead
SERPENTINO; serpentine wall
MUSCOVADITA; muscovadite
MUSCOVITA; muscovite

N

NABO; spindle
NACER; (river) to rise, originate
NACIENTES; headwaters; (C) outcroppings
NADIR; nadir
NAFTA; gasoline, naphtha
NAFTALINA; naphthalene
NAPA; sheet of water, nappe
 FREÁTICA; ground water, water table
NARANJA DE AGUA; old Argentine irrigation
 unit, 1/4 of a marco
NARRIA; sled; road drag; cart
NATA; laitance, scum
NATIVO; native
NATURAL; natural, native
NÁUTICO; nautical
NAVAL; naval
NAVE; ship; (ed) bay; (C) shed
NAVEGABLE; navigable
NAVEGACIÓN; navigation
NEBLINA; mist
NECTON; (sen) nekton
NEFELINA; nephelite
NEFELINITA; nephelinite
NEGATIVO; negative
NEGOCIACIÓN; negotiation
NEGRO BUENO, EL; (C) old man; rail bender,
 jim crow
NEGRO DE CARBÓN; carbon black
NEGRO DE GAS; (M) gris black, carbon black
NEGRO DE HUMO; lampblack, carbon black, gas
 black
NEGRO DE MARFIL; ivory black
NEGRO JAPÓN; japan
NEGROSINA; vandyke print
NEIS; gneiss
NÉISICO; gneissic
NEÓN; neon
NEOPRENO; neoprane
NERVADO; ribbed
NERVADURA; rib, counterfort; purlin; leader
 (min)
NERVIO; rib, counterfort; web; stay; purlin
NERVURA; (A) rib
NERVURADO; (A) ribbed
NESSLERIZAR; (sen) nesslerize
NEUMÁTICA; pneumatics
NEUMÁTICO; (n) a pneumatic tire; (a) pneumatic

 ACORDONADO; cord tire
 BALÓN; balloon tire
 DE OREJAS; lug tire
 DE RECAMBIO; spare tire
 DE TEJIDO; fabric tire
NEUMÁTICOS GEMELOS; dual tires
NEUTRAL; (all senses) neutral
NEUTRALIZADOR; neutralizer
NEUTRALIZAR; to neutralize
NEUTRO; neutral
NEVADA; snowfall
NICHO; niche, (tun) manhole; (elec) cubicle; (rd)
 pothole
NIDO DE ABEJA; (conc)(A) honeycomb
NIEBLA CON HUMO; smog
NIEVE; snow
NIPLE; (tub) nipple
 CORTO; short nipple
 DE LARGO MÍNIMO; close nipple
 LARGO; long nipple
 PARA MANGUERA; hose nipple
NÍQUEL; nickel
NIQUELADO; nickel-plated
NIQUELÍFERO; containing nickel, nickeliferous
NISA; (lbr) tupelo, black gum, bay poplar
NITRAL; nitrate bed
NITRATINA; nitratine, caliche, native sodium
 nitrate
NITRATO; nitrate
 AMÓNICO; ammonium nitrate
 DE SODA; sodium nitrate, nitrate of soda
 POTÁSICO; potassium nitrate
NITRERA; nitrate bed
NITRERÍA; nitrate reduction works
NÍTRICO; nitric
NITRIFICACIÓN; nitrification
NITRITO; nitrite
NITRO; niter, saltpeter
NITROBACTERIAS; nitrobacteria
NITROCELULOSA; nitrocellulose
NITROGELATINA; nitrogelatine
NITROGENADO; nitrogenous
NITRÓGENO; nitrogen
NITROGLICERINA; nitroglycerine
NITROSO; nitrous
NITROSOMONAS; nitrosomonas
NITROTOLUENO; nitrotoluene
NITRURACIÓN; nitriding
NITRURO; nitride
NIVEL; (s) grade, level, elevation; (inst) level
 APLOMADOR; plumb and level, mason's
 level
 BAJO; lower level
 CON PLOMADA; a plumb level
 DE ABNEY; Abney level
 DE AGRICULTOR; farm level
 DE AGRIMENSOR, engineer's level

DE AGUA; (inst) water level; (pond) water level

DE AGUA ESTANCADA; standing water level

DE AGUA ESTÁTICA; (well) static water level

DE AIRE; spirit level

DE ALBAÑIL; mason's level, plumb and level

DE ALTITUD; altitude level

DE ANTEOJO; engineer's level

DE ANTEOJO CORTO; dumpy level

DE APOYOS EN Y; Y level

DE BASE; (river) base level

DE BOLSIILLO; pocket level

DE CALIDAD; quality control, quality standard

DE COMPARACIÓN; datum

DE CONTAMINACIÓN; contamination level

DE CUERDA; a line level

DE DRAGA; dredge level

DE EQUILIBRIO; (well) standing level

DE HORMIGONADO; (conc) lift line

DE HORQUETAS; Y level

DE INCLINACIÓN; batter level

DE INTENSIDAD DE SONIDO; (ra) loudness level

DE MANO; hand level, Locke level

DEL MAR; sea level

DE MIRA; (surv) rod level

DE NONIO; vernier level

DE PERALTE; (rr)(Ch) a track level

DE PERPENDÍCULO; a plumb level

DE PLOMAR; plumbing level

DE PRISMA; prism level

DE RUIDO; loudness level

DE SEGURIDAD; assurance level

DE TORPEDO; torpedo level

DE VÍA; a track level

DURANTE BOMBEO; (well) pumping level

FREÁTICO; ground-water level, water table

GEODÉSICO; (inst) geodetic level

MEDIO DEL MAR; mean sea level

MONTADO; (surv) striding level

PARA CONSTRUCTOR; a builder's level

POTENCIO MÉTRICO; (waterwell) potentiometric surface

RÍGIDO; dumpy level

TAQUIMÉTRICO DE MANO; stadia hand level

NIVELACIÓN; leveling; grading

CONTINUA; (rr) out of face surfacing

DE PERFIL; profile leveling

DE PRECISIÓN; precise leveling

DIFERENCIAL; differential leveling

POR RECÍPROCO; (surv) reciprocal leveling

RÁPIDA Y APROXIMADA; (surv) flying level

TAQUIMÉTRICA; stadia leveling

NIVELADA; (Es) (level) a sight

DE ADELANTE; foresight

DE ATRÁS; backsight

NIVELADO MECÁNICAMENTE; (rd) machine laid

NIVELADOR; levelman; grader

DE ARRASTRE; pull grader

NIVELADORA; grader, road scraper

AUTOMOTRIZ; motor grader

CARGADORA; elevating grader

DE CUCHILLA; blade grader, road scraper

DE EMPUJE ANGULAR; bullgrader

DE REMOLQUE; (rd) traffic grade

DE RUEDA RECTA; straight-wheel grader

DE RUEDAS INCLINABLES; leaning-wheel grader

DE SUBRASANTES; (rd) subgrader

ELEVADORA; elevating grader

EMPUJADORA; bulldozer

NIVELAR; to level, grade; to run levels; (rr) to surface

NIVOMÉTRICO; (A) pertaining to measurement of snow

NO CONFORME A ESPESURA ESPECÍFICADA; off gage

NO FUNCIONAR DE LA MANERA DISEÑADA; malfunction

NOCHE; night

NOCTURNO; night

NODAL; (math) nodal

NODO; (math)(elec) node

NODULAR; nodular

NOGAL; walnut

AMERICANO; hickory

NOMBRE DE FÁBRICA; trade name

NÓMINA; pay roll, list, statement

NOMINAL; nominal

NOMOGRAMA; nomograph

NONIO; vernier

NORAY; mooring post, mooring bitt, bollard

NORDESTE; northeast

NORIA; well; chain pump; bucket elevator; anything operated by endless chain; (C) pool

DE CANGILONES; bucket elevator

ELEVADORA; bucket elevator

NORMA; norm, a standard; a pattern

NORMAL; standard, normal (math) normal, perpendicular

NORMALIZAR; to standardize; (iron) to normalize

NOROESTE; northwest

NORTE; north

VERDADERO; true north

NOTAS DE CAMPO; field notes

NOVACULITA; novaculite

NUCLEAR; nuclear

NÚCLEO; core; nucleus
    ARTICULADO; jointed core
    CELULAR; cellular core wall
    CENTRAL; (str) kern
    DE ARCILLA; (hyd) puddle core
    DE CABLE METÁLICO; independent wire rope core
    DEL INDUCIDO; armature core
    DE PERFORACIÓN; drill core
    DEL RADIADOR; (auto) radiator core
    DE TORÓN DE ALAMBRE; (cab) wire-strand core
    DEL TRANSFORMADOR; transformer core
    MAGNÉTICO; core of a magnet
    TESTIGO; boring core, sample core
NUDILLO; plug; nailing block set in masonry
NUDO; knot (rope); (lbr) knot; (str) panel point, connection; (p) coupling; (naut) knot; (top) junction of mountain ranges
    APRETADO; (lbr) sound knot, fast knot
    BLANDO; (lbr) rotten knot
    DE LOS ASEGURADORES; (elec) underwriters' knot
    DE PRESILLA; (cab) bowline knot
    DE RIZOS; (cab) reef knot, flat knot, square knot
    DERECHO; (cab) flat knot, reef knot, square knot
    ENCAJADO; (lbr) encased knot
    FLOJO; (lbr) loose knot
    LLANO; (cab) flat knot
    SANO; (lbr) sound knot, tight knot, red knot
    VICIOSO (lbr), unsound knot, loose knot, red knot
NUDOSO; (lbr) knotty, full of knots
NUEVO DESARROLLO; redevelopment
NOMBRE; name
    ORDINARÍO; common name
    QUÍMICO; chemical name
NUBLADO; cloudy
NUMÉRICO; numerical
NÚMERO; number
    BÁSICO; base number
    CUÁNTICO; quantum number
    DE AGREGADO; (soils) mesh number
    DE FÁBRICA; (machy) shop number, factory number
    DE NEUTRALIZACIÓN; (oil) neutralization number
    DE PRECIPITACIÓN; precipitation number
    DE SERIE; serial number, shop number

O

ÓBELISCO; obelisk
OBILLO DE PIOLA; (Ec) ball of twine
OBJETIVO; object glass
OBLICUÁNGULO; oblique-angled
OBLICUAR; to cant, skew
OBLICUO; oblique, skew
OBLIGACIÓN; obligation, commitment
OBRA; work; a job, a project; a structure
    BLANCA; (carp)(A)(U) trim, millwork
    CAMINERA; road work
    DE DOS CAPAS; two-coat work
    DE MANO; labor; handwork
    DE TIERRA; dirt moving, earthwork
    EXTRA; (C) extra work
    FALSA; (C) falsework; concrete forms
    MUERTA; free board
OBRAS DE AGUA; waterworks
    DE ARRANQUE; (hyd) headworks
    DE ARTE; structures along a railroad, canal, or highway
    DE CABECERA; headworks
    DE EXCEDENCIAS; (hyd)(M) spillway structure, wasteway
    DE TOMA; intake works, headworks
    FISCALES; (Ch) public works
    PORTUARIAS; port works
    VIALES; road work
OBRADOR; workman; workshop; working platform; (A) construction plant
OBRAJERO; foreman; (B) skilled workman
OBRAR; to work; to construct, make
OBRERO; workman; laborer
    DE LA VÍA; trackman, track laborer
    DIESTRO; skilled workman
OBSERVATORIO; observatory
OBSIDIANA; obsidian, volcanic glass
OBSOLESCENCIA; (Ch) obsolescence
OBSTÁCULO; obstacle, encumbrance
OBTENCIÓN; procurement
OBSTRUCCIÓN; obstruction
    ARTIFICIAL; artificial obstruction
OBTURADO POR AIRE; airbound
OBTURADOR; plug, packer, stopper; (pb) trap; (auto) choke
    LAMINADO; (pmy) laminated shutter
OBTURAR; throttle
OBTUSO; obtuse

OCASIONAR; trigger
OCÉANO; ocean
OCLUSIÓN; occlusion
OCONITA; okonite
OCOTE; (M) pine
OCOZOL; gum tree, gum wood
OCRE; ocher
    AMARILLO; (miner), yellow ocher, yellow
    earth, limonite
    AZUL; azurite
OCTAGONAL; octagonal
OCTÁGONO; (n) octagon, *(a)* octagonal
OCTANO; octane
OCTAVO; *(s)* one eighth
OCULAR; (inst) eyepiece
    DE IMAGEN RECTA; erecting eyepiece
    RETICULADO; filar eyepiece
    SIMPLE; simple eyepiece (inverted image)
OCUPACIÓN; occupation, occupancy
OCHAVA; (A) beveled corner of a building at a
    street intersection
OCHAVADO; octagonal
OCHAVAR; to make octagonal; (A) to bevel the
    corner of a building
ODÓGRAFO; odograph
ODÓMETRO; odometer
ODONTÓGRAFO; odontograph
OFERTA; a bid, proposal, tender
OFERTANTE; (A) a bidder
OFICIAL; officer, official; journeyman, worker at a
    trade
    CARPINTERO; journeyman carpenter
    OFICINA; office; workshop; (Ch) nitrate
    works
    CENTRAL; headquarters, main office
    DE CONTRASTE; assay office
    DE FUSIÓN; smelter
    METEOROLÓGICA; weather bureau
    SALITRERA; (Ch) nitrate works
OFICIO; trade, occupation; official letter
    DE REMISIÓN; letter of transmittal
OFICIOS DE EDIFICACIÓN; building trades
OFITA; ophite
ÓHMICO; ohmic
OHMÍMETRO; ohmmeter
OHMIO; ohm
OHMIO-MILLA; ohm-mile
OHMIÓMETRO; ohmmeter
OJADA; (Col) putlog hole; skylight
OJAL; loop; grommet; eyelet
    DE ARANDELA; washer grommet
    DE CANDADO; padlock eye
    DE PÚAS; teeth grommet
    PARA CABLE; thimble, grommet
OJETE; ear (electric railway)
OJILLO DE PLATILLO; pad eye, eye plate
OJILLO GIRATORIO; swivel eye

OJO; eye; bay, span, opening
    DE AGUA; a spring
    DE LA CERRADURA; keyhole
    DE LA ESCALERA; stair well
    DE LA LLAVE; keyhole
    TIPO DE AZUELA; adz eye
    TIPO DE HACHA; ax eye
OLA; a wave
    DE FONDO; ground swell; ground roller
    ESTACIONARIA; standing wave
OLAJE; wave action, waves, wave motion
OLEADA; big wave; surge; swell
OLEAJE; wave action, waves; surge
ÓLEO; oil
OLEODUCTO; pipe line for oil
OLEOMETRO; oleometer
OLEOSIDAD; (lubricant) oilness
OLEOSO; oily
OLIGISTO; oligist, hematite
OLIGOCLASA; oligoclase
OLIGOCLASITA; oligoclasite
OLIGODINÁMICO; oligodynamic
OLMO; elm
OLOR; odor
OLLA; pot
    PARA FUNDIR; melting pot
    PARA SOLDADURA; solder pot
OLLAO; grommet hole in canvas, eyelet grommet
OLLETA; (top) pothole
OMBRÓGRAFO; recording rain gage, ombrograph
OMBRÓMETRO; rain gage, ombrometer
ÓMNIBUS, BARRA; bus bar
OMNÍMETRO; (sen) omnimeter
ONDA; a wave, (hyd) roller
    DE OSCILACIÓN; oscillating wave,
    gregarious wave
    DE PRESIÓN; pressure wave
    DE TRANSLACIÓN; translatory wave
    FREÁTICA; phreatic wave
    SENOIDAL; sine wave
    SÍSMICA SOBRE LA SUPERFICIE; (land)
    surface wave
    SONORA; soundwave
ONDULACIÓN; undulation
ONDULADO; corrugated
ONZA; ounce (weight)
    LÍQUIDA; fluid ounce
OOLITA; oolite
OPACADOR; (auto)(U) dimmer
OPACIDAD; opacity
OPACO; opaque
OPALESCENCIA; opalescence
OPCIÓN; option
OPERABLE; operable
    EXTERNAMENTE; externally operable
OPERACION; operation
    AUTOMÁTICA; automatic operation

DE MÁQUINA; working cycle
OPERACIONES; operations, running
    DE CAMPAÑA; field work
    DE CAMPO; field work
    DE EDIFICIO; building operations
    DE ESCRITORIO; (A) office work
    DE TALLER; shopwork
OPERADOR; engine runner, operator
OPERAR; to run, operate, work
OPERATIVO; operative
OPERARIO; workman, laborer, operative; engine
    runner
OPERARIO-HERRAMENTISTA; machinist,
    machine tool operator
OPOSICIÓN; opposition
OPRESOR; setscrew; (M) cable clip
ÓPTICO; optical
ÓPTIMO; optimum
OQUEDAD; cavity, hollow; (M) porosity
ORDEN; order
    DE CAMBIO; change order
    DE COMPRA; purchase order
ORDENADA; ordinate, offset
    MEDIA; middle ordinate
ORDENANZAS DE EDIFICACIÓN; building law,
    building code, zoning ordinance
OREJA; lug, flange; fluke of an anchor; claw of a
    hammer; (elec rr) ear
    DE ALIMENTACIÓN; (elec rr) feeder ear
    DE ANCLAJE; (elec rr) strain ear; (elec)
    outrigger
    DE EMPALME; (elec rr) splicing ear
    DE TRACCIÓN; grouser
    TENSORA; (elec rr) strain ear
OREJETA DE RUEDA; (auto) wheel lug
ORGÁNICO; organic
ORGANISMO; organism
ORIENTACIÓN; (surv)(math) orientation
ORIENTAR; to orient
ORIFICIO; orifice, hole
    ALARGADO; slotted hole
    DE ARISTAS VIVAS; sharp-edged orifice
    DE DRENAJE; weep hole, drain hole
    DE ENTRADA REDONDEADA; (hyd)
    rounded-approach orifice
    DE LIMPIEZA; handhole
    DE PURGA; drain hole
    DE REVISIÓN, inspection hole
    SIN CONTRACCIÓN; (hyd) suppressed
    orifice
    SUMERGIDO; submerged orifice
ORIGEN; (surv)(math) origin
ORILLA; edge; bank (river), shore; (rd) shoulder
    CORTANTE; cutting edge
    DE ACERA; curb
    IZQUIERDA; (river) left bank
ORÍN; rust

ORINAL; urinal
    DE PIE; pedestal urinal
ORINARIO; urinal
ORINQUE; buoy rope
ORLO; plinth
ORO; gold
OROGRÁFICO; orographic
ORÓGRAFO; orograph
OROHIDROGRÁFICO; orohydrographic
ORTOCLASA; orthoclase
ORTOCLÁSTICO; orthoclastic
ORTOFIRA; (A) orthophyre
ORTOGNEIS; orthogneiss
ORTOGONAL; orthogonal
ORTOGRÁFICO; orthographic
ORTOSA; orthose, orthoclase
ORUGAS; caterpillar mounting, crawler tread
OSCILACIÓN; (weld) wearing
    MOMENTÁNEA; (elec) transcient
OSCILADOR; oscillator, rocker
    DE PARRILLA; grate rocker
OSCILANTE; oscillating, rocking
OSCILAR; to oscillate, swing, wobble
OSCILATORIO; oscillating
OSCILOGRÁFICO; oscillographic
OSCILOGRAMA; oscillogram
OSCILOSCOPIO; oscilloscope
OSMIO; osmium
OSMONDITA; osmondite
ÓSMOSIS; osmosis
OTERO; hill, knoll
OVALADO; oval, slotted (hole)
OVALIZAR; to make oval
ÓVALO; (s) oval
OVOIDE; egg-shaped, ovoid
ÓVOLO; (s) quarter round
OXALATO; oxalate
OXIACETILÉNICO; oxyacetylene
OXIDACIÓN; oxidation, rusting
    FRACCIONADA; fractional oxidation
OXIDANTE; (s) oxidant
OXIDAR; to oxidize
OXIDARSE; to rust
ÓXIDO; oxide
    ARSENIOSO; arsenious oxide, arsenic
    trioxide
    CARBÓNICO; carbonic oxide, carbon
    monoxide
    CÚPRICO; copper oxide, cupric oxide
    DE CALCIO; calcium oxide, quicklime
    DE CINC; zinc oxide
    DE ESTRONCIO, strontium oxide
    DE HIERRO; iron oxide
    DE MAGNESIO; magnesium oxide, magnesia
    DE MANGANESO; manganese oxide
    DE TITANIO; titanium oxide
    FERROSOFÉRRICO; ferrosoferric oxide

HÍDRICO; hydrogen oxide
MANGANOSO; manganous oxide
NÍTRICO; nitric oxide
NITROSO; nitrous oxide
OXIGENACIÓN; oxygenation
OXIGENAR; to oxygenate
OXÍGENO; oxygen
OXIHIDRATO; oxyhydrate
OXILÍQUIDO; liquid oxygen
OXINITRATO; oxynitrate
OXISULFATO; oxysulphate
OZONADOR; ozonizer, ozonator
OZONAR; to ozonize, ozonate
OZONIFICAR; to ozonize
OZONIZAR; to ozonize, ozonate
OZONO, OZONA; ozone
OZONÓMETRO; ozonometer
OZONOSCÓPICO; ozonoscopic

P

PABELLÓN; bellmouth; tent, canopy;
(U) autohood
PABILO; wick; packing; (C) caulking yarn
PAFIÓN; soffit
PAGADOR; paymaster
PAILA; boiler (small)
PAILERÍA; (C) boiler shop; boiler making
PAILERO; (C) boilermaker
PAISAJISTA; landscape engineer or contractor
PAJA; straw
DE AGUA; measure of water
DE MADERA; excelsior
PALA; to shovel; blade; paddle; scraper
A CUCHARA; (A) power shovel
A GUINCHE; (A) cable-operated scraper
A VAPOR; steam shovel
APLANADORA; (A) skimmer, skimmer scoop
CARBONERA; scoop shovel, coal shovel, fire
shovel
CON BALDE DE ARRASTRE; (A) dragline
excavator
CON EMPUÑADURA DE ESTRIBO; D-
handle shovel
CUADRADA; square-point shovel
DE ARRASTRE; drag scraper, slip scraper;
trench hoe; pull shovel, backdigger
DE ARRASTRE DE VOLTEO; dump scraper
DE ARRASTRE GIRATORIA; rotary scraper
DE BENCINA; gasoline shovel
DE BUEY; drag scraper, slip scraper
DE CABALLO; drag scraper, slip scraper
DE CABLE DE ARRASTRE; dragline
excavator
DE CAMIÓN; truck shovel
DE CUBO; (A) scoop shovel
DE CUCHARA; scoop shovel
DE CHUZO; (min) round-point shovel
DE MANGO LARGO; long-handled shovel
DE PALEAR; (A) square-point shovel; a
shovel of any type as opposed to a spade
DE RUEDAS; wheeled scraper
DE TIRO; (ce) dragshovel, pullshovel, trench
hoe
DE TRACCIÓN; traction shovel
DESENCAPADORA; stripping shovel
FLOTANTE; dipper dredge
FRESNO; fresno scraper

HIDRÁULICA DE ARRASTRE; hydraulic
scraper
MECÁNICA; power shovel
NEUMÁTICA; pneumatic clay spade,
airspade; (A) pneumatically operated scraper
NIVELADORA; skimmer scoop
PARA HOYOS; posthole shove
PARA PUNTEAR; (A) spade
PUNTA CORAZÓN; (A) round-point shovel
PUNTA CUADRADA; square-point shovel
RASADORA; skimmer scoop
REDONDA; round-point shovel
RETROEXCAVADORA; dragshovel,
pullshovel, pullscoop
TOPADORA; (A) bulldozer
TRANSPORTADORA; carryall scraper,
carrying scraper, hauling scraper
ZANJADORA; ditching shovel
PALA-DRAGA; dragline excavator
PALA-GRÚA RASTRERA; dragline excavator
PALADA; shovelful
PALADIO; palladium
PALANCA; lever, crowbar; arm of a couple;
purchase; (A) steel billet
ACODILLADA; bell crank
ANGULAR; bell crank
DE ACOPLAMIENTO; (A)   clutch lever
DE AGUJA; (rr) switch lever
DE BALANCÍN; rocker lever
DE CAMBIO; (rr) switch lever; (auto)
gearshift lever
DE CAMBIO DE MARCHA; reversing lever;
gear-shift lever
DE CHUCHO; (rr) switch lever
DEL FRENO; brake lever
DE FRICCIÓN; friction-clutch lever
DE GANCHO; cant hook, peavy
DE HIERRO; crowbar
DE INVERSIÓN; (machy) reverse lever
DE MANDO; control lever
DE MANIOBRA; operating lever; (rr) switch
lever, handspike
DE TUMBA; (rr) ground lever, tumbling lever
DE VAIVÉN; rocker arm
DE VELOCIDADES; gearshift lever
EN T; T crank
OSCILANTE; rocker lever
PALANGANA; washbasin; water-closet bowl
PALANQUE; (M) barring, working with a bar
PALANQUEAR; to pry
PALANQUERO; (Ch) brakeman; (Col) timberman
PALANQUETA; handspike; small lever; jimmy
PALANQUILLA; (A) steel billet
PALANQUITA; lever
DE ESTRANGULACIÓN; throttle lever
DE OBTURADOR; (U) throttle lever
PALASTREAR; to trowel

PALASTRO; plate steel; sheet metal; steel slab
DE ENSAMBLE; gusset plate
DE HIERRO; sheet iron
EN BRUTO; (str) steel slab
ONDULADO; corrugated sheets
PALAÚSTRE; a trowel
PALCONCELLOS; (A) stop logs
PALEADOR; shoveler
PALEAR; to pound; to shovel
PALEO; shoveling
PALERO; shoveler; (min) timberman
PALETA; small shovel; blade; trowel; blade tamper;
paddle; pallet; (turb) wicket, vane
ACABADORA; finishing trowel
DE AMASAR; gaging trowel
DE LA HÉLICE; propeller blade
DE MADERA; (mas) float
DE REGULACIÓN; wicket of a turbine, guide
vane
DE YESERO; plasterer's paddle
DIRECTRIZ; (turb) guide vane, wicket gate
ESPARCIDORA; (rd) spreader-finisher
GUIADORA; (turb) guide vane, wicket gate
PALETADA; trowelful
PALETÓN; bit of a key
PALIZA; (Ec) split-cane base for mud plaster
PALIZADA; fence, palisade, stockade; trestle
bent
PARA NIEVE; snow fence
PALMITO; palmetto
PALO; pole, mast, staff, log, timber
BLANCO; whitewood, poplar
BRASIL; brazilwood
DE HIERRO; ironwood
DE LANZA; lancewood
SANTO; lignum vitae
PALOMETA; (B) wall bracket
PALOMILLA; wall bracket: bearing, journal box
PALUSTRE; (n) a trowel; (a) swampy, marshy
PALUSTREAMIENTO; spreading
PALUSTREAR; to trowel
PALUSTRILLO; pointing trowel
PALLETE; fender for boats
PAMPA; flat country, prairie, pampa
PAMPERO; (A)(U) line squall
PAN; a cake or lump of anything, a pat
DE CARBÓN; coal briquette
DE HIERRO; pig of iron
DE TIERRA; soil cake
PANALES; (conc) honeycomb
PANDA; (C) a sag; a warp
PANDEAR; to buckle, sag, bulge
PANDEO; buckling, sagging, bulging
DE PLANCHA DE ALMA; web buckling
DE UN ELEMENTO DE COMPRESIÓN;
local buckling
LATERAL; lateral buckling

PANDERETE; brick on edge; a wall of brick on
    edge; a wall 1 brick thick
PANEL; panel; bay of a building
    DE INSTRUMENTOS; (auto) instrument
    board
    DEPRIMIDO; (ed conc) drop panel
    NO LIGADO; unsanded panel
PANNE; breakdown, engine failure
PANORAMA; vista, view
PANTALLA; screen; (inst) sunshade; (hyd) core
    wall, cutoff wall, face slab
    CENTRAL HUECA; cellular core wall
    DE AGUA; waterwall
    DE AGUAS ARRIBA; deck
    (Ambursen dam)
    DE ARCILLA; puddle core; clay blanket
    DE REBOTE; a baffle
    NUCLEAR;(hyd) core wall
    PLANA; (A) flat slab (dam)
PANTANO; lake, reservoir; swamp, marsh, bog,
    swale
    REGULADOR; regulating reservoir
PANTANOSO; swampy, marshy
PANTÓGRAFO; pantograph
PANTOMETRÍA; pantometry
PANTOMÉTRICO; pantometric
PANTÓMETRO; pantometer; bevel square
PANZA; vessel belly (column entasis
    DE PESCADO; fish belly, bulge
PAÑETE; (Col) mortar, plaster, stucco
PAÑO; panel; cloth; (A) sash of a double-hung
    window
PAÑOL; storeroom; bin
PAPALOTE; (M) windmill
PAPEL; paper
    ABRASIVO; abrasive paper
    ALQUITRANADO; tar paper
    ASBESTINO; asbestos paper
    CONGO; Congo paper
    CUADRICULADO; cross-section paper
    DE ASFÁLTICO; (roof) roofing paper
    DE CALCAR; tracing paper
    DE CARBÓN; carbon paper
    DE CARTUCHO; (dwg) cartridge paper
    DE CURACIÓN; (conc) curing paper
    DE CÚRCUMA; turmeric paper
    DE DIBUJO; drawing paper
    DE EDIFICACIÓN; building paper
    DE ENSAYO; test paper
    DE ESMERIL; emery paper
    DE ESTAÑO; tin foil
    DE FILTRAR; filter paper
    DE GRANATE; garnet paper
    DE LIJA; sandpaper
    DE LIJA DE PEDERNAL; flint paper
    DE OZONO; ozone paper
    DE PESCADO; (elec); fish paper

    DE REVESTIMIENTO; sheathing paper,
    building paper
    DE TORNASOL; litmus paper
    DE VIDRIO; glass paper
    EMBREADO; roofing paper, tar paper
    HELIOGRÁFICO; blueprint paper
    PARAFINADO; parafined paper
    PARA PERFILES; profile paper
    REACTIVO; litmus paper, test paper
    TELA;(Col) tracing paper
PAQUETERÍA DE COMPUTADORA; computer
    software
PAR; (fin) par; (math) couple; (ed) rafter; (elec)
    cell; team of horses; pair
    DE ARRANQUE; starting torque
    DE FUERZAS; couple
    ESTEREOSCÓPICO; stereoscopic pair
    MAGNÉTICO; magnetic couple
    TÉRMICO; thermocouple
PARÁBOLA; parabola
PARABÓLICO; parabolic
PARABOLOIDE; paraboloid
PARABRISA; windshield
PARACAÍDAS; safety device on an elevator;
    parachute
PARACÉNTRICO; paracentric
PARÁSITO; (n)(a) parasite
PARACHISPAS; spark arrester
PARACHOQUE; bumper, buffer
PARADA; a stop; obstruction; (hyd) diversion dam;
    shutdown, (elec) outage; (machy) standstill
PARADERA; (hyd), sluice gate
PARADERO; railroad station; stopping place
PARADO; steep
PARADOR; (mech) a stop
PARAFANGO; mudguard
PARAFINA; paraffin
PARAFINICIDAD; paraffinicity
PARAFÍNICO; paraffinic
PARAFINOSO; containing paraffin
PARAFUEGO; fire stop
PARAGNEIS; paragneiss
PARAGOLPES; bumper, buffer; bumping post,
    push bumper; fender pile; door stop
    DE ELEVADOR; spring buffer
PARAHIELOS; ice screen
PARAL; post, pole
PARALAJE; parallax
PARALELAR; to parallel
PARALELAS DE CRUCETA; crosshead guides
PARALELEPÍPEDO; parallelepiped
PARALELISMO; parallelism
PARALELO; (n)(geo)(math) parallel; (a)
    parallels
PARALELOGRAMO; parallelogram
PARALIZACIÓN; shutdown
PARALIZAR; to stop, shut down

PARALURTE; shed for protection against land
    slides
PARALLAMAS; flame arrester
PARAMAGNÉTICO; paramagnetic
PARAMENTAR; to face
PARAMENTO; face, surface; (C) hanging ledge
PARAMERA; region of paramos, bleak country
PARÁMETRO; (math) parameter
PÁRAMO; high plateau, paramo
PARANIEVE; snow fence, (roof) snow guard
PARANTE; (A) post, stud, scaffold pole; vertical
    member of a truss
PARAPETO; parapet
PARAR; to stop, shut down
PARARRAYOS; lightning arrester, lightning rod
    A PILAS DE ALUMINIO; aluminum-cell
    arrester
    DE ANTENAS; horn-type arrester
    DE CAPA DE ÓXIDO; oxide film arrester
    DE CUERNOS; horn-type arrester
PARATA; a terrace
PARAÚSO; gimlet, carpenter's brace; mandrel
PARAVIENTO; windshield
PARAXIAL; paraxial
PARCELA; parcel, paquete
    DE TERRENO; parcel
PARCHAR; to patch
PARCHE; a patch
PARCHO;(C)(PR) patch
PARECILLO; rafter
PARED; wall
    APIÑONADA; (Col) gable wall
    APUNTALADO; braced wall
    CARGADA; bearing wall
    COMPUESTA; compound wall
    CONTRA INCENDIO; fire wall
    CORTAFUEGO; fire wall
    DE ANCLAJE; anchor wall
    DE ANCHURA DE UN LADRILLO; whole-
    brick wall
    DE APOYO; bearing wall
    DE AREA; area wall
    DE ARRIMO; curtain wall; partition
    DE BAÑO; splash wall
    DE CERRAMIENTO; enclosure wall
    DE DIAFRAGMA; diaphragm wall
    DE ENTRAMADO; stud wall
    DE GRAVILLA; (well) gravel wall
    DE LADRILLOS A SARDINEL; rowlock wall
    DE MUELLE; dock wall
    DE PEDREGULLO; (well) gravel wall
    DE RECIPIENTE; bin wall
    DE REGADERA; splash wall, shower wall
    DE RELLENO; curtain wall, filler wall,
    spandrel
    DE SEPARACIÓN; partition
    DE SÓTANO; basement wall

    DELGADO; slender wall
    DESDE CIMENTACIÓN HASTA EL PISO;
    stem wall
    DESVIADORA; baffle wall
    DIVISORIA; partition, division wall, (math)
    solid partition, bulkhead wall; fire partition
    DIVISORIA CON DESPERDICIOS DE
    SUELO; stack partition
    ENCERRADORA; enclosure wall
    EXCÉNTRICA; eccentric wall
    INCLINADA AL VERTICAL; (slab) tilt-slab
    wall unit
    LIMITADORA; boundary wall
    MAESTRA; main wall, bearing wall
    MEDIANERA; party wall
    QUE ABSORBA CALEFACCIÓN SOLAR;
    (conc) trombe wall
    VOLADA; cantilever wall
PAREDES; walls
    CONSTRUÍDAS DE TIERRA; rammed-earth
    wall
    FLEXIBLES; flexible walls
PAREDÓN; thick wall; cliff
PAREJA; team of horses; (pt)(C) priming coat
    AUXILIAR; snap team, snatch team
PAREJO; even, flush
PARHILERA; ridgepole
PARIHUELA; handbarrow
PARO; shutdown; breakdown; strike; lockout
    OBRERO; a strike
    PATRONAL; a lockout
PARQUÍMETRO; parking meter
PARRILLA; rack, grating, grate, grid; grizzly; (dd)
    gridiron
    CONTRA BASURAS; trashrack
    CORREDIZA; traveling grate
    DE BÁSCULA; dumping grate
    DE HOGAR; grate
    DE SERVICIO; utility grid
    ESCALONADA; step grate
    OSCILANTE; rocking grate
    SACUDIDORA; shaking grate
PARTEAGUAS; (top) a divide, ridge; (irr)(M)
    division box
PARTELUZ; mullion; muntin, sash bar
PARTE; member, part
    DEL EXTREMO; (auto) tail plate
PARTES; parts, members
    CONTRATANTES; contracting parties
    DE TECHO EN POSICIÓN; roof framing
    DE REPUESTO; replacement parts
PARTICULA; speck, particle
PARTÍCULO; particle
    BLANDO DE AGREGADO; soft particle
PARTIDA; an item; (act) an entry
    GLOBAL; lump-sum item
PARTIDO; split, divided

PARTIDOR; a device for proportional division of a
dam; a division box; (va) spreader
DE ÁNGULO; angle divider
DE ÁREA; area divider
DE MUESTRAS; sample spitter
PARTIDORA DE HORMIGÓN; concrete breaker,
paving breaker
PARTIDORA DE PAVIMENTOS; paving breaker
PARTILLO ANGULAR; angular particle
PASACORREA; (Ch) belt shifter
PASADERA; walkway, footbridge; catwalk; (A)
overhead crossing
PASADIZO; passage, corridor, aisle, hallway
DEL ASCENSOR; (A) elevator shaft
PASADOR; pin, cotter; door bolt; track bolt; tie
rod; driftbolt
AHUSADO; taper pin, driftpin
ANTILEVADIZO (BISAGRA); nonrising pin
DE ALETAS; (U) cotter pin
DE ANCLAJE; anchor pin
DE ARTICULACIÓN; wrist pin
DE BISAGRA; hinge pin
DEL CIGÜEÑAL; crank pin
DE LA CRUCETA; crosshead pin
DE CHAVETA; cotter pin
DEL ÉMBOLO; piston pin, (auto) gudgeon
pin
DE EMBUTIR; mortise door bolt, flush bolt
DE ENGANCHE; coupling pin
DEL EXCÉNTRICO; eccentric pin
DE GRILLETE; shackle bolt
DE HORQUILLA; clevis pin
FIJO; fast pin (butt)
HENDIDO; cotter pin
INAFLOJABLE; (butt) fixed pin
SUELTO; (butt) loose pin
PASAHOMBRE; (A) manhole
PASAJE; passage money, fare; narrows, strait;
passage, corridor
ABOVADOR; archway
PASAJERO; passenger
PASAMANO; handrail; gangway
PASANTE; through, passing
PASAPORTE; passport
PASAPORTÓ; (PR) keyhole saw
PASARELA; footbridge; (A) walkway
DE SERVICIO; operating bridge
PUENTE; footbridge
PASATIEMPO; (Ch) timekeeper
PASERO; (Col) ferryboat; ferryman
PASILLO; walkway, corridor, aisle, passageway
PASIVO ACUMULADO; (fin) accrued liability
PASO; a step, pace; passage; step, stair tread run;
ladder rung; (top) a pass; a ford, (mech) pitch,
lead; (cab) tuck
A NIVEL; grade crossing
APARENTE; (thread) apparent pitch

CIRCUNFERENCIAL; circular pitch, arc
pitch
DE ARROLLAMIENTO; winding pitch
DE BATEA; (V) paved ford
DEL COLECTOR; (elec) commutator pitch
DE ESFUERZO PREFATIGADOR; path of
prestressing force
DE FILTRACIÓN; path of seepage
DE HOJARASCA; (hyd) trash chute
DE HOMBRE; manhole
DE MADERAS; (hyd) log sluice
INFERIOR; undergrade crossing, underpass
POLAR; (elec) pole spacing, pole pitch
POR DEBAJO; undergrade crossing, under
pass
POR ENCIMA; overhead crossing, overpass
RECTO, A; straightway
REGULABLE; (turb) variable pitch
SUBTERRÁNEO; subway
SUPERIOR; overhead crossing, overpass
PASTA; paste, pulp
AGUADA DE CEMENTO; cement slurry
ARCILLOSA; (M) clay puddle
DE CEMENTO; cement paste
DE SOLDAR; soldering paste
ESMERIL; emery paste
PARA CORREAS; belt dragging
PARA VÁLVULAS; valve-grinding compound
PASTECA; snatch block, guide block, lead block
DE UNA SOLA GUALDERA; cheek block
PASTILLA; soil cake; cement pat
PASTÓN; (A) batch
PATA; leg of a bent; dredge spud; grouser; shank;
wing rail of a frog; (mech) foot; (rr) flange of
an angle bar
DE CABRA; sheepsfoot (roller); crowbar;
claw bar
DE DRAGA; dredge spud
DE GALLO;(mech), crowfoot
DE GANSO; notch; crowfoot; bridle
(mooring)
DE LIEBRE; wing rail of a frog
DE OVEJA; (Ec) sheepsfoot (roller)
DE PÁJARO; (bo) crowfoot brace
DE VACA; neat's-foot (oil)
INCLINADA; batter post
PATANO DE LA MAREA; tidal marsh
PATENTAR; to patent
PATENTE; patent; grant; permit, license;
concession
EN TRAMITACIÓN; patent pending
PATÍN; shoe; brake shoe; contact shoe; skid; slide;
base of a rail; runner; (M) flange
DE LA CRUCETA; crosshead shoe
PÁTINA; (met) patina
PATINAJE; skidding, slipping
PATINAR; to skid, slip

PATINAZO; a skid
PATIO; inner court (house); (mtl) yard; (rr) yard; patio
    DE ALMACENAJE; (mtl) store yard
    DE CLASIFICACIÓN; (rr) classification yard, sorting yard
    DE DEPÓSITO; (mtl) store yard
    DE ENTREGA; (rr) delivery yard
    DE LOMO; (rr) hump yard
    DE LLEGADA; (rr) receiving yard
    DE MANIOBRA POR GRAVEDAD; (rr) gravity yard
    DE RESERVA; (rr) storage yard
    DE RETENCIÓN; (rr) hold yard
    DE SALIDA; (rr) departure yard
    DE SELECCIÓN; (rr) classification yard
PATITAS DE CARNERO; sheepsfoot (roller)
PATRÓN; standard; template, pattern, jig; employer; (Col) foreman
    DE AGUJEREAR; drilling template
    DE ANCHOR; (rr) track gage
    DE PERAITE; (rr) gage for superelevation, stepped level board
PATRONO; employer
PATRULLA; gang, squad; patrol
    CAMINERA; (machy) road patrol
PATRULLADORA; (machy) road patrol
PAVIMENTACIÓN; paving, pavement
    DE CONCRETO; concrete paving
PAVIMENTADO, NO; unpaved
PAVIMENTADORA; paving mixer
    DE CAMIÓN; motopaver
    DE MOLDE CORREDIZO; slipform paver
PAVIMENTAR; to pave
PAVIMENTO; pavement
    BITUMINOSO; bituminuous cement
    DE ADOQUINES DE ASFALTO; asphalt block pavement
    DE CONCRETO; (rd) pavement concrete
    DE UNA SOLA CAPA; one-course pavement
    EN ESCALON; echelon paving
    INVERTIDO; invert pavement
    RÍGIDO; rigid pavement
PAVONADO; (steel) blue
PEAJE; toll
PEATÓN; foot passenger, pedestrian
PEDACERÍA DE FIERRO; (M) tramp iron
PEDAL; pedal, treadle, foot lever
    DE ARRANQUE; starter pedal
    DE DESEMBRAGUE; clutch pedal
PEDAZO; piece
    DE CONCRETO; rock pocket
    DE DOS PULGADAS; two-inch piece
    DE MANDIL; apron piece
    DE METAL; slug
PEDERNA; flint; niggerhead (stone)
PEDESTAL; pedestal

    COLGANTE; shaft hanger
    DE ARMADURA; truss shoe
    DE CHUCHO; switch stand
    DE MANIOBRA; (hyd) gate stand, floor stand, (rr) switch stand
    DE OSCILACIÓN; (bdg) rocker
    INDICADOR DE MANIOBRA; indicating floorstand
PEDIDO; order, requisition; demand
PEDÓMETRO; pedometer
PEDRAPLEN; rock fill; riprap
PEDREGAL; gravel bed; stony ground
PEDREGÓN; (Ch) boulder
PEDREGULLO; gravel, broken stone, coarse aggregate
PEDREJÓN; boulder
PEDRERA; a quarry
PEDRERO; stonecutter; (Ch) stony ground
PEDRISCAL; (M) riprap
PEDRIZA; stony ground; gravel bed; quarry (Sp) dry wall
PEDRUSCO; boulder, block of stone; (M) cobble
PEGA; pitch, mastic, cementing material; (min) a blast
PEGADA; (M) a blast
PEGADOR; (min) blaster
PEGAJOSO; sticky, gummy, tacky
PEGAR; to stick, glue; (min) to fire a blast
PEGARSE; to cohere, cake; to stick, bind
PEGMATITA; pegmatite
PEGMATÍTICO; pegmatitic
PEINAZO; rail of a panel door
    DE LA CERRADURA; lock rail
    SUPERIOR; (door) top rail
PEINE; screw chaser, die for threading
    PARA HEMBRAS; inside chaser
    PARA MACHOS; outside chaser
PEIRÁMETRO; peirameter
PELADILLA; (Es) pebble, small cobble
PELARSE; to scale off
PELDAÑO; step, (stair) tread, ladder rung
    DE POSTE; pole step
    DE REGISTRO; manhole step
    DE SEGURIDAD; safety tread
PELÍCULA; pellicle
PELICULAR; pellicular
PELIGRO; danger, hazard
    DE INCENDIO; fire danger
    DE GOLPE; (elec) shock hazard
PELOS DE LA ESTADIA; stadia hairs
PELTRE; spelter, zinc
PENDIENTE; (n) grade, slope, gradient, talus; (C)(Ch) (Sp) downgrade; (min) hanging wall; *(a)* hanging; pendent
    ABAJO; downgrade
    ARRIBA; upgrade
    ASISTENTE; assisting gradient

CRÍTICA; critical slope
DE LA ENERGÍA; energy gradient
DE FLOTACIÓN; (hyd) flotation gradient
DE FROTAMIENTO; friction slope
DE LÍMITE; limiting grade
DE TEMPERATURA; temperature gradient
DE VAIVÉN; switchback
DETERMINANTE; ruling grade
DOMINANTE; ruling grade
EN DESCENSO; downgrade
EN SUBIDA; upgrade, adverse grade
FUERTE; steep grade, heavy grade
HIDRÁULICA; hydraulic slope
LEVE; light grade
LIGERA; light grade
MAGNÉTICO; (geol) magnetic slope
PIEZOMÉTRICA; hydraulic gradient,
hydraulic slope
SUAVE; light grade, easy grade
TRANSVERSAL; (rd) crossfall
VIRTUAL; virtual grade
PÉNDOLA; hanger; queen post; (str) king bolt;
pendulum
PENDOLÓN; hanger; king post
LATERAL; queen post
REY; (Col) king post
PENDULAR; pendular
PENETRABLE; penetrable
PENETRACIÓN; penetration; (shear) punching
INVERTIDA; (rd) inverted penetration
PENETRADOR; (inst) penetrator
PENETRÓMETRO; penetrometer
PENILLANURA; peneplain
PENÍNSULA; peninsula
PENTACIORURO; pentachloride
PENTAFÁSICO; five-phase
PENTAFILAR; five-wire
PENTAGONAL; pentagonal
PENTÁGONO; pentagon
PENTANO; pentane
PENTAÓXIDO; pentoxide
PEÑA; rock, cliff; peen of a hammer, (V) cobble
PEÑASCAL; mass of rock, cliff; (V) cobble gravel
PEÑASCO; cliff, large rock
PEÑON; mass of rock; boulder; cliff
PEÑONAL; (V), boulder gravel
PEÓN; laborer; (mech) journal, spindle; (min) strut,
shore
DE ALBAÑIL; mason's helper, hod carrier
DE CARPINTERO; carpenter's helper
DE PICO Y PALA; common laborer
DE VÍA; trackman, track laborer
ELECTRICISTA; electrician's helper
VIAL; road laborer
PEONADA; common labor; (A) gang of laborers
PEONAJE; common labor
PEPTONA; (sen) peptone

PEQUEÑA; small
ABERTURA DE CEDAZO DE AGREGADO;
nominal maximum size of aggregate
ALBERCA DE AGUA; plunge
PERÁCIDO; peracid
PERALTAJE; (rr)(V) superelevation
PERALTAMIENTO; banking (curve),
superelevation
PERALTAR; to raise; to bank (curve), (rr) to
superelevate
PERALTE; raising; superelevation of the outer rail;
depth girder; camber
PERALTO; rise (arch); rise (step); (V) height
PERCÁN; (Ch) rust
PERCEPTOR; perceptor
PERCIANAS; venetian blinds
PERCLORATO; perchlorate
PERCLORURO; perchloride
PERCOLACIÓN; percolation, seepage, creep,
filtration
AFLUENTE; influent seepage
EFLUENTE; effluent seepage
PERCOLARSE; to seep, percolate
PERCRÓMICO; perchromic
PERCUSIÓN; percussion; (str) impact
PERCHA; pole, rod; (meas)(A) rod; (Col)
scaffold
PÉRDIDA; loss; pump slip
AL FUEGO; loss on ignition
DE CARGA; (hyd) head loss
DE CARRERA; backlash
DE ENTRADA; (hyd) entrance loss
DE EZFUERZO EN SERIE; sequence-
stressing loss
DE OPERACIÓN; (irr) operation waste
DE POZO; well loss
DE RADIACIÓN SOLAR; optical loss
EN EL COBRE; (elec) copper loss
EN LA CONDUCCIÓN; (hyd) conveyance
loss
EN EL NÚCLEO; (elec) core loss
PARCIAL; partial loss
POR CHOQUE; (hyd) shock loss
POR FRICCIÓN; friction loss
POR HISTÉRESIS; (elec) hysteresis
loss
POR IGNICIÓN; loss on ignition
POR REMOLINO; (hyd) eddy loss
POR RESISTENCIA; heat loss
SIGNIFICANTE; significant loss
TOTAL; total loss
PERFIL; profile section; a rolled steel shape
AERODINÁMICO; streamlining
ANGULAR; steel angle
DE AVANCE DEL TRABAJO; progress
profile
DE CAMINO; (cut and fill) mass profile

DE CONSTRUCCIÓN; structural shape, rolled steel shape
DE GOLA; ogee
DE GRAVEDAD; (dam) gravity section
DE TENSIÓN; (str) tendon profile
DE TIERRA Y ELEVACIÓN ORIGINAL; natural ground
DOBLE T; I beam
EN ESCUADRA; steel angle, angle iron
ESTRUCTURAL; structural shape
I; I beam
LAMINADO; a rolled steel section
NORMAL; standard section
T; T iron
T DE DIVISIÓN DE UNA VIGA; split-beam T
U; steel channel, channel iron
U PARA CONSTRUCCIÓN DE CARROS; car-building channel
U PARA CONSTRUCCIONES NAVALES; shipbuilding channel
Z; Z bar
ZORÉS; trough plate
PERFIL-BARRA; bar-size section
PERFILADO; (a) outlined, shaped; streamlined
PERFILADORA; shaper; profiling machine
PERFILAR; to shape, form; to outline, rout
PERFILERO; (Ec) engineer who takes cross sections with a hand level
PERFILÓGRAFO; profilograph
PERFILÓMETRO; profilometer
PERFORACIÓN; drilling, boring, perforation; drill hole; rivet hole
A BALAS; shot drilling
A MANO; hand drilling
DE BARRENA; auger boring
CON CORAZÓN; core drilling
CON LAVADO; wash boring
DE LÍMITE; line drilling
DE PRUEBA; test boring
NORMAL; standard drilling
PARA INYECCIÓN; grout hole
PERFORACIONES DE CUÑA; (tun) cut holes
PERFORADOR; perforator
PERFORADORA; a drill
A BRAZO; hand drill
A CABLE; well drill, cable drill
DE AIRE; air drill
DE CARRETILLA; wagon drill
DE CATEO; prospecting drill
DE COLUMNA; column drill
DE CORONA; core drill
DE DIAMANTE; diamond drill
DE HOYOS PARA POSTES; pole-hole digger
DE MANO; jackhammer; hand drill
DE PERCUSIÓN; percussion drill, hammer type drill

DE POZOS; well drill
DE REALCE; stoper
DE ROTACIÓN; rotary drill
DE TORRE; tower drill
DE TRÍPODE; tripod drill
GIRATORIA; rotary drill
NEUMÁTICA; air drill
PARA GALERÍAS; drifter drill
VERTICAL; stoper
PERFORAR; to drill, bore, perforate; (tun) to drive
PERFORISTA; drill runner
PERIDOTITA; peridotite
PERIFERIA; periphery
PERIFÉRICO; peripheral
PERIGALLO; topping lift
PERIGEO; perigee
PERILLA; knob, doorknob
PERIMÉTRICO; perimetrical, perimetric
PERÍMETRO; perimeter, girth
MOJADO; wetted perimeter
PERIODICIDAD; periodicity
PERIÓDICO; periodic
PERÍODO; (machy)(elec) period; cycle; stage
DE ARRANQUE; start-up time
DEL CONTRATO; contract period
DE LICITACIÓN; bidding period
DE INDUCCIÓN; induction period
DE PRESIÓN; (weld) squeeze time
DE RECALENTAMIENTO; soaking period
DE RECUPERACIÓN TRANSITORIA; (elec) transient recovery time
DE REPETICIÓN; recurrence period
PERITAJE; expert testimony, expert appraisal; work of an expert
PERITO; an expert; an appraiser; (min) skilled workman
PERLITA; (met)(geol) pearlite, perlite
PERLÍTICO; perlitic, perlitic
PERMANENTE; permanent
PERMESBILIDAD; permeability
PERMEABLE; permeable, pervious, porous
PERMEÁMETRO; permeameter
DE CARGA; (sen) falling head permeameter
DE CARGA VARIABLE; (sm) variable-head permeameter
PERMEANCIA; (elec) permeance
PERMISO; permit
DE EDIFICACIÓN; buiilding permit
DE PASO; (V) right of way
DE ZONIFICACIÓN; zoning permit
PERMUTABLE; interchangeable; (math) permutable
PERNERÍA; stock of bolts
PERNETE; peg pin, bolt, gudgeon
PERNIO; hinge
PERNÍTRICO; pernitric
PERNO; bolt, spike, pin, stud

AJUSTADO; turned bolt
ARPONADO; ragged bolt, swedge bolt, fang bolt
ATERRAJADOR; (A) screw, spike
CABEZORRO; lewis bolt; ragged bolt
CIEGO; (M) driftbolt
COMÚN; machine bolt
CON CUELLO DE ALETA; fin-neck bolt
DE ACCIÓN RÁPIDA; quick-acting bolt
DE AJUSTE; fitting-up bolt
DE ALTA PRESIÓN; tensile bolt
DE ANCLAJE; anchor bolt
DE ARADO; plow bolt
DE ARGOLLA; ringbolt; eyebolt
DE ARMELLA; eyebolt
DE ARTICULACIÓN; (truss) pill
DE CABEZA CHATA RANURADA; flathead stove bolt
DE CABEZA DE HONGO RANURADA; roundhead stove bolt
DE CABEZA DE HONGO Y CUELLO CUADRADO; carriage bolt
DE CABEZA PERDIDA; countersunk bolt; flat head stove bolt
DE CÁNCAMO; eyebolt
DE CASTAÑUELA; lewis bolt
DE CIMIENTO; anchor bolt, foundation bolt
DE CHARNELA; swing bolt
DE ECLISA; track bolt
DE EXPANSIÓN; expansion bolt
DE FUNDACIÓN; anchor bolt
DE GANCHO; hook bolt
DE GRILLETE; shackle pin, shackle bolt
DE MONTAJE; erection bolt, fitting-up bolt
DE MUESCA; stove bolt, slotted bolt
DE OJILLO; eyebolt
DE OREJAS; wing bolt
DEL PISTÓN; piston pin
DE PUERTA INDICADOR; indicating bolt
DE PUNTAL; stay bolt
DE RANURA; stove bolt
DE SUJECIÓN; anchor bolt; (A) setscrew
DE VÍA; track bolt
DENTADO; (A) ragged bolt, indented bolt
ESTRUCTURAL; high strength structural bolt
EXCÉNTRICO; (mech) eccentric stud
FORMA U; U bolt
HENDIDO; split bolt, lewis bolt, fox bolt
HORIZONTAL EN ARMAZON; (roofing) queen bolt
HUECO; hollow-head setscrew
NEGRO; black bolt
NERVADO; rib bolt
ORDINARIO; machine bolt
PARA CANGILONES; elevator bolt
PARA PELDAÑOS; step bolt
PASANTE; through bolt

PINZOTE; kingbolt
PRISIONERO; stud bolt, tap bolt, (M) anchor bolt
RAYADO; rib bolt
REAL; kingbolt
SIN TORNEAR; (str) unfinished bolt
TORNEADO; turned bolt, machined bolt
ZURDO; bolt with left-hand thread
PEROL; (Col) a large-headed nail
PERÓXIDO; peroxide
DE MANGANESO; manganese dioxide
PERPENDICULAR; perpendicular
PERPIAÑO; header, bondstone, perpend
PARRILLA DE CONCRECIÓN; sintering grade
PERRO; (mech) dog, pawl; (C) cable clip, (C) clamp
DE ABRAZADERA; clamp dog
PERSIANA; window blind, shutter; louver
PERSONA; person
AUTORIZADA; authorized person
CALIFICADA; qualified person
COMPETENTE; competent person
PERSONAL; personnel, crew
DE RECURSO; standby crew
PERSPECTIVA; perspective
A VISTA DE PÁJARO; bird's-eye perspective
DE TRES PUNTOS; three-point perspective
DE PUNTO ÚNICO; one-point perspective
LINEAL; linear perspective
PARALELA; parallel perspective
PERTENENCIA; (min) a claim
PÉRTICA; perch
PERTIGA; pole, rod; (meas) rod
DEL TROLE; trolley pole
PERTRECHAR; to supply, equip
PERTRECHOS; tools; supplies
PERVIBRACIÓN; (conc)(A) internal vibration
PESA; a weight; a counterweight
CORREDIZA; jockey weight
PESAR; to weigh, weighing
PESADO; heavy
PESAJE; weighing
PESANTEZ; weight, heaviness; gravity
PESAR; to weigh
PESASALES; salinometer, salimeter
PESCA; (pet) fishing
PESCACABLE; (pet) fishing tool for cable
PESCADORA DE MACHOS; (foun) core catcher
PESCAHERRAMIENTAS; (M) socket, fishing tool
ABOCINADO; (M) horn socket
PESCANTE; jib, boom; crane; davit; cab of a truck; (C)(U) driver's seat
ARTICULADO; articulated jib
HIDRÁULICO; (rr) water crane
LOCOMÓVIL; locomotive crane
PESCAR; to fish for, grapple for
PESCASONDAS; (pet)(M) socket
PESEBRE; a stable, stall

PESEBRERA; a stable
PESO; weight; a scale
    ATÓMICO; atomic weight
    BRUTO; gross weight
    DE CAMBIO; chassis weight
    DE CARGA; batch weight
    DE EMBARQUE; shipping weight
    DE EJES EN TANDEM; tandum-axle weight
    DE LA CARGA; charge weight
    DE OPERACIÓN; operating weight
    DE PRUEBA; (elev) testweight
    DE RESORTE; spring balance
    DE TRABAJO; operating weight
    DE VEHÍCULO EN OPERACIÓN;
    vehicle-curb weight
    DE VEHÍCULO CON EQUIPO REGULAR;
    model weight
    DINÁMICO; live load, moving load
    EN OPERACIÓN; working weight
    ESPECÍFICO; specific gravity; unit weight,
    specific weight
    ESTÁTICO; dead weight, dead load
    MUERTO; dead load, dead weight
    PROPIO; dead weight, dead load
    SENCILLO EN CAMINO; (auto) single-axis
    weight
    SIN SOPORTE DE RESORTES; (vehicle)
    unsprung weight
    TOTAL DE CARGA DE RESORTE; (land)
    spring rating at ground
    UNITARIO; unit weight
PESTAÑA; flange, rib, shoulder; fluke of an
    anchor; (auto) tire rim
    FALSA; (rr) false flange
PESTAÑADOR; flanger; (rr) flangeway scraper
PESTAÑADORA; flanging machine cornice break
PETICIÓN DE PAGO; payment request
PESTILLO; latch catch; bolt of a lock
    ACODADO; elbow catch
    DE FRICCIÓN; friction catch
    DE RESORTE; spring latch, latch bolt, night
    latch
PESUÑA; sheepsfoot
PETARDEAR; (auto) to backfire, pop
PETARDEO; (auto) backfiring
PETARDO; blasting cap, exploder, detonator; (rr)
    torpedo
PETROGRAFÍA; petrography
PETROGRÁFICO; petrographic
PETRÓGRAFO; petrographer
PETROLAR; (rd) to oil
PETROLATO; petrolatum
PETRÓLEO; oil, petroleum
    BRUTO; crude oil; oil in bulk
    COMBUSTIBLE; fuel oil
    CRASO; crude oil, fuel oil
    CRUDO; crude oil

    DE ALUMBRADO; kerosene
    DE DIESEL; diesel oil
    DE ESQUISTO; shale oil, schist oil
    DE HOGAR; furnace oil, fuel oil
    DE HORNO; furnace oil, fuel oil
    LAMPANTE; kerosene
    PARAFINOSO; paraffin-base petroleum
    SOPLADO; blown oil
PETROLERO; (n) tanker, tank steamer; (a)
    pertaining to oil
PETROLÍFERO; oil-bearing
PETROLÍTICO; petrolithic
PETROLIZADOR; oil sprayer; road oiler
PETROLIZAR; to oil (road), coat with oil, petrolize
PETROLOGÍA; petrology
PETROSÍLEX; petrosilex, felsite
PETROSILÍCEO; petrosiliceous
PEZ; pitch, tar
    DE ALQUITRÁN; coal-tar pitch
    GRIEGA; rosin
    MINERAL; asphalt
    RUBIA; rosin
PEZÓN; journal, pivot
PEZONERA; linchpin
PICA; pike, pick; a trail; a line cleared through
    woods
PICADA; a survey line, a line of stakes; staking
    out; a path; (A) a ford; (A) a boring
PICADERA; (A) pitching tool
PICADEROS; keel blocks
    LATERALES; bilge blocks
PICADO; (s)(C)(PR) path, trail
PICADO; (steel) pitted; (lbr) worm-eaten
PICADOR; worker with a pick; miner; file cutter
PICADURA; puncture; pitting; cut of a file
    BASTARDA; (file) bastard cut
    CRUZADA; (file) double cut
    DE GUSANO; wormhole
    SIMPLE; (file) single cut
PICADURAS; pitting; (glass) sand holes
PICAFUEGO; poker
PICAPEDRERO; stonecutter
PICAPORTE; door latch, thumb latch
    DE ARRIMAR; rim latch
    DE EMBUTIR; mortise latch
    DE RESORTE; spring latch
PICAR; to pick; to break; to knap; to crush; to
    chop; (lode) to open up; (conc) to roughen;
    (rust) to pit; (tire) to puncture
PICARSE; (with rust) to become pitted
PICAZA; grub ax
PICEA; spruce
    ALBAR; white spruce
    ROJA; red spruce
PICNÓMETRO; pycnometer
PICO; pick, pickax; peak; spout; nozzle, tip; beak
    of an anvil, (min)(M) sledge

BATE; tamping pick
CARRILANO; (Ch) tamping pick, railroad pick
CON MARTILLO; miner's pick
CON PALA Y HACHA; mattock
CON PUNTA Y CORTE; contractor's pick
CORTADOR; cuttine tip
DE ACUÑAR; tamping pick, railroad pick
DE CANTERA; quarry pick
DE CATEADOR; prospector's pick
DE CUERVO; ripping iron
DE DOS CORTES; mill pick
DE LA CARGA; peak load
DE LA CRECIDA; peak of a flood
DE MONTAÑA; mountain peak
DE PUNTA Y COTILLO; poll pick
DE PUNTA Y PALA; contractor's pick, pickmattock
DE PUNTA Y PISÓN; railroad pick, tamping pick
MINERO; miner's pick
MOMENTÁNEO; (elec) instantaneous peak
PISÓN; tamping pick, railroad pick
REGADOR; spray nozzle
PICOLETE; a staple
PICOLORO; (C) Stillson wrench
PICÓN DE CANTERA; quarry pick
PICOTA; peak; pick; pike
PÍCRICO; picric
PICUTA; (Ch) a pointed spade
PIE; leg of a bent; (min) strut; (meas) foot
CORRIDO; running foot
CUADRADO; square foot
CUADRADO DE TABLA; board foot
CÚBICO; cubic foot
DE ALZAR; lifting foot
DE AMIGO; a shore, a prop
DE CABRA; pinch bar, crowbar; claw bar; sheepsfoot (roller); (Ch) tripod
DE FRENTE; front foot
DE GALLO; (lbr) heart shake; (min) diagonal brace
DE MONTE; piedmont
DE REY; foot rule; gage
DE TABLA; board foot
DE TALUD; toe of slope, foot of slope
DERECHO; stud, upright, leg of a bent, post, column, stanchion
POR SEGUNDO; foot-second
PIE-ACRE; acre-foot
PIE-BUJÍA; foot-candle
PIE-LIBRA; foot-pound
PIEDRA; stolle, rock
AFILADERA; whetstone, oilstone
AFILADORA DE HACHAS; ax stone
AGUZADERA; whetstone
ALISADA; smooth ashlar

AMOLADERA; grindstone
ANGULAR; cornerstone; quoin
APAREJADA; hand-placed rock fill
ARCILLOSA; clay stone
ARENISCA; sandstone
ARENOSA; sandstone
AZUL; bluestone; (M) limestone
BRAZA; (M) one-man stone
BRUTA; rubble; (min)(M) country rock
BRUTA SIN HALADAS; uncoursed rubble
CALCÁREA; limestone
CALIZA; limestone
CALIZA PORTLAND; portland limestone
CONGLOMERADA; conglomerate
CÓRNEA; hornstone
DE ACEITE; an oilstone
DE AFILAR; grindstone, whetstone, sharpening stone, hone
DE AIBARDILLA; copestone, coping stone
DE ALUMBRE; alunite, alum rock
DE ANCLAJE EN UNA ALBARDILLA; (mas) kneeler
DE ARENA; (Col) sandstone
DE ASENTAR; (A) whetstone, hone, oilstone
DE ASIENTO; bearing stone, bridge seat
DE CABRA; jimmy
DE CAL; lime rock
DE CAMPANA; clinkstone, phonolite
DE CORDÓN; curbstone
DE CRUZ; cross-stone, staurolite
DE CUÑA PARA AFILAR; slip stone
DE ESMERIL; emery stone
DE IGUALAR; (saw) jointer stone
DE JABÓN; (M) talc, soapstone
DE REMATE; coping stone
DE REVESTIMIENTO; liner rock
DE SILLERÍA; ashlar stone; rubble ashlar
DE TALLA; (U) ashlar stone cut stone
FILTRADORA; filter stone
FRANCA; stone easily worked, freestone
FUNDAMENTAL; cornerstone; survey starting point
GRANDE; scalp rock
GUADAÑA; scythe stone
IMÁN; lodestone, loadstone
INDIA; India oilstone
INYECTADA AL SUELO; stone column
LABRADA; cut stone
LISA; plain ashlar
MILIARIA; milestone
PARTIDA; broken stone
PASANTE; header, bondstone
PICADA; broken stone, crushed stone
PÓMEZ; pumice, pumice stone, pumicite
PULIDORA; polishing stone; stone for grinding commutators
RECONSTRUÍDA; reconstructed stone

RODADA; boulder, cobble, pebble
ROZADORA; rubbing stone
SEDIMENTARIA; sedimentary rock
SUELTA; fieldstone
VACIADA; artificial stone
VIVA; ledge rock
PIEDRA-BOLA; (M) boulder
PIEDRECILLAS, PIEDRECITAS; pebbles
PIEDREZUELAS; pebbles
PIEL; skin
PIERNA; post, leg; leg of an angle
PIEZA; piece, part, member; room
    COMPRIMIDA; (str) compression member
    DE ACORDAMIENTO; transition piece
    DE ACUERDO; (tub) fitting; transition piece
    DE ARMADURA; (str) web member
    DE ENREJADO; web member; lattice bar
    DE MÁQUINAS; engine room
    DE PRUEBA; test piece
    DE PUENTE; (M)(truss bridge) floor beam
    DE REPUESTO; spare part, replacement part
PIEZOELÉCTRICO; piezoelectric
PIEZOMÉTRICO; piezometric
PIEZÓMETRO; piezometer
PIEZÓMETROS EN BARRENA COMÚN;
    piezometer nest
PIGMENTO; pigment
PIGOTE; (met) pig
PIJA; lag screw, coach screw
    CON CABEZA ROSCADA; hanger bolt
    DE OJILLO; screw eyebolt
    DE OJILLO CON ARO; screw ringbolt
PILA; fountain, trough, basin; water tap; pile, heap;
    trestle bent; pier (bdg); (elec) battery, cell;
    (geol) pothole
    DE ACOPIO; storage pile
    DE ANCLAJE; stay pile
    DE CARGA; counterfort
    DE CONCRETO ESCALONADA;
    step-tapered pile
    DE EXISTENCIA; stock pile
    DE PILOTES; pile bent
    DE PUENTE; bridge pier
    DE TRONCOS; log deck
    DELGADA; (str) slender pile
    DETONADORA; blasting battery
    FOTOELÉCTRICA; photoelectric cell,
    photocell
    SECA; dry battery, dry cell
PILA-ESTRIBO; abutment pier
PILADA; batch
PILAR; pier, buttress; column, pillar, standard
    DE PUENTE FIJO; standing pier
PILASTRA; pilaster; counterfort
PILETA; sink, basin, trough; pool; (A) washbasin
    DE COCINA; kitchen sink
    DE LAVAR; washbasin, washtub

    DE PATIO; (A) floor drain with trap
    DE SEDIMENTACIÓN; settling basin
PILÓN; basin, watering trough; (A) dredge spud;
    tower, trestle bent; (C)(M) drop hammer; pylon
    ATADO; attached pier
    DE GRAVEDAD; (M) drop hammer
    DE POSO RECTO; straight-shaft pier
    DE VAPOR; (M) steam hammer
    DOBLE; double shaft pier
    INCLINABLE; leaning pier
PILOTAJE; (cons) piling; (naut) pilotage, harbor
    dues
    DE RETENCIÓN; sheet piling
PILOTE; a pile
    AMORTIGUADOR; fender pile
    COMPUESTO; composite pile
    DE AMARRAR; dolphin
    DE CARGA; bearing pile
    DE COLUMNA; point-bearing pile
    DE DEFENSA; fender pile
    DE ENFILACIÓN; range pile
    DE ENSAYO; test pile
    DE GUÍA; guide pile
    DE PRUEBA; test pile
    DE ROSCA; screw pile
    DE SUBPRESIÓN; tension pile
    EN H; H pile
    INCLINADO; batter pile, spur pile
    PARAGOLPES; fender pile
    SUSTENTADOR; bearing pile
PILOTES DE PILASTRO; steel sheet piling
PILOTO; pilot
PINABETE; fir, yellow pine, hemlock
PINCEL; brush
    PARA BLANQUEO; whitewash brush
    PARA PINTURA; paintbrush
PINCELADA; brush stroke; brush coat
PINCHADURA; (auto) a puncture
PINCHAR; to puncture; to tap; (A) to pry with a
    bar, pinch
PINCHAZO; (auto) a puncture
PINCHO; spike
PINGO; (Ec) strip of wood, lath, batten
PINO, (n) pine; *(a)* steep
    ABETE; spruce
    ALBAR; white pine
    ALERCE; larch, tamarack
    ARAUCANO; Chilean pine
    BASTARDO; bastard pine
    DE TEA; yellow pine, pitch pine
    GIGANTESCO; redwood
    MARÍTIMO; cluster pine, red pine
    PLATEADO; white pine
    RESINOSO; lightwood
    RODENO; cluster pine, red pine
    ROJO; redwood; red pine; red fir; red spruce
    SPRUCE; (A) a European spruce lumber

PINOTEA; yellow pine, pitch pine
PINTA; pint
PINTAR; to paint
PINTOR; painter
PINTURA; paint, painting
    A GRAFITO; graphite paint
    AL AGUA; cold-water paint, kalsomine
    AL ALQUITRÁN; bituminous paint, coal-tar paint
    AL BARNIZ; varnish paint
    A LA COLA; cold-water paint, kalsomine
    AL ÓLEO; oil paint
    ACRÍLICA; acrylic paint
    ALUMÍNICA; aluminum paint
    ANTIHUMEDAD; dampproof paint
    ANTINCRUSTANTE; antifouling paint
    ASFÁLTICA; asphalt paint
    BITUMINOSA; plaster bond
    COLOIDAL; colloidal paint
    CON BASE DE AGUA; water-based coating
    DE ACEITE; oil paint
    DE AGUA FRÍA; (M) coldwater paint
    DE CAL; whitewash
    DE MARCAR; marking paint
    FOSFORESCENTE; phosphorescent paint
    GRAFITADA; graphite paint
    HECHA; ready-mixed paint
    LUMINOSA; luminous paint
    PARA CONCRETO; concrete paint
    PARA INTEMPERIE; outdoor paint
    PREPARADA; ready-mixed paint
    PRIMARIA; priming coat
    PROTECTIVA DE METAL; metal primer
    RADIOACTIVA; radioactive paint
    RESISTENTE AL CALOR; heat resisting paint
    VIDRIADA; enamel paint
PINTURERÍA; (A) painting; paints; paint shop
PÍNULA; instrument sight; (C) blacksmith tongs
PÍNULAS PARA NIVEL; level sights
PINZA; clamp, clip
    DE CONTACTO; (elec) clip
PINZAS; nipper pliers, tongs
    AJUSTABLES; combination pliers
    CON CORTE ADELANTE; end-cutting pliers
    CORTANTES; cutting pliers
    CORTANTES AL COSTADO; side-cutting pliers
    DE COMBINACIÓN; combination pliers
    DE FILO; cutting pliers
    DE GASISTA; gas pliers
    DE LAGARTO; (M) alligator grab
    PUNZONADORAS; punch pliers
PIÑÓN; pinion; (Col) gable wall
    CON GUALDERAS; shrouded pinion
    CÓNICO; bevel pinion

    DE ÁNGULO; bevel pinion
    DE CUERO VERDE; rawhide pinion
    DE LINTERNA; lantern pinion
    DE MANDO; driving pinion
    DESLIZABLE; sliding pinion
    DOBLE HELICOIDAL; herringbone pinion
    MOTOR; driving pinion
    RECTO; spur pinion
PIOCHA; miner's pick
PIPA; cask, hogshead
    DE RIEGO; watering cart
PIPETA; pipet
PIQUE; (Ch) tunnel shaft, mine shaft; (A) path trail
    ,A; very steep; vertical
    ,ECHAR A; (naut) to sink
    ,IRSE A; (naut) to founder, sink
PIQUEADOR; (min) striker
PIQUEAR; (min) to strike a drill with a hammer
PIQUETA; pick; mattock; stake
PIQUETAJE; staking out
PIQUETE; stake; survey pole, picket
PIQUETEO; staking; piling; pile driving
PIQUETILLA; gad, wedge
PIRAMIDAL; pyramidal
PIRÁMIDE; pyramid
PIRANÓMETRO; pyranometer
PIRARGIRITA, pyrargyrite
PIRCA; dry wall, stone wall
PIRCADA; (s) dry masonry
PIRCAR; to build a dry wall
PIRITA; pyrite, iron pyrites
    COBRIZA; copper pyrites, chalcopyrite
    COMÚN; iron pyrites, pyrite
    DE FIERRO; (M) iron pyrites
PIRITAS; pyrites
PIRITOSO; containing pyrites, pyritic
PIRHELIÓMETRO; pyrheliometer
PIROCLÁSTICO; (M) pyroclastic
PIROGÉNICO; (geol) pyrogenic
PIROLUSITA; pyrolusite
PIROMETAMORFISMO; pyrometamorphism
PIROMÉTRICO; pyrometric
PIRÓMETRO; pyrometer
    DE RADIACIÓN; radiation pyrometer
PIROMORFITA; pyromorphite, green lead ore
PIROXENITA; pyroxenite
PIROXENO; pyroxene
PIRQUÍN; (B) contractor for work in a mine; road contractor
PIRQUINEAR; (Ch) to work a leased mine
PIRQUINERO; (Ch) road contractor; contractor for mine work
PISO; floor, story; (tun) bench; roadbed; bottom
    ALTO; upper floor, upper story
    AMORTIGUADOR; cushion floor
    ANTIESTÁTICO; antistatic floor
    ARTICULADO; articulated floor

ASENTADO SIN CLAVAR; stuck-on floor
BAJO; ground floor, first floor
DE ACABADO MONOLÍTICO; integral
cement flooring
DE ARRIBA; upper floor
DE COMPUESTO MAGNÉSICO; magnesite
flooring
DE PARILLA; (ed) grid flooring
DE TARACEA; parquet
DEL VALLE; valley flat
ENTRE SOPORTES; suspended floor
MACIZO; solid floor
PEGADO; stuck-on floor
SÓLIDO DE TABLEROS DE MANO;
(mill const) laminated floor
SÓLIDO DE TABLONES DE CANTO; strip
flooring
SUSPENDIDO; suspended floor
PISÓN; rammer, tamper ram, stamp
DE MARTILLO; hammer tamper
PARA MOLDES; (rd) form tamper
SALTARÍN; heavy tamper operated by power
PISONADOR DE RELLENO; backfill tamper
PISONADORA; tamper
PISONADURA; tamping, ramming
PISONAR; to tamp, compact
PISONEAR; to tamp, compact, ram
PISOS MÚLTIPLES, DE; (ed) multistory
PISTA DE ATERRIZAJE; (ap) landing strip
PISTOLA; pistol; paint sprayer; (M) jackhammer
(min) small drill hole
DE BARRENACIÓN; (M) jackhammer
DE CEMENTO; (M) cement gun
DE GRASA; grease gun
DE LAVAR; (auto) flushing gun
DE PERNOS; stud gun
NEUMÁTICA; (M) jackhammer
PULVERIZADORA; spray gun, airbrush
ROMPEDORA; (M) paving breaker
PISTOLERO; (M) jackhammer operator
PISTOLETA; (dwg)(A) French curve, irregular curve
PISTÓN; piston; (Ch) giant, monitor
DE ACHIQUE; (pet) swab
PISTONADA; piston stroke
PITAR; to whistle
PITAZO; whistle signal, blast of a whistle
PITO; a whistle
PITÓMETRO; pitometer
PITÓN; nozzle, spout; screw eye
ATOMIZADOR; spray nozzle
PIVOTAJE; pivoting
PIVOTAR; to pivot
PIVOTE; a pivot
DE DIRECCIÓN; (auto) kingpin, knuckle pin
PIZARRA; slate, shale; bulletin board
GREDOSA; clay slate
MEDIDA; sized slates

PIZARRAL; slate quarry
PIZARREÑO, slaty, shaly
PIZARRERO; slater
PIZARROSO; slaty, shaly
PLACA; plate, slab, sheet
ABOVEDADA; buckle plate
ATIESADORA; batten plate, stay plate
CENTRAL; centerplate
CONTINUA; continuous slab
DE ACERO ACUÑADORA; wedging plate
DE AGUA; (bo) water leg
DEL ALERO; eaves plate
DE APOYO; bearing plate; anchor bearing
plate
DE ARRASTRE; (lbr) skidding line
DE ASIENTO; bearing plate, wall plate, base
plate, bedplate; (rr) tie plate
DE BASE; base plate, bedplate
DE BASE DE PAVIMENTO; pavement base
plate
DE CABEZA; crown sheet
DE CARA; skin plate, face plate
DE CERROJO; (door) striker plate
DE CUBIERTA; deck plate
DE CUÑA; liner, shim
DE CHOQUE; baffle plate; buffer plate
DE DEFENSA; wearing plate; (rr) tie plate
DE EMPALME; gusset plate, connection plate
DE ENSAMBLAJE; (str) hinge plate; gusset
plate; (carp) flitch plate
DE EXTREMO; end plate
DEL FABRICANTE; name plate, shop plate
DE FONDO; bottom plate
DE FROTAMIENTO; wearing plate
DE FUNDACIÓN; base plate, bedplate
DE GANCHOS; (tub) hook plate
DE GUARDA PARA LA JUNTA DE
EXPANSIÓN; (rd) joint shield
DE GUÍA; deflector, baffle
DE JUNTA; splice plate, gusset plate
DE NUDO; gusset plate, connection plate
DE NÚMERO; (auto) license plate
DE ORIFICIO; (hyd) orifice plate
DE PARAMENTO; (dam) face slab
DE PARED; (elec) face plate
DE PASADOR; pin plate; hinge plate
DE PERNO U DE FONDO; bottom U-bolt
plate
DE PIEDRA; flagstone
DE PRESIÓN; (fma) pressure plate
DE RECUBRIMIENTO; (str) faceplate
DE RELLENO; filler plate
DEL ROZAMIENTO; rubbing plate, wearing
plate
DE SEÑAL; (rr) switch target
DE SOPORTE; (inst) foot plate
DE TOPE; buffer plate

DE TRITURACIÓN; crush plate
DE TUBOS; (bo) tube sheet
DE UNIÓN; splice plate, fishplate scab; gusset plate
DE VERTEDERO; weir plate
DEFLECTORA; baffle plate
DELANTAL; skirt plate
DIFUSORA; diffuser plate
EN T; T plate
ESCURRIDIZA; flashing
ESPARCIDORA; diffuser plate, spreader plate
GIRATORIA; (rr) turntable; (mt) swivel plate
HORIZONTAL CAPADORA; partition plate
NERVADA; ribbed plate
NODAL; gusset plate
PARA GOTEO; drop apron
PARALELA INFERIOR; (transit) lower-parallel plate
PROTECTORA CONTRA TOPES; stump jumper
REFORZADA A LA BRIDA; (str) shoe plate
SENSIBLE; sensitive plate
SUFRIDERA; swage block
TRABADORA; locking plate
VOLADA; cantilever slab
PLACA MARCA; name plate
PLACAR PRESIONANTE; (A) pressure plate
PLACAS COSTILLAS; (tun) poling plates
PLACER; placer; sandbank
PLAFÓN; soffit
PLAGIOCLASA; plagioclase
PLAGIOCLASITA; plagioclasite
PLAGIÓFIDO; piagiophyre
PLAN; a plan, scheme, design; (Ch) flatland bottom level in a mine
DE ACEPTACIÓN; acceptance plan
DE TRABAJO; construction program
PLANA; a flatter; (M) a trowel; (C) a mason's float
PLANADA; (Ec) flat country
PLANCTON; plankton
PLANCHA; plate, sheet, slab, wafer; gangplank; (C) flatcar
ABOVEDADA; buckle plate
ATIESADORA; (str) tie plate
CIZALLADA; sheared plate
DE ALA; (girder) cover plate
DE ALMA; web plate
DE BASE; base plate
DE CUBIERTA; cover plate, flange plate
DE DESGASTE; wearing plate
DE ESCURRIMIENTO; flashing, (roof) valley flashing
DE ESCURRIMIENTO SUPERIOR; counterflashing
DE FONDO; bedplate
DE FUNDACIÓN; (dam) floor slab; foundation slab, base plate

DE METAL; (exc) slick sheet
DE INGLETE; (plasterer) miter rod
DE ORIFICIO; (hyd) orifice plate
DE PISO; floor plate
DE RIGIDEZ; batten plate, stay plate
DE TRAVIESA; (rr) tie plate
DE TRES OCTAVOS; three-eighths plate
DE TRITURACIÓN; (min) bucking board
DE UNIÓN; splice plate; gusset plate
ESTRIADA; checkered plate
NERVADA; ribbed plate
RECORTADA; sheared plate
TRANCANIL; stringer plate
UNIVERSAL; universal-mill plate
ZORÉS; trough plate
PLANCHADA; slab; gangplank; (Ch) staging, platform
DE CARGA; loading platform
PLANCHETA; plane table
DE PÍNULAS; plane table
PLANCHISTA; (Es) sheet metal worker
PLANCHITA; a shim
PLANCHÓN; slab, sheet; (Col) barge
PLANCHUELA; steel flat fishplate
DE PASADOR; pin plate
DE PERNO; washer
PLANEAR; to plan
PLANEO; (A) planing
PLANETARIO; (ge) planetary
PLANIALTIMETRÍA; contour map; topographical survey
PLANIFICACIÓN; planning
CUIDADANA Y REGIONAL; city and regional planning
DE LA RED; network planning
PLANIFICAR; (M) to plan
PLANÍGRAFO; planigraph
PLANILLA; tabulation list, schedule
DE ENCLAVAMIENTO; locking sheet
DE FLUJO; flow sheet
PLANIMETRAR; to measure with the planimeter
PLANIMETRÍA; planimetry; mapping; ground plan, map
PLANIMÉTRICO; planimetric
PLANÍMETRO; planimeter
COMPENSADOR; compensating planimeter
POLAR; polar planimeter
PLANO; (n) plan, drawing; plane; (M) floor of a mine working; (a) flat, level plane
ACOTADO; topographical plan; dimensioned drawing
AZUL; blueprint
DE COLADO; (conc) fill plane, lift line
DE COLOCACIÓN DE ESTACAS; (dwg) staking plane
DE COMPARACIÓN; datum plane

DE DERRUMBE DE BANCO DE TIERRA; (geol) slip surface
DE EJECUCIÓN; working drawing
DE ESTRATIFICACIÓN; bedding plane
DE FALLA; fault plane; fault surface
DE FORMACIÓN; (rr) subgrade, roadbed
DE HENDIDURA; plane of cleavage
DE LA IMAGEN; (pmy) picture plane
DE LA PERSPECTIVA; (dwg) perspective plane
DE PISO; floor plan
DE REFERENCIA; datum plane; (geol) index plant
DE RESBALAMIENTO; (geol) slickenside
DE SEPARACIÓN; (foun)(molde) parting
DE SITUACIÓN; location plan
DE TALLER; shop drawing
DE UBICACIÓN; location plan
DE VISACIÓN; sight plane
ESTRUCTURAL; structural drawing
FOCAL; focal plane
HIDROGRÁFICO; chart
HORIZONTAL; horizontal plane
MAESTRO; master plan
NEUTRAL; neutral plane
PRINCIPAL; (sm) principal plane
TIPO; standard plan
TOPOGRÁFICO; contour map, topographical plan
PLANO-CÓNCAVO; plane-concave
PLANO-CONVEXO; plane-convex
PLANTA; plant, equipment; ground plan; floor, (C) story
ALTA; upper floor, upper story
BAJA; ground floor
BIENAL; biennial plant
CLASIFICADORA; screening plant
DE AGUA POTABLE; waterworks
DE FUERZA; powerhouse, power plant
DE SEMILLERO; seedling
DEPURADORA; purification plant
FILTRADORA; filter plant
GENERADORA; electric power plant, generating station
HORMIGONERA; mixing plant
INDUSTRIAL; process plant
MEDIDORA DE TANTOS; (M) batching plant
MEZCLADORA DE CEMENTO; cement-blending plant
MOTRIZ; (auto) motor plant
PICADORA; (C) crushing plant
QUEBRADORA; crushing plant
RECRIBADORA; rescreening plant
REVOLVEDORA; (conc)(M) mixing plant
SELECCIONADORA; screening plant

SUAVIZADORA DE AGUA; water-softening plant
PLANTEL; (A) equipment, plant
PLANTELES DE CONSTRUCCIÓN; (A) construction plant
PLANTEO; layout, arrangement
PLANTILLA; pattern, jig, template; screed, (mas) ground; subgrade; (M) invert
APISONADORA; (rd) tamping screed
DEL CANAL; bottom, floor
DE ESPESOR; thickness gage, feeler
DE FILETEAR; screw chaser
DE SOLDADOR; welding jig
DE TALADRAR; drilling template
DE TALUD; slope gage
DE YESO; floating screed
PARA FILETE; screw-pitch gage
RAYADORA; (rd) scratch template
SUJETADORA PARA SOLDAR; welding fixture, welding jig
PLANTILLERO; patternmaker
PLASMA; (miner) plasma
PLASTECER; to coat with mortar; (bw) to butter; (pt) to size
PLASTICIDAD; plasticity
DE SUELO; soil plasticity
PLÁSTICO; (a) plastic; fictile
PLASTIFICAR; plasticize
PLASTIFICANTE; (pt) plasticizer
PLASTÓMETRO; plastometer
PLATA; silver
CÓRNEA; cerargyrite, horn silver
GRIS; argentite
ROJA; red silver ore, pyrargyrite
PLATABANDA; splice plate, fishplate, scab; (A) cover plate; (V) slab
PLATACHAR; (Ch) to trowel
PLATAFORMA; platform; roadbed, subgrade, landing; (m)(rd)(es) flatcar
DE CARGA; loading platform, charging platform
DE DESCARGA; (bulkhead) relieving platform
DE ELEVADOR; terminal landing
DE LA VÍA; roadbed, subgrade
DE OPERACIÓN; operator platform
DE RELIEVE; relief platform
DE TRANSBORDO; transfer platform
ELEVADA; suspended scaffold
GIRATORIA; turntable
SUPLEMENTARIA; supplementary platform
PLATEA; (hyd) hearth, apron, floor, mat
PLATILLO; small plate; disk; washer; pipe flange
CIEGO; blind flange; blank flange
DE PRESIÓN; (auto) pressure plate
DE ROSCA; screwed flange
SOLDADO; welded flange

SUELTO; loose flange
PLATILLOS COMPAÑEROS; companion flanges
PLATINA; a flat (steel); tie plate; flange; platen
PLATINO; platinum
PLATINOS; (auto) contact points
PLATO; plate, disk; web of a wheel
PLATO-MANIVELA; disk crank
PLAYA; beach; (rr) yard; (geol) playa
   DE CARGA; loading yard; freight yard
   DE CLASIFICACIÓN; classification yard
   DE DESCARGA; delivery yard
   DE DISTRIBUCIÓN; switchyard
   DE ESTACIONAMIENTO; parking space
   DE LLEGADA; receiving yard
   DE MANIOBRAS; drill yard, switching yard, classification yard
   DE RIO; sand bar
PLAZA; small park; yard; market
   DE ACOPIO; store yard
   DE DOBLADO; bending yard
   DE ESTACIONAMIENTO; parking space
   DE MOLDAJE; form yard
PLAZO; time, period
   DE TERMINACIÓN; time of completion
PLEAMAR; high tide
   MEDIA; mean high water
PLEGADIZO; folding
PLEGADOR DE TUBOS; pipe crimer
PLEGADORA DE PALASTRO; cornice brake
PLEGAMIENTO; (geol) fold
PLEGAR; to fold, bend; to snub (belt)
PLENA; full
   ADMISIÓN; (eng) full throttle
   CARGA; full load
   FLOTACIÓN, DE; full floating
PLENAMAR; high tide
PLENO; plan, plenum
   DOMINIO; fee simple
   Y PERFIL; plan and profile
PLETINA; bar, flat, small plate; flange
PLIEGO; form
   DE CONDICIONES; specifications; general specifications, bidding conditions
   DE LICITACIÓN; information for bidders; bidding form
   DE PROPOSICIONES; bidding form
PLIEGUE; ply, sheet; fold, bend; (geol) fold, plication
   COMPUESTO; (geol), compound fold
   EN ABANICO; (geol) fan fold
   INCLINADO; (geol), inclined fold
   ISOCLÍNICO; isoclinal fold
PLINTO; plinth
PLOMADA; plumb bob, plummet
PLOMAR; to plumb
PLOMBAGINA; graphite, plumbago
PLOMERÍA; plumbing leadwork

PLOMERO; plumber
   CONTRATISTA; plumbing contractor
PLOMO; lead; plumb bob
   A, plumb, vertical
   ANTIMONIOSO; antimonial lead, hard lead
   BLANCO; (M) white lead
   DE HILACHA; lead wool
   EN HOJAS; sheet lead
   EN LINGOTES; pig lead
   ROJO; eroeoite; (M) red lead
   TETRAETILO; tetraethyl lead
PLOMOSO; containing lead
PLUMA; pen; boom; gin pole; (Col)(V) water service connection; (PR) faucet
   DE CARTÓGRAFO; mapping pen
   DE DIBUJO; lettering pen
   DE VAPOR; (chimney) vapor plume
PLUMILLA; (C) cotter pin
PLUTÓNICO; (geol) plutonic, abyssal
PLUVIAL; pluvial, hyetal
PLUVIODUCTO; (A) storm-water sewer
PLUVIOGRAFÍA; pluviography
PLUVIOGRÁFICO; pluviographic
PLUVIÓGRAFO; recording rain gage, pluviograph
PLUVIOGRAMA; pluviogram
PLUVIOMETRÍA; pluviometry
PLUVIOMÉTRICO; pluviometric
PLUVIÓMETRO; rain gage, pluviometer, hyetometer
POBLACIÓN; population
POBLADO; (tun)(min)(M) layout of hole for a blast
POBLADOR; (tun)(min)(M) shift boss, blast holes layer
POBRE ADHESIÓN; poor adhesion
POCERÍA; well drilling, well digging
POCERO; well digger, well driller
POCETA; sump, pool
POCILLO; sump, catch basin, catch pit
PODER DISPONIBLE; (machy) power available
PODRICIÓN; rot, decay, (lbr) dote
   BLANCA; (lbr) white rot
   DE ALBURA; sap rot
   EN ANILLOS ANUALES; (lbr) ring rot
   FUNGOSA; (lbr) butt rot
   PARDA; (lbr) brown rot
   SECA; dry rot
PODRIDO; rotten
PODRIMIENTO; rot, rotting
PODRIRSE; to rot, decay
POLAR; polar
POLARIDAD; polarity
   INVERSA; reverse polarity
POLARIMÉTRICO; polarimeter
POLARISCOPIO; polariscope
POLARIZACIÓN; polarization
POLEA; pulley, sheave, tackle block

ACANALADA; sheave
DE APAREJO; tackle block
DE CADENA; pocket wheel, sprocket, chain pulley
DE CARA BOMBEADA; crown-face pulley
DE CONO; cone pulley
DE CONTACTO; trolley wheel
DE DESVIACIÓN; guide pulley
DE FRICCIÓN; friction pulley
DE GARGANTA; sheave
DE GRAVEDAD; tension pulley, idler pulley
DE GUÍA; idler pulley, guide pulley, knuckle sheave
DE TENSIÓN; tension pulley, jockey pulley
DE TRANSMISIÓN; driving pulley
DE TROLE; trolley wheel, trolley
DIFERENCIAL; differential hoist, chain block
ENTERIZA; solid pulley
ESCALONADA; cone pulley, stepped pulley, speed cone
FALSO; dumb sheave
FIJA; fixed pulley, tight pulley, fast pulley
IMPULSADA; driven pulley, tail pulley
IMPULSORA; driving pulley
LOCA; loose pulley; idler pulley
MOTRIZ; driving pulley, head pulley
MUERTA; idler pulley
PARTIDA; split pulley
PORTASIERRA; band-saw pulley
QUITAHIELO; sleet wheel
RANURADA; sheave
REBORDEADA; flanged pulley
TENSORA; idler pulley, tension pulley
POLIATÓMICO; polyatomic
POLICÉNTRICO; polycentric
POLICÍCLICO; polycyclic
POLICILÍNDRICO; multicylinder
POLIESTER; polyester
POLIESTIRENO; polystyrene
AISLANTE; styrofoam
POLIETILENO; polyethylene
POLIFÁSICO; polyphase, multiphase
POLIFILAR; multiple-wire, multiwire
POLIGONAL; polygonal
POLÍGONO; (n) polygon; (a) polygonal
DE FUERZAS; force polygon
POLIMER; polymer
POLÍMETRO; polymeter
POLÍN; roller; (ce) skid; (rr)(C) crosstie
POLINES DE DESVÍO; (C) switch timber
POLIPASTO, POLISPASTO; tackle, block and fall, rigging
POLISINTÉTICO; polysynthetic
POLISPASTO DIFERENCIAL; differential hoist
POLISULFURO; polysulphide
POLITÉCNICO; polytechnic
POLITRÓPICO; polytropic

POLIURETANO; polyurethane
POLIVALENTE; multivalent
POLIVINILO; polyvinyl
PÓLIZA; (ins) policy
DE AVERÍAS; average policy
FLOTANTE; floater policy
POLO; (elec)(math) pole
MAGNÉTICO; magnetic pole
POLUCIÓN; pollution
FLUVIAL; stream pollution
POLUTO; polluted
POLVO; powder, dust
BLANQUEADOR; (A) bleaching powder
COMBUSTIBLE; combustible dust
DE CAL; lime powder
DE CARBÓN; coal dust
DE ESMERIL; emery powder
DE LIJAR; emery powder
DE PIEDRA; crusher dust, stone dust
DE ROCA; (geol) rock flour, glacial meal
DE TRITURACIÓN; crusher dust, stone dust
FUNDENTE; welding powder
GRANOSO; granular dust
MINERAL; mineral dust
RESPIRABLE; respirable dust
PÓLVORA; powder, gunpowder
DE GRANO GORDO; pellet powder
DETONANTE; blasting powder, detonating powder
FULMINANTE; fulminating powder
GIGANTE, giant powder
NEGRA; black powder, blasting powder
POLVORAZO; (Ch) a blast
POLVORERO; blaster, powderman
POLVORIENTO; (soil) floury
POLVORÍN; magazine; fine blasting powder
POLVORISTA; blaster
POMELA; (A)(U)(Ch) a kind of hinge
PÓMEZ; pumice
POMO; (A) doorknob
PONDAJE; (A) pondage
PONER; to put, place, set
A ANDAR; (machy) to start
A TIERRA; (elec) to ground
AL DÍA; retrofit, update
DERECHO; straighten
EN CIRCUITO; to switch on
EN MARCHA; (machy) to start, start-up
EN OBRA; to erect, install
EN PUNTO; to adjust set
VERTICAL; upend
PONTEAR; to bridge
PONTEZUELO; small bridge
PONTÓN; pontoon; scow, lighter; (V) box culvert, (Sp) large culvert
DE FANGO; mud scow
DE GRÚA: derrick boat

DE TRANSBORDO; ferryboat
POPULOSIDAD; (Col) population
PORCELANA; porcelain
PORCENTAJE; percentage, percent
    DE AGREGADO FINO; percent fines
    DE AGUA EN VAPOR; wetness, water
    percentage in vapor
    DE DIÓXIDO CARBÓNICO AL QUEMAR;
    ultimate carbon dioxide
    DE REFORZAMIENTO; percentage of
    reinforcement
PORCIENTO; percent
PORCIÓN; portion; allotment
    ACTIVA; active portion
    DE CEDAZO; (soils) sieve fraction
PORFÍDICO; porphyritic
PORFIDITA; porphyrite
PÓRFIDO; porphyry
    CUARZOSO; quartz porphyry
PORFÍRICO; (A) porphyritic
PORFIRITA; porphyrite
PORFIRÍTICO (M) porphyritic
POROS; pores
POROSIDAD; porosity
POROSÍMETRO; porometer
POROSO; porous
PORRA; maul, sledge
PORRILLA; hand hammer, drilling hammer
PORTAAISLADOR; insulator bracket
PORTABANDERA; rodman
PORTABARRENAS; drill chuck, drill holder
PORTABARRERA; (rd) guardrail support
PORTABOLAS DE COJINETE; ball race
PORTABOMBILLO; (C) lamp socket
PORTABROCA; drill chuck, drill holder, pad
PORTACADENA; chainman
PORTACANALÓN; gutter hanger
PORTACANDADO; hasp
    DE CHARNELA; hinge hasp
PORTACAÑO; pipe hanger
PORTACARBÓN; (elec) carbon holder
PORTACARRETE; (pmy) reel holder
PORTACINTA; (surv) tape holder
PORTACOJINETE; diestock
PORTACORREA; belt support
PORTACUMULADOR; battery carrier, battery
    hanger
PORTADA; gate
PORTADIFERENCIAL; (auto) differential carrier
PORTAELECTRODO; electrode holder
PORTAESCARIADOR; chuck for reamer
PORTAESCOBILLA; (elec) brush holder, socket
PORTAESTACAS; (Ec) axman, stake carrier
PORTAESTAMPA; die holder
PORTAFAROL; lamp blacket
PORTAFUSIBLE; fuse block
PORTAHEMBRA; screw plate

PORTAHERRAMIENTA; tool holder
PORTAL; portal; gate
PORTALÁMPARA; lamp socket; lamp holder
    DE CADENA; chain-pull lamp holder, socket
    DE LLAVE GIRATORIA; key socket
PORTALÁPIZ; (compass) pencil point
PORTALIMA; file carrier
PORTALÓN; gangway, door in the side of a ship;
    door in a boiler setting
PORTALLANTA; tire holder, tire rack
PORTAMADERA; sawmill carriage
PORTAMATRIZ; die holder
PORTAMECHAS; drill chuck
PORTAMEZCLA; plasterer's hawk
PORTAMIRA; rodman
PORTAMOLETA; handle for dresser or muller
PORTANEUMÁTICO; tire rack, spare-tire holder
PORTAPATENTE; (auto) bracket for license plate
PORTAPLACA; plateholder
PORTAPÚA; (saw) dog socket
PORTAQUICIONERA; (crane) foot block
PORTARRANGUA; (crane) foot block
PORTARRETORTA; retort stand
PORTÁTIL; portable
PORTATOBERA; nozzle holder
PORTATRAVIESA; tie carrier
PORTATRONCOS; sawmill carriage
PORTATUBO; pipe hanger
    DE GANCHOS; hook plate
PORTAÚTIL; tool holder
PORTE; freight, carriage; (naut) burden; carriage
    charges
    A PAGAR; freight collect
    PAGADO; freight prepaid
    VERTICAL DE MURO DE RETENCIÓN;
    (conc) stem
PORTEZUELA; small door, gate; (top) pass
PORTEZUELO; handhole; (top) pass, gap, saddle;
    gorge
PÓRTICO; gantry; portal; trestle bent; (U)(A) a
    frame or bent of a steel building, a rigid frame
    DE CLARO MÚLTIPLE; (ed) multiple-span
    bent
    DE DOS AGUAS; (ed) peaked bent
PORTILLO; opening in a wall; weep hole, gate
    small sliding gate in a lock gate
    DE EVACUACIÓN; sluice gate
    DE FLOTACIÓN DE MADERAS; log sluice
    DE LIMPIEZA; (hyd) sluiceway, undersluice
PORTÓN; gate; large door; opening
PORTUARIO; pertaining to ports
POSARSE; (sediment) to settle
POSICIÓN; position
    INDICADORA; (elév) telltale position
POSICIONADOR; welding positioner
POSITIVO; positive
POSRECOCER; postanneal

POSTACIÓN; (Ch)(B) pole line
POSTCALENTAMIENTO; postheating
POSTCLORACIÓN; postchlorination
POSTCONDENSADOR; aftercondenser
POSTCURACIÓN; after-cure, postcure
POST-TENSIONAMIENTO; post-tensioning
POSTE; post, pole, stud, column, stanchion, (elec)
   maste; (elev) newel
   AGUANTADOR; drilling post
   CARTABÓN; (rr) clearance post
   DE ALAMBRADO; (wire) fence post
   DE ALUMBRADO; lighting standard,
   lamppost
   DE AMARRE; mooring post, dolphin,
   snubbing post
   DE ANCLAJE; anchor pole
   DE ARRASTRE; skid pole
   DE BUSCO; (nav lock) miter post
   DE CAMBIAVÍA; switch stand
   DE CELOSÍA; latticed pole
   DE CERCA; fence post
   DE CONEXIÓN; (elec) binding post
   DE FAROL; lamppost
   DE GALERÍA; (tun) crown post
   DE GATO; jack leg
   DE GRÚA; crane post
   DE GUARDACAMINO; (rd) guardrailpost
   DE GUÍA; guidepost
   DE INCENDIO; fire hydrant, fireplug
   DE LÁMPARA; lamppost
   DE MILLA; milepost
   DE MUELLE; bollard, mooring post
   DE QUICIO; quoin post, heelpost
   DE RETENCIÓN; strain pole
   DE TOPE; bumper, bumping post
   DELGADO; (str) thin post
   EN A; (U) A frame
   ENREJADO; latticed column
   EXTREMO; (truss) end post
   GRÚA; gin pole; pedestal crane
   INDICADOR; indicator post
   KILOMÉTRICO; post marking distance in
   kilometers
   MILIAR; milepost
   NEWEL; (elev) starting newel
   TELEGRÁFICO; telegraph pole
POSTE-HERRAMIENTA ABIERTO; (mt)
   open-side toolpost
POSTEO; (min) setting stemples, posting
POSTERÍA; posting; a line of posts, pole line
POSTIGO; hinged panel in a door; small hinged
   window; shutter; (turb) wicket
POSTIZO; detachable, demountable, removable
POSTOR; bidder
POSTREFRIGERADOR; aftercooler
POSTURA; bidding
POTABILIDAD; potability

POTABILIZAR; (A) to make potable
POTABLE; potable
POTAMOLOGÍA; potamology
POTÁSICO; potassic
POTASIO; potassium
POTE PARA COLA; gluepot
POTENCIA; power; (math) power
   AL FRENO; brake horsepower
   APARENTE; apparent power
   CALORÍFICA; heating power
   CONSTANTE; firm power, primary power
   CONSUMIDA; input
   DE ANEXIÓN; connected load
   DE RECURSO; standby power supply
   DESVATADA; reactive power, wattless power
   FIRME; (M) firm power
   HIDRÁULICA; water power
   INDICADA; indicated horsepower
   INSTALADA; installed capacity
   INVERSA; (elec) reverse power
   MOTORA; motive power
   MOTRIZ; motive power
   NOMINAL; rated power
   PERMANENTE; firm power, primary power
   PROVISIONAL; dump power
   PULSATIVA; pulse power
   SECUNDARIA; surplus power, secondary
   power
   TEMPORARIA; dump power, secondary
   power
   TRACTORA; tractive force
POTENCIAL; potential
   CAPILAR; capillary potential
   DE TERRENO DE SUBIR; potential vertical
   rise
   HUMANO; manpower
POTENCIÓMETRO; potentiometer
POZAL; catch basin, sump; curb around a well or
   shaft
POZO; well; pit; shaft
   ABSORBENTE; absorbing well, seepage well;
   (C) cesspool
   AMORTIGUADOR; stilling well
   ARTESIANO; artesian well
   ASCENDENTE; (A) semiartesian well
   BOMBEADO; (pet) pumper, pumping well
   BROTANTE; (pet) flowing well
   CIEGO; blind drain; blind shaft, winze
   CON FILTRO DE GRAVILLA; gravel-wall
   well
   CON PARED DE PEDREGULLO; gravel-wall
   well
   DE ACCESO; manhole, manway
   DE ACCESO CON ENTRADA LATERAL;
   side-entrance manhole
   DE ACCESO POCO PROFUNDO; shallow
   manhole

DE AIRE; air shaft
DE ALIVIO; (dam) pressure-relief valve; (hyd) relief well
DE ARRASTRE; inclined shaft, adit
DE ASCENSOR; elevator shaft
DE ASPIRACIÓN; suction pit, wet well
DE AUXILIO; (pet) relief well
DE CAÍDA; drop manhole
DE CALA; test pit
DE CALMA; stilling well
DE CATEO; test pit
DE CIENOS; sludge well
DE CIGÜEÑA; crank pit
DE COLECCIÓN; seepage well
DE CONFLUENCIA; (sw) junction-manhole
DE ENSAYO; test pit
DE ENTRADA; entrance well, inlet well, manhole, (sw) receiving basin
DE ESCALERA; stair well
DE ESCALERAS; (min) ladderway; wellhole
DE EXCRETA; cesspool
DE EXPLORACIÓN; test pit
DE EXTRACCIÓN; mine shaft
DE INYECCIÓN; (M) grout hole
DE IZAR; hoistway
DE LÁMPARA; (a) lamp hole
DE LASTRE; (sw) ballast pit
DE LIMPIEZA; (sw) flushing manhole, automatic flush tank
DE LIMNÍMETRO; gage well
DE LÍNEA; (sw) line manhole
DE LUZ; light shaft
DE MINA; mine shaft
DE MOSTREO; (m) test pit
DE OBSERVACIÓN; observation well
DE PASO; (sw) line manhole
DE PERCOLACIÓN; leaching cesspool
DE PETRÓLEO; oil well
DE PRUEBA; test pit, trial pit; test well, monitoring well
DE RECOGIDA; sump
DE RECONOCIMIENTO; test pit
DE REGISTRO, manhole
DE REVISIÓN; inspection well, inspection pit
DE SALIDA DE AIRE; (min) upcast
DE SONDEO; test pit
DE TRABAJO; working shaft
DE TUBO; driven well; drilled well
DE VENTILACIÓN; airshaft
DE VISITA; manhole; inspection well
DESVIADOR; (sw) diversion manhole
FUERA DE CENTRAL; wild well
HINCADO; driven well
HORADADO; driven well
INCLINADO; adit
LAVADOR; (sw) flush tank
NEGRO; cesspool

NEGRO ESTANCO; tight cesspool
PARA PRODUCCIÓN DE AGUA; production well
SECO; (water) dry well
SEMISURGENTE; semiartesian well
SÉPTICO; septic tank
SILENCIADOR; (eng) muffle pit
SUMIDERO; wet well; (A) cesspool
SURGENTE; artesian well, flowing well
TUBULAR; tubular wall
VERTEDERO; shaft spillway
POZUELO; sump
PRACTICAJE; pilotage
PRÁCTICA; practice
DE INGENIERÍA ACEPTADA; accepted engineering practice
DE PROFESIÓN; trade practice
PRÁCTICO *(s)*, pilot; (min) expert
PREAERACIÓN; preaeration
PREAISLADO; preinsulated
PREARMADO; preassembled; (ed) preframed
PRECALAFATEADO; precalked
PRECALENTADOR; preheater
PRECALENTAR; to preheat
PRECARGADO; preloaded
PRECIADOR; appraiser
PRECIAR; to appraise
PRECIO; price
ALZADO; lump sum
COMPETIDOR; competitive price
CORRIENTE; market price current price
DE COMPRA; purchase price
DEL CONTRATO; contract price
DE LISTA; list price
DE PLAZA; market price
DE TARIFA; list price
DETERMINADO   fixed price
GLOBAL; lump sum
POR UNIDAD; unit price
REAL DE VENTA; actual cash value
TAZADO; appraised price
UNITARIO; unit price
PRECIPICIO; cliff; precipice
PRECIPITABLE; precipitable
PRECIPITACIÓN; precipitation; rainfall
PLUVIAL; rainfall, precipitation
PRESUMIDA; (hyd) design storm
QUÍMICA; chemical precipitation
PRECIPITADO; *(s)*, precipitate
PRECIPITADOR; (mech) precipitator
DE CENIZAS FINAS; fly-ash precipitator
PRECIPITANTE; (chem) precipitator, precipitant
PRECIPITAR, to precipitate, deposit
PRECISIÓN; precision
DE LA RED; system accuracy
PRECLORACIÓN; prechlorination
PRECOMBUSTIÓN; precombustion

PRECOMPRESIÓN; precompression
PRECONDENSADOR; precondenser
PRECONSOLIDACIÓN; (sm) preconsolidation
PRECORDILLERA; range of hills at the base of a
mountain range, foothills
PRECURACIÓN; (conc) precure
PREDRENAJE; (hyd) predrainage
PREEMSAMBLADO; preassembled
PREEMFRIADOR; (ac) precooler
PREEMPAQUETADO; prepackaged
PREENFRIAR; to precool
PREESTIRACIÓN; prestretching
PREESTIRADO; prestretched
PREEXCAVACIÓN; preexcavation
PREFABRICADO; prefabricated
PREFATIGA; initial stress, prestress
    TRANSVERSA; transverse prestress
PREFATIGACIÓN DE ELEMENTOS
MÚLTIPLES; multielement prestressing
PREFATIGADO; prestressed
PREFILTRACIÓN; prefiltration
PREFIITRO; prefilter
PREFLOCULACIÓN; preflocculation
PREFORMADO; preformed
PREHIDRATACIÓN; prehydration
PRELUBRICADO; prelubricated
PREMEZCLADO; premixed, ready-mixed
PREMIO; bonus
    DE SEGURO; insurance premium
PREMOLDEADO; precast, premolded
PRENDAS DE PROTECCIÓN; (weld) protective
clothing
PRENSA, press vise, clamp
    A BISAGRA; hinged vise
    A CADENA; chain vise
    DE AYUSTAR; rigging screw
    DE BALANCÍN; eccentric-shaft press
    DE BANCO, bench vise
    DE CREMALLERA; rack-and-pinion press
    DE CURVAR; bending press
    DE EJE; axle press
    DE FILTRAR; filter press
    DE FORJAR; forging press
    DE LEVA; cam press
    DE PALANCAS ACODILLADAS; toggle
    press
    DE PEDAL; foot press
    DE SOLDAR; press welder
    DE TORNILLO; vise; screw press; clamp
    screw
    DE VOLANTE; fly press
    HIDRÁULICA; (elev) hydraulic jack
    MOLDEADORA; (foun) squeezer
    PARA CAÑOS; pipe vise
    PARA SIERRA; saw vise, saw clamp
    PUNZONADORA; blanking press, punch
    press

    SACAPERNO; bolt press
    TALADRADORA drill press
PRENSADO; pressed
    EN CALIENTE; hot-pressed
    EN FRIO; cold-pressed
PRENSAESTOPAS; stuffing box
PRENSAHILO; (elec) cleat insulator
PRENSAR; to press
PREENSAYO; (conc) pretest
PRESA; dam; (M) reservior; (Sp) flume; (Sp)
    irrigation ditch
    A PARRILLA (A) diversion dam with bar
    screens
    ALIGERADA; (A) cellular gravity dam;
    hollow dam
    AMBURSEN; Ambursen dam
    AUXILIAR; saddle dam; cofferdam
    CILÍNDRICA, roling dam, roller dam
    DE ABATIMIENTO; shutter dam
    DE AGUJAS; dam of needle beams
    DE ALMACENAMIENTO; storage dam; (M)
    storage reservoir
    DE ALZAS; bear-trap dam; roof weir
    DE APROVECHAMIENTO MULTIPLE;
    multiple-purpose dam
    DE ARCO; single-arch dam, arch dam
    DE ARCOS MÚLTIPLES; multiple-arch dam
    DE ATERRAMIENTO; desilting weir
    DE BÓVEDA SIMPLE; arch dam, single-arch
    dam
    DE CAJÓN; crib dam
    DE CILINDRO; roller dam
    DE CONTENCIÓN; nonoverflow dam, bulk-
    head dam
    DE CÚPULA; dome dam
    DE DERIVACION; diversion dam
    DE DETENCIÓN; check dam
    DE DURMIENTES; (Es) stop-log dam
    DE EMBALSE; impounding dam, storage dam
    DE ENCOFRADO; (lbr) rafter dam
    DE ENCHUFLADO; (M) crib dam
    DE ENROCAMIENTO; rock-fill dam
    DE ESCOLLERA; rock-fill dam
    DE GRAVEDAD; gravity dam
    DE LAPA; (hyd) limpet dam
    DE MACHONES; buttress dam
    DE MACHONES DE CABEZA REDONDA;
    roundhead-buttress dam
    DE MACHONES DE CABEZA RÓMBICA;
    diamondhead-buttress dam
    DE MACHONES CURVADA; round-headed
    buttress dam
    DE PANTALLA PLANA; Ambursen dam
    DE REBOSE; overflow dam, spillway dam,
    weir
    DE RETENCIÓN; bulkhead dam,
    nonoverflow dam; impounding dam

DE SEDIMENTACIÓN; hydraulic-fill dam
DE TERRAPLÉN; earth-fill dam, earth dam
DE TRAMOS ABOVEDADOS; multiple-arch
dam
DERIVADORA; diversion dam
EN ARCO; single-arch dam
HIDROSTÁTICA; hydrostatic dam
INSUMERGIBLE; bulkhead dam,
nonoverflow dam
MACIZA; gravity dam; solid dam
MÓVIL; movable dam
NIVELADORA; diversion dam, splash dam
PARA ESCOMBROS; debris dam
SUMERGIBLE; spillway dam; weir, overflow
dam
TIPO AMBERSEN; slab and buttress dam
VERTEDORA; spillway dam, weir, overflow
dam
PRESA-BÓVEDA; single-arch dam, arch dam
PRESADA; (Es) reservoir
PRESATURADO; presaturated
PRESCRIPCIONES GENERALES; (U) general
specifications
PRESEDIMENTACIÓN, presedimentation
PRESEDIMENTADO; (hyd) presettled
PRESERO; custodian of a dam or reservoir
PRESERVACIÓN; preservation
PRESERVATIVO *(s)(a)* preservative
PRESILLA; clip, clamp; loop
AISLANTE; cleat insulator
PARA VIDRIO; glazing clip
PRESIÓN; pressure
A REVENTAR; bursting pressure
ABSOLUTA; absolute pressure
ASIGNADA; rated pressure
AVANZADA DE LA ONDA; shockwave
CAPILAR; capillary pressure
DE APOYO; bearing pressure
DE APOYO FINAL; (sm) ultimate bearing
pressure
DE ASENTAMIENTO; (gate) seating
pressure, face pressure
DE CONTACTO; contact pressure
DE DIENTES; tooth pressure
DE ENTRADA; inlet pressure
DE ENSAYO; test pressure
DE ESTALLIDO; bursting pressure
DE FRACASO; collapse pressure
DE HORNO; furnace pressure
DE LEVANTAMIENTO (hyd) uplift pressure
DE NEUMÁTICO; (rd) tire penetration
DE ONDA; wave pressure
DE PRUEBA; test pressure
DE RECHAZO; (grout) refusal pressure
DE TIERRA; earth pressure
DE TIERRA ACTIVA; active earth pressure
DE TOMA; inlet pressure

DE TRABAJO; working pressure
DESARROLLADA; (sm) developed pressure
MANOMÉTRICA, gage pressure
NO EQUILIBRADA, unbalanced pressure
NORMAL; standard pressure
PERMITIDA; allowable bearing pressure
PRESUMIDA; design pressure
RADIAL; radial pressure
TERMOQUÍMICA; thermochemical pressure
UNITARIA AL FALLAR; ultimate bearing
power of soil
PRÉSTAMO; borrowed fill; borrow pit; a loan
PRESUPONER; to estimate
PRESUPUESTAR; (A)(C) to estimate; to budget
PRESUPUESTO; an estimate, budget
PRETENSIONAMIENTO; pretensioning
PRETIL, parapet; (Ch) dike; (V) cliff
PRETILERO; (M) mason
PRETRATAR; to pretreat
PREVACIADO; precast
PREVENCIÓN; prevention
PRIMA; premium; bonus
DE SEGURO; insurance premium
Y MULTA; bonus and penalty
PRIMARIO; primary (all senses)
PRIMER; first
AUXILIO; first aid
ESCALÓN; starting step
ETAPA DE EXCAVACIÓN; rough grading
HOJA DE PLANOS; (dwg) title sheet
MERIDIANO; prime meridian
TRABAJO ASPEROZO; (cons) roughing-in
PRIMERA; first, prime
CAPA; (pt) undercoat
CLASE; high grade
CURACIÓN; first aid
MANO; (pt) priming coat
PRIMO; prime
PRISIONERO; setscrew, stud bolt, tap bolt, cap
screw
PRISMA; prism
PRISMÁTICO; prismatic
PRISMOIDE; prismoid
PRIVADA; *(s)* privy, water closet
PRIVADO; private
PRIVILEGIO; franchise, concession; patent,
copyright
DE INVENCIÓN; a patent
PROBABLE; probable
PROBADOR; tester, test
DE ACUMULADORES; battery tester
DE COMPRESIÓN; compression tester
DE FUSIBLE; fuse tester
DE INFLAMACIÓN; flash tester
DE NEVADA; snow sampler
DE RESISTENCIA A LA ABRASIÓN; (mtl)
taber abrader

PROBADORA; testing
    DE CADENAS; chain-testing machine
    DE CEMENTO; cement-testing machine
PROBAR; to test
PROBETA; test piece; test tube
    CILÍNDRICA; test cylinder
PROBLEMA; problem
    DE TRES PUNTOS; (surv) three-point problem
PROCEDIMIENTO; process, method, system
    procedure
    BÁSICO; (steel) basic process
    DE CIMENTACIÓN; cementation process
    DE DISOLUCION DE SAL; (hyd) chemical
    method, titration method, salt-dilution method
    DE LECHADO EN FRÍO; cold process
    roofing
    DE MOLDEADO HÚMEDO; wet-cast
    process
    DE VELOCIDAD DE SAL; (hyd) salt-
    velocity method
    ILÍCITO; malpractice
    SIEMENS-MARTIN; (steel) open-hearth
    process
    REGULADO; controlled process
PROCESO; (M) process
PROCURACIÓN; procurement
    MODIFICADA; (sm) modified proctor
PRODUCCIÓN; production; (pet) recovery
    DE COPIAS FOTOMECÁNICAMENTE;
    photoprocessing
    DE RESIDÚ ANTES DE CLORAR; (wp)
    induced break-point chlorination
    EN MASA; mass production
PRODUCTIVO; productive
PRODUCTO; product, yield, production; profit;
    revenue, income
    DE COMBUSTIÓN; combustion product
    DE PLÁSTICO; plastics
    ESTEREOTIPADO; product standard
    LIBRE DE ASBESTO; asbestos-free products
    SECUNDARIO; by-product
PROFESIÓN; (Ch) occupation, trade
PROFUNDIDAD; depth
    DE EXCAVACIÓN; digging depth
    DE HUELLA; (auto) tread depth
    MEDIA; mean depth
    NORMAL; (hyd) normal depth, neutral
    depth
    NEUTRA; (hyd) normal depth
PROFUNDIZAR; to deepen
PROFUNDO; deep
PROGRAMA; program
    ARQUITECTÓNICO; architectural program
    DE ALAMBRAJE; (dwg) wiring schedule
    DE COMPUTADORA; computer program
    DE EDIFICIO; building program
    DE PAGO; payment schedule

    DE TIEMPO; time frame
PROGRAMADOR; (comp) programmer;
    scheduler
PROGRESIVA; (s) station on a survey line
    FRACCIONADA; (surv) plus station
PROGRESIVO; progressive
PROGRESO; progress
POÍS; mooring; mooring bitt
PROLIFICACIÓN; proliferation
PROLONGADOR, extension piece
PROLONGAR; to prolong; (dwg) to produce
PROMEDIAR; to average
PROMEDIO; (s) average
    COMPENSADO; weighted average
    GEOMÉTRICO; geometric mean
    PESADO; weighted average
PROMOTOR; a promoter
PROMOVEDOR; a promoter
PROMOVER; (project) to promote
PROPAGACIÓN; propagation
PROPANO; propane
PROPIEDAD; property
    AISLADORA; (mtl) thermal resistance
    COMERCIAL; commercial property
    NO DESARROLLADA; unimproved
    property
PROPIEDADES FÍSICAS; physical properties
PROPIETARIO; owner
PROPILITA; propylite
PROPONENTE; bidder
PROPORCIÓN; proportion, aspect ratio
    DE AIRE/COMBUSTIBLE; air/fuel ratio
    DE CEMENTO/AGREGADO; cement-
    aggregate ratio
PROPORCIONADOR; proportioner
PROPORCIONALIDAD; proportionality
PROPORCIONAR; to proportion
PROPOSICIÓN; proposal, bid
PROPUESTA; bid, proposal, tender
    A SUMA ALZADA; lump-sum bid
    ACEPTADA; accepted bid
    ALTERNATIVA; alternate bid
    DESEQUILIBRADA; unbalanced bid
    SELLADA; sealed bid
PROPULSIÓN; propulsion, drive
    GASOLINA-ELÉCTRICA; gas-electric drive
    POR CORREA; belt drive
    POR LAS CUATRO RUEDAS; (auto) four-
    wheel drive
PROPULSIONAR; (A) to drive, propel, actuate
PROPULSOR; (n) propellel; impeller; (V) blower
    (a) propulsive
PRORRATEAR; to prorate
PRORRATEO; prorating
PRÓRROGA DE PLAZO; extension of time
PROSPECCIÓN; (Es) prospecting
PROSPECTAR; (min) to prospect

PROTECCIÓN; protection
 CATÓDICA; cathodic protection
 CONTRA INVERSIÓN DE UNA FASE;
 phase-failure protection
 CONTRA RUIDO TRANSITORIO; (elec)
 transcient protection
PROTECTOR; (mech)(elec) protector, protective
 DE ESPIGA; shank protector
PROTEGIDO; (elec) guarded; protected, shielded
PROTÉICO; (sen) proteic
PROTEÍNA; (sen) protein
PROTOPLASMA; (sen) protoplasm
PROTOTIPO; prototype
PROTÓXIDO DE HIERRO; ferrous oxide
PROTUBERANCIA; boss
 DE AGUAS SUBTERRÁNEAS; groundwater
 mound
 PARA CONEXIÓN ROSCADAS; (tub)
 tapping boss
PROVEIMIENTO DE AGUA; (V) water supply
PROVECHO; benefit
PROVISIÓN DE AGUA; water supply
PROVISIONES ESPECIALES; special provisions
PROVISTO DE MUELLES O RESORTE; sprung
PROVOCAR; trigger
PROYECCIÓN; projection
 CÓNICA; conic projection
 ISOMÉTRICA; isometric projection
 OBLICUA; oblique projection
 ORTOGRÁFICA; (dwg) orthographic
 projection
 POLICANICA; polyconic projection
PROYECTACIÓN; (A) design, designing
PROYECTAR; to design, plan; to project; devise
PROYECTISTA; designer
PROYECTO; a design, a plan; a project, a
 development
 DE FUERZA HIDRÁULICA; water-power
 project
PROYECTOR; searchlight, spotlight; projector
PRUEBA; a test; test piece, trial
 A LA EBULLICION; boiling test
 ACUÍFERA; aquifer test
 AL CHOQUE; impact test
 AL FRENO; brake test
 DE ABSORCIÓN; absorption test
 DE ABSORCIÓN ACELERADA; accelerated
 absorption test
 DE AGRIETAMIENTO EN CEMENTO; ring
 test
 DE CIZALLAMIENTO; (soils) shear test
 DE ENDURECIMIENTO DE SUPERFICIE;
 rockwell hardness
 DE FLUIDEZ; pour test
 DE HUMO; smoke test
 DE IMPACTO; impact test
 DE IMPERMEABILIIDAD; smoke test

 DE INTEGRIDAD; integrity test
 DE INTEMPERISMO; exposure test,
 weathering test
 DE MANCHA; (rd) pat stain test
 DE MELLA; nick-break test
 DE NIVEL DE CONSOLIDACIÓN; (soil)
 sand cone
 DE PILOTE ACÚSTICO; acoustic pile test
 DE PLIEGUE ENFRÍO; cold-bending test
 DE PORCENTAJE DE ASFALTO; sieve test
 DE RESISTENCIA A ESFUERZOS;
 endurance test
 DE SERVICIO; service test
 DE SONDAJE; a test-boring core
 DE SUELOS; soil test
 DE TRES ARISTAS; three-edge bearing test
 EN FÁBRICA; mill test
 POR PLEGADO; bending test
PRUEBA; proof
 DE, A; proof against
 DE ÁCIDOS, A; acidproof
 DE AGUA, A; waterproof
 DE AIRE, A; airtight
 DE ATOLLAMIENTO, A; nonsticking
 DE CALOR, A; heatproof
 DE CARGOS TRIAXIALES, A; triaxial test
 DE CONGELACIÓN; frostproof
 DE CONTRACCIÓN, A; (sm) shrinkage test
 DE DESTROZAMIENTO, A; shatterproof
 DE ESCAPES, A; leakproof
 DE FILTRACIÓN, A; leakproof, percolation
 test
 DE FRACTURA, A; shatterproof
 DE FUEGO, A; fireproof
 DE GOTEO, A; driptight
 DE GOLPES, A; (elec) shockproof
 DE GOTERAS, A; leakproof
 DE GRASA, A; greaseproof
 DE HUMEDA, A; dampproof
 DE IMPERICIA, A; foolproof
 DE INCENDIO, A; fireproof, firesafe
 DE INTEMPERIE, A; weatherproof
 DE LADRONES, A; burglarproof
 DE LIMA, A; file-hard
 DE LUZ, A; lightproof
 DE LLUVIA, A; raintight
 DE PENETRACIÓN, A; (soil) penetration
 test
 DE PINCHAZO, A; punctureproof
 DE POLVO, A; dustproof
 DE RAYOS, A; lightningproof
 DE RUIDOS, A; noiseproof
 DE SALPICADURAS, A; splashproof
 DE TORMENTA, A; stormproof
 DE TORREMOTOS, A; earthquake-proof
 DE VAPOR, A; steamproof
PRUEBATUBOS; (pet) casing tester

PSICRÓMETRO GIRATORIO; sling psychrometer
PÚBLICO; public
PUCELANA; pozzolan
PUCHADA; (Col) grout
PUDELADOR; (met) puddler
PUDELAJE; (iron) puddling
PUDELAR; (iron) to puddle
PUDINGA; (geol) conglomerate
PUDRIRSE; to rot; putrefy
PUEBLE; (M) working force gang, shift
PUENTE; bridge; (naut) deck
   ARQUEADO; arch bridge
   BASCULANTE; lift bridge, bascule bridge
   CANTILEVER; cantilever bridge
   CARRETERO; highway bridge
   COLGANTE; suspension bridge
   CORREDIZO; transfer table: ferry bridge
   DE ALCANTARILLA; culvert bridge
   DE ACCESO; accommodation bridge, access bridge
   DE ARCO; arch bridge
   DE ARMADURA; truss bridge
   DE ARQUEO; tonnage deck
   DE ASCENSIÓN VERTICAL; vertical-lift bridge
   DE BARCAS; pontoon bridge
   DE BÓVEDAS; arch bridge
   DE CABALLETES; trestle bridge
   DE CALZADA; (V) highway bridge
   DE CELOSÍA; (Ec) truss bridge
   DEL HOGAR; bridge wall of a boiler, fire bridge, flame bridge
   DE MANIOBRA; operating bridge
   DE PASO A TRAVÉS; through bridge
   DE PASO SUPERIOR; deck bridge; overhead crossing
   DE PEATONES; footbridge
   DE PEINAZOS Y RIOSTRA; ledged and braced door
   DE PILOTAJE; pile bridge
   DE PONTONES; pontoon bridge
   DE PÓRTICO; (A) rigid-frame bridge
   DE SERVICIO; operating bridge
   DE SUSPENSIÓN; (V) suspension bridge
   DE TABLERO INFERIOR; through bridge
   DE TABLERO SUPERIOR; deck bridge
   DE TRAMO MÚLTIPLE; multiple-span bridge
   DE VÍA INFERIOR; through bridge
   DE VÍA SUPERIOR; deck bridge
   DE VIGAS COMPUESTAS; girder bridge
   DE WHEATSTONE; Wheatstone bridge
   ELEVADOR; (A) lift bridge
   EN ESVIAJE; skew bridge
   FERROVIARIO; railroad bridge
   GIRATORIO; swing bridge, drawbridge, rim-bearing drawbridge; turntable

   LEVADIZO; lift bridge, drawbridge
   LEVADIZO RODANTE; rolling lift bridge
   MÓVILE; movable bridge
   OBLICUO; skew bridge
   PARA SEÑALES; (rr) signal bridge
   RODANTE; transfer table; (A) traveling crane
   SESGADO; skew bridge
   SUSPENDIDO; suspension bridge
   TRANSBORDADOR; transfer bridge; transporter bridge, ferry bridge, aerial ferry
   TRASERO; (auto) rear axle
   VOLADO; cantilever bridge
PUENTE-BÁSCULA; weighbridge
PUENTE-CANAL; flume
PUENTE-GRÚA CORREDIZO; (A) traveling crane
PUENTECILLO; culvert, small bridge
   DEL HOGAR; (bo) fire bridge
PUERTA; door, gate
   A BISAGRA; hinged door
   A CAJÓN; (A) hollow door
   ARROLLADIZA; rolling door
   BARRERA LEVADIZA; (rr) crossing gate
   CAEDIZA; drop door, trap door
   COLGANTE; hanging door
   CON VIDRIERA; sash door
   CONTRAFUEGO; (ed) fire door
   CORREDIZA; sliding door, hanging door
   CORREDIZA LATERAL; by pass sliding door
   CORTADA AL MEDIO
   HORIZONTAL; horizontal door
   DE ACCESO; access door
   DE BUSCO; mitering gate
   DE CERCO; gate
   DE CORTINA ARTICULADA; rolling steel door
   DE CHARNELA; hinged door
   DE DOS CUCHILLOS; double-blade gate
   DE ESCLUSA; lock gate
   DE FUEGO; (bo) fire door
   DE GOLPE; (M), gate that closes by gravity
   DEL HOGAR; (bo) fire door
   DE HOMBRE; (M) manhole
   DE MANO DERECHA; right-hand door
   DE MANO IZQUIERDA; left-hand door
   DE METAL PARA SACAR HOLLÍN; (chimney) soot door
   DE REJILLA; slat door
   DE TAMAÑO NORMAL; stock door
   DE TESORO; vault door, safe door
   DE VAIVÉN; double-swing door
   ELEVADA; elevating gate
   GEMELA; double door
   LEVADIZA; lift door, rising door, vertical-lift door
   LISA; flush door
   LLANA; flush door

METÁLICA A CAJON; (A) hollow metal door
MOSQUITERA; screen door
PLEGADIZA; folding door
PERSIANA; slat door
ROMANILLA; (V) slat door
PUERTA-REJA; door or gate of open ironwork
PUERTA-VENTANA; French window
PUERTA-VIDRIERA; glass door
PUERTO; port, harbor; (top)(M) gap, pass, saddle
    ARTIFICIAL; artificial harbor
    DE AVIACIÓN; airport
    DE ESCALA; port of call
    DE MAR; seaport
    FIUVIAL; river port
    FRANCO; free port
    MARÍTIMO; seaport
PUESTA A PUNTO; adjusting, setting
PUESTA A TIERRA; (elec) a ground, ground connection
PUESTA EN MARCHA; (machy) starting
PUESTA EN OBRA; placing, erotion, installation; (C) delivered on the job
PUESTO; station; loaded
    A TIERRA; (elec) grounded
    ABORDO; free on board (FOB)
    EN OBRA; mounting
    DE MANDO; control station
    SOBRE VAGÓN; loaded on cars
PUJAVANTE; butteris
PULGADA; inch
    CUADRADA; square inch
    CÚBICA; cubic inch
    DE AGUA; water-inch
PULGADA-LIBRA; inch-pound
PULGAR; thumb
PULIDOR DE MADERA; (A) spokeshave
PULIDORA; polisher; buffer
PULIMENTAR; to polish; to buff; (va) to grind
PULIR; to polish; to finish; to surface
PULPA; pulp
    DE MADERA; wood pulp
PULPERÍA; (Ch), commissary
PULSACIÓN; pulsation; (elec) pulse
PULSADOR; pulsator; push button
PULSANTE; pulsating
PULSETA; (M), churn drill
PULSO; A, by hand; (dwg) freehand
PULSÓMETRO; pulsometer
PULVERIZACIÓN; pulverization
PULVERIZADOR; pulverizer; atomizer, sprayer; brush
    DE PINTURA; paint sprayer
PULVERIZAR; to atomize; to comminute; to pulverize, (gold) to grind
PUNCETA DE CALAFATEAR; calking chisel
PUNCIÓN; (V) punching

PUNTA; point nail; bullpoint; cape, headland; nib
    A PUNTA; point-to-point
    COLADORA; well point
    DE AGUJA; switch point; (compass) needle point
    DE ALAMBRE; (Ch), wire nail
    DE CABEZA PERDIDA; brad, finishing nail
    DE CAJONERO; box nail
    DEL CORAZÓN; (rr), (actual) point of frog, point of tongue
    DE ESPUELA; (hw), spur point
    DE PARÍS; common wire nail
    DE TORNO; lathe center
    DE TRAZAR; marking awl
    DE VIDREAR; glaziers point
    FIJA (torno); dead center
    GIRATORIA (torno); live center
    PARA HORMIGÓN; concrete nail
    PARA MACHIMBRE; flooring nail
    RÓMBICA; (hcrr), diamond point
PUNTAS DE CHISPA; sparking points
PUNTAL; shore, strut, prop, spur, compression member; dredge spud; (naut) hold depth; (elev) push-off
    AJUSTABLE; trench jack
    CORTO; (min) kicking piece
    DE ALERO; eaves strut
    DE COLISIÓN; (bdg) collision strut
    DE CONSTRUCCIÓN; (na) molded depth
    DE DRAGA; dredge spud
    DE ESQUINA PLANA; flat corner brace
    DE ESQUINAS INTERIORES; inside corner brace
    INCLINADO; raking brace
    INVERTIDO; invert strut
    PARA ATIRANTADA DE POSTE; pole strut
PUNTEADO; (M)(rust) pitted
PUNTERO; stonecutter's chisel; bullpoint; hand (gage)
PUNTEROLA; miner's pick
PUNTIAGUDO; sharp, pointed
PUNTILLA; finishing nail, brad; (C) common wire nail; (min) poling board
    DE PARÍS; wire brad
    FRANCESA; finishing nail
    PARA CONTRAMARCOS; casing nail
    PARA ENTARIMADO; flooring brad
PUNTISTA; (mill) laborer who works with a bar
PUNTO; point
    ACCIDENTAL; (dwg) accidental point
    CARACTERÍSTICO; (pump) design point
    CEDENTE; yield point, yield stress
    CENTRAL; centerplate
    CENTRAL DE DISEÑO; centerpoint design
    CRÍTICO; critical point
    DE ARRANQUE; starting point
    DE ACCESO; point of access

DE BARRETA; moil point
DE CAMBIO; point of switch (theoretical);
(surv) turning point; change point
DE CARTABÓN; (rr), clearance point
DE CIERRE; (surv) tie point
DE COMBUSTIÓN; ignition point, fire point
DE COMPROBACIÓN; (elec) test point
DE CONDENSACIÓN; dew point
DE CONGELACIÓN; freezing point, ice point
DE CORAZÓN; (rr), point of frog
(theoretical)
DE DEFORMACIÓN; yield stress
DE EMPALME; splice point
DE ENTRADA; point of access
DE EQUILIBRIO; three point
DE LA CURVA; point of curve
DE LA VISTA; (dwg) vanishing point
DE LLAMA; (oil) fire point
DE CURVA COMPUESTA; point of
compound curve
DE CHUCHO; point of switch
DE DEFORMACION; yield point, elastic limit
DE DERRETIMIENTO; melting point
DE EBULLICIÓN; boiling point
DE ENCUENTRO; (truss) panel point
DE FLUIDEZ; pour point
DE FUGA; (dwg) vanishing point
DE FUSIÓN; melting point
DE GÁLIBO; (rr) clearance point
DE HIELO; freezing point
DE INFLAMACIÓN; flash point, ignition
point
DE INFLEXIÓN; point of contraflexure,
inflection point
DE REBLANDECIMIENTO; softening point
DE REFERENCIA; (surv) reference point
DE ROCÍO; dew point
DE SATURACIÓN; saturation point
DE TANGENCIA; point of tangency, tangent
point
DE TRAMO; (truss) panel point
DE TRÁNSITO; transit point
DE UNIÓN; (mech) node
DOMINANTE; (surv) control point
FIJO DE NIVEL; bench mark
INFLAMADOR; flash point
MÁS CERCANO DE DOS METALES;
(weld) root of joint
MEDIO; midpoint
MEDIO ENTRE SOPORTES DE UN PISO;
midspan
MUERTO, dead center; dead end; (se) mid
gear; (auto) neutral position
MUERTO DEL SECTOR; (se) mid gear
NORTE; (compass) north point
OBLIGADO; (surv) control point, governing
point

PRINCIPAL; (pmy) principal point
TOPOGRÁFICO DE REFERENCIA; bench
mark
Y RAYA; (line) dot and dash
PUNTOS DE ACERO ENCHURADOS; stabbing
points
PUNZADO EN CALIENTE; hot-punched
PUNZADORA; punching machine
DE PALANCA; lever punch
PUNZADURA; a puncture
PUNZAR; to punch
PUNZÓN; a punch, bullpoint; gadding pin; (va)
needle; pile spud
BOTADOR; pin punch
CENTRADOR; center punch
CORTADOR; cutting punch
DE AGUJEROS CIEGOS; knockout punch
DE BROCA; bit punch
DE CENTRAR; center punch
DE MARCAR; center punch, prick punch
DE PLEGAR; bending punch
DE PUNTEAR; prick punch
DE RESORTE; spring punch
DE RIELES; track punch
DE TIERRA; soil punch
DE TORNILLO; screw punch
DE TRAZAR; scriber
FORMADOR; forming punch
PARA CORREAS; belt punch
PARA ESPIGAS; shank punch
SACACLAVOS; box chiesel
TROQUELADOR; forming punch
PUNZÓN-ESTAMPA; steel marking stamp
PUNZÓN-MANDRIL; drift punch
PUNZONADORA MÚLTIPLE; block punch, gang
punch
PUNZONAR; to punch
PUÑO; grip; doorknob; handle
PUPITRE; (switchboard) desk
DE DISTRIBUCIÓN; control desk,
benchboard
PUQUIO; (Ch)(Pe)(water) spring
PURGA; purge, draining; venting; blowoff
DE ARENA; sand sluice
PURGADOR; blowoff, drain cock, mud valve,
petcock
PURGAR; to drain; to cleanse; to vent; (bo)(M) to
blow off
PURIFICADOR; purifier
PURIFICAR; to purity
PURO; pure, neat
PUTREFACCIÓN; putrefaction, decay
HÚMEDA; (lbr) wet rot
PUTRESCIBLE; putrescible
PUZOLANA; pozzolan

Q

QUEBRACHO; quebracho (a hardwood)

QUEBRADA; brook; small valley, gully, ravine, draw; gorge

QUEBRADIZO; brittle, friable, (lbr) brash, (met) short

　　AL FRÍO; cold-short

　　CON CORROSIÓN; corrosion embrittlement

　　EN CALIENTE; hot-short

QUEBRADO; (n)(C) channel between reefs; *(a)* bloken; bankrupt

QUEBRADOR, QUEBRADORA; crusher

　　DE CONCRETO; pneumatic pick

QUEBRADORA; breaker

　　DE CARBÓN; coal breaker

　　DE CONO; cone crusher

　　DE MANDÍBULA; jaw crusher

　　DE QUIJADAS; jaw crusher

　　GIRATORIA; gyratory crusher

QUEBRADURA SUECA; swedish break

QUEBRAJA; a break, a crack

　　DIAGONAL; diagonal break

QUEBRAJAR, QUEBRAJARSE; to crack, split

QUEBRANTABLE; brittle

QUEBRANTADORA; crusher; paving breaker

　　DE MANDÍBULAS; jaw crusher

　　GIRATORIA; gyratory crusher

QUEBRANTAOLAS; breakwater

QUEBRANTAR; to crush, break

QUEBRAR; to crush, break; to fail, (min) rag; become bankrupt

QUEMADA DEBIDA AL CALOR DE LA ACEPILLADORA; (lbr) machine burn

QUEMADO; burn

　　DE RAMALLA; slash burning

QUEMADOR; burner

　　CERRADO; closed burner

　　DE ACETÍLENO; acetylene burner

　　DE MALEZAS; weed burner

　　DE PETRÓLEO; oil burner

　　MECÁNICO; mechanical burner

QUEMADURA; burning; a burn

QUEMAR; to burn; QUEMARSE; to burn out

QUICIAL; doorjamb; hanging stile; quoin post

QUICIALERA; doorjamb

QUICIO; pivot; hinge; (C) doorsill

　　DENTADO; (hyd)(C) dentated sill

QUICIONERA; step bearing; (de) footblock casting

QUIEBRA; a crack; bankruptcy, failure

　　DE PIEDRAS; (bl) throw-end-heave

QUIEBRAMAR; breakwater

QUIEBRAVIRUTAS; chip breaker

QUIJADA; jaw, cheek

QUIJO; (min) quartz containing gold or silver

QUILATADOR; assayer

QUILATAR; to assay

QUILLA; keel

QUÍMICA; chemistry

QUÍMICAMENTE PURO; chemically pure

QUÍMICO; (n) chemist; *(a)* chemical

QUINCHA; lathing of cane or small branches used as foundation for mud or cement plastering

QUINTA RUEDA; fifth wheel

QUINTAL; quintal (100 Ib)

　　MÉTRICO; metric quintal (100 kilos)

QUITA Y PON, DE; detachable

QUITABARNIZ; varnish remover

QUITADOR DE CIENOS; sludge remover

QUITAESPUMAS; scum remover

QUITANIEVE; snowplow

　　DE ALAS; wing snowplow

　　DE CUCHILLAS LATERALES; wing snowplow

　　DE VERTEDERA; moldboard snowplow

　　ROTATORIO; rotary snowplow

QUITAPIEDRAS; locomotive pilot, cowcatcher

QUITAPINTURA; paint remover

QUITAPÓN DE; detachable, removable

QUITAR; remove

　　EL CUBRIMIENTO; skinning

QUITARREBABAS; burr chisel

R

RABERA; (hw) tang; (tackle block) breech
RABIÓN; rapids, riffle
RABO; shank, handle, tang, fang; breech
RADA; roads, anchorage, roadstead
RADIACIÓN; radiation
    SOLAR; solar radiation
    TÉRMICA; thermal radiation
RADIADOR; radiator
    DE ALETAS Y TUBOS; (auto) fin-and-tube radiator
    DE COLMENA; honeycomb radiator
    DE PANAL; honeycomb radiator
RADIAL; radial
RADIÁN; radian
RADIANTE; radiant
RADIAR; to radiate
RADICAL; (math)(chem) radical
RADIER; (hyd) (Ch) floor, mat, apron, hearth
RADIO; radius; radio
    CILINDRICO; crown radius
    CRÍTICO; critical radius
    DE CARGA; load radius
    DE CURVATURA; radius of curvature
    DE DOBLADURA DE BARROS; (reinf) radius bent
    DEL EXTREMO; tailswing
    DE GIRO; radius of gyration; turning radius
    DE HUELLA; (tire) tread radius
    DE INFLUENCIA; (well) radius of influence
    DE INERCIA; radius of inertia
    DE OSCILACIÓN; swing radius
    DE VIRAJE; turning radius
    HIDRÁULICO MEDIO; mean hydraulic radius, hydraulic mean depth
    HIDRÁULICO PRINCIPAL; major hyraulic radius
    VECTOR; radius vector
RADIOACTIVO; radioactive
RADIOCOMUNICACIÓN; radio station
RADIOESTACIÓN; radio station
RADIOFARO; beacon
    DE ATERRIZAJE; (ap) landing beacon
RADIOFREQUENCIA; radio frequency
RADIOGRAFÍA; radiograph
RADIOGRÁFICO; radiographic
RADIOLOGÍA; radiology
RADIOMETALOGRAFÍA; radiometallography
RADIOTÉCNICO; radio engineer
RADIOTÉCNICA; radiotechnology, radio engineering
RADIOTRANSMISIÓN; radio transmission
RAEDERA; scraper; (hyd) trashrack rake; straightedge, screed
RAEDOR; (hw) scraper
RAER; to abrade, scrape; to screed
RAIZ; root; (math) root
    CUADRADA; square root
    CÚBICA; cube root
    DESNUDA; bare root
    QUINTA; (math) fifth root
RAJA; crack, slit, fissure, split; splinter, chip
RAJAS; (min)(M) lagging, spilling
RAJABLE; easily split
RAJADIZO; easily split, fissile
RAJADURA; crack, fissure, split
RAJAR; to split; rive; (pile) to broom
RAJARSE; to split, crack; (pile) to broom
RAJATOCONES; (ce) stump splitter
RAJATUBO; (pet) easing splitter
RAJÓN; rubble stone, (conc) plum; (C) brickbat
RALO; light, (liquids) thin
RAMA; branch, arm; leg of an angle; (rr) flange of an angle bar
RAMAS DESIGUALES; (angle) unequal legs
RAMAS IGUALES; (angle) equal legs
RAMAL; branch, arm; strand of rope
    A 45°; (tub) Y
    CERRADO; (rr) loop
    DE 180° INVERTIDO; (tub) vent branch
    DE SERVICIO; service connection
    T; T branch
    Y; Y branch
RAMALLA; brushwood
RAMIFICARSE; to branch off
RAMITA DE FILÓN; small branch of a lode, leader
RAMO; branch, section, division
RAMOJO; brushwood
RAMPA; ramp, slope, grade, incline, (Sp) upgrade
    DE ACCESO; (rd) accommodation ramp
    ESTRUCTURAL; (auto) structural ramp
    SALMONERA; fish ladder, fishway
RANA; (rr) frog
    CON CARRIL DE MUELLE; spring-rail frog
    DE PUNTA MOVIBLE; movable point frog
    ENCARRILADORA; wrecking frog
RANCHÓN; (PR) mess hall, boardinghouse
RANFLA; (C) a chute
RANGUA; socket; step bearing, pivot bearing; (de) foot-block casting
RANURA; groove, slot, keyway, channel, rabbet, dado
    DE ATAGUIAMIENTO; (hyd) stop-log groove

DE CHAVETA; keyway
DE ENGRASE; oil groove
DE LUBRICACIÓN; oil groove
DE PESTAÑA; flangeway
EN T; T slot
PARA ARO; (eng) ring groove
Y LENGÜETA; tongue and groove
RANURADO; slotted
RANURADORA; grooving machine, grooving tool
RANURAR; to groove, slot, channel, rabbet
RÁPIDA; (M) chute, flume
RÁPIDO; rapid
RÁPIDOS; rapids
RAS; (s) level, surface, plane
,AL; level full, struck off
DE, AL; flush with
RASADOR; straightedge, screed board
RASANTE; grade line, subgrade
CON; flush with
DOMINANTE; (C) ruling grade
RASAR, to level. smooth off, strike off
RASCACENIZAS; fire rake
RASCACIELOS; high building, skyscraper
RASCADERA; scraper
RASCADOR; scraper
RASCAR; to scrape, roughen
RASERO; straightedge, screed board
RASGADOR; (ce) rooter, ripper
RASGAR; to rip, tear
RASGUEO; shading
RASPA; a rasp, coarse file
RASPADOR; rasp, scraper
DE BANCO; bench scraper
DE CILINDRO; roll scraper
PARA CORREAS; belt scraper
RASPADURA; scraping; abrasion
RASPANTE; (s)(a) abrasive
DE ACERO; crushed steel
RASPAPINTURA; paint sealer
RASPAR; to scrape, rasp
LAS JUNTAS; (mas) to rake joints
RASPATUBOS; tube cleaner; (pet) go devil
RASQUETA; (hw) scraper; shave hook
PARA TUBOS DE CALDERA; tube scraper
TRIANGULAR; painter's triangle
RASQUETEAR; to scrape; to roughen
RASQUETEO; scraping
RASTRA; road drag, stoneboat, road hone, road
planer; sled; harrow; dragging
DE DIENTES; peg-tooth harrow, spike-tooth
harrow
DE DIENTES DE RESORTE; spring-tooth
harrow
DE DISCOS; disk harrow
RASTREAR; to rake; to harrow; (rd) to drag
RASTREL; straightedge, screed board; screed,
ground

RASTREO; dragging, tracing
RASTRILLADA; raking, scraping
RASTRILLEO; raking
RASTRILLERA; slip scraper
DE RUEDAS; wheeled scraper
RASTRILLO; rake; harrow; road drag; ward of a
lock; grizzly; check dam; (hyd) trashrack rake;
(rr) locomotive pilot; (hyd)(A) cutoff wall; (V)
slip scraper
DE ESTANCAMIENTO; (A) cutoff wall
DE MALEZAS; brush rake
DE RUEDAS; (V) wheeled scrape
DE TRACCIÓN; (V) slip scraper, drag scraper
LIMPIADOR; rack cleaner, rack rake
PORTACABLES; cable rack
RASTRO; rake, harrow; cutoff wall; (C) junk yard
RASTRÓN; (A) drag scraper
RATA; (Col)(V) rate
RATONERA; (pet) rathole
RAUDAL; stream, torrent, race
RAUDALES; rapids
RAUDALOSO; (A) in flood, running full
RAYA; line, dash; boundary; (M) day's wages; (M)
payroll; (naut)(Ch) reef
RAYADO; (n) ruling; rifling; (dwg) hatching; (M)
laborer; (a) fluted, scored, ribbed, scratched
DE GUÍA; (rd) traffic signals
RAYADOR; grooving tool; (M) timekeeper
RAYAR; to groove, scratch, score; (M) to pay off;
(dwg) to hatch; to rule; section line
RAYENTE; (a) abrasive
RAYO; ray; spoke; stroke of lightning; radius
LÁSER; laser bar
MEDULAR; (lbr) medulary ray
RAYOS; rays
ULTRAVIOLETA; ultraviolet rays
X; X rays
RAZÓN; ratio, rate
AGUA-CEMENTO; water-cement ratio
DE CONTRACCIÓN; shrinkage ratio
DE DELGADEZ; slenderness ratio
DE ENGRANAJES; gear ratio
DE SALARIO; rate of pay
DE TRANSFORMACIÓN; transformer ratio
INVERSA; inverse ratio
SOCIAL; partnership, firm, firm name
REACCIÓN; (all senses) reaction
DEL APOYO; (str) end reaction
DEL CIMIENTO; (sm) subgrade reaction
DE VIGA BAJO TENSIÓN; (str) tension field
action
EXOTÉRMICA; exothermic reaction
FÍSICA; sulphate attack
REACCIONAR; to react
REACERAR; (iron) to retemper
REACODAMIENTO; reshoring
REACONDICIONAR; to recondition

REACTANCIA MOMENTÁNEA; transient reactance
REACTIVACIÓN; reactivation
REACTIVADOR; reactivator
REACTIVAR; (chem) reactivate
REACTIVO; (n) reagent; *(a)* reactive
REACTOR; reactor
READOQUINADO; repaving
REAFILAR; to resharpen, regrind
REAFIRMADO; *(s)*(rd) resurfacing, repaving
REAL; real
    DE AGUA; (min) old measure of water based on a pipe of the size of a real
REALCE; raising; raised work; (hyd) flashboard
REALIMENTACIÓN; (elec) feed back
REARBOLIZACIÓN; reforestation
REASERRADERO SIN FIN; band resaw
REBABA; (steel) burr; fin, rough seam; (weld) flash
REBABADORA; chipping hammer
REBABAR; totrim a casting; to burr (threads)
REBABEADORA; (M) chipping hammer
REBAJADA; a recess, an offset, (str) a cope
REBAJADO; recessed, offset; (asphalt) cut back; (arch) segmental
REBAJADOR; rabbeting plane; (saw) gummer
REBAJAR; to cut down, relieve, rabbet, shave off; to offset; to cut back, dilute; (carp) rebate; (str) to cope
REBAJE; a cut
REBAJO; offset, rabbet, groove, recess
REBALSA; pool, pond
REBALSAR; to dam, pond, (A)(Ch)(Pe) to overflow
REBALSARSE; to back up, form a pool
REBALSE; impounding; (Ch)(Pe) overflow
REBASAR; to overflow
REBLANDECER; to soften; (asphalt) to cut back
REBLANDECERSE; to soften
REBLANDECIMIENTO; softening
REBORDE; edge; dike; flange; (hyd) sill
    DE ACERA; curb
    DEFLECTOR; deflector sill
    DENTADO; dentated sill
REBORDEADORA; flanging tool
REBORDEAR; to flange
REBOSADERO; spillway; overflow pipe, (Ch) an irregular deposit of ore
REBOSAR; to overflow
REBOSE; spillway
REBOSO; (V) overflow, flood
REBOTAR; to rebound
REBOTE; *(s)* rebound, resilience
RECALCADOR; (man) calker; (saw) swage; shifter
RECALCADORA; upsetting machine
    DE TRAVIESAS; tie tamper
RECALCAR; to calk; (str) to upset; (rr) to tamp; (mas) to point; (saw) to swage; (bs) jump
RECALCE; underpinning, wedging

RECALENTADOR; superheater; (asphalt) reheating pan
RECALENTAMIENTO; overheating, reheating
RECALENTAR; to superheat; to overheat; to reheat
    RECALENTARSE; (machy) to run hot, heat up
RECALENTÓN; an overheating
RECALESCENCIA;(met) recalescence
RECALESCENTE; (met) recalescent
RECALIBRAR; recalibrate
RECALZAR; to underpin
RECALZO; underpinning
RECAMBIABLE; replaceable, renewable
    ,NO; nonrenewable
RECAMBIOS; spare parts, replacements
RECARBONATACIÓN; recarbonation
RECARBONATADOR; recarbonator
RECARBURAR; (met) recarburize
RECARGA; recharging
RECARGAR; (mech)(elec) to recharge; (money) to apply a surcharge
RECARGO; (com) surcharge
    ARTIFICIAL; artificial surcharge
RECATÓN; (Col) wheel guard
RECAUCHADO, retreading
RECAUCHAR, RECAUCHOTAR; to retread, rerubber
RECAUCHUTAJE; (auto)(A) retreading, recapping
RECEBAR; (rd) to spread binder; to surface with gravel
RECEBO; road gravel, screenings, hogging, (rd) binder
RECEPCIÓN; reception, (project) acceptance
RECEPTÁCULO; (elec) receptacle jack
    AL RAS DE PARED; flush receptacle
    DE CARGA; charging receptacle
RECEPTOR; (tel)(radio) receptor; receiver, receiving
    DE AIRE; air receiver
    DE DUCHA; shower receptor
    TELEFÓNICO; telephone receiver
RECIAL; rapids
RECIBOS; receipts
RECICLAR; recycle
RECICLAJE; (mtl) recycling
    DE MATERIAL DE LA SUPERFICIE; surface recycling
    EN FRÍO; cold recycling
RECIO; strong; coarse
RECIPIENTE; container, jar, pot, vessel; air receiver
    CERRADO; closed container
    DE AIRE; air receiver
RECÍPROCA; (math) reciprocal
RECLAMACIÓN DE CAMINO; road reclamation
RECOBA; (A) arcade over a sidewalk
RECOBRO; (pet) fishing
RECOCCIÓN; annealing
RECOCER; to anneal

RECOCIDO EN COFRE; pot annealing
RECOCHO; (brick) well-burned, hard-burned
RECODO; a bend
RECOGEDERO; collecting basin; drainage area
RECOGEDOR; collector
    DE ACEITE; drip pan
    DE CIENO; sludge collector
    DE PIEDRAS; (dredge) rock trap
RECOGEGOTAS; drip pan
RECOLECTOR DE LODOS; sludge collector
RECOLOCABLE; (rr) fit for track
RECOLOCACIÓN DE MOLDES; (molds) resetting
RECOMPRESIÓN; recompression
RECONCENTRADO; (s)(M) a concentrate
RECONCENTRAR; to concentrate
RECONGELACIÓN; regelation
RECONOCER; to inspect; recognize
RECONOCIMIENTO; acknowledgment, recognition,
    exploration
RECONSTRUCCIÓN; reconstruction
RECONSTRUIR; to reconstruct, rebuild
RECORREDOR DE LA LÍNEA; lineman
RECORREDOR DE VÍA; trackwalker
RECORRIDO; route, path, travel, run; (mech) throw
    CRÍTICO; (mech) critical path
    DE DESPEGUE; (airport) takeoff run
    DE FILTRACIÓN; path of seepage, line of creep
    MUERTO; (mt) overtravel
RECORTADO A LA ORDEN; cut to length
RECORTADOR DE PERNOS, boltcutter, bolt
    clipper
RECORTADORA; cutter, shear; shaper; (sa) trimmer
RECORTAR; to cut,cut off, cut away; (str) to cope;
    (carp) rebate
RECORTE; cutting, a cut; (str) a cope
RECORTES; cuttings, chips
RECOSTAR; (min) to dip
RECTA; (s) a straight line
RECTANGULAR; rectangular
RECTÁNGULO; (n) rectangle; (a) right-angled
RECTIFICADOR; (mech)(elec) rectifier, straightener
    DE CILINDRO; cylinder hone
    DE HERRAMIENTAS; tool grinder
    DE RUEDAS ABRASIVAS; wheel dresser
    DE VÁLVULAS; valve grinder
RECTIFICADORA; honing machine
    UNIVERSAL; universal grinder
RECTIFICAR; to rectify; (cylinder) to rebore; to true
    up
RECTILÍNEO; rectilinear
RECTO; straight; (angle) right
RECUADRO; (ar) panel
RECUBRIMIENTO; lap; facing, covering, road
    surfacing; coating; (reinf) embedment
    DE ADMISIÓN; (se) steam lap
    DE ESCAPE; (se) exhaust lap
    INTERIOR; inside lap

    LONGITUDINAL; (pmy) end lap
    TRANSVERSAL; side lap
RECUBRIR; to cover; to sheath; to lap
RECUESTO; slope; (min) dip
RECULADA; recoil, kickback
RECULAR; to recoil, kickback
RECULE; recoil
RECURIAR; to wedge, excavate rock by wedging
RECUPERABLE; recuperable
RECUPERACIÓN; (chem)(mech)(elec) recovery,
    regain
RECUPERADOR; recuperator; (lubricant) reclaimer
RECUPERAR; to recover
RECURSOS; resources
    HIDRÁULICOS; water resources
RECHANCAR; to recrush
RECHAZAR; to reject
RECHAZO; rejection; recoil; (Col) dislocation of a
    lode
RECHAZOS; rejects (screening)
RECHINA MOTÓN, A; chockablock, two-blocks,
    block and block
RECHINADO; (s)(machy) squeaking
RECHINAR; to squeak
RED; net, netting; network, system
    CAMINERA; system of roads
    CLOACAL; sewer system
    DE AGUAS CORRIENTES; water system
    DE ALAMBRE; wire netting, wire mesh
    DE COMPUTADORAS; computer system,
    mainframe system
    DE ENERGÍA; power system
    DE FLUJO; (hyd) flow net
    DE NIVELACIÓN; (surv) net level
    DE PERCOLACIÓN; (hyd) flow net
    FERROVIARIA; railroad system
    TUBULAR; layout of piping
    VIAL; system of roads
REDEVANAR; to rewind
REDIENTE; (conc) bonding key
REDOBLAR; to clinch
REDOBLÓN; clinch nail; (Col) flashing
REDONDEAR; to round off, (lbr) snipe
REDONDELA; (A) washer
REDONDEO; rounding off
REDUCCIÓN; reduction (all senses); reducer,
    reducing; curtailment
    DE ESFUERZO EN ACERO; (conc) shrinkage
    loss
    DE MUESTRA; sample reduction
    DE TAMAÑO; size reduction
    DE VOLTAJE; voltage dip
REDUCIDO; (s) reducer
REDUCIR; (math)(chem), reduce, resolve, solve
REDUCTOR; reducer; (chem) reductor; reducing
    valve
    AHUSADO; taper reducer

DE BASURAS; garbage reducer
DE LUZ; (auto) dimmer
DE RUIDOS; noise reducing
DE VELOCIDAD; speed reducer
REDUNDANTE; (str) redundant
REEDIFICAR; to rebuild
REEMBOLSAR; reimburse
REEMBOLSO; reimbursement
REEMPEDRAR; to repave
REEMPLAZABLE; renewable
REENCAUCHUTAJE; (auto) (Ec)
    retreading, recapping
REENSAYAR; to retest
REEENTRANTE; re-entrant
REENVIAR; to forward
REESTAMPAR; to recup (rivet)
REFACCIÓN; (Ch)(Ec) repairs; (PR) financing
REFACCIONAR; (Ch)(Ec) to repair; (PR)(C) to
    finance
REFECCIONAR; to repair
REFECCIONES; repair parts, repairs
REFILETEAR; to rethread
REFINAR; to refine, (chem) rectify
REFINERÍA; refinery
REFLECTANTE; reflecting
REFLECTOR; searchlight, headlight; reflector,
    reflective
    BUSCAHUELLA; (auto) spotlight
REFLEJAR; reflect
REFLEXIÓN; reflection
REFLEXIVO; reflective
REFLUIR; to flow back; to ebb, fall
REFLUJO; reflux; ebb tide
REFORESTACIÓN; reforestation
REFORRAR; to reline
REFORZADA CON ALAMBRE; wire
    reinforced
REFORZADO; reinforced
    DE QUEMAZON; burning reinforcement
REFORZADOR; booster
    DE SALTO; (hyd) fall increaser
REFORZAMIENTO; reinforcement
    AUXILIAR; auxiliary reinforcement
    CONTRA CIZALLAMIENTO; shear
    reinforcement
    CONTRA CONTRACCIÓN; shrinkage
    reinforcement
    CONTRA TENSIÓN; tension reinforcement
    DE ACERO RÍGIDO; (vertical) pile cage
    DE ACERO LABRADO EN FRÍO; cold-worked
    steel reinforcement
    DE BARRAS DE DOBLE TORCIDO;
    twin-twisted bar reinforcement
    DE COMPRESIÓN; compression reinforcement
    DE CORTINA; curtain reinforcement
    DE ESQUINA; corner reinforcement
    DE JUNTA; joint reinforcement

    DE MIEMBRO; (conc) web reinforcement
    DE PLANCHAS DE ACERO; (conc)
    waffle-plate construction
    DE PUNTA; (pile) toe-steel
    DEFORMADO; deformed reinforcement
    EFECTIVO; effective reinforcement
    LATERAL; lateral reinforcement
    PARA MOMENTO POSITIVO; positive
    reinforcement
    SOLDADO; welded reinforcement
    TRANSVERSO; transverse reinforcement
    TRENZADO; tight braid
REFORZAR; to reinforce; (elec) to boost
REFRACCIÓN; refraction
REFRACTAR; to refract
REFRACTARIO; fire-resisting, refractory
REFRACTÓMETRO; refractometer
REFRACTOR; refractor, refracting telescope
REFREGAR; scouring
REFRENAR; (cab) to snub
REFRENTADO; *(a)* faced, (n) facing
REFRENTAR; to face, grind, mill
REFRIGERACIÓN; refrigeration; (eng) cooling
    POR AIRE; air cooling
REFRIGERADOR; cooler
REFRIGERANTE; refrigerant, freezing mixture
REFRIGERAR; to cool; to refrigerate
REFUERZO; reinforcement
    PARA EL CONTROL DE GRIETAS; crack
    control reinforcement
REFULADO; (A) hydraulic filling
REGABLE; irrigable
REGADERA; subsidiary irrigation ditch; shower
    head; sprinkler
    AUTOMÁTICA; automatic sprinkler, sprinkler
    head
    VERTICAL; upright sprinkler
REGADÍO; irrigation
REGADÍOS; irrigated lands
REGADIZO; irrigable
REGADOR; one who irrigates; (Ch) measure of
    irrigation water
REGADORA; sprinkler
REGADURA; sprinkling
REGALA; (naut) gunwale
REGALÍA; bonus; (M)(A) royalty
REGANTES; irrigation subscribers
REGAR; to sprinkle, spray, water; to irrigate; (Col)
    to wreck, demolish
REGATA; (irr) small subsidiary ditch; (ed) (Col)
    raglet
REGATÓN; ferrule; nozzle; (Col) pile shoe
REGENERACIÓN; regeneration; (elec) positive
    feedback
    ARTIFICIAL; artificial regeneration
    AVANZADA; advanced regeneration
REGENERADOR; regenerator

REGENERAR; regenerate (all senses)
REGENERATIVO; regenerative
RÉGIMEN HIDRÁULICO; hydraulic regimen
REGISTRADOR; (mech) recorder, recording
    DE GASTO MÁXIMO; (sw) maximum-flow gage
    DE NIVEL; level recorder
    DE NIVEL DE LÍQUIDO; (sd) recording liquid-level meter
    DE PESO; weightometer
REGISTRO; register, record, log; opening, handhole, manhole, inspection box
    DE COLOCACIÓN DE ESTACAS; (surv) stake note
    DE CHIMENEA; damper
    DE ENCUENTRO; junction-manhole
    DE INSPECCIÓN; manhole
    DE LIMPIEZA; handhole, cleanout hole
    DE MANO; handhole
    DE TIRO; damper
    DE VÁLVULA; valve box
    GRÁFICO; a graph
    HIDROMÉTRICO; stream-flow records
    MANUAL; (Pe) handhole
REGISTROS; records
    DE GASTO; stream-flow records
    DE PERFORACIÓN; log of borings
    PLUVIOMÉTRICOS; rainfall records
REGLA; rule, scale; straightedge, level board, screed board
    DE CÁLCULO; slide rule
    DE MAXWELL; (elec) Maxwell's law
    FLEXIBLE; (dwg) spline
    DE MANO DERECHA; (elec) right-hand rule
    PARA APRECIAR TRONCOS; log rule, scale rule
    PARA MADERA; board rule
    PLEGADIZA; folding rule
    PLOMADA; plumb rule
    RECTA; straightedge
    RÍGIDA FLEXIBLE DE ACERO; push-poll rile
    T; T Square
REGLAS PARALELAS; parallel ruler
REGLAJE; regulation, adjustment
REGLAMENTO; code, standard, law, rule
    DE CALIDAD DE ARIE; air quality standards
    DE EDIFICACIÓN; building code
    DE EMISIÓN; emission standard
REGLAR; to regulate; to rule
REGLÓN; straightedge; (surv) measuring rod, subtense bar
REGOLITA; regolith, (geol) mantel
REGRESIÓN; regression
REGRESO; return
REGUERA; irrigation ditch
REGUÍO; (Ec) irrigation
REGULABLE; adjustable

REGULACIÓN; regulation, regulating, governing; (eng) timing
    DE EDIFICACIÓN; building regulation
    DE LAS CRECIDAS; flood routing, flood control
    DE LAS VÁLVULAS; (auto) valve regulation
REGULADOR; governor, regulator, controller; throttle valve
    A PRESIÓN DE ACEITE; oil-pressure governor
    A TOMA O DEJA; hit-and-miss governor
    A VACIO; vacuum governor
    AXIAL; shaft governor
    CENTRÍFUGO; centrifugal governor
    DE ACETILENO; acetylene regulator
    DEL AGUA DE ALIMENTACIÓN; feed water regulator
    DE BOBINA MÓVIL; moving regulator
    DE BOLAS; ball governor
    DEL CAMPO; (elec) field regulator
    DE CORREA; belt take-up
    DE ESTRANGULACIÓN; throttling governor
    DE FRECUENCIA; frequency regulator
    DE GASTO; flow regulator, rate-of-flow controller
    DEL GASTO CLOACAL; sewer regulator
    DE HUMEDAD; humidity controller
    DE INDUCCIÓN; induction regulator
    DEL LAVADO; (wp) wash-rate controller
    DE MARIPOSA; throttle, throttle valve
    DE NIVEL; level control
    DE NIVEL DE LIQUÍDO; (sd) liquid-level controller
    DE PRESIÓN; pressure regulator
    DE RESBALAMIENTO; (elec) slip regulator
    DE RESORTE; spring governor
    DE TEMPERATURA; temperature regulator
    DE TENSIÓN; (elec) voltage regulator
    DE TIRO; damper; damper regulator
    DE VAPOR; governor
    DE VOLANTE; flywheel governor
    DE VOLTAJE; voltage regulator
    REGISTRADOR; recording regulator
REGULAR; regular, to regulate, govern
REGULARIZAR; to regulate (river)
REHABILITACIÓN; rehabilitation
REHABILITAR; to recondition, overhaul
REHERVIDOR; reboiler
REHINCHAR; to fill, to backfill
REHINCHO; filling, backfilling
REHUNDIR; to deepen, cut down
REIGNAR; rekindle, re-ignite
REINA; (Col) queen post
REJA; rack, grating, grill, plowshare
    DE BARRAS; bar screen
    SACUDIDORA; shaking screen
REJADO; *(s)* grating

REJILLA; rack, grating, grid, bar screen, register
    AMORTIGUADORA; stilling rack
    ATRAPADORA; trap grate
    COLADERA; trashrack
    CONTRA BASURAS; trashrack
    DE ESPUMAS; (sd) scum grid
    DE PUNTOS; dot grid
    DE REFERENCIA; planning grid
    DE VENTILACIÓN; louver; ventilation grill
    PARA PECES; fish screen
REJÓN; (M) rubble stone
REJUNTADOR; pointing trowel
REJUNTAR; (mas) to point, to fill joints
RELACIÓN; a report; relation, ratio
    AGREGADO/CEMENTO; aggregate/cement ratio
    AGUA-CEMENTO; water-cement ratio
    ALTA DE VACÍOS, DE; (ag) open-graded
    CRÍTICA DE HUECOS; (sm) critical void ratio
    DE AMORTIGUACIÓN; damping ratio
    DE ARENA Y AGREGADO GRUESO; sand/course aggregate ratio
    DE BENEFICIO/COSTO; benefit cost ratio
    DE CALOR SENSIBLE; (ac) sensible-heat factor
    DE COMPRESIÓN; compression ratio
    DE CONSISTENCIA; (sm) consistency index
    DE CONSOLIDACIÓN; compaction ratio
    DE CONTRACCIÓN; (sm) shrinkage ratio
    DE CONVEXIDAD; (weld) convexity ratio
    DE DEPÓSITO; (weld) deposition efficiency
    DE ENGRANAJES; gear ratio
    DE ENGRANAJES DE TRANSMISIÓN; transmission gear ratio
    DE ENTRADA Y SALIDA; (elec) voltage gain
    DE ENVEJECIMIENTO/RESISTENCIA; age-strength relationship
    DE ESBELTEZ; (str) slenderness ratio
    DE ESFUERZO/DEFORMACIÓN; shear modulus
    DE FLOCULACIÓN; (wp) flocculation factor, flocculation ratio
    DE FUSIÓN; (weld) melting ratio
    DE HUECOS; (sm) voids ratio, pore ratio
    DE HUMEDAD; (sm) moisture index
    DE PALETAS; vane ratio
    DE PERALTE; superelevation rate
    DE RECUPERACIÓN; (sample)(soils) recovery ratio
    DE REFORZAMIENTO A CONCRETO; reinforcement ratio
    DEL TALUD; rate of slope
    DE TORBELLINO; swirl ratio
    MODULAR; modular ratio
    PLASTICA/CEDENTE; (moment) shape factor

    SÍLICE SESQUIÓXIDO; silica-sesquioxide ratio
RELAI; (elec) relay
    DE CORRIENTE BAJA; undercurrent relay
    DE POTENCIA; (elec) power relay
    DE RETARDO; time-delay relay
    DE SOBRECARGA; overload relay
    DE SOBRECORRIENTE; overcurrent relay
    DE SOBRETENSIÓN; overvoltage relay
    POLARIZADO; polarity-directional relay
    TÉRMICO; temperature relay
    TÉRMICO PARA SOBRECARGA; thermal overload relay
RELAJAMIENTO; (mech) relaxation
    DEL ESFUERZO; stress relaxation
    DE TENSIÓN; (A) stress relaxation
RELAMINADO; rerolled (steel)
RELÁMPAGO; lightning
RELATOR; (A) technical adviser to a commission
RELAVADOR; rewasher
RELAVES; (min) tailings
RELÉ; (elec) relay
RELEJAR; to taper, slope; (wall) to step back, to batter
RELEJE; taper, batter, step-back
RELEVADOR; (elec) relay
RELEVAMIENTO; topographical survey
    NIVOMÉTRICO; snow survey
    TAQUIMÉTRICO; (A) stadia survey
RELEVAR; to take topography
RELEVO; a relief, a shift
RELIEVE; relief (map)
    DE TERRENO; topography
RELINGA; boltrope, rope reinforcing edge of canvas
RELIZ; (M) plane bounding a vein of ore or a fault; landslide
    DEL ALTO; (M) hanging wall
    DEL BAJO; (M) footwall
RELOCALIZACIÓN; relocation
RELOJ DE SEGUNDOS MUERTOS; stop watch
RELUCTANCIA; (elec) reluctance, magnetic resistance
    ESPECÍFICA; reluctivity
RELLANO; stair landing
RELLENADOR; (rd) filler; (str) filler plate
    PREMOLDEADO; (rd) preformed joint filler
RELLENADORA; (ce) backfiller
RELLENAMIENTO DE LOSA; slab jacking
RELLENAR; to backfill, fill, refill
RELLENO; backfilling, filling, fill, earth fill; filler; painter's putty
    CON BASURAS; refuse landfill
    DE MACHONES; buttress fill
    DE MAMPOSTERÍA; masonry fill
    ESTRUCTURAL; structural fill

HIDRÁULICO; slushing
LIMPIO; clean fill
NO COMPACTADO; (ea) uncontrolled fill
REGULABLE; controlled fill
SUELTO; loose fill
REMACHADA; riveted
REMACHADO; riveted
  A SOLAPA; lap-riveted
  A TOPE; butt-riveted
REMACHADOR; riveting hammer; riveter
REMACHADURA; riveting
  EN CALIENTE; hot riveting
  EN FRÍO; cold riveting
  EN PRESIÓN; squeeze riveter
REMACHAR; to rivet; to clinch
REMACHE; a rivet
  ABOCARDADO; countersunk rivet
  DE CABEZA ACHATADA; flathead rivet
  DE CABEZA CILÍNDRICA; machine-head rivet
  DE CABEZA CHANFLEADA; (A) panhead rivet
  DE CABEZA DE BOTÓN; buttonhead rivet
  DE CABEZA DE CONO ACHATADO; panhead rivet
  DE CABEZA DE CONO TRUNCADO; conehead rivet
  DE CABEZA DE HONGO; buttonhead rivet
  DE CABEZA EMBUTIDA; countersunk rivet
  DE CABEZA RASA; flush rivet
  DE CAMPO; field rivet
  DE MONTAJE; field rivet
  DE PUNTO; stitch rivet
  DE REDOBLAR; clinch rivet
  DE TALLER; shop rivet
  FLOJO; loose rivet
  PARA CORREA; belt rivet
REMANDRILAR; to rebore (cylinder); to reroll (boiler tubes)
REMANEJAR; to rehandle
REMANEJO; rehandling
REMANENCIA; remanence
REMANENTE; residual
REMANIPULEO; rehandling
REMANSAR; (Es) to dam, impound
REMANSARSE; (water) to back up
REMANSO; backwater, stagnant water, pool
REMATAR; to finish, top out; to auction; to take bids, (com) to foreclose
REMATE; competitive bidding, auction; top, crest, finishing piece
REMEDIR; to remeasure
REMENDAR; to patch, repair
REMESA; shipment, remittance
REMEZCLAR; to remix
REMIENDA; revision
REMIENDO; a patch; repair

  EN FRÍO; (rd) cold patch
  INTERIOR; (rd) plug patch
REMOCIÓN DE TIERRA; dirt moving
REMODELAR; (A)(C) to remodel
REMOJAR; to wet moisten
REMOLCADOR; a tug
REMOLCAR; to tow
REMOLDABILIDAD; (conc) remoldability
REMOLDEO DEL SUELO A LA PERIFERIA; (sand well) smear
REMOLEDOR TUBULAR; tube mill
REMOLER; to regrind; to grind
REMOLINAR; to eddy
REMOLINO; an eddy, whirlpool; whirlwind; (min) pocket of ore; (hyd) roller
  DE FONDO; (hyd) bottom roller
  DE VIENTO; whirlwind
REMOLQUE; towing; a trailer
  PARA CAMIÓN; truck trailer
  PLANO; flat-bed trailer
  TIPO CUELLO DE CISNE; gooseneck trailer
REMOVEDOR DE BARNIZ; varnish remover
REMOVIBLE; removable
RENDIJA; a crack, crevice
RENDIMIENTO; efficiency, throughput capacity, output, yield, duty; (hyd) runoff; revenue, earnings
  APARENTE; (machy) apparent efficiency
  DE LA RED; system efficiency
  DE REFLEXIÓN; reflective efficiency
  DE SEGURIDAD; (aquifer) safety yield
  DE VATIHORAS; (elec) energy efficiency
  DIARIO; (machy) all-day efficiency
  ESPECÍFICO; (bm) specific capacity, specific yield
  PLÁTICO; plastic yield
  TOTAL; (machy) over-all efficiency
  VOLUMÉTRICO; volumetric efficiency
RENOVABLE; renewable
RENOVACIÓN; renovation, renewal, replacement
REOLOGÍA; rheology
REOSTÁTICO; rheostatic
REOSTATO; rheostat
  DE AGUA; water rheostat
  DE REJILLA; grid rheostat
  REGULADOR DEL CAMPO; field rheostat
REOTANO; rheotan
REOXIGACIÓN; reoxygenation
REPARACIONES; repairs
REPARADOR; repairman
  DE CAMPANARIOS; steeplejack
REPARAR; to repair
REPARO; repair, repairing; protection, defense obstruction
REPARTICIÓN; distribution
  DE LAS CARGAS; load distribution
  DE COSTOS; cost distribution

DE LOS ESFUERZOS; stress distribution
DE LAS PRESIONES; distribution of pressures
LINEAL; straight-line distribution
REPARTIDOR; (hw) fuller, spreader; (A) official charged with the distribution of irrigation water
DE CARGA; (elec) load dispatcher
REPARTIDORA; (hyd) distributor
REPARTIR; to distribute
REPARTO; delivery, divide
DE LAS AGUAS; (top)(Col) a divide, a ridge
REPASADERA; (carp) finishing plane
REPASAR; to review; to revise; to chase (threads); (mas)(C) to point
REPAVIMENTAR; to repave
REPELER; (elec) repel
REPELO; (lbr) crooked grain; cross grain
REPELOSO; cross-grained; crooked-grained
REPELLAR; to stucco, plaster
REPELLO; stucco, plaster, (mas) parge
ACÚSTICO; acoustic plaster
DE ASFALTO; asphalt putty
REPETIDOR; repeating
REPIQUETEAR; (machy) to clatter, chatter
REPIQUETEO; (machy) chatteling
REPISA DE VENTANA; window sill
REPLANTEAR; to lay out
REPLANTEO; laying out
REPLAZAMIENTO DE MORTERO CON CEMENTO; (carp) repointing
REPLEGABLE; folding
REPOBLACIÓN FORESTAL; reforestation
REPORTE; (M) report
REPOSARSE; to settle (sediment)
REPRESA; dam; reservoir; damming, impounding; (V) lock
DE ALMACENAMIENTO; storage reservoir
DERIVADORA; diversion dam
INSUMERGIBLE; bulkhead dam, nonoverflow dam
SUMERGIBLE; spillway dam, weir
REPRESAR; to dam, impound
REPRESENTATIVO; representative
DESIGNADO; designated respresentative
REPRODUCCIÓN; reproduction
REPUESTA, DE; spare
REPUESTOS; spare parts
REPUJAR; emboss
REPULSIÓN; (elec) repulsion
REPUNTAR; (tide) to begin to ebb
REPUNTE DE LA MAREA; slack tide
REQUEMADO; overburned
REQUERIMIENTOS; requirements
DE PORCENTAJE DE CALEFACCIÓN SOLAR; (ed) solar fraction, solar requirements
REQUIEBRO; recrushing
REQUISA DE COMPRA; purchase requisition
REROSCAR; rethread

RESALTAR; to project
RESALTE; projection
RESALTO; projection, salient; offset; (hyd) deflector sill; (surv) offset
DENTADO; dentated sill
HIDRÁULICO; hydraulic jump
RESANAR; (conc) to patch and point; (rd) to mend
RESBALADERA; a slide
RESBALADERO; (min) ore chute
RESBALADIZO; slippery
RESBALAMIENTO; sliding, slipping; skidding; a landslide; (A) shearing stress
Y GIRO; sliding and overturning (dam)
RESBALAR; to slide, slip, skid
RESBALO; steep slope
RESBALÓN; a landslide; (min) fault
RESBALOSO; slippery
RESECAR; to dry; to drain
RESECCIÓN EN ESPACIO; (surv) space resection
RESECCIONAR; (surv) to resection
RESEGURO; reinsurance
RESERVA; reserve
, DE; spare
DE LA RED; (elec) system reserve
RESERVAR; reserve
RESERVAS; reserves
PETROLÍFERAS; oil-reserves
RESERVATORIO; reservoir
RESERVORIO; reservoir
RESFRIAR; (met) to chill
RESGUARDO; guard; shelter; collateral; clearance; (hyd) freeboard
PARA CAMINOS; (cab) highway guard
RESIDENCIA; residence; (M) resident engineer's office
CON PISOS DE VARIOS NIVELES; split level house
RESIDENTE; resident
RESIDUAL; residual
RESIDUO; residue sludge
DE CARBÓN; carbon residue
DE DESCORTEZADO; bark residue
FIJO; fixed residue
RESIDUOS; rubbish, garbage
ARCILLOSOS; residual clay
CLOACALES; sewage
DE CANTERA; quarry spalls
DE CHANCADO; stone screenings
DE HIERRO; scrap iron, junk
RESILENCIA; (C) resilience
RESINA; resin
ACRÍLICA; acrylic resin
SINTÉTICA; synthetic resin
FENÓLICA; phenolic resin
SINTÉTICA; resinoid bond
RESINIFICAR; to resinify
RESINOIDE; resinoid

RESINOSO; resinous
RESISTENCIA; resistance, strength; (elec) resistance,
resistor
    AL APLASTAMIENTO; crushing strength
    AL ARRASTRE; skid resistance
    AL CIZALLAMIENTO; shearing strength
    A LA COMPRESIÓN; compressive strength
    A LA CORTADURA; shearing strength
    A DEFORMACIÓN; racking resistance
    AL DESGARRAMIENTO; crippling strength
    A DESLIZAMIENTO; sliding resistance
    A EFECTO DE OZONO; ozone resistance
    AL FALLAR; breaking strength, ultimate
    strength
    A LA FATIGA; fatigue resistance
    A LA FLEXIÓN; bending strength
    A LA FRACTURA; breaking strength
    AL FRÍO; cold strength
    AL IMPACTO; impact resistance
    A LA INTEMPERIE; weather-resistance
    A LA LUZ; light resistance
    A LOS IMPACTOS; impact strength
    AL MILDIU; mildew resistance
    A PENETRACIÓN; (sm) standard penetration
    A PUNTO CEDENTE; yield strength
    A RASGÓN; (rubber) tear resistance
    AL RODAMIENTO; rolling resistance
    A LA ROTURA; breaking strength, ultimate
    strength
    A TENSIÓN; (mtl) tension strength
    A LA TENSIÓN HENDIDURA; splitting
    tensile strength
    A LA TORSIÓN; torsional strength
    A LA TRACCIÓN; tensile strength, tractive
    resistance
    CONTRA LEVANTAMIENTO; uplift capacity
    DE ACELERACIÓN; acceleration resistance
    DE ADHESIÓN; bond strength
    DE AGUA; water rheostat
    DE AISLAMIENTO; insulation resistance
    DE ARRANQUE; starting resistance
    DE COJINETE; bearing strength
    DE CONCRETO CARACTERÍSTICO;
    characteristic concrete strength
    DE CONEXIÓN A TIERRA; grounding
    resistance
    DE DESPERSIÓN; leakage resistance
    DE MATERIALES; strength of materials
    DE PUNTA; (pi) point resistance, point-bearing
    pile
    DE RADIOFREQUENCIA; radio frequency
    resistance
    DE ROZAMIENTO; frictional resistance; (slab)
    subgrade restraint
    DEL SUELO; bearing power of the soil
    DE SUELO EN POZO; shaft resistance
    DEL VIENTO; wind resistance

    ESPECÍFICA; (elec) resistivity
    FINAL; (M) ultimate strength
    FROTANTE; (M) frictional resistance
    HIDRÁULICA; (elec) water rheostat
    MAGNÉTICA, reluctance
    MAGNÉTICA ESPECÍFICA; reluctivity
    TENSORA; (M) tensile strength
RESISTENTE; resisting, strong
    A LA ACCIÓN DE MERCURIO;
    mercury-resistant
    AL AGUA; water-repellent
    AL CALOR; heat-resisting
    A CORTADURA; cut resistant
    A LA FRICCIÓN; antifriction
    AL FUEGO; fire-resisting, fire protection
    A LA HUMEDAD; moisture-resistant
    A LA INTEMPERIE; weatherproof; (ag)
    sound
    A TERREMOTOS; earthquake-resistant
    A VAPORES; fume-resistant
RESISTIVIDAD; resistivity
RESISTOR; resistor
    REGULABLE; adjustable resistor
    TÉRMICO; thermistor
    VARIABLE; (elec) variable resistor
RESOLUCIÓN; resolution
RESOLVAR; (chem) resolve
RESOLLADERO; vent; (C) point where underground
    stream emerges
RESONANCIA; resonance
RESONANTE; resonant
RESORTE; spring (steel)
    ANTAGONISTA; resisting spring, antagonistic
    spring, release spring
    DE BALLESTA; laminated spring
    DE ESPIRA CÓNICA; volute spring
    DE HOJAS; laminated spring
    DE HOJAS AHUSADAS; taper-leaf spring
    DE RETROACCIÓN; antagonistic spring
    DE TIRABUZÓN; spiral spring
    DE TORSIÓN; torsion spring
    ESPIRAL; coil spring, spiral spring
RESPALDO; back; (min) wall of a vein
    ALTO; (min) hanging wall
    BAJO; (min) footwall
RESPIRACIÓN; (transformer) breathing
RESPIRADERO; air inlet, air valve, vent, breather,
    ventilation shaft
    DEL SIFÓN; (pb) crown vent
RESPIRADOR; respirator
RESPONSABILIDAD; responsibility,
    accountability, liability
    CIVIL; public liability
    CONTINGENTE; contingent liability
    CONTRACTUAL; contractual liability
    ANTE TERCEROS; public liability
    DE PATRONES; employers' liability

PRESUMIDA; assumed liability
RESPUESTA; response
RESQUEBRAJAR, RESQUEBRAJARSE; to crack, split
RESQUEBRAJO; a crack, split, fissure
RESQUEBRAR, RESQUEBRARSE; to crack, split
RESQUICIO; crack, crevice, split, chink
RESTAURACIÓN; restoration
RESTINGA; ledge of rock, reef; sand bar
RESTITUIDOR; restitution machine
    (phototopography)
RESTO; remainder, tailing
RESTRICCIÓN; restriction, holdback
RESTRICCIONES DE EDIFICACIÓN; building
    restrictions
RESUDAMIENTO; sweating, condensation seepage,
    slight leakage
RESULTANTE; *(s)(a)* resultant
RESUMIDERO; catch basin, sump
RETACADOR; calker
    DE RELLENO; (ce) backfill tamper
RETACAR; to calk; (min) to pack behind the lagging
RETALLAR; to offset
RETALLO; an offset, setback, setoff
    DE DERRAME; (ed) water table
RETAQUE; calking; set-in, packing; tamping
RETARDACIÓN; deceleration; retardation, lag
RETARDADOR; (mech)(elec)(cem) retarder,
    decelerator
    APLICADO AL SUPERFICIE; (conc) surface
    retarder
    DE INCENDIOS; fire-retardant
    DE VAPOR; (walls) vapor retarder
RETARDAMIENTO; lag
RETARDAR; to retard; to decelerate
RETARDO; deceleration; delay; (eng) lag
    DE LA EXPOSIÓN; (bl) firing delay
    DE LA INFLAMACIÓN; ignition lag
    VISCOSO; (wp) viscous drag
RETAZOS; scrap
    DE FUNDICIÓN; casting scrap
RETEMPLAR; to retemper
RETÉN; pawl, catch, dog, fastener
    DE CADENA; chain stopper
    DE SEGURIDAD; safety catch
    DE VIDRIO; glazing molding
RETENCIÓN; retention
    DE AGUA; water retention
    ESPECÍFICA; (irr) specific retention
RETENEDOR; retainer, retaining
    DE GRASA; grease retainer
    DE PUERTA; door holder
RETENIDA; a guy; tieback
RETICULADO; (n) framework; *(s)* truss; *(a)* framed,
    reticulated
    DE ALAMBRE; wire mesh
RETÍCULO; cross hairs, reticle

ESTADIMÉTRICO; diaphragm with stadia
    wires
RETINTÍN; (eng) knocking
RETIRADOR; (saw) receder
RETIRAR; (pb) to retract
RETORCER, RETORCERSE; to twist
RETORCIDO; *(s)*(cab) lay
    CORRIENTE; (cab) regular lay
    EN CALIENTE; hot-twisted
    EN FRIO; cold-twisted
    PARALELO; (cab) lang lay
RETORTA; a retort
RETRACCIÓN; retraction
RETRAÍBLE; retractible
RETRANCA; a brake
RETRANCAR; to brake
RETRANQUE; (Col) skew, bevel
RETRANQUERO; brakeman
RETRASAR; to retard
RETRASO; retardation; (elec) lag; delay
    DE FASE; phase lag
    DE IMANACIÓN; magnetic retardation
    PLÁSTICO; (sm) plastic lag
    TÉRMICO; thermal lag
RETRAZADO; (rr)(rd) relocation
RETRETE; water closet, privy, latrine
    A LA TURCA; hole in the floor with places for
    the feet
RETRITURAR; to recrush
RETROCEDOR; (flame) flashback
RETROCESO; (hyd)(elec) retrogression; (surv) setback
RETROEXCAVADORA; (ce) dragshovel,
    backdigger, trench hoe
RETROLECTURA; backsight (leveling)
RETROMARCHA; (machy) reversing, backing
RETROVISUAL; backsight
RETUMBO; rumble
REUSO DE MATERIAL; source reduction
REVANCHA; freeboard
REVENIDO; waterlogged
REVENIMIENTO; cave-in; (A) waterlogging;
    (conc)(M) slump; (min) draw
REVENIR; (Sp) to anneal
REVENIRSE; to cave, slump
REVENTADERO; rough ground; (min) outcrop
REVENTAR; to burst, explode, blow out
REVENTARSE; to burst; (bl) to go off
REVENTAZÓN, a blowout; (A) chain of low
    mountains; (wave) breaker
REVENTÓN; a blowout, explosion; (min) outcrop
REVERBERACIÓN; reverberation
REVERBERATORIO; reverberatory
REVERSIBILIDAD; reversibility
REVERSIBLE; reversible
REVERSO; back, rear side
REVÉS; back, reverse side
REVESA; countercurrent, eddy

REVESAR; to eddy
REVESTIDO DE CEMENTO; cement-lined
REVESTIMIENTO; lining, facing, sheathing, skin,
   surfacing; coating; revestment; (metal) tinning
   A PRUEBA DE LA INTERPERIE; skin
   enclosure
   A ROCÍO; spray-on lining
   ASFÁLTO; coating asphalt
   ÁSPERO; stipple
   BITUMINOSO; (sm) slip layer
   CALORÍFUGO; heat insulation
   CLARO; clear coating
   COMPUESTO; composite liner
   CON METAL DURO; hard-surfacing
   DE EMBRAGUE; clutch facing, clutch lining
   DEL INTERIOR; inside lining
   DE TALUDES; slope paving, riprap
   DE UNA SOLA CAPA; single-coating technique
   DE ZANJAS; sheeting
   ESPIRAL; (pipe) spiral lining
   IMPERMEABLE; (ed) tanking, waterproof
   coating
   INORGÁNICO; inorganic coating
   ÓPTICO; (solar heating) optical coating
   POR INMERSIÓN; dip coating
   POR ROTACIÓN; (tub) spun lining
   PROTECTOR; (pipe) Talbot process
   RESPIRABLE; breathable coating
REVESTIR; to line face, surface, ceil, coat
   CON CINTA AISLADORA; (elec) wrap
REVISADOR; inspector; auditor
REVISAR; to inspect; to audit, check
REVISOR DE CUENTAS; auditor
REVOCADOR; plasterer
REVOCAR; to plaster, stucco
REVOCO; stucco plastering
REVOLTURA; mixture; (conc) batch
   DE PRUEBA; (conc) trial batch
REVOLUCIÓN; (machy) revolution
REVOLUCIONES POR MILLA; tire revolutions per
   mile
REVOLVEDORA; (conc)(M) mixer
   DE LECHADA; (M) grout mixer
   INTERMITENTE; (M) batch mixer
REVOLVER; to revolve, turn
REVOQUE; stucco, plaster, (conc) applied finish
   ANTISONORO; acoustic plaster
   DE CEMENTO DE HIERRO; iron coat
   RÚSTICO; rough plaster
REVUELTA; winding; a turn
REY; (Col) king post
REZAGA; (tun)(M) muck
REZAGADOR; (tun)(M) mucker
REZAGO; salvage material; (A) scrap; (min) ore left
   in a mine
REZAGUERO; (tun) (M) mucker
REZÓN; grappling iron

REZUMADERO; cesspool; sump
REZUMARSE; to percolate, seep, ooze
RÍA; estuary, creek
RIACHO; small stream
RIACHUELO; small river, creek
RIADA; flood
RIBERA; riverbank; shore, beach, foreshore
RIBERANO; (A) (Ch) (Ec) riparian
RIBERANOS; riparian owners
RIBEREÑO; riparian
RIBEREÑOS; riparian owners
RIBERO; dike, levee
RIBETE; any protecting strip such as curb bar or
   corner bead
RIEGO; irrigation; sprinkling
   CON REBORDES; border irrigation
   DE AGUAS NEGRAS; broad irrigation
   POR SURCOS; furrow irrigation
RIEL; rail; (hw) track
   ACANALADO; streetcar rail, grooved rail girder
   rail
   CONDUCTOR; third rail
   CONTRAAGUJA; stock rail
   DE ALA; (frog) wing rail
   DE BOCA; (rr) toe rail
   DE CAMBIO; switch rail, switch point
   DE CANAL; grooved rail, streetcar rail
   DE DESECHO; scrap rail
   DE DOBLE HONGO; double headed rail
   (European)
   DE GARGANTA; grooved rail, streetcar rail
   DE GUÍA; guardrail
   DE GUÍA DE PLATAFORMA; (door)
   terminal rail
   DE HONGO; T rail, standard railroad rail
   DE PATÍN; T rail, standard railroad rail
   DE PUNTA; switch point
   DE RANURA; grooved rail
   DE TÉLFER; tram rail
   DE TOMA; third rail, conductor rail
   DE TRANVÍA; girder rail, streetcar rail
   DENTADO; rack rail
   DOBLE T; girder rail
   VIGNOLES; T rail, standard railroad rail, flange
   rail
RIELERO; track laborer, trackman
RIELES DE GRÚA; crane post
RIENDA; (A) a guy
RIESGO; risk
   ASIGNADO; assigned risk
   DE INCENDIO; fire hazard, fire risk
   DE INCENDIO EXTERIOR; (ed) fire exposure
   MARÍTIMO; marine risk
RIFLE; riffle
RIGIDEZ; stiffness, rigidity
RÍGIDO; rigid, stiff
   , NO; nonrigid

RIMA; (C) reamer
RIMAR; (C) to ream
RINCÓN; corner, (interior) angle
RINCÓN VIVO; (angle) square root
RINCONERA; corner, angle; corner bracket; corner
 piece
RIÑÓN; (arch) haunch
RÍO; river, stream
 ABAJO; downstream
 ARRIBA; upstream
 DE MAREA; tidal river
 FLOTABLE; river navigable for rafts only
RIOLITA; rhyolite
RIOSTRA; brace, shore; stay bolt; tie beam; (ar) spur
 ANGULAR; angle brace, knee brace
RIOSTRAS; bridging
 CRUZADAS; (wood floor) bridging
 DEL PORTAL; portal bracing
 LATERALES; lateral bracing
RIOSTRAR; to brace; to stay
RIPIA; a shingle; (Col) shavings
RIPIAS PREPARADAS; composition shingles
RIPIADOR; shingler
RIPIAR; to shingle; to surface with gravel
RIPIO; gravel; brickbats; spalls, chips
RIPIOSO; gravelly
RISCO; cliff, crag
RISIMETRO; rhysimeter
RISTREL; scantling, batten, lath, any strip of wood
ROBADERA; (Es) drag scraper
ROBÍN; rust
ROBINETE; valve, cock; bibb, faucet
 DE COMPRESIÓN; compression cock
 DE COMPROBACIÓN; try cock
 DE COPA; priming cup
 DE DESCARGA; blowoff cock
 DE PRUEBA; try cock, gage cock
 DE PURGA; blowoff cock, drain cock, drip cock
 PURGADOR DES ESPUMAS; scum cock
ROBINETERÍA; stock of valves, valve making
ROBLAR; to clinch, rivet
ROBLE; oak; (Ch) a hard wood used in construction
 ALBAR; white oak
 BLANCO DE PANTANO; swamp white oak
 CARRASQUEÑO; pin oak
 CASTAÑO; chestnut oak
 DE CERCA; post oak
 DE ESTACAS; post oak
 MONTAÑES; chestnut oak, mountain oak
 SIEMPRE VERDE; live oak
 VIVO; live oak
ROBLÓN; rivet; (Col) ridge roof tile
 DE CABEZA CHATA; flathead rivet
 DE CABEZA REDONDA; buttonhead rivet
 DE MONTAJE; field rivet
 DE OBRA; field rivet
 DE TALLER; shop rivet

 EMBUTIDO; countersunk rivet
ROBLONADO; riveting
 A MANO; hand riveting
 A PRESIÓN; power-driven
 CON RECUBRIMIENTO; lap riveted
 DE SIMPLE UNIÓN; stitch riveting
 DE TALLER; shop riveting
 EN OBRA; field riveting
ROBLONADOR, RIVETER; riveting hammer
ROBLONADORA NEUMÁTICA; air riveting
 hammer
ROBLONADURA SENCILLA; single riveting
ROBLONAR; to rivet
ROBRAR; to rivet, clinch
ROCA; rock
 APARTADA; (geol) outlier
 ASBESTINA; asbestos rock
 CALCÁREA; limestone
 CONGLOMERADA; conglomerate
 DE RESPALDO; (geol)(min) wall rock
 DESCOMPUESTA; disintegrated rock
 DESHECHA; rotten rock
 DESTROZADA; shattered rock
 EN BANCO; ledge rock
 FIJA; ledge rock, solid rock
 FIRME; ledge rock; sound rock
 FLOJA; loose rock
 FRESCA; (Col) ledge rock
 MACIZA; solid rock
 MADRE; (min) country rock
 MUERTA; rotten rock
 PETROLÍFERA; oil rock
 PICADA; crushed stone
 RODADA; a boulder
 SANA; sound rock
 SUELTA; loose rock
 TRAPEANA; traprock, trap
 VETEADA; (min) ribbonrock
 VIRGEN; (Es) ledge rock
 VIVA; ledge rock
ROCALLA; pebbles; stone chips , spalls; talus
ROCALLOSO; rocky
ROCE, friction; (Ch)(land) clearing
 RESBALADIZO; sliding friction
 RODADERO; rolling friction
ROCERÍA; (land) clearing
ROCIADOR; spraying nozzle
 AUTOMÁTICO; automatic sprinkler
 DE PINTURA; airbrush, paint sprayer
ROCIAR; to sprinkle, spray
ROCÍO; dew; light shower; spray; sprinkling
 DE ASFALTO; wet collector
 METÁLICO; metal spraying
ROCOSO; rocky
RODA; (naut) stem
 DE POPA; sternpost
RODADA; rut, wheel track

RODADO; cobble, boulder; (min) nugget; running gear; wheel tread
   TIPO ORUGA; caterpillar tread
RODADURA; rolling; a rut; tread of a wheel, (lbr) shake
   PASANTE; (lbr) through shake
RODAJA; sheave; small wheel, caster
RODAJE; tread of a wheel; small wheel; set of wheels
RODAMIENTO; a bearing; revolving, rolling
   DE BOLAS; ball bearing
   DE RODILLOS; roller bearing
RODAPIÉ; (Col) baseboard
RODAR; to revolve, roll
RODEAR; surround
RODEO; (A) traverse of a closed survey
RODERA; rut
RODETE; rotor, impeller, (pump or turbine) runner
   DE GIRO; (crane) bull wheel
   FIADOR; ward of a lock
   IMPULSOR; pump runner
RODILLAR; to roll, compact
RODILLO; a roller
   A VAPOR; steam roller
   ACTIVO; live roll
   ALBARDILLADO; concave roller, troughing idler
   ALIMENTADOR; feed roll, feed roller
   APISONADOR; tamping roller, road roller
   COMPRESOR; tamping roller
   DE AVANCE; feed roller
   DE BACHEAR; (rd) patch roller
   DE DISCOS; disk roller
   DE GUÍA; guide roll
   DE PIE DE CABRA; sheepsfoot roller
   DE RETORNO; (belt) return idler
   GUÍA; guide roller, guide pulley
   INERTE; (saw) dead roll
   LOCO; idler roller, idler pulley
   PARA MADEROS; timber dolly
   PARA REMIENDAS; (rd) patch roller
   PATA DE CABRA; sheepsfoot roller
   PATA DE OVEJA; (Ec) sheepsfoot roller
   TENSOR; tension roller, idler pulley
   TRANSFERENTE; (saw) transfer roll
   TRITURADOR; crushing roll
   VIBRANTE DE COMPACTACIÓN; vibrating roller
RODILLOS; rollers
   DE DILATACIÓN; expansion rollers
   DE ENCORVAR; bending rolls
   DE ENDEREZAR; straightening rolls
ROER; to erode, corrode
ROJO; red
   APAGADO; dull red
   CEREZA; cherry red
   DE FENOL; (sen) phenol red
   DE PULIR; (abrasive) rouge

ROL DE PAGO; (Ec) pay roll
ROLDANA; pulley, sheave; washer; spool insulator; (C) tackle block
   AISLADORA; spool insulator
   PARA VENTANA DE GUILLOTINA; sash pulley
   PLANA; cut washer, flat washer
ROLLETE; small roller; small wheel, caster
   DE GUÍA; stay roller, guide roller
ROLLIZO; log
ROLLO; log; roller; roll, coil
   CÓNICO; conical roll
ROMANA; a scale, steelyard
   DE PLATAFORMA; platform scale
   DE VÍA; track scale
ROMANEAJE; weighing
ROMANEAR; to weigh
ROMANILLA; (V)(door or window) slat construction
ROMBAL; rhombic
RÓMBICO; diamond-shaped, rhombic
ROMBO; rhombus, rhomb, diamond (shape)
ROMBOIDAL; rhomboidal, diamond-shaped
ROMBOIDE; rhomboid
ROMO; blunt, obtuse
ROMPEASTILLAS; (sawmill) chip breaker
ROMPEDOR; breaker, crusher
   CIRCULAR; (A) gyratory crusher
   DE CAMINOS; road ripper, rooter
   DE CONCRETO; paving breaker, concrete breaker
   DE ESPUMA; scum breaker
   DE MACHOS; (foun) core buster
   DE VACÍO; vacuum breaker
   NEUMÁTICO; (M) paving breaker
ROMPEDORA; breaker, paving breaker, buster, punch
   A CILINDROS; crushing roll, roll crusher
   DE ESCORIAS; (hw) clinker breaker
   DE MANO; bullpoint
ROMPEHIELOS; icebreaker, nosing of a pier
ROMPEOLAS; breakwater, jetty
ROMPEPAVIMENTOS; paving breaker
ROMPEPIEDRAS; stone crusher
ROMPER; to break, crush
   JUNTAS; to break joints
ROMPEVIENTOS; windbreak
ROMPEVIRUTAS; nick on the edge of a drill for breaking up cuttings
ROMPIENTE; reef, shoal: nosing on a pier
RONDA; round of a watchman, beat, patrol
RONDANA; washer, burr
   DE PRESIÓN; lock washer
RONDELA; washer
ROQUEÑO; rocky
ROSADO; soft-burned
ROSARIO; chain pump, bucket elevator; bucket chain
   DE CANGILONES; (M) bucket elevator

ROSCA; thread; nipple; (M) nut; (Sp)(Col) arch ring
    A LA DERECHA; right-hand thread
    A LA IZQUIERDA; left-hand thread
    CORRIDA; (C) nipple
    CORTADA; cut thread
    CRUZADA; crossed thread
    DE GAS; gas thread. pipe thread
    DE PASO ANCHO; coarse thread
    DE PERNO; bolt thread
    DE TORNILLO; screw thread
    DE TUBO; pipe thread, gas thread
    DOBLE; (A) short nipple
    GRUESA; coarse thread
    HEMBRA; female thread, internal thread
    INTERIOR; (va) inside screw
    INTERNACIONAL; international thread
    LAMINADA; rolled thread
    MACHO; male thread
    MATRIZ; female thread
    MÉTRICA; metric thread
    PARALELA; parallel thread
    PAREJA; double thread
    PRENSADA; pressed thread
    SENCILLA; (A) close nipple
    TRAPEZOIDAL; buttress thread, bastard thread
    TROQUELADA; stamped thread, pressed thread
    TRUNCADA; truncated thread
    WHITWORTH; Whitworth thread
    ZURDA; left-hand thread
ROSCADO; threaded
ROSCADOR; threading machine
ROSCADORA DE TUERCAS; nut-tapping machine
ROSCAR; to thread, tap
    A MACHO; to tap
ROSETA; (elec) rosetta
ROSTRAR; (M)(stone) to face
ROTACIÓN; rotation, revolution
    DE DIENTES; tooth rotation
    DE MATERIAL EN ALMACEN; stock rotation
    DE VIGA ALIMENTADORA; swing-end-dump
    DEXTRORSO; clockwise rotation
    SINIESTROGIRA; left-hand rotation
    SINISTRORSUM; anticlockwise rotation
ROTACIONAL; rotational
ROTADOR DE VÁLVULA; valve rotator
ROTATIVO; rotating, rotary, revolving
ROTIFEROS; Rotifera
ROTO; (n)(Ch) unskilled laborer; (Q) broken
ROTONDA; (rr)(A) roundhouse, rotunda
ROTOR; (elec) rotor; (turb) runner
ROTULACIÓN; lettering on a plan; hinge joint
ROTULAR; (drawing) to letter
ROTURA; fracture, breaking, rupture
ROZA; clearing (land); (mas)(Col) bonding recess
ROZADERA; rubbing plate, friction plate
ROZADURA; friction, rubbing, chafing
ROZAMIENTO; friction

    DE DESLIZAMIENTO; sliding friction
    DE RODADUREA; rolling friction
    ESTÁTICO; statical friction
ROZAR; to rub; (land) to clear;
ROZARSE; (brake) to drag
RUEDA; wheel; (turb) runner
    ACANALADA; double-flanged wheel
    ACHATADA; flat wheel
    CONDUCTORA; (loco) leading wheel
    CÓNICA; bevel wheel
    DE AGUA; water wheel
    DE AMOLAR; grinding wheel
    DE BANDA; band wheel, pulley
    DE BRUÑIR; polishing wheel
    DE CADENA; sprocket, chain pulley
    DE CADENA ENTERIZA, solid sprocket
    DE CADENA PARTIDA; split sprocket
    DE DIRECCIÓN; steering wheel
    DE ENGRANAJE; gear wheel
    DE ESTRELLA; star wheel
    DE GARGANTA; sheave
    DE LINTERNA; lantern wheel
    DE MANO; handwheel
    DE MANUBRIO; crank wheel; handwheel
    DE PECHO; (hyd) breast wheel
    DE PLATO; disk wheel
    DE RAYOS DE ALAMBRE; wire wheel
    DE REBORDE; flanged wheel
    DE TRACCIÓN; traction wheel
    DEL TRINQUETE; ratchet wheel, dog wheel
    DENTADA; gear; sprocket, chain pulley; cogwheel
    DENTADA DE TORNILLO SIN FIN; worm wheel
    DIRECTRIZ; (turb) speed ring
    EÓLICA; (Es) windmill
    ESMERIL; emery wheel
    GUÍA; guide wheel, idler
    HIDRÁULICA; hydraulic turbine, winter wheel
    LIBRE, DE; (auto) free wheeling
    LOCA; idler wheel
    VOLADORA; (C) flywheel
RUEDAS; wheels
    ACOPLADAS; (loco) coupled wheels
    DE CARGA; (elev) newel wheels
    DE CARRIL; track wheels
    MOTRICES; driving wheels
    PARA EL TRANSPORTE DE TRONCOS; logging wheels
    PROPULSORAS; driving wheels
    REBAJADAS; recessed wheels
RUEDA-CEDAZ; screen wheel
RUEDA-CUCHILLA; (pipe) cutter wheel
RUFA; (Pe) drag scraper
RUIDO; noise
RULEMÁN; (A) roller bearing
    DE MUNICIONES; (A) ball bearing

RULETA; (A) measuring tape
RUMBO; direction, route, course, compass bearing;
    (geol) strike
    DEL FILÓN; (geol) bearing
    INVERSO; (surv) reverse bearing
    OBSERVADO; (surv) observed bearing
    MAGNÉTICO; magnetic bearing
    VERDADERO; true bearing
RUPTOR; (auto) breaker
RUPTURA; rupture, breaking, failure
RUSTICACIÓN; restication
RUTA; route
    AEREA; airway
    CRÍTICA; (mech) critical path
    DE ESCAPE; escape route

S

SABALETA; (C), flashing
SABANA; flat country, plain
SABANALAMAR; (C), low land frequently
    flooded by the sea
SABANAZO; (C) small stretch of flat land
SABLÓN; coarse sand, grits
SÁBULO; grits, fine gravel
SABULOSO; gravelly, sandy
SACAALMA; core extractor
SACAARMELLAS; staple puller
SACABARRENA; drill ejector; drill extractor
SACABARRO; (min), scraper
SACABOCADO; hollow punch, socket punch
    A GOLPE; socket punch, hollow punch for
    striking with a hammer
    A TENAZA; revolving punch
SACACLAVOS; nail puller, box chisel
    DE HORQUILLA; claw bar
SACACHINCHE; (dwg), tack lifter
SACAENGRANAJE; gear puller
SACAESCARPIAS; (rr), claw bar
SACAESTOPAS; tool for pulling out packing
SACAMACHO; tap extractor
SACAMECHAS; drill-bit extractor
SACAMUESTRA; sampler
SACANÚCLEO; core barrel
SACAPASADOR; tool for pulling cotters
SACAPERNO; bolt press
SACAPILOTES; pile puller, pile extractor
SACAPINTURA; paint remover
SACAPIÑÓN; pinion puller
SACAPRISIONERO; stud puller
SACAR; to pull out, draw, extract, take away
SACARRIPIAS; shingle chisel
SACARRUEDA; (auto), wheel puller
SACATACONES; stumper
SACATACHUELA; tackpuller
SACATESTIGO; core barrel (drill)
SACATORNILLOS; screw extractor
SACATRAPOS; tool for extracting waste from car
    boxes
SACATUBOS; tube puller, tube extractor
SACAVOLANTE; (auto), steering-wheel puller
SACO; sack, bag
SACUDIDA ELÉCTRICA; electric shock
SACUDIDA SÍSMICA; earthquake
SACUDIDOR; shaker

PARA CEDAZOS; sieve shaker
PARA SACOS; sack shaker
TRANSPORTADOR; shaking conveyor
SACUDIR; to shake
SAETÍN; chute; flume, headrace
SAGITA; middle ordinate; rise of an arch
SAL; a salt
    AMONÍACO; sal ammoniac
    DE PIEDRA; rock salt
    GEMA; rock salt
    SALA; room
    DE CAIDERAS; boiler room
    DE DIBUJO; drafting room, drawing room
    DE MANDO; control room
    DE MANIOBRA; control room
    DE MÁQUINAS; engine room
    DE PROYECTOS; (V), drafting room
SALA DE CONCIERTOS; auditorium
SALADO; salt, brackish
SALAMANDRA; (cc), salamander
SALBANDA; (geol), gouge, selvage, salband, fault
    clay
SALCHICHA; (bl), fuse
SALCHICHÓN; fascine; bundle of branches
SALEDIZO; (n) projection, ledge; (surv) offset *(a)*
    projecting, overhanging
SALIDA; outlet, outfall, egress, mouth; (elec)
    outlet; (min) outcrop
    DE DESAGÜE; blowoff; sluiceway
    DE EMERGENCIA; emergency exit
SALIDEROS; leakage
SALIENTE; (n) projection, lug, salient; *(a)*
    projecting, salient
    SALINIDAD; salinity
SALINO; saline
SALINÓMETRO; salimeter
SALIRSE; to leak
    FUERA DE LINEA; to get out of line
SALITRAL; (n) nitrate bed, *(a)* nitrous
SALITRE; natural sodium nitrate; saltpeter
SALITRERA; a deposit of nitrates; salt desert
SALITROSO; nitrous
SALMER; skewback; springer
SALMUERA; brine
SALOBRE; brackish
SALOBRIDAD; brackishness, salt content
SALOMÓNICO; spiral
SALPICADERO; splashguard, splash plate; (auto)
    mudguard
SALPICADURA; splatter
SALPICAR; to splash, splatter
SALPIQUE; (lubrication) splash
SALTACIÓN (river); saltation
SALTARREGLA; a bevel square
SALTEAR;, to break (joints), to stagger
SALTO; (hyd) head, fall; (hyd) drop structure;
    (min) slide, displacement; (geol) throw

APROVECHABLE; available head
BRUTO; gross head
DE AGUA; a waterfall, a water power
DISPONIBLE; available head
HIDRÁULICO; hydraulic jump
NETO; net head, effective head
ÚTIL; useful head
SALUBRIDAD PÚBLICA; public health
SALVABARROS; mudguard
SALVADOR; (naut), wrecker
SALVAMENTO; salvage, wrecking
SALVAR; to span; to salvage; (C) to pave
SALVARRUEDAS; wheel guard
SALVATAJE; salvage, wrecking
SALVAVIDRIO; window guard
SÁMAGO; sapwood
SANEAMIENTO; drainage, sewerage; sanitation
SANEAR; to drain; (Ch) to sewer
SANGRADERA; drain
SANGRADO; *(s)*(M), (conc) bleeding
SANGRADURA; drainage, draining; bleeding
SANGRAR; to drain; to bleed; (furnace) to tap
SANGRÍA; a drain, a trench; drainage; bleeding,
    tapping (furnace)
SANIDAD; sanitation, soundness
    ESTRUCTURAL; structural soundness
SANIDINITA; sanidinite
SANITARIO; (n) sanitarian; *(a)* sanitary
SANO; *(a)*, sound
SANTIAGO; (A), rail bender
SAPO; (rr), frog
SAPONIFICABLE; saponifiable
SAPONIFICAR; to saponify
SAPONITA; soapstone
SAPROFITO; saprophytic
SAPROLITA; saprolite
SARDINEL; (bw) rowlock; (C) walkway
SARGENTO; (A), clamp, vise
    DE CADENA; chain vise
    DE MADERA; hand screw, carpenter's clamp
SATÉLITE; satellite (ge)
SATINADO; *(s)* glaze
SATINADOR; polishing tool
SATURACIÓN; (all senses) saturation
    AL VACIO; vacuum saturation
SATURADOR; saturator
SATURANTE; saturant
SATURAR; to saturate
SAUCE; willow
SAVIA; sap
SAZONAR; (lbr) to season
SCHEELITA; scheelite
SEBE; (hyd), wattle, hurdle
SEBO; tallow seca, drought
SECADO; dried
    AL AIRE; air-dried, air-seasoned
    AL AIRE NATURAL; (conc) natural air drying

AL HORNO; kiln-dried
SECADOR; dryer
SECAMIENTO; drying
DEL SUPERFICIE; surface drying
SECANTE; (math) secant; (pt) drier; siccative
EXTERNO; external secant
SECAR; to dry; to season
SECARSE; to become dry, to dry
SECCIÓN; section
AUXILIAR; auxiliary section
BÁSICA; base section
COMPACTA; compact section
DE ACERO; (wall) steel section, tailing iron
DE ACERO ATIESADORA; (str) stiffening
girder
DE ALAMBRE SUJETADO A ACERO; reed
clips
DE MATERIAL COMPLETO; (rd) structural
section
DE MOMENTO PLÁSTICO LLENO; plastic-
design section
DE TERRENO; (rd) soil profile
EXTREMA; end section
LIBRE; (rr), clearance
MEDIA; middle section
NO COMPACTA; noncompact section
NORMAL; standard section
TÍPICA; standard section, typical drawing
TRANSFORMADA; (mtl) transformed section
TRANSVERSAL; cross section, transverse
section
VERDADERA; (dwg) true section
VERTICAL DEL CENTRO DEL CAMINO;
longitudinal profile
VERTICAL DE RETENCIÓN; (conc) stalk
SECCIONADO; sectional, in sections
SECCIONADOR; (elec), section switch, isolating
switch
SECCIONAR; to section, cross section; to
sectionalize
SECO; dry
AL HORNO; ovendry
SECOYA; redwood
SECTOR; sector
DE STEPHENSON; Stephenson link
SECUNDARIO; secondary
SEDIMENTABLE; settling, (solids) settleable
SEDIMENTACIÓN, sedimentation, settling, silting
up
ADMISIBLE; allowable settlement
DIFERENCIAL; differential leveling
PERJUDICIAL; detrimental settlement
SEDIMENTAR; to deposit silt, cause to settle;
(earth) to puddle
SEDIMENTARIO; sedimentary
SEDIMENTO; sediment, silt
ORGÁNICO; organic silt

SEGMENTAL; segmental
SEGMENTO; segment
COLECTOR; commutator segment
DE EMBOLO; piston ring
SEGREGACIÓN; (conc) segregation
SEGUETA; compass saw, keyhole saw, fret saw
SEGUNDA; second
MANO; DE, secondhand
MARCHA; (auto) (Ec) second speed
SEGUNDO; (Y)(a) second
CAPATAZ; (U) subforeman
TRAVESAÑO; (auto) second cross member
SEGUR; ax
SEGURETA; hatchet
SEGURIDAD; assurance, safe
DE CALIDAD; quality assurance
SEGURO; safe; (mech) pawl, dog, latch, stop;
insurance
CONTRA ACCIDENTES; accident
insurance
CONTRA INCENDIO; fire insurance
CONTRA RESPONSABILIDAD CIVIL;
liability insurance
CONTRA RESPONSABILIDADES DE
PATRONOS; employers' liability insurance
DE COMPENSACIÓN; compensation
insurance
OBRERO; workmen's insurance
SELECTIVO; selective (ge)
SELECTOR; (elec)(mech), selector
DE OCTANO; (auto) octane selector
DE VELOCIDAD; (pmy) speed selector
SELENIO; selenium
SELENITA; (miner), solonite
SELVA; forest
SELVICULTOR; forester, forestry engineer
SELVICULTURA; forestry
SELLADO; seal, sealant
DE ARRASTRE; drag seal
DE COSTURA; seam sealing
DE DOS PARTES; two-part sealer
DE PAVIMENTO; pavement sealer
DE PENETRACIÓN; (rd) penetration seal
SIN PANDEO; nonsag sealant
SELLADOR; sealant
DE TRES PARTES; three-part sealant
DE MÁSTIQUE; mastic sealant
EN TIRAS; strip sealant
SUPERIOR; top-coat sealer
SELLAMIENTO DE BORDE; edge scaling
SELLAPOROS; (pt), filler
SELLAR; to seal, close
SELLO; a seal
ACTUADO POR PRESIÓN; pressure-
actuated seal
AXIAL; axial seal
CIRCUNFERENCIAL; circumferential seal

DE BASE DE ASFALTO NATURAL; native asphalt-base sealant
DE COMPRESIÓN; compression seal
DE FILETE; fillet seal
DE GRASA; grease seal
DE LUBRICACION; oil seal
DE PINCHAZO; puncture seal
DE VAPOR; vapor seal
DINÁMICO; dynamic seal
ESTÁTICO; (machy) static seal
PARA LA BASE DE ASFALTO; native asphalt base sealant
QUIMICAMENTE CURADO; chemically cured sealant
TERMOPLÁSTICO; (mtl) thermoplastic sealant
SEMÁFORO; semaphore
SEMIACABADO; semifinished
SEMIACERO; semisteel, ferrosteel
SEMIACOPLADO (A); semitrailer
SEMIAJUSTABLE; semiadjustable
SEMIÁNGULO; semiangle
SEMIANUAL; semiannually
SEMIANTRACITA; somianthracite
SEMIARCO; semiarch
SEMIASFÁLTICO; semiasphalt
SEMIAUTOMÁTICO; semiautomatic
SEMICARRIL; (tk) half-track
SEMICILINDRICO; semicylindrical
SEMICIRCULAR; semicircular
SEMICIRCULO; semicircle
SEMICIRCUNFERENCIA; semicircumference
SEMICONDUCTOR; (elec) semiconductor
SEMICOQUE; semicoke
SEMICUERDA; semichord
SEMIDIÁMETRO; semidiameter
SEMI-DIESEL; semi-diescl
SEMIDURO; semihard, medium hard
SEMIEJE; semiaxis; (auto) axle shaft
SEMIELABORADO; semifinished
SEMIELÍPTICO; semielliptical
SEMIEMPOTRADO; (girder), semifixed, restrained
SEMIENCERRADO; semienclosed
SEMIESFERA; hemisphere
SEMIESFÉRICO; hemispherical
SEMIFIJO; semiportable
SEMIFLOTANTE; (machy), semifloating
SEMIGELATINA; semigelatine
SEMIGRASO; (coal), semibituminous
SEMIHACHUELA; half hatchet
SEMIHIDRÁULICO; semihydraulic
SEMILUZ; semispan
SEMIMETÁLICO; semimetallic
SEMIPORTÁTIL; semiportable
SEMIPROTEGIDO; semiprotected
SEMIRREMOLQUE; semitrailer
SEMIRRÍGIDO; semirigid

SEMISECCIÓN; half section
SEMISURGENTE; semiartesian
SEMITANGENTE; semitangent
SENCILLO; single, simple
SENDA; path
SENDA CRÍTICA; critical path
SENDERAR; to cut a path
SENDERO; path, footpath, trail
SENO; sino; slack of a rope; sag
VERSO; versed sine
SENSIBLE; sensitive
A LA LUZ; light-sensitive
A LA TEMPERATURA; temperature sensitive
SENSIBILIDAD; sensibility, sensitivity
SENSIBILIZADOR; sensitizer
SENSOR; sensor
DE INCLINACIÓN; (surv) tilt-sensor
DE QUADRANTE; quadrant transducer
DE MOMENTO; moment sensor
SENTAMIENTO; settlement
SENTARSE; to settle
SENTAZÓN; (Ch), a slide in a mine
SENTINA; drain, sink, (naut) bilge
SEÑAL; a signal, sign
A RAS DE TIERRA; flush marker
AVANZADA; (rr) distant signal
DE ADVERTENCIA; (rd) warning sign
DE CAMBIO ; (fo) switch signal
DE CHUCHO; (rr) switch signal
DE DIRECCIÓN; (rd) directional signal
DE DISCO; (rr) disk signal, banjo signal
DE DISTANCIA; (rr) distant signal
DE ENFRENAMIENTO; (auto) brake signal
DE GUITARRA; disk signal
DE MANDO; traffic-control signal
DE NIEBLAS; fog signal
DE PARADA; stop signal
DE REPATO; alarm signal
DE RUTA; (rd) route marker
DE TRAMO; block signal
DE TRÍPODE; tripod system
DE VELOCIDAD OBLIGATORIA; (rd) stated speed sign
ENANA; (rr), dwarf signal
LOCAL; (rr), home signal
REFLECTOR; reflector sign
SUPERVISOR DE SISTEMAS; supervisory signals
SEÑALES; signs, signals
AVANZADAS; (rd) distance signs
DE BLOQUE; block signals
DE TRÁFICO; (rd) traffic signs
ENCLAVADAS; (rr), interlocking signals
ENTRELAZADAS; interlocking signals
SEÑALADOR; signal man
SEÑALAR; to signal
SEÑALERO; (Ch), signalman
SEÑALIZACIÓN; (rr) (Ch), operation of signals

SEÑORITA; (V), chain block, differential hoist
SEPARABLE; detachable
SEPARACIÓN; separation, spacing, resolution,
pitch; (geol) separation
    ESTRATIGRÁFICA; (geol), stratigraphic
separation, stratigraphic throw
    MANUAL; manual separation
    PRÁCTICA; (ag) field separation
SEPARADOR; separator, spreader, spacer, packing
    CICLÓNICO; cyclone separator
    DE ACEITE; oil separator, oil eliminator
    DE ACEITE Y GAS; oil and gas separator
    DE AGUA; steam trap
    DE AIRE; air valve, air separator
    DE ARENA; sand separator, sand collector
    DE BARRAS; bar spacer
    DE CORRIENTE; (hyd) eddy-current separator
    DE CORRIENTE PARÁSITA DE FOU
CAULT; (elec) eddy-current separator
    DE CUBETA INVERTIDA; (vapor) inverted-
bucket trap
    DE ESPUMAS; (sd), scumboard, scum
remover, scum trap
    DE GRASA; grease trap
    DE SEDIMENTOS; sediment separator
    DE POLVO; dust separator
    DE REFORZAMIENTO EN LA PARED; wall
spreader
    DE REMOLINO Y CORRIENTE; eddy-
current separator
    DE VAPOR; (bo) interceptor
    DE VAPOR VIVO; live-steam separator
SEPARAR; separate
SEPIA; (dwg) sepia
SEPTICIDAD; septicity
SÉPTICO; septic
SEPTIZACIÓN; septization
SEQUEDAD; dryness, drought
SEQUENCIA DE SOLDADURA; welding
sequence
SEQUÍA; drought
SERENO; watchman
SERIE; (elec) series, sequence
    DE COLUMNAS EN FILA; orthostyle
    DE LUCES DE TRÁFICO; (rd) platoon
system
    INTERPRETADA POR COMPUTADORA;
machine language
    PARALELO; parallel series
SERÓN; panier
SERPEAR; serpentear, to meander (stream)
SERPENTIN; (tub) coil, worm
    DE REFRIGERACIÓN; cooling coil
    ENFRIADOR; cooling coil
    SERPENTINA; (p) coil; (geol) serpentine;
(still) worm
SERRADIZO; fit to be sawed

SERRADOR; sawyer
SERRADURAS; sawdust
SERRANÍA; ridge, mountain range
SERRAR; to saw
SERRERÍA; sawmill
SERREZUELA; small saw
SERRÍN; sawdust
SERRÓN; large-toothed saw
SERROTE; two-man saw
SERRUCHADA; stroke of a handsaw
SERRUCHAR; to saw, hacksaw
SERRUCHO; handsaw
    BRAGUERO; pit saw
    CALADOR DE METALES; keyhole hacksaw
    DE CALAR; coping saw, jig saw, compass saw
    DE CORTAR METALES; hacksaw
    DE CORTE DOBLE; double-cut saw
    DE COSTILLA; backsaw
    DE ESTUQUISTA; plasterer's saw
    DE HACER ESPIGAS; dovetail saw
    DE HILAR; hand ripsaw
    DE MACHIHEMBRAR; dovetail saw
    DE PUNTA; compass saw, keyhole saw
    DE TRIPLE OFICIO; triple-duty saw
    DE TROZAR; hand crosscut saw
    PARA ASTILLEROS; docking saw
    PARA MODELADOR; patternmaker's saw
    PUNTIAGUDO; keyhole saw
SERVENTÍA; (C) easement, right of way
SERVICIO; service; duty; (A) water closet
    ADICIONAL; additonal service
    DOMÉSTICO; house connection, service
connection
    DOMICILIARIO; house connection, house
service, service connection
    METEOROLÓGICO; weather bureau
    MUNICIPALES; municiple services
    PERIÓDICO; periodic duty
    PESADO; heavy duty
SERVICIOS; toilet facilities
SERVIDUMBRE; right of way, easement
    DE AGUAS; concession for the use of water
    DE PASO; right of way
    DE VÍA; (rr) right of way
SERVIOLA; hoisting beam, cathead
SERVOCIRCUITO; servocircuit
SERVOÉMBOLO; servopiston
SERVOFRENO; servo brake
SERVOMOTOR; servomotor
    PARA EL ARRANQUE; (se) barring engine
SERVOVÁLVULA; servovalve
SESGADO; skewed
SESGADURA; skew
SESGAR; to skew; to chamfer, bevel
SESGO; skew
SESQUIÓXIDO; sesquioxide
    DE HIERRO; ferric oxide

DE MANGANESO; manganese oxide
SESQUISILICATO; sesquisilicate
SETO; fence, wall
SEXAGONAL; hexagonal
SEXTANTE; sextant
    DE CAJA; pocket sextant
    HIDROGRÁFICO; surveying sextant
SICOMORO; sycamore
SIDERITA; siderite, chalybite, sparry iron
SIDEROSA; siderite, sparry iron
SIDERURGIA; siderurgy
SIENITA; syenite
SIENODIORITA; syenodiorite
SIERRA; a saw, a mountain range
    AL AIRE; pit saw bucksaw
    ALTERNATIVA; two-man saw; reciprocating
    CABRILLA; whipsaw
    CILÍNDRICA; barrel saw, crown saw, tube saw
    CIRCULAR; circular saw, buzz saw
    CIRCULAR OSCILANTE; drunken saw, wobble saw
    COLGANTE; swing saw
    COLGANTE DE VAIVEN; swing cutoff saw
    COMBA; bilge saw
    CON ARMAZÓN; bucksaw, mill saw
    CON SOBRELOMO; backsaw
    DE ALAMBRE; (stone) wire saw
    DE ARCO; hacksaw; bow saw
    DE BANCO; bench saw
    DE CADENA; chain saw
    DE CANTEAR; edging saw
    DE CANTERO; stone saw
    DE CINTA; band saw
    DE COLUMPIO; swing saw
    DE CORDÓN; band saw
    DE CORTAR A LO LARGO; ripsaw
    DE CORTAR EN FRÍO; cold saw
    DE COSTILLA; backsaw
    DE CHIQUICHAQUE; two-man crosscut saw, pit saw
    DE DIENTES FIJOS; solid-tooth saw
    DE DIENTES POSTIZOS; inserted-tooth saw
    DE DIMENSIÓN; dimension saw
    DE DISCO (M); circular saw
    DE HENDER; ripsaw
    DE HENDER EN BISEL; bevel ripsaw
    DE HILAR; ripsaw
    DE LOMO; backsaw
    DE LOMO CÓNCAVO; hollow-back saw
    DE MANO; handsaw
    DE PÉNDULO; swing saw
    DE PUNTA; compass saw, keyhole saw
    DE REASERRAR; resaw
    DE RECORTAR; cutoff saw
    DE TALAR; felling saw, falling saw
    DE TAPÓN; plug saw

    DE TIRO; dragsaw
    DE TRASDÓS; backsaw
    DE TRAVÉS; crosscut saw
    DE TUMBA; felling saw
    DENTADA; sprung saw
    ELÍPTICA; wobble saw, drunken saw
    EN CALIENTE; hot saw
    ENTERIZA; solid-tooth saw
    EXCÉNTRICA; wobble saw, drunken saw
    FIJA; fast saw
    HUINCHA; band saw
    MECÁNICA PARA METAL; power hacksaw
    PARA INGLETES; miter-box saw
    PARA LISTONES; lath mill
    PARA LUPIAS; bloom saw
    PARA RAJAR; ripsaw
    PERFORADORA; hole saw
    RANURADORA; grooving saw
    SIN FIN; hand saw
    TRONZADORA; two-man crosscut saw; dragsaw
    TROZADORA; two-mall crosscut saw, bucking saw
SIFÓN; siphon, trap
    ALIVIADERO; siphon spillway
    CON ORISCIO DE LIMPIEZA; handhole trap
    DE CAMPANA; bell trap
    DE CHORRO; (pump) suction booster
    DE LIMPIEZA AUTOMÁTICA; automatic flush tank
    DOSIFICADOR; dosing siphon
    EN P; P trap
    EN S; S trap
    EN U; U trap, running trap
    VERTEDERO; siphon spillway
SIFONAJE; siphoning
SIFONAR; to siphon
SIGNO DE DIFERENCIAL; differential sign
SIGNO MENOS; minus sign
SIGNO RADICAL; radical sign
SIGNOS CONVENCIONALES; conventional signs
SIGNOS PARA MONTAJE; erection marks
SILBATO; whistle
SILBIDO; whistle signal
SILENCIADOR; silencer
    DE ESCAPE; muffler, exhaust silencer
    DE RESPIRADERO; air intake silencer
SILENCIOSO; (s)(A)(U) muffler
SÍLICA GELATINOSA; silica gel
SILICATADO; silicated
SILICATO; silicate
    BÁSICO DE CALCIO; basic calcium silicate
    DE SOSA; silicate of soda
    DICÁLCICO; dicalcium silicate
    TRICÁLCICO; tricalcium silicate
SÍLICE; silica, silex
    FINA; silica flour

SILÍCEO; silicious
SILÍCICO; silicic
SILICIFICADO; silicified
SILICIO; silicon
SILICIURO; silicide
SILICÓN; silicone
SILICONATO; siliconate
SILICOSIS; silicosis
SILO; silo
    DE CEMENTO; cement silo
SILVICULTOR; forrester
SILVICULTURA; forrestry, siliculture
SILLA; saddle; chair; (rr) tie plate
    COLGANTE; shaft hanger
    DE ASIENTO; (rr) tie plate
    DE BALLESTA; spring seat
    DE DERIVACIÓN; (water main) service
    saddle, tapping sleeve
    DE DETENCIÓN; (rr) anticreeper
    DE MONTAR; saddle
    DE RESPALDON; (rr) rail brace
SILLAR; an ashlar stone
SILLAREJO; small ashlar masonry
    DE CONCRETO; concrete block
SILLERÍA; ashlar masonry
SILLETA; a bearing; (rr) tie plate
    DE APOYO; (rr) tie plate
    DE EMPUJE; (A) rail brace
SILLÍN; (mech) support, saddle, chair
SIMBIÓTICO; (sen) symbiotic
SÍMBOLO; symbol
SÍMBOLOS CONVENCIONALES; conventional
    signs
SIMETRÍA; symmetry
SIMÉTRICO; symmetrical
SIMONIZAR; to simonize
SIMPIEZÓMETRO; sympiesometer
SIMPLE; single; simple
    EFECTO, DE; single-acting
SIMULACIÓN DE LLUVIA; rainfall simulation
SIN ACABAR; unfinished
SIN ALISAR; untrimmed
SIN APOYO; unbraced
SIN CALENTARSE; nonheating
SIN COCER; unburned (brick)
SIN CONDENSACIÓN; noncondensing
SIN COSTURA; seamless
SIN CHISPAS; sparkless
SIN DESBASTAR; untrimmed
SIN DILUENTE; pure, neat
SIN DIMENSIÓN; nondimensional
SIN EMPAQUETADURA; packless
SIN ESCALA; nonstop
SIN FIN; endless
SIN HILOS; wireless
SIN HUMO; smokeless
SIN PARADA; nonstop

SIN PROTECCIÓN; unprotected
SIN RESORTES; unsprung
SIN RIELES; trackless
SIN SECAR; nondrying
SIN SOLDAR; weldless
SIN SOPORTE LATERAL; unconfined
SIN SUFICIENTE ARENA; (conc) undersanded
SIN VÁLVULAS; valveless
SINCLINAL; synclinal; syncline
SINCRÓNICO; synchronous
SINCRONISMO; synchronism
SINCRONIZADOR; synchronizer
SINCRONIZAR; to synchronize
SINCRONO; synchronous
SINCROSCOPIO; synchroscope
SINDICAR; to syndicate; to unionize
SINDICATO; syndicate
    GREMIAL; trade-union
    INDUSTRIAL; industrial union
    OBRERO; a labor union
SINERGÍA; synergy
SINFIN Y RODILLO; worm and roller
SINIESTRA; (s) left-hand
SINIESTRO; (n)(naut) damage, loss;
    shipwreck; (a) left-hand
SINIESTROGIRO; siniestrorsum, counterclockwise
SÍNTERIZAR; (conc)(V) sinter
SINTESIS; synthesis
SINTÉTICO; synthetic
SINUSOIDE; sinusoid
SIRCA; (Ch) ore vein
SIRCAR; (Ch), to strip the overburden from a ore
    vein
SIRENA; siren, alarm
SIRGA; hawser; towing
SIRGAR; to tow
SISAL; sisal
SISMICIDAD; seismicity
SÍSMICO; seismic
SISMOGRAFÍA; seismography
SISMOGRÁFICO; seismographic
SISMÓGRAFO; seismograph
SISMOGRAMO; seismogram
SISMOLOGÍA; seismology
SISMOLÓGICO; seismological
SISMÓLOGO; seismologist
SISMOMÉTRICO; seismometric
SISMÓMETRO, seismometer
SISMOSCOPIO; seismoscope
SISTEMA; system
    ALODIAL; allodial system
    BARRIDO; scavenger system
    CERRADO; closed system
    COLECTOR DE ENERGÍA SOLAR; solar
    system
    CRUZADO; (reinf) two-way system
    DE ACEITE NEUMÁTICO; air-oil system

DE ADVERTENCIA AUDIOVISUAL;
audiovisual warning system
DE AGUA CALIENTE CORRIENTE;
circulating hot water system
DE ALINEACIÓN DE AGUILÓN;
boom-alignment system
DE ALMACENAJE DE CALOR; (mtl)
thermal storage
DE APOYO; support system
DE APUNTALAMIENTO; trench s
horing
DE ARRANQUE; start-up system
DE ARRANQUE ELÉCTRICO; electrical
starting system
DE ARRANQUE NEUMÁTICO; air starting
system
DE ARRIOSTRAMIENTO VERTICAL;
vertical bracing system
DE CAÍDA; drop system
DE CALEFACCIÓN DESEQUILIBRADA;
unbalanced heating system
DE CALEFACCIÓN UTILIZANDO AGUA;
wet heat system
DE CARGA; carrier frame
DE CLASIFICACIÓN DE SUELOS; soil
classification system
DE COLECCIÓN; collecting system
DE COMPUTO; computer system
DE CONDUCCIÓN; (pipe) vent connector
DE CONEXIÓN; hook-up
DE CONVERSIÓN; (productos) rear-end
system
DE DISEÑO SIN ASISTENCIA;
(comp) stand-alone system
DE DOBLE CANALIZACIÓN; (sw) separate
system
DE DRENAJE; drainage system
DE ENFRIAMIENTO; cooling system
DE ESCAPE; exhaust system
DE FRENOS ANTITRABADEROS; antilock
brake system
DE FUERZA
DE INSPECCIÓN MAGNÉTICA;
(met)(trademark) magnaflux
DE INTERCAMBIO DE TRÁFICO; (rd)
interchange
DE LAS COORDENADAS; coordinate
system
DE LECHADO ABIERTO; open-circuit
grouting
DE NUMEROS BINARIOS; binary number
system
DE PERFORACIÓN DIRECCIONAL;
directional boring system
DE PESO DE MATERIAL; silo loadout
DE PISO Y TECHO; (conc ref) one-way floor
and roof system

DE POZOS PARA TRENCHADO;
progressive system
DE RETRASO; back end system
DE SERVICIO; service system
DE SUSPENCIÓN CONTROLADO POR
AIRE; air control suspension system
DE TRANSITO; (urbano) transit system
DE TRANSPORTADOR ESPIRAL; worm
conveyor
DE TRATAMIENTO SÉPTICO; septic
treatment system
DE TUBO CONDUCTO; conduit system
DE UNIDADES INTERNACIONALES;
international system of units
DE UTILIZACIÓN; utilization system
DE VAPOR ASCENDENTE; upfeed system
DE VENTILACIÓN, DRENAJE Y AGUA;
plumbing system
DISTRIBUIDOR; distribution system
ESTRUCTURAL; plain frame
HIDRÁULICO A PRUEBA DE ESCAPE;
sealed hydraulic system
MÉTRICO DE MEDIDA; system international
ROCIADOR ANTICONGELANTE; antifreeze
sprinkler system
ROCIADOR AUTOMÁTICO; automatic
sprinkler system
SEPERATIVO; separate system
SOLAR; solar system
SOLAR ACTIVO; active solar system
UNITARIO; (sw) combined system
SITIO; site; (M) area of 4338 acres
DE OBRA; jobsite
DE PRESA; dam site
DE TRABAJO; jobsite
DESCUBIERTO; bare site
SITUACIÓN; site, location; (act) statement
SITUADOR; spotter
SITUAR; to locate, place, park
SOBRADILLO; penthouse
SOBREACARREOS, overhaul
SOBRECARRERA; overtravel
SOBREALIMENTACIÓN; (diesel) supercharging
SOBREANCHO; extra width; (rr) widening of gage
on curves
SOBREARCO; relieving arch
SOBRECALENTADOR; superheater
SOBRECALENTAR; to overheat, to superheat
SOBRECAPA; (exc), overburden
SOBRECARGA; surcharge; overload; live load
ADMISIBLE; permissible overload
CAUSADA POR MÁQUINA; parasitic load
DE GENERADOR; overload power
INTERMITENTE; intermittent overload
MÓVIL; moving load
SOBRECARGAR; to overload; to surcharge
SOBRECEJO; (Col) lintel

SOBRECORRIENTE; (elec) overcurrent
SOBREDIMENSIONADO; (A), oversize
SOBREEDIFICAR; to build on top of
SOBREDISEÑO; overdesign
SOBREELEVACIÓN; superelevation; increase in
   height
SOBREENFRIAR; to overcool, supercool
SOBREESFORZAR; (U)(M) to overstress
SOBREESFUERZO; overstress
SOBREESPESOR; excess thickness
SOBREEXCAVACIÓN; overexcavation
SOBREEXCITACIÓN; overexcitation
SOBREEXPANSIÓN; overexpansion
SOBREFATIGA; overstress
SOBREFATIGAR; to overstress
SOBREINTENSIDAD: (elec) overvoltage
SOBREJUNTA; splice plate, fishplate, scab,
   butt strap
SUBREJUNTAR; to splice with butt straps,
   to scab
SOBRELECHO; lower bed of an ashlar stone; (Col)
   upper bed of an ashlar stone
SOBREMANDO; (auto) overdrive
SOBREMARCHA; (auto) overdrive
SOBRENADAR; to float
SOBREPAGA; extra pay
SOBREPASAR; to overtop
SOBREPESO; overweight
SOBREPONER; to cap, superimpose, lap
SOBREPOTENCIA; overpower
SOBREPRECIO; surcharge, additional price
SOBREPRESIÓN; excess pressure; (V)
     pressure
     HIDROESTÁTICA; (sm) hydrostatic excess
     pressure
SOBREPUERTA; hood over a door
SOBREQUILLA; keelson
SOBRESALIENTE; projecting, overhanging
SOBRESALIR; to overhang, project
SOBRESATURADO; supersaturated
SOBRESTADÍA; demurrage
SOBRESTANTE; foreman; (U) inspector
   DE TURNO; shift boss
   GENERAL; walking boss, general foreman
SOBRESUELDO; extra pay
SOBRESUSPENDIDO; (auto) overslung
SOBRETAMAÑO; oversize
SOBRETECHO; monitor, clearstory
SOBRETENSIÓN; (elec) overvoltage
SOBRETIEMPO; overtime
SOBREUMBRAL; (Col) lintel
SOBREVEGA; (PR) the highest part of a tract of
   low land
SOBREVELOCIDAD; overspeed
SOBREVERTERSE; to overflow
SOBREVIDRIERA; window screen; window grill;
   shutter

SOBREVOLTAJE; (elec) overshoot
SOBREXTRA FUERTE; double-extra-strong
SOCALZAR; to underpin
SOCARRÉN; eaves
SOCARRENA; space between roof beams
SOCAVA; undermining
SOCAVACIÓN; undermining, snubbing;
   (earth dam) piping; washout
   DE SUELO; caving soil
SOCAVAR; to undermine; (hyd) to scour, under cut,
   to excavate
SOCAVÓN; adit, drift, gallery; cavern; (C) pit
   DE CATEO; prospecting tunnel,
   test tunnel
   DE DESAGÜE; drain gallery, draining adit
SOCAZ; tailrace
SOCIEDAD; society, union, corporation
   ANÓNIMA; stock company, corporation
   ASEGURADORA; underwriters, insurance
   company
   OBRERA; labor union
SOCLO; (M) footing
SOCOLA; (CA) clearing of land
SOCOLAR; (CA) to clear land
SOCO; (Col) journal, gudreon pivot; stump
SODA CÁUSTICA; caustic soda
SÓDICO; *(a)* sodium
SODIO; *(s)* sodium
SOFITO; soffit
SOGA; rope
   DE CABLEADO CORRIENTE; plain-laid
   rope
   DE COLCHADO SIMPLE; plain-laid
   rope
SOGUERÍA; outfit of ropes, rigging; ropewalk
SOGUERO; ropemaker
SOLADO; pavement, floor
SOLADOR; paver, tile layer
SOLADURA; paving
SOLAPA; lap
SOLAPADURA; (pmy) end-lap, side lap
SOLAPAR; to lap, overlap
SOLAQUE; (Pe) variety of calcite; (B) mortar made
   of brick dust
SOLAQUEAR; (B) to pave with solaque
SOLAR; *(s)* a lot, parcel, plot; *(v)* to pave, to floor;
   (a) solar
SOLDABILIDAD; weldability
SOLDABLE; weldable
SOLDADO; welded, soldered
   A SOLAPA; lap-welded
   A TOPE; butt-welded
   POR RECUBRIMIENTO; lap-welded
   POR SUPERPOSICIÓN; lap-welded
SOLDADOR; welder; soldering iron
   DE COBRE; soldering copper
SOLDADORA; welding outfit

A TOPE CON ARCO; flash butt welding
POR PRESIÓN; press welder
POR PUNTOS; spot welder
SOLDADURA; welding, soldering; solder; welding compound; a weld
ACHAFLANADA; bevel weld
AHUSADA; bevel weld
AL ARCO; arc welding
A CADENA; chain welding
A LA INVERSA; backhand welding
A MARTILLO; hammer weld
AL SESGO; scarf weld
A TERMITA; thermit weld
AMARILLA; hard solder
AEROACETILÉNICA; air-acetylene welding
AUTÓGENA; autogenous welding
AUTOMÁTICA; automatic welding
CON ARCO METÁLICO; metal-arc welding
CON CUBREJUNTA; strap weld
CON FILETE; fillet weld
CON REBORDE; bead weld
CONTINUA; continuous weld
CONVEXA; convex weld
DE ARCO CON LATÓN; arc brazing
DE ARCO PROTEGIDO; shielded-arc welding
DE AREA DIFERENCIAL; area differential system
DE ARRIBA; overhead weld
DE BRONCE; (A) brazing
DE CONVEXO; convex weld
DE COSTURA; seam welding
DE ENCHUFE; (tub) cup weld
DE ESPÁRRAGOS; stud welding
DE ESPIGA; pin welding
DE ESTAMPADO; mash welding
DE ESTAÑO; soft solder
DE FILETES ALTERNADOS; staggered fillet weld
DE FORJA; forge welding, hammer welding blacksmith welding
DE LATÓN; brazing; brazing solder; hard solder
DE LLAMA MÚLTIPLE; multiple-flame welding
DE MONTAJE; field weld
DE MUESCA; cleft welding, slot welding
DE PLATA; silver solder
DE PUNTO; stitch welding
DE RANURA; slot weld, groove weld
DE RANURA BISELADA; bevel-groove weld
DE RANURA EN J; J-groove weld
DE RANURA EN V; V-groove weld
DE RANURA RECTA; square groove weld
DE RETROCESO; back-step welding
DE REVÉS; backhand welding
DE SOLAPA; lap weld

DE TEJIDA; (weld) weaving
DE TAPÓN; plug weld
DE TOPE; butt welding, butt weld, jam weld
DIRECTA; forehand welding
EN ÁNGULO; angle weld
EN SERIE; series welding
EN T; T-Y branch
ESTANCADORA; seal weld
EXPLOSIVA; explosive welding
FUERTE; hard solder, brazing solder
FUNDENTE; welding compound
ONDULADA; ripple weld
OXIACETILÉNICA; oxyacetylene welding
OXIBIDRÓGENO; oxygen-hydrogen welding
PLANA; flat weld; downhand welding
POR ARCO METÁLICO; metallic-arc welding
POR FUSIÓN; fusion welding
POR INMERSIÓN; dip brazing
POR LAMINADOR; roll welding
POR PERCUSIÓN; percussive welding
POR PUNTOS; spot welding, tack welding, intermittent welding
POR RESISTENCIA; resistance welding
SUPERSÓNICA; ultrasonic welding
SOBRE CABEZA; (A) overhead welding
TIERNA; soft solder
SOLDAR; to weld, solder, braze, sweat
CON LATÓN; to braze
CON SOLDADURA FUERTE; to braze
EN FUERTE; to braze
SOLENOIDAL; solenoidal
SOLENOIDE; solenoid
SOLERA; sill, solepiece; (carp) wall plate; (dd) floor; (hyd) invert; a steel flat; (M) floor tile; (rr)(A) guard timber; (rd) curb
DE FONDO; sill, ground plate, groundsill
DE PUERTA; saddle, threshold, doorsill
DE VENTANA; window sill
DEL VERTEDERO; spillway crest
DENTADA; dentated sill
INFERIOR; sill, soleplate
SUPERIOR; cap, wall plate
SOLERÍA; pavement; paving material
SOLEVAMIENTO: (geol) upheaval, upthrust
SOLVENTES CON BASE DE ALCOHOL; alcohol-base solvents
SOLICITACIÓN; stress
SOLICITAR; to stress
SOLIDEZ; solidity
SOLIDIFICAR; to solidify
SÓLIDOS; solids
ACTIVOS; active solids
DISUELTOS; dissolved solids
NO SEDIMENTABLES; (sen) nonsettleable solids

SOLIFLUCCIÓN; (ea) sloughing
SOLIVIO; (hyd) uplift, upward pressure
SOLTADIZO; removable, collapsible
SOLTAR; to loosen, release, let go
SOLUBILIDAD; solubility
SOLUBLE; soluble
    CON AGUA; water miscible
SOLUCIÓN; solution
    ACONDICIONADORA; (pump) priming
    solution
    AGRESIVA; aggressive solution
    CONCENTRADA; concentrated solution
    DE ALMIDÓN; (sen) starch solution
    INDICADORA; (sen) indicator solution
SOLUCIONAR PROBLEMAS; troubleshooting,
    solve problems
SOLVENTAR; (A) to finance, pay the cost of
SOLVENTE; (chem), solvent
SOMBREADO; (s)(dwg), hatching, shading
SOMBRERETE; hood; cap; coping; cowl; driving
    cap for piles; (va) bonnet
SOMETENCIA; submittal
SONDA; a drill, earth auger; sounding rod
    sounding line; (geo) sound
    DE CABLE; cable drill
    DE CONSISTENCIA; consistency gage
    DE DIAMANTES; diamond drill
    DE MUNICIONES; shot drill
    DE NÚCLEO; core drill
    DE PERCUSIÓN; percussion drill
    DE PERDIGONES; shot drill
    DE ROTACIÓN; rotary drill
    DE TIERRA; earth auger
    LOCOMÓVIL; traveling drill, wagon
    drill
    NEUMÁTICA; air drill
SONDADOR DE CIENO; sludge sounder
SONDAJE; boring, drilling, sounding
    A CHORRO; (Pe) wash boring
    A DIAMANTE; diamond drilling
    A MUNICIONES; shot drilling
    CON CORAZÓN; core boring
    DE ESPLORACIÓN; test boring
SONDALEZA; sounding line
SONDAR; to make borings, to drill
SONDEADORA; a drill; a sounding line
SONDEAR; to make borings, to drill, to take
    soundings
SONDEO; boring; sounding; (U) drilling
    POR BARRA PUNZÓN; punch boring
    POR DIAMANTES; diamond drilling
SÓNICO; sonic
SONIDO; sound
    AUDIBLE; audible sound
SONÓGRAFO; sonograph
SONÓMETRO; sonometer
SOPANDA; knee-brace strut; (C) truss rod

SOPAPA; pump valve
SOPLADERO; vent, air hole
    EN PARED; wall vent
SOPLADOR; blower, ventilator
    DE ASERRÍN; sawdust blower
    DE FORJA; forge blower
    DE VAPOR; steam blower
SOPLADURA; (casting) blowhole
SOPLAR; to blow
SOPLETE; blowtorch, blowpipe, welding
    torch
    ATOMIZADOR; paint sprayer
    CORTADOR; cutting torch
    DE ARENA; sandblast
    DE GASOLINA; plumber's torch, gasoline
    torch
    DE HIDRÓGENO ATÓMICO; atomic
    hydrogen torch
    OXIACETILÉNICO; oxyacetylene torch
    OXHÍDRICO; oxyhydrogen blowpipe
    PERFORADOR; (weld) oxygen lance
    SOLDADOR; welding torch
SOPLETEAR; (A) to weld with a torch, to
    solder
SOPLETERO; operator of a paint spray, an
    oxyacetylenc torch, or a sandblast
SOPLO; blast
    DE ARENA; sandblast
    MAGNÉTICO; magnetic blowout
SOPORTADA; supported
SOPORTAR; to support, carry
SOPORTE; support, bearing, standard
    CARDÁNICO; gimbals
    COLGANTE; hanger, shaft hanger, door
    hanger
    CON SELLOS A DOS LADOS
    DE BORDE; edge support
    DE CARRETE; reel stand
    DE COLGADERO; hanger bearing
    DE CUÑA; knife-edge bearing
    DE EMPAREJAMIENTO; screed chair
    DEL EXTREMO DE UNA VIGA O
    COLUMNA; (statics) partially fixed
    DE GANCHO; hanger bearing
    DE LA PLACA DE CABEZA; crown bar
    DE RODILLOS; roller support, expansion
    bearing
    DE TIERRA; trailer support
    ESTERIOR; outboard bearing
    PRINCIPAL DE RAZO COLGANTE; main
    air runner
    TOTAL DE RESORTE; sprung weight
    VERTICAL; (elev) newel stand
SORBITA; (met) sorbite
SORBÍTICO; sorbitic
SORDINA; muffler, silencer, any sound proofing
    device

SOSQUÍN; (C) corner of a building which is an acute angle
SOSTÉN; small pier, support
    DE CABLE; (cy) fall-rope carrier
SOSTENER; to support
SOSTENIMIENTO; support, (C) maintenance
SOTA; (Ch) foreman
SOTABANCO; skewback
SÓTANO; cellar, basement; (M) cave in limestone formation
    REFORZADO CONTRA TORMENTOS; storm celler
SOTAVENTO; leeward
SOTERRAMIENTO; (p) bury, (min) a cave-in
SOTOMINERO; (min) subforeman
SOTOMURACIÓN; underpinning
SÓTANO HABITABLE; live bottom pit
SOTROZO; linchpin
SUAVE; smooth; (water) soft; (steel) mild, (curve) easy; (grade) light
SUAVIZADOR; softener
    A PRESIÓN; (wp) pressure softener
    DE AGUA; water softener
    DE CAL-BARIO; (wp) lime-barium softener
    POR PRECIPITACIÓN; (wp) precipitation softener
SUAVIZAR; to soften (water); to flatten (slope)
SUBÁCUEO; subaqueous, underwater
SUBADMINISTRADOR; assistant manager
SUBALIMENTADOR; (elec), subfeeder
SUBÁLVEO; subsurface, below the river bed
SUBÁNGULO DE DESVIACIÓN; subdeflection angle
SUBÁREA; subarea
SUBARRENDAR; to sublease, sublet
SUBARRIENDO; a sublease
SUBARTESIANO; subartesian
SUBASTA; competitive bidding; auction
SUBASTAR; to take bids, to auction
SUBATÓMICO; subatomic
SUBBASE; subbase
SUBCAPA; sublayer
SUBCAPATAZ; subforeman, straw boss
SUBCARBURO; subcarbide
SUBCARRERA; subpurlin
SUBCENTRAL; (elec) substation
SUBCENTRO; subcenter
SUBCERO; subzero
SUBCONJUNTO; subassembly
SUBCONTRATAR; to subcontract
SUBCONTRATISTA; subcontractor, sub-bidder
SUBCONTRATO; a subcontract
SUBCORRIENTE: subcurrent
SUBCRÍTICO; subcritical
SUBCUERDA; subchord, (surv) short chord
SUBDIVIDIR; (land) subdivide
SUBDIVISIÓN; subdivision

SUBDRÉN; subdrain
SUBDRENAJE; subdrainage
SUBFLUORESCENCIA; subfluorescence
SUBENFRIAMIENTO; (ac) subcooling
SUBESTACIÓN; substation
    AL AIRE LIBRE; outdoor substation
    DE TRANSFORMACIÓN; transformer substation
    TIPO INTEMPERIE; outdoor substation
SUBESTAR; substract
SUBESTRUCTURA; substructure
SUBEXCITACIÓN; underexcitation
SUBFLUVIAL; subfluvial, underriver
SUBGERENTE; assistant manager
SUBGRASANTE MEJORADO; improved subgrade
SUBHÚMEDO; subhumid
SUBIDA; ascent, upgrade, rise
    DE TEMPERATURA; temperature rise
    Y BAJADA; rise and fall
    Y CORRIDO; (roof) rise and run
SUBILLA; awl
SUBINGENIERO; assistant engineer
SUBINSPECTOR; assistant inspection
SUBIRRIGACIÓN; subirrigation
SUBJEFE; subforeman
SUBLECHO; (rr) sub-bed
SUBLIMACIÓN; sublimation
SUBLIMADO CORROSIVO; corrosive sublimate
SUBLIMAR; (chem) to sublime, sublimate
SUBLIMARSE; (chem) to sublime
SUBMARINO; submarine
SUBMETÁLICO; submetallic
SUBMÚLTIPLO; submultiple
SUBMURAR; (A) to underpin
SUBNIVEL; sublevel
SUBNITRATO; subnitrate
SUBÓXIDO; suboxide
SUBPIEZA; submember
SUBPILAR; subpier
SUBPRESIÓN; (hyd) uplift, upward pressure
    VERTICAL; (hyd) virtual uplift
SUBPRODUCTO; by-product
    DE COQUE; coke by-product
    DE FÁBRICA; factory by-product
SUBPUNTAL; substrut
SUBPUNZONADO; subpunching
SUBRASANTE; subgrade
SUBSANAR; (conc) to patch and point
SUBSIDARIO; (company) subsidiary
SUBSISTEMA; (comp) subsystem; subsystem
    COLECTOR; collector subsystem
SUBSOLERA; subsill
SUBSÓTANO; subbasement, subcellar

SUBSUELO; subsoil; (A) basement
SUBTALADRAR; to subdrill
SUBTAMAÑO; undersize
SUBTANGENTE; subtangent
SUBTENDER; to subtend
SUBTERRÁNEO; (n) a subway; *(a)* subterranean, underground
SUBTIRANTE (str), subtie, subtension member
SUBUSINA; (A)(U) substation
SUBVENCIÓN; subvention, grant
SUBVERTICAL; (str) subvertical
SUBYACENTE; underlying
SUCCIÓN; suction
SUCCIONADOR; (M) sucker
SUCCIONAR; to suck
SUDAMIENTO; sweating, condensation
SUELA; leather; base, sill; (str)(Ch) cover plate
SUELO; floor; ground, bare soil; bottom
    ABIGARRADO; mottled soil
    ALLUVIAL; alluvial soil
    COHESIVO; cohesive soil, tenacious soil
    COMPACTO; compact soil, tight soil
    DE ESPONJAMIENTO; swelling soil
    DE GRANOS .05 MILÍMETROS O MENOS; silt
    DESCOMPUESTO QUE ENTRA AL HOYO; (tun) squeezing ground
    DESLEZNABLE; unstable soil
    EXPANSIVO; expansive soil
    FALSO; filled ground
    FLUVIAL; fluvial soil
    FRICCIONAL; noncohesive soil
    FUNGIFORME; (A) flat-slab construction
    HÚMEDO; wet soil, humid soil
    IMPERMEABLE; impermeable soil, tight soil
    MACÍZO; solid soil
    ORGÁNICO; organic soil
    RETENEDOR DE HUMEDAD; self-mulching soil
    SEDENTARIO; sedentary soil
SUFRIDERA; dolly, die, bucker
    ACODADA; straight gooseneck dolly
    DE PALANCA; heel dolly, dolly bar
    DE PIPA; gooseneck dolly
    DE RESORTE; spring dolly
    MACIZA; club dolly
SUFRIDOR; the holder-on man in a riveting gang
SUFRIR; to carry, support; to buck up (rivet)
SUICHE; switch (elec); (Col) switch (rr)
SUJECIÓN; fastening, (str) restraint
SUJETACABLE; cable clip
SUJETADOR; fastener, clip, clamp, anchor
    DE CLAVO; nail anchor
SUJETAGRAPA; clamp holder
SUJETAHILO; binding post; cleat insulator; wiring clip
SUJETARRIEL; rail fastening

SUJETATUBOS; pipe clamp
SULFATAR; to sulphate
SULFATO; sulphate
    ALUMÍNICO POTÁSICO; potash alum
    AMÓNICO; ammonium sulphate
    AMÓNICO FERROSO; ferrous ammonium sulphate
    CÚPRICO; cupric sulphate, copper sulphate
    DE ALUMINIO; aluminum sulphate; filter alum
    DE BARIO; barium sulphate
    DE CALCIO; calcium sulphate, gypsum
    DE MAGNESIO; magnesium sulphate
    DE PLOMO; lead sulphate
    DE SODIO; sodium sulphate
    FÉRRICO; ferric sulphate
    FERROSO; ferrous sulphate
SULFITO; sulphite
SULFÚRICO; sulphuric
SULFURO; sulphide
    DE ANTIMONIO; antimony sulphide, antimony crude
    DE CINC; zinc sulphide
    DE HIDRÓGENO; hydrogen sulphide
    DE PLOMO; lead sulphide
SULFUROSO; sulphurous
SUMA; sum, summation
    ALZADA; lump sum
    GLOBAL; lump sum
    VECTORIAL; vector sum
SUMADORA; adding machine; aummator
SUMERGENCIA; (M) submergence
SUMERGIBLE; overdow (dam); submergible
SUMERGIDO; submerged
    EN ACEITE; submerged in oil, oil immersed
SUMERGIMIENTO; sinking
SUMERGIR; to submerge
SUMERGIRSE; to be overtopped; to sink; immerse
SUMERSIÓN; submergence; (pt) dipping
SUMIDERO; sump, catch basin; cesspool, sink, mason's trap
    CIEGO; blind drain, soakaway
    DE CANTADOR; (sw) silt basin
    PROFUNDO; deep sump
SUMINISTRADOR; supplier
SUMINISTRAR; to furnish, supply
SUMINISTRO; supply
    DE AGUA; water supply
    DE ENERGÍA BIPOLAR; bipolar power supply
SUMINISTROS; supplies
SUNCHO; (V) hoop
SUPERACABADO; superfinish
SUPERALCALINO; superalkaline
SUPERAVENIDA; (M) flood of unusual volume
SUPERCALENTADOR; superheater
SUPERCALENTAR; to superheat
SUPERCALOR; superheat

SUPERCAPILAR; supercapillary
SUPERCARGADOR; supercharger
SUPERCARRETERA; superhighway
SUPERCLORACIÓN; superchlorination
SUPERCLORINACIÓN; superchlorination
SUPERCONDUCTIVIDAD; superconductivity
SUPERCONSTRUCCIÓN; superstructure
SUPERELEVACIÓN; superelevation
SUPERESTRUCTURA; superstructure,
    upperstructure
    DENTRO DE ESTRIBOS; simple span
SUPERFICIAL; superficial
SUPERFICIE; area, surface
    ALABEADA; warped surface
    BAÑADA; (na) wetted surface
    CEPILLADA; brushed surface
    DE APOYO; bearing area
    DE CALDEO; heating surface
    DE CALEFACCIÓN; heating surface
    DE DESAGÜE; drainage area, watershed
    DE EVAPORACIÓN; surface of evaporation
    DE RODAMIENTO; (tire) wearing surface
    DESARROLLADA; developed surface
    LUSTROSA DEBIDO AL AGUA; (conc)
    water sheen
    NEUTRA; neutral surface
    PELICULAR; (hyd) surface film
    PRIMITIVA; pitch surface
    REFLECTIVA DEL SONIDO; sound board
    REFLECTORA DEL SOL; solar reflecting
    surface
    RETUMBIDORA; (rd) rumble surface
SUPERFINA; (file) superfine
SUPERINTENDENCIA; superintendence
SUPERINTENDENTE; superintendent
SUPERIOR; upper, top
SUPERPOSICIÓN LATERAL; side lap
SUPERSÓNICO; ultrasonic
SUPERVISAR; (M)(Ec) supervise
SUPERVISIÓN; supervision
SUPERYACENTE; overlying
SUPERTAMAÑO; (M) oversize
SUPLEMENTARIO; (math) supplementary
SUPLEMENTO; (math) supplement
SUPRESOR; suppressor
SUPRIMIDA; suppressed
SUR; south
    ,DEL; southern
SURCAR; to plow, furrow
SURCO; a furrow a rut
SURTIDERO; supply line, conduit
SURTIDOR; jet; supply pipe; spout, nozzle; filling
    station
    DE GASOLINA; metering pump for filling
    station
SUSCEPTANCIA; susceptance
SUSCEPTIBILIDAD; (elec) susceptibility

SUSPENDER; to hang, suspend
SUSPENDIDO; suspended
SUSPENSIÓN; suspension
    CATENARIA; catenary suspension
    UNIVERSAL; gimbals
SUSPENSO; suspended hanging
SUSPENSOR; hanger, pendant
    DE CARRITO; (door) trolley hanger
SUSTENCIA CORROSIVA; corrosive substance
SUSTENTAR; to support
SUSTITUCIÓN; substitution
SUSTRACCIÓN; subtraction
SUTILEZA; (cem) fineness

T

T, T (pipe); T (steel)
  ABORDONADA; (str) bulb T, deck beam
  CON BORDÓN; (str) bulb T, deck beam
  CON CURVA DE PASO; (tub) crossover T
  CON NERVIO; (str) bulb T, deck beam
  CON SALIDA LATERAL; (tub) side-outlet T
  CON TOMA AUXILIAR LATERAL; (tub) side-inlet T
  CON UNIÓN; (tub) union T
  DE CONEXIÓN REDONDEADA; (tub) sanitary T
  DE CURVA SIMPLE; (tub) single-sweep T
  DE BRIDAS; flanged T
  DE DIBUJANTE; T square
  DE OREJAS; (tub) drop T
  DE REDUCCIÓN; (tub) reducing T
  DE SILLA; saddle T (water main)
  PARA INSERTAR; (tub) cutting-in T
T-Y; (tub) T-Y branch
TABICA; fascia board; stair riser, (carp) verge board
TABICAR; to wall up, to partition
TABICÓN; thick partition
TABIQUE; partition; (Ch) mud partition reinforced with wood frame; (Col) thin brick wall; reinforced with wood frame; (C) stair riser
  IMPERMEABILIZADOR; (hyd) core wall
  INTERCEPTOR; baffle wall
  SORDO; wall with air space
TABIQUERÍA; layout of partitions
TABIQUERO; partition builder
TABLA; a board; width of a board; (str) cover plate; flat stretch of a river; table, tabulation
  AISLADORA; insulating board
  DE AGUA; (C)(land) water table
  DE ALTO; (M) hanging wall
  DE BAJO; (M) footwall
  DE BORDE BISELADO; wany-edge siding
  DE CHIBIA; clapboard
  DE DIBUJO; drafting board
  DE DISTANCIAS AMERICANA; American table of distances
  DE FORRO PREPARADOR; composition siding
  DE MATERIALES; bill of material
  DE QUITAPÓN; (hyd) dashboard
  DE SOFITO; soffit board

  DE REFORZAMIENTO; (dwg) slab schedule
  DE ZÓCALO; baseboard
  DELANTAL; skirt board
  FRAGUADORA; stunt head
  PORTAMEZCLA; plasterer's hawk
  TINGLADA;(Ch) clapboard
TABLAS; boarding, sheeting
  BASCULANTES AUTOMÁTICAS; (hyd) automatic dashboards
  PLUVIALES; (Col) slats in a louver
  SOLAPADAS; weatherboarding, clapboarding
TABLACHO; (hyd), small gate
TABLADILLO; boarding, board platform
TABLADO; platform or stage of boards, boarding
TABLAJE; boarding
TABLAZO; mesa, hat-top hill; flat stretch of a river
TABLAZÓN; planking: stock of planks
  DEL FRENTE; (min) breast boards
TABLEAR; to saw into boards; to screed
TABLEO; sawing into boards; screeding
TABLERO; switchboard; (ar) table; (carp) panel; floor or a bridge; (hyd) leaf of a gate; (M) bridge panel
  CONTINENTAL; (geol), continental shelf
  DEL ASCENSORISTA; (elev) operator's panel
  DE ANUNCIOS; bulletin board
  DE BORNES; (elec) terminal board, terminal block
  DE CARRETERA; highway sign
  DE CONMUTADORES; switchboard
  DE CORREDERA; target board
  DE CONSUMO PROPIO; station-power switchboard
  DE CONTROL; switchboard, (elec) power panel
  DE DIBUJO; drawing board
  DE DISTRIBUCIÓN; switchboard, distribution switch board
  DE FLUIDEZ; flow table
  DE FUSIBLES; fuseboard
  DE INSTRUMENTOS; instrument board; (auto) dash
  DE LÓGICA; logic board
  DEL TECHO; roof board
TABLEROS; boards
  DE CIERRE; (hyd) stop logs
  FIJADOS A MIEMBROS DEL TECHO; roof sheething
  PRINCIPALES; (madera) crowned boards
TABLESTACA; sheet pile
  DE TABLONES ENSAMBLADOS; wakefield pile
TABLESTACAS; piling, poling boards

DE ALMA COMBADA; arched-web sheet piling
DE ALMA RECTA; straight-web sheet piling
DE ENLACE; interlocking sheet piling
ENTRELAZADAS; interlocking sheet piling
TABLESTACADO; sheet piling
DE TRABA; interlocking sheet piling
TABLESTACAR; to sheet-pile
TABLILLA; batten, thin board, slat, lath, cleat; (V) flat roof tile
AISLANTE; insulating board
TABLÓN; plank; (V) one hectare
TABLONAJE; planking
TACO; plug, bung; chock; heel (dam); spreader (forms); (bl) stemming, tamping
DE REMACHAR; holder-on, dolly
DE RIENDA; (A) deadman for guy
TACÓGRAFO; tachograph
TACÓMETRO; tachometer, speed gage
TACÓN; rail brace; chock; (dam) heel
TACONEAR; (powder) to tamp; (Ch) to fill
TACÓSCOPO; tachoscope
TACUARA; (A) a kind of bamboo
TACHO AL VACÍO; vacuum pan
TACHUELA; tack, small nail
FECHADORA; dating nail
TAJADA; a cut, a slice; (M) a section
TAJADERA; cutter, chisel, cold set, rivet buster hardy; (M) howel; slitter
DE YUNQUE; anvil chisel
EN CALIENTE; hot cutter, hot chisel
TAJADORA; cutter
TAJAMAR; cutwater, breakwater, jetty, starling; pier nosing, ice apron; (Ch) sea wall; (A) basin
TAJAR; to cut, notch
TAJATUBO; (pet) casing splitter
TAJEA; culvert, drain
TAJEAR; (min)(Pe) to stope
TAJEO; (min)(Pe) stoping
TAJO; cut, trench, excavation; wooden block
A MEDIA LADERA; sidehill cut
ABIERTO; open cut
DESCUBIERTO; open cut
EN BALCÓN; sidehill cut
PASANTE; through cut
TALA; cutting of trees, felling; (V) an ax
TALACHA; (M) pick, mattock
TALADORA; tree-felling machine
TALADRA; ship auger
TALADRADO; (s) bore
DE CROMETA; chrome bore
TALADRADOR; driller, drill runner; boring machine
TALADRADORA; drill press, boring machine
DE COLUMNA; post drill
MÚLTIPLE; gang drill
TALADRAR; to drill, bore

TALADRO; drill, auger, carpenter's brace; drillhole, bolthole; (min)(CA) adit
A MUNICIONES; shot drill
ANGUFIAR; (hw) corner brace
DE AIRE COMPRIMIDO; pneumatic drill
DE AJUSTE LATERAL; traverse drill
DE ALMA; core drill
DE BANCO; bench drill
DE CADENA; chain drill
DE CARRETA; wagon drill
DE DIAMANTES; diamond drill
DE EMPUJE; push drill
DE MANO; hand drill
DE PECHO; breast drill, fiddle drill
DE PEDESTAl; column drill
DE POSTE; post drill
DE ROTACIÓN; rotary drill
DE SELLO; seal bore
DE TIERRA; earth auger
DE TORRECILLA; turret drill
DE TRINQUETE; ratchet drill
EXPLORADOR; prospecting drill
GIRATORIO; rotary drill
MÚLTIPLE; gang drill
OVALADO; slotted hole
PARA CARPINTEROS; carpenter's brace
PARA MACHO; tap drill
PARA RIELES; track drill
PARA ROBLÓN; rivet hole
PILOTO; pilot drill
RANURADOR; cotter drill; traverse drill
SALOMÓNICO; twist drill
SOBRE RUEDAS; wagon drill
TUBULAR; core drill, calyx drill
TALANQUERA; picket fence; (C) gate
TALAR; (trees) to fell
TALASÓMETRO; tide gage, thalassometer
TALCO; talc
TALCOSO; talcose
TALÓN; heel (dam); flange or lug on a tire; bead molding stub, coupon, ticket
DE LA AGUJA; (rr) heel of switch
DE EXPRESO; express receipt
TERMINAL; (elec) terminal lug
TALPETATE; (geol) talpetate; (CA) a limestone used for road surfacing
TALUD; slope, batter; talus
CONTINUA; (rd) super slope
DE AGUAS; (dam) upstream slope
DE REPOSO; angle of repose, natural slope
EXTERIOR; (rd) backslope
INTERIOR DE LA CUNETA; (rd) foreslope
IZQUIERDA; side batter
LÍMITE; maximum allowable slope
NATURAL; natural slope

TALUDAR; to slope
TALLA; a cut
  BASTA; (file) rough cut
  BASTARDA; (file) bastard cut
  CRUZADA; (file) double cut
  DULCE; (file) smooth cut
  ENTREFINA; (file) second cut
  GRUESA; (file) rough cut
  SIMPLE; (file) single cut
  SORDA; (file) dead-smooth cut
  SUPERFINA; (file) superfine cut
TALLADOR DE ENGRANAJES; gear cutter
TALLADOR DE VIDRIO; glass cutter
TALLAR; *(v)* to cut, carve, dress; (mech) to generate;
  (a)(lbr) fit for cutting into lumber
TALLER; shop, mill, factory
  AGREMIADO; closed shop
  DE CARPINTERÍA; carpenter shop
  DE DOBLADO; bending shop
  DE FORJA; blacksmith shop, forge shop
  DE FUNDICIÓN; foundry, casting shop
  DE LAMINACIÓN; rolling mill
  DE MODELAJE; pattern shop
  DE MONTAJE; erection shop
  DE REPARACIONES; repair shop
  EXCLUSIVO; closed shop
  FRANCO; open shop
  MECÁNICO; machine shop
  SIDERÚRGICO; steel mill
TALLERISTA; shopworker
TALLISTA DE PIEDRA; stonecutter
TAMAÑO; size
  CORRIENTE; stock size
  EFECTIVO; effective size
  ENTERO; (dwg) full size
  MÁXIMO DE AGREGADO; maximum
  aggregate size
  NATURAL; (dwg) full size
  REAL; (dwg) full size
TAMBOR; drum, reel
  CLASIFICADOR; revolving screen
  CRIBADOR; (hyd) wheel screen
  DE ENROLLAR; winding drum
  DE FRENAJE; snubber
  DEL FRENO; brake drum
  DE FRICCIÓN; friction drum
  DE IZAR; hoisting drum
  DE IZAR DE PASO MÚLTIPLE; multiple-wrap
  hoisting drum
  DE RETENCIÓN; (de) holding drum, dumping
  drum
  DE TRACCIÓN; (cy) hauling drum, endless
  drum, fraction drum, fleeting drum
  DE TRASLACIÓN; (cy) hauling drum, endless
  drum, fleeting drum
  DE VAPOR; steam drum
  ELEVADOR; (ce) hoisting drum

  GIRATORIO DESCORTEZADOR; barking
  drum
  MEZCLADOR; mixing drum
TAMBRE; (Col) dike, diversion dam
TAMIZ; screen, sieve
  DE MALLA ANGOSTA; (soil) fine screen
  VIBRADOR; shaking screen
TAMIZADOR; screen, strainer, sifter
TAMIZAR; to screen, sift
TANDA; a gang, a shift; (irr) a turn
TÁNDEM; (machy) tandem
TANDEO; irrigation water distribution
TANGENCIA; tangency
TANGENCIAL; tangential
TANGENTE; *(s)(a)* tangent
  DE FRENTE; (surv) forward tangent
TANQUE; tank
  AL VACÍO; vacuum tank
  AFORADOR DE ORIFICIO; orifice gaging tank
  ALMACENADOR; storage tank
  AMORTIGUADOR; stilling pool
  ASENTADOR; settling tank
  AUTOMÁTICO DE INUNDACIÓN; automatic
  flush tank
  CLASIFICADOR; classifier tank
  DE ACEITE; oil pot, oil tank
  DE ACEITE NEUMÁTICO; air-oil tank
  DE AGUA PLUVIAL; storm-water tank
  DE AGUA PRECALENTADO; water preheat
  tank
  DE BAÑAR; dipping tank
  DE COMBUSTIBLE AUXILIAR; auxiliary fuel
  tank
  DE COMPENSACIÓN; surge tank
  DE COMPRESIÓN; air receiver, pressure
  tank
  DE CORRIENTE RADIAL; radial-flow tank
  DE CURACIÓN ACELERADA; accelerated
  curing tank
  DE DOSIFICACIÓN; dosing tank
  DE FLOCULACIÓN; (sd) flocculating tank
  DE FLUJO ESPIRAL; (sd) spiral-flow tank
  DE INMERSIÓN; dipping tank
  DE INUNDACIÓN; flush tank
  DE LAVADO AUTOMÁTICO; automatic flush
  tank
  DE OLEAJE; surge tank
  DE OSCILACIÓN; surge tank
  DE PROVISIÓN; supply tank
  DE RESERVA; supply tank
  DE REPOSO; settling basin
  DE ROCÍO; spray pond
  DE RUPTURA DE CARGA; (V) surge tank
  DE SEDIMENTACIÓN; settling basin
  DESAREADOR; deaerating tank
  DETRITOR; detritus tank
  DIGESTOR; digesting tank

ELIMINADOR DE GRASAS; grease-eliminator tank

HIDROGENADOR; hydrogenator

IGUALADOR; surge tank

MEDIDOR; measuring tank

PARA CIENO HÚMICO; (sd) humus tank

PARA FLOTACIÓN DE GRASAS; (sd) grease-flotation tank

RECEPTOR DE AIRE; air receiver

ROCIADOR; tank sprayer

SÉPTICO; septic tank

SIFÓNICO; siphon tank

TÉRMICO; thermotank

TIPO IMHOFF; Imhoff tank

TANTEAR; to try out; to look over the ground; (Ch) to make an approximate estimate

TANTEO; trial, try

TANTEOS, POR; by trial and error

TANTO; *(s)*(M) a batch

TAPA; cover, lid, cap; cylinder head; (p) cap

CIEGA; (elec) blank cover

DEL CILINDRO; cylinder head, front cylinder head

DE COJINETE; bearing cap

DE RADIADOR; radiator cap

DE REGISTRO; manhole cover

HEMBRA; (A) pipe cap

PARA SOLDAR; (tub) welding cap

PROTECTORA; sconce

TAPABARRO; (Ch) mudguard

TAPACUBO; hubcap

TAPADERA; cap, cover, lid

TAPADERO; plug, stopper

TAPADOR; plug, stopper; sealant; packer; cover

TAPAGOTERAS; (A) waterproofing material, roofing cement

TAPAJUNTA; splice plate, raking flashing, butt strap, scab; astragal; (M)(joint) water stop

TAPAPOROS; (pt) primer, filler

TAPAR; to cover; to plug

TAPESCLE; (M) handbarrow

TAPIA; mud wall; (C) brick wall

ACERADA; (Col) mud wall with cement stucco

REAL; mud and lime mixture wall

TAPIADOR; mud wall builder

TAPIAL; mud wall form; mud wall

TAPIALERA; (Ec) mud wall; (Sp) wall form (mud or concrete)

TAPIALERO; (Ec) mud wall builder

TAPIAR; to wall up; to build mud walls

TAPIERÍA; mud-wall construction

TAPIERO; (Col) mud wall builder

TAPITA DE VÁLVULA; (tire) valve cap

TAPO; (A) plug

DE LIMPIEZA; (A) washout plug

TAPÓN; plug, stopper; bulkhead, packer

DE AVELLANAR; (tub) countersunk plug

DE CONTACTO; (elec) attachment plug

DE CUBO; hubcap

DE EVACUACIÓN; drain plug

DE GRASA; grease plug

DE LIMPIEZA; washout plug

DE PRUEBA; test plug

DE PURGA; drain plug

DE RECEPTÁCULO; (elec) receptacle plug

DE TOPE; stop plug

DESCONECTADOR; (elec) disconnect plug

GIRATORIO; swivel plug

HEMBRA; (A)(Col) pipe cap

MACHO; (A) pipe plug

RESPIRADERO; breather plug

ROSCADO; screw plug

TAPONAR, TAPONEAR; (M); to plug

TAQUEADOR; tamping bar for powder, (Col) blaster

TAQUEÓMETRO; tacheometer

TAQUETE DE PLOMO; lead shield (for screw)

TAQUETES; (Col) bridging between wood

TAQUILITA; tachylite

TAQUILLA; rack of pigeonholes; plug switchboard

TAQUILLERA; any cellular construction

TAQUIMETRÍA; stadia survey

TAQUIMÉTRICO; tachymetric

TAQUIMETRO; tachymeter; stadia transit

TARA; tare

TARABILLA; latch, catch; (C) turnbuckle

TARABITA; rope ferry

TARAR; weigh before loading, to weigh light; (A) to gage, measure for capacity

TAREA; taskwork, piecework; a job, task, a shift; (PR) measure of 628 acres, (C) measure of 69 sq mi

TARIFA; tariff, rate

DE CARGA; freight rate

DE DEMANDA; demand charge

POR SERVICIOS DE DESPERDICIOS; variable-can rate

TARIFICACIÓN; rate making

TARIMA; platform

TARQUÍN; mud

TARRAJA; bolt-and-pipe machine, stock, threading machine

TARRAJADORA; threading machine

TARRAJAR; to thread

CON MACHO; to tap

TARRAJE; tare weight

TARRAJEAR; (Pe) to thread

TARUGO; wooden pin, plug; wood paving block, spile

ENSANCHADOR; turnpin, tampion

TARVIA; tarvia

TAS; a small anvil

DE ESTAMPAR; swage block

TASA; rate; valuation; rating

DE AGUA; water rate

DE MORTATIDAD; death rate
TASACIÓN; appraisal, valuation; rating
    CORRIENTE; present worth
    DE IMPACTO CONTRA EL MEDIO
    AMBIENTE; environmental impact assessment
TASADOR; appraiser
TASAR; to appraise; to tax; to rate
TASCA; (Pe) wave, breaker
TASEÓMETRO; taseometer
TASIMETRÍA; tasimetry
TASIMÉTRICO; tasimetric
TASÍMETRO; tasimeter
TAZA; basin, bowl, bucket
    DE COJINETE, bearing cup
    DE ENCASTRE, basket of a wire-rope socket
    DE RUEDA (U); hubcap
    DE VERTEDERO; spillway bucket
TAZÓN; large basin, stilling pool; (V) bowl of deep
    well
TECA; teakwood
TECLADO; (comp) keyboard
TECLE; single-whip tackle
    DE CADENA; (Ch) chain block
TÉCNICA; technique; engineering
    HIDRÁULICA; hydraulics
TÉCNICO; (n) an expert, a technician; (a) technical
    AGRÍCOLA; agronomist
    ELECTRICISTA; electrical engineer
    EN HORMIGON; concrete technician
    ESPECIAL DE CAÍDA; swing dutchman
    HIDRÁULICO; hydraulic engineer
TECNOLOGÍA; technology
    DE LOS SUELOS; soil technology
TECNOLÓGICO; technological
TECNOLOGO DE CONCRETO; concrete technologist
TECORRAL; (M) dry wall, stone fence
TECTÓNICA; (geol) tectonics
TECTÓNICO; tectonic
TECHADO; a roof, roofing, roof covering
    ACANALADO; corrugated roofing
    ACLOPADO; coupled roofing
    ARMADO; built-up roofing
    ASFÁLTICO; asphalt roofing
    CORRUGADO; corrugated roofing
    DE CHAPA METÁLICA; sheet-metal roofing
    DE FIELTRO Y GRAVA; felt and gravel roof
    DE LAMINILLA; laminated roof
    DE MARIPOSA; butterfly roof
    DE UNA SOLA CAPA; single-ply roofing
    DOBLE; double roof
    EN CAÑON; barrel roof
    FELPA; (C) roofing felt
    PREARMADO; ready roofing, composition
    roofing, prepared roofing
    PREARMADO DE PIZARRA; slate clad
    PREPARADO; ready roofing, prepared roofing,
    composition roofing

TECHADOR; roofer
TECHAR; to roof
TECHO; ceiling; roof; a shed
    A CUATRO AGUAS; hip roof
    A DOS AGUAS; peak roof
    A DOS PENDIENTES; peak roof
    A LA HOLANDESA; grambrel roof
    A SIMPLE VERTIENTE; lean-to roof
    ABIERTO; open roof
    CÓNCAVO; cove ceiling
    DE AGUA SIMPLE; lean-to roof, single-pitch
    roof
    DE CAPA SIMPLE; thermoset single-ply
    membrane
    DE CATEDRAL; cathedral ceiling
    DE DIENTES DE SIERRA; saw-tooth
    roof
    DE PLACA DELGADA; thin shell
    DE PONTÓN; (tank) floating roof
    DE VERTIENTE ÚNICA; lean-to roof,
    single-pitch roof
    DE VIGAS COLLARES; collar beam roof
    DENTADO; saw-tooth roof
    DONDE SE VEN LAS VIGAS; open roof
    EN CAÑON; barrel roof
    FALSO; false ceiling
    IMPERMEABILIZADO; coffered ceiling
    INCLINADO LOS DOS LADOS; saddleback
    roof
    RASO; flat ceiling
TECHUMBRE; roof, ceiling
    RAMPANTE; lean-to roof
TEFRITA; tephrite
TEIPE ELÉCTRICO; (C) insulating tape
TEJA; roofing tile
    CANALÓN; gutter tile, pantile, valley roof
    CORNIJAL; corner tile
    DE BARRO; clay tile
    DE CERÁMICA; ceramic mosaic tile
    DE CIMACIO; pantile
    DE LÍNEA RECTA; (roof) straight-joint tile
    DE MADERA; shingle
    DE TECHADO; top course
    LOMADA; ridge tile
    PREPARADA; composition tile
    VIERTEAGUAS; ílashing tile
    VÍTREA; vitreous tile
TEJA-CANAL; roof tile laid with concave surface
    upward
TEJA-COBIJA; roof tile laid with convex surface
    upward
TEJADO; roof, tile roof
    A CUATRO AGUAS; hip roof
    A DOS AGUAS; peaked roof
    A UN AGUA; lean-to roof
TEJADOR; tiler, tile layer
    DE RIPIAS; shingler

TEJAMANÍ; shingle
    DE FORRO; shingle siding
TEJAMANIL; shingle
TEJAR; (n)(C) brickyard; (river) to roof with tiles
TEJAVÁN; (M) shed
TEJAVANA; building roofed with tiles without
    ceiling
TEJERO; tiler
TEJIDO; fabric; mesh; (V) web of a truss
    DE ACERO; wire cloth
    DE ALAMBRE; wire mesh, wire woven, wire
    fabric; cloth
    DE BRONCE; brass wire cloth
    DE FILTRAR; filter fabric
    DE REFUERZO; mesh reinforcement
    DE SACO; bagging, burlap
TEJO; bearing, pillow block; (lbr) yew
TEJOLETA; broken tile, brickbat
TEJUELA; small tile; piece of tile; brickbat
TEJUELO; small tile; socket; pillow block, step
    bearing; gear blank
TELA; cloth; (C) a tracing
    ALAMBRADA; wire cloth, wire fabric
    DE ACERO; wire cloth, wire mesh
    DE ALAMBRE TEJIDO; woven-wire fabric
    DE CALCAR; tracing cloth
    DE CUERDA SIN TRAMA; weftless cord
    fabric
    DE DIBUJO; tracing cloth
    DE FILTRO; filter cloth, filter fabric
    DE PEDERNAL; flint cloth
    ESMERIL; emery cloth
    LIJA; emery cloth
    METÁLICA; wire cloth, wire fabric
    MOSQUITERA; mosquito screening
    PARA PERFILES; profile cloth
TELECONTROL; (A) remote control
TELEFÉRICO; telpher system; aerial tramway
TELEFÓNICO; telephonic
TELÉFONO; telephone
TELEFOTOGRAFÍA; telephotography
TELEGRÁFICO; telegraphic
TELÉGRAFO; telegraph
TELEINTERRUPTOR; remote-control switch
TELEMECÁNICA; telemechanics
TELEMEDICIÓN; telemetering
TELEMÉTRICO; telemetric
TELÉMETRO; telemeter
TELERA; jaw of a vise; (str) hinge plate; (Col); cramp,
    clamp
TELEREGULACIÓN; remote control
TELERO; stake
TELESCOPIAR; to telescope
TELESCÓPICO; telescopic; telescoping, nesting
TELESCOPIO; telescope
TELETERMÓMETRO; telethermometer
    REGISTRADOR; telethermograph

TELFER; telpher
TELFERAJE; telpherage
TELFERAR; to move by telpher
TELRICO; telluric
TELURÓMETRO; tellurometer
TEMBLADOR; vibrator; make-and-break
TEMBLOR; earthquake
TÉMPANO DE HIELO; ice flow, iceberg
TEMPERADOR DE AIRE; (A) air conditioner
TEMPERATURA; temperature
    DE AMBIENTE; ambient temperature
    DE SOLIDIFICACIÓN; setting temperature
TEMPLA (conc)(Pe); batch
TEMPLABILIDAD; (met) hardenability
TEMPLADO; tempered
    AL ACEITE; oil-tempered
    A LLAMA; (met) flame hardened
    EN AGUA; water-hardened
    POR LAMINACIÓN EN FRÍO; (met) temper
    rolling
    SUPERFICIALMENTE; (iron) chilled;
    casehardened
TEMPLADOR; turnbuckle
    PARA BANDA; belt tightener
TEMPLAR; to temper, quench
TEMPLE; temper, tempering
    BLANDO; soft temper, dead-soft temper
    DULCE; mild temper
    EXTRADURO; very high temper
    MEDIANO; medium temper
    SUAVE; low temper, mild temper
    SUPERFICIAL; casehardening; chilling
    VIVO; high temper
TEMPORADA; season
    DE AGUAS; rainy season
    DE SECAS; dry season
TEMPORAL; temporary
TENACIDAD; toughness, tenacity
TENACILLAS; pliers, pincers
    DE CORTE; cutting pliers
    DE CORTE AL LADO; side-cutting pliers
TENAZ; tough
TENAZA DE CADENA; chain wrench, chain tongs
TENAZAS; cutters, pliers, tongs, nippers pincers
    DE CORTE; cutting pliers, cutting nippers
    DE DISPARO; pile-driver nippers
    DE TRISCAR; saw set
    PARA CARRILES; rail tongs
    PARA MADEROS; timber carrier
    PARA TIRAR REMACHES; (str) passing tongs
    PARA TRAVIESAS; tie tongs
    PARA TROZAS; skidding tongs
TENDEDOR; spreader
    DE BALASTO; ballast spreader
    DE MOLDES; (rd) form setter
TENDEDORA DE RIELES; track-laying machine
TENDEL; chalk line: bed of mortar, mortar joint

TÉNDER; *(s)*(rr) tender; (D) to spread, stretch, lay (rails); to pull (wires)
TENDIDO; (n) a line; a stretch; (roof) plaster slope, plaster coat; spreading; *(a)* sloping gently
   DE CARRILES; rail laying
   ELÉCTRICO; electric wiring
TENEDERO; (naut) holding ground, anchorage
TENEDOR DE BALASTO; (C) ballast fork
TENSIÓMETRO; tensiometer
TENSIÓN; (str)(elec) tension; (A) stress; strain
   CAPILAR; capillary potential
   CIRCUNFERENCIAL; ring tension
   DE ACELERACIÓN; acceleration stress
   DE ADHERENCIA; (A) bond stress
   DE ARRASTRE; pulling tension
   DE CIRCUITO; open-circuit voltage
   DE COMPRESIÓN; (A) compressive stress
   DE REACTANCIA; reactance voltage, choking voltage
   DE RESBALAMIENTO; (A) shearing stress
   DE ROTURA; ultimate, tensile strength
   DE SERVICIO; working voltage, voltage
   DE TORSIÓN; (A) torsional stress
   DE TRABAJO; (A) working stress
   DE TRACCION; (A) tensile stress
   DEBIDO AL ALABEO; warping tension
   DIAGONAL; diagonal tension
   DISRUPTIVA; disruptive voltage, puncture voltage
   EN MADERA; timberbind
   ESPECÍFICA; unit tensional stress (elec), zero potential
   NOMINAL; rated voltage
   PRINCIPAL; principal stress
   SUPERFICIAL; surface tension
TENSO; taut, tense
TENSOR; turnbuckle, sleeve nut; tension member
   DE ARMADURA; truss rod
   DE CORREA; belt tightener
   DE TORNILLO; turnbuckle
TEÑIDURA; (lbr) stain
TEODOLITO; theodolite, transit
   REPETIDOR; repeating transit
TEOREMA; theorem
TEORÍA; theory
   DE BERNOULLI; Bernoulli's theory
   EN EL ANÁLISIS DE CONCRETO; straight-line theory
TEÓRICO; theoretical
TEPE; turf
TEPETATE; (M) hardpan conglomerate
TERCEADORA; (V) concrete mixer
TERCEAR (V); to mix concrete
TERCEO (V); mixing, mixture, proportions batch
TERCER RIEL; third rail, contact rail, conductor
TERCERIA; arbitration
TERCERO; arbitrator, third party

TERCIADO; (lbr) laminated, ply
TERCIAR; to arbitrate; (M)(C) to dilute
TERCIO CENTRAL; (dam) middle third
TERCIO MEDIO; (dam) middle third
TERMAL; thermal
TÉRMICO; thermal
TERMINACIÓN; end, terminate
   DE PARED; (mas) topping-out
   DE TECHO; (mas) topping-out
TERMINADO; finished
TERMINADOR DE CABLE; cable terminator; pothead
TERMINADORA; finishing machine
TERMINAL; (n)(elec)(rr) terminal; *(a)* terminal
   DE DERIVACION; (elec) service head
TERMINAR; to finish (a job); to finish (a surface)
TERMINO; terminus, terminal; finish, completion
   MEDIO; average
TERMITA; (weld) thermit, termite
TERMOAMPERÍMETRO; thermoammeter
TERMODINAMICA; thermodynamics
TERMODINÁMICO; thermodynamic
TERMOELÉCTRICO; thermoelectric
TERMOESTABLE; (adhesive) thermosetting
TERMÓGRAFO; thermograph, recording thermometer
TERMOGUARDA; thermoguard
TERMOINTERRUPTOR; thermostat controlled switch
TERMOMAGNÉTICO; thermomagnetic
TERMOMÉTRICO; thermometric
TERMÓMETRO; thermometer
   DE AMPOLLEH SECA; dry-bulb thermometer
   DE AMPOLLETA HÚMEDA; wet-bulb thermometer
   DE RESISTENCIA; resistance thermometer
TERMÓMETROREGISTRADOR; recording thermometer
TERMOPLÁSTICO; thermoplastic
TERMOREGULADOR; thermoregulator
TERMOSIFÓN; thermosiphon
TERMOSTÁTICO; thermostatic
TERMÓSTATO; thermostat
TERNARIO (math)(chem)(met), ternary
TERRACERÍAS; (M) earth fill, earthwork
TERRACOTA; terra cotta
TERRADO; flat roof; terrace
TERRAJA; stock (for dies), threading machine
TERRAJADORA; threading machine
   PARA TUERCAS; nut-tapping machine
TERRAJAR; to thread, cut threads, tap; (C) to screed
   CON MACHO; to tap
TERRAPLÉN; earth fill, landfill, earthwork, embankment, rampart
   DE DESPERDICIO; (M) spoil bank
   PRESTADO; borrowed fill
TERRAPLENAR; to fill with earth

TERRAZA; terrace, veranda; (geol) terrace
TERRAZADORA; terracer
TERRAZAR; to terrace
TERRAZO; terrazo
    CON CONCRETO; terrazo concrete
TERREMOTO; earthquake
TERRENO; land, ground, soil, mound
    BISELADO; splayed ground
    DE ACARREO; alluvial soil
    DE CIMENTACIÓN; foundation bed, foundation material
    DE RELLENO; filled ground, made land
    FLOJO; unstable soil, loose ground
    GANADO; reclaimed land
    HULLERO; coal field
    MARGINAL; marginal land
    MOVEDIZO; running ground
    NO COMPETENTE; incompetent ground
    PERDIDO; lost ground
    PRIMITIVO; original ground
    SANO; solid ground
    SEDENTARIO; sedentary soil
    SUELTO; loose ground
TERRERO; dump, spoil bank
TERRESTRE; terrestrial
TERRÓN; clod, lump of earth
    DE LODOS; sludge cake
TERTEL; (Ch) hardpan
TESAR; to tighten, haul taut
TESELA; tessera
TESELADO; tessellated
TESO; taut
TESTA; face, front, head
    ,DE; on end
TESTERA; front, front wall-header
    DE CALDERA; boiler front
    DEL CILINDRO; cylinder head
TESTERO; front, end piece, end wall; (min) over hand stope, back stope
    ABOVEDADO; (min) pyramid stope
TESTIGO; a sample, specimen; (surv) a reference point; witness
    DE PERFORACIÓN; drill core
    PERITO; expert witness
TESTIMONIO PERICIAL; expert testimony
TESURA; stiffness, tautness
TETRACILÍNDRICO; four-cylinder
TETRACLORURO; tetrachloride
TETRAEDRITA; tetrahedrite
TETRAESTILO; (ed) tetrastyle
TETRAFÁSICO; four-phase
TETRAGONAL; tetragonal
TETRÁGONO; (a) tetragonal
TETRAPODO REFORZADO; (rompolas) tetrapod
TEXTURA; texture
    A ROCÍO; spray texture
    DE ENYESADO; skip trowel

    DE SUPERFICIE; surface treatment
    FLÚIDA; (geol) flow texture
TEXTURACIÓN; (conc) texturing
TEXTURADO; textured
TEXTURAL; textural
TEYOLOTE; (M) small stone for filling joints
TEZONTLE; (M) volcanic stone for building
TICHOLO; (U) small tile for floor or flat roof
TIEMPO; time; weather; (eng) cycle
    DE CURACIÓN; cure time
    DE ARMADURA; assembly time
    DE EXCAVACIÓN SIN SOPORTE; (exc) stand-up time
    DE MEZCLEO; mixing time
    EXTRA; overtime
    TRANSCURRIDO; elapsed time
    VARIABLE; (machy) variable time
    Y NIEDIO; time and a half
TIENDA; tent; store
    DE COSTADOS VERTICALES; wall tent
TIENTA; earth auger, sounding rod; feeler gage
TIENTAAGUJA; sounding rod, boring rod
TIENTACLARO; feeler gage
TIERNO; tender
TIERRA; earth, soil, land, ground, dirt; (elec) ground
    ALUVIAL; alluvium
    BLANDA; soft ground
    COCIDA; terra cotta
    COLUVIAL; colluvial soil
    COMÚN; common ground
    CORREDIZA; running ground
    DE BATÁN; fuller's earth
    DESARMABLE; collapsible soil
    DESCUBIERTA; bare soil
    DIATOMÁCEA; diatomaceous earth
    ELECTRICA; a ground connection
    ENDURECIDA; hardpan
    HÚMICA; (U); topsoil
    INFUSORIA; infusorial earth
    MANTILLOSA; topsoil
    NO USADA; nonuse of land
    NEGRA; loam, topsoil
    PERDIDA; lost ground
    PERMANENTE CONGELADA; permafrost
    PESADA; heavy spar, barite
    PURA; bare soil
    RARA; rare earth
    REFRACTARIA; (A) fire clay
    REGISTRADA; registered land
    SIN COHESIÓN; cohesionless soil
    SIN PROVISIONES; raw land
    SUELTA; unstable ground, loose ground
    TRANSPORTADA; filled ground
    VEGETAL; topsoil, loam
TIESO; stiff, taut, tight; (conc) stiff
TIESURA; stiffening
TIJERA; shear; sawbuck; small ditch

GUILLOTINA; power shear
MECÁNICA; a shear
PARA PERNOS; bolt clipper
UNIVERSAL; universal shear
TIJERAS; shears, snips; sawbuck; shear legs
DE BANCO; bench shears
DE GOLPE; anvil cutter
DE HOJALATA; tin snips
TIJERAL; (Ch) roof truss
TIJERALES; X bracing
VERTICALES; sway bracing
TILO; linden
TIMBA; (C) a timber
TIMÓN; rudder; wagon pole; plow beam
TIMPA; hearth, grate
TÍMPANO; spandrel wall; gable
TINA; bathtub, vat, tub
TINGLADILLO AHUSADO; bevel siding
TINGLADILLO, DE; clapboarded; (naut)
clinker-built
TINGLADO; shed, shanty, lean-to, open
shed
TINGLAR; to clapboard, (boat) to do clinker
work
TINTA CHINA; India ink
TINTE; stain, tint, dye
DE ALCOHOL; (pt) spirit stain
TINTE-VELOCIDAD; (hyd) dye-velocity
TINTINEAR; (machy) to rattle, chatter,
clatter
TINTINEO; clattering; knocking
TINTURA; stain
TÍPICO; typical
TIPO; *(s)* standard; (cambio) rate, type, kind
DE CAMISIO; exchange rate
DE CARTÓN DE YESO; (trademark)
sheetrock
DE CONSTRUCCIÓN; construction type
DE CORREDERA; (surv) New York rod
DE FLETE; freight rate
DE LADRILLO; brick type
DEL MERCADO; market rate
DE MOLDEADO; type of molding
DE NEUMÁTICO; tire types
DE SUELDO; rate of pay
TIRA; a length (pipe); a strip; stripe, (rr)(C)
lead; sliver
BORDEADORA; (rd), curb strip
CALIBRADORA; feeler gage
DE BARRANCA; (top) gap grading
DE CUERO PARA CORREA; leather belt
lacing
DE DEFENSA; wearing strip
DE DISTANCIA; distance strip
DE RASGÓN; tear strip
DE RELLENO; (rd) filler strip
DE SEPARACIÓN; distance strip

TIRADA; lift of concrete, course of masonry, a stretch,
a length; (Ec) haul
TIRADERAS; traces (wagon)
TIRADERO; spoil bank, dump; (C) snatch team
TIRADOR; handle, door pull, doorknob
DE CINTA PESCADORA; fish-wire puller
DE UNIONES; coupling puller
TIRAFONDO; wood screw, screw spike, wood screw
with square head; (A) (C) lag screw
PARA VÍA; screw spike
TIRAJE; (mech) draft
FORZADO; forced draft
INDUCIDO; induced draft
TIRALÍNEAS; drawing pen
DEL COMPÁS; pen point
PARA CURVAS DE NIVEL; contour pen
TIRANTA; (Col) tie rod, tie beam
TIRANTE; tie rod, guy, tension member; stay bolt;
beam; depth of water
CRÍTICO; critical depth
DE AGUJAS; (rr) switch rod, bridle rod,
tie bar
DE ARMADURA; truss rod, hog rod
DE RADIO; radius rod
DE SUSPENSIÓN; hanger
I; I beam
OJALADO; loop rod
TIRANTES; traces (wagon)
DE GIRO; (crane) sluing rods
DE MOLDES; form ties
TIRANTERIA; framework, door framing
TIRANTEZ; tightness, (cab) strain
TIRANTILLO; scantling, small beam
TIRAR; to pull, drag, draw; to throw; to blast;
to dump; to waste (exc); to draw (stack)
LATERALMENTE; side-cast
TIRAVÁLVULA; (A) valve rod
TIRAVIRA; parbuckle
TIRETA DE CORREA; belt lacing
TIRO; (mech) draft; (bl) a shot; (tun) a shaft;
a length; flight of stairs; (surv)(A) course
ASPIRADO; induced draft
DE ARRASTRE; (M) inclined shaft, adit
DE ESCALERA; flight of stairs
DE MINA; mine shaft
DE RECUESTE; (M) inclined shaft, adit
DESCENDENTE; downdraft
FORZADO; forced draft
INCLINADO; adit, inclined shaft
INDUCIDO; induced draft
NORMAL; natural draft
POR ASPIRACION; induced draft
VENTILADOR; air shaft
VENTILATINR TIRÓN; (cab) strain
TITANIO; titanium
TITANITA; titanite
TITULAR; to titrate

TÍTULO; (dwg) title
    LIMPIO; clear title
TIZA; chalk
TIZAR; (Ch) to design, draw
TIZATE; (M) chalk
TIZON; header, bondstone
    FALSO; blind header, snap header
TOA; hawser, rope
TOAR; to tow
TOBÁCEO; tuffaceous
TOBAGÁN; (M) chute
TOBAR; (Col) to tow
TOBERA; nozzle
    ATOMIZADORA; spray nozzle
    DE AGUJA; pintle nozzle
    DE ASPIRACIÓN; suction nozzle
    LANZA ARENA; sandblast nozzle
    PLANA; nozzle plate
TOBO; (V) bucket; (sh) dipper
TOBOSO; resembling tuff, stump
TOCÓN; snag
TOCHO; (met) billet
TODA VELOCIDAD; full speed
TODO VAPOR; full steam
TODOUNO; run-of-mine coal
TOFO; (Ch) fire clay
TOLDO; tent, awning; (U) auto top
TOLERANCIA; tolerance
    DIMENSIONALES; dimensional tolerances
    EN MÁS; plus tolerance
    EN MENOS; minus tolerance
    UNILATERAL; unilateral tolerance
TOLVA; hopper, bin; (Pe) tremie
    DE ALMACENAJE; storage bin
    DE CARGA; charging hopper, loading hopper
    DE PISO; door hopper, ground hopper
    DE REVOLTURA; batch hopper
    DE TORRE; tower hopper
    IGUALADORA; surge hopper
    MEDIDORA; batcher
    PESADORA; weighing batcher
    RECEPTORA; receiving hopper
TUBERÍA; (A) tremie
TOLVAS CARGADORAS; (conc) mixer bins
TOMA; intake; water tap; (elec) outlet
    DE EMBUTIR; (elec) flush outlet
    DE ENCHUFE; (eiéc) plug receptacle
    DE JUNTAS; (mas)(A) pointing joints
    DE RECEPTÁCULO; (elec) receptacle outlet
    DIRECTA; (auto) direct drive, high gear
    PARTICULAR; (water) service connection
TOMACORRIENTE; (elec) outlet
    EMBUTIDO; flush outlet
    MURAL; wall outlet
    PARA ARTEFACTO ESPECIAL;
    special-purpose motor
TOMADERO; inlet, intake

TOMADOR DE TIEMPO; timekeeper
TOMAFUERZA; power take-off
TOMAR; to take (mas) (A) (Pe) to point, (p) (A)(Pe)
    to fill joints
TOMERO; (A) intakes irrigation watcher
TONEL; cask, hogshead, barrel
    DE EXTRACCIÓN; ore bucket
    DE RIEGO; sprinkling cart
TONELADA; ton
    BRUTA; long ton, gross ton
    CORTA; net ton, short ton
    DE ARQUEO; (naut), register ton (100 cu ft)
    DE CARGA; dead-weight ton (2240 lb)
    DE DESPLAZAMIENTO; displacement ton
    (2240 lb)
    DE ENSAYADOR; assay ton
    DE REGISTRO; registered ton (100 cu ft)
    LARGA; long ton, gross ton
    MÉTRICA; metric ton
    NETA; net ton, short ton
    OFICIAL; registered tonnage
TONELADA-MILLA; ton-mile
TONELAJE; tonnage
    BRUTO; gross tonnage
    DE CARGA; dead-weight tonnage
    NETO DE REGISTRO; net registered tonnage
    OFICIAL; registered tonnage
TOTAL DE REGISTRO; gross registered tonnage
TONELÁMETRO; metric ton; (Ch) meter-ton
TONGADA; layer, stratum
TOPADORA; (A) bulldozer, bullgrader, roadbuilder
    ANGULAR; (A) angledozer, road builder
    EMPUJADORA; (A) bulldozer, bullgrader,
    roadbuilder
TOPE; butt, lug, bumper, buffer; stop; butt end
    ,A; butt to butt
    AMORTIGUADOR; shock-absorbing bumper
    DE BANCO; bench stop, bench hook
    DE PUERTA; doorstop
    DE RETENCIÓN; (rr) bumping post
    DE VÍA; (rr) bumping post
    TOPOGRAFÍA; topography
TOPOGRÁFICO; topographical
TOPÓGRAFO; topographer
TOQUE LIGERO; light tap
TORBELLINO; whirlpool, eddy
TORCEDOR DE ALAMBRE; wire twister
TORCEDOR DE MANGUITOS DE UNIÓN; (elec)
    sleeve wrench, sleeve twister
TORCEDURA; a twist; a kink
TORCER; to twist, slew
TORCIDO; (n) strand; lay; *(a)* twisted
    A LA DERECHA; right lay
    A LA IZQUIERDA; left lay
    ACHATADO; flattened strand
    CORRIENTE; regular lay
    EN CALIENTE; hot-twisted

EN FRÍO; cold-twisted
ENCONTRADO; (M) regular lay
LANG; lang lay
PARALELO; (M) lang lay
TORCRETADOR; cement gun worker
TORCRETAR; to place gunite, do cement-gun work
TORCRETIZAR; (Col) to do cement-gun work
TORCRETO; gunite, shotcrete
TORILLO; driftbolt, dowel
    EN ÁNGULO RECTO; dogbolt
TORNALLAMAS; fire bridge, bridge wall
TORNAMESA; turntable
TORNAPUNTA; spreader, brace, strut, spur
TORNASOL; litmus
TORNAVÍA; turntable
TORNEAR; power a lathe, to machine
TORNERO; lathe operator, turner; hoist runner
TORNILLAR; (C) to bolt
TORNILLERÍA; stock of bolts or screws
TORNILLO; screw, bolt; vise
    A CHARNELA; hinged vise
    AJUSTADO; turned bolt
    AJUDTADOR; trimmer screw
    ALIMENTADOR; feed screw; (pet) temper screw
    ARQUÍMEDES; Archimedes screw
    ATERRAJADOR; (A) tap bolt, tap screw
    DE AJUSTE; setscrew; adjusting screw
    DE APRIETE; setscrew
    DE APROXIMACIÓN; slow-motion screw,
    tangent screw
    DE ARMAR; erection bolt
    DE AVANCE; lead screw; feed screw
    DE AYUSTAR; rigger's vise, rigging screw
    DE BANCO; bench screw; bench vise
    DE BRIDA; (rr) track bolt
    DE CABEZA DE HONGO; roundhead bolt
    DE CABEZA PERDIDA; flathead screw;
    flathead stove bolt
    DE CADENA; chain vise
    DE CAJA; box vise
    DE CARRUAJE (M)(C) carriage bolt
    DE CASQUETE; cap screw
    DE COCHE; coach screw
    DE CORRECCIÓN; adjusting screw
    DE DESCANSO; setscrew
    DE ECLISA; track bolt
    DE EMPUJE; thrust screw
    DE EXPANSIÓN; expansion bolt
    DE FIADOR EN T; toggle bolt
    DE FIACIÓN; setscrew; clamp screw
    DE GANCHO; hook bolt
    DE HINCADURA; (A) drive screw
    DE MANO; hand vise, hand screw
    DE MÁQUINA; (C) machine bolt
    DE MARIPOSA; thumbscrew, wing screw
    DE MORDAZAS; jaw vise
    DE OJO; eyebolt

    DE OREJAS; wing screw, thumbscrew
    DE PASO DIFERENCIAL; differential screw
    DE PEDAL; foot vise
    DE PIE; leg vise
    DE PRUEBA; probe screw
    DE SUJECIÓN; anchor bolt; clamp screw
    DE VÍA; track bolt
    EMBUTIDO; countersunk bolt; countersunk
    screw; safety setscrew
    ESPÁRRAGO; stud bolt
    EXTERIOR Y CABALLETE; (va) outside screw
    and yoke
    FIADOR; setscrew; stud bolt
    GARFIADO; (Pe) rag bolt, swedge bolt
    NIVELADOR; leveling screw
    OPRESOR; setscrew; tap bolt, stud bolt
    PARA MADERA; wood screw
    PARA METALES; machine screw
    PARA SERRUCHOS; saw clamp, saw vise
    PARA TUBOS; pipe vise
    PARALELO; parallel vise
    PASANTE; through bolt
    PRISIONERO; setscrew; grub screw
    PRISIONERO DE PUNTA AHUECADA;
    cup-point setscrew
    PRISIONERO ENCAJADO; hollow setscrew,
    safety setscrew
    PRISIONERO HUECO; safety setscrew, hollow
    setscrew
    RANURADO SIN CABEZA; grub screw
    SIN FIN, worm
    TANGENCIAL, tangent screw
    TANGENTÍMETRO; (V) tangent screw
    TAPÓN, setscrew
    TENSOR, turnbuckle; sleeve nut; tension
    member
    TIPO PULGAR (A), thumbscrew
    TIRAFONDO (A), lag screw
    TORNEADO, turned bolt
    TRABANTE, setscrew
    TRANSPORTADOR, screw conveyor
    ZURDO, left hand screw
TORNIQUE (C), turnbuckle
TORNIQUETE, turnbuckle; turnstile; fence ratchet;
    tourniquet
    DE ALAMBRADO; fence ratchet
    DE DOS GANCHOS; hook-and-hook
    turnbuckle
    DE GANCHO Y OJO; turnbuckle with hook and
    eye
    DE MANGUITO; pipe turnbuckle
    DE OJILLO DOBLE; eye-and-eye turnbuckle
TORNO; lathe; hoist, hoisting engine, (pet) cathead;
    drum, reel; (A) vise
    CORREDIZO; traveling hoist
    DE BANCADA; bed lathe
    DE BANCADA PARTIDA; gap lathe

DE BANCO; bench lathe
DE ESPIAR; warping drum
DE EXTENSIÓN; extension lathe
DE ECTRACCIÓN; mine hoist
DE HERRERO; (A) blacksmith vise
DE MANO; foot lathe
DE PIE (A); leg vise
DE PRECISION; precision lathe
DE REMOLCAR; towing winch
DE ROSCAR; screw-cutting lathe, threading
lathe, chasing lathe
DE TORRECILLA; turret lathe
DE TUBERÍA; (pet) casing spool
ELEVADOR; hoisting drum, hoist
IZADOR; hoisting drum, hoist
MECÁNICO; lathe
REVÓLVER; turret lathe
UNICO, DE; single-drum
TORÓN; strand (cab)
ACHATADO; flattened strand
APLANADO; (M) flattened strand
DE BARBETAR; seizing strand
GUARDACAMINO; guardrail strand
MENSAJERO; messenger strand
PARA TRANVÍAS; tramway strand
TORPEDEAR; (pet)(M) to torpedo
TORQUETADOR; (U) cement gun
TORRE; tower; turret (lathe); chimney
DE ANCLAJE; anchor tower
DE ÁNGULO; (elec) corner tower
DE CABEZA; (cy) head tower
DE COLA; (cy) tail tower
DE ENFRIAMIENTO; cooling tower
DE ENFRIAMIENTO ATMOSFÉRICO; wind
tower
DE ENFRIAMIENTO A TIRO FORZADO;
forced draft coolng tower
DE ENFRIAMIENTO A TIRO INDUCIDO;
induced draft cooling tower
DE ENFRIAMIENTO CON TIRO NATURAL;
natural-draft cooling tower
DE EXTENSIÓN; (pet) telescoping derrick
DE MÁQUINA; (cy) head tower
DE MONTACARGA; hoist tower
DE OBSERVACIÓN; (surv) observing tower
DE RETENCIÓN; strain tower
DE SEÑALES; (rr) signal tower
DE TALADRAR; oil derrick
DE TOMA (hyd); intake tower
DE TRANSMISION; transmission tower
EMPAQUETADA CON PIEDRAS; packed
tower
MONTACARGA; (ed) hoisting tower
PETROLERA; oil derrick
ROCIADORA; spray tower
TORRECILLA; (lathe) turret
TORREFACCIÓN; torrefaction

TORRENCIAL; torrential, flashy
TORRENTE; torrent, flood, turbulent stream
TORRENTOSO; (Pe)(V) torrential, flashy
TORRERO; (pet)(M) derrickman
TORRONTERO; (Es) spoil bank, dump; deposit left
by a flood
TORSÍMETRO; torsimeter, torsiometer,
torsion meter
TORSIOMETRO; torsion meter, torsimeter,
torsiometer
TORSIÓN; torsion, twist
DE FRENAJE; braking torque
DE REPOSICIÓN; restoring torque
DERECHA; (cab) right-hand lay
IZQUIERDA; (cab) left-hand lay
TORSIONAL; torsional
TORTADA; (Col) bed of mortar
TORTOR; stick or bar for twisting wire ties; Spanish
windlass
TORTUOSIDAD; (flujo) tortuosity
TORZAL; *(s)* twist; (M) strand
EMPAQUETADOR; twist packing
TOSCA; (stone) hardpan
TOSCANO; tuscan
TOTALIZAR; to totalize
TOXICIDAD; toxicity
TÓXICO; toxic
TOZA; stump, log
TRABA; a tie, a chock; (mas) bond
FLAMENCA; Flemish bond
TRABADO; interlock
TRABADOR; locking device
DEL DIFERENCIAL; (auto) differential lock
TRABADURA; bonding, bond
TRABAJABILIDAD; (conc) workability
TRABAJABLE; workable
TRABAJADOR; workman, laborer
TRABAJAR; to work
TRABAJO; work, job; labor; stress
A DESTAJO; piecework
A JORNAL; day labor
A MEDIDA; piecework, taskwork
A TRATO; (Ch) piecework, taskwork
DE CAMPAÑA; field work
DE CAMPO; field work
DE DESMONTES; dirt moving, excavation
DE GABINETE; office work
DE PRESIÓN; precision work
DE TALLER; shopwork
DE VÍA; trackwork
EXTRAORDINARIO; extra work
LIGERO; light work
MANUAL; manual labor, hand work
MÍNIMO; minimum work, least work
NOCTURNO; night work
TRABANDO; bonding
TRABANTE; tie rod, stay bolt

TRABAR; to fasten; to lock; to join; to jam; (mas) to bond; (saw) to set

TRABARSE; to jam; (cab) to foul

TRABAZÓN; (mas) bond; (str) web of a truss

    DE CARA DE PARED; (mas) through bond

    DE FLEJE; strap anchor

    DE TIZONES EN ESPIGUILLA; herringbone bond

    EXTERNA; exterior bond

    FLAMENCA; Flemish bond

    HOLANDESA; Flemish bond

    INGLESA; English bond

    ORDINARIA; American bond, common bond

    SECA; dry bonding

    TRABE; beam, girder

    TRABILLA; (str) anchor

    TRACCIÓN; tension; traction, pull; hauling

    DIAGONAL; diagonal tension

    ESPECIFICA; unit tension

TRABE DE RIGIDEZ; stiffening truss

TRACA; strake

TRACTIVO; tractive

TRACTOR; tractor

    AGRÍCOLA; farm tractor

    CHICO DE PATIO; yard mule

    DE CAMIÓN; truck tractor

    DE CARRILES; track-type tractor, caterpillar tractor

    DE ESTERAS; (C) caterpillar tractor

    DE LAGARTO; caterpillar tractor

    DE ORUGAS; caterpillar tractor, crawler

    EMPUJADOR; push tractor

TRACTOR; track-type tractor

    DE RUEDAS; wheeled tractor

    SUPLEMENTARIO DE EMPUJE; pusher tractor

    SUPLEMENTARIO DE TIRO; snap tractor

TRACTORISTA; tractor operator

TRADUCTOR; (language) translator

TRÁFICO; traffic

    AUTOMOTOR; motor traffic

    CAMINANTE; pedestrian traffic

    DE PEATONES; pedestrian traffic

    DE TRÁNSITO; (rd) through traffic

    MÁXIMO POR HORA; peak-hour traffic

TRAGALUZ; skylight; transom

    LATERAL; clearstory

TRAGANTE; flue, breeching; smokejack; air shaft;(C) sump; (C) catch basin

    DE CLOACA; sewer inlet

TRAÍLLA; (ce) scraper

    ACARREADORA; carrying scraper, carryallscraper

    AUTOMOTRIZ; (ea) tractor-puller scraper

    CARGADORA; scraper-loader

    DE ARRASTRE; drag scraper, slip scraper; power scraper

    DE CABLE DE ARRASTRE; power scraper, cable excavator, slackline scraper

    DE RUEDAS; wheeled scraper

    DE VOLTEO; dump scraper

    FRESNO; fresno scraper

    GIRATORIA; rotary scraper

    HIDRÁULICA; hydraulically operated scraper

    MECÁNICA; power drag scraper

TRANSPORTADORA; hauling scraper, carrying scraper

TRAILLAR; to grade with a scraper

TRAJE DE BUZO; diving suit

TRAJE DE FAJINA; (A) overalls

TRAMA; (cab) lay; construction

    CORRIENTE; regular lay

    EN CRUZ; regular lay

    INVERSA; (cab) reverse lay

    LANG; lang lay

    SEALE; Seale construction

TRAMO; bay, span, panel; (stairs) flight; (belt) strand; (rr) block; (river) a length, stretch, reach

    DE ANCLAJE; (bdg) anchor arm

    DE ARMADURA; truss panel

    DE INSTALACIÓN; (tub) laying length

    DE RETORNO; (belt) return strand

    GIRATORIO; swing span, drawspan

    LEVADIZO; drawspan

    SUSPENDIDO; suspended span

    VOLADO, cantilever span

TRAMPA; trap; trap door, traprock; (rr)(A) derailing device

    DE ARENA; sand trap

    DE CAMPANA; (pb) bell trap

    DE CUBO INVERTIDO; inverted bucket trap

    DE FLUJO A NIVEL; (tub) running trap

    DE GOTEO; drip trap

    DE HOJAS; leaf catcher

    DE LLAMAS; name trap

    DE SEDIMENTOS; dirt trap

    DE TAMBOR; drum trap

    PARA CARGAR; loading trap

TRAMPILLA; trap door; bin gate

    GUARDAOLOR; (sd) stench trap

TRAMPOLÍKN; (lbr) spring board

TRANCANIL; (na) stringer

TRANCAR; to dam; to obstruct, block

TRANCHA; (A) cuttcr, blacksmith chisel

TRANQUE; (Ch) dam; (C) brace

    A GRAVEDAD; gravity dam

    AUXILIAR; saddle dam; cofferdam

    DE ARCO MÚLTIPLE; multiple-arch dam

    DE EMBALSE; impounding dam

    DE ESCOLLERA; rock-fill dam

    DE TIERRA; earth-fill dam, earth dam

    DERIRADOR; diversion dam

    EN ARCO; single-arch dam

INSUMERGIBLE; nonoverflow dam, bulkhead dam
PROVISIONAL; cofferdam
SUMERGIBLE; spillway dam
TIPO AMBURSEN; Ambursen dam
VERTEDERO; spillway dam
TRANQUERA; gate (fence); paling fence
DE CRUCE; (rr) crossing gate
TRANQUERO; ashlar stone for a door jamb
TRANQUIL; plumb line
TRANQUILO; tranquil, calm, undisturbed
TRANSBORDADOR; transfer table, traverse table; ferry bridge; float bridge; crane for transferring loads
AÉREO; cableway
TRANSBORDAR; transfer
TRANSBORDO; transfer
TRANSDUCTOR; (elec) transducer
TRANSFERENCIA DE CALEFACCIÓN; heat transfer
TRANSFORMACIÓN; (met)(math) transformation
TRANSFORMADOR; transformer
ACORAZADO; shell-type transformer
DE BAJA TENSIÓN; low-voltage transformer
DE CORRIENTE; current transformer
DE CORRIENTE CONSTANTE; constant-current transformer
DE DESENGANCHE; tripping transformer
DE ENERGÍA; power transformer
DE ENSAYO; testing transformer
DE FUERZA; power transformer
DE NÚCLEO; iron-core transformer
DE TENSIÓN; potential transformer, voltage transformer
DISTRIBUIDOR; distribution transformer
ELEVADOR; step-up transformer, booster transformer
ENFRIADO POR ACEÍTE BAJO PRESIÓN; force-cooled transformer
REDUCTOR; step-down transformer
REGULADOR; regulating transformer
SECO; dry transformer, air-cooled transformer
TRANSFORMAR; to transform
TRANSICIÓN; transition
TRANSISTOR; transistor
TRANSITAR; to travel over, to transit
TRÁNSITO; transit; transition; (inst) a transit
DE BOLSILLO; pocket transit
PARA MINAS; mine transit
PARA MONTAÑAS; mountain transit
REPETIDOR; repeating transit
TRANSLADO DE TROZAS; (lbr) transferring
TRANSLÚCIDO; translucent
TRANSMINACIÓN; (M) seepage
TRANSMISIÓN; transmission
A CARDÁN; shaft drive
DE CADENA; chain drive

DE CALOR; heat transmission
DE CINCO VELOCIDADES; five-speed transmission
DE FUERZA; power transmission
DE VELOCIDAD REGULABLE; variable-speed transmission
HIDRÁULICA; (auto) fluid drive
PLANETARIA; planetary transmission
POR CORREA; belt drive
POR ENGRANAJES; geared transmission
VISIBLE DE LUZ ULTRAVIOLETA; optical property
TRANSMISIVIDAD; transmissivity
TRANSMISOR TELEFÓNICO; telephone transmitter
TRANSMITIR; to transmit
TRANSPARENTE; transparent
TRANSPIRACIÓN; transpiration
TRANSPONER; transpose
TRANSPORTABLE; portable
TRANSPORTACION; transportation
TRANSPORTADOR; conveyor; traverser; protractor
A GRAVEDAD; gravity conveyor
ALIMENTADOR; feed conveyor
DE AGUILÓN; boom Conveyor
DE ARRASTRE; drag conveyor
DE ARTESAS; pan conveyor
DE BANDA; bolt conveyor
DE CABLE; cable conveyor
DE CABLE AÉREO; cableway
DE CADENA; chain conveyor
DE CANGILONES; bucket conveyor
DE CANGILONES PIVOTADOS; pivoted-bucket carrier
DE CINTA; belt conveyor
DE CORREA; belt conveyor
DE CORREA ARTICULADA; apron conveyor
DE CUBOS; bucket conveyor
DE DESCARGA; discharge conveyor
DE LIMBO; limb protractor
DE LISTONES; slat conveyor
DE MANDIL; apron conveyor
DE PALETAS; flight conveyor
DE RODILLOS; roller conveyor
DE TORNILLO; screw conveyor
DE TRANSBORDO; transfer conveyor
DE UN SOLO PEDAZO; single-piece conveyor
HACINADOR; stacker conveyor
HELICOIDAL; spiral conveyor, screw conveyor
MOVIBLE; mobile conveyor
NEUMÁTICO; pneumatic conveyor
SACUDIDOR; shaking conveyor
TELFÉRICO; trolley conveyor, telpher
TRANSPORTADOR-SALTARREGLA; bevel protractor
TRANSPORTADOR DE REGRESO; (ce) return conveyor

TRANSPORTADORA; conveyor
    ACANALADA; troughing conveyor
    HELICOIDAL; helical conveyor
TRANSPORTAR; to transport, carry, convey, haul
    RÁPIDAMENTE; shuttle
TRANSPORTE; transportation, hauling, haul; (elec)
    transmission
    ADICIONAL; overhaul
    AUTOMOTOR; motor transport
    DE FUERZA; power transmission
    HIDRÁULICO; sluicing, hydraulicking
    VIAL; highway transportation
TRANSPOSICIÓN; (chem)(elec) transposition
TRANSVERSAL; transverse
TRANSVERSO; transverse
TRANSVERTIDOR; transverter
TRANVÍA; street railway; tramway
    AÉREO; aerial tramway
    DE CABLE; monocable tramway
TRANVIARIO; pertaining to street railways
TRAPA; traprock
TRÁPANO; a drill
TRAPEANO; trap (rock), trappean
TRAPECIAL; trapezoidal
TRAPECIO; trapezoid
TRAPEZOIDAL; trapezial
TRAPEZOIDE; trapezium
TRAQUETEAR (machy) to chatter
TRAQUETEO; vibration, trembling, chattering
TRAQUIANDESITA; trachyandesite
TRAQUIBASALTO; trachybasalt
TRAQUITA; trachyte
TRASBORDAR; transport
TRASCANTÓN; wheel guard
TRASDÓS; extrados
TRASDOSEAR; to back up, rear support
TRASERA; rear, back
TRASFORMADOR GIRABLE; rotating transformer
TRASLACIÓN; (mech) translation
TRASLADADORA DE VÍA; track shifter
TRASLADAR; to transfer; to shift, traverse
TRASLADO DE ESCOMBROS; debris removal
TRASLADOR; (elec) translator
TRASLAPAR; to lap
TRASLAPOS; (lbr) shiplap
TRASPALABLE; (sludge) spadable
TRASPALAR; traspalear, to shovel
TRASPALEO; shoveling
TRASPASAR; to assign
TRASPASO; assignment
    DE CONTRATO; contract assignment
TRASPORTAR; transport
TRASSOLERA; (hyd) downstream apron
TRASTEJADOR; tile layer
TRASTEJAR; to lay roof tiles; to repair a tile roof
TRATADO; treated
    AL CALDEO; heat-treated

    A PRESIÓN; pressure treated
TRATADOR DE ACEITE; oil treated
TRATAMIENTO; treatment
    ANTISONORO; (ed) acoustic treatment
    BIOLÓGICO; biological treatment
    DEL AGREGADO; aggregate processing
    DE METALES EN SOLUCIÓN; solution
    treatment
    FOTOGRÁFICO; (pmy) photoprocessing
    POR LLAMA; flame treating
    PRESERVATIVO; preservative treatment
    PRIMARIO; primary treatment
    PROTECTOR DE LA SUPERFICIE; (conc)
    surface treatment
    SECUNDARIO; (wp) secondary treatment
    SENCILLO DE CAMINOS; (rd) single surface
    treatment
    TÉRMICO; heat treatment
TRATAR; (water, timber, etc) to treat; to negotiate; to
    process
TRATO; arrangement, agreement
    , A; by contract
    COLECTIVO; collective bargaining
TRAVERSA; bolster, backstay
TRAVES, A; through
TRAVES DE LA FIBRA, A; across the grain
TRAVÉS DEL HILO, A; across the grain
TRAVESAÑO; cap, header, spreader, batten, cross
    piece, bolster, transom; (C) crosstie; planer
    crossrail; bridge floor beam
    CONTINUO; (carp) continuous heading
    DE ENCUENTRO; (window) meeting rail
    DE TOPE; beam buffer
    DE VIGA; beam bolster
TRAVESAÑOS CORREDIZOS; (hyd) stop logs
TRAVESERO; cap, batten, cleat, crosspiece
    PORTAPOLEAS; (pet) crown block, crosstie;
    batten, cap, header, sill crossarm
    DE ANDAMIO; ledger
    DE BUSCO; gate sill
    DE CAMBIO; (rr) head block, switch tie
    DE CHUCHO; switch tie
    DE FRENO; brake beam
    DE PUENTE; bridge tie
TRAVIESAS; ties
    DE CARAS ASERRADAS Y ANCHAS;
    half-moon ties
    DE DESVÍO; switch timber
TRAVIESO; (a) transverse, lateral
TRAYECTO; stretch, section
TRAYECTORIA; trajectory, path
TRAZA; line, location; design
    Y NIVEL; line and grade
TRAZAS; (quim)(M) traces
TRAZADO; line, route, location-traverse, metes and
    bounds; running
    ABIERTO; (surv) open traverse

AUXILIAR; (surv) random traverse
AZIMUTAL; azimuth traverse
CERRADO; closed survey, loop survey
DEFINITIVO; (rr) final location, location survey
ESTEREOSCÓPICO; stereoscopic platting
TAQUIMÉTRICO; stadia traverse
TRAZADOR; traverse person; marking awl
TRAZAR; to locate, lay out; to traverse, to plan design, draw to plat to scribe
TRAZO; line, location; (dwg) dash; (dwg) trace
DE FUGA; (dwg) vanishing trace
DE SIERRA; saw cut
Y PUNTO; (line) dot and dash
TRÉBOL; trefoil
TRECHO; stretch, section, distance
TREFILADO; stranded (wire)
TREMENTINA; turpentine
TREN; train; equipment, outfit
DE ATERRIZAJE; (ap) landing gear
DE AUXILIO; wrecking train
DE CARGA; freight train
DE CONSTRUCCIÓN; (M) construction plant, construction equipment
DE DRAGADO; dredging equipment
DE ENGRANAJES; gear train
DE FUERZA; (M) plant
DE LAMINAR; rolling mill, roller train
DE RODILLOS; roller train
DE RUEDAS; (rr) truck
DE SOCORRO; (rr) wrecking train
DE VIAJEROS; passenger train
DESPLAZABLE; (auto) sliding gear
RODANTE; running gear; (A) rolling stock
TRASERO; rear assembly
TRENCHA; ripping chisel
TRENQUE; (Es) jetty, spur dike
TRENZA; strand; braided wire
TRENZADO; (n)(cab)(M) lay; (a) braided, stranded
NORMAL; (cab)(M), regular lay
TREPADERAS; climbers
TRÉPANO; a drill; push brace, (min) trepán
DE SONDAR; earth auger
TREPAR; to bore, drill; to climb
TREPIDACIÓN; vibration
TRESBOLILLO, AL; staggered
TRESPATAS; (C) tripod
TRIANGULACIÓN; triangulation
TRIANGULADO; triangular
TRIANGULADOR; triangulator
TRIANGULAR; (v) triangulate; (a) triangular
TRIÁNGULO; (n) triangle; (a) triangular
RECTÁNGULO; right triangle
WEISBACH; (surv) Weisback triangle
TRIAXIAL; triaxial
TRIBILOGÍA; tribiology
TRIBÓMETRO; tribometer

TRIBUTARIO; (s)(a), tributary
TRICLORAMINA; trichloramine
TRICLOROETILENO; trichloroethylene
TRICLORURO; trichloride
TRIDIMENSIONAL; three-dimensional
TRIFÁSICO;, three-phase
TRIFILAR; three-wire
TRIFURCACIÓN; trifurcation
TRIGONOMETRÍA; trigonometry
PLANA; plain trigonometry
TRIGONOMÉTRICO; trigonometric
TRILATERACIÓN; (surv) trilateration
TRILLADO; (C)(PR) trail, path
TRILLAR; (PR) to pave a road
TRILLO; trail, path
TRIMETÁLICO; trimetallic
TRINCA; (elec) mousing
TRINCHA; chisel
TRINCHERA; trench, ditch, deep cut
TRINCHERADORA; trench machine; trench hoe
TRINCHERAR; to ditch, dig trenches
TRINCHO; (Col) parapet
TRINEO DE ARRASTRE; (lbr) scoot
TRINITROTOLUENO; trinitrotoluene
TRINOMIO; trinomial
TRINQUETE; pawl, dog; ratchet
TRIÓXCIDO; trioxide
TRIPA; (auto) (V) inner tube
TRIPIÉ; tripod
TRIPLE EFECTO, DE; triple-acting
TRIPLE OFICIO, DE; triple-duty
TRÍPLICE; triplex, triple
TRÍPODE; tripod
DE ALZAR; shear legs
TRIPOLAR; three-pole, tripolar
TRIPULACIÓN; crew
TRIPULANTE; crew member
TRIPULAR; to man
TRIRROTULADO; three-hinged
TRISCADO; (D)(saw) set
TRISCADOR; saw set
TRISCADORA MECANICA; saw-setting machine
TRISCAR; to set a saw
TRISECAR; to trisect
TRISECCIÓN; (surv) three-point resection
TRISILICATO; trisilicate
TRISULFURO; trisulphide
TRITURADOR; crusher, triturator, shredder, disintegrator
TRITURADORA; crusher, triturator, shredder
DE BASURAS; garbage grinder
DE CARBÓN; coal breaker
DE CERNIDURAS; (sd) screenings grinder
DE CILINDROS; crushing roll, roller mill
DE FINOS; sand roll, sand crusher
DE MADERA; hog
DE MANDÍBULAS; jaw crusher

DE MARTILLOS; hammer mill
DE REDUCCIÓN; reduction crusher
DE RODILLOS; crushing roll, roll crusher
GIRATORIA; gyratory crusher
TRITURAR; to crush, stamp; to triturate
TRIVIARIO; (rd) three-lane
TRIZAR; shred
TRIZADOR; shredder
TRIZARSE; (A) to crack up, disintegrate
TROCEO; crosscutting
TROCHA trail; (rr) gage; (rd) traffic lane; (auto) (U)
   tread
   ANCHA; wide gage
   ANGOSTA; narrow gage
   NORMAL; standard gage
   PARA PASAR; (rd) passing lane
TROLE; trolley; (PR) street railway
   CARGADOR; (mech) trolley; (cy)(Ch) cableway
   carriage
TRÓMEL; (min) trommel
TROMPA; nozzle; (loco) pilot; (conc) elephant trunk
   chute
   MARINA; waterspout
TROMPETA; bellmouth
TROMPO; shaper, wood molding machine; (surv)(M)
   hub, peg, stake
TRONADA; (bl)(M) a shot
TRONADOR ELÉCTRICO; electric squib
TRONAR; (M) to blast
TRONCADO; truncated
TRONCAL; main, trunk
TRONCO; log, tree trunk
   DE ANCLA; log anchor
   DE ARRASTRE; skid log
   DE CONO; truncated cone
   DE MADERA SIN VALOR; skulch
   PARA HOJA DE MADERA; (lbr) peeler
TRONCOCÓNICO; (A) in the form of a truncated
   cone
TRONCHADOR; cutter
TRONCHAR; to cut, chop
TRONERA; wall opening; (M) flue, chimney
TRONQUISTA; teamster
TRONZADOR; large crosscut saw
TRONZAR; to cut off, crosscut
TROPIEZO; snag
TROQUE; (M) truck
TROQUEL; die
   CORTADOR; cutting die
   DE FORJAR; forging die
TROQUELADORA; stamping machine
TROQUELAR; to stamp, form in a die
TROQUERO; (M) truck driver
TROZA; log
TROZADOR; two-man crosscut saw
TROZAR; to cut into logs, crosscut, cut off
TROZO; chunk, piece

TRUCHA; winch, crab; jib crane
TRULLA; trowel
TRUMAO; (Ch), disintegrated volcanic rock
TRUNCAR; to truncate
TUBERCULIZACIÓN; tuberculation, pitting
TUBERIA; piping, pipe, pipe line; tubing
   ALIMENTADORA; feeder pipe
   ALUMÍNICA; aluminum pipe
   CORRIENTE DE ROSCA; standard screw pipe
   DE ADEME; (M) wellcasing
   DE ARCILLA VITRIFICADA; sewer pipe
   DE BARRA DE CIERRE; (A) lock-bar pipe
   DE BARRA DE SEGURIDAD; (Col)
   lock-bar pipe
   DE BARRA ENCLAVADA; lock-bar pipe
   DE BRIDAS; flanged piping
   DE CARGA; penstock
   DE CANAL; channel pipe
   DE CONDUCCIÓN; line pipe, supply main
   DE COSTURA ENGARGOLADA;
   lock-seam pipe
   DE DESAGÜE; drainage piping
   DE DESAGÜE INDIRECTA; indirect waste
   piping
   DE DUELAS DE MADERA; wood-stave pipe
   DE ENCHUFE Y CORDÓN;
   bell-and-spigot pipe
   DE FUNDICIÓN; cast-iron pipe
   DE HIERRO CENTRIFUGADO; centrifugal
   cast-iron pipe
   DE HIERRO NEGRO; (V) soil pipe
   DE HORMIGÓN CENTRIFUGADO;
   centrifugal concrete pipe
   DE JUNTA FLEXIBLE; flexible-joint pipe
   DE PLATINAS; flanged pipe
   DE PRESIÓN; penstock, pressure pipe
   DE REVESTIMIENTO; casing pipe
   DE TOMA; intake pipe service connection
   DE TORNILLO; screwed pipe, threaded pipe
   DE UNIÓN DE ENCHUFE;
   bell-and-spigot pipe
   ENTERIZA; seamless tubing
   ESTIRADA; drawn tubing
   EXTRALIVIANA; lightweight pipe
   FORRADA DE CAUCHO; rubber-lined pipe
   FORZADA; pressure conduit, penstock
   MADRE; a main
   MÚLTIPLE DE TOMA; intake manifold
   REMACHADA EN ESPIRAL;
   spiral-riveted pipe
   UNIVERSAL; Universal cast-iron pipe
TUBERO; pipeman, pipe fitter, steam fitter
TUBIFICACIÓN; (M)(earth dam) piping
TUBO; pipe, tube, vial
   ABASTECEDOR; supply pipe
   ACODADO; a bend
   AHORQUILIADO; Y branch

AISLADOR; tube insulator
ALIMENTADOR; feed pipe
ARENERO; (loco) sand pipe
ASCENDENTE; riser
ASPIRANTE; suction pipe; draft tube
CON EXTREMOS LISOS; no-hub pipe
CONDUCTOR; conductor pipe
CORTO; stub length pipe
CUENTAGOTAS; (lab) dropping tube
DE ACUERDO; transition piece, reducer
DE AGUA; water tube
DE AJUSTE; transition piece
DE ALBAÑAL; sewer pipe
DE ALIVIO; vent pipe
DE ARCILLA GLASEADA; glazed tile pipe
DE AVENAMIENTO; drainpipe, draintile
DE BAJADA; downspout, leader, down pipe
DE BALDEO; flush pipe
DE BARRO ESMALTADO; glazed tile pipe
DE BARRO VIDRIADO; glazed tile pipe
DE BURBUJA; (inst) bubble tube
DE CAÍDA; fall pipe
DE CLOACA; sewer pipe
DE CURACIÓN; curing tube
DE DESAGÜE; waste pipe, drainpipe
DE DESAGÜE SANITARIO; soil pipe
DE DESCARGA; window pipe, discharge pipe
DE DESCENSO; downspout, leader
DE ENLECHADO; grout pipe
DE ENSAYO; test tube
DE ENTRADA; penstock, inlet pipe
DE EQUILIBRIO; surge tank, standpipe
DE ESCAPE; exhaust pipe, outlet
DE EVACUACIÓN; soil pipe, waste pipe, sewer
pipe
DE EXPULSIÓN; exhaust pipe; discharge pipe
DE HIERRO NEGRO; (V) soil pipe
DE HINCAR; drive pipe
DE HUMO; (bo) fire tube
DE IMPULSIÓN; discharge pipe, pressure pipe
DE LLAMA; (bo) fire tube
DE LLEGADA; inlet pipe
DE MUESTREO; tube sampler
DE NIVEL DE AGUA; gage glass
DE PERFORACIÓN; (M) drive pipe
DE PITOT; Pitot tube
DE PLOMERÍA; plumbing tile
DE PLOMO; lead pipe
DE REBOSE; overflow pipe
DE SIFONAJE; hush pipe
DE SUBIDA; riser
DE SUCCIÓN; suction pipe; draft tube
DE TOMAFUERZA; (p) takeoff line
DE VENTILACIÓN PRINCIPAL; main vent
DESBOSADERO; overflow tube
DESPUMADOR; scum pipe
DIFUSOR; diffuser tube

DISTRIBUIDOR; distribution pipe
ELÍPTICO; elliptical pipe
EMBUDADO; channel tube
ESTIRADO; drawn tubing
ESTUCHE PARA NÚCLEOS; (M) core barrel
EXPELENTE; discharge pipe
GOTERO; drip pipe, drainpipe
HERVIDOR; (bo) water tube
MONTANTE; riser
MÚLTIPLE DE ADMISIÓN; intake manifold
MÚLTIPLE DE ESCAPE; exhaust manifold
PARA CONCRETO; (water) tremie
POROSO; porous tube
REFORZADO POR RECALCADURA; upset
pipe
S; swan's neck
SIN COSTURA; seamless tube
SOLDADO A SOLAPA; lap-welded pipe
VENTURI; Venturi tube
VERTICAL DE EVACUACIÓN; waste stack,
soil stack
TUBO-CONDUCTO; conduit; raceway, electric
conduit
TUBO-TROMPA; (Pe) tremie pipe
TUBULADURA; tubing, piping; opening in a
tank or boiler
TUBULAR; tubular
TUERCA; nut; (p) lock nut
AHUECADA; recessed nut
ALMENADA; castellated nut
CON BASE; flange nut
CÓNICA; cone nut
CORREDIZA; traveling nut
DE AGARRE; lock nut
DE ALAS; wing nut, thumb nut
DE APRIETE; (U) lock nut
DE BARRA RAYADA; rifle nut
DE CLAVAR; driving nut
DE GOLPEO; driving nut
DE MANIOBRA; operating nut
DE MARIPOSA; wing nut
DE OREJAS; wing nut, thumb nut, fly nut,
finger nut
DEL PRENSAESTOPAS; packing nut
DE PRESIÓN; jam nut
DE PUÑOS; lever nut
DE REBAJO; recessed nut
DE REBORDE; flange nut
DE SEGURIDAD; lock nut, jam nut, check nut
DE SUJECIÓN; lock nut, check nut
DE TOPE; stop nut
DE TRABA; lock nut
DE UNIÓN; coupling nut, union nut
ENCASTILLADA; castellated nut, slotted nut
ENTALLADA; castellated nut
ESTRIADA; milled nut
FIADORA; lock nut, jam nut, set nut

GUÍA; pilot nut
INSERTADA; inserted nut
LIMITADORA; stop nut
MANUAL; thumb nut
PRENSADA EN CALIENTE; hot-pressed nut
PUNZONADA EN FRIO; cold-punched nut
RAYADA; milled nut
SEMI-ACABADA; semifinished nut
T; T nut
TULIPA; bell end of a pipe; a bellmouthed opening
TUMBA; felling of trees
TUMBAÁRBOLES; tree-felling machine
TUMBADOR; tumbler (lock); dumper, tripper;
   tipping device
   DE ÁRBOLES; tree-dozer
   DE CLAVIJA; pin tumbler
   DE PALANCA; lever tumbler
TUMBAR; to fell (trees); (A)(Ch) to get out of plumb
TÚNEL; tunnel
   A PRESIÓN; (hyd) pressure tunnel
   DE DERIVACIÓN; (hyd) diversion tunnel
   DE DESVIACIÓN; (M) diversion tunnel
   DE EXTRACCIÓN; (min), adit
   DE FLÚIDO; flow tunnel
   FORZADO; pressure tunnel
   VERTEDOR; (hyd) tunnel spillway
TUNGSTENIFERO; containing tungsten
TUNGSTENO; tungsten
TUPI; a vertical-shaft for wood moldings
TUPIA; (Col), dam, dike, obstruction
TUPIAR; (Col) to dam to obstruct
TUPIDO; dense, thick, close-grained
TUPIR; to pack, calk
TUPISTA; tupi operator, molding maker
TURBA; peat, turf
TURBAL; peat bog, peat bed
TURBERA; peat bog, peat bed, muskeg
TURBIAS; (hyd) silt, suspended matter
TURBIDEZ; turbidity
TURBIDIMÉTRICO; turbidimetric
TURBIDIMETRO; turbidimeter
TÚRBIDO; turbid
TURBIEDAD; turbidity
TURBIEZA; turbidity
TURBINA; turbine
   A VAPOR; steam turbine
   AUXILIAR; axial flow turbine
   AXIAL; axial-flow turbine
   CENTRIFUGA; outward-flow turbine
   CENTRIPETA; inward-flow turbine
   DE ACCIÓN; impulse turbine, Pelton-type
   turbine
   DE AGUA; hydraulic turbine
   DE CÁMARA ABIERTA; open-flume turbine
   DE CICLO ABIERTO; open-cycle turbine
   DE CONTRAPRESIÓN; back-pressure
   turbine

   DE CHORRO LIBRE; impulse turbine
   DE DOBLE EFECTO; double-flow turbine
   DE EXTRACCIÓN; extraction turbine
   DE GAS DE CICLO REGENERADOR;
   regenerative-cycle gas turbine engine
   DE GAS SUPERCARGADA; supercharged gas
   turbine engine
   DE HELICE; propeller turbine
   DE IMPULSIÓN; impulse turbine, Pelton-type
   turbine
   DE REACCIÓN; reaction turbine, Francis-type
   turbine
   HIDRÁULICA; water turbine
   KAPLAN; Kaplan turbine
   MIXTA; mixed-flow turbine
   PARALELA; axial-flow turbine
   RADIAL; radial-flow turbine
   TANGENCIAL; Pelton-type turbine, impulse
   turbine
TURBIO; turbid
TURBOAEREADOR; turboaerator
TURBOALTERNADOR; turboalternator
TURBOBOMBA; turbopump
TURBOCARGADOR; turbocharger
TURBOCOMPRESOR; turbocompressor,
   turboexciter
TURBOGENERADOR; turbogenerator
TURBOMEZCLADOR; turbomixer
TURBOSO; peaty
TURBOSOPLADOR; turboblower
TURBOVENTILADOR; turbofan
TURBULENCIA; turbulence
TURBULENTO; turbulent
TURMALITA; tourmalite
TURNO; (work) a shift
   DE COLADA; a batch
   DE DÍA; day shift
   DE FUNDICIÓN; a heat
   ÚNICO; single shift
TURRIÓN; gudgeon; peg; crankpin; driftpin

U

UAI; (tub)(C) Y branch
UBICACIÓN; location, site
    DE DIQUE; dam site
UBICAR; to locate
UDÓMETRO; rain gage udometer
ULTRAACÚSTICO; ultrasonic
ULTRAMICRÓMETRO; ultramicrometer
ULTRAVIOLETA; ultraviolet
ULTRAFILTRACIÓN; ultrafiltration
UMBRAL; sill, threshold, door saddle; (M) lintel
    ALMENADO; (hyd) dentated sill
    DE ACARREO; trucking sill
    DE COMPUERTA; (hyd) gate sill
    DE PUERTA; door saddle, threshold, doorsill
    DE VENTANA; window sill
    DEFLECTOR; deflector sill, baffle wall
    DENTADO; (hyd) dentated sill
    DERRAMADOR; spillway lip, spillway crest
    DESVIADOR; deflector sill
    EMPOTRADO EN LAS JAMBAS; (ed) lug sill
    LIMITADOR; spillway crest
    VERTEDOR; spillway crest, weir crest
UMBRALADO; (Col) lintel
UMBRALAR; to place a lintel or sill
UN GRADO, DE; single stage
UN SOLO CABLE, DE; (bucket) single-line
UNA SOLA VÍA, DE; single-track
UNA DE CUATRO TRAVIESAS; quartered tie
ÚNICO; single
UNDULADO; corrugated; wavy; undulating
UNIAXIAL; uniaxial
UNIDAD; a unit
    BRITÁNICA DE CALOR; British thermal unit
    DE BOMBEO MOVIBLE; slip-on tanker
    DE CAPACIDAD DE DISCO; (comp) byte
    DE CONTROL MECÁNICO; (ce) power control unit
    DE CUATRO ALAMBRES; (elec)(cab) quad
    DE FUERZA; power unit
    DE GOBIERNO; (ce) power control unit
    DE ILUMINACIÓN; lumenaire
    DE MAMPOSTERÍA DE ARCILLA; clay masonry unit
    DE MAMPOSTERÍA DE CONCRETO; Q block
    ENFRIADORA; cooling unit
    MÚLTIPLE, DE; multiple-unit
    TÉRMICA INGLESA; British thermal unit
UNIDADES DE MOLDAJE MÓVILES; moving forms
UNIDIRECCIONAL; in one direction, unidirectional
UNIFORME; uniform
UNIÓN; joint, coupling, connection; (p) union
    A MEDIO CORTE; halved joint
    A TOPE; butt joint
    CARDÁN; universal joint
    CIRCULAR; girth joint, circumferential joint
    CORREDIZA; slip joint, expansion joint
    DE BISEL; miter joint
    DE BRIDAS; flange union, flanged connection
    DE CIRCUNFERENCIA; girth joint
    DE CUBREJUNTA; butt joint, butt splice
    DE CHARNELA; hinge joint, knuckle joint
    DE DILATACIÓN; expansion joint
    DE ENCHUFE; bell-and-spigot joint
    DE GOZNE; hinge joint
    DE MANCHONES; (A) flange coupling
    DE MONTAJE; field joint, field splice
    DE PLATINAS; flange union
    DE REDUCCIÓN; reducing coupling
    DE SOLAPA; lap joint
    GEMELA; siamese connection
    GIRATORIA; swivel joint
    PREPARADA; prepared joint
    RESBALADIZA; slip joint
    ROSCADA; threaded coupling, screw joint
    SOBRE TRES DURMIENTES; (rr) three-tie joint
    SOPORTADA; (rr) supported joint
    SUSPENDIDA; (rr) suspended joint
    UNIVERSAL; universal joint
UNIONISMO; unionism
UNIPERIÓDICO; uniperiodic
UNIPOLAR; single-pole, unipolar
UNIR; to couple, connect
UNITARIO; *(a)* unit, unitary
UNIVACIADO; (tub) monocast
UNIVERSAL; universal
UÑA; claw, pawl, lug, grouser; anchor fluke
UÑETA; stonecutter's chisel
URBANISMO; (Ch) city planning, urbanization
URBANISTA; (A) city planner
URBANIZACIÓN; city planning
URBANO; urban
URETANO; urethane
URINARIO; urinal
URUNDAY; (A) a hardwood
USAR DE NUEVO; reuse
USUARIO; (comp) user

USINA; (A)(U)(B) powerhouse; plant; factory
    A VAPOR; steam power plant
    DE BOMBEO; pumping plant, pumping
    station
    DE GAS; gasworks, gas plant
    ELEVADORA; pumping plant
    HIDRÁULICA; water-power plant
    NEUMÁTICA; compressor plant
    SIDERÚRGICA; steelworks
    TÉRMICA AUXILIAR; steam stand-by plant
    TRANSFORMADORA; substation,
    transformer station
USO Y DESGASTE; wear and tear
USO DE TIERRA; land use
USOS MÚLTIPLES, DE; multiple use
ÚTIL; useful
UTILACIÓN; utilization
    DE ARBOLES DE TIERRA; stocking
    DE SITIO; site utilization
UTILAJE; (A) outfit, equipment, tools
ÚTILES; tools, equipment
    DE DIBUJO; drafting instruments; drawing
    materials
    DE LABORATORIO, laboratory equipment
UTILIDAD; utility
UTILIDADES; earnings, profit
    LÍQUIDAS; net earnings
UTILIZACIÓN; utilization

V

VACIADA; *(s)* dumping; (met) a melt; (conc) a
    pour
    DIVISORIA; bulkhead pour
VACIADERO; sluiceway; spoil bank, dump; (Sp)
    weir; slop sink; (fdy) gate
VACIADO; dump, cast
    A PRESIÓN; precision casting
    EN FOSO DE COLADA; pit-cast
    EN SITIO; poured in place
    LATERAL; side dump
    POR ATRÁS; rear dump
    POR DEBAJO; bottom dump
    POR EL EXTREMO DELANTERO; front
    dump
    POR EL FONDO; bottom dump
VACIADOR DE CARROS; car dumper
VACIAMAR; ebb tide
VACIAMIENTO; (sen) vacuation
VACIANTE; (tide) ebb
VACIAR; to empty; to pour, cast; to dump; to
    hollow out
VACÍO; (n) vacuum, void; *(a)* empty, vacancy
    ,EN; (machy) idle, light, with no load
VACUO; vacuum
VACUÓMETRO; vacuum gage
VADERA; a ford
VADO; a ford, a shoal
VADOSO; *(a)* shallow shoal
VAGON; car, freight car
    AUTOMOTOR; (rr)(V) motorcar
    BARRENADOR; drill carriage, jumbo
    CARBONERO; coal car
    CERRADO; boxcar
    CUADRA; cattle car
    CUBA; tank car
    CUBIERTO; boxcar
    DE BÁSCULA; dump car
    DE CAJÓN; boxcar
    DE CARGA; freight car
    DE COLA; caboose
    DE HACIENDA; (A) cattle car
    DE MEDIO CAJÓN; (A) gondola car
    DE MEDIO COSTADO; gondola car
    DE PLATAFORMA; flatcar
    DE REJA; (Ch) cattle car
    DE REMOLQUE; trailer
    DE TRAMPILLA; drop-bottom car

DE VIAJEROS; passenger car
DE VOLTEO; dump car
ENCAJONADO; boxcar
GRÚA; derrick car, wrecking car
JAULA; cattle car
PARA RECIPIENTES; container car
PLANO; flatcar
RASO; flatcar
TANQUE; tank car
TOLVA; hopper-bottom car
VOLQUETE; dump car
VAGONADA; carload
VAGONETA; industrial car; scalepan; tramway
bucket
BASCULANTE; dump car
DE VOLTEO; dump car
DECAUVILLE; narrow-gage car
PLATAFORMA; (A) flatcar
VOLCADORA; dump car
VAGUADA; channel, watercourse
VAHOS; fumes
VAIVÉN; swinging or reciprocating movement
VALENCIA; (chem) valence
VALOR; value
ACTUAL; present worth
DE CRESTA; peak value
DE ESCURRIMIENTO; (sm) flow value
DE RECUPERACIÓN; salvage value,
recovery value
EN PLAZA; market value
GRAVIMÉTRICO; gravimetric value
MÁXIMO; (elec) peak value
REZAGO; salvage value, (A) scrap
PRINCIPAL DE MERCADO; fair market
value
VALORACIÓN; appraisal, valuation
VALORAR; to appraise, value
VALORES REALIZABLES; liquid assets
VALORIZACIÓN; appraisal, valuation
VALUACIÓN; valuation
VALUADOR; appraiser
VALUAR; to appraise, rate
VALVA DE ALMEJA; (M) clamshell (bucket)
VÁLVULA; (hyd) (elec) valve
A LA CABEZA; (A) valve-in-head
A PRUEBA DE AMONÍACO; ammonia valve
ACODILLADA; angle valve
AISLADORA; (radio) isolator valve
ANGULAR; angle valve
ANGULAR DE CONTRAPRESIÓN; angle
backpressure valve
ANGULAR DE RETENCIÓN; angle check
valve
ANTITRABADORA; antilock valve
ATMOSFÉRICA; internal safety valve
BALANCEADA; balanced valve
BALDEADORA; (pb) flush valve

CILÍNDRICA; cylinder valve, cylinder gate
COMPENSADA; balanced valve
CON ASIENTO DE RECAMBIO;
renewable-seat valve
CÓNICA; cone valve
CORREDIZA; slide valve
CHECADORA; (M) check valve
DE ACCION RÁPIDA; quick-acting valve
DE AGUJA; needle valve
DE AIRE NIVELADORA; leveling valve
DE ALIVIO; relief valve, safety valve
DE ÁNGULO; angle valve
DE ÁNGULO HORIZONTAL; corner valve
DE ASIENTO CÓNICO; cone valve
DE ASPERCIÓN; flush valve
DE ASPIRACIÓN; foot valve; admission
valve
DE BOLA; ball valve
DE BRIDAS; flanged valve
DE BUJE MÓVIL; (A) needle valve
DE CABEZA DE HONGO; (C) poppet valve
DE CAMPANA; cup valve
DE CARRETE; spool valve
DE CIERRE; shutoff valve, stopcock
DE CIERRE VERTICAL; poppet valve, lift
valve
DE CODO; angle valve
DE COMPUERTA; gate valve
DE COMPUERTA PLANA; parallel-slide gate
valve
DE CONTRAFLUJO; reverse-flow valve
DE CONTRAPRESIÓN; back-pressure valve
DE COPA; cup valve
DE CORREDERA; (se) slide valve; (hyd)(Sp)
gate valve
DE CORTINA; (Col) gate valve
DE CRUZ; cross valve
DE CUATRO PASOS; four-way valve
DE CUELLO; (C) throttle valve
DE CULLA; wedge gate valve
DE CHAPALETA; flap valve
DE CHARNELA; swing check valve, flap
valve, clack valve
DE CHARNELA DE DISCO EXTERIOR;
open flap valve
DE CHARNELA DE DISCO INTERIOR;
enclosed flap valve
DE DESAHOGO; relief valve, safety valve
DE DESCARGA; blowoff valve, exhaust valve
DE DESCOMPRESIÓN; decompression valve
DE DIAFRAGMA; diaphragm valve
DE DISCO TAPÓN; globe valve with plug-
type disk
DE DISTRIBUCIÓN; (pet) manifold valve
DE DOBLE DISCO; double-disk gate valve
DE DOBLE GOLPE; double-beat valve
DE ÉMBOLO; piston valve

DE ENCHUFE Y CORDÓN; valve with bell-and-spigot ends
DE ESPIGA; (M) needle valve
DE ESTRANGULACIÓN; throttle valve
DE FLOTADOR; float valve
DE GARGANTA; throat valve
DE GLOBO; globe valve
DE GOZNE; flap valve, check valve
DE GUILLOTINA; guillotine valve
DE INTERRUPCIÓN; (Pe) shutoff valve
DE LENGÜETA; feather valve
DE LIMPIEZA AUTOMÁTICA; flush valve, flushometer
DE MANIOBRA; control valve; pilot valve
DE MARIPOSA; butterfly valve
DE PASO; by-pass valve, line valve, shutoff valve
DE PASO RECTO; straightway valve
DE PASOS MÚLTIPLES; multiple-way valve
DE PEDAL; (pb) foot valve
DE PIE; (pump) foot valve
DE PISTÓN; piston valve
DE PLACA; plate valve
DE PLATILLO; tappet valve
DE PURGA; blowoff valve
DE PURGA DE AGUA; water-relief valve
DE REDUCCIÓN DE PRESIÓN; pressure-reducing valve
DE RESUELLO; (A) air valve
DE RETENCIÓN; check valve; (irr) check chains
DE RETENCIÓN A BISAGRA; swing check valve
DE RETENCIÓN A BOLA; ball check valve
DE RETENCIÓN DE VAPOR; nonreturn valve
DE ROSCA; threaded valve
DE SEGURIDAD DE CARGA DIRECTA; dead-weight safety valve
DE SEGURIDAD DE DISPARO; pop safety valve
DE SEGURIDAD DE PALANCA; lever safety valve
DE SEGURIDAD DE RAMSBOTTOM; Ramsbottom safety valve
DE SEGURIDAD DE RESORTE; spring safety valve
DE SOLENOIDE; solenoid valve
DE TAPÓN; plug valve
DE TRES PASOS; three-way valve
DE TUBO MOVIBLE; tube valve
DE VÁSTAGO CORREDIZO; sliding-stem valve
EN LA CULATA; valve-in-head
EN ESCUADRA; angle valve
EN S; offset valve

EQUILIBRADA DE AGUJA; balanced needle valve
ESCALONADA; offset valve
ESCLUSA; sluice valve, (A) gate valve
ESFÉRICA; globe valve
GLOBULAR; globe valve
HORIZONTAL DE RETENCIÓN; horizontal check valve, lift check valve
MAESTRA; master valve
PARA CIENO; mud valve
PLANA; (Ch) gate valve
PURGADORA DE SEDIMENTOS; mud valve
RECTANGULAR; (A) angle valve
REDUCTORA; reducing valve
REFRENTABLE; regrinding valve
REGULADORA; pressure-regulating valve
REGULADORA DE GASTO; flow-control valve
REGULADORA DE NIVEL; altitude valve
SANITARIA; sanitary valve
VERTICAL DE RETENCIÓN; vertical check valve
VALLA; fence, barricade; hurdle
PARANIEVES; snow fence
VALLADO; fencing; (PR) brushwood, drift carried by a flood
VALLAR; to fence
VALLE; valley
VANADIO; vanadium
VANO; wall opening; (ed) bay
DE PUERTA; doorway
VANOS DE DERIVACIÓN; diversion openings, closure openings
VAPOR; steam, vapor; a steamer
ACUOSO; water vapor
AGOTADO; exhaust steam
DE ELABORACIÓN; process steam
DE ESCAPE; exhaust steam
PERDIDO; exhaust steam
RECALENTADO; superheated steam
VIVO; live steam
VAPORA; steam launch; (PR) steam engine
VAPORAR; to vaporize
VAPORES NITROSOS; nitrous fumes
VAPORÍMETRO; vaporimeter
VAPORIZACIÓN; vaporization
INSTANTÁNEA; flash vaporization
VAPORIZADOR; vaporizer
VAPORIZAR; to vaporize
VAPOROSO; vaporous
VAPULEO; whipping (belt or cable)
VAQUETA; sole leather
VARA; a measure of length about .84 m; a rod, pole, staff
DE AGRIMENSOR; sight rod, range pole, transit rod

DE SONDEO; sounding rod
DE TROCHA; (rr) track gage, gage bar
VARADERAS; skids; ground ways
VARADERO; shipyard
VARAL; stake of a flatcar or flat truck
VARAR; to ground
VARARSE; to run aground, strand
VAREAMIENTO; (conc)(M) rodding
VAREJÓN; (min)(M) pole lagging
VARENGA; (na) floor timber; floor board
VARENGAJE; (na) floor boarding
VARIABLE; *(s)(a)* variable
VARIACIÓN; variation
    DE LA AGUJA; variation of the compass
    EN ESPESURA; (panel) thickness variation, thick-and-thin
VARIADOR; variator
VARIANTE; (specification) alternate; (rr) change of line
VARILLA; rod, bar, stem
    CEMENTADA USADA COMO ANCLA; rack bolt
    CORRUGADA; corrugated bar
    DE AVANCE; feed rod
    DE LA CORREDERA; (se) valve stem, valve rod
    DEL DISTRIBUIDOR; (se) valve stem, valve rod
    DEL ÉMBOLO; piston rod
    DE LA EXCÉNTRICA; eccentric rod
    DE RADIO; radius rod
    DE REFORZAMIENTO DE MAMPOSTERÍA; masonry reinforcement
    DE REFUERZO; reinforcing bar
    DE SONDEAR; sounding rod
    DE TENSIÓN; tie rod
    DE VÁLVULA; valve stem
    DEFORMADA; (reinf) deformed bar
    FLOTADORA; rod float
    FUNDENTE; welding rod
    GRADUADA; gaging pole
    PARA DETERMINAR EL ÁNGULO; pitch arm
    SOLDADORA; welding rod
VARILLADO; rodding
    SECO; (ag) dry rodded
VARILLADORA; (conc) rodding machine
VARILLAJE; system of rods, (mech) linkage
VARILLAR; to rod
VARIÓMETRO; variometer
VASO; basin, reservoir; vessel receptacle
    CAPTADOR DE ARRASTRE; (hyd) debris basin
    DE ALMACENAMIENTO; storage reservoir
    DE DETENCIÓN; detention basin
    REGULADOR; regulating reservoir
VÁSTAGO; stem, shank, rod, spindle
    ASCENDENTE; (va) rising stem

    DE CORREDERA; (se) valve stem, valve rod
    DEL ÉMBOLO; piston rod
    DE LA EXCÉNTRICA; eccentric rod
    DE SUCCIÓN; sucker rod
    DE LA VÁLVULA; valve stem
    FIJO; (va) stationary spindle, nonrising stem
    GUÍA; guide stem; (eng) tail rod
    PULIDO; (pet) pony rod
    SALIENTE; rising stem
VATIAJE; wattage
VATIHORA; watt-hour
VATIHORÁMETRO; watt-hour meter
VATÍMETRO; wattmeter
    REGISTRADOR; recording wattmeter
VATIO; watt
    APARENTE; apparent watt
    EFECTIVO; true watt
    POR METRO CUADRADO; watt per square meter
VATIO-HORA; watt-hour
VECTOR; (math) vector
VECTORIAL; (math) vectorial
VEGA; flat lowland; (C) cultivated land
VEHICULAR; vehicular
VEHÍCULO; automotor, motor vehicle
    PARA COLECCIÓN DE DESECHOS; garbage truck
    SÓLIDOS; packer truck, solid waste truck
    TANQUE; tank vehicle
VEJIGA; a blister
VELA; candle; watchman
VELADOR; watchman
VELETA; wind vane
VELOCIDAD; velocity, speed
    ADMISIBLE; (hyd) permissible velocity
    CARACTERÍSTICA; specific speed
    DE ACCESO; (hyd) velocity of approach
    DE AGITACIÓN; agitating speed
    DE ALEJAMIENTO; (hyd) velocity of recession
    DE ASCENSO; hoisting speed
    DE DESCENSO; lowering speed
    DE DESPEQUE; (ap) takeoff speed
    DE EMBALAMIENTO; runaway speed
    DE FUNCIONAMIENTO; working speed
    DE IZAR; hoisting speed
    DE LLEGADA; (hyd) approach velocity
    DE MARCHA; traveling speed
    DE MÁQUINA; engine speed
    DE ONDA; wave speed
    DE RECORRIDO; traveled speed
    DE RÉGIMEN; working speed, rated speed
    DE SEDIMENTACIÓN; settling velocity
    DE SINCRONISMO; synchronous speed
    DE SONIDO; speed of sound
    DE TRABAJO; working speed
    DE TRASLACIÓN; (ce) traveling speed

DEL VIENTO; wind speed
ESPECÍFICA; specific speed
EXCAVADORA; (pb) digging speed
EXCESIVA; excess speed, overspeed
LAMINAR; (hyd) laminar velocity
PRODUCTORA DE FLUJO TURBULENTE;
(hyd) turbulent velocity
ÚNICA; single-speed
UNITARIA; rate of speed
VIRTUAL; virtual velocity
VELOCÍMETRO; speedometer; velocimeter; *(v)*
current meter
VELOCÍPEDO DE VÍA; track velocipede
VENA; vein, lode, seam
VENESIANO; venetian
VENERO; (earth dam) a pipe; (water) spring; sand
boil; lode, vein, lead
VENIDA; flood, freshet
VENORA; stone used to fix the grade
VENTANA; window, window sash
A BALANCÍN; pivoted window
A BANDEROLA; (A) window hinged at the
bottom
A BISAGRA; casement window, hinged window
BATIENTE; casement window, hinged window
CONTRA TORMENTAS; storm window
CORREDIZA; sliding sash
DE CONTRAPESO; double-hung window
DE FULCRO; pivoted window
DE GUILLOTINA; double-hung window
GIRATORIA; pivoted window
ROMANILLA; (V) window shutter of slats
SALIENTE; projected window
VENTANAJE; fenestration, window arrangement
VENTANAL; large window; window opening
VENTANERO; man who makes or sets windows
VENTEADA, VENTEADURA; (lbr) a shake
VENTEAR; *(v)* to guy
VENTEO; vent
DE ALIVIO; relief vent
DE DESAHOGO; relief vent
VENTILACIÓN; ventilation
COMÚN; common vent
DE CHIMENEA; stack vent
DE COMBUSTIÓN; combustion venting
EN GRUPO; group vent
INDUSTRIAL; process ventilation
VENTILADO; ventilated
VENTILADOR; ventilator, fan, blower
A JAULA DE ARDILLA; squirrel-cage fan,
blade fan
ASPIRADOR; exhaust fan
DE ALTAS PLANAS; straight-blade fan
DE CUMBRERA; ridge ventilator
DE HÉLICE; propeller-type fan
DE TIRO FORZADO; forced-draft fan
EDUCTOR; exhaust fan, exhauster

MODULADO; modulated fan
VENTILAR; to ventilate
VENTISCA; snowdrift
VENTISQUERO; ice field; glacier
VENTOSA; air valve, vent
AL VACÍO; vacuum valve
VENTURI; Venturi
VENTURÍMETRO; Venturi meter
VERA; edge, border; a hard and heavy wood
VIAL; road shoulder
VERDETE; verdigris
VERDUGADA, VERDUGO; a course of brick in a
wall
VERDUNIZACIÓN; verdunization
VEREDA; path, footpath, trail; sidewalk; (rr)
platform
VEREDÓN; broad sidewalk
VERDUNIZACIÓN; (wp) verdunization
VERIFICACIÓN; verification; (inst) adjustment
VERIFICAR; to check; (inst) to adjust
VERJA; grating; railing, (A) fence
VERNIER; vernier
VERRUGA; (met) blister
VERSIÓN ARQUITECTÓNICA; architectural
rendering
VERTEDERA; moldboard; (bulldozer) blade
VERTEDERO; spillway, weir, wasteway; (hyd)
overfall; dump; slop sink
AFORADOR; measuring weir
AHOGADO; submerged weir
ANEGADO; submerged weir
CIPOLLETTI; Cipolletti weir
COMPLETO; free weir
DE AFORO EN V; V-notch weir
DE CRESTA ANCHA; broad-crested weir
DE CRESTA CURVA; round-crested weir
DE CRESTA PLANA; flat-crested weir,
broadcrested weir
DE LÁMINA ADHERENTE; (Ambersen)
full-apron spillway
DE PARED DELGADA; sharp-crested weir
DE PARED ESPESA; broad-crested weir
DE POZO; shaft spillway, glory-hole spillway
DE SAETÍN; trough spillway, chute spillway
DE UMBRAL AGUDO; sharp-crested weir
FIJO; open spillway
FIJO DE SOPORTE; needle weir
INCOMPLETO; submerged weir
LATERAL; side-channel spillway, lateral-flow
spillway
LIBRE; free weir; open spillway
MEDIDOR; measuring weir
MÓVIL; spillway with gates
SIN CONTRACCIÓN; suppressed weir
SUMERGIDO; submerged weir
TRAPECIAL; trapezoidal weir
VERTEDOR; spillway, weir, wasteway

CON CONTRACCIÓN; contracted weir
DE CRESTA ANCHA; broad-crested weir
DE CRESTA DELGADA; sharp-crested weir
DE CRESTA LIBRE; open spillway
DE DEMASÍAS; spillway, wasteway
DE ENTALLADURA TRIANGULAR; triangular-notch weir
DE ESPUMAS; scum weir
DE SOBRANTES; (M) wasteway, spillway
TRAPEZOIDAL; Cipolletti weir
VERTEDOR-SIFÓN; siphon spillway
VERTICAL; vertical
VÉRTICE; crest, peak, vertex
TESTIGO; (surv) witness corner
VERTIDO; *(s)*(conc) a pour
VERTIENTE; roof slope; valley slope; watershed; a drip; (Ch) spring
VESÍCULA; (geol) vesicle
VESICULAR; (geol) vesicular
VESPASIANA; (A)(Ch) upright urinal
VESTÍBULO; vestible
VESTIDURA; (carp)(C) trim
VESTIGIOS; (chem) traces
VETA; vein, seam; grain of wood
ATRAVESADA; cross vein
DERECHA; straight grain
MADRE; main lode
RECTA; straight grain
TRANSVERSAL; counterlode
VÍA; route, way; road; (rr) track
A LO LARGO DEL ESPIGÓN; (pier) apron track
AÉREA; aerial cableway, aerial tramway
ANCHA; wide-gage track
ANGOSTA; narrow-gage track
AUXILIAR DE RECORRIDO; (rr) relief track
APARTADERA; side track, siding
CARRETERA; highway
DE ACARREO; wagon road
DE ACOMODACIÓN; sorting track
DE AGUA; waterway
DE ANCHO NORMAL; standard-gage track
DE CABLE; cableway
DE CARENA; marine railway
DE CARGA; loading track
DE CATEDRAL; cathedral ceiling
DE ENLACE; crossover; ladder track
DE ESCALA; ladder track
DE ESCAPE; turnout for derailing
DE EXTREMO CERRADO; dead-end track
DE GALPÓN; house track
DE GARGANTA; gantlet track
DE GRÚA; crane runway
DE INTERCAMBIO; interchange track
DE LLEGADA; receiving track
DE MANIOBRAS; drilling track

DE NAVEGACIÓN INTERIOR; inland waterway
DE PASO; passing siding
DE PATIO; yard track
DE PESTAÑA; flangeway
DE PLAYA; yard track
DE RECORRIDO; running track, main track
DE RESERVA; storage track
DE TRANSBORDO; transfer track
DE TRASPASO; crossover
DECAUVILLE; portable track, narrow-gage track industrial track
EN ZIGZAG; switchback
ESTRECHA; narrow-gage track
FÉRREA TRONCAL; trunk-line railroad
FLUVIAL; waterway, navigable stream
RANCA; clear track; open road
FUNICULAR; cable railway
HÚMEDA; (chem) wet process
INDUSTRIAL; industrial track, narrow-gage track
LIBRE; clear track
MAESTRA; ladder track
MUERTA; dead-end track
PERMANENTE; (rr) permanent way
SECA; (chem) dry process
SENCILLA; single track
SIMPLE; single track
TRANVIARIA; streetcar track
TRASLAPADA; gantlet track
ÚNICA; single track
Y OBRAS; way and structures
VÍAS DE PARRILLA; gridiron tracks
VIADUCTO; viaduct
DE CABALLETES; trestle
VIAJE; trip, voyage; (C) bevel, chamfer, skew
VIAJERO; passenger
VIAL; *(a)* pertaining to roads
VIALIDAD; road engineering, road construction, system of roads
VIÁTICOS; (expenses) per dium
VIBRACIÓN; vibration, flutter
DE SEGURIDAD; (ed) safe-limit
DE TORSIÓN; torsional vibration
EXTERNA; external vibration
VIBRADOR; vibrator
DE CUCHARÓN; (mixer) skip shaker
DE EJE FLEXIBLE; (conc) flexible-shalt vibrator
DE PALA; (conc) spade vibrator
DE PLATAFORMA; (conc) platform vibrator
VIBRADORA; vibrator
DE CONCRETO; (conc) spud vibrator
DE TAMICES; sieve shaker
SUPERFICIAL; (conc) surface vibrator
VIBRANTE; vibrating
VIBRAR; to vibrate

VIBRATORIO; vibratory
VIBRIÓN; (sen) vibrio
VIBRÓGRAFO; vibrograph, vibrometer
VIBRÓMETRO; vibrograph, vibrometer
VIDA; life
    DE DESUSO; shelf life
    DE PRODUCCIÓN; (machy) technical life length
    ECONÓMICA; economic life
    ESTIMADA DE UNA ESTRUCTURA; physical life
    SERVIBLE; (product) usable life
VIDRIADO; (S) glazing
    ,NO; unglazed
VIDRIAR; (window) to glaze; (tile) to glaze
VIDRIERA; window, window sash
VIDRIERÍA; glazing; glass shop
VIDRIERO; glazier
VIDRIO; glass, a pane
    A PRUEBA DE BALAS; bulletproof glass
    ABSORBENTE DE CALOR; heat absorbing glass
    ACANALADO; ribbed glass
    ALAMBRADO; wire glass
    ARMADO; wire glass
    CILINDRADO; plate glass
    CLARO; clear glass
    COMÚN DOBLE; double-thick window glass
    COMÚN SENCILLO; single-thick window glass
    CORRUGADO; corrugated glass
    DE COLOR; stained glass
    DE DOBLE RESISTENCIA; double strength glass
    DE NIVEL; gage glass, sight glass
    DE PISO; (A) vault light
    DE SEGURIDAD; nonshattering glass, safety glass
    DE SOLDADOR; welding lens
    DESLUSTRADO; ground glass, frosted glass
    DESPULIDO; ground glass
    DOBLE; double-thick glass
    ESMERILADO; ground glass
    ESTRIADO; ribbed glass
    FIBROSO; fiber glass
    INASTILLABLE; nonshattering glass
    LAMINADO; rolled glass
    MATE; frosted glass
    OBSCURECIDO; obscured glass
    ONDULADO; corrugated glass
    PRISMÁTICO; prism glass
    RAYADO; ribbed glass
    REFORZADO; wire glass
    RESISTENTE AL CALOR; heat-resisting glass
    SIMPLE; single-thick glass
    TRATADO; processed glass
    VOLCÁNICO; pitchstone, volcanic glass
VIDRIOSO; vitreous

VIEJO, EL; old man, drilling post; rail bender
VIENTO; wind; a guy
    DE ALAMBRE; guy wire
    FUERTE; wind gale
    REINANTE; prevailing winds
VIERTEAGUAS; flashine; (elec) rain shed
    ESCALONADAS; stepped flashing
    INFERIOR; base flashing
    SUPERIOR; cap flashing
VIGA; beam, girder, joist
    ACARTELADA; cantilever beam
    ARMADA; trussed beam; built-up girder
    ARMADA EN CELOSÍA; (V) lattice girder
    ARRIOSTRADA; braced beam
    ATIESADORA; stiffening beam
    ATIRANTADA; trussed beam
    CANAL; channel iron
    CENTRADA; cored beam
    CEPO; spreader for hoisting
    COMPUESTA; built-up girder, built-up beam, plate girder, composite beam
    CON ALAS AHUSADAS; tapered flange beam
    CONSOLA; cantilever beam
    CONTÍNUA; continuous beam; (str) ring beam
    CUADRADA; box beam
    DE ALMA ABIERTA; lattice girder
    DE ALMA DOBLE; box girder
    DE ALMA LLENA; plate girder
    DE ASIENTO; skid
    DE BALANCÍN; spreader beam
    DE BOMBEO; camber beam
    DE BORDE; edge beam
    DE CAJA; box girder
    DE CELOSÍA; lattice girder
    DE CUBIERTA; (str) capping beam
    DE CUMBRERA; ridge beam
    DE DERRUMBE PANDEO; slender beam
    DE ENREJADO; lattice girder
    DE ENREJADO DE BARRAS; trussed joist
    DE FRENO; brake beam
    DE GATO; jack beam
    DE HONGO; deck beam, bulb T
    DE LOSA; (conc) T beam
    DE PALASTRO; (V)(M) plate girder
    DE PLACA; (conc) T beam
    DE RIGIDEZ; stiffening beam
    DE SOPORTE; support beam, raking shore
    DE TABLERO; (bdg) floor beam
    DE TABLERO INFERIOR; through girder
    DE TECHO; ceiling beam
    DIVISORIA; divider beam
    DOBLE T; beam girder, I beam, double T beam
    DOBLEMENTE ARMADA; doubly reinforced beam
    DOBLEMENTE REFORZADA; doubly reinforced beam
    DORMIENTE; sleeper beam

EMBRAGADA; trussed beam
EMBUTIDA; fixed beam
EMPOTRADA; fixed beam
ENCASTRADA; fixed beam
ENSAMBLADA; built-up girder
FLOTANTE; log boom
H; H beam
I; I beam
I DE ALA AHUSADA; sloping-flange I beam
I DE ALA SIN AHUSAR; parallel-flange
I beam
IGUALADORA; equalizing beam
L; (conc) L beam
LAMINADA; rolled beam, I beam
LARGUERA; traveling stringline
LIBERALMENTE APOYADA; noncontinuous
beam
MAESTRA; girder
MARGINAL; marginal beam
MENOR; secondary beam
MOLDEADA; cored beam
NO CONTINUA; noncontinous beam
PESADA; panhandle
PORTAGRÚA; crane girder
PRISMÁTICA; prismatic beam
RETICULADA; lattice girder
SEMIEMPOTRADA; restrained beam,
semifixed beam
SIMPLEMENTE APOYADA; simple beam
SOSTENIDA; simply-supported beam
T; (conc) T beam
TENSORA; tie beam
TUBULAR; box girder
U; channel beam
VOLADIZA; cantilever beam
VIGAS DE TECHO TIPO COLLAR; collar beam
roof
VIGAS HORIZONTALES DE CIERRE; (hyd) stop
logs
VIGILADOR; (M) watchman
VIGILANTE; watchman, policeman
VIGUERÍA; set of beams, floor framing
VIGUETA; beam, joist, purlin; (C) rafter
ABIERTA; open-web joist
DE CANAL; channel iron
DE CELOSÍA; open-web joist
I; I beam
VIGUETA-ESCUADRA; angle iron
VIGUETERÍA; floor framing
VINCULAR; (conc)(A) to bond
VINILO; vinyl
VIOLACIÓN DE PATENTE; patent infringement
VIRACIÓN; sluing
VIRAJE; turning, swinging
VIROLA; collar, hoop, ring, ferrule
VIROTILLO; brace; stay bolt
DE TUBO; pipe separator

VIRTUAL; virtual
VIRUTA DE ACERO; steel wool
VIRUTAS; shavings, cuttings, turnings
DE SIERRA; sawdust
DE TALADRO; drill cuttings, swalf
VISAR; (surv)(A) to sight
VISCOSIDAD; viscosity
APARENTE; apparent viscosity
VISCOSÍMETRO; viscosimeter
DE TORSIÓN; torque viscometer
VISCOSO; viscous, thick
VISIBILIDAD; visibility
VISIBLE; visible
VISTA; view, vista
ANTERIOR; front view
DE EXTREMIDAD; end view
DE LADO; side view
DE PÁJARO; birds-eye-view
EN CORTE; sectional view
FANTASMAGÓRICA; phantom view
FRONTAL; front view
LATERAL; side view
POR ENCIMA; top viev
POSTERIOR; rear view
TRANSPARENTE; (A) phantom view,
transparent view
TRANSLÚCIDA; phantom view
VISTO BUENO; approved, OK
VISUAL; (surv) a sight; *(a)* visual
A LA ESPALDA; backsight
AL FRENTE; foresight
ADELANTE; foresight
DESVIADA; (surv) side shot
INVERSA; backsight; (level) plus sight
RASANTE; (surv) grazing sight
VITER; (A) molding plane; a molding
VÍTREO; vitreous
VITRIFICACIÓN; vitrification
VITRIFICADO; vitrified
VITRIFICAR; to vitrify
VITRIÓFIDO; vitrophyre
VITRIOLO; vitriol
VITRITA; vitrite
VIVIENDA LACUSTRE; lake dwelling
VIVIENDAS; housing
VIVO; (edge) sharp
VOLADIZO; (n) a corbel, cantilever, outlooker; *(a)*
overhanging, projecting
VOLADO; overhanging, projecting, corbeled
VOLADOR; cantilever beam, outlooker; column cap,
a blast, blasting
DE CÁMARA; chamber blast
POR TÚNELES; coyote-hole blasting
SIN BARRENO; mudcap blast
VOLADORA A VAPOR; (chimney) vapor
blasting
VOLANDERA; (mech) washer

VOLANTE; flywheel, handwheel, steering wheel; (C) written order
    DE DIRECCIÓN; steering wheel
    DE MANIOBRA; handwheel, steering wheel
    PORTASIERRA; band-saw pulley
VOLANTE-MANUBRIO; handwheel
VOLAR; to blast; to overhang, project
VOLÁTIL; volatile
VOLATILIDAD; volatility
VOLATILIZAR; to volatilize, vaporize
VOLATIZARSE; to vaporize
VOLATIZAR, to volatilize
VOLCADERO; tipple
VOLCADOR; dump truck, dump car; lock tumbler
    HIDRÁULICO; car or truck with hydraulic dumping device
VOLCÁN; volcano; (Col) flood
VOLCÁNICO; volcanic, igneous
VOLCAR; to overturn; to dump
VOLEA; whiffletree
VOLFRAMIO; tungsten, wolfram
VOLQUETE; dump car, dump truck, dump cart
VOLTAICO; voltaic
VOLTAJE; voltage
    ALTERNO; alternating voltage
    VATADO; effective volts
VOLTÁMETRO; voltameter
VOLTAMPERÍMETRO; wattmeter, volt-ampere meter
VOLTAMPERIO; volt-ampere
VOLTAMPERIOS REACTIVOS; reactive volt-amperes, wattless power
VOLTEADOR; dumper
    DE CARROS; car tipple
VOLTEAR; to dump; to overturn
VOLTEO; dumping, overturning
VOLTÍMETRO; voltmeter
    DE BOBINA MÓVIL; moving-coil voltmeter
    DE AGUA DERIVADA; (irr) diversion duty of water
    DE HILO CALIENTE; hot-wire voltmeter
VOLTIO; volt
VOLUMEN; volume
    ABSOLUTO; absolute volume
    ESPECÍFICO; specific volume
VOLUMÉTRICO; volumetric
VOLÚMETRO; volumeter
VOLUTA; volute
VOLVEDOR; tap wrench; screwdriver
VOLVER; to turn, turn over; to invert
VORÁGINE; whirlpool
VÓRTICE; whirlpool, vortex
VUELCO; overturning, dumping
VUELO; projection, overhang, corbeling; (step) nosing
VUELTA; turn, return, bend; (machy) revolution; (cab) hitch, bend; (river) oxbow

    A LA DERECHA; (rd) right turn
    A LA IZQUIERDA; (rd) left turn
    CERRADA; sharp turn
    COMPLETA, DE; (pb) full revolving
    DE BRAZA; timber hitch
    DE CABE; a hitch
    DE ESCOTA; sheet bend
VULCANITA; vulcanite, hard rubber
VULCANIZACIÓN A VAPOR; steam curing
VULCANIZADOR; vulcanizer
VULCANIZAR; to vulcanize

WACA; wacke
WATTAJE; (A) wattage
WEBER; (unit of magnetic flux) weber
WINCHE; (V)(C) hoisting engine

XANTATO; xanthate
XÁNTICO; xanthic
XENOMÓRFICO; xenomorphic
XILENO; xylene
XILÓMETRO; xylometer

Y

Y; (tub) Y
    CON TOMA AUXLIAR LATERAL;
    side-inlet Y
    DE BRIDAS; flanged Y
    DE RAMAL INVERTIDO; inverted Y
    DE RAMAL PARALELO; upright Y branch
    DE REDUCCIÓN; reducing Y, reducing
    lateral
    DOBLE; double Y branch
    RAMAL; Y branch
YACENTE; *(s)*(min) floor of a vein; fault footwall
YACIMIENTO; bed, deposit
    DE MINERAL; ore deposit
    PETROLÍFERO; oil field
YARDA; (meas), yard
    CÚBICA; cubic yard
YARDAJE; yardage
YEQUA DE AIRE; air dam
YERBA; grass
YESCA; punk, tinder
YESERÍA; plastering; gypsum kiln
YESERO; plasterer; dealer in plaster or gypsum
YESO; gypsum; plaster, plaster of Paris
    CON ARENA; sanded plaster
    DE BAJA CONSISTENCIA; low-consistency
    plaster
    DE CAL; lime plaster
    DE COLADA; casting plaster
    DE PARÍS; plaster of Paris
    DE PERLITA; parlite plaster
    DURO; patent plaster
    LIGADOR; bond plaster
    MATE; plaster of Paris
    NEGRO; patent plaster
    SIN ARENA; neat plaster, plaster without sand
YESÓN; chunk of plaster
YODADO; containing iodine
YODO; iodine
YODURO DE POTASIO; (sen) potassium iodide
YUGO; yoke
    DE FRENO; (C) brake beam
    ESCOCÉS; (machy) Scotch yoke
YUNQUE; anvil; striking plate
    DE BANCO; bench anvil
    DE TORNILLO; anvil vise
    INFERIOR DEL MARTINETE; anvil block of
    steam hammer

YUNTA; team of bullocks, yoke of oxen
YUTE; (M) jute, burlap; (Col) calking yarn
YUYOS; weeds

Z

Z, BARRA; Z bar
ZABORDAR; (naut) to run aground, strand
ZABOYAR; (mas)(Col) to point
ZAFAR; (a vessel) to lighten
ZAFRA; (min) gangue; refuse, rubbish
ZAFRERO; common laborer in a mine
ZAHONES; overalls
ZAMARRA; (steel) bloom, slab
ZAMPEADO; (hyd) floor, hearth, mat, foundation
   course
ZAMPEAR; (hyd) to pave
ZANCA; stair string; shore; scaffold pole
ZANCO DE ANDAMIO; scaffold pole
ZANJA; trench, ditch; (Ec) wall, fence; (PR) gully
   CENICERA; ashpit
   DE CIRCUNVALACIÓN; marginal ditch
   DE PRÉSTAMO; borrow pit
   DE TALÓN; (dam) heel trench
   RELLENA DE PASTA AGUADA; slurry
   trench
ZANJADORA; ditcher, trenching machine,
   (pneumatic) trench digger
   DE ROSARIO; ladder-type trencher
   TIPO DE RUEDA; wheel-type ditcher
ZANJAR; to trench, ditch
ZANJEADOR; ditch digger
ZANJEADORA; ditcher
ZANJEAR; to trench, ditch
ZANJEO; ditching; (min) underhand stoping
ZANJÓN; large ditch; gorge
ZAPADORA; excavator
   PARA ARCILLA; pneumatic clay space
ZAPAPICO; mattock
ZAPAR; to undermine; to excavate
ZAPATA; shoe; brake shoe, brake block; tread
   plate; (min) head timber; (carp) foot block;
   (ce) skid; (V)(A)(C) footing; (Ch) rail flange;
   (well) set shoe
   DE CONTACTO; contact shoe
   DE LA CRUCETA; crosshead shoe
   DE FRENO; brake shoe
   DE ORUGA; crawler shoe
   DE TOMA; (elec rr) contact plow
   DETECTORA; (rr)(A) detector bar
   ENCAJADORA; (pet) drive shoe
ZAPATILLA; leather washer, gasket; (carp) foot
   block, slipper

ZAPATO; (mech) shoe
   DE FRENO; brake shoe
ZARANDA; screen, sieve, riddle
   VIBRATORIA; vibrating screen, shaking
   screen
ZARANDAR, ZARANDEAR; to screen, sift
ZARANDEO; screening, sifting
ZARANDERO; screen tender
ZARPA; footing; berm; wall footing projection
ZARZO; (hyd) hurdle, wattle; (ed) batter board
ZENIT; zenith
ZENITAL; zenithal
ZEOLITA; zeolite
   FÉRRICA; iron zeolite
   MANGANÉSICA; manganese zeolite
   SÓDICA; sodium zeolite
ZEOLÍTICO; zeolitic
ZIGZAG, EN; staggered; zigzag
ZIGZAGUEAR; (auto) to shimmy
ZIGZAGUEO; (auto) shimmy
ZINC; zinc
ZINCAJE; zinc work; galvanizing
ZINCÍFERO; containing zinc
ZINGUEADO; (A) galvanized
ZINGUERÍA; (A) galvanized sheet-metal work,
   zinc work
ZISZÁS, EN; staggered
ZÓCALO; wall base; footing, foundation; machine
   base; baseboard; sill; wainscot; (auto) apron;
   (surv)(Col)(V) monument
   DE COMPUERTA; gate sill
   SANITARIO; sanitary base
ZOCOLLAR; (Ec) to clear land
ZONA; zone
   DE AEREACIÓN; aeration zone
   DE CONTACTO; (geol) contact zone
   DE INUNDACIÓN; flooded area; flood plain
   DE TRANSICIÓN; (geol) transition zone
   DE TRITURACIÓN; (geol) crush zone
   DE VÍA; (rr) right of way
   EN CONEXIÓN DE VIGA; panel zone
   MUERTA; dead zone
   NIVOMÉTRICA; snow course
   PLÁSTICA; plastic zone
   SUBTERRÁNEA SATURADA; saturated
   zone
ZONGA; (Col) a rubble stone
ZONIFICACIÓN; (city) zoning
ZONIZACIÓN; (A)(city) zoning
ZOQUETE; chock, foot block, mud, shim;
   (Sp) wood paving block; (min) sprag
ZORRA; hand truck; small car; (A) dolly
   A BOMBA; (A) handcar worked by hand
   power
   DE VÍA; (A) handcar
   PARA DEPÓSITOS; warehouse truck
   PLAYA; (A) small flatcar

VOLCADORA; (A) small dump car
ZUECO; pile shoe
ZUELEAR; (CA) to adze
ZULACAR; to pack joints with mastic
ZULAQUE; mortar or mastic filling for pipe joints
ZULAQUEAR; to pack joints
ZUMBIDO; (elec) hum
ZUNCHAMIENTO; strapping
ZUNCHAR; to band, hoop
    EN CALIENTE; to shrink on
ZUNCHO; band, hoop; (C) rim of a wheel; (C) iron tire
    DE AGUILÓN; (crane) boom band
    DEL INDUCIDO; armature band
    DE PILOTE; pile band
ZURDO; left-hand (thread)